# 作 者 简 介

**张百良**，男，1941年1月生，河南汤阴人，河南农业大学教授、博导，原河南农业大学党委书记、校长。国家有突出贡献专家，享受国务院政府特殊津贴。第九届、第十届、第十一届全国人大代表，全国人大农业与农村专门委员会委员。全国"五一"劳动奖章获得者，全国劳动模范。中国农村能源行业协会副会长，全国生物质成型燃料关键技术协作组组长，国家"九五"、"十五"和"十一五"能源规划（计划）咨询专家组成员，农业部全国农业高校教学指导委员会委员，农业工程学科组副组长。我国农村能源专业奠基人、学术带头人。

主要研究领域为生物能源技术与工程化。承担了生物质成型燃料、生物液体燃料、生物气体燃料等多项国家"863"计划、国家自然科学基金、国家农业科技成果转化基金、科技部重点科技攻关项目及中荷科技合作项目。培养博士研究生和硕士研究生共30多名。发表论文80余篇，出版著作8部，获省（部）级以上科技奖励10项，获国家专利9项。

"十一五"国家重点图书出版规划项目

应用生物技术大系

# 生物能源技术与工程化

张百良 著

科学出版社

北京

## 内 容 简 介

本书是一本研究生物能源技术与工程化的专著，内容包括生物能源技术及生物能源资源现状与评价；高效厌氧生物反应器、生物燃气燃烧设备研制及应用；生物甲醇、生物乙醇、生物柴油生产工艺及技术；生物质成型燃料技术与设备研发、工程化及评价。本书集中体现了生物能源技术和设备的研究思路、技术路线、研究方法、试验过程及应用效果，具有突出的创新性和实践性。

本书适用于生物能源、环境工程、生物化工、农业工程等领域的科研及工程技术人员，也可作为高等院校相关专业研究生的参考用书。

---

**图书在版编目（CIP）数据**

生物能源技术与工程化/张百良著. —北京：科学出版社，2009.12（2025.1重印）
（应用生物技术大系）
ISBN 978-7-03-025769-7

Ⅰ.生… Ⅱ.张… Ⅲ.生物能源-应用-研究 Ⅳ.TK6
中国版本图书馆CIP数据核字（2009）第182444号

---

责任编辑：夏　梁　陈珊珊 / 责任校对：张小霞
责任印制：赵　博 / 封面设计：耕者设计工作室

**科学出版社** 出版
北京东黄城根北街 16 号
邮政编码：100717
http://www.sciencep.com

北京凌奇印刷有限责任公司印刷
科学出版社发行　各地新华书店经销

\*

2009年12月第　一　版　　开本：787×1092　1/16
2009年12月第一次印刷　　印张：39　插页：1
2025年1月第三次印刷　　字数：925 000
**定价：180.00元**
（如有印装质量问题，我社负责调换）

# 编著委员会

**主任委员**
　　张百良
**副主任委员**
　　徐桂转　杨世关　宋安东
**委员**
　　张百良　徐桂转　杨世关　宋安东　樊峰鸣
　　王许涛　王吉庆
**参加编写人员**
　　张百良　马孝琴　杨世关　朱灵峰　王吉庆　刘圣勇
　　宋安东　张　杰　樊峰鸣　张　敏　吴明作　徐桂转
　　丁　一　刘俊红　赵青玲　王许涛　宋华民　赵兴涛
　　金显春　苏同福　刘　东　王久臣　郑　戈　蔡宪杰
　　谷胜利　岳建芝　金听祥　何鸿玉　杨继涛　胡张保
　　刘亚纳　张　彦　任天宝　翁　伟　刘会丽　杨　波
　　兰维娟　罗志华　张培远　冯淑文

# 序 一

  10多年来，世界各国对保持经济社会可持续发展与改善生态环境问题的关注日益突出。由于人类活动导致的全球气候变化致使干旱、洪涝等极端灾害频繁、作物减产、粮食安全保障受到威胁。大量消耗石化能源带来的温室气体排放与环境污染、石化资源的日益短缺，促使世界各国广泛重视可再生能源开发，纷纷加强了对可再生能源科学技术及其产业化工程的研究。特别是，国际石油价格大幅度振荡，进一步激起了各国对石化能源利用前景的特别关注，各经济大国都制定了相关中长期发展战略，绘制了技术路线图，数倍增加了对生物能源等可再生能源开发研究的投入，寻求补救本国能源稳定供给不足、解决能源问题的新途径。其中因生物质资源丰富、可以再生、利用途径较多，因此，成为全球可再生清洁能源研究的重点方向之一。

  人类从燧人氏发明人工取火开始，生物质能就成为人类赖以生存的能源之一。生物质能主要来源于植物和动物废弃物。植物生物质含有热值高的木质素，可以直接燃烧取得热能；又含有含量很高的，可以转化成能量密度较高的生物乙醇、甲醇、二甲醚等液体能源的纤维素、半纤维素、淀粉、糖类；有的还含有含量很高的脂肪、油液，可以炼制成柴油和其他液态燃料。生物质能的主要成分是碳氢化合物，因此，加工过程中对大气的污染较小，但也存在资源广域分布、能量密度小、预处理成本高等问题。目前已有较好的科学技术基础和多种形式的有效应用方式，人们关心的重点之一是如何有效利用其取代部分液态燃料，如生物乙醇、生物柴油等，减少温室气体排放，其间，生物质能利用工程化问题的研究成为关键之一，因为工程是科学知识与技术发明转化为现实生产力的关键环节。工程化研究可以架起科学发现、技术发明与产业发展的桥梁，是促进产业革命和社会进步的强大杠杆。科学技术研究的工程化要关注科学要素、技术要素、经济要素、管理要素、社会要素、文化要素、制度要素和环境要素等多要素的集成、选择和优化。工程思维所追求的价值目标是知识价值与经济价值、社会价值、环境价值、人文价值等的融合。新的工程理念和工程观要求工程活动要建立在遵循自然规律和社会规律的基础上，坚持以人为本，环境友好，促进人、自然和社会的协调发展。即使在现代，科学、技术要形成大规模、直接的生产力，仍然离不开工程化这一关键环节。

  张百良教授长期从事生物质能研究，重视技术工程化的研究与试验，把工程化的研究试验作为课题的重要研究内容。例如，生物固体燃料研究，从秸秆的物理化学特性、燃烧特性、力学特性到秸秆成型燃料成套设备的研制、推广应用；还涉及广域分布式资源的收集、运输、经营管理和政策建议等，旨在使成型生物质资源化，变为环境友好的新能源原料和农民增收的新产业；生物气体燃料研究，从秸秆收集、储存，到沼气发生器-发电系统设计，从实验室转移到工厂进行系统的工程试验；生物质液体燃料，从爆破预处理等多方面开始秸秆乙醇基础性研究，目前已在企业进行工程化中试。该书发表的大量原始实验结果和分析，近万个实验数据，数百幅表、图，均来源于作者领导的学术团队的试验实践，多个动力学模型反映了有关研究获得的规律，对于促进我国农业生物质能开发利用及其产业化工程技术研究具有重要参考价值。

为此，我愿意向同行推荐这一具有创新意义、内容丰富的专著。希望将有更多的专家、学者，为协力推进我国生物质能科学技术的工程化研究，作出更好、更大的贡献。

汪懋华

中国工程院院士
中国农业工程学会理事长
2008年12月

# 序 二

能源紧缺已经成为世界面临的共性问题，其中尤以石油为甚。我国石油消费的近半数依靠进口。生物能源的开发利用已经成为我国能源发展的重点。

利用粮食制乙醇等措施解决能源问题显然不符合我国确保粮食安全的国策。张百良教授等著的《生物能源技术与工程化》正是以农业生产的副产品——秸秆为主要对象，研究制备沼气、乙醇，或粉碎加压制成型燃料、利用酶催化剂制备生物柴油等。这些都是当前国内外探索研究的主攻方向。

该书不是以编著已有知识为主，而是以国际上生物能源开发利用领域中的关键问题为重点，探索新的技术，如探索比以淀粉（粮食）为原料更困难的，以秸秆纤维为原料制备乙醇的技术，作者利用汽爆秸秆预处理技术成功地实现了这一目标；利用内循环式厌氧反应器提高沼气产出率，这些都具有鲜明的创新性，已达到国际水平。尤其是该书不是停留于实验室内的试验研究与论文的发表，而是力求工程化。例如，作者对生物秸秆成型燃料的研究不仅完成了秸秆成型特性与设备的研制，还成功开发了适合这类燃料的燃烧炉，以便于成果的推广。

该书为了便于读者熟悉生物能源这一新领域的研究成果，编入了热力工程学与生物学相关基础知识以及技术经济的评价方法。该书对生物能源的核心技术、瓶颈问题、我国的发展现状、能源发展的路线图等研究都颇有针对性和现实意义。

总之，该书具有以下特点：研究内容紧密针对核心技术，理论密切联系实际，研究成果力求工程化。该书的出版将对我国生物能源的研究、开发与推广以及这一领域高级人才的培养均具有重要意义。

蒋亦元

中国工程院院士
东北农业大学教授
2008 年 11 月 16 日

# 序　三

　　张百良先生曾任河南农业大学校长，他既是一位教育家，又是农业工程领域著名专家。面对全球能源危机，面对祖国石化能源的相对短缺，张百良教授以他自己的远见卓识，关注我国的农村能源事业，经教育部批准，于1981年在河南农业大学创办了我国第一个农村能源专业，他也把自己的精力迅速投向农村能源的教学和科研上来，经过10多年的成果积累，1995年出版了专著《农村能源工程学》一书，对推进我国农村能源事业发挥了重要作用。

　　时间又过去10多年，张先生的新著《生物能源技术与工程化》即将出版问世，我对他表示热烈的祝贺和称赞。这本书的最大特点是理论研究比较深入，技术工程化研究特色鲜明。丰富的内容取材于他和他培养的30多位博士研究生和硕士研究生在生物能源方面的研究成果，这些问题包括生物气体燃料，如"沼气厌氧（IC）反应器研究"、"秸秆汽爆技术及其在发酵中的应用"等；生物液体燃料，如"秸秆纤维乙醇关键技术研究及秸秆纤维预处理研究"等；生物固体燃料，如"双向液压成型燃料技术及成套设备"等。

　　我国是一个农业大国，随着粮食的大量生产也必然带来大量的秸秆，在历史长河中，秸秆既是农村人的燃料，也是家家生火、户户冒烟的土能源。但随着农村人口的增加和社会的进步，传统意义上的秸秆利用已经不适应现代社会需求，而且直接分散的秸秆燃烧利用，也会带来严重的环境污染。

　　因此，研发既节能又环保的秸秆利用技术便成为我国应予特别重视的课题。张百良教授领导他的团队，急国家之所急，想人民之所想，花费20余年时间，推出了秸秆成型燃料技术等成果，并将其作为国内生物能源技术实现工程化的范例深入研究，在把成果推向生产实际的同时将其精华编辑在即将出版的书中以飨读者。举此一例是想说明《生物能源技术与工程化》理论联系实际的特色。

　　我在此为该书写序，一方面是对该书的出版表示祝贺；另一方面，也想表达我对在我国发展生物能源的支持和关切。

中国工程院院士
长安大学教授
2008年12月18日

# 前　言

近10年来中国经济每年以9%以上的速度持续、稳定、快速增长，能源消费同样大幅度增加。中国由20世纪80年代的石油出口国，已变成一半消费量依靠进口的世界能源消费第二大国。能源消费持续快速增长带来的环境和生态问题已引起中国乃至世界的关注。

1973年第一次世界能源危机期间，纽约石油期货价格由每桶3美元飙升到每桶12美元。2008年也是一个石油价格发生剧烈变化的年份，石油期货价格由5月的147.27美元降到12月的不足40美元。石油价格的这种无规律的、不可控的急剧变化牵动着整个世界的神经，引发世界恐慌。油价也带动了煤价，中国原煤价格10年间提高了近10倍。能源价格的上涨导致了世界粮食价格暴涨，CPI和PPI急剧波动，严重威胁世界经济的健康发展，以及人类生活的和谐与稳定。为了应对这种状况，世界各国，尤其是发达国家和正在快速进行现代化建设的发展中国家纷纷从政治、经济、外交甚至军事的角度制定了应对措施，以确保本国的能源安全。

生物能源的可储存、可运输、可转换、可再生性是其他可再生能源不可比拟的，因此，世界各国在新形势下均采取了强有力的经济和政策措施来推动生物能源的发展。中国有数以亿计的生物能源，其历来是中国农村生活和生产的支柱能源，所以，可预料生物能源在将来的高品位能源构成中仍将占有重要位置。

中国政府2007年12月发表的能源政策白皮书声明：要走有中国特色的能源发展道路，今天和将来都绝不对其他国家和地区构成能源威胁。中国从长远利益出发，已确立了能源发展的战略构想，其基本点是，把化石能源的开采、可替代能源的开发，能源的高效利用、环境安全问题构成一个建设系统，分别给予促进发展的依赖条件。具体内容包括能源进口、开采和储备，核能利用，生物能源等可再生能源开发，能源节约和供给体制改革等。

本书今天应势出版，作者为其准备了至少10年。与一般知识性和技术性的编著书籍相比，本书具有几个鲜明特点：首先，它有突出的创新性。全书的素材均来自作者10余年间与其30多个研究生围绕生物能源这个主题所开展的研究和实践成果，每项课题的研究都是站在全国甚至世界的高度，针对本领域的核心问题而开展。其次，它有很强的实践性。作者在研究过程中发表了100余篇论文，但并没有停留在论文阶段不前，而是不失时机地将研究成果向生产力转化，积极推进技术的工程化进程。这些研究成果有的获得国家专利并成功用于生产，有的在企业进行中试，有的又与国内外合作进入了更深层次的研究。最后，它体现了较强的基础性。书中每个篇章都涉及基础性研究内容，并原原本本保留了研究过程和结果。

全书共分五部分。生物能源述评由张百良教授撰写。第一篇生物气体燃料，由华北电力大学杨世关博士（南京大学博士后）、张杰博士（清华大学博士后），河南城建学院王许涛博士等撰写，全篇由杨世关博士组织编辑；第二篇生物液体燃料，由河南农业大学宋安东博士（山东大学博士后），华北水利水电学院朱灵峰博士，河南农业大学徐桂转博士、宋华民博士等撰写，全篇由宋安东博士组织编辑；第三篇生物质固体成型燃料，由国能生物发电集团有限公司樊峰鸣博士、马孝琴博士（浙江大学博士后），华北水利水电学院赵青玲博士，河南城建学院刘俊红博士等撰写，全篇由樊峰鸣博士组织编辑；第四篇生物能源资源，由河南农业大学吴明作博士后，中国海洋石油总公司丁一博士，农业部科技教育司王久臣硕士等撰写，全篇由王许涛博士组织编辑。徐桂转博士、杨世关博士和王吉庆博士对全书进行编辑，张百良教授对全书进行统审定稿。

在全世界对生物能源表现出极大关注的形势下，希望本书的出版能起到抛砖引玉的作用。由于试验条件的不同，以及技术路线的差异，读者在研究或实践过程中可能会发现一些与本书数据和结论存在差异的地方，这是学术活动的正常表现，我们愿与广大研究工作者和工程技术人员开展探讨和合作。作为一门新兴学科，生物能源的发展涉及诸多科学技术领域，我们倍感能力不足，水平有限，因此，本书难免有疏漏和缺陷，敬请有关专家和广大读者批评指正。

著　者

2008 年 12 月

# 目 录

序一
序二
序三
前言
生物能源述评 ································································································· 1

## 第一篇 生物气体燃料

**1 内循环厌氧反应器研究** ·············································································· 13
    引言 ································································································· 13
    1.1 IC 反应器水力特性研究 ······················································· 15
        1.1.1 试验设备及试验系统流程 ·················································· 15
        1.1.2 IC 反应器水力特性试验 ····················································· 15
    1.2 IC 反应器技术性能试验研究 ··············································· 22
        1.2.1 材料与方法 ······································································· 22
        1.2.2 结果与分析 ······································································· 24
    1.3 IC 反应器基质降解动力学特性研究 ··································· 26
        1.3.1 IC 反应器基质降解动力学模型的建立 ······························· 26
        1.3.2 IC 反应器基质降解动力学分析 ·········································· 29
    1.4 IC 反应器颗粒污泥特性研究 ················································ 30
        1.4.1 材料与方法 ······································································· 30
        1.4.2 结果与分析 ······································································· 31
    1.5 蚓粪对厌氧发酵的促进作用及对 IC 反应器污泥颗粒化的影响 ··· 34
        1.5.1 蚓粪对厌氧发酵效果影响试验 ·········································· 35
        1.5.2 蚓粪对 IC 反应器污泥颗粒化的影响 ································· 39
    1.6 结论 ······················································································· 44

**2 IC 反应器处理猪粪废水条件下厌氧污泥颗粒化研究** ······························· 46
    引言 ································································································· 46
    2.1 IC 反应器处理猪粪废水启动初期的工艺条件研究 ············ 48
        2.1.1 试验材料与方法 ······························································· 48
        2.1.2 试验方法 ··········································································· 49
        2.1.3 结果与分析 ······································································· 49
    2.2 IC 反应器启动过程中颗粒污泥的培养 ······························· 54
        2.2.1 试验材料和方法 ······························································· 54
        2.2.2 试验方法 ··········································································· 55

  2.2.3 结果与分析 ························································· 56
 2.3 IC 反应器处理猪粪废水运行条件下颗粒污泥特性的变化 ················ 75
  2.3.1 试验方法 ····························································· 75
  2.3.2 结果与分析 ························································· 76
 2.4 结论 ··············································································· 82

# 3 秸秆预处理及厌氧发酵产沼气研究 ············································ 84
引言 ······················································································ 84
 3.1 蒸汽爆破设备及工作原理 ······················································ 85
  3.1.1 传统汽爆（汽喷）工艺 ·········································· 85
  3.1.2 蒸汽爆破设备结构及参数 ········································ 86
 3.2 汽爆预处理影响因素及汽爆物料结构特性 ································ 88
  3.2.1 材料和方法 ························································· 89
  3.2.2 结果与分析 ························································· 90
 3.3 蒸汽爆破预处理秸秆发酵生产沼气试验研究 ···························· 103
  3.3.1 材料和方法 ························································ 103
  3.3.2 结果与分析 ························································ 105
 3.4 粉碎粒径对玉米秸秆厌氧发酵的影响 ····································· 115
  3.4.1 材料和方法 ························································ 115
  3.4.2 结果与分析 ························································ 116
 3.5 NaOH 处理对玉米秸秆厌氧发酵的影响 ·································· 118
  3.5.1 材料和方法 ························································ 118
  3.5.2 结果与分析 ························································ 119
 3.6 结论 ············································································· 122

# 4 生物质气化烤烟系统研究 ······················································· 124
引言 ···················································································· 124
 4.1 第一代生物质气化烤烟系统 ················································· 126
  4.1.1 系统设计 ··························································· 126
  4.1.2 关键技术研究 ····················································· 128
  4.1.3 系统运行试验 ····················································· 132
 4.2 第二代生物质气化烤烟系统 ················································· 135
  4.2.1 系统组成 ··························································· 135
  4.2.2 系统运行试验 ····················································· 137
  4.2.3 结论 ································································· 139

## 第二篇 生物液体燃料

# 5 生物质原料气合成甲醇研究 ···················································· 143
引言 ···················································································· 143
 5.1 秸秆类生物质热化学法制甲醇合成气的试验研究 ······················ 145
  5.1.1 秸秆类生物质热化学法制原料气 ····························· 145
  5.1.2 秸秆类生物质制合成气试验 ··································· 147

## 5.2 秸秆类生物质煤气催化合成甲醇试验研究 ................................................. 149
### 5.2.1 甲醇合成方法与工艺流程 ..................................................................... 149
### 5.2.2 合成试验 ................................................................................................. 151
### 5.2.3 试验结果与分析 ..................................................................................... 153
## 5.3 秸秆气化合成气制备甲醇工艺条件试验研究 ............................................. 160
### 5.3.1 试验设计 ................................................................................................. 160
### 5.3.2 试验部分 ................................................................................................. 161
## 5.4 秸秆气化合成气合成甲醇的动力学试验研究 ............................................. 169
### 5.4.1 试验设计 ................................................................................................. 169
### 5.4.2 试验结果与分析 ..................................................................................... 170
## 5.5 秸秆类生物质合成甲醇的热力学性质研究 ................................................. 177
### 5.5.1 试验部分 ................................................................................................. 177
### 5.5.2 秸秆合成气合成甲醇反应的反应热 ..................................................... 178
### 5.5.3 合成甲醇反应的平衡常数及平衡组成 ................................................. 181
## 5.6 结论 ................................................................................................................. 185

# 6 生物质纤维燃料乙醇生产工艺试验研究 ............................................................. 186
## 引言 ....................................................................................................................... 186
## 6.1 固态培养降解秸秆木质素试验研究 ............................................................. 188
### 6.1.1 材料和方法 ............................................................................................. 188
### 6.1.2 结果与分析 ............................................................................................. 191
## 6.2 木质素降解酶降解秸秆木质素试验研究 ..................................................... 203
### 6.2.1 材料和方法 ............................................................................................. 203
### 6.2.2 结果与分析 ............................................................................................. 204
## 6.3 玉米秸秆稀酸预处理试验 ............................................................................. 208
### 6.3.1 材料与方法 ............................................................................................. 208
### 6.3.2 结果与分析 ............................................................................................. 209
## 6.4 秸秆双酶糖化条件试验及木质素降解对秸秆糖化效果的影响 ................. 210
### 6.4.1 材料与方法 ............................................................................................. 210
### 6.4.2 结果与分析 ............................................................................................. 211
## 6.5 戊糖发酵菌种的对比研究 ............................................................................. 224
### 6.5.1 材料与方法 ............................................................................................. 224
### 6.5.2 结果与分析 ............................................................................................. 225
## 6.6 戊糖和己糖同步发酵生产燃料乙醇条件试验研究 ..................................... 229
### 6.6.1 材料与方法 ............................................................................................. 229
### 6.6.2 结果与分析 ............................................................................................. 229
## 6.7 基于秸秆糖化液脱毒预处理的试验研究 ..................................................... 233
### 6.7.1 抑制物的作用机制分析 ......................................................................... 233
### 6.7.2 不同脱毒方法对秸秆糖化液发酵生产乙醇研究 ................................. 234
## 6.8 玉米秸秆糖化液发酵生产乙醇试验研究 ..................................................... 236
### 6.8.1 材料与方法 ............................................................................................. 236

6.8.2　玉米秸秆糖化液发酵乙醇关键工艺条件试验研究 …………………………… 236
　　　6.8.3　玉米秸秆糖化液发酵条件优化 …………………………………………………… 238
　　　6.8.4　汽爆玉米秸秆糖醇转化率 ………………………………………………………… 239
　6.9　BPSS&CF 秸秆纤维燃料乙醇生产工艺的试验研究 ……………………………………… 241
　　　6.9.1　工艺流程总体设计 …………………………………………………………………… 241
　　　6.9.2　工艺流程 ………………………………………………………………………………… 241
　　　6.9.3　主要操作要点及技术指标 ………………………………………………………… 242
　　　6.9.4　技术分析 ………………………………………………………………………………… 243
　6.10　结论 …………………………………………………………………………………………………… 244

# 7　脂肪酶催化植物油制取生物柴油的研究 ………………………………………………………… 246
　引言 ………………………………………………………………………………………………………………… 246
　7.1　分析、测试方法 ………………………………………………………………………………………… 248
　　　7.1.1　材料与方法 ……………………………………………………………………………… 248
　　　7.1.2　原料油成分分析方法及结果 …………………………………………………… 249
　　　7.1.3　生物柴油中脂肪酸甲酯的测定及酯交换率的计算 …………………… 250
　7.2　脂肪酶间歇催化菜籽油制取生物柴油的研究 ………………………………………… 253
　　　7.2.1　脂肪酶催化菜籽油间歇反应试验 ……………………………………………… 253
　　　7.2.2　响应面法优化试验 …………………………………………………………………… 258
　　　7.2.3　脂肪酶重复使用及间歇催化菜籽油的放大试验 ……………………… 262
　　　7.2.4　脂肪酶间歇催化菜籽油酯交换反应机制及动力学研究 …………… 264
　7.3　脂肪酶间歇催化桐油制取生物柴油的研究 ……………………………………………… 267
　　　7.3.1　脂肪酶间歇催化桐油反应试验 ………………………………………………… 267
　　　7.3.2　响应面法优化试验 …………………………………………………………………… 269
　　　7.3.3　脂肪酶间歇催化桐油的实验室放大试验 ………………………………… 273
　　　7.3.4　脂肪酶间歇催化桐油酯交换反应催化的机制及动力学研究 …… 274
　7.4　菜籽油连续制取生物柴油的研究 ……………………………………………………………… 276
　　　7.4.1　试验材料和方法 ……………………………………………………………………… 276
　　　7.4.2　试验结果分析与讨论 ……………………………………………………………… 277
　　　7.4.3　膨胀床连续生产生物柴油的工艺研究 ……………………………………… 283
　7.5　桐油连续制取生物柴油的研究 ………………………………………………………………… 287
　　　7.5.1　试验材料和方法 ……………………………………………………………………… 287
　　　7.5.2　结果与讨论 ……………………………………………………………………………… 287
　7.6　生物柴油提取及性能测试试验 ………………………………………………………………… 291
　　　7.6.1　生物柴油真空蒸馏提取试验 …………………………………………………… 292
　　　7.6.2　生物柴油产品性能测试方法及测试结果 ………………………………… 294
　7.7　结论 ……………………………………………………………………………………………………………… 298

# 8　生物柴油用固体催化剂试验研究 ………………………………………………………………… 300
　引言 ………………………………………………………………………………………………………………… 300
　8.1　固体碱催化剂制备试验研究 ……………………………………………………………………… 301
　　　8.1.1　试验流程与材料、仪器 ……………………………………………………………… 301

## 8.1.2 催化剂材料及制备方法选择 ········ 303
### 8.1.3 固体催化剂制备试验 ········ 306
## 8.2 催化剂的表征 ········ 310
### 8.2.1 试验仪器与方法 ········ 310
### 8.2.2 结果与分析 ········ 311
## 8.3 生物柴油制备试验研究 ········ 313
### 8.3.1 试验方法 ········ 313
### 8.3.2 结果分析 ········ 314
## 8.4 催化剂失活及再生试验 ········ 316
### 8.4.1 试验方法 ········ 316
### 8.4.2 结果与分析 ········ 316
### 8.4.3 催化剂优化试验 ········ 321
## 8.5 结论 ········ 324

# 第三篇 生物质固体成型燃料

# 9 生物质液压成型机优化设计及其工程化试验 ········ 327
引言 ········ 327
## 9.1 液压秸秆成型机的主要设计参数 ········ 328
### 9.1.1 秸秆压缩成型正交试验 ········ 329
### 9.1.2 生产率与冲杆直径和单位能耗关系 ········ 337
### 9.1.3 锥度、锥长与压力、密度关系试验 ········ 340
## 9.2 秸秆压缩成型参数模拟 ········ 340
### 9.2.1 成型压力与成型燃料密度的关系 ········ 340
### 9.2.2 相同温度不同含水率条件下的成型参数 ········ 341
### 9.2.3 不同温度相同含水率条件下的成型参数 ········ 343
## 9.3 HPB-Ⅳ型生物质成型机的改进设计及工程试验 ········ 344
### 9.3.1 液压系统的设计 ········ 344
### 9.3.2 成型机的结构设计 ········ 346
### 9.3.3 成型设备系统改进设计指标及参数 ········ 347
### 9.3.4 改进后成型机工作流程 ········ 348
### 9.3.5 改进成型机试验及结果分析 ········ 349
## 9.4 生物质液压成型机能耗测试及分析 ········ 349
### 9.4.1 加热系统能耗测试及分析 ········ 350
### 9.4.2 进料系统的能耗测试及分析 ········ 352
### 9.4.3 液压系统的能耗测试分析 ········ 354
## 9.5 节能降耗的措施 ········ 355
### 9.5.1 加热系统节能措施 ········ 355
### 9.5.2 进料系统节能措施 ········ 355
### 9.5.3 液压系统节能措施 ········ 356
## 9.6 结论 ········ 357

## 10 秸秆成型燃料燃烧设备设计基础 ... 359
引言 ... 359
### 10.1 秸秆成型燃料燃烧动力学特性试验 ... 359
10.1.1 秸秆燃烧动力学特性的试验 ... 360
10.1.2 秸秆成型燃料燃烧动力学特性 ... 366
10.1.3 秸秆成型燃料的实际锅炉燃烧工况 ... 374
### 10.2 生物质（秸秆）成型燃料燃烧设备的设计计算 ... 376
10.2.1 生物质成型燃料燃烧特性 ... 376
10.2.2 生物质成型燃料燃烧设备的设计参数 ... 377
10.2.3 生物质成型燃料燃烧设备设计 ... 378
### 10.3 生物质成型燃料燃烧设备热性能 ... 386
10.3.1 测试试验 ... 386
10.3.2 试验结果与分析 ... 387
### 10.4 生物质成型燃料燃烧设备空气流动场试验与分析 ... 395
10.4.1 试验 ... 395
10.4.2 试验结果与分析 ... 396
### 10.5 燃烧设备炉膛温度场试验与分析 ... 403
10.5.1 试验 ... 403
10.5.2 试验结果与分析 ... 404
### 10.6 燃烧设备炉膛气体浓度场试验与分析 ... 411
10.6.1 试验 ... 411
10.6.2 试验结果与分析 ... 412
### 10.7 生物质成型燃料燃烧设备的结渣特性 ... 414
10.7.1 试验 ... 414
10.7.2 试验结果与分析 ... 415
### 10.8 燃烧设备主要设计参数的确定 ... 422
10.8.1 主要设计参数 ... 422
10.8.2 试验结果与分析 ... 422
### 10.9 结论 ... 425

## 11 我国生物质成型燃料规模化研究 ... 426
引言 ... 426
### 11.1 秸秆成型燃料设备综合评价 ... 427
11.1.1 秸秆成型燃料设备选择 ... 427
11.1.2 利用秸秆成型燃料能量分析 ... 431
### 11.2 秸秆资源的收集与预处理 ... 433
11.2.1 秸秆资源的收集 ... 433
11.2.2 秸秆成型燃料生产原料的供应 ... 435
### 11.3 松弛密度对秸秆成型燃料规模化生产的影响 ... 436
11.3.1 秸秆成型燃料的松弛密度 ... 436
11.3.2 原料粉碎粒度和含水率对秸秆成型燃料松弛密度的影响 ... 437

11.3.3 讨论 ……………………………………………………………… 439
11.4 秸秆成型燃料的储运性能对规模化技术的影响 …………………… 442
　11.4.1 秸秆成型燃料耐久性的概念 ………………………………… 442
　11.4.2 试验 …………………………………………………………… 443
　11.4.3 试验结果与分析 ……………………………………………… 444
11.5 秸秆成型燃料的燃烧性能对规模化应用的影响 …………………… 450
　11.5.1 试验 …………………………………………………………… 451
　11.5.2 试验结果与分析 ……………………………………………… 451
11.6 秸秆成型燃料的规模化经营措施 …………………………………… 455
　11.6.1 我国农村对秸秆成型燃料的市场需求 ……………………… 456
　11.6.2 秸秆成型燃料规模化经营障碍 ……………………………… 458
　11.6.3 秸秆成型燃料规模化发展建议 ……………………………… 459
11.7 秸秆成型燃料的价格方案 …………………………………………… 461
　11.7.1 影响秸秆成型燃料价格的因素 ……………………………… 461
　11.7.2 秸秆成型燃料的价格补贴 …………………………………… 462
11.8 秸秆成型燃料规模化生产应用示范案例 …………………………… 464
　11.8.1 案例介绍 ……………………………………………………… 465
　11.8.2 案例的基本信息 ……………………………………………… 467
　11.8.3 秸秆成型燃料的生产与应用 ………………………………… 467
　11.8.4 秸秆成型燃料对纠庄村能源结构和生态环境的影响 ……… 471
11.9 生物质成型燃料规模化机制设计 …………………………………… 473
　11.9.1 研究路线 ……………………………………………………… 473
　11.9.2 分析模型 ……………………………………………………… 473
　11.9.3 理论基础 ……………………………………………………… 474
　11.9.4 生物质成型燃料推广的利弊 ………………………………… 477
　11.9.5 生物质成型燃料推广机制设计与政策建议 ………………… 478
11.10 结论 ………………………………………………………………… 481

# 12 秸秆成型燃料燃烧形成的沉积与腐蚀问题研究 …………………… 483
引言 ……………………………………………………………………… 483
12.1 秸秆成型燃料燃烧形成沉积的影响因素 …………………………… 487
　12.1.1 试验材料和装置 ……………………………………………… 487
　12.1.2 影响沉积形成因素的试验与分析 …………………………… 489
12.2 秸秆燃烧过程中沉积腐蚀的形成过程与机制 ……………………… 492
　12.2.1 试验 …………………………………………………………… 493
　12.2.2 沉积腐蚀的形成过程与机制 ………………………………… 493
12.3 沉积、腐蚀对锅炉的危害 …………………………………………… 501
　12.3.1 沉积对受热面换热效率的影响 ……………………………… 501
　12.3.2 沉积对锅炉受热面的腐蚀 …………………………………… 506
12.4 降低锅炉的沉积与腐蚀的措施 ……………………………………… 507
　12.4.1 自然预处理法 ………………………………………………… 507

　　　　12.4.2　添加剂对沉积的影响 ……………………………………………… 508
　12.5　结论 ……………………………………………………………………… 509

## 第四篇　生物能源资源

**13　河南省生物柴油木本植物资源及其潜力研究** ………………………………… 513
　引言 …………………………………………………………………………………… 513
　13.1　研究地点概况与研究方法 ………………………………………………… 514
　　　　13.1.1　研究地点自然概况 ………………………………………………… 514
　　　　13.1.2　研究方法 …………………………………………………………… 515
　13.2　河南省生物柴油木本植物资源分析 ………………………………………… 518
　　　　13.2.1　木本植物资源分布概述 …………………………………………… 518
　　　　13.2.2　生物柴油木本植物资源调查种类的选择 ………………………… 518
　　　　13.2.3　生物柴油木本植物资源分析 ……………………………………… 521
　13.3　引种与分布区扩展分析 …………………………………………………… 524
　　　　13.3.1　现有种类分布区扩展的气候相似性分析 ………………………… 524
　　　　13.3.2　现有种类分布区扩展分析 ………………………………………… 534
　　　　13.3.3　省外拟引进种类与分布区扩展分析 ……………………………… 536
　　　　13.3.4　能源蕴藏量扩展分析 ……………………………………………… 540
　13.4　河南省生物柴油木本植物资源气候生产潜力分析 ………………………… 542
　　　　13.4.1　计算条件说明 ……………………………………………………… 542
　　　　13.4.2　计算结果与分析 …………………………………………………… 543
　　　　13.4.3　河南省生物柴油木本植物资源可能的蕴藏量 …………………… 546
　　　　13.4.4　河南省生物柴油木本植物资源开发利用种类选择 ……………… 548
　　　　13.4.5　区域扩展与生态环境建设 ………………………………………… 550
　13.5　结论 ……………………………………………………………………… 551

**14　生物质液体燃料对我国石油安全的贡献** …………………………………… 553
　引言 …………………………………………………………………………………… 553
　14.1　中国面临的石油安全问题 ………………………………………………… 554
　　　　14.1.1　中国石油供需现状 ………………………………………………… 554
　　　　14.1.2　供应安全问题 ……………………………………………………… 557
　　　　14.1.3　价格上涨的影响 …………………………………………………… 558
　14.2　解决中国能源安全问题的研究 ……………………………………………… 558
　　　　14.2.1　石油储备 …………………………………………………………… 558
　　　　14.2.2　保障国外石油供给的措施 ………………………………………… 560
　　　　14.2.3　稳定国内产量 ……………………………………………………… 561
　　　　14.2.4　减少国内石油消耗 ………………………………………………… 562
　　　　14.2.5　石油相关政策 ……………………………………………………… 563
　14.3　生物质液体燃料技术和原料 ………………………………………………… 564
　　　　14.3.1　燃料乙醇 …………………………………………………………… 564
　　　　14.3.2　生物柴油 …………………………………………………………… 567

## 14.4 我国生物质液体燃料生产潜力分析 ............... 571
### 14.4.1 现有农产品生产生物质液体燃料的潜力 ............... 571
### 14.4.2 生物质液体燃料的产量计算依据 ............... 572
### 14.4.3 生物质液体燃料最大可能产量及其影响因素 ............... 573
### 14.4.4 生物质液体燃料的最大可能产量分析 ............... 580
## 14.5 我国发展生物液体燃料的政策建议 ............... 582
### 14.5.1 建立法律法规保障 ............... 583
### 14.5.2 完善管理体制 ............... 583
### 14.5.3 建立多渠道投资生物质能源的保障体系 ............... 584
### 14.5.4 建立经济激励措施 ............... 584
### 14.5.5 加强生物能源的科技创新能力建设 ............... 585
### 14.5.6 开展资源普查和区域规划 ............... 586
### 14.5.7 制定促进生物质液体燃料产业发展的政策 ............... 586
### 14.5.8 重视项目试验和示范 ............... 587
## 14.6 结论 ............... 587

# 15 中国农村可再生能源技术应用对温室气体减排贡献的研究 ............... 589
## 引言 ............... 589
## 15.1 农村可再生能源技术对温室气体减排的影响 ............... 590
### 15.1.1 温室气体源排放和碳汇吸收 ............... 590
### 15.1.2 省柴节煤灶对温室气体减排的影响 ............... 590
### 15.1.3 节能炕对温室气体减排的影响 ............... 590
### 15.1.4 户用沼气池对温室气体减排的影响 ............... 591
### 15.1.5 大中型沼气工程对温室气体减排的影响 ............... 592
### 15.1.6 太阳能热水器对温室气体减排的影响 ............... 592
### 15.1.7 太阳房对温室气体减排的影响 ............... 593
### 15.1.8 太阳灶对温室气体减排的影响 ............... 593
### 15.1.9 小型风力发电对温室气体减排的影响 ............... 594
### 15.1.10 微型水力发电对温室气体减排的影响 ............... 594
### 15.1.11 秸秆气化集中供气对温室气体减排的影响 ............... 594
## 15.2 农村可再生能源技术的 $CO_2$ 减排量计算 ............... 595
### 15.2.1 煤炭燃烧的 $CO_2$ 排放系数 ............... 595
### 15.2.2 碳汇资源 $CO_2$ 吸收系数 ............... 596
### 15.2.3 农村可再生能源技术的 $CO_2$ 减排量计算方法 ............... 596
## 15.3 农村可再生能源技术的 $CH_4$ 减排计算 ............... 599
### 15.3.1 传统生物质燃烧的 $CH_4$ 排放系数 ............... 599
### 15.3.2 粪便管理 $CH_4$ 排放系数 ............... 599
### 15.3.3 农村可再生能源技术的 $CH_4$ 减排量计算方法 ............... 600
## 15.4 结论 ............... 601

# 后记 ............... 602

# 生物能源述评

目前，在生物质、生物能源、生物能源资源概念及其计算方面，存在着混淆或不同的认识，给生物能源评价、利用、研究带来诸多不便，因此，进一步明确这些概念，对生物能源科学的研究和发展是十分重要的。

生物质原是生态学专业用来表示生物量的专业词汇，最早作为学术用语是在1934年，前苏联Bogorov在海洋生物协会会志上发表了有关浮游生物随季节变化的报告，报告中把生物质称作"biomass"，以后在学术界就逐渐应用起来。长期以来对生物质一直没有一个严格的定义，美国国家可再生能源实验室把地球上人工栽培及野生繁殖的植物，称为生物质；我国把所有来源于植物、动物和微生物的可再生有机物，称为生物质；日本能源学会定义"生物质是储有太阳能的各种生物体的总称"；最近欧洲联盟（以下简称欧盟）所属的产业委员会对生物质进行了定义："由可被微生物降解的物质作为原料而形成的物质称生物质。"从生物能源工程化应用角度，作者将生物质定义为，"动物、植物和微生物生物体及其产生的有机物质"。

生物能源的概念是参照常规能源概念确定的，在《科学技术百科全书》中，能源的定义为，"能源是指可以从中获得热、光、核动力之类能量的资源"；《大英百科全书》对能源术语的解释是，"能源是一个包括所有燃料、流水、阳光和风的术语，人类用适当的转换手段便可得到需要的能量"；《日本大百科全书》说，"在各种生产活动中，我们利用热能、机械能、光能和电能等能量做功，可以用来作为这些能量源泉的自然界中的各种载体，称为能源"；中国《能源百科全书》对能源概念的描述是，"能源是可以直接或经转换能够提供人类所需的光、热和核动力等任意形式能量的载能体资源"。简单地讲，能源是自然界中能为人类提供某种形式能量的物质资源。按照能源的定义，作者认为，生物能源可以定义为：生物质直接或经转换能够提供人类所需的光、热和电等形式能量的载能体资源。生物能的载体是以生物实体的形式存在，是唯一可以储存和运输的可再生能源，这是与风能、水能、太阳能和潮汐能等最鲜明的不同点。

目前，许多地方把"生物能源"和"生物质能"混杂使用，用来表示相同的含义。日本《新能源法施行令》中把生物质能定义为："来源于动植物的、可作为能源利用的物质（不包括化石能源）。"联合国粮食及农业组织现在已经作出决定，用"生物能源"代替"生物质能"。作者认为，二者无本质的区别，但"生物能源"概念的外延更广，也更符合国际技术交流用语的发展趋势。

生物能源资源是指在特定时期、特定区域内，能够规模提供能源的资源。从能源角度评价，生物能源资源可分为三类，第一类是理论生物能源资源，即根据生物的组成成分推算出的能源物质含量，不考虑是否具有开发价值；第二类是可开发利用的生物能源资源，指已查明有开发利用价值的现有资源；第三类是潜在的生物能源资源，指已查明某类生物质具有或经改造后具有能源价值的生物质，但在目前技术和经济条件下，难以进行规模化开发利用的能源资源。

近200年来，随着化石燃料的大量使用以及日益严重的能源危机，生物能源的战略地位日益凸显。生物能源重要战略地位的提升，不仅是因为其数量大，具有可再生、可转换、可运输、可储存的特点，更重要的是因为以石油为主的常规能源减少，连续出现能源危机。当今世界，石油似乎意味着一切，成了人类进步的标志，成了所有工业化国家的经济生命线，操纵着经济和社会生活的方方面面，直至相互争夺，成了战争的根本原因，可见石油出现问题时会给人类带来多么严重的恐慌。面对石油危机和石油价格的飞涨，生物能源成为人们在寻找出路时直接和现实的一种选择。

世界石油发展历史告诫我们，石油会促进社会进步，也能给人类带来灾难。第一次世界大战期间，英国首相丘吉尔推动石油替代了战马和燃煤的蒸汽机，确立了石油作为衡量国力的重要地位；第二次世界大战期间，希特勒把夺取高加索油田作为最重要战略目标，日本在攫取了东南亚石油资源的同时偷袭了珍珠港；马歇尔"欧洲复兴计划"的依靠力量就是石油。20世纪70年代，"石油力量"使所有工业化国家忧心忡忡、提心吊胆，石油输出国组织的作用与日俱增；90年代以后，各国对石油进口的依存度大幅度增加，2006年，中国、美国、欧盟和日本年石油消费量分别达3.25亿t、9.45亿t、7.0亿t和2.44亿t，年石油进口量分别为1.44亿t、6.35亿t、6.78亿t和2.44亿t，对外石油依存度分别达到44%、67%、97%和100%。能源消费大国为保证其在全球的石油地位，不惜动用外交、政治乃至军队的力量，美国两次发动的伊拉克战争，归根结底都是为了石油。

石油资源的短缺和价格的急剧波动，推动了全球生物能源的开发利用，据《BP世界能源统计2007》，1998~2008年7月美国纽约原油期货价格10年上升了13倍，由1998年的11美元/桶升到2008年7月的世界石油历史上的最高价147.27美元/桶，随之又在2008年12月降到40美元/桶以下；煤炭、粮食等社会经济发展的基本物资的价格、居民消费价格指数（consumer price index，CPI）、生产者物价指数（producer price index，PPI）也随之出现大幅波动，严重威胁了全球经济和社会稳定。

20世纪70年代邓小平同志就提出了用石油发展中国经济的战略，他说："我们必须尽可能地发展石油产业，并要多出口石油。要想进口，必须首先出口……"1993年后，我国改革开放使经济迅速增长，石油的需求量超过了供应量，开始进入能源进口时期。2000年后我国石油依靠进口的比例逐年增高，2007年进口依存度已经达到50%，中国在世界石油产业中已具有重要地位，年能源消费量居世界第二位。与此同时，中国现代石油产业也迅速崛起，中国石油天然气集团公司（以下简称中石油）、中国海洋石油总公司（以下简称中海油）、中国石油化工股份有限公司（以下简称中石化）等石油公司在国际石油市场上显示了巨大的影响力。中国的石油资源储量为24亿t，可开采年限为15年，但人均石油储量仅为世界平均水平的7.7%，是一个能源相对缺乏的国家。

中国已成为能源消费大国，2005年、2006年和2007年能源消费总量分别高达22.5亿tce、24.6亿tce和26.5亿tce，3年间能源消费平均递增了8%。2010年我国能源消费总量将达到35亿tce，2020年将达到75.6亿tce，如果节约一半，按4%的递增速度计算，2010年将达到30亿tce，届时中国要消耗9.5亿t石油，需进口7.5亿t，石油对外依存度将达 81%；2020 年达到 44.4 亿 tce，成为世界第一能源消费大国，这种能源压力中国是很难承受的。

面对能源的严峻挑战，世界能源大国都把开发新能源看作未来的出路，生物能源的特殊地位也开始显现。1981 年 12 月 20 日，联合国在肯尼亚的内罗毕召开了"联合国新能源和可再生能源会议"，并在该次会议上通过了《促进新能源和可再生能源发展与利用的内罗毕行动纲领》，1982 年联合国成立了执行行动纲领的"政府间委员会"，两年召开一次会议，十分明确地把生物能源纳入了联合国的行动纲领，使其在世界范围内具有法定地位。

生物能源的研发得到了各国政府、地区组织的高度重视。1999 年，美国总统克林顿发布了《开发和推进生物基产品和生物能源》的总统令，2000 年美国颁布了《生物质研究开发法案》，2004 年 10 月签署了对生物柴油的税收鼓励法案，2005 年颁布《能源政策法》，2007 年底通过了美国《能源自主与安全法案》，2007 年 12 月，布什总统又签署了一项获得共和党、民主党两党支持的新能源法案，大幅增加了对生物燃料产业的支持，提出要在 2022 年以前将生物燃料产量提高到 1360 亿 L。2008 年 4 月 29 日布什总统在新闻发布会上，申明了政府力排众议发展生物燃料的原因，指出"问题的实质是让我们的农民种植能源，不再从不稳定地区或不友好的国家购买石油，这是我们的国家利益"。

巴西是世界上最早通过立法手段强制推广乙醇汽油的国家，早在 1931 年，巴西政府就颁布法令，规定在全国所有地区销售的汽油必须添加 2%～5% 的无水乙醇；1975 年 11 月，巴西政府以法令形式颁布了"国家乙醇燃料计划"。巴西政府还以法令形式推出"清洁发展机制"；2003 年 7 月，巴西政府又重新启动生物柴油计划，计划 10 年内投资 250 亿美元兴建 246 座新的燃料乙醇生产厂，其中 114 家目前已经处于建设之中，到 2017 年，乙醇将占巴西全国汽车液体燃料消耗量的 80%。乙醇年产量将从目前的 203 亿 L 增加到 532 亿 L。

2002 年 9 月，德国总理施罗德在联合国可持续发展世界首脑会议上倡议召开一次国际可再生能源大会，旨在全球范围内把发展和利用可再生能源的问题落实到行动上，说服尽可能多的国家参与其中。2004 年 6 月，德国总理施罗德倡导的第一届国际首脑可再生能源会议在德国举行，施罗德提出："世界必须大大缩小对石油的依赖，加强利用可再生能源就是一种选择。"德国议会还通过了《可再生能源法》，制定了《再生能使用资助指令》、《农业领域生物动力燃料资助计划》、《复兴信贷银行降低二氧化碳排放资助计划》、《农业投资促进计划》等。

1995 年，欧盟发表了《能源政策绿皮书》，以此为基础，1997 年通过了欧洲议会白皮书《未来能源：可再生能源》，确定了欧盟在能源结构中增加可再生能源比例的行动纲领。2006 年 3 月 8 日，欧盟委员会又发表了绿皮书《欧洲可持续竞争和安全能源策略》，提出 2015 年，可再生能源占能源消费总量的 15%，其中生物质能占 8%，2020 年，可再生能源占能源消耗总量的 20%，生物燃料在交通能耗中所占的比例提高到 10%。欧盟主要成员国也制定了本国的生物能源发展规划。法国的目标是 2010 年达到 7%，2015 年达到 15%。比利时的目标是到 2010 年达到 5.75%。德国制定了混合生物燃料的法令，要求从2007年开始混合4.4%的生物柴油和2%的乙醇，到2010年，生物柴油的混合量提高到5.75%。意大利规定乙醇和生物柴油的混合量各为1%。

中国国家主席胡锦涛提出："加强可再生能源开发利用，是应对日益严重的能源和环境问题的必由之路。"《国民经济和社会发展第十一个五年规划纲要》中明确提出，要"加快开发生物质能"。《中共中央、国务院关于积极发展现代农业，扎实推进社会主义新农村建设的若干意见》提出，"以生物能源、生物基产品和生物质原料为主要内容的生物质产业，是拓展农业功能、促进资源利用的朝阳产业"，"启动农作物秸秆固化成型燃料试点项目"，"鼓励有条件的地方利用荒山、荒地等资源，发展生物质原料作物种植"。为积极贯彻落实党中央、国务院一系列有关发展农业生物质能的指示精神，全国人大制定了《可再生能源法》，依据该法，国务院在2007年制定了中国《可再生能源中长期发展规划》，确定了生物质能主要项目的发展目标。

由于化石能源日益短缺的压力不断增大，化石燃料价格急剧波动的现实，各国政府、国际组织、区域组织和经济组织高度重视对可再生能源的研发，推动了主要生物能源研发的进展，取得了许多可喜的成绩，但还存在不少问题。下面就生物质成型燃料、生物气体燃料和生物液体燃料的研究、应用和发展状况及存在问题进行简要评述。

第一，生物质成型燃料。在生物质成型燃料研发方面，发达国家起步较早，目前已经进入产业化阶段。据2006年统计，美国有60家生物质成型燃料加工厂，年产生物质成型燃料80万t；加拿大有23家专业加工厂，年产生物质成型燃料120万t；瑞典有加工厂30多家，年产生物质成型燃料140万t；意大利有58家加工厂，年产生物质成型燃料35万t；法国年产生物质成型燃料9万t；德国年产生物质成型燃料55万t；丹麦年产生物质成型燃料约20万t；澳大利亚年产生物质成型燃料40万t；日本年产生物质成型燃料20万t；中国年产生物质成型燃料约15万t。全世界年产生物质成型燃料共计500万t左右。

美国在20世纪30年代设计出了螺旋挤压生物质成型机；日本在20世纪30年代研制成功了单头活塞式棒状成型机；欧洲在20世纪中期，借用饲料颗粒成型设备的设计，研制出了机械环模、平模式颗粒成型机。自20世纪80年代引进螺旋式生物质成型机算起，中国对生物质压缩成型技术的研究开发已有20多年的历史。目前，国内一些企业和大专院校、科研院所，在引进、消化、吸收的基础上，开发出挤压式、液压冲击式、螺杆式成型燃料生产设备，作者在20世纪90年代成功研制了液压双头活塞式成型机。我国从21世纪初用环模、平模生产秸秆成型燃料，目前为止还是使用饲料加工厂的饲料加工设备，有的在进出料系统做了改进，但核心技术部位没有变动。

近几年，我国生物质成型燃料得到了较快发展，我国从事各类生物质成型燃料设备生产及研究的厂家有100多家。据估计，全国目前投入使用的生物质压缩成型设备1000台套左右，用于生产木质颗粒的设备、机制木炭设备主要在东北及东南沿海口岸等处投产建设；用于秸秆及农业剩余物的压块及实心棒状燃料的设备主要在河南、河北、江苏、山东及内蒙古等地投产建设。目前，我国每年生产的大约15万t生物质成型燃料主要用于国内高档生物质炉具及环保要求较高的城市小型生物质锅炉，也有少量向东南亚及欧洲国家出口。

虽然我国生物质成型燃料得到了较快发展，已经进入了产业化初级发展阶段，但还存在不少问题，制约了我国生物质成型燃料生产能力的提高。

（1）生产设备的装备水平比较差，快速磨损问题还没有完全解决，单位产品能耗高，一般为100～125kW·h/t，成型机部件寿命也较短，平均寿命仅有60～80h。为了解决螺杆首端承磨面磨损严重这一问题，不少厂家利用高质合金堆焊的办法，对螺杆成型部位进行强化处理，增加了设备成本。活塞冲压式成型机因油缸往复运动，间歇成型，所以生产率不高，同时，国产设备还存在运行稳定性差的问题。环模类成型机的问题尤为突出，欧洲的环模修复期一般是800～1000h，我国目前仅达到300h左右，修复一次一般要1万～2万元开支，过高的维修费对我国农民来说是不能承受的。

（2）资源收集、运输、储存问题较多。据中国工程院黄其励院士的研究报告，我国当前可利用生物质资源约2.9亿t，主要是农业有机废弃物。随着有机废弃物的增加和低产、边际土地的开发，估计2050年我国生物质资源最高可达14亿tce，可供能源化利用的生物质资源潜力可达8.9亿tce，但由于秸秆资源分布分散，加之体积大、密度小，收集和运输的成本高，储存占用空间大，并且火灾隐患较大，这些问题给农业生物质资源的收集、储运带来了很大困难。生物质秸秆成型燃料企业和气化企业面临的最大问题就是原料的稳定供应。

（3）市场发育不完善，原料价格不稳定，消费渠道不清晰，国家扶助政策落实困难，投资者缺乏信心和勇气。

第二，生物气体燃料。在生物气体燃料方面，沼气技术与其他生物能利用技术相比，可以说是各种生物能利用技术中工业化程度最高的一项技术，即便如此，作者认为要推进我国沼气技术和产业向更高的发展目标迈进，还需关注以下几个方面的问题。

（1）如何保证和进一步扩大厌氧发酵原料的来源。现阶段我国沼气主要依赖养殖废弃物以及工业有机废水等易生物降解原料，这些原料来源存在两个方面的隐忧，一是随着国家政策对生物能源产业发展的拉动作用不断增强，势必会使沼气产业迎来一个新的快速发展期，因此，原料供应将成为决定这个产业发展速度和规模的一个重要因素；二是生物质资源的分布特征决定了我国沼气产业发展的主要市场在农村，农村市场的重点在农民的生活用气。随着农民生活水平的提高，部分地区家庭畜禽养殖模式将逐步退出历史舞台，这样户用沼气的发展也会由以畜禽粪便原料为主逐步转向以农林废弃物原料为主，目前这种情况已出现在我国南方发达地区。因此，该类原料的高效厌氧生物转化利用将是今后我国沼气技术发展的一个重要课题。

（2）如何破解秸秆类原料厌氧发酵存在的技术瓶颈。秸秆等木质纤维类生物质的一个共同特点是它们主要由纤维素、半纤维素和木质素三种成分组成。三种成分在植物细胞壁中的存在方式以及相互之间的连接方式，即原料的结构是影响其生物转化利用的主要原因，受其结构的制约秸秆类原料厌氧生物转化过程面临以下两大难题。

其一是木质素对纤维素和半纤维素的屏障作用。木质素在植物细胞壁中与纤维素和半纤维素等碳水化合物结合在一起形成"木质素-碳水化合物联合体"（lignin-carbohydrate complex，LCC），LCC起到保护植物细胞免受微生物攻击的作用。由于木质素对纤维素和半纤维素的包裹作用，降低了原料可利用表面，并阻碍了微生物和酶与纤维素的接触，因此，木质素对纤维素和半纤维素的包裹作用是此类原料生物降解遇到的一大障碍。

其二是纤维素的高结晶度对生物降解的阻碍作用。纤维素分子呈聚集态，纤维素结晶区内链分子的全部羟基和非结晶区内链分子的部分羟基会形成很多氢键，这使得纤维素极难溶解，反应性能差。在纤维素的结晶区，葡萄糖分子的羟基全部在分子内部或与分子外部的氧结合，这种结晶构造使得酶分子和水分子难以侵入其内部，这是秸秆类原料生物降解所必须突破的又一障碍。

针对上述问题，围绕提高木质纤维原料厌氧生物转化利用率这一核心目标，亟须从秸秆类原料的预处理和厌氧生物转化等环节开展相关基础理论和科学研究，从而为破解秸秆类原料厌氧发酵所面临的技术瓶颈提供理论基础。

(3) 如何通过厌氧发酵技术和其他生物炼制技术的结合提高产业竞争力。厌氧发酵产业能否得到持续健康发展最终还取决于其经济性，虽然提高其经济性的途径有很多，但是有一种值得关注，那就是增强厌氧发酵技术和其他生物炼制技术的结合。例如，就秸秆类原料而言，在厌氧发酵过程中利用的主要是原料中的纤维素和半纤维素，而木质素以及原料所含的营养成分得以保留，因此，通过与生物炼制技术的结合将生物质所含的这些组分转化成其他高附加值的化工原料或产品，将会拉长生物质转化利用的产业链，从而提高系统的产出，在增强技术经济性的同时，也使生物质所含的能量和物质得到了充分的开发和利用。

(4) 如何提高我国厌氧发酵技术装备的研发能力。在厌氧发酵产业领域，国际上有很多知名的企业，如荷兰 PAQUES 公司、美国的 BIOTHANE 公司以及德国的 LIPP 公司等，与国外这些著名公司的研发能力和工程业绩相比，我国企业界在该领域的发展伐善可陈。因此，为了提高我国在厌氧发酵领域的发言权，国内的研究机构和企业必须提高自主创新能力，虽然，在传统的厌氧技术领域我们和国外的先进水平存在差距，但是，在秸秆厌氧发酵等新兴的厌氧发酵技术装备研发领域我们应该有所突破，有所创新。

第三，生物柴油。美国于 1980 年开始生物柴油的研发与应用，此后奥地利、德国、新西兰相继展开了研究，并引起了全世界的关注。自 1991 年奥地利颁发了第一个生物柴油燃油标准以来，美国、意大利、法国、瑞士、德国等相继颁发了本国生物柴油标准，我国也于 2007 年对生物柴油标准草案进行了讨论并开始试行。

欧洲是目前生物柴油产量最大的地区，并计划于 2010 年生产能力达到 800 万～1000 万 t/a，使其在柴油市场中的份额达到 5.75%，到 2020 年达到 20%。美国计划到 2011 年生物柴油的生产能力达到 115 万 t/a，2016 年则要达到 330 万 t/a。巴西利用蓖麻油原料建成了年产 2 万 t 的生物柴油厂，并计划到 2020 年生物柴油在柴油中的掺混比例达到 20%。日本则利用废弃的食用油生产生物柴油，生产能力达到 4 万 t/a。印度与德国合作，以小桐籽油为原料生产生物柴油；韩国引进德国技术，正在兴建 10 万 t/a 的生物柴油生产线。

我国于 20 世纪 90 年代末开始了该项技术的研究工作。目前建成了湖南海纳百川、南海正和、福建卓越、四川古杉油脂等数十家生物柴油企业，这些企业主要以餐饮业废油、野生油料、植物油下脚料、地沟油等为原料生产生物柴油。中石油、中石化、中海油和中国粮油食品进出口（集团）有限公司（以下简称中粮集团）都设立了专门的机构研究生物柴油，其中，中石油与国家林业局、云南省签订了合作协议，在西南地区种植麻疯树，以此作为原料，用于发展生物柴油产业。

我国虽然发展了一批生物柴油生产企业，具有一定的生产能力，但现有企业年生产能力均在 2 万 t 以下，尚未形成 10 万 t 以上的经济规模。造成我国目前生物柴油生产规模上不去的主要原因：原料短缺，生物柴油工业化生产技术还存在缺陷；与生物柴油配套的添加剂，如抗氧化剂、低温流动性能改进剂等尚待开发；以生物柴油为原料的高附加值精细化工产品的研究匮乏。目前，国内主要采用液体酸、碱催化酯交换反应进行生物柴油的工业化生产，存在生产工艺复杂；产物、反应物和催化剂不易分离；催化剂不能重复使用；有废碱液或废酸液排出，环境污染较严重；生产过程不连续以及产品成本过高等弊端。

针对上述问题，许多学者主要围绕固态催化剂和反应器开发两个方面进行了大量研究。固态催化剂的研究工作主要集中在固定化脂肪酶、固定化细胞、固体酸和碱催化剂等固态非均相催化剂的研制及利用上，这些研究工作为催化剂的重复利用，降低生物柴油生产过程对催化剂的消耗和对环境的污染，实现生物柴油的连续化生产提供了基础。

新型连续催化反应器也是当前研究的热点，研究报道较多的生物柴油连续生产反应器主要有膜反应器、鼓泡塔式反应器、超临界反应器及固定床式反应器等。Dube 等采用 $0.05\mu m$ 的多孔碳膜构建了膜反应器，发现多孔碳膜能够选择性地透过脂肪酸甲酯、甘油和催化剂，从而将产品和未转化的油脂分离开来，但依然存在催化剂和产物分离困难，催化剂不能重复利用及反应过程中原料混合不充分等问题；鼓泡塔式反应器利用加压设备使反应物乳化，加快了反应速率，但反应过程同样利用的是均相液体催化剂，难以实现催化剂的有效分离和重复利用；超临界甲醇制取生物柴油，可以不使用或使用很少的催化剂，在短时间内完成反应，但该类反应过程要求高温、高压，设备能耗较高，不易实现过程的连续化；固定床式反应器可以采用固体催化剂、固定化脂肪酶和固定化细胞为催化剂进行连续生产，具有结构简单、操作简便等优点，但反应器内压降较大，产物容易黏附到催化剂上，造成催化剂活性降低，从而影响反应的正常进行。此外，人们还提出了许多新颖的反应器，包括微反应器、振荡流反应器、水力空化反应器及反应蒸馏反应器等，这些反应器各具特色，但均处于研究阶段。

为了真正实现生物柴油低成本生产，提高其市场竞争力，理想的生产过程应该是一个连续的、催化剂能够重复利用的反应过程，下游分离和精制过程简单、能耗低。因此，利用已有的生物催化剂，进行相应连续反应过程以及生物柴油生产的固体高效催化剂的研究，对生物柴油的产业化、高效化生产是十分重要的。

第四，生物燃料乙醇。生物燃料乙醇作为最重要的可以替代石油的清洁液态能源，深受世界各国的重视。美国、巴西、欧盟等国家和地区已经在生物燃料乙醇的生产、研究、应用及推广等方面做了大量的工作。近 10 年来，生物燃料乙醇已引起我国政府的高度重视。

生物燃料乙醇的生产可以采用传统的淀粉质原料，如小麦、玉米、甘薯、木薯等，糖质原料，如甜菜糖蜜或甘蔗糖蜜，经酵母菌等微生物发酵生产，技术已经十分成熟。目前，全球已有多个国家和地区建立了大量的生物乙醇生产厂，2000～2007年，全球生物燃料从1380万t增加到3780万t，产量增长了近2倍。我国从2002年开始进行燃料乙醇的试点工作，目前已经有5家燃料乙醇企业，年产燃料乙醇142万t。安徽、河南、吉林、辽宁、黑龙江、广西等省（自治区）已实现车用燃料乙醇体系的封闭运行。我国生产燃料乙醇的原料均为淀粉质原料，主要包括小麦、玉米和木薯。

在能源危机和高油价时期，扩大燃料乙醇的生产势在必行，但是，当前生物燃料乙醇生产面临着一些亟待解决的问题。

（1）原料问题。为了保障能源与粮食的双重安全，发展燃料乙醇必须遵循"不与人争粮，不与粮争地"的原则，探索生物燃料乙醇生产的原料供应的多元化体系，其中最值得关注的是纤维燃料乙醇，利用农林废弃物等木质纤维素来生产燃料乙醇是当今全球研究的重点和难点，同时要适度发展薯类和甜高粱等原料。

（2）技术问题。在淀粉质原料和糖质原料燃料乙醇的生产技术上，要加快高浓度发酵技术的研究，耐高温、耐高乙醇度、高转化率、高生长率微生物菌株的开发和应用，多酶催化水解体系的建立，高效低能耗蒸馏技术的升级和环境污染的生物治理技术，构建绿色、低成本的生产技术体系。

加快纤维乙醇成套技术的攻关和示范。其中要重点攻克的是完善原料的收集运输体系，原料的预处理技术，纤维素酶的生产技术和全糖发酵技术；通过示范厂、示范线建设加快纤维乙醇生产技术的工程化实施，解决工程化中的能耗、成本、环境等关键问题，推进纤维乙醇的商业化运行；加快不同规模纤维乙醇生产工艺、设备等标准化建设，选择有条件的地方进行模块复制。

推动基于"生物炼制"的生物乙醇产业的循环经济模式建立，实现原料转化的生物催化体系，利用基因工程、酶工程、发酵工程、细胞工程和过程工程等推进原料的高效转化和产品的多元化，实现生物乙醇与多种生物基产品的联产，提高经济效益。

（3）能量投入产出的合理性问题。生物燃料乙醇是否具有能量投入产出的合理性，一直是世界争论的焦点。衡量其能量合理性的标准是能投比，即投入优质能量与所生产能量的比值，也称能量投入产出比。在比较落后的生产工艺中，生物燃料乙醇的能投比小于1或勉强持平，目前，美国经过试验计算玉米生物燃料乙醇的能投比为1.34，仍然属于偏低水平。但是甘蔗生物燃料乙醇的能量效率就大不一样，巴西测算甘蔗生物燃料乙醇能投比为5.39。从能量利用效率的角度来看，甘蔗生物燃料乙醇的能投比最高，利用甘蔗生产生物燃料乙醇对自然界的能量转换是最合算的。

生物能源地位和作用一直是众人关注、众说不一的问题。第一种观点认为"生物能源对社会发展有支撑作用，天上飞的、地上跑的都可用生物能源解决"；第二种观点则认为"生物能源无论从技术还是经济角度分析都远不足以实现产业化，无法实现对化石能源的有效补充，发展生物能源得不偿失"；第三种观点则从眼前实际出发，认为"生物能源也仅是农村的能源补充，但现有技术和经济条件下不宜大量投入"。在我国如何对待生物能源，作者认为应进行理性的思考。

（1）化石能源枯竭是自然的规律。自然界的能源资源是永恒存在的，但化石能源对人类的供给会日益减少直至枯竭。我们日常所讲的能源资源实际包括两部分，一部分是地球内部的化石能源，另一部分是地球表面及其以外的能源，主要包括生物质能、太阳能和水能等可再生能源。它们有成因上的内在联系，也有储存、利用方式上的区别。地球内部能源因其能质高，因此，是世界现代文明的支柱能源，但又因其形成周期是以亿年为单位计算的，相对人类开发利用速度而言，是会日渐枯竭的。但也没必要为此惊慌，因为地球表面及其以外的另一部分能源，即生物质能、太阳能和水能等可再生能源是远古人类赖以生存的能源。生物能源作为自然界的资源是永恒存在的，仍然是未来社会发展进步必须依靠的能源资源之一，只不过它的能源利用形态不再是原料形态，而是与社会需求相适应的现代能源利用形态，对这部分能源不能以习惯的化石能源的意识、理念和行为来对待，而应以新的思维认识它，用现代技术转化利用它。

（2）生物能源高水平转化需要一个过程。人类要生存，社会要发展，文明要进步这是绝对的，而这一切又必须靠能源来支撑，随着人们称之为化石燃料的"常规"能源的耗竭，人类必须从"非常规"能源中去寻求能源支撑，实现"非常规"能源的"常规"化，人类要通过"转化"实现这个过程。把旧能源转化成新能源，把低级能源转化成高级能源，把"非常规"能源转化成人们习惯使用的"常规"能源，这是当代人对社会持续发展的责任。生物资源可转变成液体燃料，如生物乙醇、甲醇、生物柴油等，也可转化成气体燃料，如沼气、氢气和生物煤气等，还可加工成高能密度的固体燃料。但每种转化都要提供特定的物化、生化和环境条件，同时，也要满足资源许可、经济许可和技术许可等条件。由上述分析可知，社会发展、人类进步是绝对的，自然界能够保证供给人类进步需要的能源也是不容置疑的，关键是人类如何把握社会发展的规律，理性地促进自然界存在的各类能源形态的"转变"。

在"非常规"生物能源转化为"常规"能源的过程中，对条件提供者来说，投入和能源收益是一对矛盾，人们是否愿意创造这些条件取决于投入是否能和收益统一起来，有多种因素影响这种转化过程中投入和收益的统一。生物能转化是否能够得到投入者的支持，至少取决于3个条件：首先，社会的需求是否达到了必须用生物能源的时候，或用生物能源是否更有效益；其次，生物能转化技术是否达到了合理的能投比水平；最后，对企业来说，益本比能否达到大于1的起码要求。目前可再生能源的技术进步还没有发展到使投入和效益统一的程度。例如，我国现有的生物酶，其活性可能还需要提高几十甚至上百倍；提高广大农、林、牧区生物资源收集、储存的现代化水平还需要相当长的时间等；另外，在目前条件下，社会还没有用可再生能源取代化石能源的内在要求，也不具备取代的条件，这还需要一个漫长的探索过程，因此，我国在2050年前，化石能源仍然是经济社会发展的支柱能源，但生物能源在能源结构中所占比例会越来越大，从而成为化石能源的有效补充。

（3）建立科学评价机制。能使投入和效益统一的因素首先是技术进步的程度，纵观世界生物能源研发进展，我国需要对自己的研究水平和状态有一个科学的分析和评价。我国生物液体燃料还没有进入技术扩张阶段，仅转化酶活性指标与世界先进水平的差距就有近百倍，何况它们也未进入技术扩张阶段，更未到技术集成的工程化阶段。认真地从科学发现入手，集中国内优势力量，积极引进国外最先进技术，尽快把酶工程推向世界先进行列应是我们近期的研究重点；世界生物燃气研究已进入技术工程化阶段，就是集成农业机械化技术、生物技术、机械工程技术和电子电工技术，把以作物秸秆为主的生物质转化为沼气，进一步转化成电力及其他液体燃料，技术路线已基本清晰，核心技术已基本成熟；生物质成型燃料是煤的良好替代燃料，但相对生物质的高水平转化，它还是过渡技术。尽管目前世界生物质成型燃料技术已进入工程化阶段，但因存在快速磨损等技术瓶颈，投入与收益的矛盾依然很突出。

我国生物质资源的总量丰富，有多种功能，如饲料、改良土壤、能源、工业以及生态功能等，人们不可能都把它用作能源，因此，在规划能源生产规模时，不仅要计算清楚能源资源量，还要考虑资源多样性，核算可能得到的有效能源的数量。另外，生物质资源的分散性、多样性以及我国现有落后的收集、运输及储存方式与先进的机械化加工方式的矛盾，决定了生物质成型燃料生产规模不宜过大，运输成本不能过高，作者认为宜采取"分散收集、就地加工、集中使用、企业经营、国家扶持"的发展方针。

建立生物能源的成本评价机制，是国家制定扶持政策，推进生物能源发展的基础。例如，生物质成型燃料是煤的优质替代燃料，在评价其成本时应与煤进行系统比较。煤的投入成本主要有勘探、开采、加工转换、利用和环境投入等；生物能源的投入主要有农（林）业经营、收获、储存、加工转换、利用和环境投入等。对煤的投入成本和生物能源的投入成本进行比较，可以看出煤的勘探、开采（包括生命投入）和环境投入是生物能源的数十倍；生物能源有较长培育管理投入，而煤没有；煤能量密度大，便于长途运输和储存，相对生物能源投入较低；煤加工转换的技术已经成熟，而生物能源还在探索中。

生物能源成本评价机制的建立是个复杂的问题，目前对生物能源的多种态度和意见，都来源于没有评价依据的推测，有的是看多了表面现象，有的是主观臆断，做数值文章，缺乏深入的调查、科学的分析；发展生物能源需要较长的实践过程，不仅需要有先进的技术，还要有科学的发展观和完善的政策法规。建立生物能源的成本评价机制有利于生物能源的健康发展。

# 第一篇 生物气体燃料

  本篇介绍的生物气体燃料是指生物质通过厌氧发酵技术或热化学技术转化产生的可燃性气体。主要内容包括：内循环（internal circulation，IC）厌氧反应器研究，通过对 IC 反应器水力特性、降解有机物特性和产沼气特性的试验与分析，以及 IC 反应器运行条件下基质降解机制的探讨，系统研究了 IC 反应器的结构、性能及运行机制；IC 反应器处理猪粪废水条件下厌氧污泥颗粒化研究，系统研究了反应器运行条件下颗粒污泥的培养工艺及厌氧颗粒污泥的特性；秸秆预处理及厌氧发酵产沼气研究，重点研究了汽爆和 NaOH 处理技术对秸秆结构及其产沼气效果的影响；生物质气化烤烟系统研究，研究提出了一种以秸秆气化气为燃料的烤烟工艺和设备。

# 1　内循环厌氧反应器研究

## 引言

人类利用厌氧生物技术处理有机废弃物起源于 19 世纪末期。1881 年法国 *Cosmos* 杂志报道了厌氧生物技术在处理城市污泥方面的应用。1896 年英国出现了第一座用于处理生活污水的厌氧消化池。1914 年，美国有 14 座城市建立了厌氧消化池。20 世纪 40 年代澳大利亚出现了连续搅拌槽厌氧反应器（continuously stirred tank reactor，CSTR），CSTR 改善了反应器内污水和活性污泥之间的传质效果，提高了处理效率。50 年代中期，Coulter 等在研究生活污水厌氧生物处理时，曾使用一种充填卵石的反应器，这就是对厌氧滤器的早期尝试。美国斯坦福大学 McCarty 等在总结已有工作的基础上，对这种反应器做了较大的改进，并从理论上进行了系统的阐述，60 年代末正式将它命名为 anaerobic filter（AF），即厌氧滤器。厌氧滤器工艺的研究和开发，是现代厌氧生物处理技术发展的一个里程碑，开创了在常温下对中等浓度有机废水的厌氧生物处理技术，大大拓展了厌氧生物处理技术在工业废水处理和城市污水处理领域的应用。促使厌氧生物处理技术得到更大范围推广应用的是荷兰 Wageningen 大学的 Lettinga 等，他们于 1971～1978 年研制成功了上流式厌氧污泥床反应器（upflow anaerobic sludge blanket，UASB）。其独特的结构使得反应器内的微生物可以形成颗粒污泥，从而开辟了全新的生物固定化途径，大大提高了厌氧生物处理效率和厌氧反应器有机负荷率，将厌氧生物处理技术推进到了一个新的发展阶段。20 世纪 80 年代后期 Wageningen 大学在 UASB 的基础上研制了一种新的厌氧反应器——膨胀颗粒污泥床反应器（expended granular sludge bed，EGSB）。Lettinga 教授等在利用 UASB 反应器处理生活污水时，为了增加污水与污泥的接触，更有效地利用反应器的容积，改变了 UASB 反应器的结构和操作参数，使反应器中颗粒污泥床在高上升流速下充分膨胀，由此产生了早期的 EGSB 反应器。

内循环厌氧（IC）反应器是另一种高效厌氧反应器，由荷兰 PAQUES 公司于 20 世纪 80 年代中期在 UASB 反应器的基础上开发成功，1985 年 PAQUES 公司建立了第一个中试规模的 IC 反应器，1988 年第一座生产性规模的 IC 反应器投入运行。IC 反应器去除有机物的能力远远超出目前已成功运用的 UASB、AF 等厌氧反应器，它可以称得上是目前世界上处理效能最高的厌氧反应器，被认为是第三代厌氧反应器的代表工艺之一。由于是一项重大的技术发明，技术拥有者作了严格的保密，直到 1994 年，才在相关杂志上见到 IC 反应器的研究报道。IC 反应器所能承受的有机负荷可达 18～40 kg COD/($m^3$·d)。

IC 反应器的构造如图 1.1 所示。IC 反应器如同两个 UASB 反应器上下叠加而成。上部设有一个气水分离器。分离器通过沼气收集管、沼气提升管、回流管与下面的反应

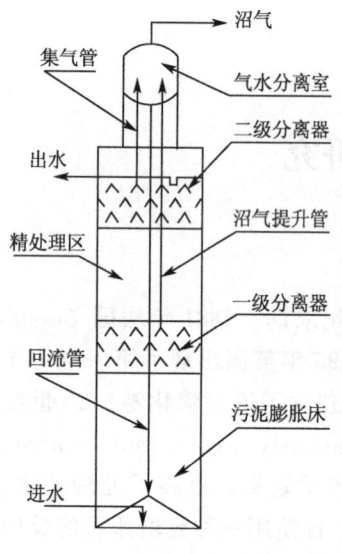

图1.1 IC反应器结构原理示意图

器主体相连接。反应器的高度达 16~25 m，高径比一般为 4~8。

反应器的工作原理：废水由水泵泵入反应器底部的布水系统。底部废水与从降流管回流的混合液进行充分的混合后进入反应器下部的膨胀污泥床区。在此大部分 COD 和 BOD 降解转化为沼气，沼气由一级三相分离器收集。在沼气气泡产生的膨胀功推动下，产生气提作用，沼气携带水和污泥经沼气提升管上升至反应器顶部气液分离器内，在分离器内气体分压较低，使得沼气与污水和污泥实现分离，分离出的沼气被引出反应器，而分离出的污泥和污水的混合液则沿着回流管下降到反应器底部的混合区，并与进水充分混合后再次进入污泥膨胀床区，这样废水就在反应器内形成了一个内部循环。内循环流量可达进水流量的 0.5~5 倍，处理高浓度废水时，循环流量可达进水流量的 10~20 倍。经过处理后的废水除一部分重新参与内部循环外，其余部分则经一级三相分离器上升到反应器的精细处理区，在此没有被下部反应区分解的 COD 被进一步降解并产生沼气，混合液则经二级三相分离器分离后进入上部的沉淀区，经过澄清的上清液最终经溢流堰排出反应器，沉淀下来的污泥重新返回到反应器，而产生的沼气则被二级三相分离器收集后释放到气液分离器与膨胀床区产生的沼气一起被引出。

IC 反应器具有下列优点：①具有更高的运行可靠性；②具有很高的容积负荷率，一般 IC 反应器的容积负荷率可达 25 kg COD/(m³·d)，最高可达 40 kg COD/(m³·d)；③出水水质更为稳定。Driessen 等对 UASB 和 IC 反应器在处理能力方面的差别进行了对比分析。分析的条件：废水流量为 125 m³/h，COD 含量为 5000 mg/L（其中 80% 可被生物降解），结果见表 1.1。

表 1.1 UASB 和 IC 反应器工艺参数对比分析

| 对比项目 | 单位 | UASB | IC |
| --- | --- | --- | --- |
| 反应器容积 | m³ | 1250.0 | 500.0 |
| 反应器高度 | m | 5.0 | 20.0 |
| 容积有机负荷率 | kg COD/(m³·d) | 12.0 | 30.0 |
| 水力滞留期 | H | 10.0 | 4.0 |
| 废水循环比 | — | 1.0 | 4.5 |
| 反应器底部液体流速 | m/h | 1.0 | 27.5 |
| 反应器底部气体流速 | m/h | 0.9 | 7.2 |
| 反应器上部液体流速 | m/h | 1.0 | 5.0 |
| 反应器上部气体流速 | m/h | 0.9 | 1.8 |

由表 1.1 可以看出，在下部污泥床区 IC 反应器的水力流速是 UASB 的将近 28 倍，沼气流速是 UASB 的 8 倍，由此可以看出 IC 反应器的水力条件要远远好于 UASB。

IC 反应器是目前公认的高效厌氧反应器。作为技术的拥有者 PAQUES 公司对 IC 反应器进行了严格的技术保密，直到 1994 年后才公开了 IC 反应器的宏观原理和性能指标，而有关反应器具体结构方面的内容仍作为其技术核心加以保密。但 IC 反应器的高技术性能提示了利用厌氧技术解决我国废水污染的前途和方向。如何利用 IC 反应器的原理研究出适合我国的高效厌氧反应器是我们追求的目标，为此，我们利用"气体提升"原理设计了一台试验室规模的厌氧反应器，并在该试验装置上对反应器所涉及的基础理论问题和反应器的性能进行了试验研究，以期为独立自主的开发此类高效厌氧反应器提供理论和技术参考。这些研究包括以下 4 个方面。

(1) 反应器水力特性研究。
(2) 反应器技术性能研究。
(3) 反应器基质降解动力学特性研究。
(4) 反应器运行条件下污泥颗粒化研究。

## 1.1 IC 反应器水力特性研究

### 1.1.1 试验设备及试验系统流程

#### 1.1.1.1 IC 反应器试验装置

根据 IC 反应器工作原理，设计了一套反应器试验装置，图 1.2 和图 1.3 分别为该装置的结构示意图和实物照片。

试验装置在结构上由以下几部分组成：下部反应区，即污泥床反应区；上部反应区，即精细处理区；布水器；气水分离器；气体提升管和回流管等。反应器的总设计高度为 2170 mm，直径为 250 mm，反应区有效高度为 1800 mm，空反应器有效容积为 88 L，投加活性污泥后反应器的有效容积约为 70 L。

#### 1.1.1.2 试验系统流程

试验系统主要由以下几部分组成：储水槽、水泵、IC 反应器、气体流量计、储气瓶、管道以及阀门等。系统流程见图 1.4。

### 1.1.2 IC 反应器水力特性试验

IC 反应器属气升式反应器，其重要的设计和工艺运行参数是循环水流量，因为其大小直接影响气体提升管内的持气率，反应器内的传质效果，污泥床区的混合程度以及气、固、液三相的流态等重要的工艺运行参数，并最终影响反应器的效率。为了了解上部反应区压力、反应器沼气产率、运行温度等工艺参数对循环水流量的影响方式和程度，本文从水力学的角度进行了试验研究。

#### 1.1.2.1 压力与循环水流量关系试验

**1) 试验设计**

由于 IC 反应器在污泥床区和精细处理区处理的有机负荷量差别很大，所以下部污

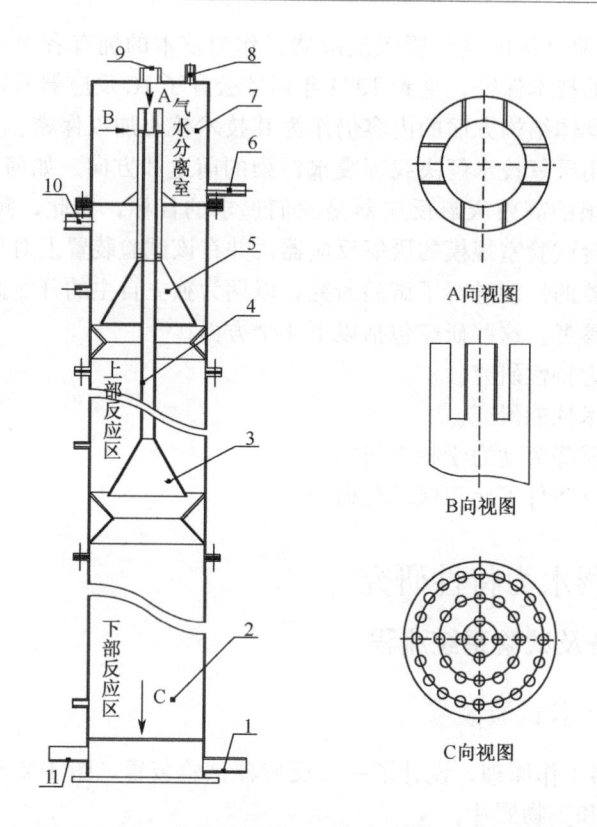

图 1.2　IC 反应器试验装置结构示意图

1. 进水管；2. 污泥床区；3. 一级三相分离器；4. 沼气提升管；5. 二级三相分离器；
6. 回流液出口；7. 气液分离器；8. 沼气出口；9. 检查口；10. 取样管；11. 回流液进口

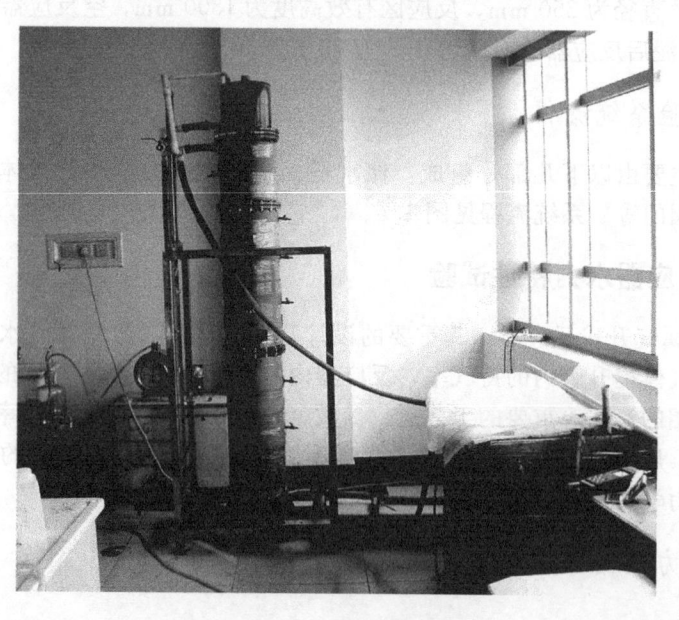

图 1.3　IC 反应器试验装置照片

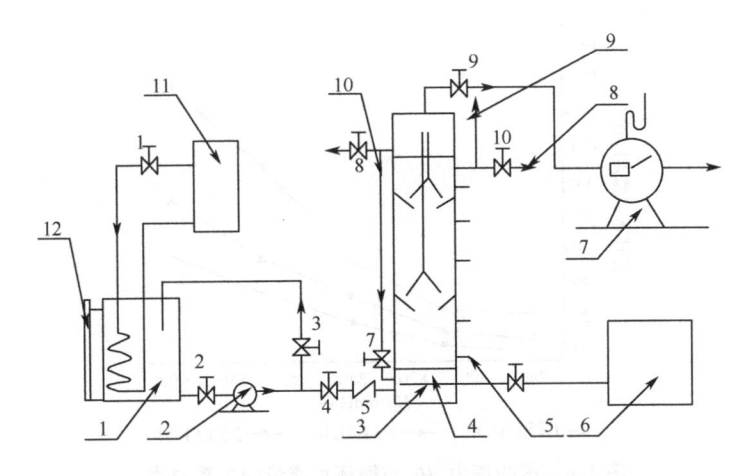

图 1.4　IC 反应器试验系统示意图

1. 储水槽；2. 水泵；3. IC 反应器；4. 微孔曝气器；5. 反应器取样管；6. 空气压缩机；7. 湿式气体流量计；8. 排水管；9. 排空管；10. 循环回流管；11. 蒸汽发生器；12. 水位计

泥床区的产气量远远高于上部精细处理区的产气量，从而造成了上、下两部分混合液之间的密度差，而由此产生的压力差正是水循环的动力。因此，压力差的改变势必会引起循环水量的改变。为了考查二者之间的关系，本文就压力与循环水量之间的关系进行了试验研究。

试验在上述 IC 反应器试验系统中进行，试验中考查的各参数及其之间的位置关系见图 1.5。图中 $H_1$ 表示从一级三相分离器集气罩到上部出水面的高度，试验中主要通过调整它来考查循环水流量的变化；$H_2$ 表示气体提升管的高度，为 1085 mm；$D$ 表示气体提升管的直径，为 25 mm。根据充气量（模拟产沼气量）的不同，试验共分三组进行，每组 $H_1$ 分 5 个水平，分别是 780 mm、810 mm、840 mm、870 mm 和 900 mm。

**2）试验结果与分析**

不同充气率情况下压力 $H_1$ 与循环水流量的关系见图 1.6。

由图 1.6 可以看出，在循环出水口高度、水的温度以及充气量保持不变的情况下，循环水量随着 $H_1$ 的升高而增加，但二者并不呈线性关系，而是当 $H_1$ 超过一定高度后二者才近似呈线性关系。当 $H_1$ 超过 810 mmH$_2$O 后循环水量才随着 $H_1$ 的增加近似成正比增加。二者之间之所以呈现这种关系，主要原因是当 $H_1$ 较低时，压力差小，虽然能产生内部循环现象，但上升的流速较低，这时，处于气体提升管管壁处的混合液不能克服与管壁的摩擦力，无法上升到气水分离室。所以在 IC 反应器的设计过程中应慎重选择 $H_1$

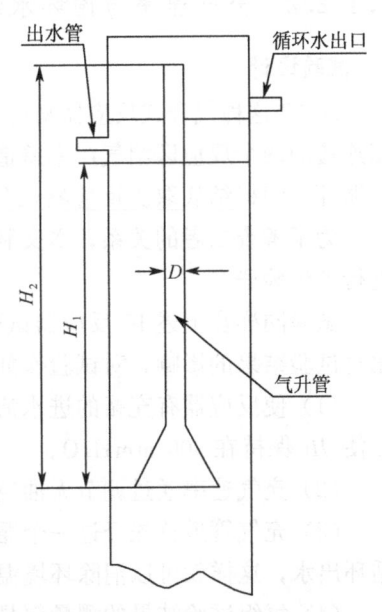

图 1.5　IC 反应器试验参数位置关系图

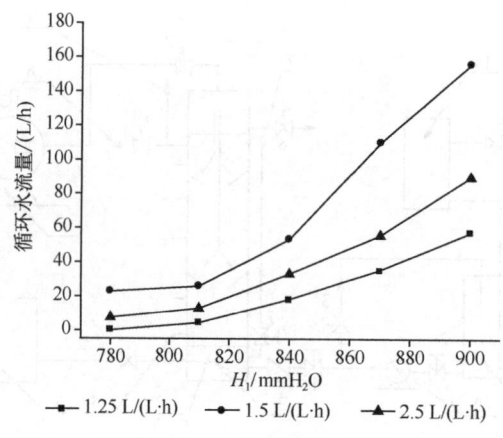

图 1.6  试验压力 $H_1$ 与循环水流量的关系曲线

的值。

由图 1.6 还可以发现，当三组试验采用的充气速度依次为 1.25 L/(L·h)、1.5 L/(L·h) 和 2.5 L/(L·h)，$H_1$ 在 780～810 mmH$_2$O 变化时，循环水流量的变化都很缓慢，由此可以看出，在循环能够形成的情况下，压力的变化比沼气产率的变化对回流水流量的影响更大。当 $H_1$ 较低时，随着充气速率的增加，回流水流量增加，但二者也不呈线性关系变化。值得注意的是，在 $H_1$ 较低时随着充气速率的增加，气体提升管内形成大气泡的概率相应增加，当大气泡群的体积达到一定程度时，气泡就会阻断液体的上升，出现液体循环不连续的"气隔"现象。

#### 1.1.2.2 充气速率与循环水流量关系试验

**1）试验设计**

对 IC 这种气升式反应器来说，其内循环的真正动力来自沼气产生的体积膨胀功和相连通的两个反应区沼气产率差造成的上、下两区间的压力差。所以反应器能否形成内部循环，归根结底取决反应器沼气产率大小，特别是反应器下部污泥床区产气率的大小。为了考查二者的关系，本文利用空气模拟沼气对不同充气速率情况下的循环水流量进行了试验研究。

试验同样在上述 IC 反应器试验系统中进行。试验过程中为了尽量排除其他因素变化对试验结果的影响，对试验作如下设计：

（1）使反应器有充裕的进水流量，以便保证试验过程中 $H_1$ 的稳定；试验过程中始终使 $H_1$ 保持在 900 mmH$_2$O。

（2）充气速率通过调节无油空气压缩机上的稳压阀来调节和保持。

（3）充气管道首先经过一个循环水槽，然后进入反应器，水槽中的水来自反应器的循环出水，这样就可以消除环境温度变化对试验结果的影响。

（4）每组试验结果的测量都是在反应器充分稳定运行的状态下进行。

**2）结果与分析**

试验过程共考查了 12 个充气速率水平下充气速率与循环水流量的关系，试验结果见图 1.7。

图 1.7 表明，随着充气速率的增加，循环水流量也相应增加，而且，在一定充气速率范围内，二者之间呈线性关系变化。

在充气速率很低的情况下，循环水流量和充气速率并不呈线性关系变化。造成这种现象的原因可能有两个，一是充气速率较低时，由于混合液的气含率较低，所以循环只是间断性进行；二是由于充气速率低，气体提升管内的混合液的上升速度还比较低，所以部分混合液，特别是靠近管壁处的混合液还不能克服与管壁之间的摩擦阻力顺利上升到气液分离室，而是滞留在中途或是沿气体提升管回流到下部反应区，这样就又与下面上升的混合液形成逆向流，进一步阻碍了混合液的升流。所以说，无论是由于哪种因素造成的影响，只有在气液混合液获得足以克服上升过程中遇到的沿程阻力损失和局部阻力损失的上升流速的情况下，内循环才能连续正常进行。这是在反应器设计过程中应着重考虑的一个重要因素。

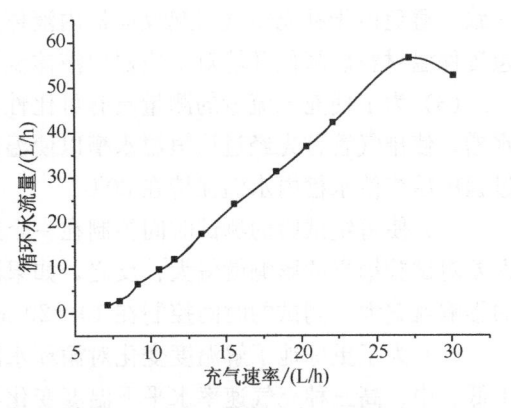

图 1.7 充气速率与循环水流量关系曲线图

当充气速率超过一定值后，循环水流量不但没有随充气速率的增加而增加，反而随着充气量的增加而下降，这是由于气体提升管内流体的流动状态已从湍流鼓泡区发展到了栓塞气泡流动区。这时由于充气速率过大，出现了集中大气泡群或单个的大气泡造成的间断性气隔现象，从而阻断了水的连续循环。试验过程中当充气速率提高到 30.2 L/h 时，可以明显观察到水流阵发性从气体提升管喷出。造成这种现象的原因主要是，当充气量高时，众多小气泡集结在一起形成大气泡，当大气泡的直径等于或大于气体提升管直径时，气泡就将液流隔断，从而使液体从升流管内间断性喷流出来。虽然在反应器实际运行过程中沼气产生速率一般很难达到上述充气速率水平，但当气体提升管直径过小时，同样可以发生气隔现象，所以合理设计气体提升管道的直径是十分重要的。

### 1.1.2.3 温度与循环水流量关系试验

**1）试验设计**

温度对循环水流量的影响主要体现在两个方面：一是通过对液体密度的影响引起压力的变化，从而引起循环水流量的变化；二是通过对气体膨胀做功，即液体循环原动力的影响，进而影响循环水流量的大小。为了考查温度变化对循环水流量变化的影响，对试验做如下设计：

（1）试验过程中保持反应器上部出水液位不变，即 $H_1$ 的高度不变，$H_1$ 始终保持为 900 mmH$_2$O。

（2）保持充气压力和温度稳定。为此，在反应器和空气压缩机之间设置一个恒温水浴槽，使压缩空气管道先经过这个水浴槽以调整空气的温度使其与反应器内的液体温度一致，避免由于补充空气引起反应器内液体温度的波动。同时，反应器和进水储水槽外包裹保温材料以降低环境对反应器内液体温度的影响。

（3）为了使充气流量的测量具有可比性，在反应器和气体流量计之间设置一个恒温水槽，使排气管首先经过该恒温水槽以使温度稳定后再进入气体流量计计量，整个试验过程中始终使水槽内水温保持在30℃。

（4）使每组试验的测试时间控制在一个适宜的范围内，如果测量时间过短，则测量误差对试验结果的影响就偏大；反之，如果测量时间过长，环境因素的变化对试验结果的影响就偏大。测试的时间控制在 10～20 min。

（5）为了更好地了解温度变化对循环水流量的影响，试验共分三组进行，分别考查了低、中、高三种充气速率水平下温度变化与循环水流量的关系，三组的充气速率分别为 0.42 L/(L·h)、1.0 L/(L·h) 和 1.86 L/(L·h)。

**2）结果与分析**

三组试验的试验结果分别见图 1.8、图 1.9 和图 1.10。

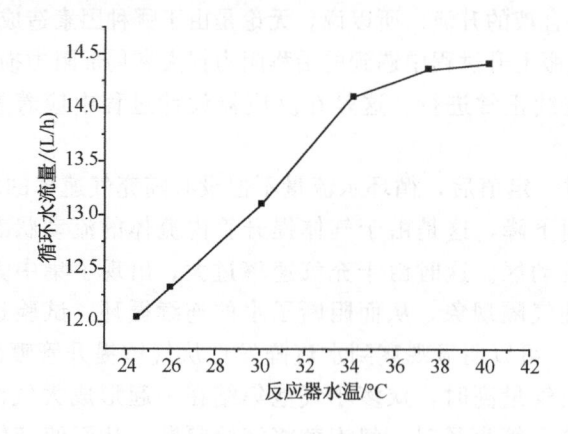

图 1.8　充气速率为 0.42 L/(L·h) 时循环水流量与温度之间的关系

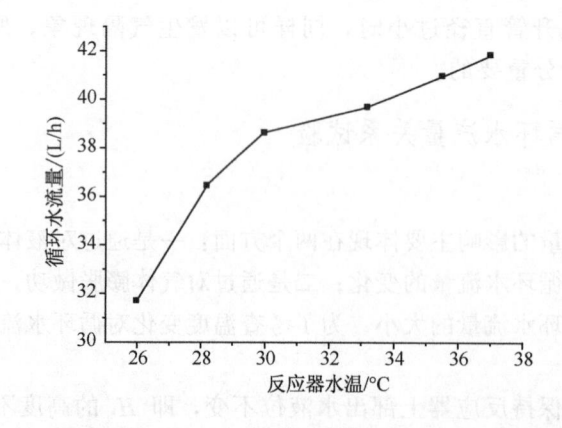

图 1.9　充气速率为 1.0 L/(L·h) 时循环水流量与温度之间的关系

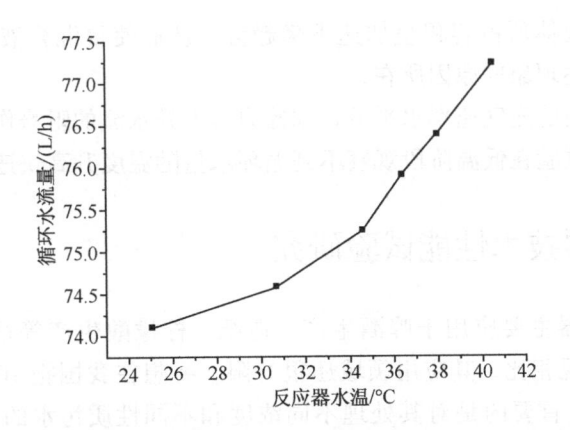

图1.10 充气速率为1.86 L/(L·h)时循环水流量与温度之间的关系

由图1.8、图1.9和图1.10可以看出,不同充气速率水平下循环水流量随温度变化的关系有很大的不同,这表明,温度对循环水流量的影响与充气速率有很大的关系。在充气速率为1.0 L/(L·h)和0.42 L/(L·h)时,循环水流量在温度较低的情况下随温度的升高而增加的速度较快,但超过一定温度后这种变化速度反而变缓。造成这种现象的原因可能主要是温度影响了混合液的密度,密度变化影响了压力差变化。

IC反应器的循环动力主要来自于上部反应区和升流管之间所产生的压力差,在两者之间的液位差保持不变的情况下,压力差主要取决于两者所含混合液的密度差,随着温度的升高,混合液的密度随温度的升高而降低,在一定的充气速率范围内,当温度较低时,随着温度的升高,上部反应区内混合液密度降低的幅度小于升流管内混合液密度降低的幅度,因此压力差相对变大,从而使混合液流动速率增大,这时升流管管壁处由于摩擦力的影响而不能上升的液体也被带动加入了循环流体,两种作用的结果使循环水流量快速增加;但是当温度超过一定值时,随着温度的继续上升,循环水流量增加的速率降低。在上述充气速率水平下,当温度超过一定值后,循环水流速已基本克服了管壁的摩擦力,故摩擦力在影响循环水流量的作用力中所占的比重就会越来越小;另外,由于密度减小,反应器内水的上升流速增加,所以一些小的气泡就被高的水流带入了上部反应区,使上、下两部分之间的密度差降低,这两种作用力的变化可能是造成上述现象的主要原因。对比图1.8和图1.9可知,这种速度变化转折点所对应的温度随充气量的增加而降低,这进一步印证了以上分析。

图1.10表明,在充气速率为1.86 L/(L·h)时,循环水流量随温度的增加呈增大趋势。因为在高充气速率下,反应器下部反应区和上部反应区之间的密度差占了主导地位,且由于充气速率很高,故该密度差随温度的升高而呈加速增加趋势。密度差的加速增加引起升流管和降流管之间压力差加速增加,从而使循环水流量随温度增加的速率呈增大趋势。关于这一点,可从以下分析中得到证明。

根据理想气体状态方程式 $pV=nRT$ 可得:$V=nRT/p$,当 $p$ 保持不变时,$V$ 与 $T$ 成正比,但是,对内循环反应器来说,当反应器出水液位保持不变时,$p$ 随 $T$ 的升高而降低,因此,$V$ 随 $T$ 的升高而加速膨胀,所以对容积固定的下部反应区来说,其内部的气液混合物中液体所占容积呈加速下降趋势，从而使得混合液的密度也呈下降趋势，这正是造成上述现象的原因所在。

同时，在这样高的充气速率水平下，摩擦力对上升水流的阻滞作用已变得可以忽略不计，所以前两组试验在低温阶段观察不到循环水量随温度升高快速增加的现象。

## 1.2  IC反应器技术性能试验研究

目前，IC反应器主要应用于啤酒生产、造纸、柠檬酸生产等过程的污水处理中。与UASB的应用情况相比，其应用领域还很有限。要想在我国把IC反应器推广开来，并拓展其应用领域，首要的是对其处理不同浓度和不同性质污水的适用性进行系统研究，为实现其在污水处理领域的应用奠定技术和理论基础。

鉴于这种情况，本文通过IC反应器试验装置对不同浓度的污水进行了一系列试验研究，以考查其在处理不同浓度污水时的主要技术性能。试验选取了有机负荷率、池容产气率、出水SS含量和pH等作为考查指标，并配制了6个浓度水平的污水进行了处理试验，这6个COD浓度水平分别为1000 mg/L、1500 mg/L、2000 mg/L、3000 mg/L、5000 mg/L和6000 mg/L。

### 1.2.1  材料与方法

#### 1.2.1.1  试验材料

（1）试验用污水。试验所用污水由葡萄糖、$(NH_4)_2CO_3$、$KH_2PO_4$、$NH_4Cl$、$CaCl_2 \cdot 2H_2O$、$MgSO_4 \cdot 4H_2O$和一些微量元素等按一定的比例配制而成。配水中各组成成分及其含量主要依据厌氧细菌对营养物质和微量元素的需求量进行确定，需求量主要根据厌氧细菌细胞的化学组成来确定。与好氧菌相比，厌氧菌需要的营养物种类较少，对C、N、P的需求为$COD_{BD}$：N：P≈（350～500）：5：1。微量元素不但能满足厌氧菌的生长需要，而且Fe、Co、Ni等对污泥的颗粒化还有促进作用。

（2）接种污泥。接种污泥采用UASB反应器颗粒污泥，其TSS为75.4 g/L，VSS含量为68.3%。

#### 1.2.1.2  试验方法

检验一种厌氧反应器是否是一种高效率的反应器，最重要的依据是看其能够承受的有机负荷和对有机物的处理效率。当进水浓度一定时，进水有机负荷主要取决于进水流量，换句话说就是取决于HRT。为此，在每种浓度污水的试验过程中都选取三个具有代表性的HRT水平来对反应器的处理能力进行测试。测试项目主要有：

（1）反应器不同位置COD浓度。为了了解有机物在反应器内的动态变化以及反应器对有机物的去除效率，试验过程中从进水口、出水口和反应器的7个取样口对反应器内污水进行取样分析，各取样口的位置关系见图1.11。试验中所测得的COD除进水以外都是经过过滤后的水样COD，其中不包含水中悬浮物。这主要是考虑到试验所用的葡萄糖配水是一种溶解性水，而出水中的悬浮物实际上是厌氧过程中转化为微生物细胞的有机物。另外，如果不对水样进行过滤，所测得的 COD 中就包含了氧化水样中污泥所消耗的氧量，由于反应器内沿高度方向污泥浓度的分布又有很大的差别，所以测得的 COD 无法反映不同反应区对有机物降解的真实情况。

（2）pH 的变化。厌氧反应器对进水 pH 变化的适应能力的大小也可间接反映其处理效能以及运行的稳定性。

（3）反应器出水 SS。出水中 SS 的大小直接影响反应器处理出水的水质，所以 SS 也是水污染控制的重要指标之一。

（4）反应器沼气产率及其组成成分。反应器沼气产率的提高有助于提高反应器内混合液的扰动，增加污水与微生物之间的传质效果，增加内循环流量，从而提高反应器的处理效果，所以沼气产率是反映反应器处理效率的一个重要指标。

试验是在 IC 反应器完成启动后进行的。从接种污泥开始到反应器达到预期运行状态共经历了 45 d。启动过程中，进水浓度控制在 1500 mg COD/L 左右，反应器容积负荷从 3.2 kg COD/(m³·d) 逐步增加到 10.5 kg COD/(m³·d)。由于污泥的量和性质都处在不断变化中，所以每次有机负荷增加的幅度都不能太高。与其他有机废水不同的是，葡萄糖废水水解产酸相对较快，有机负荷如果提高过快会造成有机酸积累，使反应器内的厌氧反应液酸化，pH 下降，从而出现产甲烷菌活性受到抑制的现象。同时当酸化过程中产生的悬浮的产酸细菌浓度超过一定量时，会引起反应器中严重的污泥上浮问题，

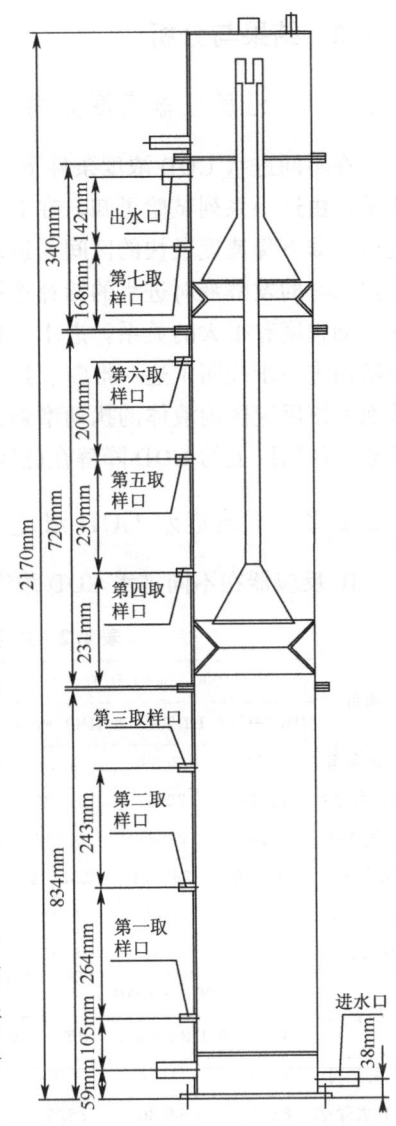

图 1.11 IC 反应器取样口位置关系

导致污泥大量流失。这两种作用均会使 IC 反应器运行效果变差，甚至直接导致反应器运行失败。为了避免上述现象的发生，试验过程中主要采取了两个方面的措施：一是采用出水循环对反应液进行稀释；二是向反应器中添加碳酸氢盐缓冲液，试验中采用的是 NaHCO₃ 溶液，它可以在不干扰微生物敏感的物理化学平衡的情况下平稳地将 pH 调节到理想状态。

每组试验，都选取三个具有代表性的 HRT 水平进行测试，试验过程中进水流速每提高一次，都要使反应器稳定运行 2～3 d 的时间，以便使所取样品能够代表该运行状态下的真实水平。

## 1.2.2 结果与分析

### 1.2.2.1 沿反应器高度方向 COD 浓度的变化

在不同进水 COD 浓度条件下，沿反应器高度方向 COD 浓度的变化情况如图 1.12 所示。由这一系列试验可知，在 IC 反应器内 COD 沿反应器高度方向呈现出相似的变化规律，即下降速度最快的区间为进水口到第 1 取样口之间的反应段，这主要是由于反应器内原有的发酵液对进水的稀释作用造成的，而该稀释作用的强弱跟污泥床区内混合液的扰动程度有很大的关系，进水口到第 1 取样口之间 COD 下降幅度随进水浓度的升高而增加进一步证明了这一推断。这是由于进水浓度的升高会使污泥床区的产气率提高，从而使该反应区内液体的扰动增强。图 1.12 还表明，污泥床区承担着降解 COD 的主要任务，70% 以上的 COD 降解在此区间完成。这些都应归功于液体内循环的作用。

### 1.2.2.2 不同进水 COD 浓度条件下主要性能指标的变化

IC 反应器在不同进水 COD 浓度条件下主要性能指标的变化情况见表 1.2。

表 1.2 IC 反应器处理葡萄糖配水试验结果

| 项目 | 1000 mg COD/L | | | 1500 mg COD/L | | | 2000 mg COD/L | | |
| --- | --- | --- | --- | --- | --- | --- | --- | --- | --- |
| | HRT=5.3 | HRT=6.8 | HRT=8.0 | HRT=5.1 | HRT=6.4 | HRT=8.2 | HRT=4.8 | HRT=6.0 | HRT=7.9 |
| 有机负荷 | 4.76 | 3.69 | 3.15 | 7.17 | 5.77 | 4.48 | 10.11 | 8.05 | 6.10 |
| COD 去除率 | 71.38 | 72.37 | 74.33 | 76.60 | 78.50 | 79.70 | 77.10 | 77.80 | 79.20 |
| 沼气产率 | 0.087 | 0.067 | 0.058 | 0.100 | 0.082 | 0.064 | 0.142 | 0.114 | 0.088 |
| 出水 SS | 314.90 | 281.74 | 252.16 | 318.42 | 284.76 | 258.12 | 335.94 | 297.92 | 268.06 |
| 进水 pH | 6.43 | 6.40 | 6.40 | 6.43 | 6.44 | 6.40 | 6.38 | 6.37 | 6.34 |
| 出水 pH | 6.81 | 6.82 | 6.82 | 6.83 | 6.84 | 6.84 | 6.91 | 6.91 | 6.92 |

| 项目 | 3000 mg COD/L | | | 5000 mg COD/L | | | 6000 mg COD/L | | |
| --- | --- | --- | --- | --- | --- | --- | --- | --- | --- |
| | HRT=4.6 | HRT=6.1 | HRT=8.3 | HRT=4.3 | HRT=5.8 | HRT=8.4 | HRT=4.5 | HRT=6.2 | HRT=8.7 |
| 有机负荷 | 15.62 | 12.06 | 8.75 | 28.20 | 20.28 | 14.39 | 32.39 | 23.63 | 16.78 |
| COD 去除率 | 83.59 | 84.30 | 85.22 | 91.29 | 92.41 | 93.86 | 90.89 | 91.37 | 93.30 |
| 沼气产率 | 0.238 | 0.182 | 0.136 | 0.483 | 0.350 | 0.299 | 0.588 | 0.409 | 0.292 |
| 出水 SS | 369.08 | 302.34 | 277.34 | 509.23 | 414.56 | 377.12 | 625.68 | 513.74 | 462.62 |
| 进水 pH | 6.39 | 6.34 | 6.31 | 6.33 | 6.31 | 6.27 | 6.31 | 6.28 | 6.27 |
| 出水 pH | 6.89 | 6.89 | 6.92 | 6.88 | 6.88 | 6.90 | 6.87 | 6.87 | 6.89 |

注：表中各指标的单位分别为：有机负荷，kg COD/(m·d)；COD 去除率，%；沼气产率，L/(L·h)；出水 SS，mg/L；HRT，h。

根据表 1.2 所示试验结果，下面对几个主要问题进行分析和讨论。

**1) 内循环的作用**

内循环对污泥床区起到了搅拌作用，促进了废水与微生物的混合，并由此产生三个方面的效果：①提高了废水中有机物与微生物之间的传质效果，使二者之间接触的频率增加，液体扰动作用增强加速了微生物代谢产物的释放；②提高了反应器对进水水质变

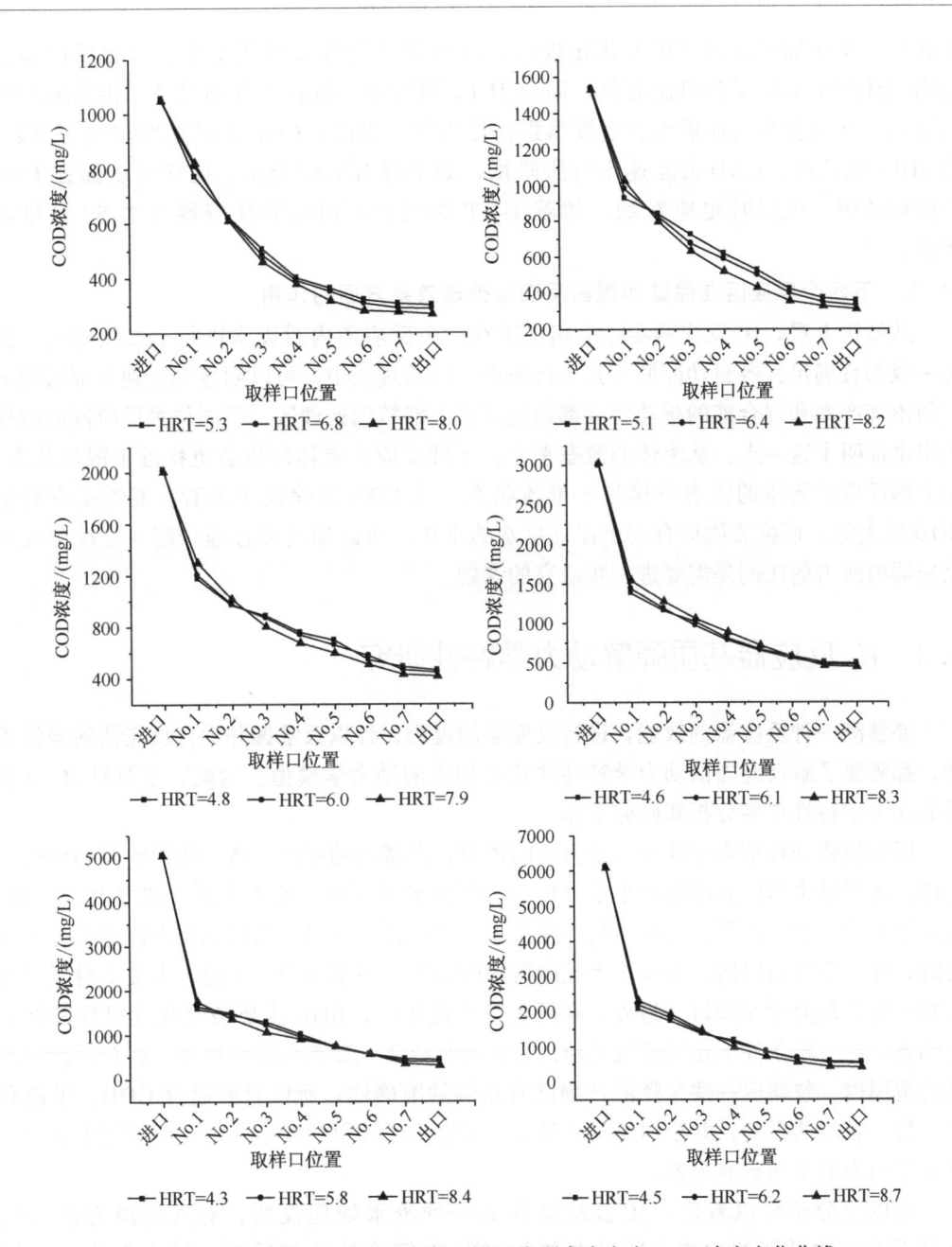

图1.12　不同进水COD浓度条件下沿反应器高度方向COD浓度变化曲线

动的承受能力,当进水水质出现较大的变动时,在搅拌作用下该变动可以被反应器内的混合液所削平;③提高了污泥的沉降性能。传质效果的改善有利于大直径颗粒污泥的生成,同时,回流造成的高的液体上升流速使得以丝状菌为主的颗粒污泥比以球菌为主的颗粒污泥更易在反应器内生存,这两种作用都可增强污泥的沉降性能。

**2)HRT变化对反应器运行性能的影响**

通过试验可以发现,在处理同一浓度水平废水的条件下,当HRT在一定范围内变化时，反应器的运行效果变化比较小，COD 的去除率变化就更小。这与反应器通过内循环产生的正反馈机制有关，即当 HRT 缩短时，池容产气率提高，相应的回流量增加，从而使得反应液混合程度增强，传质效果提高，COD 去除速度加快；反之，当 HRT 延长时，COD 去除速率有所降低，如果降解时间延长，同样可以保证 COD 的降解效率。但同时也应看到，随着 HRT 的缩短，相应的反应器出水 SS 含量则增加。

**3）上、下两个反应区在保证和提高反应器处理效果方面的作用**

从结构上看，IC 反应器实际上相当于在一个反应器内对废水进行了二级处理，且每一级都有满足其各自功能的工艺运行条件。试验过程中，可以明显观察到下部污泥床区的沼气产率和混合液的扰动程度都远远高于上部精细处理区，不同位置反应液的取样测定也证明了这一点。从流体的流态来看，下部反应区流体的流态更接近于混流状态，而上部反应区流体的流态更接近于推流状态。从 COD 去除效果来看，混流更有利于 COD 的去除，而推流则更有利于保证出水的水质。所以如何来合理分配两个反应区在反应器内所占的比例是需要进一步研究的课题。

## 1.3 IC 反应器基质降解动力学特性研究

要预测一种反应器的效能，进行反应器的过程设计以及掌握并优化反应器的操作条件，都需要了解反应器的动力学特性并建立相应的动力学模型。为此，本节对 IC 反应器的动力学特性作些分析和研究工作。

厌氧生物处理动力学涉及三个方面的内容，即基质的降解、微生物的生长和甲烷的生成。厌氧微生物因其细胞产率系数很小，即厌氧污泥增长速率很低，加之 IC 反应器设置了两个三相分离器，反应器的污泥流失率又很低，所以，当反应器在稳定工况下运行时，在一定时间段内，可以认为反应器内的污泥量基本不变，因此，本文不对厌氧微生物的生长动力学作探讨。另外，在厌氧处理过程中，COD 主要被转化成甲烷和微生物细胞，在一定条件下还可通过其他途径被转化成氢气和硫化氢气体等。在对设计有意义的范围内，忽略后一些途径的产物已有足够的准确性，所以目前通过 COD、甲烷和微生物三者间的平衡，并根据化学计量学的方法来计算甲烷的生成量，而甲烷生成动力学也不作为本文的研究内容。

由以上分析可以看出，IC 反应器作为一种废水处理设施，对人们最有意义的是其对有机物的降解效能，所以本文主要就 IC 反应器的基质降解动力学进行分析和研究，以探求基质降解速率与反应物浓度和反应温度等影响因素之间的定量关系。

### 1.3.1 IC 反应器基质降解动力学模型的建立

#### 1.3.1.1 模型的建立

IC 反应器的实际运行状态是非常复杂的，为了表示出主要因素对基质降解速率的影响，并便于基质降解动力学模型的建立，首先作如下一些假设：

（1）假定进入反应器的基质在反应器的污泥床区呈全混合状态，在上部的精细处理区液体呈推流状态。

（2）反应器的进水中不含微生物，且反应器进水中所有可生物降解的基质均为溶解性。

（3）在污泥床区有机物的降解速率对生物浓度和有机物浓度均为一级反应。

（4）内部循环水中的基质在降流管内不发生降解。因为降流管的直径非常有限，基质在其中的停留时间很短，加之其内污泥浓度又很低，所以基质在降流管内降解的比率非常低，可以忽略不计。

（5）因为在上部精细处理区基质的浓度处于较低的水平，污泥处于生产率下降阶段，基质的降解速率被残存的基质浓度所控制，所以基质在上部精细处理区的降解速率与其浓度呈一级反应。

（6）反应器内的厌氧污泥浓度保持稳定，整个处理系统在稳态下运行。

根据上述设定，绘制 IC 反应器的基质变化过程模型，如图 1.13 所示。

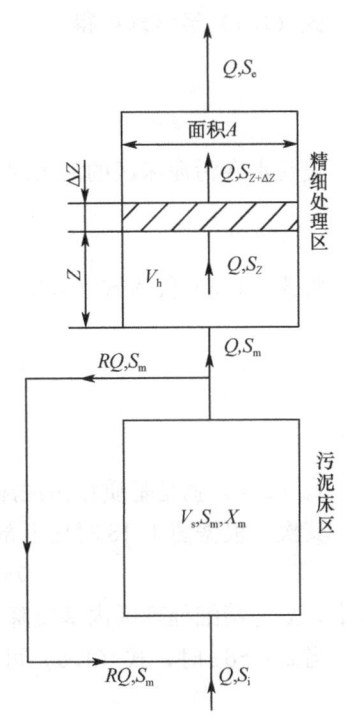

图 1.13 IC 反应器基质变化模型

在下部的污泥床区，进入反应器的液体由两部分组成，一部分是原污水，流量为 $Q$，所含基质浓度为 $S_i$，另一部分是循环管回流水，设污水回流比为 $R$，则这部分流量为 $RQ$，由于液体在此反应区内呈全混流状态，故其所含基质浓度等于反应区内液体基质浓度 $S_m$。下部反应区内水的流速由以上两部分污水的流量和反应区的有效容积 $V_s$ 共同决定，同时设反应区内污泥的浓度为 $X_m$。

经污泥床区处理的污水进入反应器上部的精细处理区，进水的流量及基质的浓度分别为 $Q$ 和 $S_m$。由于液体在该反应区呈推流状态，所以反应区内污水的基质浓度沿反应区高度方向逐步降低。为了便于分析，在反应器任意高度处取一微元体，并设其高度为 $\Delta Z$，反应区横截面积为 $A$，则该微元体的体积为 $A\Delta Z$，流经该微元体的液体的流量为 $Q$，进出该微元体的液体的基质浓度分别为 $S_z$ 和 $S_{z+\Delta z}$。该反应区出水的基质浓度就是反应器最终出水基质浓度 $S_e$，污水在该反应区的滞留时间由进水流量 $Q$ 和该反应区的有效容积 $V_h$ 共同决定。

根据以上分析，图 1.13 所示的 IC 反应器基质变化模型可进行反应器基质降解动力学模型的建立。

首先，根据图 1.13 写出污泥床区内的有机质物料衡算方程式：

$$QS_i + RQS_m = (Q+RQ)S_m + K_1 X_m V_s S_m \tag{1.1}$$

式中，$K_1$ 为污泥床区内基质降解的动力学系数，单位为 L/(mg VSS·h)。

式（1.1）经整理可得

$$\frac{S_m}{S_i} = \frac{1}{1 + \dfrac{K_1 X_m V_s}{Q}} \tag{1.2}$$

设污水在污泥床区的滞留时间为 $\theta$，则有

$$\theta = \frac{V_s}{Q + RQ} \tag{1.3}$$

将式（1.3）代入式（1.2）并整理可得

$$\frac{S_m}{S_i} = \frac{1}{1 + K_1 X_m \left[ \theta + \dfrac{V_s}{Q + \dfrac{Q}{R}} \right]} \tag{1.4}$$

式（1.4）就是基质在污泥床区的降解动力学数学模型。

其次，根据图 1.13 写出上部精细处理区内微元体 $A\Delta z$ 内的有机质物料衡算方程：

$$QS_z = QS_{z+\Delta z} + K_2 S_z (A\Delta z) \tag{1.5}$$

式中，$K_2$ 为精细处理区内基质降解的动力学系数，单位为 L/(mg VSS·h)。

当 $\Delta z \to dz$ 时，式（1.5）可写成：

$$-\frac{Q}{A}\frac{dS_z}{dz} = K_2 S_z \tag{1.6}$$

式（1.6）中的 $Q/A$ 可用推流的水平流速 $U$ 来代替，而 $z/U$ 可用液体流到 $z$ 位置时所需的时间 $\theta$ 来代替，因此，式（1.6）可写成下列常微分方程：

$$\frac{dS}{d\theta} = -K_2 S \tag{1.7}$$

在整个精细处理区高度上对式（1.7）两边积分得

$$S_e = S_m \exp(-k_2 \Theta) \tag{1.8}$$

式中，$S_e$ 为反应器出水基质浓度，单位为 mg COD/L；$\Theta$ 为污水在反应器精细处理区内的滞留时间，单位为 h。

将式（1.8）代入式（1.4）得

$$S_e = \frac{S_i}{1 + K_1 X_m \left[ \theta + \dfrac{V_s}{Q + \dfrac{Q}{R}} \right]} \exp(-K_2 \Theta) \tag{1.9}$$

式（1.9）就是所求的 IC 反应器基质降解动力学的数学模型。

#### 1.3.1.2 动力学参数 $K_1$、$K_2$ 的确定

根据表 1.3 所示试验数据来求解试验条件下动力学参数 $K_1$ 和 $K_2$ 的值。

表 1.3 IC 反应器部分污水处理试验结果

| 温度/℃ | $Q$ /(L/h) | $S_i$ /(mg COD/L) | $S_m$ /(mg COD/L) | $S_e$ /(mg COD/L) | $X_m$ /(mg VSS/L) |
|---|---|---|---|---|---|
| 33.2 | 13.21 | 1052.25 | 632.43 | 302.00 | 20 400 |
| 33.1 | 11.29 | 1538.32 | 824.70 | 331.02 | 30 760 |
| 33.5 | 11.67 | 2012.76 | 1016.22 | 446.83 | 45 020 |
| 33.4 | 11.48 | 3015.42 | 1196.40 | 473.54 | 59 540 |

注：表中 $S_m$ 的值为第 1、第 2、第 3 取样口水样 COD 浓度的平均值。

**1) 动力学系数 $K_1$ 的求解**

令 $S_i/S_m = y$，$X_m V_s/Q = x$，对 $y$ 和 $x$ 做线性回归分析求得 $y$ 与 $x$ 之间回归方程：

$$y = bx + a = 6.47 \times 10^{-6} x + 1.249 \tag{1.10}$$

对式 (1.10) 做 $F$ 检验得 $F = 21.52 > F_{0.05}(1, 2) = 18.51$，说明 $x$ 与 $y$ 之间线性关系显著。

将 $S_i/S_m = y$，$X_m V_s/Q = x$ 代入式 (1.10) 并整理得

$$\frac{S_m}{S_i} = \frac{1}{1.294 + 6.47 \times 10^{-6} X_m V_s/Q} \tag{1.11}$$

对比式 (1.11) 和式 (1.2) 可得 $K_1 = 6.47 \times 10^{-6}$。

**2) 动力学系数 $K_2$ 的求解**

令 $\ln(S_e/S_m) = y$，$\theta = V_h/Q = x$，对 $y$ 和 $x$ 做线性回归分析求得 $y$ 与 $x$ 之间回归方程：

$$y = bx + a = -0.341x + 0.163 \tag{1.12}$$

对式 (1.12) 做 $F$ 检验得 $F = 9.07 > F_{0.10}(1, 2) = 8.53$，说明 $x$ 与 $y$ 之间线性关系显著。

将 $\ln(S_e/S_m) = y$，$\theta = V_h/Q = x$ 代入式 (1.12) 并整理得

$$\frac{S_e}{S_m} = \exp(-0.341\theta + 0.163) \tag{1.13}$$

对比式 (1.13) 和式 (1.8) 可得 $K_2 = 0.341$。

根据以上计算可确定出 33.3℃（4 个试验条件下温度的平均值）条件下基质降解的动力学系数 $K_1$ 和 $K_2$ 的值分别为

$$K_1 = 6.47 \times 10^{-6} \text{ L/(mg VSS·h)}, F = 21.52 > F_{0.05}(1, 2) = 18.51$$
$$K_2 = 0.341 \text{ L/(mg VSS·h)}, F = 9.07 > F_{0.10}(1, 2) = 8.53$$

### 1.3.2 IC 反应器基质降解动力学分析

从式 (1.9) 所表示的 IC 反应器基质降解动力学模型可以看出，影响反应器处理效率的因素主要有以下几个方面：

(1) 内循环比率。根据模型可以看出随着 $R$，即内循环比率的增加，反应器的基质去除速率升高。这更进一步证明了反应液内部循环在提高反应器效率方面的作用。

(2) HRT。模型中 $\Theta$ 与 $\theta$ 加在一起正好等于 HRT，由模型可以看出，随着 $\Theta$ 与 $\theta$

的延长，$S_e/S_i$ 呈降低趋势。同时，还应看到，该动力学模型成立的前提是反应器下部的污泥床区处于全混流状态，为此，需提高反应器进水流速，这样有可能导致 HRT 的降低，所以要保证 HRT，只有提高反应器的高度。从这个意义上说提高反应器的高度有利用提高基质降解速率。

(3) 温度。模型中没有直接反映温度对基质降解效率影响的参数，温度对基质降解效率的影响主要通过其对动力学参数 $K_1$ 和 $K_2$ 的影响间接地反映出来。这可以从下列 Arrhenius 在热力学原理基础上建立的反应速率与温度之间的关系式直观观察出来，

$$K = A\exp(-E/RT) \tag{1.14}$$

式中，$K$ 为反应速率常数；$E$ 为活化能；$A$ 为常数；$R$ 为摩尔气体常数 [8.314 J/(mol·K)]；$T$ 为热力学温度。由此可以看出，温度也是影响基质降解的重要因素之一。

## 1.4 IC 反应器颗粒污泥特性研究

IC 反应器不但继承了 UASB 反应器结构方面的一些特点，如采用了三相分离器，而且还继承发展了其在运行方面的一些特点，如采用高的进水有机负荷且能形成高的沼气产率等，而这些正是 UASB 反应器能够形成颗粒污泥的主要条件。IC 反应器同样具备这些结构和运行特点，因而也具备形成厌氧颗粒污泥的基本条件。但 IC 反应器作为一种新型的厌氧反应器，无论是在结构方面，还是在运行特性方面都与 UASB 反应器有着大的差别，这些差别势必会对反应器内颗粒污泥的特性产生影响，为了解这些影响，本文通过试验对不同运行条件下 IC 反应器内颗粒污泥的特性进行了研究。

### 1.4.1 材料与方法

#### 1.4.1.1 试验设计

试验主要考查反应器工艺因素变化对 IC 反应器内颗粒污泥特性的影响。为此，选取了三个对污泥颗粒化有重要影响的工艺因素：废水有机物浓度、反应器水力负荷率和沼气产率。通过改变这些运行工艺参数来考查它们对反应器内颗粒污泥特性的影响程度。

试验过程中共选取了 6 个废水 COD 浓度水平，分别为 1000 mg/L、1500 mg/L、2000 mg/L、3000 mg/L、5000 mg/L 和 6000 mg/L。水力负荷率调控在 8～17 L/(L·h)，沼气产率由这两个参数决定，属不可控因素。每一试验均分别对反应器污泥床区、精细处理区和气液分离室内的污泥进行取样测定，具体的取样位置为第 2 取样口、第 5 取样口和上部气液分离室取样口。取样测定均在反应器达到稳定运行的状态下进行。

#### 1.4.1.2 试验方法

为全面评价厌氧颗粒污泥的特性并揭示其形成机制，选取以下三类指标作为评价的依据：

(1) 污泥活性指标。这类指标主要有产甲烷活性 SMA 和 VSS。其中 SMA 是直接反映污泥活性的指标，而 VSS 是通过反映污泥中微生物的量来间接反映其活性的指标。考虑到 SMA 的测定条件比较繁琐，且耗时过长，不适合需要大量取样测定的情况，而 VSS 的测定相对比较简单省时，所以，本试验选取 VSS 作为衡量污泥活性的指标。VSS 的测定采用燃烧称重法。

(2) 污泥沉降性能指标。这类指标主要有颗粒污泥密度、直径、污泥沉降比（sludge volume，SV）以及污泥体积指数（SVI）等。与其他指标相比较 SVI 更能全面反映污泥的沉降性能，因此，本试验选取 SVI 作为评价污泥沉降性能的指标。

(3) 污泥的生物学特征。要全面了解和认识颗粒污泥的特性，除了解其物理和化学特征外，还需了解其生物学特征，即污泥的微生物组成。目前，研究颗粒污泥微观生物学特征的主要方法是通过扫描电镜（scanning electron microscope，SEM）观察其表面结构，用透射电镜（transmission electron microscope，TEM）观察颗粒污泥的内部结构。受试验条件所限，本文采用光学显微镜观察反应器内微小污泥絮体的方法来间接了解颗粒污泥的生物学特征，因为颗粒污泥是由游离的和微小的污泥絮体聚集而形成的，所以污泥絮体的生物特征能够反映出污泥颗粒的特征。

#### 1.4.1.3 试验仪器

试验所用到的仪器主要有测定 SVI 和 VSS 所用的马弗炉、电子天平、干燥箱、离心分离机，观察颗粒污泥生物特征的显微成像系统。

### 1.4.2 结果与分析

#### 1.4.2.1 试验结果

不同运行条件下 IC 反应器内颗粒污泥的特性变化情况见表 1.4 和表 1.5。

表 1.4　不同运行条件下 IC 反应器内颗粒污泥的 VSS 含量

| 污水浓度 /(mg COD/L) | 温度 /℃ | 水力负荷率 /[L/(L·h)] | 产气率 /[L/(L·h)] | VSS 含量/% No.3 | No.5 | No.8 |
| --- | --- | --- | --- | --- | --- | --- |
| 1055.25 | 33.2 | 13.21 | 0.087 | 87.5 | 87.3 | 87.1 |
| 1524.12 | 33.4 | 13.72 | 0.100 | 86.9 | 87.2 | 87.3 |
| 2023.05 | 32.6 | 14.58 | 0.142 | 89.4 | 89.7 | 89.2 |
| 2993.20 | 32.9 | 15.21 | 0.238 | 88.3 | 88.5 | 88.7 |
| 5054.65 | 34.0 | 16.28 | 0.438 | 88.6 | 88.4 | 88.9 |
| 6083.32 | 35.2 | 15.56 | 0.292 | 89.1 | 89.3 | 89.5 |
| 6103.61 | 34.7 | 11.29 | 0.409 | 87.9 | 87.6 | 88.1 |
| 6073.69 | 34.4 | 8.05 | 0.588 | 89.0 | 88.7 | 88.6 |

注：No.3、No.5 和 No.8 表示污泥的取样位置分别为第 3、第 5 和气液分离室取样口，下同。

#### 1.4.2.2 结果处理与分析

为了考查水力负荷和产气率联合作用对 SVI 的影响，这里设定一个参数——选择

表 1.5　不同运行条件下 IC 反应器内颗粒污泥的 SVI

| 污水浓度 /(mg COD/L) | 温度 /℃ | 水力负荷率 /[L/(L·h)] | 产气率 /[L/(L·h)] | SVI/(mL/g TSS) No.3 | No.5 | No.8 |
| --- | --- | --- | --- | --- | --- | --- |
| 1055.25 | 33.2 | 13.21 | 0.087 | 20.7 | 21.4 | 30.8 |
| 1524.12 | 33.4 | 13.72 | 0.10 | 18.7 | 19.2 | 30.6 |
| 2023.05 | 32.6 | 14.58 | 0.142 | 17.9 | 18.5 | 29.8 |
| 2993.20 | 32.9 | 15.21 | 0.238 | 17.0 | 17.8 | 29.1 |
| 5054.65 | 34.0 | 16.28 | 0.438 | 14.3 | 15.2 | 27.4 |
| 6083.32 | 35.2 | 15.56 | 0.292 | 15.4 | 15.9 | 29.1 |
| 6103.61 | 34.7 | 11.29 | 0.409 | 14.8 | 14.9 | 28.0 |
| 6073.69 | 34.4 | 8.05 | 0.588 | 12.5 | 13.3 | 27.6 |

压，并将其定义为反应器水力负荷率和产气率的和，同时认为二者在选择压中的权重相同。但由表 1.5 知水力负荷率和产气率数量级不相同，不宜直接将二者相加。为此，对这两类指标值作如下处理：先选取每类指标中的最小值，并将其值设定为 1，将其他同类指标被该最小指标值除，所得数据即为其相应的新指标值，然后将这两类指标分别相加，所得的值即为反应器的选择压。根据表 1.6 可得选择压对 SVI 影响关系曲线，见图 1.14。

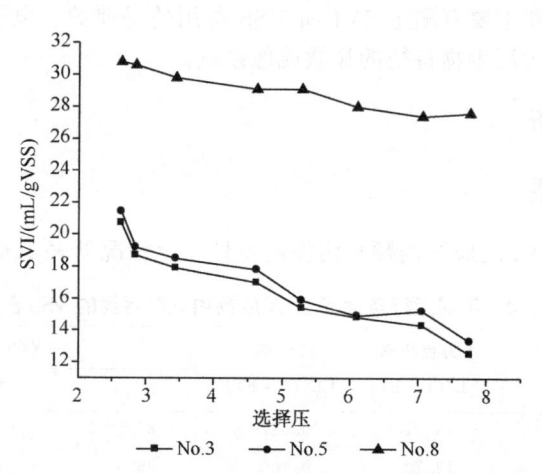

图 1.14　反应器选择压与 SVI 关系曲线

通过上述试验，可形成如下几点认识：

(1) 由表 1.4 可知，IC 反应器内颗粒污泥的 VSS 含量均在 85% 以上，说明污泥中具有活性的微生物的含量较高，而不具活性的无机物的含量相对较低。由于对有机物的降解主要通过污泥中微生物的生命活动过程完成，所以可以认为 VSS 含量高的污泥分解有机物的能力就强，相应的污泥的活性较高。

(2) 表 1.5 表明，在试验所选取的系列工艺条件下，反应器污泥床区和精细处理区的污泥 SVI 值都保持在 12~22 mL/g TSS，此 SVI 范围对污泥的沉淀是有利的。进入气液分离室的污泥的 SVI 值较高，其沉淀性能相对较差，但通过内循环作用这些污泥可以继续保留在反应器内,并且在下部反应区提供的适宜水力条件下,其沉降性能会不断得到提高。这也是 IC 反应器能够滞留大量活性污泥的重要原因之一。

(3) 表1.6 和图1.14 表明,SVI 受反应器运行条件的影响比较大,主要影响因素为反应器水力负荷率和产气率。由图1.14 可知,随着二者共同作用的指标选择压值的增加,反应器各取样位置污泥的 SVI 值呈下降趋势。根据选择压的定义知它实际是反映反应器内混合液的流动速度和混合程度的一个指标,随着混合液流动速度和混合程度的增加,沉降性能相对较差的污泥就会被洗出反应器,沉降性能好的污泥就会保留下来,这是 SVI 降低的主要原因之一。

表1.6　选择压对颗粒污泥 SVI 的影响

| 选择压 | 水力负荷率 /[L/(L·h)] | 产气率 /[L/(L·h)] | SVI/(mL/g TSS) |||
|---|---|---|---|---|---|
| | | | No.3 | No.5 | No.8 |
| 2.64 | 13.21 | 0.087 | 20.7 | 21.4 | 30.8 |
| 2.85 | 13.72 | 0.100 | 18.7 | 19.2 | 30.6 |
| 3.44 | 14.58 | 0.142 | 17.9 | 18.5 | 29.8 |
| 4.63 | 15.21 | 0.238 | 17.0 | 17.8 | 29.1 |
| 5.29 | 15.56 | 0.292 | 15.4 | 15.9 | 29.1 |
| 6.10 | 11.29 | 0.409 | 14.8 | 14.9 | 28.0 |
| 7.06 | 16.28 | 0.438 | 14.3 | 15.2 | 27.4 |
| 7.76 | 8.05 | 0.588 | 12.5 | 13.3 | 27.6 |

另外,随着污水浓度的提高,污水与污泥之间传质的动力增加,使得营养物质能够克服传质阻力进入大颗粒污泥的内部,为内部厌氧微生物正常的生长、繁殖提供了必备的条件,所以高有机质浓度环境有利于大直径颗粒污泥的生成。而根据流体力学斯托克斯公式可知,颗粒的沉降速度与其直径的二次方成正比,也就是说,大直径颗粒的沉降性能优于小直径颗粒,这也是 SVI 降低的原因之一。至于三个取样位置之间 SVI 的差别则主要与各位置液体流速及混合程度的不同有关。

### 1.4.2.3　污泥生物学特征观察与分析

由于厌氧微生物的生长、变化速度非常缓慢,这在运行过程中很难明显观察出污泥生物学特征的变化,因此,仅在试验起始阶段和最后阶段对厌氧混合液进行取样观察。结果见图1.15。

根据对以上各张反应器混合液的显微照片的观察,作如下几点分析:

(1) 根据反应器内污泥所处的环境,并参考 UASB 反应器内颗粒污泥的微生物区系,可以作如下推断:组成厌氧颗粒污泥的微生物区系主要是产甲烷杆菌属、球菌属和丝状真菌属。

(2) 图1.15a 表明出水混合液中所含游离的微生物以球菌和短杆菌为主。而丝状真菌通过其所特有的缠绕和网络作用附着在反应器内的固体颗粒上,在反应器内保留了下来,并最终转变成颗粒污泥。

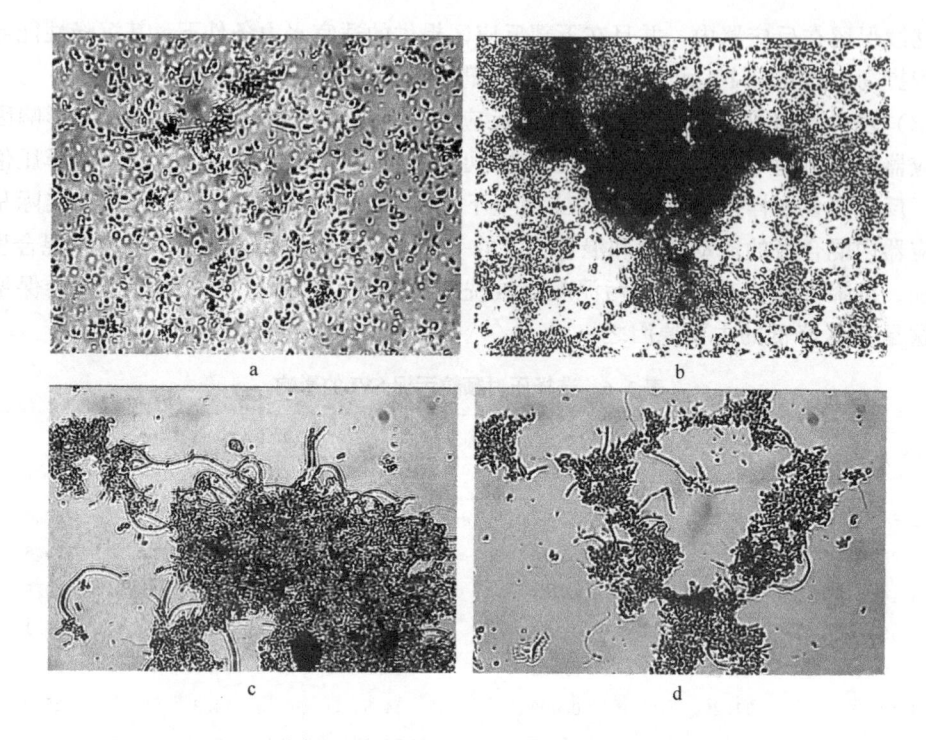

图 1.15 厌氧微生物显微观察照片

所有显微照片放大倍数均为 40×120 倍。其中 a、b 为试验起始阶段混合液显微照片，c、d 为试验最后阶段混合液显微照片。各照片混合液具体取样位置：a 为出水口；b、c、d 为第 5 取样口

（3）图 1.15b 表明，在试验初始阶段，由于废水中 COD 浓度低，1000 mg/L 左右，反应器产气率较低，这时污泥絮体中球菌和短杆菌为优势菌。

（4）图 1.15c、d 比较好地反映了颗粒污泥形成初期微生物区系的情况。各种微生物通过丝状真菌的网络作用集结在一起，以游离状态存在的微生物的量明显减少。

## 1.5 蚓粪对厌氧发酵的促进作用及对 IC 反应器污泥颗粒化的影响

厌氧发酵是一个复杂的微生物作用过程，为使厌氧反应器达到最佳的运行状况，人们一直在寻求具有合适发酵条件，促进沼气发酵的方法。在诸多方法中一条很重要的途径就是向发酵液中投加各种促进剂，即添加对厌氧发酵微生物生理活性有促进作用的物质。蚯蚓粪（以下简称蚓粪）是一种黑色、均一的细碎类物质，具有很好的通气性、排水性和高持水量，并具有良好的吸收和保持营养物质的能力，同时经过蚯蚓消化，有益于蚓粪中水稳性团聚体的形成。蚓粪在电子显微镜下呈多孔状，其内易形成适合厌氧细菌生存的厌氧环境，还有利于蚓粪中许多有益微生物的生存，如蚓粪中含有大量放线菌和兼性厌氧微生物。因此，本文以蚓粪为添加剂，通过试验研究蚓粪在促进沼气发酵以及对 IC 反应器污泥颗粒化的影响。

## 1.5.1 蚓粪对厌氧发酵效果影响试验

### 1.5.1.1 材料与方法

接种污泥：取自南阳酒精厂厌氧反应器，VSS/TSS 为 51.65%。接种量为 3.01 g VSS/L。

蚓粪：试验用蚓粪为赤子爱胜蚓蚓处理牛粪后所产蚓粪，采收后自然风干，过筛选出粒径小于 3 mm 的颗粒，其 VS 含量为 44.3%～45.1%。

废水：试验用废水采用葡萄糖配的人工废水。配水中各组成成分及其含量主要依据厌氧细菌对营养物质和微量元素的需求量进行确定，见表 1.7。

**表 1.7 葡萄糖配水的组成成分及其含量**

| 营养元素组成成分 | 含量/(g/L) | 微量元素组成成分 | 含量/(mg/L) |
| --- | --- | --- | --- |
| 葡萄糖 | 2.660 | $FeCl_3 \cdot 4H_2O$ | 1.200 |
| $(NH_4)_2CO_3$ | 0.054 | $CoCl_2 \cdot 6H_2O$ | 1.200 |
| $NH_4Cl$ | 0.054 | $NiCl_2 \cdot 6H_2O$ | 0.110 |
| $NaHCO_3$ | 0.600 | $CuCl_2 \cdot 2H_2O$ | 0.032 |
| $KH_2PO_4$ | 0.054 | $ZnCl_2$ | 0.027 |
| $CaCl_2 \cdot 2H_2O$ | 0.080 | $H_3BO_3$ | 0.027 |
| $MgSO_4 \cdot 4H_2O$ | 0.090 | EDTA | 0.530 |

试验仪器：LRH-250-GSII 微型计算机控制人工气候箱，安捷伦 6820 型气相色谱仪，JH-12 型 COD 恒温加热器，HANNA HI 9024C 酸碱度测定仪。

试验装置：试验采用的厌氧发酵装置如图 1.16 所示。

测定项目及方法：

（1）COD：重铬酸钾滴定法。

（2）pH：酸碱度测定仪。

（3）甲烷产量：甲烷产量由排水集气系统逐日测定；产气经过量筒中盛装的 3 mol/L NaOH 溶液以除去其中的 $CO_2$，甲烷产量用刻度试管计量排水体积测定。

（4）TSS：重量法。

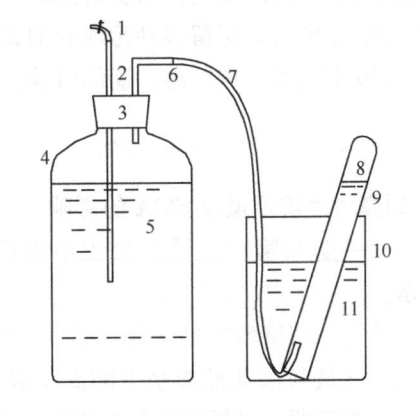

图 1.16 厌氧发酵试验装置

1. 止水夹；2. 玻璃管；3. 橡胶塞；4. 细口瓶；5. 发酵液；6. 玻璃弯管；7. 橡皮管；8. 沼气；9. 刻度试管；10. 烧杯；11. 饱和食盐水

（5）厌氧污泥的产甲烷活性（SMA）：以累计产甲烷量-生化反应时间曲线（curve of methane accumulating yield）中最大活性区间的产甲烷速率计算。

$$SMA = \frac{24R}{CF \times V \times TSS} [gCOD_{CH_4}/(gTSS \cdot d)] \quad (1.15)$$

式中，$R$ 为产甲烷速率（曲线中最大活性区间的平均斜率），单位为 $mL_{CH_4}/h$；CF 为含饱和水蒸气的甲烷以 mL 为单位的体积转换为以 g 为单位的 COD 的转换系数；$V$ 为反应器中消化液的体积，单位为 L；TSS 为反应器中污泥的浓度，单位为 g/L。

试验方案：

将 500 mL 反应瓶分为 6 组，分别标记为 n°1、n°2、n°3、n°4、n°5 和 n°6。每组试验作 2 个平行，取其平均值。其中在 n°1、n°2 和 n°3 组中分别添加人工配水质量比为 10%、5%和 1%的蚓粪；n°4 不添加蚓粪用来作对照；为考查蚓粪在无污泥条件下对废水发酵的影响设 n°5，蚓粪添加量为废水量的 5%；n°6 为考查在没有有机废水条件下污泥对蚓粪的降解效果。每组反应瓶中添加物料情况见表 1.8。

表 1.8 厌氧发酵液各组分配比

| 试验组 | 接种污泥量/mL | 蚓粪添加量/g | 人工配水添加量/mL | 自来水添加量/mL |
| --- | --- | --- | --- | --- |
| n°1 | 45 | 45.0 | 450 | 0 |
| n°2 | 45 | 22.5 | 450 | 0 |
| n°3 | 45 | 4.5 | 450 | 0 |
| n°4 | 45 | 0.0 | 450 | 0 |
| n°5 | 0 | 22.5 | 450 | 0 |
| n°6 | 45 | 22.5 | 0 | 450 |

试验在中温（35℃）条件下进行。整个试验分为两期，第一期加入废水 COD 为 2000 mg/L，并设定废水 COD 降至 900 mg/L 以下时第一期结束。为了消除添加蚓粪对废水 COD 浓度的影响，以及由此对产气效果的影响，在第一期试验结束后，抽出 n°1~n°5 中的发酵液，保留接种污泥和蚓粪，重新加入 COD 为 1978.18 mg/L 的等量人工配水，n°6 不换水，进行第二期的试验。

#### 1.5.1.2 试验结果与分析

**1）蚓粪对甲烷产量及 SMA 的影响**

第一期和第二期试验过程中累积甲烷产量的变化情况分别如图 1.17 和图 1.18 所示。

从第一期试验结果来看，n°1~n°4 累计产气量排列顺序为 n°1>n°2>n°3>n°4，即累积产气量与添加蚓粪水平的高低成正比。但 n°3 与 n°4 差别较小。经过第一期的驯化，在第二期，厌氧污泥和蚓粪适应了发酵废水，污泥活性提高后使得第二期发酵时间缩短，较第一期缩短了 10 d。此时累计产气量排列顺序同第一期，而且 n°1 与 n°2 非常接近，而 n°3 则明显高于对照组 n°4。

没有添加污泥的 n°5 在第一期产气量很小，表明无厌氧污泥条件下蚓粪对废水的单独作用效果不明显；第二期换水后，由于所更换的废水中存在少量的污泥，使得此期内产甲烷量由缓慢增加到迅猛上升。这可归结为蚓粪中的部分微生物适应了厌氧环境和在此条件下对污泥活性影响的共同作用，表现为这一期厌氧污泥活性迅速提高。

对照图 1.17 和图 1.18 发现，n°6 虽没有加入有机废水，但第一期有气体缓慢产出，表明此时厌氧活性污泥分解了蚓粪中的有机物质。第二期 n°6 基本已无气体产出，表明第

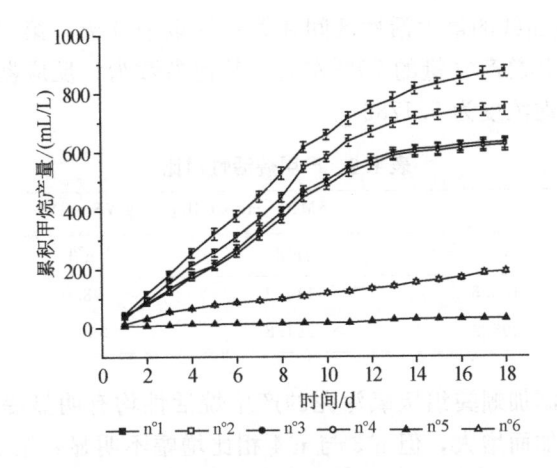

图 1.17 第一期厌氧发酵累积甲烷产量

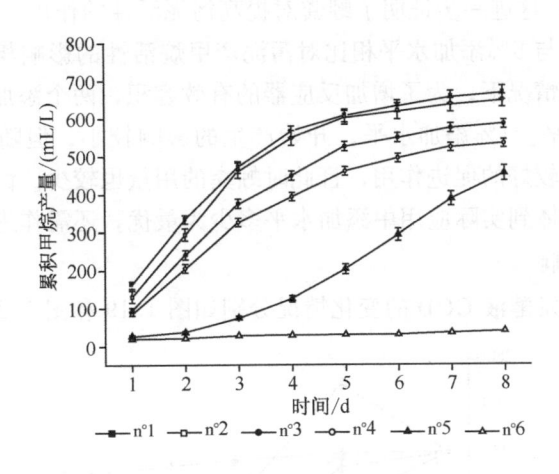

图 1.18 第二期厌氧发酵累积甲烷产量

一期蚓粪中的可生物降解 COD 基本被分解完，蚓粪对产气量的贡献已基本消除。

由于厌氧发酵过程实际是微生物对有机质的分解过程，所以厌氧活性污泥是影响沼气发酵过程的最核心因素之一。从保证和提高有机质厌氧分解效率的角度考虑，反应器内应有充足的、活性强的厌氧活性污泥，也就是说活性污泥对厌氧发酵过程的影响突出表现在两个方面，其一是其活性，常用污泥产甲烷活性表示，其二是其沉淀性能，它是影响反应器内污泥浓度的最重要因素。

由于厌氧发酵过程中去除的 COD 主要转化为甲烷，因此，污泥产甲烷活性可以反映出污泥所具有的去除 COD 及产甲烷的潜力。产甲烷活性作为衡量污泥活性的重要参数，需要通过专门的方法进行测定。由于产甲烷活性受很多条件的影响，所以不同条件下测得的值不相同，因此，该指标反映的是污泥所具有的潜在产甲烷能力，而不是厌氧反应器内污泥的实际产甲烷速率。

累计产气曲线的最大活性区间的平均斜率及由此计算得到的 n°1～n°4 的厌氧污泥的产甲烷活性见表 1.9。SMA 对最大活性区间的要求应当至少覆盖已利用底物的 VFA

的50%。计算中产气曲线的最大活性区间在第一期取前9天,第二期取前3天,此时各反应瓶内产气已占其总产气量的70%左右。其他参数为,反应器中消化液的体积为0.45 L,反应器内污泥浓度为5.1786 g/L。

表1.9 产甲烷活性对比

| 试验批次 | SMA/[mg COD$_{CH_4}$/(g VS·d)] | | | |
|---|---|---|---|---|
| | n°1 | n°2 | n°3 | n°4 |
| 第一期 | 128.6 | 114.3 | 98.0 | 93.9 |
| 第二期 | 295.9 | 291.8 | 236.7 | 204.1 |

由表1.9可知,添加蚓粪组厌氧污泥的产甲烷活性均有明显提高。第一期,SMA随蚓粪添加水平的增加而增大,但n°3与n°4相比增幅不明显;第二期,n°1与n°2相比,产甲烷活性已较接近,说明n°2比n°1更显优势。n°3的产甲烷活性也得到了迅速增大,明显大于n°4,这进一步证明了蚓粪对提高污泥活性的作用。

可以看出,10%与5%添加水平相比对污泥产甲烷活性的影响相差不多。因此,在处理效果比较接近的情况下,为了增加反应器的有效容积,两个添加水平相比,实际应用中应取5%添加水平。1%添加水平,开始产生的影响较小,但随时间推移,也对污泥产甲烷活性起到了较好的促进作用,且此时蚓粪的用量也较少。由于试验选取的蚓粪添加水平数有限,具体到实际应用中添加水平多少为最优,还需作进一步的研究。

**2)蚓粪对COD的影响**

两期试验过程中发酵液COD的变化情况分别如图1.19和图1.20所示。

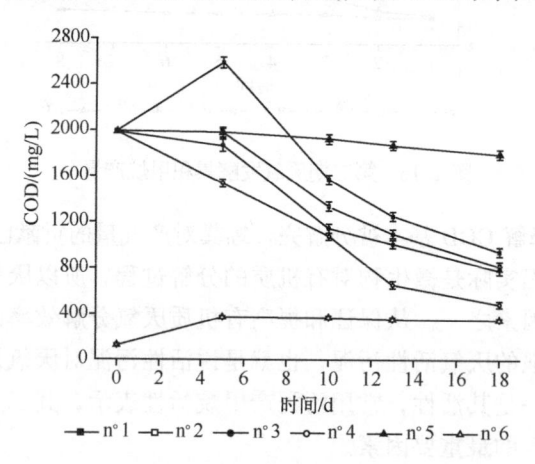

图1.19 第一期厌氧发酵COD的变化

由图1.19可知,第一期,蚓粪添加水平越高COD值也越高,在发酵进行的前几天对COD的贡献也越大,发酵结束前的COD难降解数值也较大。同样,蚓粪的加入导致发酵瓶内COD浓度增加,使得该阶段添加蚓粪组COD始终高于对照组。由图1.20可知,第二期试验过程中添加蚓粪组n°1、n°2和n°3的COD浓度始终低于对照组n°4,这是由于蚓粪对COD的贡献已经消除,同时又对厌氧污泥活性起到了促进作用,使得

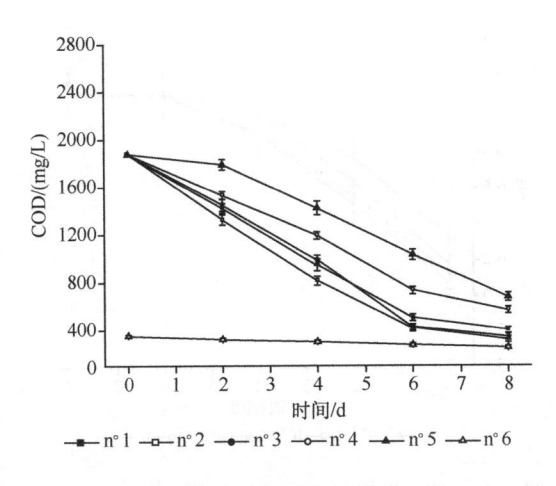

图 1.20　第二期厌氧发酵 COD 的变化

COD 的降解速率加快。而 n°2 的 COD 明显低于 n°1 和 n°3，进一步说明它的产甲烷活性得到了增强。

**3）蚓粪对 pH 的影响**

图 1.21 和图 1.22 分别为在两期试验过程中发酵液 pH 的变化情况。

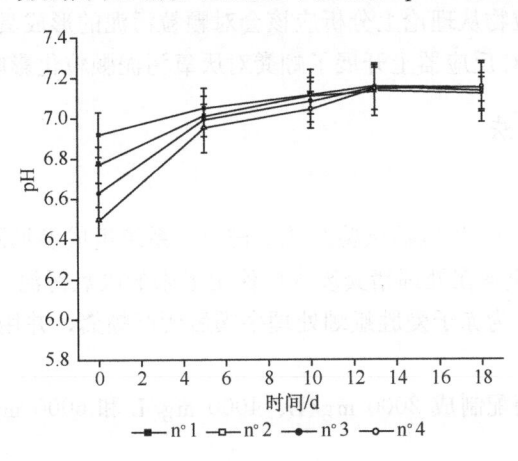

图 1.21　第一期厌氧发酵过程中发酵液 pH 的变化

由图 1.21 可知，蚓粪的加入导致添加蚓粪组发酵瓶内初始 pH 较对照组略有升高，且 pH 随添加水平升高。而从图 1.22 分析可知，第二期蚓粪对 pH 的影响减小，影响情况类似第一期。

从整个试验来看，蚓粪对 pH 起到一定的调节作用，加入蚓粪量越多对 pH 调节作用越大。

## 1.5.2　蚓粪对 IC 反应器污泥颗粒化的影响

厌氧颗粒污泥的形成和富集是废水厌氧生物处理技术的关键。由于厌氧微生物繁殖

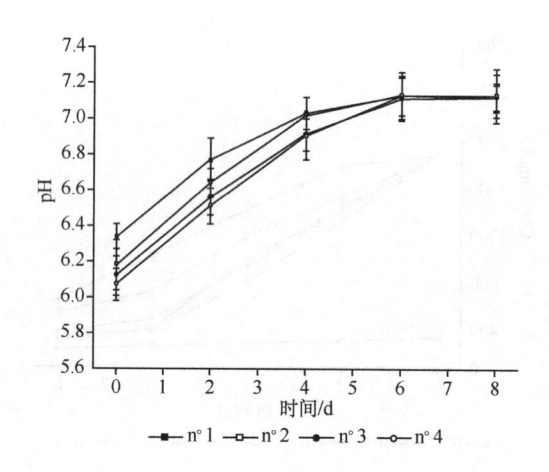

图 1.22　第二期厌氧发酵过程中发酵液 pH 的变化

缓慢，生长条件苛刻，导致厌氧颗粒污泥在反应器中培养的时间较长。因此，在反应器启动过程中合理的选取启动工艺，缩短厌氧颗粒污泥的形成过程是最关键的一步。投加细微颗粒物是利用颗粒物的表面性质，加快细菌在其表面的富集，使其形成颗粒污泥的核心载体，提高系统稳定性和沉降性能，有利于污泥的颗粒化。

蚓粪作为一种颗粒物从理论上分析应该会对颗粒污泥的形成具有促进作用，为了验证这一分析，本文在 IC 反应器上开展了蚓粪对厌氧污泥颗粒化影响的试验。

### 1.5.2.1　材料与方法

**1）试验材料**

试验装置：试验在 IC 反应器试验系统上进行，系统组成参见图 1.4。

接种污泥：IC 反应器在处理猪粪废水中保留下来的厌氧污泥。

蚓粪：试验用蚓粪为赤子爱胜蚓蚯蚓处理牛粪后所产蚓粪，并用孔径为 3 mm 的筛网除去杂质。

废水：采用葡萄糖配制成 2000 mg/L、4000 mg/L 和 6000 mg/L 三个浓度水平的人工配水。

**2）测试项目及方法**

COD：重铬酸钾滴定法。

沼气产量：湿式气体流量计。

SVI：取浓度约为 2 gTSS/L 的颗粒污泥悬浮液，均匀混合后置于 1000 mL 有刻度的锥形量筒中，经过 30 min 沉降后读取污泥的体积 $V$，然后弃去上清液，烘干后称其质量 $m$，再求 $SVI = V/m$（mL/gTSS）。

颗粒污泥粒径分布：湿式筛分析法。取一定量的污泥，使其顺次通过孔径分别为 5 mm、4 mm、3 mm、2 mm 和 1 mm 筛网，将各筛网所截留的污泥收集、烘干并称重，即可计算不同粒径范围颗粒污泥的质量占污泥总质量的百分比，由此可以得出按质量比计算的颗粒污泥的粒径分布。

污泥沉降速度：取量程为 1 L 的量筒，测定其高度，并注满 30 ℃左右的清水。将自来水淘洗过的颗粒污泥用接种环逐个加入量筒内，用秒表计算单个颗粒污泥从筒口沉降到量筒底部的时间，用公式 $v=H/t$（式中，$v$ 为沉降速度；$H$ 为量筒高；$t$ 为沉淀时间）计算该颗粒污泥的沉降速度。测试过程中，在某个粒径范围内测定其中 10~20 个任意选取的颗粒污泥，取其平均值作为该粒径的沉降速度。

**3）试验方法**

试验在中温条件下进行，使反应器污泥床反应区温度保持（35±1）℃。根据第 3 章的试验结果，对 IC 反应器内的厌氧污泥进行驯化后，加入蚓粪，添加量为 2.5 kg，添加水平约为废水质量的 3.5%。蚓粪进入反应器后，通过一段时间的适应期后开始启动反应器，考察反应器中污泥特性的变化。

对反应器内存留的污泥在进水 COD 浓度为 1500~2000 mg/L，进水流量 25~30 L/d 的情况下进行驯化，一个月后，污泥活性恢复，出水 COD 保持在 700 mg/L 以下，反应器可正常运行，此时反应器有机负荷达 0.857 kgCOD/(m³·d)。然后添加蚓粪，为使蚓粪中的有益菌适应 IC 反应器运行条件，先使蚓粪在反应器中静置 36h，随后开始启动，运行过程根据出水 COD 和污泥洗出情况调节进水负荷。

#### 1.5.2.2 结果与分析

**1）颗粒污泥的培养过程**

反应器开始启动时有机负荷 0.857 kg COD/(m³·d)，进水浓度 2000 mg/L 左右，进水流量 30 L/d。运行开始阶段出水 COD 为 1463.8 mg/L，较高，运行 3 d 后 COD 下降到 1085.6 mg/L，反应器运行稳定。反应器进水流量提高到 60 L/d 时有少量污泥洗出，但对产气影响不大，2 d 后洗出污泥减少。第 9 天时进水流量提高到 120 L/d，出水 COD 升高到 1446.3 mg/L，产气率下降，运行 2 d 后恢复正常。随后将进水流量提高到 150 L/d，发现污泥洗出严重，因此，又重新调回到 120 L/d，此时反应器有机负荷为 3.77 kg COD/(m³·d)。

整个试验过程中，IC 反应器进水流量及 COD 浓度随时间的变化情况如图 1.23 所示。

第 13 天将进水浓度提高到 4000 mg/L 左右，有机负荷仍为 3.77 kg COD/(m³·d)，进水流量为 65 L/d，出水浓度为 1265.4 mg/L。之后几天连续提高负荷，反应器运行稳定。第 19 天将进水量增加到 200 L/d，发现出水 COD 达 2458.4 mg/L，有较多絮状污泥洗出，产气率稍有下降。继续运行 2 d，COD 恢复正常。随后几次欲将进水量提高到 240 L/d，反应器运行较为敏感，污泥洗出严重，说明在该浓度水平下，水流上升流速已接近反应器承受能力的上限。

第 25 天将进水 COD 提高到 6000 mg/L，进水负荷 11.40 kg COD/(m³·d)，进水流量为 130 L/d，发现有细小污泥洗出，出水 COD 为 2836.4 mg/L，3 d 后 COD 恢复。第 28 天进水流量提高到 130 L/d，运行稳定。第 31 天进水流量提高到 240 L/d，有较多污泥洗出，其中含有小颗粒污泥，但对产气率影响不大，坚持运行到第 35 天，污泥洗出量减少。随后将进水流量提高到 300 L/d，出水 COD 浓度达 3704.7 mg/L，产气

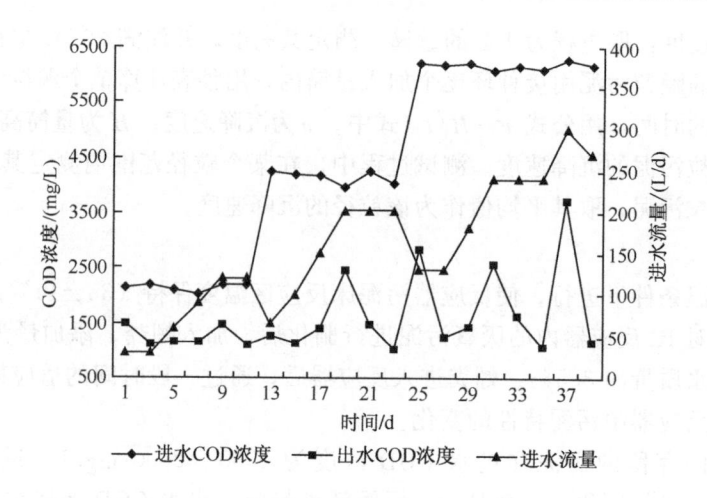

图 1.23　IC 反应器进水流量及 COD 浓度的变化

明显减少，反应器运行恶化，因此，进水流量下降到 270 L/d，运行 2 d 出水 COD 维持在 1100 mg/L 左右，进水有机负荷为 23.14 kg COD/($m^3 \cdot d$)，反应器稳定运行。此时发现反应器内颗粒污泥 80% 以上大于 1 mm，且布满污泥床区，因此，可以认为反应器启动完成。

**2）颗粒污泥特征的变化**

（1）颗粒污泥外观的变化。

第 12 天从反应器污泥床区取污泥观察，可见到细小的黑色颗粒和较大的黑褐色颗粒。大颗粒形状不规则，表面较粗糙，与蚓粪表面情况相似，应为以蚓粪为载体形成的颗粒污泥。将污泥用清水多次淘洗后，细小的黑色颗粒只剩下细微的土沙粒，较大的黑褐色颗粒颜色变浅。此时污泥小颗粒初步形成，颗粒较为松散，淘洗后颗粒散开，留下固体小粒核。而较大颗粒则不易散开，粗糙的表面易于厌氧菌吸附和生长。第 24 天再次取污泥观察，污泥开始变大，变得较为密实，机械强度大大增强。

反应器启动结束时污泥外观为黑色颗粒，以圆形或扁圆形为主，还有一些不规则形状。污泥边界清晰，表面光滑，大小较均匀。考虑到部分颗粒污泥是以蚓粪小颗粒为核心而形成的，选择了一些颗粒进行研磨，发现部分污泥中心确实有蚓粪小颗粒的残留物存在，其中有些小核心还比较坚硬，不易研碎。

由此可见，蚓粪添加入反应器后与废水和厌氧微生物产生了相互作用，一方面蚓粪改变了反应器内微生物的生存环境且为厌氧微生物提供了营养成分和微量元素，另一方面厌氧发酵微生物附着在蚓粪粗糙的表面上，对蚓粪的有机质进行降解，在此过程中自身也得到了生长。蚓粪营养成分被利用后残余的骨架，具有良好的保持自身形态的特性，作为微生物良好的载体对微生物的固定化和颗粒化有很大的作用。

（2）污泥的粒径分布。

反应器停止运行后，取 IC 反应器内污泥，测定颗粒污泥粒径分布，结果如图 1.24 所示。由图 1.24 可知试验过程中培养的颗粒污泥多数粒径为 1～3 mm。

# 1 内循环厌氧反应器研究

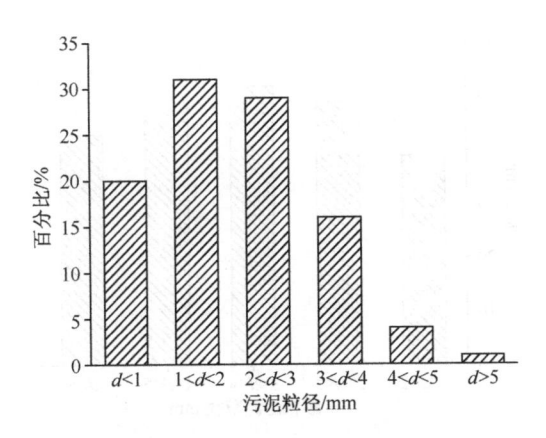

图1.24 IC反应器内污泥粒径的分布

(3) 污泥 VSS 和 SVI 变化。

驯化结束后和第7天、第12天、第24天、第39天，分别从反应器的第1、第3和第5取样口处取样，测定其中污泥的 VSS 和 SVI，结果如表1.10所示。

表1.10 IC反应器污泥 VSS 和 SVI 的变化

| 时间 | VSS/(g/gTSS) | | | SVI/(mL/g) | | |
| --- | --- | --- | --- | --- | --- | --- |
| | 取样口1 | 取样口3 | 取样口5 | 取样口1 | 取样口3 | 取样口5 |
| 第0天 | 0.231 | 0.318 | 0.325 | 9.7 | 25.4 | 51.6 |
| 第7天 | 0.379 | 0.415 | 0.416 | 6.49 | 17.8 | 45.6 |
| 第12天 | 0.387 | 0.532 | 0.472 | 6.13 | 14.4 | 34.7 |
| 第24天 | 0.482 | 0.67 | 0.713 | 5.76 | 12.9 | 29.1 |
| 第39天 | 0.553 | 0.783 | 0.724 | 5.38 | 11.9 | 22.5 |

由表1.10可知，与添加蚓粪前相比，加入蚓粪后污泥的 VSS 和 SVI 发生了较大变化。从第1取样口来看，加入蚓粪后 VSS 突然增大，这是由厌氧菌的生长和蚓粪中存在的有机质引起的。此后 VSS 数值先后经过了相对稳定期和升高期。发生这种变化的主要原因是在启动初期，一方面蚓粪在厌氧发酵中被分解，另一方面为厌氧菌的生长提供了部分营养物质和微量元素，而后蚓粪中的可生物降解成分减少使得厌氧菌的生长量大于蚓粪有机质的减少量，VSS 逐渐增大。第1取样口的 SVI 也受添加蚓粪的影响，数值较大。第3、第5取样口相对受影响较小。

总体来说，添加蚓粪后，蚓粪中所含无机质成为了颗粒污泥的核心，由于无机质密度较大，使得污泥整体 VSS 数值相对较小，SVI 也较小。但蚓粪也促进了厌氧污泥的活性和厌氧细菌的生长，不过厌氧菌的质量较轻，在较大的质量基数上不占优势，因此，此时不能完全从 VSS 数值反映污泥活性。而反应器能够顺利提高负荷和启动成功，是与污泥快速增长和活性的提高相对应的。

(4) 污泥的沉降速度。

取粒径大于1 mm 的颗粒污泥进行沉降速度的测定，结果如图1.25所示。

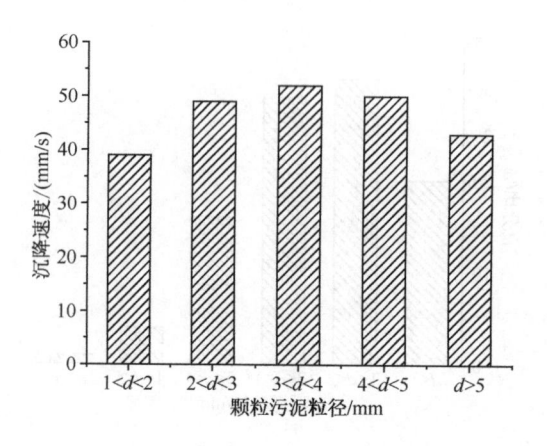

图 1.25　不同粒径的颗粒污泥的沉降速度

反应器中颗粒污泥沉降速度为 39～52 mm/s，粒径为 2～4 mm 的颗粒污泥沉降速率最大。这主要是受蚓粪中无机质细粒和大的蚓粪颗粒骨架的影响，从而使污泥中无机质的含量增加，沉降速度增大。粒径为 1～2 mm 部分污泥的蚓粪无机核较小，沉降速度也较小。粒径大于 5 mm 的污泥由于体积较大，内部营养供应不足，易于破碎，结构较松散，沉降速度也有所下降。与张杰博士论文中以猪粪废水直接驯化的颗粒污泥沉降速度 35 mm/s（第 2 章）相比，本试验所得到的颗粒污泥的沉降性能明显提高。

## 1.6　结论

根据对 IC 反应器开展的上述研究，得出以下 6 点结论。

（1）通过对厌氧反应器发展史的研究，作者认为 IC 反应器代表了当代世界上最先进的厌氧生物处理技术。它充分利用了"气体提升"原理，在 UASB 基础上进行了大胆的结构创新。反应器具有效率高、适应范围广等特点，是我国 21 世纪废水处理领域值得推广的高新技术。

（2）反应器水力学特性试验揭示了 IC 反应器液体内循环的内在规律，探究了循环水流量的影响因素。影响循环水流量的主要因素是反应器上部反应区高度、产气率、温度及循环管路沿程阻力等。

（3）反应器技术性能的系列试验结果表明 IC 反应器具有下列特点：反应器下部的污泥床区承担着降解有机物的主要任务，70% 以上的有机物在此反应区被分解；反应器对 pH 低的废水有很高的承受能力；反应器下部污泥床区内的液体趋近于混流状态，上部精细处理区内液体流态趋近于推流状态，这是提高反应器出水水质的重要保证；反应器适用于中高浓度污水的处理；反应器能承受很高的有机负荷，并有很高的有机物去除效率。

（4）在对 IC 反应器基质降解动力学特性分析和试验的基础上，建立的基质降解动力学数学模型有很高的置信度。该模型揭示了反应器有机物降解速率与液体内循环比率、污泥浓度、温度和 HRT 等相关影响因素之间的定量关系，为此类反应器的设计以及反应器运行参数的设定提供了理论依据。

（5）通过对 IC 反应器厌氧污泥特性的试验研究，作者认为，内循环反应器可以为颗粒污泥的形成提供适宜的条件；污泥的沉降性能随反应器运行条件的改变而改变，随水力负荷率和沼气产率的提高，其沉降性能指标 SVI 值呈降低趋势；组成厌氧颗粒污泥的微生物区系主要是产甲烷杆菌属、球菌属和丝状真菌属，其中丝状真菌的缠绕和网络作用有利于颗粒污泥的形成。

（6）蚓粪作添加剂对 IC 反应器厌氧颗粒污泥的形成有明显的促进作用，以蚓粪颗粒为添加剂培养的厌氧颗粒污泥具有活性高、沉降性能好的特点。

# 2 IC反应器处理猪粪废水条件下厌氧污泥颗粒化研究

## 引言

20世纪50年代以来,全球生产规模急剧扩大,人口迅速增长,人类从自然界获得资源的能力远远超过了资源的再生能力,同时排入环境的污染物超过了环境容量,从而出现了全球性的资源耗竭,严重的环境污染与破坏问题,其中水资源污染和水资源短缺尤为严重。

我国是水资源贫乏的国家,当前水资源的总储量为2.8万亿 $m^3$,占全球可以利用淡水资源总量的0.026%,人均水资源拥有量为2350 $m^3/a$,约为世界人均值的1/4,在联合国1995年公布的149个国家中排在109位。按联合国制定缺水国家的一般标准3000~10 000 $m^3/a$推算,我国属世界13个贫水国之一。

造成水资源污染的原因是多方面的,最重要的是各种类型废水不经处理或处理未达标排放到江、河、湖泊等地表水中,从而造成大面积污染。这里除了由各类工业废水和城市生活污水等造成的污染外,还有很大一部分是由畜禽粪便污染造成的。

随着人们生活水平的提高,我国养殖业得到迅速发展,集约化、规模化养殖取得了巨大的成就,据资料统计,1998年上海市郊共有大中型畜禽养殖场1000多家;安徽合肥市规模化养猪场存栏量达到15万头;四川成都市1994年千头以上的养猪场达120多家,万头以上的有20多家,还有饲养规模在10万头以上的特大型规模化养猪场。规模化养殖业在向城镇居民提供丰富的肉、蛋、奶及其制品来满足人们生活需要的同时,也造成了严重的污染问题。

养殖场特别是养猪场废水处理难度很大,主要原因:一是排水量大,废水温度低;二是冲洗栏舍的时间相对集中,冲击负荷很大;三是废水中固液混杂,有机质浓度较高,而且黏稠度很大;四是养猪业属微利行业,存在自然与市场的双重风险,不可能投入很多资金用于废水处理,也难以承受过高的废水处理运行费用。因此,高速、高效、投资小的废水处理工艺是大型养猪场的理想选择。

目前养殖场所采用的废水处理工艺主要有三种:厌氧处理工艺,好氧处理工艺和好氧、厌氧相结合处理工艺。由于养殖场废水水质的复杂性,单纯使用厌氧工艺的并不多,即使有也是极小规模的利用,而在规模化养殖场采用的处理工艺中,厌氧处理是以处理单元出现的。规模化养殖场普遍采用的处理工艺流程见图2.1。

从图2.1中可以看出,厌氧处理单元是关键环节,厌氧处理单元的建设投资与处理效率直接影响着这种工艺在养殖场废水处理中的顺利运行。而厌氧处理单元的建设投资与处理效率是由厌氧消化器类型决定的。几种厌氧反应器处理养猪场废水的比较见表2.1。

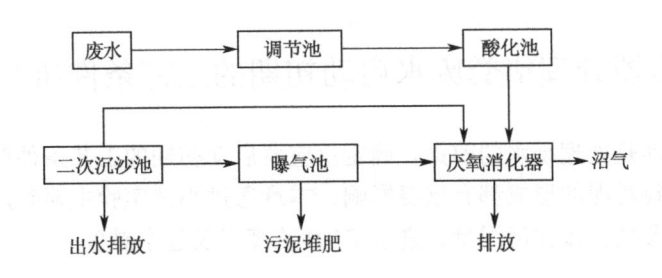

图 2.1 规模化养猪场废水处理工艺流程图

**表 2.1　几种厌氧反应器处理养猪场废水效果的比较**

| 反应器类型 | HRT/d | VLR/[kg/(m³·d)] | COD 去除率/% | 处理温度/℃ |
|---|---|---|---|---|
| AF | 2.0 | 12.40 | 68.0 | 33～37 |
| AF | 3.5 | 11.00 | 72.0 | 35 |
| UASB | 3.0～5.0 | 7.00～12.00 | 63.0 | 30 |
| UASB | 2.0 | 13.20 | 87.0 | 30 |
| ASBR | — | 3.10 | 66.0 | 35 |
| MBR | 3.0 | 0.90 | 77.6 | 30 |
| MBR | 4.7 | 1.66 | 88.4 | 35 |

从表 2.1 可以看出，目前养殖场废水处理应用的反应器普遍存在着处理效率低，有机物容积负荷小，水力滞留期长的缺点。处理效率低，就会造成后期好氧处理单元运行费用增加，实践表明，每处理 1000 kg COD，就要消耗 500～1000 kW·h 的电能，好氧污泥的处理还会消耗一部分资金，另外，产气效率也会受到影响；水力滞留期增长，就要加大反应器的有效容积，反应器容积的增加就势必加大资金的投入，这对养殖场来说是不可取的；由于养殖场废水的有机质浓度较大，反应器容积负荷小，就要对进水进行稀释，这样不但会增加资金投入，还会造成水的二次污染，不符合环境可持续发展的要求。因此，具有水力滞留期短，有机质容积负荷高且处理效率高等特点的厌氧反应器是当前养殖场废水处理工程的迫切需要。

IC 工艺以在欧洲应用较为普遍，运行经验也较国内成熟，已在啤酒生产、土豆加工和造纸等生产领域内的废水处理上有成功应用，而且正日益扩展其应用范围，规模也越来越大。

虽然 IC 反应器在工业废水处理中取得了很大的成功，但由于开发者 PAQUES 公司对 IC 反应器的技术保密，IC 反应器的技术参数、性能指标等都不太清楚，因此 IC 反应器技术也只局限在该公司所建的几种废水处理工程中。

为了能拓宽 IC 反应器的废水处理领域，加快 IC 反应器在我国的应用，本试验室研制了一台试验室规模的 IC 反应器试验装置，并以人工配水为基质进行了反应器水力特性、技术性能和动力学特性等几个方面的研究。在此基础上，本文以猪粪废水为基质，着重研究颗粒污泥在 IC 反应器中培养的条件，以期获得颗粒污泥培养的最佳工艺参数，为 IC 反应器的进一步推广应用提供技术理论依据。

## 2.1 IC反应器处理猪粪废水启动初期的工艺条件研究

反应器的启动是处理废水的前提，确定反应器启动初期的工艺条件对整个启动周期及启动过程中颗粒污泥的形成都有重要影响。本章通过小试实验主要确定了反应器启动初期的几个关键参数：接种污泥量、进水 COD 浓度以及进水碱度。

### 2.1.1 试验材料与方法

#### 2.1.1.1 试验材料

**1）接种污泥**

试验用接种污泥为郑州种猪场废水一级沉淀池内深灰褐色污泥，通过过滤、沉淀除去大颗粒悬浮物以及泥沙而得。

**2）营养液**

为了便于试验，配制各种溶液备用，营养液的配制参照产甲烷活性测定营养液配制方法。

**3）气体置换装置**

气体置换装置用于测定甲烷的体积，装置组成如图 2.2 所示。

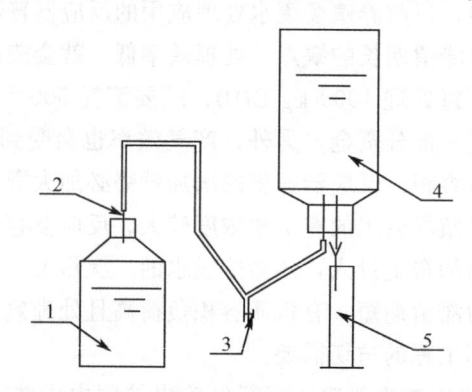

图 2.2 气体置换装置示意图
1. 反应器；2. 注射针头；3. 残液排放口；4. 置换装置；5. 量筒

**4）IC 反应器试验装置**

IC 反应器试验装置参见图 1.1。

**5）UASB 反应器试验装置**

UASB 反应器材料为有机玻璃，反应器的总设计高度为 1200 mm，直径为 150 mm，反应区有效高度为 1100 mm，空反应器有效容积为 35L。

#### 2.1.1.2 测定项目及方法

COD：重铬酸钾滴定法。

碱度：在厌氧处理中，反应器中的 pH 多控制在 6～8，在此范围，反应器内混合液的碱度主要由 $HCO_3^-$ 引起，因此，本章所测的碱度均为碳酸氢盐碱度，测定方法为电位滴定分析法。

产气量：采用液体置换法进行测量。

### 2.1.2 试验方法

#### 2.1.2.1 厌氧污泥的富集与基质选择试验

在三个 500 mL 血清瓶中分别加入 350 mL 乙酸溶液、葡萄糖溶液和猪粪废水三种不同的碳源作为底物，COD 浓度调整到 4000 mg/L 左右，然后将接种污泥 100 mL、厌氧污泥富集驯化母液 0.5 mL、微量元素母液 0.5 mL 和硫化钠母液 0.5 mL 分别加入上述三个血清瓶中，并将反应装置与液体置换系统相连，在 30℃培养箱中富集驯化培养 30 d，观察产气量及接种污泥的变化。每 10 天换一次新鲜培养液，测定 COD 值。

#### 2.1.2.2 在气体置换装置中进行启动条件确定的试验

试验采用正交法。取 1.2.1 中驯化效果最好的污泥作为接种污泥，以基质 COD 浓度、污泥接种量和碱度三个因素作 $L_9(3^3)$ 正交试验，以产气量为考查指标。试验因素水平见表 2.2。

**表 2.2 试验因素水平表**

| 水平 | 因素 | | |
| --- | --- | --- | --- |
| | COD 浓度/(mg/L) | 碱度/(mg/L) | 接种量/mL |
| 1 | 2000 | 800 | 10 |
| 2 | 4000 | 1200 | 25 |
| 3 | 6000 | 1600 | 40 |

#### 2.1.2.3 在 IC 反应器中进行启动初期条件确定的试验

尽管气体置换装置试验提供了基本参数，但该装置与 IC 反应器试验装置在结构上有较大差异，使得试验结果并不完全适用于 IC 反应器，因此，需要通过 IC 反应器试验装置对气体置换装置试验得到的参数进行验证，以此确定 IC 反应器启动初期的工艺条件。

### 2.1.3 结果与分析

#### 2.1.3.1 污泥驯化参数的确定

30℃的温度下，经过 30 d 的驯化，各个血清瓶中产气量、COD 浓度的变化见图 2.3 和图 2.4。

从图 2.3 和图 2.4 可以看出，以乙酸和猪粪废水为基质的反应器约在第 4 天开始产气，以葡萄糖为基质的反应器没有产气，到第 6 天，以乙酸、猪粪废水和葡萄糖为基质

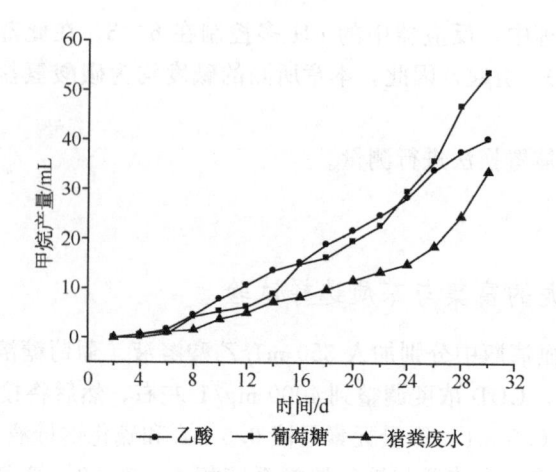

图2.3 不同基质驯化污泥的甲烷的产量

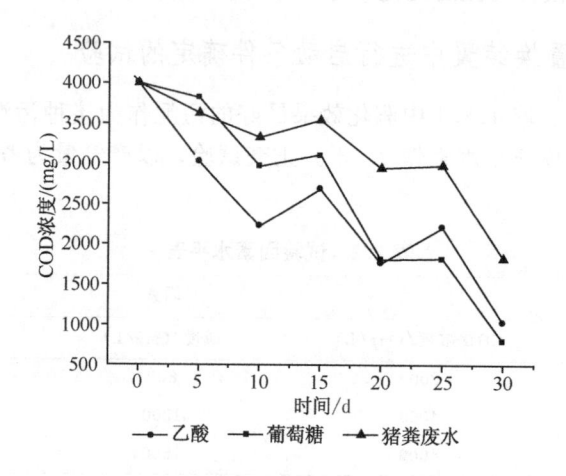

图2.4 不同基质驯化污泥的出水COD浓度变化

的反应器产甲烷量分别为1.7 mL、1.2 mL和0.8 mL，相应的溶液COD为3023.42 mg/L、3625.71 mg/L和3815.26 mg/L，在第10天，换料前测得乙酸、猪粪废水和葡萄糖为基质的反应器产甲烷量分别为7.8 mL、5.4 mL和3.8 mL，相应的出水COD值为2222.94 mg/L、3327.3 mg/L和2966.52 mg/L，可以看出，以乙酸和猪粪废水为反应基质的反应器产气较快，而以葡萄糖为基质的反应器产气最慢。经过两次换料后，到第30天，以葡萄糖为基质的反应器中上清液COD浓度降低到794 mg/L，而以乙酸和猪粪废水为基质的反应器中上清液COD浓度分别为1027.19 mg/L和1823.46 mg/L，同时以葡萄糖为基质得到的甲烷量为7.8 mL，而以其他两种为基质的较低，说明以葡萄糖为基质驯化的污泥产甲烷活性比另外两种强，因此，选取葡萄糖作为污泥驯化的基质最好。

取以葡萄糖为基质驯化的污泥，进行特性测定，结果如表2.3所示。

## 2 IC反应器处理猪粪废水条件下厌氧污泥颗粒化研究

表 2.3 接种污泥特性

| 污泥体积指数 /(mL/g) | 挥发性悬浮物 /(gVSS/gTSS) | 污泥浓度 /(g/L) | 污泥比产甲烷活性 /[mL/(gVSS·d)] |
|---|---|---|---|
| 132.7 | 0.273 | 386.4 | 23.8 |

### 2.1.3.2 正交试验结果

取以葡萄糖为基质的驯化污泥为接种污泥做正交试验，正交试验表及试验结果分别见表 2.4 和图 2.5。

表 2.4 正交试验表

| 序号 | COD浓度/(mg/L) | 碱度/(mg/L) | 接种量/mL | 产甲烷量/mL |
|---|---|---|---|---|
| 1 | 2000 | 800 | 10 | 33.8 |
| 2 | 2000 | 1200 | 25 | 96.3 |
| 3 | 2000 | 1800 | 40 | 66.7 |
| 4 | 4000 | 800 | 25 | 23.5 |
| 5 | 4000 | 1200 | 40 | 73.9 |
| 6 | 4000 | 1800 | 10 | 40.5 |
| 7 | 6000 | 800 | 40 | 42.3 |
| 8 | 6000 | 1200 | 10 | 39.6 |
| 9 | 6000 | 1800 | 25 | 24.3 |
| $k_1$ | 196.8 | 99.6 | 113.9 | |
| $k_2$ | 137.9 | 209.8 | 144.1 | |
| $k_3$ | 106.2 | 131.5 | 182.9 | |
| $\bar{k}_1$ | 65.60 | 33.20 | 37.97 | |
| $\bar{k}_2$ | 45.97 | 69.93 | 48.03 | |
| $\bar{k}_3$ | 35.40 | 43.83 | 60.97 | |
| R | 30.20 | 36.73 | 23.00 | |

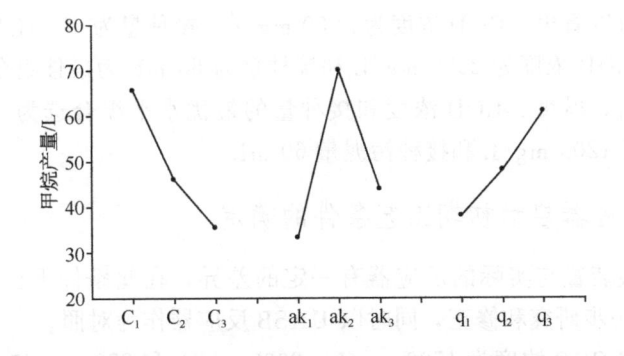

图 2.5 不同因素水平条件下甲烷的产量

$C_i$: 进水COD浓度水平；$ak_i$: 碱度水平；$q_i$: 接种污泥量水平

根据表 2.4 中极差值 R 可以看出，三个因素影响甲烷产量的主次顺序是碱度、COD 浓度和接种量，从图 2.4 中可以看出，在碱度为 1200 mg/L 左右时甲烷产量最大；对于 COD，随着浓度的增加，产气量减小，因素水平中，COD 值为 2000 mg/L 时甲烷产量最大；对于接种量，随着接种量的增加，产气量增大，所选的几个水平中，接种量为 40 mL 时，产气量最大。

除了碱度外，COD 浓度和接种量均没有达到最优水平，需要对 COD 浓度和污泥接种量做进一步选取。

仍然选取 COD 浓度和接种量的三个水平，通过单因子试验进行对比。因素水平如表 2.5 所示，试验结果如表 2.6 所示。

表 2.5　试验因素水平表

| 水平 | COD 浓度/(mg/L) | 接种量/mL |
|---|---|---|
| 1 | 1500 | 40 |
| 2 | 2000 | 60 |
| 3 | 2500 | 80 |

表 2.6　单因素试验结果

| 试验号 | COD 浓度/(mg/L) | 碱度/(mg/L) | 产甲烷量/mL |
|---|---|---|---|
| 1 | 1500 | 40 | 89.7 |
| 2 | 1500 | 60 | 108.0 |
| 3 | 1500 | 80 | 83.1 |
| 4 | 2000 | 40 | 102.3 |
| 5 | 2000 | 60 | 129.2 |
| 6 | 2000 | 80 | 121.4 |
| 7 | 2500 | 40 | 121.9 |
| 8 | 2500 | 60 | 91.0 |
| 9 | 2500 | 80 | 118.6 |

根据表 2.6 可以看出，COD 浓度为 2000 mg/L，接种量为 60 mL 时甲烷产量最大，因此，可以选定 COD 浓度为 2000 mg/L 和接种量为 60 mL 为最佳组合。

根据以上分析，碱度、COD 浓度和接种量的最优水平组合选为：进水 COD 浓度 2000 mg/L，碱度 1200 mg/L 和接种污泥量 60 mL。

### 2.1.3.3　IC 反应器启动初期工艺条件的确定

由于气体置换装置与实际的反应器有一定的差异，在此条件下得出的结论需要在 IC 反应器进行进一步研究和修正，同时以 UASB 反应器作为对照。

分别选取进水 COD 浓度为 1500 mg/L、2000 mg/L 和 2500 mg/L，对应的 IC 反应器和 UASB 反应器加入的接种污泥量分别为 10 g VSS/L、15 g VSS/L 和 20 g VSS/L，进行了两周的启动试验，结果如图 2.6 所示。

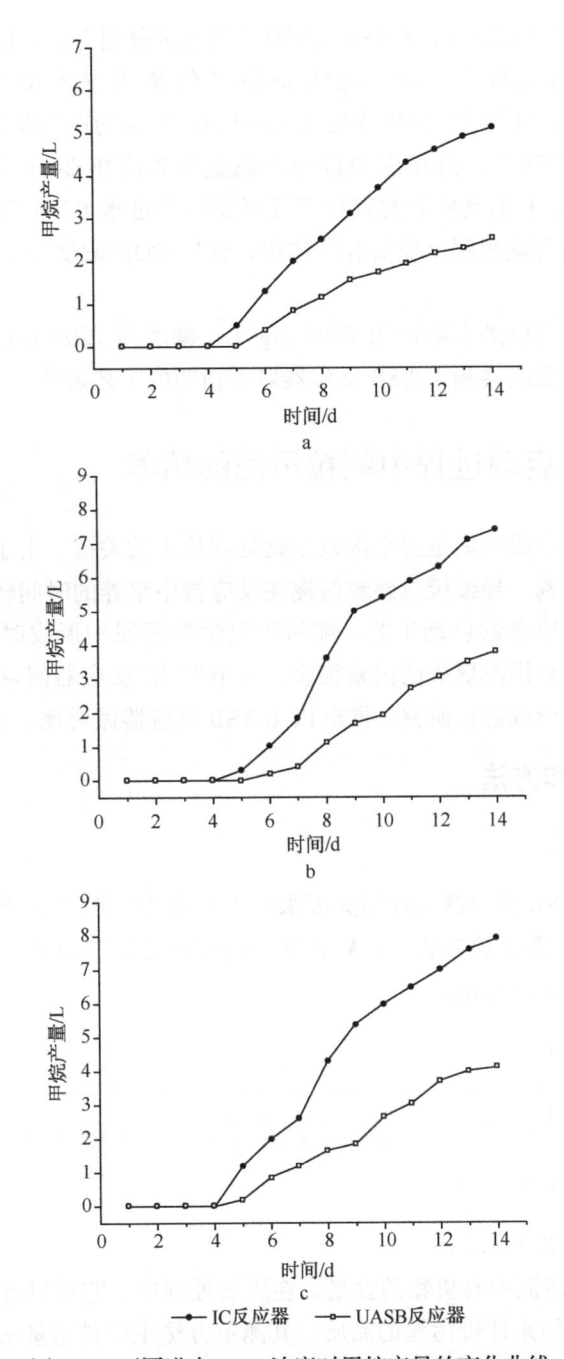

图 2.6 不同进水 COD 浓度时甲烷产量的变化曲线

a. 进水 COD 浓度为 1500 mg/L；b. 进水 COD 浓度为 2000 mg/L；c. 进水 COD 浓度为 2500 mg/L

比较试验结果可以看出，三种情况下 IC 反应器均是在第 4 天开始产气，而 UASB 反应器则是进水 COD 浓度为 2500 mg/L 时第 4 天开始产气，另外两种情况是第 5 天开始产气；就产气量而言，进水 COD 浓度为 1500 mg/L 时，IC 反应器产气总量为 5.1 L，UASB 反应器产气总量为 2.5 L，而当进水 COD 浓度为 2000 mg/L 和 2500 mg/L 时，IC 反应器产气总量分别为 7.4 L 和 7.9 L，UASB 反应器产气总量分别为 3.8 L 和 4.1 L。

可以看出，进水浓度为 1500 mg/L 时的产气量比进水浓度为 2000 mg/L 和 2500 mg/L 时小得多，而进水 COD 浓度为 2500 mg/L 时的产气量略高于进水 COD 浓度为 2000 mg/L 的产气量，但相应的接种污泥量却要高出 28.6%，二者相比，进水 COD 浓度为 2000 mg/L 的反应器的容积产气率要高于进水 COD 浓度为 2500 mg/L 的反应器，同时考虑到合理利用反应器有效体积，选择 COD 浓度为 2000 mg/L 为反应器的进水浓度。

根据以上分析，选取进水浓度为 2000 mg/L，碱度为 1200 mg/L 和接种污泥量为 15 g VSS/L 作为 IC 反应器和 UASB 反应器启动初期的工艺条件。

## 2.2 IC 反应器启动过程中颗粒污泥的培养

厌氧颗粒污泥的形成富集是废水厌氧生物处理技术的关键。由于厌氧微生物繁殖缓慢，生长条件要求苛刻，导致厌氧颗粒污泥在反应器中培养的时间较长。因此在反应器的启动过程中，合理地选取启动工艺，缩短厌氧颗粒污泥的形成时间是最为关键的一步。启动过程影响颗粒污泥形成的因素很多，本节对 IC 反应器间歇进料和连续进料两种方式下颗粒污泥的形成进行研究，同时以 UASB 反应器做对比。

### 2.2.1 试验材料和方法

#### 2.2.1.1 试验装置

IC 反应器及 UASB 反应器处理猪粪废水的工艺流程如图 2.7 所示，该工艺的主要组成部分包括 IC 反应器试验装置、UASB 反应器试验装置以及水泵、辅助热源、气体流量计、储气装置等辅助设备。

#### 2.2.1.2 试验材料

同第 1 章 2.1.1.1。

#### 2.2.1.3 测定项目与方法

COD、碱度：同 2.1.1.2。

VSS：主要表示污泥中有机物的含量，在厌氧处理中，它可以近似地反映出污泥中生物物质的量，从而用来评价污泥的品质。其测定方法主要是重量法。

SS：进水或出水中不可溶物质的量，可以用来评价进水或出水水质。其测定方法采用重量法。

气体成分：沼气中 $CH_4$、$CO_2$ 和 $O_2$ 等的体积百分比，采用气相色谱仪进行测定。

SVI：表示污泥沉降性能的参数。取浓度约为 2 g TSS/L 的污泥悬浮液，均匀混合后置于 1000 mL 有刻度的锥形量筒中，经过 30 min 沉降后读取污泥的体积 $V$，然后弃去上清液，烘干后称其质量 $m$，再求出 $SVI = V/m$ (mL/gTSS)。

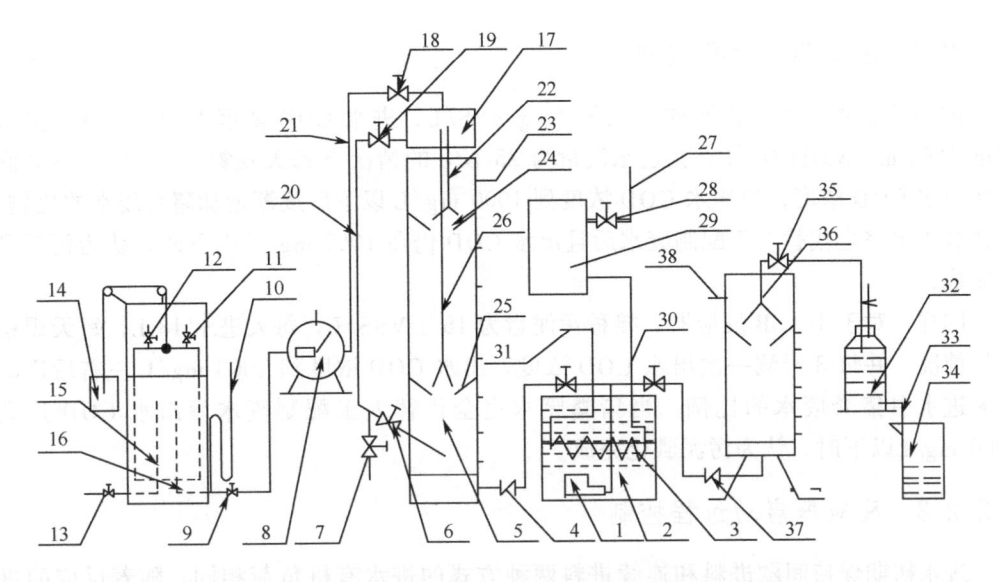

图 2.7 IC 反应器和 UASB 反应器试验装置示意图

1. 水泵；2. 储水池；3. 加热盘管；4、37. 单向阀；5. 污泥床反应区；6、7、18、19、28、35. 阀门；8. 气体流量计；9、11、12、13. 气阀；10. U 形管；14. 配重；15、16、21. 导气管；17. 气液分离器；20. 污泥回流管；22. 集气管；23. IC 出水口；24. 二级三相分离器；25. 一级三相分离器；26. 沼气提升管；27. 进水口；29. 蒸汽发生器；30. 热水管；31. 排水口；32. 集气瓶；33. 排液口；34. 烧杯；36. UASB 三相分离器；38. UASB 出水口

污泥颗粒分布：取一定量的污泥，使其顺次通过孔径分别为 5 mm、4 mm、3 mm、2 mm 和 1 mm 筛网，将各筛网所截留的污泥收集，105℃下烘干并称重，从而计算不同粒径范围颗粒污泥的质量占污泥总质量的百分比，由此可以得出按质量计算的颗粒污泥的粒径分布。

颗粒污泥沉降速度：取量程为 1 L 的量筒，测定其高度，并注满 30℃左右的清水。将自来水淘洗过的颗粒污泥用接种环逐个加入量筒内，用秒表计量单个颗粒污泥从筒口沉降到量筒底部所需时间 $t$，然后利用公式 $v = H/t$（式中，$v$ 为沉降速度；$H$ 为量筒高度；$t$ 为沉淀时间）计算得出该颗粒污泥的沉速。测试过程中，在某个粒径范围内测定其中 10～20 个任意选取的颗粒污泥，取其平均值作为该粒径范围颗粒污泥的沉速。

颗粒污泥的生物相采用扫描电镜和透射电镜进行观察。

## 2.2.2 试验方法

### 2.2.2.1 试验设计

根据小试结果，首先以葡萄糖为基质对污泥进行驯化，当进水完全为猪粪废水后分别以两种方式对反应器进行启动试验，一种是连续进料方式，另一种是间歇进料启动方式，考查两种情况下反应器中污泥特性的变化。

#### 2.2.2.2 污泥驯化过程控制

IC 反应器控制参数为接种污泥量 15 g VSS/L，进水 COD 浓度 2000 mg/L，进水碱度 1200 mg NaHCO$_3$/L，在进水流量为 25 L/d 的情况下每天观察产气情况，3 d 测一次出水 COD 浓度，当出水 COD 浓度到 1000 mg/L 以下后逐渐增加猪粪废水的比例。当猪粪废水完全代替人工配制废水后出水 COD 仍在 1000 mg/L 以下时，认为污泥驯化完成。

同样，对于 UASB 反应器，接种污泥量为 15 g VSS/L，每天进水 13 L，每天观察产气情况，并每 3 天测一次出水 COD 浓度，出水 COD 浓度到 1000 mg/L 左右后逐渐加大进水中猪粪废水的比例。当猪粪废水完全代替人工配制废水后出水 COD 达到 1000 mg/L 以下时，认为污泥驯化完成。

#### 2.2.2.3 反应器启动过程控制

进水初期保持间歇进料和连续进料两种方式的进水有机负荷相同，随着反应的进行，分别以出水 COD 浓度和洗出污泥量为指标调节进水有机负荷。

### 2.2.3 结果与分析

#### 2.2.3.1 污泥驯化

**1）污泥驯化过程中不同基质废水配比的变化**

经过 30 多天的驯化，在进水完全为猪粪废水，且连续进水的情况下，IC 反应器出水 COD 浓度降到 989.5 mg/L，UASB 反应器出水 COD 浓度降到 996.7 mg/L。污泥驯化过程中进水的配比和出水 COD 浓度变化如表 2.7 所示。

**表 2.7 污泥驯化过程中进水的配比和出水 COD 浓度**

| 时间/d | COD 浓度/(mg/L) | | | |
|---|---|---|---|---|
| | 葡萄糖配水进水 | 猪粪废水进水 | IC 出水 | UASB 出水 |
| 1 | 2034.5 | — | 2034.5 | 2034.5 |
| 3 | 1968.7 | — | 1852.4 | 1911.3 |
| 6 | 2006.9 | — | 1689.5 | 1697.4 |
| 9 | 2103.7 | — | 1475.3 | 1523.6 |
| 12 | 2118.1 | — | 1156.4 | 1084.6 |
| 15 | 2004.7 | — | 987.3 | 992.0 |
| 18 | 1997.3 | — | 976.1 | 994.8 |
| 21 | 1562.1 | 524.7 | 1342.5 | 1426.9 |
| 25 | 1498.3 | 562.1 | 994.3 | 986.7 |
| 28 | — | 2036.4 | 1333.5 | 1296.3 |
| 31 | — | 2109.5 | 1077.8 | 1008.4 |
| 34 | — | 2064.7 | 989.5 | 996.7 |

**2）污泥驯化结果**

驯化结束后，分别从 IC 反应器和 UASB 反应器第 1、第 3 和第 5 取样口各取三个混合液样品测定污泥的挥发性悬浮物和污泥沉降体积指数，结果如表 2.8 所示。

表 2.8 污泥驯化结束后两反应器污泥 VSS 含量和 SVI 的测定结果

| 反应器 | VSS/(g/gTSS) | | | SVI/(mL/g) | | |
| --- | --- | --- | --- | --- | --- | --- |
| | 取样口 1 | 取样口 3 | 取样口 5 | 取样口 1 | 取样口 3 | 取样口 5 |
| IC | 0.217 | 0.347 | 0.339 | 100.8 | 267.2 | 517.6 |
| UASB | 0.195 | 0.274 | 0.276 | 104.9 | 255.3 | 566.1 |

由测得结果可知，两个反应器均是底部污泥的 SVI 较小，沿着反应器的高度方向 SVI 增加，这表明反应器底部污泥沉降性能最好，沿着反应器高度方向，污泥的沉降性能逐渐变差。这可能是由两方面原因造成的，第一是反应器内没有机械搅动，而反应器自身产生的气体又较少，使反应器内废水几乎成静止状态，由基质降解生成的微生物在重力作用下沉降到反应器底部，从而使反应器底部的污泥集结在一起，形成了体积指数较小的污泥；第二可能是在进水中难以避免的会带入少量的泥沙，这些物质由于密度较大，进入反应器后只能滞留在反应器的底部，因而使 SVI 最小。

从 VSS 的变化说明进水中有泥沙等较高密度的无机物是可能的，因为反应器底部污泥 VSS 较小，说明微生物含量低，灰分含量高，同时，在第 3 和第 5 取样口处污泥的 VSS 差别不大，说明在几乎静止条件下，反应器各个部分微生物的生长状况是一致的。

IC 反应器底部污泥与 UASB 反应器底部污泥相比，VSS 平均值较大，这种差别主要是由于取样口位置的不同造成的，因为 UASB 反应器第 1 取样口到反应器底部的距离是 100 mm，而 IC 反应器的第 1 取样口则紧贴反应器底部。

#### 2.2.3.2 间歇进料方式启动试验

**1）进水浓度为 2000 mg/L 水平时的试验**

（1）负荷提高时期的确定。

对于反应器的间歇启动方式，选取恰当的时机提高进水负荷有利于反应器中污泥的增殖，对缩短整个反应器启动周期有利。

分别对 IC 反应器和 UASB 反应器适于提高负荷的时期进行研究，对于 IC 反应器和 UASB 反应器，进水量分别为 80 L/d 和 40 L/d 左右，进水周期为 12 h，每次分别进水流量 40 L 和 20 L，每两天从反应器出水口取一次样，测其 COD 值。

（2）污泥 VSS 和 SVI 的变化。

分别取第 10 天和第 20 天时 IC 反应器和 UASB 反应器中的第 1、第 3 和第 5 取样口处混合液，并测定其中污泥的 VSS 和 SVI，结果如表 2.9 所示。

从表 2.9 中可以看出，与启动开始阶段的污泥相比，污泥体积指数下降，VSS 含量增加，说明随着反应的进行，反应器内微生物量增加，微生物开始富集，但从数据上可以看出，IC 反应器和 UASB 反应器中的污泥特性区别不大，这说明在这种间歇进料

表 2.9　两种反应器污泥 VSS 和 SVI 的测定结果

| 反应器 | 取样时间 | VSS/(g/gTSS) 取样口1 | 取样口3 | 取样口5 | SVI/(mL/g) 取样口1 | 取样口3 | 取样口5 |
|---|---|---|---|---|---|---|---|
| IC | 第 10 天 | 0.307 | 0.368 | 0.346 | 96.4 | 239.4 | 509.3 |
|  | 第 20 天 | 0.337 | 0.405 | 0.352 | 92.8 | 241.3 | 493.7 |
| UASB | 第 10 天 | 0.195 | 0.305 | 0.334 | 107.3 | 238.7 | 511.4 |
|  | 第 20 天 | 0.312 | 0.337 | 0.348 | 98.9 | 242.1 | 503.1 |

的运行条件下，IC 反应器和 UASB 反应器的运行性能差异较小。

（3）反应器容积产气率的变化。

IC 反应器和 UASB 反应器的产气率的变化如图 2.8 所示。

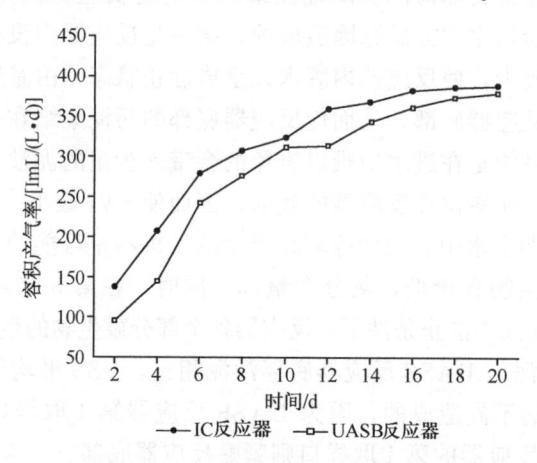

图 2.8　两种反应器容积产气率变化

定义周期的个数为反应器运行时间与 HRT 的比值。

在最初几个周期里，反应器容积产气率较低，随着时间的延长，周期的增多，反应器容积产气率迅速提高，而在 30 个周期左右，产气率增加较慢。由于 COD 去除率与反应器容积产气率理论上的线性相关性，产气率的这种变化趋势是与出水 COD 浓度的变化相符合的，即进水 COD 浓度不变时，出水 COD 浓度越低，容积产气率就会越高。

**2）进水 COD 浓度为 4000 mg/L 水平时的试验**

（1）提高负荷时期的确定。

分别对 IC 反应器和 UASB 反应器适于提高负荷的时期进行研究，对于 IC 反应器和 UASB 反应器，进水量仍然分别为 80 L/d 和 40 L/d 左右，进水周期为 12 h，每次分别进水 40 L 和 20 L，每两天从反应器出水口取一次样并测其 COD，结果如图 2.9 所示。

从图 2.9 中可以看出，在进水初期的一段时间，即约在进水的前 4 个周期，反应器出水 COD 浓度很高，IC 反应器和 UASB 反应器的 COD 去除率均不到 10%，随着反应的进行，在第 6 个周期后，两种反应器出水 COD 浓度开始逐渐降低，COD 去除率也在

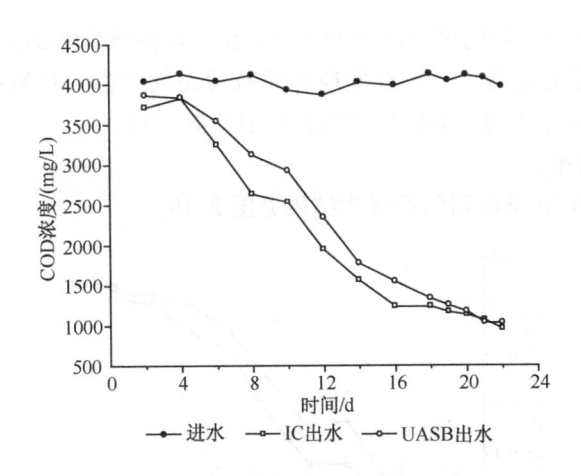

图 2.9 两种反应器 COD 浓度变化

逐渐增加，这说明，在进水 COD 浓度从 2000 mg/L 左右突然加大到 4000 mg/L 左右以后，有机负荷的突然增加对反应器内污泥产生了较大冲击，微生物的增殖受到了影响，通过对出水碱度进行测定发现，出水碱度值为 579.3 mg/L，这个值比唐一等建议的厌氧反应所需的最低碱度值 750 mg/L 还要低，这主要是因为进水 COD 浓度突然提高，产酸菌迅速繁殖，使反应器内挥发性脂肪酸浓度大幅度提高，超过了反应器内碱度的缓冲作用，致使反应器酸化，同时对沼气进行分析的结果表明，甲烷含量仅为 26.8%。

从第 4 或第 5 个周期开始，出水中 COD 浓度逐渐降低，COD 去除率增加，IC 反应器经过 16 d 的运行后，出水 COD 浓度稳定在 1236.5 mg/L 左右，此时 COD 去除率约 70%，而 UASB 反应器运行了 38 个周期到第 19 天时，出水 COD 浓度稳定在 1251.3 mg/L 左右，COD 去除率约 71%。

继续运行到第 22 天后，发现两反应器的出水 COD 浓度没有大的降低，这说明此时反应器中的污泥负荷已经较为稳定，要进一步提高污泥负荷，就需要提高进水有机负荷。因此，在进水浓度为 4000 mg/L 左右时，IC 反应器和 UASB 反应器分别运行 16 d 和 19 d 即可增加进水浓度。

(2) 污泥 VSS 和 SVI。

分别在浓度提高到 4000 mg/L 后的第 10 天（总第 36 天）和第 20 天（总第 39 天）取 IC 反应器和 UASB 反应器的第 1、第 3 和第 5 取样口污泥，并测定其污泥体积指数和挥发性悬浮物含量，结果如表 2.10 所示。

表 2.10 污泥 VSS 和 SVI 的测定结果

| 反应器 | 取样时间 | VSS/(g/gTSS) 取样口1 | 取样口3 | 取样口5 | SVI/(mL/g) 取样口1 | 取样口3 | 取样口5 |
|---|---|---|---|---|---|---|---|
| IC | 第 36 天 | 0.411 | 0.458 | 0.555 | 90.1 | 183.2 | 442.1 |
| UASB | 第 39 天 | 0.362 | 0.412 | 0.517 | 101.7 | 203.8 | 457.2 |

从表 2.10 中可以看出，随着进水 COD 浓度的提高，反应器内污泥的 VSS 迅速提

高，污泥体积指数下降，说明随着反应的进行，反应器内微生物的浓度升高，微生物量增加，微生物富集程度提高，但没有发现有颗粒污泥的产生；从数据上可以看出，IC反应器和UASB反应器中的污泥特性仍然没有明显的差别。

(3) 反应器产气率。

IC反应器和UASB反应器的产气率结果见图2.10。

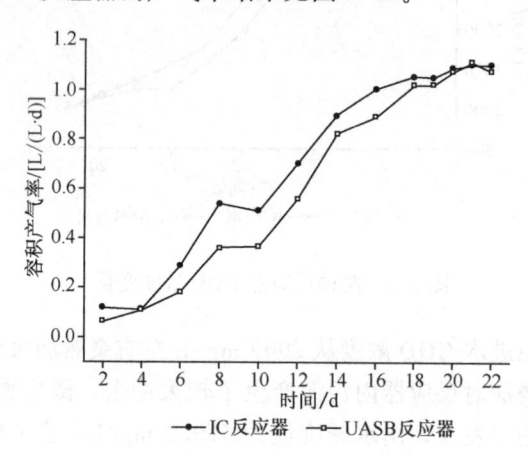

图2.10 两种反应器容积产气率变化

从图2.10中可以看出，在开始进水阶段，由于反应器受到负荷冲击，运行情况恶化，导致产气率很低，随着污泥对较高浓度废水的不断适应，产气率迅速升高，在进水的前几个周期，IC反应器容积产气率约为0.25 L/(L·d)，UASB容积产气率约为0.16 L/(L·d)。在运行到第20天时，IC反应器和UASB反应器的容积产气率分别上升到0.96 L/(L·d)和0.94 L/(L·d)左右，分别约是开始时的4倍和6倍，这与进水COD浓度提高到4000 mg/L后，反应器内污泥量的增加和活性增强是密切相关的。

**3) 进水COD浓度为6000 mg/L水平时试验**

(1) 反应器启动完成的标志与时期的确定。

由于本试验选取的最大进水浓度为6000 mg/L左右，因此当反应器达到COD最大去除率时即认为反应器启动完成。

对于IC反应器和UASB反应器，依次使反应器在进水周期12 h、8 h和6 h三种情况下运行，每次进水流量仍为40 L和20 L，确定改变进水周期的依据是稳定的出水COD浓度值，运行结果如图2.11所示。

首先保持进水周期为12 h，IC反应器经6 d的运行，出水COD浓度达到1963.5 mg/L且在随后的几天里出水COD浓度一直维持在2000 mg/L左右，UASB反应器则经过10 d的运行使出水COD浓度下降到1500 mg/L以下，并达到稳定。

为了提高反应器进水有机负荷，分别在第11 d和第12 d将IC反应器和UASB反应器的进水周期降低到8 h，IC反应器运行7 d后出水COD浓度稳定在2754.3 mg/L，UASB运行8 d出水COD浓度降低到2367.6 mg/L。

接着再将进水周期缩短到6 h，分别运行3 d，发现出水COD浓度超过3000 mg/L

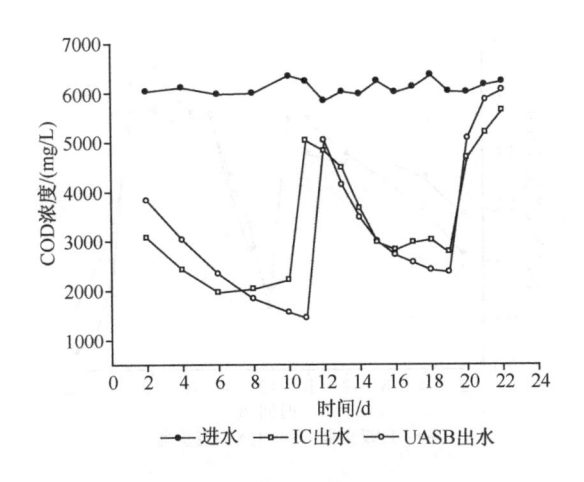

## 2 IC反应器处理猪粪废水条件下厌氧污泥颗粒化研究

图2.11 两种反应器COD变化

并呈升高趋势。

根据反应器运行情况，确定IC反应器在进水流量为120 L/d，UASB反应器在进水流量为60 L/d时启动完成，两反应器启动完成时进水有机负荷为10 kg COD/(m³·d)，IC反应器和UASB反应器的COD去除率分别为63.1%和68.9%。

(2) 污泥特性测定。

启动完成后，分别取IC反应器和UASB反应器第1取样口、第3取样口和第5取样口污泥测定其特性，结果如表2.11所示。

表2.11 两种反应器中VSS含量和SVI的测定结果

| 反应器 | 取样时间 | VSS/(g/gTSS) 取样口1 | 取样口3 | 取样口5 | SVI/(mL/g) 取样口1 | 取样口3 | 取样口5 |
|---|---|---|---|---|---|---|---|
| IC | 第54天 | 0.507 | 0.568 | 0.646 | 82.7 | 139.4 | 411.5 |
| UASB | 第59天 | 0.495 | 0.505 | 0.634 | 85.2 | 158.7 | 439.3 |

从表2.11中可以看出，两种反应器中第1取样口污泥的SVI较小，且微生物量较高，沿着反应器高度方向，SVI值增大，VSS降低，而两反应器中相应位置的污泥特性差异很小。污泥浓度在反应器底部最大，沿着反应器高度方向急剧减小。

(3) 产气率的变化。

IC反应器和UASB反应器的产气率变化如图2.12所示。

从图2.12中可以看出，在将进水COD浓度提高到6000 mg/L后，在开始阶段，反应器的容积产气率仍在持续增加，说明负荷的增加并没有对IC反应器的运行造成不良影响，在进水周期为12 h的阶段，IC反应器的容积负荷去除率稳定在1.61 L/(L·d)左右，UASB反应器容积产气率稳定在1.86 L/(L·d)左右；当进水周期提高到8h后，两反应器产气率均急剧下降，但随即又逐渐增加，反应器稳定运行后，IC反应器容积产气率达到2.25 L/(L·d)左右，UASB反应器容积产气率则达到2.51 L/(L·d)左右。

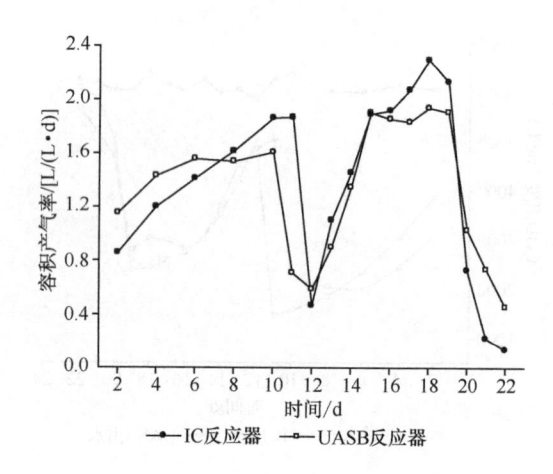

图2.12 两种反应器容积产气率变化

### 2.2.3.3 连续进料方式启动试验

**1）进水COD浓度在2000 mg/L水平时的试验**

（1）过程控制。

对污泥驯化后，反应器进水有机负荷为0.71 kg COD/(m³·d)左右，因此，取此数值作为IC反应器和UASB反应器的进水有机负荷，根据出水COD浓度和洗出污泥特性调节进水负荷，结果如图2.13和图2.14所示。

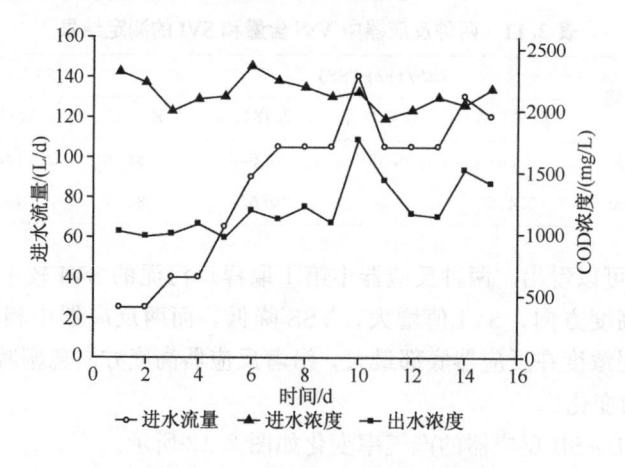

图2.13 IC反应器中COD浓度变化

IC反应器开始时进水流量为25 L/d，有机负荷为0.71 kg COD/(m³·d)，连续2 d出水COD浓度稳定在900 mg/L左右，之后将进水流量提高到40 L/d，进水负荷相应提高到1.14 kg COD/(m³·d)左右，开始时，产气率下降，出水COD浓度上升，出水中有污泥洗出，坚持运行2 d，出水COD恢复到1000 mg/L以下，产气稳定，洗出污泥量减少。

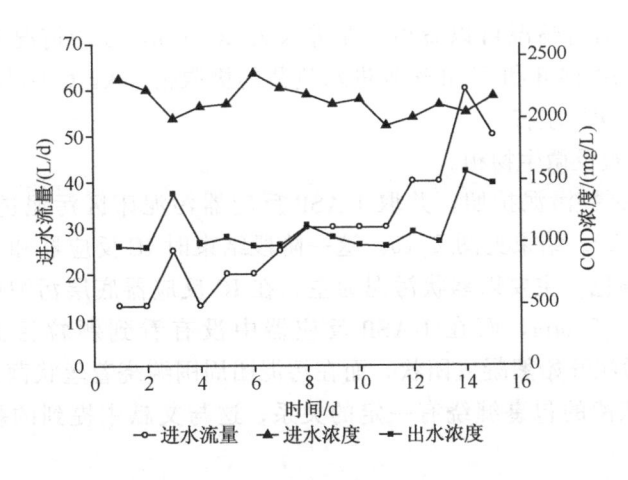

图 2.14 UASB 反应器中 COD 变化曲线

接着每天增加进水流量 25 L，第 3 天进水流量达到 105 L/d 时，产气率下降，出水 COD 浓度有升高趋势，因此，停止增加进水负荷，经过 2 d 运行，发现反应器运行良好，随即将进水流量突然加大到 140 L/d，此时有机负荷提高到 4 kg COD/($m^3 \cdot d$)，发现产气率急剧下降，出水 COD 浓度达到 1763.6 mg/L，大量污泥被冲出，反应器运行状况恶化，立即将进水量降低到 105 L/d 左右，运行 1 d，产气率升高，出水 COD 浓度下降到 1436.4 mg/L，继续以此负荷运行 3 d，出水 COD 浓度下降到 1138.4 mg/L。随后又几次试着提高负荷，但反应器运行较为敏感，污泥洗出严重，说明在进水 COD 浓度为 2000 mg/L 左右时，IC 反应器的最高有机负荷约为 4 kg COD/($m^3 \cdot d$)，进水流量不能超过 105 L/d，因此，在此情况下提高进水 COD 浓度较为合适。

UASB 反应器每天进水 13 L，进水有机负荷为 0.71 kg COD/($m^3 \cdot d$)，运行 2 d，出水 COD 浓度为 952.4 mg/L，此时将进水流量加大到 25 L，即进水有机负荷提高到 1.57 kg COD/($m^3 \cdot d$)，结果产气率下降，出水 COD 浓度急剧上升，出水中有大量污泥洗出，考虑到反应器启动初期应该尽量避免污泥的流失，又将进水流量降低到 13 L，运行 1 d 后，将进水流量加大到 20 L，即进水有机负荷提高到 1.25 kg COD/($m^3 \cdot d$) 左右，出水 COD 浓度升高，但几乎没有污泥洗出，坚持运行 2 d 后，出水恢复到 966.4 mg/L 左右，产气率稳定。

接着，进水流量每天提高 5 L，经过 2 d 的运行，发现产气率降低，出水 COD 浓度升高，因此，停止提高流量，此时反应器进水流量为 30 L/d，进水有机负荷在 1.8 kg COD/($m^3 \cdot d$) 左右，在此流量下运行 4 d 后，出水 COD 浓度降低到 913.7 mg/L，然后将进水流量提高到 40 L/d，没有发生污泥大量洗出的现象，但 COD 浓度上升较高，坚持运行 2 d 后，出水 COD 浓度降低到 976.2 mg/L。

将反应器流量增加到 60 L/d 时，发现污泥洗出严重，降低到 50 L/d，洗出污泥依旧很严重，反应器运行恶化，这表明，在进水 COD 浓度为 2000 mg/L 左右时，UASB 反应器的极限进水流量为 40 L/d，相应的有机容积负荷为 2.5 kg COD/($m^3 \cdot d$) 左右，此时应该选取提高进水 COD 浓度的方式来增加有机负荷。

根据反应器的运行情况可以看出,在进水为 2000 mg/L 的情况下,IC 反应器和 UASB 反应器分别用 13 d 和 15 d 达到进水负荷的极限值 4 kg COD/($m^3$·d) 左右和 2.5 kg COD/($m^3$·d) 左右。

(2) 污泥的外观及微生物相。

对 IC 反应器颗粒污泥拍照,并取 UASB 反应器污泥床区污泥进行显微镜观察,放大倍数为 40×120。结果见图 2.15。这一阶段结束时 IC 反应器和 UASB 反应器污泥床区污泥呈黑褐色,主要以絮状污泥为主,在 IC 反应器底层污泥中发现少量颗粒污泥,粒径小于 0.5 mm,而在 UASB 反应器中没有看到颗粒污泥。不过,此时 UASB 反应器内污泥开始絮凝成团状,而在污泥团周围缠绕着丝状菌,这说明,颗粒污泥的形成与丝状菌的包裹缠绕有一定的关系,这与文献中提到的颗粒污泥形成机制是一致的。

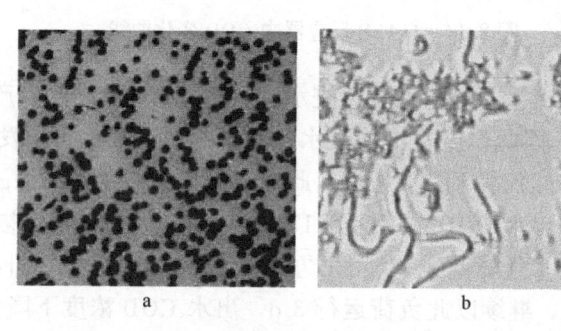

图 2.15 IC 反应器和 UASB 反应器污泥床区污泥照片
a. IC 反应器颗粒污泥;b. UASB 反应器絮状污泥

(3) 污泥 VSS 含量。

分别取三次提高负荷并运行后反应器第 1 取样口、第 3 取样口和第 5 取样口污泥测定其 VSS 含量,结果如表 2.12 所示。

表 2.12 两种反应器中 VSS 含量的测定结果

| 反应器 | 取样时间 | No.1 | No.3 | No.5 |
| --- | --- | --- | --- | --- |
| IC | 第 2 天 | 32.7 | 31.6 | 30.6 |
|  | 第 7 天 | 38.6 | 39.7 | 34.4 |
|  | 第 13 天 | 46.4 | 46.4 | 40.6 |
| UASB | 第 2 天 | 30.3 | 29.4 | 29.4 |
|  | 第 7 天 | 31.5 | 32.3 | 30.1 |
|  | 第 13 天 | 34.6 | 34.7 | 32.5 |

从表 2.12 中可以看出,各取样口出污泥 VSS 含量随着反应时间的延长而增加,但在同一时间内反应器高度方向上污泥 VSS 含量相差不大,只是在第 1 取样口处较小,这主要可能由进水中还有少量泥沙所致;同等条件下 IC 反应器中污泥的 VSS 高于 UASB 反应器。

(4) 污泥体积指数的变化。

每天取 IC 反应器和 UASB 反应器第 1、第 3 和第 5 取样口污泥测定其污泥体积指数，结果如图 2.16 所示。

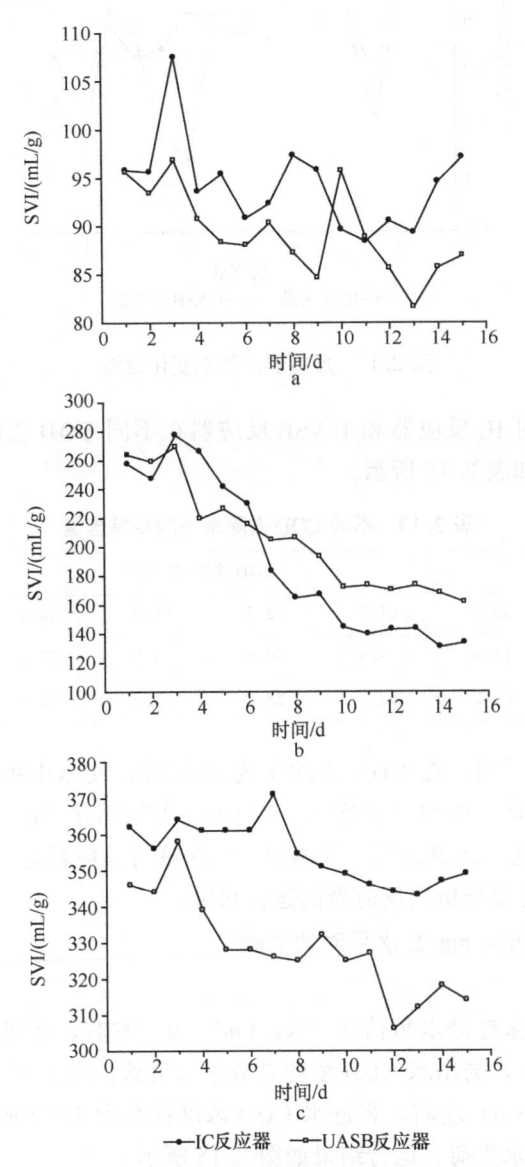

图 2.16 各取样口污泥 SVI 变化曲线
a. 取样口 1；b. 取样口 3；c. 取样口 5

(5) 反应器产气率与甲烷含量的测定。

IC 反应器和 UASB 反应器产气率变化见图 2.17。从图 2.17 中可以看出，进水初期，由于进水负荷与污泥完成驯化时相当，因此，产气率较稳定，除了几次大幅度提高负荷影响反应器运行外，产气率均稳定在 0.5 L/(L·d)。

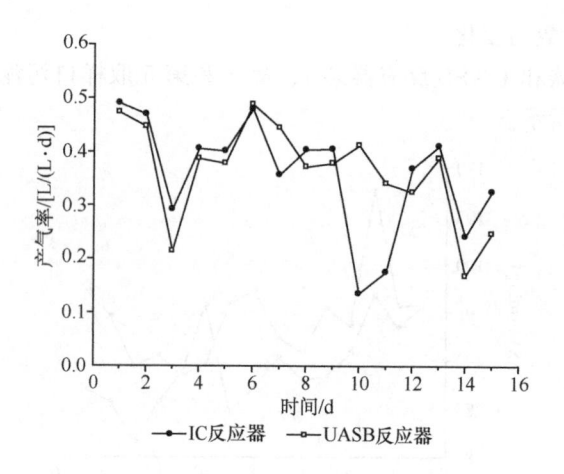

图 2.17 反应器产气率变化曲线

反应过程中分别对 IC 反应器和 UASB 反应器在不同 COD 去除率条件下的气体进行了成分分析，结果如表 2.13 所示。

表 2.13 不同 COD 去除率下的甲烷含量

| 气体成分/% | COD 去除率/% | | | | | | | |
|---|---|---|---|---|---|---|---|---|
| | 18.0 | 33.7 | 41.7 | 52.7 | 55.4 | 55.7 | 60.5 | 60.2 |
| $CH_4$ | 43.2 | 47.5 | 56.4 | 60.4 | 63.5 | 63.5 | 63.7 | 62.8 |
| $CO_2$ | 46.7 | 45.2 | 32.7 | 28.7 | 30.6 | 32.3 | 32.6 | 34.7 |

从表 2.13 中可以看出，在 COD 去除率为 18% 时，气体中甲烷含量仅为 43.2%，随着 COD 去除率的升高，甲烷含量增加，当 COD 去除率为 55.4% 以上时，甲烷含量稳定在 63.5% 左右。这一结果表明，气体中甲烷含量与反应器运行状况有密切的关系，因此，从甲烷的含量可以分析出反应器的运行状况。

**2）进水 COD 浓度在 4000 mg/L 水平时的试验**

（1）过程控制。

对于 IC 反应器，保持进水负荷为 4 kg/(m³·d) 左右，将进水 COD 浓度提高到 4000 mg/L 左右，然后根据出水 COD 浓度调节进水负荷；对于 UASB 反应器，保持进水负荷为 2.5 kg/(m³·d) 左右，将进水 COD 浓度提高到 4000 mg/L 左右，然后根据出水 COD 浓度调节进水负荷。运行结果如图 2.18 所示。

从图 2.18 可以看出，提高进水 COD 浓度后 IC 反应器进水流量为 70 L/d，连续运行 2 d 后，反应器出水 COD 浓度稳定在 1100 mg/L 左右，说明在不改变有机负荷的情况下增加进水 COD 浓度对反应器的运行没有影响。

随后，第 3 天和第 4 天依次将进水流量提高到 90 L/d 和 110 L/d，反应器运行仍然较为稳定，但当第 5 天将进水流量提高到 180 L 时，出水 COD 浓度升高到 2867.8 mg/L，出水恶化，于是将进水流量降低到 110 L/d，运行 3 d 后，出水 COD 浓度恢复到 1224.5 mg/L，接着再将进水流量突然提高到 180 L/d，开始的时候有较多的

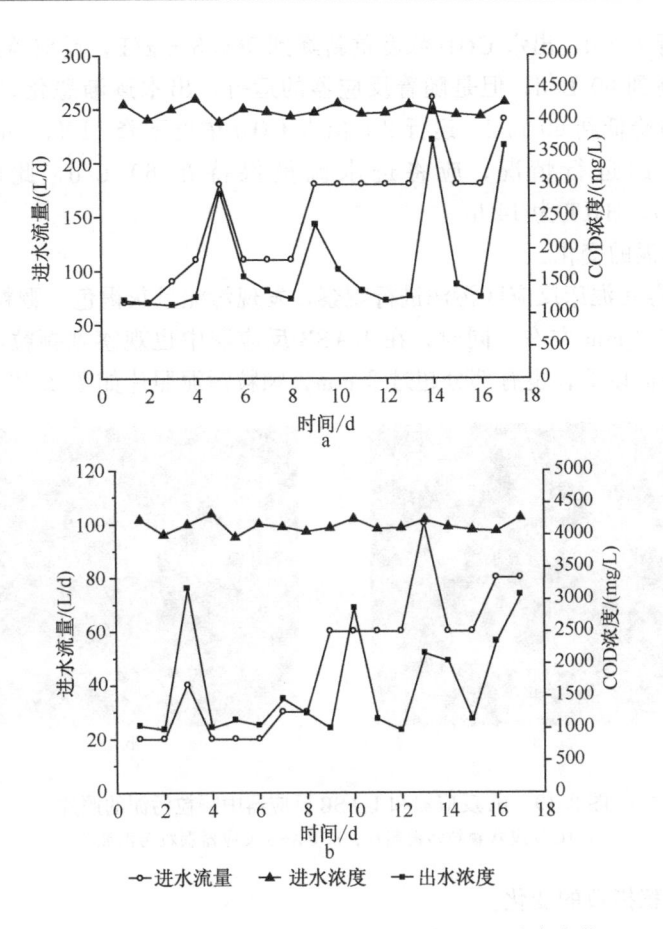

图 2.18　IC 反应器和 UASB 反应器内 COD 浓度变化

污泥洗出，经观察发现均是细小絮状污泥，而出水 COD 浓度并没有大幅度提高，因此，没有降低流量，坚持运行 5 d 后，出水 COD 浓度稳定在 1263.7 mg/L；为了进一步提高进水负荷，将进水流量又增加到 260 L/d，结果 COD 出水急剧上升，产气几乎停止，污泥流失严重，经测定，出水中悬浮物浓度达到 7 g/L，而在正常运行的情况下，出水中悬浮物的含量低于 1 g/L，因此，将进水流量降低到 240 L/d，出水中悬浮物的量仍然保持在 5 g/L 以上，因此，应将进水流量保持在 180 L/d，此时相应的进水有机负荷为 10.28 kg COD/(m³·d)，HRT 约为 9 h。

对 UASB 反应器而言，在保持进水有机负荷不变的情况下将进水 COD 浓度提高到 4000 mg/L，进水流量调节为 20 L/d，连续运行 2 d，反应器出水 COD 浓度保持在 1000 mg/L 左右，接着将进水流量提高到 40 L/d，反应器受到极大冲击，出水 COD 浓度急剧上升，絮状污泥洗出严重；又将进水流量恢复到 20 L/d，反应器恢复正常运行后，将进水流量提高到 30 L/d，运行 2 d，出水 COD 稳定在 1000 mg/L 左右，之后将进水浓度提高到 60 L/d，进水初期出水 COD 浓度升高到 1452.6 mg/L，有少量细小污泥洗出，坚持运行 4 d 后，出水 COD 浓度恢复到 997.5 mg/L，此后，试图提高反应器进水负荷，但进水流量提高到 100 L/d 造成了反应器运行的恶化，进水流量恢复到

60 L/d后又运行了 2 d，出水 COD 浓度重新降到 964.3 mg/L，反应器运行正常后，又将进水流量提高到 80 L/d，但是随着反应器的运行，出水逐渐恶化，洗出污泥增多，只得将进水流量降低到 60 L/d，运行 2 d 出水 COD 浓度下降 1109.2 mg/L。因此，根据以上反应器的运行情况，应将进水流量保持在 60 L/d，此时进水负荷为 6.8 kg/($m^3$·d)，HRT 为 14 h。

(2) 颗粒污泥的变化。

对 IC 反应器污泥床反应区污泥进行观察，发现污泥呈灰褐色，颗粒污泥开始长大，呈圆形，粒径在 2 mm 左右，同时，在 UASB 反应器中也观察到颗粒污泥的形成，颗粒粒径多在 1 mm 以下，也有部分超过 2 mm，颗粒污泥照片如图 2.19 所示。

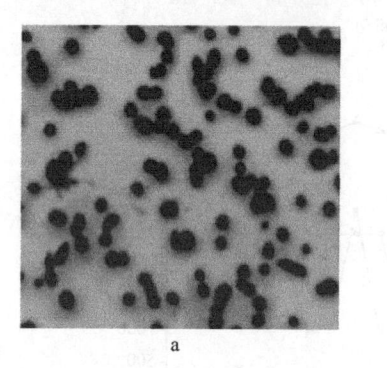

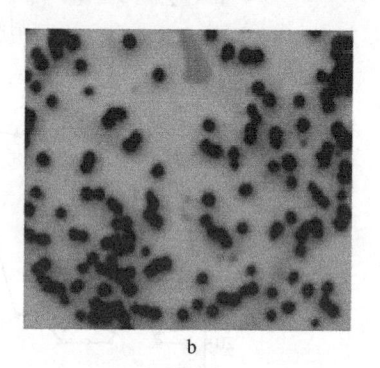

图 2.19　IC 反应器和 UASB 反应器中颗粒污泥的照片
a. IC 反应器颗粒污泥照片；b. UASB 反应器颗粒污泥照片

(3) 污泥体积指数的变化。

分别取 IC 反应器和 UASB 反应器的各取样口污泥测定 SVI，结果如图 2.20 所示。从图 2.20 中可以看出，IC 反应器第 1 取样口、第 2 取样口和第 3 取样口处污泥体积指数较小，而到第 4 取样口以上，污泥体积指数迅速增加，在 UASB 反应器中，下部污泥体积指数较小，沿反应器高度方向，污泥体积指数缓慢上升。从而可以看出，有机物

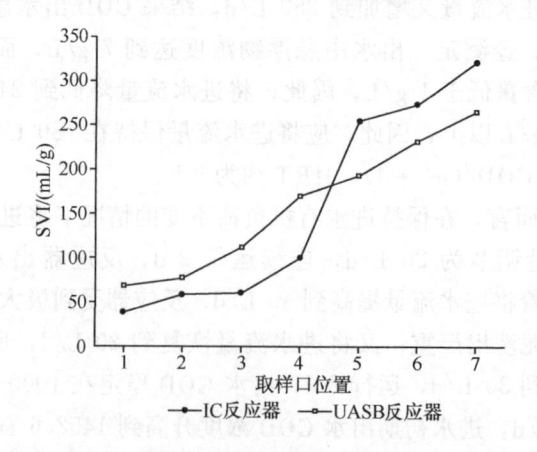

图 2.20　反应器高度方向 SVI 变化曲线

的去除主要是在污泥床区进行。

(4) 污泥 VSS 的变化。

分别取 IC 反应器和 UASB 反应器的各取样口污泥测定 VSS，结果如图 2.21 所示。

对污泥的挥发性悬浮物的测定表明，反应器运行稳定后，除了在第 1 取样口污泥测得值较小外，VSS 的含量较为稳定，IC 反应器中污泥 VSS 在 61.7%～77.3%，UASB 反应器中污泥 VSS 为 59.1%～70.5%，反应器底部 VSS 较小的原因可能是由于为配制高浓度进水 COD，而造成悬浮物浓度升高，从而吸附细小泥沙颗粒造成。

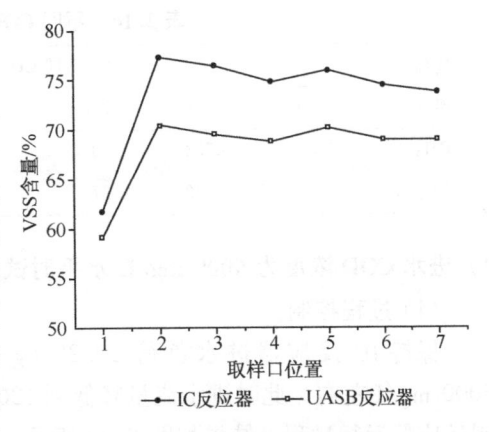

图 2.21 反应器高度方向上 VSS 含量变化曲线

(5) 反应器产气率与甲烷含量。

对 IC 反应器和 UASB 反应器产气率的观察记录见图 2.22。从图 2.22 中可以看出，除了几次大幅度提高负荷影响反应器运行而导致产气率严重降低外，产气率随着进水负荷的增加呈增大趋势，而在反应器正常运行时，产气率也较稳定。IC 反应器容积产气率与 UASB 反应器相比，前者略高。

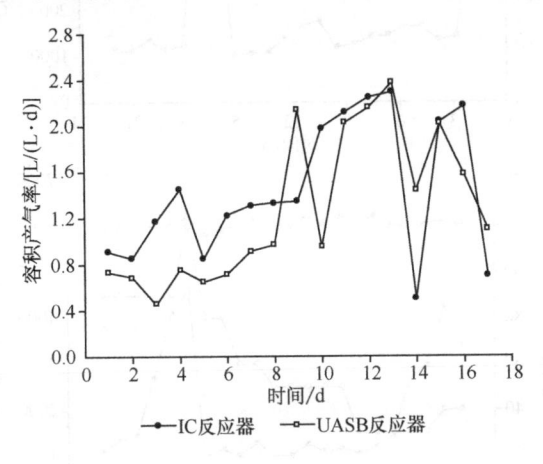

图 2.22 反应器容积产气率变化曲线

反应过程中分别对 IC 反应器和 UASB 反应器在不同 COD 去除率条件下的气体进行了成分分析，结果见表 2.14。从表 2.14 中可以看出，进水 COD 浓度为 4000 mg/L 左右，COD 去除率为 23.8% 时，气体中甲烷含量仅为 47.3%，随着 COD 去除率的升高，甲烷含量增加，当 COD 去除率在 76.7% 时，甲烷含量最高达到 68.5%。可见，甲烷含量的变化与反应器运行状况有着直接的关系，因此，在反应器运行中可以通过测定甲烷含量来快速判断反应器的运行状况。

表 2.14 不同 COD 去除率下的甲烷含量

| 气体成分 | 不同 COD 去除率下气体成分含量/% | | | | | | | |
|---|---|---|---|---|---|---|---|---|
|  | 75.6 | 23.8 | 76.7 | 64.8 | 69.7 | 75.7 | 32.7 | 72.2 |
| CH$_4$ | 64.8 | 47.3 | 68.5 | 50.4 | 62.5 | 63.5 | 43.6 | 62.3 |
| CO$_2$ | 32.8 | 45.2 | 27.6 | 42.8 | 30.3 | 33.2 | 52.1 | 32.9 |

**3）进水 COD 浓度为 6000 mg/L 水平时试验**

（1）过程控制。

保持 IC 反应器进水负荷 10.28 kg COD/(m$^3$·d)，将进水 COD 浓度提高到 6000 mg/L 左右，此时进水流量降低到 120 L/d，通过出水 COD 浓度及洗出污泥特征控制反应器运行过程，结果如图 2.23 所示。

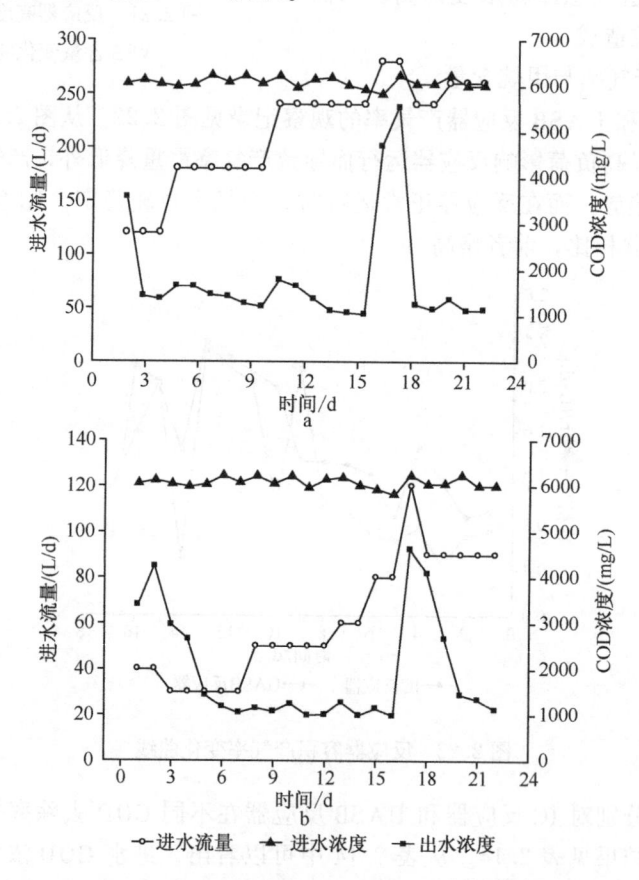

图 2.23 IC 反应器和 UASB 反应器中 COD 浓度变化
a. IC 反应器中 COD 浓度变化；b. UASB 反应器中 COD 浓度变化

当进水浓度提高到 6059.3 mg/L 时，出水 COD 浓度为 3573.6 mg/L，产气率下降，但洗出污泥为细小污泥，在不降低进水流量的情况下经过 3 d 的运行，出水 COD 浓度降低到 1354.2 mg/L，接着将进水流量相继提高到 180 L/d 和 240 L/d，在此过程中，出水 COD 浓度变化幅度较小，但污泥洗出量较大，约 3800 mg/L，洗出的污泥多为细小污泥，也有一些污泥颗粒，由于对产气状况没有太大影响，因此，坚持运行到 12 d 后，洗出污泥量减小，出水悬浮物浓度较低到 1000 g/L 以下。此时将进水流量一次提高到 280 L/d，经过 2 d 的运行，发现出水中污泥浓度加大，产气率明显减小，出水 COD 浓度高达 3896.7 mg/L，反应器运行恶化，因此，将进水流量降低到 240 L/d，经过 2 d 恢复到出水 COD 低于 1000 mg/L 的水平后，将进水流量提高到 260 L/d，运行 3 天，出水 COD 维持在 1100 mg/L 左右，反应器 COD 去除率为 95.7%，测定反应器内污泥，发现颗粒大于 1 mm 污泥占到 81.7%，且布满污泥床反应区，因此，可以认为反应器启动完成。此时进水有机负荷为 22.3 kg COD/($m^3$·d)，水力滞留期为 6.5 h。

保持 UASB 反应器进水负荷 6.8 kg COD/($m^3$·d) 不变，进水 COD 浓度提高到 6000 mg/L 左右后，进水流量相应降低到 40 L/d，通过出水 COD 浓度及洗出污泥特征控制反应器运行过程，结果如图 2.23 所示。

反应器运行的前 2 天，出水 COD 浓度较高且呈升高趋势，为了避免反应器运行状况恶化，将反应器进水流量降低到 30 L/d，进水负荷相应的降低到 5.2 kg/($m^3$·d) 左右，经过 5 d 的运行，出水 COD 浓度降低到 1046.8 mg/L，随后将进水流量提高到 40 L/d，出水 COD 浓度开始上升较大，污泥洗出量较大，且有大量絮状污泥洗出，但对产气状况没有太大影响，因此坚持运行，运行 5 d 后，洗出污泥量减小，出水悬浮物浓度较低，出水 COD 浓度下降到 1000 mg/L 左右；此时再将进水流量提高到 50 L/d 和 70 L/d，在此流量下，洗出污泥量较小，尽管 COD 浓度上升，仍保持流量不变，各经过 2 d 的运行，出水 COD 浓度稳定在 1100 mg/L。

再将进水流量提高到 100 L/d，反应器运行恶化，产气几乎停止，出水中洗出颗粒污泥，取出水测 COD 值，高达 5304.8 mg/L，反应器运行恶化，立即将进水流量恢复到 70 L/d，此时相应的进水有机负荷率为 11.7 kg/($m^3$·d)，经过 1 d 的恢复，产气率又持续上升，运行几天后，出水 COD 浓度稳定在 1000 mg/L 左右，此时测定反应器内污泥，发现颗粒大于 1 mm 污泥占到 76.2% 以上，且布满污泥床区，因此认为此时反应器启动完成。

(2) 污泥的 SVI。

分别取 IC 反应器在流量为 120 L/d、180 L/d 和 260 L/d 时和 UASB 反应器在流量为 30 L/d、50 L/d 和 70 L/d 时各取样口污泥测定其 SVI，结果如图 2.24 所示。

从图 2.24 可以看出，IC 反应器内污泥体积指数在污泥床区较小，其值为 25.2~30.8 mL/g，而在精细处理区较大，其值为 133.8~158.3 mL/g，且随着进水流量的增加，污泥体积指数下降。而对 UASB 反应器而言，沿着反应器高度方向，污泥体积指数平稳上升，其值为 38.7~180.4 mL/g。

(3) 污泥中 VSS 的含量。

取 IC 反应器和 UASB 反应器污泥床区污泥测定其 VSS 含量，结果见图 2.25。由图 2.25 可知，在 IC 反应器污泥床区，污泥 VSS 含量最高，在 80% 以上，在精细处理区，污泥的 VSS 含量下降到 78% 左右，这充分说明 IC 反应器污泥床反应区是去除有机物的主要区域，试验也表明，污泥床反应区对有机物的去除率占总去除率的 80% 以上。

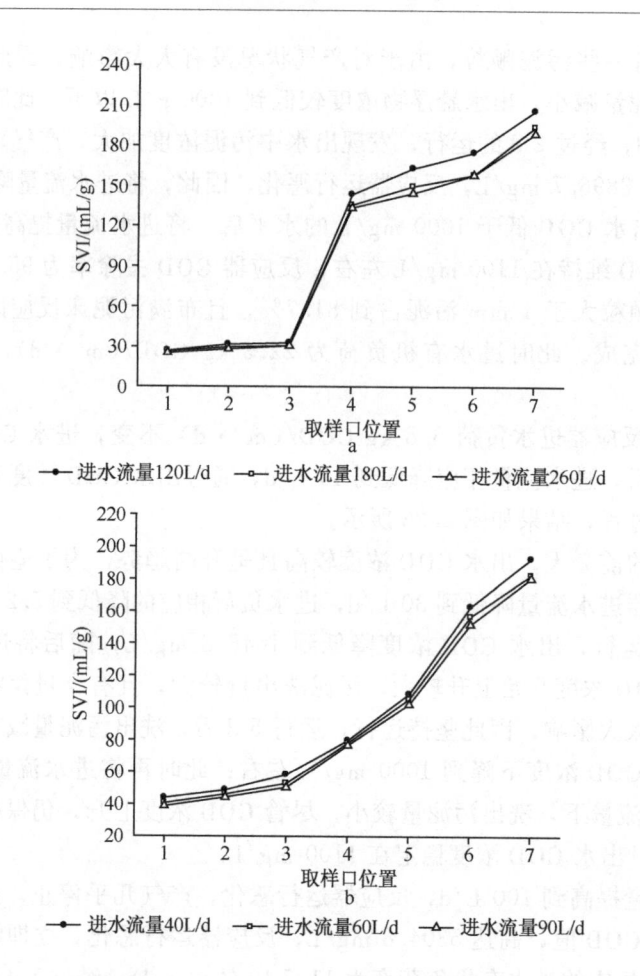

图 2.24 不同流量下 IC 反应器和 UASB 反应器高度方向上 SVI 变化
a. IC 反应器高度方向上 SVI 变化；b. UASB 反应器高度方向上 SVI 变化

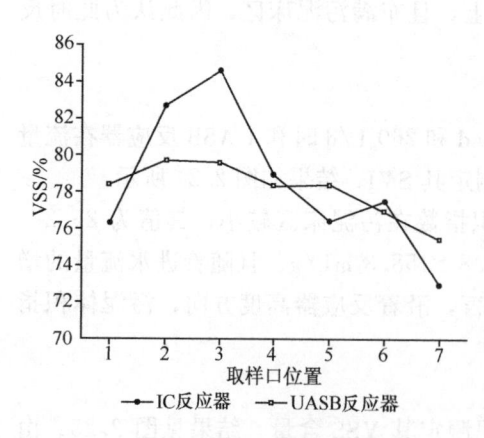

图 2.25 两种反应器高度方向上 VSS 变化曲线

而 UASB 反应器中污泥 VSS 含量则没有 IC 反应器变化那么明显，只是沿反应器高度方向有略微的减小，其值在 78% 左右。

（4）颗粒污泥的粒径分布。

反应器停止运行后，分别从污泥排放口取 IC 反应器和 UASB 反应器内污泥测定颗粒污泥的分布，各粒径范围所占颗粒污泥量的百分比如图 2.26 所示。

两反应器相比，IC 反应器颗粒化程度比 UASB 反应器强，IC 反应器中颗粒粒径较大，粒径在 3 mm 以上的颗粒污泥占 30%，而 UASB 反应器中粒径在 3 mm 以上的颗粒污泥为 15%；UASB 反应器中粒径 1 mm $< d <$

2 mm 的颗粒污泥比例较大，另外，IC 反应器中有粒径超过 5 mm 的颗粒污泥，而 UASB 反应器中没有。

（5）颗粒污泥的沉降速度。

分别取 2.3.3.4 中得到的粒径大于 1 mm 的各范围的颗粒污泥进行沉降速度的测定，结果如图 2.27 所示。

IC 反应器中的颗粒污泥沉降速度均保持在 35 mm/s 左右，这说明颗粒污泥的沉降速度与颗粒直径没有关系，与某些研究者的结果不同，这主要是由于 IC 反应器的高上流速度和

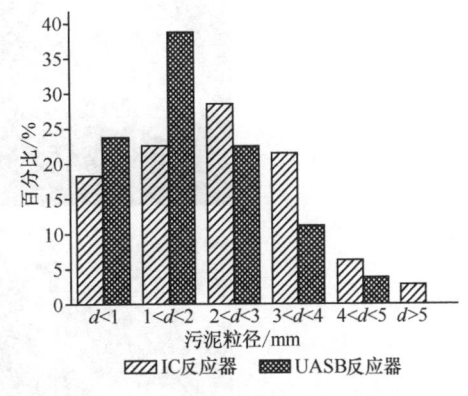

图 2.26 两种反应器内污泥粒径分布

高有机负荷保证了颗粒污泥外部和内部微生物生长的稳定；而 UASB 反应器中颗粒污泥的沉降速度在污泥粒径为 1～3 mm 保持在约 32 mm/s，当颗粒污泥直径在大于 4 mm 范围内时，污泥沉降速度下降到约 27 mm/s，这表明当颗粒污泥直径在小于 3 mm 时，  UASB 反应器能够保证颗粒污泥内、外微生物的稳定生长，一旦超过这个范围，内部微生物就会因缺乏营养而自溶，导致颗粒污泥密度减小。

另外，两种反应器中颗粒污泥粒径在 1～2 mm 时，颗粒污泥的沉降速度都比其他粒径范围的颗粒污泥的沉降速度大，这可能是因为在这些颗粒污泥中包裹有矿物质内核，从而导致颗粒污泥的密度增大，而对于大颗粒污泥，这部分的影响则可能较小。

（6）颗粒污泥的外观及其微生物相。

分别用扫描电子显微镜（SEM）和透射电子显微镜（TEM）对 IC 反应器和 UASB 反应器中的颗粒污泥进行观测，见图 2.28

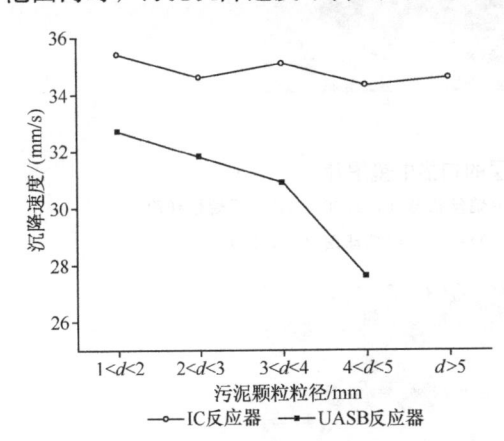

图 2.27 启动完成后颗粒污泥沉降速度与粒径的关系

和图 2.29。图 2.28a 是污泥颗粒的整体 SEM 照片，图 2.28b～f 分别是观察到的不同形态的产甲烷菌的 SEM 照片。图 2.29a～f 是颗粒污泥内部切片的 TEM 照片。

从图 2.28a 可以看出厌氧颗粒污泥边界清晰，呈椭圆形，表面粗糙，有较多孔穴，这些孔穴可能是底物与营养物质进入颗粒内部的通道，颗粒内部菌体产生的气体也应从该通道逸出。

从图 2.28b～f 中可以看出，颗粒污泥表面存在有产甲烷短杆菌、产甲烷杆菌和产甲烷球菌等氢营养型产甲烷细菌以及产甲烷丝菌等乙酸营养型产甲烷菌，这说明污泥颗粒表面微生物的多样性；同时，可以看到，表层细菌"区位化"，即一种产甲烷菌以成簇或成团的方式存在于一定的区域，而在另外的区域则分布着另一种产甲烷菌。

图 2.29a～f 是通过 TEM 观察到的产甲烷球菌（a，d）、产甲烷杆菌（e，f）以及产甲

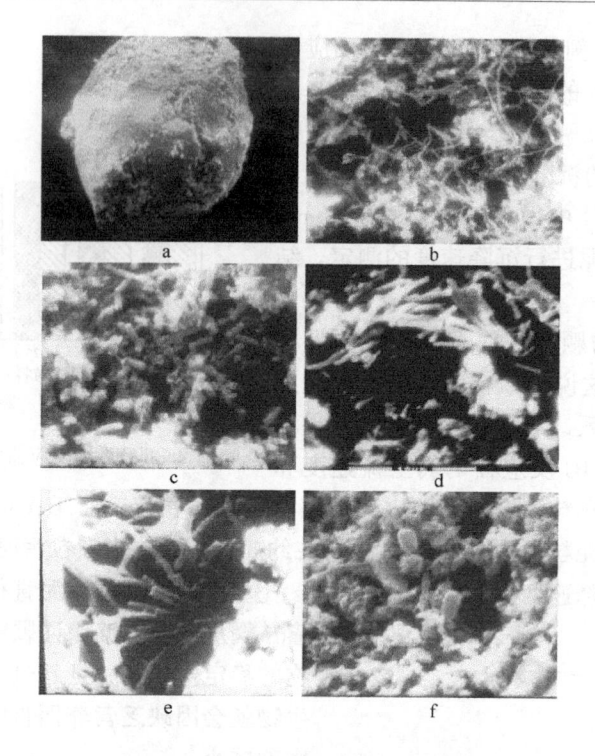

图 2.28　颗粒污泥表层的扫描电镜图片
a. IC 反应器的颗粒污泥外观（×66）；b. 产甲烷丝状菌（×2000）；c. 产甲烷短杆菌（×4000）；d、e. 产甲烷杆菌（×4000）；f. 产甲烷球菌（×4500）

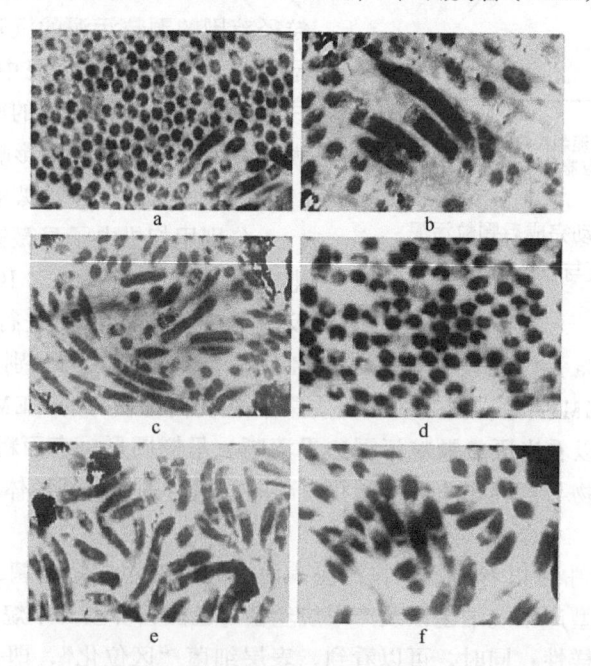

图 2.29　颗粒污泥内部的扫描电镜图片
a、d. 产甲烷球菌；b、e. 产甲烷杆菌；c、f. 产甲烷球菌和产甲烷杆菌图

烷杆菌和产甲烷球菌的混合（b, c）图片。透射电镜观察表明产甲烷球菌是优势种群，细胞之间的排列非常紧密，有活细胞和空细胞两种类型，至于空细胞的出现，是由于缺乏营养自溶还是噬菌体感染导致细胞裂解，尚需进一步研究；产甲烷杆菌也可容易地看到，但在视野中出现的数量远比产甲烷球菌要少，且在切片中没有发现产甲烷丝状菌。这一观察结果说明颗粒污泥表层和内层的产甲烷细菌种类和分布有所不同。

## 2.3 IC反应器处理猪粪废水运行条件下颗粒污泥特性的变化

成功培养出颗粒污泥后，IC反应器如何在运行条件下充分发挥颗粒污泥的优点，保证高效、高速地处理猪粪废水仍然需要进一步研究。本节的目的是在IC反应器稳定运行的基础上，通过改变进水浓度、碱度和悬浮物含量来研究颗粒污泥特性的变化特点，以及由此对反应器运行产生的影响，以便寻求适于IC反应器高效、高速处理猪粪废水的运行条件。

### 2.3.1 试验方法

#### 2.3.1.1 反应器稳定运行试验

反应器启动成功后，在保持进水有机负荷为 22.3 kg COD/($m^3$·d) 左右的条件下，继续进行 20 d 的稳定运行，在此期间保持进水 COD 浓度为 5956.8～6493.8 mg/L，进水碱度为 1169.7～1374.9 mg/L、悬浮物为 368.7～482.1 mg/L，观测污泥 SVI 和 VSS 的变化情况，以及出水 COD 浓度的范围，为以下试验提供参照。

#### 2.3.1.2 进水COD浓度及反应器进水流量的确定

首先，保持进水有机负荷不变，根据进水 COD 浓度调整反应器进水流量，以确定能否正常稳定运行；其次，在进水 COD 浓度不变的基础上，借鉴黄金分割法选取进水流量来调节反应器进水负荷，通过运行试验，考查出水 COD 浓度的变化和污泥 SVI 和 VSS 的值来确定使反应器稳定运行的进水流量范围。

#### 2.3.1.3 进水碱度的确定

由于反应器颗粒培养过程与颗粒化后反应器的稳定运行过程是不同的两个阶段，两个阶段所需的碱度范围也不一样，因此，在反应器启动成功后，还需要重新确定反应器运行条件下的碱度范围。由于本试验的基质是猪粪废水，且猪粪废水的碱度为 1500～2200 mg/L，因此试验分别选取 1500 mg/L 和 2200 mg/L 作为低限和高限进行反应器的运行试验，考察不同碱度条件下反应器的运行状况和颗粒污泥的变化，从而确定有利于 IC 反应器稳定运行的碱度条件。

#### 2.3.1.4 进水悬浮物浓度的确定

在猪粪废水所含悬浮物范围内，选用平分点法将悬浮物浓度分为不同的几个范围，通过比较反应器运行结果确定最佳的悬浮物浓度值。

根据测定结果，猪粪废水的悬浮物范围很大，在300～2500 mg/L，根据均分法，首先进行试验的悬浮物浓度有300 mg/L、1400 mg/L和2500 mg/L，考虑到反应器在启动完成后的稳定运行中，进水的悬浮物浓度为368.7～482.1 mg/L，与悬浮物浓度范围的上限差别较大，由于悬浮物越大对反应器运行的破坏性就越大，所以取300 mg/L和1400 mg/L作为试验的下限和上限较为合适，但还需要试验确定具体的悬浮物浓度范围。

### 2.3.2 结果与分析

#### 2.3.2.1 IC反应器稳定运行试验

**1）SVI和VSS的变化**

在IC反应器稳定运行期间，每隔一天对污泥床反应区污泥SVI与VSS进行一次测定，变化曲线如图2.30所示。

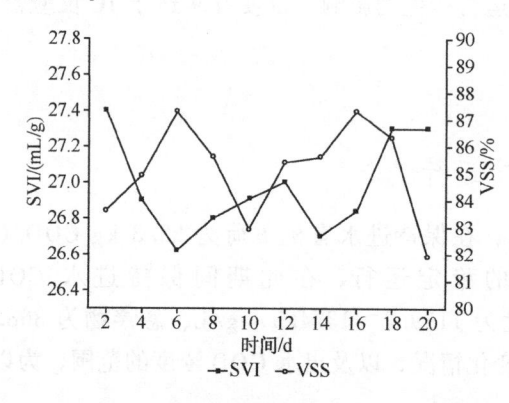

图2.30 稳定运行时颗粒污泥SVI和VSS的变化

由图2.30可以看出，反应器稳定运行的过程中，污泥沉降性能和微生物含量均保持相对的恒定状态，SVI稳定在32.6 mL/g左右，VSS含量约为85%。

**2）出水COD浓度与COD去除率的变化**

IC反应器稳定运行期间每隔一天对进出水COD浓度进行一次测定，其变化曲线如图2.31所示。IC反应器稳定运行后，出水COD浓度保持在900 mg/L以下，去除率在80%以上。

**3）反应器容积产气率和气体成分分析**

在反应器稳定运行期间每隔4天对产气率与气体成分进行一次测定，结果如表2.15所示。

表2.15 稳定运行期间产气率与气体成分

| 时间/d | 产气率/[L/(L·d)] | $CH_4$含量/% | $CO_2$含量/% |
| --- | --- | --- | --- |
| 1 | 8.24 | 68.3 | 26.4 |
| 5 | 8.60 | 69.6 | 25.5 |
| 10 | 8.08 | 68.2 | 24.9 |
| 15 | 8.31 | 67.5 | 27.3 |
| 20 | 8.18 | 67.8 | 24.6 |

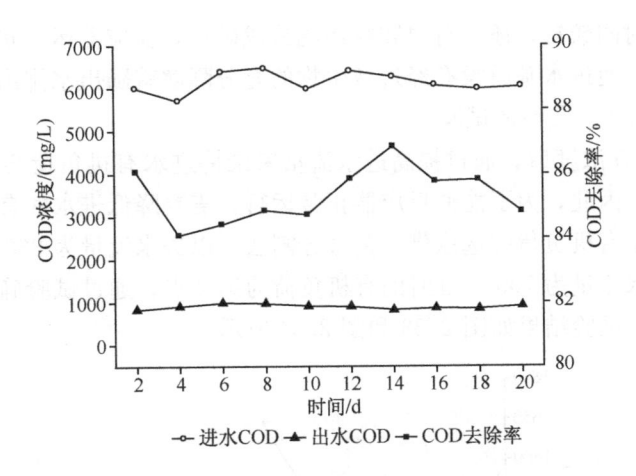

图 2.31　IC 反应器进出水 COD 变化

从以上测定值可以看出，IC 反应器稳定运行期间，进水 COD 浓度在 5956.8～6493.8 mg/L 时，平均容积产气率为 8.35 L/(L·d)，气体中甲烷含量平均为 68% 以上。

#### 2.3.2.2　进水有机负荷的试验确定

**进水 COD 浓度为 2000 mg/L 水平时的试验**

(1) 进水有机负荷为 22.3 kg COD/(m³·d) 左右时的试验。

保持进水有机负荷为 22.3 kg COD/(m³·d) 左右，将进水 COD 浓度降低到 2000 mg/L 左右，进水流量提高到 700 L/d，相应的进水表面负荷为 5.9 m/h，HRT 为 2.5 h，运行 1d，测得反应器容积产气率和出水 COD 浓度变化情况如图 2.32 所示。

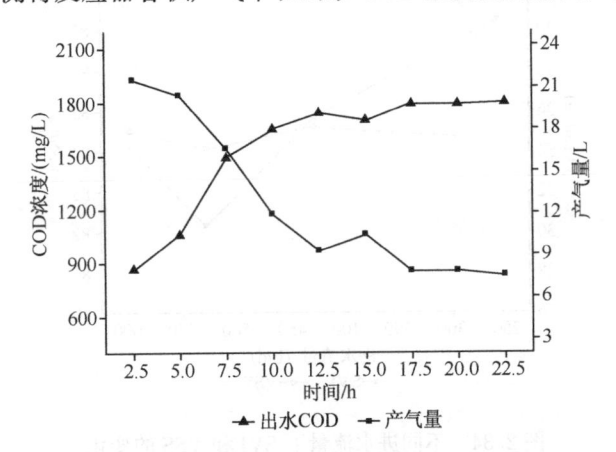

图 2.32　IC 反应器出水 COD 浓度和产气量的变化曲线

从 IC 反应器运行结果可以看出，当进水流量提高到 700 mL/d 时，出水 COD 浓度在 6 个周期上升到 1739.8 mg/L，COD 去除率只有 15% 左右；沼气产气量也迅速下降，产气几乎停止，同时出水 COD 中悬浮物浓度增加，洗出颗粒污泥增多，反应器运行状态恶化；而经过测定污泥 SVI 和 VSS 发现，二者变化不大，这可能是因为反应器在恶化状况下运行的时间较短,还没有对颗粒污泥造成破坏,反应器运行状态恶化主要是由于水力负荷较大,使进水基质没有经过微生物的充分降解就随出水排出反应器造成的。

(2) 降低进水有机负荷的试验。

由于降低 COD 浓度后,通过提高进水流量来维持进水有机负荷会造成反应器运行状态的急剧恶化,因此,为了能使反应器正常运行,需要降低进水的有机负荷。

降低后的进水有机负荷的选取借鉴黄金分割法。以进水流量为 260 L/d 时的有机负荷为第 1 点,进水流量为 700 L/d 时的有机负荷为第 2 点,通过试验确定最合适的进水有机负荷或流量。试验结果如图 2.33 和图 2.34 所示。

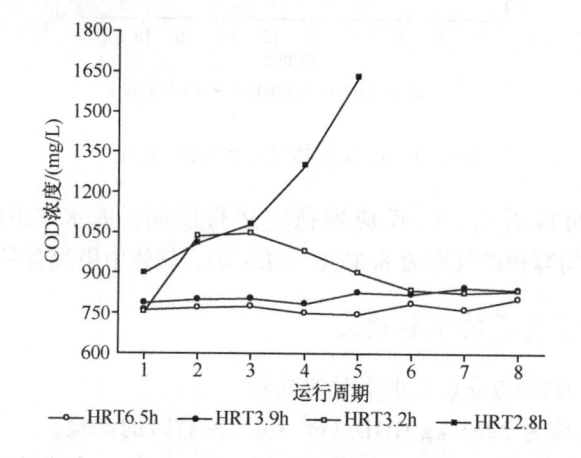

图 2.33 不同 HRT 下 IC 反应器出水 COD 浓度变化

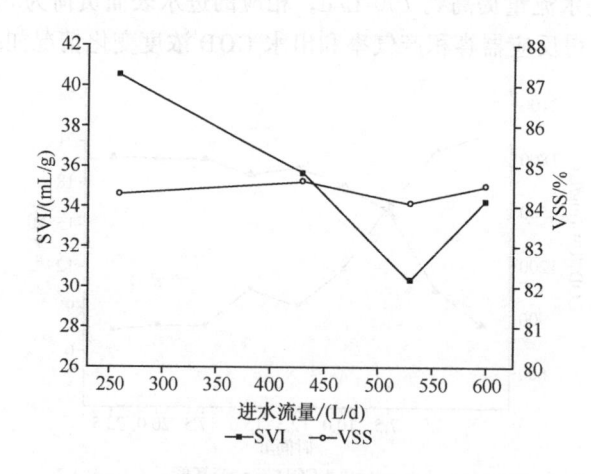

图 2.34 不同进水流量下 SVI 和 VSS 的变化

图 2.33 是在不同进水流量下,反应器出水 COD 浓度的变化曲线。当水力滞留期分别为 6.5 h 和 3.9 h,即进水 COD 浓度分别为 260 L/d 和 430 L/d 时,IC 反应器运行 8 个周期,COD 出水浓度一直维持在 900 mg/L 以下,说明当水力滞留期大于 3.9 h,即在进水流量低于 430 mg/L 时,对反应器出水 COD 浓度影响很小;当 HRT 为 3.2 h 时,开始阶段出水 COD 浓度上升,随着反应器的运行,又逐渐下降,到 6 个周期以后

即恢复到 900 mg/L 以下；当 HRT 为 2.8 h 时，随着反应的进行，出水 COD 值越来越高，只得在第 5 个周期时停止运行。由以上结果可以看出，IC 反应器处理猪粪废水能在低基质浓度下运行，其进水流量能在较高的水平上运行，但进水有机负荷需要降低。

图 2.34 是各个进水流量阶段运行结束后测得的污泥 SVI 和 VSS。可以看出，与反应器稳定运行时相比，各流量下的 SVI 都有所升高，在进水流量为 260 L/d、430 L/d 和 530 L/d 时，相对应的 SVI 值分别为 40.5 mL/g、35.6 mL/g 和 30.3 mL/g，与开始时相比，都有不同程度的升高，造成这种情况的原因主要是随着有机负荷的减少，颗粒污泥内部的微生物得到基质的量也不同程度的降低，因此引起细胞自溶，使颗粒污泥内部产生了孔洞，从而提高了 SVI 的值。在进水流量为 600 L/d 时，反应器运行恶化，经过 5 个周期的运行，污泥 SVI 有明显升高趋势；VSS 含量没有明显的变化，说明颗粒污泥中微生物量仍然保持在较高的水平上。

由此可知，在进行反应器运行控制时，若进水 COD 浓度降低，应该适当增加进水流量，以确保反应器的高效运行。

(3) 进水 COD 浓度为 4000 mg/L 水平时的试验。

借鉴 0.618 法选择进水流量，以进水流量 260 L/d 为第 1 点，选择进水负荷为 22.3 kgCOD/(m³·d) 下的流量 370 L/d 为第 2 点，通过试验确定最合适的进水流量。当 HRT 小于 5 h 时，反应器出水 COD 呈升高趋势；当 HRT 为 5.5 h 时，出水 COD 浓度呈下降趋势，并在运行 3 个周期后降低到 1000 mg/L 以下；当 HRT 为 6.5 时，出水 COD 浓度则一直保持在 1000 mg/L 以下。由此可以说明，当进水 COD 浓度为 4000 mg/L 左右时，选取 HRT 为 5.5 h，即进水流量为 300 L/d 可以使 IC 反应器高效运行，此时 IC 反应器的有机负荷率为 17.14 kg/(m³·d)。

(4) 进水 COD 浓度为 8000 mg/L 水平时的试验。

仍然采用黄金分割法选择进水流量：以进水流量 260 L/d 为第 1 点，选择进水负荷 22.3 kg/(m³·d) 对应的流量 195 L/d 为第 2 点，通过试验确定最合适的进水流量。试验结果如图 2.35 所示。

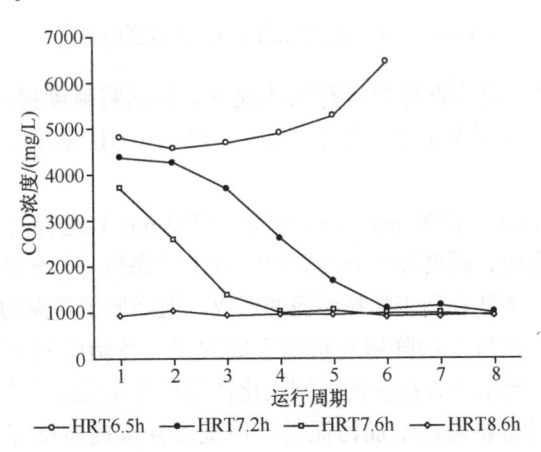

图 2.35 不同 HRT 下出水 COD 浓度的变化

当进水流量为 260 L/d 时，第 1 个周期后出水 COD 浓度为 5000 mg/L 左右，随着运行时间的延长，出水 COD 浓度呈增加趋势，运行到第 6 个周期时，出水 COD 浓度升高到 6698.3 mg/L，COD 去除率仅为 16.3%，反应器运行恶化，当进水流量降低到 230 L/d 时，此时 HRT 为 7.2 h，经过 6 个周期的运行，反应器出水 COD 浓度降低到 1000 mg/L 左右，到第 8 个周期，出水 COD 浓度已经稳定在 1000 mg/L 以下，说明反应器运行已经稳定；而在 HRT 为 7.6 h 时，反应器则运行 4 个周期，出水 COD 浓度就稳定在 1000 mg/L 以下；HRT 为 8.6 h 时，出水 COD 浓度一直保持在 1000 mg/L 以下没有受到 COD 浓度提高的影响。由此看来，当 COD 浓度提高到 8000 mg/L 时，HRT 保持在 7.2 h 以上，即进水流量不超过 230 L/d 就保证反应器稳定运行，但从进水有机负荷上来讲，保持进水流量为 230 L/d 则更有利于反应器的高效运行。

#### 2.3.2.3 碱度条件的试验确定

分别将进水碱度控制在 1500～1700 mg/L 和 2000～2200 mg/L，进行试验，结果如图 2.36 所示。

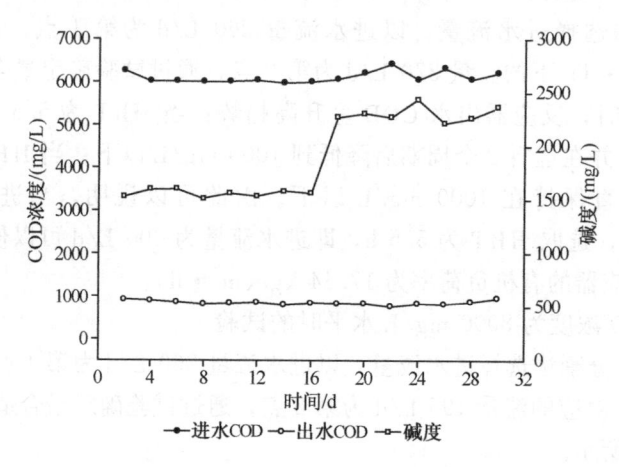

图 2.36 不同碱度条件下 COD 浓度的变化

从图 2.36 中看出，反应器稳定运行的情况下，分别将碱度提高到 1500～1700 mg/L 和 2000～2200 mg/L，分别运行 15 d，反应器出水 COD 浓度没有发生明显的变化，反应器运行稳定。

反应器在碱度为 1500～1700 mg/L 和 2000～2200 mg/L 运行时，颗粒污泥的 SVI 都呈减小的趋势，相对来说，碱度在 2000～2200 mg/L 的条件下，SVI 下降较大。曹刚等的研究表明，较高的碱度条件有利于颗粒污泥的形成，但降低了污泥的产甲烷性能，这主要是因为碱度会与反应器中微生物降解有机物生成的挥发性脂肪酸中和生成盐，且碱度越大，生成的盐就越多，废水中含盐量的急剧变化使颗粒污泥受到冲击而降低了活性，由于在反应器稳定运行期间需要通过增加污泥的产甲烷活性来提高反应器的有机负荷率，因此，较高的碱度会影响反应器的运行效果，在实际操作中应避免碱度过高的情况。

### 2.3.2.4 进水中 SS 浓度的试验确定

**1) SS 浓度对颗粒污泥的影响**

为了考查悬浮物浓度对颗粒污泥性质的影响，分别选取悬浮物浓度为 700 mg/L、500 mg/L 和 300 mg/L 进行试验，结果如图 2.37 所示。悬浮物浓度越大，污泥 SVI 越大。说明在悬浮物浓度高的环境下，不利于颗粒污泥的生长，因此，在进水中应尽量减少悬浮物的含量。

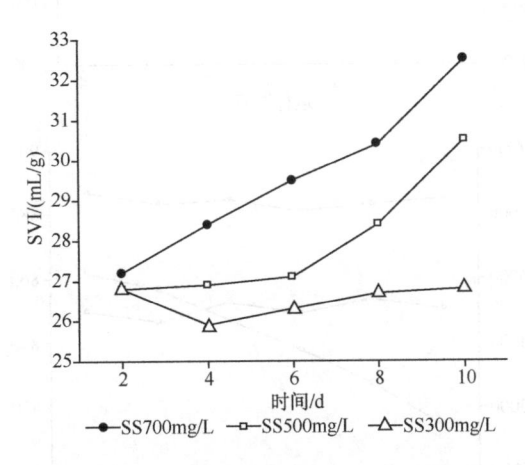

图 2.37 不同 SS 浓度下 SVI 的变化

由以上分析可以看出，尽管在反应器稳定运行时可以耐受一定的悬浮物浓度，但是悬浮物的存在会引起颗粒污泥沉降系数的增加，降低颗粒污泥的沉降性能，最终可能因颗粒污泥的流失引起反应器运行恶化，因此，在试验控制中，应尽量减少进水中悬浮物的含量。

**2) SS 浓度对出水 COD 浓度的影响**

进水中 SS 浓度为 1400 mg/L、850 mg/L 和 700 mg/L 时 IC 反应器运行结果如图 2.38 所示。

当进水中 SS 浓度为 1400 mg/L 左右时，引起了反应器运行的严重恶化，在 4 个运行周期里，出水 COD 浓度由 4325.6 mg/L 迅速升高到 5692.4 mg/L，COD 去除率仅为 5.7%；当进水中悬浮物浓度为 850 mg/L 时，第 1 个周期结束时出水 COD 浓度为 2693.4 mg/L，随后的几个周期里，出水 COD 浓度逐渐上升到 5073.8 mg/L，反应器运行状况恶化；当进水中悬浮物浓度为 700 mg/L 时，出水 COD 浓度一直保持在 1000 mg/L 左右。

由此可知，要保持 IC 反应器处理猪粪废水的稳定运行，进水中悬浮物的浓度需要控制在 700 mg/L 以下，过高的悬浮物浓度会引起反应器的恶化。

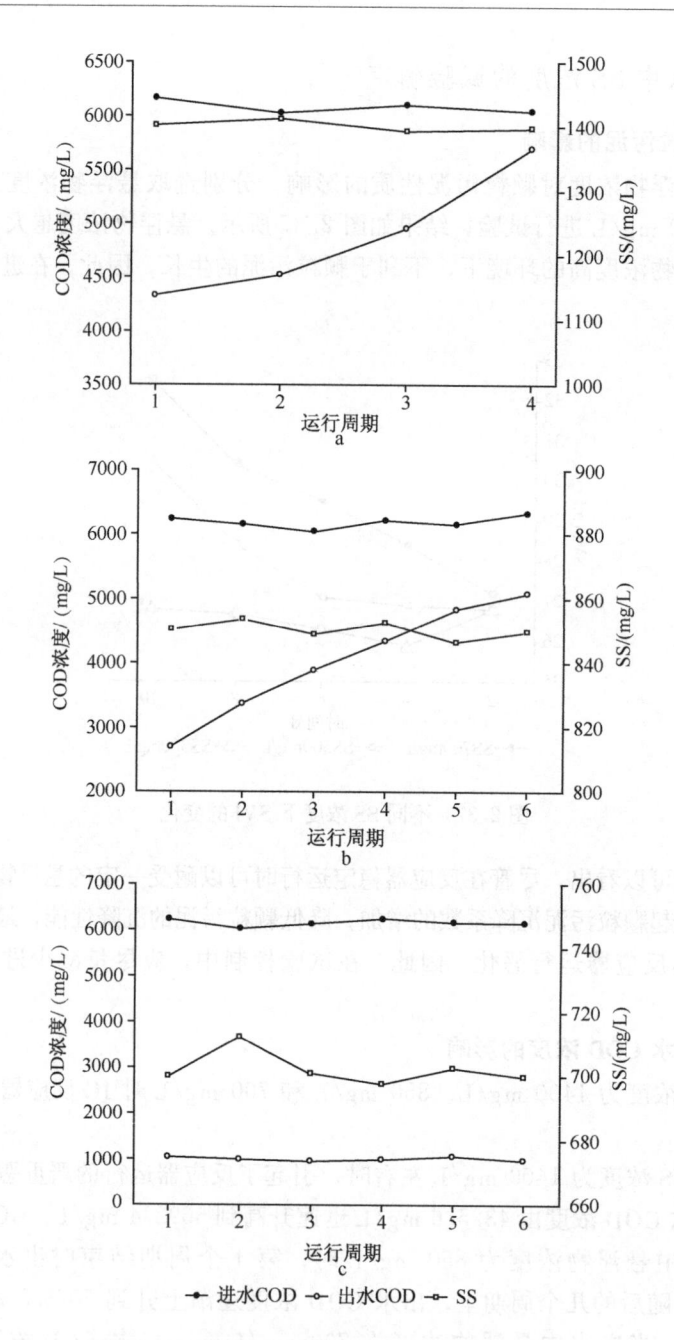

图 2.38 进水 SS 含量对出水 COD 浓度的影响
a. 1400 mg/L; b. 850 mg/L; c. 700 mg/L

## 2.4 结论

本文通过大量的试验，对 IC 反应器处理猪粪废水过程中颗粒污泥形成的工艺条件进行了比较系统全面的研究，得出以下结论：

(1) IC 反应器启动初期污泥的驯化培养是整个启动过程的基础，直接影响启动过程中污泥颗粒化的时间。通过气体置换装置的研究，并在 IC 反应器中验证，当进水 COD 浓度为 2000 mg/L，碱度为 1200 mg/L 以及污泥的容积接种量为 15 mg VSS/L 左右时，污泥驯化速度快，且沼气中甲烷成分高，有利于反应器的启动。

运行试验表明，IC 反应器可以分别在高、低两种进水 COD 浓度下高效运行；进水 COD 浓度低时，可以适当提高进水流量，而在进水浓度高时，需要降低流速；碱度为 1200~2500 mg/L 时反应器能够正常运行，但碱度控制在 2000 mg/L 以下更好；悬浮物的浓度在 700 mg/L 以下时不影响反应器的运行，比 UASB 反应器所能承受的 SS 浓度高一倍多。

(2) 采用连续进料的启动方式，以猪粪废水为基质，在 IC 反应器内首次培养出了颗粒污泥，颗粒粒径大于 1 mm 的占 81.7%，其中粒径在 3 mm 以上的颗粒污泥占 30.6%，粒径超过 5 mm 的颗粒污泥为 2.8%；同样条件下，在对比试验中，UASB 反应器内形成的颗粒污泥中粒径大于 1 mm 的为 76.2%，粒径在 3 mm 以上的颗粒污泥为 15%；而在 UASB 中没有发现粒径超过 5 mm 的颗粒污泥。由此可知，IC 反应器颗粒化程度强。

(3) 试验表明，IC 反应器中颗粒污泥形成可以分为 3 个阶段：污泥驯化期、颗粒污泥增长期和颗粒污泥成熟期，UASB 反应器颗粒污泥形成的阶段与 IC 反应器是相同的。IC 反应器和 UASB 反应器分别均在较短的时间内（13 d 和 15 d）适应了所处理的废水水质，随着负荷的逐步提高，对接种污泥起到了初步筛选的作用，为颗粒污泥的形成提供了条件。

在颗粒污泥增长阶段，初期取污泥床区污泥进行观察，发现有细小颗粒污泥，形状成小球状，随着水力负荷的增加，发现颗粒污泥的比例增加，当进水负荷分别达到 22.3 kg COD/($m^3$·d) 和 11.7 kg COD/($m^3$·d)，污泥床区充满了颗粒污泥。

在污泥成熟阶段，进水负荷保持稳定，颗粒污泥分布均匀，没有明显的变化。

(4) 通过对形成的颗粒污泥进行扫描电镜和透视电镜观察，发现在颗粒污泥的表面以产甲烷杆菌和产甲烷球菌为优势菌属，且不同的菌属分别生长在不同的区域里，具有生长"区域化"的特征；在表面也发现产甲烷丝状菌，这表明颗粒污泥的形成与产甲烷丝状菌的网络作用是有关系的；在颗粒污泥内部没有发现产甲烷丝状菌的存在，产甲烷杆状菌和产甲烷球菌为优势菌。这些现象表明，产甲烷丝状菌、产甲烷球菌和产甲烷杆菌的分布有一定的"区域化"。

# 3 秸秆预处理及厌氧发酵产沼气研究

## 引言

20世纪90年代初，国内外的学者以提高转化效率为目标，开始对生物质的生物转化机制和影响因素进行研究。这些研究结果表明，如何消除或降低木质素对纤维素降解的阻碍作用是研究的难点和提高转化率的关键。

生物质秸秆中的纤维素、半纤维素和木质素三者结构复杂，要提高半纤维素和纤维素的转化率，就必须对生物质秸秆进行预处理，破坏其物理结构，实现三者的有效分离。预处理的目的是分离、除去生物质秸秆中的木质素，增加生物质秸秆的孔隙率和酶对纤维素的可及性，从而提高生物质秸秆中半纤维素和纤维素的转化率。生物质秸秆的预处理方法可以分为物理预处理、化学预处理、物理化学预处理和生物预处理四大类。学者们对秸秆预处理已进行了许多研究，虽取得了一定的成果，但还没有找到能够应用于生产、成本低、效率高的方法，因此，找到提高生物质转化利用率的预处理技术至今仍然是生物质高品位利用的技术关键，也是学者及企业家苦苦追求的目标。

蒸汽爆破技术是物理化学预处理方法中的一种，最初被应用于纸浆生产。近几年来研究生物质爆破技术逐渐成为一个研究热点，但认真分析其工艺参数和结果，多数"爆破"实际上为"汽喷"和"膨化"，因为真正的生物质爆破中生物质溢出时间一定要小于1 s，在这样的速度下才会出现"爆"。目前的报道，解压后生物质均在几十秒到几分钟时间内才能被完全放出来，这就不属于真正意义上的蒸汽爆破范畴，用于秸秆预处理也无法取得好的效果。为此，本研究采用新的蒸汽爆破技术和设备对秸秆进行了爆破预处理研究，所采用的爆破设备可以在 0.008 75 s 内完成能量的高密度突然释放，将秸秆推出高压缸并完成秸秆的爆碎。

同时，本章还探索了其他预处理方法，包括粉碎和NaOH处理对玉米秸秆厌氧发酵的影响。具体而言，本章主要包括以下研究内容。

### 1) 爆破预处理影响因素和爆破参数优化研究

通过研究汽爆后秸秆结构（半纤维素、纤维素和木质素组分含量）和还原糖得率两个指标来衡量蒸汽爆破预处理中各因素对汽爆效果的影响。在不同的压力、时间、含水率和物料装填密实度等参数组合条件下对生物质秸秆进行爆破试验，对爆破生物质进行物理、化学及结构分析，找出了经过优化的爆破预处理秸秆参数，并首次尝试了秸秆的二次汽爆试验研究。

### 2) 汽爆对秸秆组织结构的影响

对秸秆爆破物的显微组织进行了分析，分析结果表明，汽爆后的玉米秸秆的结构破坏程度随汽爆压力和保压时间的增加而增加。

### 3) 爆破预处理对秸秆厌氧发酵产沼气的影响

为了验证爆破效果和使用价值,用玉米秸秆爆破物分别在常温和中温下进行了沼气发酵试验。从发酵产气率、产气成分的变化、发酵料液 pH 和 COD 浓度的变化以及发酵原料微观结构变化等角度研究了爆破预处理对秸秆厌氧发酵产沼气的影响。

### 4) 粉碎和 NaOH 预处理对秸秆厌氧发酵产沼气的影响

系统研究了三种粉碎粒度条件下,以及粉碎与 NaOH 处理相结合对厌氧发酵产沼气的影响。

## 3.1 蒸汽爆破设备及工作原理

### 3.1.1 传统汽爆(汽喷)工艺

传统的汽爆工艺是 1928 年由 W H Mason 发展起来的,其工艺系统如图 3.1 所示。该工艺最早用于纸浆生产,主要采用高温蒸汽对生物质进行蒸煮,然后通过一个快开阀门将高温蒸煮过的生物质喷放到后续(常压)接收装置中。喷放时间随蒸煮容器的体积而改变,一般在几秒到十几分钟。但从爆破的物理意义来衡量时,这种方法不能称之为爆破,而应该称之为蒸汽热喷放技术。

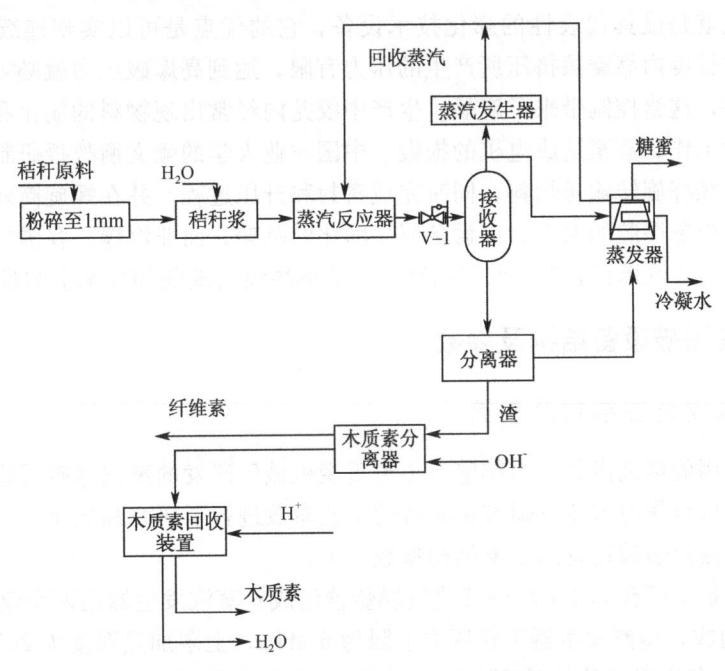

图 3.1 传统蒸汽爆破工艺流程图

所谓热喷放技术通常是指将高温高压蒸煮过的物料经快放阀门释放至常压接收容器的过程。由于物料是依次通过快放阀门,故释放出物料的爆破压力随经过阀门的先后依次降低,更重要的是被爆植物组织内部蒸汽的能量不能以爆的形式瞬间释放,而是从植物组织内逐渐释放。研究发现植物在压力场作用下,蒸汽通过生物质表面微孔完成渗透压的过程很快,即内外压平衡时间很短,大部分植物,如玉米秸秆、小麦秸秆等草本类植物均可在1s内完成，而小灌木和乔木类大部分在2s内完成。如果压力突降的速度等于或大于渗透压速度（汽爆时间大于或等于渗透压时间），渗入生物质内的高压蒸汽有足够的时间通过微孔慢慢释放出来，大部分的蒸汽没有对生物质膨胀做功，则不能实现物理意义上的汽爆。在生物质转化生产燃料乙醇的技术研究中有较多学者应用了这种工艺，中国科学院的陈洪章教授已将研究成果应用到了中试生产，在山东东平建成了年产3000 t秸秆发酵生产燃料乙醇示范工程。

除了这种技术之外，目前还存在另一种所谓的"蒸汽爆破"技术即膨化技术。这是食品工业上经常采用的处理膨化食品的一种方法，即螺杆挤压膨化食品加工技术。其工作原理：以螺杆转动来推动物料前进，依靠物料本身和螺杆之间的摩擦力来实现物料的密封、增压和升温，有时还需要采取辅加热源的方法来提高物料的温度。由于固态或液态物质的可压缩性较小，当不易压缩的物料挤压推至出口（常压）时，挤压应力的突然消失造成物料急剧膨胀。

目前被世界上广泛使用的"汽爆设备"是加拿大SunOpta公司生产的0.5 t/h连续（自水解）"汽爆设备"，采用螺杆连续进料防反喷技术，喂料器的压缩绞龙电机功率达200 kW，能耗巨大，并且绞龙和压缩物料间的摩擦使得绞龙磨损严重，寿命短，维修频繁，费用高。其爆出的物料温度高达80℃，并且伴有大量蒸汽溢出。我们常见的玉米挤压膨化机就是最具代表性的膨化技术设备，它的优点是可以实现连续的进料和出料。由于单位长度内靠摩擦挤压所产生的压力有限，达到高爆破压力就必须增加绞龙长度和电机功率，这给控制带来了麻烦。生产中绞龙内经常出现物料的糊化和焦化，致使绞龙不能正常工作，甚至造成电机的损毁。中国农业大学的赖文衡教授研制的蒸汽爆破设备就是运用螺杆旋转输送物料，同时完成密封和升压过程，并在螺旋筒外加设了电辅助加热系统来控制爆腔的温度，该设备属于膨化的范畴，而非汽爆。我国华润集团引进SunOpta公司的"汽爆设备"目前在运转中无法解决设备缺陷和技术上的难题。

### 3.1.2 蒸汽爆破设备结构及参数

#### 3.1.2.1 爆破设备结构及参数

本研究使用的爆破设备是由鹤壁市正道重型机械厂研发的蒸汽爆破试验台。试验中同鹤壁正道重机合作对该蒸汽爆破试验台的工艺参数进行了研究和优化。

本试验的蒸汽爆破设备的主要结构参数如下：

加热装置是由两台5.4 kW的液化气燃烧器组成；蒸汽发生器由两个钢制的容积为25 L加热釜构成，蒸汽发生器工作压力上限为6 MPa，上限加热温度为265℃，气源接口规格G1/4；蒸汽爆破腔体采用2Cr13不锈钢，容积为405 mL；操作气源的压力为0.8 MPa，流量为0.1 m³/min；爆出阀门打开时间为0.008 75 s；设备的外形尺寸为1360 mm×1360 mm×1749 mm；设备净重657 kg。

试验汽爆设备主要由燃气加热装置、蒸汽发生器、蒸汽爆破室、收集腔和辅助控制的气动阀门开关等几大主要部分组成。图3.2为蒸汽爆破设备的结构示意图和照片，其工艺流程如图3.3所示。

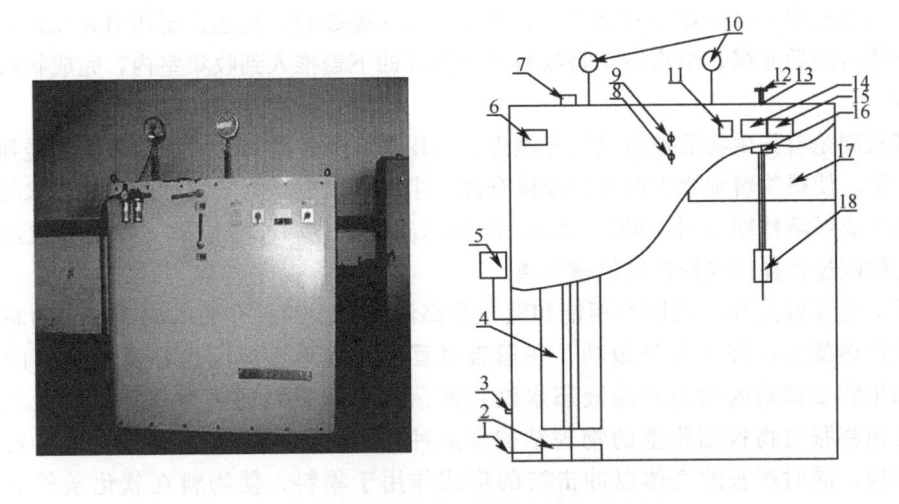

图 3.2 蒸汽爆破设备照片及结构示意图

1. 液化气管接口；2. 燃烧器；3. 外气源接口；4. 蒸汽发生器；5. 加水器；6. 压缩空气接入口；7. 烟道；8. 外接气源开关；9. 蒸汽开关；10. 压力表；11. 计时器；12. 爆缸上盖；13. 加料口；14. 电流表；15. 电压表；16. 爆破缸体；17. 爆出物接收腔；18. 气动阀门

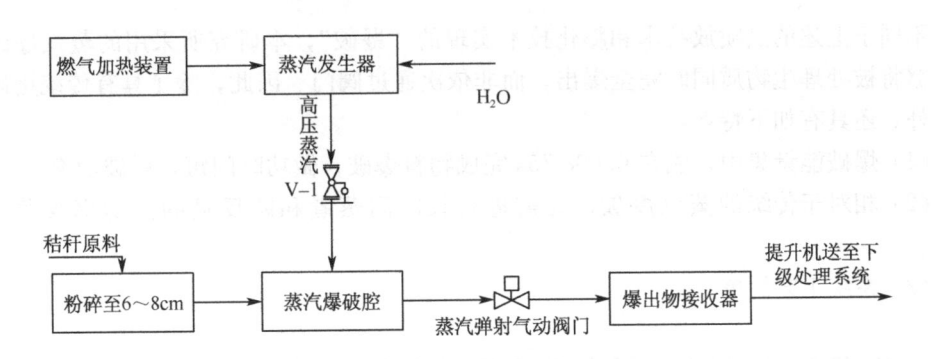

图 3.3 蒸汽爆破工艺流程图

### 3.1.2.2 蒸汽爆破设备的工作原理

蒸汽爆破的物理概念：渗入植物组织内部被压缩的高压蒸汽在短时间突发性完成高能量密度的释放，单位时间做功多。衡量其突发性的表征之一是看其在能量释放时是否伴有"炸响"声。正如鞭炮装以少量火药便可将本体炸碎，同时伴随有清脆而响亮的炸响声。把同样的火药用于烟花时，尽管火药释放的能量相同，由于火药能量是在相对较长的时间内释放完毕，单位时间内所做的功少（功率小），故不能将本体炸碎，所以烟花释放能量的方式是喷放，而鞭炮则是爆炸。

蒸汽爆破设备的爆破腔是由一个圆筒构成，上部由盖子密封，下部靠静态汽悬式密封系统密封，该密封系统由操作气源（压缩空气）来控制开合。腔体通过阀门和蒸汽发生器相连接，蒸汽发生器和爆破腔的压力分别由两块压力表显示，便于压力的控制。

在对生物质进行汽爆预处理时，先打开蒸汽爆破设备的爆破腔上盖，然后将生物质秸秆加入爆缸中，合上爆破腔上盖后，将蒸汽通入爆破腔，到达设定压力并保持，到达设定保压时间后起爆，蒸汽做功将物料通过打开的下盖推入到收集室内，完成物料的爆破过程。

其机制是首先生物质被蒸汽气相蒸煮，高压蒸汽通过植物的表面层微孔渗透到物料内的空隙，使得物料细胞内的水分温度升高，半纤维素在高温蒸汽、高温液态水的作用下被降解成可溶性糖并再次降解为酸，同时木质素软化和部分降解，降低纤维连接强度，为爆破过程提供选择性的机械分离。

其次是爆破过程，利用汽相饱和蒸汽和高温液态水两种介质共同作用于物料，瞬间完成绝热膨胀过程并对外做功。在爆破过程中，原来渗透到生物质细胞内的高温蒸汽和生物质细胞内的由高温液态水汽化的蒸汽不能瞬时通过微孔释放到大气，它们的迅速膨胀对物料细胞壁的物理结构形成冲击，破坏了原来木质素、纤维素间的紧密结构；同时膨胀的气体以冲击波的形式作用于物料，使物料在软化条件下产生剪切力变形运动，由于物料变形速度较冲击波速度小得多，使之多次产生剪切，使纤维有目的地分离。

### 3.1.2.3 汽爆设备特点

不同于上述的热喷放技术和膨化技术实现的"爆破"，本研究所采用的蒸汽爆破设备能够将被处理生物质同时完全爆出，而非依次通过阀门。因此，除了具有传统爆破的优点外，还具有如下特点：

（1）爆破能量集中，能在 0.008 75 s 完成物料爆破，做功时间短，爆破功率大。

（2）相对于传统的蒸汽爆破，无需进行长时间蒸煮和防反喷的大功率绞龙，能耗低。

（3）系统工艺简单。

## 3.2 汽爆预处理影响因素及汽爆物料结构特性

近年来，由于能源的紧缺，人们才开始将蒸汽爆破预处理技术用于生物质转化利用的研究。学者们研究了蒸汽爆破前后生物质的物理形态、微观结构、组分变化以及生物质爆破后对后续酶解糖化的影响。但这些汽爆技术都是非真正意义上的蒸汽爆破，而是实质上的汽喷技术，所以本文利用新型的蒸汽爆破设备对生物质蒸汽爆破预处理技术及在沼气中的生产应用进行了试验研究。

蒸汽爆破的效果是许多因素和条件共同作用的结果，掌握不同因素对蒸汽爆破的作用规律有利于寻求最佳爆破参数和条件。本节通过爆破后生物质的半纤维素、纤维素和木质素的含量变化及后续酶解还原糖得率两个指标来衡量各因素对蒸汽爆破效果的影响，同时借助扫描电镜、红外光谱和差热天平对汽爆处理后生物质结构进行分析，来进一步验证蒸汽爆破作用于生物质的效果。

## 3.2.1 材料和方法

### 3.2.1.1 试验原料

试验所用的普通玉米秸秆取自河南农业大学科教试验园区，挑选干净的秸秆去根自然风干后（含水率在10%以内），粉碎成6~10 cm、1~3 cm和20~30目粒度，储存备用。玉米芯和青贮玉米秸秆取自鹤壁正道重型机械厂。其中玉米芯被粉碎至1~2 mm颗粒；青贮玉米秸秆长度为6~13 cm。生物质主成分如表3.1所示。

表3.1 试验用生物质的主要成分

| 生物质 | 纤维素 wt/% | 木质素 wt/% | 半纤维素 wt/% | 灰分 wt/% |
|---|---|---|---|---|
| 普通玉米秸秆 | 36.8 | 10.4 | 27.4 | 6.3 |
| 玉米芯 | 35.6 | 16.3 | 38.7 | 3.8 |
| 青贮玉米秸秆 | 36.2 | 18.7 | 20.2 | 6.7 |

### 3.2.1.2 测定项目方法

**1) 还原糖、总糖含量的测定**

采用DNS法。还原总糖标准曲线为 $y = 1.9916 x - 0.030$（$x$：g/mL，$y$：OD值）

**2) 生物质物料中半纤维素、纤维素和木质素含量测定**

采用范氏（Van Soest）纤维测定法。

**3) 秸秆微观结构分析**

采用扫描电镜（SEM）分析：具体方法是将待观察试样在105℃的恒温干燥箱中干燥至恒重，然后将观测样品进行镀金处理，后置于扫描电镜下分析。

采用傅里叶红外光谱（FTIR）分析：将磨碎的KBr粉末和固体样品的混合物置于压片座的孔内压片，热机10 min后进行样品的分析。

采用X射线衍射（XRD）分析：仪器待机电压为45 kV，待机电流为20 mA，开机后每次将电流升高5 mA并停留5~10 s再继续使电压和电流分别升高至45 kV和40 mA的操作状态，将量测角度范围设为10°~70°（2θ），然后进行物料的分析。

采用差热天平分析：将磨碎样品置于坩埚中放入加热器内，待系统调零平衡后，设置升温速度为80℃/min和记录仪参数，联机对样品进行分析。

### 3.2.1.3 主要仪器

| | |
|---|---|
| QB-200 汽爆工艺试验台 | 鹤壁正道重型机械厂 |
| 722 型光栅分光光度计 | 上海精密仪器仪表公司 |
| S3400-扫描电镜 | 日本电子株式会社 |
| LCT-2B 差热天平 | 北京恒久科学仪器厂 |
| FTIR-8400S 红外分光光度仪 | 日本岛津公司 |
| Max-3B 型 X 射线衍射仪 | 日本理学电机株式会社 |

## 3.2.2 结果与分析

### 3.2.2.1 影响蒸汽爆破的因素

蒸汽爆破的效果通常与物料的种类、物料的理化性质、汽爆物料的用途、蒸汽爆破装置的性能以及爆破的条件（压力和保压时间）等因素有关。本试验对几种不同的原料进行了汽爆处理研究，通过考查汽爆对半纤维素、纤维素及木质素的变化和纤维素酶解率的影响，来衡量汽爆处理的效果，分析各因素对汽爆的影响。

**1）原料类型对蒸汽爆破预处理结果影响**

蒸汽爆破处理对纤维原料的组分分离和超分子结构的影响与纤维原料的种类及来源密切相关。不同种类生物质的化学组分中的半纤维素、纤维素和木质素等含量都不相同，各自的结晶度和表面结构（孔隙率）具有更大差异。这些差异的存在导致蒸汽爆破时它们对蒸汽爆破参数条件的要求不同。

（1）不同原料汽爆后组分的变化。

蒸汽爆破前后三种生物质半纤维素、木质素和纤维素的组分变化如图 3.4 所示。

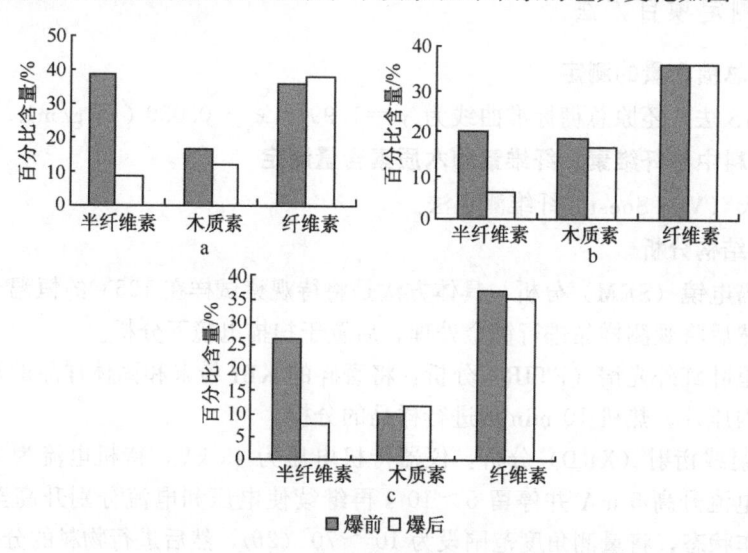

图 3.4 三种生物质汽爆前后的组分变化（2.0MPa，90 s）
a. 玉米芯；b. 青贮玉米秸秆；c. 普通玉米秸秆

从图 3.4 中可以看出蒸汽爆破处理引起秸秆的组分变化，三种生物质中的半纤维素含量都出现了较大幅度的降低，其中又以玉米芯的半纤维素含量降低最为明显，由原来的 38.7% 下降到 8.63%。木质素含量的变化不是十分明显，玉米芯和青贮玉米秸秆木质素含量都稍有降低，而玉米秸秆稍有增加，这说明在蒸汽爆破处理过程中木质素被少量降解。而对于纤维素，玉米芯的含量稍有增加，说明纤维素在爆破过程中也有少许降解，其他两种生物质的含量则少许降低，这可能是玉米芯中的半纤维素和木质素含量降低过多从而使纤维素在爆破后总体含量增加。

图 3.5 是三种生物质汽爆后的木质纤维含量比较图，从图 3.5 中可以看出，三种物质汽爆后半纤维素的含量最低，其中青贮玉米秸秆的木质素含量最高。

（2）不同生物质原料汽爆还原糖得率。

在爆破条件为 2.0 MPa，90 s 下，三种生物质蒸汽爆破后，玉米芯的还原糖得率最高达到了 12.23%，青贮玉米秸秆的还原糖得率最低为 7.67%，普通玉米秸秆的还原糖得率为 8.75%，说明玉米芯对蒸汽爆破处理最为敏感，青贮玉米秸秆最不敏感，爆破对其影响最小，可能是由于青贮玉米秸秆含水率较高和未经粉碎处理的原因。

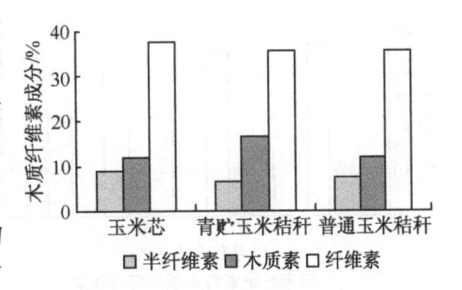

图 3.5 不同种类生物质汽爆后成分（2.0MPa，90 s）

**2）原料粒度对蒸汽爆破预处理效果影响**

蒸汽爆破是蒸汽通过物料的表面微孔深入细胞内，粉碎不同程度的原料的可渗透性有着一定的差异，本节对 6～10 cm、1～3 cm 和 20～30 目粒度的普通玉米秸秆的蒸汽爆破预处理效果进行了研究。

（1）不同粒度生物质蒸汽爆破后主成分。

图 3.6 是粒度 6～10 cm、1～3 cm 和 20～30 目的普通玉米秸秆蒸汽爆破前后的木质素、纤维素和半纤维素的含量变化。从图 3.6 可以看出，半纤维素爆破后含量大大降低，并且随着粒度的减小而降低，20～30 目的半纤维素降低最多，由初始时的 27.4% 降到 7.41%，但粒径的变化对半纤维素的降解影响不是很明显，粒径为 6～10 cm 和 1～3 cm 分别为原含量的 48.61% 和 31.5%，而 20～30 目为 27.04%。6～10 cm 和 1～3 cm 的降解率有些差别，但 1～3 cm 和 20～30 目秸秆的半纤维素含量的差别很小，说明在 1～3 cm 颗粒以下时蒸汽爆破的效果大致相同，可以不必要将秸秆粉碎过细，减少磨碎的能耗。木质素的含量随着粒度的减小呈微量递增的趋势，纤维素含量变化没有明显规律，含量同初始时无明显差别。

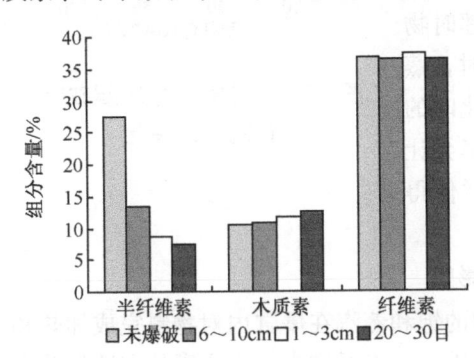

图 3.6 不同粒径蒸汽爆破后成分变化

（2）不同生物质粒度蒸汽爆破后还原糖得率。

粒径为 6～10 cm、1～3 cm 和 20～30 目粒度的普通玉米秸秆蒸汽爆破后的还原糖得率分别为 8.71%、10.05% 和 13.27%。可以看出还原糖得率随着秸秆粉碎程度的增加而增加，粉碎程度最大的 20～30 目粒度的还原糖得率比其他两种分别高出 52.4% 和 32.04%，说明机械粉碎程度越大，还原糖得率越高。

**3）原料含水率对蒸汽爆破预处理效果影响**

蒸汽爆破处理前物料中的含水率对蒸汽爆破有较大影响，合适的含水率可以促进半纤维素在蒸汽爆破过程中溶出，增加生物质的孔隙率，更有利于高压蒸汽渗透至生物质细胞内部，从而提高蒸汽爆破效果。

（1）不同含水率生物质蒸汽爆破后成分分析。

从图 3.7 可以看出，蒸汽爆破处理前物料的含水率对细胞壁中成分含量有较大的影响。三种主要成分中，木质素和纤维素的含量随含水率的改变变化非常小，而半纤维素的含量随初始含水率的变化发生较大改变，在含水率低于 50%时，半纤维素的含量随秸秆含水率增加而增加，含水率在 50%以上时，半纤维素的含量不再有明显变化。其原因可能是随含水率增加半纤维素降解减少使得其含量增加。

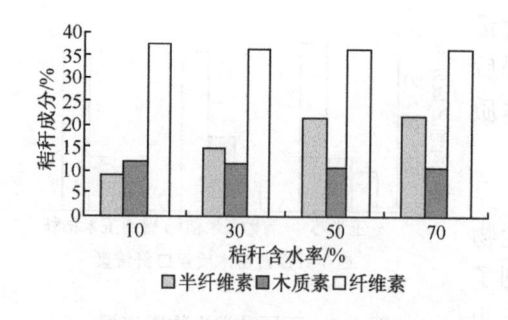

图 3.7 不同含水率蒸汽爆破后成分变化

（2）不同含水率生物质蒸汽爆破后还原糖得率。

不同含水率的秸秆经蒸汽爆破预处理后的还原糖得率变化规律如图 3.8 所示。秸秆的含水率对蒸汽爆破处理的还原糖得率有较大的影响，随着含水率的增加，蒸汽爆破后的还原糖得率逐步降低，结合上面半纤维素随含水率增加的规律，我们可以认为这是由于含水率的增加在一定程度上阻止了半纤维素的降解，使得糖的得率降低。因此，在进行蒸汽爆破处理时物料含水率不宜过高，以 10%为佳。含水率过低时，蒸汽爆破过程中细胞内水分过少会降低液态水汽化时的剪切力，使得爆破效果变差；同时过低的含水率会让部分的秸秆在高温爆缸中发生炭化现象，也同样使得爆破后的还原糖产率下降。

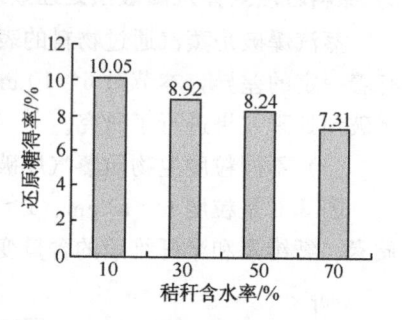

图 3.8 不同含水率蒸汽爆破后还原糖得率变化

**4）蒸汽压力、压力保留时间对爆破预处理效果影响**

蒸汽爆破处理生物质物料，是依靠一定压力的饱和蒸汽在爆缸内对物料完成加热和渗透，然后突然将物料置于大气压力下来完成纤维素、半纤维素和木质素的有选择分离的过程，所以蒸汽爆破的蒸汽压力和保留时间这两个参数对蒸汽爆破处理的效果起着决定性的作用。

（1）蒸汽压力、压力保留时间对细胞壁成分影响。

半纤维素随蒸汽爆破压力和保留时间的变化规律如图 3.9 所示。不同爆破压力下，半纤维素的变化显现出不一致的规律。蒸汽压力为 1.5 MPa 时，随着保压时间的延长，半纤维素含量在 90~120 s 先是有稍微的增长，保压时间大于 120 s 后开始随保压时间增加而降低。2.0 MPa 和 2.5 MPa 压力下半纤维素的变化比较有规律，是随着保压时间的延长而增加，3.0 MPa 压力下的半纤维素在 90~120 s 递减，在 120~180 s 又开始上升随后下降。其中 1.5 MPa 下随着保压时间的延长降幅最大，由最初的 26.5%降至 9.88%，降幅达 62%，其他压力下的降幅分别为 40%、39%和 28%，压力越小，其随保压时间的延长降幅越大，说明半纤维素降解越多。在4种压力下半纤维素呈现出随保压时间的增加而下降的总体规律，这是由于随着保压时间的延长，会有越来越多的半纤维素被溶出，降解为糖，进一步降解则变成酸和醛类物质，使得半纤维素含量越来越少。从图3.9中还可以看出，蒸汽爆破压力为2.5 MPa时，半纤维素含量在各个保压时间下都是最低的，说明此压力下，半纤维素的降解相对较为彻底。在同样的保压时间内，半纤维素在1.5 MPa、2.0 MPa和2.5 MPa下呈现出递减的规律，这是因为高的蒸汽压力对应高的温度，较高的温度有利于半纤维素的溶出和降解，使得其含量相对降低。其中仅有3.0 MPa压力下的半纤维素含量超过了2.5 MPa的含量，这可能是由于3.0 MPa压力下，纤维素和木质素含量的降低使得半纤维素的相对含量增加。不同蒸汽压力下，半纤维素的含量随保压时间的延长在240 s时的降解程度趋于一致，含量分别为9.88%、9.57%、6.29%和8.92%，差别已不明显。

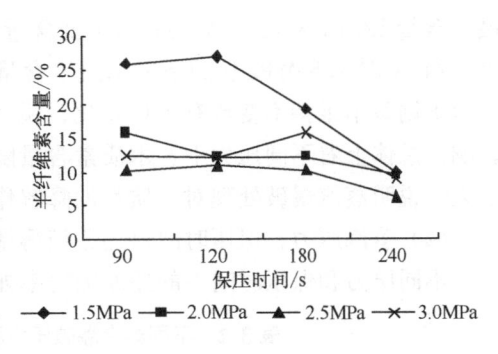

图3.9 不同爆破压力下半纤维素变化

纤维素随蒸汽爆破压力和保压时间的变化规律如图3.10所示。1.5 MPa、2.0 MPa、2.5 MPa和3.0 MPa 4种蒸汽压力下的纤维素含量在90~120 s都呈现出递减的趋势，其中2.5 MPa压力下的下降速度最快，3.0 MPa压力的下降速度最慢。在120~240 s，1.5 MPa、2.5 MPa和3.0 MPa蒸汽压力下，生物质纤维素含量开始增加，保压时间在240 s时，纤维素含量最高为32.59%、33.62%和35.06%，增加幅度以

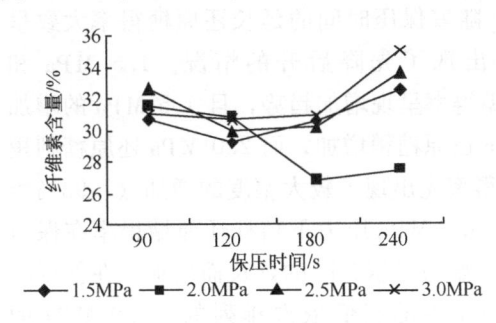

图3.10 不同爆破压力下纤维素变化

在180~240 s相对较快，增速以2.5 MPa和3.0 MPa最快，2.0 MPa最慢。而2.0 MPa压力下的纤维素含量在保压时间到达180 s前一直降低，在180 s后和其他几种压力的变化趋势相同。在不同的蒸汽压力下，纤维素的含量在保压时间为90~120 s时差别不大，在保压时间超过180 s后开始出现发散的现象。在保压时间为90 s时1.5 MPa压力下的纤维素含量最低，2.5 MPa压力下的含量最高，分别为30.68%和32.68%，这与180 s保压时间的纤维素含量相差不多（30.64%和30.12%）。在3.0 MPa压力和240 s保压时间时爆破处理的纤维素含量最高。

木质素在不同蒸汽压力下随保压时间变化无明显规律，在各自的蒸汽压力下显现不同的特征。在保压时间90 s时，2.0 MPa压力下的木质素含量最高为12.75%，1.5 MPa压力下的木质素含量最低为9.0%，除了3.0 MPa压力下木质素含量在90~180 s是一直降低（11.5%降到8.92%）之外，其他三个压力下的木质素含量在180 s时都有少许增加。在保压时间为120 s处，各个压力下的木质素含量范围收缩，此处的

最高含量12.45%（2.5 MPa）与最低含量10.95%（1.5 MPa）相差也只有1.5个百分点。240 s时1.5 MPa压力下的木质素含量出现快速增加，增长到15.89%，其他几个压力下则基本维持不变或有少许变化，说明这时增加保压时间对木质素的含量几乎没用影响。总体上看不同压力下，木质素含量随保压时间的变化相对比较平稳，变化的幅度不大，说明蒸汽爆破处理对木质素的降解作用很小或者不明显。

（2）蒸汽压力、保压时间对还原糖得率影响。

不同压力和保压时间下的还原糖得率如表3.2所示。

表3.2  不同蒸汽爆破压力和保压时间处理后还原糖得率

| 保压时间/s | 还原糖得率/% |  |  |  |
|---|---|---|---|---|
|  | 1.5 MPa | 2.0 MPa | 2.5 MPa | 3.0 MPa |
| 90 | 6.17 | 8.61 | 7.93 | 13.12 |
| 120 | 7.54 | 10.05 | 12.36 | 10.28 |
| 180 | 9.67 | 11.62 | 11.25 | 9.35 |
| 240 | 9.82 | 10.38 | 11.04 | 10.21 |

从表3.2中可以看出，不同压力下还原糖得率随保压时间变化的规律不尽相同。在1.5 MPa、2.0 MPa和2.5 MPa蒸汽压力下，随着保压时间的延长还原糖得率大致呈现先升后降的规律，只在3.0 MPa压力下出现了先降后升的情况。1.5 MPa和2.0 MPa压力下，在保压时间90~180 s还原糖得率呈现增加趋势，且1.5 MPa的增加斜率高于2.0 MPa，在180~240 s时1.5 MPa还原糖稍增加，而2.0 MPa还原糖则稍有下降。2.5 MPa压力在90~120 s的还原糖得率先出现了较大幅度的增加（7.93%~12.36%），之后在120~240 s开始缓慢下降。3.0 MPa压力下秸秆还原糖得率在保压时间90~180 s随保压时间延长而降低，随后开始随保压时间的延长而增加。在保压时间90 s时，还原糖得率基本是按照蒸汽爆破压力的高低依次排列的（3.0 MPa的13.12%、2.5 MPa的7.93%、2.0 MPa的8.61%和1.5 MPa的6.17%）。保压时间120 s时2.5 MPa下还原糖得率最高为12.36%，其他三个压力还原糖得率按照压力高低依次排列。在保压时间180~240 s，各个压力下的还原糖得率出现收敛的趋势，到达240 s时还原糖得率波动仅在1个百分点左右。还原糖得率最高值13.12%（3.0 MPa），保压时间90 s，其次是120 s下的12.36%（2.5 MPa）。

**5）物料装填密实度对蒸汽爆破预处理效果的影响**

在蒸汽爆破过程中，爆缸中生物质秸秆填塞的密实程度也会影响蒸汽爆破的效果，因为物料填塞得越密实，蒸汽越难以渗透至物料中心处，越不利于传热和传质。在较短的爆破保压时间内可能会造成物料不能被均匀加热，爆破时出现夹生现象，导致蒸汽爆破效果变坏。

（1）不同装填密实度蒸汽爆破物料细胞壁成分。

本试验中对装填密实度为60%、80%和100%（装填物料密度0.15 kg/m³）的物料进行蒸汽爆破处理。试验结果如表3.3所示。从表3.3中可以看出随着装填密实度从60%到100%，半纤维素含量在逐渐增加，纤维素含量在逐步递减，木质素的含量和粗纤维含量变化幅度不大且没有明显规律可循，不溶灰的含量也随装填密实度的增加而增大。这可能是装填密实度越小，蒸汽渗透能力越强，半纤维素的溶解和降解的量较多，纤维素含量减少的原因可能是由于高温蒸汽使得部分不定型区的纤维素发生结构重排导致结晶度增加，不溶灰分含量减少原因也是因为高温蒸汽的溶出作用。

表 3.3 不同装填密实度物料蒸汽爆破后成分

| 装密实度/% | 半纤维素/% | 纤维素/% | 木质素/% | 粗纤维/% | 不溶灰/% |
|---|---|---|---|---|---|
| 100 | 8.05 | 34.05 | 9.84 | 59.01 | 7.07 |
| 80 | 7.86 | 34.75 | 9.16 | 57.23 | 5.46 |
| 60 | 5.59 | 37.61 | 10.37 | 58.19 | 4.62 |

（2）不同物料装填密实度蒸汽爆破后还原糖得率。

蒸汽爆破后还原糖得率变化随物料填充度变化无明显规律，在压力 2.0 MPa，保压时间为 90 s 时，装填密实度为 100% 的秸秆还原糖得率为 8.66%，80% 装填密实度的秸秆还原糖得率为 9.38%，60% 装填密实度时的还原糖得率为 7.45%。可以看出，在 80% 装填密实度时汽爆后还原糖得率最高，填充度为 100% 时次之，60% 最低，这可能是因为填充度过小时蒸汽高温蒸煮作用加强，使得部分半纤维素降解成了醛类物质而损失了部分糖，同时高温也使纤维素的结晶度增加，造成了还原糖得率下降。

#### 3.2.2.2 二次爆破的预处理试验

蒸汽爆破预处理生物质时，需要一定的蒸汽压力和足够的保压时间才能得到较好的处理效果。为确保较好的处理效果，要么需要提高蒸汽压力，要么需要增加保压时间。过高的蒸汽压力需要增加设备的投入，而保压时间的增加则会牺牲预处理的能力。针对这个问题，本文对二次蒸汽爆破的方法进行了试验研究，试图通过试验找到既能保证预处理效果又能保证预处理能力的途径。二次汽爆的方法：先将生物质秸秆在一定压力和保压时间下进行蒸汽爆破，爆破完成后再将经过爆破的生物质重新置入爆缸，在相同的爆破压力和保压时间条件下再次进行爆破处理。考虑到蒸汽爆破的处理能力，二次爆破采用的保压时间分别为 20 s、30 s、45 s 和 60 s，蒸汽压力采用 2.0 MPa、2.5 MPa 和 3.0 MPa 三种。

**1）二次爆破对秸秆组分的影响**

二次爆破后秸秆的半纤维素、纤维素和木质素的变化情况如图 3.11 所示。

从图 3.11a 可以看出，20 s、30 s 和 45 s 的保压时间，半纤维素的曲线基本是按压力大小排序，压力越小爆破后半纤维素含量越高。45～60 s，三种压力下的半纤维素含量有趋于一致倾向。各压力下二次爆破的半纤维素含量随保压时间变化规律各异。2.0 MPa 压力下，二次爆破的半纤维素含量基本上随保压时间的延长而下降，60 s 时达到最小值 12.32%。2.5 MPa 压力下半纤维素含量在 30 s 保压时间内变化不大，在 30～45 s 是下降趋势，45～60 s 快速增加达到最大值 16.7%。3.0 MPa 压力下半纤维素含量在 20～30 s 下降至最低点 6.10% 后开始上升，到 60 s 时达到其最大值 12.57%。除 2.0 MPa 压力外，另外两个压力下的半纤维素含量随保压时间延长呈增加的趋势，这可能是由于高压下在长保压时间条件下进行第一次爆破使得秸秆的含水率增加，含水率

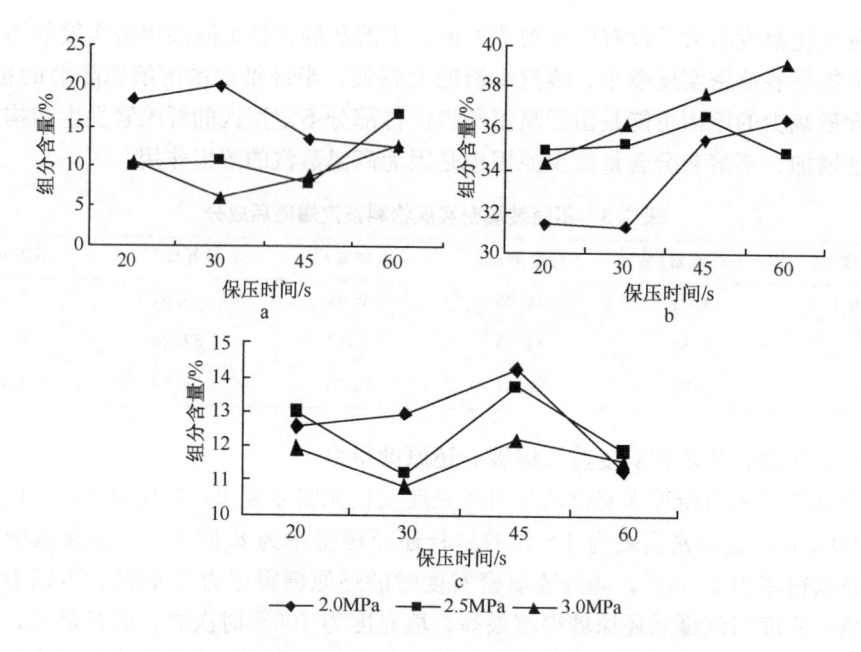

图 3.11 不同爆破条件下二次爆破对秸秆组分变化的影响
a. 半纤维素的变化；b. 纤维素的变化；c. 木质素的变化

增加不利于半纤维素的溶出和降解。

二次爆破后秸秆的纤维素变化规律如图 3.11b 所示。纤维素含量曲线从上到下分别是 3.0 MPa、2.5 MPa 和 2.0 MPa，可见相同的二次爆破保压时间下，纤维素含量随压力增加而增大。这是因为高压高温下纤维素的结晶度增加。3.0 MPa 压力下随着保压时间的增加纤维素含量一直增加，2.0 MPa 和 2.5 MPa 都是先降低再增加，其中 2.5 MPa 压力下在 45~60 s 出现了下降的情况，但纤维素含量在 2.5 MPa 时，各个保压时间条件下的变化不大。2.0 MPa 和 3.0 MPa 压力下的纤维素含量随保压时间变化较多，分别从 31.43% 到 36.46% 和 34.34% 到 39.20%。

从图 3.11c 可以看出，木质素的变化规律基本相同，三个压力下的含量都在 45 s 保压时间时达到最大值，在 60 s 时趋于一致，其中 2.0 MPa 压力从 45~60 s 的降速最快。总体上看，二次爆破对木质素的影响较小。

**2）二次爆破对还原糖得率影响**

二次爆破后秸秆的还原糖得率如表 3.4 所示。

表 3.4 二次爆破处理后秸秆还原糖得率

| 保压时间/s | 还原糖得率/% | | |
| --- | --- | --- | --- |
| | 2.0 MPa | 2.5 MPa | 3.0 MPa |
| 20 | 9.01 | 9.97 | 10.14 |
| 30 | 10.65 | 10.23 | 9.29 |
| 45 | 10.45 | 7.35 | 11.33 |
| 60 | 9.32 | 11.75 | 7.35 |

由于所选用的保压时间较短,所以二次爆破还原糖得率整体较低,其最高值为11.75%,取得于压力2.5 MPa、保压时间60 s的条件下,最低值为7.35%,取得于3.0 MPa压力、保压时间60 s的条件下。各压力下还原糖随保压时间的变化无明显规律。说明各自压力下,第一次爆破的含水率对还原糖得率有较大影响。2.0 MPa压力下的最大还原糖率为10.65%在保压时间30 s获得,可以看出保压时间对该压力下还原糖得率影响很小。2.5 MPa和3.0 MPa压力下的还原糖得率波动较大,3.0 MPa在45～60 s保压时间下还原糖量下降的原因可能是爆破的强度较高引起部分降解的半纤维素进一步降解,以及纤维素结晶度增加。2.5 MPa压力下在保压时间45 s时降到最低值之后又开始增加,并在保压时间60 s到达最高值11.75%,增加的原因有待于进一步研究。

### 3.2.2.3 蒸汽爆破生物质的形态及结构特性

通过研究蒸汽爆破后的生物质的形态和结构特性,可以从宏观和微观角度来认识蒸汽爆破的效果。

**1) 汽爆原料的直观形态**

图3.12是蒸汽爆破处理玉米秸秆的图片。由图3.12可以看出经蒸汽爆破后的玉米秸秆的颜色发暗,压力越高颜色越深。颜色的变化主要是由木质素产生的发色团引起,这说明汽爆较为剧烈的条件引起了木质素变化。在较高的爆破压力下,保压时间短时爆出物料呈绒丝状,保压时间较长时爆出物料为深褐色浆状;在较低的爆破压力下,较短的保压时间爆出物料会有部分夹生(较大粒径物料)。添加$(NH_4)_2SO_3$和氨水时爆出玉米秸秆呈松散状,而添加HCl和NaOH时爆出物料为黏稠浆状。

图3.13为玉米秸秆的扫描电镜照片。电镜照片较为清楚地展现了秸秆表面的状况,未经汽爆预处理的玉米秸秆表面光滑,纤维排列比较整齐,无明显的破损和孔隙,结构致密。经过爆破预处理后的秸秆的半纤维素、纤维素和木质素的部分结构遭到破坏、分离,纤维和纤维束出现卷曲折叠,变得柔软疏松,排列凌乱。秸秆表面则由爆前的致密变得疏松多孔,有序排列变得杂乱,甚至呈蜂窝状。另外原来光滑的表面出现了碎片状的物质,这可能是半纤维素和木质素的溶出物。因为用水可溶出部分碎片,而用甲醇则可让碎片完全溶出。

从图3.13中还可以看出,在保压时间90 s时,随着爆破蒸汽压力的提高,秸秆的结构被破坏得越严重,1.5 MPa压力破坏了部分的细胞壁,溶出了部分的半纤维素,秸秆表面出现了破碎的细胞壁成分,单纤维束排列还比较有序,2.0 MPa时这种状况有所加深,当蒸汽压力达到2.5 MPa时,秸秆表面的孔隙度就大大增加,3.0 MPa压力下爆破的秸秆表面呈现蜂窝状结构,已经几乎看不到纤维的排列情况,结构松软。说明秸秆破碎的程度和半纤维素溶出的深度随蒸汽压力升高而增加。在相同的爆破压力下(2.0 MPa),保压时间从90～240 s的SEM图片显示,爆破后的秸秆表面随保压时间变化不如随压力变化那样明显。90～120 s时秸秆表面状况相差不大,表面附着部分碎片,当保压时间达到180和240 s时这些碎片的量却减少了许多,但表面的孔隙和纤维束的排列情况变化不大。这说明保压时间对破坏秸秆结构的作用不大,但随着保压时间的

图 3.12 蒸汽爆破玉米秸秆直观图

a. 青玉米秸秆；b. 汽爆玉米秸秆（1.5 MPa、90 s）；c. 汽爆玉米秸秆（2.0 MPa、120 s）；d. 汽爆玉米秸秆（2.5 MPa、90 s）；e. 汽爆玉米秸秆（3.0 MPa、180 s）；f. 汽爆玉米秸秆（2.5 MPa、90 s、5% (NH$_4$)$_2$SO$_3$ 预浸）；g. 汽爆玉米秸秆（2.5 MPa、90 s、1% NaOH 预浸）；h. 汽爆玉米秸秆（2.5 MPa、90 s、3%氨水预浸）；i. 汽爆玉米秸秆（2.5 MPa、90 s、1% HCl 预浸）

增加，附着在秸秆表面的碎片类物质（半纤维素等）被很好地溶解和降解了。总体来看，在爆破破坏秸秆结构方面，蒸汽压力要比保压时间的作用大。

**2）汽爆原料的 FTIR 分析**

红外光谱是研究有机化合物结构的有效工具，由秸秆的红外光谱图可以识别其组成成分的官能团，并提供有关分子结构的信息。玉米秸秆原料在蒸汽爆破预处理过程中，结构发生了复杂的化学变化，通过傅里叶红外光谱中各官能团吸收强度的对比，来进一步说明预处理过程的作用机制。

玉米秸秆主要由纤维素、半纤维素和木质素三种成分组成，此外还含有少量的化学组成和结构极为复杂的抽提物，其红外光谱特征吸收峰如表 3.5 所示。一般认为羟基是纤维素的主要红外敏感基团，纤维素的特征吸收峰为 2900 cm$^{-1}$、1425 cm$^{-1}$、1370 cm$^{-1}$ 和 895 cm$^{-1}$。半纤维素也是线形的天然多糖，但因分子中所含的单糖基种和其他侧基不同而异，但 1730 cm$^{-1}$ 附近的乙酰基和羧基上的 C═O 伸缩振动吸收峰是半

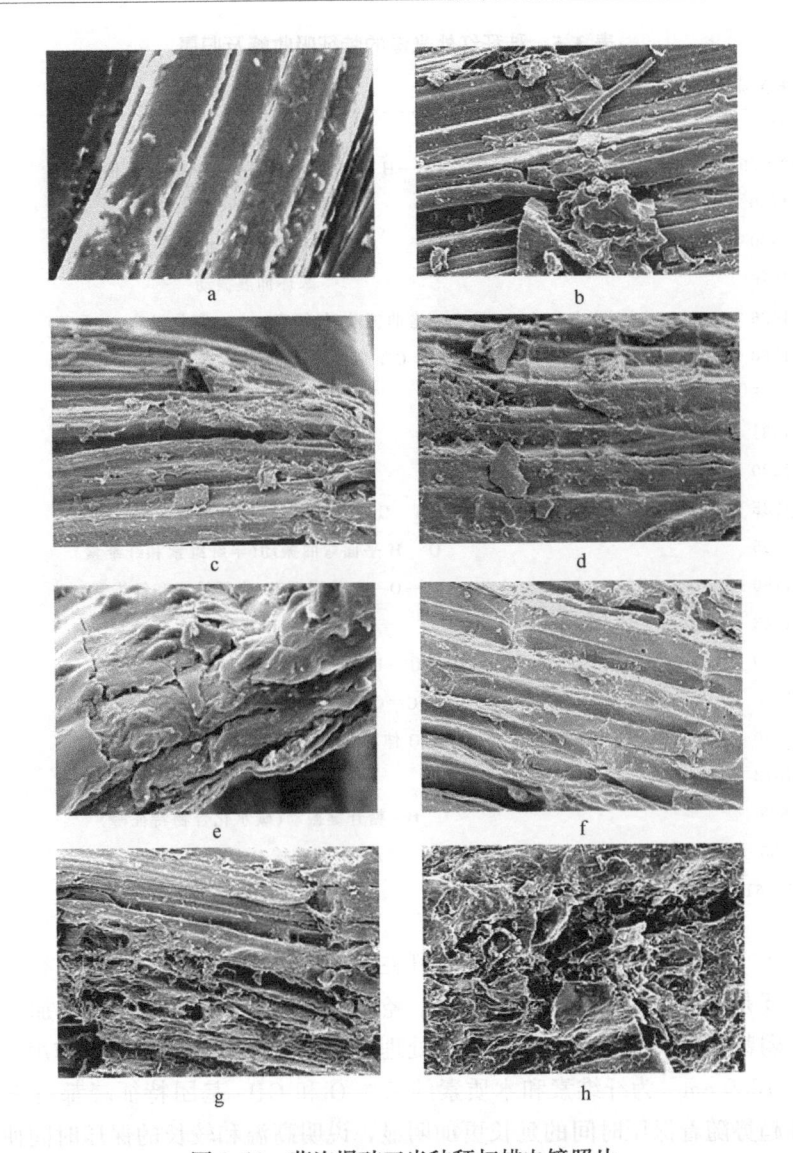

图 3.13 蒸汽爆破玉米秸秆扫描电镜照片

a. 未汽爆玉米秸秆；b. 汽爆玉米秸秆（1.5 MPa、90 s）；c. 汽爆玉米秸秆（2.0 MPa、90 s）；
d. 汽爆玉米秸秆（2.0 MPa、120 s）；e. 汽爆玉米秸秆（2.0 MPa、180 s）；f. 汽爆玉米秸秆
（2.0 MPa、240 s）；g. 汽爆玉米秸秆（2.5 MPa、90 s）；h. 汽爆玉米秸秆（3.0 MPa、90 s）

纤维素区别于其他组分的特征。木质素的红外光谱最复杂，其中含有甲氧基（CH$_3$O）、羟基（—OH）、羰基（C=O）、双键（C=C）和苯环等多种红外敏感基团。波数 1600 cm$^{-1}$ 以上的—OH、C—H 和 C=O 的伸缩振动吸收带和波数为 1510 cm$^{-1}$，附近芳香族骨架振动吸收带几乎是"纯"吸收带，而 1600 cm$^{-1}$ 处的芳香族振动吸收带则为 C=O 伸缩振动加宽了的多重吸收带。

表 3.5 秸秆红外光谱的特征吸收峰及归属

| 吸收波峰范围/cm$^{-1}$ | 光谱归属 |
| --- | --- |
| 3390 | C—H 伸展振动 |
| 2842~2940 | C—H 伸展振动(甲基、亚甲基与次甲基) |
| 1730 | C=O 伸展振动(聚木糖) |
| 1630 | C=O 伸展振动(木质素) |
| 1510 | 苯环伸展振动 |
| 1426 | CH$_2$ 弯曲振动(纤维素),CH$_3$ 弯曲振动(木质素) |
| 1380 | CH 弯曲振动(半纤维素和纤维素) |
| 1335 | OH 平面内形变(纤维素) |
| 1331 | C—O 振动(木质素) |
| 1320 | C=O 伸展振动(木质素) |
| 1235 | CO—OR 伸缩振动(半纤维素) |
| 1205 | O—H 平面弯曲振动(半纤维素和纤维素) |
| 1160 | C—O—C 伸展振动(半纤维素和纤维素) |
| 1143 | 芳香核 CH(G)吸收 |
| 1110 | O—H 缔合光带(半纤维素和纤维素) |
| 1050 | C=O 伸展振动(半纤维素和纤维素) |
| 1030 | C=O 伸展振动(半纤维素、纤维素和木质素) |
| 1012 | 芳香核 CH(G)醚吸收 |
| 898 | B—糖苷键振动(碳水化合物特征峰) |
| 830 | 芳香核 CH 振动 |
| 637~615 | C—O—H 弯曲振动 |

从图 3.14 和图 3.15 中可以看出,秸秆在未经汽爆时在 1730 cm$^{-1}$ 处有明显的吸收峰,这里主要是聚木糖的 C=O 伸展振动,经爆破后的玉米秸秆随压力增加在此处的吸收峰大大减弱甚至消失,说明蒸汽爆破预处理对去除半纤维素有着明显作用。汽爆之后波数 1000~1630 cm$^{-1}$ 为纤维素和木质素的 C=O 和 CH$_2$ 基团特征峰都有不同程度的增加,这种趋势随着保压时间的延长更加明显,说明高温和较长的保压时间使部分溶出的木质素同半纤维素重新形成了类木质素物质。此处的纤维素基团也随保压时间增加而增加,因此,其在此处的吸光度增加。相同的保压时间下,虽然在 1641 cm$^{-1}$、1562 cm$^{-1}$、1062 cm$^{-1}$ 和 786 cm$^{-1}$ 附近芳香核和木质素红外特征吸收峰在 1512 cm$^{-1}$ 和 1641 cm$^{-1}$ 特征峰增强,但随着压力的提高增幅却在降低。说明芳香环随压力升高而减少,也就是木质素会减少。660 cm$^{-1}$、559 cm$^{-1}$、528 cm$^{-1}$ 和 466 cm$^{-1}$ 处的吸收峰减弱,说明高压处理后小分子物质减少,这可能是部分木质素在高压下部分醚键断裂,反应活性增强,与降解的半纤维素形成了腐殖酸类物质(与木质素不可分)的结果。1421 cm$^{-1}$ 纤维素特征吸收峰增强,896 cm$^{-1}$ 附近是 β-D-葡萄糖苷特征吸收峰,此处的吸收峰随着压力的增加而减弱,这说明纤维素在汽爆过程中结构变化不大,从 $A_{1421}/A_{896}$ 相对吸收强度来看,纤维素的结晶度增加。

当压力低于 2.0 MPa 时,爆破处理的秸秆的吸收峰会出现比未爆破秸秆低的现象,

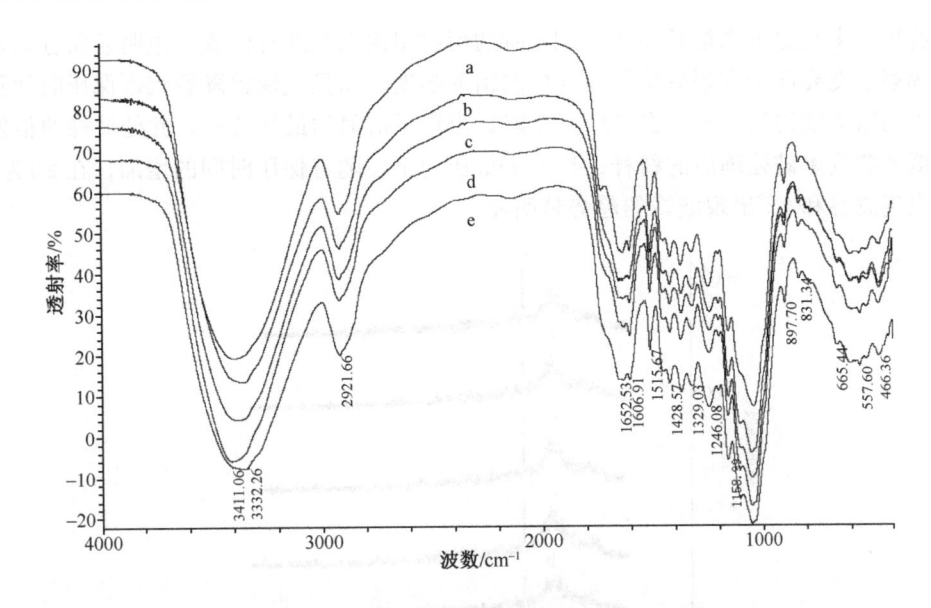

图 3.14 不同保压时间汽爆秸秆红外光谱图

a. 未汽爆玉米秸秆；b. 2.0 MPa、240 s；c. 2.0 MPa、180 s；d. 2.0 MPa、120 s；e. 2.0 MPa、90 s

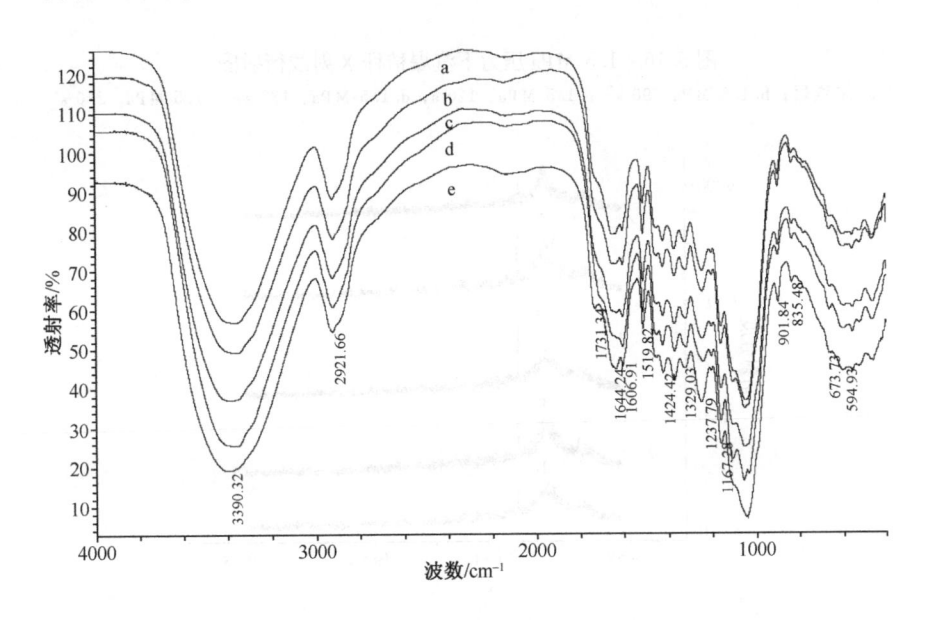

图 3.15 不同压力下汽爆秸秆红外光谱图

a. 1.5 MPa、90 s；b. 2.0 MPa、90 s；c. 2.5 MPa、90 s；d. 3.0 MPa、90 s；e. 未汽爆玉米秸秆

这说明在处理条件不是很激烈时，秸秆各种物质都会有些降解。同一种压力下，随着保压时间的增加，木质素和纤维素特征峰的吸光度呈增加的趋势。

### 3) XRD 分析

图 3.16 是在 1.5 MPa 爆破压力下，不同保压时间下，汽爆玉米秸秆的 X 射线衍射图，图 3.17 是在保压时间 90 s 时，不同压力下，汽爆玉米秸秆 X 射线衍射图。图 3.17

可以看出，未汽爆玉米秸秆在 2θ 为 18°时的衍射图谱上的波谷位置不很明显而且此处的最低辐射强度要高于汽爆后秸秆在此处的衍射强度，而且此现象随着汽爆保压时间和汽爆压力的增加变得越明显。在 2θ 为 22°附近出现了衍射的最高波峰，此处波峰的衍射强度要低于蒸汽爆破处理后的秸秆。1.5 MPa 压力下，随着保压时间的增加，在 2θ 为 18°附近出现波谷和 22°出现波峰的趋势越明显。

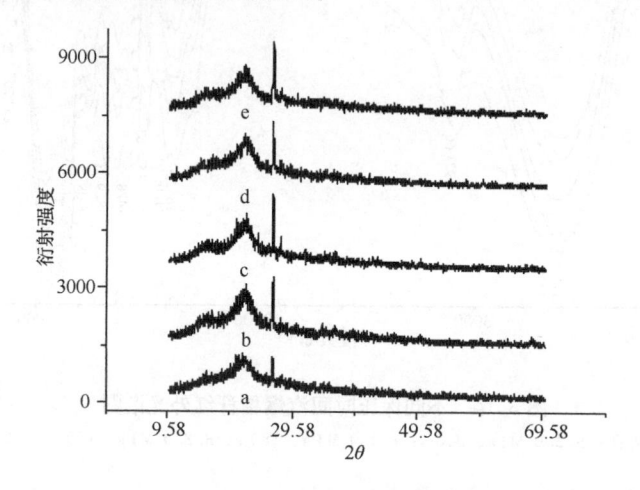

图 3.16　1.5 MPa 压力下汽爆秸秆 X 射线衍射图
a. 未汽爆；b. 1.5 MPa、90 s；c. 1.5 MPa、120 s；d. 1.5 MPa、180 s；e. 1.5 MPa、240 s

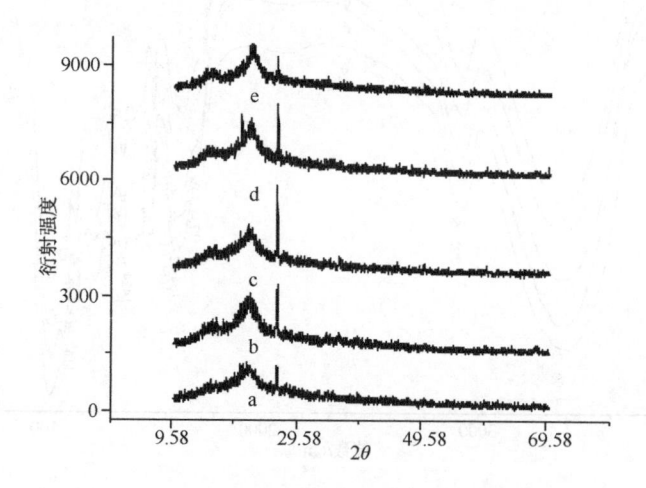

图 3.17　90 s 保压时间下汽爆秸秆 X 射线衍射图
a. 未汽爆；b. 1.5 MPa、90 s；c. 2.0 MPa、90 s；d. 2.5 MPa、90 s；e. 3.0 MPa、90 s

表 3.6 列出了不同汽爆条件下秸秆纤维素结晶度，从表 3.6 中看出，各压力下的结晶度都大于未汽爆秸秆的结晶度（58.64%），1.5 MPa 压力各保压时间下的结晶度平均在 66%左右，为 4 个压力中最低，比未汽爆玉米秸秆增加了 10%，3.0 MPa 压力各保压时间下的结晶度平均在 70%左右，为 4 个压力中最大值，比未汽爆玉米秸秆增加了 16%左右，结晶度随着蒸汽压力（温度）的升高而增加。在同一个压力下，随着保

压时间的增加结晶度呈上升趋势，但差异不大。这可能是由于温度的升高使得纤维素结晶度增加和晶格体增大。随着处理时间的延长，微纤维的厚度增加长度变短，晶体的厚度增长1.5倍，微细胞的宽度增加2倍，视为非晶型纤维素在蒸汽爆破处理过程中转化为晶型纤维，导致了纤维的结晶度增加。

表3.6 不同爆破条件秸秆纤维素结晶度

| 保压时间/s | 结晶度/% | | | |
|---|---|---|---|---|
| | 1.5 MPa | 2.0 MPa | 2.5 MPa | 3.0 MPa |
| 90 | 65.19 | 64.93 | 68.67 | 69.47 |
| 120 | 66.50 | 67.33 | 67.97 | 69.02 |
| 180 | 64.25 | 67.20 | 68.50 | 69.75 |
| 240 | 67.71 | 66.11 | 65.38 | 71.19 |

## 3.3 蒸汽爆破预处理秸秆发酵生产沼气试验研究

厌氧生物处理技术就是利用厌氧微生物的活动将有机废弃物分解、除去的同时产生可利用的能源甲烷的生物处理方法。其生物化学过程如图3.18所示。

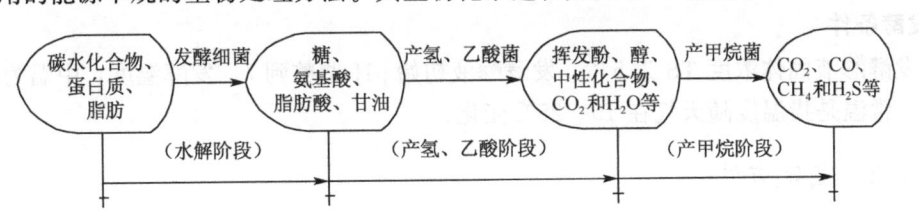

图3.18 沼气发酵的生物化学过程

厌氧发酵技术虽然已经较为成熟，并广泛用于实际生产，但应用于处理农业废弃物秸秆则开始于20世纪80年代。秸秆用于厌氧发酵生产沼气一直未能被大规模推广，其中最主要的原因就是由于秸秆本身速效养分含量低，纤维素、木质素含量高，在沼气池内分解慢，降解率低。因此如何提高秸秆发酵效率就成了学者们关注的焦点，他们主要通过提高发酵温度、添加化学药品、生物降解、降低纤维粒度和预处理的手段来提高秸秆产气率。目前的预处理主要有机械粉碎法、化学和生物预处理法，但都不同程度存在能耗高、污染大、效率低等缺点。本文将新型蒸汽爆破技术应用于秸秆的厌氧发酵生产沼气工艺，来研究汽爆预处理秸秆发酵生产沼气的机制和规律。

### 3.3.1 材料和方法

#### 3.3.1.1 试验材料

**1）发酵原料**

原料同3.2.1。

由于秸秆的 C/N 偏离厌氧发酵所要求的适宜范围，试验中通过添加 $NH_4HCO_3$ 来调整至 25。

**2）接种污泥**

试验所用的接种污泥取自郑州市污水处理厂的活性污泥，为深灰色絮状污泥，经测定其 VSS/TSS 为 63.4%，污泥接种量为 20%。

**3）试验装置**

厌氧发酵试验装置如图 3.19 所示，用 2500 mL 的广口瓶作发酵瓶，1000 mL 广口瓶作集气瓶和 1000 mL 的三角瓶作记录瓶。中温发酵时将发酵装置放入生化培养箱。

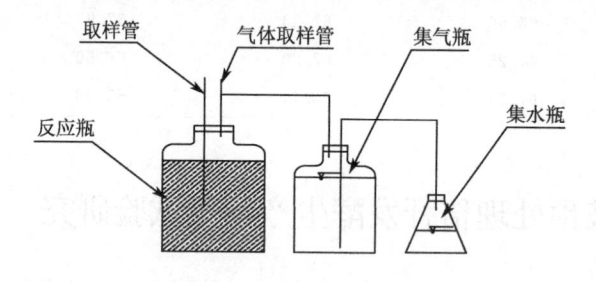

图 3.19　厌氧发酵试验装置

**4）发酵条件**

发酵醪液固体浓度 TS 为 5%，发酵醪液初始 pH 调整到 7，发酵温度：中温为恒温 35℃，常温是指温度随天气在 15～25℃变化。

### 3.3.1.2　测定方法

（1）生物质物料中半纤维素、纤维素和木质素含量测定同 3.2.1.2。

（2）产气量的测定。厌氧发酵过程中的日产气量和累计产气量是衡量厌氧发酵过程的一个重要指标，本文试验中的日产气量和累计产气量均采用排水法测量。

（3）TS 和 VS 值的测定。TS 和 VS 的测定采用标准方法。

（4）沼气成分的测定。本文采用安捷伦 6820 气相色谱仪对其进行分析，样品中甲烷的百分含量采用外标法计算。气相色谱参数设置如下：

检测器：TCD；载气：$N_2$，流速：30 mL/min；柱箱温度：80℃；进样温度：120℃；检测器温度：200℃；进样方式：进样阀，前进样口；检测时间：3 min。

（5）发酵醪液 COD 测定。COD 的测定采用重铬酸盐法。

（6）发酵后秸秆微观结构。扫描电镜分析（SEM）。

### 3.3.1.3　主要试验仪器

安捷伦 6820 气相色谱仪（安捷伦科技公司）；FIWE/3 自动纤维素测定仪（意大利 VELP 公司）；HI 9024C 酸碱度测定仪（意大利 HANNA 公司）；Elementar Vario MICRO 元素分析仪（德国 Elementar 公司）。

## 3.3.2 结果与分析

### 3.3.2.1 普通玉米秸秆常温厌氧发酵试验

**1) 不同爆破压力和时间预处理秸秆的沼气产率**

经不同汽爆压力处理的秸秆常温厌氧发酵的秸秆沼气产率如图 3.20 所示。

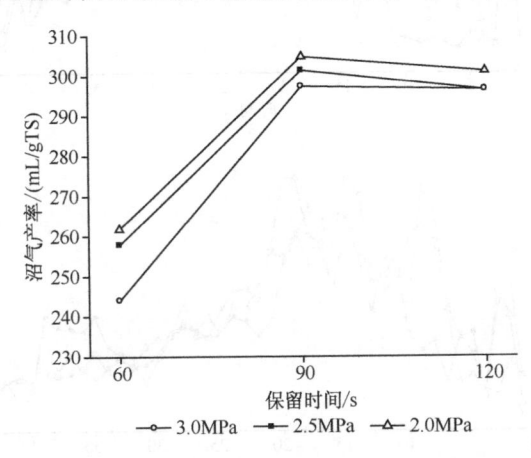

图 3.20 不同汽爆压力和保压时间下预处理秸秆的沼气产率

未汽爆的秸秆的沼气产率为 182.08 mL/g TS，经爆破预处理后的秸秆较未汽爆的秸秆产气量增加 34%～67.36%。在压力 3 MPa，保压时间 90 s 条件下，爆破预处理的秸秆常温下最高产气率达到 304.72 mL/g TS。同一汽爆压力下，在保压时间小于 90 s 时，随着保压时间的延长，秸秆的沼气产率上升；保压时间在 90～120 s，随着保压时间的递增，沼气产率稍有下降。在不同的爆破压力下，保压时间小于 90 s 时，沼气产率还有一定差距，但在保压时间≥90 s 后，沼气产率差距逐渐缩小。保压时间为 90 s 时，3.0 MPa、2.5 MPa 和 2.0 MPa 压力的沼气产率分别为 304.72 mL/g TS、301.3 mL/g TS 和 297.24 mL/g TS。可以看出，随着蒸汽爆破压力的增加，秸秆沼气产率提高，但增幅较小。

**2) 不同爆破压力和保压时间处理秸秆的产气变化**

不同爆破压力和保压时间处理秸秆日沼气产量和累积沼气产量变化如图 3.21 和图 3.22 所示。

未处理秸秆的产气高峰在第 19 天出现，蒸汽爆破压力 2.0 MPa、2.5 MPa 和 3.0 MPa 的产气高峰出现在第 19 天、第 15 天和第 11 天，压力越高，产气高峰提前越多。这说明较高蒸汽爆破压力溶出降解更多半纤维素，同时溶出部分木质素，将秸秆变得多孔疏松，提高了细菌对纤维素的可及度，秸秆更易消化。2.0 MPa、2.5 MPa 和 3.0 MPa 压力下的日最大产气量分别为 810 mL、830 mL 和 1082 mL，且基本都出现在保压时间为 90 s 的条件下。

压力较低、保压时间较短的蒸汽爆破预处理秸秆的产气曲线到达产气高峰的时间较

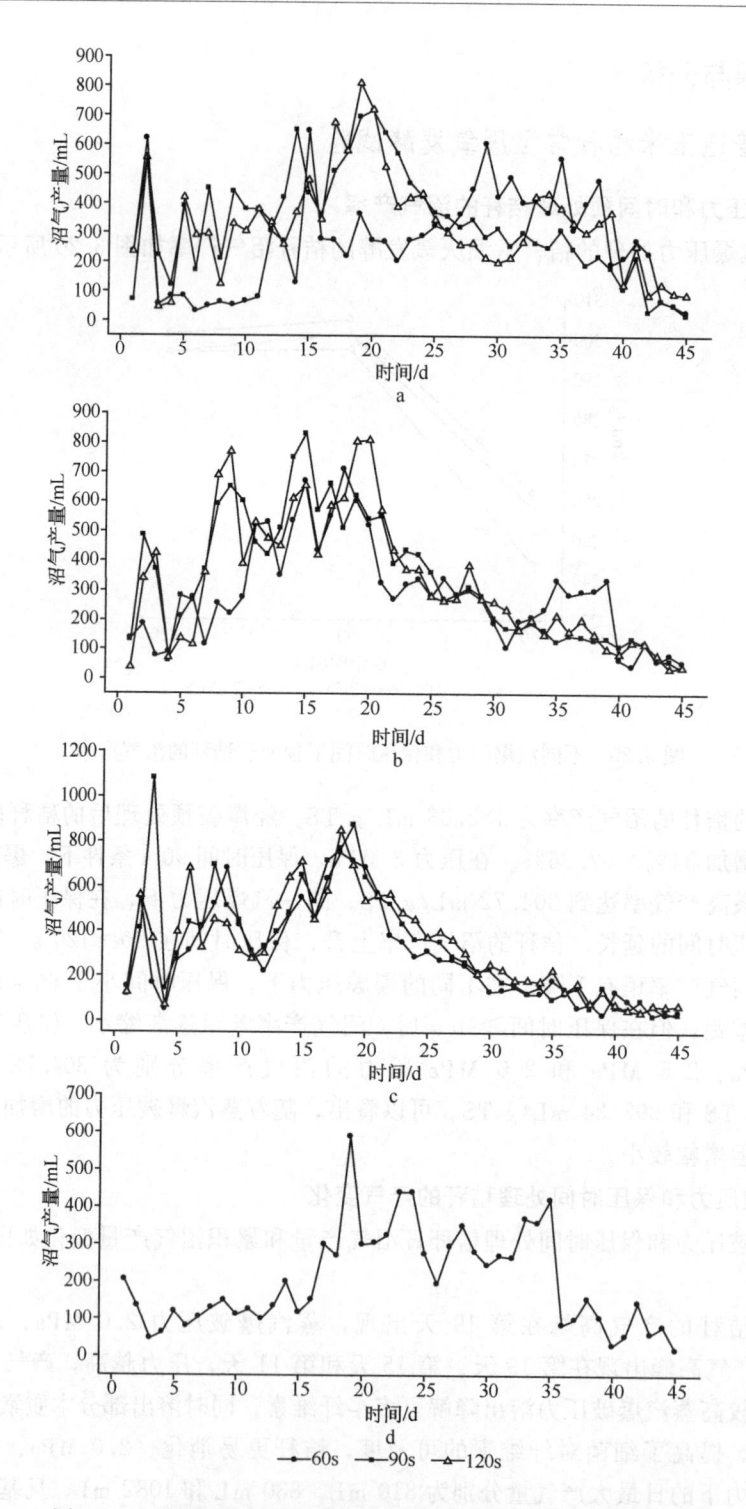

图 3.21 不同保压时间汽爆秸秆常温厌氧发酵日沼气产量变化

a. 2.0 MPa; b. 2.5 MPa; c. 3.0 MPa; d. 对照

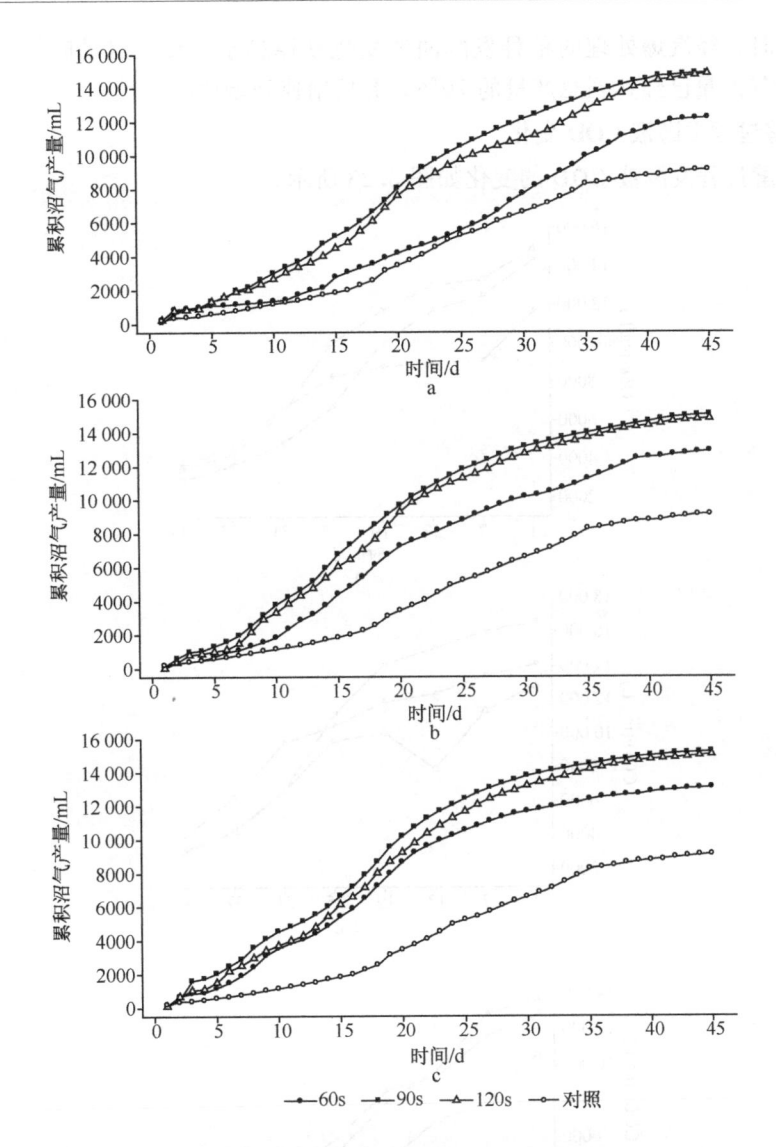

图 3.22 不同汽爆条件下的秸秆常温厌氧发酵累积沼气产量
a. 2.0 MPa; b. 2.5 MPa; c. 3.0 MPa

长,与未处理秸秆的产气规律相似。压力大于 2.0 MPa,保压时间为 60 s 时的产气峰较宽且峰高较低,预处理时间大于 60 s 的条件下,在发酵前 20 天产气比较集中且峰高较高,20 d 后发酵产气量开始步入稳步下降的区域,30 d 后,日产气量基本都降到 200 mL 以下。而未处理秸秆 30 d 后还有一个产气的小高峰,在接近第 40 天时产气量才降至 200 mL 以下,发酵启动和结束时间都比蒸汽爆破预处理的秸秆要晚 10 d 左右。

从图 3.22 中可以看出未处理秸秆的曲线在最下面,整个发酵周期呈平缓增长趋势,依次向上爆破压力分别为 2.0 MPa、2.5 MPa 和 3.0 MPa,保压时间为 60 s 条件下的三条曲线,它们相对于未处理秸秆的曲线的斜率大大增加,发酵进行到 20 d 时,沼气产量已经达到总产量的 60% 左右,而未处理秸秆产气量则只有总产量的 40%。当保压时间≥90 s时，经汽爆处理的秸秆发酵曲线变化规律趋于一致，启动时间短，在发酵20 d时，沼气产量已经达到总产量的70%，此后增速开始放缓。

**3）厌氧发酵过程发酵液COD变化**

厌氧发酵过程发酵液COD的变化如图3.23所示。

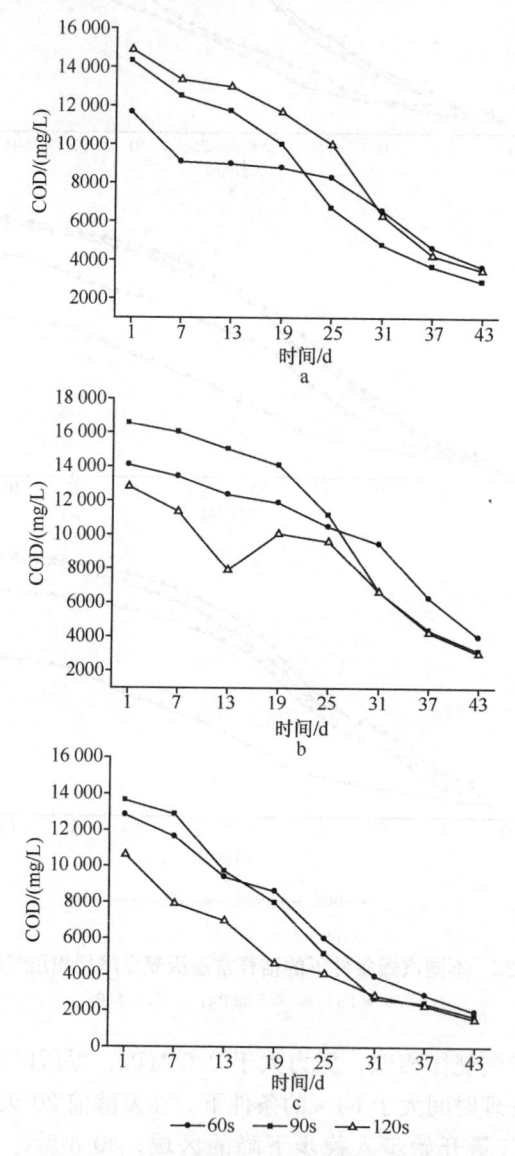

图3.23 不同汽爆条件下玉米秸秆常温厌氧发酵过程发酵液COD变化
a. 2.0 MPa; b. 2.5 MPa; c. 3.0 MPa

初始时2.5 MPa、90 s爆破条件下的最高COD值为16 547 mg/L，而3.0 MPa、120 s条件下的最低COD值为10 610 mg/L，其他爆破条件下的COD曲线处于这两条线之间，随着发酵时间的延长曲线呈下降趋势。可以看出，三种爆破压力下，保压时间90 s的COD曲线下降速度较快。表3.7给出了厌氧发酵过程中COD去除率，试验发现在常温下爆破条件 2.0 MPa、60 s 时的 COD 去除率最低为 68.73%，3.0 MPa、90 s 爆破条件下的 COD 去除率最高达 87.68%。各爆破压力下 COD 去除率以保压时间 90 s 时为最高。

表 3.7　汽爆玉米秸秆常温厌氧发酵 COD 去除效果

| 爆破条件 | 2.0 MPa | | | 2.5 MPa | | | 3.0 MPa | | |
|---|---|---|---|---|---|---|---|---|---|
| | 60 s | 90 s | 120 s | 60 s | 90 s | 120 s | 60 s | 90 s | 120 s |
| COD 去除率/% | 68.73 | 79.88 | 76.60 | 71.73 | 80.92 | 76.41 | 84.90 | 87.68 | 85.58 |

**4）厌氧发酵后秸秆组分变化**

各爆破条件下的秸秆经厌氧发酵后，秸秆的组分如表 3.8 所示。从表 3.8 中可以看出，厌氧发酵后秸秆的半纤维素和纤维素含量有不同程度的降低，木质素含量有较大的增加，这主要是由于纤维素和半纤维素被消化的原因。2.0 MPa 蒸汽爆破压力下，半纤维素和纤维素的含量都高于对应的保压时间在 2.5 MPa 和 3.0 MPa 压力下的值，并在保压时间 90 s 时最大，分别为 16.27% 和 31.77%，木质素含量则呈相反规律。压力 2.5 MPa 和 3.0 MPa 的半纤维素含量差别不大，但纤维素含量在 3.0 MPa 下有较大幅度降低，在 180 s 保压时间时纤维素含量略高于 120 s 时的值。这可能是因为高温高压下长保压时间使得纤维素结构发生重排，结晶度增加不利于消化。

表 3.8　汽爆玉米秸秆常温厌氧发酵后秸秆细胞壁组分

| 压力/MPa | 保压时间/s | 半纤维素/% | 纤维素/% | 木质素/% |
|---|---|---|---|---|
| 2.0 | 60 | 16.27 | 31.77 | 21.29 |
| 2.0 | 90 | 13.25 | 27.33 | 25.36 |
| 2.0 | 120 | 11.38 | 26.35 | 26.45 |
| 2.5 | 60 | 14.17 | 28.22 | 24.04 |
| 2.5 | 90 | 11.89 | 26.57 | 28.10 |
| 2.5 | 120 | 9.29 | 27.67 | 27.25 |
| 3.0 | 60 | 14.93 | 21.11 | 29.28 |
| 3.0 | 90 | 10.32 | 20.27 | 31.42 |
| 3.0 | 120 | 8.47 | 21.75 | 30.28 |
| 未汽爆 | | 19.43 | 27.45 | 19.57 |

**5）不同爆破条件常温厌氧发酵过程沼气成分分析**

2.0 MPa、60 s 和 2.5 MPa、90 s 汽爆玉米秸秆厌氧发酵第 5 天时，沼气中的成分较为复杂，有 $H_2$、$H_2S$、$CH_4$ 和 $CO_2$ 等成分，此时各种爆破处理条件下秸秆厌氧发酵沼气中甲烷含量在 55% 以上，二氧化碳含量在 40% 左右。当发酵进行到第 20 天时，沼气中含有的 $H_2$ 和 $H_2S$ 等杂质气体几乎检测不到，此时各处理条件下的 $CH_4$ 含量在 65% 以上，$CO_2$ 含量在 30% 左右。厌氧发酵第 5 天时爆破条件 2.0 MPa、60 s 比 2.5 MPa、90 s 的沼气组分杂质少，到第 20 天时它们的成分基本相同。未处理玉米秸秆常温厌氧发酵第 5 天时沼气中 $H_2$ 和 $H_2S$ 等成分含量较低，甲烷含量在 50% 以下，低于爆破处理过的玉米秸秆。不同预处理玉米秸秆厌氧发酵甲烷含量在表 3.9 中列出。可以看出经汽爆处理后的秸秆在厌氧发酵时的甲烷含量较未处理的秸秆有一定提高，在发酵第 5 天提高较多，到第 20 天提高不明显。

**表 3.9　常温厌氧发酵汽爆秸秆甲烷含量**

| 压力/MPa | 保压时间/s | 发酵第 5 天 | 发酵第 20 天 |
| --- | --- | --- | --- |
| 2.0 | 60 | 54.35 | 65.41 |
| 2.0 | 90 | 60.44 | 68.53 |
| 2.0 | 120 | 62.36 | 70.46 |
| 2.5 | 60 | 60.75 | 68.21 |
| 2.5 | 90 | 62.28 | 71.64 |
| 2.5 | 120 | 61.43 | 70.86 |
| 3.0 | 60 | 61.33 | 71.17 |
| 3.0 | 90 | 64.12 | 72.35 |
| 3.0 | 120 | 59.45 | 69.51 |
| 未汽爆 |  | 46.35 | 57.44 |

### 3.3.2.2　玉米秸秆中温厌氧发酵试验

**1）不同爆破压力和时间处理玉米秸秆的单位质量产气量**

图 3.24 是不同爆破压力和保压时间的秸秆厌氧发酵单位产气量变化规律。未爆破处理的秸秆中温发酵单位产气量为 296.8 mL/g TS，经爆破处理的秸秆单位产气量在保压时间 60 s 和 90 s 时规律相同，产气量随压力大小（3.0 MPa、2.5 MPa 和 2.0 MPa）依次排列。在保压时间达到 90 s 时各压力下的沼气产量分别达 484.3 mL/g TS、450.4 mL/g TS 和 402 mL/g TS，其中 2.5 MPa 和 3.0 MPa 的秸秆单位产气量达到最大值。保压时间提高到 120 s 时，2.5 MPa 和 3.0 MPa 压力下的单位产气量下降，3.0 MPa 下降最多，而 2.0 MPa 则呈继续增加趋势达到其最大值 428.52 mL/g TS。

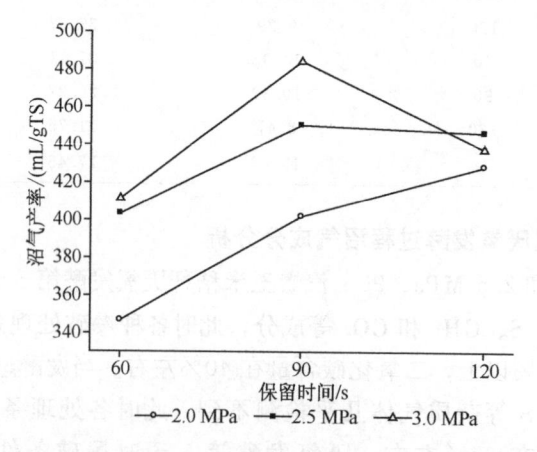

图 3.24　不同汽爆条件处理玉米秸秆中温厌氧发酵单位秸秆沼气产气量

**2）不同爆破压力和时间处理玉米秸秆中温产气规律**

不同爆破压力和保压时间处理秸秆中温发酵日沼气产量和累积沼气产量变化如图 3.25 和图 3.26 所示。

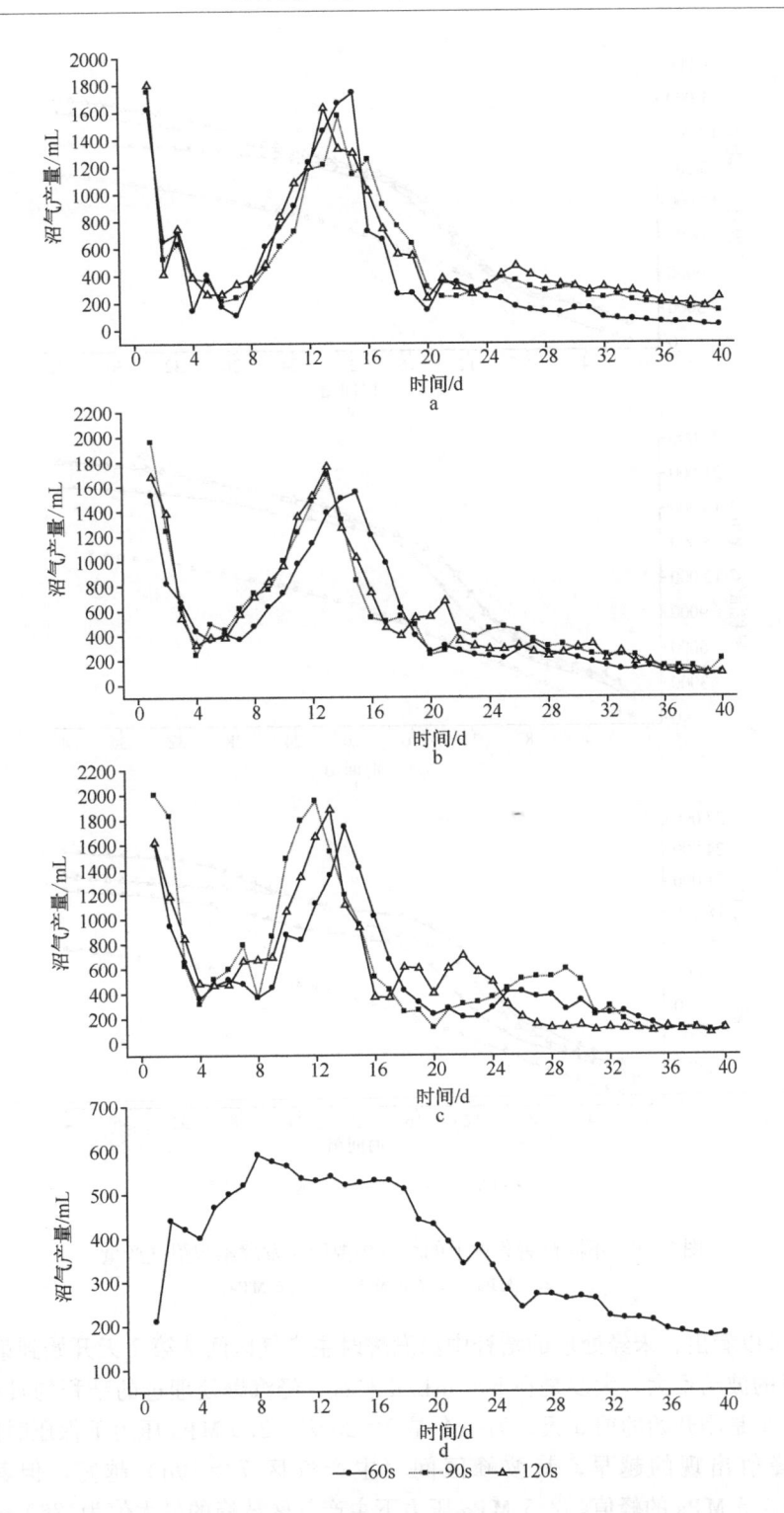

图 3.25 不同汽爆条件下的秸秆中温厌氧发酵日沼气产量变化
a. 2.0 MPa；b. 2.5 MPa；c. 3.0 MPa；d. 对照

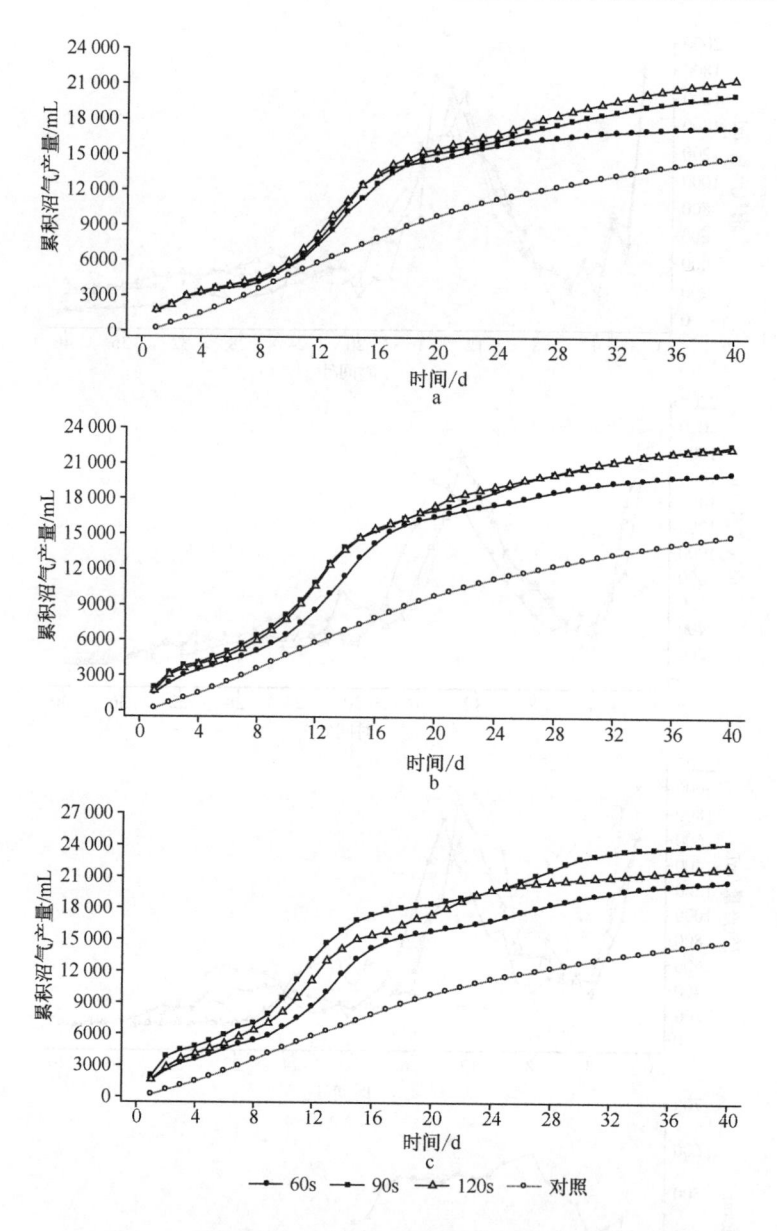

图 3.26　不同汽爆条件下的秸秆中温厌氧发酵累积沼气产量
a. 2.0 MPa；b. 2.5 MPa；c. 3.0 MPa

从图 3.25 可以看出，未经处理的秸秆中温发酵时主产气区间从第 2 天开始到第 20 天结束，其产气的波动不大，大多是在 500 mL/d 左右。经汽爆处理过的秸秆的日产气区间有两个，一个是刚开始的前 5 天，另一个是 9~20 天。2.0 MPa 压力下保压时间越长其产气最大峰值出现的越早，其波峰区间（主产气区 7~19d）越宽，但其值小于 2.5 MPa 和 3.5 MPa 的峰值，2.5 MPa 压力下主产气区波峰的最大值为 1760 mL，是保压时间 120 s 条件下出现在厌氧发酵的第 13 天，保压时间为 90 s 的最大值也出现在此日，并且其主产气区（7~16 d）比 2.0 MPa 压力下主产气区稍窄，3.0 MPa 压力时这种趋势更加明显，此时在保压时间 90 s 时的峰值 1950 mL 为最高值。相对于汽爆常温发酵，产气较为规律，主产气区主要集中在前 20 天，后期的产气变化幅度不大，呈缓慢下降的趋势，直至日产气量小于 200 mL。

从图 3.26 可以看出最下方的曲线是未处理秸秆累积产气规律，整个发酵周期呈平缓增长趋势。经过爆破后的秸秆的增长斜率较大，第 7 天至第 20 天，曲线斜率最大，该区属于主产气区。在发酵进行到 20 d 时，沼气产量已经达到总产量的 80% 左右，而未处理秸秆中温发酵产气量则只有总产量的 60%。同一汽爆压力下，保压时间为 90 s 的累积产气曲线基本都处于最上面，说明此时累积产气量最大，保压时间 120 s 秸秆发酵曲线一般位于 60~90 s。中温厌氧发酵 20 d 后，沼气产量后增速放缓，曲线斜率逐渐平缓。

### 3）汽爆处理秸秆中温厌氧发酵过程 COD 变化

中温厌氧发酵过程中发酵液 COD 的变化如图 3.27 所示。初始时 2.5 MPa、90 s 爆破条件下的 COD 值最高为 17 432 mg/L，而 2.0 MPa、60 s 条件下的 COD 值最低为 13 442 mg/L，其他爆破条件下的 COD 曲线处于这两条线之间，随着发酵时间的延长曲线呈下降趋势。可以看出，三种爆破压力下，保压时间 90 s 的 COD 曲线下降速度较快。表 3.10 中给出了厌氧发酵过程中 COD 去除率，试验发现在常温下爆破条件 2.0 MPa、60 s 时的 COD 去除率最低为 80.4%，3.0 MPa、90 s 爆破条件下的 COD 去除率最高达 89.11%。各爆破压力下 COD 去除率以保压时间 90 s 时为最高，去除率相对于常温发酵都有一定幅度提高，其中 2.0 MPa、60 s 处理（68.73%~80.4%）提高最多。

**表 3.10 不同爆破条件下中温厌氧发酵 COD 去除率**

| 爆破条件 | 2.0 MPa | | | 2.5 MPa | | | 3.0 MPa | | |
| --- | --- | --- | --- | --- | --- | --- | --- | --- | --- |
| | 60 s | 90 s | 120 s | 60 s | 90 s | 120 s | 60 s | 90 s | 120 s |
| COD 去除率/% | 80.40 | 82.58 | 83.34 | 81.13 | 86.42 | 82.04 | 87.00 | 89.11 | 86.43 |

### 4）厌氧发酵后秸秆组分变化

汽爆后中温厌氧发酵秸秆组分如表 3.11 所示。表 3.11 可以看出，随着汽爆压力的增加半纤维素的含量和纤维素的含量逐步降低，木质素的含量逐步增加，而且木质素的增加速度高于半纤维素和纤维素的降低速度。未汽爆秸秆厌氧发酵后半纤维素、纤维素和木质素含量分别为 14.24%、23.55% 和 29.68%，经 3 MPa、120 s 汽爆处理后的秸秆发酵后的半纤维素和纤维素含量降为 8.46% 和 10.44%，木质素增加到 40.54%。相对于常温发酵来说中温厌氧发酵的纤维素含量降解较多。

**表 3.11 不同爆破条件下中温厌氧发酵后秸秆细胞壁组分**

| 压力/MPa | 保压时间/s | 半纤维素/% | 纤维素/% | 木质素/% |
| --- | --- | --- | --- | --- |
| 2.0 | 60 | 16.55 | 20.37 | 31.79 |
| 2.0 | 90 | 12.48 | 18.21 | 35.62 |
| 2.0 | 120 | 10.26 | 16.35 | 36.71 |
| 2.5 | 60 | 12.89 | 18.36 | 34.25 |
| 2.5 | 90 | 9.65 | 16.43 | 38.26 |

续表

| 压力/MPa | 保压时间/s | 半纤维素/% | 纤维素/% | 木质素/% |
|---|---|---|---|---|
| 2.5 | 120 | 8.49 | 13.37 | 37.15 |
| 3.0 | 60 | 11.63 | 12.47 | 40.32 |
| 3.0 | 90 | 9.28 | 12.55 | 41.29 |
| 3.0 | 120 | 8.46 | 10.44 | 40.54 |
| 未汽爆 |  | 14.24 | 23.55 | 29.68 |

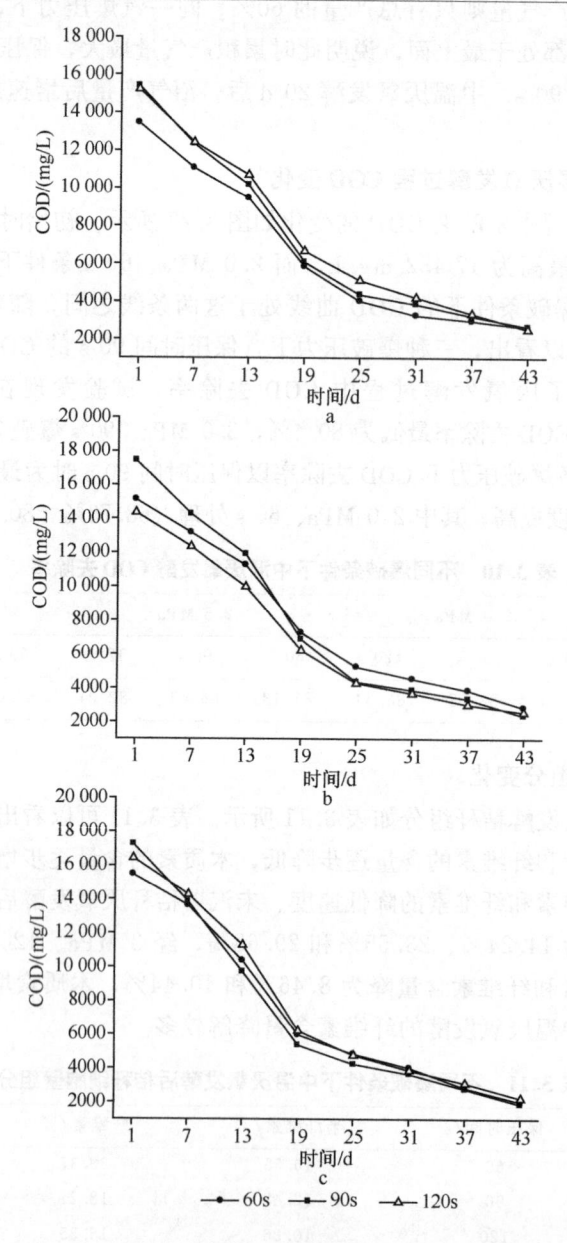

图 3.27 不同汽爆条件下秸秆中温厌氧发酵过程中发酵液 COD 变化
a. 2.0 MPa; b. 2.5 MPa; c. 3.0 MPa

**5）不同爆破条件处理玉米秸秆中温厌氧发酵过程沼气成分分析**

秸秆在中温厌氧发酵第 5 天未汽爆处理的秸秆沼气中的杂气种类比汽爆处理的秸秆少，2.0 MPa、60 s 汽爆条件下的秸秆发酵的 $CO_2$ 含量高，2.5 MPa、90 s 处理条件下的 $H_2$ 含量较高。发酵第 20 天各种处理的沼气成分中的 $H_2$ 和 $H_2S$ 等含量很少。表 3.12 中给出了中温厌氧发酵秸秆 $CH_4$ 含量。发酵第 5 天，汽爆秸秆沼气中 $CH_4$ 含量基本都在 60% 以上，第 20 天达到 70% 以上，并且沼气中的 $CH_4$ 百分比随汽爆压力呈增加趋势。而未汽爆秸秆在发酵第 5 天和第 20 天 $CH_4$ 含量分别为 56.42% 和 70.23%，第 20 天和汽爆处理的秸秆 $CH_4$ 含量相差不大。

表 3.12　中温厌氧发酵汽爆秸秆甲烷含量

| 压力/MPa | 保压时间/s | 发酵第 5 天 | 发酵第 20 天 |
| --- | --- | --- | --- |
| 2.0 | 60 | 59.38 | 69.97 |
| 2.0 | 90 | 62.25 | 71.23 |
| 2.0 | 120 | 63.47 | 72.38 |
| 2.5 | 60 | 62.63 | 74.36 |
| 2.5 | 90 | 65.22 | 76.25 |
| 2.5 | 120 | 63.86 | 75.72 |
| 3.0 | 60 | 64.19 | 76.42 |
| 3.0 | 90 | 66.71 | 78.23 |
| 3.0 | 120 | 65.23 | 75.53 |
| 未汽爆 |  | 56.42 | 66.14 |

## 3.4　粉碎粒径对玉米秸秆厌氧发酵的影响

在物理处理方法中，秸秆粉碎的程度不但影响产气效果，还影响处理成本。因此，选定合适的粒径对厌氧发酵是一个很关键的问题。

### 3.4.1　材料和方法

#### 3.4.1.1　试验材料

**1）发酵原料**

原料为玉米秸秆，同 3.2.1。试验过程中分别将原料处理成 10～20 cm、2～3 cm 和 20～30 目三种不同粒径。

**2）接种污泥、试验装置、发酵条件**

发酵料液的 TS 浓度为 5%，原料添加量为 50 gTS，发酵分别在常温和中温（35℃）条件下进行。其他条件参见 3.3.1.1。

#### 3.4.1.2　测定方法

(1) 生物质物料中半纤维素、纤维素和木质素含量测定同 3.2.1.2。

(2) 产气量、TS 和 VS 值及沼气成分的测定同 3.3.1.2。

### 3.4.2 结果与分析

#### 3.4.2.1 粒径对厌氧发酵产气量的影响

**1) 常温厌氧发酵试验**

常温下不同粒径玉米秸秆厌氧发酵的日产气量和累计产气量如图 3.28 和图 3.29 所示。

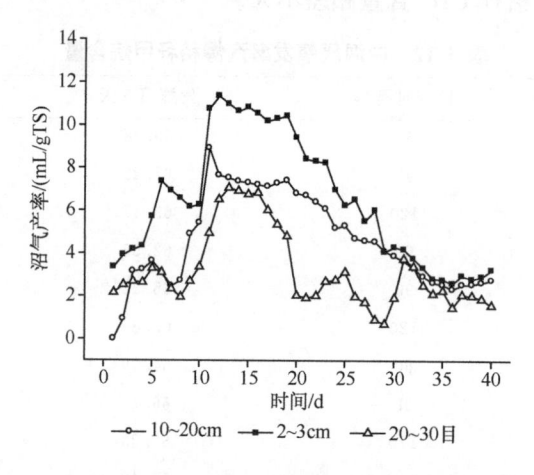

图 3.28 常温下不同粒径玉米秸秆日产气量变化

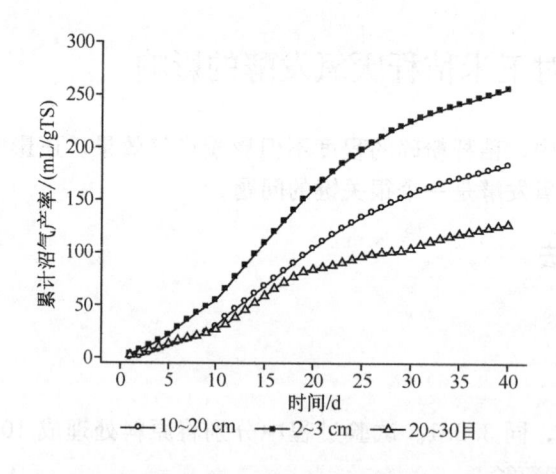

图 3.29 常温下不同粒径玉米秸秆累计产气量变化

从图 3.28 可以看出玉米秸秆的粒径不同其厌氧发酵产气效果也不同。三种粒径的玉米秸秆表现出了相似的产气趋势：在刚开始的一周里均有一个产气小高峰，之后日产气量大约在第 9 天有个小的回落，并在发酵的第 12 天左右达到产气高峰，之后日产气量下降，直至产气结束。但不同的是最大产气高峰值却不同，其中 2～3 cm 的秸秆最高日产气量最大，为 11.34 mL/gTS，而 10～20 cm 和 20～30 目的分别为 8.9 mL/gTS 和

7.06 mL/gTS。

从图 3.29 可以看出，2～3cm、10～20cm 和 20～30 目的累计产气量依次降低，分别为 256.2 mL/gTS、183.6 mL/gTS 和 126.9 mL/gTS。在三种粒径中 2～3cm 的秸秆累计产气量最高，10～20 cm 粒径的秸秆累计产气量较低的原因是由于秸秆的粒径较大，木质素、纤维素和半纤维素组成的紧密结构在发酵过程中很难被微生物破坏，导致发酵效果不佳。经过粉碎粒径为 20～30 目的秸秆，秸秆中较长的纤维束被切为较短的纤维束，这样会变得更容易被微生物降解，实际试验中粒径为 20～30 目的秸秆的发酵效果并不是很好，原因是在发酵过程中粉碎的秸秆由于密度较小漂浮在发酵液的上层，污泥的密度较大沉在底部，它们很容易出现分层，秸秆粉很难和微生物接触，导致产气效果不佳。因此，常温下 2～3cm 秸秆的发酵效果最好。

**2) 中温厌氧发酵试验**

中温条件下不同粒径玉米秸秆厌氧发酵的日产气量和累计产气量如图 3.30 和图 3.31 所示。从图 3.30 可以看出三种粒径的玉米秸秆在中温 35℃下厌氧消化日产气量和

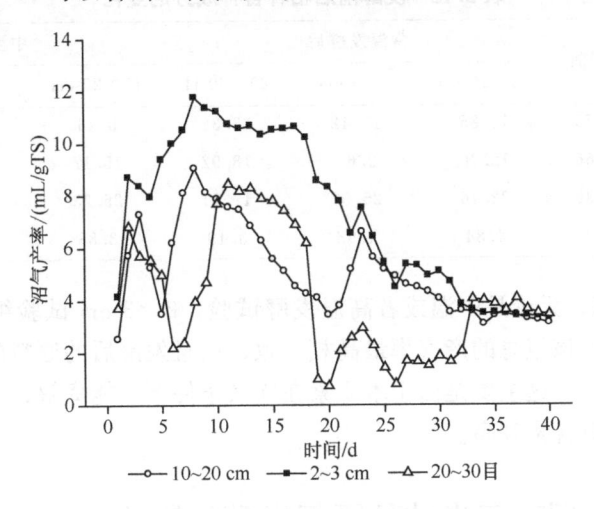

图 3.30 中温下不同粒径玉米秸秆日产气量比较

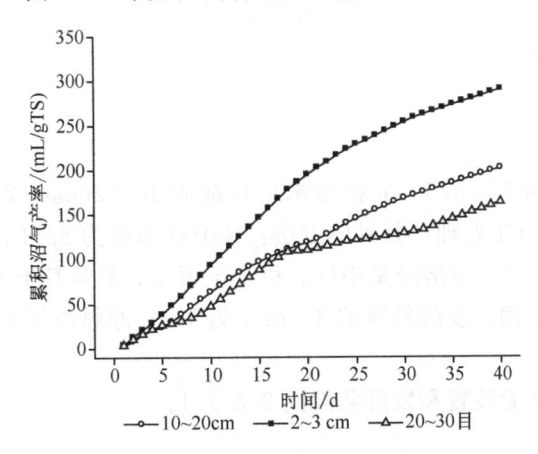

图 3.31 中温下不同粒径玉米秸秆累计产气量

常温发酵条件下具有相似的变化趋势：在刚开始的一周里均有一个产气小高峰，之后日产气量大约在第 6 天有个小的回落，之后又开始上升，并在发酵的第 9 天左右达到产气高峰，之后又下降，直至产气结束。但高峰值却不同，其中 2～3cm 的秸秆日产气量最大，为 11.76mL/gTS，而 10～20cm 和 20～30 目的分别为 9.06mL/gTS 和 8.46mL/gTS。

从图 3.31 可以看出，2～3cm、10～20cm 和 20～30 目三种粒径的累计产气量依次降低，但每种粒径均比常温下的累计产气量高，分别为 289.8 mL/gTS、201.6 mL/gTS 和 163.3 mL/gTS。其中 2～3cm 的秸秆累计产气量明显高于其他两种，因此，在中温条件下，我们可以得出相同的结论，2～3cm 粒径的玉米秸秆的厌氧发酵效果比较好。

#### 3.4.2.2 粒径对发酵前后秸秆主要成分变化的影响

发酵前后玉米秸秆纤维素、半纤维素和木质素含量的变化情况如表 3.13 所示。

表 3.13 发酵前后秸秆各种成分的变化

| 成分 | 发酵前 | 常温发酵后 | | | 中温发酵后 | | |
|---|---|---|---|---|---|---|---|
| | | 10～20 cm | 2～3 cm | 20～30 目 | 10～20 cm | 2～3 cm | 20～30 目 |
| 纤维素/% | 32.75 | 18.85 | 17.42 | 23.34 | 8.46 | 3.95 | 15.53 |
| 半纤维素/% | 34.66 | 12.76 | 9.63 | 18.92 | 15.17 | 11.16 | 17.87 |
| 酸性木质素/% | 10.38 | 22.16 | 25.57 | 17.51 | 25.23 | 29.68 | 20.52 |
| 酸不溶灰分/% | 0.85 | 4.84 | 4.98 | 3.19 | 3.88 | 5.79 | 3.36 |

由表 3.13 发现，无论是中温或者高温发酵试验，2～3 cm 试验组的木质素含量均高于其他 2 组，这与该组总的产气率最高相一致，而且发酵后的原料的木质素含量比发酵前提高了 2 倍以上。这主要是由于木质素在厌氧条件下不能降解，而纤维素和半纤维素的降解使得其相对含量升高。

## 3.5 NaOH 处理对玉米秸秆厌氧发酵的影响

### 3.5.1 材料和方法

#### 3.5.1.1 试验材料

(1) 发酵原料。同 3.4.1.1，先把玉米秸秆裁成 10～20cm、2～3cm 和 20～30 目三个粒径，再进行 NaOH 处理，其具体方法：NaOH 浓度为 8g/L，温度为 35℃，密封处理 5 d 后，取出秸秆清洗至溶液呈中性，烘干至恒重，测量其干物质损失率，干燥后的秸秆储存以备试验所用。发酵料液的 TS 浓度为 5%，原料添加量为 25gTS，初始 pH 调整到 7。

(2) 接种污泥、试验装置和发酵条件同 3.3.1.1。

### 3.5.1.2 测定方法

（1）生物质物料中半纤维素、纤维素和木质素含量测定同 3.2.1.2。

（2）产气量、TS 和 VS 值及沼气成分的测定同 3.3.1.2。

## 3.5.2 结果与分析

### 3.5.2.1 NaOH 处理对玉米秸秆成分含量的影响

NaOH 处理前后玉米秸秆中纤维素、半纤维素和木质素的含量变化情况见表 3.14。

表 3.14 NaOH 处理前后玉米秸秆主要成分含量

| 成分 | 处理前含量/% | 处理后含量/% | | |
|---|---|---|---|---|
| | | 10～20cm | 2～3cm | 20～30 目 |
| 综合纤维素 | 78.64 | 63.61 | 67.79 | 64.06 |
| 纤维素 | 32.75 | 41.26 | 46.84 | 44.05 |
| 半纤维素 | 34.66 | 15.66 | 14.18 | 13.62 |
| 酸性木质素 | 10.38 | 6.42 | 6.39 | 5.91 |
| 酸不溶灰分 | 0.85 | 0.27 | 0.38 | 0.48 |

经 NaOH 处理后，玉米秸秆的各主要成分均发生了变化。三种粒径的干物质损失率分别为 21%、28% 和 29%，10～20cm 的秸秆干物质损失率较其他两种较小，这跟粒径的大小有很大的关系。粒径越小，NaOH 与秸秆的各种纤维素接触面就越大，遭到破坏的程度就越深。从表 3.14 可以看出，经 NaOH 处理后，秸秆的综合纤维素、半纤维素、酸性木质素及酸不溶灰分的含量均下降。与酸性木质素比较，半纤维素由于结构排列松散，无结晶结构，所以较容易被 NaOH 降解，三种粒径的半纤维素含量均显著下降。而秸秆的纤维素含量经 NaOH 处理后均有所升高。

在 NaOH 处理的整个过程中，结构复杂，难以降解的木质素得到部分降解，纤维素结构出现膨胀，结构变得疏松，脱离了半纤维素和木质素的束缚，酸不溶灰分比处理前也减少了，这些结构的变化都是对以后的厌氧发酵有利的因素，而本来就较容易降解的半纤维素在 NaOH 处理过程中成分有所流失，这应该是导致干物质损失的主要原因。

### 3.5.2.2 NaOH 处理对玉米秸秆厌氧发酵的影响

**1）对厌氧发酵过程中 pH 的影响**

经 NaOH 处理后的玉米秸秆在厌氧发酵过程中 pH 的变化如图 3.32 所示。从图 3.32 中可以看出，三种粒径的 pH 变化有相同的趋势，在发酵初期先下降达到最小值，之后回升，直到产气结束 pH 维持在 7 左右。它们的不同之处在于 2～3 cm 秸秆的酸化程度最大，在发酵第 9 天 pH 达到最小值 5.2，20～30 目和 10～20 cm 秸秆的 pH 也在第 9 天分别达到最小值 5.6 和 6.1，由于在产酸菌的作用下，纤维素类物质被分解为各种 VFA，在发酵初期发酵料液的 pH 下降，料液呈酸性。随着发酵进入以产甲烷为主的阶段，料液的 pH 慢慢回升，最后 pH 恢复到近中性。从图 3.32 中我们可以看出，三种粒径中 2~3 cm 的酸化程度较大，10~20 cm 的 pH 变化比较平缓，没有明显的酸积累现象，这可能与经 NaOH 处理后秸秆的成分和结构有关系，经碱处理后，2~3 cm 秸秆的纤维素含量较高，并且在 NaOH 处理后，纤维素结晶度减小，结构变得疏松，易被微生物分解，因此，酸化程度较大，会对发酵过程中的产气过程产生一定的影响。

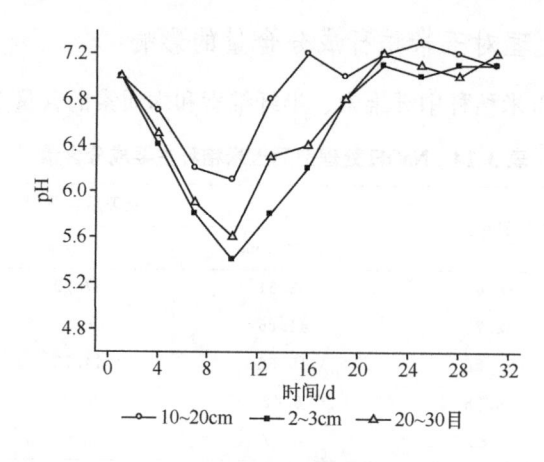

图 3.32　NaOH 处理发酵过程中酸碱度的变化

**2）对厌氧发酵产气效果的影响**

不同处理组的厌氧发酵日产气量和累积产气量的变化情况如图 3.33 和图 3.34 所示。

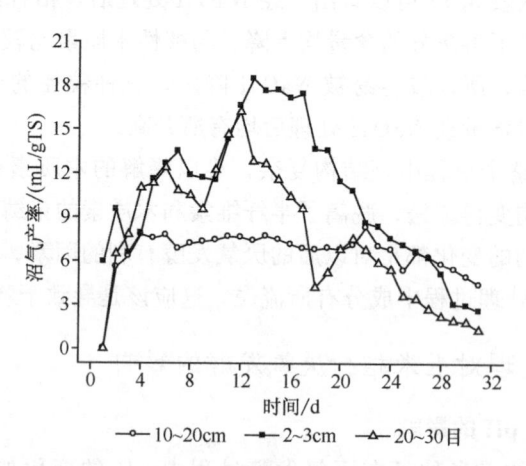

图 3.33　NaOH 处理不同粒径的玉米秸秆日产气量

从图 3.33 可以看出 2~3 cm 和 20~30 目试验组与未经处理试验组的产气呈现出相似的变化规律，即在刚开始的一周里产气达到一个小的高峰，在第 10 天左右出现小的回落，并在发酵的 13 d 左右达到日产气最高峰，随后下降直至产气结束。不同之处在于在产气高峰期，2~3 cm 试验组的产气量明显高于 20~30 目试验组，10~20 cm 试验组

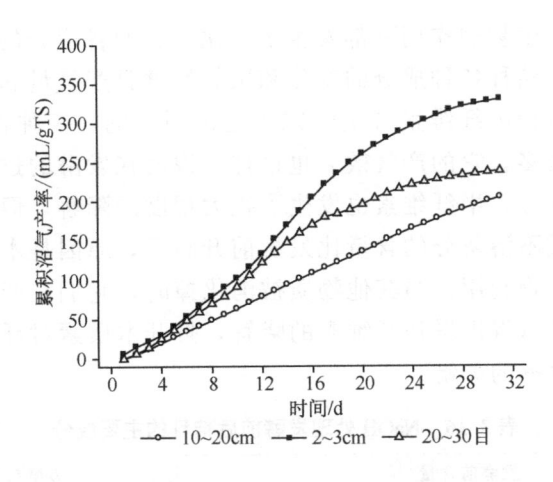

图 3.34 NaOH 处理不同粒径玉米秸秆的累计产气量

的发酵与前两种粒径不同,它在第 4 天升到 8 mL/g TS 之后在很长时间内一直维持在该水平,并在第 22 天后迅速下降。总的看来,三种粒径中 2~3cm 秸秆的发酵效果最好,20~30 目次之,10~20cm 最差。

从图 3.34 中可以看出,经 NaOH 处理后 2~3 cm、20~30 目和 10~20 cm 试验组的累积产气量依次降低,发酵结束时分别达到 329.8 mL/gTS、238.6 mL/gTS 和 204.36 mL/gTS。其中 2~3cm 试验组的累积产气量最高,其原因可能是由于经过 NaOH 处理后 2~3 cm 秸秆中的纤维素含量最高,而纤维素是秸秆厌氧发酵过程中微生物利用的主要物质。

在发酵进行到第 5 天和第 20 天时分别取气样对沼气的 $CH_4$ 成分进行分析,并和未经碱处理试验组的成分含量进行对比,结果见表 3.15。

表 3.15 NaOH 处理和未处理试验组沼气 $CH_4$ 含量

| 取样时间/d | 处理组 $CH_4$ 含量/% ||| 未处理组 $CH_4$ 含量/% |||
| --- | --- | --- | --- | --- | --- | --- |
|  | 10~20 cm | 2~3 cm | 20~30 目 | 10~20 cm | 2~3 cm | 20~30 目 |
| 5 | 58.18 | 57.34 | 56.24 | 61.28 | 62.58 | 61.47 |
| 20 | 78.59 | 77.69 | 77.32 | 73.25 | 73.64 | 74.29 |

从表 3.15 可以看出,无论是否经 NaOH 处理,三种粒径在发酵的中后期均比初期的 $CH_4$ 含量高。经 NaOH 处理与未处理相比,在发酵第 5 天的 $CH_4$ 含量以未处理的较高,而在发酵第 20 天时的 $CH_4$ 含量以 NaOH 处理的较高,三种粒径的 $CH_4$ 含量在每个时期基本相差不大,粒径对 $CH_4$ 含量的影响不大,而 NaOH 处理对秸秆发酵的影响表现为前期由于酸积累比较明显,导致沼气中 $CH_4$ 含量有所降低,而在发酵的产气高峰期及以后 $CH_4$ 的含量比未处理的高出 3 或 4 个百分点。

**3)厌氧发酵前后秸秆成分的变化**

厌氧发酵前后秸秆纤维素、半纤维素和木质素的变化见表 3.16。

从表 3.16 可以看出,发酵前后秸秆的成分发生了很大变化,在厌氧发酵的过程中，各种物质在微生物的作用下都发生了变化，它们各成分的变化与产气有一定的关系。从发酵前后秸秆各种成分的变化和厌氧发酵日产气量和累积产气量的变化可以看出，在发酵过程中纤维素含量的减小是最明显的，三种粒径中，2～3cm秸秆的纤维素降解得最多，它的产气效果也最佳。说明在发酵的过程中纤维素是微生物利用的主要物质成分，半纤维素也发生了很大程度的降解，但没有纤维素降解的程度大，木质素和酸不溶灰分的含量比发酵前升高了，原因是木质素在厌氧发酵的过程中，不能被微生物利用，当其他物质被消化掉时，它们在产物中所占的比例就会相应升高。由此可以得出增强纤维素的降解，打开木质素对纤维素的屏蔽是提高秸秆厌氧生物转化效率的关键。

表 3.16 NaOH 处理发酵前后秸秆的主要成分

| 成分 | 发酵前含量/% | | | 发酵后含量/% | | |
| --- | --- | --- | --- | --- | --- | --- |
| | 10～20 cm | 2～3 cm | 20～30 目 | 10～20 cm | 2～3 cm | 20～30 目 |
| 纤维素 | 41.26 | 46.84 | 44.05 | 14.31 | 5.64 | 10.65 |
| 半纤维素 | 15.66 | 14.18 | 13.62 | 9.28 | 7.34 | 7.49 |
| 酸性木质素 | 6.42 | 6.39 | 5.91 | 23.61 | 26.13 | 25.79 |
| 酸不溶灰分 | 0.27 | 0.38 | 0.48 | 3.22 | 6.17 | 4.18 |

## 3.6 结论

(1) 本课题研究的重点是解决利用生物技术处理秸秆等生物质获取高品位能源的瓶颈问题，问题的核心是将木质素与纤维素和半纤维素分离，提高微生物与纤维素和半纤维素的接触概率。

(2) 本研究从理论和实践上揭示了蒸汽爆破法分离木质素的机制：秸秆在 200℃ 左右高温和较大蒸汽压下，进入秸秆显微孔隙，然后在小于 1s 的瞬间利用高温高压把秸秆抛进大气中，进入秸秆内的高压蒸汽在巨大压力差下，将秸秆爆破，使木质素与纤维素等的内在联系全部打破，达到了预处理目的。

(3) 试验出了两套参数。气爆参数：汽爆压力 3.0 Mp 左右，保压时间 90 s 左右；物料含水率 10% 左右，物料填密度 100%，物料颗粒 1～3 cm，不苛求过细；秸秆沼气发酵预处理工艺参数：压力 2.5 MPa，保压时间 90 s 时中温发酵。

(4) 通过试验获得了影响秸秆爆破效果的因素。蒸汽爆破压力和保压时间是影响汽爆效果的主要因素；汽爆效果随物料粉碎程度增加而增加，但增加幅度不明显，因此，汽爆处理无需对生物质秸秆过度粉碎；装填密实度和对汽爆效果影响不大；在相同的汽爆压力下，经二次短保压时间蒸汽爆破的糖化率虽稍低于一次汽爆预处理，但完成同样的爆破处理量却可以节省一倍以上的时间，处理能力有较大提高。

(5) 蒸汽爆破后秸秆常温和中温发酵产气量都较未汽爆处理秸秆大大提升，启动快，发酵周期显著缩短，主产气区域相对集中在前 20 天，此时沼气产量已经达到总产量的 80% 左右，而且汽爆秸秆常温和中温发酵的 $CH_4$ 含量都明显高于未处理玉米秸秆。同一蒸汽压力下,汽爆时保压时间越长,爆出秸秆的产气最大峰值出现得越早,并且其波峰区间越宽。沼气中 CH₄ 的含量随汽爆压力升高呈增加趋势。

(6) 从技术和经济角度考虑,将秸秆粉碎到 2~3 cm 是较为合适的粒度。而且当采用 NaOH 进行预处理时,将原料粉碎到该粒度也是比较适宜的。

# 4 生物质气化烤烟系统研究

## 引言

烟草作为世界上第一大经济作物,在国民经济中占有重要地位。其种植业和初加工业(初烤)大约为 3.3 亿人提供了就业机会。就种类而言,烟草包括晾烟、晒烟和烤烟等几种类型,其中烤烟数量最大,占烟草总量的 62%。我国是一个烤烟生产大国,1991～1995 年,年平均种植烤烟 2357.1 万亩[①],年平均干烟叶产量 25.67 亿 t。种植区域涉及 16 个省,在云南、贵州、河南和山东等烤烟种植大省,烟叶经济收入占省财政收入的 30% 以上。

烟叶初烤是最终决定烤烟品质的工序,在烤烟生产中是非常重要的。烤烟所用的烘烤设备,在不同国家和地区有很大的差别。目前,我国的烟叶烘烤设备主要是传统的以燃煤为主的小型烤烟房,这种烤烟房我国现有 400 多万座,其中 90% 以上是"火龙"式烤房。这些烤烟房不但能耗高、系统热效率低(<30%),而且所烤烟叶的品质不稳定。一些发达国家,如美国和加拿大,所用的烘烤设备主要是密集型烤房。这种烤房于 20 世纪 50 年代由美国的北卡罗来纳州州立大学农业工程系约翰逊研究成功。目前,仅在北卡罗来纳州有 50 000 多座密集型烤房,其中一些烤房的使用年限已达 35 年。在世界范围内,这类烤房有 100 000 多座。据研究,这类烘烤系统热效率可达 51.4%,节约燃料 63%,节省劳动用工 63%,缩短烘烤时间 40 h,而且所烤烟叶的质量和均匀程度都较常规烤房有明显的提高。但这类烤房价格昂贵,自控技术要求高。总的来说,无论是我国的小型烤烟房,还是国外先进的密集烘烤设备,都是采用间接换热的方式进行烤烟。这种烘烤方式存在的突出问题是排烟温度高,排烟热损失大(>35%)。

世界烤烟耗能结构:煤占 67.1%,石油和天然气占 17.2%,木柴占 15.7%。我国烤烟耗能仍以煤为主。

从以上分析可以看出,在烟叶烘烤过程中,化石能源的利用占了绝对优势。化石能源的利用在给人类带来巨大利益的同时,也对人类的生存环境造成了巨大的破坏。许多环境问题,如酸雨现象、温室效应和粉尘污染等都是由于化石能源的大规模开发利用造成的。1995 年我国仅烟草加工业和食品饮料业由于利用化石能源而排放的 $SO_2$ 和工业粉尘量就分别高达 553 033 t 和 320 780 t。

除化石能源外,木柴在烟叶烘烤耗能中也占了较大的份额。在巴西、印度、肯尼亚、巴基斯坦、尼日利亚、乌干达、扎伊尔和赞比亚等国木柴是其烤烟所用的主要能源。尤其是在巴西,木柴是其烤烟所用的唯一能源。以木柴作为能源进行烤烟会带来森林砍伐,并进一步导致水土流失等环境问题。为了解决这些问题,一些以木柴作为主要

---

①1 亩≈667 $m^2$。

能源进行烤烟的国家分别制定了相应的政策和措施。在巴西，政府要求烟农每建一座烤烟房，每年必须植树500棵；在肯尼亚，农民如果没有足够烤烟用的木柴，不允许种烟，已经种植烟叶的农民每年必须植树1000棵，直到拥有3000棵成材林为止；在乌干达，政府规定每伐一棵树必须植一棵树；在扎伊尔则要求每伐一棵树必须植两棵树。所以，为了种植烤烟，烟农必须腾出一部分可耕地用于种树。在一些国家用于种植烤烟用薪柴林的土地占了其可耕地的相当大的一部分，具体情况见表4.1。

表 4.1 不同国家烤烟用薪柴林占用土地情况一览表

| 国　家 | 巴西 | 肯尼亚 | 马拉维 | 赞比亚 | 塞拉里昂 | 坦桑尼亚 |
|---|---|---|---|---|---|---|
| 比例/% | 9.1 | 20 | 10 | 5 | 50 | 20 |

人类被上述问题困扰的同时，还面临着另一问题，即如何合理、有效地利用农作物秸秆等生物质能源。农作物秸秆是一种丰富可再生能源。我国每年秸秆产量达6亿多吨。秸秆除部分用作饲料和有机肥外，大部分被直接烧掉了。而且近年来在一些经济比较发达的地区，出现了严重的秸秆荒烧现象。秸秆荒烧一方面容易引起火灾，另一方面燃烧过程中产生的大量浓烟还会对环境造成污染，并且对人类活动带来不利的影响，在我国的一些地区，由于秸秆荒烧产生的浓烟已严重威胁了飞机的安全起降。

目前秸秆能源化利用方式仍以直接燃烧为主。这种利用方式存在以下问题：当秸秆被加热到350℃时，瞬间释放出80%挥发物，产生类似"雪崩"效应的现象，在自然条件下或传统的燃烧设备中，此时出现供氧严重不足，导致大量气体不完全燃烧而产生热损失。当秸秆纤维结构燃尽，剩余的松散碳骨架在热气流冲击下，迅速解体，未燃尽的炭被热气流带走，造成固体不完全燃烧热损失。所以这种利用方式热效率极低，通常只有10%左右。

为了开发利用秸秆等生物质能源，生物质能高品位转换技术的研究受到世界上许多国家的重视。已经研究成功的转化技术有：生物质固化成型技术、生物质热解气化技术和生物质液化技术等。其中生物质热解气化技术近年来得到了较快的发展。生物质作为气化原料较煤炭具有以下突出的优点：①挥发分含量高。在比较低的温度下（一般在350℃左右）就能释放出大约80%的挥发分，剩余20%固体残留物，而煤却要在比较高的温度下（600℃以上）才释放出30%～40%的挥发分，剩余60%～70%的固体残留物。②炭的活性高。在800℃，20atm①及水蒸气存在条件下，生物质气化反应迅速，7 min后，有80%炭被气化，剩余20%固体残留物，而在相同条件下，泥煤炭及煤炭仅有20%及5%被气化。③灰分低。多数生物质燃料（稻壳除外）的灰分含量都在2%以下，这就使除灰过程简化。④硫含量极低。生物质气化不存在脱硫问题。另外，从自然界碳的循环过程分析，生物质能利用过程中 $CO_2$ 是零排放，不会使大气中的温室效应气体增加。所以说，在合理利用的情况下，生物质能是一种清洁能源，不存在对环境的污染问题。部分煤种和生物质成分对照见表4.2。

---

① 1 atm＝1.013 25×10⁵ Pa。

表 4.2  煤与生物质成分分析对照

| 燃料种类 | 成分含量/% | | | |
|---|---|---|---|---|
| | C | H | N | S |
| 烟　煤a | 77.60 | 4.50 | 1.70 | 9.30 |
| 无烟煤b | 91.70 | 3.80 | 1.30 | 1.00 |
| 褐　煤c | 72.00 | 4.90 | 1.00 | 1.70 |
| 玉米秸 | 42.17 | 5.05 | 0.74 | 0.12 |
| 麦　秸 | 41.28 | 5.31 | 0.65 | 0.18 |
| 稻　草 | 38.32 | 5.06 | 5.85 | 0.11 |

a. 产地广西合山；b. 产地山西阳泉；c. 产地辽宁平庄。

生物质气化技术的研究和开发始于第二次世界大战期间。从 20 世纪 80 年代初开始，我国也加大了生物质气化技术及装备的研发力度，经过近 20 年的努力，已经在生物质气化的原理、工艺、气化装置以及示范应用等方面有了长足的进步。

综上所述，可以得出以下结论：

(1) 目前，烤烟耗能仍以化石能源为主，木柴为辅。这两类能源的利用分别带来了大气污染、森林砍伐、水土流失以及树木与农作物争占耕地等问题。

(2) 在整个世界范围内，每年都有大量的农作物秸秆得不到正确利用而废弃甚至荒烧。这既造成了资源的浪费，又污染了环境。

(3) 生物质气化技术的研究已经比较成熟，为秸秆的高品位利用奠定了基础。

(4) 到目前为止，烤烟过程中热能的利用都是采用间接换热方式，这种利用方式由于排烟热损失大，导致系统热效率难以有大的提高。

针对上述问题，本章提出了以农作物秸秆等农业废弃物为能源进行烟叶烘烤的研究思路，并进行了初步试验研究。该系统是将生物质原料经气化设备转换为生物质煤气，生物质煤气燃烧后产生的高温气体经净化、调温等处理达到烟叶烘烤工艺要求后直接进入烤烟房内提高烟叶烘烤所需热量。目的在于提高烤烟系统热效率以及烟叶的烘烤质量。

## 4.1　第一代生物质气化烤烟系统

### 4.1.1　系统设计

#### 4.1.1.1　设计原则

生物质气化烤烟系统的设计主要遵循以下原则：

(1) 满足烤烟工艺要求。

(2) 系统应有较高的热效率，能耗要低。

(3) 系统应具有较强的可操作性。

(4) 系统运行的稳定性以及温湿度调节的灵敏性要高。

## 4.1.1.2 系统工艺流程设计

在遵循上述原则的前提下，设计了由生物质气化炉、储气柜、生物质煤气燃烧炉、气体净化器和烤烟房等设备组成的试验用生物质能烤烟系统，系统工艺流程如图4.1所示。该系统的工作原理：生物质经气化炉转变为生物质煤气，生物质煤气经初步过滤后首先送入储气柜，经过储气柜稳压调节后送入气体燃烧炉进行燃烧，所产生的高温气体经净化除尘、调温后直接充入烤烟房进行烟叶烘烤。

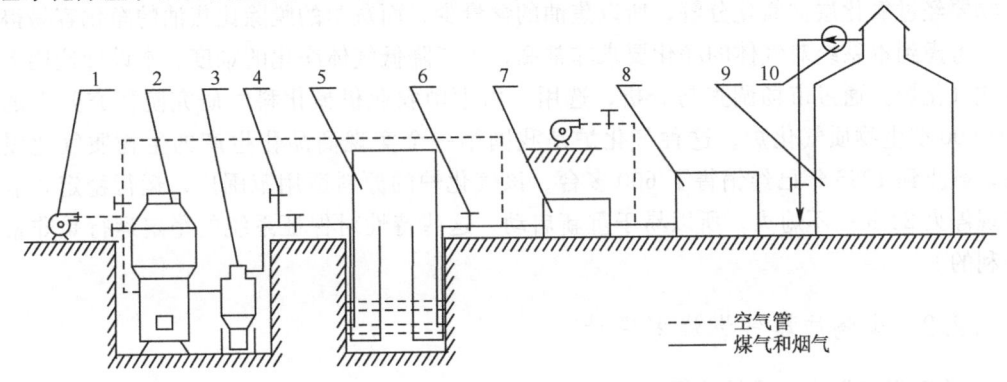

图 4.1 第一代生物质气化烤烟系统工艺流程
1. 鼓风机；2. 气化炉；3. 过滤器；4. 排空阀；5. 储气柜；6. 阀门；7. 燃烧器；8. 净化器；9. 烤烟房；10. 引风机

## 4.1.1.3 系统主要设备参数

第一代气化烤烟系统所涉及的主要设备的参数见表4.3。

**表 4.3 第一代气化烤烟系统主要设备参数**

| 设备 | 主要参数 | | | |
|---|---|---|---|---|
| | 燃料消耗量/kg | 热量输出/（kJ/h） | 产气量/（m³/h） | 煤气热值/（kJ/m³） |
| 气化炉 | 60~70 | $6.27 \times 10^5$ | 100 | 5000 |
| | 有效容积/m³ | 压力/Pa | 浮罩尺寸/mm | 水槽尺寸/mm |
| 储气柜 | 10 | 980 | φ2000×3200 | φ2200×3400 |
| | 用途 | 风压/Pa | 风量/（m³/h） | 电机功率/kW |
| 风机 | ① | 1060 | 2320 | 1.1 |
| | ② | 600 | 3920 | 1.1 |
| | ③ | 1452 | 3080 | 1.5 |
| 烤烟房 | 容积 | 24 m³ | | |

注：①为气化炉和气体燃烧炉供气所用风机；②为温度调节所用风机；③为热风循环所用风机。

## 4.1.2 关键技术研究

### 4.1.2.1 生物质气化炉的选型

目前我国开发比较成功的气化炉主要有上吸式和下吸式气化炉。这两种气化炉相比，上吸式气化炉所产的生物质煤气中灰尘含量较少，但焦油含量高。而下吸式气化炉所产的生物质煤气中灰尘含量虽然相对较多，但由于原料在气化反应过程中生成的干馏产物要经过氧化层被氧化分解，所以焦油的含量少。而灰尘的脱除比焦油的净化容易得多，考虑到本系统对气体的净化要求非常高，为了降低气体净化的难度，本设计选用下吸式气化炉。通过市场调查与分析，选用了由中国农业机械化科学研究院研究开发的ND-600型生物质气化炉。这种气化炉是我国第一个实现商品化生产的生物质气化设备，截止到1995年已经销售了600多台。该气化炉的原料适用范围广，运行稳定，能实现停火24 h内不熄火，所以易于重新启动。这些特性对保证系统的稳定运行是非常有利的。

### 4.1.2.2 生物质煤气燃烧器设计

**1）生物质煤气燃烧方式的选择**

生物质煤气是一种低热值的气体，其热值一般在 $5MJ/m^3$ 左右，可燃组分主要包括CO、$C_nH_m$、$H_2$ 和 $CH_4$ 等。由于生物质煤气的热值、可燃组分随生物质的种类、状态、含水率和气化炉的类型的不同而变化，所以为了保证生物质煤气的充分、稳定燃烧就需要燃烧器具有较好的性能。首先，燃烧器应具有较大的调节比，以适应不同的热负荷，这也是满足烤烟工艺所必须达到的，因为不同的烘烤阶段对热量需求的变化幅度是相当大的。其次，燃烧器在结构设计上应能够使煤气与空气实现均匀的混合，为煤气的充分燃烧奠定基础。最后，燃烧器应具有较高的燃烧稳定性，不易发生脱火与回火现象。

为了达到上述要求，必须选择合适的燃烧方式。气体燃烧方式按火焰形状可分为直焰燃烧和平焰燃烧两大类。直焰燃烧是指燃烧在直射气流中进行，火焰呈圆锥形。这是传统的燃烧方法。平焰燃烧是指燃烧在平展气流中进行，火焰为对称的圆盘形。这是20世纪60年代发展起来的燃烧技术。平焰燃烧较直焰燃烧具有许多优点，尤其是在实现空气与燃气的均匀混合方面更具优越性。平焰燃烧器按空气供给方式的不同可分为引射式和鼓风式两类。鼓风式平焰燃烧器是靠风机的强制推动力产生具有一定强度的旋转射流而形成平展气流。由于本系统燃烧室内呈正压状态，因此，选用鼓风旋流式燃烧器设计方案。

**2）生物质煤气燃烧器设计**

鉴于生物质煤气的上述特点及其应用领域和范围所限，目前尚无适用于这种燃气的工业燃烧器，所以根据平焰燃烧原理，设计了燃用生物质煤气的鼓风旋流式平焰燃烧器。其结构如图4.2所示。空气沿圆柱形通道的切线方向进入燃烧器，与从旋流器中心管道顶端圆周气孔喷射出来的生物质煤气相混合，在空气旋流的作用下形成混合气旋流,并进一步形成平展气流,在调整到合适的过量空气系数条件下实现平焰燃烧。

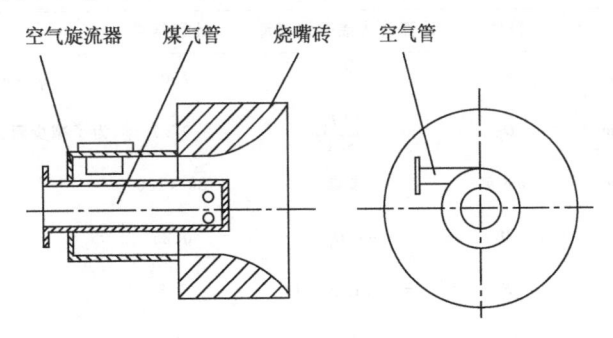

图 4.2 生物质煤气燃烧器结构示意图

(1) 设计参数。

单位时间内最大煤气消耗量:$V_g=100 \text{ m}^3/\text{h}$。

热负荷:$Q_p=6.27\times10^5 \text{ kJ/h}$。

生物质煤气成分:$CO_2$,13.3%,$O_2$,0.2%,$C_nH_m$,0.1%,$CO$,15.4%,$H_2$,14.8%,$CH_4$,3.2%,$N_2$,53%。

(2) 生物质煤气燃烧计算。

生物质煤气燃烧计算见表 4.4。

表 4.4 煤气燃烧计算

| 项目 | 符号 | 计算公式 | 计算结果 | 备注 |
|---|---|---|---|---|
| 理论空气量/($\text{m}^3/\text{m}^3$) | $V^0$ | $0.0476[0.5H_2+0.5CO+(m+n/4)\times C_nH_m+1.5H_2S-O_2]$ | 0.729 | $m+n/4=4$ |
| 实际空气量/($\text{m}^3/\text{m}^3$) | $V$ | $\alpha V^0$ | 0.874 | $\alpha=1.2$ |
| 烟气中理论 $N_2$ 体积/($\text{m}^3/\text{m}^3$) | $V_{N_2}$ | $0.79+N_2/100$ | 1.106 | |
| 烟气中理论 $CO_2$ 体积/($\text{m}^3/\text{m}^3$) | $V_{CO_2}$ | $0.01(CO_2+CO+CH_4+C_nH_m)$ | 0.297 | |
| 烟气中理论 $H_2O$ 体积/($\text{m}^3/\text{m}^3$) | $V_{H_2O}$ | $0.01(H_2+2CH_4+0.124M)+0.00161dV^0$ | 0.261 | $d=10\text{g/kg}$ $M=30\text{g/kg}$ |
| 理论烟气量/($\text{m}^3/\text{m}^3$) | $V_f^0$ | $V_{CO_2}+V_{H_2O}+V_{N_2}$ | 1.664 | |
| 实际烟气量/($\text{m}^3/\text{m}^3$) | $V_f$ | $V_f^0+(1+1.2d)(\alpha-1)V^0$ | 2.895 | |
| 煤气密度/($\text{kg/m}^3$) | $\rho_m$ | $0.01(1.25CO+0.9H_2+0.72CH_4+1.43O_2+1.25N_2+1.98CO_2)$ | 1.277 | |

(3) 旋流器设计计算。

旋流器的设计计算见表 4.5。

表 4.5 旋流器设计计算

| 项目 | 符号 | 计算公式或数据来源 | 计算结果 | 备注 |
| --- | --- | --- | --- | --- |
| 空气通道面积/$mm^2$ | $F_p$ | $\dfrac{Q_p}{q_p}$ | 7500 | $q_p = 83.6 kJ/mm^2 \cdot h$ |
| 空气通道直径/$mm$ | $D_p$ | $\sqrt{\dfrac{4F_p}{3.14}}$ | 97.7 | 为了减少阻力损失取 $D_p = 120\ mm$ |
| 蜗壳入口尺寸/$mm$ | $a \times b$ | 选取 | $30 \times 120$ | |
| 蜗壳结构比 | $M$ | $ab/D_p^2$ | 0.25 | |
| 旋流数 | $S$ | $\pi/4\,(1/M-1)$ | 1.6 | |
| 回流区直径/$mm$ | $D_{bf}$ | $0.85\,D_p$ | 45.6 | |
| 空气螺旋平均上升角/度 | $\beta$ | 查表 | 26 | |
| 空气真实平均流速/(m/s) | $V_a$ | $\dfrac{354 V_k}{D_p^2 - D_{bf}^2} \cdot \dfrac{1}{\sin\beta} \cdot \dfrac{T_a}{273}$ | 6.15 | $T_a$ 为空气温度，$T_a = 293K$ |
| 燃烧器前空气所需压力/$Pa$ | $H_a$ | $\dfrac{V_a^2}{2g}r_a + (\zeta-1)\dfrac{V_{in}^2}{2g}r_a$ | 997.76 | $\zeta = 2.2$ |
| 入口空气流速/(m·s) | $V_{in}$ | $\dfrac{1}{0.0036} \cdot \dfrac{V_k}{a \cdot b} \cdot \dfrac{T_a}{273}$ | 10.43 | |
| 燃气出孔流速/(m·s) | $V_g$ | $\varphi\sqrt{\dfrac{2gH_g}{r_g}}$ | 11.79 | $\varphi$ 为流量系数，$\varphi = 0.65$<br>$H_g$ 为燃气压力，$H_g = 90 N/m^2$ |
| 燃气出口孔的总面积/$mm^2$ | $F_g$ | $\dfrac{1}{0.0036} \cdot \dfrac{Q}{V_g}$ | 2356 | |
| 燃气出口孔直径/$mm$ | $d$ | $\sqrt{\dfrac{4F_g}{3.14n}}$ | 11.18 | $n$ 为出口孔数，$n = 24$ |

### 4.1.2.3 气体净化系统设计

烤烟对味、色的要求很高，而本系统又是采用热烟气直接加热的方法进行烤制的，所以对气体的净化要求很高，这是本试验系统的技术核心。经试验，生物质煤气燃烧后产生的烟气中主要含有 $CO_2$、$N_2$、$H_2O$ 和少量灰尘、炭粒及不完全燃烧产生的极少量的 CO。其中 $CO_2$ 在一定范围内是一种对烤烟有利的气体。向烤房内补充一定数量的 $CO_2$ 气体，能加速叶片脱水，促进叶绿素分解，有利于变黄，使烘烤时间缩短；同时能够抑制多酚氧化酶的活性，减小和消除烟叶变褐，提高淀粉酶的活性，有利于淀粉向糖的转变，从而使烟叶的内在和外观质量得到提高。CO 和颗粒性炭对烟叶烘烤不利，应除去。

在系统的不同阶段气体成分各有其特点。从气化炉出来的生物质煤气含有灰尘、未燃尽的颗粒性炭和焦油雾等杂质。煤气经燃烧后，焦油雾除部分由于不完全燃烧析出颗粒性炭外，大部分被氧化转变成了 $CO_2$。所以为了提高气体净化的程度，应对气体进行分阶段，综合净化处理。

根据系统的具体情况采取了干式和湿式相结合的三级净化系统。系统的具体流程见图 4.3。

#### 4 生物质气化烤烟系统研究

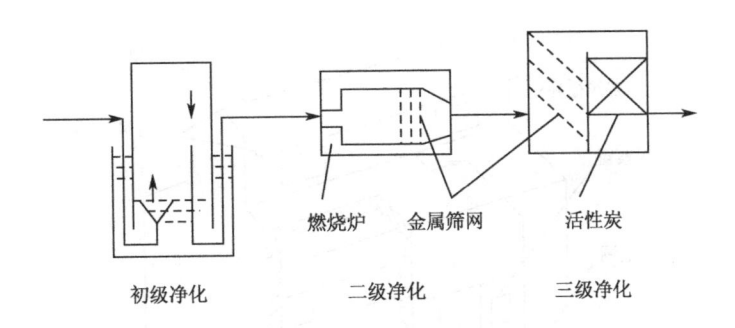

燃烧炉　金属筛网　活性炭

初级净化　　二级净化　　三级净化

图 4.3　气体净化系统流程

初级净化是将气化炉出来的煤气中含有的大量灰尘、炭粒和部分焦油雾除去。灰尘和炭呈极小的颗粒状存在于气体中，它们的平均粒径为 0.1～20 μm，其随气体一起运动，往往被气体所携带。大于 20 μm 的粒子才有明显的沉降作用，一般的高效旋风除尘器只能除去 15～20 μm 以上的粒子。若要进行精细除尘，则需采用湿式除尘，经验表明，湿式除尘对 1～2 μm 的尘粒具有非常高的脱除效率，且又能同时除去部分焦油、酸性气体。

从气化炉出来的煤气首先被引入水封钟罩式储气柜。浸没在水中的煤气管道起到了冷凝管的作用，冷凝后的煤气经浸没在水中的漏斗形的出口排到钟罩内储存。这样经过水的过滤作用后煤气中的灰尘及炭被脱除，同时也有部分焦油被除去。

二级净化是在煤气燃烧炉内进行的。考虑到气体净化的需要，我们对燃烧炉做了特别设计，炉内设置了三道耐高温的金属网，其作用是用来捕获焦油不完全燃烧产生的颗粒性炭，并使其在高温的作用下进一步被氧化分解。为了增强金属网捕获颗粒性炭的能力，炉膛的截面被设计得较大，以降低烟气的流速。

三级净化，即最后一级净化，设置在煤气燃烧炉之后。采用的是干式净化的方法。利用颗粒活性炭作为净化剂。活性炭是一种吸附能力很强的吸附剂，它不仅可以脱色、脱味，而且还能除去许多不可见的杂质。这主要是由于其内部具有大量的孔隙结构，包括直径为 $1\times10^{-8}$ m 以下的微孔到直径为几微米的大孔，因此其表面积很大，每克活性炭的总表面积可高达 500～1000 m$^2$。这种特殊结构决定了其具有很强的吸附特性。

#### 4.1.2.4　烤烟房设计

设计的烤烟房如图 4.4 所示。

根据通风性质，可将烤烟房分为自然通风和强制通风两类。自然通风烤烟房无需消耗电能进行强制鼓风，但由于热空气与烟叶间的换热效果差，排烟温度高，排烟热损失大等原因，这类烤烟房的热效率一般都很低。我国农村常用的大量传统烤烟房就属这类，这些烤烟房的系统热效率仅有 20% 左右。经过改进后热效率也只有 30% 多。强制通风烤烟房主要指密集型烤烟房。由于这类烤烟房采取强制通风、热风循环的方式对烟叶进行烘烤，热风与烟叶之间主要通过对流的方式进行传热与传质，热效率比自然通风烤烟房有大幅度的提高，可达 50% 多，同时烘烤时间也缩短。而且由于实行强制通风，烤烟房的装烟密度也较普通烤烟房高，为传统气流上升式烤烟房装烟密度的 4～7 倍，

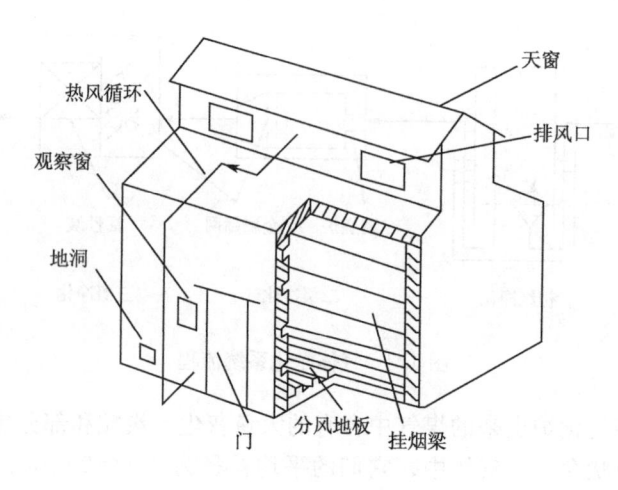

图 4.4 烤烟房结构简图

因此,烤烟房的容积利用率可得到很大提高。这也在一定程度上降低了烟叶的烘烤成本。

由于本系统采用的是将热气体充入烤烟房内实现热烟气与烟叶间的直接对流换热,因此需进行强制通风,所以与本系统配套的烤烟房应按密集型烤房设计。本系统所用烤烟房是在传统烤烟房的基础上进行改进,增设了分风和热风循环装置。分风循环装置是由多块薄钢板加工制作拼合而成的条缝形地板,地板与烤房内的地面有一定的高度,地板与地面间被分隔成了许多通风道。为了使经过热交换并具有一定温度的气体所含的热量得以利用,循环系统由引风机与循环管道组成。循环管道的上口与天窗相接,下口与引风机相连,由引风机引出的气体与系统的进风管相连接,使循环气体与高温烟气混合后进入烤房。

### 4.1.3 系统运行试验

为了检验系统的设计是否合理,在系统安装完毕后,我们做了烤烟试验。试验主要对系统运行的稳定性、烤房内温度分布的均匀性、系统的升温及稳温能力以及烤房内温湿度的变化曲线与设定的烤烟工艺曲线的拟合程度进行了检验与分析。

#### 4.1.3.1 材料与方法

**1) 烟叶品种及数量**

品种:NC89;数量:50杆;装炕方法:分4棚按上稠下稀的方法进行装炕,1~4棚分别放置8杆、12杆、14杆和16杆。

**2) 测试仪器**

烤烟用干湿球温度计1支,半导体热敏电阻数字显示温度计1台(带8个感温探头,其中4个用于测定湿球温度)。半导体热敏电阻数字显示温度计带8个感温探头,按2个1组(一测干球温度,一测湿球温度)分别布置在1~4棚中间位置。

## 3）烘烤工艺

通过对各种烘烤工艺进行对比分析，选择"三阶梯烘烤工艺"作为本试验用烘烤工艺。该工艺的升温曲线呈三阶梯状，与其他工艺相比，工艺简单，易于掌握和操作。该工艺是典型的"低温慢变黄、慢定色"的烘烤工艺，在技术上着重主攻内在质量，确保外观质量。烘烤全过程分为变黄期、定色期和干筋期。控温曲线如图4.5所示。

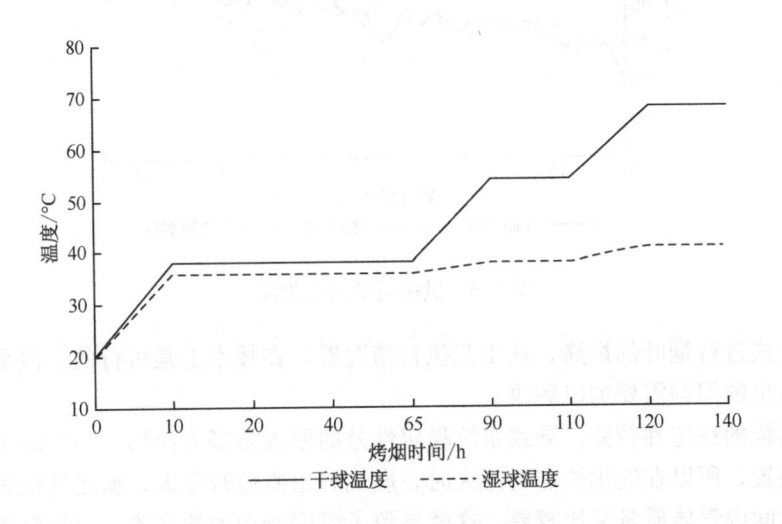

图4.5 三阶梯烘烤工艺模式简图

## 4）试验过程

烟叶装炕后即开始点火升温，并开始记录烤房内温湿度的变化情况，同时记录外界环境温湿度的变化情况。记录的时间间隔为30 min。气化炉每隔1 h加一次料，加料量为40 kg左右。试验共持续了115 h。

## 5）系统热效率计算方法

系统热效率根据以下公式可求得

$$\eta = \frac{2575 G_s}{QG} \times 100\% \tag{4.1}$$

式中，$\eta$为烤房系统热效率，单位为%；$G_s$为烟叶脱水量，单位为kg；2575为每脱1 kg水耗热量，单位为kJ/kg；$Q$为生物质燃气低位发热量，单位为kJ/m³；$G$为生物质燃气消耗量，单位为m³。

### 4.1.3.2 结果与分析

**1）温湿度变化**

取1棚与4棚的干球温度与2棚的湿球温度（99 h以后的湿球温度按布置在2棚的对照温度计所记录的温度）绘制烤烟升温曲线，见图4.6。

本系统无论是在升温速度，所能提供的最高温度，还是在湿度的控制等方面都能够达到烤烟工艺曲线的要求。所以说以生物质为能源，采取直接加热的方式替代传统的间

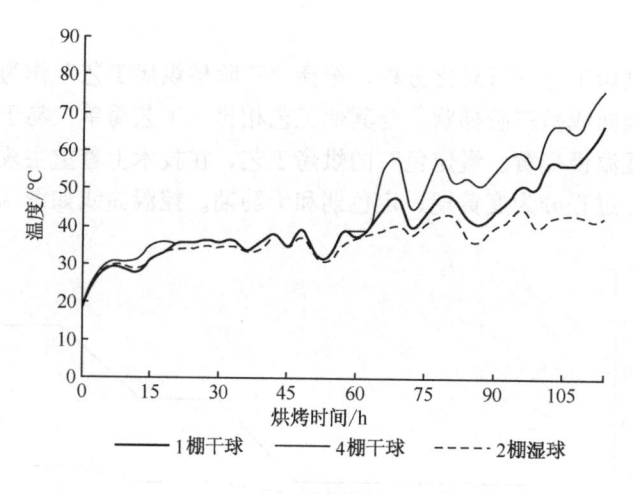

图 4.6　烘烤温度变化曲线

接换热的方式进行烟叶的烘烤，从工艺执行情况看，在技术上是可行的。但系统还存在以下比较突出的问题需要加以解决。

(1) 系统的稳定性较差。导致系统稳定性差的原因是多方面的。一是由于没有配备储气稳压装置，所以在气化炉加料停火时，燃烧炉也要短暂停火，加之气化炉重新启动后的一段时间内气体质量又比较差，这就导致了温度波动大的现象。二是对烤烟房的控制不够完善。由于烤烟方式的变革，而且又没有这方面的经验作参照，所以对天窗与地洞的开度如何控制把握不住，以致造成烤房内有时压力、气体流速的变化不正常。三是系统各组成部分的匹配性还不是很完善。

(2) 烤房内在烘烤过程的后半段各棚之间存在温差较大的现象。这主要由两个方面的原因造成，一是试验过程中烟叶的装炕密度是按普通烤房的装炕密度进行布置的，所以在干筋期，大量排湿时热气体流速过大，造成烤房内形成负压，使烤房外的冷空气从下部进入。二是从天窗出来的热气体没有重新引入烤房下部与从燃烧炉来的气体进行混合利用。

**2) 系统热效率**

根据试验数据求得系统热效率为 10.37%，但这一效率值并不能真正说明系统的热能利用状况。这主要是因为：

(1) 试验用烟叶量少，只有烤房实际容量的一半。所以，如果仅仅将烤房装满，系统的热效率就可提高到 20% 以上。

(2) 热气体没有加以循环利用。从烤烟房出来的气体温度还相当高，而试验系统由于循环装置损坏，只有将这部分气体直接排放掉，从而降低了系统的热效率。

(3) 气化炉与烤烟房不匹配。试验过程中，气化炉的热负荷只达其满负荷运行时的 1/5 左右，从而导致气化炉本身的热效率下降，进而使系统热效率下降。

(4) 由于试验场地的限制，气化炉与烤烟房之间的管路过长，使得散热热损失加大。

上述问题解决后，系统的热效率将会有明显的提高。

总之，尽管本套系统还存在一些问题，但以生物质为能源，以直接换热的方式替代间接换热的方式进行烟叶烘烤的可行性是可以肯定的。针对上述问题，如果将储气稳压装置和气体循环装置加以完善，并设计与该系统相适用的专用密集烤房，这套系统的各种优越性就会明显地显示出来。

## 4.2 第二代生物质气化烤烟系统

### 4.2.1 系统组成

第二代生物质气化烤烟系统的工艺流程见图4.7。该系统主要由生物质气化子系统和烤烟房子系统组成。其中生物质气化子系统主要包括生物质气化炉、燃气净化装置以及储气稳压装置组成。烤烟房子系统则相对复杂些，由生物质燃气燃烧器、热交换设备、烟气净化器、循环管路、控制系统和烤烟箱等组成，见图4.8。

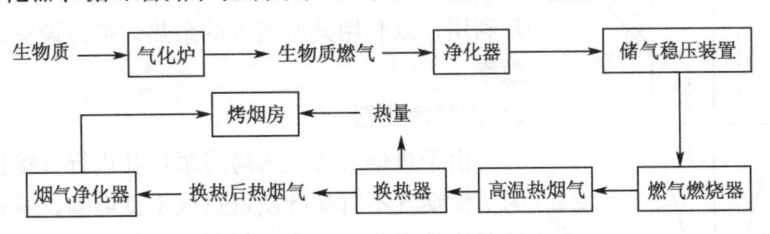

图4.7 生物质气化烤烟系统工艺流程图

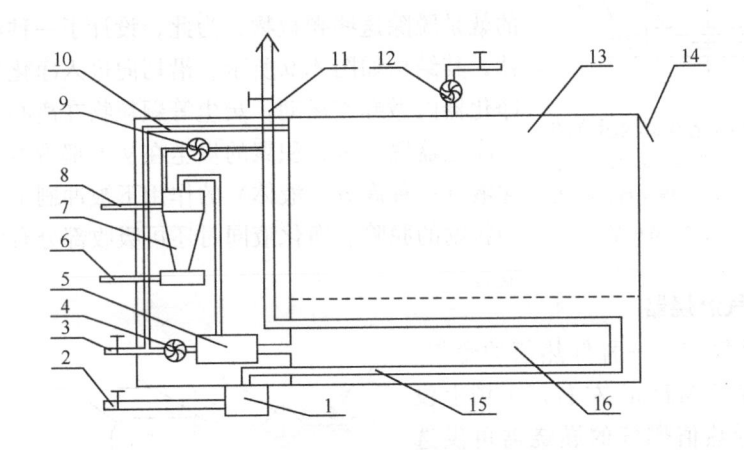

图4.8 生物质气化烤烟房结构组成

1. 燃烧器；2. 燃气进口；3. 空气进口；4. 循环风机；5. 气体混合调温室；6. 排污口；7. 烟气净化器；8. 净化液入口；9. 引风机；10. 循环管；11. 烟囱；12. 排风机；13. 烤箱；14. 排湿门；15. 换热器；16. 气体分配室

**1) 烤烟房**

如图4.8所示，生物质燃气经燃烧器燃烧后产生高温热烟气，这部分热烟气流经烤烟箱下部的换热器以间接换热的方式将热量传递给烤烟箱中的烟叶，经过换热的烟气在引风机的作用下被送进净化器以脱除烟气中的微量炭尘等颗粒物，经净化后的烟气在调温室与空气进行混合降温后,在鼓风机的作用下被吹进烤烟箱下部的气体分配室,然后均匀地进入烤烟箱上部空间与烟叶进行直接热交换,并最终在排风机的作用下被送入其他烤房进一步利用。将热烟气引入烤房有两方面的作用:一是进一步利用其所携带的热量;二是利用其所携带的 $CO_2$。往烤房内补充一定浓度的 $CO_2$(一般应小于1.35%)可起到两方面的作用:一是能加速叶片的脱水,促进叶绿素分解,有利于烟叶变黄,从而缩短烘烤时间;二是能抑制多酚氧化酶的活性,减少或消除烟叶变褐现象,促进淀粉酶的活性,有利于淀粉向糖的转变,从而使烟叶的内在和外观质量得到提高。需要说明的是烟气的循环利用在烟叶烘烤过程的变黄和定色期只是间歇和短时间采用,这样做的目的主要是利用烟气所携带的 $CO_2$,同时尽量减少烟气中其他气体成分对烟叶可能产生的不良影响,因为烟叶的品质主要取决于这两个阶段;等到了干筋期,这时除炭尘外,其他气体成分对烟叶的质量不再有影响,所以这一阶段就连续采用对烟气的循环利用,以利用其所携带的余热,提高设备的能量利用效率。

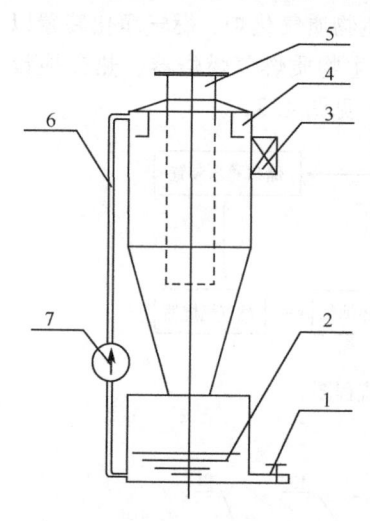

**2)烟气净化器**

由于热烟气要进入烤房跟烟叶进行直接接触,所以为了使烟气不对烟叶质量造成不良影响,需要对烟气进行严格的净化。因为烟气所含成分中对烟叶质量有负面影响的主要是以炭尘为主的颗粒物,所以净化的主要目的就是脱除这些颗粒物。为此,设计了一种湿壁式净化器,其结构如图4.9所示。沿切向进入净化器的烟气在净化器内做螺旋运动,炭尘等颗粒物在离心力的作用下向净化器壁积聚,积聚的炭尘在从上部沿器壁流下的净化液(一种高分子液体)的作用下被冲刷下来,完成对颗粒物的脱除。净化液同时还可吸收部分有气味的气体成分。

图4.9 气体净化器结构示意图
1.排污口;2.净化液;3.进气口;4.净化液分配室;5.排气口;6.净化液循环管;7.循环泵

**3)生物质燃气燃烧器**

生物质燃气作为一种低热值的燃气,其热值一般在 5 MJ/m³ 左右,市场上没有燃用这种低热值燃气的燃烧器可供选用,所以根据生物质燃气的特性设计了一台燃烧器,见图4.10。该燃烧器有两个特点,一是采用油燃的方式进行点火,解决了这种低热值燃气点火稳定性差的问题;二是使空气和燃气以交叉流动的方式进行混合,保证了燃烧效率。试验表明,该燃烧机启动性能、运行稳定性都达到了要求,其燃烧效率可达98%。

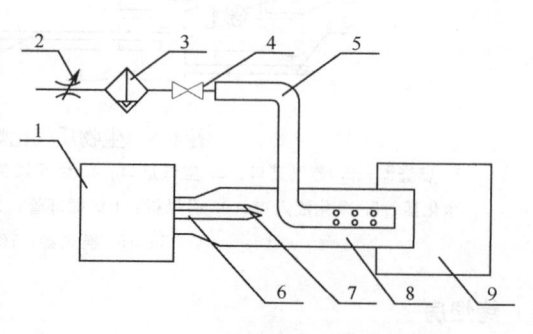

图4.10 生物质燃气燃烧机原理图
1.主机;2.阀门;3.过滤器;4.电磁阀;5.燃气管;6.喷油管;7.点火装置;8.气体混合室;9.燃烧室

**4）温湿度控制**

温湿度的控制是影响烤烟质量的重要因素，所以温湿度控制系统的性能直接影响着烤烟质量的高低。本系统对温湿度的控制采用以下方法，对温度的控制是通过控制燃烧器的启停来实现的，首先设定好烤烟所需的温度，然后启动燃烧器，当烤房内温度高于设定温度1℃时，布置在烤房内的温度传感器将信号传递给温度控制器使燃烧器停机，烤房处于保温阶段，当烤房内的温度低于设定温度1℃时，在温度控制器的作用下将燃烧器重新点燃为烤房供热。对湿度的控制主要是通过控制排湿风门的开关来实现的，当烤房内的湿度高于设定湿度时排湿风门自动打开，同时下进风口开启，通过气体流动排湿，当湿度下降到设定湿度时排湿风门和下进风口自动关闭。

## 4.2.2 系统运行试验

### 4.2.2.1 材料与方法

试验所用烟叶品种：NC89；烟叶生长部位：中部；产地：新郑高班庄；湿烟叶质量：300 kg。

测试所用主要仪器：KM-900烟道气体测试仪，KY型多点干湿球温度计，远红外测温仪，磅秤，气体流量计，KW型自动温度湿度控制仪，气体热值测定仪，GXH-8310型CO测定仪。

烤房内干湿球温度传感器的布点情况如下：在烤房2棚烟所在平面的前部、中部和后部各布置一组干湿球温度传感器探头，其编号依次为1号、2号和3号。

### 4.2.2.2 结果与分析

**1）烟气净化效果**

试验过程主要对影响烤烟质量的气体成分，如炭尘、CO、$CO_2$、$SO_2$和$NO_x$等指标进行了检测，净化前后的烟气检测指标值见表4.6。

表4.6 烟气净化效果

| 测点位置 | 炭尘/（mg/m³） | CO/% | $CO_2$/% | $SO_2$/% | $NO_x$/% |
| --- | --- | --- | --- | --- | --- |
| 净化器进气口 | 40 | 0.000 001 | 32 | 0.06 | 0.01 |
| 净化气出气口 | 10 | 0 | 32 | 0 | 0 |

**2）系统节能效果**

为了提高烤烟房的热效率，本设计采取了两个措施：一是将间接换热后的热烟气重新引入烤烟房内以直接换热的方式利用其所携带的余热；二是根据烤烟工艺三个不同烘烤阶段，即变黄期、定色期和干筋期对温度的要求有差异这一特点将多个烤烟房串联使用，这时可调整启动时间使每个烤烟房所处的烘烤阶段相互错开，例如，第一个烤烟房在定色期运行时，第二个烤烟房开始启动进入变黄期，此时从第一个烤烟房排出来的热气体可以送入第二个烤烟房进行利用,当第一个烤烟房进入干筋期时,它排出的废气可用于第二个烤烟房的定色期。由于条件限制,本试验系统只采用了一个烤烟房,但预留了扩展接口。

系统的节能效果可以从两个角度进行分析:一是由于本系统采用农作物秸秆等生物质能替代煤等化石能源,所以该系统具有节约常规能源的效果;二是由于系统效率提高可以起到节约能源的作用。从第一个角度分析,每年该系统可节约常规能源的量可根据下式求得

$$W = \frac{VQ}{H} \quad (4.2)$$

式中,$W$ 为系统每年所节约标煤量,单位为 kg;$V$ 为系统每年所消耗生物质燃气量,单位为 $m^3$;$Q$ 为生物质燃气低位发热量,3976.7 $kJ/m^3$;$H$ 为标煤的低位发热量,29 260 kJ/kg。

就本试验系统而言,按每年烤烟季节为 45 天计算,每年可烤 9 炕烟,每炕消耗生物质燃气 300 $m^3$。则由式(4.2)求得系统每年可替代的标煤量为 367 kg。

试验过程中总共消耗生物质燃气 300 $m^3$,烟叶的脱水量为 270.4 kg,根据式(4.1)可求得系统的热效率为 58.3%。而传统的土烤房的热效率多在 30% 以下,所以该系统在热利用效率方面较之有大幅度提高。

**3)系统增质效果**

为了分析生物质气化烤烟系统在提高烟叶质量方面的效果,将该系统与普通的土烤房进行了对比试验。试验采用的方法为半叶法,即将一个叶片平分为两半,分别放在两个烤房内同时进行烘烤。试验结束后对所烤烟叶进行了评吸测试,结果见表 4.7。

表 4.7 烟叶评吸表

| 烤房 | 香气质 | 香气量 | 浓度 | 杂气 | 劲头 | 刺激性 | 余味 | 燃烧性 | 灰色 | 质量档次 |
|---|---|---|---|---|---|---|---|---|---|---|
| A | 中等 | 有 | 中等 | 略重 | 中等 | 有 | 尚适 | 强 | 灰白 | 中等 |
| B | 中等 | 尚足 | 中等 | 有 | 中等 | 有 | 尚适 | 强 | 灰白 | 中偏上 |

注:A 为普通烤烟房;B 为生物质气化烤烟房。

从表 4.7 可以看出,生物质气化烤烟房所烤烟叶较普通烤房提高了一个档次。该系统之所以能提高烘烤烟叶的质量,主要有以下两个方面的原因。

第一,通过直接将热烟气充入烤烟房,提高了烤烟房 $CO_2$ 的含量,前面已经谈到,一定浓度的 $CO_2$ 能提高烤烟的质量。需要指出的是,之所以可以通过这种方式补充 $CO_2$ 主要是由于采用的能源为生物质燃气,而生物质燃气燃烧后不会产生 $SO_2$ 等对烟叶有损坏作用的气体成分。

第二,本系统温湿度的控制采用了自动控制系统,所以控制的准确性及灵敏性都较普通烤房有大幅度提高。温湿度作为影响烤烟质量的最为重要的因素,其控制的准确性及烤房温度的均匀性在很大程度上决定了所烤烟叶的质量。从图 4.11、图 4.12 和图 4.13 可以看出,烤房内的温湿度值与设定的温湿度值的偏差在 1℃ 以内,而且三个测量点温湿度的差值在 2℃ 以内,所以无论从温度控制的灵敏性或者是烤房温度的均匀性来分析,该系统都能够很好地满足烤烟对温湿度变化的要求。

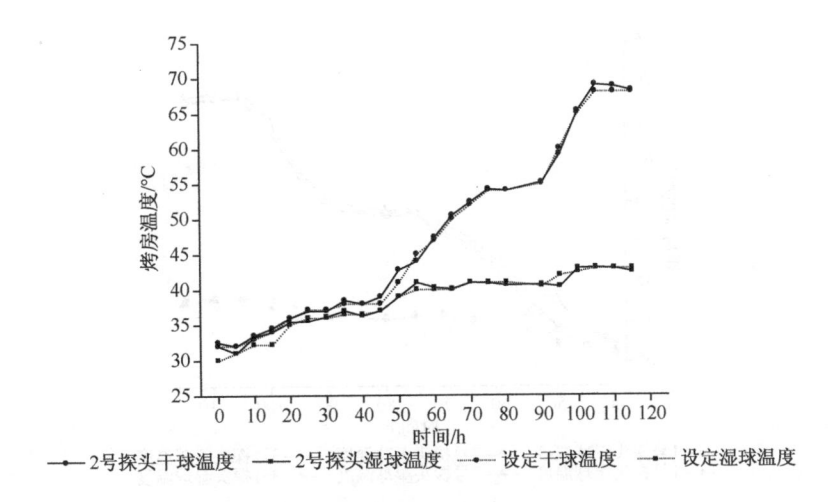

图 4.11　烤房实际温湿度变化与
设定工艺曲线的拟合情况

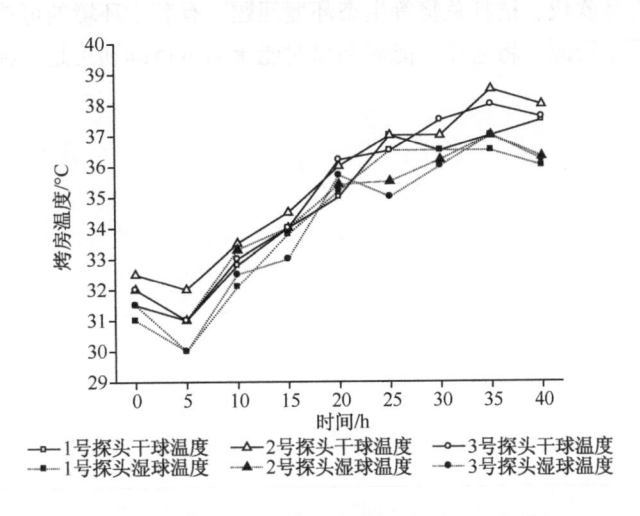

图 4.12　烟叶变黄期烤房内各测量点温差情况

## 4.2.3　结论

（1）直接换热和间接换热相结合进行烤烟具有两大突出的优点：其一是将经过热交换的尾气重新引入烤房与烟叶进行直接的热交换，提高了能量利用效率；其二是经过净化的热烟气所含的主要成分之一——$CO_2$ 对提高烟叶的烘烤质量以及缩短烘烤时间有利。

（2）生物质燃气燃烧器的研制成功为拓宽生物质气化技术的应用领域奠定了基础，使生物质气化技术的工业化应用有了技术保障。

（3）该系统除了可以用于烟叶烘烤外，还可用于其他农副产品的烘干。

（4）采用农作物秸秆气化系统烤烟可以替代化石能源和木柴，可以降低利用化石能

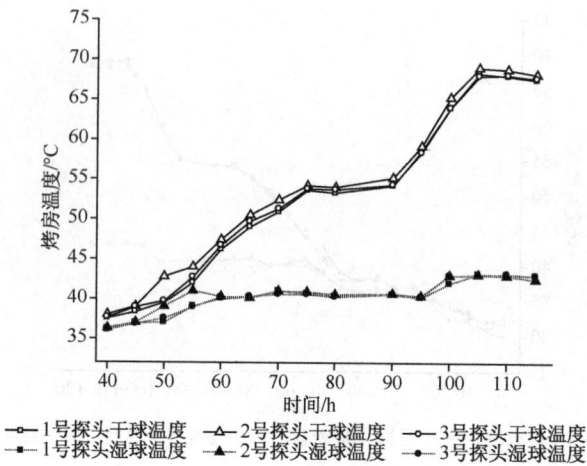

图 4.13 烟叶定色期、干筋期烤房内各测量点温差情况

源造成的污染、森林砍伐、秸秆荒烧等生态环境问题，有利于环境的可持续发展；同时由于秸秆是一种可再生资源，将它作为能源利用对能源的可持续利用是一种贡献。

# 第二篇　生物液体燃料

　　本篇介绍的生物液体燃料是以生物质（农作物秸秆和植物油脂）为原料，经生物催化、生物发酵或化学催化形成的包括甲醇、乙醇和生物柴油在内的液体生物能源。主要研究内容包括，生物质（秸秆）原料气合成甲醇的工艺和技术，优化了秸秆气化合成气合成甲醇的技术参数，建立并优化了 L-H 双曲型本征动力学模型方程，填补了国内空白；生物质（秸秆）纤维燃料乙醇的关键技术，系统开展了利用纤维质原料生产生物乙醇的预处理、双酶水解、全糖发酵及成套工艺和中试研究，推动了第二代生物乙醇革命；利用脂肪酶生产生物柴油的工艺和技术，构建了利用商品 NOVO435 脂肪酶在无溶剂系统中催化菜籽油和桐油生产生物柴油的间歇和膨胀床连续催化生产技术体系，研究了脂肪酶的催化机制和动力学；生物柴油生产中固体催化剂研究和应用，分析了负载型固体碱碱位的形成机制，形成了优选的固体碱催化剂催化生物柴油的工艺参数，为生物柴油生产的高效化、系统化和规模化提供了技术基础。

# 5 生物质原料气合成甲醇研究

## 引言

秸秆类生物质热化学法催化合成甲醇是生物质能高新转换技术之一，该技术分为两大部分：第一部分为生物质热化学气化制原料气及合成气。方法是利用空气、$O_2$、水蒸气等作为汽化剂，将生物质大分子（主要成分为纤维素、半纤维素和木质素等）中碳、氢元素裂解转化为可燃气体，这个过程主要包括高温氧化和还原反应及固体生物质干燥和干馏。气化过程中生物质首先快速热解为原料气，其主要成分包括 $H_2$、$CO$、$CO_2$ 和 $CH_4$ 等，以及焦油、焦炭等，然后经水蒸气气化或催化剂催化和高温裂解净化，使原料气中的焦油、焦炭等物质进一步转化为 $CO$ 和 $H_2$，生成洁净的生物质合成气，主要成分为 $CO$、$H_2$、$CO_2$、少量 $CH_4$ 和微量的 $C_2$ 烃类物质。第二部分为合成气在一定压力和温度条件下经催化剂催化合成粗甲醇，粗甲醇经精馏后得到甲醇产品。

由于生物质热化学裂解气化的原料供应和产品需求等情况差别较大，为此，许多研究机构针对不同用途采用了相应的研究路线并在世界各地成功的运营。

法国的 Lemasle 和 Chrysostome 以木头、松树皮、甘蔗渣球和稻草球为原料，通过 $O_2$ 或水蒸气气化进行甲醇合成试验，甲醇产率为每吨干木头生产 487 kg 甲醇。G J Claude 等对木头和稻草球等原料生产的生物质气进行催化合成甲醇研究，研制出一种小型自动控制合成实验装置。J M Lemasle 研制出一个 0.25 MPa 压力生产实验装置，最终实现木头以 60t/d 的速度气化。英国的 O H Brandon 等对木头类生物质原料热化学气化制甲醇合成气进行试验研究，制备出优质的合成气。瑞典的 W H Blackadder 等研制出木头和泥炭以 24t/d 的速度流化床中试设备，生产出优质的中热值甲醇合成气。E D Larson 使用循环流化床汽化器，将碎木材在 $O_2$ 中气化或间接加热气化，给出了甲醇和氢对生物质、煤和天然气的热化学转化的热效率及价格估算。台湾大学的 R M Hon 等用稻壳、甘蔗渣心和锯末为原料，试验确定了催化和热化学气化反应中的表现活化能分别为 16.32 kJ/mol 及 51.88 kJ/mol。新西兰的 E R Palmer 等以木头为原料，在循环流化床中进行热化学气化制甲醇合成气研究，试验得到了中热值的合成气。

日本北海道大学的铃木勉在实验室中，以木材碎片为原料进行热化学气化制合成气，合成气在铜-锌混合氧化物催化下，在 230～260℃ 及 6～10 MPa 压力下进行甲醇合成试验，获得燃料级甲醇。

小林由则等使用意大利干草及稻草球为原料，在流化床反应器中，通 $O_2$ 及水蒸气，在 800～1000℃ 下生产甲醇合成气，然后在 6～10 MPa，200～300℃ 及铜-锌催化剂的催化下合成甲醇，试验获得的产品经分析得到（质量百分比）：甲醇 87%，水 1%，其他化合物 12%。

综合国外生物质制甲醇研究成果得到生物质合成甲醇的工艺路线：①热解气化催化

氧化；②空气气化催化氧化；③通氧气化催化氧化；④水蒸气气化催化氧化；⑤通氧气及水蒸气气化催化氧化；⑥通氢气化催化氧化。反应条件：①高温高压；②高温中压。反应装置：①固定床反应器；②流化床反应器；③加压流化床反应器；④循环流化床反应器。试验选用的催化剂种类：ZSM-5、DN-34、RE-1A、RE-2A 和 Ni/Al$_2$O$_3$ 等。实验原料：①甘蔗渣；②碎白杨木屑；③稻草球；④松树皮；⑤微藻类生物质。

我国是在 20 世纪 80 年代初开始农林废弃物的生物质气化研究。中国农业机械化科学研究院能源动力所研制出了 ND 系列、HQ-280 型生物质气化炉以及 10GF54 生物质燃气/柴油双燃料发电机组。这些气化炉均为下吸式空气气化炉，气化效率为 70%～75%，燃气热值为 4.2～6 MJ/m$^3$，产气量为 8～10 m$^3$/h。山东省能源研究所开发出了 XFL 系列生物质下吸式气化炉，气化效率为 72%～75%，产气量为 120～500 m$^3$/h，燃气热值为 5 MJ/m$^3$。中国科学院广州能源研究所研制的 GSQ-1100 型中热值木质上吸式气化炉及木粉循环流化床装置。哈尔滨工业大学开发出的 12.5 t/h 甘蔗渣流化床锅炉、4 t/h 稻壳流化床锅炉和 10 t/h 碎木和木屑流化床锅炉也得到应用，燃烧效率可高达 99%。另外，大连市环境科学院、中国科学院工程热物理研究所、中国科学院石家庄农业现代化研究所、商业部、江苏省粮食局、中国林业科学院和南京林产化学工业研究所等单位的生物质气化技术也获得了较好的研究成果和应用典型。

总之，我国生物质气化研究仍停留在气体生产阶段，生产甲醇的主要原料为天然气和煤气，生物质热化学法制甲醇的研究未见报道。为使我国数量巨大的廉价秸秆类生物质尽快转化为商用甲醇，填补国内此项研究空白，高品位利用生物质能，我们开展了此项研究工作。

虽然自 20 世纪 80 年代以来国外就对生物质热化学法制甲醇技术及试验设备和工艺流程进行大量攻关研究，气化工艺和设备已实现商品化，但是甲醇合成技术研究大多为实验室研究和小规模中试研究，大型生产工艺和配套设备还需进一步攻关研究，而且生物质甲醇技术尚有很多问题亟须解决，具体来说主要集中在以下几个方面。

(1) 国内生物质热化学气化及利用研究仅限于制备供暖锅炉、发电和做饭等使用低热值的燃气阶段，中热值燃气生产技术仅限于实验室及小规模中试研究阶段，对进一步合成甲醇技术的研究处于空白。

(2) 国内生物质热化学气化制备的燃气成分不符合甲醇合成技术的要求，如气体成分仍属原料气，达不到合成气成分要求；合成气中氢碳摩尔比达不到甲醇合成理论比例；而且合成气中 CO$_2$ 和 CH$_4$ 的含量已严重影响催化剂性能的正常发挥。

(3) 国内研究的生物质气化设备对各类生物质或混合生物质原料气化试验的通用性不强。

(4) 国内研究的生物质原料多为木材和锯末等木质类生物质和稻壳、花生壳和玉米芯等硬质材料，对国内亟须解决的大量农作物秸秆气化研究的较少，尤其是玉米秸秆的气化研究和应用更少。

(5) 国内生物质热化学气化制合成气的催化剂研究较少，品种单一，性能一般，合成气催化制甲醇的催化剂的研究处于空白。

(6) 国外生物质合成甲醇技术所用原料多为木材、蔗渣、稻草球和微藻等，未见玉米秸秆气化合成甲醇详细研究报道。

（7）国外生物质甲醇合成反应动力学研究详细报道很少，未见玉米秸秆气化合成甲醇动力学研究报道。

针对上述情况的分析和研究，结合国家对可再生能源利用的宏观政策，我们认为，开展生物质热化学气化制甲醇技术研究的条件目前已经成熟，廉价的生物质资源也对此研究提供有力的支持。为此，我们以玉米秸秆生产的低热值气体为研究对象，进行秸秆类生物质甲醇合成工艺和反应动力学研究。

## 5.1 秸秆类生物质热化学法制甲醇合成气的试验研究

### 5.1.1 秸秆类生物质热化学法制原料气

#### 5.1.1.1 秸秆类生物质特性

由部分生物质原料的元素分析和工业分析结果可知，生物质原料的假想分子式为 $CH_{1.4}O_{0.6}$。尽管生物质原料的元素组成变化不大，但是它们的物理性质有很大差别。木炭、硬质木材和稻壳等原料具有较高的密度和机械强度，气化过程中挥发分裂解后可以保持原有的现状和体积，留下大量孔隙的木炭具有很高的反应活性，易于组织良好的燃烧和还原反应。而秸秆类生物质的物理性质明显劣于木材。主要表现：①秸秆的堆积密度太小，反应区由于质量小而使热容量小且不稳定；②秸秆的流动性不好，即堆积时的休止角过大，反应区易于搭桥、穿孔，不能形成稳定的床层；③秸秆的机械强度很低，在大量挥发分析出后，不能保持现状，迅速形成细而微的炭粒，降低了反应的活性和反应区的透气性。

大量的生物质气化研究表明，下吸式固定床及循环流化床气化设备是生产优质燃气的首选设备。目前国内商业化的气化设备主要是下吸式气化设备。生物质在下吸式固定床汽化器中的热化学气化包括一系列热解、燃烧和还原反应。这些反应在极其复杂的平衡条件下相互影响，以至于还没有完善的反应方程式来分别描述它们。在以空气为气化介质的固定床反应器中，总反应式可以作如下表示：

$$CH_{1.4}O_{0.6} + 0.4O_2 + 1.5N_2 = 0.7CO + 0.3CO_2 + 0.6H_2 + 0.1H_2O + 1.5N_2$$

(5.1)

在下吸式固定床反应器中，生物质原料由反应器顶端加入，借助重力逐渐由顶部移动到底部，依次经历了干燥、热解、氧化（空气为介质）和还原过程，灰渣由底部排出，燃气也由反应层下部吸出。在汽化器最上层，原料受到下边氧气层的加热而干燥，当温度达到250℃左右时开始热解，热解是一个吸热且十分复杂的不可逆降解反应，大量挥发物质析出，包括不凝性可燃气体、焦油和焦炭。600℃时热解反应大致完成，此时空气的加入产生剧烈的氧化（燃烧）反应，该反应以炭层为基体，挥发分进一步降解，放出大量的热量，维持吸收热量的热解和还原反应的进行。接着燃烧产物 $CO_2$、$H_2$ 和 $H_2O$ 与下方炭层进行还原，最终转变为可燃气体，即生物质原料气主要成分为 $H_2$、$CO$、$CO_2$、$CH_4$、$H_2O$ 及少量焦油及焦炭。

### 5.1.1.2 秸秆原料气制备试验

**1）试验设备**

秸秆原料气生产试验设备为山东天力绿色能源有限公司生产的 XFF-1000 型生物质气化机组，该设备为下吸式固定床气化反应器，见图 5.1。

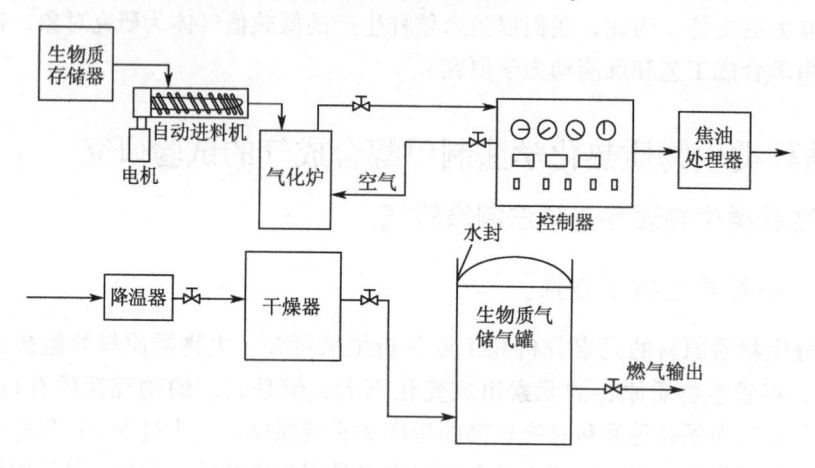

图 5.1 XFF-1000 型生物质气化设备示意图

该设备主要技术指标：产气量为 400~600 m³/h；输出功率为 2000~3000 MJ/h；燃气热值约为 5 MJ/m³；燃气中焦油含量为 55~60 mg/m³；气化效率为 75%。

**2）试验材料制备**

试验原材料选用新郑市龙王镇炮李村当年新收获的玉米秸秆（包括秸秆、茎和叶），切碎至 2~3 cm，经自然风干后，作为生物质气化炉的原材料。

取上述风干的材料适量，用微型植物粉碎机粉碎，经筛分使其粒径小于 0.3 mm，将筛分后所得的试样放入烘箱中，于（105±5）℃条件下烘干 12 h 后，装入磨口瓶放入干燥器中备用。试样的工业分析和发热量的测定按照 GB212-91 及 GB213-96 国家标准所规定的方法进行，测试结果如表 5.1 所示。

表 5.1 玉米秸秆的工业分析及发热量

| 样品 | $C_{ad}$/% | $H_{ad}$/% | $O_{ad}$/% | $N_{ad}$/% | $S_{ad}$/% | $A_{ad}$/% | $M_{ad}$/% | $V_{ad}$/% | $FC_{ad}$/% | $Q_{net,ad}$/(kJ/kg) |
|---|---|---|---|---|---|---|---|---|---|---|
| 玉米秸秆 | 43.14 | 3.83 | 37.28 | 0.75 | 0.10 | 6.74 | 7.80 | 70.90 | 14.56 | 16 136 |

**3）原料气制备**

将尺寸为 2~3 cm 的干玉米秸秆送到 XFF-1000 型气化炉内生产煤气，煤气经净化系统（除去焦油和微尘并冷却）后即得秸秆气化原料气。采用气相色普法和化学分析法对原料气成分进行测试分析，并测试了该气体的低位发热量（LHV），结果见表 5.2。

## 5 生物质原料气合成甲醇研究

表 5.2 秸秆原料气分析数据

| CO /% | $CO_2$ /% | $H_2$ /% | $CH_4$ /% | $O_2$ /% | $C_2H_4$ /% | $C_2H_6$ /% | $C_2H_2$ /% | $N_2$ /% | LHV /(kJ/m³) | 焦油 /(mg·m³) | 硫化物 /$10^{-5}$ g/mL |
|---|---|---|---|---|---|---|---|---|---|---|---|
| 15.80 | 12.50 | 12.60 | 1.40 | 2.07 | 0.50 | 0.10 | 0.03 | 55.00 | 5873.00 | 24.60 | 3.48 |

### 5.1.2 秸秆类生物质制合成气试验

由于秸秆原料气中含有一定量的 $O_2$、焦油和硫化物，其中焦油、硫化物和 $O_2$ 严重损害催化剂，在甲醇合成工段中导致催化剂失去活性，缩短其使用寿命。所以，在合成甲醇试验之前，必须除去。另外，原料气中 $H_2$ 含量较低，根据化学反应工程理论，甲醇合成气要求氢碳比大于 2。为此，在合成试验之前，需将秸秆原料气进行焦油分解、脱氧、脱硫和调配氢等试验，制备出满足甲醇合成要求的生物质合成气。

#### 5.1.2.1 生物质原料气纯化试验

由于秸秆气化原料气中含有 2.07% 的 $O_2$、24.6mg/m³ 焦油及 $3.48\times 10^{-5}$ g/mL 的硫化物，这些物质对合成反应极为有害，为此，试验前必须除去，纯化原料气。

**1) 原料气脱硫**

原料气中含有的微量硫化物可造成催化剂中毒，使用国产铜基催化剂时，硫含量应低于 $2\times 10^{-6}$ g/mL，若含有 $1\times 10^{-5}$ g/mL，经半年运行后，催化剂含硫量就会高达 4%~6%，无论原料气中的硫以 $H_2S$ 还是有机硫形式存在，都会使催化剂中的金属活性组分产生金属硫化物而丧失活性。硫化物在反应体系中，可反应生成硫醇和硫二甲醚等杂质，严重影响粗甲醇的质量；另外硫化物破坏反应设备和管道的金属氧化膜，使设备管道被 CO 腐蚀生成羰基铁和羰基镍等化合物，使管道设备造成腐蚀，降低其使用寿命，因此，必须脱除。

脱硫方法有干法和湿法之分，干法脱硫设备简单庞大，操作费时；湿法脱硫又分为物理吸收法、化学吸收法与直接氧化法三类。本研究采用实验室氧化锌法脱硫，发生的化学反应为

$$ZnO + H_2S = ZnS + H_2O \tag{5.2}$$

$$ZnO + C_2H_5SH = ZnS + C_2H_4 + H_2O \tag{5.3}$$

**2) 原料气脱焦、除氧**

试验主要设备：623-1.3 型管状电炉，上海松江电工厂。

ZK-1 可控硅电压调整器，上海自动化仪表厂。

试验所用试剂：焦油分解催化剂为作者自行研制的 TR 型催化剂。

氧气脱除剂：5 mm×5 mm 活性炭、细铜丝及 5A 分子筛。

试验条件：0.6MPa，800℃。

试验操作程序：将 TR 型催化剂、活性炭、细铜丝交叉放置在管状电炉夹层中，开启电源，控制管状电炉炉温为 (800±5)℃，系统压力为 0.6MPa；使原料气先脱硫，再升

温分解焦油及除氧。纯化后的气体，经分析测试得：硫化物含量为 $1.2\times10^{-9}$ g/mL；$O_2$ 及焦油未检测到。经 G2V-5/200 隔膜压缩机压缩至高压钢瓶，作为合成气配制的原料气备用。

#### 5.1.2.2 生物质合成气制备试验

**1）甲醇合成的理论碳氢比**

由于秸秆原料气中同时存在 CO、$CO_2$ 及 $H_2$，所以，在合适的催化条件下，该反应体系发生的合成反应为

$$CO+2H_2 \rightarrow CH_3OH \qquad \Delta H^{\theta}_{298}=-90.56\text{kJ/mol} \tag{5.4}$$

$$CO_2+3H_2 \rightarrow CH_3OH+H_2O \qquad \Delta H^{\theta}{298}=-49.43\text{kJ/mol} \tag{5.5}$$

由反应（5.4）、反应（5.5）两式可知，$H_2$ 与 CO 合成甲醇的化学计量比为 2，与 $CO_2$ 合成甲醇的化学计量比为 3，当 CO 与 $CO_2$ 同时存在时，原料气中氢碳比（$f$ 或 $M$ 值）有下列两种表达方式：

$$f=\frac{H_2-CO_2}{CO+CO_2}=2.10\sim2.15 \tag{5.6}$$

或

$$M=\frac{H_2}{CO+1.5CO_2}=2.0\sim2.05 \tag{5.7}$$

**2）秸秆合成气配制**

将表 5.1 中数据代入（5.7）式计算得 $M=0.37$，不满足 $M$ 为 $2.0\sim2.05$ 的要求，为此，需进行原料气配氢试验，先在空的高压钢瓶中注入一定量的 $H_2$，再用压缩机将纯化后的原料气按理论计算比例压入钢瓶，即得生物质秸秆合成气，放置两个月备用，配氢流程如图 5.2 所示，秸秆合成气成分分析见表 5.3。

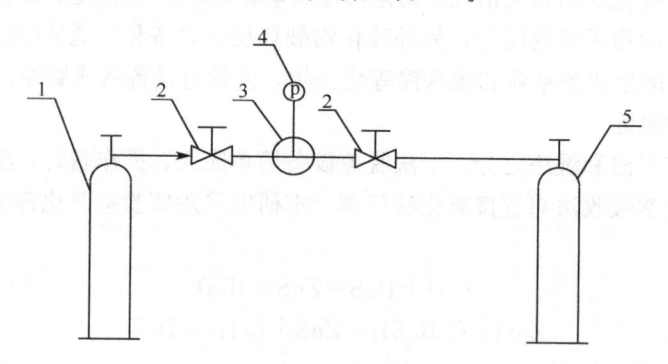

图 5.2 配氢流程图
1. 高纯氢；2. 截止阀；3. 三通阀；4. 压力阀；5. 生物质气

**表 5.3 秸秆合成气成分分析数据**

| CO/% | $CO_2$/% | $H_2$/% | $N_2$/% | $C_nH_m$/% |
|---|---|---|---|---|
| 11.95 | 9.43 | 37.12 | 40.46 | 1.04 |

注：$C_nH_m$ 为 $CH_4$、$C_2H_2$、$C_2H_4$ 和 $C_2H_6$ 的混合物。

## 5.2 秸秆类生物质煤气催化合成甲醇试验研究

### 5.2.1 甲醇合成方法与工艺流程

#### 5.2.1.1 甲醇的一般合成方法与催化剂

甲醇合成方法，有高压法（19.6～29.4 MPa）、中压法（9.8～19.6MPa）和低压法（4.99 MPa）三种。

**1）高压法**

这是最初生产甲醇的方法，采用 Zn-Cr 催化剂（主要成分为 ZnO、$CrO_3$ 和 $Cr_2O_3$），反应温度为 350～400℃。由于脱硫技术的进展，高压法也采用活性强的铜基催化剂，以改善合成条件，达到提高能效和增产甲醇的效果。高压法已经有 50 多年的历史。

**2）低压法**

这是 20 世纪 60 年代后期发展起来的，采用铜系催化剂（主要成分为 CuO、ZnO 和 $Al_2O_3$ 或 CuO、ZnO 和 $Cr_2O_3$）。铜系催化剂的活性高于锌系催化剂，其反应温度为 210～300℃，因此，在较低压力下即获得相当的甲醇产率。开始工业化时选用压力为 4.9MPa。铜系催化剂不仅活性好而且选择性好，因此，减少了副反应，改善了粗甲醇质量，降低了原料的消耗。显然，由于压力低，工艺设备的制造比高压法容易得多，投资少，能耗约占 1/4，成本降低，显示了低压法的优越性。

**3）中压法**

随着甲醇工业的规模大型化，已有日产 2000 t 的装置，甚至更大的规模。但采用低压法，势必将工艺管路和设备制造得十分庞大，且不紧凑，因此出现了中压法。中压法仍采用高活性的铜系催化剂，反应温度与低压法相同，具有与低压法相似的优点，且由于提高了合成压力，相应提高了甲醇的合成效率。出反应器气体中的甲醇含量由低压法的 3% 提至 5%。目前，工业上一般中压法的压力为 9.8MPa 左右。

目前，国内外以天然气、煤等原料合成甲醇的催化剂为铜系催化剂，在试验条件为 250℃，7.5 MPa，空速 5000 $h^{-1}$，进气组成 $H_2$-CO-$CO_2$=70-24-6 时，获得的不同 Cu-ZnO 催化剂组成活性见表 5.4，国外几种 Cu-Zn-Al 和 Cu-Zn-Cr 催化剂的使用条件见表 5.5 及表 5.6，国内铜系催化剂有 C207、C102、C301、C302 和 NC306 等不同型号，需根据原料和生产工艺来选择使用。

表 5.4 不同组成 Cu-ZnO 催化剂的活性

| Cn-ZnO-$M_2O_3$ 催化剂组成[1] | 碳转化率/% | 产率/[$kgCH_3OH$/（kg·h）] |
| --- | --- | --- |
| 0-100-0 | 0.0 | 0.00 |
| 2-98-0 | 0.7 | 0.03 |
| 10-90-0 | 1.0 | 0.02 |
| 20-80-0 | 10.2 | 0.24 |
| 30-70-0 | 51.1 | 1.35 |

续表

| Cn-ZnO-M$_2$O$_3$ 催化剂组成[1] | 碳转化率/% | 产率/[kgCH$_3$OH/ (kg·h)] |
|---|---|---|
| 40-60-0 | 9.6 | 0.18 |
| 50-50-0 | 11.3 | 0.20 |
| 67-33-0 | 21.8 | 0.41 |
| 100-0-0 | 0.0 | 0.00 |
| 60-30-10 | 40.0 | 1.52 |
| 60-30-10[2] | 17.0 | 0.58 |
| 60-30-10[3] | 47.0 | 1.01 |

[1] 为氧化物的质量百分比；[2] 为 Al，从硝酸物中制备，10MPa 压力下测试；[3] 为 Cr，10MPa 压力下测试。

**表 5.5　甲醇合成用 Cu-Zn-Al 催化剂**

| 公司 | 组成/% CuO：ZnO：Al$_2$O$_3$ | 使用温度/℃ | 使用压力/MPa | 操作空速 | 甲醇产量/[kg/(L·h)] |
|---|---|---|---|---|---|
| I.C.I | 23：38：38 | 226 | 5.0 | 12 000/h$^{-1}$ | 0.70 |
| I.C.I | 60：22：8 | 250 | 5.0 | 40 000/h$^{-1}$ | 0.50 |
| BASF | 12：62：25 | 230 | 10.0 | 10 000/h$^{-1}$ | 2.08 |
| Du pont | 66：17：17 | 275 | 7.0 | 200mol/h | 4.75 |

**表 5.6　甲醇合成用 Cu-Zn-Cr 催化剂**

| 公司 | 组成/(质量%) CuO：ZnO：Cr$_2$O$_3$ | 使用温度/℃ | 使用压力/MPa | 操作空速/h$^{-1}$ | 甲醇产量 |
|---|---|---|---|---|---|
| I.C.I | 40：40：20 | 250 | 40 | 6 000 | 0.260kg/(L·h) |
| | 40：40：20 | 250 | 80 | 10 000 | 0.770kg/(L·h) |
| BASF | 31：38：5 | 230 | 50 | 10 000 | 0.755kg/(L·h) |
| Metalt Gesell-Schaft | 60：30：10 | 250 | 100 | 9 800 | 2.280kg/(L·h) |
| Topeφe | 40：10：50 | 260 | 100 | 10 000 | 0.48kg/(kg·h) |
| 日本气体化学公司 | 15：48：37 | 270 | 145 | 10 000 | 1.95kg/(kg·h) |
| 俄罗斯科学院 | 33：31：39 | 250 | 150 | 10 000 | 1.10kg/(L·h) |
| 俄罗斯科学院 | 33：31：39 | 300 | 150 | 10 000 | 2.20kg/(L·h) |

#### 5.2.1.2　甲醇合成工艺流程的确定

由于国内已商业化的低热值燃气中杂质多，H$_2$ 含量少，所以合成甲醇前必须对原料气进行处理，为此，制订了玉米秸秆催化合成甲醇试验工艺流程（图 5.3）。

## 5 生物质原料气合成甲醇研究

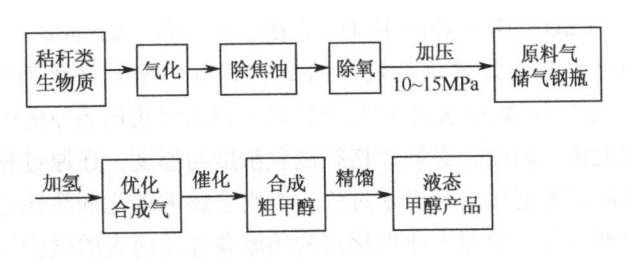

图 5.3 秸秆类生物质催化合成反应流程图

### 5.2.2 合成试验

#### 5.2.2.1 主要试验设备

采用的主要仪器设备：

JA-五槽直流流动等温积分反应器（图 5.4），江苏海安石油科研仪器厂；

ZK-50 可控硅电压调整器，云南仪表厂；

YT-2 型压力调节器，江苏丹阳延陵五金机械厂；

TCS-A 型智能温度测控仪（控温精度为 ±0.1℃），南京攀达电子仪器厂；

GC-900C 型气相色谱仪，上海中国科学院天乐精密科学仪器有限公司；

HW-2000 型色谱工作站，南京千谱软件有限公司生产；

LX-P14BC 联想微处理机，联想北京有限公司。

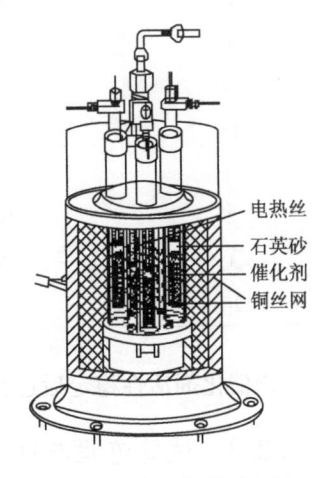

图 5.4 积分反应器示意图

#### 5.2.2.2 催化剂的制备与还原

根据天然气制甲醇工业试验经验，本试验选用活性较高的国产 C301 铜基催化剂，该催化剂为南京化工研究院研制，其外观为黑色光泽圆柱体，组成为 CuO 58.01%，ZnO 31.07%，$Al_2O_3$ 30.06%，$H_2O$ 4.0%，粒度为 Φ5 mm×5 mm。

试验前在实验室中先将催化剂研磨成 16～20 目和 20～40 目两种颗粒粒度，烘干、冷却至室温，称重后将同粒度等体积的石英砂均匀混合，在催化反应管内先装入一定薄层的 16～20 目和 20～40 目的石英砂，再缓慢加入催化剂，并依次加入 20～40 目和 16～20 目的石英砂、瓷环和细铜丝压实。

催化剂的还原是试验过程中的重要环节，还原规程对催化剂的空结构、活性及合成试验成败具有重要的影响。根据 X 射线衍射分析结果，甲醇合成用的铜基催化剂在正常还原条件下只有 CuO 被还原，ZnO 和 $Al_2O_3$ 不被还原。还原分层进行，对催化剂床层而言是从上到下逐层还原，对每粒催化剂而言，是由表及里逐步还原。甲醇合成铜基催化剂的还原是放热反应：

$$CuO + H_2 = Cu + H_2O \quad \Delta H_{298}^0 = -86.5 \text{ kJ/mol} \tag{5.8}$$

在还原过程中出水量约为催化剂重量的20%，各种型号催化剂含铜量有所差异，其中化学水占8%～10%，物理水占10%～13%。铜基催化剂还原的关键是控制还原速度，还原速度不宜太快，因此，必须严格控制氢浓度与温度。还原过程要求升温缓慢平稳，出水均匀，以防止温度猛升和出水过快，否则会影响催化剂活性与寿命，甚至由于超温会把整管催化剂烧毁。参照工业催化剂的还原条件及前人的试验经验，制订了本试验还原规程，见表5.7。

表5.7 催化剂还原程序

| 时间/h | 温度变化范围/℃ | 升温速度/(℃/h) | 通入气体 |
| --- | --- | --- | --- |
| 4 | 室温～160 | 40 | 纯$N_2$ |
| 4 | 160～200 | 10 | 2%$H_2$ |
| 4 | 200～240 | 10 | 2%$H_2$ |
| 12 | 240 | 0 | 2%$H_2$ |
| 12 | 240 | 0 | 6%$H_2$ |
| 12 | 240 | 0 | 10%$H_2$ |
| 2 | 240～260 | 10 | 生物质气 |
| 4 | 260～220 | −10 | 生物质气 |
| 15 | 220 | 0 | 生物质气 |

待催化剂活性稳定后进行合成试验。

### 5.2.2.3 试验流程与试验条件的确定

根据试验设备性能和合成甲醇工艺要求，制订本试验流程（图5.5）。秸秆合成气自钢瓶经稳压阀将压力控制到主反应压力后进入合成反应釜进行催化合成反应，反应后混合气体经冷凝器分离出甲醇和水，不凝气体经减压阀降至常压，由皂泡流量计计量后，一部分气体放空，另一部分进入气相色谱仪，由色谱工作站及计算机自动采集和处理数据。

试验条件：

反应压力/MPa　　　　　　5
催化剂　　　　　　　　　C301
催化剂粒度/目　　　　　　16～20、20～40
催化剂用量/g　　　　　　7.98、5.15
进口合成气流量/(mol/h)　0.10～1.5
反应温度/℃　　　　　　　210～260

色谱仪操作条件：

(1) 热导池检测器（TCD），柱温为78℃，进样室及检测器温度均为100℃，桥电流为100 mA，载气为Ar，流量为1.48 L/h，色谱柱为TDX-02，长3.5 m（主要用来

## 5 生物质原料气合成甲醇研究

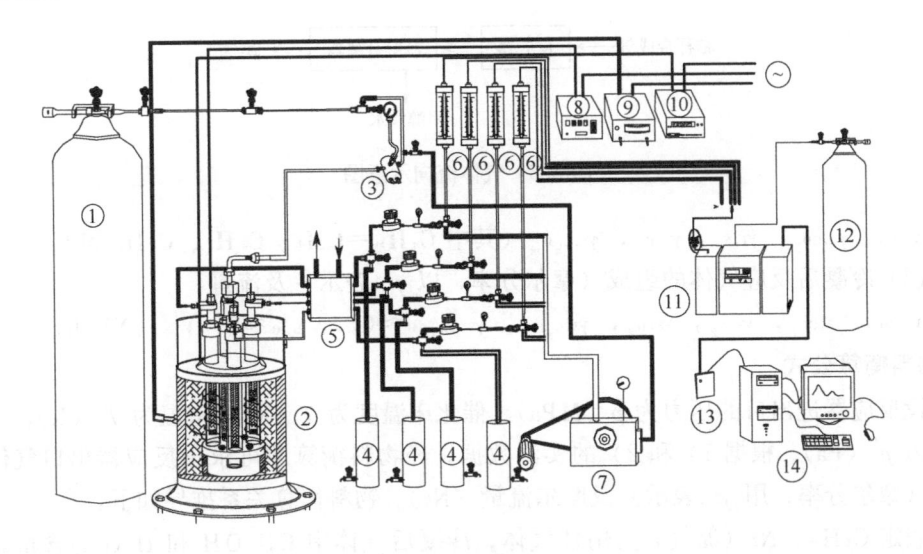

图 5.5 试验装置系统图

1. 生物质合成气；2. 甲醇反应釜；3. 稳压阀；4. 产物收集器；5. 冷凝器；6. 转子流量计；
7. 压缩机；8. 温度控制；9. 总开关；10. 程序升温器；11. 气相色谱仪；12. 载气；13. 数据计数
器；14. 计算机

分析 $N_2$、$H_2$、$CH_4$、$CO$ 和 $CO_2$ 等）。

(2) 氢火焰离子化检测器（FID），柱温为 70℃，进样室及检测器温度均为 90℃，检出限 $2\times10^{-1}$ g/s，载气为 $N_2$，流量为 1.8L/h，色谱柱为 GDX-502，柱长 4.5 m（主要分析 $CH_4$、$C_2H_2$、$C_2H_4$ 和 $C_2H_6$ 等）。

#### 5.2.2.4 试验数据的测试分析方法

试验数据的测定是在控制尾气流量条件下，通过 GC-900C 型气相色谱仪测试。本试验采用 Ar 作载气，采用修正面积归一法进行定量计算，通过配制标准气样（浓度已知），测定出各组分的响应因子，将得到的响应因子输入计算机，根据试验得到的色谱检测器的信号，计算机将会自动打印分析结果。

### 5.2.3 试验结果与分析

#### 5.2.3.1 物料衡算方法

甲醇合成系统中共有 5 种组分（$CO$、$CO_2$、$H_2$、$CH_3OH$ 和 $H_2O$）参加反应，反应元素有三种（C、H 和 O），关键组分数为 2。因此，在反应床中的任一截面，只要知道其中两个关键组分的浓度就可以算出其余组分的浓度。本试验选取甲醇和 $CO_2$ 为关键组分，反应体系的关键反应数等于关键组分数，因而关键反应数等于 2。

本试验中的气体流向示意图如图 5.6 所示。

**1) 试验检测数据**

(1) 进入反应器的气体组成（摩尔分率，以 $y_{1,i}$ 表示）。

秸秆合成气 → 反应器 → 冷凝分离器 → 尾气
                              ↓
                           甲醇和水

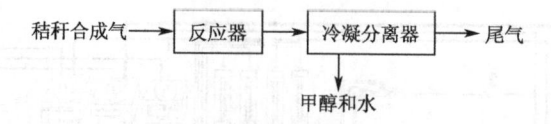

图 5.6 气体流向示意图

$y_{1,CO}$，$y_{1,CO_2}$，$y_{1,N_2}$，$y_{1,H_2}$，$y_{1,C_nH_m}$（其中 $C_nH_m=CH_4$、$C_2H_2$、$C_2H_4$ 和 $C_2H_6$）

(2) 冷凝后反应气体的组成（摩尔分率，以 $y_{3,i}$ 表示）及流量。

$y_{3,CO}$，$y_{3,CO_2}$，$y_{3,N_2}$，$y_{3,H_2}$，$y_{3,C_nH_m}$，$y_{3,CH_3OH}\approx 0$，$y_{3,H_2O}\approx 0$，$V'_3$ (NL/h)

**2）物料衡算公式**

设反应器进出口的压力为 $p$ (MPa)，催化床温度为 $T$ (K)，室温为 $T'$ (K)，大气压力为 $p'$ (Pa)。根据 1) 和 2) 的实测数据，经物料衡算即可求出反应器出口气体的组成（摩尔分率，用 $y_{2,i}$ 表示）及摩尔流量（$N_2$）。物料衡算关系推导如下：

假定 $C_nH_m$、$N_2$（氮气）为惰性气体，冷凝后气体中 $CH_3OH$ 和 $H_2O$ 的含量忽略不计，即 $y_{3,CH_3OH}\approx 0$，$y_{3,H_2O}\approx 0$，且不存在其他副反应，不考虑 CO、$N_2$、$CO_2$、$H_2$ 和 $C_nH_m$ 在冷凝液（$CH_3OH$ 及 $H_2O$）中的溶解度。

(1) 冷凝后气体标况下流量 $V_3$ (NL/h) 及摩尔流量 $N_3$ (mol/h)。

$$V_3=\frac{273.15\times P'\times V'_3}{T'\times 10^5} \quad (5.9)$$

$$N_3=V_3/22.4 \quad (5.10)$$

(2) 反应器进口气体摩尔流量 $N_1$ (mol/h)。

由惰性气体在反应中摩尔数恒定得，

$$N_1(y_{1,N_2}+y_{1,C_nH_m})=N_2(y_{2,N_2}+y_{2,C_nH_m}) \quad (5.11)$$

又因冷凝前后惰性气体摩尔数亦不变，故

$$N_1(y_{1,N_2}+y_{1,C_nH_m})=N_3(y_{3,N_2}+y_{3,C_nH_m}) \quad (5.12)$$

$$N_1=N_3\times(y_{3,N_2}+y_{3,C_nH_m})/(y_{1,N_2}+y_{1,C_nH_m}) \quad (5.13)$$

(3) 反应前后各组分摩尔数的变化量。

CO 的反应量：$\Delta N_{CO}=N_1 y_{1,CO}-N_2 y_{2,CO} \quad (5.14)$

$CO_2$ 的反应量：$\Delta N_{CO_2}=N_1 y_{1,CO_2}-N_2 y_{2,CO_2} \quad (5.15)$

$H_2$ 的反应量：$\Delta N_{H_2}=2\Delta N_{CO}+3\Delta N_{CO_2} \quad (5.16)$

$CH_3OH$ 的生成量：$\Delta N_{CH_3OH}=\Delta N_{CO}+\Delta N_{CO_2} \quad (5.17)$

$H_2O$ 的生成量：$\Delta N_{H_2O}=\Delta N_{CO_2} \quad (5.18)$

$N_2$ 的反应量：$\Delta N_{N_2}=0 \quad (5.19)$

$C_nH_m$ 的反应量：$\Delta N_{C_nH_m}=0 \quad (5.20)$

(4) 反应前后总摩尔数的变化。

$$N_1-N_2=\Delta N_{CO}+\Delta N_{CO_2}+\Delta N_{H_2}-\Delta N_{CH_3OH}-\Delta N_{H_2O}$$

所以 $N_1-N_2=2\Delta N_{CO}+2\Delta N_{CO_2}=2(N_1 y_{1,CO}-N_2 y_{2,CO})+2(N_1 y_{1,CO_2}-N_2 y_{2,CO_2})$

$$(5.21)$$

(5) 反应器出口 CO 的摩尔分率 $y_{2,CO}$。

因为冷凝前后气体中 CO 和 $CO_2$ 的摩尔数维持不变，

所以
$$N_3 y_{3,CO} = N_2 y_{2,CO} \tag{5.22}$$

$$N_3 y_{3,CO_2} = N_2 y_{2,CO_2} \tag{5.23}$$

由式 (5.22) 得
$$N_2 = N_3 \times y_{3,CO} / y_{2,CO} \tag{5.24}$$

式 (5.22) 除以式 (5.23) 得
$$y_{2,CO_2} = y_{2,CO} \times y_{3,CO_2} / y_{3,CO} \tag{5.25}$$

将式 (5.24) 代入式 (5.21) 得
$$N_3 y_{3,CO} / y_{2,CO} = N_1(1 - 2y_{1,CO} - 2y_{1,CO_2})/(1 - 2y_{2,CO} - 2y_{2,CO_2}) \tag{5.26}$$

联立式 (5.24)、式 (5.25) 得
$$y_{2,CO} = y_{3,CO}/[N_1/N_3 \times (1 - 2y_{1,CO} - 2y_{1,CO_2}) + 2(y_{3,CO} + y_{3,CO_2})] \tag{5.27}$$

(6) 反应器出口 $CO_2$ 的摩尔分率 $y_{2,CO_2}$。

联立式 (5.27)、式 (5.25) 得
$$y_{2,CO_2} = y_{3,CO_2}/[N_1/N_3 \times (1 - 2y_{1,CO} - 2y_{1,CO_2}) + 2(y_{3,CO} + y_{3,CO_2})] \tag{5.28}$$

(7) 反应器出口气体摩尔流量 $N_2$。

因为
$$N_2 = N_3 \times y_{3,CO} / y_{2,CO} \tag{5.29}$$

将式 (5.27) 代入式 (5.29) 得
$$N_2 = N_1(1 - 2y_{1,CO} - 2y_{1,CO_2}) + 2N_3(y_{3,CO} + y_{3,CO_2}) \tag{5.30}$$

(8) 反应器出口其他各组分的摩尔分率。

由式 (5.17) 得
$$N_2 y_{2,CH_3OH} = N_1(y_{1,CO} + y_{1,CO_2}) - N_2(y_{2,CO} + y_{2,CO_2})$$

所以
$$y_{2,CH_3OH} = N_1/N_2 \times (y_{1,CO} + y_{1,CO_2}) - y_{2,CO} - y_{2,CO_2} \tag{5.31}$$

由式 (5.18) 得
$$N_2 y_{2,H_2O} = N_1 y_{1,CO_2} - N_2 y_{2,CO_2}$$

所以
$$y_{2,H_2O} = N_1/N_2 \times y_{1,CO_2} - y_{2,CO_2} \tag{5.32}$$

由式 (5.16) 得
$$N_2 y_{2,H_2} = N_1 y_{1,H_2} - 2(N_1 y_{1,CO} - N_2 y_{2,CO}) - 3(N_1 y_{1,CO_2} - N_2 y_{2,CO_2})$$

所以
$$y_{2,H_2} = N_1/N_2 \ (y_{1,H_2} - 2y_{1,CO} - 3y_{1,CO_2}) + 2y_{2,CO} + 3y_{2,CO_2} \tag{5.33}$$

对于惰性气体 $N_2$、$C_nH_m$ 有
$$N_2 y_{2,N_2} = N_3 y_{3,N_2}$$

所以
$$y_{2,N_2} = N_3/N_2 \times y_{3,N_2} \tag{5.34}$$

$$N_2 y_{2,C_nH_m} = N_3 y_{3,C_nH_m}$$

所以
$$y_{2,C_nH_m} = N_3/N_2 \times y_{3,C_nH_m} \tag{5.35}$$

#### 5.2.3.2 物料衡算结果

在反应压力为 5 MPa，C301 铜基催化剂，粒度为 16～20 目，催化剂装入量为

7.9825 g，操作温度为 210～250℃，进口气体摩尔流量（已换算为标准状态）为 0.1～0.9mol/h 条件下，测定 32 套甲醇合成反应试验数据，经物料衡算分析后得到试验结果数据如表 5.8 及表 5.9 所示。

表 5.8 反应前及冷凝后气体组成（16～20 目）

| 试验序号 | 温度 /K | 进口流量 /(mol/h) | 进口气体组成/% CO | $CO_2$ | $N_2$ | $C_nH_m$ | $H_2$ | 冷凝后气体组成/% CO | $CO_2$ | $N_2$ | $C_nH_m$ | $H_2$ |
|---|---|---|---|---|---|---|---|---|---|---|---|---|
| 1 | 483.15 | 0.08 | 11.95 | 9.43 | 39.66 | 1.04 | 37.92 | 7.36 | 10.01 | 43.65 | 1.07 | 29.77 |
| 2 | 483.15 | 0.17 | 11.95 | 9.43 | 39.66 | 1.04 | 37.92 | 10.87 | 9.52 | 40.48 | 1.06 | 36.04 |
| 3 | 483.15 | 0.21 | 11.95 | 9.43 | 39.66 | 1.04 | 37.92 | 10.60 | 9.45 | 40.13 | 1.02 | 35.32 |
| 4 | 483.15 | 0.31 | 11.95 | 9.43 | 39.66 | 1.04 | 37.92 | 8.06 | 10.35 | 45.21 | 1.16 | 31.61 |
| 5 | 483.15 | 0.36 | 11.95 | 9.43 | 39.66 | 1.04 | 37.92 | 10.90 | 9.79 | 41.23 | 1.11 | 35.29 |
| 6 | 483.15 | 0.47 | 11.95 | 9.43 | 39.66 | 1.04 | 37.92 | 10.52 | 10.02 | 42.70 | 1.24 | 34.24 |
| 7 | 493.15 | 0.08 | 11.95 | 9.43 | 39.66 | 1.04 | 37.92 | 10.25 | 9.51 | 40.90 | 1.02 | 36.06 |
| 8 | 493.15 | 0.16 | 11.95 | 9.43 | 39.66 | 1.04 | 37.92 | 9.90 | 9.99 | 42.18 | 1.08 | 35.97 |
| 9 | 493.15 | 0.23 | 11.95 | 9.43 | 39.66 | 1.04 | 37.92 | 10.00 | 10.15 | 42.81 | 1.07 | 35.66 |
| 10 | 493.15 | 0.34 | 11.95 | 9.43 | 39.66 | 1.04 | 37.92 | 10.27 | 9.75 | 42.47 | 1.34 | 35.97 |
| 11 | 493.15 | 0.40 | 11.95 | 9.43 | 39.66 | 1.04 | 37.92 | 10.14 | 10.00 | 42.71 | 1.36 | 35.58 |
| 12 | 493.15 | 0.46 | 11.95 | 9.43 | 39.66 | 1.04 | 37.92 | 10.21 | 9.97 | 42.52 | 1.36 | 35.74 |
| 13 | 493.15 | 0.54 | 11.95 | 9.43 | 39.66 | 1.04 | 37.92 | 11.31 | 9.72 | 41.64 | 1.36 | 35.27 |
| 14 | 493.15 | 0.62 | 11.95 | 9.43 | 39.66 | 1.04 | 37.92 | 11.48 | 10.12 | 43.23 | 1.17 | 35.90 |
| 15 | 503.15 | 0.13 | 11.95 | 9.43 | 39.66 | 1.04 | 37.92 | 9.81 | 10.24 | 41.79 | 1.04 | 35.26 |
| 16 | 503.15 | 0.28 | 11.95 | 9.43 | 39.66 | 1.04 | 37.92 | 9.72 | 9.74 | 41.13 | 1.05 | 34.85 |
| 17 | 503.15 | 0.42 | 11.95 | 9.43 | 39.66 | 1.04 | 37.92 | 6.20 | 6.80 | 45.70 | 1.26 | 25.70 |
| 18 | 503.15 | 0.49 | 11.95 | 9.43 | 39.66 | 1.04 | 37.92 | 9.76 | 9.56 | 41.94 | 1.09 | 34.75 |
| 19 | 503.15 | 0.64 | 11.95 | 9.43 | 39.66 | 1.04 | 37.92 | 9.19 | 10.34 | 43.72 | 1.13 | 34.04 |
| 20 | 503.15 | 0.80 | 11.95 | 9.43 | 39.66 | 1.04 | 37.92 | 10.10 | 10.28 | 43.60 | 1.11 | 35.10 |
| 21 | 513.15 | 0.15 | 11.95 | 9.43 | 39.66 | 1.04 | 37.92 | 8.43 | 10.63 | 47.18 | 1.21 | 31.37 |
| 22 | 513.15 | 0.26 | 11.95 | 9.43 | 39.66 | 1.04 | 37.92 | 10.48 | 10.08 | 42.40 | 1.08 | 36.83 |
| 23 | 513.15 | 0.61 | 11.95 | 9.43 | 39.66 | 1.04 | 37.92 | 10.11 | 10.09 | 43.46 | 1.09 | 35.51 |
| 24 | 513.15 | 0.81 | 11.95 | 9.43 | 39.66 | 1.04 | 37.92 | 9.71 | 9.80 | 43.95 | 1.11 | 35.57 |
| 25 | 523.15 | 0.20 | 11.36 | 9.51 | 39.96 | 1.06 | 37.50 | 9.03 | 9.73 | 43.96 | 1.24 | 35.40 |
| 26 | 523.15 | 0.22 | 11.36 | 9.51 | 39.96 | 1.06 | 37.50 | 9.84 | 9.50 | 39.98 | 1.06 | 38.02 |
| 27 | 523.15 | 0.36 | 11.36 | 9.51 | 39.96 | 1.06 | 37.50 | 9.34 | 9.43 | 44.04 | 1.25 | 35.45 |
| 28 | 523.15 | 0.40 | 11.36 | 9.51 | 39.96 | 1.06 | 37.50 | 8.93 | 8.99 | 44.00 | 1.17 | 35.17 |
| 29 | 523.15 | 0.44 | 11.36 | 9.51 | 39.96 | 1.06 | 37.50 | 9.77 | 9.38 | 43.17 | 1.13 | 36.37 |
| 30 | 523.15 | 0.47 | 11.36 | 9.51 | 39.96 | 1.06 | 37.50 | 9.06 | 9.54 | 43.19 | 1.13 | 36.41 |
| 31 | 523.15 | 0.64 | 11.36 | 9.51 | 39.96 | 1.06 | 37.50 | 9.28 | 9.54 | 43.06 | 1.13 | 36.98 |
| 32 | 523.15 | 0.90 | 11.36 | 9.51 | 39.96 | 1.06 | 37.50 | 9.68 | 9.05 | 43.24 | 1.16 | 36.37 |

注：$C_nH_m$ 为 $CH_4$、$C_2H_2$、$C_2H_4$ 和 $C_2H_6$ 混合气体，压力为 5MPa。

表 5.9 反应器出口气体组成及试验结果（16～20目）

| 试验序号 | 反应器出口气体组成/% |  |  |  |  |  |  | 试验结果 |  |  |
|---|---|---|---|---|---|---|---|---|---|---|
|  | CO | $CO_2$ | $N_2$ | $C_nH_m$ | $H_2$ | $CH_3OH$ | $H_2O$ | CO转化率/% | $CO_2$转化率/% | 甲醇时空收率$\times 10^2$ /[kg/(kg·h)] |
| 1 | 7.54 | 10.25 | 44.71 | 1.10 | 29.49 | 6.27 | 0.36 | 63.89 | 37.77 | 2.42 |
| 2 | 10.96 | 9.60 | 40.81 | 1.07 | 35.96 | 1.44 | 0.11 | 50.30 | 41.75 | 0.26 |
| 3 | 10.82 | 9.65 | 40.96 | 1.04 | 35.77 | 1.60 | 0.09 | 48.18 | 41.45 | 0.74 |
| 4 | 7.90 | 10.14 | 44.31 | 1.14 | 30.03 | 5.83 | 0.39 | 47.50 | 38.43 | 3.94 |
| 5 | 10.80 | 9.70 | 40.85 | 1.10 | 35.93 | 1.54 | 0.02 | 46.80 | 41.12 | 1.22 |
| 6 | 10.23 | 9.74 | 41.51 | 1.21 | 34.59 | 2.47 | 0.16 | 44.37 | 40.08 | 2.54 |
| 7 | 10.41 | 9.66 | 41.53 | 1.04 | 34.76 | 2.30 | 0.21 | 50.14 | 41.38 | 0.38 |
| 8 | 9.84 | 9.93 | 41.92 | 1.07 | 34.26 | 2.82 | 0.03 | 55.74 | 39.73 | 0.99 |
| 9 | 9.80 | 9.95 | 41.97 | 1.05 | 34.25 | 2.84 | 0.02 | 53.02 | 40.00 | 1.42 |
| 10 | 10.10 | 9.59 | 41.78 | 1.32 | 33.73 | 2.95 | 0.39 | 51.61 | 41.78 | 2.17 |
| 11 | 9.92 | 9.78 | 41.77 | 1.33 | 33.93 | 2.94 | 0.21 | 50.20 | 40.64 | 2.56 |
| 12 | 10.00 | 9.77 | 41.66 | 1.33 | 34.11 | 2.81 | 0.19 | 49.54 | 40.71 | 2.88 |
| 13 | 11.03 | 9.48 | 40.61 | 1.33 | 35.72 | 1.52 | 0.24 | 47.84 | 42.46 | 1.80 |
| 14 | 10.87 | 9.58 | 40.92 | 1.11 | 34.91 | 1.63 | 0.16 | 47.95 | 40.90 | 2.22 |
| 15 | 9.86 | 9.89 | 41.98 | 1.05 | 34.16 | 2.86 | 0.08 | 52.79 | 39.99 | 0.81 |
| 16 | 9.89 | 9.91 | 41.87 | 1.07 | 34.35 | 2.75 | 0.03 | 52.61 | 39.82 | 8.14 |
| 17 | 6.74 | 7.39 | 49.65 | 1.37 | 26.74 | 2.68 | 0.44 | 50.80 | 20.40 | 13.50 |
| 18 | 9.84 | 9.64 | 42.30 | 1.10 | 33.24 | 3.31 | 0.41 | 45.10 | 41.48 | 18.80 |
| 19 | 9.08 | 10.10 | 42.72 | 1.10 | 33.96 | 3.84 | 0.05 | 38.30 | 40.17 | 17.86 |
| 20 | 9.74 | 9.92 | 42.07 | 1.07 | 33.27 | 3.00 | 0.08 | 23.06 | 6.76 | 12.15 |
| 21 | 7.94 | 10.01 | 44.44 | 1.14 | 29.66 | 6.00 | 0.55 | 61.99 | 39.22 | 1.81 |
| 22 | 10.26 | 9.79 | 41.52 | 1.06 | 34.14 | 2.31 | 0.07 | 50.84 | 27.20 | 2.60 |
| 23 | 9.81 | 9.79 | 42.17 | 1.06 | 33.70 | 3.11 | 0.23 | 42.00 | 40.57 | 5.94 |
| 24 | 9.48 | 9.57 | 42.92 | 1.08 | 32.06 | 4.06 | 0.63 | 26.61 | 6.13 | 4.94 |
| 25 | 8.88 | 9.57 | 43.22 | 1.22 | 31.56 | 4.17 | 0.74 | 27.86 | 7.15 | 2.92 |
| 26 | 10.15 | 9.80 | 41.23 | 1.09 | 35.50 | 1.59 | 0.02 | 13.42 | 0.15 | 1.30 |
| 27 | 9.17 | 9.26 | 43.23 | 1.23 | 31.21 | 4.19 | 1.05 | 26.14 | 10.19 | 5.30 |
| 28 | 8.93 | 8.99 | 42.00 | 1.17 | 29.69 | 5.06 | 1.48 | 25.88 | 14.15 | 9.45 |
| 29 | 9.65 | 9.27 | 42.65 | 1.12 | 32.44 | 3.35 | 0.88 | 24.92 | 8.67 | 5.28 |
| 30 | 9.05 | 9.53 | 43.13 | 1.13 | 31.84 | 3.94 | 0.73 | 24.45 | 6.30 | 6.65 |
| 31 | 9.24 | 9.50 | 42.89 | 1.13 | 32.24 | 3.65 | 0.70 | 23.00 | 6.88 | 8.40 |
| 32 | 9.63 | 9.00 | 43.02 | 1.15 | 31.46 | 3.84 | 1.24 | 21.28 | 12.08 | 11.34 |

在反应压力为 5.0 MPa，C301 催化剂，粒度为 20~40 目，催化剂用量为 5.1532 g，合成气进口摩尔流量（已换算为标准状态）为 0.10~1.5 mol/h，反应温度为 230~260℃条件下，测定 34 组甲醇合成反应试验数据，经物料衡算分析后得出试验结果如表 5.10 及表 5.11 所示。

**表 5.10 反应前及冷凝后气体组成**（20~40 目）

| 试验序号 | 温度/K | 进口流量/(mol/h) | 进口气体组成/% |  |  |  |  | 冷凝后气体组成/% |  |  |  |  |
|---|---|---|---|---|---|---|---|---|---|---|---|---|
|  |  |  | CO | $CO_2$ | $N_2$ | $C_nH_m$ | $H_2$ | CO | $CO_2$ | $N_2$ | $C_nH_m$ | $H_2$ |
| 1 | 503.15 | 0.17 | 11.83 | 10.76 | 45.13 | 1.04 | 31.24 | 8.75 | 11.68 | 56.35 | 1.31 | 26.56 |
| 2 | 503.15 | 0.36 | 11.83 | 10.76 | 45.13 | 1.04 | 31.24 | 8.56 | 10.77 | 52.90 | 1.22 | 26.49 |
| 3 | 503.15 | 0.44 | 11.83 | 10.76 | 45.13 | 1.04 | 31.24 | 9.22 | 10.51 | 49.86 | 1.17 | 24.87 |
| 4 | 503.15 | 0.62 | 11.83 | 10.76 | 45.13 | 1.04 | 31.24 | 9.67 | 10.01 | 48.13 | 1.09 | 27.14 |
| 5 | 503.15 | 0.72 | 11.83 | 10.76 | 45.13 | 1.04 | 31.24 | 9.52 | 9.08 | 45.22 | 1.04 | 25.28 |
| 6 | 503.15 | 0.98 | 11.83 | 10.76 | 45.13 | 1.04 | 31.24 | 9.85 | 9.40 | 46.54 | 1.05 | 26.47 |
| 7 | 503.15 | 1.05 | 11.83 | 10.76 | 45.13 | 1.04 | 31.24 | 9.85 | 9.67 | 44.06 | 0.99 | 26.56 |
| 8 | 513.15 | 0.10 | 10.80 | 8.87 | 42.81 | 0.88 | 36.64 | 7.27 | 8.52 | 46.34 | 1.06 | 30.16 |
| 9 | 513.15 | 0.26 | 10.80 | 8.87 | 42.81 | 0.88 | 36.64 | 7.60 | 7.57 | 38.89 | 0.84 | 30.57 |
| 10 | 513.15 | 0.24 | 10.80 | 8.87 | 42.81 | 0.88 | 36.64 | 8.31 | 7.32 | 40.79 | 0.87 | 31.32 |
| 11 | 513.15 | 0.69 | 10.80 | 8.87 | 42.81 | 0.88 | 36.64 | 9.80 | 8.37 | 47.83 | 1.02 | 33.88 |
| 12 | 513.15 | 0.83 | 10.80 | 8.87 | 42.81 | 0.88 | 36.64 | 9.64 | 8.72 | 47.36 | 1.01 | 31.03 |
| 13 | 513.15 | 1.00 | 11.27 | 8.32 | 44.29 | 0.95 | 35.17 | 9.70 | 8.11 | 47.43 | 1.01 | 32.13 |
| 14 | 513.15 | 1.17 | 11.27 | 8.32 | 44.29 | 0.95 | 35.17 | 10.28 | 8.21 | 47.16 | 1.01 | 32.55 |
| 15 | 523.15 | 0.17 | 11.27 | 8.32 | 44.29 | 0.95 | 35.17 | 9.10 | 8.31 | 50.49 | 1.16 | 31.47 |
| 16 | 523.15 | 0.29 | 11.27 | 8.32 | 44.29 | 0.95 | 35.17 | 9.42 | 8.43 | 50.00 | 1.12 | 31.03 |
| 17 | 523.15 | 0.44 | 11.27 | 8.32 | 44.29 | 0.95 | 35.17 | 9.35 | 8.29 | 48.76 | 1.04 | 30.39 |
| 18 | 523.15 | 0.48 | 11.27 | 8.32 | 44.29 | 0.95 | 35.17 | 9.80 | 8.45 | 51.00 | 1.11 | 32.09 |
| 19 | 523.15 | 0.69 | 11.27 | 8.32 | 44.29 | 0.95 | 35.17 | 10.29 | 8.18 | 50.64 | 1.11 | 32.43 |
| 20 | 523.15 | 0.84 | 11.27 | 8.32 | 44.29 | 0.95 | 35.17 | 10.43 | 8.34 | 50.28 | 1.09 | 33.03 |
| 21 | 523.15 | 0.92 | 10.49 | 7.95 | 34.63 | 0.89 | 46.04 | 8.57 | 6.80 | 34.50 | 0.98 | 41.30 |
| 22 | 523.15 | 1.12 | 10.49 | 7.95 | 34.63 | 0.89 | 46.04 | 9.20 | 7.90 | 36.30 | 1.00 | 44.40 |
| 23 | 523.15 | 1.24 | 10.49 | 7.95 | 34.63 | 0.89 | 46.04 | 9.60 | 8.07 | 36.70 | 1.04 | 45.40 |
| 24 | 523.15 | 1.50 | 10.49 | 7.95 | 34.63 | 0.89 | 46.04 | 10.18 | 8.26 | 37.03 | 1.04 | 46.53 |
| 25 | 533.15 | 0.13 | 10.49 | 7.95 | 34.63 | 0.89 | 46.04 | 7.80 | 7.50 | 37.40 | 1.02 | 45.20 |
| 26 | 533.15 | 0.33 | 10.49 | 7.95 | 34.63 | 0.89 | 46.04 | 9.14 | 7.92 | 37.99 | 1.05 | 44.00 |
| 27 | 533.15 | 0.55 | 10.49 | 7.95 | 34.63 | 0.89 | 46.04 | 9.48 | 7.94 | 38.47 | 1.10 | 44.70 |
| 28 | 533.15 | 0.71 | 10.49 | 7.95 | 34.63 | 0.89 | 46.04 | 10.05 | 8.22 | 38.93 | 1.09 | 45.82 |
| 29 | 533.15 | 0.79 | 10.49 | 7.95 | 34.63 | 0.89 | 46.04 | 9.64 | 7.86 | 37.00 | 1.04 | 43.35 |
| 30 | 533.15 | 0.97 | 10.49 | 7.95 | 34.63 | 0.89 | 46.04 | 10.20 | 7.76 | 37.94 | 1.05 | 45.67 |
| 31 | 533.15 | 0.99 | 10.49 | 7.95 | 34.63 | 0.89 | 46.04 | 9.93 | 7.70 | 35.82 | 1.00 | 44.13 |
| 32 | 533.15 | 1.05 | 10.49 | 7.95 | 34.63 | 0.89 | 46.04 | 10.14 | 7.78 | 35.82 | 0.99 | 44.48 |
| 33 | 533.15 | 1.19 | 10.49 | 7.95 | 34.63 | 0.89 | 46.04 | 10.61 | 8.07 | 36.57 | 1.03 | 45.70 |
| 34 | 533.15 | 1.37 | 10.49 | 7.95 | 34.63 | 0.89 | 46.04 | 10.52 | 7.96 | 35.33 | 0.99 | 45.04 |

注：$C_nH_m$ 为 $CH_4$、$C_2H_2$、$C_2H_4$ 和 $C_2H_6$ 混合气体。

## 5 生物质原料气合成甲醇研究

**表5.11 反应器出口气体组成及试验结果（20～40目）**

| 试验序号 | 进口空速/[L/(kg·h)] | CO | $CO_2$ | $N_2$ | $C_nH_m$ | $H_2$ | $CH_3OH$ | $H_2O$ | CO转化率/% | $CO_2$转化率/% | 甲醇时空收率×$10^2$/[kg/(kg·h)] |
|---|---|---|---|---|---|---|---|---|---|---|---|
| 1 | 727.5 | 8.00 | 10.68 | 51.54 | 1.20 | 19.84 | 7.12 | 1.61 | 32.25 | 0.71 | 6.48 |
| 2 | 1554.0 | 8.32 | 10.46 | 51.40 | 1.19 | 19.90 | 6.95 | 1.79 | 29.69 | 5.17 | 8.00 |
| 3 | 1922.0 | 9.22 | 10.50 | 49.83 | 1.17 | 22.65 | 5.24 | 1.38 | 22.11 | 2.38 | 13.02 |
| 4 | 2687.5 | 9.89 | 10.24 | 49.21 | 1.11 | 23.56 | 4.50 | 1.49 | 16.42 | 4.88 | 15.85 |
| 5 | 3135.9 | 10.33 | 9.86 | 49.08 | 1.13 | 23.37 | 4.38 | 1.85 | 12.65 | 8.40 | 18.04 |
| 6 | 4256.6 | 10.37 | 9.89 | 48.98 | 1.11 | 23.62 | 4.25 | 1.78 | 12.36 | 6.72 | 25.10 |
| 7 | 4580.1 | 10.05 | 10.45 | 47.62 | 1.07 | 26.01 | 2.72 | 0.90 | 10.01 | 2.87 | 16.90 |
| 8 | 425.2 | 7.46 | 8.74 | 47.52 | 1.09 | 28.23 | 5.73 | 1.15 | 30.97 | 1.50 | 3.12 |
| 9 | 1148.1 | 8.88 | 8.84 | 45.44 | 0.98 | 31.98 | 3.21 | 0.59 | 17.78 | 0.29 | 10.70 |
| 10 | 1826.6 | 9.32 | 8.21 | 45.73 | 0.98 | 30.87 | 3.54 | 1.29 | 21.20 | 7.48 | 8.62 |
| 11 | 3017.8 | 9.40 | 8.03 | 45.86 | 0.98 | 30.46 | 3.70 | 1.50 | 12.97 | 9.50 | 14.85 |
| 12 | 3615.2 | 9.27 | 8.39 | 45.54 | 0.97 | 31.36 | 3.32 | 1.07 | 14.16 | 5.46 | 16.10 |
| 13 | 4328.3 | 9.63 | 8.05 | 47.08 | 1.00 | 30.30 | 3.14 | 0.79 | 12.30 | 3.24 | 11.60 |
| 14 | 5091.3 | 10.10 | 8.07 | 46.36 | 0.99 | 31.51 | 2.33 | 0.64 | 10.34 | 3.01 | 11.50 |
| 15 | 744.6 | 8.73 | 7.97 | 48.42 | 1.11 | 27.86 | 4.76 | 1.14 | 22.56 | 1.43 | 4.62 |
| 16 | 1277.2 | 9.03 | 8.07 | 47.86 | 1.07 | 28.93 | 4.10 | 0.93 | 19.89 | 1.71 | 6.91 |
| 17 | 1914.0 | 9.15 | 8.11 | 47.70 | 1.02 | 29.34 | 3.84 | 0.85 | 18.58 | 2.53 | 9.75 |
| 18 | 2103.0 | 9.20 | 7.93 | 47.85 | 1.04 | 28.85 | 4.05 | 1.06 | 15.00 | 4.69 | 11.26 |
| 19 | 2983.5 | 9.66 | 7.68 | 47.54 | 1.04 | 29.12 | 3.70 | 1.26 | 14.28 | 7.70 | 12.80 |
| 20 | 3652.4 | 9.78 | 7.82 | 47.16 | 1.02 | 29.91 | 3.26 | 1.04 | 13.18 | 5.97 | 15.96 |
| 21 | 3994.6 | 9.14 | 7.25 | 36.78 | 1.05 | 41.86 | 3.25 | 1.22 | 12.89 | 8.80 | 17.42 |
| 22 | 4884.2 | 9.16 | 7.86 | 36.13 | 1.00 | 43.70 | 2.25 | 0.45 | 11.40 | 1.11 | 15.04 |
| 23 | 5403.6 | 9.37 | 7.88 | 35.84 | 1.00 | 44.18 | 1.88 | 0.37 | 10.63 | 0.88 | 11.90 |
| 24 | 6522.4 | 9.74 | 7.90 | 35.42 | 1.00 | 44.95 | 1.27 | 0.25 | 7.16 | 0.61 | 11.51 |
| 25 | 564.2 | 7.89 | 7.59 | 37.83 | 1.03 | 40.42 | 4.70 | 1.11 | 24.80 | 1.80 | 3.46 |
| 26 | 1433.3 | 8.83 | 7.65 | 36.71 | 1.01 | 42.45 | 3.10 | 0.79 | 15.81 | 3.74 | 5.98 |
| 27 | 2372.8 | 9.02 | 7.55 | 36.58 | 1.05 | 42.50 | 2.97 | 0.87 | 13.20 | 5.02 | 7.64 |
| 28 | 3085.4 | 9.34 | 7.64 | 36.16 | 1.01 | 43.38 | 2.33 | 0.69 | 11.01 | 3.96 | 8.07 |
| 29 | 3444.9 | 9.40 | 7.66 | 36.06 | 1.01 | 43.57 | 2.19 | 0.64 | 9.30 | 3.64 | 10.33 |
| 30 | 4198.9 | 9.70 | 7.38 | 36.06 | 1.00 | 43.31 | 2.17 | 0.92 | 7.58 | 7.22 | 12.47 |
| 31 | 4288.8 | 9.85 | 7.64 | 35.60 | 0.99 | 44.39 | 1.51 | 0.55 | 6.10 | 3.93 | 8.97 |
| 32 | 4549.7 | 10.02 | 7.68 | 35.38 | 0.98 | 44.84 | 1.18 | 0.45 | 4.53 | 3.35 | 7.46 |
| 33 | 5153.5 | 10.19 | 7.75 | 35.10 | 0.99 | 45.36 | 0.81 | 0.33 | 2.91 | 2.56 | 5.84 |
| 34 | 5955.9 | 10.36 | 7.84 | 34.81 | 0.98 | 45.99 | 0.34 | 0.17 | 1.02 | 1.03 | 3.12 |

### 5.2.3.3 试验结果分析

在 5 MPa 反应压力及 16～20 目、20～40 目的不同催化剂粒度条件下，分析不同温度下的 CO 转化率、$CO_2$ 转化率、甲醇时空收率（单位时间、单位质量催化剂生产的甲醇质量）与不同秸秆合成气进口流量（标况下）相互关系。

**1）温度对试验结果的影响**

随着温度的升高，CO 转化率在不同流量下均呈现逐渐降低趋势；$CO_2$ 转化率在各种流量下，随着温度升高先降低后升高再降低再升高，呈"S"形变化趋势；甲醇时空收率在各种流量下随温度的升高先增大后减少，呈抛物线形变化，230～250℃时，甲醇时空收率较大，230℃时，甲醇时空收率最大，16～20 目对应的最大甲醇时空收率为 0.19 kg/（kg·h），20～40 目对应的最大甲醇时空收率为 0.25 kg/（kg·h）。

**2）进口流量对试验结果的影响**

CO、$CO_2$ 的转化率在合成气摩尔流量不断增大的情况下，随着温度的升高逐渐变小，甲醇时空收率对流量的变化率随温度的升高而逐渐变小。综合比较得到，在其他试验条件保持恒定时，合成甲醇的适宜流量，16～20 目为 0.4～0.6 mol/h，20～40 目为 0.8～1.0 mol/h。

**3）催化剂粒度对试验结果的影响**

同一反应设备，同一种催化剂在相同的试验条件下（包括合成反应压力、温度、合成原料气进口流量等），催化剂粒度越小，反应转化率越高，催化剂活性温度区间变宽，产物反应速度加快，甲醇时空收率提高。

## 5.3 秸秆气化合成气制备甲醇工艺条件试验研究

### 5.3.1 试验设计

#### 5.3.1.1 试验设备与材料

试验设备同 5.2，试验材料选择隔年收获的玉米秸秆（包括茎、叶）经热化学法生产出原料气，经进一步纯化试验后，调配不同配比的 $H_2$ 组成一系列不同组分的合成气作为本试验原材料。

#### 5.3.1.2 试验方法与条件

试验在直流流动等温积分反应器中进行。试验流程，合成气及冷凝器出口气体成分分析方法、测试条件及物料衡算方法同第 3 章，试验催化剂选择了 C301、C302 和 NC306 三种不同型号的催化剂，催化剂为 16～20 目、20～40 目、40～60 目和 60～80 目，分别对反应压力、温度、进口气流量和合成气配比进行保持几个量恒定而改变某个参数的试验。

## 5.3.2 试验部分

探讨甲醇合成的工艺条件对 CO 转化率、$CO_2$ 转化率和甲醇时空收率的影响规律,优化生产较高的甲醇时空收率的合成工艺技术参数,指导秸秆合成气合成甲醇工业中试试验。

这部分试验共包括四部分:第一部分研究合成反应温度、压力、合成气进口流量与 CO 转化率、$CO_2$ 转化率及甲醇时空收率之间的关系,确定各因素对主要指标的影响顺序;第二部分甲醇时空收率与反应压力、反应温度、进口合成气流量之间的关系进行单因素试验,找出其变化规律,确定合成反应的最适宜压力、温度及进口合成气流量;第三部分选择不同型号的催化剂及其粒度试验,以确定适宜催化剂及其粒度;第四部分为不同配比的合成气优选试验。

### 5.3.2.1 正交试验

**1)试验条件**

根据第 3 章试验研究经验,制订本试验条件如下:选用 C301 铜基催化剂为试验催化剂;催化剂粒度为 60~80 目(0.246 mm×0.175 mm);秸秆合成气组成为 $H_2$ 40.27%,$N_2$ 37.73%,CO 11.54%,$C_nH_m$ 1.14%,$CO_2$ 9.22%。

**2)因素水平表的制订**

为了通过试验从反应压力(B)、反应温度(A)及合成气进口流量(C)这三者之间找出对 CO 转化率、$CO_2$ 转化率及甲醇时空收率的主要影响因素,确定各因素对主要指标的影响顺序,找出最佳因素组合水平,制订因素水平表如表 5.12 所示。

表 5.12 正交试验因素水平表

| 试验因子 | 试验水平 1 | 试验水平 2 | 试验水平 3 |
| --- | --- | --- | --- |
| 反应温度/℃ | 240 | 250 | 260 |
| 反应压力/MPa | 4 | 5 | 6 |
| 合成气进口流量(标况)/(mol/h) | 0.3 | 0.6 | 0.9 |

**3)试验数据的测试**

试验在动力学研究室进行,反应设备、合成方法和原理,合成气成分、冷凝气成分、分析仪器及方法同 5.3。

**4)试验结果与分析**

将正交试验测得的试验数据,经反应体系物料衡算处理后得到的试验结果及试验结果的方差分析如表 5.13、表 5.14、表 5.15 和表 5.16 所示。

**表 5.13　秸秆合成气多因素正交试验结果与计算**

| 试验号 | 因素 反应温度 | 反应压力 | 合成气进口流量 | 指标 CO转化率/% | $CO_2$转化率/% | 甲醇时空收率/$[10^{-2}kg/(kg \cdot h)]$ |
|---|---|---|---|---|---|---|
| 1 | 1 | 1 | 1 | 21.43 | 0.23 | 5.01 |
| 2 | 1 | 2 | 2 | 16.61 | 0.45 | 7.96 |
| 3 | 1 | 3 | 3 | 20.17 | 0.76 | 13.65 |
| 4 | 2 | 1 | 2 | 22.67 | 9.35 | 15.83 |
| 5 | 2 | 2 | 3 | 15.34 | 0.18 | 10.76 |
| 6 | 2 | 3 | 1 | 35.72 | 0.31 | 8.59 |
| 7 | 3 | 1 | 3 | 11.97 | 0.65 | 8.69 |
| 8 | 3 | 2 | 1 | 24.68 | 0.27 | 5.82 |
| 9 | 3 | 3 | 2 | 30.97 | 0.26 | 15.23 |
| CO转化率 | $K_{1j}$ 58.21 | 56.07 | 81.83 | $K$=199.56 | | |
| | $K_{2j}$ 73.73 | 56.63 | 70.25 | $W$=4878.65 | | |
| | $K_{3j}$ 67.62 | 86.86 | 47.48 | $P$=4424.91 | | |
| | $U_j$ 4465.66 | 4631.82 | 4628.52 | $Q_T$=453.74 | | |
| | $Q_j$ 40.75 | 206.91 | 203.61 | $Q_E$=2.47 | | |
| $CO_2$转化率 | $K_{1j}$ 1.44 | 10.23 | 0.81 | $K$=12.46 | | |
| | $K_{2j}$ 9.84 | 0.9 | 10.06 | $W$=88.95 | | |
| | $K_{3j}$ 1.18 | 1.33 | 1.59 | $P$=17.25 | | |
| | $U_j$ 33.43 | 35.74 | 34.79 | $Q_T$=71.70 | | |
| | $Q_j$ 16.18 | 18.49 | 17.55 | $Q_E$=19.48 | | |
| 甲醇时空收率 | $K_{1j}$ 26.62 | 29.35 | 19.42 | $K$=91.54 | | |
| | $K_{2j}$ 35.18 | 24.54 | 39.02 | $W$=1056.28 | | |
| | $K_{3j}$ 29.74 | 37.47 | 33.1 | $P$=931.06 | | |
| | $U_j$ 943.57 | 959.41 | 998.44 | $Q_T$=125.22 | | |
| | $Q_j$ 12.51 | 28.35 | 67.37 | $Q_E$=16.99 | | |

**表 5.14　秸秆合成气 CO 转化率试验结果方差分析**

| 来源 | 离差 | 自由度 | 均方离差 | F值 |
|---|---|---|---|---|
| 反应温度 | 40.75 | 2 | 20.37 | 16.48 |
| 反应压力 | 206.91 | 2 | 103.45 | 83.69 |
| 合成气进口流量 | 203.61 | 2 | 101.81 | 82.36 |
| 误差 | 2.47 | 2 | 1.24 | |
| 总和 | 453.74 | 8 | | |

表 5.15 秸秆合成气 $CO_2$ 转化率试验结果方差分析

| 来源 | 离差 | 自由度 | 均方离差 | $F$ 值 |
| --- | --- | --- | --- | --- |
| 反应温度 | 12.51 | 2 | 8.09 | 0.83 |
| 反应压力 | 18.49 | 2 | 9.25 | 0.95 |
| 合成气进口流量 | 17.55 | 2 | 8.77 | 0.90 |
| 误差 | 19.48 | 2 | 9.74 | |
| 总和 | 68.03 | 8 | | |

表 5.16 秸秆合成气甲醇时空收率试验结果方差分析

| 来源 | 离差 | 自由度 | 均方离差 | $F$ 值 |
| --- | --- | --- | --- | --- |
| 反应温度 | 12.51 | 2 | 6.26 | 0.74 |
| 反应压力 | 28.35 | 2 | 14.18 | 1.67 |
| 合成气进口流量 | 67.37 | 2 | 33.69 | 3.97 |
| 误差 | 16.99 | 2 | 8.49 | |
| 总和 | 125.22 | 8 | | |

注：玉米秸秆合成气催化合成甲醇的方差分析：给定 $\alpha=0.05$，查表得到 $F_{0.05(2,2)}=19$。

由表 5.14 可知，合成反应温度，对反应体系中 CO 转化率影响的 $F$ 值小于 $F_{0.05(2,2)}=19$，而反应压力及进口合成气流量对 CO 转化率影响的 $F$ 值均大于 $F_{0.05(2,2)}=19$，而且反应压力的 $F$ 值略大于进口合成气流量的 $F$ 值，因此，反应温度对 CO 转化率影响不显著，而反应压力和合成气进口流量对 CO 转化率影响显著。所以，这三个因素对 CO 转化率影响顺序：反应压力＞合成气进口流量＞反应温度。

表 5.15 表明，反应温度、反应压力及合成气进口流量对 $CO_2$ 转化率影响的 $F$ 值均小于 $F_{0.05(2,2)}=19$，因而这三个因素对 $CO_2$ 转化率的影响均不显著。这三个因素对 $CO_2$ 转化率的影响顺序：反应压力＞合成气进口流量＞反应温度。

从表 5.16 可以看出，反应温度、反应压力及合成气进口流量对甲醇时空收率影响的 $F$ 值均小于 $F_{0.05(2,2)}=19$，说明这三个因素对甲醇时空收率的影响均不显著，由表中 $F$ 值的大小比较可知，这三个因素对甲醇时空收率的影响顺序：合成气进口流量＞反应压力＞反应温度。

综合因素考虑，使甲醇时空收率最大的最佳组合：$A_2B_1C_2$ 或 $A_3B_3C_2$，即反应温度 250℃，反应压力 4MPa，合成气进口流量 0.6mol/h 或反应温度 260℃，反应压力 6MPa，合成气进口流量为 0.6mol/h。

### 5.3.2.2 温度优选试验

温度对于反应混合物的化学平衡和反应速度，都有很大的影响。每个反应体系，在一定试验条件下都有一个最佳反应温度，在该温度下，反应速度最大，目标产物的产率最高。对玉米秸秆合成气反应体系来说也存在一个最佳反应温度，在其他条件恒定时，通过变温试验结果来优选最佳温度。为此，设计优选试验条件：

反应压力/MPa　　　　　　　5
催化剂型号　　　　　　　　C301
催化剂粒度/目　　　　　　　20~40
催化剂重量/g　　　　　　　5.15
空速/[NL/(kg·h)]　　　　　4195
进口合成原料气　　　　　　CO 11.41，$CO_2$ 8.69，$N_2$ 37.63；
组成/%　　　　　　　　　 $C_nH_m$ 1.03，$H_2$ 42.97

试验操作部分同 5.3，试验结果见表 5.17 所示。

分析表 5.17 中的甲醇时空收率试验数据对可知，甲醇时空收率随着反应温度的不断升高，由低变高，再低，呈抛物线形变化。试验得到：C301 催化剂在上述试验条件下的最佳温度为 235℃。

表 5.17　试验结果随温度的变化

| 温度/℃ | CO 转化率/% | $CO_2$ 转化率/% | 甲醇时空收率/[$10^{-2}$kg/(kg·h)] |
|---|---|---|---|
| 220 | 8.73 | 7.65 | 9.97 |
| 224 | 15.51 | 6.25 | 15.03 |
| 229 | 19.58 | 8.46 | 21.96 |
| 232 | 22.04 | 18.89 | 24.94 |
| 237 | 20.21 | 16.49 | 22.43 |
| 241 | 15.89 | 15.14 | 18.77 |
| 246 | 15.05 | 12.19 | 16.65 |
| 252 | 13.49 | 9.65 | 14.26 |
| 256 | 7.80 | 13.29 | 12.27 |
| 261 | 9.18 | 5.75 | 9.29 |

#### 5.3.2.3　压力优选试验

秸秆合成气压力优选试验条件：

反应温度/℃　　　　　　　　　　　　235
催化剂型号　　　　　　　　　　　　C301
催化剂粒度/目　　　　　　　　　　　16~20
催化剂重量/g　　　　　　　　　　　4.98
合成气进口质量空速/[NL/(kg·h)]　　4331
进口合成原料气　　　　　　　　　　CO 12.95，$CO_2$ 10.55，$N_2$ 43.82
组成/%　　　　　　　　　　　　　$C_nH_m$ 1.35，$H_2$ 31.48

试验操作方法同 5.2，所得试验结果列于表 5.18。

表 5.18  试验结果随压力的变化

| 压力/MPa | CO 转化率/% | $CO_2$ 转化率/% | 甲醇时空收率/[$10^{-2}$kg/(kg·h)] |
|---|---|---|---|
| 4 | 15.91 | 0.16 | 12.44 |
| 5 | 21.16 | 0.54 | 16.63 |
| 6 | 27.01 | 0.38 | 21.69 |
| 7 | 32.80 | 1.46 | 28.36 |
| 8 | 37.43 | 0.36 | 31.63 |

由表 5.18 可知，CO 转化率和甲醇时空收率均随着压力的不断增加而逐渐增大，而 $CO_2$ 转化率呈现 S 形变化。分析试验条件下的甲醇时空收率与反应压力之间的相互关系可知，甲醇时空收率随压力增加逐渐增大，在 4MPa 和 8MPa 两个压力时，甲醇时空收率随压力的变化率较小，而 5MPa、6MPa 和 7MPa 时甲醇时空收率随压力的变化率较大，其中 5MPa 时甲醇时空收率随压力的变化率最大。为此，使用 C301 催化剂及秸秆合成气时，合成反应的最佳压力为 5MPa，此压力属于低压，反应设备投资较小，在其他工艺条件处于最佳的情况下，可得到较高的甲醇时空收率。

#### 5.3.2.4 秸秆合成气配比优选试验

在秸秆合成气、铜基催化剂的反应条件下，合成气中各成分配比影响甲醇产量的情况如何，可通过保持其他反应条件恒定，单独改变合成气组成的试验研究结果来确定。为此，试验条件：

| | |
|---|---|
| 合成反应温度/℃ | 235 |
| 反应压力/MPa | 5 |
| 催化剂型号 | C301 |
| 催化剂粒度/目 | 60～80 |
| 催化剂重量/g | 5.14 |
| 合成气进口质量空速/[NL/(kg·h)] | 4819 |

配制 5 种不同比例的秸秆合成气，在上述试验条件下进行试验，所得结果列于表 5.19 中。根据表 5.19 中的试验数据，CO 转化率随不同合成气中的 CO 浓度变化关系为随着 CO 进口浓度的从小到大增加，则反应过程中 CO 转化率由大到小，再增大后变小。CO 转化率在 5.85% 和 10.49% 两个不同 CO 进口浓度处数值相近，且均较大。$CO_2$ 转化率随不同合成气中的 $CO_2$ 浓度变化关系为，$CO_2$ 转化率随着 $CO_2$ 进口浓度的不断增大而表现出由高到低，再升高后降低的趋势，3.23% 的 $CO_2$ 浓度处，$CO_2$ 转化率最大，9.8% 的 $CO_2$ 浓度处，$CO_2$ 的转化率最小。甲醇时空收率随不同进口合成气的氢碳比（$M$ 值）的变化关系为，随着 $M$ 值不断增大，合成反应的甲醇时空收率先升高后降低再升高，$M$ 值为 1.71 时，甲醇时空收率最大。

表 5.19 试验结果随合成气组成的变化

| 合成气组成/% | 氢碳比/$M$ 值 | CO 转化率/% | $CO_2$ 转化率/% | 甲醇时空收率/[$10^{-2}$kg/(kg·h)] |
|---|---|---|---|---|
| 13.09:9.8:42.63:1.12:31.46[1] | 1.13 | 9.82 | 0.38 | 7.98 |
| 10.49:8.8:37.32:0.95:40.49[2] | 1.71 | 22.49 | 5.88 | 20.81 |
| 9.22:6.85:31.99:0.76:51.1[3] | 2.62 | 15.88 | 9.23 | 14.75 |
| 8.64:5.03:27.69:0.65:61.85[4] | 3.82 | 19.46 | 5.39 | 12.37 |
| 5.85:3.23:17.7:0.37:75.77[5] | 7.08 | 22.62 | 26.40 | 16.43 |

1 为 CO 13.09，$CO_2$ 9.8，$N_2$ 42.63，$C_nH_m$ 1.12，$H_2$ 31.46；2 为 CO 10.49，$CO_2$ 8.8，$N_2$ 37.32，$C_nH_m$ 0.95，$H_2$ 40.49；3 为 CO 9.22，$CO_2$ 6.85，$N_2$ 31.99，$C_nH_m$ 0.76，$H_2$ 51.1；4 为 CO 8.64，$CO_2$ 5.03，$N_2$ 27.69，$C_nH_m$ 0.65，$H_2$ 61.85；5 为 CO 5.85，$CO_2$ 3.23，$N_2$ 17.7，$C_nH_m$ 0.37，$H_2$ 75.77。

综合比较试验结果可知：虽然 $M=7.08$ 时的 CO 和 $CO_2$ 转化率均为最大，但由于反应体系内的 CO 和 $CO_2$ 的浓度较小，故试验得到的甲醇时空收率不是最大，这是由于高氢浓度时的 $CO_2$ 逆变换反应加强抑制了 $CO_2$ 转化为甲醇反应所致。但 $M=1.71$ 时，甲醇时空收率为最大，故在所进行的试验条件下，合成原料气的适宜组成为 CO10.49%，$CO_2$8.8%，$N_2$37.32%，$C_nH_m$0.95%，$H_2$40.49%。

### 5.3.2.5 催化剂优选试验

铜基催化剂活性高、选择好，为降低甲醇生产成本，选用低压甲醇合成催化剂试验为宜，为此，本试验选用三种低压铜基催化剂 C301、C302、NC306 作为优选试验催化剂。试验条件：

| | |
|---|---|
| 反应压力/MPa | 5 |
| 反应温度/℃ | 235 |
| 催化剂型号 | C301　　C302　　NC306 |
| 催化剂重量/g | 4.95　　5.08　　5.02 |
| 催化剂粒度/目 | 16～20 |
| 进口合成气组成/% | CO 11.12，$CO_2$ 5.98，$N_2$ 32.73，$C_nH_m$ 0.76，$H_2$ 46.61 |

对每种催化剂采用改变进口气流量进行试验，试验结果如表 5.20 所示。根据表 5.20 中的试验数据，分析 C301、C302、NC306 三种催化剂的 CO 转化率、$CO_2$ 转化率、甲醇时空收率对合成气进口流量的变化。对 C301、C302 催化剂来说，CO 转化率随合成气进口流量的逐渐增大而逐渐变小，但 NC306 催化剂例外，CO 转化率随着合成气进口流量的逐渐增大，先升高后降低。

$CO_2$ 转化率随着进口合成气流量的不断增大，C301 催化剂的变化趋势为由高到低，再升高后降低是倒"S"形，而 C302 和 NC306 催化剂的变化趋势为由低到高，再降低后升高呈"S"形变化。

甲醇时空收率随进口合成气流量的不断增大，各催化剂的变化趋势与 $CO_2$ 转化率变化趋势相同。

试验结果得到在对应相同流量下，C301催化剂甲醇时空收率最大，C302催化剂甲醇时空收率次之，NC306催化剂甲醇时空收率稍微小些。试验结果表明，C301、C302、NC306三种催化剂均可作为秸秆类生物质合成甲醇的催化剂，其中，C301催化剂催化效果最好，可作为秸秆合成气合成甲醇的最佳试验用催化剂。

表5.20 催化剂的活性试验

| 试验序号 | 催化剂种类 | $N_1$/(mol/h) | $y_2$, CO | $y_2$, $CO_2$ | $y_2$, m | CO转化摩尔分率 | $CO_2$转化摩尔分率 | 甲醇时空收率/[kg/(kg·h)] |
|---|---|---|---|---|---|---|---|---|
| 1 | C301 | 0.92 | 0.07 | 0.06 | 0.05 | 0.39 | 0.07 | 0.29 |
| 2 | C301 | 1.05 | 0.08 | 0.06 | 0.04 | 0.32 | 0.05 | 0.26 |
| 3 | C301 | 1.31 | 0.08 | 0.06 | 0.04 | 0.31 | 0.07 | 0.32 |
| 4 | C301 | 1.72 | 0.09 | 0.06 | 0.03 | 0.25 | 0.08 | 0.36 |
| 5 | C301 | 2.09 | 0.09 | 0.09 | 0.03 | 0.20 | 0.06 | 0.35 |
| 6 | C301 | 2.47 | 0.09 | 0.059 | 0.02 | 0.17 | 0.06 | 0.35 |
| 7 | C302 | 0.89 | 0.078 | 0.06 | 0.05 | 0.35 | 0.05 | 0.24 |
| 8 | C302 | 1.25 | 0.08 | 0.06 | 0.04 | 0.28 | 0.06 | 0.28 |
| 9 | C302 | 1.59 | 0.09 | 0.06 | 0.03 | 0.20 | 0.06 | 0.27 |
| 10 | C302 | 1.96 | 0.09 | 0.06 | 0.03 | 0.19 | 0.08 | 0.34 |
| 11 | C302 | 2.31 | 0.10 | 0.06 | 0.02 | 0.13 | 0.08 | 0.29 |
| 12 | C302 | 2.47 | 0.10 | 0.06 | 0.02 | 0.11 | 0.06 | 0.25 |
| 13 | NC306 | 0.93 | 0.08 | 0.06 | 0.03 | 0.28 | 0.03 | 0.19 |
| 14 | NC306 | 1.29 | 0.08 | 0.06 | 0.04 | 0.30 | 0.03 | 0.29 |
| 15 | NC306 | 1.82 | 0.09 | 0.06 | 0.03 | 0.21 | 0.05 | 0.32 |
| 16 | NC306 | 2.13 | 0.09 | 0.06 | 0.02 | 0.17 | 0.02 | 0.27 |
| 17 | NC306 | 2.49 | 0.09 | 0.06 | 0.02 | 0.13 | 0.02 | 0.28 |
| 18 | NC306 | 2.69 | 0.09 | 0.059 | 0.02 | 0.13 | 0.03 | 0.29 |
| 19 | NC306 | 2.99 | 0.10 | 0.059 | 0.02 | 0.13 | 0.03 | 0.31 |

### 5.3.2.6 催化剂粒度优选试验

为选择秸秆合成气合成甲醇催化剂的适宜粒度，特设计催化剂粒度优选试验，试验条件：

| 反应压力/MPa | 5 |
| 反应温度/℃ | 235 |
| 催化剂型号 | C301 |
| 催化剂重量/g | 4.9246 |
| 催化剂粒度/目 | 16～20、20～40、40～60、60～80 |
| 进口合成气质量空速/[NL/(kg·h)] | 4059 |

进口合成气组成/%　　　CO 13.16，$CO_2$ 9.84，$N_2$ 45.38，$C_nH_m$ 1.16，$H_2$ 30.4

对不同粒度的催化剂，在上述试验条件下进行试验研究，研究结果如表5.21所示。

**表 5.21　试验结果随催化剂粒度的变化**

| 催化剂粒度/目 | 16～20 | 20～40 | 40～60 | 60～80 |
|---|---|---|---|---|
| CO 转化率/% | 12.37 | 16.98 | 18.79 | 20.23 |
| $CO_2$ 转化率/% | 0.30 | 0.27 | 0.87 | 2.01 |
| 甲醇时空收率/[$10^{-2}$kg/(kg·h)] | 10.02 | 13.36 | 14.39 | 16.10 |

由表5.21可知，CO转化率及甲醇时空收率均随催化剂粒度变小而增大，$CO_2$转化率出现相同的变化趋势，但20～40目时例外。表5.21中甲醇时空收率随催化剂粒度的目数增大而逐渐变大，但变化幅度较小。由于催化剂粒度越小，目数越大，使气体通过单位高度催化床的压力降增大，动力消耗增大。为此，综合考虑比较得到，催化剂粒度以20～40目为宜。

#### 5.3.2.7　进口合成气流量优选试验

进口合成气流量增大，反应速度由小变大再变小，为选择比较适宜的合成气流量，制订试验条件如下：

| | |
|---|---|
| 反应压力/MPa | 5 |
| 反应温度/℃ | 235 |
| 催化剂型号 | C301 |
| 催化剂重量/g | 4.9246 |
| 催化剂粒度/目 | 60～80 |
| 进口合成气组成/% | CO 9.36，$CO_2$ 6.85，$N_2$ 32.92，$C_nH_m$ 0.81，$H_2$ 50.81 |
| 进口合成气流量/(mol/h) | 0.49～2.55 |

在上述试验条件下，改变进口合成气流量进行试验，试验结果如表5.22所示。

**表 5.22　试验结果随合成气流量的变化**

| 进口合成气流量/(mol/h) | 0.49 | 0.70 | 0.93 | 1.10 | 1.46 | 1.62 | 1.87 | 2.16 | 2.55 |
|---|---|---|---|---|---|---|---|---|---|
| CO 转化率/% | 19.90 | 13.08 | 7.87 | 5.97 | 4.67 | 3.34 | 1.32 | 0.10 | 0.77 |
| $CO_2$ 转化率/% | 0.52 | 2.34 | 4.48 | 6.85 | 4.45 | 5.30 | 4.81 | 5.46 | 0.50 |
| 甲醇时空收率/[$10^{-2}$kg/(kg·h)] | 6.32 | 6.38 | 6.74 | 7.94 | 7.44 | 7.16 | 6.15 | 5.45 | 1.75 |

由表5.22中的试验数据，分析CO、$CO_2$、甲醇时空收率随进口合成气流量的变化关系曲线，表明CO转化率随着进口合成气流量的不断增大而逐渐降低，这是由于在较高的进口合成气流量下，CO与$H_2$在催化剂活性位上停留的时间短，反应速度变小所

致。$CO_2$ 转化率随进口合成气流量的不断增大先升高后降低再升高而后降低，呈 S 形变化趋势，在进口合成气流量为 1.10mol/h 处，$CO_2$ 转化率最大，其数值为 6.85%。甲醇时空收率随进口合成气流量的不断增大而先升高后降低，呈抛物线形变化。进口合成气流量为 0.49～1.62 mol/h，甲醇时空收率变化幅度较小，最大甲醇时空收率在 1.10 mol/h 处。综合试验优选结果得到，进口合成气流量在 0.90～1.10 mol/h 为最佳。

## 5.4 秸秆气化合成气合成甲醇的动力学试验研究

### 5.4.1 试验设计

#### 5.4.1.1 试验材料制备

试验选用郑州东郊当年新收获的玉米秸秆，自然风干后，粉碎至 2～3 cm，在 JMQ 型下吸式固定床气化设备中，以空气为汽化剂，生产出低热值秸秆原料气，原料气经脱硫、脱焦、除氧净化、配氢后（方法同 5.3），制得优质的秸秆合成气，经压缩至高压钢瓶。

#### 5.4.1.2 合成试验设备及流程

甲醇合成试验主要设备为 JA-五槽直流流动等温积分反应器，其他辅助设备及合成试验工艺流程同 5.3。

#### 5.4.1.3 试验条件及方法

化学反应本征动力学研究是进行合成反应器模拟、放大、操作条件优化和开展催化剂工程设计的重要工程基础。为探索秸秆合成气合成甲醇反应体系本征动力学变化规律，为此，本试验采用直流流动等温积分反应器进行秸秆合成气催化合成甲醇的本征动力学特性试验研究。本试验以正交设计为基础，参考工业反应器的操作条件，通过改变进口合成气的组成、反应温度及进口合成气流量进行试验，试验已消除内、外扩散过程的影响。试验条件设计：

| 催化剂型号 | C301 |
| --- | --- |
| 催化剂装入量/g | 2.0632 |
| 催化剂粒度/目 | 80～100 |
| 反应温度/℃ | 210～270 |
| 反应压力/MPa | 5 |
| 进口合成气流量/(mol/h) | 1.43～2.43 |
| 进口合成气组成/% | CO 5.85～13.09，$CO_2$ 3.23～8.8，$N_2$ 16.7～42.63，$C_nH_m$ 0.37～1.12，$H_2$ 34.36～73.85 |

催化剂的装填方式、还原规程及试验方法同 5.3 试验。待催化剂活性稳定后开始正式测定反应动力学数据。为了保证在催化剂活性相对稳定期内测取试验数据，试验结束时重复开始时的试验条件，试验结果表明，在试验数据测定过程中，催化剂活性无明显的波动或衰减。

### 5.4.2 试验结果与分析

甲醇合成试验数据经物料衡算处理（衡算方法同 5.3）后，所得试验结果如表 5.23 和表 5.24 所示。

表 5.23 甲醇合成试验的条件和结果

| 序号 | $p$/MPa | $t$/℃ | $V$/(mL/s) | $N_3$/(mol/h) | $y_{1,CO}$ | $y_{1,CO_2}$ | $y_{1,N_2}$ | $y_{1,C_nH_m}$ | $y_{1,H_2}$ | $y_{3,CO}$ | $y_{3,CO_2}$ | $y_{3,N_2}$ | $y_{3,C_nH_m}$ | $y_{3,H_2}$ |
|---|---|---|---|---|---|---|---|---|---|---|---|---|---|---|
| 1 | 5 | 220 | 13.39 | 1.96 | 0.10 | 0.09 | 0.38 | 0.01 | 0.41 | 0.10 | 0.08 | 0.41 | 0.01 | 0.40 |
| 2 | 5 | 235 | 13.80 | 2.02 | 0.10 | 0.09 | 0.38 | 0.01 | 0.41 | 0.10 | 0.08 | 0.41 | 0.01 | 0.40 |
| 3 | 5 | 240 | 9.62 | 1.41 | 0.10 | 0.09 | 0.38 | 0.01 | 0.41 | 0.10 | 0.09 | 0.41 | 0.01 | 0.39 |
| 4 | 5 | 255 | 8.88 | 1.30 | 0.10 | 0.09 | 0.38 | 0.01 | 0.41 | 0.10 | 0.09 | 0.42 | 0.01 | 0.38 |
| 5 | 5 | 255 | 14.08 | 2.06 | 0.10 | 0.09 | 0.38 | 0.01 | 0.41 | 0.10 | 0.08 | 0.41 | 0.01 | 0.39 |
| 6 | 5 | 270 | 14.31 | 2.09 | 0.10 | 0.09 | 0.38 | 0.01 | 0.41 | 0.10 | 0.09 | 0.41 | 0.01 | 0.39 |
| 7 | 5 | 270 | 8.91 | 1.30 | 0.10 | 0.09 | 0.38 | 0.01 | 0.41 | 0.09 | 0.09 | 0.42 | 0.01 | 0.38 |
| 8 | 5 | 265 | 9.78 | 1.45 | 0.09 | 0.07 | 0.32 | 0.01 | 0.51 | 0.08 | 0.07 | 0.36 | 0.01 | 0.49 |
| 9 | 5 | 266 | 11.35 | 1.68 | 0.09 | 0.07 | 0.32 | 0.01 | 0.51 | 0.08 | 0.07 | 0.36 | 0.01 | 0.49 |
| 10 | 5 | 265 | 11.57 | 1.72 | 0.09 | 0.07 | 0.32 | 0.01 | 0.51 | 0.08 | 0.07 | 0.35 | 0.01 | 0.49 |
| 11 | 5 | 240 | 9.09 | 1.35 | 0.09 | 0.07 | 0.32 | 0.01 | 0.51 | 0.08 | 0.07 | 0.34 | 0.01 | 0.50 |
| 12 | 5 | 220 | 9.92 | 1.50 | 0.09 | 0.07 | 0.32 | 0.01 | 0.51 | 0.09 | 0.06 | 0.34 | 0.01 | 0.50 |
| 13 | 5 | 260 | 14.13 | 2.14 | 0.13 | 0.09 | 0.43 | 0.01 | 0.34 | 0.13 | 0.08 | 0.48 | 0.01 | 0.30 |
| 14 | 5 | 255 | 14.04 | 2.13 | 0.13 | 0.09 | 0.43 | 0.01 | 0.34 | 0.13 | 0.08 | 0.48 | 0.01 | 0.30 |
| 15 | 5 | 250 | 13.15 | 1.99 | 0.13 | 0.09 | 0.43 | 0.01 | 0.34 | 0.13 | 0.08 | 0.48 | 0.01 | 0.30 |
| 16 | 5 | 244 | 13.46 | 2.04 | 0.13 | 0.09 | 0.43 | 0.01 | 0.34 | 0.13 | 0.08 | 0.48 | 0.01 | 0.29 |
| 17 | 5 | 239 | 11.34 | 1.72 | 0.13 | 0.09 | 0.43 | 0.01 | 0.34 | 0.13 | 0.08 | 0.47 | 0.01 | 0.30 |
| 18 | 5 | 234 | 9.76 | 1.48 | 0.13 | 0.09 | 0.43 | 0.01 | 0.34 | 0.13 | 0.09 | 0.47 | 0.01 | 0.30 |
| 19 | 5 | 230 | 10.26 | 1.56 | 0.13 | 0.09 | 0.43 | 0.01 | 0.34 | 0.13 | 0.08 | 0.47 | 0.01 | 0.30 |
| 20 | 5 | 260 | 13.47 | 2.03 | 0.06 | 0.03 | 0.17 | 0.00 | 0.74 | 0.05 | 0.02 | 0.17 | 0.00 | 0.75 |
| 21 | 5 | 260 | 9.85 | 1.49 | 0.06 | 0.03 | 0.17 | 0.00 | 0.74 | 0.04 | 0.02 | 0.17 | 0.00 | 0.75 |
| 22 | 5 | 250 | 9.53 | 1.44 | 0.06 | 0.03 | 0.17 | 0.00 | 0.74 | 0.05 | 0.02 | 0.17 | 0.00 | 0.76 |
| 23 | 5 | 250 | 11.47 | 1.73 | 0.06 | 0.03 | 0.17 | 0.00 | 0.74 | 0.05 | 0.02 | 0.17 | 0.00 | 0.75 |
| 24 | 5 | 240 | 10.80 | 1.63 | 0.06 | 0.03 | 0.17 | 0.00 | 0.74 | 0.05 | 0.02 | 0.19 | 0.00 | 0.74 |
| 25 | 5 | 240 | 10.84 | 1.62 | 0.06 | 0.03 | 0.17 | 0.00 | 0.74 | 0.05 | 0.02 | 0.19 | 0.00 | 0.74 |
| 26 | 5 | 230 | 11.73 | 1.75 | 0.06 | 0.03 | 0.17 | 0.00 | 0.74 | 0.05 | 0.02 | 0.18 | 0.00 | 0.74 |
| 27 | 5 | 220 | 9.60 | 1.43 | 0.06 | 0.03 | 0.17 | 0.00 | 0.74 | 0.05 | 0.03 | 0.17 | 0.00 | 0.74 |
| 28 | 5 | 270 | 10.72 | 1.60 | 0.09 | 0.05 | 0.25 | 0.01 | 0.61 | 0.07 | 0.04 | 0.27 | 0.01 | 0.60 |
| 29 | 5 | 270 | 11.71 | 1.75 | 0.09 | 0.05 | 0.25 | 0.01 | 0.61 | 0.07 | 0.04 | 0.27 | 0.01 | 0.60 |

续表

| 序号 | $p$/MPa | $t$/℃ | $V$/(mL/s) | $N_3$/(mol/h) | $y_{1,CO}$ | $y_{1,CO_2}$ | $y_{1,N_2}$ | $y_{1,C_nH_m}$ | $y_{1,H_2}$ | $y_{3,CO}$ | $y_{3,CO_2}$ | $y_{3,N_2}$ | $y_{3,C_nH_m}$ | $y_{3,H_2}$ |
|---|---|---|---|---|---|---|---|---|---|---|---|---|---|---|
| 30 | 5 | 260 | 10.04 | 1.50 | 0.09 | 0.05 | 0.25 | 0.01 | 0.61 | 0.07 | 0.05 | 0.27 | 0.01 | 0.60 |
| 31 | 5 | 260 | 13.47 | 2.02 | 0.09 | 0.05 | 0.25 | 0.01 | 0.61 | 0.08 | 0.04 | 0.27 | 0.01 | 0.60 |
| 32 | 5 | 250 | 9.69 | 1.45 | 0.09 | 0.05 | 0.25 | 0.01 | 0.61 | 0.07 | 0.05 | 0.26 | 0.01 | 0.61 |
| 33 | 5 | 250 | 11.46 | 1.72 | 0.09 | 0.05 | 0.25 | 0.01 | 0.61 | 0.08 | 0.04 | 0.27 | 0.01 | 0.60 |
| 34 | 5 | 240 | 9.62 | 1.44 | 0.09 | 0.05 | 0.25 | 0.01 | 0.61 | 0.08 | 0.05 | 0.27 | 0.01 | 0.60 |
| 35 | 5 | 230 | 11.09 | 1.64 | 0.09 | 0.05 | 0.25 | 0.01 | 0.61 | 0.08 | 0.04 | 0.26 | 0.01 | 0.61 |
| 36 | 5 | 220 | 11.79 | 1.74 | 0.09 | 0.05 | 0.25 | 0.01 | 0.61 | 0.08 | 0.04 | 0.26 | 0.01 | 0.60 |

表 5.24 甲醇合成试验的条件和结果

| 序号 | $N_1$/(mol/h) | $N_2$/(mol/h) | $y_{2,CO}$ | $y_{2,CO_2}$ | $y_{2,N_2}$ | $y_{2,C_nH_m}$ | $y_{2,H_2}$ | $y_{2,m}$ | $y_{2,H_2O}$ | 质量空速/[NL/(kg·h)] |
|---|---|---|---|---|---|---|---|---|---|---|
| 1 | 2.09 | 2.01 | 0.10 | 0.08 | 0.40 | 0.01 | 0.38 | 0.02 | 0.01 | 22 730.15 |
| 2 | 2.14 | 2.07 | 0.10 | 0.08 | 0.40 | 0.01 | 0.38 | 0.02 | 0.01 | 23 257.69 |
| 3 | 1.51 | 1.45 | 0.10 | 0.08 | 0.40 | 0.01 | 0.38 | 0.02 | 0.01 | 16 424.57 |
| 4 | 1.43 | 1.37 | 0.09 | 0.09 | 0.40 | 0.01 | 0.38 | 0.02 | 0.01 | 15 532.67 |
| 5 | 2.21 | 2.13 | 0.10 | 0.08 | 0.40 | 0.01 | 0.38 | 0.02 | 0.01 | 23 966.06 |
| 6 | 2.24 | 2.16 | 0.10 | 0.08 | 0.40 | 0.01 | 0.38 | 0.02 | 0.01 | 24 370.00 |
| 7 | 1.44 | 1.36 | 0.09 | 0.08 | 0.40 | 0.01 | 0.37 | 0.03 | 0.01 | 15 662.58 |
| 8 | 1.64 | 1.53 | 0.07 | 0.06 | 0.34 | 0.01 | 0.46 | 0.04 | 0.01 | 17 794.12 |
| 9 | 1.88 | 1.78 | 0.08 | 0.06 | 0.34 | 0.01 | 0.47 | 0.03 | 0.01 | 20 398.75 |
| 10 | 1.89 | 1.79 | 0.08 | 0.06 | 0.34 | 0.01 | 0.47 | 0.03 | 0.01 | 20 561.60 |
| 11 | 1.46 | 1.40 | 0.08 | 0.07 | 0.33 | 0.01 | 0.48 | 0.02 | 0.01 | 15 852.17 |
| 12 | 1.59 | 1.54 | 0.09 | 0.06 | 0.33 | 0.01 | 0.48 | 0.02 | 0.01 | 17 301.79 |
| 13 | 2.43 | 2.26 | 0.12 | 0.08 | 0.46 | 0.01 | 0.28 | 0.04 | 0.02 | 26 343.47 |
| 14 | 2.41 | 2.24 | 0.12 | 0.08 | 0.46 | 0.01 | 0.27 | 0.04 | 0.02 | 26 218.07 |
| 15 | 2.24 | 2.09 | 0.12 | 0.08 | 0.46 | 0.01 | 0.28 | 0.04 | 0.02 | 24 351.01 |
| 16 | 2.31 | 2.16 | 0.12 | 0.08 | 0.46 | 0.01 | 0.28 | 0.04 | 0.02 | 25 057.36 |
| 17 | 1.91 | 1.80 | 0.12 | 0.08 | 0.45 | 0.01 | 0.29 | 0.03 | 0.01 | 20 698.69 |
| 18 | 1.63 | 1.55 | 0.12 | 0.08 | 0.45 | 0.01 | 0.30 | 0.03 | 0.01 | 17 744.20 |
| 19 | 1.72 | 1.63 | 0.12 | 0.08 | 0.45 | 0.01 | 0.29 | 0.03 | 0.01 | 18 692.19 |
| 20 | 2.11 | 2.01 | 0.05 | 0.02 | 0.17 | 0.00 | 0.72 | 0.02 | 0.01 | 22 872.23 |
| 21 | 1.55 | 1.47 | 0.04 | 0.02 | 0.18 | 0.00 | 0.71 | 0.03 | 0.01 | 16 855.84 |
| 22 | 1.48 | 1.41 | 0.05 | 0.02 | 0.18 | 0.00 | 0.72 | 0.02 | 0.01 | 16 038.00 |

续表

| 序号 | $N_1$ /(mol/h) | $N_2$ /(mol/h) | $y_{2,CO}$ | $y_{2,CO_2}$ | $y_{2,N_2}$ | $y_{2,C_nH_m}$ | $y_{2,H_2}$ | $y_{2,m}$ | $y_{2,H_2O}$ | 质量空速 /[NL/(kg·h)] |
|---|---|---|---|---|---|---|---|---|---|---|
| 23 | 1.81 | 1.73 | 0.05 | 0.02 | 0.17 | 0.00 | 0.72 | 0.02 | 0.01 | 19 624.88 |
| 24 | 1.84 | 1.74 | 0.05 | 0.02 | 0.18 | 0.00 | 0.71 | 0.03 | 0.01 | 19 984.18 |
| 25 | 1.80 | 1.72 | 0.05 | 0.02 | 0.18 | 0.00 | 0.71 | 0.03 | 0.01 | 19 586.54 |
| 26 | 1.89 | 1.81 | 0.05 | 0.02 | 0.17 | 0.00 | 0.71 | 0.02 | 0.01 | 20 543.79 |
| 27 | 1.47 | 1.43 | 0.05 | 0.03 | 0.17 | 0.00 | 0.73 | 0.01 | 0.01 | 15 953.22 |
| 28 | 1.78 | 1.67 | 0.07 | 0.04 | 0.26 | 0.01 | 0.57 | 0.03 | 0.01 | 19 307.71 |
| 29 | 1.92 | 1.81 | 0.07 | 0.04 | 0.26 | 0.01 | 0.58 | 0.03 | 0.01 | 20 850.64 |
| 30 | 1.64 | 1.55 | 0.07 | 0.05 | 0.26 | 0.01 | 0.58 | 0.02 | 0.01 | 17 842.54 |
| 31 | 2.18 | 2.08 | 0.08 | 0.04 | 0.26 | 0.01 | 0.58 | 0.02 | 0.01 | 23 717.23 |
| 32 | 1.56 | 1.49 | 0.07 | 0.05 | 0.26 | 0.01 | 0.59 | 0.01 | 0.01 | 16 899.01 |
| 33 | 1.89 | 1.79 | 0.07 | 0.04 | 0.26 | 0.01 | 0.58 | 0.02 | 0.01 | 20 524.75 |
| 34 | 1.56 | 1.49 | 0.08 | 0.04 | 0.26 | 0.01 | 0.58 | 0.02 | 0.01 | 16 973.83 |
| 35 | 1.72 | 1.67 | 0.08 | 0.04 | 0.25 | 0.01 | 0.59 | 0.02 | 0.01 | 18 626.19 |
| 36 | 1.84 | 1.78 | 0.08 | 0.04 | 0.25 | 0.01 | 0.59 | 0.02 | 0.01 | 19 975.43 |

#### 5.4.2.1 模型建立

在玉米秸秆合成气催化合成甲醇反应体系中,存在着 CO、$CO_2$、$H_2$、$N_2$、甲醇、$H_2O$、$CH_4$、$C_2H_6$、$C_2H_4$、$C_2H_2$ 10 种反应组分,试验过程中发生 CO 加氢合成甲醇,$CO_2$ 加氢合成甲醇和逆变换三个主要反应

$$CO + 2H_2 \rightarrow CH_3OH \tag{5.36}$$

$$CO_2 + 3H_2 \rightarrow CH_3OH + H_2O \tag{5.37}$$

$$CO_2 + H_2 = CO + H_2O \tag{5.38}$$

根据前人的研究,采用 CO 与 $CO_2$ 同时加氢的平行反应来描述甲醇合成的反应途径,即同时发生式(5.35)及式(5.36)两个平行反应,并选取这两个平行反应为独立反应,CO、$CO_2$ 为关键组分。

假定反应物 CO、$H_2$、$CO_2$ 均能吸附在催化剂的同一类活性中心上。铜基催化剂上反应(5.36)的控制步骤与 Natta 提出的 Zn-Cr 催化剂上甲醇合成反应速度控制步骤相同,由一个吸附态的 CO 与二个吸附态的 $H_2$ 发生的表面化学反应所控制,同时假定一个吸附态的 $CO_2$ 和三个吸附态的 $H_2$ 的表面化学反应是反应(5.37)的速度控制步骤。用朗格缪尔吸附理论可以导出 L-H 双曲型(langmuir-hinshel wood)甲醇合成本征动力学模型,其中 L-H 模型方程中的反应速度 [mol/(g·h)] 以气相中各组分的逸度表示:

$$r_{CO} = -\frac{dN_{CO}}{dW} = \frac{k_1 f_{CO} f_{H_2}^2 (1-\beta)}{[1 + K_{CO} f_{CO} + K_{CO_2} f_{CO_2} + K_{H_2} f_{H_2}]^3} \tag{5.39}$$

$$r_{CO_2} = -\frac{dN_{CO_2}}{dW} = \frac{k_2 f_{CO_2} f_{H_2}^3 (1-\beta_2)}{(1+K_{CO} f_{CO} + K_{CO_2} f_{CO_2} + K_{H_2} f_{H_2})^4} \tag{5.40}$$

式中

$$\beta_1 = \frac{f_m}{K_{f_1} f_{CO} f_{H_2}^2}, \quad \beta_2 = \frac{f_m f_{H_2O}}{K_{f_2} f_{CO_2} f_{H_2}^3}$$

$K_{f_1}$、$K_{f_2}$ 分别为反应(5.35)和(5.36)以逸度表示的平衡常数。

$$K_{f_1} = \exp[13.1652 + 9203.26/T - 5.92839\ln T - 0.352404 \times 10^{-2} T$$
$$+ 0.102264 \times 10^{-4} T^2 - 0.769446 \times 10^{-8} T^3 + 0.238583 \times 10^{-11} T^4]$$
$$\times (0.101325)^{-2} \tag{5.41}$$

$$K_{f_2} = \exp[1.6654 + 4553.34/T - 2.72613\ln T - 1.422914 \times 10^{-2} T$$
$$+ 0.172060 \times 10^{-4} T^2 - 1.106294 \times 10^{-8} T^3 + 0.319698 \times 10^{-11} T^4]$$
$$\times (0.101325)^{-2} \tag{5.42}$$

各组分逸度由逸度系数关联式计算，计算关联式如下：

$$\phi_{CO} = \exp[(-0.09326 + 189.156/T - 399940/T^3 - 181.527 y_{CO}/T$$
$$+ 140.001 y_{CO}^2/T) P/0.101325 T]$$

$$\phi_{CO_2} = \exp[(-0.343605 + 428.452/T - 6.92177 \times 10^7/T^3 - 327.402 y_{CO_2}/T$$
$$- 374.954 y_{CO_2}^2/T) P/0.101325 T]$$

$$\phi_{H_2} = \exp[(0.110785 + 35.3324/T - 5005.74/T^3 - 19.6109 y_{H_2}/T$$
$$- 20.9799 y_{H_2}^2/T) P/0.101325 T]$$

$$\phi_{CH_3OH} = \exp[(-1.49696 + 997.85/T - 10^8/T^3 - 792.109 y_{CH_3OH}/T$$
$$- 803.4 y_{CH_3OH}^2/T) P/0.101325 T]$$

$$\phi_{H_2O} = \exp[(-1.78527 + 1408.49/T - 1.83959 \times 10^8/T^3 - 3648.32 y_{H_2O}/T$$
$$- 3116.5 y_{H_2O}^2/T) P/0.101325 T]$$

$$\phi_{CH_4} = \exp[(-0.340469 + 469.53/T - 6.29157 \times 10^7/T^3 - 642.315 y_{CH_4}/T$$
$$- 363.35 y_{CH_4}^2/T) P/0.101325 T]$$

$$\phi_{N_2} = \exp[(0.084965 + 96.9628/T - 400001/T^3 - 197.995 y_{N_2}/T$$
$$+ 198.99 y_{N_2}^2/T) P/0.101325 T]$$

#### 5.4.2.2 参数估值方法

为了获得甲醇合成本征动力学模型方程中各参数的最佳值，本文采用了直接搜索的单纯形法与改进高斯-牛顿法相结合的复合参数估值方法，进行本征动力学模型参数的估值。

单纯形法的基本思路是对 $n$ 维空间（$n=$ 参数个数）的 $n+1$ 个点上的函数值进行比较，去掉其中函数值最大的点，代之以新的点，从而构成一个新的单纯形，这样通过迭代逐步逼近极小点。

改进高斯-牛顿法进行参数估值的基本思路：

(1) 给定一组参数值，计算目标函数。

(2) 把目标函数在给定的一局部小范围内进行一阶台劳展开，求其最小值，得一组新的参数。

(3) 反复迭代，不断修正，使目标函数达到极小，即可得到所求的参数。

单纯形方法的算法比较直观，不要求目标函数的光滑性，并且对参数估值的初值要求不高，对于参数个数 $n$ 不大于 5 的情况，可以得到令人满意的结果。但对于 $n$ 大于 5 时，目标函数收敛到一定程度时收敛速度降低，并且可能会出现震荡现象。因此，用单纯形法使目标函数收敛到一定程度后，将计算结果作为改进高斯-牛顿法的初值，继续进行参数估值。这样利用了高斯-牛顿法收敛速度快的优点，克服了它对参数初值的苛刻条件。直到目标函数达到极小值，求出动力学模型中各对应的参数值。

### 5.4.2.3 动力学方程的建立

**1) 秸秆合成气合成甲醇的动力学方程**

针对前面已建立的 L-H 型动力学模型，经参数估值运算后得到了秸秆合成气合成甲醇反应体系的本征动力学方程：

$$r_{CO} = -\frac{dN_{CO}}{dW} = \frac{k_1 f_{CO} f_{H_2}^2 (1-\beta)}{(1 + K_{CO} f_{CO} + K_{CO_2} f_{CO_2} + K_{H_2} f_{H_2})^3}$$

$$r_{CO_2} = -\frac{dN_{CO_2}}{dW} = \frac{k_2 f_{CO_2} f_{H_2}^3 (1-\beta)}{(1 + K_{CO} f_{CO} + K_{CO_2} f_{CO_2} + K_{H_2} f_{H_2})^4}$$

$$r_{CH_3OH} = r_{CO} + r_{CO_2} \quad (5.43)$$

其中各反应速率常数 $k_j$ 为

$$k_1 = 3.80525 \times 10^3 \exp(-5.09843 \times 10^4 / RT)$$

$$k_2 = 4.89215 \times 10^4 \exp(-6.02772 \times 10^4 / RT)$$

各吸附平衡常数 $K_i$ 为

$$K_{CO} = \exp[-6.79851 \times 10^{-1} - 1.28997 \times 10^4 \times (1/T - 1/\overline{T})]$$

$$K_{CO_2} = \exp[-4.12333 + 7.89924 \times 10^3 \times (1/T - 1/\overline{T})]$$

$$K_{H_2} = \exp[-1.24028 + 1.92992 \times 10^3 \times (1/T - 1/\overline{T})]$$

式中，平均温度 $\overline{T} = 520.73K$。

**2) 甲醇合成动力学方程的统计检验**

为了检验动力学方程对试验数据的适定性，需要对上述动力学方程进行统计分析。根据数理统计理论，可以导得相关系数 $\hat{\rho}^2$、方差检验 $F$ 的具体计算公式：

$$\hat{\rho}^2 = 1 - \sum_{j=1}^{M}\left[y_j - \hat{y}_j\right]^2 \Big/ \sum_{j=1}^{M} y_j^2 \quad (5.44)$$

$$F = \frac{\left[\sum_{j=1}^{M} y_j^2 - \sum_{j=1}^{M}\left[y_j - \hat{y}_j\right]^2\right] \Big/ M_P}{\sum_{j=1}^{M}\left[y_j - \hat{y}_j\right]^2 \Big/ (M - M_P)} \quad (5.45)$$

式中，$M$ 为试验次数；$M_P$ 为模型方程的参数维数；$y_j$ 为组分 $j$ 的试验值；$\hat{y}_j$ 为组分 $j$ 的计算值。

当计算的 $F$ 值大于 $10F_{0.05}$ （$F_{0.05}$ 为置信度 0.05 条件下的 $F$ 检验表值）时，则认为模型方程高度显著，相关系数 $\hat{\rho}^2$ 越接近于 1，说明回归方程对试验点的适定性越好。

现以反应的关键组分 CO、$CO_2$ 浓度为观察变量，将 $y_{CO}$、$y_{CO_2}$ 的试验值及模型方程计算值分别代入式（5.43）及式（5.44），计算出 $\hat{\rho}^2$、$F$，查统计表 $F_{0.05}$ 数值，统计分析结果列于表 5.25。

表 5.25　动力学方程的统计分析结果

| 动力学方程 | $M$ | $M_P$ | $\hat{\rho}^2$ | $F$ | $F_{0.05}$ |
|---|---|---|---|---|---|
| $r_{CO}$ | 36 | 8 | 0.9995 | 7087.4 | 2.31 |
| $r_{CO_2}$ | 36 | 8 | 0.9962 | 918.47 | 2.31 |

由表 5.25 可知，CO、$CO_2$ 的 $\hat{\rho}^2$ 值均接近 1，$F$ 值均远大于 $10F_{0.05}$，这说明模型方程高度显著，CO、$CO_2$ 的速度方程对试验数据拟合良好，在该试验的压力、温度、秸秆合成气流量及组分浓度范围内 L-H 本征动力学模型方程是适定的。

模型方程拟合试验数据的好坏也可以从反应器出口 $y_{2,CO}$、$y_{2,CO_2}$ 的残差值观察。表 5.26 列出了反应器出口 $y_{2,CO}$、$y_{2,CO_2}$ 的试验值、试验值与模型方程计算值的残差（$y_{2,CO}-\hat{y}_{2,CO}$、$y_{2,CO_2}-\hat{y}_{2,CO_2}$）以及模型方程计算的相对误差。

表 5.26　$y_{2,CO}$、$y_{2,CO_2}$ 的模型计算值与试验值的比较

| 序号 | $y_{2,CO}$ | $y_{2,CO}-\hat{y}_{2,CO}$ | $(y_{2,CO}-\hat{y}_{2,CO})/y_{2,CO} \times 100\%$ | $y_{2,CO_2}$ | $y_{2,CO_2}-\hat{y}_{2,CO_2}$ | $(y_{2,CO_2}-\hat{y}_{2,CO_2})/y_{2,CO_2} \times 100\%$ |
|---|---|---|---|---|---|---|
| 1 | 0.101 | −0.001 | −0.590 | 0.080 | −0.003 | −3.490 |
| 2 | 0.101 | 0.002 | 1.670 | 0.081 | 0.001 | 0.710 |
| 3 | 0.097 | 0.001 | 0.930 | 0.083 | 0.002 | 2.790 |
| 4 | 0.093 | 0.001 | 0.980 | 0.086 | 0.002 | 2.460 |
| 5 | 0.099 | 0.003 | 2.750 | 0.082 | 0.000 | 0.330 |
| 6 | 0.097 | 0.001 | 1.290 | 0.084 | 0.000 | 0.210 |
| 7 | 0.091 | −0.002 | 2.620 | 0.084 | −0.001 | −1.150 |
| 8 | 0.073 | −0.005 | −6.670 | 0.063 | 0.000 | −0.330 |
| 9 | 0.077 | −0.002 | −2.190 | 0.064 | 0.001 | 1.940 |
| 10 | 0.076 | −0.003 | −3.530 | 0.064 | 0.002 | 2.980 |
| 11 | 0.081 | −0.001 | −0.680 | 0.065 | 0.007 | 11.020 |
| 12 | 0.089 | 0.002 | 2.710 | 0.060 | −0.001 | −1.860 |
| 13 | 0.121 | −0.002 | −1.320 | 0.077 | −0.008 | −10.540 |
| 14 | 0.120 | −0.003 | −2.150 | 0.076 | −0.008 | −10.690 |
| 15 | 0.122 | −0.001 | −1.100 | 0.077 | −0.007 | −9.380 |
| 16 | 0.123 | −0.001 | −0.890 | 0.076 | −0.007 | −9.640 |

续表

| 序号 | $y_{2,CO}$ | $y_{2,CO}-\hat{y}_{2,CO}$ | $(y_{2,CO}-\hat{y}_{2,CO})/y_{2,CO} \times 100\%$ | $y_{2,CO_2}$ | $y_{2,CO_2}-\hat{y}_{2,CO_2}$ | $(y_{2,CO_2}-\hat{y}_{2,CO_2})/y_{2,CO_2} \times 100\%$ |
|---|---|---|---|---|---|---|
| 17 | 0.123 | −0.001 | −0.840 | 0.080 | −0.003 | −3.450 |
| 18 | 0.123 | 0.000 | −0.320 | 0.081 | −0.002 | −2.320 |
| 19 | 0.124 | −0.001 | −0.650 | 0.079 | −0.004 | −4.580 |
| 20 | 0.047 | 0.000 | 0.480 | 0.024 | 0.003 | 13.440 |
| 21 | 0.044 | 0.001 | 2.210 | 0.024 | 0.002 | 8.390 |
| 22 | 0.046 | 0.001 | 2.210 | 0.024 | 0.004 | 15.460 |
| 23 | 0.047 | 0.000 | 0.340 | 0.024 | 0.003 | 14.230 |
| 24 | 0.046 | −0.004 | −8.770 | 0.021 | −0.001 | −3.140 |
| 25 | 0.048 | −0.002 | −4.230 | 0.022 | 0.000 | −0.400 |
| 26 | 0.052 | −0.001 | −1.810 | 0.021 | −0.004 | −18.760 |
| 27 | 0.053 | 0.000 | 0.350 | 0.027 | 0.001 | 4.300 |
| 28 | 0.070 | 0.001 | 2.030 | 0.042 | −0.002 | −3.610 |
| 29 | 0.071 | 0.001 | 2.090 | 0.043 | 0.000 | −0.520 |
| 30 | 0.070 | 0.001 | 1.130 | 0.046 | 0.000 | 7.480 |
| 31 | 0.076 | 0.003 | 3.830 | 0.043 | 0.004 | 8.920 |
| 32 | 0.073 | 0.002 | 2.580 | 0.046 | 0.006 | 13.470 |
| 33 | 0.074 | 0.000 | 0.430 | 0.043 | 0.003 | 7.100 |
| 34 | 0.076 | 0.002 | 2.020 | 0.043 | 0.005 | 10.980 |
| 35 | 0.083 | 0.004 | 4.940 | 0.043 | 0.002 | 5.480 |
| 36 | 0.082 | 0.001 | 1.310 | 0.043 | −0.001 | −2.030 |

由表 5.26 可知，对于 CO、$CO_2$ 的组成，除少数几点外，模型方程计算值的相对误差 $\alpha_{CO}<5\%$、$\alpha_{CO_2}<12\%$，反映模型方程对试验数据拟合良好。

模型是否合理，尚需残差分布情况进一步考查。图 5.7、图 5.8 分别是反应器出口 CO、$CO_2$ 组成的残差分布图，图中的横坐标为试验点数，纵坐标为残差（图 5.7 为 $y_{2,CO}-\hat{y}_{2,CO}$，图 5.8 为 $y_{2,CO_2}-\hat{y}_{2,CO_2}$）。由图 5.7 及图 5.8 的残差分布可知，残差分布呈随机正态分布，反映了甲醇合成本征动力学方程是适定的。

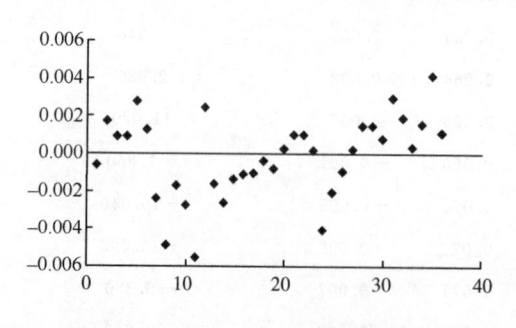

图 5.7　L-H 模型 $y_{2,CO}$ 残差分析图

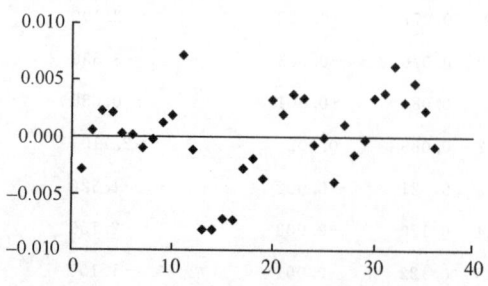

图 5.8　L-H 模型 $y_{2,CO_2}$ 残差分析图

根据上述统计检验和残差分析，本试验所获得 L-H 双曲型本征动力学方程可以等效地描述秸秆合成气合成甲醇的本征动力学规律。

## 5.5 秸秆类生物质合成甲醇的热力学性质研究

### 5.5.1 试验部分

#### 5.5.1.1 试验主要仪器设备

| | |
|---|---|
| JMQ 系列秸秆气化机组 | 河南省宏越秸秆气化技术有限公司 |
| JA-五槽反应器 | 江苏海安石油科研仪器厂 |
| ZK-50 可控硅电压调整器 | 云南仪表厂 |
| TCS-A 智能温度测控仪 | 南京攀达电子仪器厂 |
| GC-900C 型气相色谱仪 | 上海中国科学院天乐精密科学仪器有限公司 |
| HW-2000 型色谱工作站 | 南京千谱软件有限公司 |
| 623-1.3 型管状电炉 | 上海松江电工厂 |
| G2V-5/200 隔膜压缩机 | 北京第一通用机械厂 |

#### 5.5.1.2 试验材料

**1）秸秆原料气**

选郑州东郊当年新收获的玉米秸秆为原材料，晒干并粉碎至 2～3 cm，在 JMQ 系列秸秆气化机组上，以空气为汽化剂，生产出秸秆原料气。

**2）秸秆合成气**

将秸秆原料气经脱硫、除氧、分解焦油、净化、配氢等处理（处理方法同第 2 章）后，制备出秸秆合成气。

**3）催化剂制备**

试验选用 C301 铜基催化剂，其粒度为 5 mm×5 mm，在实验室中经研磨过筛后，制备出粒度为 80～100 目（0.175 mm×0.147 mm）的试验用催化剂，在分析天平上准确称取其重量为 2.0632 g，催化剂的装填方式及还原程序同 5.3。

#### 5.5.1.3 试验条件与方法

试验条件及试验方法同 5.4 部分甲醇合成动力学试验。

#### 5.5.1.4 试验结果

在 5 MPa 压力下，试验测得不同温度、不同合成气组成及进口质量空速条件下的秸秆合成气合成甲醇反应后的冷凝气流量及组成，经物料衡算（物料衡算方法同 5.2）后得到试验结果（表 5.23）。

### 5.5.2 秸秆合成气合成甲醇反应的反应热

#### 5.5.2.1 秸秆合成气反应体系的密度及参数

本研究选用 SHBWR 状态方程来计算秸秆合成气加压下合成甲醇的热力学性质。该方程形式如下:

$$p = \rho RT + \left(B_0 RT - A_0 - \frac{C_0}{T^2} + \frac{D_0}{T^3} - \frac{E_0}{T^4}\right)\rho^2 + \left[bRT - a - \frac{d}{T}\right]\rho^3 + \alpha\left[a + \frac{d}{T}\right]\rho^6 + \frac{c\rho^3}{T^2}(1 + \gamma\rho^2)\exp(-\gamma\rho^2) \quad (5.46)$$

式中,$p$、$T$、$\rho$ 分别为反应体系的压力、温度、密度;$R$ 为气体常数;$A_0$、$B_0$、$C_0$、$D_0$、$E_0$、$a$、$b$、$c$、$d$、$\alpha$、$\gamma$ 为状态方程参数。

秸秆合成气反应体系含有 $H_2$、$CO$、$CO_2$、$N_2$、$CH_3OH$、$H_2O$、$CH_4$、$C_2H_2$、$C_2H_4$、$C_2H_6$ 10 种组分,其中用 $C_nH_m$ 代表 $CH_4$、$C_2H_2$、$C_2H_4$、$C_2H_6$ 4 种组分,由于 $C_2H_2$、$C_2H_4$、$C_2H_6$ 的含量与 $CH_4$ 相比很小,所以,在计算反应体系的热力学性质(包括密度、反应热、平衡常数、平衡组成等)时,用 $CH_4$ 代替 $C_nH_m$ 进行计算。使用 $H_2$、$CO$、$CO_2$、$N_2$、$CH_4$、$CH_3OH$、$H_2O$ 的临界参数及由正烷烃实验值关联得到的通用常数 $A_j$、$B_j$ 值,代入混合物参数计算公式及 (5.46) 式,计算得到了秸秆合成气反应体系的密度及 11 个参数,见表 5.27 所示。

**表 5.27 甲醇合成体系的密度及参数**

| 序号 | 密度/(kmol/m³) | $A_0$/×10⁻¹ | $B_0$/×10⁻¹ | $C_0$/×10⁴ | $D_0$/×10⁵ | $E_0$/×10⁷ | $a$/×10⁻² | $b$/×10⁻² | $c$/×10⁻¹ | $d$/×10⁻¹ | $\alpha$/×10⁻⁴ | $\gamma$/×10⁻² |
|---|---|---|---|---|---|---|---|---|---|---|---|---|
| 1  | 1.23 | 1.02 | 0.34 | 0.40 | 1.43 | 0.28 | 0.40 | 0.30 | 2.08 | 1.78 | 0.28 | 0.29 |
| 2  | 1.19 | 0.95 | 0.33 | 0.30 | 1.01 | 0.20 | 0.35 | 0.28 | 1.55 | 1.41 | 0.26 | 0.28 |
| 3  | 1.18 | 0.93 | 0.33 | 0.27 | 0.89 | 0.18 | 0.33 | 0.28 | 1.41 | 1.30 | 0.25 | 0.27 |
| 4  | 1.14 | 0.87 | 0.32 | 0.20 | 0.60 | 0.12 | 0.29 | 0.26 | 1.06 | 1.03 | 0.24 | 0.26 |
| 5  | 1.14 | 0.87 | 0.32 | 0.20 | 0.60 | 0.12 | 0.29 | 0.26 | 1.06 | 1.03 | 0.24 | 0.26 |
| 6  | 1.11 | 0.83 | 0.32 | 0.15 | 0.42 | 0.08 | 0.27 | 0.25 | 0.83 | 0.85 | 0.23 | 0.26 |
| 7  | 1.11 | 0.83 | 0.32 | 0.15 | 0.42 | 0.09 | 0.27 | 0.26 | 0.83 | 0.85 | 0.23 | 0.26 |
| 8  | 1.12 | 0.72 | 0.29 | 0.16 | 0.49 | 0.10 | 0.22 | 0.22 | 0.72 | 0.72 | 0.18 | 0.22 |
| 9  | 1.12 | 0.72 | 0.29 | 0.15 | 0.48 | 0.10 | 0.22 | 0.22 | 0.70 | 0.71 | 0.18 | 0.22 |
| 10 | 1.12 | 0.72 | 0.29 | 0.16 | 0.49 | 0.10 | 0.22 | 0.22 | 0.72 | 0.72 | 0.18 | 0.22 |
| 11 | 1.18 | 0.80 | 0.31 | 0.27 | 0.94 | 0.19 | 0.27 | 0.24 | 1.18 | 1.07 | 0.20 | 0.23 |
| 12 | 1.23 | 0.87 | 0.32 | 0.38 | 1.46 | 0.29 | 0.32 | 0.25 | 1.71 | 1.44 | 0.21 | 0.24 |

续表

## 混合气体参数

| 序号 | 密度/<br>(kmol/m³) | $A_0$/<br>×10⁻¹ | $B_0$/<br>×10⁻¹ | $C_0$/<br>×10⁴ | $D_0$/<br>×10⁵ | $E_0$/<br>×10⁷ | $a$/<br>×10⁻² | $b$/<br>×10⁻² | $c$/<br>×10⁻¹ | $d$/<br>×10⁻¹ | $α$/<br>×10⁻⁴ | $γ$/<br>×10⁻² |
|---|---|---|---|---|---|---|---|---|---|---|---|---|
| 13 | 1.13 | 0.94 | 0.34 | 0.18 | 0.49 | 0.10 | 0.33 | 0.29 | 1.06 | 1.09 | 0.28 | 0.29 |
| 14 | 1.14 | 0.96 | 0.34 | 0.20 | 0.55 | 0.11 | 0.34 | 0.30 | 1.15 | 1.16 | 0.28 | 0.29 |
| 15 | 1.16 | 0.98 | 0.34 | 0.22 | 0.63 | 0.12 | 0.35 | 0.30 | 1.26 | 1.24 | 0.29 | 0.30 |
| 16 | 1.17 | 1.00 | 0.35 | 0.24 | 0.74 | 0.14 | 0.37 | 0.31 | 1.41 | 1.36 | 0.29 | 0.30 |
| 17 | 1.18 | 1.02 | 0.35 | 0.27 | 0.84 | 0.17 | 0.38 | 0.32 | 1.56 | 1.47 | 0.30 | 0.31 |
| 18 | 1.19 | 1.05 | 0.35 | 0.30 | 0.96 | 0.19 | 0.40 | 0.32 | 1.72 | 1.59 | 0.31 | 0.31 |
| 19 | 1.20 | 1.07 | 0.36 | 0.33 | 1.07 | 0.21 | 0.42 | 0.33 | 1.87 | 1.70 | 0.31 | 0.32 |
| 20 | 0.45 | 0.23 | 0.11 | 0.40 | 0.08 | 0.11 | 0.13 | 0.32 | 0.32 | 0.09 | 0.14 | 1.13 |
| 21 | 1.13 | 0.45 | 0.23 | 0.11 | 0.40 | 0.08 | 0.11 | 0.13 | 0.32 | 0.32 | 0.09 | 0.14 |
| 22 | 1.16 | 0.46 | 0.23 | 0.13 | 0.50 | 0.10 | 0.12 | 0.13 | 0.38 | 0.37 | 0.09 | 0.14 |
| 23 | 1.16 | 0.46 | 0.23 | 0.13 | 0.50 | 0.10 | 0.12 | 0.13 | 0.38 | 0.37 | 0.09 | 0.14 |
| 24 | 1.18 | 0.48 | 0.24 | 0.16 | 0.62 | 0.13 | 0.12 | 0.14 | 0.45 | 0.42 | 0.09 | 0.14 |
| 25 | 1.18 | 0.48 | 0.24 | 0.16 | 0.62 | 0.13 | 0.12 | 0.14 | 0.45 | 0.42 | 0.09 | 0.14 |
| 26 | 1.20 | 0.49 | 0.24 | 0.18 | 0.74 | 0.15 | 0.13 | 0.14 | 0.52 | 0.47 | 0.09 | 0.14 |
| 27 | 1.23 | 0.50 | 0.24 | 0.21 | 0.86 | 0.18 | 0.14 | 0.14 | 0.59 | 0.52 | 0.10 | 0.14 |
| 28 | 1.11 | 0.59 | 0.27 | 0.13 | 0.44 | 0.09 | 0.16 | 0.18 | 0.51 | 0.52 | 0.14 | 0.18 |
| 29 | 1.11 | 0.59 | 0.27 | 0.13 | 0.44 | 0.09 | 0.16 | 0.18 | 0.51 | 0.52 | 0.14 | 0.18 |
| 30 | 1.13 | 0.62 | 0.27 | 0.17 | 0.58 | 0.12 | 0.18 | 0.18 | 0.63 | 0.61 | 0.14 | 0.18 |
| 31 | 1.13 | 0.62 | 0.27 | 0.17 | 0.58 | 0.12 | 0.18 | 0.18 | 0.63 | 0.61 | 0.14 | 0.18 |
| 32 | 1.16 | 0.64 | 0.28 | 0.21 | 0.76 | 0.15 | 0.19 | 0.19 | 0.78 | 0.72 | 0.15 | 0.19 |
| 33 | 1.16 | 0.64 | 0.28 | 0.21 | 0.76 | 0.15 | 0.19 | 0.19 | 0.78 | 0.72 | 0.15 | 0.19 |
| 34 | 1.18 | 0.67 | 0.28 | 0.25 | 0.97 | 0.20 | 0.21 | 0.19 | 0.96 | 0.85 | 0.15 | 0.19 |
| 35 | 1.20 | 0.70 | 0.28 | 0.31 | 0.12 | 0.24 | 0.23 | 0.20 | 1.16 | 0.98 | 0.15 | 0.20 |
| 36 | 1.23 | 0.73 | 0.29 | 0.36 | 1.44 | 0.29 | 0.24 | 0.21 | 1.36 | 1.12 | 0.16 | 0.20 |

#### 5.5.2.2 秸秆合成气合成甲醇反应的反应热

秸秆合成气在 5 MPa 压力和 C301 催化剂的催化下发生下列合成甲醇反应：

$$CO + 2H_2 \rightarrow CH_3OH \quad (5.47)$$

$$CO_2 + 3H_2 \rightarrow CH_3OH + H_2O \quad (5.48)$$

由于上述反应中的各气态物质处于 5 MPa 压力下，属加压下的真实气体反应体系，故反应热应等于理想气体的反应热加上反应前后真实气体与同温度的理想气体的焓差。

**1) 理想气体反应热的计算**

设式 (5.47) 及式 (5.48) 两反应的理想气体反应热分别为 $\Delta H_{R1}$、$\Delta H_{R2}$，由化学

热力学理论得

$$\Delta H_{R1} = \Delta H_{R1}^{\theta} + \int_{T_0}^{T} (C_{PM} - C_{PCO} - 2C_{PH_2}) dT \tag{5.49}$$

$$\Delta H_{R2} = \Delta H_{R2}^{\theta} + \int_{T_0}^{T} (C_{PM} + C_{PH_2O} - 3C_{PH_2} - C_{PCO_2}) dT \tag{5.50}$$

式中，$\Delta H_{R1}^{\theta}$ 和 $\Delta H_{R2}^{\theta}$ 分别为式（5.47）及式（5.48）反应的标准反应热（298.15K）；$C_{PM}$、$C_{PH_2}$、$C_{PCO}$、$C_{PCO_2}$ 和 $C_{PH_2O}$ 分别为 $CH_3OH$、$H_2$、$CO$、$CO_2$ 和 $H_2O$ 的定压热容。
将标准反应热数据及上述各物质的定压热容分别代入式（5.49）及式（5.50）得

$$\Delta H_{R1} = -76519.5 - 49.29T - 2.93 \times 10^{-2} T^2 + 1.70 \times 10^{-4} T^3$$
$$- 1.92 \times 10^{-7} T^4 + 0.79 \times 10^{-10} T^5 \text{ (kJ/kmol)} \tag{5.51}$$

$$\Delta H_{R2} = -37858.21 - 22.67T - 0.12T^2 + 2.86 \times 10^{-4} T^3$$
$$- 2.76 \times 10^{-7} T^4 + 1.06 \times 10^{-10} T^5 \text{ (kJ/kmol)} \tag{5.52}$$

**2）等温焓差的计算**

真实气体在温度为 $T$，压力为 $p$ 时与等温下理想气体的焓差 $H - H^{\theta}$ 和 $p$-$\rho$-$T$ 的基本热力学关系式为

$$H - H^{\theta} = \phi \left\{ \frac{p}{\rho} - RT + \int_{0}^{\rho} \left[ p - T \left( \frac{\partial p}{\partial T} \right)_{\rho} \right] \frac{d\rho}{\rho^2} \right\} \tag{5.53}$$

式中，$p$ 为体系压力，0.1 MPa；$H^{\theta}$ 为混合物于体系温度 $T$ 下的理想气体焓，4.18 kJ/kmol；$H$ 为混合物于 $T$ 和 $p$ 下的焓，4.18 kJ/kmol；$H$ 为 $H^{\theta}$ 等温焓差（4.18 kJ/kmol）；$\rho$ 为混合物密度，由(5.45)式解出，单位为 $kmol/m^3$；$T$ 为体系温度，单位为 K；$R$ 为气体常数，$R = 0.008205 \text{ MPa} \cdot m^3/(kmol \cdot K)$；$\phi$ 为单位换算因子。

$$\phi = 101.33 \text{（即 } 0.1 \frac{\text{MPa} \cdot m^3}{\text{kmol}} = 10.13 \frac{\text{kJ}}{\text{kmol}} \text{)}$$

当应用SHBWR状态方程表示 $p$-$\rho$-$T$ 关系时，可以导出以下计算等温焓差的公式：

$$H - H^{\theta} = \phi \left\{ \left( B_0 RT + 2A_0 - \frac{4C_0}{T^2} + \frac{5D_0}{T^3} - \frac{6E_0}{T^4} \right) \rho \right.$$
$$+ \frac{1}{2} \left[ 2bRT - 3a - \frac{4d}{T} \right] \rho^2 + \frac{1}{5} \alpha \left( 6a - \frac{7d}{T} \right) \rho^5 + \frac{c}{\gamma T^2}$$
$$\left. \left[ 3 - \left( 3 + \frac{1}{2} \gamma \rho^2 - \gamma^2 \rho^4 \right) \exp(-\gamma \rho^2) \right] \right\} \tag{5.54}$$

**3）甲醇合成反应热的计算**

对于一定组成的秸秆合成气，在 $T$、$p$ 条件下，合成甲醇反应热 $\Delta H_{T,p}$ 的计算公式如下：

$$\Delta H_{T,p} = N_1 \cdot \Delta H_1 + f_1 \cdot \Delta H_{R1} + f_2 \cdot \Delta H_{R2} + N_2 \cdot \Delta H_2 \tag{5.55}$$

式中，$\Delta H_1$ 为反应前混合气体在温度 $T$ 时，压力由 $p \to 0$ 的等温降压过程的焓变，kJ/kmol 混合气；$\Delta H_2$ 为反应后混合气体在温度 $T$ 时，压力由 $0 \to p$ 的等温升压过程的焓变，kJ/kmol 混合气；$N_1$ 和 $N_2$ 分别为反应前、后合成 1 kmol 甲醇所需混合气体的量，kmol 混合气/kmol 甲醇；$\Delta H_{R1}$ 和 $\Delta H_{R2}$ 分别为式(5.47)、式(5.48)的理想气体反应热，kJ/kmol 甲醇；$f_1$ 为由 $CO$ 生成甲醇的分率；$f_2$ 为由 $CO_2$ 生成甲醇的分率；$f_1 + f_2 = 1$，$f_1$，$f_2$ 由动力学试验数据

获得。

将表 5.23 中秸秆合成气合成甲醇试验数据代入上述公式，即可求算出甲醇合成反应热 $\Delta H_{T,p}$（表 5.28）。

**表 5.28 不同温度及合成气组成下甲醇合成体系的反应热（5MPa 压力）**

| 序号 | T/K | $\Delta H_{R1}$/(kJ/kmol) | $\Delta H_{R2}$/(kJ/kmol) | $\Delta H_{T,p}$/(kJ/kmol) | No. | T/K | $\Delta H_{R1}$/(kJ/kmol) | $\Delta H_{R2}$/(kJ/kmol) | $\Delta H_{T,p}$/(kJ/kmol) |
|---|---|---|---|---|---|---|---|---|---|
| 1 | 493.15 | −96 595.27 | −56 712.98 | −73 432.63 | 19 | 503.15 | −96 818.83 | −57 025.43 | −77 355.58 |
| 2 | 508.15 | −96 927.84 | −57 179.41 | −74 034.73 | 20 | 533.15 | −97 445.56 | −57 926.95 | −82 067.21 |
| 3 | 513.15 | −97 035.01 | −57 331.90 | −80 821.16 | 21 | 533.15 | −97 445.56 | −57 926.95 | −83 077.52 |
| 4 | 528.15 | −97 345.63 | −57 780.42 | −87 235.66 | 22 | 523.15 | −97 243.89 | −57 632.41 | −81 823.93 |
| 5 | 528.15 | −97 345.63 | −57 780.42 | −78 629.92 | 23 | 523.15 | −97 243.89 | −57 632.41 | −80 737.05 |
| 6 | 543.15 | −97 640.12 | −58 215.52 | −82 691.18 | 24 | 513.15 | −97 035.01 | −57 331.90 | −79 134.62 |
| 7 | 543.15 | −97 640.12 | −58 215.52 | −85 759.08 | 25 | 513.15 | −97 035.01 | −57 331.90 | −78 145.20 |
| 8 | 538.15 | −97 543.73 | −58 071.98 | −86 249.81 | 26 | 503.15 | −96 818.83 | −57 025.43 | −73 825.52 |
| 9 | 539.15 | −97 563.14 | −58 100.80 | −85 946.80 | 27 | 493.15 | −96 595.27 | −56 712.98 | −77 487.18 |
| 10 | 538.15 | −97 543.73 | −58 071.98 | −86 709.34 | 28 | 543.15 | −97 640.12 | −58 215.52 | −84 279.94 |
| 11 | 513.15 | −97 035.01 | −57 331.90 | −85 859.05 | 29 | 543.15 | −97 640.12 | −58 215.52 | −84 773.41 |
| 12 | 493.15 | −96 595.27 | −56 712.98 | −70 641.26 | 30 | 533.15 | −97 445.56 | −57 926.95 | −87 474.55 |
| 13 | 533.15 | −97 445.56 | −57 926.95 | −79 025.17 | 31 | 533.15 | −97 445.56 | −57 926.95 | −83 973.75 |
| 14 | 528.15 | −97 345.63 | −57 780.42 | −78 850.90 | 32 | 523.15 | −97 243.89 | −57 632.41 | −86 765.60 |
| 15 | 523.15 | −97 243.89 | −57 632.41 | −78 156.48 | 33 | 523.15 | −97 243.89 | −57 632.41 | −82 262.54 |
| 16 | 517.15 | −97 119.43 | −57 452.82 | −76 622.95 | 34 | 513.15 | −97 035.01 | −57 331.90 | −81 482.30 |
| 17 | 512.15 | −97 013.72 | −57 301.52 | −79 271.63 | 35 | 503.15 | −96 818.83 | −57 025.43 | −73 396.06 |
| 18 | 507.15 | −96 906.18 | −57 148.73 | −79 308.54 | 36 | 493.15 | −96 595.27 | −56 712.98 | −73 856.69 |

注：1～7 进口合成气组成为 $H_2$ 0.4149，$N_2$ 0.3827，$CH_4$ 0.0095，CO 0.1049，$CO_2$ 0.0880；8～12 进口合成气组成为 $H_2$ 0.5118，$N_2$ 0.3199，$CH_4$ 0.0076，CO 0.0922，$CO_2$ 0.0685；13～19 进口合成气组成为 $H_2$ 0.3436，$N_2$ 0.4263，$CH_4$ 0.0112，CO 0.1309，$CO_2$ 0.0880；20～27 进口合成气组成为 $H_2$ 0.7385，$N_2$ 0.1670，$CH_4$ 0.0037，CO 0.0585，$CO_2$ 0.0323；28～36 进口合成气组成为 $H_2$ 0.6105，$N_2$ 0.2463，$CH_4$ 0.0065，CO 0.0864，$CO_2$ 0.0503。

### 5.5.3 合成甲醇反应的平衡常数及平衡组成

研究甲醇合成平衡常数及平衡组成，可以正确作出反应方向和限度的判断，避免制订在热力学上不可能或十分不利的生产或设计条件，平衡组成对甲醇合成设备的研制十分重要。

秸秆合成气反应体系中含有 CO、$CO_2$、$H_2$、$CH_4$、$N_2$、$CH_3OH$、$H_2O$ 共 7 种主要成分，发生甲醇合成反应为式（5.47）及式（5.48），这两个反应对应的平衡常数可分别表示为

$$K_{P_1} = \frac{p_M}{p_{CO} \cdot p_{H_2}^2} = \frac{1}{p^2} \cdot \frac{y_M}{y_{CO} \cdot y_{H_2}^2} \tag{5.56}$$

$$K_{P_2} = \frac{p_M \cdot p_{H_2O}}{p_{CO_2} \cdot p_{H_2}^3} = \frac{1}{p^2} \cdot \frac{y_M \cdot y_{H_2O}}{y_{CO_2} \cdot y_{H_2}^3} \tag{5.57}$$

式中，$p_i$ 为 $i$ 组分平衡分压，单位为 MPa；$p$ 为体系总压，单位为 MPa；$y_i$ 为 $i$ 组分的平衡摩尔分率；下标 M 为 $CH_3OH$。

加压下 $K_p$ 是温度、压力、组成的函数，如以逸度代替分压则：

$$K_{f_1} = \frac{f_M}{f_{CO} \cdot f_{H_2}^2} \tag{5.58}$$

$$K_{f_2} = \frac{f_M \cdot f_{H_2O}}{f_{CO_2} \cdot f_{H_2}^3} \tag{5.59}$$

式中，$K_{f_1}$ 和 $K_{f_2}$ 分别为反应（5.46）及反应（5.47）以逸度表示的平衡常数；$f_i$ 为 $i$ 组分平衡逸度。

### 5.5.3.1 $K_f$ 的计算

$K_f$ 仅为温度的函数，反应体系温度一定，则 $K_f$ 有唯一对应数值与之确定。反应（5.45）及反应（5.48）的 $K_f$ 计算式如下：

$$K_{f_1} = \exp[13.1652 + 9203.26/T - 5.92839\ln T - 0.352404 \times 10^{-2} T + 0.102264 \times 10^{-4} T^2 - 0.769446 \times 10^{-8} T^3 + 0.238583 \times 10^{-11} T^4] \times (0.101325)^{-2} \tag{5.60}$$

$$K_{f_2} = \exp[1.6654 + 4553.34/T - 2.72613\ln T - 1.422914 \times 10^{-2} T + 0.172060 \times 10^{-4} T^2 - 1.106294 \times 10^{-8} T^3 + 0.319698 \times 10^{-11} T^4] \times (0.101325)^{-2} \tag{5.61}$$

### 5.5.3.2 加压下平衡常数 $K_P$ 与平衡浓度 $y_i$ 的计算

**1）运用 SHBWR 状态方程表示的 $p$-$\rho$-$T$ 关系，导出计算 $f_i$ 的公式**

$$RT\ln f_i = RT\ln(\rho RTy_i) + \rho(B_0 + B_{0i})RT + 2\rho \sum_{j=1}^{n} y_j \left[ -(A_{0j}^{1/2} \cdot A_{0i}^{1/2})(1-k_{ij}) \right.$$
$$\left. - \frac{C_{0i}^{1/2} C_{0j}^{1/2}}{T^2}(1-k_{ij})^3 + \frac{D_{0i}^{1/2} D_{0j}^{1/2}}{T^3}(1-k_{ij})^4 - \frac{E_{0i}^{1/2} E_{0j}^{1/2}}{T^4}(1-k_{ij})^5 \right]$$
$$+ \frac{\rho^2}{2}\left[ 3(b^2 b_i)^{1/3} RT - 3(a^2 a_i)^{1/3} - 3\frac{(d^2 d_i)^{1/3}}{T} \right] + \frac{\alpha\rho^5}{5} 3(a^2 a_i)^{1/3}$$
$$+ 3\frac{(d^2 d_i)^{1/3}}{T} \frac{3\rho^5}{5}\left[ a + \frac{d}{T} \right](a^2 a_i)^{1/3} + \frac{3(c^2 c_i)^{1/3} \rho^2}{T^2}\left[ \frac{1-\exp(-\gamma\rho^2)}{-\gamma\rho^2} \right.$$
$$\left. - \frac{\exp(-\gamma\rho^2)}{2} \right] - \frac{2c}{\gamma T^2}\left[ \frac{\gamma_i}{\gamma} \right]^{1/2}\left\{ 1 - \exp(-\gamma\rho^2)\left[ 1 + \gamma\rho^2 + \frac{1}{2}\gamma^2\rho^4 \right] \right\} \tag{5.62}$$

式中，$n$ 为组分数；$y_i$ 和 $y_j$ 为 $i$ 和 $j$ 组分在混合物中的摩尔分率；$f_i$ 为 $i$ 组分的逸度，0.1MPa；$k_{ij}$ 为各对 $i$、$j$ 组分的交互作用系数，本文选 $k_{ij}=0$；$\rho$ 为混合物密度，由式(5.61)解出，单位为 $kmol/m^3$。

式（5.63）中的 $y_i$ 由计算目的规定为平衡含量，是待求的，但由 $y_i$ 算得的平衡逸度

$f_i$ 应满足方程(5.59)及方程(5.60)。方程(5.59)及方程(5.60)中的 $K_{f_1}$、$K_{f_2}$ 可由方程(5.61)、方程(5.62)解出。因此,求平衡组成需进行试算。

**2) 平衡常数 $K_P$ 及平衡组成 $y_i$ 的计算**

在计算出 $K_{f_1}$、$K_{f_2}$ 之后,就可进行平衡常数 $K_{P_1}$、$K_{P_2}$ 及平衡组成 $y_i$ 的试算工作,试算步骤如下。

(1) 给定初值 $y_M$、$y_{CO_2}$(甲醇、$CO_2$ 摩尔分率),通过物料衡算可得混合气中其他组分的含量。

$$y_{H_2} = B/A(y_{1,H_2} + 2y_{1,M} - y_{1,CO_2}) + y_{CO_2} - 2y_M \qquad (5.63)$$

$$y_{CO} = B/A(y_{1,CO} + y_{1,M} + y_{1,CO_2}) - y_{CO_2} - y_M \qquad (5.64)$$

$$y_{H_2O} = B/A(y_{1,H_2O} + y_{1,CO_2}) - y_{CO_2} \qquad (5.65)$$

$$y_{N_2} = B/A(y_{1,N_2}) \qquad (5.66)$$

$$y_{CH_4} = B/A \cdot y_{1,CH_4} \qquad (5.67)$$

式中,$A = 1 + 2y_{1,M}$,$B = 1 + 2y_M$;$y_{1,i}$ 为原料气中 $i$ 组分的摩尔分率,其中 $y_{1,M}$ 及 $y_{1,H_2O}$ 均为 0。

通过式 (5.63) 至式 (5.67),由初值 $y_M$,$y_{CO_2}$ 求得所有组分初值 $y_i$。

(2) 在 $T$、$p$、$y_i$ 条件下解式 (5.46) 求得混合气体密度 $\rho$。

(3) 由以上求得的 $\rho$、$y_i$ 代入式 (5.62) 求得 $f_i$。

(4) 求得的 $f_i$ 若是满足式 (5.59) 及式 (5.60),这时的 $y_i$ 才是所求的正确值——平衡组成。解上述方程组,即可求平衡组成 $y_M$、$y_{H_2O}$、$y_{H_2}$、$y_{CO}$、$y_{CO_2}$、$y_{N_2}$、$y_{CH_4}$。

(5) 由平衡组成 $y_i$,按式 (5.56)、式 (5.57) 即可求得平衡常数 $K_{P_1}$、$K_{P_2}$。

由试验数据(表 5.23),按上述计算步骤进行计算,秸秆合成气甲醇合成体系的平衡组成及平衡常数计算结果见表 5.29 所示。

表 5.29 不同温度和合成气组成下甲醇合成体系的平衡常数和平衡组成(5 MPa压力)

| 序号 | $t/℃$ | 加压下平衡浓度 $y_i/\%$ |||||||  平衡常数 /$MPa^{-2}$ ||||
|---|---|---|---|---|---|---|---|---|---|---|---|---|
| | | $H_2$ | $N_2$ | $CH_4$ | $CO$ | $CO_2$ | $CH_3OH$ | $H_2O$ | $K_{P_1} \cdot 10^2$ | $K_{P_2} \cdot 10^3$ | $K_{f_1} \cdot 10^2$ | $K_{f_2} \cdot 10^3$ |
| 1 | 220 | 31.08 | 44.75 | 1.11 | 4.31 | 9.78 | 8.46 | 0.50 | 78.19 | 5.59 | 607.90 | 4.53 |
| 2 | 235 | 33.40 | 43.23 | 1.07 | 5.87 | 9.44 | 6.48 | 0.50 | 38.05 | 3.58 | 33.83 | 3.01 |
| 3 | 240 | 34.14 | 42.74 | 1.06 | 6.38 | 9.32 | 5.85 | 0.51 | 30.22 | 3.11 | 27.05 | 2.63 |
| 4 | 255 | 36.12 | 41.42 | 1.03 | 7.79 | 8.97 | 4.11 | 0.55 | 15.56 | 2.06 | 14.17 | 1.80 |
| 5 | 255 | 36.12 | 41.42 | 1.03 | 7.79 | 8.97 | 4.11 | 0.55 | 15.56 | 2.06 | 14.17 | 1.80 |
| 6 | 270 | 37.66 | 40.37 | 1.00 | 8.94 | 8.67 | 2.74 | 0.62 | 8.32 | 1.41 | 7.67 | 1.25 |
| 7 | 270 | 37.66 | 40.37 | 1.00 | 8.94 | 8.67 | 2.74 | 0.62 | 8.32 | 1.41 | 7.67 | 1.25 |
| 8 | 265 | 46.67 | 34.48 | 0.82 | 6.77 | 6.67 | 3.89 | 0.72 | 10.14 | 1.58 | 9.38 | 1.41 |

续表

| 序号 | $t$/℃ | 加压下平衡浓度 $y_i$/% ||||||| 平衡常数/MPa$^{-2}$ ||||
|---|---|---|---|---|---|---|---|---|---|---|---|---|
| | | $H_2$ | $N_2$ | $CH_4$ | CO | $CO_2$ | $CH_3OH$ | $H_2O$ | $K_{p_1}\cdot 10^2$ | $K_{p_2}\cdot 10^3$ | $K_{f_1}\cdot 10^2$ | $K_{f_2}\cdot 10^3$ |
| 9 | 266 | 46.76 | 34.41 | 0.82 | 6.85 | 6.65 | 3.79 | 0.72 | 9.73 | 1.54 | 9.01 | 1.37 |
| 10 | 265 | 46.67 | 34.48 | 0.82 | 6.77 | 6.67 | 3.89 | 0.72 | 10.14 | 1.58 | 9.38 | 1.41 |
| 11 | 240 | 43.92 | 36.28 | 0.86 | 4.46 | 7.06 | 6.71 | 0.71 | 29.98 | 3.07 | 27.05 | 2.63 |
| 12 | 220 | 41.49 | 37.81 | 0.90 | 2.63 | 7.28 | 9.09 | 0.82 | 77.34 | 5.50 | 67.90 | 4.53 |
| 13 | 260 | 29.78 | 45.38 | 1.19 | 11.06 | 9.02 | 3.22 | 0.35 | 12.63 | 1.82 | 11.51 | 1.59 |
| 14 | 255 | 29.18 | 45.78 | 1.20 | 10.69 | 9.12 | 3.70 | 0.33 | 15.62 | 2.07 | 14.17 | 1.80 |
| 15 | 250 | 28.51 | 46.23 | 1.21 | 10.29 | 9.23 | 4.22 | 0.31 | 19.40 | 2.37 | 17.51 | 2.04 |
| 16 | 244 | 27.63 | 46.81 | 1.23 | 9.76 | 9.37 | 4.91 | 0.29 | 25.32 | 2.79 | 22.69 | 2.37 |
| 17 | 239 | 26.83 | 47.34 | 1.24 | 9.29 | 9.50 | 5.53 | 0.28 | 31.77 | 3.21 | 28.28 | 2.70 |
| 18 | 234 | 25.98 | 47.90 | 1.26 | 8.79 | 9.62 | 6.18 | 0.26 | 0.06 | 3.71 | 35.40 | 3.09 |
| 19 | 230 | 25.27 | 48.37 | 1.27 | 8.37 | 9.73 | 6.73 | 0.25 | 8.39 | 4.17 | 42.49 | 3.44 |
| 20 | 260 | 70.59 | 18.19 | 0.40 | 2.82 | 2.60 | 4.47 | 0.92 | 2.23 | 1.73 | 11.51 | 1.59 |
| 21 | 260 | 70.59 | 18.19 | 0.40 | 2.82 | 2.60 | 4.47 | 0.92 | 12.23 | 1.73 | 11.51 | 1.59 |
| 22 | 250 | 70.11 | 18.46 | 0.41 | 2.20 | 2.58 | 5.26 | 0.99 | 18.72 | 2.25 | 17.51 | 2.04 |
| 23 | 250 | 70.11 | 18.46 | 0.41 | 2.20 | 2.58 | 5.26 | 0.99 | 18.72 | 2.25 | 17.51 | 2.04 |
| 24 | 240 | 69.62 | 18.71 | 0.41 | 1.64 | 2.53 | 6.00 | 1.09 | 29.13 | 2.94 | 27.05 | 2.63 |
| 25 | 240 | 69.62 | 18.71 | 0.41 | 1.64 | 2.53 | 6.00 | 1.09 | 29.13 | 2.94 | 27.05 | 2.63 |
| 26 | 230 | 69.13 | 18.93 | 0.42 | 1.17 | 2.44 | 6.69 | 1.22 | 46.10 | 3.88 | 42.49 | 3.44 |
| 27 | 220 | 68.65 | 19.13 | 0.42 | 0.80 | 2.32 | 7.29 | 1.39 | 74.28 | 5.18 | 67.90 | 4.53 |
| 28 | 270 | 57.07 | 22.67 | 0.70 | 5.96 | 4.69 | 4.15 | 0.75 | 8.21 | 1.38 | 7.67 | 1.25 |
| 29 | 270 | 57.07 | 22.67 | 0.70 | 5.96 | 4.69 | 4.15 | 0.75 | 8.21 | 1.38 | 7.67 | 1.25 |
| 30 | 260 | 56.24 | 27.19 | 0.72 | 5.10 | 4.80 | 5.20 | 0.76 | 12.41 | 1.77 | 11.51 | 1.59 |
| 31 | 260 | 56.24 | 27.19 | 0.72 | 5.10 | 4.80 | 5.20 | 0.76 | 12.41 | 1.77 | 11.51 | 1.59 |
| 32 | 250 | 55.33 | 27.75 | 0.73 | 4.18 | 4.88 | 6.34 | 0.78 | 19.05 | 2.31 | 17.51 | 2.04 |
| 33 | 250 | 55.33 | 27.75 | 0.73 | 4.18 | 4.88 | 6.34 | 0.78 | 19.05 | 2.31 | 17.51 | 2.04 |
| 34 | 240 | 54.37 | 28.32 | 0.75 | 3.28 | 4.95 | 7.50 | 0.84 | 29.74 | 3.03 | 27.05 | 2.63 |
| 35 | 230 | 53.43 | 28.87 | 0.76 | 2.45 | 4.97 | 8.60 | 0.92 | 47.26 | 4.03 | 42.49 | 3.44 |
| 36 | 220 | 52.52 | 29.36 | 0.77 | 1.75 | 4.95 | 9.60 | 1.05 | 76.47 | 5.41 | 67.90 | 4.53 |

注：1～7 进口合成气组成为 $H_2$ 0.4149，$N_2$ 0.3827，$CH_4$ 0.0095，CO 0.1049，$CO_2$ 0.0880；8～12 进口合成气组成为 $H_2$ 0.5118，$N_2$ 0.3199，$CH_4$ 0.0076，CO 0.0922，$CO_2$ 0.0685；13～19 进口合成气组成为 $H_2$ 0.3436，$N_2$ 0.4263，$CH_4$ 0.0112，CO 0.1309，$CO_2$ 0.0880；20～27 进口合成气组成为 $H_2$ 0.7385，$N_2$ 0.1670，$CH_4$ 0.0037，CO 0.0585，$CO_2$ 0.0323；28～36 进口合成气组成为 $H_2$ 0.6105，$N_2$ 0.2463，$CH_4$ 0.0065，CO 0.0864，$CO_2$ 0.0503。

## 5.6 结论

(1) 对秸秆合成气催化合成甲醇技术进行试验研究,获得 1 t 玉米秸秆生产 235.7 kg的甲醇产量,该产量比国外用木材生产甲醇的产量低 47.3 kg,但玉米秸秆为软质材料,国内未见相关试验研究报道。

(2) 试验优选出秸秆合成气催化合成甲醇的最佳工艺参数:催化剂为 C301,催化剂粒度为 20~40 目;反应压力为 5 MPa;合成温度为 235℃;进口秸秆合成气流量为 1.1 Nmol/h,秸秆合成气组成为 CO 10.49%,$CO_2$ 8.8%,$N_2$ 37.32%,$C_nH_m$ 0.95%,$H_2$ 40.49%。经查询 100 多篇国外研究资料,未发现秸秆合成气制甲醇工艺参数优化试验研究,国内此项研究为空白。

(3) 由动力学试验数据建立了秸秆合成气催化合成甲醇的 L-H 双曲型本征动力学模型方程,优化出了动力学模型方程参数,该模型方程与试验结果拟合良好,全面反映了秸秆合成气合成甲醇体系的动力学变化规律。大量资料检索表明,未见国内外有关的研究报道。

(4) 研究得到了加压下秸秆合成气合成甲醇反应体系不同温度下的总反应热效应、平衡常数和平衡体系组成,为生物质(秸秆)气合成甲醇的中试配套设备及工业化配套设备的研制提供基础设计参数,国内外未见相关详细研究报道。

# 6 生物质纤维燃料乙醇生产工艺试验研究

## 引言

新一代交通运输能源必须满足以下基本要求：①储量丰富或容易制取；②有利于环境保护，无毒性；③储存与运输方便。生物质燃料乙醇完全符合上述要求。

燃料乙醇可以直接作为燃料或与汽油以一定的比例混合在机动车中使用，从而降低汽油的消耗，部分地代替石油，减少机动车尾气中 $CO_2$ 的排放量，缓和温室效应；乙醇的辛烷值高于直馏汽油，可以作为防爆剂添加到汽油中，代替四乙基铅，从而可以减轻汽油燃烧废气中铅对大气的污染。

巴西、丹麦、芬兰、瑞典等国生物质乙醇的生产和乙醇作为燃料的应用范围很广。巴西在利用乙醇作为汽油替代品方面走在世界前列，目前已有 200 万辆汽车用乙醇作燃料。美国国会早已通过法案，鼓励用乙醇、甲醇等部分或完全代替汽油，扶植非汽油燃料工业的发展。目前美国的许多州已通过法律规定汽车的汽油燃料中必须添加 10%～15%的乙醇。2000 年，美国全年燃料乙醇销售量达 559 万 t，大约有 100 万辆机动车使用乙醇-汽油双燃料。

我国对乙醇作为燃料也给予了足够的重视。国家将全面推广使用车用乙醇汽油，截至目前，我国已经有河南天冠集团等 5 家燃料乙醇生产企业，总计生产能力达 157 万 t。

美国、日本、加拿大、瑞典等发达国家早就对用生物质纤维作为原料生产燃料乙醇高度重视，并投入了大量人力和财力。我国政府也已将此列入国家发展计划。

迄今为止，全世界已有几十套植物纤维乙醇的生产线，这些试验或试生产机构包括美国陆军 Natick 研究发展中心、美国加州大学劳伦斯伯克莱实验室、美国阿肯色大学生物量研究中心、美国宾夕法尼亚大学、加拿大 Iotech 公司、加拿大 Forintek 公司、法国石油研究院、日本石油替代品发展研究协会、瑞典林产研究实验室、瑞典隆德大学、奥地利格拉兹大学、芬兰技术研究中心、印度理工学院等。

美国、荷兰、英国等国学者对木质纤维素发酵生产乙醇的基本工艺进行了研究，乙醇产率为 24%～27%（w/w）。我国浙江大学、山东大学、华东理工大学、中国科学院过程工程所、清华大学、河南农业大学、河南天冠集团、中粮集团等单位在利用纤维原料生产乙醇方面也进行了大量的研究。

国内外对利用生物质尤其是秸秆纤维来生产燃料乙醇进行了大量的研究，但该技术一直未能在规模生产中推广应用，究其根本，主要是因为现阶段的技术中还存在着严重制约生物质纤维燃料乙醇生产的关键问题。

早在 1997 年 Lee 等根据木质纤维素的结构特点，提出利用其发酵生产乙醇的三个关键的方面：①如何打破纤维素与半纤维素之间的紧密结合；②如何使纤维素与半纤维素解聚，得到更多的可发酵的还原性单糖；③如何进行戊糖和己糖的混合糖发酵。

目前,许多国家虽然建造了纤维质原料的乙醇示范性工厂,但其产业化仍存在四大技术瓶颈:一是原料要进行复杂的预处理;二是纤维素酶生产成本偏高;三是秸秆等木质纤维素类原料降解产生的戊糖难以发酵生成乙醇;四是在产业化中工艺技术的匹配和整合水平需要进一步提高,以提高生产效率,降低生产成本。具体来讲,主要有以下几个方面。

**1) 秸秆预处理效果亟待提高**

以秸秆为原料生产乙醇,关键是原料的预处理问题。由于秸秆结构复杂,其中的木质素、纤维素和半纤维素彼此黏结、相互间隔,木质素的存在着严重影响着纤维素酶对纤维素的酶解糖化作用,必须通过预处理将木质素去除或破坏以提高糖化速度和糖化率。

目前常用物理法、化学法或生物法对原料进行预处理。物理法包括球磨、压缩球磨、爆破粉碎、冷冻粉碎、声波、电子射线等,均可使纤维素粉化、软化,提高纤维素的酶解转化率。如在 100 Mrad 电子辐射处理下,秸秆的糖化率提高 10%,球磨处理可以使秸秆的糖化率提高 23%~40%。但该预处理法存在着设备投资和运行费用高,处理效果差等缺点。化学法包括无机酸(硫酸、盐酸、乙酸等)、碱(氢氧化钠、碱性过氧化氢、氨水等)和有机溶剂(甲醇、乙醇、丁醇、苯等)等方法,该法可使纤维素、半纤维素和木质素吸胀并破坏其结晶性,使天然纤维素溶解并降解,从而增加其可消化性,提高糖化率 30%~40%。但该预处理法存在环境污染严重,对设备要求苛刻,产品得率低等缺点。生物法是采用降解木质素的微生物,如白腐真菌在培养过程中可以产生分解木质素的酶类,从而专一性地降解木质素,提高纤维素的酶解糖化率 10%~20%。它具有作用条件温和,专一性强,不存在环境污染,处理成本低等优点。但该预处理法存在着作用效果差,距离工业化差距大等缺点。

国外对生物降解木质素的研究已进行了 30 多年,对降解的微生物、微生物产木质素分解酶类、工艺条件、降解机制、木质素生物降解的分子生物学进行了详细的研究,取得了一定的效果。四川大学、山东大学、河南农业大学等单位对生物降解木质素中的木质素降解微生物及其培养特性,木质素降解酶类等方面进行了初步的研究。

**2) 戊糖和己糖共发酵水平需要进一步提高**

在秸秆纤维的糖化醪液中 30% 为以木糖为主的戊糖,70% 为以葡萄糖为主的己糖,这些糖类是燃料乙醇产生的直接物质。但是目前生产乙醇的微生物都仅仅可以利用己糖,并将己糖转化形成乙醇,对戊糖却不能利用,无法将戊糖转化形成乙醇,造成糖化醪液中 30% 的戊糖成分不能被利用,直接导致燃料乙醇的产率低。

Hahn-Hagerdal(美国)、Marie Jeppsson du(美国)、Tom Granstrom(美国)、PreezSanchez(美国)、Ahring(英国)等对毕赤氏酵母、假丝酵母、厌氧菌发酵木糖和己糖生产燃料乙醇的菌种和工艺进行了研究。

筛选高效的戊糖和己糖共发酵菌种或利用基因工程方法构建能同时高效利用己糖和戊糖的菌种,完善全糖发酵技术体系,提高发酵终了乙醇浓度,也是降低纤维乙醇成本的重要途径,戊糖的完全利用有可能降低纤维乙醇成本 20%,降低原料消耗 20%。

3）发酵整体工艺参数及优化控制技术需要进一步研究

为此，本文拟开展以下几个方面的研究：

(1) 廉价高效的木质纤维预处理技术和平台。①高效生物预处理体系构建研究。主要包括木质素降解微生物的筛选，木质素降解的机制和降解的最佳工艺条件，木质素降解的动力学研究，木质素降解对秸秆糖化效果的影响研究。②高效稀酸预处理体系构建研究。

(2) 糖化体系优化研究。

(3) 玉米秸秆糖化液的发酵抑制物脱毒技术研究。

(4) 戊糖和己糖同步发酵生产燃料乙醇中优良菌株的筛选，最佳发酵条件研究，发酵体系研究。

(5) 秸秆燃料乙醇生产的总体工艺及配套设备研究，以及生产的中试技术研究。

## 6.1 固态培养降解秸秆木质素试验研究

### 6.1.1 材料和方法

#### 6.1.1.1 原料

秸秆（稻草），取自郑州东郊，粉碎至 20～40 目备用。稻草的主要组成：水 7.06%，纤维素 39.22%，半纤维素 16.94%，木质素 10.25%，灰分 12.41%，其他 14.12%。

#### 6.1.1.2 菌种

广草，河南农业大学食用菌研究所提供；黄孢原毛平革菌（*Phanerochete chrysosporium*）和杂色云芝（*Coriolus versicolor*），由中国农业科学院上海食用菌研究所惠赠。将斜面保藏菌种于 28℃活化后转接于马铃薯葡萄糖琼脂培养基（PDA）试管斜面上，并放于 28℃培养箱中培养，待菌丝长好后，转接到 PDA 平板上，28℃培养 6～8d，用无菌打孔器将平板菌种制成直径 12 mm 厚 2 mm 的菌种塞，备用。黄孢原毛平革菌和杂色云芝活化和平板培养方法与广草同，但黄孢原毛平革菌培养温度为 37～39℃。黑曲霉 $M_1$、$M_{15}$、$M_{19}$，由河南农业大学微生物能源工程实验室提供。斜面保藏菌种移接到 PDA 斜面培养基上，于 30℃下培养 3d，备用。

按每 20 g 干秸秆接 3 个菌塞。广草和杂色云芝接种时按每 20 g 干秸秆接 3 个菌塞；黄孢原毛平革菌，按每 20 g 干秸秆接 3 环孢子。

#### 6.1.1.3 固态培养降解试验

**1）碳源、氮源浓度对木质素降解的影响试验**

每个 300 mL 三角瓶中装入 20 g 稻草粉、60 mL 水、一定量的葡萄糖和 $NH_4Cl$，每个菌种需配 15 瓶。葡萄糖和尿素分别按高碳高氮（HCHN）、高碳低氮（HCLN）、低碳高氮（LCHN）、低碳低氮（LCLN）、不添加葡萄糖和 $NH_4Cl$（CK）等营养条件配制固态稻草培养基，其中 HC、HN、LC、LN 分别为 0.40 g、0.03 g、0.02 g 和 0.006 g。固态秸秆粉均匀配制后于 121℃下灭菌 2 h，接种培养。广草和杂色云芝，接种时按每瓶接 3 个菌塞；黄孢原毛平革菌接种时按每瓶接 3 环孢子；黑曲霉 $M_1$、$M_{15}$、$M_{19}$ 接种时 3 个菌种同时按每瓶各接 1 环孢子，菌种简称为黑曲霉 $M_1 M_{15} M_{19}$。杂色云芝、黑曲霉 $M_1 M_{15} M_{19}$、广草、黄孢原毛平革菌分别在 29℃、30℃、39℃、39℃温度下培养 32 d，测定经过 32 d 固态培养的秸秆中纤维素、半纤维素和木质素的含量。

**2）单一菌株降解木质素过程试验**

在以上试验的基础上，对 HCLN 营养条件下的固态培养秸秆，从第 8 天起，每 4 天取样一次，测定 4 个菌株降解木质素过程中木质纤维素酶类活性和秸秆中主要组成的含量。接种、培养等操作与前面类同。

**3）双菌株联合降解木质素试验**

在以上试验的基础上，采用 HCLN 的营养条件，将两种菌种同时或分步接入固态秸秆基质中进行培养降解，测定经过 32d 固态培养的秸秆中的木质纤维素酶类活性和秸秆中主要成分的含量。设计下列条件和方式进行培养降解：①黄孢原毛平革菌和杂色云芝联合，39℃培养（代码为 A）；②黄孢原毛平革菌和杂色云芝联合，34℃培养（代码为 B）；③黄孢原毛平革菌和杂色云芝联合，29℃培养（代码为 C）；④先接种杂色云芝 29℃培养 12d 后，再转接入黄孢原毛平革菌，39℃培养（代码为 D）；⑤先接种黄孢原毛平革菌 39℃培养 12d 后，再转接入杂色云芝，29℃培养（代码为 E）；⑥黄孢原毛平革菌和广草联合，39℃培养（代码为 F）；⑦将黑曲霉 $M_1 M_{15} M_{19}$ 和杂色云芝联合，29℃培养（代码为 G）。

**4）金属离子对木质素降解效果的影响试验**

在以上研究的基础上，向固态秸秆培养基中加入不同浓度的金属离子，研究不同金属离子对木质素降解的影响，从而找到金属离子综合最佳水平，获得降解木质素的最佳条件。

选取以下金属离子及其水平（/g 稻草），$MnSO_4 \cdot 7H_2O$：0 g、0.5 g、1 g、2 g，$CuSO_4 \cdot 5H_2O$：0 mg、2 mg、4 mg、6 mg，$MgSO_4 \cdot 7H_2O$：0 mg、15 mg、30 mg、45 mg，$FeSO_4 \cdot 7H_2O$：0 mg、5 mg、10 mg、15 mg，$CaCl_2 \cdot 2H_2O$：0 mg、25 mg、50 mg、75 mg，选定了 5 因素 4 水平的 $L16(4^5)$ 正交表进行正交试验。

### 6.1.1.4 测定方法

**1）酶活性测定**

对经过接种培养的各固态秸秆培养料取样，挤出酶液，过滤澄清，备用。

(1) Lacs 活性测定（愈创木酚法，朱显峰改良）。10 mL 反应体系中，含 50m mol/L 琥珀酸钠缓冲溶液（pH4.5），0.4 m mol/L 的愈创木酚和 0.5 mL 酶液，30℃条件下反应 30 min 后，于 465 nm 处测 OD 值。酶活力定义：以灭活的酶液反应混合物作对照，1 min 内催化氧化 1 nmol 愈创木酚的酶量为 1U（$\varepsilon465=1.21\times10^4 / [mol/L \cdot cm]$）。

(2) Lips 酶活性测定（黎芦醇法）。黎芦醇 2 mmol/L，酒石酸缓冲溶液 50 mmol/L（pH 2.5），0.4 mmol/L 的 $H_2O_2$，室温条件下测定，加入 $H_2O_2$ 启动反应，于 310 nm

紫外光处测 OD 改变值。酶活力定义：每分钟使 1 μmol/L 藜芦醛合成所需的酶量为 1U（ε310＝9300/［mol/L·cm］）。

（3）MnPs 活性测定。反应体系中含 50 mmol/L，pH 4.5 的乳酸钠缓冲液 3.4 mL，1.6 mmol/L 的硫酸锰溶液 0.1 mL，1.6 mmol/L 的 $H_2O_2$ 0.1 mL（启动反应），室温条件下测 240 nm 紫外光处反应 4 min 时 OD 改变值。酶活力定义：每分钟使 1μmol $Mn^{2+}$ 转化为 $Mn^{3+}$ 所需的酶量为 1U（ε238＝6.5×10³/［mol/L·cm］）。

（4）纤维素酶（cellulase，Cels）活性以 1%CMC 为底物进行测定，酶活定义：每分钟释放 1 mg/mL 还原糖所需酶为 1U。

（5）半纤维素酶（hemicellulase，Hcels）活性以 1%木聚糖为底物进行测定，酶活定义同 Cels（注：固态培养的酶活均以每克稻草基质中的酶活单位计）。

**2）固态培养物料中纤维素、木质素、半纤维素含量测定**

采用改良王玉万法，测定流程如下：

（1）将约 1 g 样品置于 300 mL 碘量瓶中，加入 100 mL 中性洗涤剂，之后放入已沸的高压蒸汽釜中，保温 1 h 取出，用 3 号沙芯漏斗过滤，残渣用水、丙酮洗，得残渣 1。

（2）将残渣 1 于 60℃烘干 72 h，称重，计 $W_1$。

（3）将残渣 1 置于 300 mL 碘量瓶中，加入 100 mL 2mol/L HCl 溶液，然后放入已沸的高压蒸汽釜中，100℃保温 50 min，之后用 3 号沙芯漏斗过滤，水洗残渣至 pH 6.5～7.0，得残渣 2。

（4）将残渣 2 于 60℃烘干 72 h，称重，计 $W_2$。

（5）将残渣 2 用丙酮洗 2 次，60℃干燥，然后置于 300 mL 碘量瓶中，加入 10 mL 72% $H_2SO_4$，20℃水解 3h，然后加水 90 mL，室温过夜，次日用已称重的 3 号沙芯漏斗过滤，水洗残渣至 pH 6.5，得残渣 3。

（6）将残渣 3 于 60℃烘干 72 h，称重，计 $W_3$。

（7）将残渣 3 于 550℃灰化，得灰分，称重，计 $W_4$。

（8）计算。半纤维素（%）＝$(W_1-W_2)$/样品重×100%；

纤维素（%）＝$(W_2-W_3)$/样品重×100%；

木质素（%）＝$(W_3-W_4)$/样品重×100%。

**3）总糖和碳元素测定**

总糖（TS）测定用 DNS 法，碳元素测定采用全自动碳、氢、氧元素分析仪（江苏电分析仪器厂）。

### 6.1.1.5 秸秆木质素结构分析

（1）扫描电子显微镜（SEM）分析。戊二醛固定，812 树脂包埋，台面腐蚀，电导处理，加速电压 15 kV，S-4300F 电子扫描显微镜观察，扫描式电子显微镜为日本 HITACHI 产 S-4300F 型。

（2）傅里叶红外光谱（FTIR）分析。采用 KBr 压片法，样品量为 2mg/gKBr，在 8700 FTIR 上扫描，扫描速度 35 次/s，分辨率为 4 $cm^{-1}$，波长 400～4000 $cm^{-1}$。分析仪为日本岛津 8700FTIR 型红外光谱仪。

(3) X射线衍射分析。采用160孔浆粉压片,管压30 kV,管流20 mA,Cu靶,Ni滤光条件。相对结晶度CrI计算:CrI(%) =100×($I_{002}$ − $I_{am}$)/$I_{002}$。X射线衍射分析仪为日本理学max-3B型。

## 6.1.2 结果与分析

### 6.1.2.1 碳源、氮源浓度对木质素降解的影响

微生物能够降解木质纤维素是因为微生物在基质上生长的过程中可以直接将木质素、纤维素或半纤维素作为营养物质进行利用,或者是在生长的过程中会向生长环境中分泌木质纤维素酶,包括木质素降解酶类(主要指Lacs、Lips、MnPs)、纤维素酶类和半纤维素酶类,这些酶类是将基质中特定的底物酶解的缘故。木质纤维素酶类都是诱导型胞外酶,环境中不同的碳源、氮源浓度对酶类的产生有很大的影响,也直接影响木质素、纤维素和半纤维素的降解效果。不同碳源、氮源浓度对木质素降解的影响结果如表6.1所示。

**表6.1 碳源、氮源浓度对木质素降解的影响**

| 菌株 | 营养条件 | 半纤维素降解率/% | 纤维素降解率/% | 木质素降解率/% |
|---|---|---|---|---|
| 黑曲霉 $M_1 M_{15} M_{19}$ | HCHN | 36.72 | 57.34 | 12.67 |
| | HCLN | 37.99 | 41.52 | 15.54 |
| | LCLN | 59.84 | 67.44 | 7.05 |
| | LCHN | 31.82 | 34.76 | 11.33 |
| | CK | 41.67 | 40.26 | 8.46 |
| 黄孢原毛平革菌 | HCHN | 24.79 | 45.35 | 27.86 |
| | HCLN | 29.23 | 50.85 | 37.17 |
| | LCLN | 24.89 | 34.81 | 19.01 |
| | LCHN | 23.00 | 39.28 | 21.87 |
| | CK | 34.07 | 59.47 | 31.99 |
| 杂色云芝 | HCHN | 17.23 | 25.27 | 13.87 |
| | HCLN | 16.66 | 29.74 | 32.65 |
| | LCLN | 3.44 | 12.36 | 9.42 |
| | LCHN | 16.11 | 27.57 | 25.78 |
| | CK | 10.81 | 26.66 | 10.33 |
| 广草 | HCHN | 14.64 | 26.49 | 15.06 |
| | HCLN | 15.28 | 21.60 | 22.83 |
| | LCLN | 3.70 | 13.36 | 11.45 |
| | LCHN | 14.94 | 20.43 | 20.73 |
| | CK | 11.11 | 32.46 | 12.93 |

从表6.1可知:

(1) 4个菌株都可以一定程度地降解稻草秸秆中的纤维素、半纤维素和木质素。

(2) 从对木质素的降解来说，能力的大小依次是黄孢原毛平革菌＞杂色云芝＞广草＞黑曲霉 $M_1M_{15}M_{19}$。

(3) 从营养条件对木质素降解的影响上看，这 4 个菌株都是在 HCLN 的条件下对木质素的降解效果最好，说明对木质素降解来说，高浓度的碳源和低浓度的氮源有利于木质素的降解，因此，在后面的试验中，为了达到主要降解木质素的目的，HCLN 的培养条件是首选的；对半纤维素和纤维素的降解效果看，二者对营养的需求基本一致，总的看来氮源浓度低对降解是有利的，但对碳源浓度的要求不一致，说明这些菌株在降解纤维素和半纤维素时对营养条件的要求差别较大。

(4) 4 个菌株对纤维素的降解能力最强，黑曲霉 $M_1M_{15}M_{19}$ 最大达到 67.44%；对半纤维素降解能力较差，黑曲霉 $M_1M_{15}M_{19}$ 最大达到 59.84%，对木质素的降解能力最差，黄孢原毛平革菌最大达到 37.17%。说明纤维素和半纤维素比木质素降解容易。

(5) 4 个菌株对三种成分的降解率有差异，黑曲霉 $M_1M_{15}M_{19}$ 和黄孢原毛平革菌较强，杂色云芝和广草较差。

(6) 对每一个菌株来讲，黑曲霉 $M_1M_{15}M_{19}$ 降解纤维素、半纤维素和木质素的最大能力分别为 67.44%、59.84%和 15.54%；黄孢原毛平革菌降解纤维素、半纤维素和木质素的最大能力分别为 59.47%、34.07%和 37.17%；杂色云芝降解纤维素、半纤维素和木质素的最大能力分别为 29.74%、16.66%和 32.65%；广草降解纤维素、半纤维素和木质素的最大能力分别为 32.46%、15.28%和 22.83%。

#### 6.1.2.2 单一菌株降解木质素过程分析

研究固态降解过程中木质纤维素酶类产生情况对了解底物降解的历程、机制有重要的意义；研究木质素经过降解的去向及木质素结构的改变等问题对秸秆的下一步利用有很重要的意义。

**1) 降解过程中产酶情况**

4 个菌株在 HCLN 固态秸秆培养基上培养 32 d 过程中，木质纤维素酶类的产生情况如图 6.1～图 6.5 所示。

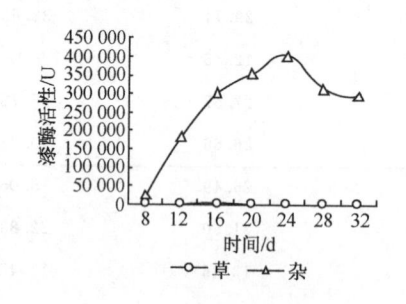

图 6.1 漆酶产生情况

注：为了简化图中的标识，将黑曲霉 $M_1M_{15}M_{19}$、黄孢原毛平革菌、杂色云芝、广草等分别简写为黑、黄、杂、草，以下类同。

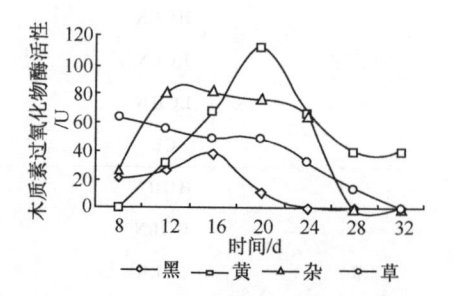

图 6.2 木质素过氧化物酶产生情况

图6.3 锰依赖过氧化物酶产生情况

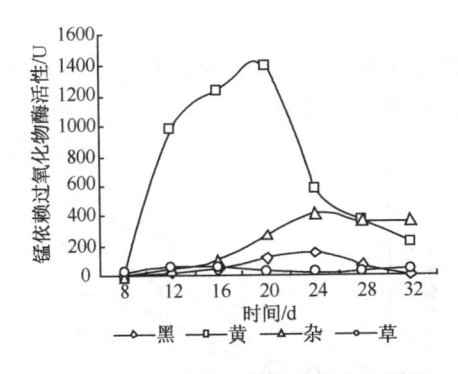

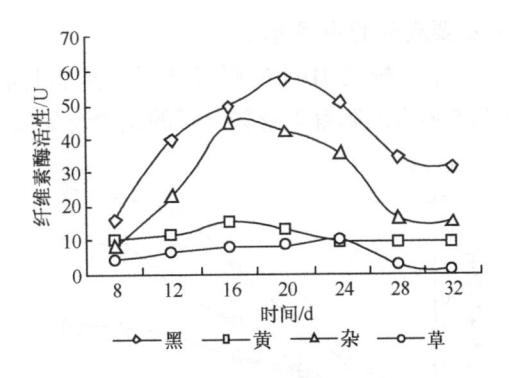

图6.4 纤维素酶产生情况

从图6.1可以看出，杂色云芝可以产生高的Lacs活力，且随着培养时间的延长，活力逐渐升高，在培养至第24天时活力达到高峰，为405 867.8 U/g，之后活力逐渐下降。广草虽然在培养过程中可以产生Lacs，并在第20天时达到峰值，但活力与杂色云芝相比相差很远。在研究中发现，黑曲霉 $M_1M_{15}M_{19}$、黄孢原毛平革菌两个菌株不产生Lacs。

从图6.2可以看出，4个菌株都可以产生Lips。从产酶曲线来看，除广草在培养的过程中表现随着培养的进行不断下降外，其余3个菌株的Lips活力都经过了先升高后降低的过程，并且在第12~20天达到峰值。从产酶曲线和峰值可以看出，Lips活力的高低依次是黄孢原毛平革菌＞杂色云芝＞广草＞黑曲霉 $M_1M_{15}M_{19}$，黄孢原毛平革菌产Lips的最大活力为111.35 U/g。

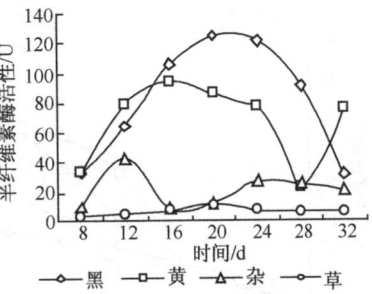

图6.5 半纤维素酶产生情况

从图6.3可以看出，4个菌株都可以产生MnPs。从产酶曲线来看，除广草在培养的过程中分别在第16天和第32天出现2个高峰外，其余3个菌株的MnPs活力都经过了先升高后降低的过程，并且在第20~24天达到峰值。从产酶曲线和峰值可以看出，黄孢原毛平革菌可以产生很高的MnPs活力，黄孢原毛平革菌产MnPs峰值为1384.54U/g，其他3个菌株的MnPs活力相对较低。

综合图6.1、图6.2和图6.3可知，所进行试验的4个菌株可以产生不同活力的木质素降解酶，这为4个菌株降解木质素奠定了物质基础。

图6.4表明，4个菌株均可以产生活力高低不同的Cels，黑曲霉 $M_1M_{15}M_{19}$、杂色云芝、黄孢原毛平革菌、广草分别在第20天、第16天、第16天、第24天达到峰值，分别为57.25 U/g、44.56 U/g、14.84 U/g、10.25 U/g，表明4个菌株在培养过程中将可以不同程度地降解纤维素。

从图6.5可以看出，4个菌株都可以产生Hcels，其中黑曲霉 $M_1M_{15}M_{19}$ 和黄孢原毛平革菌产Hcels活力较高，这两个菌株产Hcels活力峰值分别在第20天和第16天达到121.98 U/g和94.49 U/g；另外2个菌株产Hcels活力较低。

### 2）主要成分的降解过程

4个菌株在HCLN固态秸秆培养基上培养32d过程中，秸秆中的纤维素、半纤维素和木质素的降解以及碳元素的减少情况如图6.6～图6.9所示。

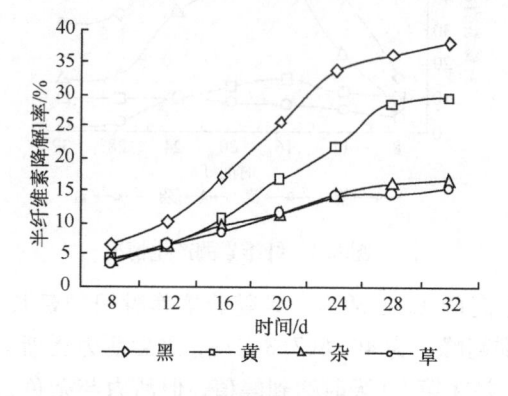

图6.6 半纤维素降解情况

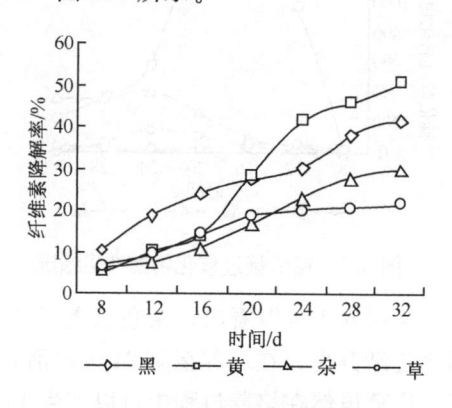

图6.7 纤维素降解情况

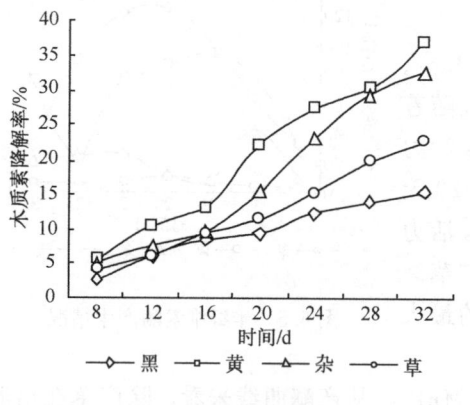

图6.8 木质素降解情况

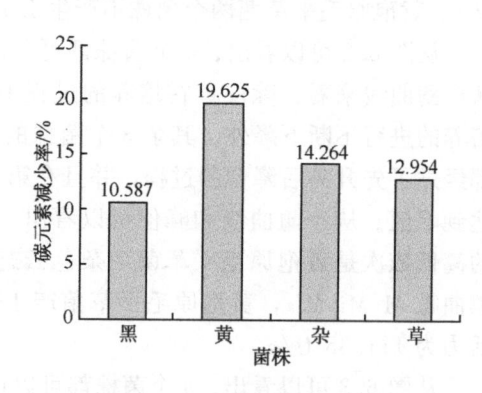

图6.9 碳元素减少情况

从图6.6可以看出，在黄孢原毛平革菌、黑曲霉$M_1$ $M_{15}$ $M_{19}$等4个菌株培养的过程中，秸秆中的半纤维素得到了降解。从图6.6中的降解曲线来看，随着培养时间的延长，半纤维素的降解率逐渐升高，但培养后期较培养前期菌株对半纤维素的降解率升高的幅度小；4个菌株相比，对半纤维素的降解能力的大小依次为黑曲霉$M_1$ $M_{15}$ $M_{19}$＞黄孢原毛平革菌＞杂色云芝＞广草。

从图6.7可以看出，随着培养时间的延长，4个菌株对纤维素的降解率逐渐增大；黄孢原毛平革菌对纤维素的降解能力最强。

结合图6.5可以看出，①菌株产Hcels的高峰期出现在半纤维素降解率升高幅度最大的时期之前，说明半纤维素的降解滞后于Hcels的产生；②Cels活力的高低直接影响半纤维素的降解率的高低，Cels活力越高，纤维素的降解率越大。

从图6.8可以看出，4个菌株在培养的过程中，秸秆木质素得到了一定程度的降解，且随着培养时间的延长，降解率不断升高。

结合图6.1～图6.3可知，Lacs、Lips、MnPs活力的高低直接影响木质素降解的速度和能力，活力越高，木质素的降解速度和能力越大。同时发现，木质素降解酶活力的产生先于木质素的降解。三种酶在木质素的降解中都是有益的。

在木质素的生物降解中，木质素可以彻底氧化形成 $CO_2$ 和 $H_2O$，也可以通过开环等反应形成长链烃类，但木质素的彻底氧化对碳元素循环及纤维素和半纤维素的利用是很重要的。

从图 6.9 可以看出，黑曲霉 $M_1 M_{15} M_{19}$、黄孢原毛平革菌、杂色云芝和广草在固态秸秆基质上经过了 32 d 的培养后，碳元素分别减少 10.59%、19.63%、14.26% 和 12.95%，彻底氧化木质素的能力最强的为黄孢原毛平革菌，其次是杂色云芝；同时对比图 6.8 可以发现，木质素的降解率比碳元素的减少率大，这表明在经过固态培养的生物降解后，一部分木质素得到了彻底氧化，而另一部分转化成了其他物质或性质发生了改变。

**3）还原性糖的形成**

固态秸秆中的纤维素和半纤维素可以在纤维素酶和半纤维素酶的作用下转化形成还原性的糖类，主要包括葡萄糖和木糖，这些糖类一方面可以供给微生物菌体的生长繁殖和能量消耗，同时剩余的糖类在后期也可以转化形成燃料乙醇。

4 个菌株在固态培养降解秸秆的过程中，还原性糖类（总糖）的形成情况如图 6.10 所示。从图 6.10 可以看出，4 个菌株在稻草秸秆中的培养过程中形成了一定量的还原性糖类，随着培养时间的延长，总糖的产生出现波动曲线，这说明所产生的糖不是简单的积累，而是在一定时期得到不同程度的消耗。在培养至第 32 天时，经过黑曲霉 $M_1 M_{15} M_{19}$、黄孢原毛平革菌、杂色云芝和广草菌株培养的每克秸秆基质中总糖的产量分别为 0.24 g、0.14 g、0.17 g、0.08 g，也可以说经过 32d 的培养，秸秆的产糖率分别为 24%、13.5%、17.4% 和 8.2%。

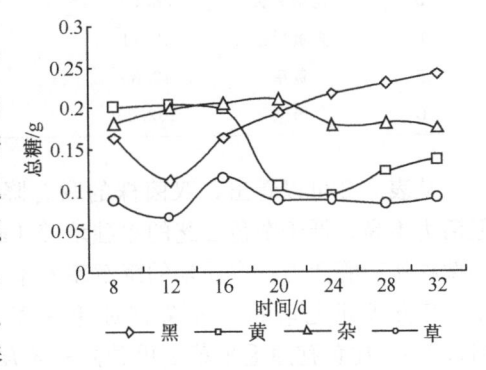

图 6.10 总糖产生情况

### 6.1.2.3 双菌株联合降解木质素结果

以上研究结果表明，黄孢原毛平革菌、杂色云芝和广草可以有效降解木质素，但降解的效果不同，降解率较低。为了提高木质素的降解率，使各个菌株之间彼此弥补不足，达到降解酶系完全和酶活力提高，将菌株联合起来进行固态培养降解。根据培养过程中微生物产酶的情况来看，黄孢原毛平革菌可以产生高活力的 Lips 和 MnPs，但不产生 Lacs；杂色云芝可以产生高活力的 Lacs，但产生的 Lips 和 MnPs 活力相对较低，重点放在黄孢原毛平革菌和杂色云芝的联合降解上，按 6.1.1.3 中 1）方案进行试验。试验结果如表 6.2 和表 6.3 所示。

表 6.2 双菌株联合降解木质素结果

| 培养方式代码 | 培养方式 | 漆酶/(U/g) | 木质素过氧化物酶/(U/g) | 锰依赖过氧化物酶/(U/g) | 木质素降解率/% |
|---|---|---|---|---|---|
| A | 黄杂（39℃） | 2975.21 | 96.77 | 456.92 | 42.37 |
| B | 黄杂（34℃） | 4462.81 | 164.52 | 346.15 | 35.57 |
| C | 黄杂（29℃） | 5125.36 | 203.23 | 609.23 | 37.24 |
| D | 先杂后黄 | 165 867.90 | 306.77 | 674.31 | 31.92 |
| E | 先黄后杂 | 15 619.83 | 268.07 | 2274.92 | 51.32 |
| F | 黄草 | 2231.41 | 212.90 | 364.15 | 41.36 |
| G | 黑杂 | 365 784.60 | 74.25 | 34.25 | 36.26 |

表 6.3 双菌株联合降解木质纤维素结果

| 培养方式代码 | 培养方式 | 纤维素酶/(U/g) | 半纤维素酶/(U/g) | 纤维素降解率/% | 半纤维素降解率/% |
|---|---|---|---|---|---|
| A | 黄杂（39℃） | 33.47 | 55.68 | 0.57 | 34.20 |
| B | 黄杂（34℃） | 50.35 | 75.81 | 0.39 | 23.51 |
| C | 黄杂（29℃） | 38.32 | 64.64 | 0.37 | 24.11 |
| D | 先杂后黄 | 38.59 | 60.07 | 0.21 | 15.50 |
| E | 先黄后杂 | 42.71 | 82.11 | 0.46 | 28.41 |
| F | 黄草 | 42.80 | 41.49 | 0.41 | 30.25 |
| G | 黑杂 | 102.25 | 115.97 | 0.60 | 51.24 |

从表 6.2 可以看出，双菌株的联合降解试验中，所有培养方式中均有 Lacs 产生，但活力不高，低于杂色云芝的单独培养 Lacs 活力；Lips 和 MnPs 的活力均明显高于单一菌株所产酶活力；木质素的降解率基本接近或高于单一菌株降解率；在 7 种培养方式中，E 方式即先培养 12d 黄孢原毛平革菌再接种杂色云芝的效果最好，降解率为 51.32%，比黄孢原毛平革菌单独降解木质素提高了 14.14%，说明 E 培养方式是良好的降解木质素的方式。

木质素的降解与纤维素和半纤维素的降解是密切关联的，双菌株的联合对纤维素和半纤维素的降解情况如表 6.3 所示。从表 6.3 可以看出，菌株的联合对 Cels 和 Hcels 活性影响不大，某些方式仅仅有小幅度的提高，从对纤维素和半纤维素的降解率来看，菌株的联合对这些组成的降解能力的提高并不明显，相反，有的还没有单独降解的效果好。E 方式即先培养 12 d 黄孢原毛平革菌再接种杂色云芝的情况下，经过 32 d 培养，纤维素和半纤维素的降解率分别为 46.29% 和 28.41%，此方式下对纤维素和半纤维素的降解率介于黄孢原毛平革菌和杂色云芝之间。这种明显提高木质素的降解能力但对纤维素和半纤维素的降解能力没有显著提高的培养方式对于利用秸秆稻草通过生物降解木质素生产燃料乙醇的目的是很有益处的。

### 6.1.2.4 金属离子对木质素降解的影响试验结果

**1）金属离子正交试验分配及结果**

采用 E 方式对秸秆中的木质素进行降解的金属离子正交试验分配及结果见表 6.4

和表 6.5。对表 6.4 直观分析可以知道,木质素降解率较高的 3 个处理是第 13 处理、第 15 处理和第 16 处理。经过金属离子的优化组合,木质素的降解率较对照提高了 9.69 个百分点;同时可以看出,不适合的金属离子浓度会导致木质素的降解能力降低,如第 6 个处理中木质素的降解率仅为 44.28%,较对照下降了 6.37 个百分点。

表 6.4 金属离子正交试验分配及结果

| 处理 | Mn$^{2+}$ | Cu$^{2+}$ | Mg$^{2+}$ | Fe$^{2+}$ | Ca$^{2+}$ | Lacs/(U/g) | MnPs/(U/g) | Lips/(U/g) | 木质素降解率/% | 纤维素降解率/% | 半纤维素降解率/% |
|---|---|---|---|---|---|---|---|---|---|---|---|
| 1 | 0 | 0 | 0 | 0 | 0 | 7713.51 | 538.46 | 251.61 | 51.66 | 54.95 | 36.54 |
| 2 | 0 | 2 | 15 | 5 | 25 | 4958.68 | 907.69 | 219.00 | 51.88 | 62.74 | 45.74 |
| 3 | 0 | 4 | 30 | 10 | 50 | 5234.17 | 569.23 | 65.23 | 47.51 | 49.30 | 35.42 |
| 4 | 0 | 6 | 45 | 15 | 75 | 7713.51 | 323.08 | 214.34 | 52.34 | 55.04 | 43.40 |
| 5 | 0.5 | 0 | 15 | 10 | 75 | 8521.58 | 594.87 | 144.13 | 52.15 | 34.71 | 20.42 |
| 6 | 0.5 | 2 | 0 | 15 | 50 | 2130.46 | 178.46 | 171.16 | 44.28 | 45.18 | 19.88 |
| 7 | 0.5 | 4 | 45 | 0 | 25 | 14912.80 | 33.75 | 171.16 | 51.46 | 28.59 | 34.08 |
| 8 | 0.5 | 6 | 30 | 5 | 0 | 12249.89 | 1130.26 | 279.26 | 48.86 | 35.67 | 23.04 |
| 9 | 1 | 0 | 30 | 15 | 25 | 10119.44 | 2349.74 | 279.26 | 50.03 | 20.39 | 3.94 |
| 10 | 1 | 2 | 45 | 10 | 0 | 9054.18 | 267.69 | 189.18 | 55.65 | 18.12 | 4.04 |
| 11 | 1 | 4 | 0 | 5 | 75 | 5326.00 | 743.59 | 36.03 | 48.93 | 37.50 | 24.17 |
| 12 | 1 | 6 | 15 | 0 | 50 | 11184.62 | 2944.62 | 135.13 | 53.10 | 22.47 | 6.62 |
| 13 | 2 | 0 | 45 | 5 | 50 | 9054.19 | 148.72 | 144.13 | 61.35 | 4.96 | 1.35 |
| 14 | 2 | 2 | 30 | 0 | 75 | 7988.99 | 684.10 | 16.48 | 56.55 | 3.66 | 2.64 |
| 15 | 2 | 4 | 15 | 15 | 0 | 7988.98 | 1457.44 | 117.11 | 59.74 | 7.46 | 2.88 |
| 16 | 2 | 6 | 0 | 10 | 25 | 7456.38 | 1665.64 | 126.12 | 58.23 | 9.86 | 3.11 |

表 6.5 金属离子正交实验各因子水平平均指数

| 因素 | | Mn$^{2+}$ | Cu$^{2+}$ | Mg$^{2+}$ | Fe$^{2+}$ | Ca$^{2+}$ |
|---|---|---|---|---|---|---|
| K1[1] | a[2] | 6404.97 | 6368.24 | 6455.49 | 7190.10 | 5858.63 |
| | b[3] | 584.61 | 336.64 | 839.23 | 951.80 | 364.36 |
| | c[4] | 187.55 | 68.11 | 127.52 | 117.11 | 146.64 |
| | d[5] | 50.87 | 36.97 | 39.73 | 40.22 | 38.62 |
| | e[6] | 55.51 | 28.85 | 19.77 | 18.83 | 21.45 |
| | f[7] | 40.28 | 23.42 | 12.43 | 7.77 | 11.07 |
| K2 | a | 9453.68 | 7787.00 | 5835.64 | 4393.98 | 7855.84 |
| | b | 484.34 | 1099.49 | 246.41 | 817.95 | 328.18 |
| | c | 191.43 | 157.18 | 99.64 | 121.61 | 82.94 |
| | d | 49.19 | 38.57 | 41.13 | 35.81 | 40.04 |
| | e | 36.04 | 28.30 | 18.10 | 25.77 | 16.74 |
| | f | 24.36 | 18.27 | 10.20 | 12.00 | 14.29 |

续表

| 因素 | | Mn²⁺ | Cu²⁺ | Mg²⁺ | Fe²⁺ | Ca²⁺ |
|---|---|---|---|---|---|---|
| K3 | a | 8921.06 | 8852.18 | 8985.35 | 8296.64 | 7451.80 |
| | b | 1576.41 | 907.95 | 923.82 | 730.51 | 468.21 |
| | c | 159.90 | 204.79 | 182.26 | 153.15 | 172.79 |
| | d | 51.93 | 53.79 | 50.12 | 51.14 | 52.14 |
| | e | 24.62 | 28.75 | 37.80 | 35.90 | 41.40 |
| | f | 9.69 | 15.56 | 24.28 | 24.41 | 27.04 |
| K4 | a | 8122.14 | 6033.08 | 7764.04 | 9159.80 | 7874.23 |
| | b | 988.98 | 507.49 | 844.10 | 353.31 | 1692.82 |
| | c | 100.96 | 148.95 | 169.61 | 187.16 | 174.65 |
| | d | 58.97 | 52.09 | 50.46 | 54.26 | 50.63 |
| | e | 6.49 | 32.43 | 42.66 | 37.83 | 38.73 |
| | f | 2.50 | 18.08 | 28.34 | 31.14 | 22.93 |

1 为各因素相同水平的平均指标；2 为 Lacs 的活力，单位为 U/g；3 为 MnPs 的活力，单位为 U/g；4 为 Lips 的活力，单位为 U/g；5 为木质素降解率，单位为%；6 为纤维素降解率，单位为%；7 为半纤维素降解率，单位为%。

**2）金属离子正交实验各因子的影响趋势分析**

经 $F$ 检验表明，各金属离子对 E 培养方式下微生物产生的三种酶 Lacs、MnPs 和 Lips 的影响都是极显著的，$F$ 值均远大于 $F_{0.01}(5,29)$。但各金属离子的作用大小存在差异，对 Lacs、Mnps 和 Lips 活性的影响因素显著性分别为：$Mg^{2+}>Cu^{2+}>Fe^{2+}>Mn^{2+}>Ca^{2+}$；$Mn^{2+}>Cu^{2+}>Mg^{2+}>Ca^{2+}>Fe^{2+}$；$Ca^{2+}>Cu^{2+}>Mn^{2+}>Fe^{2+}>Mg^{2+}$。在 5 种金属离子中，$Mg^{2+}$、$Mn^{2+}$、$Cu^{2+}$ 分别是 Lacs、MnPs 和 Lips 的主要影响因素。而对稻草中木质素、纤维素和半纤维素降解率的影响因素显著性分别为：$Mn^{2+}>Mg^{2+}>Ca^{2+}>Cu^{2+}>Fe^{2+}$；$Mn^{2+}>Mg^{2+}>Fe^{2+}>Cu^{2+}>Ca^{2+}$；$Mn^{2+}>Cu^{2+}>Ca^{2+}>Fe^{2+}>Mg^{2+}$。

对各金属离子的各个水平的影响趋势如图 6.11 和图 6.12 所示。

分析表明，Lacs、MnPs 和 Lips 最佳产酶条件是非常接近的，其中差别仅在于 $Mn^{2+}$ 的最佳水平不同，分别为 0 g/L 和 10 g/L。经 $Q$ 检验，添加以上两种水平的 $Mn^{2+}$ 对 MnPs 活性影响的差异性是不显著的，而两种水平对 Lacs 和 Lips 活性影响的差异是显著的，从而导致木质素降解能力的差异性。因而黄孢原毛平革菌和杂色云芝菌株对木质素的最佳正交金属离子综合水平可采用（/g 稻草）：0 g 的 $MnSO_4$、6 mg 的 $CuSO_4$、15 mg 的 $MgSO_4$、5 mg 的 $FeSO_4$、25 mg 的 $CaCl_2$。

#### 6.1.2.5 固态培养降解木质素试验结果

在以上试验的基础上，采用最佳金属离子综合培养条件下按 E 培养方式对秸秆进行降解试验的结果如图 6.13 和图 6.14 所示。

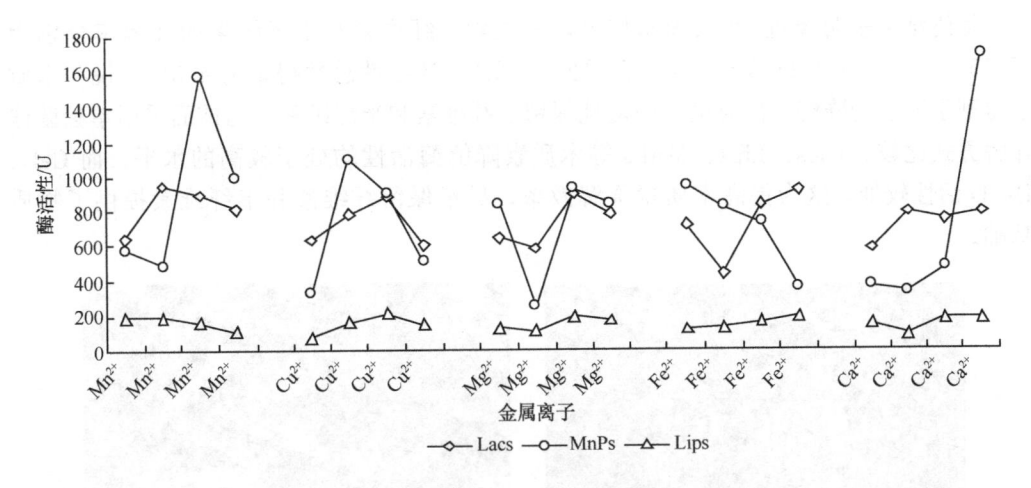

图 6.11　金属离子各因子作用影响酶活性趋势图

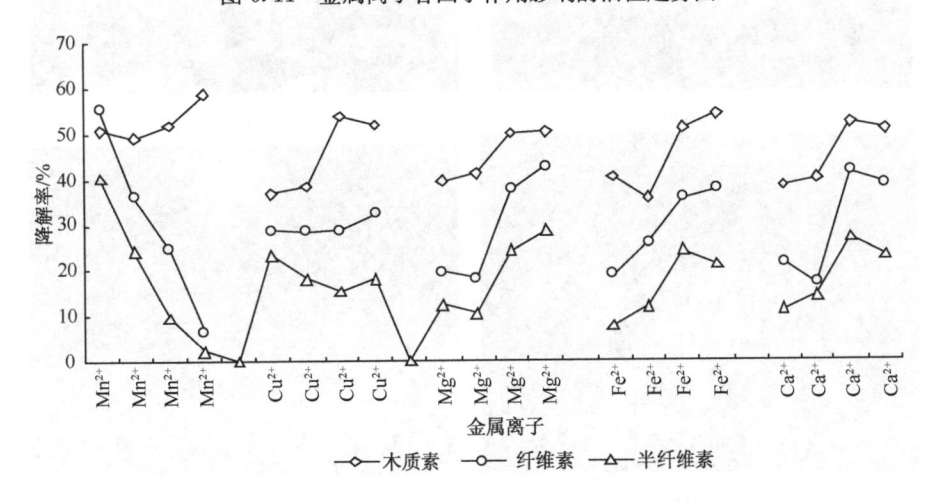

图 6.12　金属离子各因子作用影响酶活性趋势图

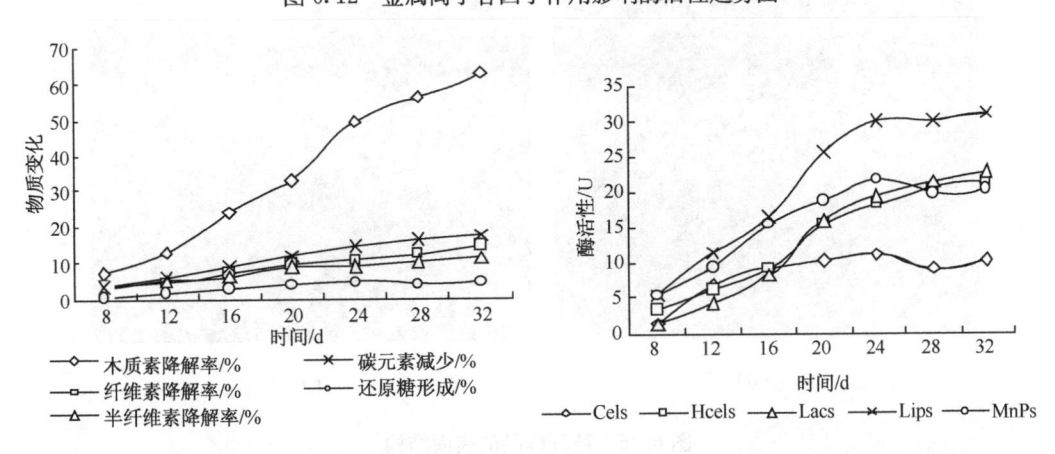

图 6.13　生物降解过程中秸秆中物质的变化

图 6.14　生物降解过程中秸秆中酶活性的变化

最终结果表明经过 32 天固态培养，木质素、纤维素和半纤维素的降解率分别为 62.55%、14.3%和 11.3%，碳元素减少 17.2%，还原性总糖得率为 4.3%，说明木质素得到了明显的降解，同时最大限度地保留了纤维素和半纤维素。与前面采用单独菌株降解方式比较，Lacs、Lips、MnPs 等木质素降解酶活性均处于较高的水平，而 Cels、Hcels 活性较低，这为提高木质素降解效率，尽量保留纤维素和半纤维素提供了物质基础。

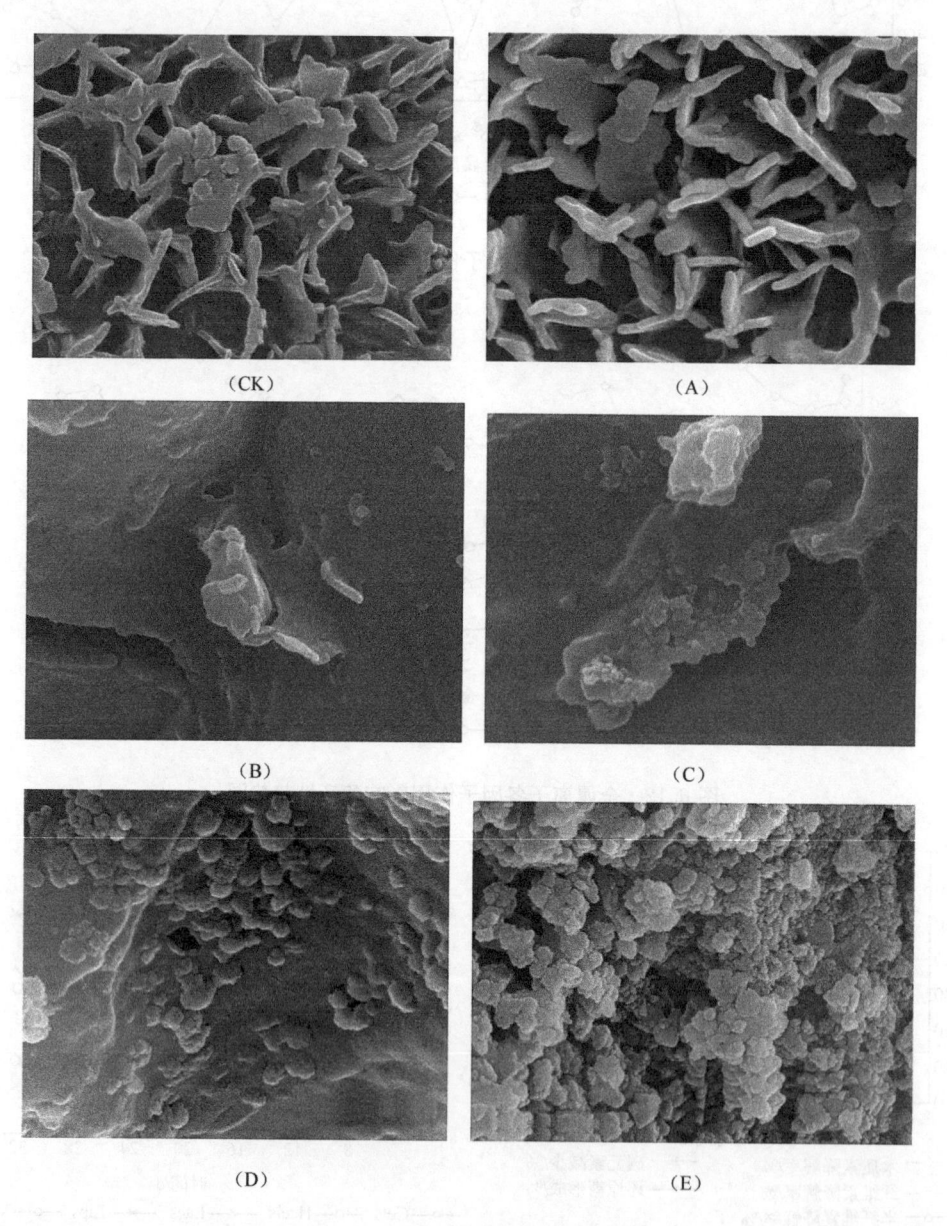

图 6.15　秸秆样品的表面结构

## 6.1.2.6 固态培养对秸秆木质素结构的影响

**1）扫描电子显微镜分析**

利用扫描电子显微镜（SEM）对包括原稻草粉（CK）、黑曲霉 $M_1 M_{15} M_{19}$ 固态培养处理的稻草粉（A）、黄孢原毛平革菌固态培养处理的稻草粉（B）、广草固态培养处理的稻草粉（C）、杂色云芝固态培养处理的稻草粉（D）、最佳金属离子条件下先黄后杂固态培养的稻草粉（E）6 种秸秆样品进行表面结构扫描观察，结果如图 6.15 所示。

从图 6.15 可以看出，与 CK 样品相比，除 A 样品的表面结构没有发生明显的变化外，其他几种样品的结构都发生了明显的改变。CK 样品的表面含分布较为均匀，呈无规则排列，直径 50 nm、长 400~500 nm 的棒状物；B 样品的表面较光滑，基本上无细微结构，其中仅仅有少量的直径 30 nm、长 200 nm 的棒状物；C 样品的表面有排列不均匀，直径 30 nm 左右的少量粒子，没有棒状物；D 样品的表面有大量的排列不均匀，直径 30 nm 左右的粒子，没有棒状物；E 样品表面有 10~20 nm 的颗粒堆积，无棒状物，从以上情况来看，经过固态培养降解的秸秆样品 B、C、D、E 与未经任何预处理的 CK 相比表面结构发生了明显的变化。对比经过不同固态培养降解预处理的秸秆样品 A、B、C、D、E，可以发现秸秆表面结构变化的程度与秸秆木质素的降解率有一定的正相关性，即木质素降解率越大，秸秆表面的结构改变越大。

**2）(FTIR) 分析**

木质素 FTIR 的特征吸收峰与归属之间存在一定的对应关系，如表 6.6 所示。

表 6.6 木质素红外光谱的特征吸收峰及归属（KBr）

| 吸收峰范围/ $cm^{-1}$ | 归属 |
| --- | --- |
| 3550 | N—H 的不对称振动 |
| 3460~3400 | OH 的伸展振动 |
| 3409 | N—H 的对称振动 |
| 3400~3200 | 缔合（酚、醇）羟基振动 |
| 2842~2940 | 甲基、亚甲基、次甲基的吸收 |
| 1850~1848 | 芳香核在 2、5 和 6 位上平面之外的 CH 振动（愈疮木酚型） |
| 1742 | 酯类 C—O 伸缩振动 |
| 1735 | 与芳香环非共轭的羧酸及其酯、内酯的吸收 |
| 1730 | 羰基 C=O 的伸缩振动 |
| 1706, 1704 | 非共轭的羰基 C=O 伸缩振动 |
| 1700~1645 | 与芳香核共轭的羰基 C=O 吸收 |
| 1630.74, 1623~1610 | 酰胺中 $NH_2$ 弯曲振动 |
| 1619~1593, 1516~1508 | 芳香核的吸收 |
| 1536, 1507, 1502 | 芳香环的吸收带 |
| 1466, 1426, 1425 | 芳香环的吸收带 |
| 1461, 1460, 1452, 1448 | 甲基或亚甲基 C—H 变形振动 |
| 1430~1422, 1411, 1409 | 芳香核的吸收 |

续表

| 吸收峰范围/ cm$^{-1}$ | 归属 |
| --- | --- |
| 1370，1368 | 芳香核 OH 振动 |
| 1331 | 木质素醚键中 C—O 的振动 |
| 1329~1325 | 紫丁香核吸收 |
| 1272，1270，1269 | 愈疮木核甲氧基—OCH$_3$ 吸收 |
| 1265.1 | 愈疮木基丙烷核的—OCH$_3$ 吸收 |
| 1230~1221 | 芳香核的吸收 |
| 1220~1150 | 酯类 C—O—C 伸缩振动 |
| 1218，1216 | 木质素酚羟基 C—O 振动 |
| 1210.24 | 紫丁香核的吸收 |
| 1200 | 磺酸基的吸收 |
| 1150，1147，1145 | 愈疮木基吸收 |
| 1139 | 芳香核 CH 的吸收 |
| 1128~1125 | 紫丁香核吸收 |
| 1123，1120 | 醚键 C—O 吸收 |
| 1116，1107 | C—O 在仲醇、脂肪族醚中的变形 |
| 1086 | 芳香核 CH（S）的吸收 |
| 1064 | 磺酸基和烷基醚键 C—O 的混合吸收 |
| 1043 | 芳香核 CH（G）的吸收 |
| 1040 | 酯类 C—O—C 伸缩振动 |
| 1039 | 碳水化合物的吸收 |
| 1035~1030 | 芳香核的吸收（芳香核在平面之外的 C—H 振动） |
| 1012 | 芳香核 CH（G）醚的吸收 |
| 921~917 | 末端亚甲基—CH$_2$ 的弯曲振动 |
| 830 | 芳香核 CH 振动 |
| 637~615 | C—O—H 弯曲振动 |

依据表 6.6，分析不同秸秆样品的红外光谱图（图 6.16）发现这几种秸秆样品的红外光谱有一定的差异，具体表现：①A 样品与 CK 相比，两者的 FTIR 基本无差异，仅仅多了一个 1651 cm$^{-1}$ 处与芳香核共轭的羰基（C=O）吸收峰，说明 A 样品与 CK 样品之间无明显的差异。②B、C、D、E 样品与 CK 相比均发生了明显的变化，分别在 2920 cm$^{-1}$ 和 2854 cm$^{-1}$ 附近的甲基、亚甲基等的吸收明显减弱；在 1641 cm$^{-1}$、1637 cm$^{-1}$、1644 cm$^{-1}$、1562 cm$^{-1}$ 等附近的芳香核吸收减弱；1323 cm$^{-1}$ 处紫丁香核吸收增强；1153 cm$^{-1}$ ~1149 cm$^{-1}$ 处愈疮木核吸收减弱；1097 cm$^{-1}$、1062 cm$^{-1}$、786 cm$^{-1}$ 附近芳香核吸收减弱；896 cm$^{-1}$ 附近的末端亚甲基的振动减弱，以上充分说明了经过预处理的样品中的芳香环结构明显减少，也就是说，B、C、D、E 样品的木质素得到了明显的降解。③在 466 cm$^{-1}$ 附近 A、B、C、D、E 样品比 CK 样品多了一些小吸收峰，这说明样品经过处理后有一些新的小分子物质产生，也就说明了木质素的组成发生了变化。④对比经过预处理的 B、C、D、E 样品光谱，发现 D 样品在 466 cm$^{-1}$ 附近产生的新吸收峰要比 B、C 样品少，

而 E 样品在 466 cm$^{-1}$ 附近产生的新吸收峰要比 B、C、D 多,同时发现 E 样品在 3361cm$^{-1}$ 处的缔合(酚、醇)羟基振动明显减弱,这些可以说明 E 样品的结构改变比其他样品的结构改变的程度大,这与样品中木质素的降解程度有正相关关系。

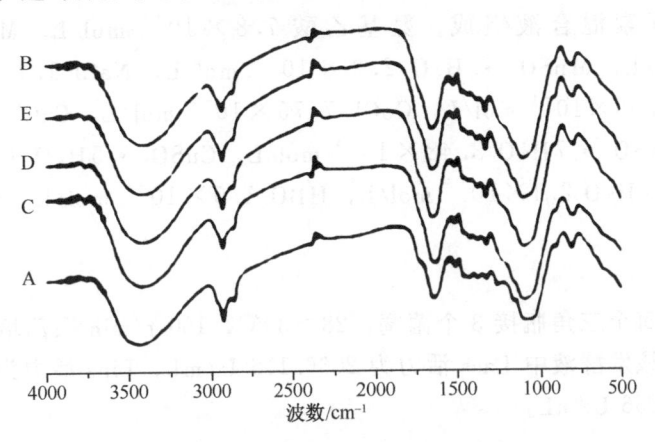

图 6.16 各样品的 FTIR 叠加图谱

总之,经过固态培养降解预处理的秸秆木质素的结构发生了明显的变化,木质素得到了明显的降解,且木质素降解幅度越大,结构的改变程度越大。

**3) X 射线衍射分析**

木质素中含有一些结晶区,它们在 X 射线衍射分析时反映出有一定的结晶度。材料中木质素的含量与结晶度之间有一定的正相关关系。表 6.7 列出了不同秸秆木质素样品的相对结晶度值,从表 6.8 可以发现,经过固态培养降解处理的秸秆木质素的相对结晶度与 CK 相比都有不同程度的下降,说明结晶区被破坏,其中对于单独菌株降解来说,B 样品的相对结晶度下降较多,说明该方式对木质素的降解较大;最佳金属离子条件下 E 样品的相对结晶度下降最大,这与前面木质素被降解的幅度最大的结论是吻合的,同时表明了此条件下木质素的结构发生了明显的变化。

表 6.7 不同处理秸秆木质素的结晶度

| 样品 | CK | A | B | C | D | E |
| --- | --- | --- | --- | --- | --- | --- |
| 结晶度/% | 65.7 | 66.4 | 60.1 | 63.4 | 62.8 | 57.3 |

## 6.2 木质素降解酶降解秸秆木质素试验研究

### 6.2.1 材料和方法

#### 6.2.1.1 粗漆酶的准备

**1) 培养基**

(1) 基本培养基成分。葡萄糖 2 g/L,酒石酸铵 12 mmol/L,pH 4.5 乙酸-乙酸钠缓冲液 10 mmol/L，$KH_2PO_4$ $1.47 \times 10^{-2}$ mol/L，$MgSO_4 \cdot 7H_2O$ $2.03 \times 10^{-3}$ mol/L，$CaCl_2 \cdot 2H_2O$ $6.8 \times 10^{-4}$ mol/L，$VB_1$ $2.97 \times 10^{-6}$ mol/L，微量元素混合液 7 mL/L，吐温 80 1 g/L。每 250 mL 三角瓶装 50 mL 培养基，121℃灭菌 30 min，备用。

（2）微量元素混合液组成。氨基乙酸 $7.8 \times 10^{-3}$ mol/L，$MgSO_4 \cdot 7H_2O$ $1.2 \times 10^{-2}$ mol/L，$MnSO_4 \cdot H_2O$ $2.9 \times 10^{-3}$ mol/L，NaCl $1.7 \times 10^{-2}$ mol/L，$FeSO_4 \cdot 7H_2O$ $3.59 \times 10^{-4}$ mol/L，$CoCl_2$ $7.75 \times 10^{-4}$ mol/L，$CaCl_2 \cdot 2H_2O$ $9.0 \times 10^{-4}$ mol/L，$ZnSO_4 \cdot 7H_2O$ $3.48 \times 10^{-4}$ mol/L，$CuSO_4 \cdot 5H_2O$ $4 \times 10^{-5}$ mol/L，$KAl(SO_4)_2 \cdot 12H_2O$ $2.1 \times 10^{-5}$ mol/L，$HBO_3$ $1.6 \times 10^{-4}$ mol/L，$NaMnO_4$ $4.1 \times 10^{-5}$ mol/L。

**2）发酵**

杂色云芝按每个三角瓶接 3 个菌塞，28～30℃，150 r/min 振荡培养 7 d，滤去菌丝，得粗漆酶。该发酵液中 Lacs 活力为 2066.116 U/mL，Lips 活力为 0.215 U/mL，MnPs 活力为 0.256 U/mL。

#### 6.2.1.2 粗过氧化物酶的准备

**1）初始培养基**

葡萄糖 10 g/L，酒石酸铵 2 mmol/L，pH 4.5 乙酸-乙酸钠缓冲液 10 mmol/L，$KH_2PO_4$ 2 g/L，$MgSO_4 \cdot 7H_2O$ 0.5 g/L，$CaCl_2 \cdot 2H_2O$ 0.1 g/L，$VB_1$ 1 mg/L，黎芦醇 3 mmol/L，微量元素混合液 7 mL/L，吐温 80 1 g/L。

**2）发酵**

黄孢原毛平革菌菌种按每个三角瓶接 3 环孢子，37～39℃，静止培养 9 d，滤去菌丝，得粗过氧化物酶（包括 Lips 和 MnPs）。该发酵液中 Lips 活力为 0.54 U/mL，MnPs 活力为 20.51 U/mL，未测到 Lacs 活力。

#### 6.2.1.3 降解试验操作

准确称取稻草 1.0000 g 于试管中，加入总液体 15 mL，其中 1 mL 为甲苯，剩余 14 mL 由粗酶液和蒸馏水组成，混匀，用封口膜密封，于一定温度、一定 pH 条件下进行反应，记录酶解时间，研究不同粗酶液加入量、温度、pH 和时间等条件下两种粗酶液以及粗混合酶液降解秸秆木质素的效果。

### 6.2.2 结果与分析

#### 6.2.2.1 木质素降解条件试验结果

**1）酶量对木质素降解的影响**

在 45℃、pH 4.5 的条件下，经过 72 h 的作用，不同酶液加入量对秸秆木质素降解率的影响如图 6.17 所示。由图 6.17 可知，两种酶作用后木质素的降解率均随酶量的增加而提高，在酶量为 1 mL/g 时，稻草后木质素的降解率随酶量的增加提高的幅度很小，综合考虑降解成本和降解率，确定 1 mL/g 秸秆为两种酶液的最适作用量；酶量为 1

mL/g 时，粗过氧化物酶对木质素的降解率（18.5%）要高于粗漆酶（16.9%）。

**2）温度对木质素降解的影响**

在 pH 4.5、1 mL 酶液的条件下，经过 72 h 的作用，不同作用温度对秸秆木质素降解率的影响如图 6.18 所示。由图 6.18 可知，经两种酶作用后木质素的降解率均随作用温度的升高而提高，在 45℃时达到最大值，之后，木质素的降解率随温度升高而降低，70℃时，木质素的降解率很小，这表明温度对两种酶液的酶活力有很大的影响，对两种酶降解木质素也有很大的影响。两种木质素降解酶作用的最适温度均为 40~50℃，最适温度均为 45℃；在作用温度为 45℃时，粗过氧化物酶对木质素的降解率要高于粗漆酶，粗过氧化物酶和粗漆酶对秸秆木质素的降解率分别为 20.2% 和 16.0%。

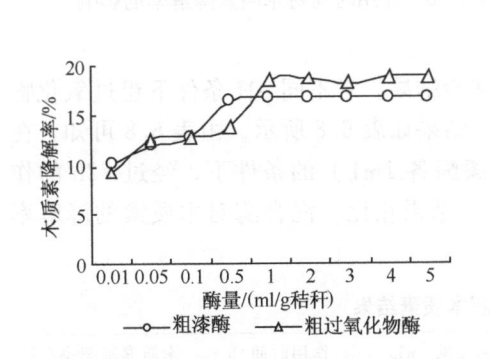

图 6.17 酶量对木质素降解率的影响　　图 6.18 温度对木质素降解率的影响

**3）pH 对木质素降解的影响**

在 45℃、1 mL 酶液的条件下，经过 72 h 的作用，不同 pH 对秸秆木质素降解率的影响如图 6.19 所示。

由图 6.19 可以看出，pH 对两种酶降解木质素的影响都很大；粗过氧化物酶和粗漆酶的最适作用 pH 分别为 4.5 和 4.0，最适作用 pH 分别为 4.5~5.0 和 4.0~4.5，在 pH>7 和 pH<3 时，两种酶对木质素的降解率都很小（<5%）；在各自的最适作用 pH 时，粗过氧化物酶对木质素的降解率（20.2%）要高于粗漆酶对木质素的降解率（16.0%）。

**4）作用时间对木质素降解的影响**

在 45℃、最适 pH（粗过氧化物酶 pH 4.5、粗漆酶 pH 4.0）、1 mL 酶液的条件下，用粗过氧化物酶和粗漆酶分别对秸秆进行降解处理，经过不同的作用时间后木质素的降解率如图 6.20 所示。由图 6.20 可知，两种酶对木质素的降解率均随作用时间的延长而升高，从曲线上升的拐点来看，粗过氧化物酶和粗漆酶分别在 72 h 和 60 h，一直把作用时间推至 96 h，两种酶对木质素的降解率较各自拐点处的木质素的降解率没有明显升高，因此，可以确定在此条件下粗过氧化物酶和粗漆酶对秸秆木质素降解的最佳时间分别在 72 h 和 60 h。同时可以看出，粗过氧化物酶对木质素的降解率要高于粗漆酶，在作用 72 h 后，粗过氧化物酶和粗漆酶对秸秆木质素的降解率分别为 22.3% 和 18.23%。

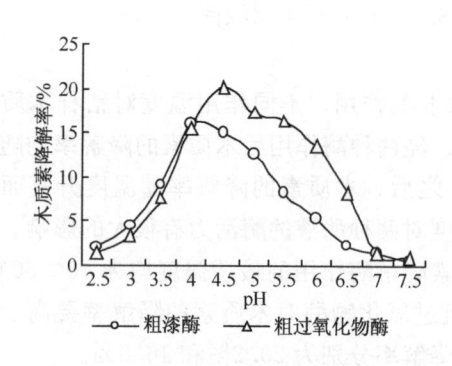

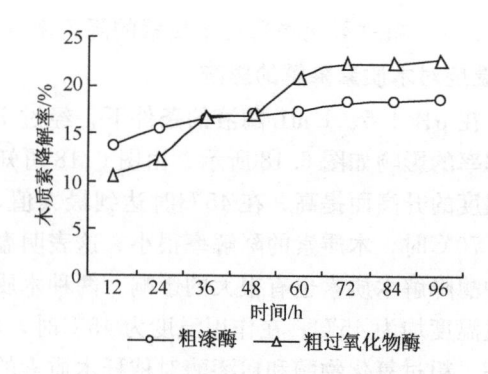

图 6.19 pH 对木质素降解率的影响　　图 6.20 作用时间对木质素降解率的影响

**5）混合酶对木质素降解的效果**

为了更大程度地降解木质素，根据前面的试验结果，对不同 pH 条件下粗过氧化物酶与粗漆酶混合酶降解木质素的效果进行试验，结果如表 6.8 所示。由表 6.8 可知，在 45℃、pH4.5、2mL 酶液（粗过氧化物酶和粗漆酶各 1mL）的条件下，经过 72h 的作用，秸秆木质素的降解率为 27.7%。与前面试验结果相比，混合酶对木质素的降解率高于单一酶对木质素的降解率。

表 6.8　混合粗酶降解木质素结果

| 温度/℃ | pH | 粗过氧化物酶/mL | 粗漆酶/mL | 作用时间/h | 木质素降解率/% |
|---|---|---|---|---|---|
| 45 | 4.00 | 1 | 1 | 72 | 21.3 |
| 45 | 4.25 | 1 | 1 | 72 | 25.2 |
| 45 | 4.50 | 1 | 1 | 72 | 27.7 |

**6）木质素降解酶降解秸秆中主要组成的变化**

经过木质素降解酶降解后，秸秆中的主要组成的变化如表 6.9 所示。从表 6.9 可知，经过木质素降解酶作用的秸秆木质素得到了明显的降解，但仅有少量的纤维素得到了降解，半纤维素的含量基本没有变化。经木质素降解酶作用的秸秆中没有还原性糖的形成。同时可以看出，混合酶对木质素的降解率最大。

表 6.9　木质素降解酶降解秸秆木质素试验结果

| 降解方式 | 木质素降解率/% | 纤维素降解率/% | 半纤维素降解率/% | 还原糖/% |
|---|---|---|---|---|
| 粗过氧化物酶 | 22.30 | 2.0 | — | — |
| 粗漆酶 | 18.20 | 1.3 | — | — |
| 混合酶 | 27.72 | 1.6 | — | — |

#### 6.2.2.2　木质素降解酶对秸秆木质素结构的影响

**1）SEM 分析**

利用 SEM 对原稻草粉（CK）、黄孢原毛平革菌产粗过氧化物酶酶液降解的稻草粉

(F)、杂色云芝产粗漆酶酶液降解的稻草粉（G）、混合酶降解的稻草粉（H）4 种秸秆样品进行表面结构扫描，结果如图 6.21 所示。从图 6.21 可以看出，与 CK 样品（表面含分布较为均匀，呈无规则排列，直径 50 nm、长 400~500 nm 的棒状物）相比，F 样品表面主要有 20~60 nm 的颗粒物，未发现棒状结构；H 样品表面有 10~50 nm 的颗粒物，未发现棒状结构，由此可知，F、H 样品较 CK 样品的表面结构发生了明显的改变。G 样品表面与 CK 样品的差别不大，但也有微小的差别，在于 G 样品表面的棒状物长度稍微短些（长 150 nm 左右），棒状物的数量较 CK 样品有少量的减少，这说明 G 样品较 CK 样品的表面结构有轻微的改变。这些现象说明经过酶液降解的秸秆的表面结构发生了的变化。对比经过不同酶液降解预处理的秸秆样品 F、G、H，可以发现秸秆表面结构变化的程度与秸秆中木质素的降解率有一定的正相关性，即木质素降解率越大，秸秆表面的结构改变的越大。

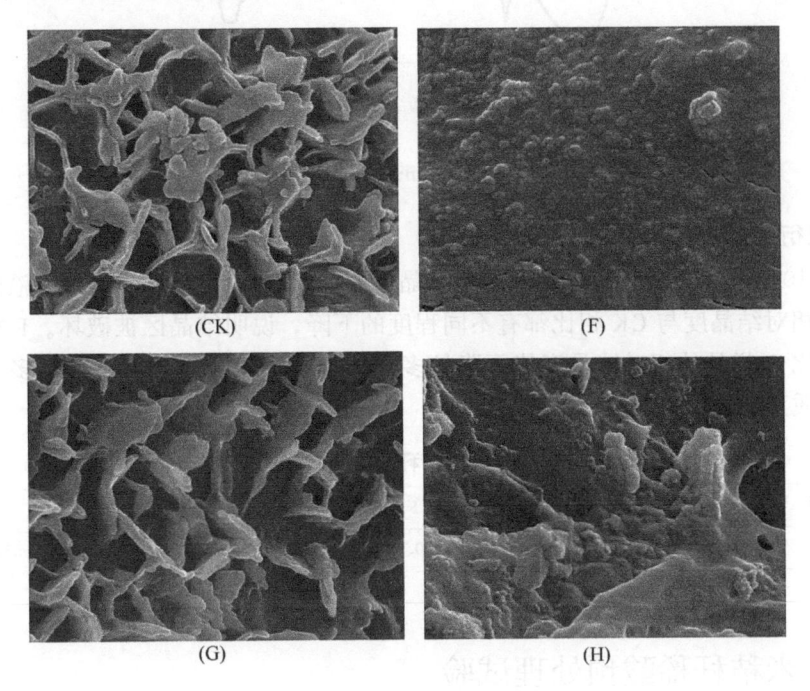

图 6.21 秸秆样品的表面结构

## 2）FTIR 分析

从表 6.6、图 6.16 和图 6.22 发现这几种稻草样品的 FTIR 光谱有一定的差异，具体表现：①F、G、H 样品与 CK 样品相比，分别在 2920 cm$^{-1}$ 和 2854 cm$^{-1}$ 附近的甲基、亚甲基等的吸收明显减弱；1637 cm$^{-1}$、1544 cm$^{-1}$ 附近的芳香核吸收减弱；1261 cm$^{-1}$ 处愈疮木核吸收减弱；896 cm$^{-1}$ 附近的末端亚甲基的振动减弱，以上充分说明了经过预处理的样品中的芳香环结构明显减少，也就是说，F、G、H 样品的木质素得到了明显的降解。②另外，F 样品与 CK 相比，在 3361 cm$^{-1}$ 处的缔合（酚、醇）羟基振动减弱，1562 cm$^{-1}$、1515 cm$^{-1}$ 附近的芳香核吸收减弱，1153 cm$^{-1}$ 处愈疮木核吸收减弱；G 样品与 CK 样品相比，1562 cm$^{-1}$ 附近的芳香核吸收减弱，1373 cm$^{-1}$ 处芳香核—OH 振动减弱,这说明 F 样品中木质素结构的改变比 G 样品大,H 样品结构的改变最小。③酶液降解预处理的 F、G、H 样品与固态培养降解预处理的 B、C、D、E 样品相比,F、G、H 样品的 FTIR 中在 466 cm$^{-1}$ 附近没有新吸收峰产生。总之,经过液态酶液降解预处理的秸秆木质素的结构发生了明显的变化。

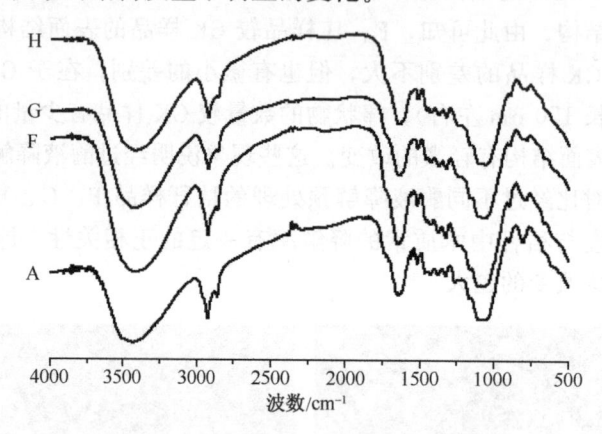

图 6.22　各样品的 FTIR 叠加图谱

### 3) X 射线衍射分析

表 6.10 列出了不同秸秆样品的相对结晶度值。由表 6.10 可知,经过酶液降解处理的秸秆的相对结晶度与 CK 相比都有不同程度的下降,说明结晶区被破坏。F 样品的相对结晶度比 G 样品的相对结晶度值下降较多,H 样品的相对结晶度下降最多,说明该方式对木质素结构的影响最大。

表 6.10　不同秸秆木质素的结晶度

| 样品 | CK | F | G | H |
|---|---|---|---|---|
| 结晶度/% | 65.7 | 60.4 | 59.2 | 55.5 |

## 6.3　玉米秸秆稀酸预处理试验

### 6.3.1　材料与方法

#### 6.3.1.1　试验方法

分别选取有代表性的处理剂,对玉米秸秆试样进行预处理,考查了温度、时间和液固比等对预处理效果的影响。每个处理用 300 mL 的三角瓶平行三次,每个三角瓶中称取 60~80 目的玉米秸秆粉 10 g,经高温 125℃预处理后,利用 DNS 方法测定预处理后试样中的还原糖总量,比较预处理效果。

#### 6.3.1.2　分析方法

总糖测定:采用 DNS 法。

还原总糖标准曲线：$y = 1.9916x - 0.030$ $[x:\text{g/ml}, y:\text{OD 值}]$

## 6.3.2 结果与分析

### 6.3.2.1 稀 $H_2SO_4$ 对秸秆预处理效果的影响

从图 6.23 可以看出，玉米秸秆试样经不同浓度的稀 $H_2SO_4$ 处理后，糖化率曲线总体趋势是随着酸浓度的增加而增加，且增长率在不断的减小，最后趋于稳定。0～1.5%浓度，随着酸浓度的增加，其糖化率的变化幅度较大，基本呈线性关系递增。当 $H_2SO_4$ 的浓度为 1.5%时，糖化率达到了 16.2%。随着 $H_2SO_4$ 浓度的继续增加，糖化率的增幅趋于平缓，变化不大。

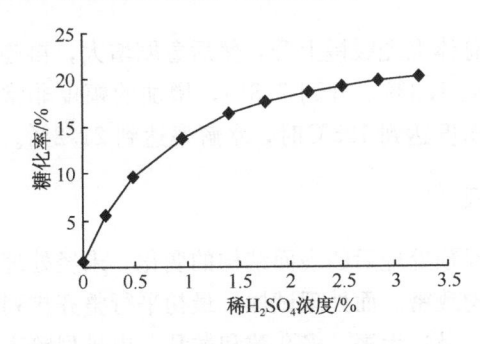

图 6.23 稀 $H_2SO_4$ 对玉米秸秆预处理效果的影响

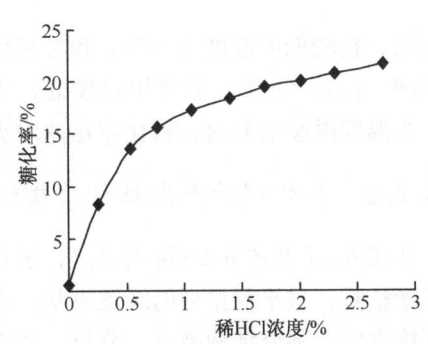

图 6.24 稀 HCl 对玉米秸秆预处理效果的影响

### 6.3.2.2 稀 HCl 对秸秆预处理效果的影响

从图 6.24 可以看出，玉米秸秆试样经不同浓度的稀 HCl 处理后，预处理糖化率的变化总体趋势基本上与稀 $H_2SO_4$ 相似，但二者又存在显著的差异。0～0.5%的 HCl 浓度，糖化率的变化幅度最大；当 HCl 的浓度为 0.5%时，糖化率达到 14.3%。当 HCl 浓度继续增加时，糖化率的增幅趋于平缓，变化不大。稀酸作为木质纤维素的预处理剂，目的是破坏纤维素复杂致密的结构，促进后期的酶解糖化高效进行，所以要尽可能地使用低浓度的酸。通过比较分析二者的预处理效果，试验选取 0.5% HCl 作为预处理剂。

### 6.3.2.3 处理时间对秸秆预处理效果的影响

从图 6.25 可以看出，玉米秸秆试样在 121℃经 0.5% HCl 处理一定时间后，0～20 min，初始糖化率基本呈线性迅速上升，影响显著。20 min 后，其增长率趋于平缓上升，60 min 基本达到最大值 20.5%。

### 6.3.2.4 温度对秸秆预处理效果的影响

由图 6.26 可以看出，在 0.5%的稀 HCl 预处理条件下，温度对秸秆预处理的影响

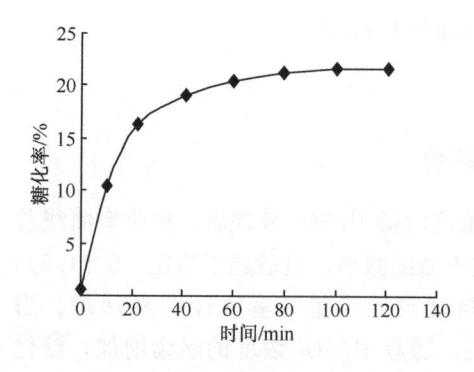

图 6.25　处理时间对预处理效果的影响 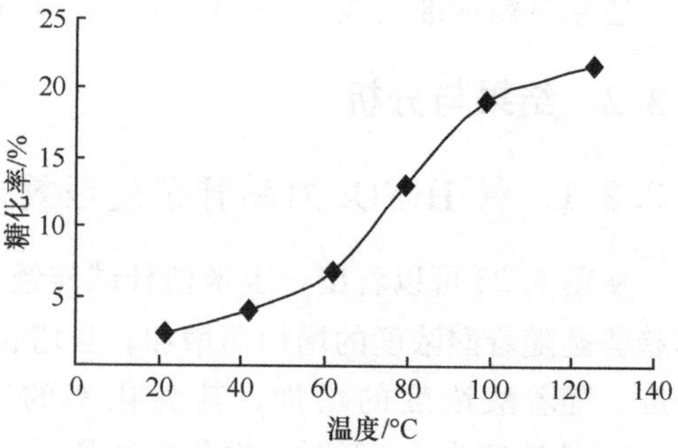　　　图 6.26　温度对秸秆预处理效果的影响

比较强，在较低的温度条件下，预处理糖化率总体上先缓慢上升，然后急剧增大，再趋于平缓。在 0~60℃，温度相对较低，水解率从 1.3% 上升到 7.8%，增加的幅度非常小。当温度继续上升时，糖化率迅速增大，当温度达到 125℃时，水解率达到 21.2%。

#### 6.3.2.5　预处理后玉米秸秆结构组织的变化

从图 6.27 和图 6.28 可以看出，玉米秸秆经预处理后的表面结构的变化。未经处理的玉米秸秆，呈平行排列的纤维束状，表面结构致密。而处理试样，最初平行整齐排列的纤维束状，部分结构破碎、分离，变得疏松，呈现无序、多孔隙和散乱，由排列整齐的纤维素变成"蜂窝"状，支离破碎。这样有效地增加了酶与底物的结合概率，有利于后期的酶解糖化作用。

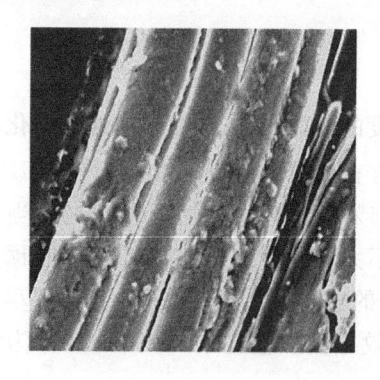

图 6.27　未经处理秸秆表面结构的 SEM 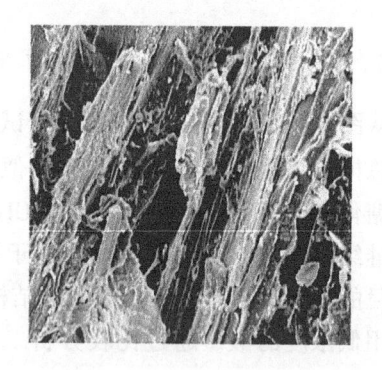　　　图 6.28　预处理后秸秆表面结构 SEM

## 6.4　秸秆双酶糖化条件试验及木质素降解对秸秆糖化效果的影响
### 6.4.1　材料与方法

#### 6.4.1.1　材料

采用经过不同预处理的秸秆，包括原稻草粉（CK）、黑曲霉 $M_1 M_{15} M_{19}$ 固态培养处理的稻草粉（A）、黄孢原毛平革菌固态培养处理的稻草粉（B）、广草固态培养处理的

稻草粉（C）、杂色云芝固态培养处理的稻草粉（D）、最佳金属离子条件下先黄后杂固态培养的稻草粉（E）、粗过氧化物酶酶液降解的稻草粉（F）、粗漆酶酶液降解的稻草粉（G）、混合酶液降解的稻草粉（H）等9种。

#### 6.4.1.2 酶制剂

木聚糖酶，无锡杰能科生物工程有限公司产，活力为2483.33U/mL；纤维素酶，无锡星达酶制剂厂产，活力为1437.55U/mL。

#### 6.4.1.3 试验方法

准确称取CK样品1.0000g，按一定比例加入不同pH的乙酸-乙酸钠缓冲液、0.1mL甲苯（防止稻草腐败）、一定量的纤维素酶和木聚糖酶，在不同温度、pH、液固比（糖化体系中液体与固态稻草之间的质量比）、糖化时间、摇床转速、酶量等条件下对原稻草进行双酶糖化试验。

在上面研究的基础上，按上述操作对A、B、C、D、E、F、G、H 8种秸秆进行最适酶量的试验，分析糖化结果。

#### 6.4.1.4 测定方法

（1）木糖含量测定（地衣酚法）。1mL糖化液加4mL地衣酚试剂（0.2g蒽酮溶于100mL比重为1.84浓$H_2SO_4$中，现用现配），保温20min，于660m处测OD值，用木糖标准曲线计算木糖含量。

（2）总糖和葡萄糖含量测定。总糖含量测定用DNS法，葡萄糖含量为总糖与木糖含量之差。

（3）糖化液主要成分测定。HPGC：Agilent 4890，Pona柱50m，氢火焰离子化（FID）检测器，进样温度200℃，检测器温度250℃；柱温：初始60℃，保持1min，以10℃/min升至200℃，保持10min，运行时间25min；生物传感仪SBA-40c；用浓度为100mg/100mL D-葡萄糖标定；载气为$N_2$，进样量10$\mu$m。

### 6.4.2 结果与分析

#### 6.4.2.1 糖化条件试验结果

**1）pH对糖化效果的影响**

pH对纤维素酶和木聚糖酶的活力有很大的影响，两种酶作用的最适pH分别为4.5～5.5和4.0～5.5。在双酶糖化秸秆试验中，需要两种酶处于共同的最适pH环境才能达到最佳的糖化效果。在纤维素酶0.1%、木聚糖酶0.01%、50℃、液固比为6、静置、糖化周期为12h时，不同pH对糖化的影响如图6.29所示。图6.29反映了不同pH条件下稻草双酶糖化的效果。由图6.29可知，在pH4.5时，秸秆双酶糖化的总还原糖得率最高为6.5%。由此可知在用木聚糖酶和纤维素酶同时作用于秸秆进行糖化时，不同的pH对糖化率的影响很大，最佳的作用pH为4.5，最适范围为pH4～5.5。

## 2）温度对糖化效果的影响

与 pH 相似，双酶糖化时需要使两种酶处于共同的最适温度环境中。在纤维素酶 0.1%、木聚糖酶 0.01%、pH4.5、液固比为 6、静置、糖化周期为 12h 时，不同温度对糖化的影响如图 6.30 所示。图 6.30 反映了不同温度对双酶糖化稻草的影响效果，可以看出，温度对糖化的影响很大，双酶糖化的最适温度为 45℃，最适范围 40~50℃，在温度为 45℃时稻草双酶水解的总糖糖化率最高，达到 7.66%。

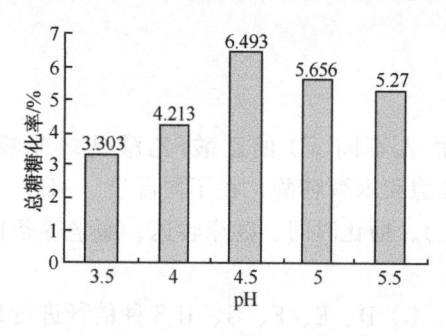

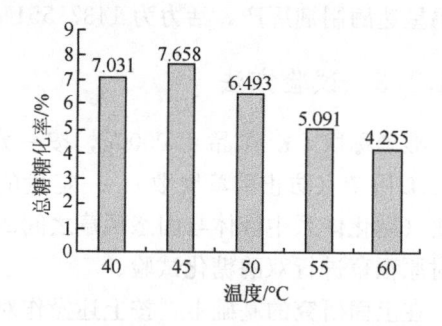

图 6.29 pH 对糖化效果的影响

图 6.30 不同温度对糖化的影响

## 3）液固比和摇床转速对糖化的影响

液固比直接决定了被糖化底物的浓度，因此，液固比也直接影响了糖化效率的高低。由于秸秆的比重较小，亲水性较差，溶解性能很低，因此，在糖化操作中可以采用搅拌的方式使秸秆与水始终处于较好的混合状态，这对糖化是很重要的。

在纤维素酶 0.1%、木聚糖酶 0.01%、45℃、pH4.5、糖化周期为 12h 时，不同液固比对糖化的影响如表 6.11 所示。

从表 6.11 的结果可以看出，摇床转速对糖化效果影响很大，静置状态下糖化效果明显比搅拌（摇动）状态差，但摇动状态时摇床转速的差异对糖化效果的影响不明显；液固比对糖化效果的影响较大。总体来说，液固比越大，糖化效果越好，但考虑到用水量和糖化液浓度对后期蒸馏操作和废水排放的影响，在静置和搅拌状态下采用的液固比分别为 6 和 15。表 6.11 反映了在 150r/min 和液固比为 15 时糖化条件较合适，此时总糖糖化率为 8.4%。

表 6.11 不同液固比和摇床转速对糖化的影响

| 摇床转速/(r/min) | 液固比 | 总糖糖化率/% |
| --- | --- | --- |
| 0 | 3 | 7.0 |
|  | 6 | 7.5 |
|  | 10 | 7.7 |
| 100 | 10 | 7.9 |
|  | 15 | 8.3 |
|  | 20 | 8.3 |

续表

| 摇床转速/(r/min) | 液固比 | 总糖糖化率/% |
| --- | --- | --- |
| 150 | 10 | 7.8 |
|  | 15 | 8.4 |
|  | 20 | 8.4 |
| 200 | 10 | 8.3 |
|  | 15 | 8.4 |
|  | 20 | 8.6 |

**4）木聚糖酶用量对糖化效果的影响**

在纤维素酶0.1%、45℃、pH4.5、150r/min、液固比为15、糖化周期为72h时，不同木聚糖酶的量对糖化的影响如图6.31所示。由图6.31可以看出，木聚糖酶的用量对糖化率的大小有关键的作用，根据总糖糖化率的高低和木聚糖酶的用量两方面权衡糖化率和用酶成本两个问题，确定最适的木聚糖酶用量为0.01%，此时总糖糖化率为8.9%。

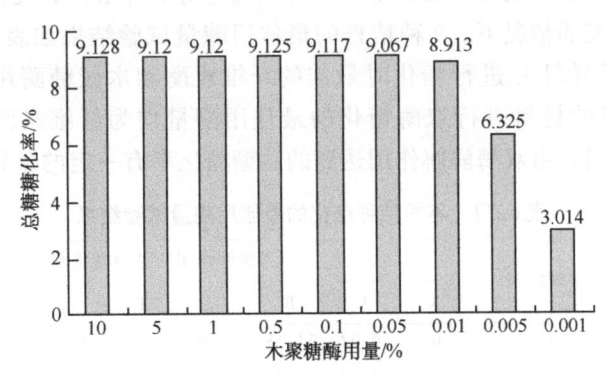

图6.31 木聚糖酶用量对糖化的影响

**5）纤维素酶用量对糖化效果的影响**

在木聚糖酶0.01%、45℃、pH4.5、150r/min、液固比为15、糖化周期为72h时，不同纤维素酶的量对糖化的影响如图6.32所示。从图6.32可以看出，纤维素酶的用量对糖化率的高低有重要的影响，根据总糖糖化率的高低和木聚糖酶的用量两方面来权衡糖化率和用酶成本两个问题，确定最适的木聚糖酶用量为1%，此时总糖糖化率为9.49%。

**6）糖化时间对糖化效果的影响**

在纤维素酶1%、木聚糖酶0.01%、45℃、pH4.5、150r/min、液固比为15时，不同糖化时间对糖化的影响如图6.33所示。由图6.33可以看出，随着糖化时间的延长，秸秆的总糖糖化率不断增加，在糖化72h后，稻草的总糖得率基本维持不变，由此可以断定最佳的糖化时间为72h，此时总糖糖化率为10.82%。

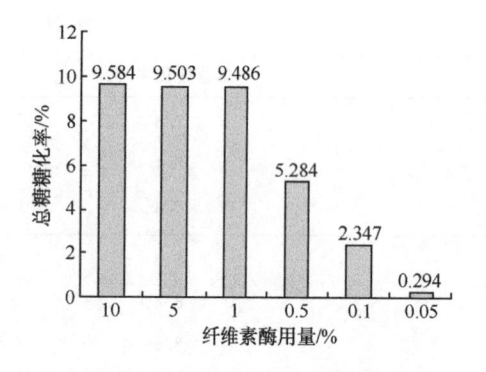

图 6.32 纤维素酶用量对糖化的影响 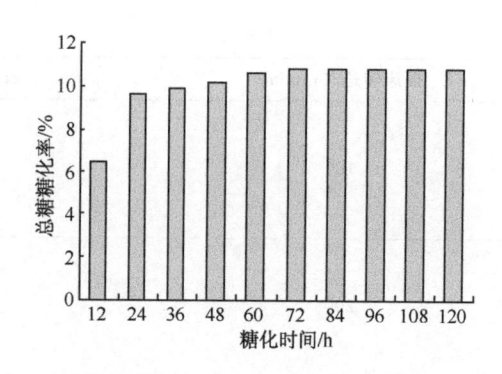　　图 6.33 糖化时间对糖化的影响

#### 6.4.2.2 不同预处理稻草糖化情况

CK、A、B、C、D、E、F、G、H 9 种秸秆之间的差别，实质上仅仅是秸秆中纤维素、半纤维素和木质素含量的差别，纤维素和半纤维素含量的差别决定着需要加入的纤维素酶和木聚糖酶量的差别，而木质素含量的不同可能影响着纤维素酶和木聚糖酶对纤维素和半纤维素的酶解效果。在以上研究的基础上对 9 种秸秆的最佳酶量进行试验研究，在其他条件不变的情况下，9 种秸秆的最佳用酶量试验结果如表 6.12 所示。由表 6.12 可知：①除了材料 E 进行糖化时最佳的纤维素酶和木聚糖酶用量分别为 1% 和 0.1% 外，其余所有的材料进行双酶糖化的最佳用酶量均为纤维素酶 1% 和木聚糖酶 0.01%；②材料不同，由双酶酶解作用达到的总糖糖化率有一定的差异。

表 6.12 不同秸秆糖化的最佳用酶量试验结果

| 序号 | 纤维素酶/% | 木聚糖酶/% | CK | A | B | C | D | E | F | G | H |
|---|---|---|---|---|---|---|---|---|---|---|---|
| 1 | 10.0 | 0.100 | 9.01 | 10.02 | 11.48 | 9.99 | 10.99 | 15.84 | 17.62 | 16.12 | 20.02 |
| 2 | 10.0 | 0.010 | 9.00 | 10.03 | 11.44 | 9.97 | 10.88 | 13.08 | 17.48 | 16.11 | 19.68 |
| 3 | 10.0 | 0.001 | 8.87 | 9.85 | 11.12 | 9.92 | 10.01 | 15.69 | 16.99 | 13.49 | 16.39 |
| 4 | 1.0 | 0.100 | 8.91 | 9.85 | 11.23 | 9.92 | 10.06 | 15.43 | 17.45 | 16.02 | 19.78 |
| 5 | 1.0 | 0.010 | 8.91 | 9.84 | 10.85 | 9.92 | 9.92 | 10.26 | 17.38 | 16.02 | 19.66 |
| 6 | 1.0 | 0.001 | 6.63 | 6.35 | 6.60 | 5.37 | 7.35 | 6.65 | 12.25 | 10.37 | 10.27 |
| 7 | 0.1 | 0.100 | 4.60 | 3.66 | 4.03 | 3.27 | 3.51 | 4.11 | 8.81 | 4.23 | 6.10 |
| 8 | 0.1 | 0.010 | 3.13 | 2.16 | 1.36 | 1.10 | 1.14 | 2.35 | 4.04 | 2.09 | 3.15 |
| 9 | 0.1 | 0.001 | 1.13 | 0.26 | 0.55 | 0.17 | 0.39 | 0.19 | 0.92 | 0.60 | 1.10 |

#### 6.4.2.3 秸秆生物预处理与酶水解效果之间的关系

在纤维素酶 1%、木聚糖酶 0.01% 用量下，不同木质素含量的秸秆样品与糖化效果之间的关系如表 6.13 所示。

表 6.13 秸秆木质素含量与糖化效果的关系

| 样品 | 木质素含量/% | 纤维素含量/% | 半纤维素含量/% | 降解总糖糖化率/% | 酶解总糖糖化率/% | 总糖糖化率/%[1] | 周期/d | 与CK比总糖糖化率提高/%[2] |
|---|---|---|---|---|---|---|---|---|
| CK | 10.3 | 39.2 | 16.9 | 0 | 8.9 | 8.9 | 3 | — |
| A | 8.7 | 22.9 | 10.5 | 24.00 | 9.8 | 33.8 | 35 | 24.9 |
| B | 6.4 | 19.3 | 12.0 | 13.50 | 10.8 | 24.3 | 35 | 15.4 |
| C | 7.9 | 30.7 | 14.4 | 8.20 | 9.9 | 18.1 | 35 | 9.2 |
| D | 6.9 | 27.5 | 14.1 | 17.40 | 9.9 | 27.3 | 35 | 18.4 |
| E | 3.8 | 33.6 | 15.0 | 4.32 | 15.4 | 19.7 | 35 | 10.8 |
| F | 7.9 | 38.4 | 16.9 | 0 | 17.4 | 17.4 | 6 | 8.5 |
| G | 8.4 | 38.7 | 16.9 | 0 | 16.0 | 16.0 | 6 | 7.1 |
| H | 7.4 | 39.2 | 16.9 | 0 | 19.7 | 19.7 | 6 | 10.7 |

1. 总糖糖化率＝降解总糖糖化率＋酶解总糖糖化率；2. 与 CK 比总糖糖化率提高（％）＝该材料的总糖糖化率－原稻草的总糖糖化率。

对表 6.13 分析可知：

(1) 从酶解造成的总糖糖化率来看，秸秆木质素含量与总糖糖化率之间有一定的负相关关系，即秸秆木质素含量越低，总糖糖化率越高。对应于秸秆的降解预处理方式，固态培养降解预处理中原料的木质素含量由高到低的顺序为 CK＞A＞C＞D＞B＞E；酶解造成的总糖糖化率由高到低依次为 E＞B＞D＞C＞A＞CK；酶液降解预处理中原料的木质素含量由高到低的顺序为 CK＞G＞F＞H，酶解造成的总糖糖化率由高到低依次为 H＞F＞G＞CK。说明木质素的降解可以显著提高秸秆的糖化率。

(2) 总体来分析木质素含量的高低与秸秆的总糖糖化率的关系发现，木质素含量的高低与秸秆的总糖糖化率之间的关系可能受到木质素生物降解方式即预处理方式的影响，采用酶液降解木质素的方式比固态培养降解木质素的方式更有利于秸秆的糖化。采用固态培养降解木质素预处理秸秆的方式中 A 方式的总糖糖化率最高，为 33.8%；采用酶液降解木质素预处理的方式中 H 方式的总糖糖化率最高，为 19.7%。但是如果双酶糖化的工艺条件达到最佳的水平，即稻草中的纤维素和半纤维素可以完全转化为还原性糖类，那么秸秆的最佳预处理方式就是 H 和 E。

(3) 从酶解造成的总糖糖化率来看，木质素含量的高低与稻草的总糖糖化率之间并不呈直线的负相关关系，这估计与木质素结构的改变有一定的关系。

(4) 由于不同的秸秆样品经过了不同的生物预处理，有的样品中已经含有一定量的还原性糖即降解造成的总糖，所以，两种总糖产生的总和就是稻草的最终的总糖糖化率。从表 6.13 中可以看出，采用固态培养降解木质素预处理的稻草的总糖糖化率要高于采用酶解降解木质素预处理的稻草，但是达到此结果所需的周期明显长的多（35d 与 6d 相比）。

(5) 与 CK 的总糖糖化率相比，经过不同预处理的稻草中木质素的含量都有不同程度的降低，相对应地，这些秸秆的总糖糖化率与原秸秆相比都有明显的提高，提高的幅度与木质素降解的方式以及木质素降解率的高低有直接的相关关系。

(6) 建议在秸秆纤维燃料乙醇生产中秸秆的预处理方式采用 D 和 H 两种，这两种预处理方式的总糖糖化率分别为 27.32% 和 19.66%。

### 6.4.2.4　秸秆稀酸预处理与酶水解效果之间的关系

**1）温度对酶解糖化的影响**

由图 6.34 可以看出，温度对酶的影响非常显著。随着温度的逐渐增高，酶解糖化率随之增大，当温度达到 48℃时，此时酶解总糖化率达到 47.2%，即为该反应体系酶的最适反应温度。当温度继续上升时，酶解糖化率开始下降。在酶催化反应中，根据生物酶的化学性质，温度既能影响化学反应速度本身，又影响酶的稳定性，进而影响酶的构象和酶催化机制。

**2）酸碱度对酶解糖化的影响**

由图 6.35 可以看出，pH 对双酶糖化反应有显著的影响，基本呈先平缓上升然后较快下降的变化趋势。当 pH4.8 时，试样的酶解糖化率达到了 49.2%。

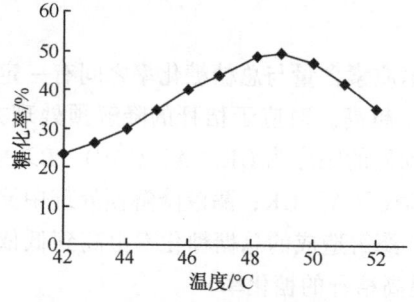

图 6.34　温度对双酶糖化的影响　　　　图 6.35　pH 对双酶糖化的影响

**3）酶用量对酶解糖化的影响**

试验采用纤维素酶与木聚糖酶 1:1 配比。从图 6.36 可以看出，一方面，随着双酶用量的增加，玉米秸秆水解液的糖化率也随之增加，当双酶用量分别增大到 3% 时，反应 46h 后，总糖化率达到 51.3%，以后基本稳定不变；另一方面，对于某一用量的酶，糖化率与时间呈正相关，即随着时间的延长，酶解糖化率也随着提高，但增长率在不断地减少。

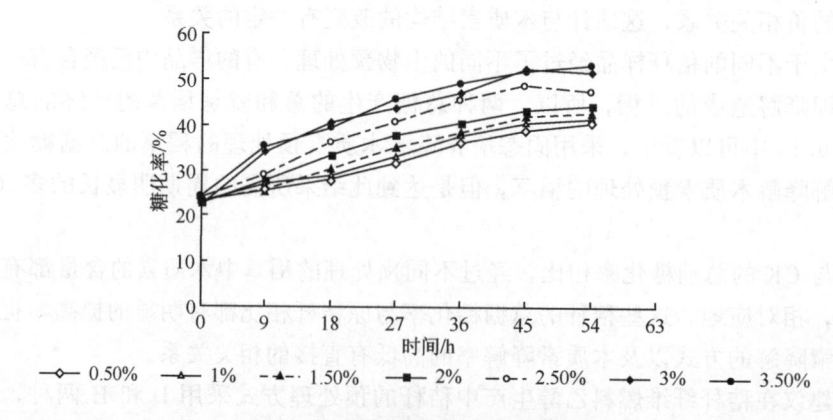

图 6.36　双酶用量对糖化的影响

## 4) 金属离子对酶解糖化的影响

从图 6.37 和图 6.38 可以看出，$Ca^{2+}$ 和 $Mg^{2+}$ 对双酶水解糖化有一定的促进作用。随着离子浓度的增加，总糖化率与对照相比都有所增加，且呈先升高后降低的趋势，这一趋势与最适营养浓度定律相吻合。二者对比来看，显然 $Mg^{2+}$ 作为激活剂更促进双酶的糖化；当 $Mg^{2+}$ 的浓度达到 0.04% 时，总糖化率达到了 52.4%。当 $Ca^{2+}$ 浓度达到 0.06% 时，糖化率达到了 51%。研究表明，$Mg^{2+}$ 是一类重要的激活剂，参与细胞结构的组成，促进能量转移和细胞透性调节。

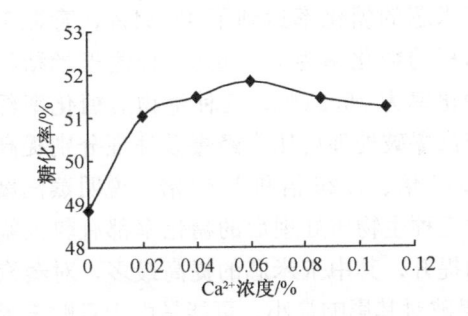

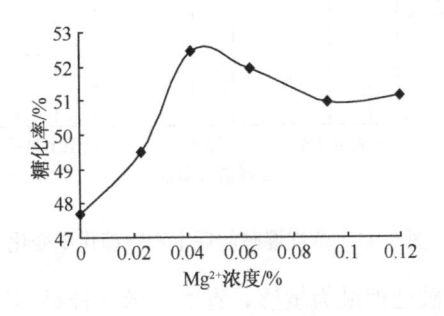

图 6.37 $Ca^{2+}$ 对酶解糖化的影响 　　　　图 6.38 $Mg^{2+}$ 对酶解糖化的影响

图 6.39 可以看出，$Zn^{2+}$ 对酶解总糖化率的影响并不显著，随着离子浓度的递增，总糖化率与对照相比，基本维持在同一个水平上。

## 5) 缓冲液对酶解糖化率的影响

在试验过程中，发现糖化结束后与糖化前相比 pH 下降了 0.3~0.4 个单位，可能是产生的有机酸引起的。而酶水解的最适 pH 为 4.8。因此，选择通过加入缓冲液使双酶水解糖化体系维持在一个稳定的水平。从图 6.40 可以看出，磷酸缓冲液效果最好，有利于促进酶的糖化水解，糖化率提高 3.8%，达到 55.6%。

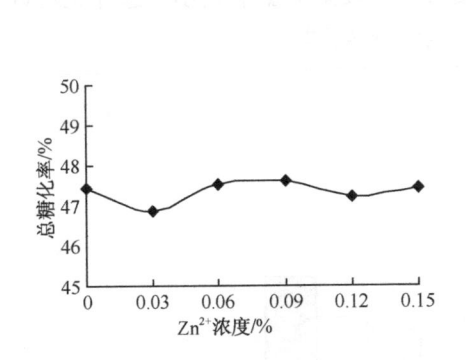

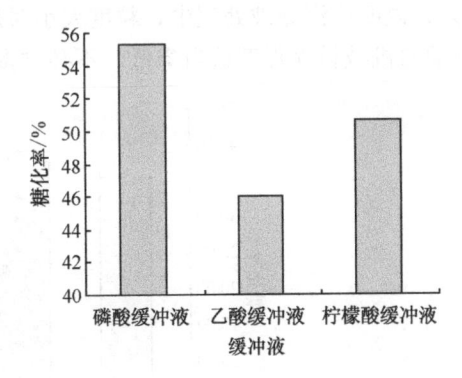

图 6.39 $Zn^{2+}$ 对酶解糖化率的影响 　　　　图 6.40 缓冲液对酶解糖化率的影响

### 6.4.2.5 汽爆预处理对生物质糖化率影响

在 3.2 部分已经对利用秸秆在汽爆条件下预处理后进行发酵的技术进行了试验和分析。经过爆破之后，秸秆组分中的纤维素、半纤维素和木质素有一定程度的分离和降解，这样可以减小水解纤维素和半纤维素过程中木质素对纤维素酶和半纤维素酶的阻遏、吸附作用，可以提高秸秆酶解的效果，达到预处理的作用。也就是说，汽爆预处理技术也同样可以利用在秸秆生产燃料乙醇的过程中。

**1）生物质种类对汽爆酶解糖化率影响**

图 6.41 是蒸汽爆破前后三种生物质的糖化效果，从图 6.41 可以看出，在爆破条件为 2.0MPa、120s 下进行蒸汽爆破的生物质玉米芯的糖化率达到了 47.34%，青贮玉米秸秆的糖化率为 30.06%，普遍玉米秸秆的糖化率为 36.91%，三种生物质糖化率经过蒸汽爆破处理后比未经爆破处理分别提高了 1.77 倍、2.26 倍和 1.33 倍，说明蒸汽爆破对三种生物质处理后的糖化率都有较大幅度的提升，其中玉米芯的提高最多，对蒸汽爆破处理最为敏感，青贮玉米秸秆最不敏感，爆破对其影响最小，可能是由于青贮玉米秸秆含水率较高和未经粉碎处理的原因。

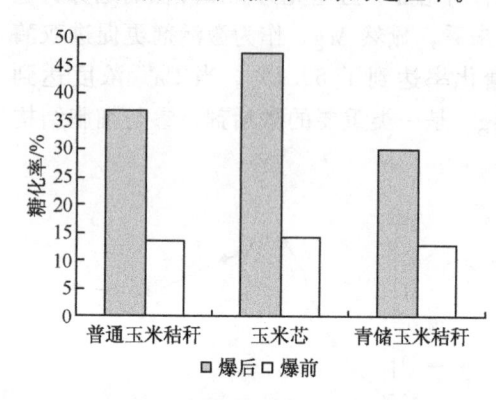

图 6.41 蒸汽爆破前后生物质糖化率变化

**2）粒度对汽爆酶解糖化率影响**

6～10cm、1～3cm、20～30 目粒度的普通玉米秸秆蒸汽爆破前后的糖化率如图 6.42 所示。无论是在蒸汽爆破前还是后，糖化率都是随着秸秆粉碎程度加深而增加，其中在蒸汽爆破前，粉碎程度最深的 20～30 目的粒度的普通玉米秸秆的糖化效果最好，比其他两种分别高出 30.3% 和 40.4%，说明机械粉碎程度越深，糖化效果明显。蒸汽爆破后的糖化效果较未爆破的效果有较大提高，糖化效果还是随粉碎程度而增加，但其增加幅度较小，20～30 目的粒度仅比 6～10cm 和 1～3cm 的粒度的糖化率高 9.8% 和 6.4%，说明蒸汽爆破处理中，粒度大小对爆破预处理效果的影响较小，这样就可以考虑前期的机械粉碎程度适当降低，不必过多地要求粉碎处理。

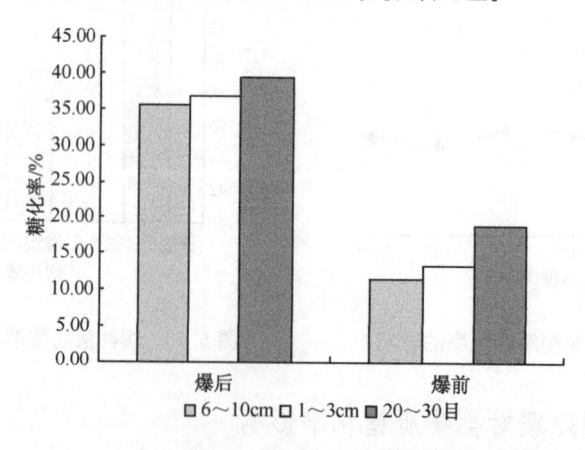

图 6.42 不同粒径生物质蒸汽爆破前后糖化率变化

### 3）含水率对汽爆酶解糖化率影响

不同含水率的秸秆经蒸汽爆破预处理后的糖化率变化规律如图6.43所示。秸秆的含水率对蒸汽爆破处理的糖化率有较大的影响，随着含水率的增加，蒸汽爆破后的糖化率逐步降低，结合上面半纤维素随含水率增加的规律，我们可以认为这是由于含水率的增加在一定程度上阻止了半纤维素的降解，使得糖的得率降低。因此，在进行蒸汽爆破处理时物料含水率不宜过高，以10%为佳。含水率过低时，蒸汽爆破过程中细胞内水分过少会降低液态水汽化时的剪切力，使得爆破效果变差；同时过低的含水率会让部分秸秆在高温爆缸中发生炭化现象，也同样使得爆破后的糖化效果降低。

### 4）蒸汽压力、保留时间对酶解糖化率影响

糖化率随蒸汽压力和保留时间的变化规律如图6.44所示。

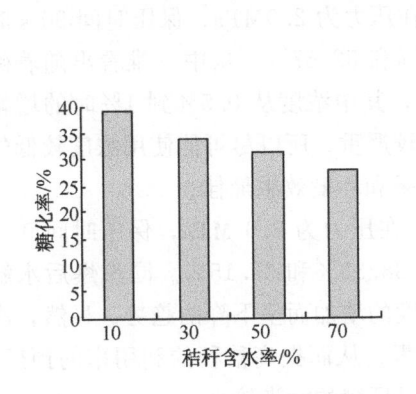

图6.43 不同含水率蒸汽爆破后糖化率变化

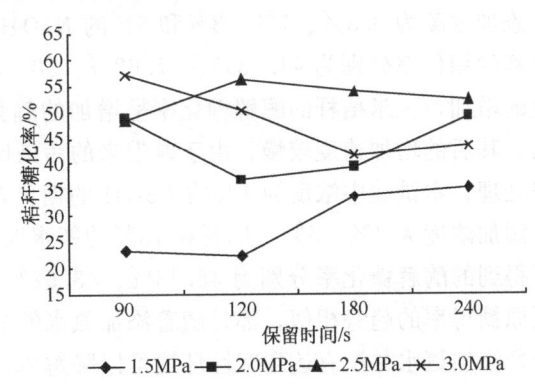

图6.44 糖化率随蒸汽爆破压力和保留时间变化

从图6.44可以看出，不同压力下糖化率随保留时间变化的规律不尽相同。在1.5 MPa、2.0 MPa和3.0 MPa蒸汽压力下，随着保压时间的延长糖化率大致呈现先降后升的规律，只有2.5 MPa压力出现了先升后降的情况。1.5 MPa压力下，在保压时间90～120 s糖化率稍微降低，在120～180 s有较大幅度的提高（从22.44%到33.74%），而在180～240 s变化不明显。2.0 MPa压力在90～120 s的糖化率先出现了较大幅度的下降（从48.64%到36.91%），之后在120～180 s开始缓慢增加，180～240 s又较快增加到90 s时水平。2.5 MPa压力下秸秆糖化率在90～120s随保压时间延长增加并达到最大值56.03%，随后开始随保压时间的延长而降低。3.0 MPa压力下秸秆的糖化率在90 s时最高达56.89%，此后一直随保压时间下降，直到180 s后才有少许回升。在保压时间90 s时，糖化率基本是按照蒸汽爆破压力的高低依次排列的（3.0 MPa的56.89%、2.5 MPa的48.30%、2.0 MPa的48.64%和1.5 MPa的23.15%）。保压时间120 s和180 s时2.5 MPa的糖化率都为最高，分别为56.03%和53.70%，其他三个压力糖化率还是按照压力高低依次排列。在保压时间240 s时2.0 MPa的糖化率基本增加到2.5 MPa压力下水平，而1.5 MPa和3.0 MPa的糖化率变化不大。可以看出糖化率最高值取得于压力为3.0 MPa，保压时间90 s条件下，其次是压力2.5 MPa，保压时间120 s。但蒸汽爆破压力为2.0 MPa，保压时间90 s的糖化率仅比最高糖化率低8个百分点左右，此爆破条件下的

能耗要较 3.0 MPa 经济，而且在实际生产中，压力大于 2.5 MPa 的蒸汽不容易获得，故虽然压力 3.0 MPa，保压时间 90 s 蒸汽爆破处理糖化效果最佳，但不易实现。本文认为压力 2.0 MPa，保压时间 90 s 时的蒸汽爆破处理条件较为可取。

**5）添加化学物质对汽爆秸秆酶解糖化率影响**

添加不同浓度的 HCl 爆破后的玉米秸秆糖化率如下：添加浓度为 0.5％、1％、1.5％和 2％的 HCl 后，在蒸汽压力为 2.0 MPa，保压时间为 90 s 得到的糖化率分别是 45.2％、54.33％、56.17％和 53.62％。这其中以浓度 1.5％的 HCl 爆破后的酶解糖化率最高，浓度 0.5％的 HCl 的糖化率最低，糖化率的变化基本上是随着酸浓度的增加而增大，浓度 2％的 HCl 的糖化率没有 1.5％的 HCl 高的原因可能是在较高浓度的酸存在环境下部分半纤维素发生了降解。

添加浓度为 0.5％、1％、3％和 5％的 NaOH 在压力为 2.0 MPa，保压时间 90 s 时所得到的糖化率分别为 41.83％、47.62％、50.38％和 52.67％。从中不难看出随着碱浓度的增加，玉米秸秆的酶解糖化率呈增加的趋势，其中浓度从 0.5％到 1％时的增幅最大，其后的增加速度较慢，由于碱带来的污染比较严重，所以尽可能使用浓度较低的碱来处理，本试验中浓度为 1％的 NaOH 的糖化效果和环境效果最佳。

添加浓度为 3％、5％、10％和 15％的氨水时，在压力为 2.0 MPa，保压时间 90 s 时所得到的酶解糖化率分别为 45.76％、43.62％、38.33％和 35.15％。同汽爆后水解的还原糖得率的趋势相似，都是随着添加氨水的浓度的增加而呈下降的趋势。显然，汽爆秸秆添加氨水并没有达到碱性环境可以降解木质素，从而提高秸秆的利用率的预期。虽然酶解糖化率较低，但该工艺比强碱容易回收，对环境的污染较小。

添加不同浓度 $Na_2SO_3$ 在压力为 2.0 MPa，保压时间为 90 s 条件下所得到的酶解糖化率如表 6.14 所示。从表 6.14 中可以看出，随着添加的 $Na_2SO_3$ 浓度的增加，汽爆后的秸秆的酶解糖化率基本上呈现增加的趋势，并在 12％的浓度下达到最大值 45.62％。$(NH_4)_2SO_3$ 主要作用是使木质素大分子断裂，形成木质素磺酸盐而溶出，然而汽爆的保留时间一般较短，闲置了木质素的降解溶出量，在高温下，$(NH_4)_2SO_3$ 的酸性环境促使了半纤维素的溶出和降解，从而改善了秸秆的结构，使得秸秆的酶解糖化率得到提高。但总的来讲，糖化率的增加随浓度增加的幅度很小，如果汽爆过程需要添加 $Na_2SO_3$，浓度 2％较为经济且能保证较好的糖化效果。

表 6.14 添加不同浓度 $Na_2SO_3$ 的秸秆糖化率

| $Na_2SO_3$ 浓度/％ | 2 | 5 | 8 | 12 |
| --- | --- | --- | --- | --- |
| 糖化率/％ | 43.71 | 44.68 | 43.12 | 45.62 |

**6）物料装填密实度对汽爆秸秆酶解糖化率影响**

蒸汽爆破后糖化率随物料装填密实度变化无明显规律，在 2.0 MPa、保压时间为 90 s 时，装填密实度为 100％的秸秆糖化率为 54.04％，80％装填密实度的秸秆糖化率为 56.14％，60％装填密实度时的糖化率为 48.35％。可以看出，装填密实度为 80％时汽爆后水解效果最好，装填密实度为 100％时次之，装填密实度为 60％最差，装填密实度 100%和 80%的糖化率相差仅有 2 个百分点。这可能是因为装填密实度过小时蒸汽高温蒸煮作用加强，使得部分半纤维素降解成了醛类物质而损失了部分糖，同时高温也使纤维素的结晶度增加，造成了糖化效果的下降。

为进一步考查糖化率对装填密实度的响应，用压力、保压时间和装填密实度三个因素进行正交试验，正交试验因素水平见表 6.15，正交试验结果见表 6.16 和表 6.17。

**表 6.15 L9（3³）的正交试验因子水平设计**

| 水平 | A 压力/MPa | B 保留时间/s | C 装填密实度/% |
|---|---|---|---|
| 1 | 2.0 | 60 | 60 |
| 2 | 2.5 | 90 | 80 |
| 3 | 3.0 | 120 | 100 |

**表 6.16 正交试验结果的直观分析**

| 序号 | A 压力/MPa | B 保留时间/s | C 装填密实度/% | 糖化率/% |
|---|---|---|---|---|
| 1 | 2.00 | 60.00 | 60.00 | 53.67 |
| 2 | 2.00 | 90.00 | 80.00 | 49.27 |
| 3 | 2.00 | 120.00 | 100.00 | 55.26 |
| 4 | 2.50 | 60.00 | 80.00 | 44.07 |
| 5 | 2.50 | 90.00 | 100.00 | 41.25 |
| 6 | 2.50 | 120.00 | 60.00 | 49.72 |
| 7 | 3.00 | 60.00 | 100.00 | 43.96 |
| 8 | 3.00 | 90.00 | 60.00 | 42.72 |
| 9 | 3.00 | 120.00 | 80.00 | 49.04 |
| $K_1$ | 158.20 | 141.70 | 146.11 | |
| $K_2$ | 135.04 | 133.24 | 142.38 | |
| $K_3$ | 135.72 | 154.02 | 140.47 | |
| $k_1$ | 52.73 | 47.23 | 48.70 | |
| $k_2$ | 45.01 | 44.41 | 47.46 | |
| $k_3$ | 45.24 | 51.34 | 46.82 | |
| 极差 R | 7.72 | 6.93 | 1.88 | |
| 优方案 | $A_1$ | $B_3$ | $C_1$ | |

**表 6.17 正交试验结果的方差分析**

| 变异来源 | 平方和 | 自由度 | 均方 | F 值 | p 值 |
|---|---|---|---|---|---|
| 压力 | 115.7998 | 2 | 57.8999 | 190.2447 | 0.0052 |
| 时间 | 72.7958 | 2 | 36.3979 | 119.5945 | 0.0083 |
| 装填密实度 | 5.4856 | 2 | 2.7428 | 9.0122 | 0.0999 |
| 误差 | 0.6087 | 2 | 0.3043 | | |
| 总和 | 194.6900 | | | | |

从正交试验表中可以看出，最佳处理是 $A_1B_3C_1$ 组合，即压力 2.0 MPa、保压时间

120 s 和装填密实度为 60%的组合。压力和时间对爆破效果的影响是极显著水平，装填密实度在正交分析中影响不显著，所以从经济上考虑，同一爆缸容积装填量越多，产能越大，所以 100%装填密实度在工业应用上更可取。

**7）二次爆破秸秆的酶解糖化试验**

二次爆破的主要意图是想提高汽爆的效果和增加生产处理能力，其具体做法：需处理的秸秆置于爆缸中，进行短时间的第一次爆破后，把经第一次汽爆后的秸秆再次放入爆缸进行和第一次爆破同压力和保留时间的第二次蒸汽爆破。在二次爆破试验中，考虑到较低压力的爆破效果不明显，选取了 2.0 MPa、2.5 MPa 和 3.0 MPa 三个压力；为保证增加处理能力，选用的二次爆破时间系列：20 s、30 s、45 s 和 60 s。蒸汽压力取用二次爆破秸秆的酶解糖化率变化如图 6.45 所示。当二次爆破的保留时间为 20 s 时，处理后秸秆的酶解糖化率按压力的高低顺序排列，此时 2.5 MPa 和 3.0 MPa 压力下的糖化率相差不大，2.0 MPa 压力下的糖化率最低为 31.04%，远低于另外两个压力。当保压时间达到 30 s 时，2.0 MPa 压力下的糖化率急剧增加达到最大值，也是三种压力下在该保留时间的最大值 44.39%，而压力为 2.5 MPa 和 3.0 MPa 下的酶解糖化率却较 20 s 时有所降低，但还是按压力大小排列。当二次爆破的保压时间为 45 s 时，2.5 MPa 压力下的酶解糖化率降到最低值 34.12%，而此时 3.0 MPa 压力下的酶解糖化率却升至该压力下的最大值 50.45%，2.0 MPa 压力下比 30 s 保压时间的糖化率降低。当保压时间为 60 s 时，2.5 MPa 压力下的酶解糖化率达到该压力下的最大值，也是二次爆破试验中的最高值 53.27%，此时 2.0 MPa 和 3.0 MPa 压力下的酶解糖化率比 45 s 有所降低。

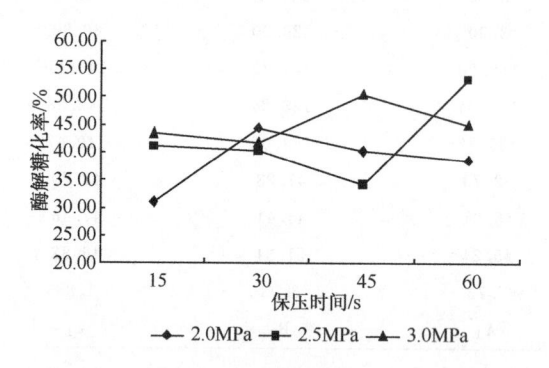

图 6.45 二次爆破糖化率随蒸汽爆破压力和保留时间变化

可以看出，2.0 MPa、2.5 MPa 和 3.0 MPa 压力下都对应一个最好汽爆糖化率的保压时间，2.0 MPa 对应 30 s，2.5 MPa 对应 60 s，3.0 MPa 对应 45 s 的糖化率最高，分别为 44.39%、53.27%和 50.45%，其中以 2.5 MPa 压力下在 60 s 时的二次爆破糖化率最高。但是在此条件下实际上是经过二次 60 s 的保压时间，低于 2.5 MPa、120 s 一次爆破的糖化率（56.03%），也低于 3.0 MPa、90 s 时的糖化率（56.89%），所以该条件不可取。3.0 MPa、45 s 二次爆破的糖化率比 3.0 MPa、120 s 的糖化率（50.20%）稍高，但基本相同，考虑工艺的复杂性，该条件也不可取。2.0 MPa、30 s

时的二次爆破糖化率比 2.0 MPa、90 s 时一次爆破的糖化率（48.64%）稍低，但处理能力却增加了 1/3。所以此条件可取。同样虽然 2.5 MPa 和 3.0 MPa 在 20 s 时的二次爆破的糖化率低于对应压力下的 90 s 保压时间的糖化率，但完成同样的处理量却可以节省一倍以上的时间，所以也是可选的处理条件。

**8）蒸汽爆破后添加 $H_2SO_4$ 对糖化率影响**

图 6.46 是蒸汽爆破后秸秆添加 0.5% $H_2SO_4$ 的糖化率曲线。从图 6.46 中可以看出，保压时间为 90 s 时，糖化率的高低基本是按压力的高低排列，即 3.0 MPa 的最大（45.56%），1.5 MPa 的最小（24.52%）。保压时间 120 s 时，2.5 MPa 的糖化率迅速增加到最大值（51.44%），也是添加 0.5% $H_2SO_4$ 处理的最大值，其他几个糖化率依然依压力高低排列。保压时间到达 180 s 时，2.0 MPa 压力的糖化率由 120 s 时的 29.63% 迅速增加到此保压时间下的最大值 50.08%，然后依次是 2.5 MPa、3.0 MPa 和 1.5 MPa。保压时间达到 240 s 时，2.5 MPa、2.0 MPa 和 3.0 MPa 压力下的糖化率相近，分别为 42.83%、41.63% 和 38.78%，有趋于一致的态势，1.5 MPa 下糖化率最低。总体来看，汽爆后添加 0.5% $H_2SO_4$ 进行秸秆糖化时，在汽爆压力 2.0 MPa、保压时间 120 s 时达到最大值。随压力变化的趋势，1.5 MPa 压力下的糖化率始终为 4 个压力中的最低，3.0 MPa 压力下的糖化率随着保压时间的增加呈下降的趋势，2.0 MPa 和 2.5 MPa 在保压时间 90~240 s 糖化率都有一次明显的增加并达到最大值，之后下降。

单独添加 0.5% $H_2SO_4$ 而未汽爆的秸秆的糖化率仅为 9.83%，可见经汽爆后秸秆添加 0.5% $H_2SO_4$ 的糖化率远高于未汽爆处理的秸秆，表 6.18 列出了汽爆后添加 $H_2SO_4$ 与不加 $H_2SO_4$ 的糖化率数值。可以看出在相同的处理条件下，添加 0.5% $H_2SO_4$ 的糖化率仅在低压和较短的保留时间（1.5 MPa、90 s 和 120 s）条件下高于只经汽爆的秸秆。而在压力为 2.0 MPa 以上时，几乎所有添加 0.5% $H_2SO_4$ 的糖化率都小于同等蒸汽爆破条件下不添加 $H_2SO_4$ 进行酶解的糖化率。添加 0.5% $H_2SO_4$ 的糖化率和不添加 $H_2SO_4$ 的汽爆秸秆的糖化率的变化规律基本相同，较高的糖化率基本都出现在较高压力系列内（2.5 MPa 和 3.0 MPa），只在同样的爆破条件下的糖化率值稍小。可见进行蒸汽爆破处理后添加 0.5% $H_2SO_4$ 进行酶解糖化的效果不明显，尤其是在高压和长保留时间条件下，糖化率大多都小于不加 $H_2SO_4$ 的处理。这可能是由于 $H_2SO_4$ 对酶制剂有轻微的抑制作用，蒸汽爆破后不需要添加 $H_2SO_4$ 来促进酶解糖化。这也更进一步说明蒸汽爆破预处理相对于其他预处理方法无污染的优点。

表 6.18 汽爆后添加 $H_2SO_4$ 与不加 $H_2SO_4$ 糖化率

| 保留时间/s | 糖化率/% ||||||||
|---|---|---|---|---|---|---|---|---|
| | 添加 0.5% $H_2SO_4$ |||| 未添加 $H_2SO_4$ ||||
| | 1.5 MPa | 2.0 MPa | 2.5 MPa | 3.0 MPa | 1.5 MPa | 2.0 MPa | 2.5 MPa | 3.0 MPa |
| 90 | 24.52 | 32.87 | 30.49 | 45.56 | 23.15 | 48.64 | 48.30 | 56.89 |
| 120 | 26.95 | 29.63 | 51.44 | 45.27 | 22.44 | 36.91 | 56.03 | 50.20 |
| 180 | 32.59 | 50.08 | 45.83 | 35.27 | 33.74 | 39.17 | 53.70 | 41.60 |
| 240 | 27.57 | 41.63 | 42.83 | 38.78 | 35.47 | 49.11 | 52.22 | 43.29 |

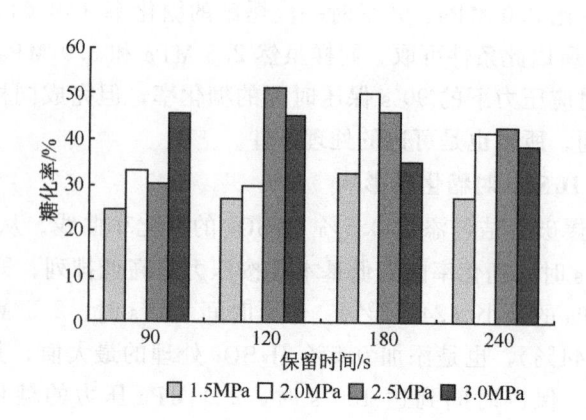

图 6.46 汽爆秸秆添加 $H_2SO_4$ 糖化率变化图

### 6.4.2.6 秸秆糖化液中还原性糖主要成分分析

糖化液中各种糖分的组成是燃料乙醇发酵的基础，也是燃料乙醇产率高低的决定因素。在最佳糖化条件下，了解糖化液中的主要成分是后面乙醇发酵奠定基础。

对经过不同预处理的秸秆进行双酶糖化的糖化液中还原性糖的主要成分进行分析，试验结果见表 6.19。由表 6.19 可知，糖化液中还原性糖的主要成分包括两种——葡萄糖和木糖，比例分别为 65%～68% 和 25%～33%。

表 6.19 玉米秸秆糖化水解液的成分

| 化合物 | 化学式 | 含量/% |
| --- | --- | --- |
| 阿拉伯糖 | $C_5H_{10}O_5$ | 0.50～0.60 |
| 乙酸 | $C_2H_4O_2$ | 0.05～0.08 |
| 葡萄糖 | $C_6H_{12}O_6$ | 3.20～3.30 |
| 木糖 | $C_5H_{10}O_5$ | 1.70～1.80 |
| 糠醛 | $C_5H_4O_2$ | 0.02～0.025 |
| 2-糠醇 | $C_5H_6O_2$ | 0.01～0.015 |

## 6.5 戊糖发酵菌种的对比研究

### 6.5.1 材料与方法

#### 6.5.1.1 试验菌株

产朊假丝酵母（*Candida utilis*）C-01，嗜鞣管囊酵母（*Pachysolen tannophilus*）P-01；粗糙脉孢菌（*Neurospora crassa*）N-01，河南农业大学微生物能源工程实验室保藏菌种，采用 12Bé 麦芽汁琼脂斜面活化，4℃保藏。

### 6.5.1.2 培养基

(1) 基本培养基 A (g/100 mL)：$MgSO_4 \cdot 7H_2O$，0.05；$CaCl_2 \cdot H_2O$，0.01；$KH_2PO_4$，0.1；$(NH_4)_2SO_4$，0.5；NaCl，0.01；琼脂 2.0；pH 5.0。

(2) 基本培养基 B (g/100 mL)：$KH_2PO_4$，0.1；$MgSO_4$，0.001；$NaNO_3$，0.2；$MgCl_2$，0.05；琼脂，2.0；pH 5.0。

(3) 木糖（或葡萄糖）发酵培养基 (g/100 mL)：木糖（或葡萄糖），3；酵母浸汁，0.3；蛋白胨，0.5；尿素，0.02；$(NH_4)_2HPO_4$，0.01；pH 5.0。

### 6.5.1.3 平板生长情况试验

在基本培养基中加入 2% 的戊糖（木糖、半乳糖、甘露糖）或己糖（葡萄糖），30℃培养 36~48 h，观察以木糖或葡萄糖为唯一碳源的培养基平板上 3 个菌株的生长情况。

### 6.5.1.4 乙醇发酵试验

将培养好的菌种按 10% 的接种量接入装有 50 mL 发酵培养基的 250 mL 三角瓶中，采用静止发酵和液体摇瓶发酵（150 r/min），28℃条件下，对各菌株对木糖和葡萄糖的单独发酵产生乙醇情况进行试验，同时测定发酵过程中木酮糖异构酶、木糖还原酶和木糖醇脱氢酶的活性。

### 6.5.1.5 测定方法

(1) 木糖异构酶（XI）活性测定。①在试管中加入 0.1 mol/L D-木糖 25 μL，发酵液 25 μL，10 mmol/L $MnSO_4$ 25 μL，pH 7.5 的 Tris-HCl 缓冲液 425 μL，80℃反应 1 h，之后用沸水煮 3 min，得木酮糖溶液，吸 0.35 mL 备用。②于试管中加入 0.35 mL 木酮糖溶液，13 mol/L $H_2SO_4$ 3 mL，1.5% 半胱氨酸盐溶液，室温放置 2 h。于 540 nm 测吸光度，对照是将 25 μL 0.1 mol/L D-木糖改为蒸馏水代替重复此操作。酶活性定义：每分钟转化形成 1 μmol/L 木酮糖为 1 个酶活单位。

(2) 木糖还原酶（XR）活性测定。于试管中加入 1 mL 酶液，0.5 mL 0.6 mmol/L 的 NADH，0.5 mL 0.5 mol/L 的木糖，pH 0.65 的 PBSHCl 缓冲液 0.5 mL，25℃反应 5 min，于 340 nm 测吸光度的减少。酶活性定义：吸光度每分钟减少 0.1 为 1 个酶活单位。

(3) 木糖醇脱氢酶（XDH）活性测定。于试管中加入 0.1 mol/L pH 9.0 的 Tris-HCl 缓冲液 0.5 mL，4 mmol/L $MgCl_2$ 1 mL，200 mmol/L 木糖醇 1 mL，20 mmol/L NAD 1 mL，于 340 nm 测吸光度的增加值。酶活性定义：吸光度每分钟增加 0.01 为 1 个酶活单位。

## 6.5.2 结果与分析

### 6.5.2.1 固体平板培养结果

由表 6.20 可以看出，除 C-01 不能利用半乳糖生长外，其余情况下，3 个菌株均可以在唯一碳源上生长，这说明试验中的菌株可以代谢利用木糖、半乳糖和甘露糖等戊糖，也可利用己糖，如葡萄糖，这为利用这些糖类进行生产燃料乙醇提供了必要的菌种生长的物质基础，为微生物在同一环境中生长并产生产物奠定必要条件。表 6.20 中还发现在平板培养的条件下，N-01 和 P-01 即可利用木糖生成了一定的乙醇，说明这两个菌株利用木糖产乙醇的能力较强。

表 6.20 唯一碳源平板培养结果

| 菌株 | 基本培养基 | 碳源 | 生长情况 | 备注 |
| --- | --- | --- | --- | --- |
| C-01 | A | 木糖 | + | |
| | B | 木糖 | +++ | |
| | A | 半乳糖 | - | |
| | B | 半乳糖 | - | |
| | A | 甘露糖 | ++ | |
| | B | 甘露糖 | ++ | |
| | A | 葡萄糖 | ++++ | 有浓郁的乙醇味 |
| | B | 葡萄糖 | ++++ | |
| N-01 | A | 木糖 | ++++ | 有轻微的乙醇味 |
| | B | 木糖 | +++++ | 有轻微的乙醇味 |
| | A | 半乳糖 | +++++ | |
| | B | 半乳糖 | +++++ | |
| | A | 甘露糖 | +++ | |
| | B | 甘露糖 | +++ | 琼脂含量多时生长好 |
| | A | 葡萄糖 | +++ | |
| | B | 葡萄糖 | +++ | 边缘生长好 |
| P-01 | A | 木糖 | ++++ | 有一定的乙醇味 |
| | B | 木糖 | ++++ | 有强烈的乙醇味 |
| | A | 半乳糖 | +++ | |
| | B | 半乳糖 | +++ | |
| | A | 甘露糖 | +++ | |
| | B | 甘露糖 | +++ | |
| | A | 葡萄糖 | ++++ | |
| | B | 葡萄糖 | +++ | |

注：-为不生长；+、++、+++、++++、+++++ 为生长渐好。

秸秆在水解糖化形成的混合糖中，有木糖、半乳糖和甘露糖等戊糖，其中主要是木糖；有己糖，主要是葡萄糖。以上的结果表明 3 个菌株可以利用秸秆糖化液中的多种还原性糖类。由于木糖和葡萄糖是主要的成分，故在后面的试验中主要来研究木糖和葡萄糖同步发酵生产燃料乙醇的工艺条件。

### 6.5.2.2 单独发酵葡萄糖试验结果

3个菌株经过84 h发酵的结果如表6.21所示。由表6.21可知3个菌株均可利用葡萄糖在静止和150 r/min振荡条件下生产乙醇；P-01发酵葡萄糖产乙醇的能力最强，在振荡条件下3%的基质可以产生1.25%（$v/v$，以下类同）的乙醇，糖的利用率为86.5%，N-01次之，C-01最差；从这3个菌株发酵葡萄糖生产乙醇的条件上看，C-01在静止和振荡条件下差别不大，N-01和P-01明显地表现出150 r/min振荡条件比静止时乙醇产率高，糖利用率也高。

**表6.21 单独发酵葡萄糖结果**

| 菌株 | 发酵条件 | 乙醇浓度/% | 糖利用率/% |
|---|---|---|---|
| C-01 | 静止 | 1.02 | 80.6 |
|  | 振荡 | 0.98 | 68.9 |
| N-01 | 静止 | 0.92 | 65.1 |
|  | 振荡 | 1.13 | 78.7 |
| P-01 | 静止 | 1.15 | 80.2 |
|  | 振荡 | 1.25 | 86.5 |

由以上结果可知，在秸秆纤维燃料乙醇生产中，可以采用P-01作为菌种对秸秆糖化液中的葡萄糖进行发酵生产燃料乙醇。

### 6.5.2.3 单独发酵木糖试验结果

**1）静止发酵**

通过对84 h发酵过程中每6 h的取样分析表明，3个菌株静止时都不能发酵木糖产生乙醇，但可以利用木糖生长菌体。

**2）振荡发酵**

3个菌株经过80 h发酵后发酵醪液中乙醇的浓度如图6.47所示。由图6.47可知，3个菌株均可以发酵木糖产生乙醇，其中P-01发酵能力最强，乙醇浓度为0.59%，其次为N-01，C-01发酵能力最低为0.03%。由此可见，P-01是一株优良的发酵木糖产生乙醇的菌株。

综合上述试验结果可知，P-01可以发酵葡萄糖和木糖两种基质产生乙醇。

### 6.5.2.4 戊糖发酵过程分析

以P-01为菌株，进行3%木糖的液态摇瓶发酵，发酵周期为80 h。从发酵过程来看，随着发酵的进行，乙醇浓度不断升高，发酵至第72小时时乙醇浓度达到最大值，为0.63%（图6.48）；残糖不断下降，最终的残糖为0.25%（图6.49）；pH不断下降（图6.50）。总的来看，P-01可以发酵木糖生产乙醇，木糖利用率为91.67%，乙醇得率为22.9 g乙醇/100 g木糖，为理论乙醇产率的48.7%。

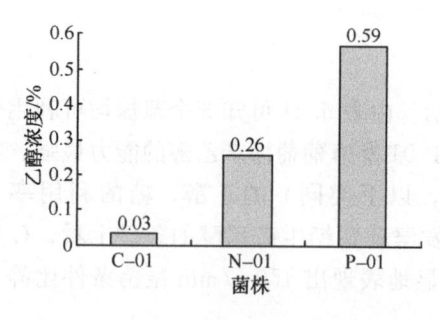

图 6.47 3 个菌株乙醇发酵情况

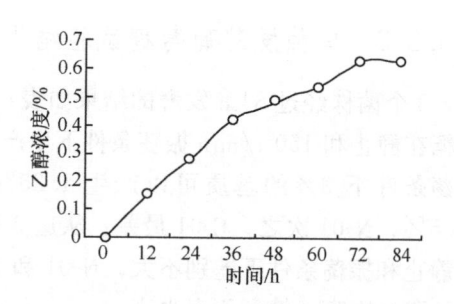

图 6.48 P-01 发酵过程中乙醇产率变化情况

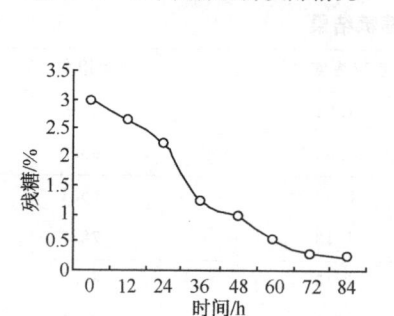

图 6.49 P-01 发酵过程中残糖变化情况

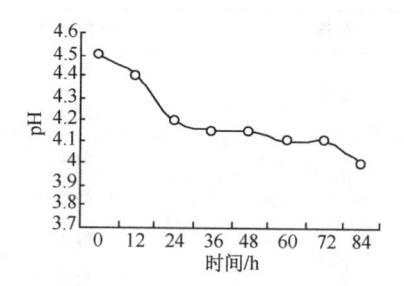

图 6.50 P-01 发酵过程中 pH 变化情况

在木糖转化形成乙醇的过程中，木糖需要先转化成木酮糖之后才能被酵母利用进而形成乙醇，木糖转化形成木酮糖可以通过两个途径：一是木糖经过木酮糖异构酶异构化成木酮糖；二是木糖先在木糖还原酶的作用下形成木糖醇，木糖醇在木糖醇脱氢酶的作用下形成木酮糖。了解木糖转化过程中木糖异构酶、木糖还原酶和木糖醇脱氢酶在某一特定菌株中的产生情况，可以充分了解该菌株转化木糖形成乙醇的途径，同时也为改造菌株、提高木糖代谢的能力提供理论依据。

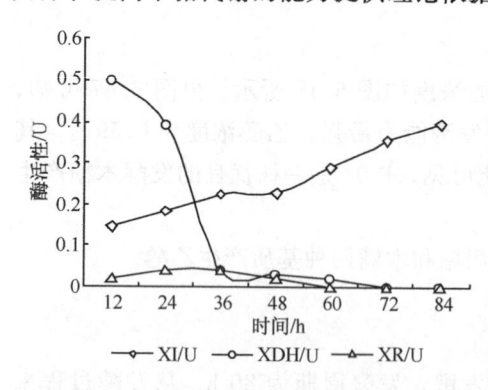

图 6.51 木糖乙醇发酵过程中酶活性变化

由图 6.51 可以看出，在 P-01 转化木糖形成乙醇的过程中，木糖异构酶、木糖还原酶和木糖醇脱氢酶在过程中均有产生，说明木糖转化的两个途径在该菌株中都存在；图 6.51 中表示木糖异构酶活性较高，且随着时间的延长不断升高，而木糖还原酶和木糖醇脱氢酶活性较低，其中木糖醇脱氢酶起始活性较高，且随着时间的延长不断降低，木糖还原酶一直处于较低的水平，说明该菌株转化木糖形成乙醇的途径主要依靠木糖异构酶途径。

## 6.6 戊糖和己糖同步发酵生产燃料乙醇条件试验研究

### 6.6.1 材料与方法

#### 6.6.1.1 混合糖发酵培养基

混合糖，3g/100mL（葡萄糖和木糖以不同的比例混合）；酵母浸汁，0.3g/100mL；蛋白胨，0.5g/100mL；尿素，0.02g/100mL；磷酸氢二铵，0.01；pH 5.0。121℃，30 min 灭菌备用。

#### 6.6.1.2 方法

250 mL 三角瓶中装入发酵培养基 50 mL，接入嗜鞣管囊酵母 P-01，在不同温度、不同溶解氧（在此以不同摇床转速表示）、不同接种量、不同起始 pH、不同起始糖浓度、葡萄糖与木糖比例不同等条件下进行燃料乙醇发酵的单因子影响试验和正交试验，测定发酵醪液中燃料乙醇的浓度、糖分含量。

### 6.6.2 结果与分析

#### 6.6.2.1 发酵条件试验结果

**1）pH 对燃料乙醇发酵的影响**

在温度为 30℃、摇床转速为 120 r/min、接种量为 10%、初始糖浓度为 12%、葡萄糖与木糖之比为 2，不同 pH 条件下，经过 84 h 发酵，发酵醪液中燃料乙醇的浓度如图 6.52 所示。图 6.52 表明，发酵液不同的 pH 对木糖和葡萄糖同步发酵生产燃料乙醇有较大的影响，其中在 pH 5.5 时发酵醪液中燃料乙醇浓度最大，约为 3.93%，此时糖醇转化率为 32.7%。

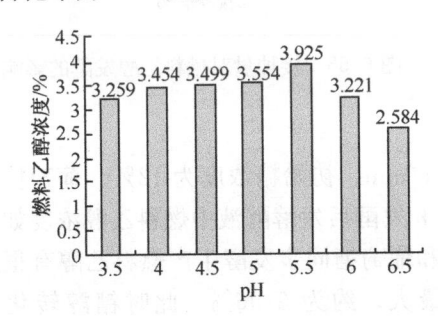

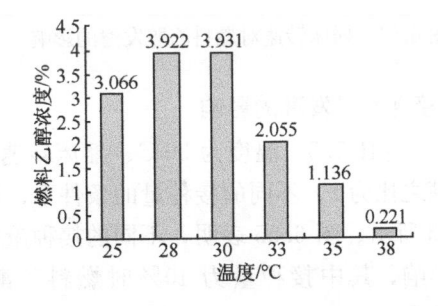

图 6.52　pH 对燃料乙醇发酵的影响　　图 6.53　温度对燃料乙醇发酵的影响

**2）温度对发酵的影响**

在 pH 5.5、摇床转速为 120 r/min、接种量为 10%、初始糖浓度为 12%、葡萄糖与木糖之比为 2，不同温度条件下，经过 84 h 发酵，发酵醪液中燃料乙醇的浓度如图 6.53 所示。图 6.53 表明，不同发酵温度对木糖和葡萄糖同步发酵生产燃料乙醇影响很大，发酵温度越高，发酵醪液中燃料乙醇浓度越大，但当温度超过30℃时，燃料乙醇浓度随温度升高而明显降低。在28℃和30℃时燃料乙醇浓度相差不大，但明显高于其他温度时的燃料乙醇浓度，为3.922%和3.931%，此时糖醇转化率为32.7%左右。

**3）摇床转速对发酵的影响**

在温度为30℃、pH 5.5、接种量为10%、初始糖浓度为12%、葡萄糖与木糖之比为2，不同摇床转速条件下，经过84 h发酵，发酵醪液中燃料乙醇的浓度见图6.54。图6.54表明，不同的摇床转速对木糖和葡萄糖同步发酵生产燃料乙醇有明显的影响，控制合适的摇床转速即溶解氧对葡萄糖和木糖混合液同步发酵生产燃料乙醇是必要的。随着摇床转速的增大，燃料乙醇浓度不断升高，在摇床转速为120 r/min时燃料乙醇浓度最大，之后随着摇床转速的增大燃料乙醇浓度又明显出现下降的趋势。由图6.54可知，在摇床转速为120 r/min时发酵醪液中燃料乙醇浓度最大，约为3.97%，此时糖醇转化率为33.1%。

试验结果表明，戊糖发酵中需要一定的$O_2$供给，即需要微耗氧条件，这与戊糖发酵生产燃料乙醇的微生物代谢途径是吻合的。这种条件与传统的己糖发酵生产燃料乙醇的厌氧条件不同，因此，在发酵戊糖时需要给微生物提供一定的$O_2$，实际生产中可以通过在发酵罐进行搅拌或直接向发酵罐中通入无菌空气。

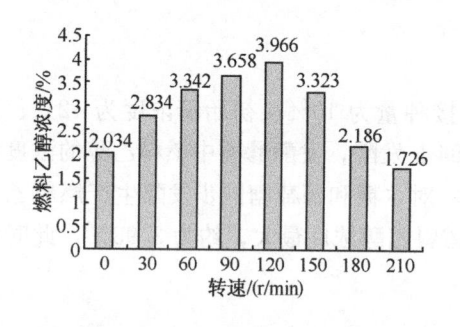

图6.54　摇床转速对燃料乙醇发酵的影响

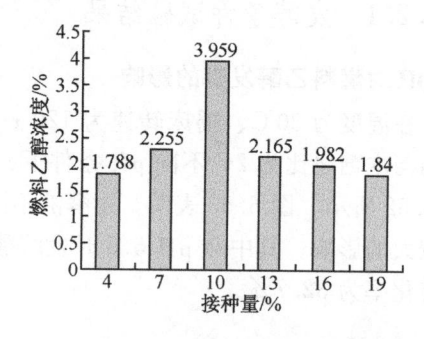

图6.55　接种量对燃料乙醇发酵的影响

**4）接种量对发酵的影响**

在pH 5.5、温度为30℃、摇床转速为120 r/min、初始糖浓度为12%、葡萄糖与木糖之比为2，不同的接种量的条件下，经过84 h发酵后发酵醪液中燃料乙醇浓度如图6.55所示。图6.55表明，不同的接种量对木糖和葡萄糖同步发酵生产燃料乙醇有很大的影响，其中接种量为10%时燃料乙醇浓度最大，约为3.96%，此时糖醇转化率为33%。

**5）初始糖浓度对发酵的影响**

发酵基质的浓度直接影响着微生物生长速度和发酵性能的高低，同时也决定了单位发酵设备产量的高低。寻求合适的混合液的糖浓度对戊糖和己糖发酵生产燃料乙醇是很重要的。

在温度为30℃、pH 5.5、摇床转速120 r/min、接种量为10%、葡萄糖与木糖之比为 2，不同初始糖浓度的条件下，经过 84 h 发酵，发酵醪液中燃料乙醇的浓度如表 6.22 所示。由表 6.22 可知，随着发酵液不同的初始糖浓度的提高燃料乙醇浓度不断升高，但分析糖醇转化率方面可以发现 P-01 较适合于低浓度发酵，初始糖浓度越高糖醇转化率越低。在初始糖浓度为 6% 时糖醇转化率最大，此时发酵醪液中燃料乙醇浓度为 2.04%，此时糖醇转化率为 33.9%。

表 6.22 初始糖浓度对燃料乙醇发酵的影响

| 初始糖浓度/% | 3 | 6 | 9 | 12 | 15 | 18 |
|---|---|---|---|---|---|---|
| 燃料乙醇浓度/% | 0.98 | 2.04 | 2.99 | 3.96 | 4.16 | 4.23 |
| 糖醇转化率/% | 32.7 | 33.9 | 33.2 | 33 | 27.7 | 23.5 |

6）初始糖中葡萄糖与木糖之比对发酵的影响

在 pH 5.5、温度为 30℃、摇床转速 120 r/min、接种量为 10%、初始糖浓度为 6% 条件下，对发酵液中葡萄糖与木糖的不同比例的发酵基质进行燃料乙醇的发酵试验，经过 84 h 发酵，发酵醪液中燃料乙醇的浓度如图 6.56 所示。由图 6.56 可知，发酵液中葡萄糖与木糖的比例越大燃料乙醇浓度也越大。

上一部分的研究结果表明，秸秆糖化液中葡萄糖与木糖的比例基本为 7∶3，这一比例接近于 2，因此，在秸秆纤维燃料乙醇实际生产中可以采用葡萄糖和木糖的比例为 2 的发酵条件。

7）发酵条件的正交试验结果

在以上单因子试验的基础上，基本确定戊糖和己糖同步发酵生产燃料乙醇的工艺条件：pH 5.5、30℃、摇床转速 120 r/min、接种量为 10%、发酵液初始糖浓度为 6%、葡萄糖与木糖的比例为 2、发酵周期为 84 h。为了获得最佳的发酵条件，对发酵条件中的温度、pH、摇床转速和接种量 4 个因素进行正交试验，试验的表头设计及试验结果见表 6.23。

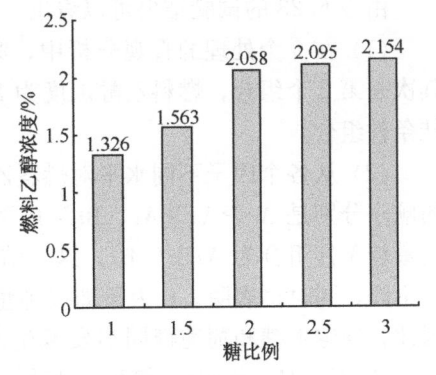

图 6.56 葡萄糖与木糖比例对燃料乙醇发酵的影响

表 6.23 发酵条件的正交试验

| 因素 | pH | 温度/℃ | 接种量/% | 转速/(r/min) | 燃料乙醇浓度/% |
|---|---|---|---|---|---|
| 试验号 | （A） | （B） | （C） | （D） | |
| 1 | 1 (5.0) | 1 (25) | 1 (90) | 1 (7) | 1.6 |
| 2 | 1 | 2 (30) | 2 (120) | 2 (10) | 2.1 |
| 3 | 1 | 3 (35) | 3 (150) | 3 (13) | 1.2 |

续表

| 因素 | pH | 温度/℃ | 接种量/% | 转速/(r/min) | 燃料乙醇浓度/% |
|---|---|---|---|---|---|
| 4 | 2 (5.5) | 1 | 2 | 3 | 1.9 |
| 5 | 2 | 2 | 3 | 2 | 2.1 |
| 6 | 2 | 3 | 1 | 1 | 1.6 |
| 7 | 3 (6.0) | 1 | 3 | 2 | 1.9 |
| 8 | 3 | 2 | 1 | 3 | 2.0 |
| 9 | 3 | 3 | 2 | 1 | 1.5 |
| $T_1$ | 4.8 | 5.4 | 5.2 | 4.7 | |
| $T_2$ | 5.7 | 6.2 | 5.5 | 6.0 | |
| $T_3$ | 5.4 | 4.4 | 5.2 | 5.2 | |
| $X_1$ | 1.6 | 1.795 | 1.7 | 1.6 | |
| $X_2$ | 1.5 | 2.1 | 1.8 | 2.1 | |
| $X_3$ | 1.8 | 1.5 | 1.7 | 1.7 | |
| $R$ | 0.3 | 0.61 | 0.11 | 0.49 | |

由表 6.23 的试验结果可以看出：

(1) 在 9 个处理的直观分析中，第 5 个组合条件下燃料乙醇浓度最高，为 2.1%，其次是第 2 个组合，燃料乙醇浓度为 2.1%。从而可以确定第 5 个组合 $A_2B_2C_3D_2$ 为最佳条件组合。

(2) 从各个因子不同水平对燃料乙醇浓度的影响来看，各个因子影响燃料乙醇浓度的顺序分别是 $A_2>A_3>A_1$、$B_2>B_1>B_3$、$C_2>C_1>C_3$、$D_2>D_3>D_1$，因此，可以确定最佳条件组合为 $A_2B_2C_2D_2$，这一结果与直观分析的结果中仅是 C 因子即接种量的水平不同，同时也表明，C 因子即接种量对发酵结果中燃料乙醇浓度的影响是很微弱的。因此，确定木糖和葡萄糖同步发酵生产燃料乙醇的最佳发酵条件为 $A_2B_2C_2D_2$，即 pH 5.5、30℃、120 r/min、接种量 10%、初始糖浓度为 6%、葡萄糖与木糖的比是 2。

(3) 从全局各因子的极差大小 $R_B>R_D>R_A>R_C$ 可知，在发酵条件中影响燃料乙醇浓度最大的因素是发酵温度，其次是摇床转速，而接种量的影响是最小的。这一结论与 P-01 的生长和发酵特性以及木糖转化燃料乙醇的性质能很好符合。

#### 6.6.2.2 木糖和葡萄糖同步发酵生产燃料乙醇过程分析

采用以上试验中木糖和葡萄糖同步发酵的最佳条件，即每个 300 mL 三角瓶中装入 50 mL 发酵培养基，在 pH 5.5、30℃、120 r/min、接种量 10%、初始糖浓度为 6%、葡萄糖与木糖之比为 2 的条件下对燃料发酵的过程进行分析，发酵过程中糖浓度和燃料乙醇浓度随发酵时间的变化如图 6.57 所示。由图 6.57 可以看出，在 120 h 的发酵周期内，发酵醪液中的燃料乙醇浓度随着时间的推移而增加，在第 84 小时时燃料乙醇浓度达到高峰，为 2.1%，之后，燃料乙醇浓度在一定范围内稍有下降。

从表 6.24 可以看出，在此条件下糖醇转化率为 35%，是该条件下理论糖醇转化率的 70.47%（木糖的理论醇转化率为 47%，葡萄糖的理论醇转化率为 51.1%，混合糖

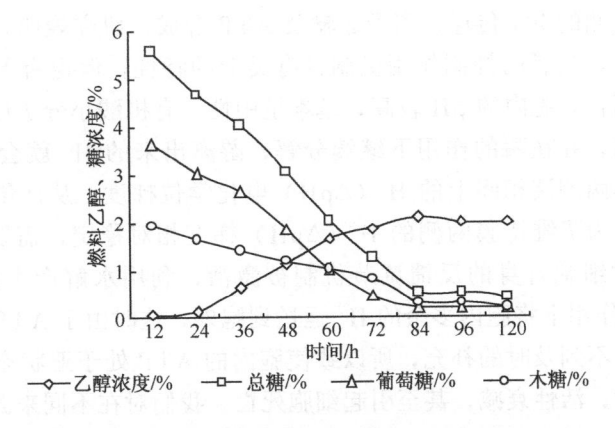

图 6.57 木糖和葡萄糖同步发酵生产燃料乙醇过程

中葡萄糖和木糖的比例为 2:1,计算出该混合糖液理论糖醇转化率为 49.67%)。

燃料乙醇产生的前提基质是可发酵性糖类,从图 6.57 可知,随着时间的推移,发酵液中的总糖、葡萄糖和木糖浓度均不断降低,且 84 h 前各种类型的糖下降的幅度较大,84 h 之后,糖浓度下降的幅度明显减小,并维持在一定的水平。从糖浓度的下降与燃料乙醇浓度升高的关系来看,两者之间有明显的负相关性。单独分析总糖中的葡萄糖和木糖的变化可以看出,发酵伊始,葡萄糖浓度的下降比木糖浓度的下降幅度大,说明 P-01 对葡萄糖的利用较多,而对木糖的利用较少,即 P-01 在同步发酵葡萄糖和木糖形成燃料乙醇的过程中优先利用葡萄糖。

结合图 6.57 和表 6.24 的结果发现,在发酵醪液中的残糖,木糖的浓度较葡萄糖的浓度大,说明 P-01 对葡萄糖的利用比对木糖的利用彻底;其中总糖的利用率为 91.1%,葡萄糖和木糖的利用率分别为 94.6%和 84.1%,也说明了葡萄糖的利用比木糖的利用更容易、更彻底。

表 6.24 木糖和葡萄糖同步发酵生产燃料乙醇分析表

| 发酵时间/h | 燃料乙醇浓度/% | 总糖浓度/% | 葡萄糖浓度/% | 木糖浓度/% | 糖醇转化率/% | 总糖利用率/% | 葡萄糖利用率/% | 木糖利用率/% |
|---|---|---|---|---|---|---|---|---|
| 84 | 2.10 | 0.54 | 0.22 | 0.32 | 35.00 | 91.10 | 94.60 | 84.10 |

## 6.7 基于秸秆糖化液脱毒预处理的试验研究

### 6.7.1 抑制物的作用机制分析

近年,对有机酸和糠醛类抑制微生物发酵的作用机制研究发展成一个重要的研究方向,比较具有代表性的理论是 Palmqvise 和 Russell 等基于 P. 米切尔提出"化学渗透偶联"假说的基础上进一步提出的。认为这些物质主要通过影响或干扰了细胞膜两侧液相间上的 $H^+$($\Delta pH$)电化学位梯度完成的。细胞膜是一种具有特殊结构和功能的选择性通透膜,在细胞代谢正常情况下,膜两侧的 $H^+$($\Delta pH$)维持在一个相对恒定的范围,它直接影响着膜两侧的电子传递、离子运输及 ATP 合成。研究表明，有机酸和糠醛类物质都具有疏水性，二者的抑制作用机制具有类似的特性，但也有差别。在酸性条件下，相对细胞外而言，胞内的 pH 较高，基本呈中性，有机酸小分子可以通过简单扩散的方式进入细胞内，并在酶的作用下继续分解，游离出来的 $H^+$ 就会影响胞内的 pH，进而影响了细胞膜两侧液相间上的 $H^+$（$\Delta pH$）电化学位梯度，从而影响了两侧的电子传递和离子运输。为了维持膜两侧的 $H^+$（$\Delta pH$）梯度相对稳定，需要将多余的 $H^+$ 运送到细胞外，这时细胞自身的反馈调节机制被激活，利用水解产生更多的 ATP，在 $Na^+$-$K^+$ 质子泵的作用下将胞内多余的 $H^+$ 运送到胞外，这时由于 ATP 的消耗，而通过呼吸耦联作用又得不到及时的补充，所以致使胞内的 ATP 处于亚状态，从而影响了细胞的正常生理代谢，活性衰减，甚至引起细胞死亡。我们对在不同来源的糖液中培养的食鞣管囊酵母的生长情况进行了显微观察分析，如图 6.58 和图 6.59 所示。从图 6.58 和图 6.59 对比明显可以看出，二者在相同的糖浓度条件下，发酵液中的菌体在数量与个体大小上都相差很大，说明抑制物的作用非常显著。生物质水解副产物的抑制发酵问题一直以来是阻碍纤维素乙醇发酵的主要因素之一。

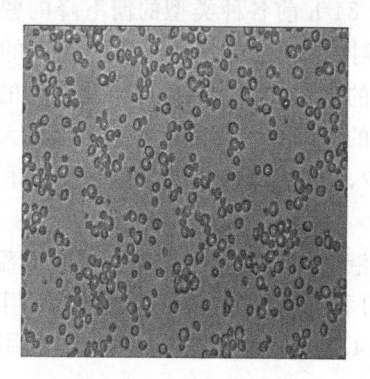

图 6.58　菌体在混合糖中生长情况 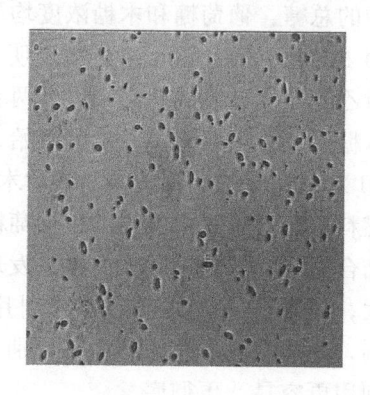　　　图 6.59　菌体在秸秆糖化液中生长情况

## 6.7.2　不同脱毒方法对秸秆糖化液发酵生产乙醇研究

### 6.7.2.1　热处理对秸秆糖化液发酵试验的影响

从图 6.60 可以看出，通过将糖化液进行一定时间的蒸煮，糖醇转化率曲线随着蒸煮时间的延长，总体上呈先增加再趋于稳定的变化。在蒸煮 8min 后，效果最明显，对于两种菌株：酒精酵母 1308 和管囊酵母 P-01，糖醇转化率分别提升了 9.6% 和 12.1%，通过精密酸度计测定蒸煮前后试样的 pH，发现上升了 0.1~0.2（$\Delta pH$），这种变化可能是水解中的有机酸类物质在煮沸的过程中受热蒸发的结果。将发酵液在倒置显微镜观察，试样中的菌体数目明显比对照多，影响显著。

### 6.7.2.2　化学吸附处理对秸秆糖化液发酵试验的影响

从图 6.61 可以看出，硫酸铝钾对糖醇转化率有一定的影响，添加 1% 的量对发酵

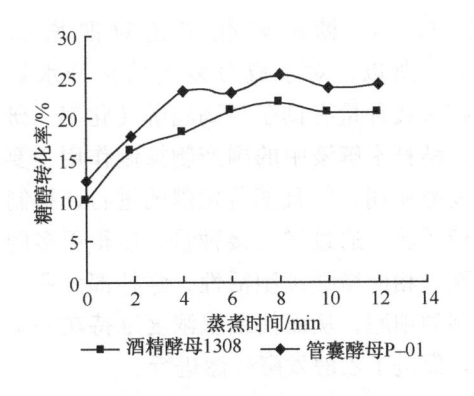

图 6.60 蒸煮时间对糖醇转化率的影响 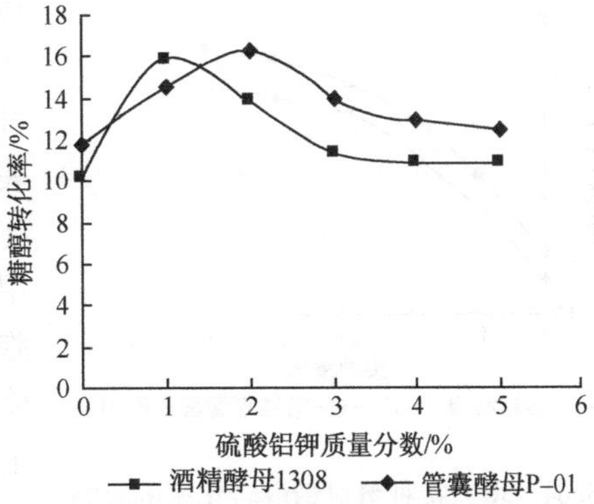　　图 6.61 硫酸铝钾对糖醇转化率的影响

有一定的促进作用，糖醇转化率提高了 5.8%。而后随着含量的增加，转化率迅速降低。在工业上常用硫酸铝钾作为液体除杂的絮凝沉降剂，其作用原理：在偏酸性的溶液中，硫酸铝钾会发生可逆的水解反应，$Al^{3+} + 3H_2O \xrightleftharpoons[]{K} Al(OH)_3\downarrow + 3H^+$，随着水解反应的进行，产生的 $Al(OH)_3\downarrow$ 胶体，有一定的吸附作用，将有些物质吸附沉降，起到了"净化"作用，但是随着 $Al^{3+}$ 浓度的增加，可能引起新的"抑制作用"。

#### 6.7.2.3 复合处理对秸秆糖化液发酵试验的影响

从图 6.62 和图 6.63 可以看出，糖醇转化率都比单一处理的效果好，且活性炭组合优于沸石组合。图 6.63 显示，在蒸煮时间为 6~8min、活性炭的质量分数为 4%时，糖醇转化率基本稳定，与对照相比增加了 19.3%，达到 31.7%。

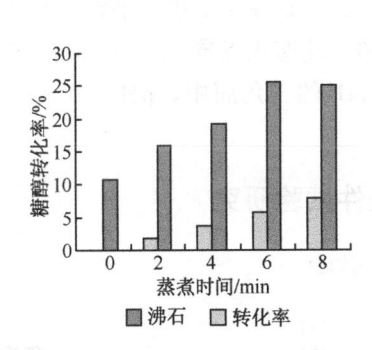

图 6.62 蒸煮与沸石对糖醇转化率的影响 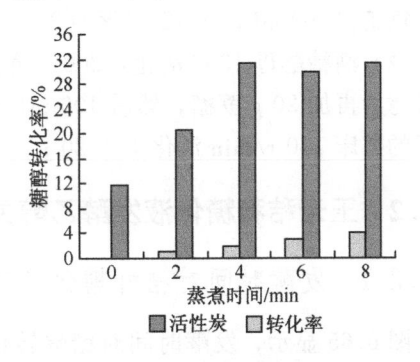　　图 6.63 活性炭与蒸煮对糖醇转化率的影响

#### 6.7.2.4 增大接种量对秸秆糖化液发酵试验的影响

由图 6.64 可以看出，随着接种量的增加，两种发酵液的糖醇转化率也相应的提高，且增长率呈先增大后减小的趋势，并趋于平稳。对于嗜鞣管囊酵母 P-01，当接种量为 30%时，糖醇转化率达到 37.5%，比对照增加了 19.6%；而对于酒精酵母 1308 的产率

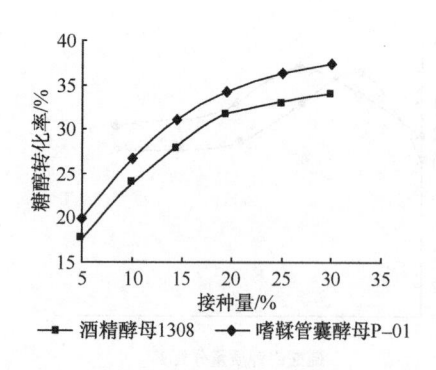

图 6.64 增大接种量对糖醇转化率的影响

达到 36.1%，糖醇转化率比对照增加了 16.5%。所以，对于成分复杂的秸秆水解而言，扩大接种量有助于提高糖醇转化率。研究表明，秸秆水解液中的副产物抑制作用主要存在于发酵初期，并且随着发酵的进行，抑制作用逐渐减弱，通过增大接种量，使得更多的细胞繁殖，相应增强细胞活性，弥补部分死亡或受抑制的细胞，从而使细胞浓度维持在一定的范围，促进了乙醇发酵代谢进行。

## 6.8 玉米秸秆糖化液发酵生产乙醇试验研究

### 6.8.1 材料与方法

#### 6.8.1.1 实验材料

嗜鞣管囊酵母 P-01，河南农业大学生命科学学院保藏。

酒精酵母 1308（*Saccharomyces cerevisiae* 1308），由河南天冠集团惠赠。

#### 6.8.1.2 菌种培养基

(1) 嗜鞣管囊酵母 P-01 活化（%）：葡萄糖，4；木糖，2；酵母浸汁，0.3；蛋白胨，0.5；尿素，0.02；磷酸氢二铵，0.01；pH 5.0～5.5。将培养基装置于 300 mL 的三角瓶中，每瓶装 100 mL，在 121℃灭菌 30 min，接种，28℃，150 r/min 摇床培养 20～22 h。

(2) 酒精酵母 1308 活化：200 g 黄豆芽加入 200 g 蒸馏水煮沸 20～30 min，双层纱布过滤后再加 20 g 蔗糖，然后 100 mL 分装于 300 mL 的三角瓶中，pH 5.0～5.5，在 28℃的摇床 120 r/min 活化 18～20 h。

### 6.8.2 玉米秸秆糖化液发酵乙醇关键工艺条件试验研究

#### 6.8.2.1 发酵时间对秸秆糖化液发酵试验的影响

图 6.65 显示，发酵时间对糖醇转化率影响曲线基本呈"S"形，这与微生物生长曲线基本吻合。秸秆水解液接种培养后，二者均经历一段 20 h 左右的适应期，这一阶段基本不产乙醇；20 h 后，酵母进入对数生长期，此时菌种开始大量增殖，糖醇转化率迅速上升，到 68 h 基本达到峰值，此时酒精酵母 1308 和嗜鞣管囊酵母的糖醇转化率分别为 32.6% 和 36.3%。

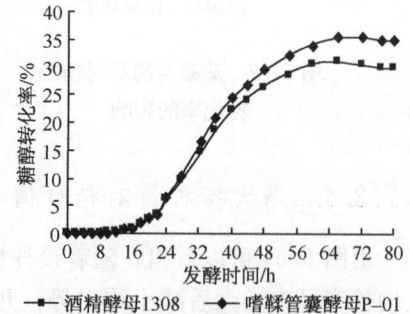

图 6.65 时间对糖醇转化率的影响

### 6.8.2.2 双菌株混合发酵对乙醇产率的影响

利用微生物间的片利共生、协作、互惠共生的相互作用,当把几种微生物有机地结合在一起时,就有可能产生优于单一微生物的发酵效果。根据嗜鞣管囊酵母 P-01 和酒精酵母 1308 利用还原糖的特点,进行了双菌株混合发酵体系的试验研究,结果如表 6.25 所示。

表 6.25 双菌株混合发酵对乙醇产率的影响

| 试验组 | 酒精酵母/% | 嗜鞣管囊酵母/% | 发酵方式 | 乙醇浓度/% |
| --- | --- | --- | --- | --- |
| S-A1 | 5 | 25 | SS[1] | 0.8 |
| S-A2 | 5 | 25 | MS[2] | 1.4 |
| S-A3 | 5 | 25 | FS[3] | 0.9 |
| S-A4 | 5 | 25 | FM[4] | 0.9 |
| S-B1 | 10 | 20 | SS | 0.8 |
| S-B2 | 10 | 20 | MS | 1.3 |
| S-B3 | 10 | 20 | FS | 1.3 |
| S-B4 | 10 | 20 | FM | 1.2 |
| S-C1 | 15 | 15 | SS | 1.1 |
| S-C2 | 15 | 15 | MS | 1.3 |
| S-C3 | 15 | 15 | FS | 0.8 |
| S-C4 | 15 | 15 | FM | 1.1 |
| S-D1 | 20 | 10 | SS | 1.3 |
| S-D2 | 20 | 10 | MS | 1.1 |
| S-D3 | 20 | 10 | FS | 1.2 |
| S-D4 | 20 | 10 | FM | 0.9 |
| S-E1 | 25 | 5 | SS | 1.2 |
| S-E2 | 25 | 5 | MS | 1.0 |
| S-E3 | 25 | 5 | FS | 1.1 |
| S-E4 | 25 | 5 | FM | 0.9 |
| S-F1 | 30 | 0 | SS | 1.1 |
| S-F2 | 0 | 30 | MS | 1.2 |

注:1 为静态发酵;2 为动态发酵;3 为先静态发酵 36 h、再动态 36 h;4 为先动态发酵 36 h、再静态 36 h。

从表 6.25 可以看出,在单独培养共发酵体系中,酒精酵母 1308 和嗜鞣管囊酵母 P-01 的不同接种比和不同的发酵方式对乙醇产率有显著影响。当酒精酵母 1308 和嗜鞣管囊酵母 P-01 的接种量分别为 5% 和 25% 时,发酵终止时的乙醇浓度达到了 1.4%。

### 6.8.3 玉米秸秆糖化液发酵条件优化

#### 6.8.3.1 发酵培养基优化

利用 SAS 软件中四水平设计筛选重要影响因素,根据 BOX-WILSON 的中心组合设计原理,设计采用五因素四水平的设计方案,然后对单因素和多因素之间的关系进行方差分析,运用 MATLAB 软件工具进行非线性拟合,确定其影响的作用。设计组合如表 6.26 所示。

表 6.26 方差分析因素与水平

| 编码水平 | 尿素 $X_1$/% | 土温 80 $X_2$/% | 磷酸氢二铵 $X_3$/% | 蛋白胨 $X_4$/% | 聚乙二醇 $X_5$/% |
|---|---|---|---|---|---|
| 0 | 0 | 0 | 0 | 0 | 0 |
| 1 | 0.05 | 0.25 | 0.05 | 0.10 | 0.01 |
| 2 | 0.10 | 0.50 | 0.10 | 0.15 | 0.05 |
| 3 | 0.15 | 0.75 | 0.15 | 0.20 | 0.10 |

#### 6.8.3.2 响应面实验结果及分析

试验方案和试验结果如表 6.27 所示,采用 SAS 的多项式回归程序对所得数据进行多元二项式回归分析,采用完全二次模型,得回归方程。

表 6.27 试验方案与结果

| 序号 | $X_1$ | $X_2$ | $X_3$ | $X_4$ | $X_5$ | 醇浓度/% |
|---|---|---|---|---|---|---|
| 1 | 0 | 0 | 0 | 0 | 0 | 1.2 |
| 2 | 0 | 0.25 | 0.05 | 0.10 | 0.01 | 1.3 |
| 3 | 0 | 0.50 | 0.10 | 0.15 | 0.05 | 1.3 |
| 4 | 0 | 0.75 | 0.15 | 0.20 | 0.10 | 1.3 |
| 5 | 0.05 | 0 | 0.05 | 0.15 | 0.10 | 1.3 |
| 6 | 0.05 | 0.25 | 0 | 0.20 | 0.05 | 1.3 |
| 7 | 0.05 | 0.50 | 0.15 | 0 | 0.01 | 1.4 |
| 8 | 0.05 | 0.75 | 0.10 | 0.10 | 0 | 1.5 |
| 9 | 0.10 | 0 | 0 | 0.20 | 0.01 | 1.3 |
| 10 | 0.10 | 0.25 | 0.15 | 0.15 | 0 | 1.4 |
| 11 | 0.10 | 0.50 | 0 | 0.10 | 0.10 | 1.4 |
| 12 | 0.10 | 0.75 | 0.05 | 0 | 0.05 | 1.5 |

续表

| 序号 | 水平 | | | | | 醇浓度/% |
|---|---|---|---|---|---|---|
| | $X_1$ | $X_2$ | $X_3$ | $X_4$ | $X_5$ | |
| 13 | 0.15 | 0 | 0.15 | 0.10 | 0.05 | 1.4 |
| 14 | 0.15 | 0.25 | 0.10 | 0 | 0.10 | 1.4 |
| 15 | 0.15 | 0.50 | 0.05 | 0.20 | 0 | 1.3 |
| 16 | 0.15 | 0.75 | 0 | 0.15 | 0.01 | 1.3 |

$$P_{乙醇} = 1.136 + 3.647X_1 + 0.550X_2 + 1.089X_3 - 3.480X_1X_2 + 1.920X_1X_4 \\ - 1.296X_2X_3 - 0.968X_2X_4 + 2.915X_3X_4 - 14.707X_1^2 - 8.060X_3^2 - 1.821X_4^2 \tag{6.1}$$

对回归方程的方差分析结果表明（表 6.28），用于检验回归模型的相关系数 $r^2$ 为 0.97731，接近 1；$F$ 值为 15.6649，且 $F > F_a$，其中 $\alpha = 0.05$ 方差显著；一次项和二次项的 $F$ 值在 95% 的置信水平具有显著性。表明各个具体的因子变化对相应值的影响不是简单的线性关系。交互项说明为因素之间的交互作用显著，且因素的影响大小顺序为：$X_1 > X_3 > X_2 > X_4 > X_5$。$F$ 对应的概率 $p$ 接近于 0；剩余标准差为 2.841，值很小；说明回归方程显著性很好，即回归拟和程度好。

**表 6.28 回归方程的方差分析**

| 方差来源 | 自由度 | 平方和 | 均方 | $F$ 值 | $F_{0.05}$ |
|---|---|---|---|---|---|
| 回归 | 11 | 1075.04 | 9.773 | 15.6649 | 4.70 |
| 残差 | 4 | 249.624 | 6.24 | — | — |
| 总离差 | 15 | 110.52 | | | |
| 次项 | 3 | — | 0.35 | 35.26 | — |
| 二次项 | 3 | — | 0.18 | 8.31 | — |
| 交互项 | 5 | — | $1.26 \times 10^{-2}$ | 1.65 | — |
| 误差 | 4 | — | $4.05 \times 10^{-3}$ | | |

## 6.8.4 汽爆玉米秸秆糖醇转化率

### 6.8.4.1 汽爆玉米秸秆糖醇转化率

玉米秸秆经蒸汽爆破处理后添加 $H_2SO_4$ 与不加 $H_2SO_4$ 糖醇转化率的数值如表 6.29 所示。由表 6.29 可以看出，汽爆压力为 1.5 MPa 时，添加在 4 个保压时间下都高于未添加 $H_2SO_4$ 的处理。2.0 MPa 压力下在保压时间 90 s 和 120 s 时添加 0.5% $H_2SO_4$ 汽爆玉米秸秆糖醇转化率高于未添加 $H_2SO_4$ 的，保压时间达到 180 s 和 240 s 时则正好相反。在压力 2.5 MPa 和 3.0 MPa 下，未添加 $H_2SO_4$ 的汽爆玉米秸秆的糖醇转化率和添加 $H_2SO_4$ 的汽爆玉米秸秆糖醇转化率相差不大，而且在 2.5 MPa 压力下，还高于添加 $H_2SO_4$ 的处理。这说明添加 $H_2SO_4$ 压力 1.5 MPa 和 2.0 MPa 较为有效，而对于 2.5

MPa 和 3.0 MPa 压力下汽爆过的玉米秸秆，添加 $H_2SO_4$ 对糖醇转化率的作用不明显。

表 6.29 汽爆后添加 $H_2SO_4$ 与不加 $H_2SO_4$ 糖醇转化率

| 保压时间/s | 糖醇转化率/% |||||||| 
|---|---|---|---|---|---|---|---|---|
| | 添加 0.5% $H_2SO_4$ |||| 未添加 $H_2SO_4$ ||||
| | 1.5MPa | 2.0MPa | 2.5MPa | 3.0MPa | 1.5MPa | 2.0MPa | 2.5MPa | 3.0MPa |
| 90 | 30.60 | 30.23 | 15.11 | 48.14 | 24.91 | 24.51 | 19.49 | 38.57 |
| 120 | 26.02 | 32.53 | 21.78 | 48.26 | 29.36 | 26.78 | 25.37 | 42.43 |
| 180 | 26.14 | 23.86 | 28.19 | 32.80 | 33.67 | 30.23 | 23.69 | 33.14 |
| 240 | 42.87 | 28.25 | 30.57 | 40.01 | 28.72 | 36.28 | 28.49 | 35.85 |

#### 6.8.4.2 汽爆玉米秸秆乙醇得率

图 6.66 是普通玉米秸秆在不同爆破条件下的燃料乙醇的产率。从图 6.66 中可以看出，燃料乙醇的最大产率 15.78% 是在 3.0 MPa 压力，90 s 保压时间的条件下得到的，此后随着保压时间的延长，3.0 MPa 压力下的燃料乙醇得率呈下降趋势，从 120~180 s 出现了较大的下降，从 15.27% 下降到 13.32%。1.5 MPa、2.0 MPa 和 2.5 MPa 压力下在保压时间为 90 s 时的燃料乙醇产率都不高，分别为 6.41%、13.25% 和 10.46%。在 120 s 的保压时间时 2.5 MPa 压力的燃料乙醇产率提高到 14.79%，但依然小于 3.0 MPa 的 15.27%，此时 1.5 MPa 压力下的燃料乙醇产率依然最低。保压时间从 120~180 s 时，2.5 MPa 和 3.0 MPa 压力下的燃料乙醇得率呈下降趋势，1.5 MPa 和 2.0 MPa 却呈上升趋势，并且其增长速度远大于 2.5 MPa 和 3.0 MPa 的下降速度，此时 4 种压力下的燃料乙醇产率非常接近。当保压时间继续增加时，除了 1.5 MPa 压力外，另外三个压力的燃料乙醇得率呈小幅增加趋势。

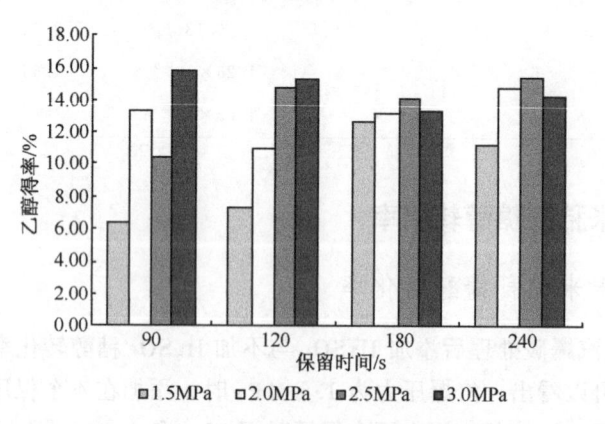

图 6.66 汽爆秸秆燃料乙醇产率图

图 6.67 是经蒸汽爆破后秸秆添加 0.5% $H_2SO_4$ 进行糖化和发酵的燃料乙醇产率情况。可以看出，燃料乙醇产率同汽爆后未添加 $H_2SO_4$ 进行糖化和发酵的趋势大致相同，3.0 MPa 压力下的燃料乙醇的产率除了在保压时间 180 s 外，都是 4 种压力中的最大值

和较大值。在保压时间 90 s 时,燃料乙醇的产率趋势和糖化发酵时不添加 0.5% H₂SO₄ 规律相似,只是在低压时(1.5 MPa)燃料乙醇产率高于不添加 H₂SO₄ 的处理,但这种趋势在 2.0 MPa 时就已经消失。1.5 MPa、2.0 MPa 和 2.5 MPa 压力下的燃料乙醇产率随着保压时间的增加呈现增加的趋势,但总的增加量却非常小,排列顺序依照压力高低排列。它们中的最大燃料乙醇产率 14.55% 出现在 2.5 MPa 压力,240 s 的保留时间条件下。

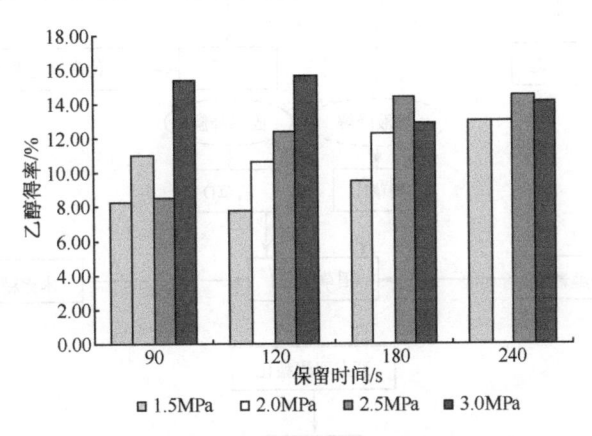

图 6.67 汽爆秸秆添加 H₂SO₄ 燃料乙醇产率图

比较两种处理方式,发现酶解糖化时添加 0.5% H₂SO₄ 处理的燃料乙醇产率除了在 1.5 MPa 压力下时较不添加 H₂SO₄ 的高,2.0 MPa 和以上压力下的燃料乙醇产率都是不添加 H₂SO₄ 的处理较高,这说明在蒸汽爆破强度较低时,酶解糖化时添加 0.5% H₂SO₄ 对提高燃料乙醇产率有一定的作用,当蒸汽爆破强度较高时,添加 0.5% H₂SO₄ 对提高燃料乙醇产率作用不大,而且还导致产率一定程度的下降。

## 6.9 BPSS&CF 秸秆纤维燃料乙醇生产工艺的试验研究

### 6.9.1 工艺流程总体设计

(1)总体思路:采用生物预处理原料、先糖化后发酵的工艺,即 BPSS&F(bio-pretreated、seperated saccharification & fermentation)工艺。

(2)原料秸秆的预处理采用生物预处理工艺,即采用固态培养降解木质素的预处理和液态酶液降解木质素的预处理两种工艺。对照处理的原料是未经任何预处理的秸秆。

(3)原料的秸秆糖化采用纤维素酶和木聚糖酶共同作用的双酶糖化工艺。

(4)发酵以酒精酵母 1308 为菌种的 BPSS&F 己糖发酵和以 P-01 为菌种的 BPSS&CF 戊糖和己糖同步发酵两种工艺。

### 6.9.2 工艺流程

工艺流程如图 6.68 所示。

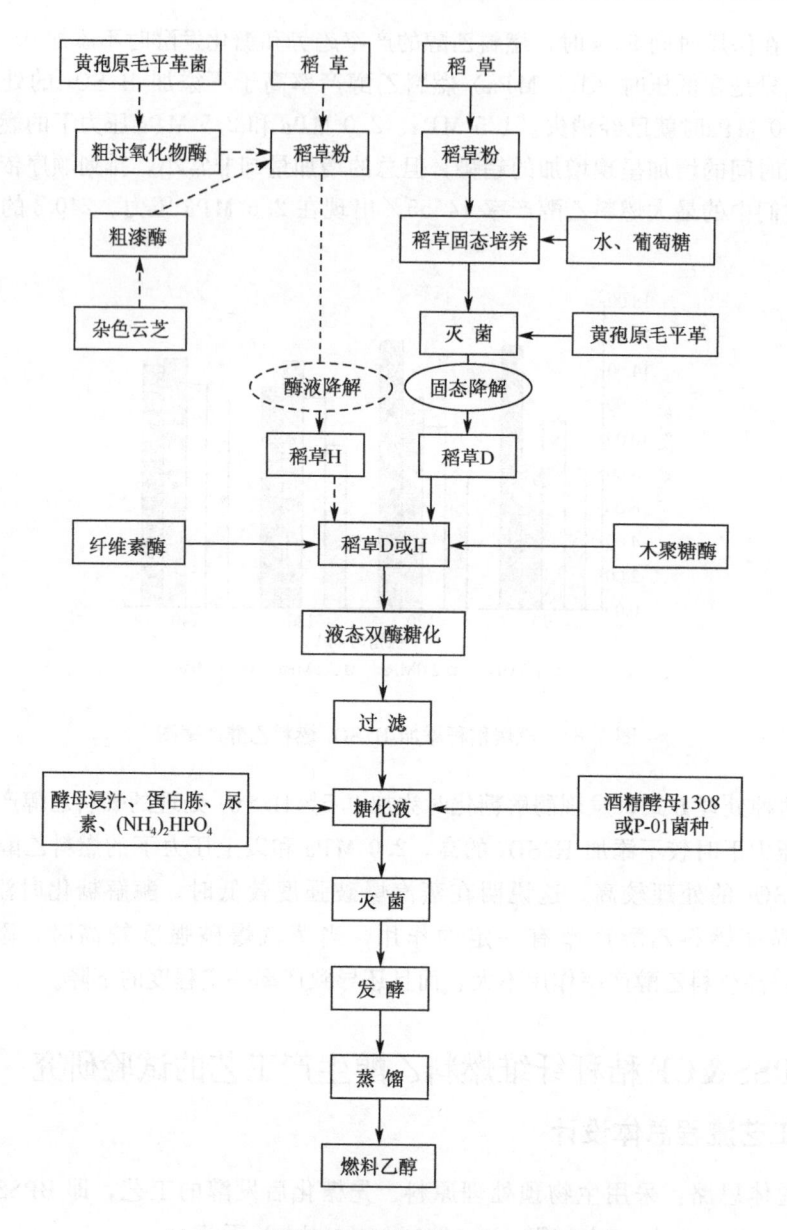

图 6.68 秸秆纤维燃料乙醇生产工艺流程图

## 6.9.3 主要操作要点及技术指标

(1) 粉碎：秸秆稻草经锤式粉碎机粉碎、过筛成 20～40 目稻草粉。

(2) 原料预处理：①获得稻草 D 的固态培养降解木质素的预处理工艺：采用 HCLN 的营养条件，先接种黄孢原毛平革菌 38℃培养 12d 后，再接种杂色云芝 28℃培养降解 32d 的工艺；②获得稻草 H 的酶液降解木质素的预处理工艺：45℃、pH 4.5、2 mL 酶（粗过氧化物酶和粗漆酶各 1 mL）、72 h 降解。

(3) 双酶糖化：纤维素酶 1%、木聚糖酶 0.01%、45℃、pH 4.5、150 r/min、液

固比为15，具体操作同前。

（4）过滤：对秸秆的糖化液经过滤除去固态不溶物后成为澄清的糖化液。

（5）灭菌：经添加营养物质调整后的糖化液要经过121℃，30 min灭菌处理。

（6）酒精酵母1308的使用：将斜面菌种接入10 Bé的麦芽汁培养基中（每个300 mL三角瓶中接装60 mL培养基，121℃，30 min灭菌。接种量为1环），于28～30℃，120 r/min摇床培养24～30 h，培养后的液态菌种按10%的接种量接入无菌糖化液中（操作的过程中严格注意无菌操作）。

（7）发酵：使用酒精酵母1308对糖化液进行发酵时，装料容量90%、28～30℃、静置发酵72 h。采用P-01的戊糖和己糖同步发酵的条件是，糖化液pH 5.5、30℃、摇床转速120 r/min、接种量10%、初始糖浓度6%、发酵周期为84 h。

（8）蒸馏：本操作在工业化生产中采用塔式或釜式蒸馏。

### 6.9.4 技术分析

秸秆纤维燃料乙醇生产工艺及技术分析如表6.30所示。

**表6.30 秸秆纤维燃料乙醇生产工艺分析**

| 工艺 | 原料预处理 | 糖化 | 发酵菌种 | 生产周期/d | 原料糖化率/% | 原料（干重）的乙醇产率/% | 燃料乙醇相当于理论产率/%[1] | 产品吨成本/元 |
|---|---|---|---|---|---|---|---|---|
| 1 | 未处理 | 双酶糖化 | 1308 | 3+3.25=6.25 | 8.91 | 2.57 (2.76) | 9.87 | — |
| 2 | | | P-01 | 3+3=6 | | 3.1 (3.33) | 11.91 | 3150 |
| 3 | 固态降解木质素预处理 | 双酶糖化 | 1308 | 32+3+3.25=38.25 | 27.3 | 7.98 (8.58) | 30.68 | —[2] |
| 4 | | | P-01 | 32+3+3=38 | | 9.56 (10.28) | 36.76 | 2027 |
| 5 | 酶液降解木质素预处理 | 双酶糖化 | 1308 | 3+3+3.25=9.25 | 19.65 | 5.74 (6.17) | 22.06 | — |
| 6 | | | P-01 | 3+3+3=9 | | 6.8 (7.31) | 26.14 | 2540 |
| 对照 | 薯干淀粉原料 | 糖化酶糖化 | 1308 | 0.5+3=3.5 | 98 | 42.5 | 85.03 | 3300 |

[1] 秸秆稻草和薯干淀粉的理论燃料乙醇产率分别为27.96%和56.78%；[2] "—"表示未计算结果。

由表6.30可以看出：

（1）从6个秸秆纤维燃料乙醇生产工艺的试验结果来看，采用第4条工艺路线（BPSS&CF-4）和第3条工艺路线（BPSS&F-3）的燃料乙醇产率较高，分别为10.28%和8.58%，但由于这两条工艺路线的生产周期较长（分别为38.25d和38d），在实际生产中存在着严重的弊端，所以第6条工艺路线（BPSS&CF-6）也算比较理想的工艺路线（该路线的原料的燃料乙醇产率7.31%，生产周期为9 d）。秸秆纤维燃料乙醇的最佳工艺路线的燃料乙醇产率与对照工艺——传统的燃料乙醇工艺的燃料乙醇产率相比有一定的差距。

(2) 经过生物预处理工艺的原料的燃料乙醇产率明显高于未经过生物预处理的；发酵阶段采用 P-01 菌种 BPSS&CF 工艺的原料的燃料乙醇产率明显高于采用酒精酵母 1308 菌种 BPSS&F 工艺的；采用固态降解木质素预处理工艺的原料的燃料乙醇产率明显高于采用酶液降解木质素预处理工艺的。

(3) 原料的糖化率上，经过预处理的秸秆的糖化率明显高于未经过预处理的秸秆，其中采用固态培养降解木质素预处理工艺的秸秆糖化率最高。但秸秆的糖化率明显低于传统的乙醇生产的原料——薯干淀粉的原料糖化率。

(4) 传统的燃料乙醇的生产周期要比秸秆纤维燃料乙醇的生产周期短；传统的燃料乙醇的产品吨成本都明显高于秸秆纤维燃料乙醇的吨成本。

## 6.10 结论

国内外对生物质燃料乙醇进行了 100 多年的生产、应用和推广工作，但至今依然存在着许多关键的制约因素。研究表明，严重制约着生物质燃料乙醇规模化生产的关键瓶颈问题有两个：一是原料的预处理造成严重的环境污染或处理成本偏高；二是发酵阶段中糖的利用率低造成燃料乙醇产率偏低。作者认为采用生物降解原料中木质素的预处理工艺和采用戊糖发酵的微生物菌种来同步发酵糖化醪液中戊糖和己糖的工艺是解决生物质（秸秆）纤维燃料乙醇生产的重要途径。为此，本文通过大量的试验，取得了阶段性的结论或成果，该成果将对我国生物质（秸秆）纤维燃料乙醇的生产起到有力的推动作用。这些工作及成果主要包括以下几个方面：

(1) 预处理技术研究：固态培养降解木质素的工艺和机制试验研究。通过对固态培养降解条件和工艺研究，同时分析降解过程中微生物产木质纤维素酶类以及秸秆中主要组成的变化，结果表明在最佳的降解工艺和条件下，经过 32d 固态培养，木质素的降解率为 62.551%。同时对生物降解木质素机制的研究表明，木质纤维素酶类的活力高低直接影响着秸秆中纤维素、半纤维素和木质素的降解，酶活力越高，降解率越大；纤维素和半纤维素的降解优先于木质素的降解；经生物降解后，木质素的结构发生了明显的变化。

木质素降解酶降解木质素条件和机制试验研究。通过对木质素降解酶降解木质素中温度、pH、酶量、降解时间等研究，表明在 45℃、pH 4.5、2 mL 酶液（粗过氧化物酶和粗漆酶各 1 mL）、72 h 的条件下，木质素的降解率为 27.72%。试验中发现经过粗过氧化物酶和粗漆酶降解的秸秆木质素发生了结构上的改变。

玉米秸秆稀酸预处理工艺条件：60～80 目的玉米秸秆粉，经 0.5% 的稀 HCl 浸润，初始液固比为 6，在 125℃处理 60 min 后，初始水解糖化率达到 21.5%。

(2) 木质素的降解对秸秆糖化影响的试验研究。为了研究木质素生物降解对秸秆糖化的影响，采用纤维素酶和木聚糖酶对秸秆进行双酶糖化的最佳条件，对 9 种经不同生物降解的秸秆样品的糖化率进行了对比研究，结果表明，木质素的降解可以显著提高秸秆的糖化率。

稀酸预处理糖化工艺条件：将预处理过的试样，加入 pH4.8 磷酸缓冲液并调整液固比至 10，添加 0.04 g $Mg^{2+}$、3%纤维素酶和 3%木聚糖酶，在 48℃糖化 46 h。总糖化率达到 55.6%。

(3) 戊糖发酵技术研究。通过对 3 个菌株平板培养和戊糖发酵试验，表明嗜鞣管囊酵母 P-01 是优良的戊糖发酵菌株。通过对戊糖和己糖混合液同步发酵产燃料乙醇中发酵温度、pH、摇床转速、接种量、发酵初始糖浓度、己糖与戊糖比例等条件的研究，获得了戊糖和己糖同步发酵生产燃料乙醇的最佳条件，该条件下糖醇转化率为 35%。

(4) 糖化水解液脱毒技术研究。将玉米秸秆糖化水解液加入 4%活性炭后煮沸 6～8min，过滤后，调整 pH 到 5.0±0.1，121℃灭菌 15 min 后，再分别接 5%的酒精酵母和 25%的嗜鞣管囊酵母 P-01，在 28℃、120 r/min、发酵 68～70 h 后，乙醇浓度为 1.4%。

(5) 发酵整合技术研究。通过 BOX-WILSON 的中心组合设计确定了发酵工艺条件：尿素 0.1%，吐温-80 0.75%，磷酸氢二铵 0.05%，PEG 0.05%，乙醇浓度达到 1.5%。并在此基础建立了酵母生长、乙醇生成和还原糖消耗动力学模型。

对 BPSS&CF 秸秆纤维燃料乙醇生产工艺及技术经济分析。对以生物质（秸秆）纤维为原料，燃料乙醇生产采用 BPSS&CF-4 和 BPSS&CF-6 的工艺试验表明，燃料乙醇的产率分别为 10.28%和 7.31%，对工艺的技术经济学分析表明，以生物质（秸秆）纤维为原料来生产燃料乙醇的技术是可行的，社会效益、环境效益和经济效益是显著的。

(6) 爆破预处理秸秆试验结果表明，爆破可提高糖化率。在爆破条件为 2.0 MPa，120 s 下蒸汽爆破处理比未经爆破处理玉米秸秆提高了 177%。添加碱性化合物汽爆后物料的糖化率低于直接汽爆处理糖化率，添加酸性化合物的汽爆糖化率较直接汽爆处理有所增加。在相同的汽爆压力下，经二次短保留时间蒸汽爆破的糖化率虽稍低于一次汽爆预处理，但完成同样的爆破处理量却可以节省一倍以上的时间，处理能力有较大提高。

# 7 脂肪酶催化植物油制取生物柴油的研究

## 引言

1973年石油危机的爆发，使越来越多的专家相信，世界主要产油国的石油资源将在2050年左右渐趋枯竭。世界上一些耗油大国和缺油国家开始重新制定能源政策，加大石油代用燃料的研究力度。植物油作为柴油机燃料已有很长的历史，但植物油的高黏度、低挥发性能、低十六烷值、高不饱和酸含量使其在长期使用过程中存在以下缺陷：①流动性差，闪点较低，着火性能不好，容易形成爆燃；②植物油低温启动性能差、雾化效果不好，容易堵塞喷油口、过滤器；③植物油中的不饱和脂肪酸在高温燃烧时容易聚合从而使润滑油变厚、凝结；④长期使用会使活塞、发动机头部积炭；⑤植物油长期储存时易氧化。为了提高植物油的燃烧特性，研究者们对植物油进行酯化或酯交换反应，得到脂肪酸单酯，即生物柴油（biodiesel），以期从根本上解决植物油的燃烧特性。

各国研究者对生物柴油在柴油发动机上的燃烧排放性能进行了大量的研究，发现其具有优越的燃烧、排放性能，对环境友好，使用方法简单，不仅可以单独使用，称为B100；亦可与石油柴油以任何比例掺混使用，如B20；还可作为润滑剂或柴油添加剂来使用；无毒、3周内可生物降解98%。其相对分子质量、黏度、密度与轻柴油基本接近，十六烷值含量接近甚至超过轻柴油，着火性能可与轻柴油相媲美；燃烧更充分，噪音更小，排放的气体无异味；燃烧残留物呈弱酸性，使发动机机油的使用寿命延长；各种原料制造的生物柴油低热值十分接近，柴油机在使用时能发出大致相同的功率，能满足柴油机配套机具对功率的需求，无需改造柴油机；具有良好的安全性，闭口闪点在130℃以上，运输、储存、使用比柴油和汽油的安全度高；残炭和灰分很低，分别在$10^{-5}$级和$10^{-6}$级；与石油柴油相比，生物柴油燃烧后可减少78%的$CO_2$的排放、90%的颗粒排放物及碳氢化合物；基本不含硫，可减少99%硫化物、70%铅等有毒物质的排放，从而可以大大改善环境质量。只是生物柴油的热值比石油柴油低约7%；氮氧化物排放量微量增加；低温启动性能略低于石油柴油，只能使用到-8℃。生物柴油优良的燃烧使用性能使发动机的燃烧排放物能满足欧洲颁布实施的严格的欧洲Ⅲ号排放标准。

生物柴油的研究和生产方法，目前主要有化学催化法、生物酶催化法和超临界流体法。化学催化法生产生物柴油是以液相化学物质作为催化剂，如强酸——硫酸，强碱——氢氧化钠、氢氧化钾、甲醇钠等，催化动植物脂肪与短链醇的酯交换反应，是最早出现的生物柴油的生产方法。化学法生产生物柴油方法简单，油脂转化率较高，可以达到90%左右；反应时间较短，4～6 h即可完成反应，容易实现工业化生产。但是化学法也存在以下弊端：产物与反应物、催化剂不易分离，容易造成环境污染；碱性化学催化剂极易与游离脂肪酸发生皂化反应而使整个反应失败，从而使反应产率降低；化学法中产生的副产物甘油不易分离，如果要提纯甘油，则需采取非常复杂的工艺过程，而不提纯甘油又会造成资源的浪费；反应物甲醇必须大大过量，造成产物分离困难，增加生产用能和成本。为改善这些不足，相继出现了酶法、超临界流体法及固体催化剂等方法。

  酶催化法生产生物柴油的研究始于 20 世纪 80 年代，我国则在 20 世纪 90 年代后期开始了这方面的研究。酶催化法生产生物柴油是利用脂肪酶的催化作用，实现油脂与短链醇的酯交换反应。脂肪酶是一类可以催化三酰甘油合成和分解的酶的总称，同时可以催化油脂的酯交换反应，广泛分布于动物、植物和微生物的组织和器官中。工业化的脂肪酶主要有动物脂肪酶和微生物脂肪酶，其中微生物脂肪酶种类较多，一般通过发酵法生产。用于生物柴油生产的脂肪酶主要有酵母脂肪酶、根霉脂肪酶、曲霉脂肪酶、毛霉脂肪酶、猪胰脂肪酶等，有商品化的固定化脂肪酶和游离脂肪酶等。酶法生产生物柴油工艺简单，反应条件温和，容易操作和控制，脂肪酶催化剂容易与产品分离，固定化酶可以重复使用，废弃的酶则可以生物降解，不会对环境造成危害；反应产生的甘油分离简便；反应过程中无酸、碱物质，不会造成皂化反应，生产稳定性好；反应中不需要过量的甲醇，分离、提取简单，耗能小，酶法生产生物柴油受到了越来越多研究者的关注。但是，生物酶法生产生物柴油也存在不足：脂肪酶价格昂贵，游离化的脂肪酶不利于回收和重复利用，增加了生产成本；甲醇等短链醇对脂肪酶具有毒性，过量的甲醇会对脂肪酶造成不可逆转的损害；脂肪酶催化动力学机制研究欠缺，缺少基本的动力学数据，不利于反应的扩大和自动化控制；间歇反应工艺时间较长，不利于工业化生产。针对这些不足，酶法制取生物柴油的研究主要集中在以下几个方面：①新型固定化脂肪酶或细胞的研制。为了降低脂肪酶的使用价格，一些研究者致力于价格便宜的工业脂肪酶或固定化细胞的研制，或将游离脂肪酶进行固定化，以增加脂肪酶的使用寿命，降低生物柴油生产成本。②固定化酶间歇催化工艺条件的研究。固定化酶能够重复使用，从而降低生产成本。目前，酶法制取生物柴油一般使用固定化脂肪酶间歇催化油脂合成生物柴油。间歇生产工艺的研究主要是为了提高脂肪酶的使用寿命，提高反应转化率，缩短反应周期。提高甲醇等短链醇在油脂中的溶解性，可以提高反应物之间的接触面积，提高反应速率，提高脂肪酶的使用稳定性和寿命，一些研究者致力于寻求合适的有机溶剂。虽然有机溶剂的存在可以降低反应温度，提高醇油摩尔比，但有机溶剂的存在，也增加了反应后提取的困难，加大了生产的能耗。③固定化酶连续催化工艺条件的研究。连续生产工艺利于生产的工业化、大型化，从而降低生产成本，降低生产工人的劳动强度。目前关于酶催化法生产生物柴油的连续生产工艺的研究较少。

  因此，酶法生产生物柴油依然存在一些需要研究的问题，主要体现：①原料方面。我国目前生物柴油产业化生产主要依赖废弃食用油为原料，酶法生产生物柴油的研究主要以废弃食用油、大豆油为原料。虽然废弃食用油可以大大降低生物柴油的生产成本，但由于废油来源复杂，杂质含量高，整个处理过程的废水、废物及废气的排放和处理会大大增加生产费用，并对环境产生不利影响；同时我国废油资源量非常有限，仅在 100 万 t/a 左右。大豆油是我国居民的主要食用油，这不符合我国的"不与人争油"的生物柴油生产指导方针。如果不根据我国国情开发相应的生物柴油原料，随着生物柴油生产规模的扩大，原料供应将成为制约生物柴油发展的瓶颈。②商品化的固定脂肪酶价格较高。为了降低成本，可以提高脂肪酶使用寿命。而目前间歇反应中脂肪酶的使用寿命一般只有 200 h 左右，间歇反应的生产周期却在 10 h 以上，因此，固定化脂肪酶的消耗量是非常巨大的。延长脂肪酶的使用寿命或降低脂肪酶的生产成本都可以改善以上不足，从而使酶法制取生物柴油工业化生产成为可能。③连续生产工艺研究欠缺。国内外关于酶法连续生产生物柴油的研究，有的工艺复杂、反应周期长，有的则不是实质上的连续反应工艺。而要真正降低生物柴油的生产工艺，必须走连续化的工业生产道路。在生物柴油的连续生产过程研究中，反应器结构和连续生产工艺是决定性因素。

针对以上问题，本章将利用商品化的固定脂肪酶——NOVO435，研究其在无溶剂系统中催化菜籽油、桐油生产生物柴油的间歇和连续生产工艺条件，并利用优化的工艺条件提高固定化脂肪酶的使用寿命，同时对脂肪酶的催化机制和动力学进行初步研究。

## 7.1 分析、测试方法

### 7.1.1 材料与方法

#### 7.1.1.1 原料油与试剂

原料油：菜籽油，产于河南开封油脂厂；桐油，惠赠于河南南阳西峡县能源站，产于当地。试剂：色谱纯的棕榈酸甲酯、油酸甲酯、硬脂酸甲酯、芥酸甲酯、水杨酸甲酯，化学纯的正己烷、乙醚、甲醇、乙酸乙酯、KOH、无水硫酸钠。脂肪酶：固定化的南极假丝酵母（*Candida antarctica*）脂肪酶——NOVO435，来源于基因改性的稻属曲酶（*Aspergillus oryzae*），固定在大孔性树脂上，活力约为 10 000PLU/g，购于丹麦诺维信公司。

#### 7.1.1.2 主要试验仪器与设备

原料油成分分析及脂肪酸甲酯含量分析过程中用到的主要仪器与设备见表 7.1。

**表 7.1　试验过程中的主要仪器与设备**

| 名称 | 型号 | 产地 |
| --- | --- | --- |
| 气相色谱-质谱联用仪 | HP5890 II | 美国惠普分析仪器厂 |
| 电子天平 | FA2004 | 塞多利斯公司，感量 0.0001g |
| 高速台式离心机 | TGL-16C | 上海安亭科学仪器厂 |
| 恒温振荡培养箱 | HZQ-Q | 哈尔滨东联电子有限公司 |
| 干燥箱 | GZX-GF101-MBS | 上海跃进医疗机械厂 |
| 气相色谱仪 | Aglient6820 | 安捷伦上海分析仪器厂 |
| 毛细管柱 | SE-54（0.32mm×30m×0.1μm） | 中国科学院兰州物理化学研究所 |
| 毛细管柱 | DB-1ht 毛细管柱（0.25mm×15m×0.1μm） | 美国安捷伦公司 |
| 气相色谱仪 | GC122 | 上海分析仪器厂 |

## 7.1.2 原料油成分分析方法及结果

### 7.1.2.1 分析方法

原料油成分可以采用化学法、气相色谱法等方法进行分析和测试，本文利用气相色谱质谱法对原料油的成分进行分析、测试。由于组成油脂的脂肪酸碳链一般较长，沸点较高且不稳定，气相色谱质谱仪中的毛细管色谱柱及质谱仪不能承受很高的温度，需要先将原料油甲酯化。甲酯化后原料油中的脂肪酸成为脂肪酸甲酯，性能比较稳定，沸点较低，比较容易准确测试。

参照《油脂化学》对原料油进行快速甲酯化：称 0.4 g 原料油于 50 mL 容量瓶中，加入 4 mL 乙醚-正己烷（2+1）混合溶剂，摇匀，使油样全部溶解，加入 6 mL 甲醇，4 mL 1 mol/L 的 $KOH-CH_3OH$ 溶液，摇匀，在 40℃水浴中放置 25 min。从水浴中取出，加蒸馏水至刻度，反应液静置分层，取上层清液，用无水硫酸钠干燥，得到原料油的快速甲酯化产物。从中取 1 mL 溶液，加入 20 mL 分析纯正己烷进行稀释，作为待分析样品。取 0.5 μL 样品注入气相色谱质谱仪中进行分析，以确定原料油的成分。

油脂的酸值（酸价）是指中和 1.0 g 油脂中所含游离脂肪酸所需的氢氧化钾的毫克数。酸值是油脂品质的重要指标之一，同一种油的酸值越高，表明油脂因水解和酸败产生的游离脂肪酸越多。油脂的皂化值是指 1.0 g 油脂完全皂化时所需氢氧化钾的毫克数。油脂的皂化就是皂化油脂中的甘油酯和中和油脂中所含的游离脂肪酸。因此，油脂的皂化值包含着酯值和酸值。皂化值的大小与油脂中甘油酯的平均相对分子质量有密切关系。原料油的皂化值（SV）采用国家标准 GB5528-85 测定；酸值（AV）采用国家标准 GB5530-1998 测定；原料油的平均分子质量 $M$ 由皂化值和酸值按下式进行计算：$M = 56.1 \times 1000 \times 3/(SV-AV)$。

### 7.1.2.2 气相色谱质谱仪分析条件

原料油成分的分析采用美国惠普公司的 HP5890 Ⅱ气相色谱-质谱仪进行分析，分析条件：DB-5 弱极性玻璃毛细管色谱柱；载气为 He，流速为 0.8 mL/min；进样采用分流进样方式，分流比 15:1；进样口温度 250℃。分析时色谱柱温采用一阶程序升温的方法，初温 160℃，保留 2 min；然后以 8℃/min 的速率升温至 250℃，在此温度下保留 30 min。质谱仪设置条件：传输线温度 280℃；电离能 70 eV；离子源温度 177℃；质量扫描 35～500 amu；MS 谱库 NIST02。

### 7.1.2.3 原料油成分分析结果

原料油快速甲酯化样品经气相色谱-质谱仪分析，得到了组成原料油的脂肪酸成分及各成分间的相对含量如表 7.2 和表 7.3 所示。由表 7.2 可知，菜籽油原料中，含有的主要脂肪酸为油酸、亚油酸、芥酸、棕榈酸、硬脂酸、花生油酸，其中油酸和亚油酸的含量最高，将近 40%；其次是 23% 芥酸，10% 棕榈酸。由表 7.3 可知，桐油中的主要脂肪酸为棕榈酸、油酸、亚油酸、α-桐油酸和 β-桐油酸、硬脂酸、花生烯酸，与菜籽油相比，其 α-桐油酸和 β-桐油酸含量最高，达 50% 以上；棕榈酸、油酸和亚油酸的含量为 10% 左右，硬脂酸的含量为 5% 左右，其碳链最长的为花生烯酸，含量为 2% 左右。原料油的皂化值和酸值的测试结果及由此计算得到的原料油平均分子质量见表 7.4。

表 7.2 菜籽油主要成分保留时间及百分含量

| 保留时间/min | 脂肪酸名称 | 脂肪酸分子式 | 脂肪酸百分含量/% |
| --- | --- | --- | --- |
| 16.15 | 棕榈油酸 | $C_{16}H_{30}O_2$ | 1.11 |
| 16.69 | 棕榈酸 | $C_{16}H_{32}O_2$ | 13.73 |
| 20.20 | 油酸 | $C_{18}H_{34}O_2$ | 38.93 |
| | 亚油酸 | $C_{18}H_{32}O_2$ | |
| 23.89 | 花生油酸 | $C_{20}H_{38}O_2$ | 8.40 |
| 24.30 | 花生酸 | $C_{20}H_{40}O_2$ | 1.61 |
| 30.07 | 芥酸 | $C_{22}H_{42}O_2$ | 24.61 |
| 30.41 | 神经酸 | $C_{24}H_{46}O_2$ | 1.20 |
| | 其他 | — | 5.73 |

表 7.3 桐油中脂肪酸成分及含量

| 保留时间/min | 脂肪酸名称 | 脂肪酸分子式 | 脂肪酸百分含量/% |
| --- | --- | --- | --- |
| 16.406 | 棕榈酸 | $C_{16}H_{32}O_2$ | 6.07 |
| 19.575 | 油酸 | $C_{18}H_{34}O_2$ | 18.02 |
| | 亚油酸 | $C_{18}H_{32}O_2$ | |
| 22.36 | α-桐油酸 | $C_{18}H_{30}O_2$ | 57.95 |
| | β-桐油酸 | $C_{18}H_{30}O_2$ | |
| 23.20 | 硬脂酸 | $C_{18}H_{36}O_2$ | 10.23 |
| 23.602 | 花生烯酸 | $C_{20}H_{38}O_2$ | 1.60 |
| | 其他 | — | 6.13 |

表 7.4 原料油的皂化值、酸值及平均分子质量

| 原料油 | 皂化值 | 酸值 | 平均分子质量 |
| --- | --- | --- | --- |
| 菜籽油 | 187.6 | 1.87 | 906 |
| 桐油 | 188 | 2.38 | 907 |

## 7.1.3 生物柴油中脂肪酸甲酯的测定及酯交换率的计算

### 7.1.3.1 生物柴油中脂肪酸甲酯含量的测定

原料油与甲醇酯交换反应生成多种脂肪酸甲酯，这些脂肪酸甲酯的混合物就是生物柴油。生物柴油中各种脂肪酸甲酯的定性、定量分析可以采用气相色谱法、液相色谱法、层析法、质谱法进行，各种方法的准确度相近，以气相色谱法最为简便、便宜。

**1) 脂肪酸甲酯的定性、定量分析方法**

定性分析方法：根据原料油成分的分析结果，已经知道了生物柴油的成分应该是相应的脂肪酸甲酯。购买脂肪酸甲酯标准品，首先记录标准品在气相色谱仪上的出峰保留时间和相应的峰形，然后将生物柴油中脂肪酸甲酯的出峰保留时间、峰形与标准品的出峰保留时间和峰形进行对比，判断生物柴油中相应脂肪酸甲酯的成分。为了进一步确实，利用气相色谱-质谱仪进行了证实。

定量分析方法：生物柴油中脂肪酸甲酯的含量利用内标法进行定量，可以减小进样操作和色谱工作条件的波动对分析结果产生的影响。将标准品配制成一定浓度梯度的溶液，加入一定浓度的内标物（内标物为一种标准品），以标准品与内标物的质量比作为纵坐标，它们的峰面积比作为横坐标作图，即标准品的工作曲线，如果此线成线性，则可以用直线关系式计算直线范围内任一面积比下标准品的质量。因此，首先选择内标标准品。经过试验、比较、分析，选用了线性关系良好、价格便宜、容易获得的水杨酸甲酯作为内标物。利用色谱纯的棕榈酸甲酯、油酸甲酯、硬脂酸甲酯、芥酸甲酯，建立相应的工作曲线。

定性分析标准品样品的制备：准确称量 0.05 g 的各种标准品，将其溶解于 2.5 mL 的分析纯正己烷中，振荡均匀，进样 0.3 μL，分析各种标准品流经气相色谱仪的出峰保留时间和相应的峰形。

生物柴油样品的制备：在 50 mL 具塞三角瓶中加入 4.53 g 菜籽油或 4.535 g 桐油和适量的甲醇混合，置于可自动控温的往复式摇床中加热至一定温度后加入适量的脂肪酶开始反应，反应到一定时间取出 1 mL 反应液进行分析。将 1 mL 反应液在 4000 r/min 的转速下离心分离 20 min 后，从上层清液中取出 250 μL 与 50 μL 的水杨酸甲酯混溶于 2.5 mL 的分析纯正己烷中，振荡均匀，作为生物柴油的分析样品，以测定产物中各种脂肪酸甲酯的含量。

气相色谱仪工作曲线样品的制备：根据脂肪酸甲酯的理论转化率及取样量，脂肪酸甲酯的总分析质量为 0.022~0.22 g。取标准品总质量分别为 0.002 g、0.006 g、0.10 g、0.12 g、0.14 g、0.16 g、0.18 g、0.2 g、0.22 g、0.24 g，与 50 μL 的内标物水杨酸甲酯及 2.5 mL 的稀释溶液正己烷混合配制成相应标准溶液，进样 0.3 μL，建立标准品的工作曲线。

**2) 气相色谱仪分析条件**

试验过程中生物柴油的分析在 GC122 和 Aglient6820 气相色谱仪上进行。GC122 分析条件：使用 SE-54 玻璃毛细管柱，FID 检测器，色谱仪自身携带的中文色谱工作站，$N_2$ 作载气，表压 50 kPa；空气表压 100 kPa；氢气表压 100 kPa；分流进样，分流比 1:50；采用程序二阶升温：柱温初温 160℃，保留 2 min，以 15℃/min 升至 220℃，然后以 8℃/min 升至 260℃，维持 10 min。进样口温度和检测器温度分别为 270℃ 和 280℃。

Aglient 6820 分析条件：使用 DB-1ht 毛细管柱，FID 检测器，安捷伦中文色谱工作站，$N_2$ 作载气，表压 50 kPa；空气表压 100 kPa；氢气表压 100 kPa；分流进样，分流比 1:50；采用程序三阶升温：柱温初温 160℃，保留 2 min，以 15℃/min 升至

220℃，然后以 8℃/min 升至 260℃，维持 10 min。进样口温度和检测器温度分别为 290℃和 300℃。

气相色谱质谱仪上生物柴油的分析、测试与原料油成分的分析、测试条件相同。

#### 7.1.3.2 生物柴油中脂肪酸甲酯的分析、测试结果

利用气相色谱仪 GC122 和 Aglent6820 对产品进行分析、测试，能够很好地分离生物柴油中主要组分，峰形较好。标准品的出峰保留时间和峰形与生物柴油中相应组分的出峰保留时间及峰形对应关系良好，能够很好地定性生物柴油的成分。将标准品的质量记为 $m_b$，内标的质量记为 $m_s$（本试验中内标的质量为 0.0585 g）。标准品的峰面积记为 $A_b$，内标的峰面积记为 $A_s$。将 $Y=m_b/m_s$ 作为纵坐标，$X=A_b/A_s$ 作为横坐标，绘制标准品在本试验测试范围内的工作曲线，其结果如图 7.1 和表 7.5 所示。

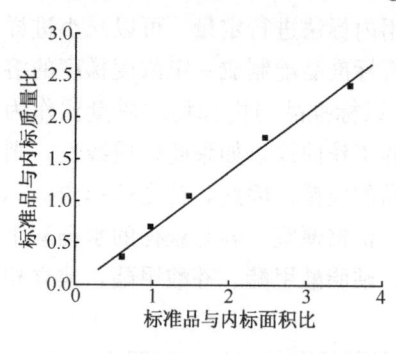

图 7.1 硬脂酸甲酯工作曲线图

表 7.5 各种脂肪酸甲酯标准曲线

| 色谱仪 | 标准品 | 校正曲线 | 线性相关系数 | 线性范围/(mg/mL) |
|---|---|---|---|---|
| GC122 色谱仪标准品工作曲线 | 棕榈酸甲酯 | $Y=0.0135+0.712X$ | 0.9957 | 0.204~1.300 |
|  | 油酸甲酯 | $Y=0.0513+0.754X$ | 0.9950 | 0.593~3.704 |
|  | 硬脂酸甲酯 | $Y=0.0112+0.559X$ | 0.9960 | 0.074~0.463 |
|  | 芥酸甲酯 | $Y=0.0664+1.561X$ | 0.9930 | 0.370~2.322 |
| Aglient6820 色谱仪标准品工作曲线 | 棕榈酸甲酯 | $Y=-0.0128+0.749X$ | 0.9962 | 0.204~1.330 |
|  | 油酸甲酯 | $Y=0.053+0.767X$ | 0.9951 | 0.593~3.704 |
|  | 硬脂酸甲酯 | $Y=-0.0298+0.692X$ | 0.9979 | 0.344~2.395 |
|  | 芥酸甲酯 | $Y=0.5254+0.559X$ | 0.9957 | 0.370~2.322 |

由表 7.5 和图 7.1 可知，标准品的工作曲线在试验范围内满足线性关系，线性相关系数均在 0.99 以上，说明可以利用此工作曲线进行产品的分析和计算。

#### 7.1.3.3 酯交换率的分析与计算

生物柴油中所含有的主要脂肪酸甲酯标准品的工作曲线已绘制，可以计算出相应和相近脂肪酸甲酯的含量，脂肪酸甲酯总质量即各种甲酯质量的加和。还有极少量的脂肪酸甲酯没有相应的标准品，但可以利用相近脂肪酸甲酯的工作曲线来计算其含量。则反应过程中实际酯交换率的计算公式为

$$酯交换率 = \frac{产物中脂肪酸甲酯的质量}{油脂完全甲酯化后生成的脂肪酸甲酯的质量} \times 100\% \quad (7.1)$$

当反应过程中甲醇加入量小于理论值时，相对酯交换率可以反映反应进行的程度，

为反应实际酯交换率与理论酯交换率之比,理论酯交换率计算公式如下:

$$理论酯交换率 = \frac{油脂理论上能生成的脂肪酸甲酯质量}{油脂完全甲酯化后生成的脂肪酸甲酯的质量} \times 100\% \quad (7.2)$$

油脂理论上能生成的脂肪酸甲酯的质量 $= \frac{n}{3} \times$ 油脂完全甲酯化后的脂肪酸甲酯的质量。式中,$n$ 为酯交换中实际加入的甲醇摩尔数(当 $n \geqslant 3$ 时,取 $n=3$),单位为 mol;则相对酯交换率为相对酯交换率,

$$相对酯交换率 = \frac{实际酯交换率}{理论酯交换率} \times 100\% \quad (7.3)$$

## 7.2 脂肪酶间歇催化菜籽油制取生物柴油的研究

本节将研究影响 NOVO435 脂肪酶催化菜籽油与甲醇间歇酯交换反应制取生物柴油的主要因素及各因素对反应的影响趋势,并在此基础上利用响应面试验方法优化间歇工艺条件及催化动力学的研究,建立相应的动力学方程式,为反应的进一步放大提供理论基础。

### 7.2.1 脂肪酶催化菜籽油间歇反应试验

#### 7.2.1.1 材料与方法

试验材料:NOVO435 固定化脂肪酶,菜籽油,甲醇(化学纯),色谱纯的标准品:水杨酸甲酯、棕榈酸甲酯、油酸甲酯、硬脂酸甲酯、芥酸甲酯、正己烷(分析纯)等。

试验仪器:上分 GC122 型气相色谱仪、HP-5890 气相色谱质谱仪、HZQ-Q 恒温振荡培养箱等。

试验方法:采用单因素试验方法,考查的因素有醇油摩尔比、反应时间、反应温度、脂肪酶用量、水分含量、搅拌转速。考查醇油摩尔比对酯交换率的影响时,向 9 个 50 mL 具塞三角瓶中加入 9.06 g 菜籽油和不同质量的甲醇,置于可自动控温的往复式摇床中加热至一定温度后加入 1.35 g 脂肪酶开始反应,反应到一定时间终止反应,从中取出混合液进行样品的制备和分析;考查反应时间对酯交换率的影响时,向 8 个 50 mL 具塞三角瓶中加入 9.06 g 菜籽油和 0.48 g 甲醇,将三角瓶置于可自动控温的往复式摇床中,加热至一定温度时,加入 1.35 g 脂肪酶开始计时反应,反应分别进行到 4 h、6 h、8 h、10 h、12 h、14 h、16 h、18 h 时终止,从中取出 1 mL 混合液进行样品的制备和分析;考查脂肪酶用量对反应的影响时,向数个 50 mL 的具塞三角瓶中加入 9.06 g 菜籽油和 0.48 g 甲醇,在摇床上加热到反应温度时,分别加入不同质量的脂肪酶,反应到一定时间后终止反应,进行样品制备和分析;考查反应温度的影响时,向 6 个 50 mL 具塞三角瓶中加入 9.06 g 菜籽油和 0.48 g 甲醇以及 0.906 g 脂肪酶,置于温度不等的摇床中进行反应,反应到相同的时间终止反应,从中取样分析;考查搅拌转速对酯交换率的影响时,将具塞三角瓶放入不同转速的磁力搅拌装置中,反应到相同的时间取样分析,具塞三角瓶及其中反应物的量同上;考查水分对酯交换率的影响时,向 6 个 50 mL 具塞三角瓶中加入 9.06 g 菜籽油、0.48 g 甲醇以及 0.906 g 脂肪酶,分别向

其中加入不同质量的水,将三角瓶置于摇床中反应到一定的时间取样分析,样品的制备和分析参照7.1进行。

#### 7.2.1.2 结果与讨论

**1) 醇油摩尔比对酯交换率的影响**

底物甲醇是短链醇,对脂肪酶的催化作用有很强的抑制作用。反应所需的理论醇油摩尔比为3:1,但反应过程所需的最佳醇油摩尔比则由于反应体系的不同,没有统一的结论。对于有机溶剂体系下的酯交换反应,最佳醇油摩尔比经常大于理论比值;对无溶剂系统中废油脂的酯交换反应体系,最佳摩尔比一般选取为1:1。

为了考查无溶剂体系下脂肪酶催化菜籽油酯交换反应中醇油摩尔比的影响作用,选取醇油摩尔比为0.5:1、1:1、1.5:1、2:1、2.5:1、3:1、4:1、5:1、6:1,脂肪酶用量为15%(与油脂的质量比,以下均相同),反应温度为50℃,搅拌转速为200 r/min,反应时间为16 h进行试验,考查不同醇油摩尔比对酯交换率的影响,结果如表7.6所示。

**表7.6 醇油摩尔比对酯交换反应的影响**

| 甲醇:油脂 | 理论酯交换率/% | 实际酯交换率/% | 实际/理论酯交换率/% |
|---|---|---|---|
| 0.5:1 | 16.67 | 16.00 | 96.0 |
| 1:1 | 33.33 | 31.87 | 95.6 |
| 1.5:1 | 50.00 | 47.50 | 95.0 |
| 2:1 | 66.67 | 56.00 | 85.7 |
| 2.5:1 | 83.33 | 61.75 | 74.3 |
| 3:1 | 100.00 | 60.10 | 60.1 |
| 4:1 | 100.00 | 34.50 | 34.5 |
| 5:1 | 100.00 | 27.30 | 27.3 |
| 6:1 | 100.00 | 12.60 | 12.6 |

表7.6分别给出了不同醇油摩尔比下反应的实际酯交换率、相对酯交换率——实际酯交换率与理论酯交换率之比。实际酯交换率反映了原料油脂转换成生物柴油的比例,相对酯交换率则反映了反应实际进行的程度与理论能进行的程度之比,反应的彻底性。从表7.6看出,当醇油摩尔比小于1.5:1时,随着醇油摩尔比的增大,加入反应体系的甲醇量不断增多,使得反应的实际酯交换率增大。由于此时加入反应体系的甲醇量少于反应所需的理论甲醇量,实际酯交换率较小,但此时的相对酯交换率均在95%以上,说明加入反应体系的甲醇有95%与油脂进行了酯交换反应,反应进行得很彻底。

当反应体系中醇油摩尔比为2:1~2.5:1时,加入反应体系的甲醇依然小于理论反应所需量,此时随着甲醇的不断加入,实际酯交换率也在不断增大,但当醇油摩尔比大于2.5后,反应的实际酯交换率却开始随着醇油摩尔比的增大而减小,而相对酯交换率一直呈下降趋势,说明反应进行的越来越不彻底。尤其当醇油摩尔比超过理论值3:1

后，实际酯交换率与相对酯交换率相等，随着反应体系中甲醇量的增大，实际酯交换率迅速下降。虽然，此时反应体系中已有了反应所需的足够甲醇，但实际酯交换率却在迅速下降，说明反应进行得极不彻底。以上现象都说明，当反应体系中甲醇与油脂的摩尔比大于 1.5∶1 时，甲醇开始抑制脂肪酶的催化作用，对脂肪酶表现出毒性。

虽然，醇油摩尔比达到 2.5∶1~3∶1 时，反应的实际酯交换率达到了 60%，但相对酯交换率从 75% 下降到 60%，说明反应体系中未参与反应的甲醇越来越多，甲醇对脂肪酶的抑制作用也越来越明显。而醇油摩尔比为 1.5∶1 时，反应的实际酯交换率虽然为 47.5%，但相对酯交换率却在 95% 以上，说明能够参与反应的油脂已有 95% 都参加了反应，甲醇此时对脂肪酶未表现出抑制作用。因此，为了防止甲醇对脂肪酶造成抑制，在无溶剂的体系中，脂肪酶催化菜籽油的醇油摩尔比应小于 1.5∶1，选取 1.5∶1 作为醇油摩尔比进行后续的单因素试验。

**2）反应时间对酯交换率的影响**

选取脂肪酶用量为 15%（与油脂的质量比），醇油摩尔比为 1.5∶1，在 50℃、200 r/min 的条件下进行试验，分析反应进行到 4 h、6 h、8 h、10 h、12 h、14 h、16 h、18 h 时相应的酯交换率，以考查不同反应时间对酯交换反应的影响。结果如图 7.2 所示。

由图 7.2 可知，随着反应时间的增长，油脂的酯交换率在不断增大。在前 6 h，反应速度增长很快，酯交换率达到了 30% 以上；但 6 h 以后，反应速度放慢，从 6~12 h，反应的酯交换率从 31.2% 升到 47.5%；以后反应速度更加缓慢，从 12~16 h 反应的酯交换率才增加了不到 1%。

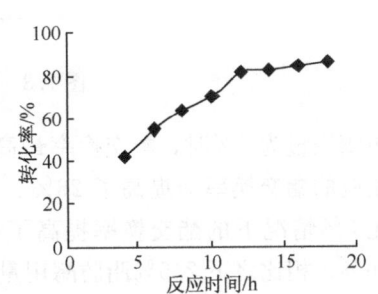

图 7.2 反应时间对酯交换反应的影响

酯交换反应为可逆反应，在反应开始时，体系中产物很少，正反应进行得很快，此时逆反应没有表现出来；但随着反应的进行，产物量的增加，逆反应的速度加快，使得正反应速度相对放慢，反应开始接近平衡；当反应进行到 12 h 时，反应得酯交换率增加缓慢，从 12~16 h 酯交换率增加不到 1%，说明，12 h 时反应已达到平衡，反应时间在 12 h 后对酯交换反应的影响已很小。因此，在以后的单因素试验中选取 12 h 作为反应时间。

**3）脂肪酶用量对酯交换率的影响**

脂肪酶用量对酯交换反应有重要的影响作用，但是，对不同的反应底物，最佳脂肪酶的用量也不一样，3.3%~60% 不等。考虑到脂肪酶的售价及未来工业化生产的可行性，本论文取脂肪酶用量分别为 1%、5%、7.5%、10%、15%（均指与油脂的质量比），在醇油摩尔比为 1.5∶1、反应温度为 50℃、转速 200 r/min、反应 12 h 的情况下，研究脂肪酶用量对酯交换率的影响，试验结果如图 7.3 所示。

由图 7.3 可知，当脂肪酶的用量为 1% 时，油脂的实际酯交换率非常低，而脂肪酶用量达到并超过 5% 后，反应的酯交换率迅速提高。无论脂肪酶用量大小，反应的酯交换率均随反应时间的延长而增大。当脂肪酶用量为 1% 时，酯交换率最大为 9.3%，脂

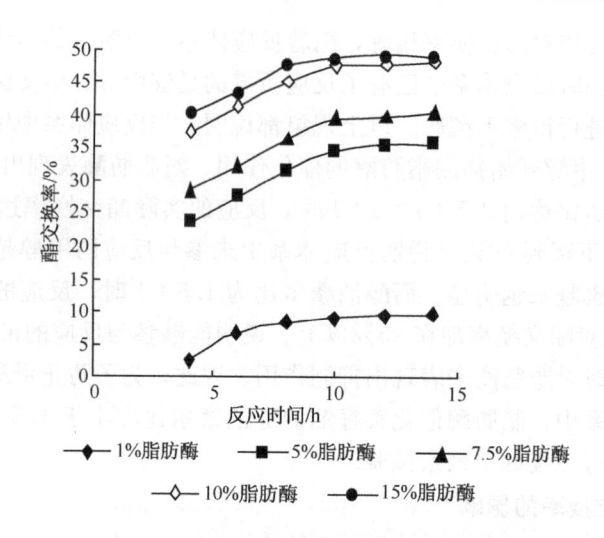

图 7.3 脂肪酶用量对酯交换反应的影响

肪酶用量为 5% 时，酯交换率最高达到了 35.31%，脂肪酶用量虽然只增大了 4%，但相应的酯交换率却提高了 26%。当脂肪酶用量为 7.5% 时，最高酯交换率达到 40%，比 5% 情况下的酯交换率提高了 14%，而 10% 脂肪酶用量下的最高酯交换率达到了 46%，相比之下 2.5% 脂肪酶用量的提高仅使酯交换率提高了 6%。而当脂肪酶用量增大到 15% 时，最高酯交换率达到了 47.5%，比 10% 用量下的酯交换率提高了 1.5%。从以上分析发现，当脂肪酶用量小于 5% 时，脂肪酶用量的增大，可以明显增大反应液与脂肪酶之间的接触面积，从而增大反应的传质效果，使反应速度增加很快，表现为反应的酯交换率迅速增大；但随着反应体系中脂肪酶用量增大到一定程度时，再增加脂肪酶的用量，反应物之间接触面积的增大已不是非常明显，此时，再增大脂肪酶用量，酯交换率虽然仍在增大，但增大的幅度已明显减小；而当脂肪酶用量超过 10% 时，再增加脂肪酶的用量，对反应的影响作用已非常小，说明此时反应体系中加入的脂肪酶量已达到饱和，再增大脂肪酶用量，对反应的影响已不显著。

**4) 反应温度对酯交换率的影响**

温度是酶促反应的重要影响因素。本文所采用的 NOVO435 脂肪酶为耐高温酶，最高使用温度为 70℃。根据报道，不同固定化酶的使用温度有所差别，温度为 30~60℃不等。本文选取反应温度为 30~60℃，10% 的脂肪酶用量、醇油摩尔比 1.5:1、反应 12 h 条件下研究温度变化对酯交换率的影响，试验结果如图 7.4 所示。

由图 7.4 可知，对于菜籽油，当反应温度低于 45℃时，酯交换率较低，说明此时还未达到酶的最适温度，酶的催化活性较低，催化作用较小；随着反应温度的升高，酯交换率不断增大，酶的活性被不断激起，催化作用不断增强；但当温度升到 55℃以后，酯交换率又开始下降，说明此时温度过高，酶的活性

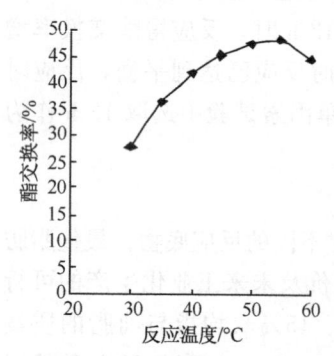

图 7.4 反应温度对酯交换反应的影响

开始被高温抑制。因此,该固定化脂肪酶催化菜籽油的最适温度在 45~55℃。由图中可知,反应温度为 50℃ 和 55℃ 时,酯交换率差别不大,只有 3% 左右,为了节约能源,在后面的单因素试验中选择 50℃ 为反应温度。

**5) 搅拌转速对酯交换率的影响**

搅拌有利于催化剂与反应物之间的混合、增大反应物接触面积、加快反应过程中质量与能量之间的传递,从而加快反应速度;但是,反应过程中生成的甘油又会由于搅拌的作用而形成细微的颗粒而分散到反应液中,增大后处理困难。本文亦对搅拌转速进行了研究,在醇油摩尔比为 1.5∶1、反应温度为 50℃、10% 的脂肪酶用量下,改变搅拌转速,反应 12 h 考查搅拌转速对酯交换率的影响,结果如图 7.5 所示。

由图 7.5 可知,当搅拌转速小于 150 r/min 时,酯交换率较低,说明此时反应不彻底,反应物之间的混合效果不好,油脂与脂肪酶及甲醇的接触面积较小,反应器传质效果较差;当搅拌转速达到 150 r/min 时,酯

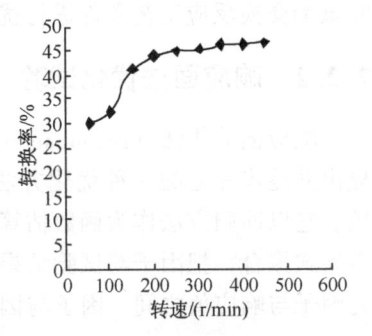

图 7.5 搅拌转速对酯交换反应的影响

换反应的转换率突然增大,说明在此搅拌转速下,反应物之间混合状况变好,反应物之间的传质效果变好,酯交换反应增强;但当搅拌转速达到 200 r/min 以后,酯交换率开始变化很小,说明 200 r/min 的搅拌转速已使反应液混合效果良好,反应物之间的传质已稳定,再增大转速,对反应液之间的混合已影响不大,也不会再增大反应物之间的传质作用。因此,选取 200 r/min 作为反应的最佳转速。

**6) 水含量对酯交换率的影响**

在酶法生产生物柴油的研究中,很多研究者认为水分的存在促进了反应的进行,有利于脂肪酶催化油脂水解成脂肪酸,然后再与甲醇生成脂肪酸甲酯。本文亦对水分的作用进行了考查,在醇油摩尔比为 1.5∶1、反应温度为 50℃、脂肪酶用量 10%、搅拌转速 200 r/min、反应 12 h 的情况下,向反应液中加入 1%~10% (与油脂的质量比) 的水分,测相应条件下的酯交换率,结果见图 7.6。

由图 7.6 可知,水分的存在不利于 NOVO435 脂肪酶对菜籽油的催化作用,随着水分的加入,酯交换率会突然下降;并随着水分的增多,酯交换率不断下降,且下降很快,说明水分

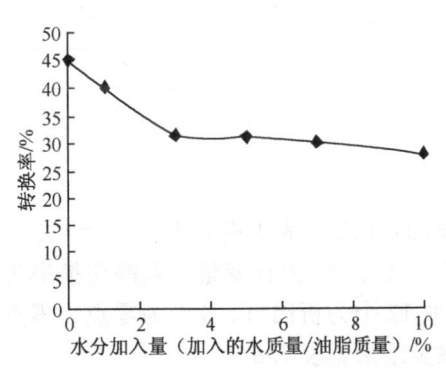

图 7.6 水分对酯交换反应的影响

的存在不利于 NOVO435 对菜籽油酯交换反应的催化作用。

上述试验得到了影响菜籽油酯交换反应的主要因素:反应温度、醇油摩尔比、反应时间和脂肪酶用量。得到了各因素最佳范围:反应温度为 45~55℃,脂肪酶的催化效果最好;醇油摩尔比小于 1.5∶1 时,醇对酶的催化无明显抑制作用;脂肪酶用量为

5%～10%，酯交换率较大，反应较为彻底；反应时间 12 h，反应基本完成。由于搅拌转速大于或等于 200 r/min 时，酯交换率基本不变，因此，在以后的酯交换反应中选取搅拌转速均为 200 r/min；水分的存在不利于脂肪酶的催化，因此，在以后的试验中均不考虑加入水分。

为了得到反应的最优工艺条件，利用以上研究结果，采用响应面试验方法对菜籽油间歇酯交换反应工艺条件进行优化。

### 7.2.2 响应面法优化试验

响应面分析法（response surface analysis）是由 Box 及其合作者于 19 世纪 50 年代提出并逐步完善的一种优化方法。目前广泛应用于化学、化工、农业、机械工业等领域。它以回归方法作为函数估算的工具，多因子试验中，因子与试验结果的相互关系用多项式拟合，把因子与试验结果（响应值）的关系函数化，并对函数的面进行分析，研究因子与响应值之间、因子与因子之间的相互关系，并对结果进行优化。

#### 7.2.2.1 响应面试验方案

由单因素实验结果可知，当醇油摩尔比小于 1.5∶1 时，脂肪酶的催化作用不受甲醇影响，反应加入的甲醇能彻底反应，反应的相对酯交换率高达 95%，而当醇油摩尔比大于 1.5∶1 时，反应中未反应甲醇增多，反应不能彻底进行。因此，固定醇油摩尔比为 1.5∶1 进行响应面试验。选取搅拌转速为 200 r/min，反应时间、反应温度、脂肪酶用量三个因素为响应面试验的三因素，采用三因素三水平的响应面试验方法对酯交换反应条件进行优化，实验中因素与水平值见表 7.7。

**表 7.7 响应面实验因素和水平**

| 试验因素 | 水平 | | |
|---|---|---|---|
| | 1 | 0 | −1 |
| 脂肪酶用量（$Z_1$）/% | 10 | 8 | 6 |
| 反应温度（$Z_2$）/℃ | 60 | 50 | 40 |
| 反应时间（$Z_3$）/h | 12 | 8 | 4 |

对脂肪酶用量（$Z_1$）、反应温度（$Z_2$）、反应时间（$Z_3$）做变换如下：$X_1=(Z_1-8)/2$，$X_2=(Z_2-50)/10$，$X_3=(Z_3-8)/4$。以 $X_1$、$X_2$、$X_3$ 为自变量，以酯交换率为响应值 $Y$，设计了 15 个点的响应面分析试验，其中 12 个为析因点，3 个为零点，零点试验进行三次，以估计系统误差。响应面试验方案及结果见表 7.8。

#### 7.2.2.2 响应面试验结果与讨论

通过 SAS 分析的 RSREG 过程进行数据分析，建立二次响应面回归模型，对试验结果进行分析。根据软件计算的方差分析结果见表 7.8 和表 7.9，响应面图如图 7.7～图 7.9 所示。各因素经回归拟合后，得到回归方程如下：

$$Y = 45.24 + 3.63X_1 + 0.67X_2 + 3.95X_3 - 2.17X_1^2$$

$$+0.19X_1X_2 - 3.20X_2^2 + 0.72X_1X_3 + 0.44X_2X_3 - 3.49X_3^2 \quad (7.4)$$

表7.8 响应面试验方案及实验结果

| 实验号 | $X_1$/% | $X_2$/℃ | $X_3$/h | $Y$/% |
|---|---|---|---|---|
| 1 | −1 | −1 | 0 | 35.12 |
| 2 | 1 | −1 | 0 | 42.68 |
| 3 | −1 | 0 | −1 | 32.50 |
| 4 | 1 | 0 | −1 | 37.65 |
| 5 | −1 | 0 | 1 | 40.08 |
| 6 | 1 | 0 | 1 | 48.12 |
| 7 | −1 | 1 | 0 | 36.70 |
| 8 | 1 | 0 | 0 | 45.00 |
| 9 | 0 | −1 | −1 | 35.23 |
| 10 | 0 | −1 | 1 | 41.13 |
| 11 | 0 | 1 | −1 | 35.10 |
| 12 | 0 | 1 | 1 | 42.75 |
| 13 | 0 | 0 | 0 | 45.10 |
| 14 | 0 | 0 | 0 | 45.08 |
| 15 | 0 | 0 | 0 | 45.14 |

表7.9 方差分析表

| 方差来源 | 自由度 | 平方和 | $F$值 | 大于$F$值的概率 |
|---|---|---|---|---|
| 模型 | 9 | 324.39 | 43.04 | 0.0003 |
| 线性回归部分 | 3 | 233.94 | 93.11 | <0.0001 |
| 平方项增加部分 | 3 | 87.46 | 34.81 | 0.0009 |
| 交互项增加部分 | 3 | 2.99 | 1.19 | 0.4023 |
| 失拟项 | 3 | 4.15 | — | — |
| 纯误差 | 2 | 0.04 | — | — |
| 误差 | 5 | 4.19 | — | — |

该回归方程的线性相关系数为0.9873，离回归标准差为0.9152，说明方程的拟合程度较好。由表7.9可知，方程因变量与全体自变量之间线性关系明显，回归方程的一次项、二次项的均方差和系数都较大，而交互系数较小，说明响应面分析所选三个因素之间的交互效应较小。方程失拟项的误差较小，而纯误差值只有0.0392，说明由试验结果拟合的方程与试验范围内的真实反应情况吻合良好，方程可以用来预测其他未反应点的值。

图7.7反映了当反应时间为8 h时，酶量和温度对酯交换率的影响状况，由图7.7可知，脂肪酶用量对酯交换率的影响在初始酶量较小时较大，但随着脂肪酶用量的增大，曲面开始变得平缓，酶量的影响开始减小。温度对酯交换率的影响则不同，当温度

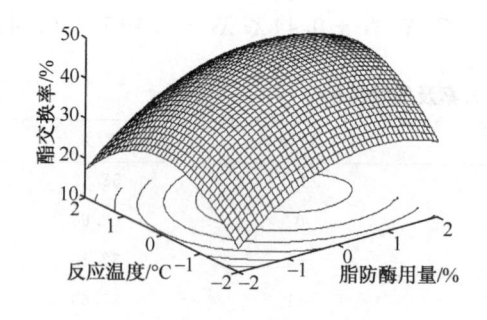

图7.7 脂肪酶用量和温度的影响

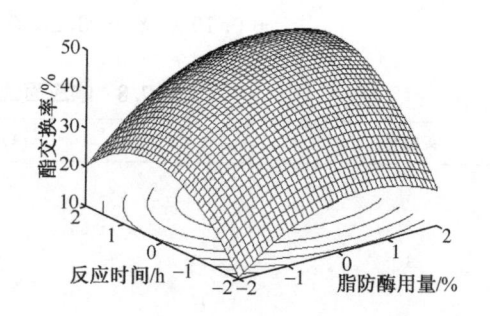

图7.8 脂肪酶用量和反应时间的影响

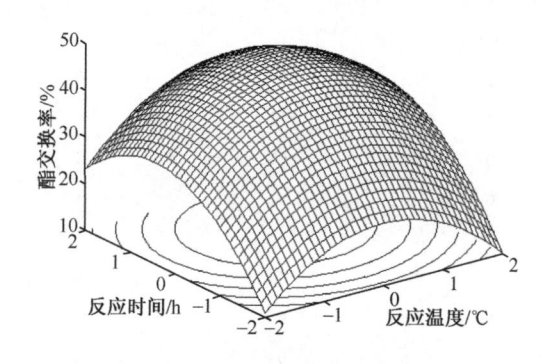

图7.9 反应温度和反应时间的影响

较低时，随温度的升高，酯交换率也在增大；当温度升高到一定程度时，温度的升高反而造成了酯交换率的下降，这与单因素试验结果相似。

图7.8为反应温度50℃时，脂肪酶用量和反应时间对酯交换率的影响。在目前状况下，脂肪酶用量的影响与图7.7相似，但影响效果变小，而反应时间在反应初期，对酯交换率的影响较大，表现为相应的曲线斜率较大，当反应时间达到10 h后，时间对酯交换率的影响已经很小，此时的曲线斜率已接近于0。

图7.9反映了酶量为8%时温度与反应时间对酯交换率的交互影响，可以看出，在温度为48~55℃，反应时间为9~11 h时，能得到较高的酯交换率。反应温度高到一定数量，酯交换率反而开始减小。

对函数关系进行分析，该函数具有极值点，即脂肪酶用量（$X_1$）=0.96、反应温度（$X_2$）=0.18、反应时间（$X_3$）=0.68时，$Y$具有最大值，为48.38%，即$X_1$为9.96%，$X_2$为51.8℃，$X_3$为10.72 h时，酯交换反应的酯交换率最大，为48.38%。根据响应面试验分析结果，选取脂肪酶用量为10%，反应温度为52℃，反应时间为10 h进行验证，得到的酯交换率为48.05%，与理论预测值相比误差小于1%。因此，利用响应面法得到的优化结果具有实用价值。

通过优化试验，得到脂肪酶催化菜籽油与甲醇酯交换反应间歇生产生物柴油的最优反应条件：脂肪酶用量10%、醇油摩尔比1.5∶1、反应温度52℃、搅拌转速200 r/min，反应10 h，实际酯交换率可以达到48%（理论酯交换率为50%）。

### 7.2.2.3 分批加甲醇的试验研究

由于反应体系中醇油摩尔比不能超过 1.5∶1，否则甲醇会对脂肪酶的催化作用造成抑制，对脂肪酶有毒害作用，因此，上述优化结果是在醇油摩尔比为 1.5∶1 的情况下得到的。而酯交换反应中甲醇与油脂的理论摩尔比为 3∶1，即优化反应体系中只加入了油脂酯交换反应所需的一半甲醇，此时能达到的理论酯交换率为 50%。为了使油脂能全部、彻底参加反应，减轻反应后提取的困难，将反应所需的理论甲醇量分批加入。将反应所需甲醇分三批加入，即反应前先加入反应所需的一半甲醇，在脂肪酶用量为 10%、52℃、200 r/min 的情况下反应 10 h，此时反应的酯交换率达到 48%；然后将剩余甲醇的一半加到反应体系中，在上述反应条件下再反应 10 h，酯交换率达到 81%；最后将剩余甲醇全部加入到反应体系中，按上述反应条件再反应 16 h，总共反应 36 h 后，总的酯交换率达到 95.04%，结果如图 7.10 所示。分批加入甲醇，防止了甲醇对脂肪酶的抑制和毒害，使油脂可以彻底参加反应。

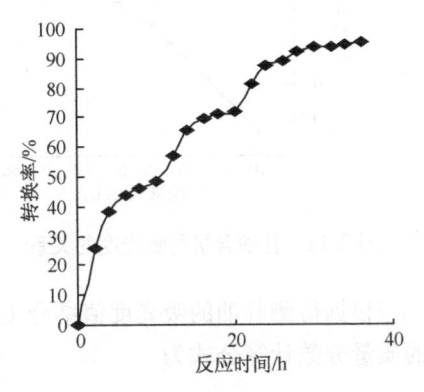

图 7.10 分批加甲醇影响的作用

从图 7.10 可知，第三次加入甲醇后，反应到 6 h 时，反应的总酯交换率已接近 95%。再延长反应时间，酯交换率基本不变，因此，在后面重复试验中，总反应时间取为 26 h。

### 7.2.2.4 脂肪酶表面甘油附着状况的研究

甘油是酯交换过程中伴随着脂肪酸甲酯的生成而产生的副产物，在生物柴油的工业化生产中，一般作为精细高附加值产品将其分离。本文对脂肪酶表面甘油的附着状况也进行了试验。

**1) 试验方法**

将反应后的固定化酶从反应液中滤出，用乙酸乙酯洗涤除去酶表面未反应的油脂和产物甲酯，然后用水洗涤固定化酶，取水相并加入乙酸乙酯洗涤液中，用水萃取乙酸乙酯混合液，取水相作为待测试样。

用容量为 30 mL 的离心试管，注入 1.8 mL 14%$CuSO_4$ 溶液、20 mL 5% 的 NaOH 溶液，充分振荡。向试管中加入 2.4 mL 一定浓度的标准甘油溶液（10 g/L、15 g/L、20 g/L、25 g/L、30 g/L、35 g/L、40 g/L、45 g/L、50 g/L、55 g/L、60 g/L、65 g/L、70 g/L、75 g/L、80 g/L 和 85 g/L）及待测的甘油试样，充分振荡 30 min，在 4000 r/min 转速下离心 10 min，取上层清液置于比色皿中。

**2) 分析方法**

利用标准甘油溶液在安捷伦 8453 型紫外可见分光光度计（美国惠普公司）上 630 nm 处作出甘油标准溶液浓度与吸光度之间的工作曲线，与待测试样在 630 nm 处的吸光度值进行比较，从而确定甘油的存在和浓度。甘油含量与吸光度的关系如图 7.11 所示，标准甘油溶液的工作曲线见图 7.12。

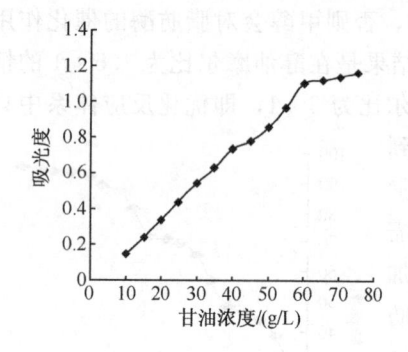

图 7.11　甘油含量与吸光度的关系

图 7.12　标准甘油溶液的工组曲线

根据待测甘油的吸光度值结合工作曲线可得出待测甘油试样浓度。待测样品中甘油的质量分数计算公式为

$$\text{甘油质量分数} = \frac{\text{测样中甘油浓度} \times \text{取样体积}}{\text{取样质量}} \tag{7.5}$$

**3）试验结果**

利用甘油与 $Cu^{2+}$ 在碱性条件下会生成深蓝色络合物的特性，采用比色法测定了甘油的存在，证实了甘油确实会吸附到脂肪酶的表面。

经过对 10 个待测试样的测试，发现脂肪酶的表面确实附着有一定量的甘油，其含量为甘油生成量的 30% 左右。

### 7.2.3　脂肪酶重复使用及间歇催化菜籽油的放大试验

#### 7.2.3.1　脂肪酶重复使用试验

由于脂肪酶表面确实附着有甘油，为了研究甘油的存在是否影响脂肪酶的重复使用效果，对脂肪酶不加清洗、用有机溶剂清洗及用水清洗后重复利用，考查其重复使用寿命。首先在摇床上进行试验，然后将试验结果放大到 500 mL 的三口瓶中，考查放大 50 倍后酯交换反应状况。

**1）试验材料和方法**

试验材料见 7.2.1.1。

试验方法：在 50 mL 具塞三角瓶中加入 9.06 g 菜籽油和适量的甲醇混合，在 200 r/min 的摇床中加热至 52℃后加入 10% 的脂肪酶开始反应。反应按图 7.10 所述工艺条件分三步加入甲醇，先反应 10 h，再反应 10 h，最后反应 6 h。每次反应结束后，脂肪酶经过不同方法处理后重复使用，研究其重复使用效果。脂肪酶处理方法如下：①直接重复使用，反应结束后，将脂肪酶过滤出来，直接加入下一批反应料液中进行试验，脂肪酶重复使用 10 次，考查相应酯交换率的变化；②反应结束后，用质量为菜籽油质量 2 倍的 50℃、60℃的热水清洗过滤出的脂肪酶，然后将脂肪酶自然晾干，用于下一批试验，重复10次；③分别采用菜籽油质量2倍的乙酸乙酯、2倍的丙酮、1.5倍的正己烷清洗过滤出的脂肪酶，并将清洗后的脂肪酶晾干，用于下一批试验，试验重复10次。

**2）结果与讨论**

脂肪酶重复使用试验结果见图7.13。从图7.13发现，脂肪酶在直接重复使用的情况下，催化效果虽然在第二批有所下降，但随后趋于稳定，酯交换率平均为92.5%。说明，虽然脂肪酶上附着有甘油，但在充分搅拌的情况下，脂肪酶与油脂的充分接触和快速的摩擦降低了反应过程中甘油的附着程度，使酯交换率在本工艺条件下维持在90%以上；利用不同有机溶剂对脂肪酶清洗后再加以重复利用，得到的酯交换率虽然有所波动，但围绕在90%上下波动。

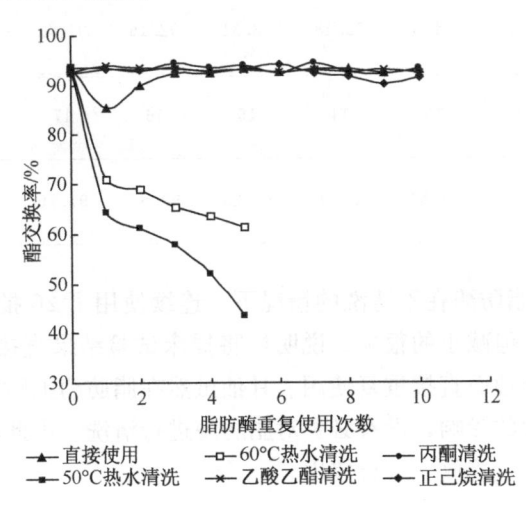

图7.13 脂肪酶重复使用结果图

从图7.13还发现50℃和60℃的热水对脂肪酶的清洗效果不好，转换效率均大幅下降。虽然甘油能够溶解于水中，但经水洗涤后脂肪酶即使已经晾干，反应时无水分，其催化性能仍已被大大破坏。看来水对NOVO435脂肪酶只起破坏作用，因此不再使用水对催化剂进行清洗。

### 7.2.3.2 间歇催化菜籽油放大试验

**1）试验材料与方法**

试验材料同7.2.1.1。

试验仪器：JJ-1型定时电动搅拌器，LEAD-31兰格恒流泵，DK-98-1型电热恒温水浴锅，其余参见7.2.1.1。

试验方法：称取300 g菜籽油放入500 mL三口瓶中，将三口瓶浸入电热恒温水浴锅中，将电热恒温水浴锅的温度设定在52℃，加入20 mL甲醇（化学纯），将电动搅动器的转速设定在200 r/min，开始加热。当温度升高到52℃时向反应液中加入10%的脂肪酶，开始计时反应。试验进行到10 h和20 h时分别加入10 mL甲醇，试验进行到

26 h时停止。取反应液 1 mL作样分析，然后用蠕动泵出料，将料液放入 1000 mL分液漏斗中，经 3~5 h静置沉淀。将分层的反应液分离，取上层清夜进行后提取试验，下层甘油粗提出来。脂肪酶留在三口瓶中进行下一批反应。以后每批反应时，直接加入料液，温度达到反应温度开始计时。

**2）试验结果与讨论**

在试验条件下，重复进行了 20 批放大试验，每批试验结果见表 7.10。

表 7.10　实验室放大试验脂肪酶重复使用效果

| 脂肪酶重复使用次数 | 1 | 2 | 3 | 4 | 5 | 6 | 7 | 8 | 9 | 10 |
|---|---|---|---|---|---|---|---|---|---|---|
| 酯交换率/% | 95.4 | 95.0 | 94.3 | 92.48 | 93.31 | 92.16 | 91.42 | 92.26 | 91.57 | 92.76 |
| 脂肪酶重复使用次数 | 11 | 12 | 13 | 14 | 15 | 16 | 17 | 18 | 19 | 20 |
| 酯交换率/% | 91.61 | 91.42 | 91.61 | 91.0 | 91.23 | 90.85 | 91.76 | 91.03 | 91.03 | 91.12 |

由表 7.10 可知，脂肪酶在不清洗的情况下，连续使用了 20 批、520 h以上，其催化效果虽然有所下降，但减小的很少，说明当将摇床试验结果直接放大 50 倍时，脂肪酶仍然可以不经任何处理而直接重复使用。甘油虽然在脂肪酶上附着，但对脂肪酶的直接重复使用没有造成大的影响，没有必要对脂肪酶进行清洗。由此看来，由摇床试验得到的间歇工艺条件可以直接放大进行使用。

### 7.2.4　脂肪酶间歇催化菜籽油酯交换反应机制及动力学研究

酶反应动力学研究对于研究反应机制、确定有效的酶促反应环境、选择合适的酶反应器有着十分重要的作用。因此，对非水相中脂肪酶催化反应动力学的研究无论在理论上还是在实际应用中都有着重要的意义。

与自由酶相比，使用固定化酶可提高酶在有机相中的扩散效果和热力学稳定性，是调节控制酶活性常用的手段，但酶固定化后，影响其动力学的因素增多，反应机制变得更加复杂。因为：①酶在固定化过程中的扭曲影响了三维构象而可能改变酶催化活力；②底物、产物和其他效应物在载体间的迁移扩散速度受到限制，不等分布可能会产生内外扩散限制；③载体的疏水、亲水及电荷性质使固定化酶的微环境与宏观反应体系不同，对酶产生微环境效应。这些影响因素有时还相互交叉存在，它们综合决定着固定化酶的动力学性质。本文在间歇反应优化工艺研究的基础上对固定化脂肪酶催化酯交换反应的动力学过程进行研究。

#### 7.2.4.1　试验材料与方法

试验材料及仪器同 7.2.1.1。

试验方法：称取 100 g 菜籽油放入 300 mL 三口瓶中，将三口瓶浸入电热恒温水浴锅中，将电热恒温水浴锅的温度设定在 52℃，分别加入醇油摩尔比为 0.5：1、1：1、1.5：1、2：1、2.5：1、3：1、3.5：1、4：1、5：1、6：1 的甲醇，设定电动搅动器的转速为 200 r/min，开始加热，当温度升高到 52℃时向反应液中加入 10%的脂肪酶，开始计时反应。反应中定时取样，分别从三口瓶中取出 1 mL 混合液制备试样并进行分析，分析相应反应时间下的酯交换率，同时利用气相色谱质谱仪定性分析反应中间产物。

分析方法：动力学试验中目标产物的分析与测试在 Aglient6820 气相色谱仪上进行，采用 DB-1ht 毛细管柱，分析条件与 7.1.2 相同。中间产物的分析与测试利用 HP5890 Ⅱ 气相色谱-质谱仪进行分析，分析条件：DB-1ht 弱极性玻璃毛细管色谱柱；载气为 He，流速为 0.8mL/min；进样采用分流进样方式，分流比 20：1；进样口温度 250℃，监测器温度 380℃。采用一阶升温程序，初温 100℃，保留 1 min，以 15℃/min 的速度升到 380℃，保留 30 min，进样量为 0.8 μL。质谱仪设置条件：传输线温度 280℃；电离能 70 eV；离子源温度 177℃；质量扫描为 35～500 amu；MS 谱库 NIST02。

#### 7.2.4.2 酶催化动力学模型

脂肪酶催化油脂与甲醇的酯交换反应，属于双底物酶催化过程，其中甲醇对酶的催化有抑制作用，满足多底物、有抑制的乒乓动力学机制（Ping-Pong Bi-Bi mechanism with inhibition），即脂肪酶（E）先与油（S）结合形成复合体，酶复合体经过修改形成中间体，然后与另一底物醇（A）相结合，经酶催化后，释放出产物甘油、甲酯（Bd）和游离的酶（E）。此外，由于醇（A）自身对酶有抑制作用，所以还存在醇（A）与部分酶（E）结合的途径。该机制的主要特点：油和醇是交替地与酶结合或从酶释放，同时存在底物对酶的抑制作用。整个过程可以用下面的反应过程进行描述，如图 7.14 所示。

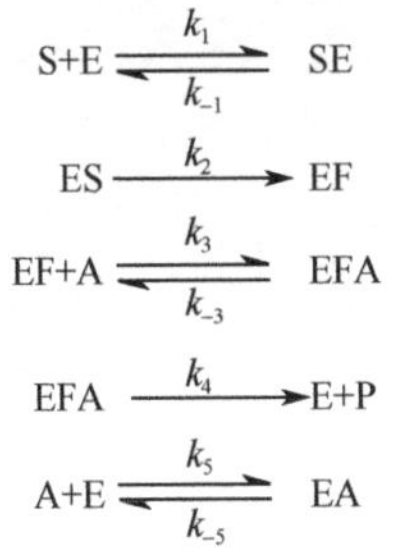

$$S+E \underset{k_{-1}}{\overset{k_1}{\rightleftharpoons}} SE$$

$$ES \overset{k_2}{\longrightarrow} EF$$

$$EF+A \underset{k_{-3}}{\overset{k_3}{\rightleftharpoons}} EFA$$

$$EFA \overset{k_4}{\longrightarrow} E+P$$

$$A+E \underset{k_{-5}}{\overset{k_5}{\rightleftharpoons}} EA$$

图 7.14 乒乓反应机制的反应步骤

本文利用双底物、有抑制的乒乓机制对脂肪酶的催化过程进行研究，利用乒乓反应机制的反应步骤建立酶催化的动力学方程，方程的建立基于以下 4 点假设。

(1) 反应过程中，酶的浓度保持稳定，即浓度为各中间浓度之和。

(2) 与底物浓度相比，酶的浓度是很小的，因而可以忽略由于生成中间产物而消耗的底物。

(3) 反应初始阶段，产物的浓度很低，因而产物的抑制作用可以忽略，不必考虑底物与酶反应的可逆过程。

(4) 底物之一的油对酶无抑制，而另一底物醇对酶的活性有较强的抑制作用。

由上述的反应式可知，中间产物 SE、EF、EFA 和 EA 的生成和消耗可以由下列的方程分别表示：

$$k_1[E][S] = k_{-1}[ES] + k_2[ES] \tag{7.6}$$

$$k_3[EF][A] = k_{-3}[EFA] + k_4[EFA] \tag{7.7}$$

$$k_3[EF] = k_{-3}[EFA] + k_2[ES] \tag{7.8}$$

$$k_5[E][A] = k_{-5}[EA] \tag{7.9}$$

$$[E]_0 = [ES]+[EFA]+[EA]+[E]+[EF] \tag{7.10}$$

$$v = \frac{d[P]}{dt} = k_4[EFA] \tag{7.11}$$

通过式 (7.6) ~式 (7.10) 可以推导出 [EFA] 浓度的表达式，代入式 (7.11)，经化简交换得到如下的方程形式：

$$v = \frac{V_{max}}{1+\dfrac{K_A}{[A]}+\dfrac{K_S}{[S]}\left[1+\dfrac{[A]}{K_i}\right]} \tag{7.12}$$

式中，$v$ 为初始反应速率，单位为 moL/(L·min)，初始反应速率定义为每分钟生成产物的摩尔浓度；$V_{max}$ 为最大反应速率，单位为 moL/(L·min)；[S] 为油的浓度，单位为 moL/L；[A] 为醇的浓度，单位为 moL/L；$K_S$、$K_A$ 为表观米氏常数，单位为 moL/L；$K_i$ 为底物醇的表观抑制常数，单位为 moL/L。

### 7.2.4.3 结果与讨论

试验过程中，改变甲醇的浓度，得到了不同醇浓度下产物浓度随时间变化的规律，结果如图 7.15 所示。

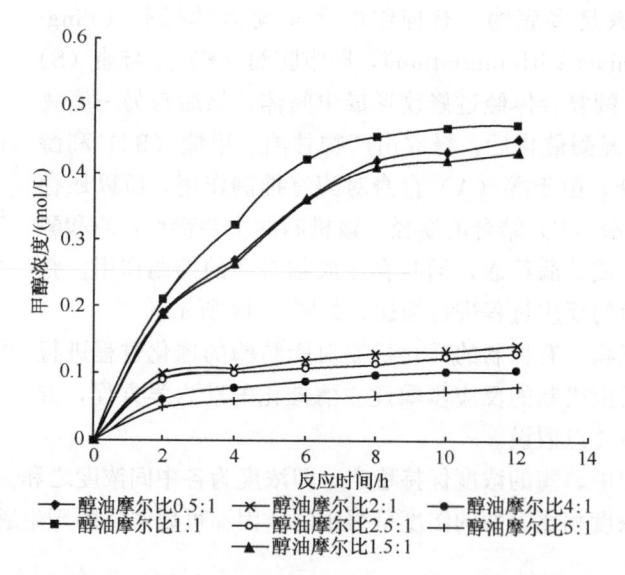

图 7.15 不同甲醇浓度下产物浓度随时间变化的曲线

从图 7.15 可以看到，不同醇浓度下，产物浓度随时间的延长而增加，但由于醇的抑制作用，高醇浓度下的产物终浓度并非最高，而且反应的初速度也会下降，表现为起始阶段斜率的降低。由得到的初始速率值及底物浓度的变化值，对酶催化动力学方程式 (7.12) 进行回归，利用软件 Matlab 中非线性回归函数 lsqnonlin 进行数据处理，得到各个模型中的参数，结果见表 7.11。

表 7.11 模型参数回归结果

| $V_{max}$ (mol/L·min) | $K_S$ (mol/L) | $K_A$ (mol/L) | $K_i$ (mol/L) | $R^2$ | $F$ |
|---|---|---|---|---|---|
| 5.76 | 1.025 | 15.91 | 0.114 | 0.996 | 180.82 |

相应的动力学方程式为

$$v = \frac{5.76}{1 + \frac{15.91}{[A]} + \frac{1.025}{[S]}\left[1 + \frac{[A]}{0.114}\right]} \tag{7.13}$$

由模型回归结果可以看到，模型的回归系数 $R^2$ 为 0.996，方差 $F$ 值达到 180.82，表明回归方程具有较高的显著性，数据的残差如图 7.16 所示，数据比较均匀地分布在直线两侧，表明模型数据回归结果良好。

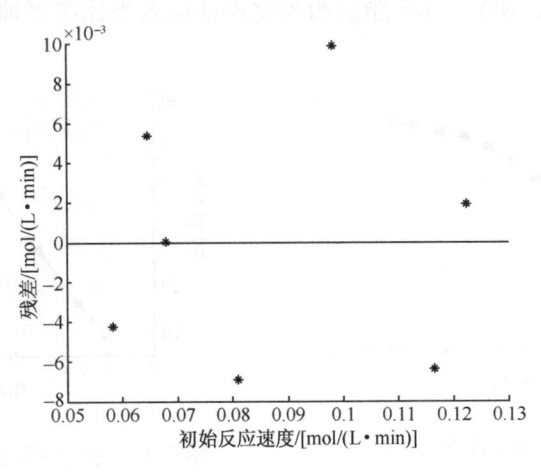

图 7.16 残差分析图

## 7.3 脂肪酶间歇催化桐油制取生物柴油的研究

本节主要研究以下几方面内容：脂肪酶用量、醇油摩尔比、反应温度和反应时间对脂肪酶催化桐油间歇反应的影响；根据试验结果选取响应面试验中各因素相应的试验范围，设计响应面试验并对试验结果分析，得到优化的反应工艺条件；利用优化工艺条件进行固定化脂肪酶催化桐油动力学的研究，建立相应的动力学方程式，研究固定化酶催化桐油的机制，为放大生产提供理论基础。

### 7.3.1 脂肪酶间歇催化桐油反应试验

#### 7.3.1.1 试验材料与方法

试验材料：原料油为桐油，其他的同 7.2.1.1。

试验仪器：同 7.2.1.1。

试验方法：同 7.2 中菜籽油试验方法。

### 7.3.1.2 试验结果与讨论

**1) 反应时间对酯交换率的影响**

对菜籽油的研究中发现，反应时间在 12 h 时，菜籽油的酯交换反应基本达到平衡。桐油属于干性油，反应时间对桐油酯交换反应的影响结果如图 7.17 所示，脂肪酶用量 15%（与油脂的质量比），醇油摩尔比为 3∶1，在 50℃、200 r/min 条件下进行反应，每隔 2 h 取出样品进行分析。由图 7.17 发现前 6 h，反应速度增长很快，酯交换率达到了 30%，但 6 h 以后，反应速度放慢，从 6～12 h，反应的酯交换率增大不到 15%；之后反应速度更加缓慢，从 12～24 h 反应的酯交换率才增大了不到 10%，酯交换率刚过 50%。当反应进行到 20 h，酯交换率基本不再增大，说明此时反应已基本达到平衡。从反应时间可以看出，NOVO435 脂肪酶催化桐油的效果比菜籽油差，反应速度更慢，需要的反应时间更长。

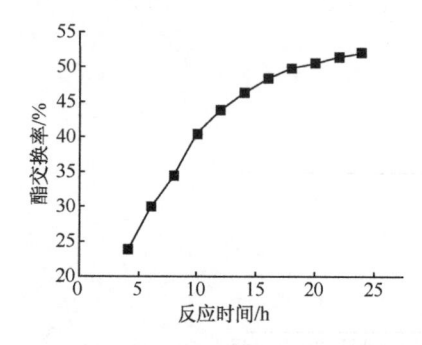

图 7.17　反应时间对酯交换率的影响

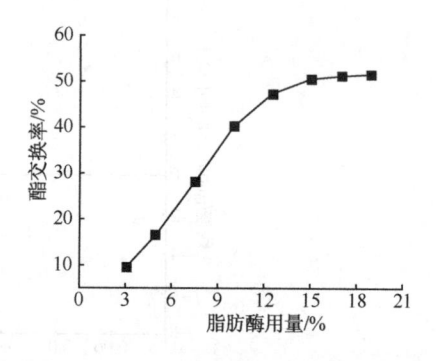

图 7.18　脂肪酶用量对酯交换反应的影响

**2) 脂肪酶用量对酯交换率的影响**

菜籽油酯交换反应中，脂肪酶用量为 10% 时催化效果最好。桐油为干性油，其中的主要成分桐酸虽然与菜籽油中主要成分——油酸、亚油酸的碳链长度相同，但碳链结构不同，性能差别较大。为了考查脂肪酶用量对桐油酯交换反应的影响，选取最大脂肪酶用量 19%，最小用量 3%，在醇油摩尔比 3∶1、反应温度 50℃、转速 200 r/min、反应时间 20 h 的情况下试验，结果如图 7.18 所示。

由图 7.18 可知，当脂肪酶的用量小于 5% 时，酯交换率小于 20%，反应非常不彻底；当脂肪酶用量超过 19% 后，酯交换率的增大很小，此时再增大脂肪酶的用量对酯交换率的影响已很小。由此看来，桐油酯交换反应需要的催化剂比菜籽油反应的多，这可能与桐油本身的物性相关，桐油为干性油，表面容易结壳，可能需要更大的接触面积才能有更好的催化效果，桐油反应所需的最小脂肪酶用量接近菜籽油的最大用量。根据试验结果，为了保证催化效果，在响应面试验中选择脂肪酶的用量为 9%～17%。

**3) 醇油摩尔比对酯交换率的影响**

选取醇油摩尔比分别为 0.5∶1、1∶1、1.5∶1、2∶1、2.5∶1、3∶1、4∶1、5∶1，脂肪酶用量 15%、反应温度 50℃、转速 200 r/min、反应时间 20 h。在此反应条

件下，考查醇油摩尔比对桐油酯交换率的影响，结果如表 7.12 所示。

表 7.12 醇油摩尔比对酯交换反应的影响

| 甲醇：油脂 | 理论酯交换率/% | 实际酯交换率/% | 实际/理论酯交换率/% |
| --- | --- | --- | --- |
| 0.5：1 | 16.67 | 13.75 | 82.50 |
| 1：1 | 33.33 | 28.16 | 84.50 |
| 1.5：1 | 50.00 | 43.75 | 87.50 |
| 2：1 | 66.67 | 60.03 | 90.00 |
| 2.5：1 | 83.33 | 62.08 | 74.50 |
| 3：1 | 100.00 | 50.56 | 50.56 |
| 4：1 | 100.00 | 23.41 | 23.41 |
| 5：1 | 100.00 | 16.54 | 16.54 |

由表 7.12 发现，醇油摩尔比小于 2.5：1 时，实际酯交换率和相对酯交换率均随醇量增加。在醇油摩尔比达到 2.5：1 时，相对酯交换率为 90%，反应较为彻底。醇油摩尔比小于 2：1 时，相对酯交换率差距并不大，相差只有 5.5%；而醇油摩尔比大于 3：1 后，酯交换率开始迅速下降。

由此看出，脂肪酶催化桐油反应中可以有较高的醇油摩尔比，醇油摩尔比为 0.5：1～2：1 时，甲醇对脂肪酶的抑制作用不明显，当醇油摩尔比增大到 3：1 后，甲醇的抑制作用开始显示出来，并逐渐增大。与菜籽油相比，桐油酯交换反应中需要较多的甲醇才有较好的反应效果。究其原因，可能是桐油的黏度较高，甲醇的加入有利于降低黏度，加大桐油的运动速度，从而加大脂肪酶与反应物间的接触面积和接触频率，提高反应传质系数，提高酯交换率。

**4）反应温度对酯交换率的影响**

根据上述试验，选取醇油摩尔比为 2：1，反应温度分别为 35℃、40℃、45℃、50℃、55℃和 60℃，脂肪酶用量 15%，反应时间 20 h，转速为 200 r/min 进行试验，结果如图 7.19 所示。由图 7.19 可知，温度为 35～45℃时，桐油的酯交换率较高；超过 45℃后，酯交换率开始下降，到 60℃时，酯交换率仅为 40%左右。由此看来，脂肪酶催化桐油的适宜反应温度低于催化菜籽油的温度，在后面的响应面试验中选取35～55℃作为温度的试验范围。

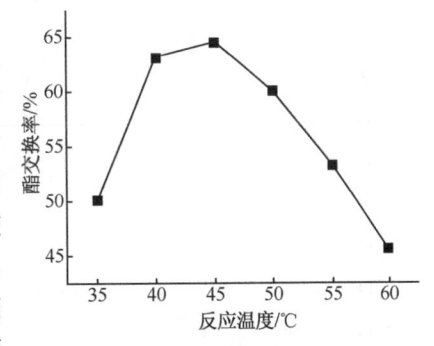

图 7.19 温度对酯交换反应的影响

### 7.3.2 响应面法优化试验

#### 7.3.2.1 响应面试验方案

以酯交换率作为响应值 $Y$，以 $X_1$、$X_2$、$X_3$ 和 $X_4$ 作为 4 个变量，设计响应面试验因素及水平，如表 7.13 所示。

表 7.13　响应面试验的因素和水平

| 因素 | 水平 | | | | |
|---|---|---|---|---|---|
| | $-2$ | $-1$ | 0 | 1 | 2 |
| 脂肪酶用量（$Z_1$）/% | 9 | 11 | 13 | 15 | 17 |
| 反应时间（$Z_2$）/h | 8 | 12 | 16 | 20 | 24 |
| 反应温度（$Z_3$）/℃ | 35 | 40 | 45 | 50 | 55 |
| 醇油摩尔比（$Z_4$） | 1 | 1.5 | 2 | 2.5 | 3 |

对脂肪酶用量（$Z_1$）、反应时间（$Z_2$）、反应温度（$Z_3$）、醇油摩尔比（$Z_4$）做如下变换：$X_1=(Z_1-13)/2$；$X_2=(Z_2-16)/4$；$X_3=(Z_3-45)/5$；$X_4=(Z_4-2)/0.5$。根据变换后的因素及水平，设计响应面试验共 31 个试验点，其中试验号 1~24 为析因试验，25~31 为 7 个中心试验，用以估计试验系统误差，如表 7.14 所示。

表 7.14　响应面试验安排和结果分析

| 试验序号 | 水平 | | | | 酯交换率/% |
|---|---|---|---|---|---|
| | $X_1$ | $X_2$ | $X_3$ | $X_4$ | 试验值 |
| 1 | $-1$ | $-1$ | $-1$ | $-1$ | 30.00 |
| 2 | $-1$ | $-1$ | $-1$ | 1 | 45.63 |
| 3 | $-1$ | $-1$ | 1 | $-1$ | 28.22 |
| 4 | $-1$ | $-1$ | 1 | 1 | 40.52 |
| 5 | $-1$ | 1 | $-1$ | $-1$ | 36.38 |
| 6 | $-1$ | 1 | $-1$ | 1 | 56.38 |
| 7 | $-1$ | 1 | 1 | $-1$ | 32.19 |
| 8 | $-1$ | 1 | 1 | 1 | 43.63 |
| 9 | 1 | $-1$ | $-1$ | $-1$ | 41.16 |
| 10 | 1 | $-1$ | $-1$ | 1 | 61.92 |
| 11 | 1 | $-1$ | 1 | $-1$ | 32.62 |
| 12 | 1 | $-1$ | 1 | 1 | 45.34 |
| 13 | 1 | 1 | $-1$ | $-1$ | 45.50 |
| 14 | 1 | 1 | $-1$ | 1 | 67.67 |
| 15 | 1 | 1 | 1 | $-1$ | 35.15 |
| 16 | 1 | 1 | 1 | 1 | 52.00 |
| 17 | $-2$ | 0 | 0 | 0 | 45.20 |
| 18 | 2 | 0 | 0 | 0 | 61.34 |
| 19 | 0 | $-2$ | 0 | 0 | 49.00 |
| 20 | 0 | 2 | 0 | 0 | 60.70 |
| 21 | 0 | 0 | $-2$ | 0 | 46.82 |
| 22 | 0 | 0 | $-2$ | 0 | 28.20 |

续表

| 试验序号 | 水平 | | | | 酯交换率/% |
|---|---|---|---|---|---|
| | $X_1$ | $X_2$ | $X_3$ | $X_4$ | 试验值 |
| 23 | 0 | 0 | 0 | −2 | 30.33 |
| 24 | 0 | 0 | 0 | 2 | 56.20 |
| 25 | 0 | 0 | 0 | 0 | 58.14 |
| 26 | 0 | 0 | 0 | 0 | 60.64 |
| 27 | 0 | 0 | 0 | 0 | 60.10 |
| 28 | 0 | 0 | 0 | 0 | 60.45 |
| 29 | 0 | 0 | 0 | 0 | 59.56 |
| 30 | 0 | 0 | 0 | 0 | 60.35 |
| 31 | 0 | 0 | 0 | 0 | 59.64 |

#### 7.3.2.2 试验结果及讨论

响应面试验结果如表 7.14 所示，利用 SAS 软件对此试验结果进行数学分析，得到图 7.20～图 7.25 为响应面试验结果的三维图形，分别反映了不同影响因素对酯交换反应的影响趋势。

图 7.20 脂肪酶用量及反应时间的影响

图 7.21 脂肪酶用量及反应温度的影响

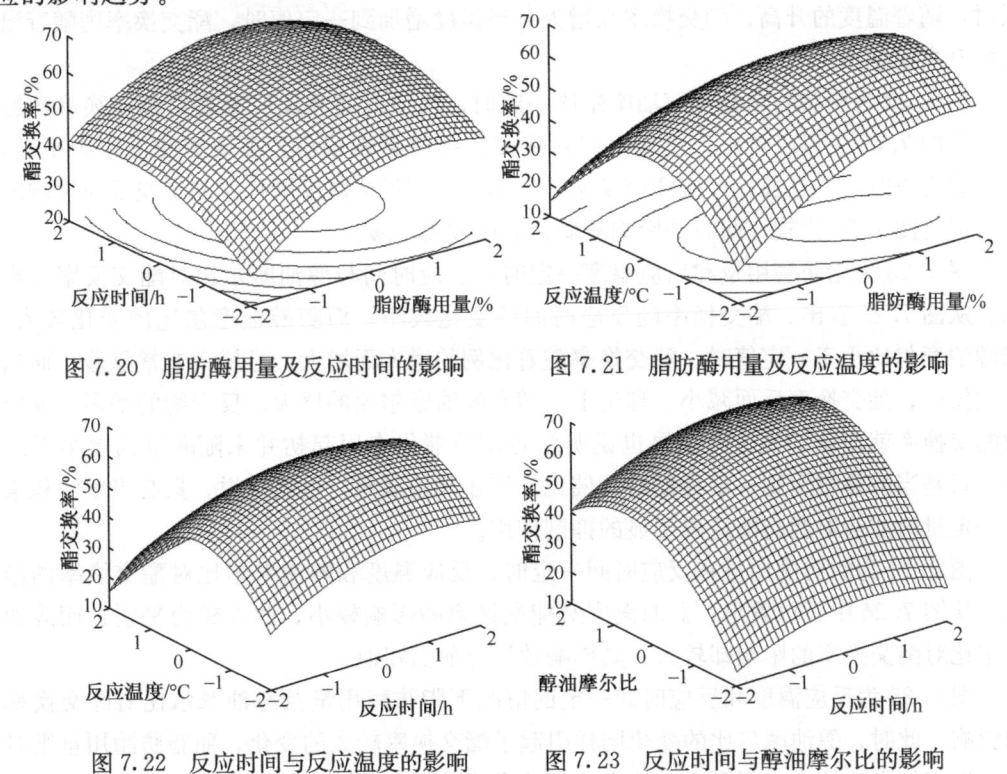

图 7.22 反应时间与反应温度的影响

图 7.23 反应时间与醇油摩尔比的影响

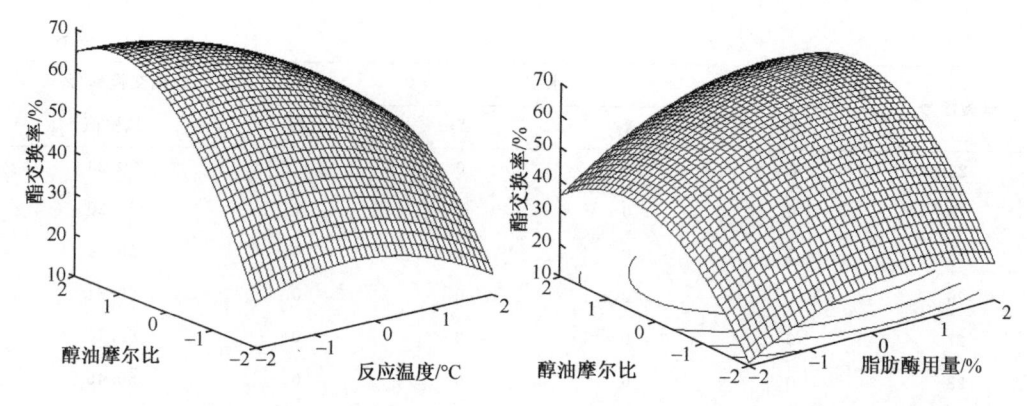

图 7.24　反应温度与醇油摩尔比的影响　　图 7.25　脂肪酶用量及醇油摩尔比的影响

图 7.20 为反应温度和醇油摩尔比一定时，脂肪酶用量与反应时间对酯交换率影响的三维图。由图 7.20 可以看出，脂肪酶用量和反应时间在用量较小时对酯交换反应影响较大，且随着二者的增大，酯交换率均在增大；但当二者值增大到一定程度时，两因素对酯交换反应的影响减弱，酯交换率此时基本不再变化。

图 7.21 为反应时间和醇油摩尔比一定时，脂肪酶用量和反应温度对酯交换率影响的三维图。由图 7.21 可以看出，此时醇油摩尔比增大了，而脂肪酶用量对酯交换率的影响更大，曲面的斜率也更为陡峭；反应温度对反应的影响则一直较大，当反应温度较低时，随着温度的升高，酯交换率在增大，当温度增加到一定值时，酯交换率则随着温度的升高而减小。

图 7.22 为脂肪酶用量、醇油摩尔比一定时，反应时间和反应温度对酯交换率的影响。从图 7.22 中可以看出，反应时间对酯交换率的影响较小，表现为曲面较为平缓，且随着反应时间的延长，反应酯交换率基本不变。而反应温度同样对酯交换反应影响较大，但与图 7.20 比较，此时的影响较弱，曲面较为平缓。

图 7.23 为脂肪酶用量和反应温度一定时，反应时间与醇油摩尔比对酯交换率的影响。从图 7.23 看出，酯交换率随反应时间的变化较小，而随醇油摩尔比的变化较大。当醇油摩尔比小于一定值时，酯交换率随着比例的增大而增大，且增大非常显著；而超过此值后，酯交换率反而减小。理论上，随着醇油摩尔比的增大，反应物的增多，反应的酯交换率就应该增大，此结果也说明脂肪酶的催化作用起初并未随醇量的增多而减弱，只是当醇量增大到一定程度时其催化作用才开始减弱，也就是说，只有当甲醇积累到一定量时才会对脂肪酶造成明显的抑制作用。

图 7.24 为脂肪酶用量和反应时间一定时，反应温度和醇油摩尔比对酯交换率的影响，从图 7.24 中可以看出，此时温度对酯交换率的影响较小，曲面较为平缓；而醇油摩尔比对酯交换率的影响却较大，其影响效果与前面相似。

图 7.25 为反应温度和反应时间一定的情况下脂肪酶用量及醇油摩尔比对酯交换率的影响，此时，醇油摩尔比的变化同样引起了酯交换率较大的变化，而脂肪酶用量则对酯交换率的影响较小，两因素对酯交换率的影响效果与前面相似。

以上三维图形象地反映了不同因素变化对酯交换率的影响。由图中可以看出，脂肪酶用量的增大会使酯交换率增大。但不同醇油摩尔比情况下，脂肪酶的效果不同，当醇油摩尔比较小时，脂肪酶用量的增大会使酯交换率增大很快；当醇油摩尔比较大时，再增大脂肪酶用量产生的效果减弱，即醇油摩尔比极大地影响着酯交换率的大小；当醇油摩尔比较小时，脂肪酶的催化作用较好，但随着醇量的增大，醇对脂肪酶催化的抑制作用开始占主导地位，此时酯交换率开始下降，且下降很快；当温度较低时脂肪酶的催化作用较弱，表现在酯交换率较低，随着温度的升高，酯交换率开始增大，当温度超过45℃后，温度的升高则导致了酯交换率的减小，说明45℃是脂肪酶催化桐油的最高的最适温度，超过此温度脂肪酶的催化作用将被削弱。因此各因素的影响效果并不完全相同，但是它们对酯交换率的影响趋势相同，说明各因素之间有一定的交互作用。

根据响应面分析结果，回归模型中存在稳定点，此时 $Y$ 值最大，为69%。稳定点 ($X_1$、$X_2$、$X_3$、$X_4$) 为0.667、0.465、-0.374、0.547，即脂肪酶用量为14.3%，反应时间为17.78 h，反应温度为43.2℃，反应醇油摩尔比为2.273∶1。在此基础上，选取脂肪酶用量为14%，反应温度为43℃，反应时间为18 h，反应醇油摩尔比为2.2∶1 进行验证试验，得到酯交换率为67.5%，与预测值的误差小于5%。由于反应所需甲醇还有部分没有加入，为了使油脂彻底反应，将甲醇分两次加入。首先按响应面试验条件反应到18 h后，将反应所需剩余甲醇量一次加入反应体系中，按上述反应条件继续反应18 h，即总共反应36 h后，总酯交换率达到了85%。

## 7.3.3 脂肪酶间歇催化桐油的实验室放大试验

根据菜籽油试验结果，NOVO435脂肪酶可以直接重复使用或利用有机溶剂清洗后再使用，催化效果均不变化。因此，对于桐油直接利用菜籽油的研究采取直接重复使用和利用丙酮清洗后再重复使用两种方法考查脂肪酶在桐油中的重复使用情况。首先在摇床上进行试验，试验结果如图7.26所示。由图7.26可以看出，脂肪酶同样可以直接重复使用或用丙酮清洗后再使用，只是此时的使用效果较菜籽油差，可能由于桐油本身的黏性较大，在同样的搅拌速度下，桐油中脂肪酶上附着的甘油不易被甩落，而对脂肪酶的催化作用有所影响。对高醇油摩尔比下脂肪酶的重复使用效果也进行了研究，结果与菜籽油相似，当醇油摩尔比超过3∶1后，再次直接重复使用或利用有机溶剂洗涤后再使用，发现催化效果极差，说明此时甲醇的含量已造成了脂肪酶失活，因此反应过程中应防止出现过量的甲醇。

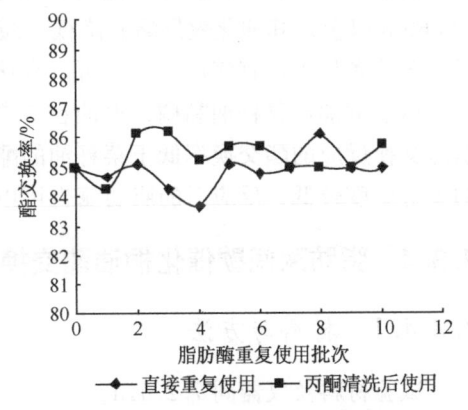

图7.26 脂肪酶重复使用结果图

根据上述试验结果将反应器放大50倍进行试验，以考查反应器放大时桐油间歇酯交换反应的情况。

### 7.3.3.1 试验材料与方法

**1) 试验材料**

试验材料及仪器同 7.3.1。

**2) 试验方法**

称取 300 g 桐油放入 500 mL 三口瓶中，将三口瓶浸入电热恒温水浴锅中，将电热恒温水浴锅的温度设定在 43℃，加入 28 mL 甲醇，搅拌器转速为 200 r/min，开始加热，当温度升高到 43℃时向反应液中加入 14%的脂肪酶，开始计时反应。试验进行到 18 h 时加入 10 mL 甲醇，再反应 18 h 后停止。取反应液 1 mL 作样分析，然后用蠕动泵出料，将料液放入 1000 mL 分液漏斗中，经 3~5 h 静置沉淀。将分层的反应液分离，取上层清液进行后提取试验，下层甘油粗提出来。脂肪酶留在三口瓶中进行下一批反应。以后每批反应时，直接加入料液，温度达到反应温度开始计时。

### 7.3.3.2 结果与讨论

在试验条件下，重复进行了 10 批试验，每批试验结果见表 7.15。

**表 7.15  实验室放大试验脂肪酶重复使用效果**

| 脂肪酶重复使用次数 | 1 | 2 | 3 | 4 | 5 | 6 | 7 | 8 | 9 | 10 |
|---|---|---|---|---|---|---|---|---|---|---|
| 酯交换率/% | 85.1 | 84.3 | 83.9 | 84.6 | 83.6 | 83.1 | 82.9 | 83.0 | 82.4 | 82.6 |

由表 7.15 可以发现，脂肪酶在不清洗的情况下，直接重复使用了 10 批，反应时间达 360 h 以上，其催化效果略有降低，减小的幅度不大。因此，由摇床得到的桐油间歇反应工艺条件可以直接放大，并可以直接重复使用脂肪酶。

由于桐油比菜籽油黏稠，桐油在 50℃时的黏度几乎是菜籽油的两倍，使得桐油间歇酯交换反应的酯交换率低于菜籽油的酯交换率，反应时间更长，但桐油间歇反应需要的反应温度较低，反应后的脂肪酶也可以在不处理的情况下直接重复使用。

## 7.3.4 脂肪酶间歇催化桐油酯交换反应催化的机制及动力学研究

### 7.3.4.1 材料与方法

试验材料及仪器同 7.2.1.1。

试验方法：称取 100 g 桐油放入 300 mL 三口瓶中，将三口瓶浸入电热恒温水浴锅中，将电热恒温水浴锅的温度设定在 43℃，分别加入醇油摩尔比 0.5∶1、1∶1、1.5∶1、2∶1、2.5∶1、3∶1、3.5∶1、4∶1、5∶1、6∶1 的甲醇，设定电动搅动器的转速为 200 r/min，开始加热，当温度升高到 43℃时向反应液中加入 14%的脂肪酶，开始计时反应，分别取不同时间下的反应物进行分析。

### 7.3.4.2 结果与讨论

试验过程中，改变甲醇的浓度，可以得到不同醇浓度下产物浓度随时间变化的规律，对反应初速度值进行计算，结果发现，当反应时间小于 2 h 时，桐油的酯交换率极低，其初速度值远远低于菜籽油反应的初速度，结果如表 7.16 所示。

**表 7.16 不同甲醇浓度下的初速度值**

| 甲醇浓度/(mol/L) | 0.20 | 0.500 | 1.000 | 1.656 | 2.204 | 2.755 | 3.312 | 4.128 | 5.16 |
|---|---|---|---|---|---|---|---|---|---|
| 初速度的实测值 /[mol/(L·min)] | 0.002 | 0.004 | 0.008 | 0.010 | 0.0108 | 0.009 | 0.008 | 0.007 | 0.006 |

从表 7.16 可以看到，醇浓度较低时，初速度随醇浓度的增大而增大；当甲醇浓度高于 2.2 mol/L 时，随着醇浓度的增大，反应的初速度开始下降，说明此时甲醇对脂肪酶的抑制作用已表现出来。

由得到的初始速率值及底物浓度的变化值，利用上节酶催化动力学方程对脂肪酶催化桐油的动力学过程进行回归，得到的回归系数如表 7.17。

**表 7.17 模型参数回归结果**

| $V_{max}$/[mol/(L·min)] | $K_S$/(mol/L) | $K_A$/(mol/L) | $K_i$/(mol/L) | $R^2$ | $F$ |
|---|---|---|---|---|---|
| 0.315 | 0.007 | 9.957 | 0.001 | 0.923 | 8.9748 |

得到脂肪酶催化桐油的动力学方程为

$$v = \frac{0.315}{1 + \frac{9.957}{[A]} + \frac{0.007}{[S]}\left[1 + \frac{[A]}{0.001}\right]} \tag{7.14}$$

对动力学试验结果分析，得到动力学方程式的回归系数 $R^2$ 为 0.993，方差 $F$ 值达到 8.9748，表明回归方程具有较高的显著性，数据的残差图如图 7.27 所示，数据均匀地分布在直线两侧，表明所选数学模型与实际试验值结果接近。

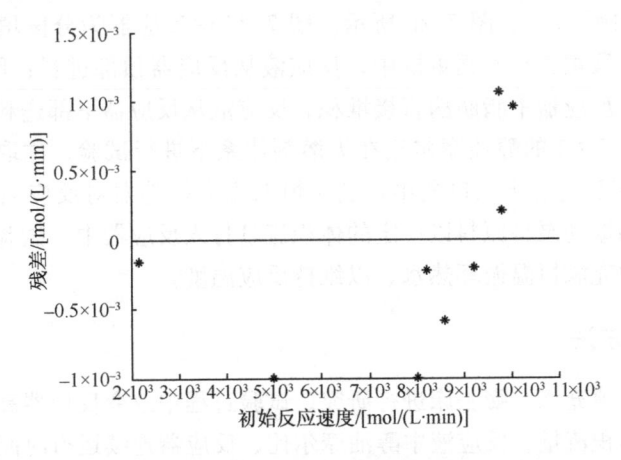

**图 7.27 桐油动力学模型残差图**

## 7.4 菜籽油连续制取生物柴油的研究

连续生产可以降低生产成本、降低劳动强度,更容易实现工业化的大生产。本节将寻求适合于 NOVO435 脂肪酶催化菜籽油连续制取生物柴油的反应器结构形式,并对相应的连续工艺条件进行研究。

### 7.4.1 试验材料和方法

固定化脂肪酶连续催化酯交换反应适宜的反应器结构形式有搅拌罐、填充床、流化床等。其中搅拌罐需要在搅拌的作用下加强催化剂与反应物之间的能量、质量和动量传递过程,从而提高催化效果,由于搅拌会产生较大的剪切力,长期作用会打碎脂肪酶的胶体颗粒,使脂肪酶变成粉尘,一方面会影响脂肪酶的催化效果使脂肪酶很难重复使用,另一方面则会影响产品分离,增加后序提取困难。NOVO435 脂肪酶属于小球状、低密度的颗粒催化剂,颗粒直径为 0.3~0.9 mm,其堆积密度为 430 kg/m$^3$,适宜填充床和流化床形式的反应器。本节将利用这两种形式的反应器进行生物柴油的连续生产,以找到适合的反应器结构形式,并利用其进行酶法连续生产生物柴油的工艺研究。

#### 7.4.1.1 试验材料与仪器

试验材料:同 7.2.1.1。

试验仪器:自制玻璃反应器,规格分别为 0.8 cm×20 cm、1.2 cm×20 cm、2.2 cm×20 cm、1.6 cm×40 cm、2.6 cm×40 cm;其余参见 7.2.1.1。

#### 7.4.1.2 试验装置及流程

本试验装置如图 7.28、图 7.29 所示。图 7.28 中反应器为分段填充式反应器,反应器中的脂肪酶分段填充在不锈钢框中,反应液从反应器顶部进料;图 7.29 为膨胀床试验装置示意图,反应器中脂肪酶直接堆积,反应液从反应器下部进料。利用间歇反应结果,首先选取 1.5∶1 的醇油摩尔比在无溶剂体系下进行试验,称取 150 g 的菜籽油和 10.034 mL 的甲醇混合于三口瓶中,利用恒温磁力搅拌器对反应液预热并搅拌,使原料混合,并利用蠕动泵将原料以一定的体积流量打入反应器中。试验中,每种结构形式的反应器夹套中充满恒温循环热水,以维持反应温度。

#### 7.4.1.3 试验方法

分别对分段式填充床、膨胀床进行研究。试验过程中改变反应器高径比、脂肪酶填充密度、反应液体积流量、反应液中醇油摩尔比、反应器连续运行时间等参数,考查反应液通过不同形式反应器时酯交换率的变化,从中找到适合油脂连续酯交换反应过程的反应器结构形式。利用适合的反应器结构形式,进行酶法连续生产生物柴油工艺条件的试验。试验过程中,在反应器出口每隔一定时间取样分析油脂的酯交换率(反应液每流过一个反应器取一个样),每种试验条件下取 5 个样,取平均值进行分析和讨论。

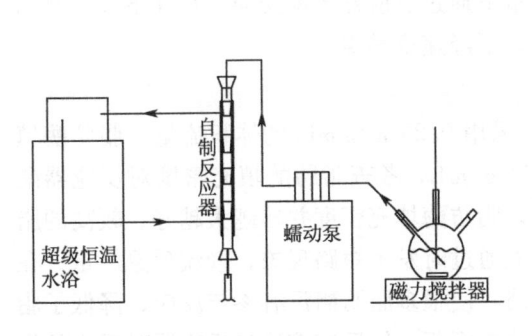

图7.28 分段填充床反应器试验装置示意图　　图7.29 膨胀床反应器试验装置示意图

## 7.4.2 试验结果分析与讨论

### 7.4.2.1 分段填充床试验结果

对于细小的催化剂，为了降低床层压降，减小反应器自身的破坏，经常采用分段填充床进行生产。本文利用 2.6 cm×40 cm 的反应器，将脂肪酶分装在5个不锈钢网套中，沿反应器高度等距离放下。试验采用上进料方式，考查底物体积流量、反应器脂肪酶填充量（填充密度为 0.07~0.11 g/mL）、反应持续时间、醇油摩尔比、反应温度等操作参数对酯交换率的影响，以分析分段式填充床用于连续生产生物柴油的可行性。

**1）反应液体积流量的影响**

在醇油摩尔比为 1.5:1，温度为 50℃，脂肪酶填充密度为 0.07 g/mL 的情况下，考查反应液体积流量对酯交换率的影响。体积流量为 0.25 mL/min 时，反应 3 h 后开始取样，间隔 3 h 取一个样；体积流量为 0.5 mL/min 时，反应 2 h 后开始取样，间隔 1.5 h 取一个样；体积流量为 1.0 mL/min 时，反应 1 h 后开始取样，间隔 0.5 h 取一个样；体积流量为 2.0 mL/min 时，反应 20 min 后开始取样，间隔 0.5 h 取一个样。结果见图 7.30。

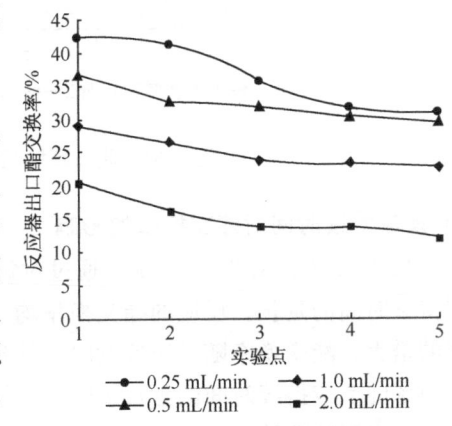

图 7.30 反应液体积流量对分段填充床反应效果的影响

试验发现，随着反应液体积流量的增大，油脂流过反应器的酯交换率在下降。当反应液体积流量为 0.25 mL/min 时，反应器具有最好的酯交换率，最大达到 43%，相对酯交换率达到 80% 以上。但是，此时反应器的生产强度依然很低，在反应初始时，对应最高酯交换率，反应器生产强度仅为 0.049，随着反应的连续进行，生产强度逐渐下降到 0.021。当反应液体积流量高于 0.5 mL/min 时，反应器的酯交换率迅速下降，实际酯交换率从 0.5 mL/min 的 36% 下降到 2.0 mL/min 的 20%，相对酯交换率从 70% 以上下降到 50% 以下。从图 7.30 还发现，随着反应时间的延长，反应液在同一体积流量下通过反应器的酯交换率均在下降，且当体积流量小时下降较快，而体积流量较大时，下降速度稍缓。

**2）脂肪酶填充密度的影响**

在 1.5∶1 醇油摩尔比，50℃的温度下，采用 0.25 mL/min 的体积流量，脂肪酶填充密度分别为 0.05 g/mL、0.07 g/mL、0.11 g/mL，考查脂肪酶填充密度对反应器酯交换率的影响。结果发现，对于分段填充床，脂肪酶填充密度并非越大越好。较高的脂肪酶填充密度造成反应器压降增大，使反应液通过时发生短路现象，壁流现象严重。在高脂肪酶填充密度下，由于反应液流动的短路，使很多脂肪酶没有参与反应，降低了脂肪酶的利用率，同时降低了反应器的传质、传热面积，使反应液通过反应器时反应效果变差，酯交换率降低，见图 7.31。

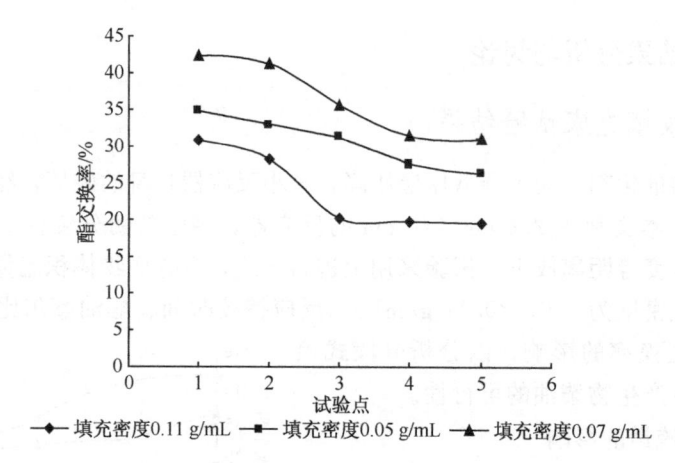

图 7.31　脂肪酶填充密度对反应器酯交换率的影响

**3）反应持续时间对酯交换率的影响**

如图 7.30、图 7.31 所示，通过对每一试验条件下的 5 个实验点进行分析，随着反应持续时间的延长，反应的酯交换率均在下降，有的下降非常迅速。随着脂肪酶填充密度的增大，酯交换率随反应持续时间的延长下降更为迅速；而随着体积流量的增大，酯交换率随反应持续时间的延长下降开始缓慢。

在高脂肪酶填充密度下，反应器利用效果不佳，催化剂没有与反应液充分接触，出现了壁流、沟流现象。但在分段式填充床中，反应器中的脂肪酶没有出现结块及粉化现象，在每一个不锈钢网套中，脂肪酶的体积都有不同程度的膨胀，而分段放置的网套，使得脂肪酶的体积膨胀更容易，相对直接填充其压降更小。

#### 7.4.2.2　膨胀床试验结果

利用图 7.29 中的试验装置进行膨胀床试验研究。将固定化脂肪酶填充到反应器中，反应液以一定的流速从反应器下部进料，如果能够使固定化酶颗粒处于流动状态，则此时的反应器为流化床形式。本文通过研究发现，由于植物油黏稠的性质，使得固定化脂肪酶难以形成快速的流动，但却可以使固定化酶漂浮起来，充斥到整个反应器中。由于反应器中固定化脂肪酶未形成明显的流动，观察不到反应器中反应液之间明显的掺混过程，流体还未形成真正的流态化，此时的反应器称为膨胀床反应器。

利用 0.8 cm×20 cm、1.2 cm×20 cm、2.2 cm×20 cm 三种不同的反应器进行膨胀床的研究，考查脂肪酶填充密度、反应液体积流量、反应持续时间等因素对膨胀床酯交换率的影响。

**1) 反应液体积流量的影响**

在分段式填充床中，反应器的酯交换率随反应液体积流量的增大而减小。对于下进料的膨胀床反应器，反应液体积流量的影响则不同。以 0.8 cm×20 cm 为例，在此反应器中填充不同高度的脂肪酶，改变反应液的体积流量，考查体积流量对反应酯交换率的影响，结果见图 7.32。

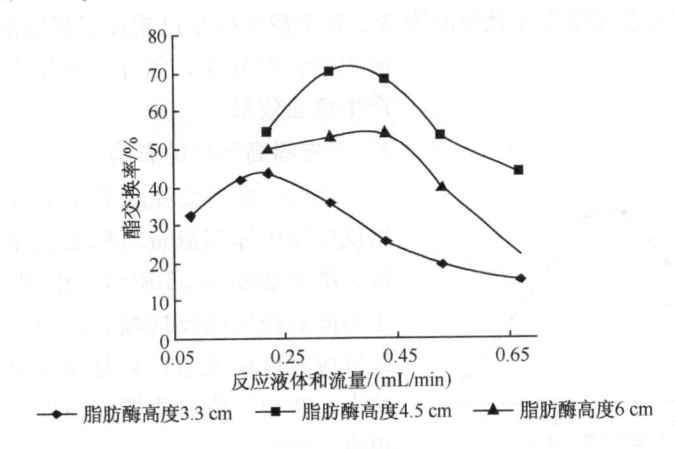

图 7.32 反应液体积流量对酯交换率的影响

由图 7.32 可知，在固定的脂肪酶填充高度下，随着体积流量的增大，反应器的酯交换率也在增大，即反应液的体积流量在膨胀床中有一最佳值。从反应现象分析，当反应液体积流量较小时，反应器中的脂肪酶膨胀率较小（膨胀率是膨胀床操作的重要参数，用床层膨胀高度与沉降高度之比表示，通常以床层空隙率来反映床层膨胀情况），脂肪酶只能占据反应器的一部分体积，反应液通过反应器时与脂肪酶的接触面积较小，反应器传质速率较低，酯交换率较小；随着反应液体积流量的增大，引起向上浮力增大，使脂肪酶上浮速度加快、体积膨胀率增大，酶颗粒之间的空隙增大，反应液与脂肪酶之间的接触面积也增大，使反应器的传质、传热速率加快，反应器的酯交换率增大；当反应液体积流量达到一定值时，反应器中脂肪酶的上浮基本停止，体积膨胀基本稳定，脂肪酶颗粒悬浮在一定的位置，试验观察到脂肪酶颗粒只有较小的浮动，此时，反应器中反应液与脂肪酶的接触面积最大，具有最高的酯交换率；随着反应液体积流量的进一步增大，反应液开始出现短路，与脂肪酶的接触时间变短，同时开始有脂肪酶被冲到反应器外边，造成反应器酯交换率下降。从以上分析发现，对于膨胀床，反应液的体积流量影响着反应器中脂肪酶的体积膨胀程度，从而影响反应器的传质、传热速率及酯交换率的大小。由于床层膨胀率较小时，不能保证所有粒子处于膨胀态，故油脂与脂肪酶的接触面积较小，不利于反应器内的传质、传热过程；但膨胀率过大，油脂流动速度过快，又会导致脂肪酶利用率降低，影响酯交换反应。因此，只有在适宜的膨胀率下，床层膨胀均匀且波动很小时，反应器才最有利于反应的进行。

由图 7.32 还可知，对于不同的脂肪酶高度，反应液体积流量对酯交换率的影响趋势相同。只是脂肪酶高度不同，反应液所需的最佳体积流量不同。随着脂肪酶高度的增加，最佳体积流量也在增大，但当脂肪酶高度达到一定值后，反应器所需的最佳体积流量变化开始减小，表现为最佳体积流量右移程度减小。当脂肪酶高度增加时，脂肪酶上浮所需的浮力增大，此时只有更高的体积流量才能保证脂肪酶具有更大的上浮速度和较好的体积膨胀率，为了达到最好的催化效果，所需要的最佳体积流量也在增大。但当脂肪酶高度达到一定程度后，虽然增大体积流量可以使脂肪酶具有更大的体积膨胀率，但此时体积流量增大造成反应接触时间降低，这个影响效果已超过了反应液与脂肪酶接触面积增大的效果，因此，再增大体积流量只会产生负面效果。

**2）反应器高径比的影响**

在同一脂肪酶高度下（4.5 cm），对三种规格反应器中体积流量对酯交换率的影响进行分析，结果如图 7.33 所示。由图 7.33 可知，对于不同高径比的反应器，反应器同样具有一最佳反应液体积流量，只是随着反应器高径比的减小，在相同脂肪酶填充高度下最佳反应液体积流量增大。

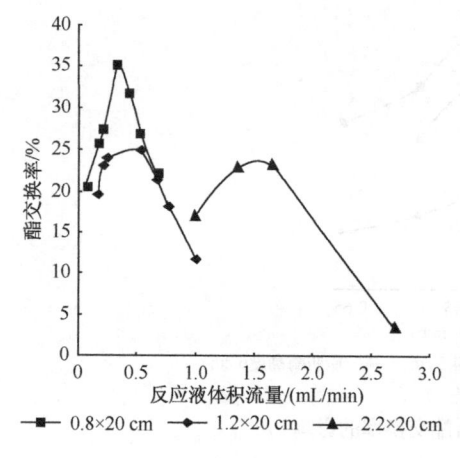

图 7.33　反应液体积流量对酯交换率的影响

由图 7.33 发现，在相同的脂肪酶高度下，体积越大、高径比越小的反应器所需要的最佳体积流量越大。

对三种规格反应器、同一反应器在不同脂肪酶高度下的反应液停留时间分析，发现每个反应器的最佳底物停留时间均在 35～45 min，即最佳停留时间为 (40±5) min。以上研究结果与分段填充床不同，对于分段填充床，随着反应液体积流量的增大，反应器的酯交换率也逐渐下降；高的反应液体积流量造成了反应液壅塞，影响反应器的正常运转。而膨胀床反应器不会出现壁流、沟流等不正常的流动现象，酯交换率也不随体积流量的增大而一直减小。

三种反应器的体积和高径比分别为 10 mL、25；23 mL、16.7；76 mL、9.1。由图 7.32 可知，在脂肪酶填充高度为 4.5 cm 的情况下，反应器最佳酯交换率随着反应器高径比的减小而减小，高径比为 25 时，反应器具有最高的酯交换率。而 16.7 和 9.1 高径比下的酯交换率基本相同，只是 9.1 高径比下的反应器具有更大的体积流量和更高的生产强度。改变反应器中脂肪酶填充高度，考查不同高径比的反应器酯交换率。将脂肪酶填充高度改为 3.3 cm 时，考查不同高径比反应器的酯交换率随体积流量的变化关系。结果发现，无论脂肪酶填充高度如何变化，高径比大的反应器总是具有更大的酯交换率。分析原因，可能是由于大的高径比反应器截面积相对较小，在较小的体积流量下容易达到较高反应液流速,从而使脂肪酶具有更大的上浮力,脂肪酶的体积更容易膨胀。在不改变底物接触时间的前提下可以得到更大的反应物接触面积,从而使反应器具有更大的酯交换率。因此,在后面的试验中选取 0.8 cm×20 cm 的反应器进行研究。

**3) 脂肪酶填充密度的影响**

向反应器中添加不同高度(质量)的脂肪酶,脂肪酶的填充质量分别为 1～2.5 g,对应的脂肪酶填充密度为 0.1～0.25 g/mL。不同脂肪酶填充密度下反应器的最高酯交换率如图 7.34 所示。

从图 7.34 发现,随着脂肪酶填充量的增大,反应器的酯交换率也在增大;当脂肪酶填充密度为 0.15g/mL 时,反应器具有最高的酯交换率;当脂肪酶填充量进一步增大时,反应器的酯交换率反而下降。当脂肪酶填充量较小时,虽然最佳体积流量较小,反应液的停留时间较长,但脂肪酶颗粒只占据反应器部分体积,脂肪酶颗粒与反应液间的接触面积较小,尤其当反应液运行到反应器上部时,已没有了脂肪酶的作用,因此,造成酯交换率较小;随着脂肪酶填充质量的增大,脂肪酶膨胀后占据的空间也越大,脂肪酶已基本悬浮在整个反应器中,此时反应液与脂肪酶的接触面积增大,反应器的传质效果增强;但当脂肪酶填充密度达到一定值时,再增大填充量,脂肪酶的膨胀程度变化不大,此时反而需要更大的体积流量才能使脂肪酶的体积发生膨胀。因此在接触面积基本相同的情况下,实际接触时间缩短,从而使酯交换率下降。根据以上研究结果,选取脂肪酶填充密度为 0.15 g/mL 作为最佳脂肪酶填充密度。

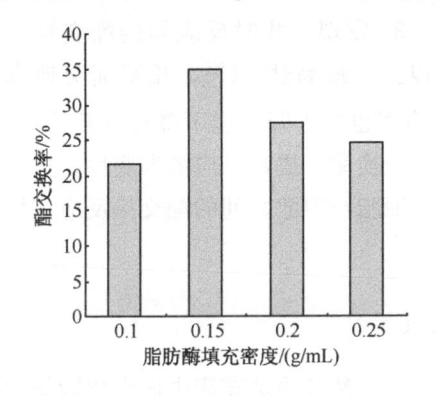

图 7.34 脂肪酶填充密度的影响 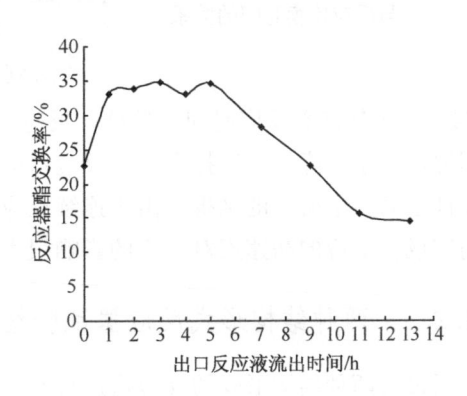　　　　图 7.35 反应持续时间的影响

**4) 反应持续时间的影响**

向反应器中添加 1.5 g 脂肪酶,在反应液停留时间为 40 min,体积流量为 0.25mL/min 的情况下考查反应持续时间对反应器酯交换率的影响,结果如图 7.35 所示。由图 7.35 发现,当反应器出口刚开始有产物流出时,此时的反应酯交换率较低,但 1 h 后,反应器开始了正常工作,酯交换率上升到 35% 左右,随着持续反应时间的不断延长,反应器的酯交换率基本维持在 35% 上下,相对酯交换率在 70% 左右。但当反应时间持续到 5 h 时,反应器的酯交换率突然开始下降,以后随着反应时间的延长,酯交换率下降速度也在加快。

对上述现象进行分析，可能是反应刚开始进行时，反应产生的副产物甘油较少，一部分甘油能被反应物带出反应器，留在反应器中的甘油对反应基本没有造成影响，表现为酯交换率基本不发生变化；但随着反应时间的增长，副产物甘油在反应器中积聚，开始影响到反应液与脂肪酶的接触，从而使反应的酯交换率下降。

为了恢复脂肪酶的反应效果，利用间歇反应结果，对脂肪酶进行清洗。即利用2倍于反应器体积的正己烷，以 3mL/min 的流速反复冲洗反应器，随后接着反应，结果发现，反应器的酯交换率可以恢复到初始值，但酯交换率同样会在很短的时间有大幅度的下降。考虑到利用正己烷清洗增加了反应的复杂性，没有从根本上改变酯交换率随反应时间降低的状况。因此在后面的试验中通过改变反应器的运行参数，以消除甘油的影响。

**5) 醇油摩尔比的影响**

为了进一步提高膨胀床的酯交换率，根据动力学研究结果，降低反应液中醇油摩尔比到1:1将能提高酯交换反应的初速度，可以使反应快速完成。因此，将醇油摩尔比降为1:1，选取反应液停留时间为 40 min，考查此时反应器的酯交换率及其随反应持续时间的变化情况，结果见图 7.36。

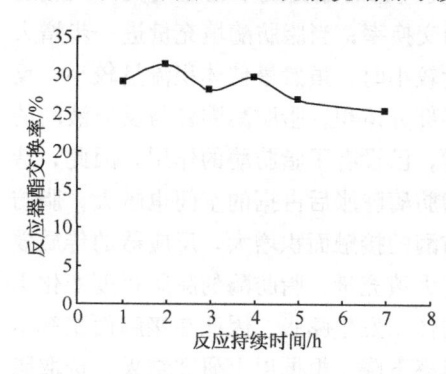

图 7.36 醇油摩尔比 1:1 时酯交换率与反应持续时间的关系

由图 7.36 发现，此时反应器的酯交换率增大到 28% 以上，最高达 31%，相对酯交换率达到 94%。虽然随着反应时间的持续，反应器酯交换率也在下降，但下降速度开始减缓。说明醇油摩尔比降低可以提高连续反应器的相对酯交换率，提高反应的彻底性，这一点也验证了动力学研究的结果。由于连续反应器中，油脂与甲醇之间的酯交换反应在短时间内完成，反应的初速度对反应的影响很大。

### 7.4.2.3 两种结构形式反应器试验结果比较

通过对两种结构形式的反应器进行研究，发现，虽然分段填充床中固定化脂肪酶不会出现挤压破碎和粉化现象，但反应液体积流量较高时，反应器的酯交换率较小。且随着反应持续时间的延长，反应器酯交换率下降较快。在膨胀床反应器中，脂肪酶充满了整个反应器，脂肪酶颗粒间的空隙增大，加大了脂肪酶与反应底物之间的接触面积，具有良好的传质和传热性能；而且由于反应过程产生的甘油可以由反应液部分带出，使甘油的副作用减小，脂肪酶不会结块，更不会粉化，反应物不易堵塞，对于油脂反应很适合。这种情况下的床层压力降较小，即使较高反应液流量也没有造成积液、沟流等现象。

膨胀床用于连续酯交换反应时，可以使用较高的酶填充密度和较大的反应液体积流量，固定化脂肪酶悬浮在膨胀床中，使反应物与催化剂之间具有最大的接触面积，具有良好的传热、传质特性。膨胀床在醇油摩尔比为 1:1 时，反应进行的较为彻底，反应器的相对酯交换率较大。虽然随着反应持续时间的延长，反应器的酯交换率也在下降，但下降速度低于分段式填充床。

酶反应器生产强度是指每小时每升反应器体积所生产的产品的质量，取决于反应器内固定化酶的活性、浓度、酶反应器特性及操作方法等各种因素，是反应器设计中最重要的参数。设计反应器时首要目的是使反应器具有高的生产强度。反应器的转换率，即本文中的酯交换率，是反应器设计时的另一重要参数。一个好的反应器，应能利用最少的原料得到最多的产物，即原料到产品的转换率要高。反应器的脂肪酶填充密度高时，会提高反应器的生产强度，同时减小反应器的体积。反应液的停留时间，是指底物在反应器中的停留时间，又称为空时。以上因素均是表示反应器性能的重要参数，它们之间相互影响。为了比较分段式填充床和膨胀床的试验结果，对两种形式反应器中的相应参数进行计算，结果如表 7.18 所示。

**表 7.18　两种反应器重要性能参数比较**

| | 分段填充床 | 膨胀床 |
|---|---|---|
| 反应液停留时间/min | 848 | 40 |
| 反应器相对酯交换率/% | 80 | 94 |
| 反应器脂肪酶填充密度/(g/mL) | 0.07 | 0.15 |
| 反应器生产强度/[g/(L·h)] | 28.92 | 434 |

从表 7.18 发现，分段填充床具有较小的脂肪酶填充密度、较低的反应器相对酯交换率和反应器生产强度。比较而言，膨胀床中脂肪酶填充密度较大，达到的相对酯交换率也较大，通过反应器的油脂和甲醇反应的较为彻底；同时膨胀床的生产强度远远大于分段式填充床，为其 10 倍以上。因此，选择膨胀床进行酶法连续生产生物柴油的反应器形式。

## 7.4.3　膨胀床连续生产生物柴油的工艺研究

以上研究结果表明，当利用膨胀床连续生产生物柴油时，单根反应器的高径比为 25，反应液的停留时间为 40 min，进料反应液醇油摩尔比为 1:1，反应温度为 50℃，反应器中脂肪酶填充密度为 0.15 g/mL，反应液在进入反应器之前先经过预热，经过反应器的油脂酯交换率最大为 31%（理论值为 33.3%），但随着反应时间的延长，反应器的酯交换率下降。上述研究结果可以应用到生物柴油的连续生产过程中。下面将首先放大膨胀床体积，研究脂肪酶在放大后的膨胀床中连续生产生物柴油的工艺条件。

### 7.4.3.1　连续试验装置及试验方法

为了扩大应用上述研究结果，将以上单根研究结果放大 8 倍，在 1.6 cm×40 cm 的反应器中进行生物柴油连续生产工艺的研究。在脂肪酶填充密度、反应液停留时间不变的情况下，考查反应器体积放大对连续酯交换反应的影响。本文采用生化反应器放大中常采用的经验放大法和时间常数法来放大反应器，即首先按 25 倍的高径比放大反应器的几何尺寸，然后再根据时间常数即反应液停留时间相同的原则放大其体积流量。脂肪酶的填充密度依然为 1.5 g/mL。其他反应条件同上。

首先研究单根反应器的连续生产工艺条件，然后将多根反应器串联以实现油脂的彻底反应。在试验过程中，每种反应条件下依然取 5 个样，取其平均值进行分析、研究。

### 7.4.3.2 连续工艺条件的研究

**1）反应液体积流量对反应器酯交换率的影响**

在上述反应条件下，首先取 2 mL/min 的反应液体积流量进行反应器酯交换率的研究，结果见表 7.19，每两个实验点的时间间隔为 40 min。

表 7.19 2mL/min 流量下反应器的酯交换率

| 实验点 | 1 | 2 | 3 | 4 | 5 |
| --- | --- | --- | --- | --- | --- |
| 酯交换率/% | 28.7 | 27.3 | 25.8 | 24.0 | 22.0 |

从表 7.19 可以发现，此时反应器的酯交换率小于 10 mL 反应器的反应效果，并且酯交换率随反应持续时间的延长，下降很快。将反应液体积流量降低为 1.5 mL/min、1.0 mL/min、0.8 mL/min。结果发现，反应器酯交换率在体积流量为 1.0 mL/min 时达到最大，但酯交换率依然随着反应持续时间的延长而下降。说明随着反应器体积的增大，反应器直径增大，反应器所需要的最佳体积流量也增大。

由于连续反应过程中酯交换率下降较快，为了使反应器保持稳定的高酯交换率，本文考虑采用有机溶剂正己烷来延长脂肪酶的催化效果。在反应液中加入油脂质量 1.5 倍的正己烷，同样以 1.0 mL/min 的流量进料，结果发现，由于使用了有机溶剂造成反应进料不通畅，同时使试验操作环境变差。而试验结果发现，反应器的酯交换率并未因为正己烷的存在而有所提高，随着反应时间的延长，依然存在酯交换率下降的问题。

**2）反应液醇油摩尔比对酯交换反应的影响**

有机溶剂的使用降低了产物中脂肪酸甲酯的浓度，实际上减小了反应器的生产强度，并使后提取困难。为了保证反应器具有较高的生产强度，同时具有最简单的操作方式，并减小反应后提取的困难，利用酶催化动力学试验结果，将反应液中的醇油摩尔比调为 0.75:1，减小反应过程中甘油的生成量，从而使反应液在流过反应器时带走反应产生的甘油，使反应器中甘油的副作用降低。根据酶催化动力学，此时反应初速度值较高，适合快速的连续反应过程。

将反应液中的醇油摩尔比降为 0.75:1，按 1.0 mL/min 的体积流量进行进料。发现反应器的实际酯交换率为 21%~23%，相对酯交换率基本保持在 85%~95%，说明此时反应器中加入的甲醇基本能够反应完，随反应时间的延长，酯交换率基本未变，结果见表 7.20。

表 7.20 醇油摩尔比为 0.75:1 时反应器酯交换率随时间的变化

| 反应时间/h | 2 | 6 | 10 | 12 | 13 |
| --- | --- | --- | --- | --- | --- |
| 酯交换率/% | 21.5 | 22.0 | 23.1 | 21.0 | 20.5 |

因此，选择 0.75∶1 为单根反应器的最佳醇油摩尔比，1.0 mL/min 为反应液体积流量，利用单根反应器进行生物柴油连续生产的研究。

**3）单根反应器连续生产生物柴油的研究**

单根反应器中醇油摩尔比为 0.75∶1，为了使油脂彻底反应，利用单根反应器重复进料 4 次，以实现油脂的彻底反应。反应过程如下：称取 300 g 菜籽油放入 500 mL 的三口瓶中，加入反应所需 1/4 甲醇，将三口瓶放在磁力搅拌器上对反应液进行搅拌，同时利用蠕动泵以 1.0 mL/min 的体积流量对反应器进料；当所有反应液流出后，向收集的一次反应液中再加入反应所需的 1/4 甲醇，以相同的体积流量进料，待反应结束后，再向二次反应液中加入反应所需 1/4 甲醇，再通过反应器反应；最后将剩余的甲醇全部加入，通过反应器进行生物柴油的生产。经过 4 次进料，单根反应器完成了生物柴油的连续生产过程，每次反应的酯交换率与时间变化关系如图 7.37 所示。

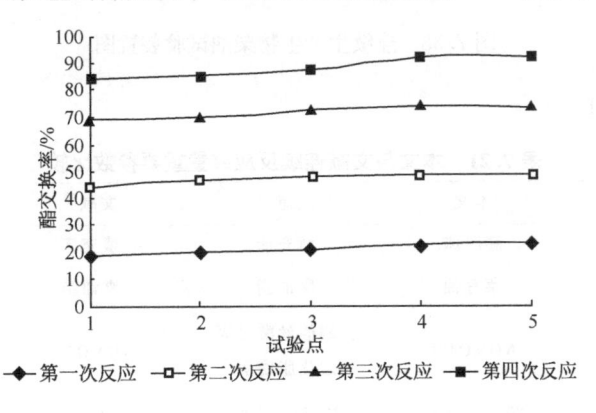

图 7.37 单根反应器连续生产生物柴油反应结果

由反应结果发现，单根反应器 4 次重复进料连续反应可以使菜籽油反应得比较彻底，反应器每次反应的酯交换率和总酯交换率随时间变化不大，每次反应的相对酯交换率为 85%～92%，反应器最后总酯交换率维持在 85%～90% 的水平，最大达到 92%。因此，可以利用 4 根反应器串联使用来实现生物柴油的连续生产。

#### 7.4.3.3　膨胀床串联连续生产生物柴油

利用 4 根反应器串联连续生产生物柴油的试验装置如图 7.38 所示。试验中将每根反应器流出的产物直接加入甲醇后打入下一根反应器中，研究发现，4 根串联的反应器可以很好地连续生产生物柴油，总酯交换率最高达 92%。

利用连续生产试验装置进行生物柴油连续生产试验，共连续反应了 50 d，反应器的总酯交换率保持在 85%～92%。

通过对连续反应装置长时间地运转，发现连续工艺条件可以用于生物柴油的连续生产，本套试验装置运行状况良好。如果能够在今后的放大过程中，根据反应液的体积流量自动控制甲醇的添加量，将能够实现生物柴油的连续自动化生产。

将本文得到的连续反应装置中的重要工艺参数与文献中的连续反应装置中的参数对

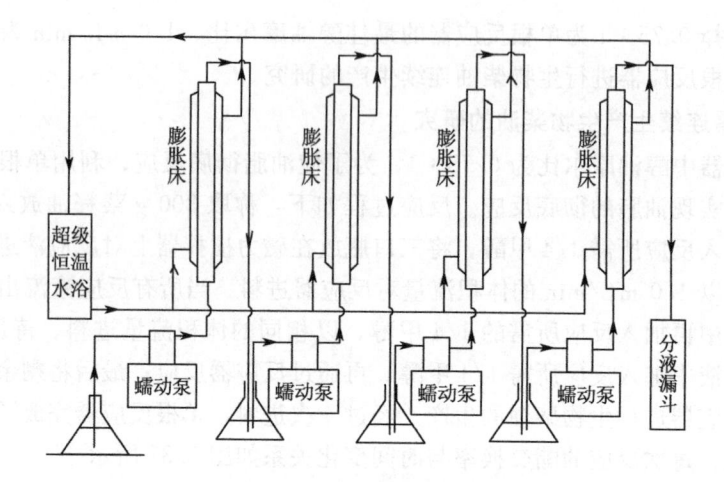

图 7.38　连续生产生物柴油试验装置图

比，结果见表 7.21。

**表 7.21　本文与文献连续反应装置重要参数比较**

| | 本文 | 文献① | 文献② | 文献③ |
|---|---|---|---|---|
| 反应器形式 | 膨胀床 | 填充床 | 填充床 | 填充循环床 |
| 处理的物料 | 菜籽油 | 废油脂 | 废油脂 | 葵花籽油 |
| 固定化脂肪酶种类 | NOVO435 | 自制假丝酵母固定化脂肪酶 | NOVO435 | Lipozyme® |
| 反应器体积及根数 | 80mL，4根 | 22.5L，4根 | 14mL，3根 | 1根 |
| 每根反应器中醇油摩尔比 | 0.75 | 1 | 1 | 4 |
| 反应器脂肪酶填充密度/(g/L) | 150 | 22.2 | 214 | — |
| 反应液在每根反应器中的停留时间/min | 80 | 40 | 140 | — |
| 连续反应装置中产品转化率（总酯交换率）/% | 85～92 | 93 | 93 | 80～95 |
| 试验连续进行时间/d | 50 | 20 | 50 | 2 |
| 反应温度 | 50 | 40 | 30 | 40 |
| 反应体系 | 无溶剂 | 石油醚和水存在 | 无溶剂 | 无溶剂，隔48h用有机溶剂清洗 |

①聂开立，谭天伟等，间歇及连续式固定化酶反应生产生物柴油，生物加工过程，2005，3(1)：58～62；②YujiShimada, Yomi Watanabe. Review: Enzymatic alocoholysis for biodiesel fuel production and application of the reaction to oil processing. Journal of Molecular Catalysis B: Enzymatic, 2002, 17: 133～142; ③ Valene D, Didier C. Continuous enzymatic transesterfication of high oleic sunflower oil in a packed bed reactor: influence of glycerol production. Enzyme and Microbial Technology, 1999, 25: 194～200.

由表 7.21 可知，本反应装置与文献中其他连续反应装置相比：脂肪酶填充密度较高、酯交换率较大、反应液在每根反应器中的停留时间居中、反应器出口产物浓度较高，而且本连续反应装置在无溶剂体系下进行，后提取更方便，反应操作条件也更温和。不过，本反应器相对其他反应器的反应温度较高，这可能与反应物本身的物性和固定化脂肪酶的种类有关；反应酯交换率没有文献报道的稳定，还需进一步的研究，以优化连续反应过程。

## 7.5 桐油连续制取生物柴油的研究

7.4 节的研究得到了以菜籽油为原料连续制取生物柴油的工艺条件，并提出了膨胀床反应器。本节将利用上一节的研究结果，在膨胀床反应器中以桐油为原料连续制取生物柴油，以进一步验证和完善生物柴油的连续制取工艺。

### 7.5.1 试验材料和方法

#### 7.5.1.1 试验材料

试验材料参见 7.2.1.1；试验仪器同 7.4。

#### 7.5.1.2 试验方法

本节直接利用膨胀床进行桐油连续酯交换反应。试验利用间歇反应研究结果，选取反应温度为 43℃、在无溶剂体系下进行试验。称取 150 g 的桐油和适量的甲醇混合于三口瓶中，将恒温磁力搅拌器的温度调整为 40℃，在一定的搅拌速度下，使反应原料混合。利用蠕动泵将原料以一定的体积流量打入反应器。反应器夹套中充满 43℃ 的循环水。在反应器出口每隔一定时间取样分析酯交换率，每种试验条件下取 5 个样，取平均值进行分析。

本节首先取 0.8 cm×20 cm 的反应器进行研究，考查在此反应器中不同操作参数对桐油连续酯交换反应的影响。改变桐油与甲醇的摩尔比，分别为 1.5∶1、1∶1、0.75∶1；反应液体积流量的取值与菜籽油相似，为 0.1~0.7 mL/min；脂肪酶填充量为 1 g、1.5 g、2 g、2.5 g；选取不同的反应器持续反应时间，考查连续反应时间对桐油连续酯交换反应的影响。与菜籽油相似，将 0.8 cm×20 cm 反应器中的连续试验结果进行放大，考查桐油连续酯交换反应状况。

### 7.5.2 结果与讨论

#### 7.5.2.1 反应液体积流量的影响

利用 0.8 cm×20 cm 的反应器，脂肪酶填充量为 1.5 g，醇油摩尔比为 1.5∶1，利用间歇反应研究结果，选取反应温度为 43℃。改变蠕动泵的转速，考查反应液体积流量对桐油连续酯交换率的影响，结果如图 7.39 所示。

从试验现象及结果可以发现，以桐油为原料时，反应器中固定化脂肪酶的膨胀状况

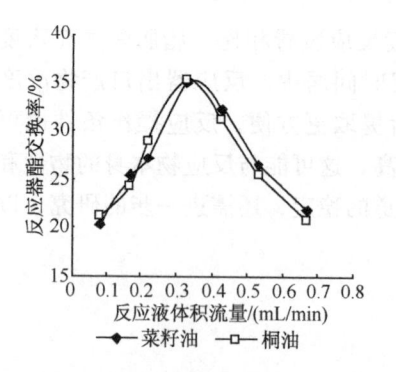

图 7.39 反应液体积流量对酯交换率的影响

与菜籽油相似：体积流量较小时，脂肪酶体积膨胀很小，此时脂肪酶间的间隙很小，酶颗粒之间紧密堆积，可以观察到反应器底部脂肪酶颗粒变得细碎，此时床层压降较大，通过反应器的桐油酯交换率较小，此时实际是上行填充床形式的反应器；当反应液体积流量增大时，脂肪酶体积开始膨胀，并随着反应液体积流量的增大，膨胀程度加大，脂肪酶颗粒上浮速度明显，脂肪酶颗粒逐渐占据整个反应器，颗粒之间的空隙逐渐增大，反应器中反应物与催化剂之间的接触面积逐渐增大，通过反应器的桐油酯交换率也在增大；当脂肪酶逐渐膨胀至整个反应器时，再增大体积流量，反而使酯交换率开始减小，因此对于桐油，其连续酯交换过程也存在最佳体积流量，当反应液体积流量大于最佳体积流量时，同样会使反应液短路，降低反应液与催化剂之间的接触时间，使反应器的酯交换率减小。将桐油中酯交换率随反应液体积流量的变化与菜籽油的结果相比较（图 7.39），发现两种原料油具有的最佳体积流量值相同，最佳体积流量对应下的酯交换率相差不大。由于两种原料油的密度、黏度相近，反应中生成的产物的物性非常接近，两种原料油流过反应器时的膨胀率情况相近，只有体积流量决定着反应器膨胀率，因此，两种原料油在膨胀床中具有的最佳体积流量基本相同。

与菜籽油相似，在 1.5∶1 的醇油摩尔比下，桐油的实际连续酯交换率最高为 35.4%，相对酯交换率只有 70.8%。说明在 1.5∶1 的醇油摩尔比下，反应液在通过反应器时不能彻底反应，为了得到更高的相对酯交换率，使反应通过反应器时能彻底进行，可以考虑通过降低产物中原料的含量来增大反应的彻底性，提高反应的相对酯交换率，虽然这样会降低反应器的实际酯交换率，但可以使反应液通过多根串联的反应器，得到较高的总的实际酯交换率。因此，下面将研究反应液中醇油摩尔比降低对反应器酯交换率的影响。

#### 7.5.2.2 反应液中醇油摩尔比的影响

改变反应液的醇油摩尔比，将反应液中醇油摩尔比降为 1∶1 和 0.75∶1。体积流量为反应液最佳体积流量，其他条件不变，考查反应液中醇油摩尔比变化对反应器实际、相对酯交换率的影响，结果如图 7.40 所示。

由图 7.40 可以看出，当反应液中醇油摩尔比降到 1∶1 时，反应器的实际酯交换率下降很小，相对酯交换率却增长了很多，从 70% 增长到 92%，此时反应较为彻底，加入反应体系的甲醇有 92% 反应完毕。当醇油摩尔比为 0.75∶1 时，实际酯交换率较低，但相对酯交换率达 94%，说明反应更为彻底，反应体系中已基本无剩余甲醇。分析原因，可能是由于醇油摩尔比较小时，反应液中底物较少，反应物在反应器中的分散程度更好，与催化剂——脂肪酶的接触面积更大、更充分，从而提高了反应的传质效果，增大了反应程度。反应液中醇油摩尔比的降低，也使得反应产生的副产物甘油减少，反应器中流体的总体黏度降低，流体在流出反应器时能够携带的甘油含量增多，留到反应器中的甘油则大为降低，降低了甘油在脂肪酶上的附着程度，增大了脂肪酶与反应物之间的接触面积，更有利于反应的持续进行。

从反应器的生产强度考虑，应该选用 1∶1 的醇油摩尔比进行连续反应，但在此条件下，随着反应持续时间的增长，反应器酯交换率的变化情况是否也会像菜籽油中的情况一样呢？因此，下面将研究反应器持续运行时间对酯交换率的影响。

### 7.5.2.3 反应持续时间的影响

在醇油摩尔比为 1∶1、0.75∶1，反应液体积流量为 0.25 mL/min 的情况下，反应器连续运行 13 h，反应器实际酯交换率随时间的变化如图 7.41 所示。

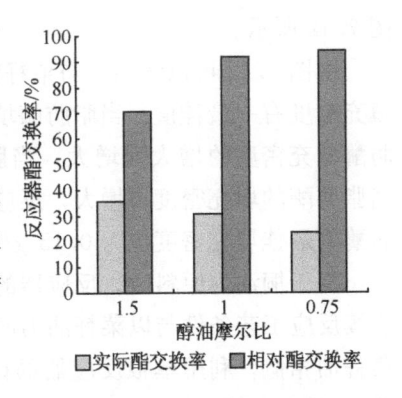

图 7.40 醇油摩尔比对酯交换率的影响

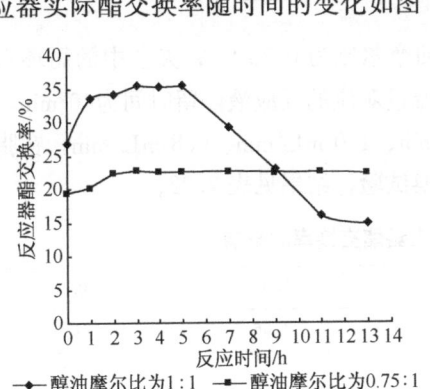

图 7.41 反应持续时间对酯交换率的影响

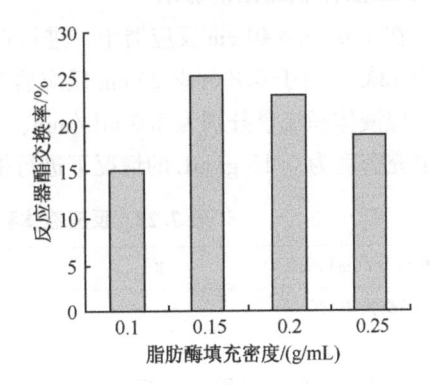

图 7.42 脂肪酶填充密度对酯交换率的影响

由图 7.42 可以看出，醇油摩尔比为 1∶1 时，反应器的酯交换率随着反应持续时间的延长而下降。当反应器持续运行 6 h 以内时，实际酯交换率随反应时间有很小的波动，在 2% 的范围内变化；但当运行时间超过 6 h 后，反应器的酯交换率随反应时间的持续延长直线下降，且下降速度非常快。而醇油摩尔比为 0.75∶1 时，反应器的实际酯交换率在整个反应持续时间内基本为一条水平线，连续反应结果较为稳定，此结果与菜籽油相似，因此，选取醇油摩尔比为 0.75∶1 进行脂肪酶填充密度对桐油连续酯交换反应影响的试验研究。

### 7.5.2.4 脂肪酶填充密度的影响

选用 0.8 cm×20 cm 的反应器，在醇油摩尔比为 0.75∶1，脂肪酶填充量分别为 1 g、1.5 g、2 g、2.5 g，对应的填充密度分别为 0.1 g/mL、0.15 g/mL、0.2 g/mL、0.25 g/mL 的情况下，考查脂肪酶填充密度对酯交换率的影响。试验过程中改变反应液的体积流量，得到了不同脂肪酶填充密度对应最佳体积流量下的最大酯交换率，结果如

图7.42所示。

由图7.42可以看出，与菜籽油相似，桐油连续酯交换反应时，反应器中的脂肪酶填充密度有一最佳值。当脂肪酶填充密度较小时，反应液通过反应器的酯交换率随着脂肪酶填充密度的增大而增大，当脂肪酶填充密度达到0.15 g/mL时达到最大。此后，当脂肪酶的填充密度再增大，反应器的酯交换率开始下降。因此以桐油作为原料时，脂肪酶的最佳填充密度也为0.15 g/mL。

由于桐油为原料时，反应器的膨胀情况与菜籽油相似；利用单根反应器得到的桐油连续反应工艺条件与以菜籽油为原料时得到的工艺条件除温度有差别外，其他相同。与菜籽油相似，利用单根反应器的试验结果，将反应器放大，利用1.6 cm×40 cm反应器，以桐油为原料连续生产生物柴油。

### 7.5.2.5 单根放大反应器以桐油为原料连续生产生物柴油的试验

**1）反应液体积流量的影响**

在1.6 cm×40 cm反应器中，进料料液的醇油摩尔比为0.75∶1，夹套中的循环水温度为43℃。由于0.8 cm×20 cm反应器最佳体积流量对应的反应液停留时间为40 min，选取反应液体积流量分别为2.0 mL/min、1.5 mL/min、1.0 mL/min、0.8 mL/min，在脂肪酶填充密度为0.15 g/mL的情况下进行桐油酯交换试验，结果见表7.22。

表7.22 反应液体积流量对反应器酯交换率的影响

| 体积流量/(mL/min) | 2 | 1.5 | 1.0 | 0.8 |
|---|---|---|---|---|
| 酯交换率/% | 18.5 | 20.3 | 22.56 | 21.3 |

从表7.22可以看出，反应液的体积流量最佳为1.0 mL/min。反应器此时按照几何相似的原则进行了放大，但反应液的体积流量却不能按照等量原则放大，此时反应液在反应器中的停留时间大于小反应器中的停留时间。以上研究结果与菜籽油完全相似，说明随着反应器体积的增大，反应器直径增大，反应液所需要的停留时间延长，与菜籽油的研究结果相同。

**2）连续生产生物柴油的试验结果**

单根反应器中醇油摩尔比为0.75∶1，为了使油脂彻底反应，利用单根反应器重复进料4次，以实现油脂的彻底反应。反应过程如下：称取300 g桐油放入500 mL的三口瓶中，加入反应所需1/4甲醇，将三口瓶放在磁力搅拌器上对料液进行搅拌，同时利用蠕动泵以1.0 mL/min的体积流量对反应器进料；当所有料液流出后，向收集到的一次反应料液中再加入反应所需的1/4甲醇，以相同的体积流量进料，待反应结束后，再向二次反应料液中加入反应所需1/4甲醇，再通过反应器反应；最后将剩余的甲醇全部加入，通过反应器进行生物柴油的生产。经过4次进料，一根反应器完成了生物柴油的连续生产过程，每次反应的酯交换率与时间变化关系如图7.43所示。

由反应结果发现，单根反应器4次重复进料，连续反应可以使菜籽油反应的比较彻底，反应器的总酯交换率为88.2%～94.2%，反应器的酯交换率随反应时间的变化不

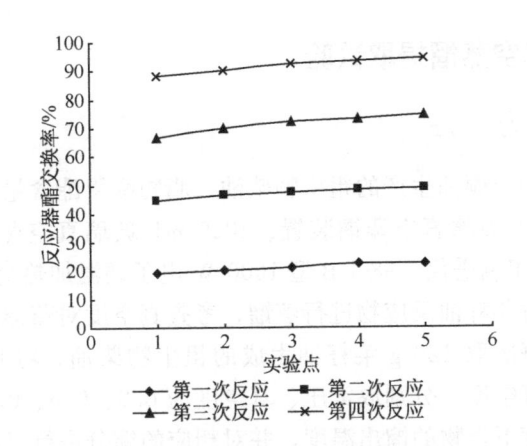

图 7.43　单根反应器连续生产生物柴油反应效果

大。而此工艺条件除反应温度外，与菜籽油完全相同。从桐油连续反应结果发现，桐油在连续反应工艺条件下可以得到较高的酯交换率，与菜籽油相比，其反应效果更好。因此，利用 4 根反应器串联使用可以实现桐油连续生产生物柴油。

### 7.5.2.6　多根反应器串联，以桐油为原料连续生产生物柴油的试验

利用图 7.38 所示的 4 根反应器串联装置，以桐油为原料，反应温度为 43℃，其他工艺条件与菜籽油完全相同，进行连续生产生物柴油的试验。试验中将每根反应器流出的产物直接加入甲醇后打入下一根反应器中，结果发现，4 根串联的反应器可以很好地连续生产生物柴油，桐油的总酯交换率最高达 94%，最低为 88%，说明此试验装置完全可行。利用此试验装置连续生产了 20 d 桐油，共处理料液 2 kg，对反应物进行检测，发现桐油的酯交换率保持在 88%～94%，脂肪酶的催化效果基本未变，但由于长期使用，脂肪酶吸附油脂的缘故，色泽变深。

## 7.6　生物柴油提取及性能测试试验

通过前面的研究，得到了以菜籽油和桐油为原料，酶法间歇及连续生产生物柴油的工艺条件，菜籽油间歇反应 26 h，总酯交换率达 90% 以上，连续反应时酯交换率为 85%～92%；桐油间歇反应 36 h，总酯交换率达 85% 以上，连续反应时酯交换率为 88%～94%。将两种反应条件下每批反应物通入分液漏斗中，静置 3～5 h，产物中的甘油自然沉降，形成明显的分层现象，把下层甘油粗提出来，上层清液为粗生物柴油。提取出的粗生物柴油含量占原料油的比例平均为 89%，与理论反应收率基本一致。但粗生物柴油中不仅含有目标产物——脂肪酸甲酯，还有未反应完的油脂和极少量的甲醇，需对其进行分离，以得到目标产物——脂肪酸甲酯，即生物柴油。本节将利用传统蒸馏方法对粗柴油进行分离、提取，并对精制的生物柴油性能进行检测。

## 7.6.1 生物柴油真空蒸馏提取试验

### 7.6.1.1 试验材料与方法

试验材料：菜籽油、桐油生产的粗生物柴油，脂肪酸甲酯含量平均为85%。

试验仪器：500 mL玻璃真空蒸馏装置、1000 mL玻璃真空蒸馏装置、AP-01D真空泵、Aglient6820气相色谱仪、98-1-B型1000 W电子调温加热套。

试验方法：首先对菜籽油反应物进行蒸馏，考查真空度对蒸馏过程、产品性能、馏程的影响。试验中，每次取120 g菜籽油生成的粗生物柴油，将其加入真空蒸馏装置中，改变蒸馏装置的真空度，分别取常压、真空度为0.2、0.6、0.8，调节电热恒温加热套，观察不同真空度下产物的馏出温度，并对相应的馏分进行气相色谱分析，分析其中的脂肪酸甲酯成分及相应的含量。样品的制备和色谱仪分析条件与第2章相同，脂肪酸甲酯的含量按下式进行计算：

$$脂肪酸甲酯含量 = \frac{产物中脂肪酸甲酯的质量}{样品的质量} \tag{7.15}$$

其中产物中脂肪酸甲酯质量的计算参见7.1.3。

根据菜籽油生成的生物柴油的蒸馏提取结果，用同样方法对桐油进行蒸馏提纯。

蒸馏产品收率定义为蒸馏出的生物柴油质量与蒸馏时原料质量之比，计算公式为

$$蒸馏产品收率 = \frac{蒸馏出的生物柴油质量}{蒸馏原料质量} \tag{7.16}$$

生物柴油总收率是指在整个生产过程中得到的生物柴油产品质量与投入的原料质量之比，计算公式为

$$生物柴油总收率 = \frac{生物柴油产品质量}{投入的原料质量} \tag{7.17}$$

### 7.6.1.2 结果与讨论

**1) 菜籽油生成的粗柴油分离提取试验结果与讨论**

菜籽油生成的粗柴油蒸馏试验发现，真空度影响着馏分的馏出温度，而馏出温度对产物性能有很大的影响。当真空度较大时，产物馏出温度较低，且在温度较低范围内，脂肪酸甲酯能全部馏出，此时得到的产物色泽淡黄、透明、没有异味，经气相色谱仪分析，脂肪酸甲酯含量为99%以上。当真空度较小时，产物馏出温度较高，且在蒸馏过程中，有刺鼻的气味、对眼睛的刺激也很大，馏出物呈深黄色、透明度较好、有难闻气味，经气相色谱仪分析，此时馏出成分中脂肪酸甲酯含量低于蒸馏前，说明脂肪酸甲酯及油脂中一些物质已发生了分解，造成产物变性，分离出的产物不再是单纯的生物柴油，脂肪酸甲酯含量低于蒸馏前。真空蒸馏过程中真空度与馏程及相应的脂肪酸甲酯含量及产品外观的关系如表7.23所示。

表 7.23 菜籽油生成的粗柴油真空蒸馏中馏程、产物中脂肪酸甲酯含量与真空度的关系

|  | 常压 | 真空度为 0.2 | 真空度为 0.6 | 真空度为 0.8 |
| --- | --- | --- | --- | --- |
| 蒸馏产品收率/% | 82 | 85 | 88 | 90 |
| 产品馏程/℃ | 260~380 | 250~360 | 180~310 | 160~290 |
| 产品外观 | 深黄、刺鼻性气味 | 深黄、刺鼻性气味 | 较黄、透明、味淡 | 淡黄、透明、无味 |
| 蒸馏后脂肪酸甲酯含量/% | <75（有大量物质分解） | 80~85（低于蒸馏前含量） | >90（有少量物质分解） | >99 |
| 蒸馏过程现象 | 280~340℃馏出物最多，蒸馏过程中有刺鼻、刺激性物质产生、蒸馏剩余物黏稠、色泽深、难闻 | 280℃开始有大量馏出物，持续到300℃蒸馏过程中有刺鼻气味，蒸馏剩余物色泽深、难闻、黏稠 | 250~290℃有大量馏分出现，持续到300℃还有馏出物，蒸馏过程基本无刺激性气味，但蒸馏剩余物色泽较深、黏稠 | 220~270℃馏分最多，240℃出现大量馏分。整个蒸馏过程进行很快，无刺激性气味及烟气产生，蒸馏剩余物较少、色泽较深、黏稠 |

当真空度较大时，生物柴油在较低温度下可以蒸馏出来，其中的杂质及油脂达不到分解温度，可以保证生物柴油的纯度，保证产品质量；但当真空度较小时，蒸馏温度过高，则杂质和其中的甘油在高温下分解，产生的分解物也混杂在生物柴油中，使生物柴油产品质量降低，色泽变深、气味刺鼻。

**2）桐油生成的粗柴油真空蒸馏提取试验结果与讨论**

由于桐油生成的粗柴油中含有的脂肪酸甲酯碳链与菜籽油中的相近，甚至有的更长，需要的蒸馏温度将更高，因此，对桐油生成的粗柴油进行提纯时，选取蒸馏真空度为 0.8 以上，研究蒸馏温度、真空度及产物之间的关系，结果见表 7.24。

表 7.24 桐油生成的粗柴油真空蒸馏中馏程、产物中脂肪酸甲酯含量与真空度的关系

|  | 真空度为 0.8 | 真空度为 0.9 | 真空度接近 1 |
| --- | --- | --- | --- |
| 蒸馏产品收率/% | 82 | 86 | 90 |
| 产品馏程/℃ | 274~360 | 260~360 | 240~360 |
| 产品外观 | 深黄、透明度不高 | 浅黄、较透明 | 淡黄、透明 |
| 蒸馏后脂肪酸甲酯含量/% | 86 | 93 | 95 以上 |
| 蒸馏过程现象 | 310℃时馏分最多 | 300℃时馏分最多 | 280℃时馏出速度最快 |

从桐油生成的粗柴油分离、提取结果可以看出，桐油生成的粗柴油蒸馏时，需要更高的蒸馏真空度和更高的蒸馏温度，产物和原料油更容易分解。且由于桐油原料油的黏度为菜籽油的 1~2 倍，因此，蒸馏剩余物更黏稠、色泽更深。所以在对桐油生成的粗柴油进行分离、提纯时，要在高真空度下进行，蒸馏过程中要防止温度升高过快，否则极易造成产品分解。

根据以上分析，蒸馏过程中生物柴油的收率为 85%~90%，考虑甘油粗提过程，生物柴油的总收率为 76%~81%。根据化学反应式，生物柴油的理论收率应为 90%，而本文实际收率为理论收率的 84.4%~90%。这是由于在酯交换反应过程中，原料油的酯交换率没有达到 100%，有一部分原料油没有反应，同时在分离、提取过程中，脂肪酸甲酯不能 100% 的提取，同样造成了一部分损失，所以本文生物柴油的总收率为理

论收率的 84.4%～90%。

### 7.6.2 生物柴油产品性能测试方法及测试结果

作为燃料油，生物柴油应该具有良好的燃烧、排放性能。影响生物柴油燃烧、排放性能的主要性能参数有生物柴油的密度、黏度、馏程、灰分、残炭、冷滤点、十六烷值、水分含量等。为了保证生物柴油产品质量，许多国家制定了相应的产品标准，我国的生物柴油标准还在试行阶段。为了确定生物柴油品质，对生物柴油主要性能参数进行了测试，并将测试结果与我国试行生物柴油标准及美国、德国等国家的生物柴油标准进行对比。

#### 7.6.2.1 密度的测定

密度（$\rho$）是指在规定温度下，单位体积油所含质量，我国国家标准规定密度的标准测试温度为20℃。燃料油的密度影响着油的质量低热值、体积低热值和着火温度，是燃料油最常用、最重要的物理指标。随着密度的增加，液体燃料的体积低热值升高，相应的着火温度下降，燃料更容易燃烧。同时，燃料油密度的增大会使柴油机燃烧的最大压升率和最高燃烧压力随之增加，从而造成柴油机工作粗暴，振动、噪声过大，零部件受到的冲击负荷过猛，造成内燃机磨损增加，寿命降低。但密度又决定着储存、运输和销售燃料油过程中容器的大小，在飞机、战车和舰船上，决定着燃油箱的大小及活动半径的里程。因此，燃料油的密度不能太大，也不能太小，我国 0# 轻柴油的标准密度为 820～900 kg/m³。利用玻璃比重瓶进行测试，保持20℃的温度。

#### 7.6.2.2 运动黏度的测定

黏度是衡量流体内部摩擦阻力大小的尺度，是流体运动时内部阻碍其相对运动的一种特性。运动黏度（$v$）是动力黏度与同温度下的密度的比值，与所受压力无关。动力黏度是指流体流动的速度梯度为1时，单位面积上由于流体的黏性而产生的内摩擦力大小。柴油的黏度影响到柴油机低温工作时燃料油流动性、预热要求、喷油压力的确定，影响喷油时油的破碎、雾化程度。柴油黏度太大，则喷油时破碎、雾化困难，雾粒直径过大，影响柴油及时蒸发、混合和燃烧，使其着火点升高，着火性能变差；黏度过低，则使喷油泵、出油阀和喷油器三对偶件中的磨损增大，影响其正常运转，增加了它们的运动阻力，使发动机功率损失增大；同时会引起三对偶件间隙增大，工作时漏油量增加，使内燃机供油系数急剧下降，尤其当内燃机转速较低时更为明显。我国标准规定 0# 柴油 40℃时的运动黏度为 $3\times10^6$～$8\times10^6$ m²/s。

植物油常温下的运动黏度很高，本文所用菜籽油在50℃下的黏度为 $38\times10^6$ m²/s，桐油在此温度下为 $78\times10^6$ m²/s。正是由于植物油的黏度过高，造成内燃机喷油时油滴雾化效果不好，形成的雾滴直径较大，使植物油燃烧不充分，造成内燃机喷油口积炭、结焦，影响内燃机的正常工作。而植物油经酯交换后生成的生物柴油黏度会大大下降，可以达到 0# 柴油的国家标准，达到内燃机燃油标准。

测定方法：根据 GB/T265-88《石油产品运动黏度和动力黏度计算法》的规定进行

测试和计算。在恒定温度下（根据美国生物柴油标准，为 40℃），测定一定体积的液体在重力下流过标定好的玻璃毛细管黏度计的时间，黏度计的毛细管常数与流动时间的乘积，即为该温度下测定液体的运动黏度。美国生物柴油运动黏度测试方法 ASTM D445 也是采用此原理进行测试。

利用 SYP1011-I 型石油产品运动黏度测定器（上海阳德石油仪器制造有限公司）测试。

### 7.6.2.3 十六烷指数的测定与计算

十六烷值用以表征柴油着火性能的好坏，是燃料油的一个重要特性，但它不是固有属性，而是一种人为的、表观的、综合性的指标。

柴油机的着火特性常用其滞燃期来表征。滞燃期是指柴油从被喷入气缸到开始着火这一段时间，以 ms 表示。滞燃期越短，进入气缸的柴油能很快着火，不会造成油的累积；滞燃期越长，在滞燃期间进入气缸内的油越多，造成可燃性混合气体大量增加，使得燃料油在达到着火点燃烧时，由于燃烧物质的集聚，形成类似爆炸性的燃烧和放热，即爆燃。爆燃造成内燃机最大压力升高率和热量峰值大增，最高燃烧压力和最高燃烧温度大大高于正常工作值，影响内燃机的正常运转。

柴油的十六烷值影响着柴油的滞燃期，滞燃期随十六烷值的增大而迅速减小，内燃机的着火性能变好。十六烷值还影响着燃料油的耗油率，当十六烷值高时，油的抗爆性能、着火性能好，燃料油燃烧充分、完善，各种燃烧性能好，使得燃料油热值利用率高，从而降低耗油率，提高内燃机的经济性。一般来说，燃料油的十六烷值为 45~65，其着火性能和燃烧性能均能达到内燃机的正常工作状态，当十六烷值低于 45 时，滞燃期明显延长，容易形成爆燃；当十六烷值高于 65 时，虽然滞燃期进一步缩短，但从经济上考虑不需要如此高的十六烷值。

由于十六烷值难于精确测量，误差可达 3 个单位，为了获得柴油的十六烷值，并降低十六烷值测试费用，许多学者利用试验加计算得到的十六烷值代替试验测试十六烷值，将其称为十六烷指数（CI），欧美发达国家生物柴油标准中十六烷值即为十六烷指数。

测试计算方法：根据生物柴油标准密度和 50%馏出温度计算得到。根据 GB/T 255《石油产品馏程测定法》测试生物柴油 50%馏出温度，并根据 GB/T11139-89 规定计算生物柴油的十六烷值指数，计算公式如下：

$$\mathrm{CI} = 162.41 \times \frac{\lg T_{50}}{\rho_{20}} - 418.51 \tag{7.18}$$

式中，$T_{50}$ 为柴油体积馏出 50% 时的温度，单位为℃；$\rho_{20}$ 为柴油 20℃时的密度，单位为 kg/L。

### 7.6.2.4 闭口闪点的测定

在燃油加热过程中，当点火源接近燃油蒸气和周围空气所形成的混合气时，可产生瞬间闪火现象的最低温度称为燃油的闪点。当使用开口杯（油表面暴露在大气中）测量时得到的为开口闪点,主要测试重质油的闪点;利用闭口杯(油表面封闭在容器内)测定的闪点称为闭口闪点,测试轻质油的闪点。闪点是有关安全防火的一个重要指标。闪点高低对燃油的储存和输送安全性具有重要意义,闪点越低,着火危险性越大。通常轻、重柴油的闭口闪点为50~65℃,植物油的开口闪点在200℃左右,而生物柴油的闪点在150℃以上,因此,生物柴油比石化柴油具有更好的安全使用性能,易于运输、储存,同时其着火性能优于植物油。

按照国家标准 UDC665.5、536.46,GB261-83《石油产品闪点测定法(闭口杯法)》对生物柴油的闭口闪点进行测试,利用SYP1002-Ⅱ型石油产品闪点试验器(宾斯基-马丁闭口杯法)(上海阳德石油仪器制造有限公司)测试。

### 7.6.2.5 馏程的测定

燃料油的馏程是指燃料油在一定的压力下,液体中不同物质开始沸腾时对应的沸点群,即一温度范围。馏程是燃料油一个基本特性,它决定着燃料油能否用于内燃机及适用的内燃机类型。

馏程影响着燃料油的产品性能,馏程升高,则高温区重质物质增多,燃料油的黏度和密度增大,闪点和十六烷值(十六烷指数)均增加,对燃料油的燃烧、安全使用性能造成双方面的影响,因此,燃料油的馏程要有一定的范围。我国柴油机使用的燃料油的馏程为200~350℃,0#柴油馏程的国家标准为50%(体积)馏出温度≤300℃,90%(体积)馏出温度≤355℃、95%(体积)馏出温度≤365℃。

根据 GB6536-1997《石油产品蒸馏测定法》,利用SYP2001-Ⅲ型石油产品蒸馏试验器(上海阳德石油仪器制造有限公司)测试。

### 7.6.2.6 残炭的测定

燃料油的残炭值,是指油品在特定的高温条件下,经蒸发及高温热裂解后,形成的炭质残余物占油品的质量百分数。残炭值的大小与油品的化学组成及灰分含量有关,除灰分外,油品中的胶质、沥青质及多环芳烃等均是残炭的主要来源。因此,残炭值高说明油品容易氧化生焦或形成积炭。植物油具有很强的结焦性能,长期使用在内燃机喷油口等处形成积炭和结焦,对内燃机造成破坏。但经酯交换后生成的生物柴油残炭值大大降低,结焦倾向下降,长期使用不会造成积炭。

引用 GB/T255《石油产品馏程测定法》和 GB/T6536《石油产品蒸馏测定法》,在规定的试验条件下,用电炉来加热蒸发生物柴油试样,并测定燃烧后形成的焦黑色残留物(残炭)的质量百分数。

利用SYP1011-Ⅰ型石油产品电炉残炭试验器(上海阳德石油仪器制造有限公司)测试。

### 7.6.2.7 水分的测定

生物柴油中的水分会影响油的使用性能,使燃料油喷入气缸时混合气温度降低,压力减小,浓度降低,致使从点火跳火花到形成独立火源时间变长。而水分的存在,也会使生物柴油的抗氧化性能变差,生物柴油容易变质。因此,应该控制产品中的水分含量。美国生物柴油标准规定其水分含量要≤0.05%,即≤500mg/kg生物柴油。

根据GB/T260-77《石油产品水分测定法》,利用SYP1015-Ⅱ型石油产品水分试验器(上海阳德石油仪器制造有限公司)测试。

#### 7.6.2.8 生物柴油硫含量的测定

石油柴油中含有的硫是造成环境恶化,形成酸雨的主要元素。燃料油中硫含量过高,同样会对柴油机的寿命造成重大影响。随着环境保护意识的增强,各国柴油标准对柴油中硫含量的限制也日益苛刻。1990年欧洲柴油标准限制柴油硫含量要≤0.2%,美国发动机协会要求柴油中硫含量要≤0.05%,我国国家标准中0$^\#$柴油的硫含量也要≤0.2%。而美国生物柴油标准规定其中的硫含量要≤0.02%。实际上,由于生物柴油的原料为植物油,其硫含量极低,与石化柴油相比,硫含量能下降90%以上。因此,生物柴油的硫含量标准很容易满足。

根据GB/T380-77《石油产品硫含量测定法(燃灯法)》,在SYP1021-Ⅱ型石油产品硫含量试验器(上海阳德石油仪器制造有限公司)上分析、测试。

#### 7.6.2.9 生物柴油冷滤点的测定

美国柴油标准以浊点作为柴油低温流动性能指标,但实际上柴油达到浊点温度时,虽然有蜡结晶体出现,但柴油仍能顺畅流动,装卸时滤网孔较大,不会影响过滤。当燃料油通过柴油机的滤网时,会有部分蜡结晶体被阻隔,但柴油机一旦启动,这些蜡结晶体又会熔化,不会影响柴油机的正常运转。而冷滤点则是在规定的条件下,柴油试样开始不能通过滤网的最高温度限制。此时,燃料油的流动开始受到阻隔,柴油机的运转将会受到影响,以冷滤点作为柴油的低温流动性能指标更具有科学性。因此,欧洲各国率先以冷滤点作为石油柴油低温流动性能指标,我国也对加流动性改进剂的轻柴油质量用冷滤点加以控制,我国0$^\#$生物柴油的冷滤点为≤4℃。

根据国家标准SH/T0248-92《馏分燃料冷凝点测定法》进行测试,在规定的条件下将试样冷却,当试样不能流过过滤器或20 mL试样流过过滤器的时间超过60 s或试样不能完全流回试杯时的最高温度,单位为℃。

利用SYP2007-Ⅰ型馏分燃料冷滤点吸滤器(上海阳德石油仪器制造有限公司)进行测试。

将生物柴油测试结果与各国生物柴油标准进行对比,结果如表7.25所示。

**表7.25 生物柴油性能测试结果与相应标准对比结果**

| | 中国 | 美国 | 德国 | 法国 | 瑞典 | 意大利 | 本研究 | 本研究 |
|---|---|---|---|---|---|---|---|---|
| 密度(20℃)/(kg/m$^3$) | 820~900 | 820~900 | 875~900 | 870~900 | 870~900 | 860~900 | 875 | 880 |
| 运动黏度(40℃)/×10$^6$m$^2$/s | 1.9~6.0 | 1.9~6.0 | 3.5~5.0 | 3.5~5.0 | 3.59~5.0 | 3.5~5.0 | 4.4 | 5.32 |

续表

| | 中国 | 美国 | 德国 | 法国 | 瑞典 | 意大利 | 本研究 | 本研究 |
|---|---|---|---|---|---|---|---|---|
| 十六烷指数 | ≥49 | ≥40 | >49 | >49 | >49 | >49 | 49 | 49 |
| 闭口闪点/℃ | >130 | >130 | >110 | >100 | >100 | >100 | 139 | 141 |
| 残炭（10%）/% | ≤0.3 | ≤0.05 | <0.05 | — | — | — | 0.05 | 0.05 |
| 灰分/% | ≤0.02 | ≤0.02 | <0.03 | — | — | — | 0.003 | 0.003 |
| 冷滤点/℃ | 实测 | 实测 | 实测 | 实测 | 实测 | 实测 | —4 | 2 |
| 馏程/℃ | 90%<360 | <350 | <350 | <360 | | <360 | 350 | 350 |
| 酸值（mgKOH/g） | ≤0.8 | ≤0.8 | ≤0.5 | ≤0.5 | ≤0.8 | ≤0.5 | 0.65 | 0.70 |
| 硫含量/% | ≤0.05 | ≤0.02 | ≤0.01 | — | ≤0.001 | ≤0.01 | 0.01 | 0.01 |
| 水分含量/% | ≤0.05 | ≤0.05 | ≤0.05 | ≤0.02 | ≤0.03 | ≤0.07 | — | 0.03 |

## 7.7 结论

以菜籽油、桐籽油为原料，对原料油和转化生成的生物柴油的生物特性、物理特性、燃烧特性进行了试验分析；对两种原料酶法生产生物柴油的间歇反应、连续反应、在不同反应器中的工艺条件及参数进行了试验和优化；对脂肪酶的催化机制和酶催化动力学方程进行了研究，得到了如下结论：

(1) 首次在无溶剂系统中，以菜籽油、桐油为原料，商品脂肪酶NOVO435为催化剂，利用响应面试验方法优化了酶法间歇制取生物柴油的工艺条件。菜籽油在52℃、10%脂肪酶、200 r/min的反应条件下，分三批加入甲醇，共反应26 h，得到的总酯交换率为93%。桐油在43℃、14%脂肪酶、200 r/min的反应条件下，分二批加入甲醇，共反应36 h，总酯交换率达85%。优化后的工艺简单，脂肪酶不用清洗可以直接重复使用，菜籽油中的脂肪酶能够重复使用520 h，酯交换率下降很小；桐油中的脂肪酶能够重复使用360 h，酯交换率略有下降。反应体系中不需要有机溶剂。

(2) 首次对无溶剂系统中固定化脂肪酶催化植物油脂与甲醇酯交换反应的催化机理和动力学方程进行了研究，得到了脂肪酶催化两种原料油的相应动力学方程式：

菜籽油的初速度动力学方程为

$$v = \frac{5.76}{1 + \frac{15.91}{[A]} + \frac{1.025}{[S]}\left[1 + \frac{[A]}{0.114}\right]}$$

桐油的初速度动力学方程为

$$v = \frac{0.315}{1 + \frac{9.957}{[A]} + \frac{0.007}{[S]}\left[1 + \frac{[A]}{0.001}\right]}$$

试验得到的动力学方程式从理论上解释了甲醇对脂肪酶的抑制作用，该方程理论预测值与试验结果吻合良好，可以作为反应放大设计和优化的依据，为生物柴油的工业化生产提供相应的理论基础。

（3）首次利用膨胀床进行生物柴油连续生产试验，获得了连续反应工艺条件及装置。试验得到了菜籽油的连续酯交换率为85%～92%，桐油的连续酯交换率为88%～94%的理想结果。反应装置连续运行了50 d，反应酯交换率基本未变。

（4）利用间歇和连续反应工艺条件生产生物柴油总收率达到76%～81%，为理论收率的84.4%～90%，产品性能经检测，符合我国生物柴油试用标准和美国、德国等国的生物柴油标准。

# 8 生物柴油用固体催化剂试验研究

## 引言

目前生物柴油工业化生产中存在催化剂不能重复利用、甲醇过量、后提取困难等弊端，许多研究者致力于寻求新型、高效、可重复使用的催化剂的研究工作，利用固体酸、固体碱催化制备生物柴油是目前的一个研究热点。

固体酸指能够给出质子或接受电子对的固体，它能够化学吸附碱，使碱性指示剂改变颜色。固体碱指能够接受质子或给出电子对的固体，能够化学吸附酸，使酸性指示剂改变颜色。采用固体酸、非均相碱催化剂催化油脂酯交换反应制备生物柴油，不仅可避免传统均相酸碱催化酯交换过程中催化剂分离比较困难，废液多，副反应多和乳化现象严重等问题，而且反应条件温和，催化剂可重复使用，容易采用自动化连续生产，对设备无腐蚀，对环境无污染。

固体酸催化酯交换具有在反应条件下不容易失活，对油脂的质量要求不高，能催化酸值和含水量较高的油脂等优点，但催化油脂酯交换反应时反应时间较长，反应温度较高，反应物转化率不高。固体碱催化剂作为环境友好催化剂，对烯烃的双键异构化、芳烃的侧链烷基化、醇的脱氢反应、醇醛缩合反应和酯交换反应等均有良好的催化活性，由于其与液体碱相比有很多优点，后处理问题较少，产物、催化剂、溶剂的分离回收容易，在石油化工领域引起了人们越来越多的重视。

近年来世界各国在金属氧化物、水滑石、碱性阴离子交换树脂、各种负载型固体碱催化剂等方面开展了大量的研究工作，取得了相应的研究成果。

负载型固体碱催化剂是将催化剂前驱体和载体，按照一定的方法混合或浸渍，然后均匀混合或搅拌、蒸干、烘烤，最后在适当的温度下煅烧制成。目前负载型固体碱的载体主要有 $Al_2O_3$、分子筛、$MgO$、$CaO$、$TiO_2$ 等，负载的前驱体主要为碱金属或碱土金属及其氢氧化物、碳酸盐、氟化物、硝酸盐、乙酸盐、氨化物和叠氮化物等。

由于载体本身具有一定的催化功能，虽然活性不高，但作为载体，对催化剂的影响不容忽略。研究表明，把相同的前驱体负载到不同载体上，固体碱的碱强度随载体碱强度的增大而增大。

也可以不使用载体，直接使用碱金属和碱土金属的氧化物和复合氧化物、改性水滑石、类水滑石和具有碱性的其他固体物质作为催化剂使用，促使反应向正方向进行。相对负载型催化剂，该类催化剂制作相对简单，但催化效果较差。碱土金属氧化物的比表面较低，且易吸收 $H_2O$ 和 $CO_2$，易使反应混合物形成淤浆，分离困难，必须在高温和高真空条件下预处理才能表现出碱催化活性。而且这种类型的催化剂均为粉状，容易导致催化剂与产物分离困难、催化剂机械强度低，因此应用受到一定的限制。

也有研究者对非负载型催化剂，如阴离子交换树脂、有机碱固体催化剂、稀土金属等进行了大量的研究。但是，比较各种催化剂催化效果，负载型固体碱催化剂较非负载型催化剂的催化效果要好。因为非负载型催化剂的比表面积相对较低，且多是粉状物，机械强度低，易和生成的副产物甘油形成浆状物，抑制催化作用，且催化剂在后处理的过程中分离困难。由于负载型催化剂比表面积相对较大、孔径分布均匀、碱强度和机械强度高，反应时不易形成浆状物，尤其当固体催化剂前驱体和载体选择合适时，不仅可以得到强碱位、高比表面积的固体碱，而且制备方法简单，能多次使用，容易再生。因此，负载型固体碱催化剂在油脂酯交换反应制备生物柴油的应用中越来越受到关注。

用于制备生物柴油的固体催化剂既需要有足够的碱强度和碱量，又要具备分离简单、活性稳定、抗中毒、容易回收利用等要求。目前利用固体催化剂生产生物柴油的研究还处于实验室小试阶段，缺乏催化剂稳定性、寿命、催化机制、回收利用等方面的研究工作；对负载型固体碱碱位的形成机制，固体碱催化剂在反应体系中的流失等问题均需要大量的研究工作来解决。本章将根据元素周期表中碱金属的强弱，选择活性组分较强的铯元素的化合物和不同的载体制备固体催化剂，将其用于菜籽油和甲醇的酯交换反应过程。具体研究内容为催化剂的制备工艺、催化剂活性成分形成机制、催化剂催化酯交换反应工艺条件及催化剂的失活和再生试验。

## 8.1 固体碱催化剂制备试验研究

固体碱催化剂的组成和结构是影响催化性能的主要因素，活性组分和载体决定催化剂的化学组成和结构，选择合适的活性组分、前驱体和载体是制备理想催化剂的关键因素。催化剂的制备方法对催化剂结构的影响十分显著，用不同制备方法制备出的催化剂，其组成相同但结构可能相差很大，表现出不同的催化性能，选择合适的催化剂制备方法同样重要。

### 8.1.1 试验流程与材料、仪器

#### 8.1.1.1 试验流程

首先将选用的催化剂前驱体进行干燥，从120℃干燥箱中取出后立即称重，尽量避免催化剂前驱体潮解，然后按照不同方法进行混合负载、干燥、煅烧，制备出催化剂。具体流程见图8.1。

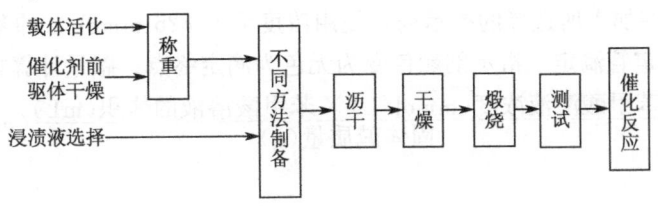

图8.1 催化剂制备流程

### 8.1.1.2 试验材料和仪器

**1) 试验材料与试剂**

$Cs_2CO_3$、$Cs_2C_2H_3O_2$、$CsNO_3$、$CsCl$：分析纯，四川国理锂材料有限公司；$\gamma\text{-}Al_2O_3$：分析纯，中国铝业公司郑州轻金属研究院粉体研究所；$TiO_2$、$SiO_2$：分析纯，天津市华东试剂厂；$MgO$、$Ca(C_2H_3O_2)_2$：分析纯，汕头市西陇化工厂；NaY 型分子筛：南京大学表面化学工程技术研究中心有限责任公司；菜籽油：河南省大和油脂有限公司。

**2) 主要试验仪器与设备**

气相色谱仪：Aglient 6820，美国安捷伦科技有限公司；DB-1 ht 毛细管柱（0.25 mm×15 m×0.1 μm），美国安捷伦科技有限公司；ASAP2020 型比表面测定仪，美国麦克公司。

### 8.1.1.3 试验方法

称取一定量的载体，按照需要的负载量称取催化剂前驱体，混合或溶解于浸渍液，在超声波下震荡 20 min，使前驱体和载体均匀混合或充分吸附，然后在 120℃干燥箱中干燥 10 h 取出，在不同的条件下煅烧，制备出催化剂。使用指示剂和苯甲酸测试制备的催化剂的碱性，通过对制备的催化剂催化酯交换反应的酯交换率考查催化剂的活性，最终获得理想的催化剂制备工艺参数。

### 8.1.1.4 测试方法

**1) 碱强度**

采用指示剂测试催化剂的碱强度，通过滴定不同的指示剂，观察指示剂颜色变化，判断催化剂的碱强度。用于测定固体碱的指示剂：溴百里酚兰（$H_-=7.2$）、酚酞（$H_-=8.2$）、2,4-硝基苯胺（$H_-=15.0$）、4-硝基苯胺（$H_-=18.4$）、4-氯苯胺（$H_-=26.5$）、苯胺（$H_-=27.0$）、三苯甲烷（$H_-=33.0$）、苯甲烷（$H_-=35.0$）、异丙苯（$H_-=37.0$）。

**2) 碱量**

采用滴定法测定固体碱催化剂的碱量。碱量用溶解在苯中的苯甲酸滴定悬浮在苯溶剂中的固体来测量。具体操作步骤：称取 1 g 制备好的催化剂放入锥形瓶中，加入 30 mL 苯溶液，并加入所选择的指示剂，使用浓度为 9.826 mmol/L 的苯甲酸作为滴定液，使用微量滴定管滴定，指示剂颜色变为无色为滴定终点。碱量计算如下：

$$碱量 = \frac{苯甲酸溶液浓度(mmol/L) \times 苯甲酸溶液的体积(mL)}{固体碱质量(g)} (mmol/g) \quad (8.1)$$

## 8.1.2 催化剂材料及制备方法选择

### 8.1.2.1 催化剂材料选取

**1) 催化剂主元素的选择**

根据元素周期表,具有碱性的元素包含碱金属、碱土金属和稀土金属。从上到下,碱性增强;从右到左,碱性增强。可用于制备无机固体碱催化剂的元素有碱金属 Na、K、Rb、Cs,碱土金属 Mg、Ca、Sr、Ba,稀土类元素 La、Ce 等。

利用 Hammett 指示剂法对一些碱土金属、碱金属、稀土氧化物的碱性进行了测试,测试结果见表 8.1。

表 8.1 部分碱土金属、碱金属、稀土和过渡金属氧化物的碱强度

| 指示剂 | MgO | CaO | $K_2O$ | $Cs_2O$ | $La_2O_3$ | $Ce_2O_3$ |
| --- | --- | --- | --- | --- | --- | --- |
| 溴百里酚兰 | 变色 | 变色 | 变色 | 变色 | 变色 | 变色 |
| 酚酞 | 变色 | 变色 | 变色 | 变色 | 变色 | 变色 |
| 2,4-二硝基苯胺 | — | 变色 | 变色 | 变色 | 变色 | — |
| 4-硝基苯胺 | — | — | 变色 | 变色 | — | — |
| 苯胺 | — | — | 变色 | 变色 | — | — |
| 三苯甲烷 | — | — | — | 变色 | — | — |

从表 8.1 看出,所测的金属氧化物中,碱金属的碱强度优于碱土金属和稀土,其中,$Cs_2O$ 的碱强度最高,碱土金属氧化物和稀土氧化物的碱强度远低于 $Cs_2O$。

利用以上物质催化菜籽油的酯交换反应,结果发现,在碱土金属中,碱强度最小的 MgO 对酯交换反应没有催化效果;$La_2O_3$ 的碱强度高于 MgO,对反应有一定的催化活性。CaO 虽然对反应有一定的催化作用,但活性较低,并且会在甲醇中形成悬胶液,使产品分离困难,不宜直接作为非均相催化剂。在所测试的氧化物中,$Cs_2O$ 的碱强度最高,且可以从多种铯盐中获得。$Cs_2CO_3$、$CsC_2H_3O_2$、$CsNO_3$、$CsOH$ 均能在较低温度下煅烧制得 $Cs_2O$,如 $CsC_2H_3O_2$ 的温度为 500℃,$Cs_2CO_3$ 为 610℃。

固体碱催化剂的性质与其表面碱位的数量和强度相关,碱金属和碱土金属氧化物催化剂的活性顺序及表面积随碱金属和碱土金属的原子序数的增加而减小,其顺序为 MgO>CaO>SrO>BaO,$Na_2O>K_2O>Rb_2O>Cs_2O$,而碱强度的顺序则与之相反。由于大多数金属氧化物的比表面积都较小,见表 8.2,直接使用金属氧化物作为催化剂影响其催化效果,为了进一步考查金属氧化物的催化活性,不因其比表面积小而受到影响,有必要选用比表面积较大的物质作为载体,负载金属氧化物制备催化剂,作进一步考查。

表 8.2 金属氧化物比表面积

| 金属氧化物 | $La_2O_3$ | $Ce_2O_3$ | $Cs_2O$ | MgO | $Al_2O_3$ |
| --- | --- | --- | --- | --- | --- |
| 比表面积/($m^2/g$) | 3.05 | 24.5 | 4.15 | 133.3 | 135.1 |

良好的、实用的催化剂，应该具有高的活性、选择性和稳定性。选择催化剂主元素时，不仅要考查固体碱的强度、催化活性，还要考查其对特定反应表现出来的选择性，避免活性高而选择性差。

以比表面积大的活性 $Al_2O_3$ 作为载体，分别使用 $Cs_2CO_3$、$CsNO_3$、$K_2CO_3$、$KNO_3$、$La_2O_3$、$Ca(C_2H_3O_2)_2$、$Ce_2O_3$ 作为催化剂前驱体负载到 $Al_2O_3$ 载体上进行高温焙烧制作出催化剂，对6种催化剂使用指示剂测量碱强度和碱量，结果见表8.3。

**表 8.3  碱金属、碱土金属和稀土化合物负载催化剂的碱强度及催化活性**

| 前驱体 | 负载量/(mmol/g) | 煅烧温度/℃ | 煅烧产物 | 碱强度 | 碱量/(mmol/g) | 酯交换率/% |
|---|---|---|---|---|---|---|
| $Cs_2CO_3$ | 2 | 600 | $Cs_2O/Al_2O_3$ | >33.0 | >10.00 | 78.2 |
| $CsNO_3$ | 2 | 600 | $Cs_2O/Al_2O_3$ | >26.5 | >10.00 | 64.7 |
| $K_2CO_3$ | 4 | 900 | $K_2O/Al_2O_3$ | <18.4 | 1.02 | 27.3 |
| $KNO_3$ | 4 | 500 | $K_2O/Al_2O_3$ | >18.4 | 2.51 | 59.4 |
| $Ca(C_2H_3O_2)_2$ | 4 | 700 | $CaO/Al_2O_3$ | >18.4 | 1.82 | 57.1 |
| $La(NO_3)_3$ | 4 | 600 | $La_2O_3/Al_2O_3$ | <18.4 | 0.89 | 16.5 |
| $Ce(NO_3)_3$ | 4 | 600 | $Ce_2O_3/Al_2O_3$ | <18.4 | 0.86 | 13.7 |

注：碱量测定以苯酚作为指示剂，催化剂量为1g。

从表8.3可以看出，催化剂碱强度和碱量在反应中起决定作用，碱金属氧化物的比表面积虽然较小，负载后，催化剂活性很高，充分说明碱强度和碱量值越大，酯交换反应的酯交换率越高，催化剂的活性越高。$K_2CO_3$ 分解温度较高，高温焙烧对载体的性能影响较大，催化效果不明显，以 $KNO_3$ 负载和使用 $Ca(C_2H_3O_2)_2$ 负载催化活性相当。$La(NO_3)_3$ 和 $Ce(NO_3)_3$ 负载煅烧的催化剂活性较差，且反应后反应烧瓶上有荧光物质。根据以上试验结果，选择活性最好的 Cs 为主催化剂，以 $Cs_2O$ 作为活性组分。

**2）催化剂前驱体的选择**

选择 $Cs_2CO_3$、$CsC_2H_3O_2$、$CsNO_3$、$CsCl$ 4种铯的化合物作为前驱体，在120℃干燥箱干燥3h使其恒重，然后用来催化菜籽油酯交换反应，在催化条件下反应3h后，脂肪酸甲酯的转换率基本为0；在600℃下将它们煅烧，测量碱强度，结果见表8.4。

**表 8.4  不同前驱体煅烧产物的碱强度**

| 前驱体 | 煅烧产物 | 碱强度 |
|---|---|---|
| $Cs_2CO_3$ | $Cs_2O/Cs_2CO_3$ | >33.0 |
| $CsC_2H_3O_2$ | $Cs_2O/Cs_2CO_3$ | >33.0 |
| $CsNO_3$ | $Cs_2O/CsNO_2$ | >26.5 |
| $CsCl$ | $CsCl$ | <18.4 |

从表8.4中可以看出，$Cs_2CO_3$ 和 $CsC_2H_3O_2$ 煅烧产物的碱强度均大于33，为超强碱。$CsNO_3$ 煅烧产物的碱强度为26.5，小于前两者，主要是 $CsNO_3$ 经高温煅烧首先分解产生 $CsNO_2$，$CsNO_2$ 继续分解才生成 $Cs_2O$，而残留的硝酸根和亚硝酸根，将降低产物的碱强度。因此，$Cs_2CO_3$ 和 $CsC_2H_3O_2$ 均适合作为主催化剂前驱体。但在实际操作

过程中发现，$CsC_2H_3O_2$ 为块状物，实际操作困难，易潮解。将 $Cs_2CO_3$、$CsC_2H_3O_2$ 分别负载于活性氧化铝载体上，同等条件下催化酯交换反应，发现由 $Cs_2CO_3$ 制备的催化剂比由 $CsC_2H_3O_2$ 制备的催化剂酯交换率稍高，因此综合考虑选用 $Cs_2CO_3$ 作为主催化剂前驱体。

**3) 载体的选择**

以 $Cs_2CO_3$ 为前驱体，以 $\gamma\text{-}Al_2O_3$、$TiO_2$、$MgO$、$SiO_2$、$Ca(C_2H_3O_2)_2$、NaY 型分子筛等作为载体，考查不同载体对催化性能的影响。利用这些载体制备出的催化剂催化菜籽油的酯交换反应，以得到最佳的催化剂载体。将载体置于马弗炉中活化 2 h，以稳定其结构，并释放吸附水，然后置于干燥器皿中冷却到室温后取出，采用蒸馏水滴定，结果表明 CaO、MgO、$\gamma\text{-}Al_2O_3$ 吸水性最好，NaY 型分子筛小球次之，$SiO_2$、$TiO_2$ 吸水性最差。

使用等体积浸渍法，采用 15% 的 $Cs_2CO_3$ 溶液为前驱体，利用上述载体制备出不同的固体催化剂，并将其用于催化酯交换反应，考查其催化效果。酯交换反应条件：甲醇与油脂摩尔比为 12:1，反应温度为 65℃，催化剂用量为菜籽油质量的 3%，反应时间为 3 h，搅拌速度为 240 r/min，结果见表 8.5。

**表 8.5 不同载体负载 $Cs_2CO_3$ 催化剂的碱强度和催化活性**

| 载体 | 煅烧温度/℃ | 碱强度 | 酯交换率/% |
| --- | --- | --- | --- |
| $\gamma\text{-}Al_2O_3$ | 600 | >33.0 | 82.5 |
| MgO | 600 | >33.0 | 83.5 |
| CaO | 600 | >33.0 | 85.1 |
| $SiO_2$ | 600 | <18.4 | — |
| $TiO_2$ | 600 | <18.4 | — |
| NaY 分子筛 | 500 | <18.4 | — |

注：$TiO_2$、$SiO_2$、NaY 型分子筛为载体时制备的催化剂对菜籽油酯交换反应无催化效果，未检测到产物。

由表 8.5 可以发现，以 $Cs_2CO_3$ 为催化剂前驱体，$\gamma\text{-}Al_2O_3$、MgO、CaO 为载体，均能获得固体超强碱，此时具有较高的酯交换率。而以 $TiO_2$、$SiO_2$、NaY 型分子筛为载体时，催化效果很差。在以 $\gamma\text{-}Al_2O_3$、MgO、CaO 为载体制备的固体催化剂中以 CaO 为载体制备的固体碱的催化效果最好，这可能由于 CaO 本身是碱性载体，焙烧后制备的 $Cs_2O/CaO$ 催化剂具有较强的催化活性，但在试验过程中发现，$Cs_2O/CaO$、$Cs_2O/MgO$ 催化剂在反应过程中同甘油形成了糊状物，造成产物分离困难，因此，选取 $\gamma\text{-}Al_2O_3$ 作为固体催化剂的载体。

### 8.1.2.2 催化剂制备方法的选取

固体催化剂的制备方法：沉淀法、浸渍法、混合法、离子交换法、熔融法、微波辐射法、溶胶凝胶法等，以 $Cs_2CO_3$ 为前驱体，以 $\gamma\text{-}Al_2O_3$ 为载体，考查了混合法、浸渍法和微波辐射法三种制备方法对固体催化剂性能的影响。

混合法：将两种催化剂组分，经机械混合、干燥、煅烧后制得催化剂。混合法分为湿法混合、干法混合两种。本试验采用干法混合。具体操作步骤：将催化剂前驱体和载体按照一定比例混合，先在研钵中手工研磨，然后放入圆底烧瓶中，搅拌 10 min，取出，于 120℃干燥 10 h，最后置马弗炉中在不同温度下焙烧指定时间，得到相应的催化剂。

浸渍法：将载体于特定温度下煅烧活化，去除载体中的吸附水和 $CO_2$，并稳定载体晶格结构，然后采用等体积浸渍法制备催化剂，先测定载体的吸水量，再使用配制好的等摩尔量的盐溶液浸渍，然后在 120℃下干燥 10 h 后放入马弗炉中进行焙烧，以得到相应的催化剂。

微波辐射法：按照浸渍法制得催化剂前驱体样品，采用微波加热干燥、焙烧的方法制备催化剂。使用格兰仕家用微波炉微波状态，功率调至 200 W，干燥 10 min；然后将微波功率调至 400 W，加热 20 min 后得到固体催化剂。

将用以上三种方法制备的固体催化剂用于菜籽油的酯交换反应中，反应条件：醇油摩尔比为 12∶1，催化剂用量为 3%，反应温度为 65℃，反应 3 h，结果见表 8.6。

表 8.6 不同制备方法对固体催化剂活性的影响

| 制备方法 | 制备条件 | 碱强度 | 酯交换率/% |
| --- | --- | --- | --- |
| 浸渍法 | 600℃，5 h | >33.0 | 82.5 |
| 混合法 | 600℃，5 h | >26.5 | 76.3 |
| 微波法 | 10 min | 26.5 | 72.7 |

从表 8.6 看出，用浸渍法制备的催化剂的碱强度和催化活性较高，而采用微波辐射法和混合法制备的催化剂的催化活性相对较低，可能由于混合法和微波辐射法的分散性和均匀性较差，造成这两种方法制备的催化剂性能较差。综合以上试验结果，选取浸渍法为催化剂的制备方法。

### 8.1.3 固体催化剂制备试验

负载型催化剂的制备主要是将活性组分均匀、稳定地分散到载体的骨架上，通过改变催化剂颗粒的物理性质，如增加催化剂的比表面积及孔容，使活性表面性质改变，制备出高活性、高稳定性和高选择性的催化剂。本节以 $Cs_2CO_3$ 为前驱体，$\gamma\text{-}Al_2O_3$ 为载体，考查前驱体负载量、浸渍溶剂、载体活化条件、煅烧温度、煅烧时间和煅烧气氛等制备因素对固体催化剂活性的影响，从而得到制备 $Cs_2O/\gamma\text{-}Al_2O_3$ 固体催化剂的最佳工艺条件。

#### 8.1.3.1 前驱体负载量的影响

分别用 1 g 载体负载 1.5 mmol、2.0 mmol、2.5 mmol 和 3.0 mmol 的前驱体，在 600℃下煅烧 5 h 获得催化剂，在以下反应条件下考查催化剂催化活性：3% 的催化剂用量（与油脂的质量比），醇油摩尔比为 12∶1，反应温度为 65℃，反应时间为 3 h，结果见表 8.7。

表 8.7 前驱体负载量对催化剂活性的影响

| 负载量/（mmol/g） | 碱强度 | 碱量/（mmol/g） | 酯交换率/% |
| --- | --- | --- | --- |
| 1.5 | >26.5 | 0.81 | 68.4 |
| 2.0 | >33.0 | 2.12 | 78.2 |
| 2.5 | >33.0 | 3.34 | 82.5 |
| 3.0 | >33.0 | 3.46 | 83.1 |

注：碱量测定以 4-氯苯胺作为指示剂，催化剂量为 1 g。

从表 8.7 发现，当 $Cs_2CO_3$ 的负载量为 2 mmol/g 时，碱强度达到 33，碱量也大幅增加；当 $Cs_2CO_3$ 的负载量为 2.5 mmol/g 时，酯交换率达到 82.5%；当负载量达到 3 mmol/g 时，转化率几乎没有增加，碱量增加不大。原因是当 $Cs_2CO_3$ 负载量达到 2.5 mmol/g 时，载体表面达到饱和，再增加负载量，催化剂前驱体在载体表面堆积，造成重叠，起不到催化作用。因此，$Cs_2CO_3$ 负载量为 2.5 mmol/g 较为适宜。

#### 8.1.3.2 浸渍溶剂的影响

$\gamma$-$Al_2O_3$ 具有较大的比表面积和较高的表面能，彼此之间易发生团聚现象，而不同的浸渍溶剂对催化剂团聚和催化性能具有不同的影响。本文分别选取极性溶剂甲醇、乙醇和水作为浸渍溶剂，考查其对催化剂性能的影响，结果见表 8.8。

表 8.8 不同浸渍溶剂对催化剂及其活性的影响

| 浸渍溶剂 | 溶解性能 | 碱强度 | 酯交换率/% |
| --- | --- | --- | --- |
| 甲醇 | 一般 | >26.5 | 82.1 |
| 乙醇 | 差 | <26.5 | 67.1 |
| 水 | 好 | >33.0 | 82.5 |

注：催化剂煅烧条件为 600℃、5 h。

从表 8.8 看出，不同浸渍溶剂对催化剂活性影响较大且对催化剂制备过程有影响。$Cs_2CO_3$ 在乙醇中的溶解度较差，需要多次负载；在甲醇中的溶解性能一般，因此，不予考虑；水为溶剂时性能最好，虽然以水为溶剂，干燥后有轻度结块现象，但焙烧后结块会消失，因此选择水作为制备催化剂的浸渍溶剂。

#### 8.1.3.3 载体活化的影响

购置的 $\gamma$-$Al_2O_3$ 载体由于放置时间过长，会吸附空气中的水分、$CO_2$、$SO_2$ 等杂质，从而使载体失去其应有的功能，因此，载体使用前必须通过煅烧进行活化，恢复其功能。本文考查了载体活化温度、活化时间对载体的孔结构、比表面积的影响，结果见表 8.9。

表 8.9 活化对氧化铝比表面积和孔结构的影响条件

| 活化条件 | | 孔结构 | | |
| --- | --- | --- | --- | --- |
| 温度/℃ | 时间/h | 比表面积/（m²/g） | <30 nm 的孔体积/（mL/g） | 平均孔直径/nm |
| 400 | 2 | 308 | 0.535 | 5.5 |
| 500 | 2 | 294 | 0.554 | 7.5 |
| 600 | 2 | 315 | 0.574 | 7.3 |
| 700 | 2 | 203 | 0.629 | 12.4 |
| 600 | 2 | 315 | 0.574 | 7.3 |
| 600 | 10 | 304 | 0.580 | 7.6 |
| 600 | 24 | 292 | 0.590 | 8.1 |

从表 8.9 看出，活化温度对载体的影响较大，随着温度升高，比表面积明显降低，孔体积和平均孔直径明显增加，而活化时间对载体的影响不是很大，因此，制取载体的活化时间选为 2 h。

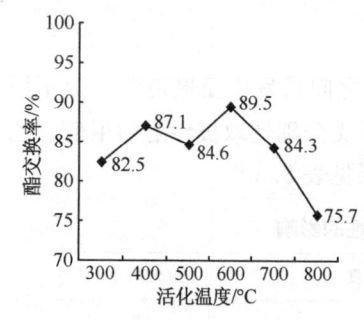

图 8.2 载体活化温度对催化剂活性的影响

将 $\gamma$-$Al_2O_3$ 载体分别于 300℃、400℃、500℃、600℃、700℃、800℃ 活化 2 h 后，负载相同量的 $Cs_2CO_3$，在 600℃下煅烧 2 h，得到相应的固体催化剂，并用其催化菜籽油酯交换反应，以考查载体活化温度对催化剂催化活性的影响。酯交换反应条件：菜籽油 80 mL，甲醇 40 mL，催化剂用量为 3%，反应温度为 65℃，反应时间为 3 h，结果见图 8.2。

从图 8.2 可以看出，$\gamma$-$Al_2O_3$ 载体在 600℃时活化效果最好，原因是活化温度低于 600℃时，载体在空气中吸附的 $CO_2$、$SO_2$ 等杂质没有被完全清除，载体的功能没有完全恢复，同时载体在 600℃活化时具有最大的比表面积，因此，选取 600℃为载体活化温度。

### 8.1.3.4 煅烧温度的影响

采用浸渍法将 $Cs_2CO_3$ 负载于活化过的 $\gamma$-$Al_2O_3$ 载体上，由于 $Cs_2CO_3$ 本身没有强碱位，必须通过煅烧使 $Cs_2CO_3$ 分解产生强碱位，而煅烧温度是关键因素。煅烧温度对催化剂活性的影响结果见表 8.10。

表 8.10 不同煅烧温度对催化剂活性的影响

| 煅烧条件 | 碱强度 | 碱量/（mmol/g） | 酯交换率/% |
| --- | --- | --- | --- |
| 500℃，5 h | >26.5 | 2.81 | 75.6 |
| 600℃，5 h | >33.0 | 3.34 | 89.5 |
| 700℃，5 h | >33.0 | 4.06 | 92.3 |
| 800℃，5 h | >26.5 | 2.16 | 78.7 |

注：碱量测定以 4-氯苯胺作为指示剂，催化剂量为 1 g。

从表 8.10 可以看出，前驱体负载量固定为 2.5 mmol/g，煅烧时间一定时，催化剂的活性随煅烧温度先升高后下降，最适合的煅烧温度为 700℃。煅烧温度太低，催化剂前驱体不分解或分解不完全，得不到强碱催化剂；煅烧温度太高，载体形态发生变化，有烧结现象，破坏了载体骨架结构，降低了催化剂的接触表面，从而降低了催化剂的活性。

### 8.1.3.5 煅烧时间的影响

在催化剂制备过程中，由于吸入了水分子及空气中的 $CO_2$、$SO_2$ 等杂质，在一定温度下煅烧催化剂，以脱除水、$CO_2$ 等杂质。同时，在煅烧过程中，随着水分或挥发分（$CO_2$）的溢出，煅烧的前驱体（$Cs_2CO_3$）会转变成结晶氧化物（$Cs_2O$）新固相。如果煅烧时间短，水分和挥发分脱除不完全，新固相也不能完全形成；煅烧时间长，会使新固相的微晶长大，比表面积和孔体积减小，出现烧结现象，从而破坏催化剂的催化性能。在 700℃ 下，通过负载催化剂不同煅烧时间，考查煅烧时间对催化剂活性的影响，结果见表 8.11。

表 8.11　煅烧时间对催化剂活性的影响

| 煅烧条件 | 碱强度 | 碱量/(mmol/g) | 酯交换率/% |
| --- | --- | --- | --- |
| 700℃，3 h | >25.5 | 2.81 | 75.6 |
| 700℃，4 h | >33.0 | 3.12 | 84.5 |
| 700℃，5 h | >33.0 | 4.06 | 92.3 |
| 700℃，6 h | >33.0 | 3.26 | 87.7 |

注：碱量测定以 4-氯苯胺作为指示剂，催化剂量为 1 g。

从表 8.11 可以看出，催化剂的催化性能随煅烧时间延长而增强，当煅烧时间达到 5 h 时，催化活性最高，此时也具有最大的碱量和最高的碱强度；当煅烧时间达到 6 h 时，催化剂的催化活性下降，碱强度虽然没有变化，但碱量下降较多。因此，煅烧时间不宜过长，5 h 比较合适。

### 8.1.3.6 煅烧气氛的影响

在催化剂煅烧过程中，除了煅烧温度、煅烧时间对催化剂的性能产生影响外，煅烧气氛也有较大影响。煅烧气氛主要影响气体解吸、杂质的去处以及氧化物的还原和离解，最终影响到晶型的变化，对催化剂的烧结也产生一定的影响。分别在空气和氮气气氛下，在 700℃ 对浸渍过 $Cs_3CO_2$ 的 $\gamma$-$Al_2O_3$ 煅烧 5 h，考查不同煅烧气氛对固体催化剂性能的影响，结果见表 8.12。

表 8.12　不同煅烧气氛对催化剂活性的影响

| 煅烧气氛 | 碱强度 | 碱量/(mmol/g) | 酯交换率/% |
| --- | --- | --- | --- |
| 空气、马弗炉 | >33 | >4.06 | 92.3 |
| 氮气、管式炉 | >37 | >6.37 | 95.5 |

注：碱量测定以 4-氯苯胺作为指示剂，催化剂量为 1 g。

由表 8.12 可以看出，在氮气气氛下煅烧催化剂的碱强度和碱量比在空气气氛下煅烧增加明显，催化活性更好，因此，催化剂制备选取在氮气气氛下煅烧。

通过以上研究，选取催化剂，前驱体为 $Cs_2CO_3$，载体为 $\gamma\text{-}Al_2O_3$，浸渍溶剂为水，利用浸渍法制备固体催化剂 $Cs_2O/\gamma\text{-}Al_2O_3$。先在 600℃下将载体活化 2 h，然后将其负载 2.5 mmol/g 的前驱体，再在氮气气氛、700℃下煅烧 5 h，制备出碱强度 $H\_>37$、高催化活性的固体超强碱催化剂 $Cs_2O/\gamma\text{-}Al_2O_3$。

## 8.2 催化剂的表征

对催化剂进行表征的目的：①分析催化剂的基本结构组成，检测催化剂表面结构、物相结构、微孔结构及其分布特征等；②表征催化剂的活性中心与性能；③表征反应过程中催化剂结构与性能的变化，以及产物组成的变化，探讨催化反应机制；④揭示催化剂对某些反应物、产物选择性的转化与生成的本质。

本试验使用比表面积和孔结构测定法、X 射线衍射分析（XRD）法、X 射线荧光分析（XRF）法和 TPD 程序升温脱附法对催化剂进行表征。

### 8.2.1 试验仪器与方法

#### 8.2.1.1 试验仪器

ASAP2020 型比表面测定仪，美国麦克公司；D5000HR 型 X 射线衍射仪，德国西门子公司；ARL9800XP 型 X 射线荧光光谱仪，瑞士 ARL 公司；Chembet-3000 化学吸附仪，美国 Quantachrome 公司。

#### 8.2.1.2 试验方法

采用 ASAP2020 型比表面积测定仪，分析吸附气体为 $N_2$，溶池分析温度：$-195\sim-196$℃，通过吸附量计算催化剂的比表面积、孔容和孔分布。

将催化剂研磨，通过 100 目筛网后，将试样压制成圆饼状，置于 ARL9800XP 型 X 射线荧光光谱仪中，在电压 40kV、电流 10mA、计算速度 4kcps 条件下，对试样的组成元素进行分析。

通过 X 射线荧光分析（XRF）进行元素分析，确定催化剂的化学组成、活性成分及其含量。

采用 X 射线衍射（XRD）分析催化剂，通过衍射"$d-I$"数据定性鉴定催化剂的物相。采用德国西门子公司 D5000HR 型 XRD 衍射仪表征其晶体结构，辐射源为 Cu 靶，Kα 射线。

以 $CO_2$ 为吸附剂，样品先在 700℃高纯度氮气中预处理 2 h，再在高纯 He 中 50℃下恒温，吸附 $CO_2$ 后用高纯 He 气吹扫，程序升温至 750℃，脱附出 $CO_2$ 进行定性定量分析。

## 8.2.2 结果与分析

### 8.2.2.1 比表面积和孔结构表征结果与分析

固体催化剂一般为多孔颗粒，当催化剂的化学组成和结构一定时，单位重量（或体积）催化剂的活性取决于其比表面的大小。催化剂的孔结构特征不但直接影响物料分子的扩散，催化剂的活性，而且直接影响到催化剂的强度和使用寿命。本节采用气体吸附法，对上节制备的 $Cs_2O/\gamma\text{-}Al_2O_3$ 固体催化剂的比表面积和孔结构进行了测试和分析，结果见表 8.13。

表 8.13 $Cs_2O/\gamma\text{-}Al_2O_3$ 比表面积和孔结构

| 单点比表面积 /(m²/g) | BET 比表面积 /(m²/g) | 朗缪尔比表面积 /(m²/g) | 单点孔容 /(cm³/g) | 孔容 /(cm³/g) | 平均孔长 /nm |
|---|---|---|---|---|---|
| 228.17 | 233.21 | 300.85 | 0.431 | 0.465 | 6.78 |

从表 8.13 发现，该催化剂具有较大的比表面积、较大的孔容和孔体积，这样的结构能增大反应物与催化剂之间的接触面积，从而提高固体催化剂的活性。

### 8.2.2.2 XRD 物相表征结果与分析

图 8.3 是催化剂的 XRD 图谱，根据 XRD 标准图谱，$2\theta$ 为 37.5°、45.8°和 66.6°等时附近为 $\gamma\text{-}Al_2O_3$ 的特征峰；$2\theta$ 为 21.3°、31.4°和 33.2°等时附近为 $Cs_2O$ 的特征衍射峰；$2\theta$ 为 19.2°、26.8°、34.9°和 37.7°等时附近为 $Cs_2CO_3$ 的特征衍射峰。

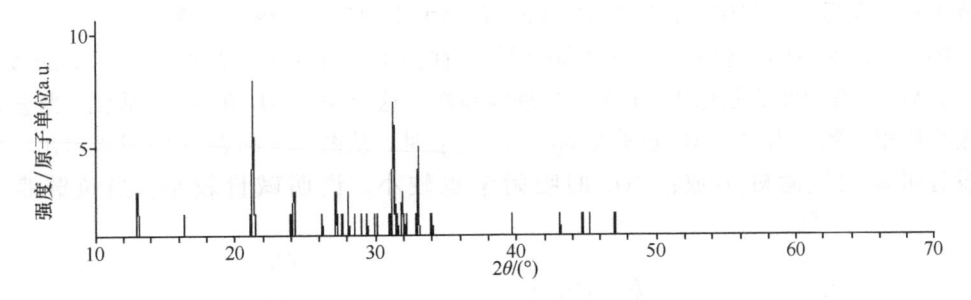

图 8.3 催化剂的 XRD 图谱

从图 8.3 可以明显看到在 21.3°、31.4°和 33.2°附近有很强的 $Cs_2O$ 衍射峰，而只在 26.8°、34.9°附近出现了很小的 $Cs_2CO_3$ 衍射峰，这与 $Cs_2CO_3$ 在 610℃ 开始分解成 $Cs_2O$ 相符，说明经煅烧后，催化剂中的主要成分为 $Cs_2CO_3$ 分解成的 $Cs_2O$，而通过催化剂对酯交换反应的催化作用也进一步确定了 $Cs_2O$ 的确是催化剂的活性成分。

### 8.2.2.3 XRF 元素分析结果与分析

表 8.14 是利用 ARL9800XP 型 X 射线荧光光谱仪对催化剂样品进行分析的结果。从表 8.14 看出，催化剂中的绝大多数成分为 $\gamma\text{-}Al_2O_3$ 和 $Cs_2O$，从而进一步确定了催化

剂中的活性成分 $Cs_2O$ 是催化活性中心；其他成分含量极其微小，应该是前驱体和载体中的微量元素，说明在催化剂制备过程中没有吸入杂质。从测定 $Cs_2O$ 的含量看，其比理论含量少 12.55%，在浸渍过程中有一定的流失。

表 8.14  X射线荧光测量结果

| 物质名称 | 在固体催化剂中含量/% | 物质名称 | 在固体催化剂中含量/% |
| --- | --- | --- | --- |
| $Cs_2O$ | 36.143 60 (41.332) | MgO | 0.026 00 |
| $Cs_2O_3$ | — | $Fe_2O_3$ | 0.038 00 |
| $\gamma$-$Al_2O_3$ | 62.158 90 | $Ga_2O_3$ | 0.023 70 |
| CaO | 0.733 00 | SrO | 0.007 40 |
| $SO_3$ | 0.403 10 | $Rb_2O$ | 0.006 80 |
| $Na_2O$ | 0.131 00 | NiO | 0.006 50 |
| $SiO_2$ | 0.246 00 | $K_2O$ | 0.007 60 |
| Cl | 0.068 00 | 合计 | 99.999 60 |

注：括号中的数据为 $Cs_2O$、$Cs_2O_3$ 理论含量。

### 8.2.2.4  $CO_2$-TPD 表征结果与分析

程序升温脱附是检测催化剂表面酸碱中心数目和强度的一种重要方法，碱性催化剂在预处理后，选择一定的温度、压力、载气流速，通过吸附酸性物质（如 $CO_2$）进行饱和吸附，除去物理吸附和过量的吸附质之后，进行程序升温脱附，记录吸附质的脱附量与脱附温度的关系，得到程序升温脱附谱图。图中脱附峰的数目与碱中心数目有关，脱附峰出现的先后次序与碱位强度有关，峰面积的大小则反映了碱量的多少。

图 8.4 是对不同负载量下的固体催化剂分析的 $CO_2$-TPD 图，表 8.15 为相应的碱性表。$\gamma$-$Al_2O_3$ 在 600℃能脱附出 $CO_2$，呈现弱碱性，这与 $\gamma$-$Al_2O_3$ 在 600℃活化，酸量达到极小值相一致。当 $Cs_2CO_3$ 负载量为 1 mmol/g 时，从图 8.4 和表 8.15 可以看出，此时没有明显的脱附峰形成；$CO_2$ 的吸附量也较小，说明碱量较小。当负载量为

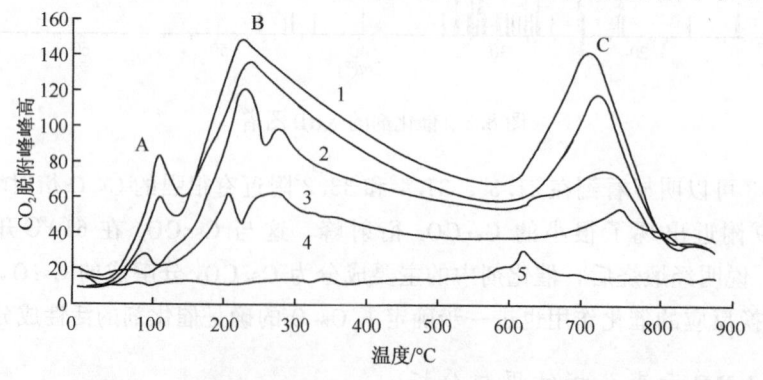

图 8.4  不同负载量的 $Cs_2O/\gamma$-$Al_2O_3$ 催化剂的 $CO_2$-TPD 图
1. 3 mmol/g $Cs_2CO_3/\gamma$-$Al_2O_3$；2. 2.5 mmol/g $Cs_2CO_3/\gamma$-$Al_2O_3$；3. 2 mmol/g $Cs_2CO_3/\gamma$-$Al_2O_3$；4. 1 mmol/g $Cs_2CO_3/\gamma$-$Al_2O_3$；5. $\gamma$-$Al_2O_3$；A、B、C 为脱附峰

2 mmol/g、2.5 mmol/g、3 mmol/g 时，图 8.4 中有两个较大的脱附峰（B、C）和一个小的脱附峰（A），$CO_2$ 的吸附量也大大增加，说明碱量也大量提高。以上分析说明负载量低于 2 mmol/g 时，碱性中心很难形成，此时催化剂的弱碱性位、中强碱性位和超强碱性位量较少，催化活性较低；随着负载量的增加，弱碱性位、中强碱性位和超强碱性位量增加，碱中心明显形成。

表 8.15 负载量对 $Cs_2O/\gamma\text{-}Al_2O_3$ 催化剂碱性的影响

| 负载量/（mmol/g） | 碱强度 | $CO_2$ 吸附量/（mmol/g） | 最高脱附温度/℃ | 酯交换率/% |
|---|---|---|---|---|
| 0 | <15.0 | 0.083 | 612 | 0 |
| 1.0 | >26.5 | 0.210 | 789 | 69.2 |
| 2.0 | >33.0 | 0.620 | 730 | 85.6 |
| 2.5 | >37.0 | 0.770 | 716 | 95.5 |
| 3 | >37.0 | 0.850 | 707 | 96.4 |

图 8.4 三个脱附峰中，A 峰碱量较少。由于低温下煅烧的催化剂对酯交换反应没有明显的催化性能，因此，判断 A 峰处的碱中心在酯交换反应中不起主要作用。B、C 峰的峰高和面积随着负载量的增加而增加，变化趋势相同，这一趋势与不同负载量时催化剂在酯交换反应中的催化活性相一致，说明碱位数量增多，碱性增强。C 峰随着负载量的增加而增大，说明超强碱位大大增加；当负载量达到 2.5 mmol/g 时，C 峰增大显著，说明超强碱位增加显著，此时对菜籽油的催化效果也很明显，酯交换率较高，说明超强碱位在酯交换反应中起着重要作用。但是，当负载量达到 3 mmol/g 时，C 峰没有显著增大，说明负载量已经偏大，造成催化剂表面堆积，同时负载时流失较多。由此可见，若只有弱碱位，则催化剂的催化活性较低；当中强碱位和超强碱位增加时，催化剂的催化活性随着中强碱位和超强碱位的增大而增大。而 $Cs_2O/\gamma\text{-}Al_2O_3$ 中主要存在的是中强碱位和超强碱位，因此，具有较强的催化活性。

## 8.3 生物柴油制备试验研究

本节将利用制备好的 $Cs_2O/\gamma\text{-}Al_2O_3$ 固体碱催化菜籽油与甲醇酯交换反应，以得到固体催化剂的最优催化条件。

### 8.3.1 试验方法

催化剂按 8.1.3 有关内容制备。

酯交换反应方法：将菜籽油加入配备有电动搅拌器、冷凝回流管和温度计的 500 mL 三口瓶中，置于电热恒温水浴锅中，当油温上升到预定值时，加入催化剂和甲醇，开始搅拌并计时。反应结束后，过滤反应混合液，回收固体催化剂。对反应混合液减压蒸馏，回收过量的甲醇。将滤液倒入分液漏斗中静置分层，上层为产物，下层为甘油，分别进行计量。在试验中分别改变催化剂用量、反应时间、搅拌速度、醇油摩尔比、反应温度等因素，考查其对酯交换率的影响。原料油的分析和酯交换率的计算均按

8.1有关内容进行。

## 8.3.2 结果分析

### 8.3.2.1 反应时间的影响

在甲醇与油脂摩尔比为8:1，反应温度为60℃，催化剂用量为2%，搅拌速度为120 r/min条件下进行试验，反应时间分别为30 min、60 min、90 min、120 min、150 min、180 min和210 min，考查不同反应时间对酯交换反应的影响，结果见图8.5。

如图8.5所示，随着反应时间的增加，油脂的酯交换率在不断增加。在前90 min，酯交换反应速度增长很快，酯交换率达到了76.8%以上；但90 min以后，反应速度放慢，90～210 min，反应的酯交换率从76.8%上升到84.6%，反应的酯交换率增大了不到10%。

由于酯交换反应为可逆反应，在反应开始时，反应速度很快；但随着反应的进行，产物增加，逆反应速度加快，使得正反应速度相对放慢，反应开始接近平衡。另外，随着反应的进行，甲醇量减少，副产物甘油的量增加，由于搅拌的作用，甘油形成细小颗粒黏附到催化剂上，阻碍催化作用，使反应速度放慢甚至停止反应，反应时间增加。

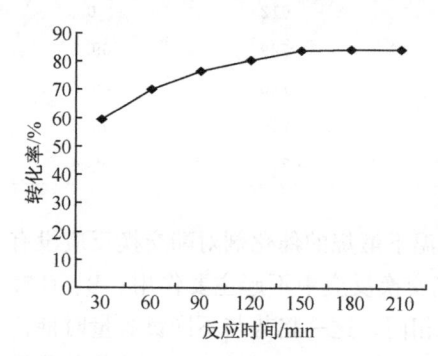

图8.5 反应时间对酯交换率的影响

### 8.3.2.2 催化剂用量的影响

使用固体碱催化酯交换反应时，选用的甲醇与油脂的摩尔比都较大，根据前人的研究结果，甲醇与油脂的摩尔比一般为6:1～16:1。

选取甲醇与油脂的摩尔比为8:1，反应温度为60℃，搅拌速度为120 r/min，反应时间为180 min，利用制备出的固体催化剂催化菜籽油与甲醇制备生物柴油，结果如图8.6所示。

由图8.6可知，当催化剂用量为原料油质量的3%时，生物柴油的转化率达最大值，接近83.7%；继续增加催化剂的用量，转化率基本不变。由于催化剂加入量不足会导致反应时间较长或转化率不高；催化剂过量又容易发生皂化反应，因此，催化剂用量选为菜籽油质量的3%。

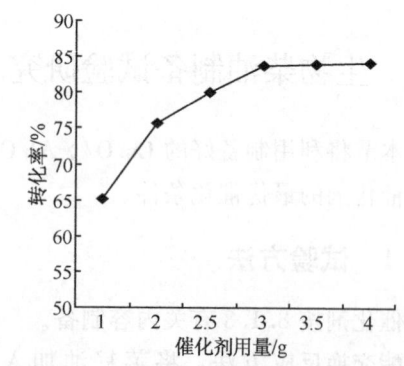

图8.6 催化剂用量对酯交换率的影响

### 8.3.2.3 搅拌转速的影响

选取甲醇与油脂的摩尔比为8:1，反应温度为60℃，催化剂用量为菜籽油质量的

3%，反应时间为 180 min，考查搅拌速度对转换率的影响，结果如图 8.7 所示。

由图 8.7 可知，搅拌速度为 240 r/min 时，菜籽油的转化率达最大值，为 85.8%；继续增大搅拌速度，转化率基本不变。这是由于，搅拌转速的提高有利于催化剂、菜籽油和甲醇之间的充分接触，从而提高反应的转化率；当搅拌速度达到一定值时，进一步提高搅拌速度，对反应物与催化剂接触面积的影响不大，反应的转化率基本不再变化，因此，搅拌速度为 240 r/min 时最为合适。

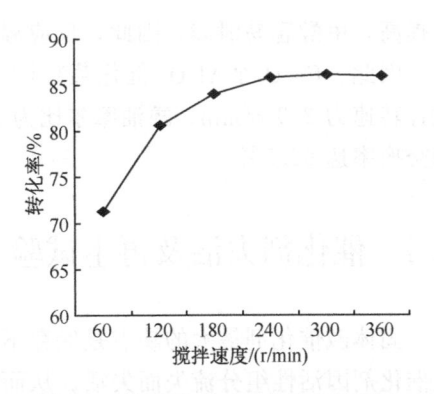

图 8.7 搅拌速度对酯交换率的影响

#### 8.3.2.4 醇油摩尔比的影响

选取反应温度为 60℃，催化剂用量为菜籽油质量的 3%，反应时间为 180 min，搅拌速度为 240 r/min，考查醇油摩尔比对酯交换率的影响，结果如图 8.8 所示。

由图 8.8 可知，当醇油摩尔比达 12:1 时，菜籽油的酯交换率达最大值，为 91.9%。醇油摩尔比是影响酯交换率的主要因素之一。目前，工业上均以 KOH、NaOH 均相催化剂催化酯交换反应，醇油摩尔比一般为 6:1。但是，对于固体碱催化剂，反应过程中生成的甘油容易与催化剂粉末形成黏稠的泥状固体物质，从而降低催化剂的利用率，因此，更需要降低反应混合物的黏度，加入过量的甲醇可以大大降低反应混合物的黏度，减少泥状物质的产生，增加催化剂的利用率。但是，随着甲醇浓度的不断增加，产物的分离和未反应甲醇的回收也将更困难，因此选择醇油摩尔比为 12:1。

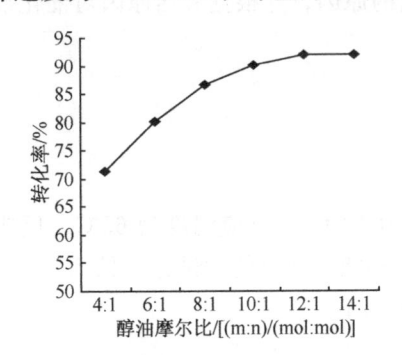

图 8.8 醇油摩尔比对酯交换率的影响

#### 8.3.2.5 温度的影响

选取甲醇与油脂的摩尔比为 12:1，催化剂用量为菜籽油质量的 3%，反应时间为 180 min，搅拌速度为 240 r/min，考察反应温度对酯交换率的影响，结果如图 8.9 所示。由图 8.9 可知，反应温度在 65℃时，$Cs_2O/\gamma\text{-}Al_2O_3$ 催化酯交换率达到 95.5%，继续升温，酯交换率几乎没有增加。由于温度太低，反应速率缓慢；而高于甲醇沸点，甲醇易挥发，不利于醇油充分接触。如果继续升高温度，反应器内压

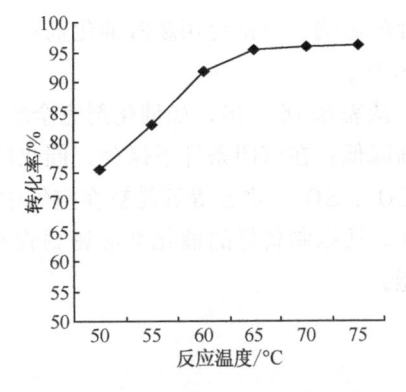

图 8.9 反应温度的对酯交换率影响

力提高，甲醇容易泄漏，因此，反应温度选择为65℃。

因此，$Cs_2O/\gamma$-$Al_2O_3$催化菜籽油酯交换反应的最佳条件为，催化剂用量为3%，搅拌转速为240 r/min，醇油摩尔比为12∶1，反应温度为65℃，反应时间为180 min，酯交换率达95.5%。

## 8.4 催化剂失活及再生试验

固体碱催化剂最大的缺点是保存不善或多次重复使用后会造成催化剂因中毒而失活或催化剂因活性组分流失而失活，从而降低催化剂寿命和重复使用次数。催化剂失活定义为使用的催化剂随着运转时间的延长，催化剂的活性逐渐降低或完全失去的现象。催化剂的保存条件、重复使用次数及其在反应物或产物中化学成分的流失均可造成催化剂失活。失活后的催化剂通过化学或物理处理方法恢复其活性成分的过程称为催化剂的再生，如可以通过对失活催化剂活化或补充其活性组分以实现催化剂的再生。本节将根据催化剂在不同保存条件下、不同重复使用次数及催化剂在原料、产物中以不同方法浸泡后对酯交换反应的催化效果，判断、分析催化剂失活的原因，并根据失活原因对催化剂进行再生，以提高催化剂的重复使用性能。

### 8.4.1 试验方法

催化剂按8.1.3制备。

酯交换反应条件为催化剂用量3%，醇油摩尔比为12∶1，反应温度为65℃，反应时间为3 h，搅拌速度为240 r/min，酯交换反应过程和酯交换率的测试方法见8.3.1。

XRF表征方法和催化剂中化学成分的分析参见8.2.1。

### 8.4.2 结果与分析

#### 8.4.2.1 催化剂保存条件对催化剂失活的影响

将催化剂于不同条件下保存一定时间后，用于酯交换反应，考查保存条件对催化剂活性的影响。分别使用新鲜催化剂和不同条件下保存的催化剂催化酯交换反应，结果见表8.16。

从表8.16看出，如催化剂完全暴露于空气中，其催化活性会随着放置时间的延长逐渐降低；在密闭条件下保存，催化剂的活性降低较少。主要由于空气中的酸性物质，如$CO_2$、$SO_2$、水分等容易被在空气中放置的催化剂吸收，从而使催化剂的活性降低并丧失，所以制备好的催化剂应密封保存，尽量减少和空气接触，以提高催化剂的稳定性能。

表 8.16　催化剂保存条件对催化剂活性的影响

| 保存条件 | 碱强度 | 酯交换率/% |
|---|---|---|
| 制备后直接使用 | >37.0 | 95.5 |
| 空气中放置 24 h | >26.5 | 87.2 |
| 空气中放置 48 h | >18.4 | 79.7 |
| 空气中放置一周 | <18.4 | 61.3 |
| 自封袋保存一周 | >26.5 | 83.7 |

#### 8.4.2.2　重复使用次数对催化剂失活的影响

将过滤出的催化剂直接用于下一批酯交换反应中，考查催化剂重复使用次数对催化剂失活的影响，结果见表 8.17。

表 8.17　催化剂重复使用次数对催化剂活性的影响

| 重复次数 | 1 | 2 | 3 | 4 | 5 |
|---|---|---|---|---|---|
| 酯交换率/% | 95.5 | 88.5 | 84.7 | 81.0 | 75.1 |

由表 8.17 可知，催化剂连续使用 5 次后，酯交换率仅为 75%，比初始酯交换率下降了 20%，说明多次重复使用会降低催化剂的活性，使催化剂失活。

#### 8.4.2.3　浸泡不同物质对催化剂失活的影响

通过考查催化剂在菜籽油、甲醇和产物中浸泡不同时间后对酯交换反应的催化效果，分析催化剂的失活原因。

**1）在菜籽油中浸泡的影响**

将 3 g 催化剂放入 80 mL 菜籽油中，在 65℃下搅拌 3 h 后，分离催化剂和菜籽油。对分离出的催化剂测试其碱强度，并直接或煅烧后用于菜籽油的酯交换反应过程，考查浸泡菜籽油对催化剂失活的影响，结果见表 8.18。

表 8.18　浸泡菜籽油对催化剂活性失活的影响

| 处理方式 | 碱强度 | 酯交换率/% |
|---|---|---|
| 直接使用 | 未测 | 90.1 |
| 空气中烧 2 h | >33.0 | 93.9 |
| 氮气中烧 2 h | >26.5 | 87.3 |

由表 8.18 发现，经菜籽油浸泡过的催化剂直接或重新煅烧后催化酯交换反应，酯交换率最低为 87.3%，说明在菜籽油中浸泡对催化剂活性影响较小，其有效成分并未大量流失到菜籽油中，催化剂的失活并不是由于菜籽油对其的浸泡引起的。

**2）在甲醇中浸泡的影响**

将 3 g 催化剂放入 40 mL 甲醇中，在 65℃下搅拌 3 h 后，分离催化剂和甲醇。对分离出的催化剂测试其碱强度,并直接或煅烧后用于催化酯交换反应中,考查甲醇浸泡对催化剂活性的影响,结果见表 8.19。

表 8.19 浸泡甲醇对催化剂活性的影响

| 处理方式 | 碱强度 | 酯交换率/% |
| --- | --- | --- |
| 直接使用 | <26.5 | 83.5 |
| 空气中烧 2 h | >26.5 | 85.7 |
| 氮气中烧 2 h | >26.5 | 87.3 |

从表 8.19 发现,采用甲醇浸泡过的催化剂直接催化酯交换反应,酯交换率明显降低,只有 83.5%,并且对浸泡后的催化剂进行煅烧后再催化,最高酯交换率也只达到 87.3%,说明经甲醇浸泡会使催化剂活性降低,催化剂成分明显流失到甲醇溶液中。

利用 3 g 催化剂在甲醇溶液浸泡前、浸泡后重量的变化来分析催化剂在甲醇中的流失速度和流失情况。将制备好的催化剂放入单口烧瓶中,在 200℃红外线干燥箱干燥 2 h,取出称重,计算出浸泡前的催化剂重量。在 4 个单口烧瓶中分别加入 40 mL 的甲醇,65℃下分别搅拌 0.5 h、1 h、2 h、3 h,静置 1 h,滤出甲醇,将催化剂留在单口烧瓶中,一同放入 200℃红外线干燥箱干燥 10 h,取出称重,计算出浸泡后催化剂的重量。比较浸泡前、浸泡后催化剂重量差,将其作为催化剂的流失量,结果见表 8.20。

表 8.20 催化剂在甲醇中的流失速度

| 浸泡时间/h | 流失量/g |
| --- | --- |
| 0.5 | 0.03 |
| 1.0 | 0.06 |
| 2.0 | 0.12 |
| 3.0 | 0.16 |

由表 8.20 可以看出,催化剂在甲醇中的流失主要发生在将甲醇浸泡的第 2 小时和第 3 小时。在第 1 小时内,催化剂基本没有流失,说明催化剂在甲醇中短时间浸泡不会造成其活性成分的大量流失,而催化剂大量流失发生在其在甲醇浸泡时间达到 3 h 时。综上分析,催化剂在甲醇中长时间的浸泡造成催化剂成分的流失,是导致催化剂失活的主要原因。

对在甲醇中浸泡 3 h 后的催化剂进行 XRD 和 XRF 分析,结果见图 8.10 和表 8.21。

比较新鲜催化剂与失活催化剂的图谱(图 8.10)和成分含量(表 8.21)发现,催化剂中活性成分的流失是造成催化剂失活的主要原因。在表 8.21 中,失活催化剂比新鲜催化剂的 $Cs_2O$ 减少了 10%。从图 8.10 发现,失活催化剂的特征衍射峰中 $Cs_2O$ 衍射峰的峰高明显比失活前降低,说明其中含有的催化剂活性物质减少,这是造成催化剂失活的主要原因。

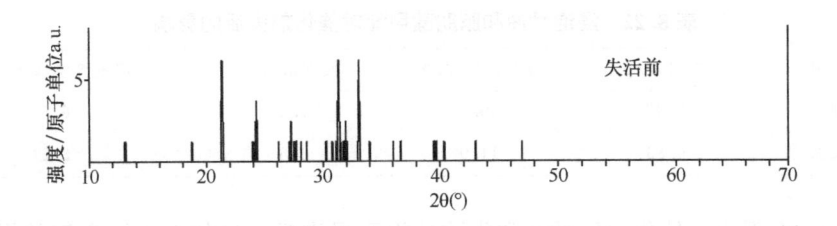

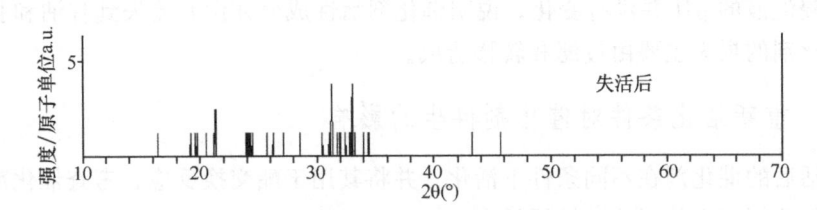

图 8.10　失活前、失活后催化剂的 XRD 图

表 8.21　$Cs_2O/Al_2O_3$ 新鲜和失活催化剂 XRF 测量结果

| 化学成分 | 新鲜催化剂中的含量/% | 失活催化剂中的含量/% |
| --- | --- | --- |
| $Cs_2O$ | 36.1436 | 26.2941 |
| $Al_2O_3$ | 62.1589 | 71.3489 |
| CaO | 0.7330 | 0.9131 |
| $SO_3$ | 0.4031 | 0.5650 |
| $Na_2O$ | 0.1310 | — |
| $SiO_2$ | 0.2460 | 0.6323 |
| Cl | 0.0680 | 0.0437 |
| MgO | 0.0260 | 0.0577 |
| $Fe_2O_3$ | 0.0380 | 0.0910 |
| $Ga_2O_3$ | 0.0237 | 0.0443 |
| SrO | 0.0074 | |
| $Rb_2O$ | 0.0068 | — |
| NiO | 0.0065 | 0.0097 |
| $K_2O$ | 0.0076 | — |
| 合计 | 99.9996 | 99.9998 |

**3）在甘油和脂肪酸甲酯中浸泡的影响**

分别称取 3 g 催化剂放入 2 个单口烧瓶，放入 200℃红外线干燥箱中干燥 2 h，取出分别称重。然后，一个单口烧瓶中加入 40 mL 的生物柴油，另一个烧瓶中加入 10 mL 的甘油，密封。在 65℃温度条件下搅拌 3 h 后，静置 1 h，过滤，将滤出的催化剂在 550℃下煅烧，除去催化剂上的有机物。将煅烧过的催化剂取出称重，并将滤出的浸泡液用水洗（甘油直接加适量的水），比较浸泡前后催化剂重量及浸泡液前后的 pH，分析甘油和脂肪酸甲酯对催化剂失活的影响，结果见表 8.22。

表 8.22 浸泡甘油和脂肪酸甲酯对催化剂失活的影响

| 浸泡溶剂 | 损失量/g | 损失百分比/% | 浸泡液 pH | 浸泡液洗涤水 pH |
|---|---|---|---|---|
| 甘油 | 0.32 | 10.7 | 6.5 | 6.5 |
| 生物柴油 | 0.33 | 11.0 | 6.5 | 6.5 |

从表 8.22 看出，催化剂经甘油和脂肪酸甲酯浸泡后，虽然有不同程度的损失，但洗涤液和浸泡液的 pH 并没有变化，说明催化剂活性成分并没有流失到甘油和脂肪酸甲酯中，催化剂的损失主要由过滤和转移造成。

#### 8.4.2.4 重新活化条件对催化剂再生的影响

将失活后的催化剂在不同条件下活化，并将其用于酯交换反应，考查催化剂重新活化条件对催化剂再生的影响，结果见表 8.23。

表 8.23 催化剂重新活化条件对催化剂活性的影响

| 放置时间/d | 处理方式 | 碱强度 | 酯交换率/% |
|---|---|---|---|
| 7 | 直接使用 | <18.4 | 50.3 |
| 7 | 空气中煅烧 2 h，700℃ | >33.0 | 91.1 |
| 7 | 氮气中煅烧 2 h，700℃ | >37.0 | 93.7 |
| 0 | 直接使用 | >37.0 | 95.5 |

从表 8.23 发现，对失活后的催化剂在氮气气氛中经 700℃ 煅烧 2 h 后，其催化效果同新鲜催化剂相比稍有降低，但降低不明显；在空气中煅烧，催化效果稍差。但考虑到操作成本，对失活催化剂可以在空气气氛中重新煅烧再生，以恢复催化剂的活性。

#### 8.4.2.5 补充活性组分对催化剂再生的影响

对反应 4 次后的失活催化剂补充活性组分，进行再生。分别直接用浓度为 10% 的 $Cs_2CO_3$ 溶液浸渍和先煅烧后浸渍的方法进行再生，催化剂的再生效果见表 8.24。

表 8.24 补充活性组分对催化剂再生的影响

| $Cs_2CO_3$ 用量（与催化剂的质量比）/% | 新鲜催化剂催化活性/% | 失活催化剂催化活性/% | 浸渍后催化剂催化活性/% 直接浸渍 | 浸渍后催化剂催化活性/% 煅烧后浸渍 |
|---|---|---|---|---|
| 5 | 95.5 | 81 | 83.6 | 88.3 |
| 10 | 95.5 | 81 | 88.7 | 94.1 |
| 15 | 95.5 | 81 | 88.7 | 94.3 |

从表 8.24 可以看出，采用 $Cs_2CO_3$ 溶液直接浸渍再生效果较先煅烧再浸渍的效果差，原因是催化剂上吸附的有机质，在浸渍时没有完全溶出，部分沉积在催化剂上，使补充的 $Cs_2O$ 基团不能与活性中心紧密结合，因而导致催化剂再生效果稍差。而先煅烧可以将黏附在催化剂上的沉积物挥发出去，有利于活性成分的补充和附着。因此，利用

质量比为 10% 的 $Cs_2CO_3$ 溶液浸渍煅烧后的失活催化剂是催化剂再生的一种有效方法。

### 8.4.3 催化剂优化试验

通过对催化剂失活原因分析及再生方法研究，发现虽然可以通过使用前重新煅烧或补充活性成分使催化剂再生，但是 $Cs_2O/\gamma\text{-}Al_2O_3$ 催化剂的稳定性能还是不十分理想，使用 4 次就必须补充活性成分，给实际使用带来很大不便。本节将通过采用添加辅助催化剂、使用纳米 $Al_2O_3$ 载体等方法优化催化剂，以提高催化剂的稳定性和重复使用性能。

#### 8.4.3.1 辅助催化剂的优化作用

辅助催化剂是加入到催化剂中的少量物质，是催化剂的辅助成分，本身不具有活性或活性很小。但把它加入到催化剂中后，能改变催化剂的部分性质，如化学组成、离子价态、酸碱性、表面结构、晶粒大小等，从而使催化剂的活性、选择性、抗毒性或稳定性得以改善。本试验选用有代表性的稀土化合物、过渡元素化合物和有机盐作为辅助催化剂加入催化剂中，添加量为载体质量的 1%～5%，以考查辅助催化剂对催化剂重复使用性能的影响，结果见表 8.25。

**表 8.25 辅助催化剂对催化剂的优化作用**

| 辅助催化剂 | 辅助催化剂加入量/% | 最高酯交换率/% | 酯交换率>80%使用次数 |
| --- | --- | --- | --- |
| $LaNO_3$ | 3 | 91.2 | 3 |
| $CeNO_3$ | 3 | 89.6 | 3 |
| KF | 3 | 90.4 | 3 |
| $SiO_2$ | 2 | 95.1 | 5 |
| $Ca(C_2H_3O_2)_2$ | 5 | 93.7 | 5 |

表 8.25 发现，引入 $LaNO_3$、$CeNO_3$、KF 作为辅助催化剂源，不能提高催化剂的稳定性，原因是硝酸盐、氟化物等无机酸盐作为辅助催化剂制备催化剂时，也引入了 $NO_3^-$ 等杂质离子，使得氧化铝变得不纯。这些离子（如 $NO_3^-$）在干燥过程中还会产生桥接作用使粒子团聚，使粉体烧结后产生硬团聚，影响催化效果。引入 $SiO_2$ 作为辅助催化剂，并提高煅烧温度，能够提高催化剂的稳定性，原因是引入 $SiO_2$ 可以阻止 $\gamma\text{-}Al_2O_3$ 的相变，促进载体的热稳定性，适度提高煅烧温度，也提高了催化剂的强度，减少了活性成分的流失速度。$Ca(C_2H_3O_2)_2$ 的引入也能起到稳定催化剂的作用，原因是使用有机酸盐作为辅助催化剂，在煅烧过程中，有机物被烧掉，既不会对产品产生污染，又不会引入使粉体产生硬团聚，$Ca(C_2H_3O_2)_2$ 的分解产物为 CaO，其本身具有一定的碱性，对酯交换反应有一定的促进作用，而且 CaO 本身很难溶解到甲醇中，其溶解度只有 0.035 g/100 g 甲醇，CaO 的引入部分覆盖了铯离子，间接阻碍了铯离子的流失。从上述研究发现，以 $SiO_2$、$Ca(C_2H_3O_2)_2$ 作为辅助催化剂可以提高催化剂的稳定性能，对催化剂起到优化作用。

### 8.4.3.2 纳米 $Al_2O_3$ 作为载体的优化作用

前面分析了催化剂失活的主要原因是由于固体碱的活性成分流失,流失的主要原因是在甲醇中长时间浸泡,而使用固体碱催化剂催化酯交换反应时,一般都需要使用过量的甲醇,从而使过量的甲醇对催化剂的稳定性造成不利影响。如果在不降低酯交换率的前提下,在反应过程中减少甲醇的使用量,就能减少催化剂的流失。通过对催化剂在甲醇中流失情况的分析,知道催化剂的大量流失主要是在浸泡 2 h 以后,如果在不降低酯交换率的前提下,缩短催化剂在反应体系中的时间,即缩短反应时间,也能够减少催化剂的流失。这样,通过降低甲醇的用量或缩短反应时间,均能够提高催化剂的使用次数,也能降低反应过程中的能量消耗。但是,实现这一愿望,必须进一步提高催化剂的催化性能。8.1 试验结果显示,以 $γ-Al_2O_3$ 为载体时,前驱体的最佳负载量为 2.5 mmol/g,如果想进一步提高催化剂的性能,就必须选用能负载更多前驱体的载体,而纳米 $Al_2O_3$ 就是符合这一要求的载体。

纳米 $Al_2O_3$ 是指其颗粒尺寸由纳米级超细微粒组成的 $Al_2O_3$。纳米级超细微粒比表面积、表面张力较大,可使其内部产生极大的压力;颗粒间的结合力非常大;化学活性强等优点,适合作催化剂材料和催化剂载体材料。

**1) 纳米 $Al_2O_3$ 载体的制备**

在超声振荡下将 20.4 g (0.1 mol) 异丙醇铝完全溶解在 200 mL 甲苯中,形成透明溶胶,然后将 0.02 mol 的乙酸、5.4 g 的水 (0.3 mol) 及 7 mL 异丙醇均匀混合后慢慢滴入上述溶液中,滴加完毕后,继续超声反应 10 min,然后撤离超声波反应器,开动搅拌器,升温至 60℃反应 1 h,得到半透明凝胶,过滤,在 60℃下干燥 12 h,120℃干燥 1 h,得到疏松的干凝胶粉,将此干凝胶粉在 700℃下煅烧 2 h,得到纳米级 $Al_2O_3$ 粉体。

**2) $Cs_2O$/纳米 $Al_2O_3$ 催化剂催化酯交换反应结果分析与讨论**

以纳米 $Al_2O_3$ 为载体,前驱体为 $Cs_2CO_3$,浸渍溶剂为水,选用不同的负载量,在 700℃、氮气氛围下煅烧 5 h 制备得到固体催化剂,并利用其催化菜籽油的酯交换反应,以考查催化剂的活性。图 8.11 是在醇油摩尔比为 8:1、催化剂用量为 3%、反应温度为 65℃、搅拌速度 240 r/min 条件下,利用不同负载量的 $Cs_2O$/纳米 $Al_2O_3$ 固体催化剂催化菜籽油与甲醇酯交换反应的结果。

从图 8.11 可以看出,当采用纳米 $Al_2O_3$ 作载体,负载量为 2.5 mmol/g 时,催化效果比普通 $γ-Al_2O_3$ 作载体时高,反应 60 min 的酯交换率分别达到 68.7%和 65.7%;反应 90 min 的酯交换率分别为 80.1%和 76.8%。当纳米 $Al_2O_3$ 载体的负载量提高到 3.5 mmol/g 和 4 mmol/g 时,反应 60 min 的酯交换率别为 84.1%和 90.5%,反应 90 min 的酯交换率分别为 95.1%和 98.1%,酯交换率在短时间内有大幅度提高。原因是纳米 $Al_2O_3$ 的比表面积较普通 $γ-Al_2O_3$ 大,单位面积能够负载更多的活性物质而不堆积,单位面积的碱量较多;纳米催化剂微粒较细,同质量的纳米催化剂在反应体系中的分散更加均匀,催化效果更好。

图 8.12 考查了负载量为 4 mmol/g 的 $Cs_2O$/纳米 $Al_2O_3$ 催化剂在不同醇油摩尔比

情况下对酯交换反应的催化结果。当醇油摩尔比为3∶1时，反应30 min的酯交换率为50.9%，反应90 min的酯交换率为60.2%，酯交换率增加缓慢；当醇油摩尔比为4∶1时，反应90 min的酯交换率为69.3%，比3∶1的醇油摩尔比情况下的酯交换增大了9%，酯交换率仍不理想；当醇油摩尔比提高到6∶1时，反应30 min的酯交换率达到72.7%，反应90 min的酯交换率为97.6%，酯交换率明显提高；当醇油摩尔比提高到8∶1时，反应30 min和反应90 min的酯交换率分别达到73.5%、98.1%，与醇油摩尔比为6∶1时相近。

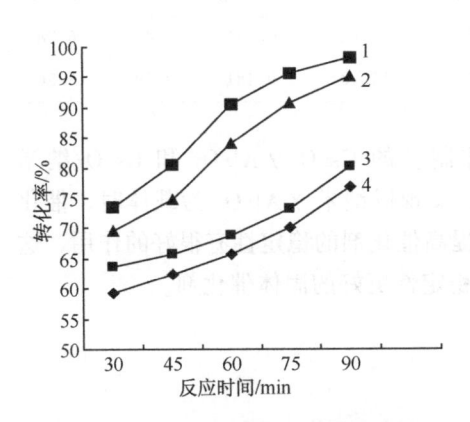

图8.11 负载量对催化剂活性的影响
1. 负载量为4 mmol/g的$Cs_2O$/纳米$Al_2O_3$催化剂；2. 负载量为3.5 mmol/g的$Cs_2O$/纳米$Al_2O_3$催化剂；3. 负载量为2.5 mmol/g的$Cs_2O$/纳米$Al_2O_3$催化剂；4. 负载量为2.5 mmol/g的$Cs_2O$/$\gamma$-$Al_2O_3$催化剂

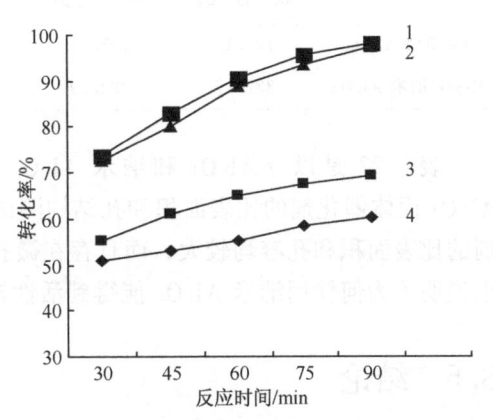

图8.12 醇油摩尔比对酯交换率的影响
1. 醇油摩尔比8∶1；2. 醇油摩尔比6∶1；3. 醇油摩尔比4∶1；4. 醇油摩尔比3∶1

### 3) $Cs_2O$/纳米$Al_2O_3$催化剂重复使用性能试验结果与分析

负载量为4 mmol/g的$Cs_2O$/纳米$Al_2O_3$催化剂，催化剂用量为3%，在醇油摩尔比为6∶1，反应温度为65℃，搅拌速度为240 r/min条件下催化酯交换反应，考查催化剂重复使用次数对酯交换率的影响，结果见表8.26。

表8.26 $Cs_2CO_3$/纳米$Al_2O_3$催化剂重复使用性能

| 使用条件 | 反应时间/h | 最高酯交换率/% | 酯交换率>90%次数 | 酯交换率>80%次数 | 用5次的平均酯交换率/% |
| --- | --- | --- | --- | --- | --- |
| 连续使用 | 1 | 88.7 | 0 | 3 | 70.7 |
| 煅烧后使用 | 1 | 88.7 | 0 | 5 | 81.1 |
| 连续使用 | 1.5 | 97.6 | 3 | 5 | 81.4 |
| 煅烧后使用 | 1.5 | 97.6 | 5 | >10 | 90.5 |

由表8.26可知，通过使用纳米$Al_2O_3$载体，能增加前驱体的负载量，从而明显提高催化剂的活性，缩短反应时间、减少甲醇的用量，从而提高催化剂的重复使用次数。

### 8.4.3.3 Cs₂O/纳米 Al₂O₃ 催化剂比表面积及孔结构分析结果与讨论

采用 ASAP2020 型比表面积测定仪，吸附气体为 N₂，溶池分析温度为 −195～−196℃。通过吸附量计算比表面积、孔容和孔分布，测试结果见表 8.27。

**表 8.27 催化剂比表面积和孔结构**

| 催化剂 | 单点比表面积/(m²/g) | BET 比表面积/(m²/g) | 朗缪尔比表面积/(m²/g) | 微孔表面积/(m²/g) | 单点孔容/(cm³/g) | 孔容/(cm³/g) | 平均孔长/nm |
|---|---|---|---|---|---|---|---|
| Cs₂O/γ-Al₂O₃ | 198.17 | 203.21 | 300.85 | — | 0.431 | 0.445 | 6.78 |
| Cs₂O/纳米 Al₂O₃ | 282.27 | 292.99 | 406.02 | 15.13 | 0.481 | 0.595 | 6.56 |

表 8.27 是以 γ-Al₂O₃ 和纳米 Al₂O₃ 为载体制备的 Cs₂O/γ-Al₂O₃ 和 Cs₂O/纳米 Al₂O₃ 固体催化剂的比表面积和孔结构测试结果，发现以纳米 γ-Al₂O₃ 为载体时，催化剂的比表面积和孔容均较大，而且存在微孔，对提高催化剂的稳定性有很好的作用，这也说明了为何使用纳米 Al₂O₃ 能得到活性较高、稳定性更好的固体催化剂。

## 8.5 结论

(1) 以 Cs₂CO₃ 为前驱体，γ-Al₂O₃ 为载体，制备出了一种超强碱固体催化剂 Cs₂O/γ-Al₂O₃，碱强度 $H\_$ 大于 37。得到了催化剂制备的工艺条件：载体在 600℃下预处理 2 h，负载量为 2.5 mmol/g，在氮气气氛下、700℃下煅烧 5 h。

(2) 利用 Cs₂O/γ-Al₂O₃ 固体碱催化剂催化菜籽油与甲醇的酯交换反应结果表明，在甲醇与油脂摩尔比为 12∶1，反应温度为 65℃，催化剂用量为菜籽油质量的 3%，反应时间为 180 min，搅拌速度为 240 r/min 条件下，生物柴油的酯交换率达到 95.5%。催化剂连续重复使用 4 次，酯交换率在 75% 以上。

(3) 催化剂流失试验表明，甲醇溶解催化剂中的活性成分是造成催化剂不稳定的主要原因。可以对失活后的催化剂在空气中、700℃下煅烧 2 h 或煅烧后用 10% 的 Cs₂CO₃ 溶液进行浸渍实现再生。使用纳米 Al₂O₃ 作载体，Cs₂CO₃ 的负载量可以提高为 4 mmol/g，在醇油摩尔比为 6∶1 时，30 min 时酯交换率达到 72.7%，90 min 时酯交换率高达 97.6%，酯交换反应可以大大缩短；催化剂的稳定性较好，重新煅烧后，催化剂的酯交换率在 90% 以上的重复使用次数为 5 次，酯交换率在 80% 以上的使用次数多于 10 次。

# 第三篇　生物质固体成型燃料

本篇主要介绍生物质成型燃料的工程化技术。生物质成型燃料是生物质原料经脱水、粉碎、压缩成型等加工工序后形成的形状规则、性质均一、方便运输和储存、可以替代煤炭的绿色燃料。

主要研究内容包括生物质的物化特性及热压成型机制；生物质成型设备及成型工艺；生物质燃烧动力学特性；生物质成型燃料的燃烧特性及其燃烧设备设计；秸秆成型燃料燃烧形成的沉积与腐蚀机制研究；生物质成型燃料在我国的应用模式及经营机制；生物质原料的储存及预处理；我国生物质成型技术工程化的技术瓶颈及政策建议。该项技术研究成果目前已在河南、北京、辽宁、江苏、哈尔滨等6省（直辖市）进行了推广应用，已初步具备产业化发展条件。

# 9　生物质液压成型机优化设计及其工程化试验

## 引言

由于生物质尤其是农作物秸秆结构疏松、分布分散，所以为收集、运输、储存带来了很大困难，加之其能量密度低，使用很不方便。解决这一问题的措施之一是利用秸秆成型技术，将松散的秸秆挤压成质地致密、形状规则的成型燃料。生物质成型燃料是生物质（中国主要是指秸秆）原料经脱水、粉碎、压缩成型等加工工序后形成的形状规则、性质均一、方便运输和储存、可以替代煤炭的绿色燃料。成型后的生物质成型燃料储存、运输、使用更加方便，可替代煤炭用于工农业生产和居民生活领域。

发达国家对生物质致密成型技术研究由来已久，并投入了大量的资金和技术力量研究和开发。20世纪30年代，美国就开始研究压缩成型燃料技术，并研制了螺旋压缩机；日本等国也开始研究利用成型技术处理木材废弃物、农业纤维物等。20世纪70年代以来，随着全球性石油危机的冲击和环保意识的提高，世界各国越来越认识到开发和高效转换生物质能的重要性，相应的投入一定的资金和技术力量研究开发生物质成型燃料技术及设备。欧美国家各种生物质成型设备生产和应用达到工业化水平，设备关键部件和材料处于世界领先地位。

中国从20世纪80年代引进螺旋推进式秸秆成型机，研究开发生物质成型技术已有20多年。南京林业化工研究所在"七五"期间设立了生物质成型机及生物质成型理论研究课题。湖南省衡阳市粮食机械厂为处理粮食剩余谷壳，在1985年根据国外样机试制了第一台ZT-63型生物质成型机。20世纪90年代河南农业大学、中国农机能源动力研究所分别研究出PB-I型机械冲压式成型机、HPB系列液压驱动活塞式成型机、CYJ-35型机械冲压式成型机。进入21世纪，中南林业科技大学、辽宁省能源研究所研制的颗粒成型机，南京林产化工研究所研制的多功能成型机，河南农业大学研制的活塞式液压成型机，在国内正朝工业化方向发展。

我国生物质成型设备主要包括活塞式成型、螺杆式成型和模压式成型。

活塞成型机按驱动力的不同可分为两类：一类是用发动机或电动机通过机械传动驱动活塞挤压成型称为机械驱动活塞式成型机；另一类是用液压系统驱动活塞挤压成型称为液压驱动活塞成型机。这两类成型机的成型过程是靠活塞的往复运动实现的，一般需要在成型套筒外增加辅助加热系统，以保证成型能耗降低及成型产品质量提高。

螺旋式成型机根据成型过程中黏结机制的不同可分为无外加热和有外加热两种形式。无外加热需要先在物料中加入黏结剂，然后在锥型螺旋输送器的压送下，并在黏结剂的作用下成型，然后从成型机的出口处被连续挤出。另一种是在成型套筒上设置加热装置，利用物料中木质素受热塑化的黏结性，使物料成型。

模压成型机可分为平模成型机和环模成型机。模压机在饲料行业发展多年，经过改进与优化设计，已有部分厂家投产到生物质燃料设备行业。

生物质成型技术在中国经过 20 多年的发展，已有各种各样的成型机问世，但仍有一些问题需要解决：

（1）研究的成型机所适用的原料多为锯末等木质类原料，缺少专门针对秸秆类原料开发的成型设备；而中国亟须解决的恰恰是秸秆的压缩成型问题。

（2）中国在生物质尤其是秸秆压缩成型基础理论方面的研究还很薄弱，无法满足生物质压缩成型设备开发生产的需要。

（3）由于生物质成型设备存在成型能耗及生产成本高，关键部件磨损严重、寿命短等问题，难以进行实际开发利用。

（4）对秸秆压缩成型燃料的燃烧理论及燃烧特性方面的研究还没深入开展，从而严重制约了燃用这种成型燃料的燃烧设备的研究与开发。

河南农业大学针对上述问题，在借鉴国内外研究经验、教训的基础上，于 1995 年开始立项研究液压驱动活塞式成型机，首先对秸秆压缩成型相关的基础理论问题进行了较为深入的研究，并在 1996 年生产出第一台小型样机。经过多年改进完善工作，2002 年设计了第三代液压驱动式双头活塞式秸秆成型机，基本解决了其他成型机存在的冲压模具的磨损问题。实践证明，该成型机适应各类生物质原料，尤其处理秸秆类原料具有独特的优势，运行过程平稳，所生产的成型燃料品质稳定。成型机主要部件的耐磨性好，维修更换周期长；液压件易实行标准化生产和液压系统易实现自动化控制。

本文以此系列设备设计试验平台开展了生物质成型燃料系列工程化课题研究。

## 9.1 液压秸秆成型机的主要设计参数

本文采用 HPB 系列生物质成型机为试验装置进行各种试验，找出 HPB 型生物质成型机相关设计参数之间的关系，为 HPB 型生物质成型机设计参数的选择提供理论依据。

生物质可以加热后成型，也可以常温黏结成型。加热分为外加热源加热，如机械活塞或液压活塞成型和螺杆挤压成型；也可以靠设备本身摩擦加热，如环模成型设备或平模成型设备。常温黏结成型一般需要添加黏结剂。

对于加工以秸秆为主要原料的成型设备，一般采用加热成型技术。由于木质素的存在使得各种农作物秸秆能够在不加黏结剂的情况下很容易热压成型，且产品质量稳定。绝干原料的秸秆中木质素的含量为 15%～32%。木质素属非晶体，目前认为木质素以苯丙烷为主体结构，共有三种基本结构（非缩合型结构），即愈创木基结构、紫丁香基结构和对羧苯基结构，原本木质素和大多数分离木质素为一种热塑性高分子物质，无确定的熔点，但具有玻璃态转化温度。

木质素在 70～110℃时开始软化，当温度达到 200～300℃时可以熔融，有黏性，此时施加一定的外力，原料颗粒开始重新排列位置关系，并发生机械变形和塑性流变。在垂直于最大应力方向上，粒子主要以相互啮合的形式结合，而在垂直于最小应力方向上，粒子主要以相互靠紧的形式结合，从而使生物质的体积大幅度减小，容积密度显著增大。成型燃料内部咬合外部融合，并具有一定的形状和强度。在除去外力和恢复常温后，维持既定的形状。

影响秸秆成型的变量因素很多，总的来说可分为两大类：工艺变量和物料特性变量。工艺变量包括成型部件的几何尺寸、保型筒的长度、成型加热温度、对物料施加的最高压力和压缩速度。物料特性变量包括秸秆的含水率、秸秆的形状和尺寸、尺寸分布、物料的生物化学特性和机械特性。

为了研究成型燃料的单位功耗和生产率相互关系，探讨成型工艺对生产率和单位功耗影响的规律，设计了正交试验。试验包括三部分：第一部分是成型柱塞直径、锥型套的锥长和保型筒上施加的夹紧力与成型压力、松弛密度、生产率及单位功耗之间的关系试验，确定各因素对主要指标的影响顺序；第二部分利用生产率与柱塞直径及单位功耗之间的关系进行单因素试验，找出其变化规律，为成型机的大型化设计提供理论依据；第三部分是锥套参数与压力、密度关系试验，主要目的是找出不同直径条件下，锥长的变化对压力和成型密度的影响。

## 9.1.1 秸秆压缩成型正交试验

### 9.1.1.1 试验因素水平的设计

根据生物质压缩成型机制对试验条件作以下设定：成型温度160～200℃；物料粒度不大于20 mm。

通过试验从成型柱塞直径、锥型套的锥长和保型筒夹紧力这三者之间找出对成型压力、松弛密度、生产率及单位功耗的主要影响因素，确定各因素对主要指标的影响顺序，并找出最佳因素组合水平，水平因素见表9.1。

**表9.1 正交试验因素水平表**

| 试验因子 | 水平1 | 水平2 | 水平3 |
| --- | --- | --- | --- |
| 柱塞直径/mm | 61 | 66 | 71 |
| 成型锥长/mm | 20 | 40 | 50 |
| 夹紧力 | 大 | 中 | 小 |

### 9.1.1.2 试验数据测量方法

生产率的测定采用在机器正常运转的情况下，测30 min内生产的成型燃料质量，计算其单位时间内产量，测定3次，取其平均值。

单位产品能耗定义为单位质量秸秆被压缩成一定密度的成型燃料所消耗的能量，用$Q$表示，$Q=E/M$，式中，$M$为成型燃料的质量；$E$为成型燃料生产过程所消耗的能量；测试仪表为三相有功电表，成型燃料质量用台秤称量；压力通过液压系统所配置的压力表测定。

松弛密度采用直接测量法,即直接测量成型块的尺寸和质量,计算出体积,进而求出成型块密度的方法。这种方法只适用于有规则形状的成型块。其步骤如下:成型块出模 10 min 后,挑选形状规则的成型块;用游标卡尺测量成型块尺寸,计算其体积;用托盘天平称量成型块在空气中的质量;计算成型块质量和体积比值,即为其密度;至少测 5 块成型块,取其平均值。

### 9.1.1.3 试验结果与分析

玉米秸秆多因素正交试验结果与分析如表 9.2~表 9.6 所示,小麦秸秆多因素正交试验与计算结果如表 9.7 所示,水稻秸秆多因素正交试验与计算结果如表 9.8 所示。根据方差表,玉米秸秆、小麦秸秆及稻秆压缩成型方差分析:给定 $\alpha=0.05$,查表得 $F_{0.05(2,2)}=19$。

**表 9.2 玉米秸秆多因素正交试验结果与计算**

| | 序号 | 柱塞直径 | 成型锥长 | 保型筒夹紧力 | 成型压力/MPa | 松弛密度/(kg/m³) | 生产率/(kg/h) | 单位能耗/(kW·h/t) |
|---|---|---|---|---|---|---|---|---|
| | 1 | 1 | 1 | 1 | 44.4890 | 1 087.5 | 33.6 | 285.78 |
| | 2 | 1 | 2 | 2 | 31.3464 | 1 053.9 | 40.8 | 264.00 |
| | 3 | 1 | 3 | 3 | 14.6936 | 598.3 | 45.6 | 368.40 |
| | 4 | 2 | 1 | 2 | 23.4298 | 1 042.8 | 38.9 | 263.44 |
| | 5 | 2 | 2 | 3 | 25.1033 | 1 085.6 | 43.6 | 251.46 |
| | 6 | 2 | 3 | 1 | 22.3140 | 1 029.0 | 36.0 | 258.30 |
| | 7 | 3 | 1 | 3 | 16.9681 | 767.9 | 60.0 | 130.00 |
| | 8 | 3 | 2 | 1 | 21.6921 | 968.6 | 52.8 | 181.82 |
| | 9 | 3 | 3 | 2 | 21.8849 | 961.7 | 48.0 | 225.00 |
| 成型压力 | $K_{1j}$ | 90.53 | 84.89 | 88.50 | $K=221.92$ | | | |
| | $K_{2j}$ | 70.85 | 78.14 | 76.66 | $W=6\,092.23$ | | | |
| | $K_{3j}$ | 60.55 | 58.89 | 56.77 | $P=5472.11$ | | | |
| | $U_j$ | 5 676.84 | 5 593.42 | 5 643.52 | $Q_T=620.11$ | | | |
| | $Q_j$ | 154.73 | 121.30 | 171.41 | $Q_E=172.67$ | | | |
| 松弛密度 | $K_{1j}$ | 2.74 | 2.90 | 3.09 | $K=8.60$ | | | |
| | $K_{2j}$ | 3.16 | 3.12 | 3.06 | $W=8.43$ | | | |
| | $K_{3j}$ | 2.70 | 2.59 | 2.45 | $P=8.21$ | | | |
| | $U_j$ | 8.25 | 8.25 | 8.29 | $Q_T=0.22$ | | | |
| | $Q_j$ | 0.04 | 0.05 | 0.086 | $Q_E=0.05$ | | | |

续表

| 序号 | | 柱塞直径 | 成型锥长 | 保型筒夹紧力 | 成型压力/MPa | 松弛密度/(kg/m³) | 生产率/(kg/h) | 单位能耗/(kW·h/t) |
|---|---|---|---|---|---|---|---|---|
| 生产率 | $K_{1j}$ | 120.00 | 132.50 | 122.40 | $K=399.30$ | | | |
| | $K_{2j}$ | 118.50 | 137.20 | 127.70 | $W=18\,274.97$ | | | |
| | $K_{3j}$ | 160.80 | 129.60 | 149.20 | $P=17\,715.61$ | | | |
| | $U_j$ | 18 099.63 | 17 725.42 | 17 849.90 | $Q_T=559.36$ | | | |
| | $Q_j$ | 384.02 | 9.81 | 134.29 | $Q_E=31.25$ | | | |
| 单位能耗 | $K_{1j}$ | 733.98 | 679.28 | 725.90 | $K=2\,244.06$ | | | |
| | $K_{2j}$ | 773.26 | 697.28 | 752.50 | $W=485\,262.63$ | | | |
| | $K_{3j}$ | 536.82 | 667.50 | 565.66 | $P=464\,242.37$ | | | |
| | $U_j$ | 493 029.2 | 480 738.8 | 484 388.0 | $Q_T=21\,020.26$ | | | |
| | $Q_j$ | 130 66.68 | 776.1068 | 4 425.08 | $Q_E=3\,357.81$ | | | |

**表 9.3 玉米秸秆成型压力试验结果方差分析**

| 来源 | 离差 | 自由度 | 均方离差 | F 值 |
|---|---|---|---|---|
| 柱塞直径 | 154.7270 | 2 | 77.3635 | 0.8961 |
| 成型锥长 | 121.3045 | 2 | 60.6523 | 0.7025 |
| 保型筒夹紧力 | 171.4108 | 2 | 85.7054 | 0.9927 |
| 误差 | 172.6725 | 2 | 86.3363 | |
| 总和 | 620.1148 | 8 | | |

**表 9.4 玉米秸秆成型燃料松弛密度试验结果方差分析**

| 来源 | 离差 | 自由度 | 均方离差 | F 值 |
|---|---|---|---|---|
| 柱塞直径 | 0.0430 | 2 | 0.2943 | 0.1185 |
| 成型锥长 | 0.0460 | 2 | 0.9252 | 0.3724 |
| 保型筒夹紧力 | 0.0885 | 2 | 3.2159 | 1.2946 |
| 误差 | 0.0452 | 2 | 2.4842 | |
| 总和 | 0.2200 | 8 | | |

**表 9.5 玉米秸秆生产率试验结果方差分析**

| 来源 | 离差 | 自由度 | 均方离差 | F 值 |
|---|---|---|---|---|
| 柱塞直径 | 384.0200 | 2 | 192.0100 | 12.2899 |
| 成型锥长 | 9.8067 | 2 | 4.9034 | 0.3138 |
| 保型筒夹紧力 | 134.2860 | 2 | 67.1430 | 4.2976 |
| 误差 | 31.2467 | 2 | 15.6234 | |
| 总和 | 559.3600 | 8 | | |

### 表9.6 玉米秸秆成型燃料单位能耗试验结果方差分析

| 来源 | 离差 | 自由度 | 均方离差 | $F$ 值 |
|---|---|---|---|---|
| 柱塞直径 | 2675.5237 | 2 | 1337.7619 | 3.1872 |
| 成型锥长 | 37.4893 | 2 | 18.74465 | 0.0447 |
| 保型筒夹紧力 | 1702.6000 | 2 | 851.3000 | 2.0282 |
| 误差 | 893.4520 | 2 | 419.7260 | |
| 总和 | 5255.0600 | 8 | | |

### 表9.7 小麦秸秆多因素正交试验结果与计算

| 序号 | 柱塞直径 | 成型锥长 | 保型筒夹紧力 | 成型压力/MPa | 松弛密度/(kg/m³) | 生产率/(kg/h) | 单位能耗/(kW·h/t) |
|---|---|---|---|---|---|---|---|
| 1 | 1 | 1 | 1 | 46.5298 | 912.2 | 43.2 | 283.60 |
| 2 | 1 | 2 | 2 | 33.3056 | 929.3 | 40.8 | 271.40 |
| 3 | 1 | 3 | 3 | 20.8976 | 785.5 | 47.5 | 207.20 |
| 4 | 2 | 1 | 2 | 22.0909 | 763.1 | 49.8 | 216.80 |
| 5 | 2 | 2 | 3 | 19.5248 | 864.4 | 48.0 | 250.00 |
| 6 | 2 | 3 | 1 | 34.5868 | 1166.7 | 47.2 | 264.44 |
| 7 | 3 | 1 | 3 | 22.8972 | 988.4 | 54.8 | 224.40 |
| 8 | 3 | 2 | 1 | 24.8254 | 1163.4 | 57.6 | 213.34 |
| 9 | 3 | 3 | 2 | 18.0768 | 673.6 | 55.2 | 166.26 |
| 成型压力 $K_{1j}$ | 100.7330 | 91.5179 | 105.9420 | $K=242.7349$ | | | |
| $K_{2j}$ | 76.2025 | 77.6558 | 73.4733 | $W=7243.8200$ | | | |
| $K_{3j}$ | 65.7994 | 73.5612 | 63.3196 | $P=6546.6920$ | | | |
| $U_j$ | 6761.1730 | 6605.7330 | 6877.1350 | $Q_T=697.1280$ | | | |
| $Q_j$ | 214.4807 | 59.4074 | 330.4426 | $Q_E=93.1640$ | | | |
| 松弛密度 $K_{1j}$ | 2.6170 | 2.8982 | 2.4502 | $K=8.2366$ | | | |
| $K_{2j}$ | 2.7942 | 3.1081 | 3.0844 | $W=7.7720$ | | | |
| $K_{3j}$ | 2.8254 | 2.5890 | 2.7020 | $P=7.5238$ | | | |
| $U_j$ | 7.5464 | 8.2543 | 7.6059 | $Q_T=0.2482$ | | | |
| $Q_j$ | 0.0226 | 0.0463 | 0.0821 | $Q_E=0.1066$ | | | |
| 生产率 $K_{1j}$ | 131.50 | 147.80 | 146.40 | $K=444.1000$ | | | |
| $K_{2j}$ | 145.00 | 146.40 | 142.80 | $W=22166.8500$ | | | |
| $K_{3j}$ | 167.60 | 149.90 | 154.90 | $P=21913.8678$ | | | |
| $U_j$ | 22135.67 | 21915.94 | 21939.60 | $Q_T=252.9822$ | | | |
| $Q_j$ | 221.80 | 2.07 | 25.74 | $Q_E=3.3756$ | | | |

续表

| 序号 | | 柱塞直径 | 成型锥长 | 保型筒夹紧力 | 成型压力/MPa | 松弛密度/(kg/m³) | 生产率/(kg/h) | 单位能耗/(kW·h/t) |
|---|---|---|---|---|---|---|---|---|
| 单位能耗 | $K_{1j}$ | 381.10 | 362.40 | | 349.93 | $K=1\,048.72$ | | |
| | $K_{2j}$ | 365.62 | 367.37 | | 380.12 | $W=124\,990.30$ | | |
| | $K_{3j}$ | 302.00 | 318.95 | | 318.67 | $P=122\,201.51$ | | |
| | $U_j$ | 123 373.10 | 122 674.50 | | 122 830.90 | $Q_T=2\,788.79$ | | |
| | $Q_j$ | 1 171.55 | 473.01 | | 629.41 | $Q_E=514.81$ | | |

**表 9.8 稻秆多因素正交试验结果与计算**

| 序号 | | 柱塞直径 | 成型锥长 | 保型筒夹紧力 | 成型压力/MPa | 松弛密度/(kg/m³) | 生产率/(kg/h) | 单位能耗/(kW·h/t) |
|---|---|---|---|---|---|---|---|---|
| 1 | | 1 | 1 | 1 | 35.3953 | 978.0 | 48.0 | 200.70 |
| 2 | | 1 | 2 | 2 | 42.4483 | 1 041.1 | 50.4 | 252.78 |
| 3 | | 1 | 3 | 3 | 29.3873 | 854.0 | 48.2 | 227.50 |
| 4 | | 2 | 1 | 2 | 11.1570 | 400.4 | 54.0 | 193.18 |
| 5 | | 2 | 2 | 3 | 19.5248 | 474.5 | 55.8 | 198.76 |
| 6 | | 2 | 3 | 1 | 41.8388 | 1 081.4 | 57.6 | 208.34 |
| 7 | | 3 | 1 | 3 | 20.9194 | 502.3 | 68.4 | 154.76 |
| 8 | | 3 | 2 | 1 | 26.7769 | 834.6 | 66.4 | 194.40 |
| 9 | | 3 | 3 | 2 | 23.7087 | 817.5 | 70.2 | 173.30 |
| 成型压力 | $K_{1j}$ | 107.2309 | 67.4717 | 104.0110 | | $K=251.1565$ | | |
| | $K_{2j}$ | 72.5206 | 88.7500 | 77.3141 | | $W=7\,891.2070$ | | |
| | $K_{3j}$ | 71.4050 | 94.9348 | 69.8315 | | $P=7\,008.8430$ | | |
| | $U_j$ | 7 285.4590 | 7 147.2030 | 7 224.0600 | | $Q_T=882.3636$ | | |
| | $Q_j$ | 276.6161 | 138.3600 | 215.2173 | | $Q_E=252.1702$ | | |
| 松弛密度 | $K_{1j}$ | 2.8731 | 1.8807 | 2.8940 | | $K=6.9838$ | | |
| | $K_{2j}$ | 1.9563 | 2.3502 | 2.2590 | | $W=5.9418$ | | |
| | $K_{3j}$ | 2.1544 | 2.7529 | 1.8308 | | $P=5.4193$ | | |
| | $U_j$ | 5.5744 | 5.5463 | 5.6100 | | $Q_T=0.5225$ | | |
| | $Q_j$ | 0.1551 | 0.1270 | 0.1908 | | $Q_E=0.0495$ | | |
| 生产率 | $K_{1j}$ | 146.60 | 170.40 | 172.00 | | $K=519.00$ | | |
| | $K_{2j}$ | 167.40 | 172.60 | 174.60 | | $W=30\,530.36$ | | |
| | $K_{3j}$ | 205.00 | 176.00 | 172.40 | | $P=29\,929.00$ | | |
| | $U_j$ | 30 513.11 | 22 934.31 | 29 930.31 | | $Q_T=601.36$ | | |
| | $Q_j$ | 584.11 | 5.31 | 1.31 | | $Q_E=10.64$ | | |

续表

| 序号 | 柱塞直径 | 成型锥长 | 保型筒夹紧力 | 成型压力 /MPa | 松弛密度 /(kg/m³) | 生产率 /(kg/h) | 单位能耗 /(kW·h/t) |
|---|---|---|---|---|---|---|---|
| 单位能耗 | $K_{1j}$ | 340.49 | 274.32 | 301.72 | $K=901.86$ | | |
| | $K_{2j}$ | 300.14 | 322.97 | 309.63 | $W=91\,984.49$ | | |
| | $K_{3j}$ | 261.23 | 304.57 | 290.51 | $P=90\,372.18$ | | |
| | $U_j$ | 91 419.30 | 90 774.44 | 90 433.71 | $Q_T=1\,612.31$ | | |
| | $Q_j$ | 1 047.11 | 402.27 | 61.53 | $Q_E=101.41$ | | |

由表9.3、表9.9、表9.10可知,柱塞直径、成型套锥长及保型筒夹紧力对玉米秸秆、小麦秸秆和稻秆成型压力影响的 $F$ 值均小于 $F_{0.05(2,2)}=19$,这三个因素对三种物料成型压力影响均不显著。对于玉米秸秆和小麦秸秆:保型筒夹紧力的 $F$ 值最大,柱塞直径的 $F$ 值次之,成型套锥长的 $F$ 值再次之;这三个因素对玉米秸秆和小麦秸秆成型压力的影响顺序:保型筒夹紧力＞柱塞直径＞成型套锥长;对稻秆成型压力的影响顺序:柱塞直径＞保型筒夹紧力＞成型套锥长。

**表9.9 小麦秸秆成型压力试验结果方差分析**

| 来源 | 离差 | 自由度 | 均方离差 | $F$ 值 |
|---|---|---|---|---|
| 柱塞直径 | 214.4807 | 2 | 107.2404 | 2.3022 |
| 成型锥长 | 59.4074 | 2 | 29.7037 | 0.6377 |
| 保型筒夹紧力 | 330.4426 | 2 | 165.2213 | 3.5469 |
| 误差 | 93.1639 | 2 | 46.5820 | |
| 总和 | 697.1279 | 8 | | |

**表9.10 稻秆成型压力试验结果方差分析**

| 来源 | 离差 | 自由度 | 均方离差 | $F$ 值 |
|---|---|---|---|---|
| 柱塞直径 | 276.6161 | 2 | 138.3081 | 1.0969 |
| 成型锥长 | 138.3600 | 2 | 69.1800 | 0.5487 |
| 保型筒夹紧力 | 215.2173 | 2 | 107.6086 | 0.8535 |
| 误差 | 252.1702 | 2 | 126.0851 | |
| 总和 | 882.3636 | 8 | | |

表9.4、表9.11和表9.12表明,柱塞直径、成型套锥长及保型筒加紧力对成型燃料松弛密度影响的 $F$ 值均小于 $F_{0.05}(2,2)=19$,因而这三个因素对这三种物料成型块松弛密度的影响均不显著。保型筒夹紧力的 $F$ 值最大,成型套锥长的 $F$ 值次之,柱塞直径再次之,所以这三个因素对成型块松弛密度的影响顺序为保型筒夹紧力＞成型套锥长＞柱塞直径。

**表 9.11　小麦秸秆成型燃料松弛密度试验结果方差分析**

| 来源 | 离差 | 自由度 | 均方离差 | F 值 |
|---|---|---|---|---|
| 柱塞直径 | 0.0226 | 2 | 0.0113 | 0.2120 |
| 成型锥长 | 0.0369 | 2 | 0.018 45 | 0.3462 |
| 保型筒夹紧力 | 0.0821 | 2 | 0.041 05 | 0.7702 |
| 误差 | 0.1066 | 2 | 0.0533 | |
| 总和 | 0.2482 | 8 | | |

**表 9.12　稻秆成型燃料松弛密度试验结果方差分析**

| 来源 | 离差 | 自由度 | 均方离差 | F 值 |
|---|---|---|---|---|
| 柱塞直径 | 0.1551 | 2 | 0.0776 | 3.1330 |
| 成型锥长 | 0.1270 | 2 | 0.0635 | 2.5654 |
| 保型筒夹紧力 | 0.1908 | 2 | 0.0954 | 3.8526 |
| 误差 | 0.0495 | 2 | 0.0248 | |
| 总和 | 0.5224 | 8 | | |

由表 9.5、表 9.13 和表 9.14 可以看出，成型套锥长及保型筒加紧力对生产率影响的 $F$ 值均小于 $F_{0.05(2,2)}=19$，因而这两个因素对成型机的生产率影响均不显著。表 9.13、表 9.14 表明，柱塞直径对小麦秸秆和稻秆成型生产率影响的 $F$ 值大于 $F_{0.05(2,2)}=19$，因而该因素对成型机的生产率影响显著。在两个影响不显著的因素中，保型筒夹紧力的 $F$ 值大于成型套锥长的 $F$ 值，所以这三个因素对小麦秸秆和稻秆成型生产率的影响顺序：柱塞直径＞保型筒夹紧力＞成型套锥长。表 9.5 表明，柱塞直径对玉米秸秆成型机的生产率影响的 $F=12.2899<19$，但在这三种影响因素的比较中，这三个因素对玉米秸秆成型生产率的影响与小麦秸秆和稻秆的顺序相同。

**表 9.13　小麦秸秆成型燃料生产率试验结果方差分析**

| 来源 | 离差 | 自由度 | 均方离差 | F 值 |
|---|---|---|---|---|
| 柱塞直径 | 221.8022 | 2 | 110.9011 | 65.7075 |
| 成型锥长 | 2.0689 | 2 | 1.0345 | 0.6129 |
| 保型筒夹紧力 | 25.7356 | 2 | 12.8678 | 7.6240 |
| 误差 | 3.3756 | 2 | 1.6878 | |
| 总和 | 252.9823 | 8 | | |

**表 9.14　稻秆成型燃料生产率试验结果方差分析**

| 来源 | 离差 | 自由度 | 均方离差 | F 值 |
|---|---|---|---|---|
| 柱塞直径 | 584.1067 | 2 | 292.0534 | 54.8972 |
| 成型锥长 | 5.3667 | 2 | 2.6834 | 0.5044 |
| 保型筒夹紧力 | 1.3067 | 2 | 0.6534 | 0.1228 |
| 误差 | 10.6400 | 2 | 5.3200 | |
| 总和 | 601.4201 | 8 | | |

由表 9.6、表 9.15 和表 9.16 可以看出，柱塞直径、成型套锥长及保型筒夹紧力的 $F$ 值均小于 $F_{0.05(2,2)}=19$，因而这三个因素对成型燃料单位能耗的影响均不显著。由表 9.6、表 9.15 可以看出：因柱塞直径对玉米秸秆和小麦秸秆成型单位能耗影响的 $F$ 值最大，保型筒夹紧力影响的 $F$ 值次之，成型套锥长的 $F$ 值再次之，所以这三个因素对玉米秸秆和小麦秸秆成型燃料单位能耗的影响顺序为：柱塞直径＞保型筒夹紧力＞成型套锥长。由表 9.16 可知，保型筒夹紧力对稻秆成型单位能耗影响的 $F$ 值小于成型套锥长对稻秆单位能耗的影响，因此，这三个因素对稻秆成型燃料单位能耗的影响顺序为：柱塞直径＞成型锥长＞保型筒夹紧力。

**表 9.15  小麦秸秆成型燃料单位能耗试验结果方差分析**

| 来源 | 离差 | 自由度 | 均方离差 | $F$ 值 |
| --- | --- | --- | --- | --- |
| 柱塞直径 | 1171.5490 | 2 | 585.7745 | 2.2757 |
| 成型锥长 | 473.0111 | 2 | 236.5056 | 0.9188 |
| 保型筒夹紧力 | 629.4140 | 2 | 314.7070 | 1.2226 |
| 误差 | 514.8143 | 2 | 257.4072 | |
| 总和 | 2788.7884 | 8 | | |

**表 9.16  稻秆成型燃料单位能耗试验结果方差分析**

| 来源 | 离差 | 自由度 | 均方离差 | $F$ 值 |
| --- | --- | --- | --- | --- |
| 柱塞直径 | 1047.1132 | 2 | 523.5566 | 10.3255 |
| 成型锥长 | 402.2568 | 2 | 201.1284 | 3.9666 |
| 保型筒夹紧力 | 61.5281 | 2 | 30.7641 | 0.6067 |
| 误差 | 101.4105 | 2 | 50.7053 | |
| 总和 | 1612.3086 | 8 | | |

从以上分析可以看出，对玉米秸秆、小麦秸秆及稻秆成型压力影响的主要因素是柱塞直径和保型筒的夹紧力。分析其原因是夹紧力的存在，实际上形成了一个锥度较小但和保型筒一样长的锥长，从而使液压系统的负载明显增大，也就是增加了成型的压力。考虑到成型锥套的锥角过大，易形成死角，为使秸秆能在锥套稳定成型和推出，一般设计锥角应≤10°。

柱塞直径的增加意味着成型燃料直径的增加，也就是冲杆套内径、锥套内径和保型筒内径的相应增大，而这些内径的增大意味着秸秆在成型过程中与各个筒壁的接触面积增加，造成阻力增加。从而使液压系统的负载明显加大，也就是增大了成型的总压力。又因为柱塞直径的增加使得柱塞端面单位面积上的压力减小。二者的综合影响使得成型直径对玉米秸秆和小麦秸秆成型压力的影响略次于保型筒夹紧力的影响；但成型直径对稻秆成型压力的影响居首位，这可能是因为稻秆的摩擦系数相对较大引起的。而成型套锥长变化，根据张百良教授等的试验结果可知，成型压力随着成型锥角和锥长的增加而增加。对于设计好的成型装置，其冲杆直径与成型燃料直径已经确定，因而锥套大小端的直径也随之确定。对于大小端的直径已确定的锥套，锥长的增加势必引起锥角减小。

从而使由于锥长增加引起成型压力增加的部分与成型锥角减小引起成型压力减小的部分相抵消。成型锥长的变化对成型压力的影响最小。

影响玉米秸秆、小麦秸秆及稻秆成型密度的主要因素是保型筒夹紧力。同上述分析夹紧力的作用，实际上形成了一个锥度较小但和保型筒一样长的锥长，从而使液压系统的负载明显增大，也就是增加了成型的压力。

成型密度与成型压力之间呈正相关关系，成型密度随着成型压力的增大而增加。

影响这三种物料压缩成型的生产率和单位功耗的主要因素是冲杆直径。考查这三种原料的 $K$ 值可以发现，随着冲杆直径的增大生产率有增大的趋势，而单位能耗有减少的趋势，这主要是因为冲杆直径的增大导致喂料量增大所致。

从综合因素考虑（表 9.2、表 9.7 和表 9.8），在保证成型密度的情况下，功耗最小的最佳组合：玉米秆和小麦秆的冲杆直径为 71 mm，成型锥长为 40 mm，较大夹紧力。稻秆冲杆直径为 71 mm，成型锥长为 40 mm，夹紧力为较大或冲杆直径为 71 mm，成型锥长为 50 mm，中等夹紧力。

## 9.1.2 生产率与冲杆直径和单位能耗关系

为了找出影响液压成型机生产率和单位能耗的主要因素，并进一步改进成型机的结构和液压系统，提高液压成型机的生产率和降低单位产品的能耗，从而使液压成型机能在生产中达到工程化应用，设计了生产率与冲杆直径和单位能耗关系试验。通过试验，进一步验证冲杆直径与生产率及单位能耗之间的关系，并找出它们之间的相关关系，为后面成型机的改进设计打下基础。

由前面的正交试验可知，玉米秸秆、小麦秸秆及稻秆成型的影响因素对各项指标的影响规律基本上相同，且在相同的成型条件下，玉米秸秆成型的生产率最低，单位能耗高，因此，选取玉米秸秆作为试验对象。根据 HPB-I 型生物质成型机的实际情况，选取冲杆直径分别为 51 mm、56 mm、61 mm、66 mm、71 mm、83 mm 6 个水平，本试验是在保证成型密度在 1100 kg/m³ 左右的条件下，考查冲杆直径和生产率及单位能耗之间的关系。试验结果见表 9.17。

**表 9.17　玉米秸秆成型生产率与柱塞直径和单位能耗的关系**

| 柱塞直径/mm | 可喂入体积/mm³ | 生产率/(kg/h) | 单位能耗/(kW·h/t) |
| --- | --- | --- | --- |
| 51 | 396 106.3 | 21.2500 | 300.9638 |
| 56 | 477 581.4 | 26.2347 | 297.3654 |
| 61 | 566 671.1 | 40.7438 | 285.8462 |
| 66 | 663 375.2 | 43.7778 | 266.0323 |
| 71 | 767 693.9 | 54.7537 | 204.5455 |
| 83 | 1 049 126.0 | 90.3222 | 164.0631 |

为了分析喂入量对生产率和功耗的影响，探索冲杆直径与生产率及生产率与功耗之间的关系，根据一元回归理论和方法，选择了 15 个一元线性及可化为线性的非线性方程，如表 9.18 所示，用 Excel 标准软件进行回归，以便从中得到较理想的拟合方程。

表 9.18　所选 15 种方程及变换方式

| 序号 | 一元方程 | 变换形式 | |
|---|---|---|---|
| 1 | $y = A + Bx$ | $X = x$ | $Y = y$ |
| 2 | $y = A + \dfrac{B}{x}$ | $X = \dfrac{1}{x}$ | $Y = y$ |
| 3 | $y = A + B\ln x$ | $X = \ln x$ | $Y = y$ |
| 4 | $y = A + Be^{-x}$ | $X = e^{-x}$ | $Y = y$ |
| 5 | $y = A + \dfrac{B}{e^{-x} + e^{x}}$ | $X = \dfrac{1}{e^{-x} + e^{x}}$ | $Y = y$ |
| 6 | $\dfrac{1}{y} = A + \dfrac{B}{x}$ | $X = \dfrac{1}{x}$ | $Y = \dfrac{1}{y}$ |
| 7 | $y = \dfrac{1}{A + Be^{-x}}$ | $X = e^{-x}$ | $Y = \dfrac{1}{y}$ |
| 8 | $y = \dfrac{1}{A + B\ln x}$ | $X = \ln x$ | $Y = \dfrac{1}{y}$ |
| 9 | $y = \dfrac{1}{A + Bx^2}$ | $X = x^2$ | $Y = \dfrac{1}{y}$ |
| 10 | $y = Ax^{B}$ | $X = \ln x$ | $Y = \ln y$ |
| 11 | $y = Ae^{Bx}$ | $X = x$ | $Y = \ln y$ |
| 12 | $y = Ae^{\frac{B}{x^2}}$ | $X = \dfrac{1}{x^2}$ | $Y = \ln y$ |
| 13 | $y = Ae^{\frac{B}{x}}$ | $X = \dfrac{1}{x}$ | $Y = \ln y$ |
| 14 | $\dfrac{1}{y} = Ae^{Bx}$ | $X = x\ln x$ | $Y = \ln y$ |
| 15 | $y = \sqrt{A + Bx^2}$ | $X = x^2$ | $Y = y^2$ |

通过对表 9.17 试验结果中可喂入体积和生产率及生产率与单位能耗之间的关系进行回归优选分析,得到以下系列回归方程。

因为该试验装置成型周期由时间继电器控制,即成型周期为一定值。经分析,喂入体积与生产率之间呈线形相关关系:$W = A + BV$

回归系数 $A = -22.4417$,$B = 0.000\,105$,相关系数 $R_1 = 0.9918$,因此,得到回归方程

$$W = 0.000\,105V - 22.4417 \tag{9.1}$$

式中,$V$ 为可喂入的体积,单位为 $mm^3$。

$$V = \frac{\pi d^2 L}{4} \tag{9.2}$$

式中,$d$ 为冲秆套内径,单位为 mm;$L$ 为冲秆套上喂入口的长度,单位为 mm。

生产率与单位功耗之间最优的三个拟合关系为

$$Q = \frac{1}{A + BW^2}$$

回归系数 $A = 0.003\,161\,215$,$B = 3.754\,72 \times 10^{-7}$,相关系数 $R_2 = 0.9607$,回归

方程

$$Q = \frac{1}{0.003\,161\,215 + 3.754\,72 \times 10^{-7}\,W^2} \tag{9.3}$$

或 $Q = Ae^{BW}$，回归系数 $A = 383.671\,507\,6$，$B = -0.009\,515\,788$，相关系数 $R_3 = 0.9584$，回归方程

$$Q = 383.671\,507\,6\,e^{-0.009\,515\,788\,W} \tag{9.4}$$

或 $\dfrac{1}{Q} = AW^{BW}$，回归系数 $A = 0.000\,285\,4$，$B = 0.001\,914\,753$，相关系数 $R_4 = 0.9591$，回归方程

$$\frac{1}{Q} = 0.000\,285\,4\,W^{0.001\,914\,753\,W} \tag{9.5}$$

上述可喂入体积和生产率回归方程（9.1）的拟合曲线和试验曲线见图 9.1；生产率和单位能耗回归方程式（9.3）、式（9.4）和式（9.5）的拟合曲线和试验曲线分别见图 9.2、图 9.3 和图 9.4。

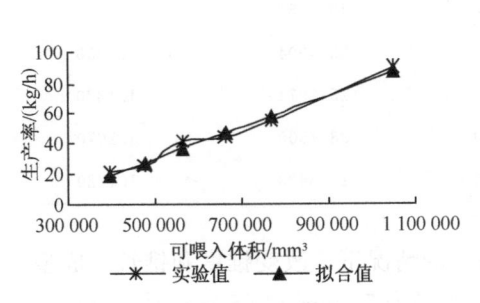

图 9.1　可喂入体积和生产率的试验曲线和拟合曲线

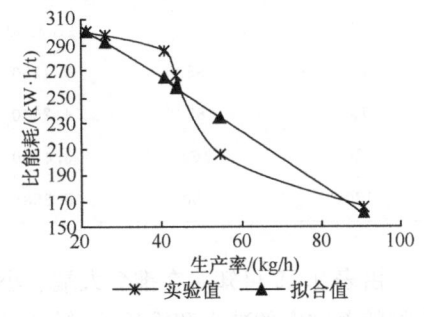

图 9.2　生产率与比能耗关系的试验曲线和拟合曲线

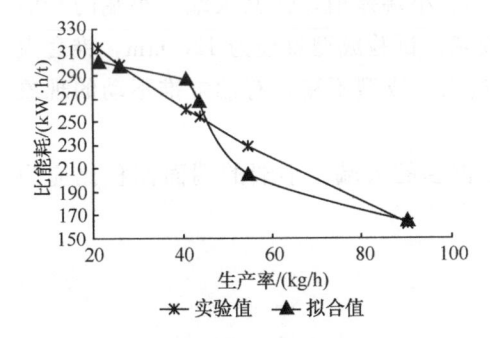

图 9.3　生产率与比能耗关系的试验曲线和拟合曲线

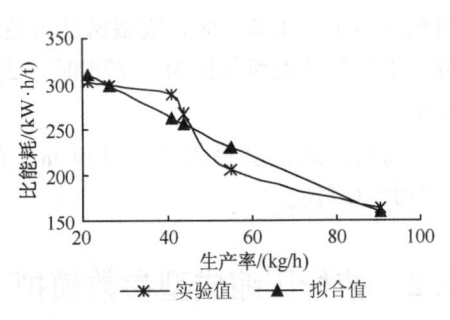

图 9.4　生产率与比能耗关系的试验曲线和拟合曲线

根据对试验结果和回归关系及试验值曲线图和拟合曲线图的分析可以看出，生产率与冲杆直径呈正相关关系，单位能耗与生产率呈负相关关系，而进料量与冲杆直径呈正相关关系，这就意味着在液压系统一定的情况下，要想提高液压成型机的生产率和降低

单位能耗的方法有两种：加大冲杆直径和提高预压程度。

### 9.1.3 锥度、锥长与压力、密度关系试验

锥度和锥长也是影响成型密度的重要因素。取 3 个小端直径分别为 Φ55 mm、Φ65 mm 和 Φ75 mm 锥套进行试验。试验结果如表 9.19 所示。

表 9.19 锥度和锥长与压力和密度试验

| 成型直径/mm | 大端直径/mm | 锥度/° | 锥长/mm | 成型压力/MPa | 密度/($10^3$ kg/m³) |
| --- | --- | --- | --- | --- | --- |
| 55 | 61 | 8.5300 | 20 | 31.3464 | 1.0217 |
| 55 | 61 | 5.7100 | 30 | 35.1015 | 1.0539 |
| 55 | 61 | 4.5000 | 40 | 37.9618 | 1.0875 |
| 65 | 71 | 8.5300 | 20 | 13.7383 | 0.7256 |
| 65 | 71 | 4.0000 | 50 | 15.4255 | 0.7439 |
| 65 | 71 | 2.8620 | 60 | 16.9618 | 0.7679 |
| 75 | 85 | 11.3100 | 25 | 19.5152 | 0.8341 |
| 75 | 85 | 7.1250 | 40 | 23.4904 | 1.0250 |
| 75 | 85 | 4.7640 | 60 | 25.2974 | 1.1320 |
| 120 | 160 | 5.4400 | 210 | 33.7500 | 1.2070 |
| 130 | 160 | 5.3588 | 160 | 18.6923 | 1.1720 |

由表 9.19 可知，在锥套大端、小端直径确定的情况下，改变锥度和锥长，成型密度将随着锥度的减小和锥长的增加而增加。成型直径为 55 mm 和 65 mm 时，设计锥套的大端、小端直径差值相同。而成型直径为 65 mm 时，成型密度不能达到设计要求。这可能是因为锥套的大端、小端直径差值相同时，增加直径导致大端、小端的端面面积比减小。试验成型直径为 75 mm，增加锥套大端、小端差值，使其大端、小端的端面面积比不小于 1.230 时，成型密度可达到设计要求。试验成型直径为 120 mm，锥套大端、小端的端面面积比为 1.778 时，成型压力过大，成型不稳，有油缸推不动的现象发生。

因此，成型直径为 55～130 mm 时，设计锥套的大端、小端的端面面积比应为 1.230～1.778。

## 9.2 秸秆压缩成型参数模拟

### 9.2.1 成型压力与成型燃料密度的关系

为了利用实测的数据分析出成型压力与密度的关系，需要通过设计试验进行验证分析。

利用一个液压压力装置自制试验台和成型模具，准备游标卡尺、天平、粉碎后自然风干的玉米秸秆。

首先通过液压装置所配置的压力表测定压力。采用直接测量法测定成型燃料的密度，即直接测量成型燃料块的尺寸，计算出体积，称得的质量，进而求出成型燃料块的密度，试验时测 5 块，求其平均值，如表 9.20 所示。

**表 9.20 成型压力与成型燃料密度关系**

| 千斤顶压力/MPa | 10 | 12 | 16 | 20 | 25 |
| --- | --- | --- | --- | --- | --- |
| 成型燃料密度/(kg/m$^3$) | 851 | 889 | 963 | 987 | 1114 |

本次试验的试验条件基本模仿成型机成型条件，可以看出压力和密度存在一定关系。通过表 9.20 的试验结果可以看出压力和密度成正相关关系，密度随压力的增大而增大。试验发现，当压力达到一定值时，成型燃料密度就稳定在一定水平几乎不再变化。

通过成型机在实际运行中测试出成型的不同阶段所需压力是不同的：开始压缩时由于秸秆松散，所需压力较小，而成型阶段所需压力较大。所以在设计液压系统时要考虑不同阶段压力的变化。

## 9.2.2 相同温度不同含水率条件下的成型参数

### 9.2.2.1 试验设计

由于试验原料的含水率变化比较大，为了保证成型机组的正常运行和试验的连续性，成型机指示温度定为 250℃。在原料的种类、粒度、成型压力、成型套的锥长和锥角、成型周期、摩擦力及喂入频率不变化，成型设备指示温度为 250℃ 的情况下，利用 HPB-Ⅲ型生物质成型机测出在不同原料含水率条件下的生产率和单位产品能耗，以及各种成型条件下生产出来的成型燃料的成型效果。试验装置采用 HPB-Ⅲ型液压式生物质成型机（成型筒直径为 130 mm）。试验原料取自新郑市郊区的玉米秸秆，经自然晒干后将其粉碎，要求粉碎后的原料粒度小于 60 mm，平均粒度为 31 mm，含水率为 9.5%。称取原料若干，采用人工加水的方法对原料进行加湿。在加湿的过程中，要求环境相对密封，空气的流通比较小。加水时不断搅拌原料，使原料和水充分均匀混合。以上步骤重复 6 次，加水量逐次加大。

试验在河南省新郑市秸秆成型机推广试点进行，环境温度为 16~19℃，环境湿度为 26%。成型机组处于稳定运行状态时，分别加入含水率不同的原料，进行生产，每一种原料含水率条件下（同一种生产条件）使成型机平稳运行 30 min。每 5 min 读一次压力表和噪音计的读数，同时取一个成型燃料，冷却至常温下测定其直径，取其平均值，并记录生产量。

### 9.2.2.2 试验结果与分析

不同含水率条件下 HPB-Ⅲ型生物质成型机的生产率、单位产品能耗、成型燃料直径和压力如表 9.21 所示。

表 9.21 不同含水率下成型参数

| 含水率/% | 9.5 | 12.98 | 14.62 | 16.20 | 17.73 | 19.20 |
| --- | --- | --- | --- | --- | --- | --- |
| 生产率/（kg/h） | 419.4 | 475.4 | 484.6 | 424.1 | 412.7 | 408.75 |
| 单位产品能耗/（kW·h/t） | 50.8 | 44.7 | 46.0 | 51.9 | 51.8 | 53.21 |
| 压力/MPa | 28.5 | 26.0 | 24.2 | 24.6 | 25.6 | 27.40 |
| 冷却后成型燃料直径/mm | 133.0 | 135.1 | 137.2 | 140.6 | 143.1 | 147.40 |

图 9.5 是原料含水率对成型机生产率的影响，从图 9.5 中可以看出，生产率和含水率的关系曲线接近抛物线，在含水率为 14% 左右时生产率最高，含水率向两边移动时 HPB-Ⅲ型生物质成型机生产率依次降低。图 9.6 是含水率对单位产品能耗的影响，从中可以看出，在含水率为 14% 左右时的单位产品能耗最小；图 9.7 给出了含水率对成型燃料直径的影响，从中可以看出，含水率变化对成型燃料直径变化的影响较小，只有当含水率超过 16% 时，燃料直径才开始随含水率的增大而增大。

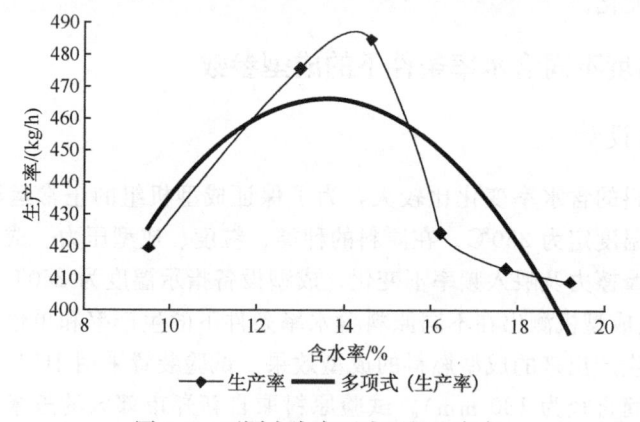

图 9.5 不同含水率下成型机生产率

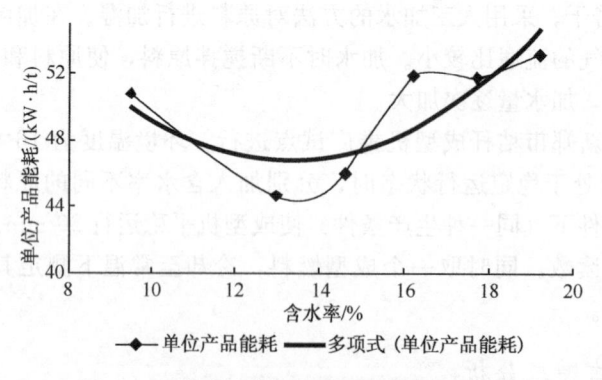

图 9.6 不同含水率下成型机单位产品能耗

试验中还发现，含水率过低时，机器运行压力很大，噪音大，对机器的损耗较大，也增加了生物质烘干过程中的能量消耗；含水率过大时，如大于 18% 以上，相同的成

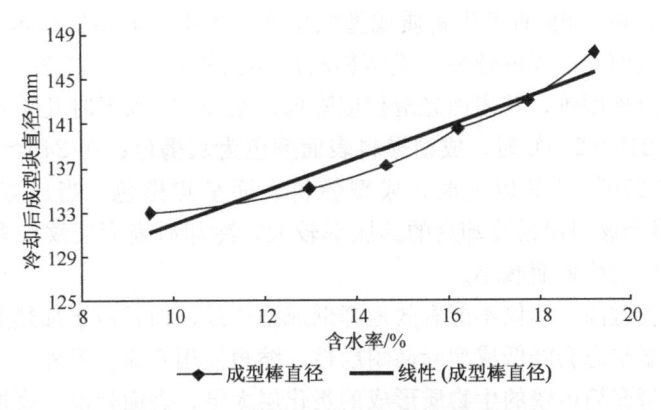

图 9.7 不同含水率下成型燃料直径

型温度条件下,会降低秸秆的传热速度,一部分热量消耗在蒸发多余的水分上,这些水分在成型套内气化后易形成高压蒸汽,会产生"放炮"现象,不能正常成型,即使成型,成型块也是膨胀较大。

### 9.2.3 不同温度相同含水率条件下的成型参数

加热温度是影响压块成型的一个显著因素。根据生物质的成型机制,生物质中的木质素能够联结在一起的基本条件是要有合适的成型温度。通过加热,一方面可使原料中含有的木质素软化;另一方面还可以使原料本身变软,变得容易压缩。在自然含水率条件下,木质素的软化点温度为80~130℃,当加热到70~100℃时,木质素的黏合力开始增加,温度达到160~250℃时可以熔融。因此,成型时生物质的加热温度不得低于其软化点温度。加热温度不但影响原料成型性,而且影响成型机的工作效率,加热温度应调整到一个合理的范围,温度过低,不但原料不能成型,而且功耗增加;温度增高,电机功耗减小,但是成型压力减小,成型物挤压不实,密度变小,容易断裂破损,且燃料表面过热烧焦,烟气较大。在 HPB-Ⅲ型成型机上进行的不同温度相同含水率条件下成型试验的结果如图 9.8 所示。

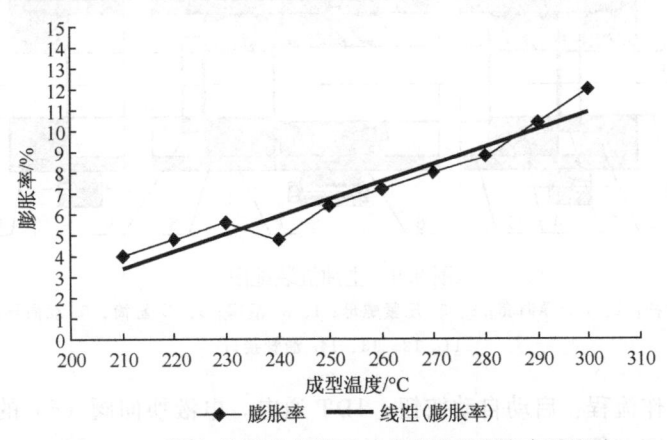

图 9.8 不同加热温度条件下对成型燃料膨胀率的影响

试验中发现，在 HPB-Ⅲ型生物质成型机生产过程中，成型机指示温度在230℃以上时，成型燃料表面光滑程度较好，成型燃料出模比较顺利；在220℃和210℃时，成型燃料出模开始出现困难，其表面光滑程度降低，在200℃以下时几乎不能成型。当成型机指示温度在210～230℃时，成型燃料表面颜色为灰褐色；在240～260℃时，其颜色为灰黑色；在270℃及其以上时，成型燃料表面呈焦黑色。当成型机指示温度在270℃以上时，成型燃料出模冷却后的膨胀率较大，冷却后表面裂纹较多，但其裂口的大小随着成型温度的降低而减小。

如果成型温度过高，不仅不能有效地降低成型压强，而且由于加热圈设在成型套筒外表面，长期高温状态会降低成型套筒耐磨性，缩短使用寿命。另外，加热筒温度过高时，会使紧贴成型套筒内壁的生物质形成的炭化层太厚，表面软滑，摩擦阻力减少，不能成型；同时由于生物质原料中水分的存在，产生高压水蒸气，会发生"放气"或"放炮"现象，中断成型，甚至存在安全隐患等。

## 9.3 HPB-Ⅳ型生物质成型机的改进设计及工程试验

### 9.3.1 液压系统的设计

该液压系统设计利用 9.2 的试验结果，以 HPB-Ⅲ型液压秸秆成型机为设计基础，以降低工作压力、提高机器稳定性、提高生产率、降低能耗为目标，设计新型液压式秸秆成型机（HPB-Ⅳ），以秸秆（玉米秆、小麦秆、稻秆）为主要原料。

HPB-Ⅲ型生物质成型机运行压力为 20 MPa，主油缸是单缸单活塞，一个阀控制进油路，使得单位活塞截面积承受的压力太大，因此，新设计思路结合设备实际尺寸的需要，将主油缸改为双缸双活塞，两个进油路，双侧阀门同步协作控制，以增大活塞截面积，而不需要增大设备，改造后的油路如图 9.9 所示，液压系统工作原理如图 9.10 所示。

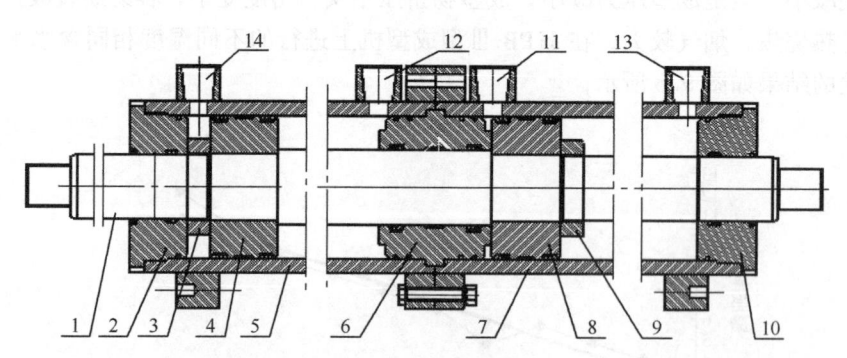

图9.9 主油缸装配图

1. 活塞杆；2、10. 导向套；3、9. 压紧螺母；4、8. 活塞；5、7. 缸筒；6. 双向导向套；
11、12、13、14. 油管接口

液压系统工作流程：启动自动按钮，1DT 通电，电液换向阀（6）的左位接通。主油缸（10）的活塞右行。

图 9.10　HPB-Ⅳ液压系统图

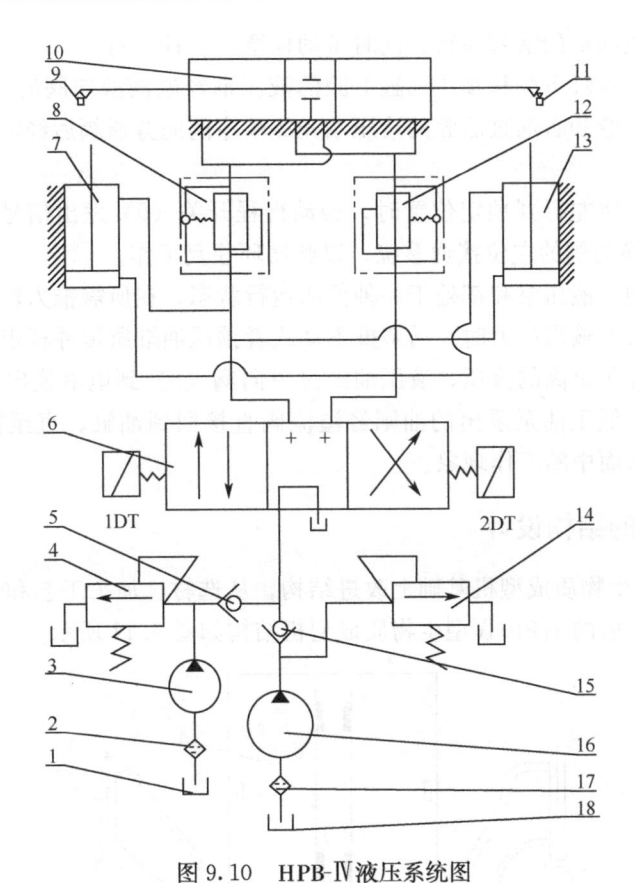

1、18. 油箱；2、17. 滤油器；3. 高压泵；4、14. 溢流阀；5、15. 单向阀；6. 换向阀；7、13. 预压缸；8、12. 顺序阀；9、11. 行程开关；10. 主油缸；16. 低压泵

进油路：由高压小流量定量泵（3）和低压大流量定量泵（16）输出的液压油经电液换向阀的左位分别进入预压油缸（7）的上腔和预压油缸（13）的下腔，预压油缸（7）的活塞行至下死点和预压油缸的活塞行至上死点时，系统的压力继续升高。当系统压力升高到顺序阀（8）的调定压力时，顺序阀被打开，液压油经顺序阀进入主油缸左油缸的前腔和右油缸的后腔，推动主油缸的活塞右行，同时带动柱塞、冲杆右行。

回油路：预压油缸下腔和预压油缸上腔的液压油经电液换向阀的右位直接回油箱。主油缸的左油缸后腔和右油缸前腔的液压油先经顺序阀（12）的旁通阀后经电液换向阀的右位回油箱。当主油缸右活塞右行到预定位置时，触动行程开关（11）发出信号，使1DT失电，2DT得电。

2DT接通电源使电液换向阀的右位接通。主油缸活塞按照左行的工作原理推动冲杆左行，其进油回油程序是，进油路：由高压小流量定量泵和低压大流量定量泵输出的液压油经电液换向阀的右位分别进入预压油缸的上腔和预压油缸的下腔，预压油缸的活塞行至下死点和预压油缸的活塞行至上死点时，系统的压力继续升高。当系统压力升高到顺序阀的调定压力时，顺序阀被打开，液压油经顺序阀进入主油缸的左油缸后腔和右油缸前腔,推动主油缸的活塞左行,同时带动柱塞、冲杆左行。

回油路:预压油缸下腔和预压油缸上腔的液压油经电液换向阀的左位直接回油箱。主油缸的左油缸前腔和右油缸后腔的液压油先经顺序阀的旁通阀后经电液换向阀的左位回油箱。

当主油缸左活塞左行到预定位置时,触动行程开关(9)发出信号,使2DT失电,1DT得电,电液换向阀的左位接通系统,以此循环往复工作。

正常运行期间,液压泵和都处于一种低压运行状态,在所需推力较大时,即外载压力高于低压定量泵的输出压力时,活塞推不动或者预压油缸所带冲杆走不到位置,高压小流量定量泵会提供更高的液压,液压油经过单向阀(5)到电液换向阀,然后重复上述进油回油程序,低压油泵泵出的油则经溢流阀直接回到油缸,直至被积压的物料推出,防止累积堵塞而中断工作现象。

### 9.3.2 成型机的结构设计

在 HPB-Ⅲ型生物质成型机基础上改进结构,从选材、加工工艺和部分结构做了一些改进设计,改进后的 HPB-Ⅳ型生物质成型机结构如图 9.11 所示。

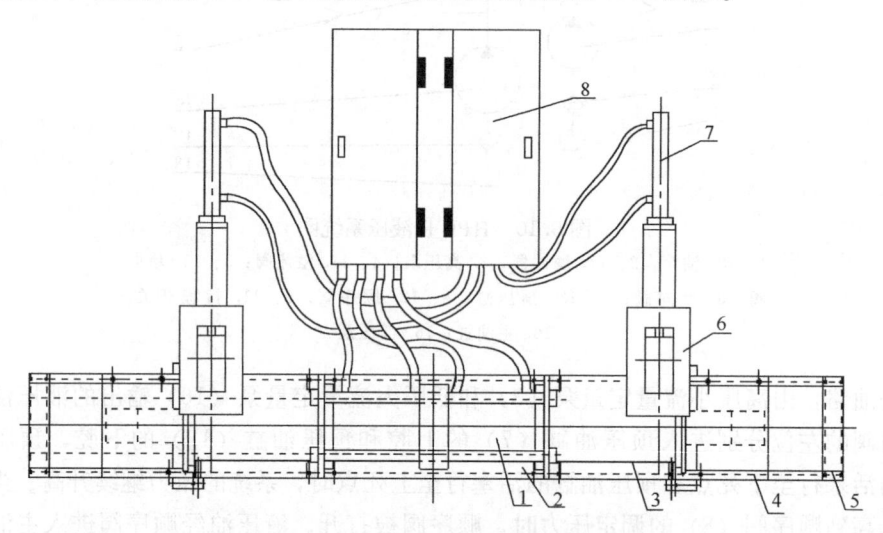

图 9.11 HPB-Ⅳ型生物质成型机结构简图
1.主油缸;2.机座;3.成型筒;4.保型筒;5.加热防护罩;6.送料机械;7.预压油缸;8.油箱集成

选材和加工工艺上,对于一些易产生变形和易磨损构件采用加厚钢板和耐磨铸铁。机座由于受到压力的冲击易发生振动导致两端变形,所以机座采用加厚钢板增加整个机座的刚度;成型套筒与冲杆之间易进粉尘,这些粉尘在摩擦热下炭化变得坚硬,使成型套筒和冲杆易磨损,对此采用耐磨铸铁,加工工艺简单,成本低;对于一些要求精度高的构件在加工时提高其加工精度。

降低机座的重心,进而可以降低整个设备的重心,可以有效地减少设备的振动;进料斗设计为圆锥筒,搅拌进料时不会产生死角,使进料更顺畅,提高物料的喂入量进而提高机器的生产率;行程控制开关开口放在成型筒的下面,可以减少粉尘进入成型筒,这种冲杆成型筒成型系统显著地减少了成型部件之间的摩擦，提高成型部件的使用寿命；将冲杆顶端的冲头表面中央加一个小圆锥体，如图 9.12 所示，这样的设计可以起到切割的效果，无需另加切割装置，就可以使成型燃料的形状比较有规则；在成型部分的锥形筒的四周利用线切割技术做一些小孔，可以起到排气效果，降低筒内水蒸气的压力，减少"放炮"现象。

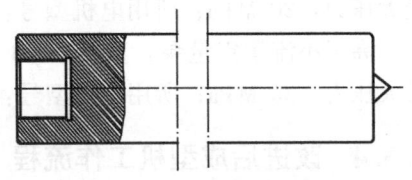

图 9.12 改进的活塞冲杆

### 9.3.3 成型设备系统改进设计指标及参数

#### 9.3.3.1 主要设计指标

生产率：400～500 kg/h；
能耗：70 kW·h/t；
成型燃料的直径：100 mm 左右；
成型温度：160～200℃；
成型工作压力：6～8 MPa，预压工作压力：3～4 MPa；
加热功率：2×5 kW；
成型密度：1000～1300 kg/m³；
成型周期：15s；
秸秆粉碎进料粒度：≤30 mm。

#### 9.3.3.2 主要设计参数

机座高度：380 mm；
圆锥形料斗的尺寸：高度 480 mm，上圆直径 800 mm，底圆直径 350 mm；
预压室的尺寸：460 mm×350 mm×145 mm；
油箱的尺寸：1500 mm×1200 mm×700 mm；
由设计指标，成型燃料的直径取 100 mm，主缸工作压力 $p$ 为 8 MPa，预压油缸工作压力 $p$ 为 4 MPa，取主冲杆套内径 $d$ 为 108 mm；
主油缸：长 2×630 mm，内径 200 mm，活塞杆直径 105 mm；
主油缸的活塞杆长度：1845 mm；
由 $F = p \times (S_1 - S_2) = 8 \times 10^6 \times 3.14 \times (0.2^2 - 0.105^2) = 727\,852$ N，主油缸推力约为 74 t；
预压油缸：长 600 mm，内径 80 mm，活塞杆直径 40 mm；
预压油缸的活塞杆长度：800 mm；
由 $F = p \times (S_1 - S_2) = 4 \times 10^6 \times 3.14 \times (0.08^2 - 0.04^2) = 60\,288$ N，预压油缸压力约为 6 t。
根据上述参数，液压系统具体参数：
低压大流量定量泵：型号：CB-FC40；最大排量：80L/min；额定压力：16 MPa，

最大压力：20 MPa；所用电机型号：Y200M-4，功率：22 kW。

高压小流量定量泵：型号：CB-FD20；最大排量：32L/min；额定压力：20MPa，最大压力：25 MPa；所用电机型号：Y160M-4，功率：15 kW。

### 9.3.4 改进后成型机工作流程

改进的新型成型机运行性能更稳定，出料更顺畅，尤其是进料斗改为圆锥形使进料没有死角，进料量加大，大大提高了产量，其成型系统控制过程见图 9.13。一个成型周期的压缩过程可分以下 6 个步骤。

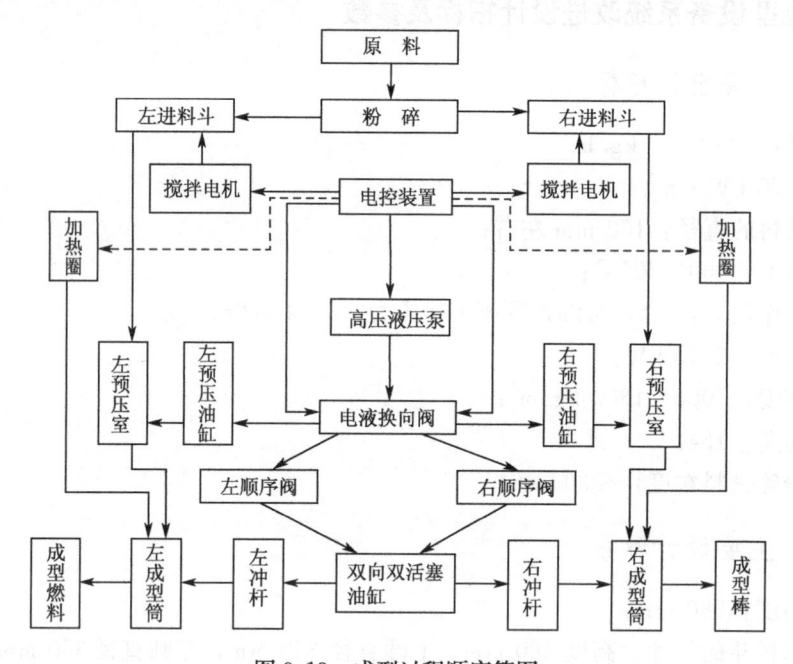

图 9.13 成型过程顺序简图

（1）液压泵在电动机的带动下，通过电液换向阀将液压油泵入左预压油缸、右预压油缸，右进料斗的物料在右搅拌电机的搅拌下进入右预压室，在右预压油缸活塞、活塞杆及冲杆的作用下被预压并推入右成型筒，同时左预压油缸活塞回位。

（2）右预压油缸活塞运行到上死点后，左顺序阀被打开，液压油经进入主油缸左油缸的前腔和右油缸的后腔，推动主油缸的活塞右行，同时带动柱塞、冲杆右行，将预压后的物料挤入右成型套筒内的锥形筒中，在机械压力和右加热圈加热温度的作用下，生物质发生塑性变形并被挤压成块，经保型筒保型后挤出。

（3）当右冲杆走到右行程开关位置时，在电控装置的控制下，电液换向阀换向。

（4）液压泵在电动机的带动下，通过电液换向阀将液压油泵入左预压油缸、右预压油缸，左进料斗的物料在左搅拌电机的搅拌下进入左预压室，在左预压油缸活塞、活塞杆及冲杆的作用下被预压并推入左成型筒，同时右预压油缸活塞回位。

（5）左预压油缸活塞运行到上死点后，右顺序阀被打开，液压油经进入主油缸右油缸的后腔和左油缸的前腔，推动主油缸的活塞左行，同时带动柱塞、冲杆左行，将预压后的物料挤入左成型套筒内的锥形筒中，在机械压力和左加热圈加热温度的作用下，生物质发生塑性变形并被挤压成块，经保型筒保型后挤出。

（6）在电控装置的控制下，电液换向阀换向，照此循环，往复运动。

### 9.3.5 改进成型机试验及结果分析

取新鲜玉米秸秆原料为试验样品，每 1 h 测试 1 次左主油缸、右主油缸的工作压力和预压油缸的工作压力；每 30 min 测试一下产量，耗能量，以正常出料后开始记录，结果见表 9.22 和表 9.23。

**表 9.22　主油缸和预压油缸工作压力测试结果**

| 试验次数 | 时间周期/h | 左主油缸压力表读数/MPa | 右主油缸压力表读数/MPa | 预压油缸压力表读数/MPa | 密度/(kg/m³) |
|---|---|---|---|---|---|
| 1 | 1 | 8.0 | 6.0 | 3.5 | 950 |
| 2 | 2 | 8.0 | 8.0 | 3.5 | 1130 |
| 3 | 3 | 6.5 | 7.5 | 4.0 | 980 |
| 平均 | 2 | 7.5 | 7.2 | 3.7 | 1020 |

**表 9.23　玉米秸秆成型试验测试结果**

| 试验次数 | 试验时间/min | 生产量/kg | 耗能量/kW·h | 生产率/(kg/h) | 比能耗/(kW·h/t) |
|---|---|---|---|---|---|
| 1 | 30 | 251.6 | 17.2 | 503.2 | 68.4 |
| 2 | 30 | 248.4 | 16.4 | 496.8 | 66.0 |
| 3 | 30 | 257.8 | 17.8 | 515.6 | 69.0 |
| 平均 | 30 | 252.6 | 17.1 | 505.2 | 67.8 |

通过测试设计的 HPB-Ⅳ型生物质成型机，利用双缸双活塞双向挤压，达到了低压运行。运行压力在 8 MPa 左右，其运行可靠性能更稳定；生产率可达到 500 kg/h，生产单位能耗在 65~70 kW·h/t。通过连续运行试验发现，每次预热时间约 20 min 可以达到秸秆木质素软化、熔融温度，能够满足成型要求；运行过程油箱温度缓慢上升，且最高温度在许可范围内，达到了预定的设计指标。

## 9.4　生物质液压成型机能耗测试及分析

由 9.3 试验发现 HPB 型生物质成型机仍然具有一定的节能潜力，只有设备能耗进一步降低，成型技术与成型燃料产品才具备与常规能源竞争的优势。本节介绍了生物质液压成型燃料设备能耗的分析过程及节能措施，为进一步改进和完善设备提供技术支持。成型机主要能耗包括分布于驱动电机、进料斗搅拌电机、上料装置传输电机、成型套筒外辅电加热套等。

## 9.4.1 加热系统能耗测试及分析

加热系统是成型机能耗构成中的重要组成部分，对这一部分应用热平衡原理进行计算，分析热量的具体传递情况，并与实践紧密结合，对此系统提出相应的改进设计意见。

### 9.4.1.1 加热系统的结构及组成

成型机的加热系统由以下 6 个部分组成，分别是挡板、保温棉、加热套、锥筒外套、锥筒、保型筒。各部分参数如表 9.24 所示。结构简图如图 9.14 所示。

表 9.24 加热套组成部分的性能参数

| 部件 | 材料 | 温度/℃ | 导热系数/[W/(m²·K)] | 个数 |
| --- | --- | --- | --- | --- |
| 保温棉 | 矿渣棉 | ≤400 | 0.0674+0.000 215 {t} | 2 |
| 加热套 | 铝铸品 | 250~300（恒温体） | — | 2 |
| 锥筒外套 | ZG310-570 | 100~300 | 47.5~42.0 | 2 |
| 锥筒 | MT-4 | 100~300 | 32.4~37.2 | 2 |
| 保型筒 | MT-4 | 100~300 | 32.4~37.2 | 2 |

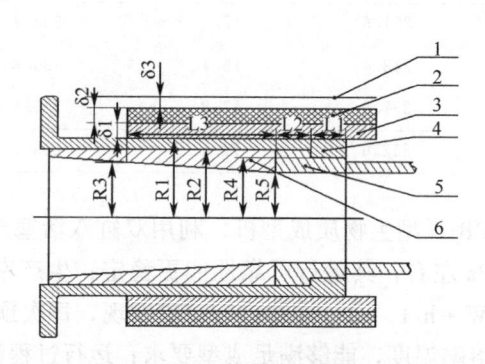

图 9.14 加热系统结构简图
1. 挡板；2. 保温棉；3. 加热套；4. 锥筒外套；5. 保型筒；6. 锥筒

### 9.4.1.2 加热系统温度测试

取含水率为 12%~17%、粉碎粒径≤30 mm 的玉米秸秆为原料，通过试验寻找最佳的成型温度，以及此温度条件下，加热套单位时间的耗电量，并对其散热、传热进行具体的分析，然后求出加热套的热利用效率，并结合实际情况提出具体的改进措施。利用红外线测温仪、表面温度计、干湿温度计、游标卡尺、台秤、电表等仪器进行测试。通过温控仪有规则的控制温度变化，以出模顺利程度和膨胀程度（松弛密度）两个指标来确定最佳成型温度。温度确定以后，测出此温度下，加热套单位时间内所耗的电量，求出加热套的热利用效率。

将不同温度（加热套表面平均温度）下成型效果试验数据记录于表 9.25。

表 9.25 不同温度下的成型效果

| 评价指标 | 300 | 280 | 270 | 260 | 250 | 240 | 230 |
|---|---|---|---|---|---|---|---|
| 出模速度顺利 | √ | √ | √ | √ | √ | | |
| 出模速度一般 | | | | | | √ | |
| 出模速度不顺利 | | | | | | | √ |
| 出模密度＜800 kg/m³ | √ | √ | | | | | |
| 出模密度 800～1000 kg/m³ | | | √ | √ | | | |
| 出模密度 900～1100 kg/m³ | | | | | | √ | √ |

由表 9.25 可以看出，当仪表显示加热套温度为 250～270℃时，出模顺利，出模后松弛密度在 800～1100 kg/m³，一般成型的效果最佳；加热套温度大于 270℃时，出模顺利，但出模后松弛密度小于 800 kg/m³，达不到成型要求；加热套温度小于 250℃时，成型密度也可达到 800 kg/m³ 以上，但是出模不太顺利。造成这种现象的原因：温度过高时，单位时间内物料水分蒸发量多，导致出模后水蒸气急速扩散，致使膨胀变大，成型密度小，不符合成型的要求，同时，耗电量增加，成本升高。温度过低时，单位时间水分蒸发量少，导致热量没有充分的传输到物料中心，以至中心温度过低，没有达到软化点温度，出模时不顺利。因此，选择成型温度 260℃作为加热套热利用效率的理论计算依据。

### 9.4.1.3 加热系统能耗分析

**1）加热套各个部分散热量的计算**

从图 9.14 中可知加热套向外散失的热量包括保温棉上表面与挡板的换热、保温棉下表面与空气的换热、保温棉端面与空气的换热、加热套端面与空气的换热、多余出来的部分加热套与空气的换热。计算这些换热量时，需要在最佳成型温度 260℃时，测试出挡板的平均温度、保温棉表面的平均温度、保温棉端面的平均温度等，将各温度及计算后得到的加热系统各部分散热量列于表 9.26。

表 9.26 加热系统各个部分散热量

| 名称 | 温度差/℃ | 对流换热量/W | 辐射换热量/W |
|---|---|---|---|
| 保温棉上表面与挡板 | 127.0－73.0 | 17.0 | 67.8 |
| 保温棉下表面与空气 | 127.0－25.0 | 69.4 | 120.0 |
| 保温棉端面与空气 | 193.5－25.0 | 14.0 | 12.7 |
| 加热套端面与空气 | 260.0－25.0 | 20.0 | 26.8 |
| 多余加热套与空气 | 260.0－25.0 | 134.0 | 21.0 |

由表 9.26 数据可以得知：加热套与外界对流换热量为 254.4 W，辐射换热量为 248.3 W，总的损失热量为 502.7 W。其中仅保温棉与外界的散热量就达到了 300.9 W，占总损失量的 59.8%，达到一半以上，可见保温棉的保温效果非常差，改进设计应注意这一点；加热套多余部分对外的散热量为 155 W，占总损失量的 30.8%，这一部分热量损失是完全没有必要的；保温棉上面与外界的换热量为 84.8 W，保温棉下面与外界的换热量为 189.4 W，与前者相比多出了 104.6 W，原因在于上面有一层挡板，挡板与保温棉之间的空气夹层起到了保温的效果。

加热套额定功率为 3.5 kW。那么，加热套向成型锥筒里面传输的热量为 Φ=3500－502.7=2997.3 W，同时考虑加热套热量沿着锥筒外套轴传递散失一部分热量，根据经验系数选择热量利用率为 90%，则加热套的有效利用功率为 2997.3×90%＝2698 W。所以，加热套的热利用效率为 2698/3500=77%；加热套的热损失为 23%。

**2）锥筒内侧温度计算**

用等量体积的方法确定锥筒外套和锥筒的当量直径（当量内径和当量外径），计算得到的当量内径为 66.6 mm，当量外径为 88.5 mm。

根据一维稳态圆柱体导热公式求得锥筒内壁的温度为 240℃。

我们知道木质素软化点约在 110℃，160℃开始熔融，因此，物料成型最佳温度需要达到表面 160℃，中心 110℃。考虑到热量由锥筒内壁向物料传递的过程比较复杂，具体的热传递包括导热、对流和辐射等多种传导方式，具体传导影响因素较多，无法在这里进行定量描述。根据生产及试验经验判断，要使内部中心温度达到 110℃，必须提高锥筒内侧的温度达到 240℃左右才是最经济和节能的临界温度。

### 9.4.2 进料系统的能耗测试及分析

进料系统在成型机系统中相当重要，由于秸秆粉碎后自身比较柔软的特性，进料装置的设计是否合理，直接影响进料的顺利程度和进料量的大小。进料系统主要由搅拌进料装置和传输装置两大部分组成。搅拌进料装置主要由搅拌电机、进料斗、螺旋搅拌三部分组成。搅拌进料装置结构简图如图 9.15 所示。

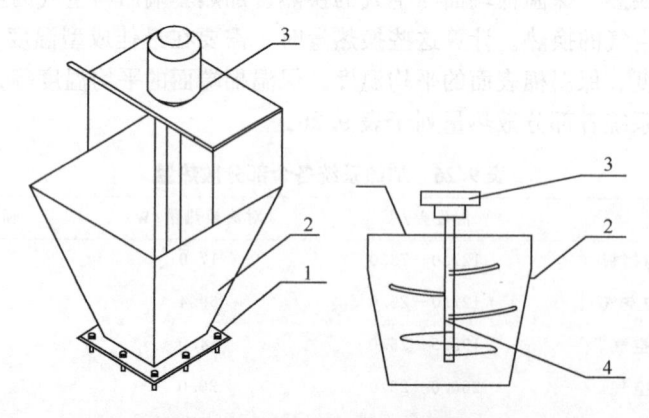

图 9.15 搅拌装置结构简图
1. 螺旋连接；2. 进料斗；3. 电机；4. 螺旋搅拌

传输装置主要由传输电机、传输带两部分组成。传输装置结构简图如图9.16所示。通过试验寻找进料斗最佳进料量,并确定此进料量时,搅拌电机和传输带电机的耗电量。分析进料系统本身设计对整个系统能耗的影响以及电机功率参数选择的合理性。

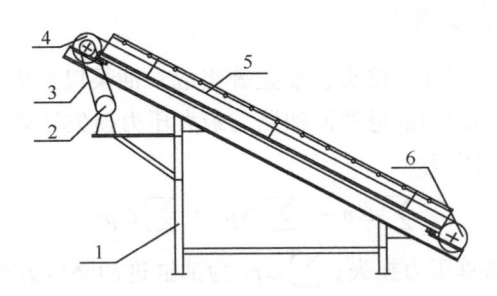

图9.16 传输装置结构简图

1. 传输带支架;2. 电机及所带齿轮;3. 链条;4. 主动滚筒;5. 皮带;6. 从动滚筒

控制进料量,以进料斗运行状况(从进料斗是否堵塞和出现死角两个方面)和成型燃料块的重量为指标,确定最佳进料量。在此进料量的情况下,通过电表读数,测得搅拌电机和传送带电机单位时间的能耗。将不同进料量状况下的试验结果记录于表9.27。

**表9.27 不同进料量运行状况**

| 指标 | 进料量占进料斗体积百分比 | | |
|---|---|---|---|
| | $Q<40\%v$ | $40\%v\leqslant Q\leqslant 75\%v$ | $Q>75\%v$ |
| 进料斗运行有死角 | √ | √ | √ |
| 进料斗运行无死角 | | | |
| 进料斗运行偶尔堵塞 | √ | √ | |
| 进料斗运行经常堵塞 | | | √ |
| 一次成型燃料成型平均质量/kg | 0.80 | 1.10 | 1.11 |

注:$Q$为进料斗维持的进料量;$v$为进料斗有效容积。

由表9.27可以看出,不管进料量多少,进料斗的四周都会存在死角。进料量维持在75%料斗有效容积以下时,进料斗很少发生堵塞情况,进料量维持在75%料斗有效容积以上时,进料斗经常发生堵塞,甚至影响电机正常工作。进料量维持在40%料斗有效容积时,进入锥筒的物料少,每次出来的成型块平均质量为0.80 kg,导致生产率偏低。进料量维持在40%~75%料斗有效容积时,进入锥筒的物料充分,每次出来的成型燃料块平均质量大于1.10 kg,进料斗运行状况良好,可充分满足正常成型生产所需进料量。进料量为65%料斗有效容积时,搅拌电机负载0.55 kW,传输带电机负载0.50 kW。电机选择时,考虑到实际运行中电机受到冲击负载,因此,选择工况系数为1.3,则搅拌电机额定功率必须大于0.715 kW。设计使用的搅拌电机的额定功率为0.75 kW,可以满足要求。传输带电机负载能耗为0.50 kW,选择工况系数为1.3,则电机额定功率的选择大于 0.65 kW，实际传输带电机的额定功率为 0.75 kW，也可以满足要求。

### 9.4.3 液压系统的能耗测试分析

#### 9.4.3.1 液压系统压力损失

主要由油泵、油管、阀件、接头、油缸等组成。油泵以最大流量（80L/min）工作时，主油缸进油回油路和副油缸进油回油路的最大压力损失计算如下：

油缸油路最大压力损失为

$$\sum \Delta p = \sum \Delta p_1 + \sum \Delta p_2 \tag{9.6}$$

式中，$\sum \Delta p$ 为油缸油路总压力损失；$\sum \Delta p_1$ 为油缸进油路压力损失；$\sum \Delta p_2$ 为油缸回油路压力损失。

进油路及回油路压力损失均包括沿程损失、局部损失和阀件损失，进油路公式表示如式 (9.7)，回油路公式与此相同。

$$\sum \Delta p_1 = \Delta p_{沿程} + \Delta p_{局部} + \Delta p_{阀件} \tag{9.7}$$

经计算，主油缸进油路沿程压力损失为 0.023 MPa，局部阻力损失为 0.414 MPa，总的压力损失为 0.437 MPa。主油缸回油路沿程压力损失为 0.009 MPa；局部阻力损失为 0.805 MPa；总的阻力损失为 0.814 MPa。主油缸油路总压力损失为 1.251 MPa。

副油缸进油路沿程压力损失为 0.044 MPa，局部阻力损失为 0.413 MPa，总的阻力损失为 0.457 MPa。副油缸回油路沿程压力损失为 0.046 MPa，局部阻力损失为 0.813 MPa，总的阻力损失为 0.859 MPa。副油缸油路总的压力损失为 1.316 MPa。

可以看出，主油缸油路的总压力损失和副油缸油路的总压力损失均不超过 1.32 MPa。

#### 9.4.3.2 液压系统温升的计算

液压系统在单位时间内的发热量 $\Delta \Phi$ 可由下式估算，

$$\Delta \Phi = \sum p_p - \sum p_{cm} \quad 或 \quad \Delta \Phi = \sum p_p [1 - \eta_1 \eta_2 \eta_m] \tag{9.8}$$

式中，$\Delta \Phi$ 为液压系统单位时间内的发热量；$\sum p_p$ 为液压泵输入功率；$\sum p_{cm}$ 为同时工作的液压缸输出功率之和；$\eta_1, \eta_2, \eta_m$ 分别为液压泵的效率、液压执行元件（液压缸）效率及回路效率，$\eta_1$ 选择 85%、$\eta_2$ 选择 94%、$\eta_m$ 选择 95%。

根据试验 $\sum p_p = 15$ kW，由 $\Delta \Phi = \sum p_p [1 - \eta_1 \eta_2 \eta_m]$，带入数据，得 $\Delta \Phi = 3.6$ kW。

油箱面积 $A$ 为 4.39 m²，油箱散热系数 $k$ 为 9 W/(m²·℃)，环境温度 $\theta_2$ 为 30℃，则可得油液的温度为

$$\theta_1 = \theta_2 + \frac{\Delta \Phi}{Ak} = 30 + \frac{3.6 \times 10^3}{4.39 \times 9} = 121℃$$

此油温已超出许可范围，必须设置冷却器。

由上面的计算得知，主油缸油路最大压力损失和副油缸油路最大压力损失均不超过 1.32 MPa，表明液压系统中压力损失比较小。

机器在工作过程中出现压力不足的情况，根据试验分析其原因：机身的加工精度难以保证同轴度，导致液压缸中活塞与缸体和活塞所带的冲杆与成型套筒之间的摩擦力成倍增大；液压系统本身的设计存在一些不足之处。同时，在运行中主油缸的工作压力过大，存在着一定的安全隐患。此外，油温升高已超过油液要求的范围，设计必须设置冷却器。

## 9.5 节能降耗的措施

根据以上对加热系统、进料系统、液压系统的能耗测试分析以及管理方面对能耗的影响，在改进设计新型成型燃料设备时需要分别对各部分采取相应的节能措施。

### 9.5.1 加热系统节能措施

通过 9.4 的分析，针对加热系统的主要散热损失部分，提出对加热套做以下改进设计，以提高加热套的热利用效率。

将保温棉和加热套做成一体，有利于结构的简化，提高保温棉的保温效果；加热套多余部分的功率应充分利用，保证与套筒充分接触，达到热量传导迅速、热交换充分；保温棉的下表面应和上表面一样设置挡板（1），改进后的简图如图 9.17 所示。

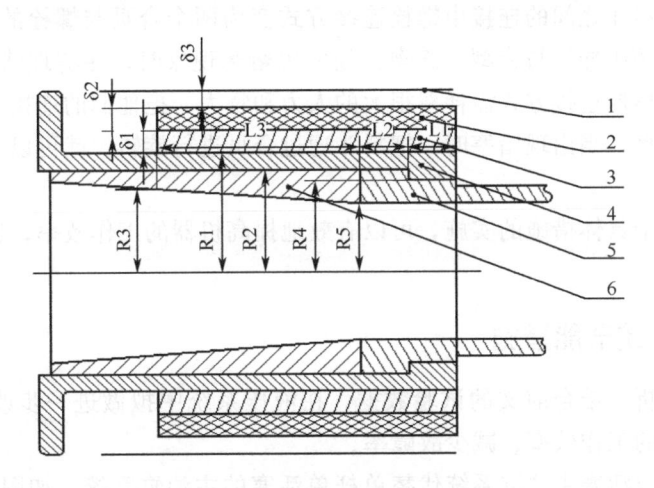

图 9.17 改进后的加热系统结构简图
1. 挡板；2. 保温棉；3. 加热套；4. 锥筒外套；5. 保型筒；6. 锥筒

### 9.5.2 进料系统节能措施

由上面的分析可以看出，进料系统主要存在的问题：进料斗四周容易出现死角；预压装置中预压室内出现堵塞时，因自身笨重不易维修。因此，做如下几个方面的改进设计，以达到节能降耗的目的，见图 9.18 和图 9.19。进料斗的有效容积不变，把进料斗的形状由倒置的四棱锥台改成倒置的圆锥台，改进后，可以有效地消除死角。新型 HPV-Ⅳ 液压成型机采用了该设计思路。

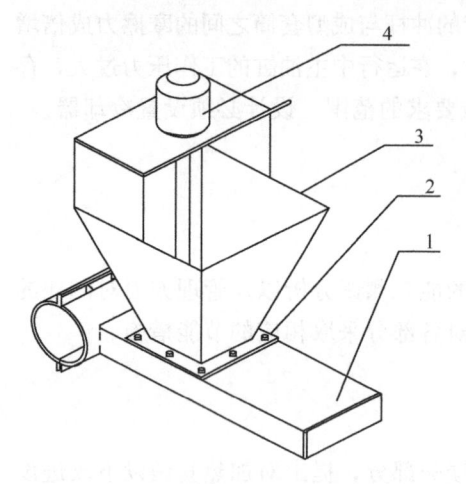

图 9.18　原进料斗及预压室
1. 预压装置；2. 螺栓连接；3. 进料斗；4. 电机

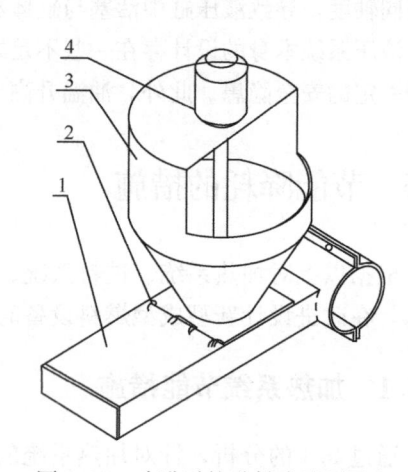

图 9.19　改进后的进料斗及预压室
1. 预压装置；2. 合页连接；3. 进料斗；4. 电机

根据在试验中长期的观察及分析，降低机器的重心，可以增加机器的稳定性能；同时去掉两个传输装置，简化设备，节省了能量和材料。

预压室与进料斗之间的连接由螺栓连接方式变为两个合页与螺栓的三点连接方式。当预压装置中的预压冲杆与成型套筒吻合处发生堵塞现象时，在清理堵塞物料过程中，由于料斗笨重，螺栓连接方式需耗费很大的人力和物力，把他们的连接方式设计为合页和螺栓的三点连接，当出现堵塞时，把料斗通过合页进行旋转，就可以方便地清理堵塞物料。

通过上面三个具体措施的实施，可以有效地提高机器的工作效率，达到节能降耗的目的。

### 9.5.3　液压系统节能措施

通过理论分析，结合前文的试验数据，在液压系统中拟做进一步改进，以节约能量、提高成型机的工作效率、减少故障率。

一是将双缸双活塞主油缸系统代替单杆单活塞的主油缸系统，如图 9.20 所示。该系统能够有效降低主油缸的工作压力，提高工作效率。新型 HPV-Ⅳ 液压成型机以后的系列产品就是采用了该设计思路。

二是为了控制预压装置中预压冲杆运行到位，增加行程开关控制液压系统运行。当进料量过大时，预压装置中的预压冲杆（2）存在着不能和成型筒行程时间相吻合的情况，如图 9.21 所示。导致主油缸所带冲杆（1）与副油缸所带冲杆（2）送来的物料之间形成一种剪切力，造成出模压力急剧上升，能耗损失大，对机器本身构成较大的威

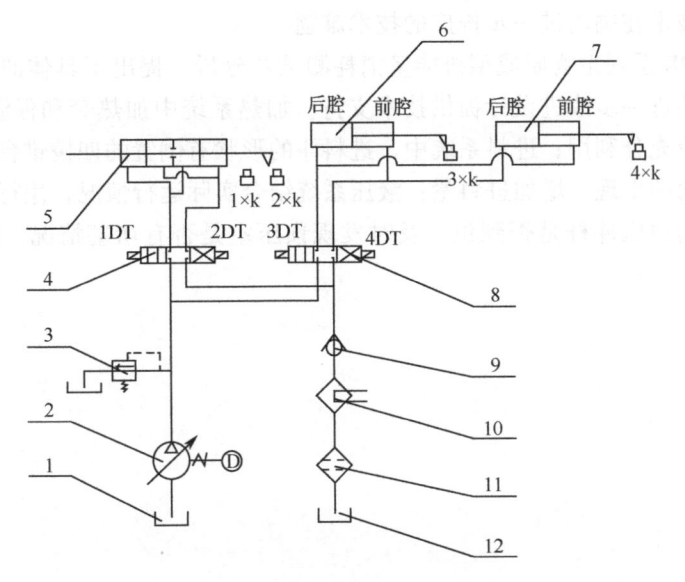

# 9 生物质液压成型机优化设计及其工程化试验

**图 9.20 改进后的液压系统工作原理图**
1、12. 油箱；2. 油泵；3. 溢流阀；4、8. 电液换向阀；5. 主油缸；
6、7. 副油缸；9. 单向阀；10. 冷却器；11. 回油滤油器

胁，可能导致机器出现较大的故障。而这种情况的发生，在生产中不易发现。用行程开关替代压力继电器后，就可以及时发现和排除此类问题，提高维修效率，降低系统能耗。

三是针对油温升高进行优化设计。油液作为液压系统中的工作介质，其温度的变化对系统运行有着很大的影响。试验中由于油温升高过快，致使油液黏度降低，再加上工作压力高，导致一些密封圈在高温高压下损害而出现泄露的情况，必须在油液循环中增加冷却装置，把油温控制在一定的范围。改进设计采用水冷系统与风冷系统相结合的降温方式。

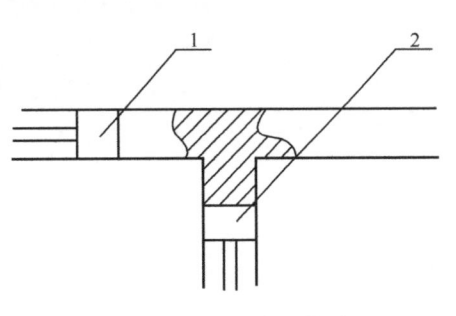

**图 9.21 进料挤压简图**
1. 主油缸所带冲杆；2. 副油缸所带冲杆

## 9.6 结论

以 HPB 最新改进型成型设备为试验装置，通过对成型部件参数的改变，找出影响生产率和单位能耗的重要因素，并对试验数据回归，找出它们之间的规律，为不同规模 HPB 系列成型机相关参数的选择提供了依据。

运用大量的试验数据和分析结果，以液压驱动、双向成型为基础，从产业化的角度对 HPB 系列生物质成型机的液压系统和成型部件进行了改进设计，主油缸采用双缸双活塞，进油路用双阀控制，使该成型机运行压力在 8 MPa 左右，低压运行，稳定性提高，综合性能提高，生产率达到 500 kg/h，单位能耗不大于 70 kW·h/t，基本解决了

影响秸秆成型技术在国内进一步推广的技术难题。

通过对 HPB 系列生物质成型机能量消耗测试及分析，提出了具体的节能方法与措施，为成型机的进一步改进设计提供技术支持。加热系统中加热套和保温棉做成一体，加热套的功率应充分利用；进料系统中，进料斗的形状有倒置的四棱锥台改为倒置的圆锥台，防止死角的出现，增加进料量；液压系统结合实际运行情况，用行程开关替代压力继电器来控制预压冲杆是否到位，及时发现预压室是否有堵塞情况，以便采取相应措施。

# 10 秸秆成型燃料燃烧设备设计基础

## 引言

秸秆成型燃料具有体积小，密度大，储存及运输方便、卫生，燃烧持续稳定、周期长等优点，是高效洁净能源，可替代矿物能源用于生产与生活领域，有利于环境保护。成型燃料的竞争力也会随着矿物能源价格上涨、环境污染程度增加及生物质成型燃料技术水平提高、规模增大、成本降低而不断增大。在我国未来的能源消耗中将占有越来越大的比重，应用领域及范围也逐步扩大。

对生物质成型燃料燃烧的理论研究和技术研究是推动生物质成型燃料推广应用的一个重要因素。目前我国对秸秆成型燃料燃烧所进行的理论研究很少，对生物质成型燃料燃烧的点火理论、燃烧机制、动力学特性、空气动力场、结渣特性及确定燃烧设备主要设计参数的研究才刚刚开始。关于生物质成型燃料燃烧理论与数据还没学者系统提出，关于生物质成型燃料特别是秸秆成型燃料燃烧设备设计与开发几乎是空白。20世纪以来北京万发炉业中心从欧洲（荷兰、芬兰、比利时）引进、吸收、消化生物质颗粒微型炉（壁炉、水暖炉、炊事炉具），这些炉具适应燃料范围窄，只适用木材制成的颗粒成型燃料，而不适合于以秸秆、野草为原料的块状成型燃料，原因是秸秆、野草中含有较多的钾、钙、铁、硅、铝等成分，极易形成结渣而影响燃烧，同时价格也比较贵。这种炉具不适合我国国情。在我国一些单位为燃用生物质成型燃料，在未弄清生物质成型燃料燃烧理论及设计参数的情况下，盲目把原有的燃烧设备改为生物质成型燃料燃烧设备，但改造后的燃烧设备仍存在着空气流动场分布、炉膛温度场分布、浓度场分布、过量空气系数大小、受热面布置不合理等现象，严重影响了生物质成型燃料燃烧的正常速度与正常状况。致使改造后的燃烧设备存在着热效率低，排烟中的污染物含量高，易结渣等问题。

为了使生物质成型燃料能稳定、充分直接燃烧，从而解决上述问题，根据生物质成型燃料燃烧理论、规律及主要设计参数重新设计与研究生物质成型燃料专用燃烧设备是非常重要的，也是非常紧迫的。为此本课题提出了生物质成型燃料燃烧设备研制及进行相关空气动力场、结渣特性及确定燃烧设备主要设计参数等试验与研究。

## 10.1 秸秆成型燃料燃烧动力学特性试验

只有掌握了燃料燃烧动力学特性，才能据此设计出合理的燃用这种燃料的燃烧设备，同样要设计出专门燃用秸秆成型燃料的燃烧设备，必须对秸秆及其成型燃料的燃烧动力学特性作深入的研究。

通过试验进行秸秆燃烧动力学特性研究。主要研究升温速率对我国三大主要秸秆即玉米秸秆、小麦秸秆、稻秆燃烧动力学特性的影响以及升温速率、原料粉碎的粒度及质量对稻秆燃烧动力学特性的影响。

通过试验研究秸秆成型燃料不同炉温条件下，各因素对燃烧速度的影响。主要因素包括秸秆种类、通风量、成型燃料质量、成型燃料的密度及成型燃料的直径对成型燃料燃烧速度的影响。

### 10.1.1 秸秆燃烧动力学特性的试验

#### 10.1.1.1 试验设计

本文选择热分析技术中的动态热重法和微商热重法联用进行秸秆燃烧动力学特性的研究。所谓热重法是指在程序控温下测量样品的质量与温度关系的技术。由热重法测得的记录曲线称为热重曲线或 TG 曲线。而微商热重法是热重曲线对时间的一阶微分，测得的记录曲线称为微商热重曲线或 DTG 曲线。利用热重法测定反应动力学的试验方法有静态法（等温法）和动态法（非等温法）。静态法是在某一恒温下测定重量随时间发生的变化。该法早期用得比较普遍，它的缺点是在研究物质分解时，经常发生在升到某一温度之前，物质已发生分解，使试验结果不准确，并且需要选定的温度点多而费时。随着科技的发展和测试水平的不断提高，现已将热分析动力学从静态分析推进到动态分析。

试验采用 LCT-2B 差热天平，差热天平由温控系统、热重及微商热重测量系统、差热测量系统、温度测量系统、气氛控制系统、记录系统组成。该仪器为上皿式高温差热-热重-微商热重同时分析仪，可以对微量试样同时进行热重（TG）、差热（DTA）、微商热重（DTG）的高温试验测定。与该差热天平相配套的记录仪为 XWT-464A 型，其精度高于 1‰。下面分别对差热天平的各组成部分的工作原理加以说明。

温控系统由加热电炉和电气变速的步进电机串行数模转换式程序温度控制器组成，实现对电炉的程序升温和控制。

热重及微商热重测量系统由天平、天平控制回路、电子式微分器等组成。测量原理为根据试样在升温过程中发生质量变化，天平失衡，利用光电位移传感器及时检测出失衡信号，热重测量系统自动改变平衡线圈中的平衡电流，使天平恢复平衡，平衡线圈中的电流变化量正比于试样重量的变化量，因此，将平衡电流的变化量通过采样电阻转化为电压即得到 TG 信号。将此信号利用记录仪记录下来即可得到 TG 曲线。将 TG 信号送入微分单元，通过电子式微分器的微分作用可以得到反映重量变化速率的热重微分信号，利用记录仪记录此信号得到 DTG 曲线。

差热测量系统由平板热电偶和差热放电器两部分组成。随着温度的升高，有的物质将在一定的温度下发生分解、熔化、脱水等变化，而这种变化常伴随着焓的改变。有的物质在一定的温度内不发生这种变化，在热分析中叫作参比物。将被测试样与参样放置于电炉的均温区内，同时以相同的条件升温或降温。当试样发生焓变时，利用差热电偶可以测量出反应试样与参样间温度差的差热电势，将此差热电势经微伏级直流放大器放大，记录数据得到 DTA 曲线。

温度测量系统由测温热电偶和热电偶冷端补偿器组成。试样测温热电偶的热电势经热电偶冷端补偿（在 0～40℃自动补偿）后送到记录仪记录即可得到温度曲线。

气氛控制系统由气氛控制箱、真空机组、电离真空计等组成。其作用是满足试样要求的真空、静态或动态气氛条件。记录系统对检测到的 TG、DTG、DTA 和温度信号进行记录。

#### 10.1.1.2 试样制备

试样采用的玉米秸秆及小麦秸秆取自河南农业大学试验地，稻秆取自郑州北郊毛庄村。待原料自然风干后，用微型植物粉碎机粉碎，经筛分使其粒径小于 0.30 mm，将筛分得到的试样放在烘箱中于（105±5）℃烘干 12 h 后装入磨口瓶中待用。试样的工业分析和发热量结果见表 10.1。

**表 10.1 几种秸秆的工业分析及发热量**

| 样品 | $C_{ad}$ | $H_{ad}$ | $N_{ad}$ | $S_{ad}$ | $O_{ad}$ | $M_{ad}$ | $A_{ad}$ | $V_{ad}$ | $Fc_{ad}$ | $Q_{net,ad}/(kJ/kg)$ |
|---|---|---|---|---|---|---|---|---|---|---|
| 玉米秆 | 42.57 | 3.82 | 0.73 | 0.12 | 37.86 | 8.00 | 6.90 | 70.70 | 14.40 | 15 840 |
| 小麦秆 | 40.68 | 5.91 | 0.65 | 0.18 | 35.05 | 7.13 | 10.40 | 63.90 | 18.57 | 15 740 |
| 稻秆 | 35.14 | 5.10 | 0.85 | 0.11 | 33.95 | 12.20 | 12.65 | 61.20 | 13.95 | 14 654 |

注：$C_{ad}$ 为空气干燥基含碳量；$H_{ad}$ 为空气干燥基含氢量；$N_{ad}$ 为空气干燥基含氮量；$S_{ad}$ 为空气干燥基含硫量；$O_{ad}$ 为空气干燥基含氧量；$M_{ad}$ 为空气干燥基水分质量百分数；$A_{ad}$ 为空气干燥基灰分质量百分数；$V_{ad}$ 为空气干燥基挥发分质量百分数；$Fc_{ad}$ 为空气干燥基固定碳质量百分数；$Q_{net,ad}$ 为空气干燥基低位发热量。

试验满足如下条件：试验温度为室温至 650℃；测重量程分别选 10 mg 和 20 mg；微分量程为 5 mV/min；差热量程为±100μV；记录仪走纸速度 2 mm/min；标准物为氧化铝粉（$Al_2O_3$）10 mg；坩埚材质为氧化铝，容积 0.06mL；升温速度分别为 10℃/min、15℃/min 和 20℃/min 三种；测温热电偶位于试样座和参样座之间，避免加热过程中挥发性物质污染热电偶的端部。每个试样在同一升温速率下至少重复 3 次试验。

#### 10.1.1.3 试验结果与分析

在上述条件下试验测得的典型记录曲线如图 10.1 所示（以原料粒度小于 0.30 mm，原料质量 16.7 mg，升温速率 15℃/min 为例）。

图 10.1 表明生物质的燃烧过程在 TG 曲线上可分为 3 个区。第一区是 DTG 曲线上 AD 段对应的 TG 曲线上的 A′D′部分，该区主要发生失水反应，其特征点 B′为水分开始蒸发点；D′点表示水分蒸发完毕。第二区是 DTG 曲线上 EG 段对应的 TG 曲线上的 E′G′部分，该区主要是挥发分的析出和燃烧阶段，其特征点 E′表示挥发分开始析出；F′点表示挥发分析出最大失重率；G′表示挥发分析出完毕。第三区是

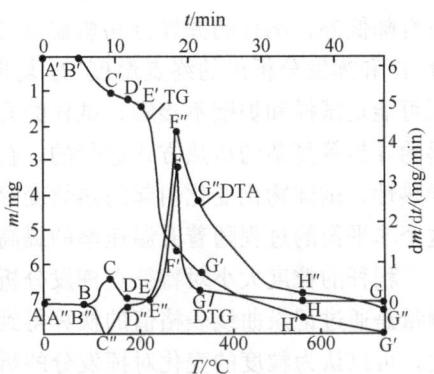

图 10.1 稻秆热重分析特性曲线

DTG 曲线上 GH 到最后燃尽段对应的 TG 曲线上的 G′H′部分，该区主要是固定炭的燃烧阶段，其特征点 H′为燃尽点。试验所得 3 种秸秆 TG 曲线的特征值见表 10.2。

表 10.2  三种秸秆 TG 曲线的特征值

| 原料 | 升温速度 /(℃/min) | 样品粒度 /mm | 样品质量 /mg | 特征点温度/℃ $T_e$ | $T_f$ | $T_g$ | 最大速率 /(mg/min) | 占样品干重百分比/% $M_e$ | $M_f$ | $M_g$ |
|---|---|---|---|---|---|---|---|---|---|---|
| 玉米秆 | 10 | <0.30 | 10 | 209.7 | 285.8 | 331.50 | 1.250 | 91.72 | 49.03 | 35.01 |
| 玉米秆 | 15 | <0.30 | 10 | 200.0 | 298.1 | 333.99 | 1.940 | 93.14 | 52.52 | 35.02 |
| 玉米秆 | 20 | <0.30 | 10 | 190.0 | 311.4 | 342.10 | 3.075 | 93.60 | 54.50 | 36.00 |
| 小麦秆 | 10 | <0.30 | 10 | 207.8 | 282.1 | 305.30 | 1.375 | 95.05 | 51.03 | 44.10 |
| 小麦秆 | 15 | <0.30 | 10 | 196.5 | 296.4 | 331.20 | 1.985 | 92.38 | 47.05 | 41.01 |
| 小麦秆 | 20 | <0.30 | 10 | 191.9 | 305.3 | 350.80 | 3.225 | 92.44 | 47.06 | 37.50 |
| 稻秆 | 10 | <0.30 | 10 | 202.0 | 282.1 | 331.05 | 1.075 | 97.03 | 55.07 | 37.00 |
| 稻秆 | 15 | <0.30 | 10 | 215.0 | 291.7 | 341.50 | 2.200 | 93.54 | 51.83 | 39.00 |
| 稻秆 | 20 | <0.30 | 10 | 222.0 | 298.1 | 350.34 | 2.296 | 92.89 | 56.34 | 36.00 |
| 稻秆 | 15 | 0.15～0.30 | 5.7 | 200.0 | 287.0 | 351.80 | 1.550 | 86.80 | 52.01 | 30.44 |
| 稻秆 | 15 | 0.15～0.30 | 14.1 | 211.0 | 286.5 | 346.50 | 2.640 | 82.80 | 51.80 | 32.03 |
| 稻秆 | 15 | 0.15～0.30 | 16.7 | 211.0 | 287.5 | 341.80 | 3.550 | 80.20 | 50.14 | 31.53 |
| 稻秆 | 10 | 0.15～0.30 | 10 | 208.0 | 277.5 | 331.00 | 1.100 | 86.11 | 62.01 | 36.20 |
| 稻秆 | 10 | 0.10～0.15 | 10 | 200.0 | 277.0 | 330.50 | 1.120 | 82.12 | 53.80 | 34.60 |
| 稻秆 | 10 | 0.07～0.10 | 10 | 205.0 | 275.5 | 322.50 | 1.150 | 81.01 | 53.20 | 33.24 |
| 稻秆 | 10 | <0.07 | 10 | 207.0 | 266.5 | 323.00 | 1.150 | 80.40 | 52.40 | 38.40 |

试验结果表明，固体燃料挥发分含量越多，开始析出的温度越低，则固体燃料就越易着火和燃烧。取 DTG 曲线上对应的失重率 $dm/dt=0.1$ mg/min 的温度值为挥发分初始析出温度，即图 10.1 中 E 点所对应的温度，也称为着火点温度。

由表 10.2 可以看出，随升温速度的增加，除玉米秆和小麦秆的挥发分初析温度 $T_e$ 略有降低外，稻秆的挥发分初析温度 $T_e$、玉米秆、小麦秆和稻秆的失重速率的峰值温度 $T_f$ 和挥发分析出的终点温度 $T_g$ 均向高温侧偏移，并且反应的温度区间延长。其原因可能是试样和炉壁不接触，试样的升温是靠加热炉的炉壁辐射、空气介质的对流和坩埚的导热等复杂的传热方式进行的，在炉壁和试样之间存在温差。该温差还受到试样的导热性，试样物化变化引起的热焓变等因素的影响，并可能在试样内部形成温度梯度。这个非平衡的过程随着升温速率的提高而加剧。

稻秆的粒度大小对特征点挥发分析出温度 $T_e$ 的变化为 205～208.5℃。由于温度的测量是通过记录曲线表格值的换算得到的，很小的长度误差可引起几度的温度误差。因此，可以认为粒度的变化对挥发分的析出温度没有影响。粒度的大小对挥发分失重率的峰值温度 $T_f$ 的影响变化为 266.5～277.5℃；挥发分析出终止温度 $T_g$ 的变化为 322.5～

331℃；并且随着粒度的增加，这两个特征温度值呈上升的趋势。这主要是随着粒度的增加，颗粒的比表面积减少，挥发分由于受扩散阻力的影响使燃烧推迟。这说明粒度的减小有利于挥发分的析出。

稻秆的质量大小对特征点挥发分析出温度 $T_0$ 影响的变化在 200～211℃，并随着质量的增加，挥发分的析出温度有滞后的现象。质量多少对挥发分失重率的峰值温度 $T_f$ 的影响变化为 286.5～287.5℃，即质量的变化对挥发分失重率的峰值温度 $T_f$ 几乎没有影响；质量的变化对挥发分析出终止温度 $T_g$ 影响的变化为 322.5～330.5℃；随着质量的增加，挥发分析出终止温度值上升。这是因为质量大，单位时间内析出的挥发分多，使得样品周围的挥发分浓度相对较高，阻碍挥发分析出而使挥发分析出终止温度上升。

因为秸秆自身具有挥发分含量高和含碳量低的特点，决定了其燃烧过程主要是挥发分的燃烧过程，因此，我们最关心的是试样燃烧过程中挥发分的释放速度，即试样发生迅速失重的过程。所以本研究的重点在 TG 曲线的第二区，该区是秸秆热裂解过程中挥发物迅速析出的阶段，也是热裂解过程中原料燃烧最快和绝大多数原料被燃烧的过程。

### 10.1.1.4 秸秆挥发分析出过程的动力学特性参数

**1）秸秆燃烧动力学模型的建立**

所谓燃烧动力学是指在燃烧过程中发生的化学动力学，它定量的研究化学反应进行的速率及其影响因素，并用反应机制来解释由试验得出的动力学规律。

固体燃料受热时，表面上或孔隙里的水分首先蒸发，使固体燃料干燥，接着挥发分逐渐析出，当挥发分达到一定的浓度、温度达到一定程度又有足够的氧时，析出的挥发分（气态烃）即可燃烧起来，最后才是固定炭的燃烧。因此，可以认为生物质的燃烧过程是从挥发分的着火燃烧开始的，挥发分的析出过程制约着生物质的燃烧过程。生物质挥发分析出过程实际上是热分解反应过程，具有热分解反应的基本特征。

热分析动力学研究大都基于这样一个最基本的假设：

$$A(固) \rightarrow B(固) + C(气) \tag{10.1}$$

上述热解过程反应速率与温度和时间的关系符合 Arrhenius 方程：

$$-dm/dt = kf(\alpha) \tag{10.2}$$

式中，$dm/dt$ 为生物质挥发分析出速率，单位为 mg/min；$k$ 为 Arrhenius 速率常数。

$$k = A\exp[-E/(RT)] \tag{10.3}$$

式中，$E$ 为活化能，单位为 J/mol；$A$ 为频率常数，单位为 $s^{-1}$；$T$ 为绝对温度，单位为 K；$R$ 为气体常数，$R=8.314$J/(mol·K)。

式 (10.2) 中 α 由于建模形式的不同，曾被定义为试样在某时刻的余重、某时刻的转化率、余重份数、某时刻的温度等，因此，函数 $f(\alpha)$ 的表达形式也不同，但一般假设函数 $f(\alpha)$ 与时间 $t$ 和温度 $T$ 无关，因此，函数 $f(\alpha)$ 可表示为

$$f(\alpha) = \alpha^n \tag{10.4}$$

联立式 (10.2)、式 (10.3)、式 (10.4) 可得

$$-dm/dt = A\exp[-E/(RT)] \times \alpha^n \tag{10.5}$$

因为本研究的目的是建立 TG 曲线上第二区的动力学方程,因此,将 α 定义为试样在 TG 曲线上第二区的挥发分余重份数,即

$$\alpha = w = m/m_0 \tag{10.6}$$

式中,$m$ 为试样在 TG 曲线上某时刻的挥发物剩余质量;$m_0$ 为试样在 TG 曲线上总的挥发物质量。

**2)求解动力学参数**

从试验测绘曲线来看,生物质的热分解过程主要受化学动力学控制,属一级反应($n=1$),即其燃烧过程可用一个一级反应动力学方程来描述:

$$-dm/dt = A\exp[-E/(RT)]w \tag{10.7}$$

利用 TG、DTG 曲线计算动力学参数 $E$ 和 $A$。计算方法:从 TG 曲线上取数个点,计算出 $w$ 值;利用温度曲线查出各点对应的格数,根据该点的毫伏数利用热电势表查出对应的温度值;在 DTG 曲线上查出各对应点偏离微分基线的格数 $n$,由公式(10.8)计算各点的 $dm/dt$ 值。

$$dm/dt = nDG \times 10^{-3} \, (\text{mg/min}) \tag{10.8}$$

式中,$n$ 为小格数;$D$ 为微商量程,单位为 5 mV/min;$G$ 为测重量程(10 mg、20 mg)。

由式(10.3)、式(10.7)可得

$$-K = (dm/dt)/w \tag{10.9}$$

将式(10.3)取对数得

$$\ln K = \ln A - E/RT \tag{10.10}$$

由式(10.9)计算各点的 $K$ 值并查出的对应各点的温度值,利用 Excel 标准软件进行一元线性回归分析,求出 $E$ 和 $A$,见表10.3。

**表 10.3 试验样品热失重分析结果**

| 样品 | 升温速度 /(℃/min) | 样品粒度 /mm | 样品质量 /mg | $E$/(kJ/mol) | 频率因子 $A$ | 相关系数 $r$ | 差热峰面积/mm² |
|---|---|---|---|---|---|---|---|
| 玉米秆 | 10 | <0.30 | 10 | 95.5395 | $1.3600\times10^9$ | 0.9793 | 2093.75 |
| 玉米秆 | 15 | <0.30 | 10 | 82.9155 | $8.0571\times10^7$ | 0.9678 | 2237.50 |
| 玉米秆 | 20 | <0.30 | 10 | 76.5167 | $2.7762\times10^7$ | 0.9779 | 2254.36 |
| 小麦秆 | 10 | <0.30 | 10 | 105.2037 | $1.5723\times10^{10}$ | 0.9881 | 2073.75 |
| 小麦秆 | 15 | <0.30 | 10 | 102.5826 | $8.0022\times10^9$ | 0.9803 | 2161.00 |
| 小麦秆 | 20 | <0.30 | 10 | 86.4802 | $2.5822\times10^8$ | 0.9921 | 2171.25 |
| 稻秆 | 10 | <0.30 | 10 | 87.4934 | $4.4458\times10^8$ | 0.8749 | 1782.59 |
| 稻秆 | 15 | <0.30 | 10 | 66.5138 | $4.8952\times10^6$ | 0.8980 | 2041.25 |
| 稻秆 | 20 | <0.30 | 10 | 53.2272 | $2.4773\times10^5$ | 0.9206 | 2109.38 |

续表

| 样品 | 升温速度/(℃/min) | 样品粒度/mm | 样品质量/mg | 挥发分析出反应速度 E/(kJ/mol) | 频率因子 A | 相关系数 r | 差热峰面积/mm² |
|---|---|---|---|---|---|---|---|
| 稻秆 | 15 | 0.15～0.30 | 5.7 | 93.0225 | $1.1867 \times 10^9$ | 0.9683 | 1363.75 |
| 稻秆 | 15 | 0.15～0.30 | 14.1 | 114.9632 | $2.5620 \times 10^{11}$ | 0.9610 | 1608.75 |
| 稻秆 | 15 | 0.15～0.30 | 16.7 | 116.2351 | $4.2587 \times 10^{11}$ | 0.9813 | 1933.00 |
| 稻秆 | 10 | 0.15～0.30 | 10.0 | 96.1879 | $1.9298 \times 10^9$ | 0.9619 | 1713.20 |
| 稻秆 | 10 | 0.10～0.15 | 10.0 | 88.9195 | $4.5005 \times 10^8$ | 0.9677 | 1747.25 |
| 稻秆 | 10 | 0.07～0.10 | 10.0 | 87.0770 | $3.0850 \times 10^8$ | 0.9749 | 1796.25 |
| 稻秆 | 10 | <0.07 | 10.0 | 86.3535 | $2.6075 \times 10^8$ | 0.9101 | 1804.25 |

利用表 10.2 中的动力学参数，代入一级动力学方程对玉米秆燃烧动力学过程进行模拟，模拟结果表明：相同的 $w$ 值，实测值与模拟值的最大温度偏差是 15℃。因此，可以认为该一级动力学方程较好的描述了玉米秸秆 TG 曲线上第二区的反应动力学。图 10.2 表示升温速率 10℃/min 试验曲线与模拟曲线的比较。为了更好地评判各参数对秸秆燃烧状况的影响，在此我们还引用了差热峰面积指标。

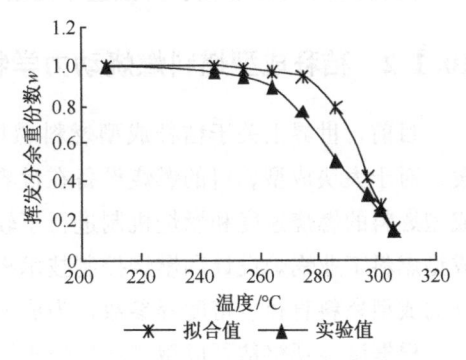

图 10.2 温度与挥发分剩余份数拟合曲线与试验曲线的比较

### 10.1.1.5 差热试验分析

根据差热分析理论可得表示反映放热量与差热峰面积关系的差热曲线方程为

$$\Delta Q = \beta \int_c^\infty [\Delta T - (\Delta T)C] dt = \beta S \tag{10.11}$$

式中，$\Delta Q$ 为反应放热量，单位为 J；$\beta$ 为比例常数，即试样和参比物与金属块之间的传热系数，单位为 J/mm；$\Delta T$ 为试样与参比物之间的温差，单位为℃；$(\Delta T)C$ 为差热曲线与基线形成的温差，单位为℃；$T$ 为时间，单位为 min；$S$ 为差热峰面积，即差热曲线与基线之间的面积，单位为 mm²。

从式 (10.11) 可以看出，差热峰面积 $S$ 与反应放热量 $\Delta Q$ 成正比，差热峰面积越大，生物质燃烧释放的热量越大。分析认为：

各试样的失重过程结果相似，所有试样的热失重过程都分 3 个区。并且呈现相同的特征。第一区主要是由水分析出引起失重，大致发生在 30~150℃；第二区主要是挥发分的析出和燃烧引起失重，并在 200℃左右迅速加速，最大失重率在 280℃左右，相对失重量占原料干重量的65%~70%;第三区则是固定炭的燃烧,并在600℃左右结束。

升温速度、样品粒度及样品质量的变化对秸秆的活化能均有一定的影响。三种秸秆的活化能随升温速度的增大而减少;稻秆的活化能随样品粒度的减小和样品质量的减少而减少。即升温速率的增大,样品粒度的减小和样品质量的减少有利于秸秆热裂解和燃烧的进行。

差热峰面积 $S$ 与反应放热量 $\Delta Q$ 成正比,差热峰面积越大,秸秆燃烧放出的热量越多。

表10.2表明,对于所研究的升温速率范围内的各种秸秆,发生迅速热裂解反应总的温度在180~350℃;秸秆的最大燃烧速率,随着升温速率的增加、样品粒度的减小和样品质量的增加均有增加的趋势。其中升温速率和质量对其最大燃烧速度有显著的影响,而样品的粒度对秸秆最大燃烧速率的影响很小。

由表10.3可以看出:升温速率的增大和样品粒度的减小有利于秸秆热量的释放。

## 10.1.2 秸秆成型燃料燃烧动力学特性

目前,世界上关于秸秆成型燃料燃烧设备有颗粒燃料炉和壁炉,主要用于家庭取暖。对于大块成型燃料的燃烧设备在世界上研究还不多。为解决这个问题。笔者对秸秆成型燃料的燃烧速度和燃烧机制进行了较系统的研究,获得了一些规律性数据,为秸秆成型燃料工业锅炉设计和燃烧控制技术提供了有价值的依据。同时也找出了适合锅炉燃烧的成型燃料直径、密度等参数,为成型机的产业化提供了参考依据。

根据试验观察秸秆成型燃料燃烧机制的实质是属于静态渗透式扩散燃烧。燃烧过程从着火开始。

第一步:成型燃料表面部分可燃挥发分燃烧,进行可燃气体和 $O_2$ 的放热化学反应,形成黄白色中长火焰。

第二步:除了成型燃料表面挥发分燃烧外,成型燃料表面的焦炭已开始燃烧,处于过度燃烧区,火焰呈黄白色长火焰,并随着成型燃料内挥发分的逐渐减少,黄白色长火焰逐渐缩短。

第三步:主要是燃烧向成型燃料内部深层渗透。焦炭的燃烧产物 $CO_2$、CO 和内部大量的挥发分向外扩散,扩散的过程中 CO 不断与 $O_2$ 结合生成 $CO_2$,成型燃料表面形成薄灰层,外层包围着蓝色短火焰,蓝色火焰又被内部溢出的挥发分形成的黄白色长火焰包围。同时秸秆成型燃料内部受热膨胀灰层中出现空隙或裂纹。

第四步:燃烧进一步向成型燃料内更深层发展,在成型燃料内主要进行焦炭燃烧($2C+O_2=2CO$)和在成型燃料表面进行 CO 的气体燃烧($4CO+2O_2=2CO_2$),并形成比较厚的灰层,蓝色短火焰包围着灰层表面。

第五步:燃尽灰层逐渐加厚,可燃物基本燃尽,剩下灰渣中其他物质燃尽,此时的燃烧为短红火焰,至此完成了秸秆成型燃料的整个燃烧过程。

### 10.1.2.1 影响秸秆成型燃料燃烧速度的因素

根据前面秸秆燃烧动力学分析试验所得的结论及生物质成型燃料在省柴灶上燃烧的表观分析。理论上影响秸秆成型燃料燃烧速度的因素包括秸秆的种类，燃烧温度，燃烧时供风量，成型密度，成型燃料质量等。

为全面反映秸秆成型燃料的燃烧速度，在此提出以下几个术语：

成型燃料的烧失量（$m$）：某段时间内，成型燃料燃烧和挥发失去的质量，单位为 g。

成型燃料的平均燃烧速度（$V$）：某段时间内，单位时间内成型燃料燃烧和挥发所失去的物质质量，单位为 g/min。

成型燃料可燃物的相对燃烧速度（$V_t$）：某段时间内，成型燃料燃烧和挥发所失去的物质质量相对于成型燃料中可燃物和挥发物质量的百分比，单位为%。

成型燃料中可燃物和挥发物的质量：$(V_{ad}+F_{Cad})\times$成型燃料的质量，单位为 g。

试验在马弗炉中进行，用热电偶数字显示仪测温，用电子天平、托盘天平称量。本试验的秸秆成型燃料为圆形棒状。试验采用单个成型棒，进行多组对比试验。本试验把供风量分为Ⅰ、Ⅱ、Ⅲ档，其中Ⅰ档供风量最大，Ⅱ档次之，Ⅲ档最小。

**秸秆成型燃料燃烧速度单因素影响试验**

(1) 秸秆种类对燃烧速度的影响。

试验选用玉米秸秆、小麦秸秆和稻秆作为试验对象。将这三种秸秆直径、密度、质量相同或相近的成型燃料放入900℃的马弗炉中，使成型燃料在Ⅱ档供风量的条件下燃烧，测出不同燃烧阶段的烧失量、平均燃烧速度及可燃物相对燃烧速度。试验数据见表 10.4。

表 10.4 不同秸秆种类成型燃料（直径 55 mm）对燃烧速度的影响（900℃，风档Ⅱ档）

| 原料 | 成型燃料密度 /(g/cm³) | 质量 /g | 可燃物质量 /g | 第1个5 min $m$/g | $v$/(g/min) | $v_t$/% | 第2个5 min $m$/g | $v$/(g/min) | $v_t$/% | 第3个5 min $m$/g | $v$/(g/min) | $v_t$/% | 第4个5 min $m$/g | $v$/(g/min) | $v_t$/% |
|---|---|---|---|---|---|---|---|---|---|---|---|---|---|---|---|
| Y | 1.113 | 63.2179 | 52.4159 | 26.7270 | 5.3454 | 50.96 | 16.95 | 3.39 | 32.32 | 2.40 | 0.48 | 3.80 | 1.30 | 0.26 | 2.48 |
| M | 1.063 | 59.7092 | 50.4364 | 28.2633 | 5.6527 | 56.04 | 13.00 | 2.60 | 25.78 | 1.50 | 0.30 | 2.97 | 0.50 | 0.10 | 0.99 |
| D | 1.110 | 59.2998 | 48.3100 | 24.1966 | 4.8393 | 40.80 | 13.40 | 2.68 | 27.74 | 2.50 | 0.50 | 5.17 | 0.90 | 0.18 | 1.86 |

注：Y 为玉米秆，M 为麦秆，D 为稻秆。

(2) 燃烧温度对燃烧速度的影响。

将这三种直径、密度、质量相同或相近的秸秆成型燃料分别放入 700℃和 900℃的马弗炉中，选择Ⅰ档、Ⅱ档及Ⅲ档供风量进行燃烧试验，测出不同燃烧阶段的烧失量、平均燃烧速度及可燃物相对燃烧速度。试验数据见表 10.5。

表 10.5 温度对成型燃料(直径 55mm)燃烧速度的影响

| 原料 | 风档 | 温度/℃ | 成型燃料密度/(g/cm³) | 成型燃料质量/g | 可燃物质量/g | 第1个5min m/(g/min) | 第1个5min v/% | 第1个5min $v_t$/g | 第2个5min m/(g/min) | 第2个5min v/% | 第2个5min $v_t$/g | 第3个5min m/(g/min) | 第3个5min v/% | 第3个5min $v_t$/g | 第4个5min m/(g/min) | 第4个5min v/% | 第4个5min $v_t$/g |
|---|---|---|---|---|---|---|---|---|---|---|---|---|---|---|---|---|---|
| 玉米秸秆 | Ⅰ | 900 | 1.11 | 71.6084 | 59.4135 | 27.4776 | 5.4955 | 46.25 | 18.85 | 3.77 | 31.73 | 5.50 | 1.10 | 9.26 | 1.80 | 0.36 | 3.03 |
| 玉米秸秆 | Ⅰ | 700 | 1.11 | 72.0709 | 59.7557 | 23.1383 | 4.6277 | 38.72 | 20.00 | 4.00 | 33.47 | 5.50 | 1.10 | 9.20 | 0.70 | 0.14 | 1.17 |
| 玉米秸秆 | Ⅱ | 900 | 1.11 | 43.0833 | 35.7462 | 23.3395 | 4.6675 | 65.29 | 7.55 | 1.51 | 21.12 | 1.25 | 0.25 | 3.50 | 0.85 | 0.17 | 2.38 |
| 玉米秸秆 | Ⅱ | 700 | 1.11 | 45.6777 | 37.8988 | 21.8802 | 4.3760 | 57.73 | 11.40 | 2.28 | 30.08 | 0.80 | 0.16 | 2.11 | 0.95 | 0.19 | 2.51 |
| 玉米秸秆 | Ⅲ | 900 | 1.11 | 44.0042 | 36.5100 | 26.0858 | 5.2172 | 71.45 | 5.81 | 1.16 | 15.91 | 0.39 | 0.08 | 1.07 | — | — | — |
| 玉米秸秆 | Ⅲ | 700 | 1.11 | 43.7574 | 36.3100 | 18.8538 | 3.7708 | 51.92 | 12.00 | 2.40 | 33.05 | 1.10 | 0.22 | 3.03 | 0.20 | 0.04 | 0.55 |
| 小麦秸秆 | Ⅰ | 900 | 0.94 | 54.3229 | 45.8900 | 25.2544 | 5.0509 | 55.04 | 8.70 | 1.74 | 18.96 | 2.40 | 0.48 | 5.23 | 0.60 | 0.12 | 1.31 |
| 小麦秸秆 | Ⅰ | 700 | 0.94 | 53.0517 | 44.8128 | 21.4352 | 4.2870 | 47.83 | 9.10 | 1.82 | 20.31 | 2.70 | 0.54 | 6.03 | 0.70 | 0.14 | 1.56 |
| 小麦秸秆 | Ⅱ | 900 | 0.94 | 52.8951 | 44.6800 | 31.1616 | 6.2323 | 69.74 | 5.30 | 1.04 | 11.64 | 2.20 | 0.44 | 4.92 | 0.70 | 0.14 | 1.57 |
| 小麦秸秆 | Ⅱ | 700 | 0.94 | 52.1023 | 44.0142 | 21.4352 | 4.2870 | 47.83 | 9.10 | 1.82 | 20.31 | 2.70 | 0.54 | 6.03 | 0.70 | 0.14 | 1.56 |
| 小麦秸秆 | Ⅲ | 900 | 0.94 | 47.9855 | 40.5335 | 26.7035 | 5.3407 | 65.88 | 5.50 | 1.10 | 13.57 | 1.10 | 0.22 | 2.71 | 1.00 | 0.20 | 2.45 |
| 小麦秸秆 | Ⅲ | 700 | 0.94 | 48.9976 | 41.3883 | 22.7248 | 4.5450 | 54.91 | 6.90 | 1.38 | 16.67 | 1.10 | 0.22 | 2.66 | 0.9 | 0.18 | 2.17 |
| 稻秆 | Ⅰ | 900 | 1.19 | 67.8700 | 55.2937 | 28.1678 | 5.6336 | 50.94 | 14.80 | 2.96 | 26.77 | 3.30 | 0.66 | 5.97 | 0.60 | 0.12 | 1.09 |
| 稻秆 | Ⅰ | 700 | 1.19 | 69.7136 | 56.7956 | 21.0111 | 4.2020 | 36.99 | 16.00 | 3.20 | 28.19 | 4.85 | 0.97 | 8.54 | 0.65 | 0.13 | 1.15 |
| 稻秆 | Ⅱ | 900 | 1.19 | 48.3347 | 39.4200 | 22.0915 | 4.4183 | 56.04 | 10.50 | 2.10 | 26.64 | 0.50 | 0.10 | 1.27 | 0.50 | 0.10 | 1.27 |
| 稻秆 | Ⅱ | 700 | 1.19 | 49.6692 | 40.4655 | 21.6773 | 4.3355 | 53.57 | 11.20 | 2.24 | 27.68 | 0.70 | 0.14 | 1.73 | 0.90 | 0.18 | 2.22 |
| 稻秆 | Ⅲ | 900 | 1.19 | 46.4262 | 37.8234 | 26.0895 | 5.2179 | 68.98 | 6.50 | 1.30 | 17.19 | 0.60 | 0.12 | 1.59 | 0.50 | 0.10 | 1.32 |
| 稻秆 | Ⅲ | 700 | 1.19 | 48.2625 | 39.3195 | 19.3621 | 3.8724 | 46.42 | 13.60 | 2.72 | 39.59 | 1.00 | 0.20 | 2.54 | 0.80 | 0.16 | 2.03 |

(3) 空气供给量对燃烧速度的影响。

将这三种直径、密度、质量相同或相近的秸秆成型燃料棒分别放入900℃的马弗炉中,在Ⅰ档、Ⅱ档及Ⅲ供风量的条件下进行试验,测出不同燃烧阶段的烧失量、平均燃烧速度及可燃物相对燃烧速度。试验数据见表10.6。

表10.6 供风量对成型燃料（直径55mm）燃烧速度的影响（900℃）

| 原料 | 风档 | 成型燃料密度 /(g/cm³) | 质量 /g | 可燃物质量/g | 第1个5 min m/(g/min) | v/% | $v_t$/g | 第2个5 min m/(g/min) | v/% | $v_t$/g | 第3个5 min m/(g/min) | v/% | $v_t$/g | 第4个5 min m/(g/min) | v/% | $v_t$/g |
|---|---|---|---|---|---|---|---|---|---|---|---|---|---|---|---|---|
| 玉米秆 | Ⅰ | 1.11 | 50.6851 | 42.05 | 23.506 | 4.7012 | 46.38 | 12.60 | 2.52 | 29.96 | 1.40 | 0.28 | 3.33 | 0.65 | 0.13 | 1.55 |
| | Ⅱ | | 48.7261 | 40.43 | 22.7302 | 4.5460 | 46.65 | 11.70 | 2.34 | 24.01 | 1.46 | 0.29 | 3.00 | 0.79 | 0.16 | 1.95 |
| | Ⅲ | | 50.3338 | 41.76 | 29.6733 | 5.9347 | 71.06 | 6.75 | 1.35 | 16.16 | 0.75 | 0.15 | 1.80 | — | — | — |
| 麦秆 | Ⅰ | 0.94 | 54.3229 | 45.89 | 25.2544 | 5.0509 | 55.04 | 8.70 | 1.74 | 18.96 | 2.40 | 0.48 | 5.23 | 0.60 | 0.12 | 1.31 |
| | Ⅱ | | 52.8951 | 44.68 | 31.1616 | 6.2323 | 69.74 | 5.30 | 1.04 | 11.64 | 2.20 | 0.44 | 4.92 | 0.70 | 0.14 | 1.57 |
| | Ⅲ | | 57.0448 | 48.19 | 30.1541 | 6.0308 | 62.58 | 5.40 | 1.08 | 9.47 | 1.30 | 0.26 | 2.70 | 1.10 | 0.22 | 2.28 |
| 稻秆 | Ⅰ | 1.19 | 59.5186 | 48.49 | 24.0237 | 4.8047 | 49.54 | 14.70 | 2.94 | 30.32 | 2.30 | 0.46 | 4.74 | 0.60 | 0.12 | 1.01 |
| | Ⅱ | | 59.2998 | 48.31 | 24.1966 | 4.8393 | 40.80 | 13.40 | 2.68 | 27.74 | 2.50 | 0.50 | 5.17 | 0.90 | 0.18 | 1.86 |
| | Ⅲ | | 61.9842 | 50.04 | 26.1005 | 5.2201 | 52.16 | 11.70 | 2.34 | 23.38 | 1.20 | 0.18 | 2.40 | 0.90 | 0.18 | 1.80 |

(4) 成型燃料质量大小对燃烧速度的影响。

将同密度、同直径但质量不同的玉米、小麦、水稻秸秆成型燃料棒分别放入900℃的马弗炉中,在Ⅰ档供风量的条件下进行试验,测出不同燃烧阶段的烧失量、平均燃烧速度及可燃物相对燃烧速度。试验数据见表10.7。

表10.7 成型燃料（直径55 mm）质量大小对燃烧速度的影响（900℃,风档Ⅰ档）

| 原料 | 成型燃料密度 /(g/cm³) | 质量 /g | 可燃物质量/g | 第1个5 min m/(g/min) | v/% | $v_t$/g | 第2个5 min m/(g/min) | v/% | $v_t$/g | 第3个5 min m/(g/min) | v/% | $v_t$/g | 第4个5 min m/(g/min) | v/% | $v_t$/g |
|---|---|---|---|---|---|---|---|---|---|---|---|---|---|---|---|
| 玉米秆 | 1.11 | 41.6911 | 34.5911 | 21.0211 | 4.2042 | 60.77 | 9.00 | 1.80 | 26.02 | 1.49 | 0.30 | 4.31 | 1.01 | 0.20 | 2.92 |
| 玉米秆 | 1.11 | 50.6851 | 42.0534 | 23.5060 | 4.7012 | 46.38 | 12.6 | 2.52 | 29.96 | 1.40 | 0.28 | 3.33 | 0.65 | 0.13 | 1.55 |
| 玉米秆 | 1.11 | 71.6084 | 59.4135 | 27.4776 | 5.4955 | 46.25 | 18.85 | 3.77 | 31.73 | 5.50 | 1.10 | 9.26 | 1.80 | 0.36 | 3.03 |
| 小麦秆 | 0.94 | 36.068 | 30.4666 | 22.3372 | 4.4674 | 73.32 | 3.00 | 0.60 | 9.85 | 1.10 | 0.22 | 3.61 | 0.50 | 0.10 | 1.64 |
| 小麦秆 | 0.94 | 43.4988 | 36.7434 | 21.7201 | 4.344 | 59.11 | 6.80 | 1.36 | 18.51 | 1.30 | 0.26 | 3.54 | 0.40 | 0.08 | 1.09 |
| 小麦秆 | 0.94 | 54.3229 | 45.8866 | 25.2544 | 5.0509 | 55.04 | 8.70 | 1.74 | 18.96 | 2.40 | 0.48 | 5.23 | 0.60 | 0.12 | 1.31 |
| 稻秆 | 1.19 | 35.9429 | 29.2823 | 19.8462 | 3.9692 | 67.78 | 5.90 | 1.18 | 16.42 | 0.90 | 0.18 | 3.07 | 0.40 | 0.08 | 1.11 |
| 稻秆 | 1.19 | 59.5186 | 48.4898 | 24.0237 | 4.8047 | 49.54 | 14.70 | 2.94 | 30.32 | 2.30 | 0.46 | 4.74 | 0.60 | 0.12 | 1.01 |
| 稻秆 | 1.19 | 65.9506 | 53.7300 | 25.5010 | 5.1002 | 47.46 | 15.00 | 3.00 | 27.92 | 3.60 | 0.72 | 6.70 | 1.00 | 0.20 | 1.86 |

(5) 成型燃料密度对燃烧速度的影响。

将直径相同，质量相近但密度不同的玉米、小麦、水稻秸秆成型燃料棒分别放入900℃的马弗炉中，在Ⅱ档供风量的的条件下进行试验，测出不同燃烧阶段的烧失量、平均燃烧速度及可燃物相对燃烧速度。试验数据见表10.8。

表10.8 成型燃料（直径55 mm）密度对燃烧速度的影响（900℃，风档Ⅱ档）

| 原料 | 成型燃料 密度/(g/cm³) | 质量/g | 可燃物质量/g | 第1个5 min m/(g/min) | v/% | $v_t$/g | 第2个5 min m/(g/min) | v/% | $v_t$/g | 第3个5 min m/(g/min) | v/% | $v_t$/g | 第4个5 min m/(g/min) | v/% | $v_t$/g |
|---|---|---|---|---|---|---|---|---|---|---|---|---|---|---|---|
| 玉米秆 | 1.049 | 29.5466 | 24.5148 | 20.3767 | 4.0753 | 83.12 | 1.60 | 0.32 | 6.53 | 1.15 | 0.23 | 9.44 | 0.25 | 0.05 | 1.02 |
| | 1.113 | 30.4817 | 25.2907 | 19.5117 | 3.9023 | 77.15 | 3.06 | 0.62 | 12.16 | 0.24 | 0.05 | 0.93 | — | — | — |
| | 1.212 | 30.6065 | 25.3942 | 18.3331 | 3.6666 | 72.19 | 3.75 | 0.75 | 14.77 | 0.50 | 0.10 | 1.97 | 0.70 | 0.14 | 2.76 |
| 麦秆 | 0.742 | 52.8671 | 44.6568 | 34.8181 | 6.9636 | 77.97 | 3.46 | 1.73 | 7.76 | 0.92 | 0.18 | 2.05 | 0.46 | 0.09 | 1.03 |
| | 0.936 | 52.8951 | 44.680 | 31.1616 | 6.2323 | 69.74 | 5.30 | 1.04 | 11.64 | 2.20 | 0.44 | 4.92 | 0.70 | 0.14 | 1.57 |
| | 1.063 | 52.1063 | 44.0142 | 30.8171 | 6.1634 | 70.01 | 5.75 | 1.15 | 13.06 | 1.55 | 0.31 | 3.52 | 1.15 | 0.23 | 2.61 |
| 稻秆 | 0.687 | 47.2790 | 38.5182 | 2.8927 | 4.5785 | 59.43 | 9.50 | 1.90 | 24.66 | 1.10 | 0.22 | 2.86 | 1.10 | 0.58 | 2.86 |
| | 1.190 | 48.0251 | 39.1260 | 20.4936 | 4.0987 | 52.38 | 11.00 | 2.20 | 28.11 | 3.50 | 0.70 | 8.95 | 0.50 | 0.10 | 1.58 |
| | 1.308 | 44.8295 | 36.5226 | 16.0076 | 3.2015 | 43.83 | 13.70 | 2.74 | 37.51 | 1.48 | 0.30 | 4.04 | 1.25 | 0.25 | 1.96 |

(6) 成型燃料直径对燃烧速度的影响。

将密度相同，质量相同但直径不同的玉米、小麦、水稻秸秆成型燃料棒分别放入900℃的马弗炉中，在Ⅱ档供风量的的条件下进行试验，测出不同燃烧阶段的烧失量、平均燃烧速度及可燃物相对燃烧速度。试验数据见表10.9。

表10.9 成型燃料直径对燃烧速度的影响（900℃，风档Ⅱ档）

| 原料 | 直径/mm | 密度/(g/cm³) | 质量/g | 可燃物质量/g | 第1个5 min m/(g/min) | v/% | $v_t$/g | 第2个5 min m/(g/min) | v/% | $v_t$/g | 第3个5 min m/(g/min) | v/% | $v_t$/g | 第4个5 min m/(g/min) | v/% | $v_t$/g |
|---|---|---|---|---|---|---|---|---|---|---|---|---|---|---|---|---|
| 玉米秸秆 | 33 | 1.0492 | 67.206 | 55.7612 | 25.15 | 5.030 | 45.10 | 21.35 | 4.27 | 38.29 | 2.55 | 0.57 | 4.57 | 2.20 | 0.44 | 3.94 |
| | 44 | 1.2125 | 68.245 | 56.6230 | 19.63 | 3.926 | 34.67 | 16.10 | 3.22 | 28.43 | 11.00 | 2.20 | 19.43 | 1.30 | 0.26 | 2.30 |
| | 54 | 1.1138 | 68.137 | 56.5330 | 30.68 | 6.136 | 54.27 | 15.98 | 3.20 | 28.27 | 2.60 | 0.52 | 4.60 | 1.44 | 0.30 | 2.55 |
| | 64 | 1.1587 | 49.000 | 40.6553 | 30.00 | 6.000 | 73.79 | 12.50 | 2.50 | 30.75 | 1.50 | 0.30 | 3.69 | 0.10 | 0.02 | 0.25 |
| | 78 | 1.0591 | 195.000 | 161.7920 | 60.00 | 12.000 | 37.08 | 30.00 | 6.00 | 18.54 | 20.00 | 4.00 | 12.36 | 10.00 | 2.00 | 6.18 |
| | 140 | 1.2694 | 640.000 | 531.0080 | 165.00 | 33.000 | 31.07 | 75.00 | 15.00 | 14.12 | 115.00 | 23.00 | 21.66 | 55.00 | 11.00 | 10.36 |

续表

| 原料 | 成型燃料 | | | | 第1个5 min | | | 第2个5 min | | | 第3个5 min | | | 第4个5 min | | |
|---|---|---|---|---|---|---|---|---|---|---|---|---|---|---|---|---|
| | 直径/mm | 密度/(g/cm³) | 质量/g | 可燃物质量/g | m/(g/min) | v/% | $v_t$/g | m/(g/min) | v/% | $v_t$/g | m/(g/min) | v/% | $v_t$/g | m/(g/min) | v/% | $v_t$/g |
| 小麦秸秆 | 44 | 1.0453 | 35.450 | 30.0209 | 18.42 | 3.684 | 61.36 | 6.00 | 1.20 | 19.99 | 0.75 | 0.15 | 2.50 | 0.35 | 0.07 | 1.17 |
| | 55 | 1.0634 | 35.834 | 30.2692 | 21.40 | 4.281 | 70.71 | 3.10 | 0.62 | 10.24 | 0.90 | 0.18 | 2.97 | 0.80 | 0.16 | 2.64 |
| | 60 | 1.0240 | 35.748 | 30.1959 | 24.09 | 4.817 | 79.76 | 1.50 | 0.30 | 4.97 | 1.35 | 0.27 | 4.47 | 0.65 | 0.13 | 2.15 |
| | 64 | 1.0356 | 155.000 | 130.929 | 35.00 | 7.000 | 26.73 | 30.00 | 6.00 | 22.91 | 15.00 | 3.00 | 11.46 | 10.00 | 2.00 | 7.64 |
| | 76 | 1.0575 | 260.000 | 219.622 | 50.00 | 10.000 | 22.77 | 35.00 | 7.00 | 15.94 | 40.00 | 8.00 | 18.21 | 25.00 | 5.00 | 11.40 |
| 稻秆 | 33 | 1.2340 | 55.463 | 45.186 | 3.90 | 19.480 | 43.11 | 18.60 | 3.72 | 41.16 | 2.30 | 0.46 | 5.09 | 0.90 | 0.18 | 2.00 |
| | 44 | 1.3483 | 55.726 | 45.400 | 14.61 | 2.923 | 32.20 | 19.96 | 3.99 | 43.96 | 5.08 | 1.02 | 11.18 | 0.50 | 0.10 | 1.10 |
| | 54 | 1.1900 | 54.343 | 44.274 | 18.85 | 3.770 | 42.57 | 16.30 | 3.26 | 36.82 | 0.80 | 0.16 | 1.81 | 0.70 | 0.14 | 1.58 |
| | 64 | 1.1120 | 141.000 | 114.870 | 55.00 | 11.000 | 47.88 | 30.00 | 6.00 | 26.12 | 15.00 | 3.00 | 13.06 | 4.00 | 0.80 | 3.48 |

#### 10.1.2.2 试验结果与讨论

成型燃料相对燃烧速度随秸秆种类不同的变化曲线，如图10.3所示。由图10.3可以看出，不同秸秆的成型燃料具有不同的燃烧速度，但呈现相同的变化规律。即燃烧初期（0～5 min）燃烧速度快，中期逐渐变慢（5～10 min），后期（10～20 min）燃烧速度最慢且趋于平稳。这是因为燃烧初期主要是挥发分燃烧，这时挥发分浓度最大且基本上没有灰壳的阻碍作用。燃烧中期是挥发分和碳的混合燃烧。该阶段挥发分浓度较低，灰壳的逐渐加厚也阻碍挥发分向外溢出的速度。燃烧后期主要是碳和少量残余挥发分的燃烧，不断加厚的灰层使$O_2$向内渗透和燃烧产物的向外扩散明显受阻，降低了燃烧速度。

在整个燃烧过程中，挥发分含量高的小麦秸秆和玉米秸秆燃烧速度衰减较快。又由于小麦秸秆的灰分含量小于玉米秸秆的灰分含量，其燃烧过程中灰层的阻碍小于玉米秸秆，因此，小麦秸秆燃烧速度的衰减略大于玉米秸秆；而挥发分含量较低、灰分含量较高的稻秆燃烧速度衰减较慢。另外三种秸秆均在燃烧到15 min时速度趋于平稳且基本燃尽。

表10.5（图10.4）说明炉膛温度对燃烧速度的影响在第1个5 min内，炉温900℃工况的燃烧速度均明显大于炉温700℃工况的燃烧速度，中期（5～10 min）三种秸秆的相对燃烧速度发生了逆转。这主要是因为在燃烧初期秸秆成型燃料内部的挥发分浓度相同，温度起着主要作用。5 min后，成型燃料内部的挥发分浓度发生了变化，成型燃料的燃烧同时受温度和

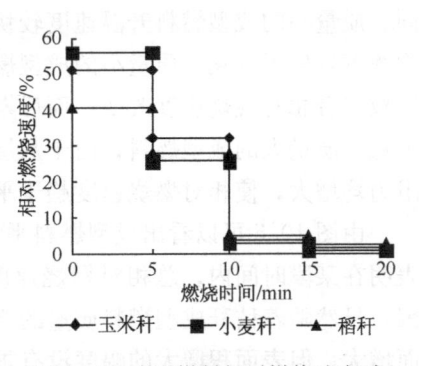

图10.3 成型燃料相对燃烧速度随秸秆种类不同的变化曲线

挥发分浓度的影响，并使挥发分浓度成了控制燃烧速度的主要因素。10 min 后可燃物基本上燃尽，二者燃烧速度趋于一致且平稳。

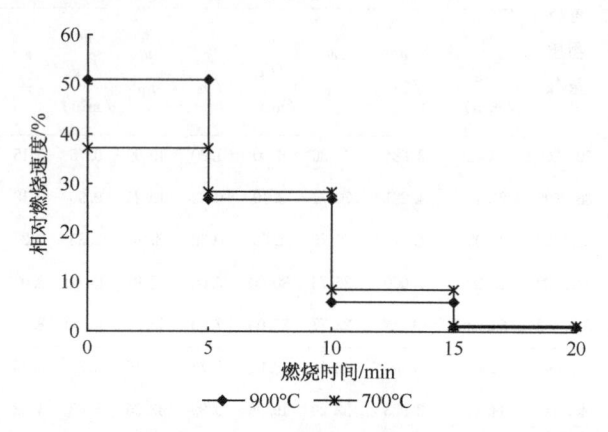

图 10.4　稻秆成型燃料相对燃烧速度在不同温度下的变化曲线（Ⅰ档）

表 10.6 表明供风量对成型燃料相对燃烧速度的影响：供风量越小，燃烧初期（0～5 min）相对燃烧速度越大，中期（5～10 min）则发生了转变，供风量大的相对燃烧速度较大。这主要是因为燃烧初期秸秆成型燃料内部挥发分浓度相同，由于进风量的不同使炉温降低的程度不同造成的。而 5 min 后秸秆成型燃料的燃烧主要是成型燃料内部挥发分和固定碳的混合燃烧，$O_2$ 要扩散到焦炭表面既要受到灰壳内部的挥发分、燃烧产物和灰层的扩散阻力作用，同时挥发分的外溢同样受到灰层的阻力作用，这使得挥发分外溢速度减慢。风量的增大使温度降低较多，前期挥发分析出相对较少，燃料内挥发分浓度相对较高，同时风量的增大增加了 $O_2$ 向内扩散的能力，从而使燃烧速度加快。

秸秆成型燃料的燃烧前期（0～5 min），相对燃烧速度与成型燃料的质量成反比，而中期（5～10 min）二者的比值发生变化，后期两者则基本无关（表 10.7）。这主要是因为整个燃烧过程受成型燃料质量和可燃物浓度的控制。燃烧开始时，可燃物浓度相同，质量小的成型燃料升温速度较快，挥发分析出较快；中期由于成型燃料内部的可燃物浓度发生了变化，质量小的成型燃料可燃物浓度较小，而质量大的可燃物浓度较大，导致二者相对燃烧速度改变；而后期由于质量小的挥发分基本燃尽，相对燃烧速度趋于平稳，质量大的成型燃料，由于灰层加厚，造成内部挥发分，烟气产物和外部氧气扩散阻力均增大，使相对燃烧速度趋于平稳。

由图 10.5 可以看出成型燃料平均燃烧速度与秸秆成型燃料质量成正比，而图 10.6 表明在某段时间内，总相对燃烧速度与成型燃料质量成反比。造成这种状况的主要原因：虽然随着秸秆成型燃料质量的增加，成型燃料的体积、表面积都增大，氧气扩散表面增大，但表面积增大的幅度没有重量增大的幅度大，且燃烧中后期燃尽的灰层也随之加厚，造成内部挥发分、烟气产物和外部氧气扩散阻力均增大。

成型燃料在燃烧开始的 5 min 内相对燃烧速度与成型燃料的密度成反比，燃烧中期（5～10 min）由于挥发分浓度的影响发生了逆转，10 min 后基本不受成型燃料密度大小的影响（图 10.7）。造成这种情况的主要原因是随着成型燃料密度的增大，成型燃料

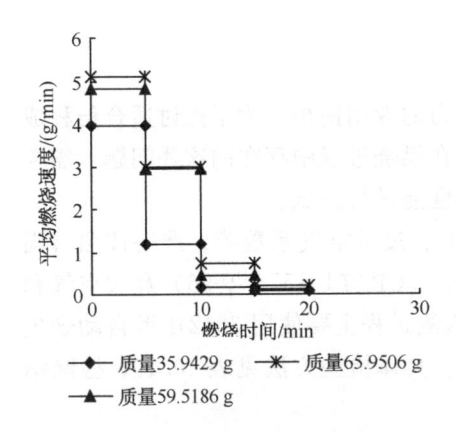

图 10.5 不同质量稻秆成型燃料平均燃烧速度变化规律

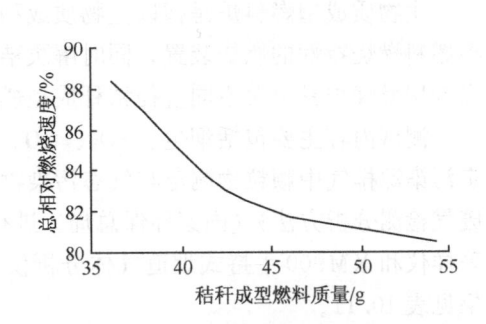

图 10.6 小麦秸秆成型燃料某段时间内总相对燃烧速度随质量变化规律

致密的程度越高,其对成型燃料内部的挥发分溢出的阻力增大,且燃烧开始主要成型燃料内的可燃分浓度相同。10 min 后密度大的成型燃料燃尽灰层的密度大于密度小的成型燃料,造成内部挥发分、烟气产物和外部氧气扩散阻力均增大;而此时密度小的成型燃料,由于前期燃烧速度大,挥发分浓度低于密度大的成型燃料,因此,高密度成型燃料相对于低密度成型燃料在整个燃烧过程中,其燃烧速度相对小一些(图 10.8)。

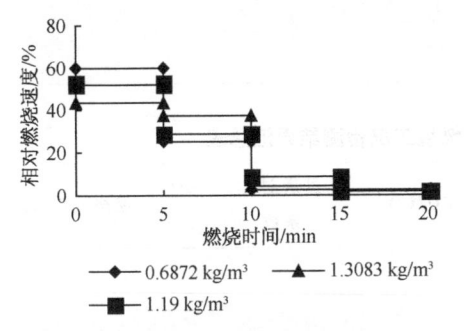

图 10.7 不同密度稻秆成型燃料相对燃烧速度变化规律

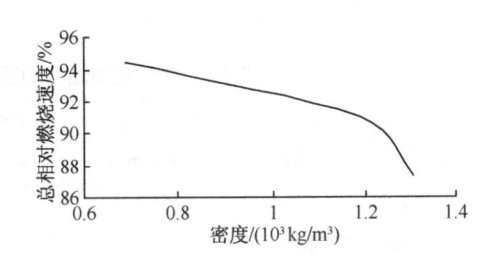

图 10.8 稻秆成型燃料总相对燃烧速度随密度变化规律

因为不同直径的密度不宜控制,再加上相同长度、不同直径的成型燃料质量也不相等,因此,直径对成型燃料燃烧速度的影响很难作出准确的试验和判断。但从总体上来说,随着直径的增大,成型燃料的体积和面积同时增大。尽管在整个燃烧过程中大直径成型燃料的相对燃烧速度比小直径成型燃料的燃烧速度相对平稳,但成型燃料的平均燃烧速度与成型燃料直径呈正相关关系。造成这种状况的主要原因是,由表向内相同厚度的环状成型燃料,直径大的不仅其表面积大,而且其质量多,所含的挥发分含量也多。但随着燃烧时间的推移,灰层的逐渐加厚,小直径的成型燃料提前燃至中心,而大直径成型燃料燃烧层则继续向内扩展。

### 10.1.3 秸秆成型燃料的实际锅炉燃烧工况

生物质成型燃料炉是指以生物质成型燃料为动力的专用锅炉。为了探讨适合秸秆成型燃料燃烧特性的燃烧装置，同时解决秸秆成型块在燃烧过程中存在的这些问题，需要在专用燃烧炉具上对不同直径秸秆成型燃料燃烧的性能进行测试。

测试内容主要包括烟尘、$SO_2$、CO、$NO_x$、$CO_2$、过量空气系数等。严格按照《固定污染源排气中颗粒物测定与气态污染物采样方法》(GB/T16157-1996)及《空气和废气检测分析方法》(国家环保总局)进行检测。检测过程主要使用3012H型自动烟尘采样仪和KM900手持式烟道气体分析仪进行检测。具体检验方法见表10.10，检测结果见表10.11。

表10.10 秸秆成型燃料的实际锅炉燃烧工况检测方法及使用仪器

| 检测项目 | 检测方法 | 检测仪器 |
| --- | --- | --- |
| 烟尘 | 皮托管平行测速—重量法 | 3012H型烟尘测试仪 |
| $SO_2$ | 定电位电解法 | KM900烟道气体分析仪 |
| CO | 定电位电解法 | |
| NO | 定电位电解法 | |
| 过量空气系数 | 热效率测定仪法 | |
| $CO_2$ | | |
| $NO_x$ | | |

表10.11 秸秆成型燃料的实际锅炉燃烧工况检测结果汇总表

| 直径/mm | 检测因子 | 排放量/(kg/h) | 排放浓度/(mg/m³) | 烟气流量/(m³/h) | $CO/CO_2$ | 过量空气系数 | $CO_2$/% | 燃烧效率/% |
| --- | --- | --- | --- | --- | --- | --- | --- | --- |
| 45 | 烟尘 | 0.020 | 29 | 629 | 0.1422 | 3.18 | 4.40 | 95.80 |
| | $SO_2$ | 0.000 | 0 | | | | | |
| | NO | 0.102 | 137 | | | | | |
| | $NO_2$ | 0.001 | 2 | | | | | |
| | $NO_x$ | 0.103 | 139 | | | | | |
| | CO | 0.581 | 783 | | | | | |
| 50 | 烟尘 | 0.0200 | 27 | 742 | 0.1227 | 2.61 | 5.10 | 78.80 |
| | $SO_2$ | 0.0000 | 0 | | | | | |
| | NO | 0.1020 | 137 | | | | | |
| | $NO_2$ | 0.0015 | 2 | | | | | |
| | $NO_x$ | 0.1030 | 139 | | | | | |
| | CO | 0.5810 | 783 | | | | | |

续表

| 直径 /mm | 检测因子 | 排放量 /(kg/h) | 排放浓度 /(mg/m³) | 烟气流量 /(m³/h) | $CO/CO_2$ | 过量空气系数 | $CO_2$ /% | 燃烧效率/% |
|---|---|---|---|---|---|---|---|---|
| 65 | 烟尘 | 0.0210 | 25 | 840 | 0.1227 | 2.74 | 4.90 | 78.80 |
|  | $SO_2$ | 0.0000 | 0 |  |  |  |  |  |
|  | NO | 0.1151 | 137 |  |  |  |  |  |
|  | $NO_2$ | 0.0017 | 2 |  |  |  |  |  |
|  | $NO_x$ | 0.1168 | 139 |  |  |  |  |  |
|  | CO | 0.6577 | 783 |  |  |  |  |  |
| 75 | 烟尘 | 0.0206 | 24 | 859 | 0.1227 | 2.74 | 4.90 | 78.80 |
|  | $SO_2$ | 0.0000 | 0 |  |  |  |  |  |
|  | NO | 0.1177 | 137 |  |  |  |  |  |
|  | $NO_2$ | 0.0017 | 2 |  |  |  |  |  |
|  | $NO_x$ | 0.1194 | 139 |  |  |  |  |  |
|  | CO | 0.6725 | 783 |  |  |  |  |  |
| 90 | 烟尘 | 0.0213 | 23 | 926 | 0.1255 | 4.14 | 3.60 | 75.60 |
|  | $SO_2$ | 0.0000 | 0 |  |  |  |  |  |
|  | NO | 0.0991 | 107 |  |  |  |  |  |
|  | $NO_2$ | 0.0028 | 4 |  |  |  |  |  |
|  | $NO_x$ | 0.1028 | 111 |  |  |  |  |  |
|  | CO | 0.5232 | 565 |  |  |  |  |  |
| 130 | 烟尘 | 0.0216 | 22 | 984 | 0.2662 | 3.61 | 4.00 | 65.40 |
|  | $SO_2$ | 0.0000 | 0 |  |  |  |  |  |
|  | NO | 0.1151 | 117 |  |  |  |  |  |
|  | $NO_2$ | 0.0020 | 2 |  |  |  |  |  |
|  | $NO_x$ | 0.1171 | 119 |  |  |  |  |  |
|  | CO | 1.3097 | 1331 |  |  |  |  |  |

比较表 10.11 与我国《锅炉大气污染物排放标准》（GBWPB-1999）燃煤锅炉中"其他锅炉"二类区第Ⅰ时段标准极限值可知：该燃烧装置燃用玉米秸秆成型燃料，烟尘排放浓度最高值为 28 mg/m³，$SO_2$ 排放没有检测到数值，远低于国家标准要求，具有很好的环保效果。

由表 10.11 看出，烟尘的排放浓度随着成型燃料直径的增大而减少，这主要是因为随着成型燃料直径的增大，进风与灰渣的接触面积减小。直径为 45 mm、55 mm、65 mm、75 mm 的玉米秸秆成型块的燃烧效率及测得的烟气中的各种成分的排放浓度基本上相同，直径为 90 mm 的玉米秸秆成型燃料的燃烧效率与直径为 45 mm、55 mm、65 mm、75 mm 的玉米秸秆成型燃料的燃烧效率差别也不大，但其 $NO_x$ 和 CO 的浓度降低。$NO_x$ 浓度降低的主要原因可能是过量空气系数较大和空气经过燃烧层停留时间短,部分氮气未达到氮的氧化温度。

直径为 130 mm 的玉米秸秆成型燃料在该燃烧装置内的燃烧状况明显变差,燃烧效率为 65.4%,同时,CO 的浓度明显增高。这主要是因为该燃烧装置的炉膛直径小(φ500 mm),成型燃料间孔隙大,供应的空气穿过燃烧层时易形成空气束,布风不均匀,使空气不能很好的与可燃气进行混合。这也说明该试验炉不适合该直径的成型燃料燃烧。

炉膛直径为 500 mm 的燃烧装置适合直径小于 90 mm 的成型燃料;直径大于 90 mm 的成型燃料适合炉膛直径较大的燃烧装置。燃烧室温度可达 1060℃,密度大于 900 kg/m³ 的成型燃料对燃烧工况的影响不大,除开始点火时有少量黑烟外,燃烧装置正常运行后,整个过程燃烧连续平稳,烟囱中黑烟和灰尘均大大低于国家环保标准。

通过以上试验可以看出,秸秆成型燃料的燃烧方式属于静态渗透扩散式燃烧,燃烧围绕成型燃料表面并不断向燃料内延伸。燃烧前期是大量的挥发分和少量的 CO 在空间燃烧,燃烧速度快;燃烧后期是 CO 和少量挥发分在空间燃烧,燃烧速度慢。

由于秸秆原料的挥发分含量高,使秸秆成型燃料燃烧速度受温度的影响大于通风量对成型燃料燃烧速度的影响。燃烧温度越高,挥发分析出速度越快,燃烧平稳性越差。

成型燃料密度、成型燃料直径和成型燃料的质量对成型燃料的燃烧速度均有一定的影响。成型燃料密度的增大,一定程度上抑制了成型燃料挥发分的析出速度。成型燃料直径和成型燃料质量的增加,使得燃烧初期的平均燃烧速度增大,即燃烧初期析出的挥发分增多,而在中后期挥发分的析出速度相对稳定。

成型燃料的燃烧主要是挥发分的燃烧,为了使秸秆能在整个燃烧过程中实现完全燃烧,最重要的措施是实现合理配风下的控温燃烧,从而使秸秆成型燃料在整个燃烧过程中挥发分的析出速度能相对平稳,对燃烧速度和状态产生均衡的影响。

## 10.2 生物质(秸秆)成型燃料燃烧设备的设计计算

为了更好地研究生物质成型燃料燃烧空气动力场、结渣特性及主要设计参数,必须用适合于生物质成型燃料燃烧的专用燃烧设备进行试验与研究,得出规律性数据与理论,从而揭示一般生物质成型燃料燃烧设备空气动力场特性、结渣特性及主要设计参数。第一代大粒径生物质成型燃料燃烧设备大都是由燃煤锅炉改造的。从运行情况看存在着几个突出的问题:燃烧不稳定,燃烧效率低,冒黑烟,烟气中存在着大量的 CO;烟气中烟尘含量超标,污染环境;结渣现象严重,影响燃烧效果;排烟温度高,热损失严重;过量空气系数大,风机电耗高。这些燃烧设备热性能差,且污染环境,不能作为生物质成型燃料燃烧专用设备。

### 10.2.1 生物质成型燃料燃烧特性

生物质成型燃料特性决定了成型燃料的燃烧特性,直接影响成型燃料燃烧设备的设计及使用。参照国家标准 GB212-91《煤的工业分析方法》和 GB5186《生物质燃料发热量测试方法》,对 3 种生物质工业分析和发热量进行测定,测定的生物质成型燃料特性参数参见表 10.1。显然，生物质的挥发分远高于煤，灰分和含碳量远小于煤，生物质这种燃料特点就决定了它的燃烧具有一定的特征。

原生物质燃烧特性与燃料特点有关。原生物质特别是秸秆类生物质密度小，体积大，其挥发分高达 60%～70%；点火温度低，易点火，同时热分解的温度又比较低，一般在 350℃ 就分解释放出 80% 左右的挥发分；燃烧速度快，燃烧开始不久燃烧迅速由动力区进入扩散区，挥发分在短时期内迅速燃烧，放热量剧增，高温烟气来不及传热就跑到烟囱，因此，造成大量的排烟热损失。

挥发分剧烈燃烧的需氧量远远大于外界扩散的供氧量，使供氧明显不足，从而较多的挥发分不能燃尽，大量形成 CO、$H_2$、$CH_4$ 等中间产物，产生大量的气体不能完全燃烧。

挥发分燃烧完毕时，进入焦炭燃烧阶段，由于生物质焦炭的结构为散状，气流的扰动就可使其解体悬浮起来，脱离燃烧层，迅速进入炉膛的上方空间，经过烟道而进入烟囱，形成大量的固体不完全燃烧热损失。此时燃烧层剩下的焦炭量很少，不能形成燃烧中心，使得燃烧后劲不足。这时如不严格控制进入的空气量，将使空气大量过剩，不但降低炉温，而且增加排烟热损失。

由于生物质燃烧的速度忽快忽慢，燃烧的需氧量与外界的供氧量极不匹配，燃烧呈波浪燃烧，燃烧过程不稳定。

生物质成型燃料是经过生物质秸秆压缩而形成的块状燃料，其密度远远大于原生物质，其结构与组织特征决定了挥发分的溢出速度与传热速度都大大降低。点火温度有所升高，点火性能变差，但比型煤的点火性能要好，从点火性能考虑，仍不失生物质点火特性。燃烧开始时挥发分慢慢分解，燃烧处于动力区，随着挥发分燃烧逐渐进入过渡区与扩散区，燃烧速度适中能够使挥发分放出的热量及时传递给受热面，使排烟热损失降低。同时挥发分燃烧所需的氧与外界扩散的氧较好的匹配，挥发分能够燃尽，又不过多的加入空气，炉温逐渐升高，减少了大量的气体不完全燃烧损失与排烟热损失。

挥发分燃烧后，剩余的焦炭骨架结构紧密，运动的气流不能使骨架解体悬浮，使骨架炭能保持层状燃烧，能够形成层状燃烧核心。这时炭的燃烧所需要的氧与静态渗透扩散的氧相当，燃烧持续稳定，炉温较高，从而减少了固体与排烟热损失。在燃烧过程中可以清楚地看到炭的燃烧过程，蓝色火焰包裹着明亮的炭块，燃烧时间明显延长。

总之，生物质成型燃料燃烧速度均匀适中，燃烧所需的氧量与外界渗透扩散的氧量能够较好的匹配，燃烧波浪较小，燃烧相对稳定。

## 10.2.2 生物质成型燃料燃烧设备的设计参数

设计考虑使该生物质成型设备能较好燃烧生物质成型燃料，要求能反映出生物质成型燃料的燃烧特性，使排烟符合环保要求。

为试验安全方便起见按照常压热水锅炉设计，燃烧设备设计参数尽量考虑选用生物质成型燃料的物性参数，个别参数参考有关烟煤参数，按经验选取。

该燃烧设备设计要求主要满足在该燃烧设备上进行生物质成型燃料燃烧热性能、空气动力场、热力特性、结渣特性、主要设计参数等试验。

本设计以玉米秸秆成型燃料为燃料样品进行试验。所设计燃烧设备涉及主要参数如表 10.12 所示。

**表 10.12　燃烧设备主要设计参数**

| 序号 | 主要设计参数 | 符号 | 单位 | 参数来源 | 参数值 |
|---|---|---|---|---|---|
| （一） | 燃料参数 | | | | |
| 1 | 收到基碳含量 | $C_{ar}$ | % | 燃料分析 | 42.89 |
| 2 | 收到基氢含量 | $H_{ar}$ | % | 燃料分析 | 3.85 |
| 3 | 收到基氮含量 | $N_{ar}$ | % | 燃料分析 | 0.74 |
| 4 | 收到基硫含量 | $S_{ar}$ | % | 燃料分析 | 0.12 |
| 5 | 收到基氧含量 | $O_{ar}$ | % | 燃料分析 | 38.15 |
| 6 | 收到基水分含量 | $M_{ar}$ | % | 燃料分析 | 7.30 |
| 7 | 收到基灰分含量 | $A_{ar}$ | % | 燃料分析 | 6.95 |
| 8 | 收到基静发热量 | $Q_{net.ar}$ | % | 燃料分析 | 15 658.00 |
| （二） | 锅炉参数 | | | | |
| 9 | 锅炉出力 | $G$ | kg/h | 设定 | 1 000.00 |
| 10 | 热水压力 | $p$ | MPa | 设定 | 0.10 |
| 11 | 热水温度 | $t_{CS}$ | ℃ | 设定 | 95.00 |
| 12 | 进水温度 | $t_{gS}$ | ℃ | 设定 | 20.00 |
| 13 | 炉排有效面积热负荷 | $q_R$ | kW/m² | | 450.00 |
| 14 | 炉排体积热负荷 | $q_v$ | kW/m³ | | 400.00 |
| 15 | 炉膛出口过剩空气系数 | $\alpha_1''$ | | | 1.70 |
| 16 | 炉膛进口过剩空气系数 | $\alpha_1'$ | | | 1.30 |
| 17 | 对流受热面漏风系数 | $\Delta\alpha_1$ | | | 0.40 |
| 18 | 后烟道总漏风系数 | $\Delta\alpha_2$ | | | 0.10 |
| 19 | 固体未完全燃烧损失 | $q_4$ | % | | 5.00 |
| 20 | 气体未完全燃烧损失 | $q_3$ | % | | 3.00 |
| 21 | 散热损失 | $q_5$ | % | | 5.00 |
| 22 | 冷空气温度 | $t_{lk}$ | ℃ | 给定 | 20.00 |
| 23 | 排烟温度 | $t_{py}$ | ℃ | 给定 | 250.00 |

## 10.2.3　生物质成型燃料燃烧设备设计

### 10.2.3.1　燃烧设备结构总体设计

设计的生物质成型燃料燃烧设备由上炉门、中炉门、下炉门、上炉排、辐射受热面、下炉排、风室、炉膛、降尘室、对流受热面、炉墙、排气管、烟道、烟囱等部分组成，其结构如图10.9所示。

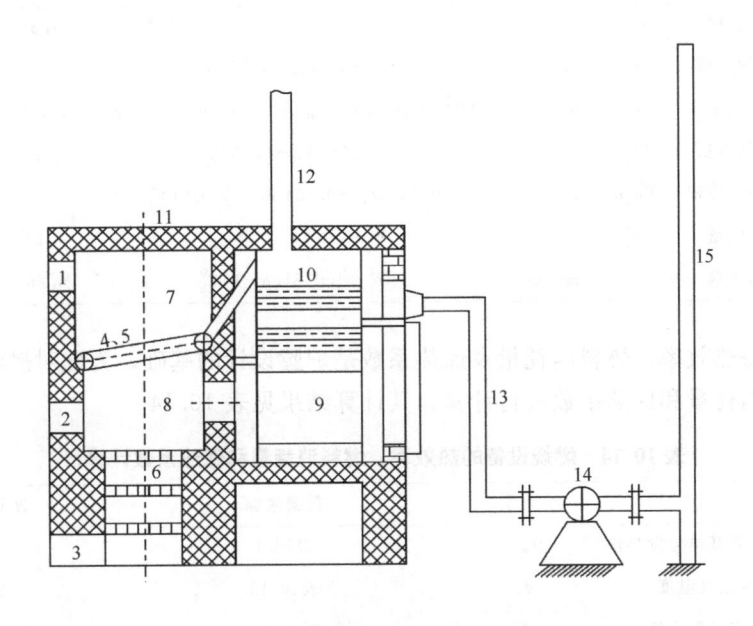

图10.9 生物质成型燃料锅炉结构简图
1.上炉门；2.中炉门；3.下炉门；4.上炉排；5.辐射受热面；6.下炉排；7.风室；8.炉膛；
9.降尘室；10.对流受热面；11.炉墙；12.排气管；13.烟道；14.引风机；15.烟囱

该燃烧设备采用双层炉排结构即在手烧炉排一定高度另加一道水冷却的钢管式炉排。双层炉排的上炉门常开，供投燃料与通入空气之用；中炉门用于调整下炉排上燃料的燃烧和清除灰渣，仅在点火及清渣时打开；下炉门用于排灰及供给少量空气，正常运行时微开，开度视下炉排上的燃烧情况而定。上炉排以上的空间相当于风室，上下炉排之间的空间为炉膛，其后墙设有烟气出口，烟气出口不宜过高，以免烟气短路，影响可燃气体的燃烧和火焰充满炉膛，但也不宜过低，以保证下炉排有必要的灰渣层厚度（100～200 mm）。

双层炉排生物质成型燃料燃烧设备的工作原理：一定粒径生物质成型燃料经上炉门加在上炉排上下吸燃烧，上炉排漏下的生物质屑和灰渣到下炉排上继续燃烧。生物质成型燃料在上炉排上燃烧后形成的烟气和部分可燃气体透过燃料层、灰渣层进入上、下炉排间的炉膛进行燃烧，并与下炉排上燃料产生的烟气一起，经两炉排间的出烟口流向降尘室和后面的对流受热面。这种燃烧方式，实现了生物质成型燃料的分步燃烧，缓解生物质燃烧速度，达到燃烧需氧与供氧的匹配，使生物质成型燃料稳定、持续、完全燃烧，起到消烟除尘作用。

## 10.2.3.2 燃烧设备热效率、燃料消耗量和保热系数计算

烟气量与烟气焓是燃烧设备热效率、燃料消耗量、保热系数计算的基础，为此对生物质成型燃料烟气量与烟气焓进行计算，其计算项目、依据及结果见表10.13。

表 10.13 燃料完全燃烧生成烟气量计算

| 序号 | 项目 | 符号 | 单位 | 计算公式 | 数值 | | |
|---|---|---|---|---|---|---|---|
| 1 | 过剩空气系数 | $\alpha$ | | | 1.3 | 1.7 | 2.0 |
| 2 | 二氧化物体积 | $V_{RO_2}$ | $m^3/kg$ | $0.01866(C_{ar}+0.375S_{ar})$ | 0.8 | 0.8 | 0.8 |
| 3 | 理论空气量 | $V_k^0$ | $m^3/kg$ | $0.0889(C_{ar}+0.375S_{ar})+0.265H_{ar}-0.333O_{ar}$ | 3.541 | 3.541 | 3.541 |
| 4 | 理论氮气体积 | $V_{N_2}$ | $m^3/kg$ | $0.008N_{ar}+0.79V_k^0$ | 2.8 | 2.8 | 2.8 |
| 5 | 理论水蒸气体积 | $V_{H_2O}^0$ | $m^3/kg$ | $0.111H_{ar}+0.124M_{ar}+0.0161V_k^0$ | 0.58 | 0.58 | 0.58 |
| 6 | 理论烟气量 | $V_y^0$ | | $V_{RO_2}+V_{N_2}+V_{H_2O}^0$ | 4.18 | 4.18 | 4.18 |
| 7 | 实际烟气量 | $V_y$ | $m^3/kg$ | $V_y^0+1.0161(\alpha-1)V_k^0$ | 5.26 | 6.70 | 7.78 |

燃烧设备热效率、燃料消耗量及保热系数是炉膛设计的基础，为此对燃烧设备的热效率、燃料消耗量和保热系数进行计算，其计算结果见表 10.14。

表 10.14 燃烧设备的热效率、燃料消耗量和保热系数计算

| 序号 | 项目 | 符号 | 数据来源 | 数值/单位 |
|---|---|---|---|---|
| 1 | 燃料收到基单位发热量 | $Q_{net.ar}$ | 表10.1 | 15 658 kJ/kg |
| 2 | 冷空气温度 | $t_{lk}$ | 表10.12 | 20℃ |
| 3 | 冷空气理论焓 | $I_{lk}^0$ | $V_{lk}^0(ct)_{lk}$ | 93.48 kJ/kg |
| 4 | 排烟温度 | $Q_{py}$ | 表10.12 | 200℃ |
| 5 | 排烟焓 | $I_{py}$ | 计算 | 2686.26 kJ/kg |
| 6 | 固体不完全燃烧热损失 | $q_4$ | 表10.12 | 3% |
| 7 | 排烟热损失 | $q_2$ | $100(I_{py}-\alpha py I_{lk}^0)(1-q_4/100)/Q_{net.ar}$ | 16% |
| 8 | 气体不完全燃烧损失 | $q_3$ | 表10.12 | 1% |
| 9 | 散热损失 | $q_5$ | 表10.12 | 6% |
| 10 | 灰渣温度 | $Q_{h2}$ | 测量 | 300℃ |
| 11 | 灰渣焓 | $(ct)_{hz}$ | 计算 | 264 kJ/kg |
| 12 | 排渣率 | $\alpha_{hz}$ | 测算 | 80% |
| 13 | 燃料收到基灰分 | $A_{ar}$ | 表10.12 | 6.95% |
| 14 | 灰渣物理热损失 | $q_6$ | $100\alpha_{hz}(ct)_{hz}A_{ar}/Q_{net.ar}$ | 0.1% |
| 15 | 锅炉总热损失 | $\Sigma q$ | $q_2+q_3+q_4+q_5+q_6$ | 26.1% |
| 16 | 锅炉热效率 | $\eta$ | $100-\Sigma q$ | 74% |
| 17 | 热水焓 | $h_{CS}$ | 查水蒸气表 | 397.1 kJ/kg |
| 18 | 给水焓 | $h_{gS}$ | 查水蒸气表 | 83.6 kJ/kg |
| 19 | 锅炉有效利用热量 | $Q_{gl}$ | $D(i_{CS}+i_{gS})$ | 313 500 kJ/h |
| 20 | 燃料消耗量 | $B$ | $100Q_{gl}/3600Q_{net.ar}\eta$ | 0.0075 kJ/s |
| 21 | 计算燃料消耗量 | $B_j$ | $B(1-q_4/100)$ | 0.0073 kJ/s |
| 22 | 保热系数 | $Q$ | $1-q_5/(\eta+q_5)$ | 0.925 |

### 10.2.3.3 炉膛、炉排及辐射受热面的设计

炉排尺寸和炉膛尺寸是燃烧设备的两组主要参数，它们的大小直接关系着燃料燃烧的温度场、浓度场及空气流动场分布，直接影响着燃料的燃烧状况，其设计计算见表10.15和表10.16。

**表 10.15 炉排设计计算**

| 序号 | 项目 | 符号 | 数据来源 | 数值/单位 |
| --- | --- | --- | --- | --- |
| (一)炉排尺寸计算 | | | | |
| 1 | 燃料的消耗量 | $B$ | 由热平衡计算得出 | 0.0075 kg/s |
| 2 | 燃料收到基低位发热量 | $Q_{net.ar}$ | 由热值测试仪得出 | 15 658 kJ/kg |
| 3 | 炉排面积热强度 | $q_R$ | | 350 kW/m² |
| 4 | 炉排燃烧率 | $q_r$ | | 80 kg/(m²·h) |
| 5 | 炉排面积 | $R$ | $B Q_{net.ar}/q_R$ | 0.34 m² |
| 6 | 炉排与水平面夹角 | $\alpha$ | >8° | 10° |
| 7 | 倾斜炉排的实际面积为 | $R'$ | $R/\cos\alpha$ | 0.345 m² |
| 8 | 炉排有效长度 | $L_p$ | $\sqrt{0.345}$ | 590 mm |
| 9 | 炉排有效宽度 | $B_p$ | | 590 mm |
| (二)炉排通风截面积计算 | | | | |
| 10 | 燃烧需实际空气量 | $V_K$ | $(1.3+1.7)V_{k0}/2$ | 5.3 m³/kg |
| 11 | 空气通过炉排间隙流速 | $W_K$ | 2~4 | 2 m/s |
| 12 | 炉排通风截面积 | $R_{tf}$ | $B V_K/W_K$ | 0.0212 m² |
| 13 | 炉排通风截面积比 | $f_{tf}$ | $100 R_{tf}/R$ | 6.24% |
| (三)炉排片冷却计算 | | | | |
| 14 | 炉排片高度 | $h$ | 选取 | 51 mm |
| 15 | 炉排片宽度 | $b$ | 选取 | 51 mm |
| 16 | 炉排片冷却度 | $w$ | $2h/b$ | 2 |
| (四)煤层阻力计算 | | | | |
| 17 | 系数 | $M$ | 10~20 | 15 |
| 18 | 包括炉排在内的阻力 | $\Delta H_m$ | $M(q_r)2/103$ | 150 Pa |
| 19 | 煤层厚度 | $H_m$ | 150~300 | 300 mm |

**表 10.16 炉膛设计计算**

| 序号 | 项目 | 符号 | 数据来源 | 数值/单位 |
| --- | --- | --- | --- | --- |
| 1 | 燃料消耗量 | $B$ | | 0.0075 kg/s |
| 2 | 燃料收到基低位发热量 | $Q_{net.ar}$ | | 15 658 kJ/kg |
| 3 | 炉膛容积热强度 | $q_v$ | | 348 kW/m³ |
| | 煤气发生强度 | $k$ | 80~120 | 85 kg/(m²·h) |

续表

| 序号 | 项目 | 符号 | 数据来源 | 数值/单位 |
|---|---|---|---|---|
| 4 | 炉膛容积 | $V_L$ | $BQ_{net.ar}/q_v$ | $0.34 \text{ m}^3$ |
| 5 | 炉膛有效高度 | $H_{lg}$ | $V_L/R$ | 1 m |
| 6 | 上炉膛有效高度 | $H_{lg1}$ | 灰渣层+燃料层+空间 | 0.60 m |
| 7 | 下炉膛有效高度 | $H_{lg2}$ | $H_{lg} - H_{lg1}$ | 0.40 m |
| 8 | 下炉膛面积为 | $R_2$ | $R/3$ | $0.10 \text{ m}^2$ |
| 9 | 下炉膛有效宽度 | $B_{p2}$ |  | 370 mm |
| 10 | 下炉排有效长度 | $L_{p2}$ |  | 370 mm |

燃烧设备中以辐射换热面为主的换热面称为辐射换热面，辐射换热面又称为水冷壁。为了维持生物质成型燃料燃烧设备炉温，保证生物质成型燃料的充分燃烧，在炉膛中只把上炉排布置为辐射受热面（图10.9）。

辐射受热面的大小和布置形式与燃料种类、燃烧设备形式、燃烧空气动力场等因素有关。其计算方法见表10.17。

**表10.17 辐射受热面的计算**

| 序号 | 项目 | 符号 | 数据来源 | 数值/单位 |
|---|---|---|---|---|
| （一）假定热空气温度 $t_{rk}$，计算理论燃烧温度 $\theta_{ll}$ | | | | |
| 1 | 冷空气温度 | $t_{lk}$ | 给定 | 20℃ |
| 2 | 热空气温度 | $t_{rk}$ | 给定 | 20℃ |
| 3 | 炉膛出口过量空气系数 | $\alpha_1''$ | 燃料计算中选取 | 1.7 |
| 4 | 燃料系数 | $e$ | 按手册选取 | 0.2 |
| 5 | 燃质系数 | $N$ | 按手册选取 | 2700 |
| 6 | 理论燃烧温度 | $\theta_{ll}$ | $N/(\alpha_1'' + e)$ | 1421℃ |
| （二）假定炉膛出口烟温和锅炉排烟温度 $\theta_{lj}'$，$\theta_{py}$，计算辐射受热面吸热量 $Q_f$ | | | | |
| 7 | 锅炉有效利用热量 | $Q_{gl}$ | 由热平衡计算得出 | 87 kW |
| 8 | 固体不完全燃烧损失 | $q_4$ |  | 3% |
| 9 | 锅炉热效率 | $\eta$ |  | 74% |
| 10 | 系数 | $K_0$ | 按手册选取 | 1.1 |
| 11 | 热空气带入炉内热量 | $Q_{rk}$ | $0.32 K_0 \alpha_1'' \theta_{gl}(t_{rk} - t_{lk})(1 - q_4/100)/1000$ | 0 |
| 12 | 炉膛出口烟温 | $\theta_{lj}'$ | 假定 | 900℃ |
| 13 | 排烟温度 | $\theta_{py}$ |  | 250℃ |
| 14 | 辐射受热面吸热量 | $Q_f$ | $(\theta_{ll} - \theta_{lj}') Q_{gl}/(\theta_{ll} - \theta_{py})$ | 38.7 kW |
| （三）查取辐射受热面热强度 $q_f$，计算有效辐射受热面积 $H_f$ | | | | |
| 15 | 辐射受热面热强度 | $q_f$ |  | $70 \text{ kW/m}^2$ |
| 16 | 有效辐射受热面 | $H_f$ | $Q_f/q_f$ | $0.53 \text{ m}^2$ |
| 17 | 受热面的布置 |  | 根据 $R'$ 和 $H_f$ 对辐射受热面进行布置 |  |

续表

| 序号 | 项目 | 符号 | 数据来源 | 数值/单位 |
|---|---|---|---|---|
| 18 | 辐射受热面利用率 | $Y$ | 按手册选取 | 0.76% |
| 19 | 辐射受热面实际表面积 | $H_s$ | $H_f/Y$ | 0.70 m² |
| (四)校核计算根据辐射受热面积 $H_f$ 计算辐射受热面热强度 $q_f$,查得炉膛出口烟温 $\theta_l'$ 进行较核 ||||||
| 20 | 实际有效辐射受热面 | $H_s'$ | 根据实际布置计算 | 0.8 m² |
| 21 | 实际受热面的布置 | | 中间 $\varphi 51\times 8\times 590$ 两端 $\varphi 80\times 2\times 590$ 见图 2.2 | |
| 22 | 实际辐射受热面比例 | $Y'$ | 按手册选取 | 0.76% |
| 23 | 实际有效辐射面 | $H_f'$ | $H_s' Y'$ | 0.61 m² |
| 24 | 辐射受热面热强度 | $q_f'$ | $Q_f/H_f'$ | 60.8 kW/m² |
| 25 | 炉膛出口烟温 | $\theta_l'$ | | 850℃ |
| 26 | 炉膛出口烟温校核 | $\theta_l' - \theta_{lj}''$ | $-50 < \pm 100$ | ℃ |
| 27 | 实际辐射受热面吸热量 | $Q_f$ | $(\theta_{ll} - \theta_l') Q_{gl}/(\theta_{ll} - \theta_{py})$ | 42.4 kW |

#### 10.2.3.4 对流受热面的设计

燃烧设备中以对流形式为主的换热面称为对流受热面,又称为对流管束。其对流受热面可分为降尘对流受热面和降温对流受热面。降尘对流受热面采用圆弧矩形布置,其降温对流受热面采用烟管并联布置(图10.9),对流受热面的大小由计算可得(表10.18)。

表10.18 对流受热面传热计算

| 序号 | 项目 | 符号 | 数据来源 | 数值/单位 |
|---|---|---|---|---|
| (一)计算各对流受热面吸热量 $Q_d$ 及对流受热面前后的烟气温度和工质温度 ||||||
| 1 | 进口温度 | $\theta'$ | | 850℃ |
| 2 | 出口温度 | $\theta''$ | | 250℃ |
| 3 | 理论燃烧温度 | $\theta_{ll}$ | | 1421℃ |
| 4 | 炉膛出口烟温 | $\theta_L'$ | | 850℃ |
| 5 | 排烟温度 | $\theta_{py}$ | | 250℃ |
| 6 | 锅炉热水量 | $D$ | | 0.28 kg/s |
| 7 | 锅炉有效用热量 | $Q_{gL}$ | | 87 kW |
| 8 | 热空气带入热量 | $Q_{rk}$ | | 0 kW |
| 9 | 锅炉烟管束吸热量 | $Q_{gs}$ | $(\theta' - \theta'')\theta_{gL}/(\theta_{ll} - \theta_{py})$ | 44.6 kW |
| 10 | 工质进口温度 | $t'$ | | 20℃ |
| 11 | 工质出口温度 | $t''$ | | 95℃ |
| (二)计算平均温差 $\Delta t$ ||||||
| 12 | 最大温差 | $\Delta t_{max}$ | 受热面两端温差中较大值 | 830℃ |
| 13 | 最小温差 | $\Delta t_{min}$ | 受热面两端温差中较小值 | 155℃ |

续表

| 序号 | 项目 | 符号 | 数据来源 | 数值/单位 |
|---|---|---|---|---|
| 14 | 温差修正系数 | $\psi_t$ | $\Delta t_{max}/\Delta t_{min}$ | 0.484 |
| 15 | 平均温差 | $\Delta t$ | $\psi_t \Delta t_{max}$ | 401.7℃ |
| (三)计算烟气流量 $V_Y$、空气流量和烟气流速 $W_Y$、空气流速 $W_k$ ||||||
| 16 | 工质平均温度 | $t_{pj}$ | $(t'+t'')/2$ | 57.5℃ |
| 17 | 烟气平均温度 | $\theta_{pj}$ | $t_{pj}+\Delta t$ | 459.2℃ |
| 18 | 系数 | $K_0$ | | 1.1 |
| 19 | 系数 | $b$ | | 0.04 |
| 20 | 受热面内平均过量空气系数 | $\alpha_{pj}$ | | 1.85 |
| 21 | 锅炉热效率 | $\eta$ | | 74.0% |
| 22 | 烟气流量 | $V_{yi}$ | $0.239\,K_0(\alpha_{pj}+b)(Q_{gL}+Q_{rk})[(Q_{pj}+273)/273](1-q_4/100)/1000\eta$ | 0.15 m³/s |
| 23 | 烟气流通截面积 | $A_y$ | 按结构计算 | 0.0204 m² |
| 24 | 烟气流速 | $W_y$ | $V_y/A_y$ | 7.4 m/s |
| 25 | 空气流量 | $V_k$ | $0.239\,K_0\alpha_1''(Q_{gL}+Q_{ky})[(t_{pj}+273)/273](1-q_4/100)1000\eta$ | 0.06 m²/s |
| 26 | 空气流速 | $W_k$ | $V_k/A_k$ | 2.9 m/s |
| (四)计算传热系数 ||||||
| 27 | 与烟气流速有关系数 | $K_1$ | $4\,W_y+6$ | 35.5 |
| 28 | 管径系数 | $K_2$ | $[1.27\times(S_1/d)(S_2/d)-1]\,d$ | 0.988 |
| 29 | 冲刷系数 | $K_3$ | | 1 |
| 30 | 传热系数 | $K$ | $k_1 k_2 k_3 \times 1.163\times 10^{-3}$ | 0.041 kW/m²℃ |
| 31 | 受热面积 | $H$ | $Q_{gs}/K\Delta t$ | 2.7 m² |
| 32 | 每个回程受热面长度 | $L$ | $H/\pi d\times 10\times 3$ | 0.53 m |
| (五)对流受热面校核计算 ||||||
| 33 | 实际布置受热面面积 | $H'$ | $3\times 0.8\times 10\pi d$ | 4.1 m² |
| 34 | 含烟管污染传热系数 | $K'$ | $k_1 k_2 k_3 k_4 \times 1.163\times 10^{-3}$ | 0.0275 |
| 35 | 对流受热面吸热量 | $Q_{gs}'$ | $K'H'\Delta t$ | 45.29 kW |
| 36 | 对流受热面吸热误差 | $\delta_Q$ | $(Q_{gs}-Q_{gs}')/Q_{gs}$ | 1.6<2% |

### 10.2.3.5 燃烧设备引风机选型

由于该燃烧设备采用双层炉排燃烧,燃烧方式采用下吸式层状燃烧,为了满足这种燃烧方式,整个系统只布置引风机。引风机由于克服烟道与风道阻力,依据计算的烟道烟气量和全压降选择风机。由于风机运行与计算条件之间有所差别,为了安全起见,在选择风机时考虑一定的储备(用储备系数修正),风机风量与风压的计算如表 10.19 所示。

## 10 秸秆成型燃料燃烧设备设计基础

**表 10.19 风机风压与风量的计算**

| 序号 | 项目 | 符号 | 计算依据 | 数值/单位 |
|---|---|---|---|---|
| (一)烟道的流动阻力计算 | | | | |
| 1 | 炉膛出口负压 | $\Delta h_1''$ | 烟气出口在炉膛后部时$(20\sim40)+0.95H''g$ | 40.25 Pa |
| 2 | 烟管沿程阻力 | $\Delta h_{mc}$ | $\lambda_l \rho w^2/2 \ d_{dl}$ | 5.3 Pa |
| 3 | 烟气密度 | $\rho$ | $(1-0.01 A_{ar}+1.306\alpha V^o)/V_y 273/(273+t_y)$ | 0.43 kg/m³ |
| 4 | 烟气流速 | $w$ | 计算 | 7.4 m/s |
| 5 | 阻力系数 | $\lambda$ | | 0.02 |
| 6 | 烟管长度 | $L$ | 实际布置 | 2.4 m |
| 7 | 烟管当量直径 | $d_{dl}$ | 计算 | 10.6 mm |
| 8 | 烟管局部阻力 | $\Delta h_{jb}$ | $\sum \xi_{jb} \rho w^2/2$ | 145 Pa |
| 9 | 烟管局部阻力系数 | $\sum \xi_{jb}$ | | 01.63 |
| 10 | 烟管总阻力为 | $\Delta h_{gs}$ | $\Delta h_{mc}+\Delta h_{jb}$ | 150.3 Pa |
| 11 | 烟道阻力 | $\Delta h_{yd}$ | $(\lambda L/d_n+\xi_{yd})\rho w^2/2$ | 75 Pa |
| 12 | 烟囱阻力 | $\Delta h_{yc}$ | $\rho_y w^2/2$ | 12.7 Pa |
| 13 | 烟气平均压力 | $b_y$ | | 101 325 Pa |
| 14 | 烟气中飞灰质量浓度 | $\mu$ | $\alpha_{fh} A_{ar} \div 100 \rho_y^o \times V_{ypi}$ | 0.24 |
| 15 | 烟道的总阻力 | $\Delta h_{lZ}$ | $\Delta h_{lZ}[\sum \Delta h(1+\mu)](\rho_y^o/1.293)\times101325/b_y$ | 333 Pa |
| (二)风道总阻力的计算 | | | | |
| 16 | 燃料层阻力 | $\Delta H_{lZ}^k(\Delta hr)$ | | 180 Pa |
| 17 | 空气入口处炉膛负压 | $\Delta h_L'$ | | 40 Pa |
| 18 | 风道的全压降 | $\Delta H_k$ | $\Delta H_{lZ}^k-\Delta h_L'$ | 140 Pa |
| (三)引风机的选择 | | | | |
| 19 | 烟囱自生抽风力 | $S_y$ | $H_{yt}g[273\rho_k^o/(t_{lk}+273)-273\rho_y^o/(Q_{yt}+273)]$ | 24.6 Pa |
| 20 | 引风机总压降 | $\sum \Delta h_y$ | $\Delta H_{lZ}+\Delta H_k$ | 473 Pa |
| 21 | 风机入口烟温 | $t_y$ | | 250 ℃ |
| 22 | 当地大气压力 | $b$ | 实测 | 0.98 bar |
| 23 | 烟气标准状况下密度 | $\rho_y^o$ | 计算 | 1.41 kg/Nm³ |
| 24 | 引风机压头储备系数 | $\beta_1$ | | 1.2 |
| 25 | 引风机压头 | $H_{yf}$ | $\beta_1(\Delta h_y-S_y)(273+t_y)/(273+200)$ | 595 Pa |
| 26 | 风机流量储备系数 | $\beta_2$ | | 1.1 |
| 27 | 引风机风量 | $V_{yf}$ | $\beta_2 V_j(V_{py}+\Delta\alpha V_k^o)[(t_y+273)/273]\times101325/b$ | 0.165 m³/s |
| 28 | 烟囱中烟气流速 | $w_c$ | | 7.4 m/s |
| 29 | 烟囱的内径 | $d_n$ | $0.0188\sqrt{V_{yt}/w_c}$ | 0.161 m 取160 mm |

由表 10.19 风机风量与风压的计算选择风机型号为 Y5-47，电机型号为 Y90.S-2。

## 10.3 生物质成型燃料燃烧设备热性能

为了说明该燃烧设备能够适用于生物质成型燃料，确实能代表生物质成型燃料专用燃烧设备的水平，且证明试验得出的空气动力场特性、结渣特性及主要设计参数具有一定的可靠性与合理性，必须对该燃烧设备进行热平衡试验。

### 10.3.1 测试试验

通过试验测试燃烧设备出力及状态参数，用以判断燃烧设备设计与运行水平；测定燃烧设备各项损失，提出降低损失，提高效率，进一步优化设计的方向。

根据 GB/T15137-1994《工业锅炉节能监测方法》、GB5468-91《锅炉烟尘测定方法》及 GBWPB3-1999《锅炉大气污染物排放标准》，对双层炉排、单层炉排生物质成型燃料燃烧设备按 4 种工况进行热性能及环保指标对比试验。双层炉排与单层炉排燃烧按供风量大小可分为 4 种工况：工况 1 风量最小；工况 2 风量较小（燃烧设备效率最高）；工况 3 风量较大（燃烧设备出力最大）；工况 4 风量最大。其实际热平衡图如图 10.10 所示。试验采用正平衡与反平衡两种试验方法进行对比试验。

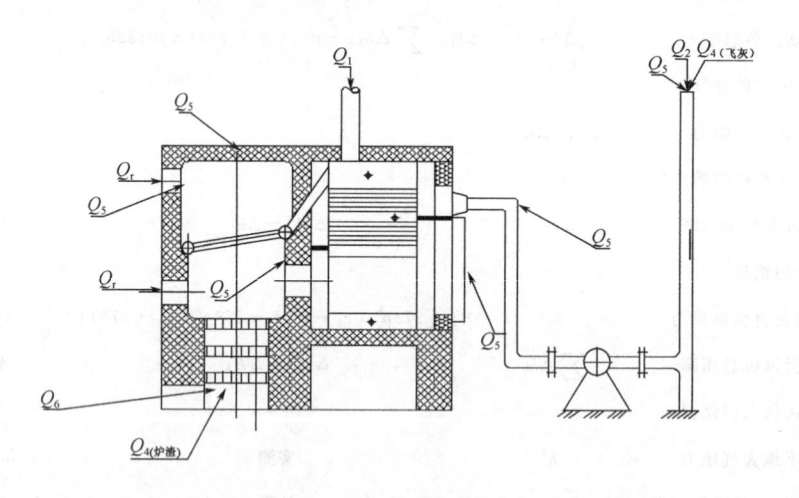

图 10.10 生物质成型燃料燃烧设备热平衡示意图

#### 10.3.1.1 燃烧设备正平衡试验法

直接测量燃烧设备的工质流量、参数（压力与温度）、燃料消耗量及发热量等，利用式（10.12）计算燃烧设备热效率。

$$\eta = \frac{G(h_{cs} h_{gs})}{B_{net.ar}} \times 100\% \tag{10.12}$$

式中，$G$ 为燃烧设备生产热水量，单位为 kg/h；$h_{cs}$ 为燃烧设备出水焓，单位为 kJ/h；$h_{gs}$ 为燃烧设备进水焓，单位为 kJ/h；$B$ 为燃料的消耗量，单位为 kg/h；$Q_{net.ar}$ 为生物质成型燃料收到基净发热量，单位为 kJ/kg。

燃烧设备正平衡法只能求出燃烧设备效率，用以判断燃烧设备设计及运行水平，不能得出各项热损失，找出改进燃烧设备优化设计的方法，为此必须对燃烧设备进行反平衡试验。

试验采用 KM9106 综合燃烧分析仪、IRT-2000A 手持式快速红外测温仪、SWJ 精密数字热电偶温度计、3012H 型自动烟尘（气）测试仪、C 型压力表、大气压力计、磅秤、米尺、秒表、水银温度计、水表、XRY-ⅠA 数显氧弹式量热计、CLCH-Ⅰ型全自动碳氢元素分析仪、烘干箱、马弗炉、热成像仪等试验仪器进行测试分析。

#### 10.3.1.2 燃烧设备反平衡试验法

测出燃烧设备各项热损失中有关参数，计算得出燃烧设备各项热损失，再利用式(10.15)计算燃烧设备热效率。

$$Q_r = Q_1 + Q_2 + Q_3 + Q_4 + Q_5 + Q_6 \tag{10.13}$$

式中，$Q_r$ 为随燃料投入燃烧设备热量，单位为 kJ/kg；$Q_1$ 为有效利用热量，单位为 kJ/kg，由式 (10.14) 计算得出；$Q_2$ 为排烟损失的热量，单位为 kJ/kg；$Q_3$ 为气体未完全燃烧损失热量，单位为 kJ/kg；$Q_4$ 为固体未完全燃烧损失热量，单位为 kJ/kg；$Q_5$ 为灰渣物理热损失热量，单位为 kJ/kg；$Q_6$ 为散热损失热量，单位为 kJ/kg。

$$Q_1 = Q_{cs} - Q_{gs} \tag{10.14}$$

式中，$Q_{cs}$ 为热水带出热量，单位为 kJ/kg；$Q_{gs}$ 为冷水带入热量，单位为 kJ/kg。

将式 (10.13) 各项除以 $Q_r$ 乘以 100%，则热平衡方程式为式 (10.15)

$$100 = q_1 + q_2 + q_3 + q_4 + q_5 + q_6 \tag{10.15}$$

式 (10.15) 中，$q_1$、$q_2$、$q_3$、$q_4$、$q_5$ 和 $q_6$ 分别为燃烧设备各项热损失的热量占燃料输入热量的百分数，单位为%；$q_1 = \eta_1$ 为反平衡法计算的燃烧设备热效率。

反平衡试验不仅可得出燃烧设备效率，了解燃烧设备经济性好坏，而且可得出各项损失的大小，找出减少损失、提高效率的途径，从而为燃烧设备改进及优化设计提供科学依据。

### 10.3.2 试验结果与分析

试验燃料为液压成型玉米秸秆棒，粒度为 Φ130 mm 圆粒，密度为 0.919 t/m³，收到基净发热量为 15 658 kJ/kg，含水率为 7%，环境温度为 11℃，大气压力为 0.98 bar[①]。对双层炉排及单层炉排生物质成型燃料锅炉分别按 4 种工况进行对比热性能试验，结果见表 10.20 和表 10.21。

---

① 1bar=$10^5$Pa。

## 表 10.20 双层炉排生物质成型燃料燃烧设备热平衡结果

| 序号 | 项目 | 符号 | 单位 | 数据来源或计算公式 | 工况1 | 工况2 | 工况3 | 工况4 |
|---|---|---|---|---|---|---|---|---|
| (一) | 燃料特性 | | | | | | | |
| 1 | 收到基元素碳 | $C_{ar}$ | % | 燃料化验结果 | | | | 42.89 |
| 2 | 收到基元素氢 | $H_{ar}$ | % | 燃料化验结果 | | | | 3.85 |
| 3 | 收到基元素氧 | $O_{ar}$ | % | 燃料化验结果 | | | | 38.15 |
| 4 | 收到基元素氮 | $N_{ar}$ | % | 燃料化验结果 | | | | 0.74 |
| 5 | 收到基元素硫 | $S_{ar}$ | % | 燃料化验结果 | | | | 0.12 |
| 6 | 收到基灰分 | $A_{ar}$ | % | 燃料化验结果 | | | | 6.95 |
| 7 | 收到基水分 | $W_{ar}$ | % | 燃料化验结果 | | | | 7.3 |
| 8 | 收到基净热量 | $Q_{net,ar}$ | kJ/kg | 燃料化验结果 | | | | 15 658 |
| (二) | 燃烧设备正平衡 | | | | | | | |
| 9 | 平均热水量 | $D$ | kg/h | 实测 | 329.29 | 1050.00 | 1185.60 | 776.50 |
| 10 | 热水温度 | $T_{cs}$ | ℃ | 实测 | 73.00 | 82.550 | 76.40 | 79.80 |
| 11 | 热水压力 | $p$ | bar | 实测 | 1.031 | 1.031 | 1.031 | 1.031 |
| 12 | 热水焓值 | $h_{cs}$ | kJ/kg | 查热工手册 | 301.17 | 341.11 | 315.38 | 329.60 |
| 13 | 给水温度 | $T_{gs}$ | ℃ | 实测 | 11 | 11 | 11 | 11 |
| 14 | 给水焓 | $h_{gs}$ | kJ/kg | 查热工手册 | 42.01 | 42.01 | 42.01 | 42.01 |
| 15 | 平均每小时燃料量 | $B$ | kg/h | 称量计算 | 10.18 | 27.00 | 31.95 | 27.45 |
| 16 | 锅炉正平衡效率 | $\eta$ | % | $100D(h_{cs}-h_{gs})/BQ_{net,ar}$ | 53.54 | 74.39 | 64.78 | 51.60 |
| (三) | 燃烧设备反平衡 | | | | | | | |
| 17 | 平均每小时炉渣质量 | $G_{lz}$ | kg/h | 实测 | 1.10 | 1.58 | 1.86 | 1.60 |
| 18 | 炉渣中可燃物含量 | $C_{lz}$ | % | 取样化验结果 | 10.92 | 7.30 | 7.58 | 12.65 |
| 19 | 飞灰中可燃物含量 | $C_{fh}$ | % | 取样化验结果 | 14.65 | 11.20 | 11.56 | 16.30 |
| 20 | 炉渣百分比 | $\alpha_{lz}$ | % | $100G_{lz}(100-C_{lz})/(BA_{ar})$ | 97.00 | 92.54 | 89.93 | 85.09 |
| 21 | 飞灰百分比 | $\alpha_{fh}$ | % | $100-\alpha_{lz}$ | 3.000 | 7.458 | 10.070 | 14.910 |
| 22 | 固体不完全燃烧损失 | $q_4$ | % | $78.3\times 4.18A_{ar}[\alpha_{lz}\times C_{lz}/(100-C_{lz})+\alpha_{fh}\times C_{fh}/(100-C_{fh})]$ | 1.900 | 1.275 | 1.350 | 2.360 |
| 23 | 排烟中三原子气体容积百分比 | $RO_2$ | % | 烟气分析 | 11.4 | 8.6 | 5.9 | 3.9 |
| 24 | 排烟中氧气容积百分比 | $O_2$ | % | 烟气分析 | 8.359 | 11.690 | 14.530 | 16.480 |
| 25 | 排烟中CO容积百分比 | $CO$ | % | 烟气分析 | 0.113 | 0.051 | 0.267 | 0.510 |
| 26 | 排烟处过剩空气系数 | $\alpha_{py}$ | | $21/\{21-79[(O_2-0.5CO)/(100-RO_2-O_2-CO)]\}$ | 1.60 | 2.20 | 3.16 | 4.41 |
| 27 | 理论空气需要量 | $V°$ | m³/kg | $0.0889C_{ar}+0.265H_{ar}-0.0333(O_{ar}-S_{ar})$ | 3.56 | 3.56 | 3.56 | 3.56 |
| 28 | 三原子气体容积 | $V_{RO_2}$ | m³/kg | $0.01866(C_{ar}+0.375S_{ar})$ | 0.8 | 0.8 | 0.8 | 0.8 |

## 10 秸秆成型燃料燃烧设备设计基础

续表

| 序号 | 项目 | 符号 | 单位 | 数据来源或计算公式 | 数值 | | | |
|---|---|---|---|---|---|---|---|---|
| 29 | 理论氮气容积 | $V_{N_2}^0$ | m³/kg | $0.79 V^0 + 0.8 N_{ar}/100$ | 2.82 | 2.82 | 2.82 | 2.82 |
| 30 | 理论水蒸气容积 | $V_{H_2O}^o$ | m³/kg | $0.111 H_{ar} + 0.0124 W_{ar} + 0.0161 V^o$ | 0.58 | 0.58 | 0.58 | 0.58 |
| 31 | 排烟温度 | $T_{py}$ | ℃ | 实测 | 87.27 | 265.70 | 246.50 | 238.10 |
| 32 | 三原子气体焓 | $(ct)_{RO_2}$ | kJ/m³ | 查热工手册 | 149.11 | 492.00 | 541.80 | 436.00 |
| 33 | 氮气焓 | $(ct)_{N_2}$ | kJ/m³ | 查热工手册 | 114.0 | 349.3 | 211.4 | 313.0 |
| 34 | 水蒸气焓 | $(ct)_{H_2O}$ | kJ/m³ | 查热工手册 | 131.9 | 409.5 | 245.3 | 365.5 |
| 35 | 湿空气焓 | $(ct)_k$ | kJ/m³ | 查热工手册 | 114.1 | 352.0 | 211.8 | 314.0 |
| 36 | 1 kg 燃料理论烟气量焓 | $I_y^o$ | kJ/kg | $V_{RO_2}(ct)_{RO_2} + V_{N_2}^0(ct)_{N_2} + V_{H_2O}^0(ct)_{H_2O}$ | 1148.6 | 1616 | 1504.6 | 1443.5 |
| 37 | 1 kg 燃料理论空气量焓 | $I_k^0$ | kJ/kg | $V^o(ct)_k$ | 902.10 | 1254.00 | 1183.53 | 1117.84 |
| 38 | 排烟焓 | $I_{py}$ | kJ/kg | $I_y^o + (\alpha_{py} - 1) I_k^0$ | 1689.86 | 3120.00 | 4061.02 | 5255.33 |
| 39 | 冷空气温度 | $T_{lk}$ | ℃ | 实测 | 13 | 13 | 13 | 13 |
| 40 | 冷空气焓 | $(ct)_{lk}$ | kJ/m³ | 查热工手册 | 16.9 | 16.9 | 16.9 | 16.9 |
| 41 | 1 kg 燃料冷空气焓 | $I_{lk}$ | kJ/kg | $\alpha_{py} V^o (ct)_{lk}$ | 96.26 | 132.40 | 190.12 | 265.32 |
| 42 | 排烟热损失 | $q_2$ | % | $(I_{py} - I_{lk})(100 - q_4)/Q_r$ | 10.65 | 20.09 | 26.01 | 33.18 |
| 43 | 干烟气容积 | $V_{gy}$ | m³/kg | $V_{RO_2} + V_{N_2}^0 + (\alpha_{py} - 1) V^o$ | 5.760 | 7.892 | 11.310 | 15.760 |
| 44 | 气体不完全燃烧损失 | $q_3$ | % | $30.2 V_{gy} CO (100 - q_4)/Q_r$ | 1.120 | 0.522 | 0.842 | 1.267 |
| 45 | 散热损失 | $q_5$ | % | $(Q_{ls} + Q_{lz} + Q_{ly} + Q_{lh} + Q_{lq} + Q_{lg} + Q_{lf})/BQ_{net}$ | 33.28 | 7.90 | 7.73 | 7.64 |
| 46 | 灰的比热和温度乘积 | $(ct)_{H_2O}$ | kJ/kg | 查热工手册 | 175.5 | 175.5 | 175.5 | 175.5 |
| 47 | 灰渣物理热损失 | $q_6$ | % | $A_{ar} \alpha_{lz}(ct)_h / (Q_r/(100 - C_{lz}))$ | 0.091 | 0.083 | 0.081 | 0.081 |
| 48 | 锅炉反平衡效率 | $\eta_f$ | % | $100 - (q_2 + q_3 + q_4 + q_5 + q_6)$ | 52.96 | 70.13 | 63.99 | 55.47 |
| 49 | 锅炉正反平衡效率偏差 | $\Delta \eta$ | % | $\eta - \eta_f$ | 0.577 | 4.257 | 0.210 | 3.870 |

**表 10.21 单层炉排生物质成型燃料燃烧设备热平行结果**

| 序号 | 项目 | 符号 | 单位 | 数据来源或计算公式 | 数值 | | | |
|---|---|---|---|---|---|---|---|---|
| (一) | 燃料特性,同表10.20 | | | | 工况1 | 工况2 | 工况3 | 工况4 |
| (二) | 燃烧设备正平衡 | | | | | | | |
| 9 | 平均热水量 | $D$ | kg/h | 实测 | 342.8 | 523.1 | 556.4 | 230.8 |
| 10 | 热水温度 | $T_{cs}$ | ℃ | 实测 | 75.50 | 74.90 | 77.50 | 74.58 |
| 11 | 热水压力 | $p$ | bar | 实测 | 1.031 | 1.031 | 1.031 | 1.031 |
| 12 | 热水焓值 | $h_{cs}$ | kJ/kg | 查热工手册 | 310.25 | 307.74 | 318.61 | 306.4 |
| 13 | 给水温度 | $T_{gs}$ | ℃ | 实测 | 13 | 13 | 13 | 13 |
| 14 | 给水焓 | $h_{gs}$ | kJ/kg | 查热工手册 | 49 | 49 | 49 | 49 |

续表

| 序号 | 项目 | 符号 | 单位 | 数据来源或计算公式 | 数值 | | | |
|---|---|---|---|---|---|---|---|---|
| 15 | 平均每小时料量 | $B$ | kg/h | 称量计算 | 11.80 | 13.77 | 17.70 | 8.50 |
| 16 | 锅炉正平衡效率 | $\eta$ | % | $100 D(h_{cs}-h_{gs})/BQ_{net.ar}$ | 48.404 | 62.790 | 54.060 | 44.520 |
| (三) | 燃烧设备反平衡 | | | | | | | |
| 17 | 平均每小时炉渣质量 | $G_{lz}$ | kg/h | 实测 | 0.92 | 0.94 | 1.14 | 0.58 |
| 18 | 炉渣中可燃物含量 | $C_{lz}$ | % | 取样化验结果 | 29.8 | 24.5 | 26.4 | 35.0 |
| 19 | 飞灰中可燃物含量 | $C_{fh}$ | % | 取样化验结果 | 18.80 | 20.73 | 14.14 | 12.75 |
| 20 | 炉渣百分比 | $\alpha_{lz}$ | % | $100 G_{lz}(100-C_{lz})/BA_{ar}$ | 96.66 | 91.3695 | 83.139 | 78.50 |
| 21 | 飞灰百分比 | $\alpha_{fh}$ | % | $100-\alpha_{lz}$ | 3.341 | 8.635 | 16.86 | 21.497 |
| 22 | 固体不完全燃烧损失 | $q_4$ | % | $78.3\times 4.18 A_{ar}[\alpha_{lz}C_{lz}/(100-C_{lz})+\alpha_{fh}C_{fh}/(100-C_{fh})]$ | 6.476 | 4.943 | 5.050 | 7.035 |
| 23 | 排烟三原子气体容积百分比 | $RO_2$ | % | 烟气分析 | 6.5 | 5.7 | 3.4 | 2.2 |
| 24 | 排烟中氧气容积百分比 | $O_2$ | % | 烟气分析 | 13.96 | 15.04 | 17.04 | 18.48 |
| 25 | 排烟中 CO 容积百分比 | $CO$ | % | 烟气分析 | 1.24 | 0.564 | 0.657 | 0.913 |
| 26 | 排烟处过剩空气系数 | $\alpha_{py}$ | | $21/\{21-79[(O_2-0.5CO)/(100-RO_2-O_2-CO)]\}$ | 2.8 | 3.4 | 5.0 | 7.4 |
| 27 | 理论空气需要量 | $V°$ | m³/kg | $0.0889 C_{ar}+0.265 H_{ar}-0.0333(O_{ar}-S_{ar})$ | 3.56 | 3.56 | 3.56 | 3.56 |
| 28 | 三原子气体容积 | $V_{RO_2}$ | m³/kg | $0.01866(C_{ar}+0.375 S_{ar})$ | 0.8 | 0.8 | 0.8 | 0.8 |
| 29 | 理论氮气容积 | $V°_{N_2}$ | m³/kg | $0.79 V°+0.8 N_{ar}/100$ | 2.82 | 2.82 | 2.82 | 2.82 |
| 30 | 理论水蒸气容积 | $V°_{H_2O}$ | m³/kg | $0.111 H_{ar}+0.0124 W_{ar}+0.0161 V°$ | 0.58 | 0.58 | 0.58 | 0.58 |
| 31 | 排烟温度 | $T_{py}$ | ℃ | 实测 | 138 | 176 | 164 | 131 |
| 32 | 三原子气体焓 | $(ct)_{RO_2}$ | kJ/m³ | 查热工手册 | 242.04 | 314.31 | 291.23 | 228.99 |
| 33 | 氮气焓 | $(ct)_{N_2}$ | kJ/m³ | 查热工手册 | 180.48 | 230.46 | 214.66 | 171.28 |
| 34 | 水蒸气焓 | $(ct)_{H_2O}$ | kJ/m³ | 查热工手册 | 209.54 | 268.36 | 249.73 | 198.75 |
| 35 | 湿空气焓 | $(ct)_k$ | kJ/m³ | 查热工手册 | 181.06 | 231.19 | 215.35 | 171.83 |
| 36 | 1 kg 燃料理论烟气量焓 | $I°_y$ | kJ/kg | $V_{RO_2}(ct)_{RO_2}+V°_{N_2}(ct)_{N_2}+V°_{H_2O}(ct)_{H_2O}$ | 824.11 | 1056.97 | 983.16 | 781.49 |
| 37 | 1 kg 燃料理论空气量焓 | $I°_k$ | kJ/kg | $V°(ct)_k$ | 644.56 | 823.04 | 766.63 | 611.73 |
| 38 | 排烟焓 | $I_{py}$ | kJ/kg | $I°_y+(\alpha_{py}-1)I°_k$ | 1984.31 | 3032.28 | 4049.69 | 4696.53 |
| 39 | 冷空气温度 | $T_{lk}$ | ℃ | 实测 | 13 | 13 | 13 | 13 |
| 40 | 冷空气焓 | $(ct)_{lk}$ | kJ/m³ | 查热工手册 | 16.9 | 16.9 | 16.9 | 16.9 |
| 41 | 1 kg 燃料冷空气焓 | $I_{lk}$ | kJ/kg | $\alpha_{py}V°(ct)_{lk}$ | 168.46 | 204.56 | 300.82 | 445.21 |
| 42 | 排烟热损失 | $q_2$ | % | $(I_{py}-I_{lk})(100-q_4)/Q_r$ | 11.57 | 18.31 | 24.24 | 26.92 |
| 43 | 干烟气容积 | $V_{gy}$ | m³/kg | $V_{RO_2}+V°_{N_2}+(\alpha_{py}-1)V°$ | 10.03 | 12.16 | 17.86 | 26.40 |

续表

| 序号 | 项目 | 符号 | 单位 | 数据来源或计算公式 | 数值 | | | |
|---|---|---|---|---|---|---|---|---|
| 44 | 气体不完全燃烧损失 | $q_3$ | % | $30.2 V_{gy} CO(100-q_4)/Q_r$ | 2.39 | 1.35 | 2.29 | 4.61 |
| 45 | 散热损失 | $q_5$ | % | $(Q_{ls}+Q_{lz}+Q_{ly}+Q_{lh}+Q_{lq}+Q_{lg}+Q_{lf})/BQ_{net}$ | 26.3 | 12.4 | 12.0 | 11.9 |
| 46 | 灰的比热和温度乘积 | $(ct)_{H_2O}$ | kJ/kg | 查热工手册 | 263.34 | 263.34 | 263.34 | 263.34 |
| 47 | 灰渣物理热损失 | $q_6$ | % | $A_{ar}\alpha_{lz}(ct)_h/[Q_r/(100-G_{lz})]$ | 0.110 | 0.101 | 0.090 | 0.120 |
| 48 | 锅炉反平衡效率 | $\eta_f$ | % | $100-(q_2+q_3+q_4+q_5+q_6)$ | 53.15 | 62.91 | 56.32 | 49.42 |
| 49 | 锅炉正反平衡效率偏差 | $\Delta\eta$ | % | $\eta-\eta_f$ | 4.748 | 0.124 | 2.260 | 4.900 |

### 10.3.2.1 过剩空气系数与生成 CO 的关系

对以上数据进行分析，根据双层炉排燃烧及单层炉排燃烧来看，双层炉排燃烧与单层炉排燃烧生成的 CO 随排烟处过剩空气系数（$\alpha_{py}$）变化的规律相似，随着 $\alpha_{py}$ 增加 CO 生成量先是从大到小，$\alpha_{py}$ 到达一定数值，CO 生成达到一个最小值，当 $\alpha_{py}$ 继续增加 CO 生成量又逐渐增大。这主要是因为当（$\alpha_{py}$）较小时，燃烧室内的过剩空气系数（$\alpha$）也较小，炉膛中空气量不足，空气与燃料混合不均匀，易生成一定量的 CO，出现一定量的气体不完全燃烧损失；如果 $\alpha_{py}$ 较大时，则炉膛内温度偏低，燃料与氧接触将形成较多量的 CO 中间产物，从而使烟气中 CO 含量增大；当 $\alpha_{py}$ 达到一定量时，CO 有一个最低值，双层炉排燃烧时，当 $\alpha_{py}$ 为 2.2，CO 含量最低为 $5\times10^{-4}$ m³/m³ 烟气，单层炉排燃烧时，当 $\alpha_{py}$ 为 3.3，CO 含量最低值为 $6\times10^{-3}$ m³/m³ 烟气。这时炉内工况达到最佳，氧量既能保证与燃料充分燃烧，同时又能降低炉膛内的温度，达到一个最佳状态。

对于相似工况来说，双层炉排燃烧与单层炉排燃烧相比，双层炉排燃烧生成 CO 的量较小，这主要由于燃烧方式决定了 CO 生成。当双层炉排燃烧时，燃料分步燃烧，空气与燃料混合较好，在一定空气量条件下，燃料在上炉膛气化生成 CO、$H_2$、$CH_4$ 等。而中间产物在下炉膛继续燃烧，使中间产物变为 $CO_2$ 和 $H_2O$，从而使烟气中 CO 含量降低；当燃烧设备以单层炉排燃烧时，空气与燃料混合不好，空气利用率低，在相似工况条件下，炉膛过剩空气系数大，使炉温降低便产生较多的 CO 中间产物，从而使排烟中 CO 含量较大。这也是双层炉排具有消烟作用的原因所在。

### 10.3.2.2 过剩空气系数与生成 $CO_2$ 的关系

根据表 10.21 及表 10.22 所得数据，得出双层炉排燃烧及单层炉排燃烧生成 $CO_2$ 与排烟处过剩空气系数（$\alpha_{py}$）关系，如图 10.11 和图 10.12 所示。

从图 10.11 和图 10.12 可看出，随着 $\alpha_{py}$ 增加双层炉排与单层炉排燃烧所生成的 $CO_2$ 气体逐渐减少，所呈现的变化规律相似。但对于相似工况下，双层炉排燃烧时，其 $CO_2$ 浓度高，这主要是由于燃烧时炉温高，$O_2$ 与碳元素、硫元素混合较好，单层炉排燃烧时生成 $CO_2$ 浓度较低。

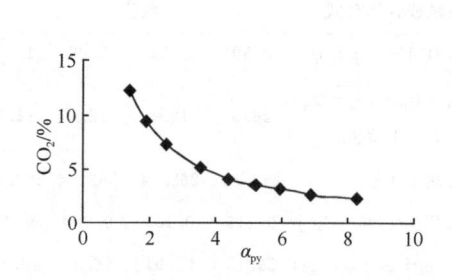

图 10.11　双层炉排燃烧生成 $CO_2$ 与 $\alpha_{py}$ 关系 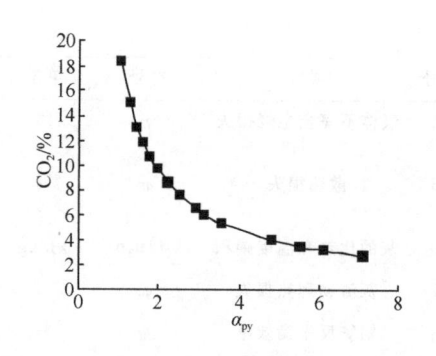　　图 10.12　单层炉排燃烧生成 $CO_2$ 与 $\alpha_{py}$ 关系

#### 10.3.2.3　过剩空气系数与生成 $NO_x$ 的关系

根据试验结果，双层炉排燃烧与单层炉排燃烧的排烟处过剩空气系数（$\alpha_{py}$）与生成 $NO_x$ 浓度关系有如下规律：随着 $\alpha_{py}$ 的增大生成 $NO_x$ 浓度逐渐减少，双层炉排与单层炉排燃烧排烟中 $NO_x$ 随着 $\alpha_{py}$ 变化的规律相似。但对于双层炉排燃烧，随着 $\alpha_{py}$ 增大，$NO_x$ 浓度逐渐减少，当 $\alpha_{py}$ 为 3.3 时，$NO_x$ 浓度达到最小值 $125\times10^{-6}\ m^3/m^3$ 烟气；对于单层炉排燃烧，随着 $\alpha_{py}$ 增大，$NO_x$ 浓度逐渐降低，当 $\alpha_{py}$ 为 6.8 时，$NO_x$ 浓度达到最小值 $50\times10^{-6}\ m^3/m^3$ 烟气。由此可看出对应于相似工况，双层炉排燃烧比单层炉排燃烧排烟 $NO_x$ 浓度稍高。这主要是 $NO_x$ 的形成不仅与燃料中氮的含量有关，而且与空气中的氮含量有关，空气中的氮在温度大于 1400℃ 才形成 $NO_x$，燃料中氮在低于 1400℃ 就可形成了 $NO_x$，炉膛温度一般在 1400℃ 以下，排烟中 $NO_x$ 形成主要是由于燃料中的氮元素。这些 $NO_x$ 由大约 95% 的 NO 和 5% 的 $NO_2$ 组成，其形成主要受燃烧过程的影响，特别是受燃烧反应温度、$O_2$ 浓度及停留时间影响。燃烧温度越高、$O_2$ 浓度越大、氮与氧化合时停留时间越长，形成的 $NO_x$ 就越多。对于双层炉排燃烧来说，由于炉温较高，$O_2$ 与氮元素混合得较好，对于相同燃料来说，在相似工况下，生成 $NO_x$ 速度快，浓度高。对于单层炉排燃烧状况正好相反。但总体来说排烟中 $NO_x$ 含量无论是双层炉排燃烧还是单层炉排燃烧，由于受燃料中总氮的影响，其生成 $NO_x$ 浓度都远远低于煤的燃烧所形成的 $NO_x$ 浓度，这也是生物质成型燃料燃烧污染小于煤的原因。

#### 10.3.2.4　过剩空气系数与烟尘含量 YC 的关系

由试验得出，双炉排燃烧时与单炉排燃烧时排烟中烟气含量随过剩空气系数（$\alpha_{py}$）变化关系，如图 10.13 和图 10.14 所示。

从图 10.13 和图 10.14 可知，双层炉排燃烧与单层炉排燃烧时，排烟中烟尘含量随着 $\alpha_{py}$ 增大呈现相似变化规律，即随着 $\alpha_{py}$ 增大，烟尘含量逐渐增大。但对于相似工况，单层炉排燃烧比双层炉排燃烧的烟尘含量要高。这是因为虽然双层炉排燃烧时，下面无燃料层阻碍飞灰，飞灰较易随烟气带走，但在相似工况下，炉膛中 $\alpha_{py}$ 较小，风速低，灰粒不易随排烟飘走，综合结果，排烟中的飞灰含量有所降低。单层炉排燃烧时，上面有燃料层，阻碍飞灰的飞走，但由于单层炉排燃烧时，在相似工况下，炉膛中 $\alpha_{py}$ 较大，

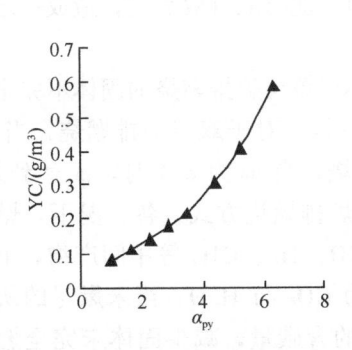

图10.13 双层炉排燃烧时烟尘含量 YC 与 $\alpha_{py}$ 关系

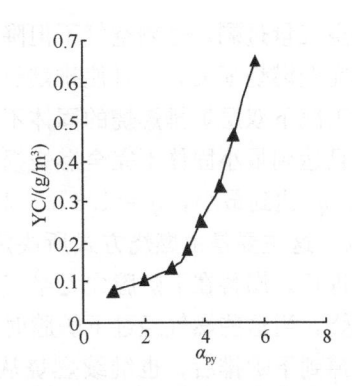

图10.14 单层炉排燃烧时烟尘含量 YC 与 $\alpha_{py}$ 关系

炉膛中风速较大，易把灰粒带走，综合结果，排烟中飞灰含量较高。在相似工况下，双层炉排燃烧排烟中烟尘含量稍低于单层炉排燃烧。这也是双层炉排燃烧具有除尘效果的原因所在。

### 10.3.2.5 过剩空气系数与主要热损失的关系

根据测试结果，双层炉排燃烧与单层炉排燃烧状况下，各工况锅炉各项热损失及效率随 $\alpha_{py}$ 变化规律，如图 10.15、图 10.16 所示。从图 10.15 与图 10.16 可以看出以下关系。

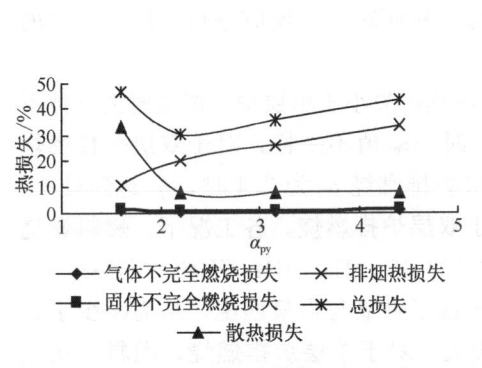

图10.15 双层炉排燃烧各项热损失与 $\alpha_{py}$ 的关系

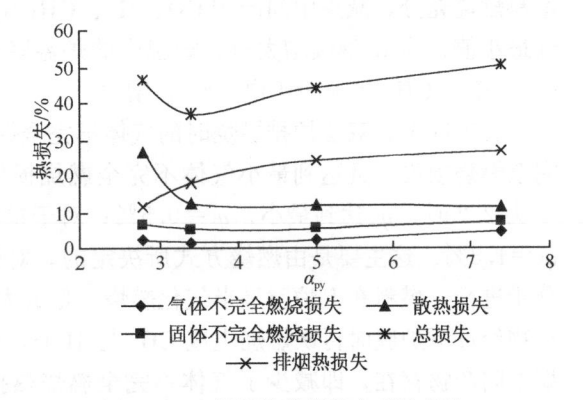

图10.16 单层炉排燃烧各项热损失与 $\alpha_{py}$ 的关系

**1）过剩空气系数与固体不完全燃烧损失的关系**

生物质成型燃料采用双层炉排燃烧与采用单层炉排燃烧方式，其固体不完全燃烧损失随 $\alpha_{py}$ 增大而呈现相似变化规律，即随着 $\alpha_{py}$ 从小到大变化，$q_4$ 逐渐减少，当 $q_4$ 减少到一定值后，随着 $\alpha_{py}$ 增大 $q_4$ 又随之增大。这是因为当 $\alpha_{py}$ 过小时，炉膛中空气量不足，燃料中有一部分碳不能与氧充分反应，产生一定的固体未完全燃烧热损失；当 $\alpha_{py}$ 等于一定值时，燃料燃烧需要的氧与空气供给的氧相当，氧气与燃料能充分燃烧，这时原有燃料基本上都燃烧掉，这时固有燃料不完全燃烧热损失达到最小；当 $\alpha_{py}$ 继续增大时，炉膛中空气量过剩，过剩空气不但降低炉温，使燃料不能与氧有效反应，造成一定量的固体未完全燃烧损失，而且使排烟热损失增加。

各工况下双层炉排燃烧的固体不完全燃烧损失小于单层炉排燃烧的固体不完全燃烧损失。且达到最小固体不完全燃烧损失时，$\alpha_{py}$值不一样，对于双层炉排燃烧，当$\alpha_{py}$为2.2的，$q_4$达到最小，$q_4=1.3\%$；对于单层炉排燃烧，当$\alpha_{py}$为3.4时，$q_4$达到最小，$q_4=5\%$。这主要是由燃烧方式所决定的，对于双层炉排燃烧方式，各工况下，燃料燃烧分步进行，燃料在上炉膛先是半气化燃烧，生产$CO$、$H_2$、$CH_4$等中间产物，下步是二次燃烧，当这些燃气经过下炉膛时，继续燃烧变为$CO_2$与$H_2O$，当未燃尽的灰渣从上炉排掉到下炉排后，也继续燃烧从而减少了灰渣的含碳量，减少固体未完全燃烧损失。而采用单层炉排时，燃烧一步完成，供氧与需氧不匹配，燃烧条件变差，灰渣中的碳不能完全燃烧，而形成较多的固体未完全燃烧损失。

无论采用双层炉排燃烧还是采用单层炉排燃烧方式，生物质成型燃料固体不完全燃烧损失均小于煤的固体未完全燃烧损失，这主要是由燃料特性所决定的。

**2) 过剩空气系数与气体不完全燃烧热损失的关系**

生物质成型燃料采用双层炉排燃烧方式和单层炉排燃烧方式，其气体不完全燃烧热损失大小随$\alpha_{py}$增大而呈相应变化规律，即随着$\alpha_{py}$从小到大的变化，$q_3$逐渐减小，当$q_3$减小到一定值时，随着$\alpha_{py}$增大，$q_3$又随之增大。这是因为当$\alpha_{py}$过小时，炉膛中空气量不足，燃料燃烧时易形成较多的$CO$、$H_2$、$CH_4$等中间产物，从而使气体不完全燃烧损失增加；当$\alpha_{py}$等于一定值时，燃料燃烧所需要的氧与外界供给的空气中的氧相匹配，燃料燃烧充分，减少中间产物$CO$、$H_2$、$CH_4$生成，从而使气体不完全燃烧损失的量达到最小值；当$\alpha_{py}$继续增大时，炉膛中的炉温降低，从而减弱了反应进行，形成较多的$CO$、$H_2$、$CH_4$等中间产物，使$q_3$增大。

各工况下，双层炉排燃烧时的气体不完全燃烧热损失小于单层炉排燃烧时的气体不完全燃烧损失，且达到最小气体不完全燃烧损失时，$\alpha_{py}$值不一样，对于双层炉排燃烧$\alpha_{py}$为2.2时，$q_3$达到最小，$q_3=0.5\%$；对于单层炉排燃烧$\alpha_{py}$为3.4时，$q_3$达到最小，$q_3=1.3\%$。这主要是由燃烧方式所决定的，对于双层炉排燃烧，各工况下，燃料燃烧分步进行，燃料在上炉膛呈半气化燃烧，形成大量的$CO$、$H_2$、$CH_4$气体，当这些中间产物经过下炉膛时再次燃烧生成$CO_2$与$H_2O$，形成了供氧与需氧匹配，从而减少了排烟中间产物存在，即减少了气体不完全燃烧热损失；对于单层炉排燃烧，燃料一次燃烧，供氧与需氧很不匹配，燃烧条件变差，会形成较多的中间产物，形成了较多的气体不完全燃烧热损失。

对于生物质成型燃料无论采用双层炉排燃烧方式还是单层炉排燃烧方式，生物质成型燃料燃烧的气体不完全损失都远远小于煤的气体不完全燃烧损失。这主要是由生物质成型燃料特性所决定的。

**3) 过剩空气系数与排烟热损失的关系**

无论是双层炉排燃烧还是单层炉排燃烧，排烟热损失的大小主要由排烟量与排烟温度决定，当排烟温度变化不大的情况下，排烟热损失决定于排烟量，无论是双层炉排燃烧还是单层炉排燃烧，随着$\alpha_{py}$增大，排烟量增大，排烟热损失增大。在保证燃烧情况下，$\alpha_{py}$ 越小越好。

相似工况下，双层炉排的排烟热损失大于单层炉排的排烟热损失，这主要是因为双层炉排燃烧时排烟温度高。

**4）过剩空气系数与散热损失的关系**

无论是双层炉排燃烧，还是单层炉排燃烧，随着 $\alpha_{py}$ 增大，散热损失越来越小，小到一定程度散热损失保持不变。

相似工况下，双层炉排的表面散热损失高于单层炉排的表面散热损失。这是因为对于双层炉排燃烧来说，相似工况下，燃烧情况好，炉温水平高，炉壁温度高，特别是上炉膛周围的炉壁温度较高，表面散热量大，同时通过上炉门向外热辐射热损失也大。双层炉排燃烧时，表面热损失会大一些。相应对于单层炉排而言，相似工况下，燃烧状况差一些，炉温水平低，炉壁温度低，表面热损失会小一些。

**5）过剩空气系数与总热损失的关系**

从图 10.15 和图 10.16 可知，双层炉排燃烧与单层炉排燃烧的总损失随着过剩空气系数（$\alpha_{py}$）变化的规律相似。即随着 $\alpha_{py}$ 增大，总损失越来越小。当总损失减少到一定值后不再减少，随着 $\alpha_{py}$ 继续增大，总损失逐渐增大。在 $\alpha_{py}$ 较小阶段，总损失主要决定于散热损失大小，$\alpha_{py}$ 较大阶段，总损失主要取决于排烟热损失大小，$\alpha_{py}$ 中值阶段，总损失主要取决于排烟热损失与散热损失。

对于相似工况下，双层炉排燃烧总损失小于单层炉排燃烧总损失。也就是说在所有工况下，双层炉排总损失小于单层炉排总损失。在最佳工况下，对于双层炉排，当 $\alpha_{py}$ 为 2.2 时，总损失 $\sum q = 29.0\%$，对于单层炉排，当 $\alpha_{py}$ 为 3.4 时，总损失 $\sum q = 37.3\%$。

对于生物质燃料来讲采用双层炉排燃烧效率为 96.81%～98.16%，采用单层炉排燃烧效率为 88%～93.48%，也就是说采用双层炉排比单层炉排可提高燃烧效率 4.68%～8.81%，大大降低排烟中的 $CO$、$H_2$、$CH_4$ 等中间产物，起到消烟作用。

## 10.4 生物质成型燃料燃烧设备空气流动场试验与分析

### 10.4.1 试验

生物质成型燃料燃烧设备空气流动场试验主要是对炉膛内空气及燃烧产物流动方向以及速度值分布进行测试。通过燃烧设备空气流动场试验，可获得燃烧设备空气流动场分布情况，以便调整燃烧设备安全、稳定、经济燃烧，从而对新燃烧设备优化设计及老设备技术改造提供科学指导。因此，对生物质成型燃料燃烧设备空气流动场进行试验是非常必要的。

炉膛内空气流动场试验可分为炉膛热态空气流动场试验与冷态空气流动场试验。冷态空气流动场试验相对方便，可以初步判定炉膛空气流动工况优劣，但容易失真；热态空气流动场试验相对复杂，难度大，但能准确制订炉膛内空气流动工况。本试验采用冷、热态相结合的方法。

需要使用的主要试验仪器包括 Testo445、毕托管、米尺、网状框架、飘带、纸屑等。测试炉膛内空气流动场采用纸屑法、飘带法、直接测量相结合的方法，主要采用直接测量方法。在炉内对上炉口、炉膛立面、上炉排、烟洞等面处的风速及风向进行测量。在每个截面内，采用有限元分割法把每个截面划分为许多 5 cm×5 cm 小矩形，每个小矩形对应线的交点作为每个截面的测量点，在每个截面内的每个测点分别测出每个面的流速，然后对每个点上的风速进行合成与夹角计算。

测试时先对仪器进行校核与操作练习，然后点燃燃烧设备，达到热工况稳定后对燃烧设备进行测试，使用烟气综合分析仪对燃烧设备的工况进行调整试验，找出燃烧设备最佳工况。记下最佳工况下的风门位置，待炉子冷却后，进行空转冷却测试，再次点燃燃烧设备进行热态测试。

为了使双层炉排燃烧与单层炉排燃烧作对比，测出双层炉排燃烧的空气流动场有关参数后，对单层炉排燃烧空气流动场也进行测试。

### 10.4.2 试验结果与分析

#### 10.4.2.1 双层炉排燃烧方式试验结果与分析

双层炉排燃烧状况，首先对冷态空转进行测定，然后对加料冷态测定，最后将生物质成型燃料放于上炉排，进行半气化燃烧热态测定。

**1）冷态空转时对上炉膛立面风速及风向变化分析**

冷态空转时，选定工况 3 为参照工况，根据测试数据，上立面风速随 $x$ 轴（炉膛深度方向）变化规律及随 $y$ 轴（炉膛高度方向）变化规律如图 10.17 和图 10.18 所示。

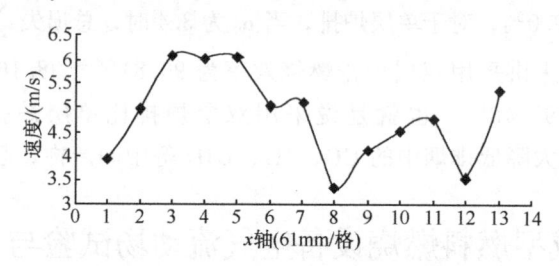

图 10.17 上炉膛立面风速随 $x$ 轴变化

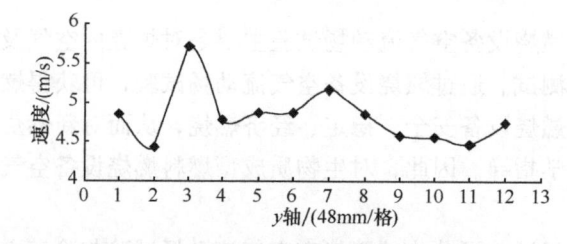

图 10.18 上炉膛立面风速随 $y$ 轴变化

从图 10.18 可以看出，在炉膛立面的 $y$ 轴方向上，即从上炉排平面到上炉顶这一方向上，风速大小的变化比较平稳，始终在 5m/s 左右浮动。从上炉口向炉膛进深方向上风速大小变化幅度较大，前一阶段风速要大于后一阶段的风速。

若将上炉膛立面截面分成左右两个区域,那么,靠近上炉门的左半部风速较靠近炉壁的右半部风速要大一些。这主要是由炉膛形状及进出空气相对位所决定。

**2)冷态空转对上立面风向变化的分析**

冷态空转时,根据测试数据,上炉膛立面风向随 $x$ 轴及 $y$ 轴变化规律,如图 10.19、图 10.20 所示。从图 10.19 和图 10.20 可以明显看出,上炉膛立面 $y$ 轴方向即从上炉排到炉顶方向上,风向稳定;而 $x$ 轴方向,即从炉口沿进深方向到炉壁这一段上,风向变化幅度较大。

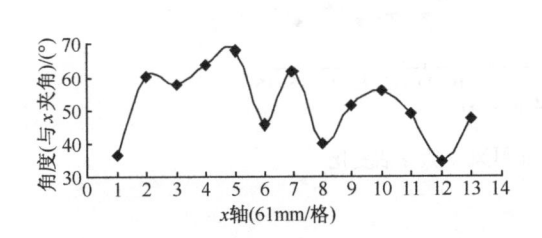

图 10.19　上炉膛立面风向随 $x$ 轴变化

图 10.20　上炉膛立面风向随 $y$ 轴变化

以图 10.19 中横坐标轴上的 7 点为分界点分析左右两部分,左部靠近炉门的风向与 $x$ 方向夹角要大于右部靠近炉壁的风向与水平方向夹角。

**3)冷态空转立面风速风向变化综合分析**

根据测量的数据,首先将上炉膛立面的风的分布表示于图 10.21(每点处的线段长度表示风速大小,与水平方向的夹角表示风向)。

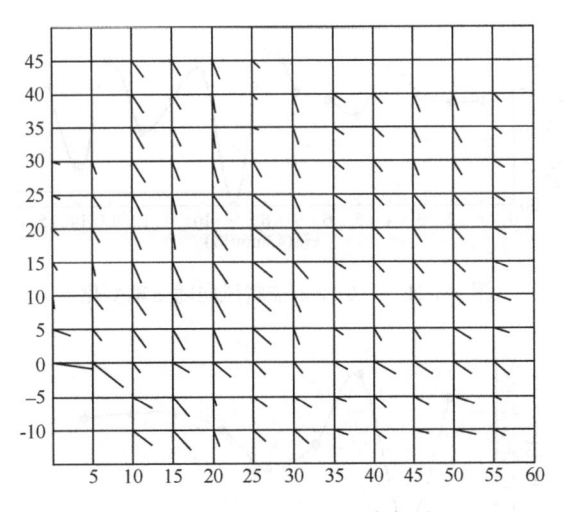

图 10.21　上炉膛立面分布图

为了更加清晰地了解上炉膛立面上风的分布状况,我们还使用了彩色飘带和细微粉末。这使得我们能够更加直观地描述上炉膛立面上风的分布状况,由于条件所限,加之上下炉膛在结构上的对称性,所以我们只是就上炉膛立面进行了研究,而与之相对应的下炉膛立面则通过相似类比的方法进行了研究。

## 4）对冷态空转上炉排风速的分析

冷态空转，以工况 3 为参照工况，根据上炉排测得风速数据，得出上炉排上风速随 $x$ 轴及 $z$ 轴变化规律，如图 10.22、图 10.23 所示；得出上炉排上风向随 $x$ 轴及 $z$ 轴变化规律，如图 10.24、图 10.25 所示。

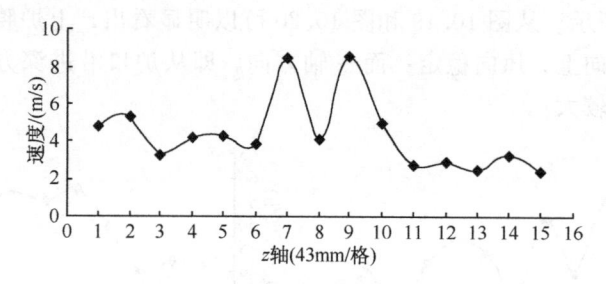

图 10.22  上炉排未加料风速随 $z$ 轴变化

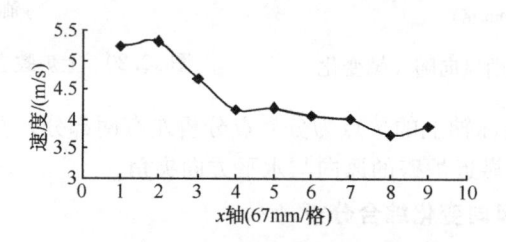

图 10.23  上炉排未加料风速随 $x$ 轴变化

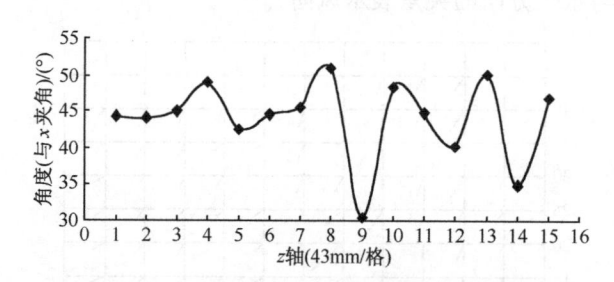

图 10.24  上炉排未加料风向随 $z$ 轴变化

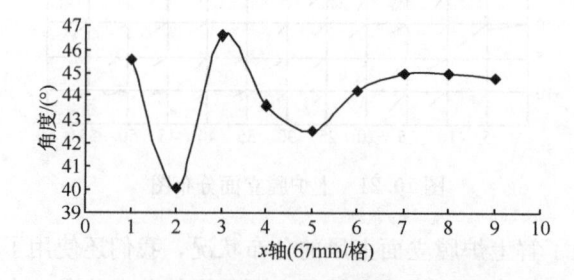

图 10.25  上炉排未加料风向随 $x$ 轴变化

由图 10.22 和图 10.23 分别对上炉排上的横向（$z$ 轴）与纵向（$x$ 轴）风速进行分

析。不难看出，从上炉口到炉壁的进深方向上，风速分布稳定，在横向上，风速的波动相对较大，尤其是上炉排下中间的风速有很大的变化幅度，且明显高于炉门两侧的风速，这主要是由于上炉排中间阻力较小所致。

从图 10.24 可看出，上炉排宽度方向中间的风向变化大，两侧风向变化小；而从图 10.25 中可以看出，沿炉膛进深方向，靠近上炉门 1/3 区域中的风向波动较大，而以后的 2/3 区域中风向较平稳，主要是靠近炉门 1/3 处空气流动压力差较大所致。

总之，在上炉排下的空气流动，沿上炉膛横向，上炉门两侧区域空气流速以及流向趋于稳定，而上炉门这一区域中，风速有所增大，但空气与水平方向的夹角有所减小。沿炉膛进深方向，靠近上炉门 1/3 区域的风速及风向变化较大，而以后的区域中，风速及风向均趋于稳定。

**5）冷态加料后上炉排风速的分析**

冷态，以工况 3 为参照工况，在上炉排加上厚度为 35 cm 燃料，根据测试结果所得上炉排上竖直方向的风速随 $x$ 轴、$z$ 轴变化规律，如图 10.26、图 10.27 所示。

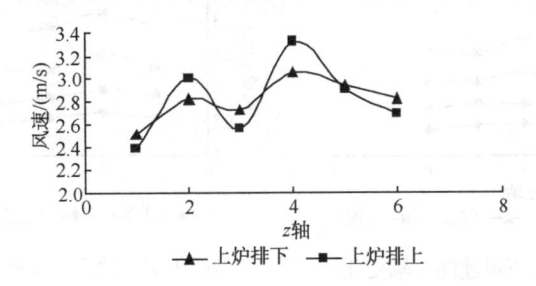

图 10.26　上炉排加料后竖直方向风速随 $z$ 轴变化

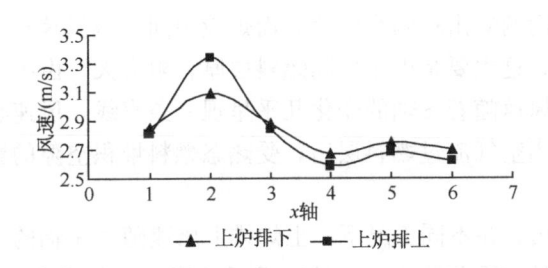

图 10.27　上炉排加料后竖直方向风速随 $x$ 轴变化

从图 10.26 与图 10.27 可知，加料后的上炉排上风速与未加料时有较大的相似之处，上炉排上风速进深方向上的风速变化，将它与空转时作一比较，我们会发现，加料后的上炉排进深方向风速仍保持稳定的趋势，但其速度要小于未加料时的情况。而在横向上的风速变化仍然有较大的波动且风速也有所减小，这是由于料层有较大阻力所致。

从图 10.26 与图 10.27 可看出，在冷态时上炉排上方无论是横向还是纵向空气流速分布不均匀，空气经过燃料层后到达上炉排下时空气流速分布变得均匀了。这主要是由于燃料不规则堆积产生了许多不规则空隙，这将影响空气流动状况，使空气流动自然分配均匀。

## 6）热态 4 种不同工况上炉排风速的分析

在热态，分别对工况 1（最小风门）、工况 2（最佳风门）、工况 3（较佳风门）和工况 4（最大风门）进行风速测定。所得结果如图 10.28～图 10.31 所示。

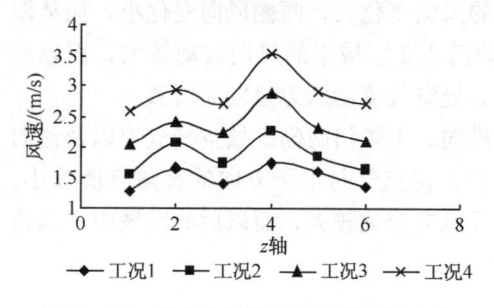

图 10.28  热态上炉排上风速随 $z$ 轴变化

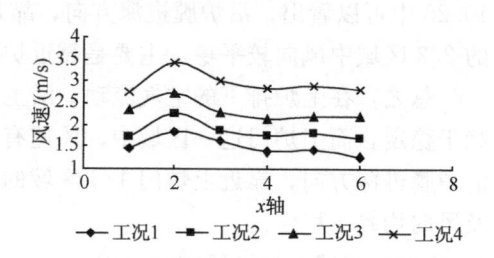

图 10.29  热态上炉排上风速随 $x$ 轴变化

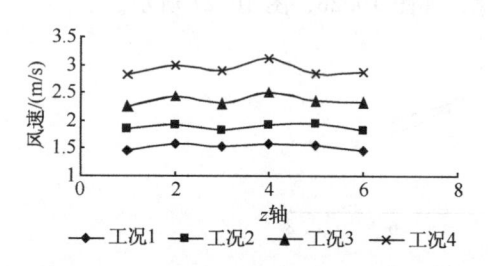

图 10.30  热态上炉排下风速随 $z$ 轴变化

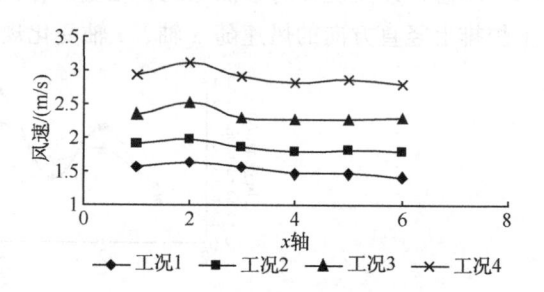

图 10.31  热态上炉排下风速随 $x$ 轴变化

从图 10.28 可看出，在不同工况下，上炉排上风速随着 $z$ 轴的延伸呈现相似的变化规律，风速在炉膛中间两侧出现两个峰值，而炉膛中间区域风速出现最低值，风速在 $z$ 轴方向上分布不均匀，这主要是由于中间燃料层厚，阻力大，由图 10.30 可看出，在不同工况下，上炉排下风速随着 $z$ 轴的变化几乎呈现一条直线，风速在 $z$ 轴上的分布均匀一致。这主要是因为当空气流过燃料层后，受热态燃料堆积空隙的影响，其速度自然变得均匀一致。

由图 10.29 可看出，在不同工况下，上炉排上风速随着 $x$ 轴的延伸，呈现相似的变化规律，风速在工况处（距前墙 16 cm 处）呈现峰值，这主要是因为在该供风方式下，会引起中间加料厚，阻力大。由图 10.29 可看出，不同工况下，上炉排下风速随着 $x$ 轴延伸，几乎呈一条线，风速在 $x$ 轴方向上分布均匀，这也是因为当空气流过燃料层时，受热态燃料堆积空隙影响，其速度自然变得均匀一致。

从图 10.28～图 10.31 可以看出，热态下对应的上炉排下风速分布比冷态下对应上炉排下的风速分布均匀且变小。在热态时，尤其是当燃料燃烧处于相对稳定燃烧状态时，块状生物质成型燃料必定会变得松软，堆放空隙变小、变多，但总体透气率减少，空气经过燃料层时受其影响，风速分布变小、变匀。因此，每种工况，热态上炉排下的风速比冷态上炉排下的风速均匀且变小。

## 10.4.2.2　对单层炉排燃烧的数据分析

**1）冷态时参数分析**

空转时，以工况 3 为参照工况测出的数据，其下炉排上未加燃料时，竖直方向风速随 $x$ 轴及 $z$ 轴变化规律，如图 10.32、图 10.33 所示；冷态时，下炉排上、下竖直方向风速随 $x$ 轴及 $z$ 轴变化规律，如图 10.34、图 10.35 所示。

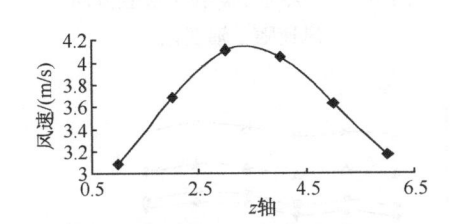

图 10.32　空转时下炉排上竖直方向风速随 $z$ 轴变化

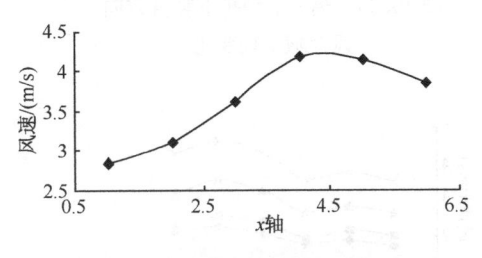

图 10.33　空转时下炉排上竖直方向风速随 $x$ 轴变化

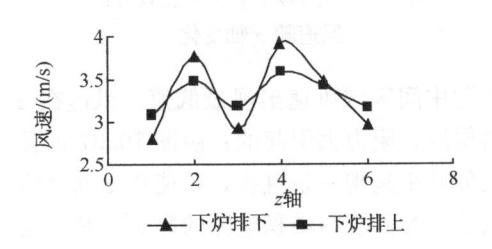

图 10.34　冷态下炉排竖直方向风速随 $z$ 轴变化

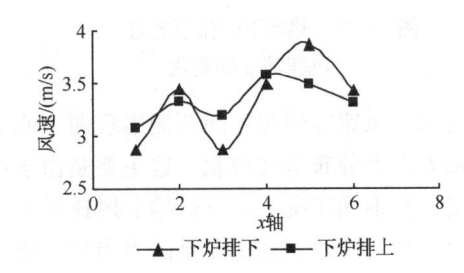

图 10.35　冷态下炉排竖直方向风速随 $x$ 轴变化

从图 10.32 可看出，$z$ 轴方向上，中间风速大，而两面小，这主要是由于中间阻力小，而两面阻力大所致；从图 10.32 可看出，在 $x$ 轴方向上，后部风速大于前面，这主要是由于风门、炉排、风洞所处相对位置引起。

分别将图 10.32、图 10.34 及图 10.33、图 10.35 分组作比较，就会发现，下炉排加料前后，风速在炉膛纵向上分布均匀，而横向上的风速变化幅度较大。但无论纵向还是横向，加料后的风速的平均值要略小于加料前的风速，这说明生物质成型燃料对空气产生了阻力。

从图 10.34、图 10.35 可看出，冷态时在下炉排下方，不论是横向还是纵向上空气流速分布不均匀，空气经过燃料层后到达燃料层上，空气流速分布变得均匀了。这主要是由于燃料不规则堆积产生了许多无规则空隙，将影响空气流动，空气经过燃料层空隙后，受其影响流速将变得均匀。

**2）热态时参数分析**

热态时分别对下炉排上、下风速进行测试，结果如图 10.36～图 10.39 所示。

从图 10.36 可看出，在不同工况下，下炉排下风速随着 $z$ 轴的延伸呈现相似的变化

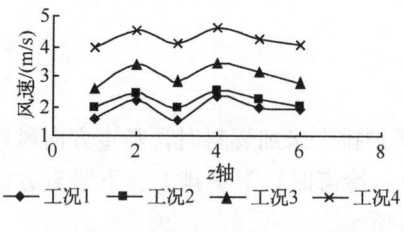

图 10.36 热态下炉排下竖直方向风速随 z 轴变化

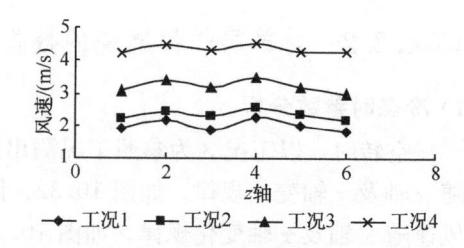

图 10.37 热态下炉排上竖直方向风速随 z 轴变化

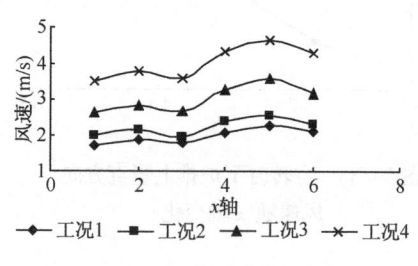

图 10.38 热态下炉排下竖直方向风速随 x 轴变化

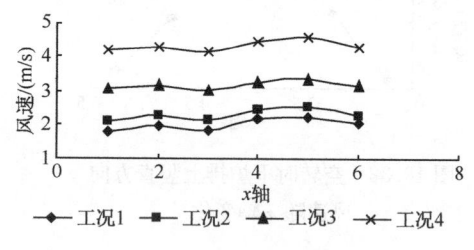

图 10.39 热态下炉排上竖直方向风速随 x 轴变化

规律,风速在炉膛中间两侧出现两个峰值,而炉膛中间区域风速出现最低值,风速在 z 轴方向上分布呈波浪状。这主要是由于中间燃料层厚,阻力大引起的;由图 10.37 可看出,在不同工况下,下炉排上风速随着 z 轴的延伸几乎呈现一条直线,风速在 z 轴上的分布均匀一致。这主要是因为当空气流过燃料层后,受其燃料堆积空隙的影响,其速度自然变得均匀一致。

由图 10.38 可看出,在不同工况下,下炉排下风速随着 x 轴的延伸,呈现相似变化规律,风速在 5 点处(距后墙 16 cm 处)出现峰值,这主要是因为在该供风方式下,中间加料厚,阻力大引起的;不同工况下,下炉排上风速随 x 轴延伸几乎呈一条线,风速在 x 轴方向上分布均匀,这也是因为当空气流过燃料层时,受其燃料堆积空隙影响,其速度自然变得均匀一致。

从图 10.36~图 10.39 中很明显地看出,热态时,下炉排上风速分布比下炉排下风速分布均匀,但平均速度变小,这主要是因为热态成型燃料粒度变小,堆积间隙变小、变多,总透气率变小,空气通过燃料层后受其影响风速变得均匀,平均速度变小。

根据测试与观察相结合的方法,试验得出在工况 3 空转状态下,双炉排燃烧方式炉膛立面空气流线充满度高,流速分布较均匀,为冷态、热态双炉排燃烧方式炉膛立面空气流场研究提供了一定指导。

冷态时,双炉排燃烧方式与单炉排燃烧方式炉排上下各自空气流速大小分布不同,对于双层炉排燃烧上炉排下的风速比上炉排上的风速分布均匀,且速度值小于空转情况下速度值;对于单层炉排燃烧下炉排上的风速比下炉排下的风速分布均匀,且速度值小于空转情况下速度值。为分析热态下,双层炉排燃烧方式与单层炉排燃烧方式空气流速分布规律打下了基础。

热态时，单双层炉排燃烧方式 4 种工况下，炉排上下流速分布有规律，并与冷态，作了对比分析，对于双层炉排燃烧上炉排下的风速比上炉排上的风速分布均匀，且速度值小于冷态情况下速度值；对于单层炉排燃烧下炉排上的风速比下炉排下的风速分布均匀，且速度值小于冷态速度值。试验证实，热态双层炉排燃烧，空气流动场分布合理，炉排上下流速分布均匀，空气流动在墙壁周围并存在涡流现象，空气流动无贴壁现象，炉膛内空气充满度高，增加了空气与燃料接触范围和面积，从而为燃料安全燃烧、稳定燃烧与经济燃烧打下了良好的基础。

试验发现炉膛形状与流场分布还有不匹配的地方，炉膛四周的直角处还存在空气流动死角，空气流动充满程度还有提高的潜力，如果炉膛四周能加工成流线型过度圆弧，将增加空气流动合理性与充满度，为提高燃料经济燃烧奠定了基础，同时为新型炉膛优化设计提供一定参考。

试验发现在空转、冷态和热态工况下，双炉排燃烧方式空气流动场特性与分布规律，为寻找空转、冷态、热态空气流动规律之间关系提供了基础数据，为生物质成型燃料双层炉排燃烧空气流动场的数学模型的建立及计算机模拟试验积累了经验数据。

## 10.5 燃烧设备炉膛温度场试验与分析

### 10.5.1 试验

根据燃烧反应动力学理论，温度对燃烧反应速度的影响极大，反应速度一般随温度的升高而增大。试验证明，常温下温度每升高 10℃，反应速度将增加到原来的 2~4 倍，也就是说，化学反应速度近似地按等比数列增加，因此，假设温度升高 100℃，化学反应就大约增加了 $3^{10}$，即 59 000 倍。因此，炉膛温度是影响燃料燃烧的一个重要条件。通过试验可以测出锅炉炉膛温度分布，找出温度分布规律，判断锅炉燃烧状态；找出燃烧设备炉膛现存问题，为新燃烧设备炉膛优化设计，旧燃烧设备技术改造及实现燃烧设备最佳燃烧控制提供一定的指导。

为了达到以上试验目的，试验采用 SWJ-Ⅲk 精密数字温度计、铂铑—铂热电偶及 Raynger3iLTDL2 便携式红外温度测量仪。根据试验需要建立坐标系，以炉膛的高度为 $y$ 轴，以炉膛宽度为 $z$ 轴，以炉膛的深度为 $x$ 轴，建立直角坐标系。

根据有限元分割方法，将炉膛分为若干个截面，把每个截面分为若干个方格，每个方格的对角线的交叉点即为某个截面内某个观测点的位置。这样燃烧设备侧墙上将留有较多的侧孔，考虑到加工方便性，只在上下炉膛对称线上留 35 个测孔。测点布置如图 10.40 所示。

试验时，燃烧设备分两种状态进行：双层炉排燃烧和单层炉排燃烧。每种状态下分 4 种工况运行。双层炉排燃烧时，工况 1 小风门燃烧，$\alpha_{py}=1.6$；工况 2 最佳风门燃烧，$\alpha_{py}=2.2$；工况 3 较佳风门燃烧，$\alpha_{py}=3.2$；工况 4 最大风门燃烧，$\alpha_{py}=4.4$。单层炉排燃烧时，工况 1 小风门燃烧，$\alpha_{py}=2.8$；工况 2 最佳风门燃烧，$\alpha_{py}=3.4$；工况 3 较佳风门燃烧，$\alpha_{py}=5$；工况 4 最大风门燃烧，$\alpha_{py}=7.4$。在上述两种状态 4 种工况下，分别对锅炉温度场进行试验。

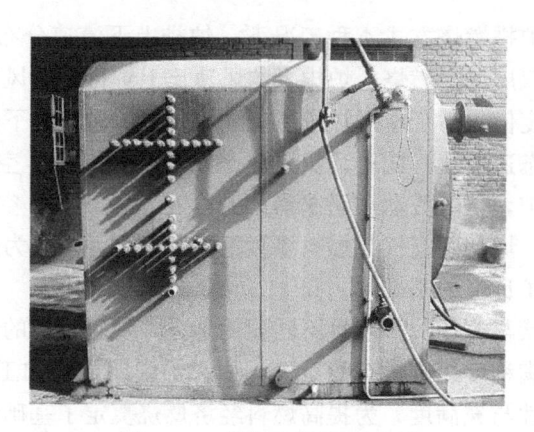

图 10.40 锅炉温度测点布置

## 10.5.2 试验结果与分析

### 10.5.2.1 双层炉排与单层炉排燃烧垂直方向温度分布

**1) 双层炉排燃烧上炉膛垂直方向温度分布**

双层炉排燃烧方式，4 种工况下炉膛测得的温度随 $y$ 轴变化规律，如图 10.41 所示。

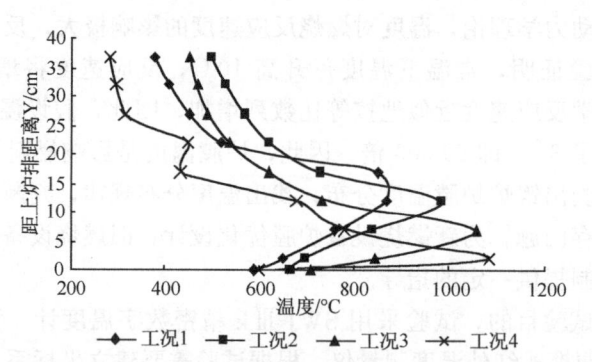

图 10.41 双层炉排上炉膛高度方向温度分布

采用双层炉排时，生物质成型燃料在该锅炉的燃烧属于下吸式燃烧方式，燃料的上层为干燥层，向下依次为干馏层、氧化层、还原层、灰渣层。冷空气从炉门进入依次经过上炉膛干燥层、干馏层、氧化层、还原层、灰渣层，经过下炉膛而排向后部。

从图 10.41 可看出，双层炉排燃烧时，上炉膛内各工况下垂直方向温度变化呈现相似规律，从炉膛最高处到燃料层上部，空间炉温由低逐渐增高；在燃料层内，炉温由低逐渐增高，增加到一定程度，炉温突然增高，且达到最高值；随着高度减小，炉温逐渐降低。

从图 10.41 还可看出，随着风门由小变大，由工况 1 到工况 4，温度的峰值逐渐由高处落向低处，工况 1 峰值距炉排高度最大为 15 cm，工况 4 最小为 5 cm，而其他工况在 5~15 cm，表明氧化层高度逐渐增加，而还原层的高度逐渐减小。其温度的峰值还随着风门的增加,即从工况 1 到工况 4 逐渐增高。工况 1 温度峰值最小为 900℃左右,工况 4 温度峰值最大为 1100℃左右,工况 2、工况 3 为 900~1100℃。燃料层上方炉膛温度随着风门逐渐增大,是由于空气吸热与燃料放热量综合因素影响而逐渐变低。

**2) 双层炉排燃烧下炉膛在垂直方向温度分布**

双层炉排燃烧,由工况 1 依次到工况 4,下炉膛在垂直方向上测得温度结果,如图 10.42、图 10.43 所示。

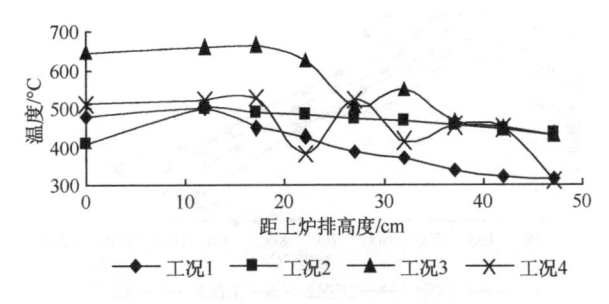

图 10.42 双层炉排下炉膛垂直方向温度分布

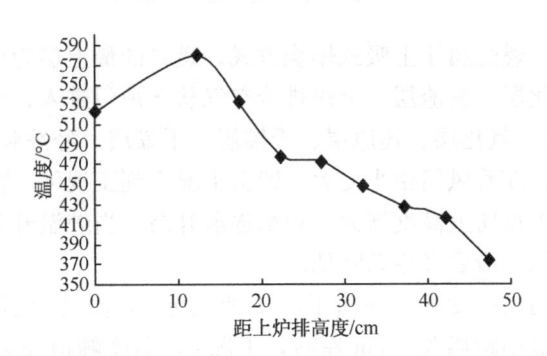

图 10.43 双层炉排燃烧下炉膛垂直方向平均温度分布

从图 10.42 可知,各种工况下,双层炉排燃烧,炉膛垂直方向温度分布呈现相似规律,下炉膛中各点随着距上炉排距离增大,炉膛温度逐渐降低。这是因为,随着距上炉排距离增大,烟气向水冷壁及周围传热与其获得热量之差逐渐增大,烟气温度逐渐降低。

从图 10.42 看出,4 种工况下,双层炉排燃烧,炉膛垂直方向温度分布又不相同。工况 3,燃料燃烧速度快,燃料放出热量多,整体炉温较高,随着离上炉排距离增大,温度降度较大,下炉膛炉温在垂直方向上分布不均匀;工况 2,燃料燃烧速度适中,燃料放热量与水冷壁吸收热量匹配较好,整体温度水平适中,随着离上炉排距离增大,温度降度小,下炉膛炉温在垂直方向上分布均匀;工况 4,风门最大,过剩空气量最大,燃料燃烧速度并不高,炉温水平较低,燃料放热与水冷壁吸热不匹配,随着离上炉排距离增大,温度降度大,且减幅不稳定,下炉膛温度分布不均匀。工况 1,风门最小,空气量不足,燃料燃烧速度不高,且火焰下吸幅度小,下炉膛温度低,随着离上炉排距离增大,温度逐渐下降。

从图 10.43 可知，双层炉排燃烧，高温烟气从上炉膛经水冷壁进入下炉膛，温度降低，随着烟气向下移动，热量进一步散发，温度逐渐降低。

**3) 单层炉排燃烧炉膛垂直方向温度分布**

单层炉排燃烧时，4 种工况下，测得炉膛垂直方向温度分布规律，如图 10.44 所示。

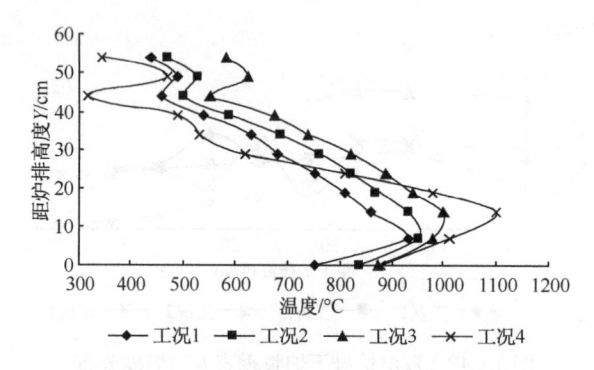

图 10.44 单层炉排燃烧垂直方向温度分布

单层炉排燃烧时，燃烧属于上吸式燃烧方式，燃料的最上层为干燥层，以下依次为干馏层、还原层、氧化层、灰渣层。上炉排冷空气从下炉门进入，依次通过出灰洞（风室）、下炉排、灰渣层、氧化层、还原层、干馏层、干燥层，经炉膛上方排向后部。

由图 10.44 可知，随着风门由小变大，即由工况 1 到工况 4，炉膛垂直方向温度变化呈现相似规律。从炉排向上高度增大，炉温逐渐升高，当炉温升高到一定值后达到最大值，随后又急剧降低，最后又逐渐降低。

很明显，随着风门由小变大，即由工况 1 到工况 4，温度峰值高度升高，工况 1，温度峰值在炉排上方最小距离为 5 cm 左右，工况 4，温度峰值在炉排上方最大距离为 15 cm 左右，工况 2、工况 3 处于 5~15 cm。即氧化层与还原层交界线高度升高，氧化层还原层加厚，温度峰值逐渐增大。工况 1，峰值最小为 900℃左右，而工况 4 的峰值最大约为 1100℃，工况 2、工况 3 温度峰值位于 900~1100℃；燃料层上方炉膛温度取决于空气的吸热与燃料的放热。

### 10.5.2.2 双层炉排与单层炉排燃烧在炉膛深度方向温度分布

**1) 双层炉排燃烧上炉膛深度方向温度分布**

在双层炉排燃烧时，各种工况上炉膛深度方向温度测试结果，如图 10.45、图 10.46 所示。

由图 10.45 可知，双层炉排燃烧时，上炉膛深度方向平均温度分布不均匀，在上炉膛炉口处，冷空气吸收了烟气热量而炉温变得较低，随着冷空气向里流动，冷空气温度逐渐增大，整体温度增加；当进入炉口 7 cm 时，热的空气与下面燃料充分混合，形成了燃烧有利条件，燃料燃烧速度大，炉温急剧上升；在炉膛深度 12 cm 处，空气流速降低，燃料层燃烧状况较差，温度降低；随着炉膛深度的增大，炉膛深度方向空气流速均匀，空气温度较高，形成了良好的燃烧条件，燃料燃烧速度加大，炉温逐渐升高，在距

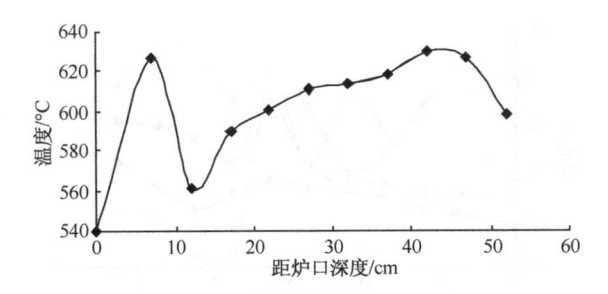

图 10.45 双层炉排燃烧上炉膛深度方向平均温度分布

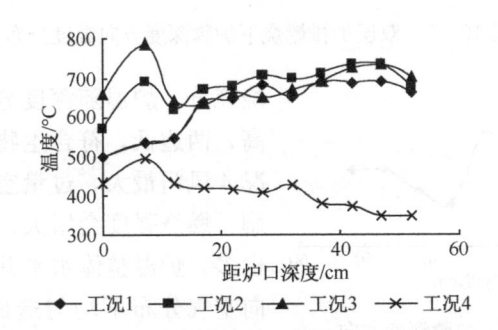

图 10.46 双层炉排燃烧上炉膛深度方向温度分布

炉口 42 cm 处出现温度较高点。

从图 10.46 可知，双层炉排燃烧时，4 种工况下，炉温随炉膛深度方向变化呈现相似规律。近炉口处炉温较低，在炉向里 7 cm 左右达到最高炉温，出现第一次峰值，向里 12 cm 处炉温有所降低，而往里温度慢慢升高，在向里 42 cm 时，炉温出现第二个峰值。

从图 10.46 看出，整体炉温：工况 2＞工况 3＞工况 1＞工况 4，工况 2、工况 3 炉膛过剩空气系数适中，炉膛空气与燃料混合良好，燃料燃烧速度高，燃料放热与水冷壁吸热匹配数好，炉温整体水平较高，且随着炉膛深度增加，炉温均匀变化幅度小；工况 1，即风门最小，从表面看，炉温水平高，炉温分布相对均匀，其实这时燃烧方式已成为上吸式燃烧，失去了双层炉排燃烧的意义，这时相对下炉膛炉温相当低；工况 4，即风门最大时，上面热量被较高风速的冷空气带走，经下炉膛排向对流受热面，此时，上下炉膛炉温过低，且随炉膛深度方向分布不均匀，不利于燃料充分燃烧。

**2）双层炉排燃烧下炉膛深度方向温度分布**

双层炉排燃烧时，在各工况下，炉膛深度方向温度测试结果，如图 10.47、图 10.48 所示。

从图 10.47 可知，双层炉排燃烧时 4 种工况下炉膛温度在深度方向上分布规律不相同。下炉膛深度方向上温度整体水平工况 3＞工况 2＞工况 4＞工况 1。对于工况 3，空气与燃料能够充分混合，燃料燃烧速度与效率都较高，而出现深度方向整体炉温水平最高，但随深度炉温变化幅度较大，炉温分布不太均匀，这主要是由通风量不均匀造成；对于工况 2，下炉膛温度深度方向上整体水平较高，空气量适中，燃料燃烧速度快及燃

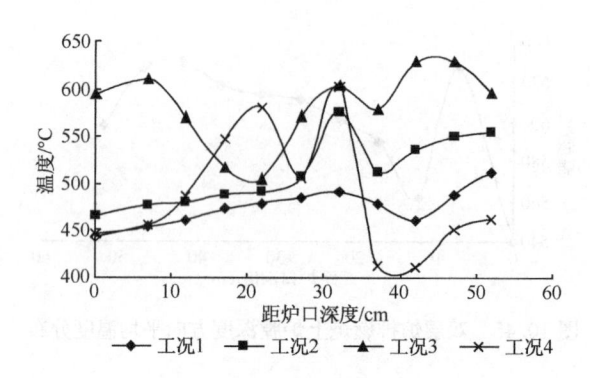

图 10.47 双层炉排燃烧下炉膛深度方向温度分布

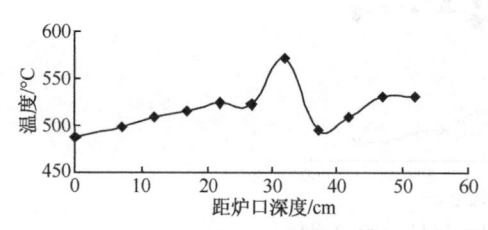

图 10.48 双层炉排下炉膛深度方向平均温度分布

烧充分,炉温随深度分布也比较均匀,中间高,两边低,符合生物质燃烧特性;对于工况 4 风门最大,过量空气系数大,空气量过剩,燃烧强度会增大,但空气带出热量相对也多,炉温整体水平并不太高,且在深度方向空气分布不均匀造成炉温分布也不均匀;对于工况 1,风量最小,燃烧速度小,吸热与放热不协调,上炉膛温度高而下炉膛温度整体水平变低。

从图 10.48 可知,在双层炉排燃烧条件下炉膛深度方向 4 种工况平均温度分布与上炉膛有所区别,下炉膛最高温度出现在炉膛中心距炉口距离为 32 cm,前后两段温度稳定,变化幅度不大。因为在炉膛深度中间,空气与燃烧产物混合均匀,燃烧速度高,放热量增大所致;而前后两段,空气与可燃产物混合得较好,燃烧速度相对适中,而相比炉膛传热也增强,因此,前后两段温度低,随深度方向分布较均匀。

**3) 单层炉排燃烧炉膛深度方向温度分布**

单层炉排燃烧时,在 4 种工况炉膛深度方向测得数据如图 10.49、图 10.50 所示。

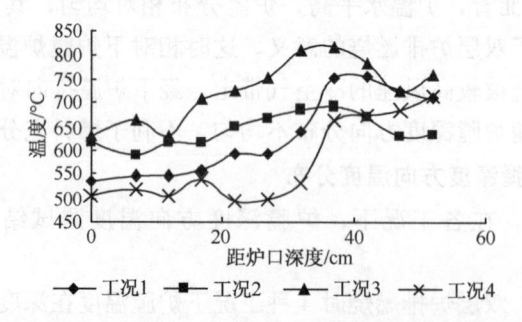

图 10.49 单层炉排燃烧炉膛深度方向温度分布

从图 10.49 可以看出,单层炉排燃烧时,4 种工况下,炉膛温度在深度方向上的变化呈现相似变化规律,从炉口向里温度依次升高。但在不同工况下,随风量不同,燃烧状况发展变化，其不同工况温度平均水平和均匀程度不同。在工况 3，风门开启较大，空气与燃料充分混合，燃料燃烧速度较高，单位时间内放出热量较高，出现最高平均温度水平。但由于燃料放热量高于水冷壁炉排吸热量，向后炉温依次升高；在工况 2，风门开启合理，炉膛中过剩空气系数合适，燃料燃烧速度适中，单位时

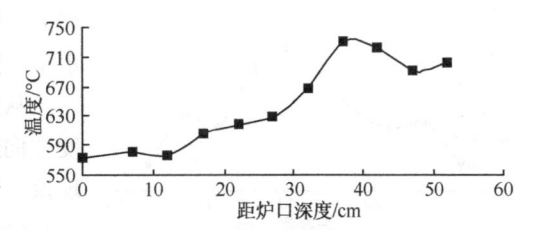

图 10.50 单层炉排燃烧炉膛深度方向平均温度分布

间内燃料放出热量与水冷炉排的吸热量相匹配，炉膛深度方向炉温水平较高，且从前向后均匀分布；在工况 1，风门最小，空气量不足，燃料燃烧速度减慢，炉温整体水平较低，且由于风速均匀性较差，使得温度在深度方向均匀性较差；在工况 4，风门最大，空气量过剩，空气经过炉膛带出热量多，炉温整体水平变低，燃烧工况变差。4 种工况炉膛深度方向整体水平：工况 3＞工况 2＞工况 1＞工况 4。

从图 10.50 可看出，单层炉排燃烧时，4 种工况下，炉排深度方向平均温度分布，从外向里温度逐渐增高，且变化幅度不大，上炉膛温度较高。这是因为单层炉排燃烧属上吸式燃烧，燃料层上部炉膛空间充满高温烟气，从加料口向里由于热气流的较强辐射，水冷壁来不及吸收就转到后面对流管烟管，因此，从炉口向里温度依次升高，且高于双炉排的炉膛温度。最高温度出现在距炉口 37 cm 处。

#### 10.5.2.3 双层炉排燃烧与单层炉排燃烧炉膛宽度方向温度分布

**1）双层炉排燃烧上炉膛温度在炉膛宽度方向分布**

双层炉排燃烧时，4 种不同工况下所得炉温在炉膛宽度上的分布，如图 10.51、图 10.52 所示。

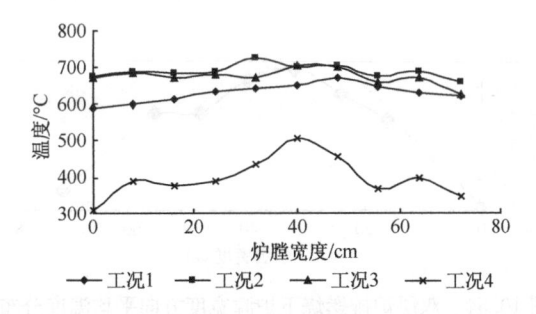

图 10.51 双层炉排燃烧上炉膛宽度方向平均温度分布

从图 10.51 可看出，4 种不同工况下，上炉膛温在炉膛宽度上分布有所不同。对于工况 2 与工况 3，风门开启适当，炉膛空气过剩系数合理，在炉膛宽度方向风速分布均匀，燃料燃烧速度适中，在炉膛宽度方向温度分布均匀；对于工况 1，风门最小，炉膛中燃料燃烧速度降低，燃烧放热量减少，炉温较低；对于工况 4，风门最大，炉膛中过剩空气系数最大，空气吸收炉膛内的热量，使炉温水平降低很多，又由于炉膛内风速分布不均匀，因此，造成在炉膛宽度方向燃烧速度及放热量忽高忽低，炉温水平变化幅度

增大，但总体中间温度高，两头较低。总体炉温水平：工况 2＞工况 3＞工况 1＞工况 4。

从图 10.52 可看出，双层炉排燃烧上炉膛宽度方向上的平均温度分布呈现中间高，两侧低的现象，这一般符合层燃燃烧基本规律，因为对于炉膛中间通风好，混合均匀，燃烧速度就高，燃烧放热量就大，因此，中间炉温高；而对于炉膛两侧，空气量少，燃料燃烧受到限制，燃料放热量减少，炉温就相对低一些。

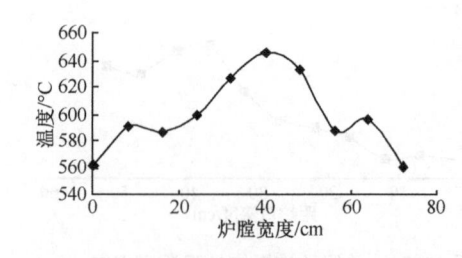

图 10.52 双层炉排燃烧上炉膛宽度方向平均温度分布

### 2）双层炉排燃烧下炉膛温度在炉膛宽度方向分布

双层炉排燃烧时，4 种不同工况下，在炉膛宽度上所测得温度分布，如图 10.53、图 10.54 所示。

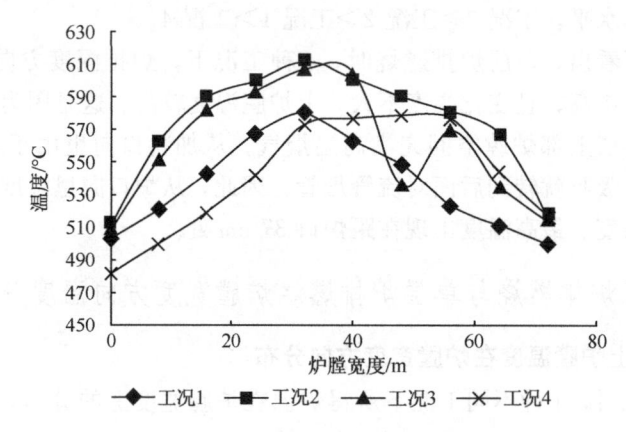

图 10.53 双层炉排燃烧下炉膛宽度方向温度分布

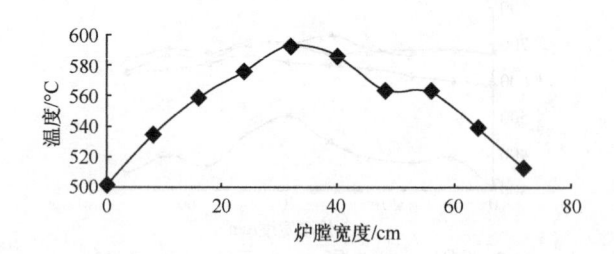

图 10.54 双层炉排燃烧下炉膛宽度方向平均温度分布

从图 10.53 可看出，双层炉排的 4 种下不同工况，下炉膛温度在宽度方向变化规律相似，即炉膛中间温度高，两边温度低。但由于工况不同，炉温整体水平有所差异：$T_{工况3} > T_{工况2} > T_{工况4} > T_{工况1}$。对于工况 2 和工况 3，风门开启适当，炉膛中过剩空气系数适中，燃料与空气混合适当，燃料燃烧速度高，单位时间内放热量多，整体炉温高；对于工况 1，风门开度小，空气量不足，燃烧速度小，单位时间内放出热量少，炉温明显最低；对于工况 4，风门最大，炉膛中过剩空气系数最大，通过炉膛时吸收炉膛中的热量使炉温降低，使燃烧工况变差，炉温变得较低。

从图 10.54 可看出，双层炉排燃烧时，4 种不同工况，下炉膛宽度方向平均炉温分布是中间高，两边低，符合燃烧常规。这是因为炉膛中间段通风量大，燃料燃烧条件好，燃料燃烧速度大，放热量多，炉温水平就会高；而炉膛两边通风量受到限制，燃烧条件差，燃料燃烧速度变小，放热量少，加之热量会通过炉壁向两侧散热，两边炉温水平就更低。

**3）单层炉排燃烧炉膛宽度方向温度分布**

单层炉排燃烧时，4 种不同工况，在炉膛宽度上所测得温度分布，如图 10.55、图 10.56 所示。

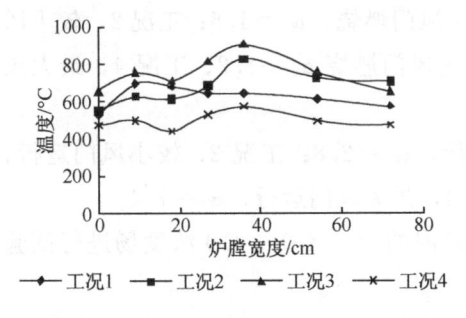

图 10.55　单层炉排燃烧宽度方向温度分布

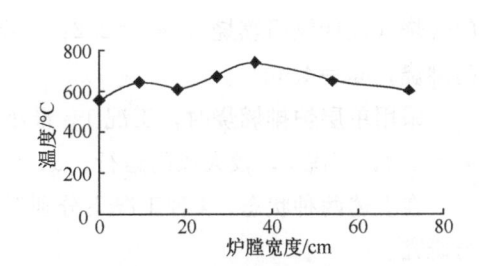

图 10.56　单层炉排燃烧宽度方向平均温度分布

从图 10.55 可看出，单层炉排燃烧时，4 种不同工况呈现相似温度分布规律。且与总体平均炉温水平相仿，但在 4 种不同工况下，炉温水平不同：$T_{工况3} > T_{工况2} > T_{工况1} > T_{工况4}$。

从图 10.56 可看出，在单层炉排燃烧时，4 种不同工况，炉膛宽度方向平均炉温分布是中间高，两边低。左边距左边炉墙 18 cm 处出现一个燃烧弱带。炉膛中间温度高，两边温度低的原因已经在其他燃烧方式中进行了分析。左侧离炉墙 18 cm 左右弱燃烧区可能是由于炉排布风有问题引起，也可能由于结渣引起，该处燃烧速度小，炉温水平低。

## 10.6　燃烧设备炉膛气体浓度场试验与分析

### 10.6.1　试验

生物质成型燃料燃烧设备炉膛气体浓度场是判断炉膛燃烧是否合理，燃烧是否正常，燃烧是否经济的主要依据。合理的燃烧产物的浓度场，$O_2$ 与可燃气体混合良好，燃烧充分，可提高燃烧效率，达到经济燃烧的效果；相反不合理的燃烧产物的浓度场，$O_2$ 与可燃气体混合不好，导致燃烧效率低，浪费燃料。目前国内外对生物质成型燃料燃烧设备炉膛气体浓度场的试验进行的很少，几乎没人研究。为了使生物质成型燃料在炉膛中能够达到稳定燃烧，经济燃烧，进行生物质成型燃料燃烧设备炉膛气体浓度场试验与分析是非常必要的，也是非常急需的。

通过试验可以测出燃烧设备炉膛中各种气体成分的浓度分布及影响因素，判断炉膛气体浓度场分布是否合理；找出燃烧设备炉膛中气体浓度场存在问题，为改进炉膛结构，实现气体浓度场合理分布，达到炉膛稳定、经济燃烧提供指导。

试验时，以炉膛的高度方向为 $y$ 轴，以炉膛宽度方向为 $z$ 轴，以炉膛深度方向为 $x$ 轴，建立直角坐标系。根据有限元分割方法，将炉膛 $x$ 轴、$y$ 轴、$z$ 轴方向分割为若干个截面，把每个截面分成若干个小方格，每个小方格对角线的交点即为测点。考虑到加工方便性，只在炉膛对称线上留出 35 个测孔，由于受条件的制约只对炉膛中 $x$ 轴、$y$ 轴方向分布规律进行研究。

试验中燃烧设备燃烧分两种方式：双层炉排燃烧和单层炉排燃烧，每种状况下分 4 种工况运行。采用双层炉排燃烧时，工况 1，最小风门燃烧，$\alpha_{py}=1.6$；工况 2，较小风门燃烧（最佳风门燃烧），$\alpha_{py}=2.2$；工况 3，较大风门燃烧 $\alpha_{py}=3.2$；工况 4，最大风门燃烧，$\alpha_{py}=4.4$。

采用单层炉排燃烧时，工况 1，最小风门运行，$\alpha_{py}=2.8$；工况 2，较小风门运行，$\alpha_{py}=3.4$；工况 3，较大风门运行，$\alpha_{py}=5$；工况 4，最大风门运行，$\alpha_{py}=7.4$。

在上述两种状态，4 种工况下分别对锅炉炉膛内的 $O_2$、$CO_2$、$CO$ 浓度场进行试验与研究。

### 10.6.2 试验结果与分析

#### 10.6.2.1 双层炉排燃烧（工况 2）

**1) 上炉膛内 $O_2$、$CO_2$、$CO$ 浓度随 $y$ 轴变化**

在双层炉排燃烧工况 2 状态下，风门较小，$\alpha_{py}=2.2$，根据测得结果可知，在上炉膛内，燃料层 $O_2$、$CO_2$、$CO$ 浓度呈一定规律。燃料层中，$O_2$ 浓度从上到下逐渐减少，从 35 cm 处到 25 cm 处，$O_2$ 浓度缓慢减小；从 25 cm 处到 12 cm，$O_2$ 浓度急剧减小，从 12 cm 处到上炉排，$O_2$ 浓度缓慢减小。$CO_2$ 浓度从上到下逐渐增大，后逐渐减小，从 35 cm 处到 25 cm 处，$CO_2$ 浓度缓慢减小；从 25 cm 处到 12 cm 处，$CO_2$ 浓度急剧增大，从 12 cm 处到上炉排，$CO_2$ 浓度急剧减小。$CO$ 浓度从上到下逐渐减小，从 35 cm 处到 25 cm 处，$CO$ 略有增大；从 25 cm 处到 12 cm 处，$CO$ 浓度几乎不变；从 12 cm 到上炉排，$CO$ 浓度又急剧增大。从以上分析可得出，从 35 cm 处到 25 cm 处为燃料的干燥层和干馏层，25 cm 处到 12 cm 处为燃料氧化层，从 12 cm 到上炉排上为燃料还原层和灰渣层。

**2) 上炉膛内 $O_2$、$CO_2$、$CO$ 浓度随 $x$ 轴变化**

在双层炉排燃烧工况 2 状态下，在上炉膛燃料层内 $O_2$、$CO_2$、$CO$ 浓度变化随 $x$ 轴呈一定规律。$O_2$ 浓度在炉口最大，向里逐渐降低，到达 27 cm 处后，保持不变；$CO_2$ 浓度在炉口最小，随着炉膛深度增加，$CO_2$ 含量逐渐增大，当炉膛深度达到 27 cm 处，$CO_2$ 浓度保持不变；由于该层在氧化层内，$CO$ 浓度很低，为 1.8%～2.5%，随着 $x$ 轴延伸，$CO$ 浓度稍有增大。

**3）下炉膛 $O_2$、$CO_2$、CO 浓度随 y 轴变化**

在双层炉排燃烧工况 2 状态下，根据试验测试发现，下炉膛中 $O_2$、$CO_2$、CO 浓度随 y 轴变化呈一定规律。随着 y 值减少 $O_2$ 浓度从大变小，$CO_2$ 浓度从小变大，CO 浓度很小且由大变小。这是因为随着 y 值减小，$O_2$ 浓度随着中间产物燃烧消耗而逐渐降低，相应 $CO_2$ 浓度随着燃烧进行逐渐增大，CO 浓度随着燃烧进行逐渐减小。

**4）下炉膛内 $O_2$、$CO_2$、CO 浓度随 x 轴变化**

试验发现，在双层炉排燃烧工况 2 状态下，下炉膛内 $O_2$、$CO_2$、CO 浓度随着 x 轴的延伸，由于燃烧反应的继续进行，$O_2$ 浓度逐渐减小，$CO_2$ 浓度逐渐增大，CO 浓度先增大后减小，在 23 cm 处与 $O_2$ 下炉排余碳混合不良，而造成 CO 继续产生，出现该处 CO 浓度最高值。

### 10.6.2.2　单层炉排燃烧（工况 2）

**1）炉膛内 $O_2$、$CO_2$、CO 浓度随 y 轴变化**

在单层炉排燃烧工况 2 状态下，由于风门较小，$\alpha_{py}=3.4$，炉膛内 $O_2$、$CO_2$、CO 浓度随 y 值增大呈一定变化规律。在炉膛内随着 y 值增大，$O_2$ 浓度逐渐减小，从炉排上到 8 cm 处 $O_2$ 浓度急剧减小，8～22 cm 处 $O_2$ 浓度缓慢减小，22～35 cm 处 $O_2$ 浓度几乎不变，从 35 cm 处到水冷壁下，$O_2$ 浓度不变；$CO_2$ 浓度从下到上先是急剧增大，后是急剧减小，最后缓慢减小，从炉排上到 8 cm 处，$CO_2$ 浓度急剧增大，8～22 cm 处 $CO_2$ 浓度急剧减小，22～35 cm 处 $CO_2$ 浓度缓慢减小，从 35 cm 处到水冷壁下，$CO_2$ 浓度不变；CO 浓度从下到上先是缓慢减小，再是急剧减少，后是缓慢减小，从炉排上到 8 cm 处 CO 浓度很小，几乎不变，8～22 cm 处 CO 浓度急剧增大，22～35 cm 处，CO 浓度缓慢增大，35～60 cm 处，CO 浓度几乎保持不变。从以上分析可得，0～8 cm 处为氧化层与灰渣层，8～22 cm 处为还原层，22～35 cm 处为干馏层与干燥层，35～60 cm 处为火焰层。

**2）炉膛内 $O_2$、$CO_2$、CO 浓度随 x 轴变化**

在单层炉排燃烧工况 2 状态下，风门开启较小，$\alpha_{py}=3.4$，根据测试结果，所得单炉排上 $O_2$、$CO_2$、CO 浓度随 x 轴变化结果显示，该测点位置在火焰层与干燥层之间，在该层中，随着 x 轴延伸，$O_2$ 浓度呈现一定变化规律。随着 x 轴延伸，$O_2$ 浓度从大到小逐渐减少，$CO_2$ 浓度从小到大逐渐增大，CO 浓度相对较小且先增大后减小。

试验证明，在双层炉排燃烧状态下，燃料燃烧情况良好，炉膛中 $O_2$、$CO_2$、CO 气体浓度场有一定规律，符合下吸式燃烧浓度场分布规律。且上炉膛气体浓度场与下炉膛气体浓度场能够保持连续变化规律，上炉膛燃烧形成的一定量的中间产物 CO 能够在下炉膛内燃烧充分，这样即保证了生物质成型燃料在炉膛内的直接燃烧，又保证了上炉膛气化中间产物在下炉膛的二次燃烧，最后达到生物质成型燃料在双层炉排内能够充分燃烧，燃烧效率高，不冒黑烟。

通过分析双层炉排燃烧方式燃烧层内所发生浓度场变化，获得了双层炉排燃料层中新燃料层、还原层、氧化层、灰渣层的厚度，从而为生物质成型燃料双层炉排炉膛设计及添加燃料的最佳厚度提供一定科学依据。为达到经济燃烧、稳定燃烧提供了理论指导。

双层炉排燃烧与单层炉排燃烧中的浓度场试验分布特点有所不同，从燃烧角度来讲，双层炉排燃烧炉膛气体浓度场分布较合理，有利于燃料的完全燃烧，最终排烟中 CO 浓度低于相似工况下单层炉排燃烧炉膛中 CO 浓度。

试验认为，随着风门从小到大，锅炉内气体浓度场将呈现不同程度变化；燃料层内新燃料层、还原层、氧化层、灰渣层的厚度将发生变化，随着风门逐渐增大，氧化层的厚度逐渐增加，还原层的厚度逐渐减小，干燥层及干馏层的厚度变化幅度不大。双层炉排燃烧对于工况 1，风门最小，$O_2$ 浓度低，同时氧化层较薄，排烟中 CO 浓度高，会出现大量气体及固体不完全燃烧损失，燃烧效率低。工况 4，风门最大，空气量大，$O_2$ 浓度大，炉温低，排烟中 $CO_2$ 浓度低，CO 浓度高，也会出现大量固体和气体不完全燃烧损失，燃烧效率低；工况 3，风门较大，空气量相对过剩，燃烧浓度场分布较合理，燃料层内各层厚度较合适，排烟产物中 CO 浓度低，$CO_2$ 浓度高，固体及气体不完全燃烧损失较小，燃烧效率较高；工况 2，风门较小，空气量适中，空气与燃料混合情况好，炉膛中 $O_2$、$CO_2$、CO 气体浓度场分布最合理，燃料层内干燥层、干馏层、氧化层、还原层、灰渣层厚度合理，排烟中 CO 含量低，$CO_2$ 含量高，灰渣中含碳量低，燃烧效率高，从浓度场角度看工况 2 是锅炉最佳运行工况。

试验发现，该类锅炉内浓度场分布还有不合理地方，特别是在距炉门深度 18 cm 范围内，气体浓度场分布不合理，$O_2$ 易造成短路，不能与燃料充分混合。

针对该锅炉的试验发现，当中炉门关闭时，在炉门一定深度范围内，由于中炉门漏风量较大使下炉膛中空气量过剩，$O_2$ 浓度大，从而降低了下炉膛中的炉温，使传热效果变差，而且增大燃烧损失与排烟热损失。为克服上述缺点，需要在中炉门加密封条。

## 10.7 生物质成型燃料燃烧设备的结渣特性

### 10.7.1 试验

生物质成型燃料燃烧结渣不仅会对燃烧设备的热性能造成影响，而且危及燃烧设备安全性。因此，在燃烧设备设计时，若能准确判断燃料的结渣性能，则将会把炉膛尺寸、受热面布置以及吹灰系统的选择和布置等问题解决得比较合理，这对确保机组安全、经济运行也是至关重要的。所以探寻结渣的规律及影响因素也就显得非常必要。

目前，我国对秸秆成型燃料结渣的理论研究和应用研究进行得很少，因此，需要对双层炉排生物质成型燃料燃烧装置进行结渣特性及影响因素的试验与研究。通过试验测出生物质成型燃料灰渣成分，根据有关方法判定生物质成型燃料的结渣特性；分析结渣形成过程及原因，寻找生物质成型燃料燃烧不结渣、少结渣技术措施；测定生物质成型燃料燃烧设备结渣特性与规律，寻找双层炉排生物质成型燃料燃烧设备结渣过程、影响因素及防结渣措施，为生物质成型燃料燃烧设备实现双层炉排燃烧及该类产品开发提供科学依据。

根据 GB/T1572—2001 燃料的结渣性测定方法和 GB/T476-2001 燃料灰渣成分分析

方法对生物质成型燃料进行结渣性能分析，根据 GB/T15137-1994 工业锅炉节能监测方法，对燃烧设备进行试验。试验采用两种燃烧方式。

双层炉排燃烧：双层炉排的上炉门常开，作为投燃料与供应空气之用；中炉门用于调整下炉排上燃料的燃烧和清除灰渣，仅在点火及清渣时打开；下炉门用于排灰及供给少量空气，正常运行时微开，开度视下炉排上的燃烧情况而定。根据风门开启的情况，从小到大可分为4种工况：工况1，风门最小，$a_{py}=1.6$；工况2，风门较小，$a_{py}=2.2$；工况3，风门较大，$a_{py}=3.2$；工况4，风门最大，$a_{py}=4.4$。

单层炉排燃烧：双层炉排的上炉门关闭；中炉门作为投燃料之用，不投料时关闭；下炉门常开，用于排灰及供给空气。根据风门开启的情况，从小到大可分为4种工况：工况1，风门最小，$a_{py}=2.8$；工况2，风门较小，$a_{py}=3.4$；工况3，风门较大，$a_{py}=5$；工况4，风门最大，$a_{py}=7.4$。

### 10.7.2 试验结果与分析

#### 10.7.2.1 生物质成型燃料熔融特征温度与灰渣成分

以玉米秸秆成型燃料为例，试验所得玉米秸秆成型燃料的熔融特征温度：变形温度（DT）1230℃，软化温度（ST）1260℃，半球温度（HT）1340℃，流动温度（FT）1380℃。

由试验所得玉米秸秆成型燃料的灰渣成分含量，如表10.22所示。

**表10.22 玉米秸秆成型燃料燃烧后灰渣成分**

| 成分 | 含量/% | 成分 | 含量/% |
| --- | --- | --- | --- |
| Si | 25.40 | 以 $SiO_2$ 计 | 54.4 |
| Fe | 3.04 | 以 $Fe_2O_3$ 计 | 4.35 |
| Ti | 0.26 | 以 $TiO_2$ 计 | 0.44 |
| Ca | 3.45 | 以 $CaO$ 计 | 4.83 |
| Mg | 1.46 | 以 $MgO$ 计 | 2.41 |
| Na | 1.39 | 以 $Na_2O$ 计 | 1.87 |
| K | 5.49 | 以 $K_2O$ 计 | 6.61 |
| Al | 4.13 | 以 $Al_2O_3$ 计 | 7.81 |

#### 10.7.2.2 生物质成型燃料结渣性能评价

燃料在炉排燃烧时，氧化层或还原层内局部温度达到灰粒的软化温度，这时灰粒就会软化，灰粒中的钠、钙、钾以及少量硫酸盐就会形成一个黏性表面，随着炉温继续升高，这些硫酸盐就形成一个较大共熔体，较大共熔体下落到下面的水冷壁就会很快冷却，形成团体大块而结附在水冷壁上形成结渣。

## 1）灰熔点温度对结渣的影响

灰熔融特征温度是判别固态排渣层燃炉结渣倾向的重要指标之一。用此可以预测生物质成型燃料的结渣倾向。

（1）根据燃料初始变形温度 $t_1$ 判别其结渣倾向。

还原性气氛中的初始变形温度是预测炉内结渣倾向的一种常用指标，用 $t_1$ 温度判断燃料结渣性界限为

$t_1 > 1289℃$　　　　　　不结渣
$t_1 = 1108 \sim 1288℃$　　中等结渣
$t_1 < 1107℃$　　　　　　严重结渣

根据这种标准对玉米成型燃料结渣情况进行预测。由 $t_1 = 1230℃$ 推断，此种玉米成型燃料具有中等结渣性。

（2）根据燃料软化温度 $t_2$ 进行判断其结渣倾向。

用 $t_2$ 判断燃料结渣性界线为

$t_2 > 1390℃$　　　　　　轻微结渣
$t_2 = 1260 \sim 1390℃$　　中等结渣
$t_2 < 1260℃$　　　　　　严重结渣

根据这种标准对玉米成型燃料结渣情况进行预测。由 $t_2 = 1260℃$ 推断，此种玉米成型燃料具有中等结渣性。

灰熔融特征温度的测定具有较大的测量误差，因而只能提供炉内结渣倾向的粗略判别。通常，灰熔融特征温度较高的燃料大多不具有结渣性，而具有低或中等灰熔融特征温度的燃料，则往往还需要结合其他方法进行判别。

## 2）灰成分综合比值判断结渣性能

（1）硅比（$G$）。

$$G = \frac{SiO_2 \times 100}{SiO_2 + CaO + MgO + 当量 Fe_2O_3} \tag{10.16}$$

式中，

$$当量 Fe_2O_3 = Fe_2O_3 + 1.11FeO + 1.43Fe \tag{10.17}$$

$G$ 中分母大多为助熔剂，$SiO_2$ 较大意味着灰渣黏度和灰熔点较高，因而 $G$ 越大，结渣倾向越小。利用 $G$ 判别结渣性的判别界限见表 10.23。

表 10.23　$G$ 判断结渣倾向界限值

| 硅比 | 中国 | 美国 | 法国 | 结渣倾向 |
|---|---|---|---|---|
|  | >78.8 | 72~80 | >72 | 轻微 |
| $G/\%$ | 66.1~78.8 | 65~72 | 65~72 | 中等 |
|  | <66.1 | 50~65 | <65 | 严重 |

将表 10.22 中有关数值代入式（10.16），得出生物质成型燃料的 $G \approx 82.44\%$，由此判断，玉米成型燃料具有轻微结渣性。

(2) 铁/钙（$Fe_2O_3/CaO$）。

由于玉米成型燃料燃烧时挥发分较高，与烟煤更相近，故按烟煤型灰判断。美国近年来用铁钙比作为判断烟煤型灰（$Fe_2O_3 > CaO + MgO$）的结渣指标之一，推荐的界限值为

$Fe_2O_3/CaO < 0.3$　　　　　　　　不结渣
$Fe_2O_3/CaO = 0.3 \sim 3$　　　　　　中等或严重结渣
$Fe_2O_3/CaO > 3.0$　　　　　　　　不结渣

将表 10.22 中有关数值代入上式，得出生物质成型燃料的 $Fe_2O_3/CaO \approx 0.9$。由此判断，玉米成型燃料具有中等或严重结渣性。

(3) 碱/酸（$B/A$）。

$$\frac{B}{A} = \frac{Fe_2O_3 + CaO + MgO + Na_2O + K_2O}{SiO_2 + Al_2O_3 + TiO_2} \tag{10.18}$$

式中，$B$ 为灰渣中碱性成分含量；$A$ 为灰渣中酸性成分含量；$Fe_2O_3$，$SiO_2$ 等分别为干燥基各种灰渣组分的质量百分数。

碱酸比中分子为碱性氧化物，分母为酸性氧化物。在高温下，灰渣中的这两种氧化物会互相影响、相互作用形成低熔点的共熔盐。这些共熔盐通常具有较为固定的组合形式。因此，当灰渣中酸性成分与碱性成分比值过高时，燃料的灰渣熔点增高。使用 $B/A$ 来判断燃料结渣倾向时，推荐的界限值见表 10.24。

**表 10.24　碱酸比判断结渣倾向界限值**

| 碱酸比 | 中国 | 国外 | 结渣倾向 |
| --- | --- | --- | --- |
| | <0.206 | <0.400 | 轻微 |
| $B/A$ | 0.206~0.4 | 0.4~0.7 | 中等 |
| | >0.4 | >0.7 | 严重 |

将表 10.22 中有关数值代入式 (10.18)，得出生物质成型燃料的 $B/A \approx 0.32$。

按国内标准判断，玉米成型燃料具有中等结渣性，按国外标准则为轻微结渣性。

### 10.7.2.3　生物质成型燃料沾污性能评价

燃料在燃烧过程中，燃料中高挥发物在高温下挥发后，凝结在对流受热面上，继续黏结灰粒形成高温黏结灰沉积，它的内层往上是易熔的共熔物或金属化合物，包括灰粒黏结在对流受热面上。由此可见，炉排上结渣和对流受热面上的沾污只是各自不同的形成机制与区域，但它们之间很难分清，有时二者共存并性相互影响。

**1）煤灰成分沾污指数 $R_f$**

$$R_f = A/B \times Na_2O \tag{10.19}$$

式中，$A/B$ 为酸碱比，对烟煤型煤灰 $Na_2O$ 为煤灰中钠总含量，对褐煤型煤灰 $R_f$ 的 $Na_2O$ 必须以溶钠代入：

$$R_f' = A/B \times (Na_2O)_{kr} \tag{10.20}$$

利用 $R_f$ 及 $R_f'$ 判断煤沾污倾向界限见表 10.25。

表 10.25 基于沾污指数的煤灰沾污倾向判别界限

| $R_f$（适用于烟煤型灰） | $R_f'$（褐煤型灰） | 沾污程度 |
| --- | --- | --- |
| <0.2 | <0.10 | 轻微 |
| 0.2～0.5 | 0.10～0.25 | 中等 |
| 0.5～1.0 | 0.25～0.70 | 高度 |
| >1.0 | >0.70 | 严重 |

由于玉米成型燃料燃烧时挥发分较高，与烟煤更相近，故按烟煤型灰判断：将有关数据代入，得出 $R_f \approx 0.06$。按此标准，玉米成型燃料具有轻微结渣性。

**2）根据煤灰中钠的含量判断沾污性**

以煤灰中钠含量作为沾污判别指标的分级界限，如表 10.26 所示。

表 10.26 煤灰中钠含量作为沾污判别指标的分级界限

| 煤灰中 $Na_2O$ 含量/% | 锅炉沾污程度 |
| --- | --- |
| <2 | 低 |
| 2～6 | 中 |
| 6～8 | 高 |
| >8 | 严重 |

玉米成型燃料的 $Na_2O = 1.87\%$，所以它具有低沾污性。

**3）用煤灰中碱金属氧化物含量来预测其沾污倾向**

碱金属氧化物中 $Na_2O$ 含量对锅炉黏污影响最为显著。常用碱金属氧化物的总含量来预测煤灰的沾污倾向，把 $Na_2O$ 含量按下式折算成 $Na_2O$ 当量：

$$当量 Na_2O = \frac{(Na_2O + 0.659 K_2O) \cdot A}{100} \tag{10.21}$$

式中，$A$ 为燃料的灰分；系数 0.659 为 $Na_2O$ 与 $K_2O$ 摩尔当量比。

由于玉米成型燃料燃烧时挥发分较高，与烟煤更相近，故按烟煤型灰判断。用当量 $Na_2O$ 判断烟煤型灰沾污倾向的界限见表 10.27。

表 10.27 烟煤型灰按当量 $Na_2O$ 确定沾污倾向

| 当量 $Na_2O$/% | 沾污倾向 |
| --- | --- |
| <0.30 | 低 |
| 0.3～0.45 | 中等 |
| 0.45～0.60 | 高 |
| >0.60 | 严重 |

根据这种标准对玉米成型燃料沾污情况进行预测：将表 10.22 中有关数值代入式（10.21），得出玉米成型燃料的当量 $Na_2O \approx 0.43\%$。由此判断，玉米成型燃料具有中等沾污倾向。综合考虑以上判定结渣倾向与沾污性倾向的方法所得出的结果和具体试验

观察，可以判定生物质成型燃料具有中等结渣与沾污倾向。

### 10.7.2.4 结渣机制

**1）结渣的形成过程**

层燃锅炉的结渣过程包括三个阶段：

(1) 燃料燃烧过程中，随着炉温的升高，局部达到了煤灰的软化温度，这时灰粒就会软化，煤灰中的钠、钙、钾以及少量硫酸盐就会形成一个黏性表面。

(2) 随着炉膛内温度的进一步升高，氧化层和还原层内温度超过了煤灰的软化温度，特别是在还原层内，燃料中的 $Fe^{3+}$ 被还原成 $Fe^{2+}$，致使燃料的煤灰熔点降低，灰粒在还原层大都软化并相互吸附，形成一个个大的共熔体。

(3) 大的共熔体下落过程中碰到水冷壁就会很快冷却，形成固体，而黏附在水冷壁上结渣。

**2）结渣的原因**

(1) 燃料燃烧过程中，燃料层的温度高于煤灰的软化温度 $t_2$ 是造成结渣的一个重要原因。在煤灰的变形温度 $t_1$ 下，灰粒一般不会结渣，但达到软化温度 $t_2$ 时，熔融的灰渣形成的共熔体冷却不充分，便黏在水冷壁上造成结渣。

(2) 壁管表面粗糙是造成结渣的另一个重要原因。这是因为壁管表面粗糙，易黏结灰分，使其达到黏化温度，从而使燃烧室温度和管壁温度都因传热受阻而升高，这时局部燃料的还原层温度达到煤灰熔点，从而呈熔融或软化状态，相邻的高温熔体就黏结在一起，从而造成结渣。

(3) 燃烧过程中空气量不足，燃料层中的 $Fe^{3+}$ 将还原成 $Fe^{2+}$，而铁以 $Fe^{2+}$ 存在时的熔点比以 $Fe^{3+}$ 的形式存在时低，从而使燃料的煤灰熔点大大降低，造成结渣。

(4) 燃料与空气混合不充分，即使供给足够的空气量，也会造成局部空气量不足，在空气少的区域就会出现还原性气氛，而使燃料的煤灰熔点降低，造成结渣。

(5) 风速不合理，造成炉内火焰向一边偏斜，造成局部温度过高，使部分燃料层的温度升高达到煤灰熔点，冷却不及时造成结渣。

(6) 燃烧装置超负荷运行，炉温过高，使燃料层的温度达到燃料的煤灰熔点，而造成结渣。

(7) 炉膛层燃炉内的燃料直径、燃料层厚度等大都会使层燃中心的局部温度过高，达到燃料的煤灰熔点而造成结渣。

上述结渣的每个原因，便是结渣的影响因素。

### 10.7.2.5 试验结果与分析

**1）结渣与炉膛内过量空气系数的关系**

(1) 双层炉排燃烧情况。

通过试验，绘制出生物质成型燃料的结渣率与炉膛内过量空气系数 $a_{tl}$ 关系，如图 10.57 所示。

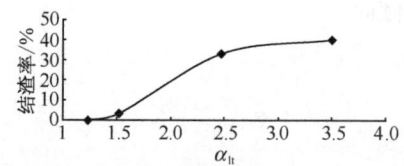

图 10.57  结渣率与 $\alpha_{lt}$（上炉膛内过剩空气系数）关系

从图 10.57 中可以看出，结渣率随过量空气系数的增大，在 $\alpha_{lt}=1.2\sim1.5$ 时增加缓慢，在 $\alpha_{lt}=1.5\sim2.9$ 时急剧增加，在 $\alpha_{lt}>3$ 以后结渣率基本保持不变。考虑到燃烧装置在最佳情况下运行，即 $\alpha_{lt}=1.5$ 以下时，这时结渣率较低，所以可以得出燃烧装置在此种燃烧情况下为轻微结渣。

(2) 单层炉排燃烧情况。

通过试验，绘制出生物质成型燃料的结渣率与炉膛内过量空气系数 $\alpha_{lt}$ 关系如图 10.58 所示。

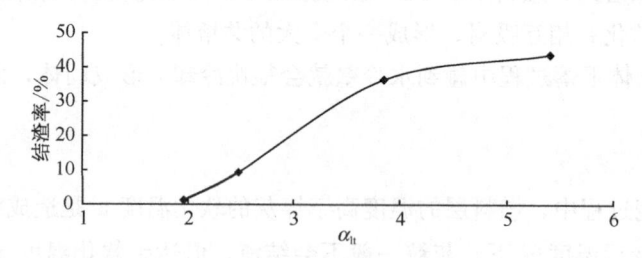

图 10.58  结渣率与 $\alpha_{lt}$（下炉膛内过剩空气系数）关系

从图 10.58 中可以看出，结渣率随过量空气系数的增大，在 $\alpha_{lt}=2.1\sim2.6$ 时增加缓慢，在 $\alpha_{lt}=2.6\sim4.4$ 时急剧增加，在 $\alpha_{lt}>5$ 以后结渣率基本保持不变。考虑到燃烧装置在最佳情况下运行，即 $\alpha_{lt}=2.5$ 以下时，这时结渣率很低，所以可以得出燃烧装置在此种燃烧情况下为轻微结渣。

**2) 结渣与炉膛温度的关系**

(1) 双层炉排燃烧情况。

通过试验，绘制出生物质成型燃料的结渣率与炉膛内炉膛温度关系，如图 10.59 所示。

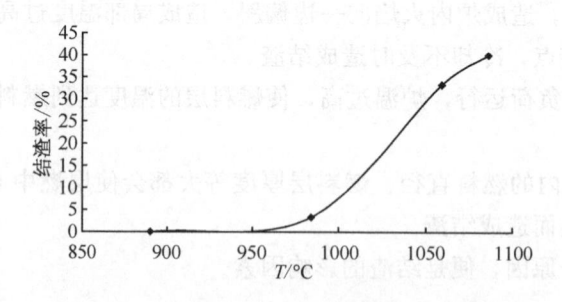

图 10.59  结渣率与 $T$（上炉膛温度）关系图

从图 10.59 中可以看出，结渣率随炉膛温度的增高而增大，在 $T=890\sim984$℃时增加缓慢，在 $T=984\sim1059$℃时急剧增加，在 $T>1059$℃以后结渣率逐渐增大。考虑到燃烧装置运行安全性，炉膛温度在 984℃以下时，结渣率较低。

(2) 单层炉排燃烧情况。

通过试验，绘制出生物质成型燃料的结渣率与炉膛温度关系，如图 10.60 所示。

从图 10.60 可以看出，结渣率随炉膛温度的增高在 $T=910\sim950℃$ 时增加缓慢，在 $T=950\sim1000℃$ 时急剧增加，在 $T>1000℃$ 以后结渣率逐渐增加。考虑到燃烧装置运行的安全性，炉膛温度在 950℃以下时，结渣率较低。

(3) 燃料粒径与结渣的关系。

在双层炉排及单层炉排燃烧最佳工况下，对不同粒径燃料进行燃烧并进行结渣试验与观察，其结渣与燃料粒径的关系如图 10.61 所示。

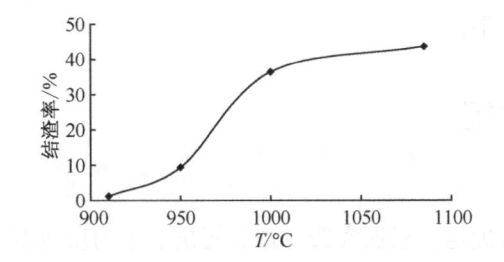

图 10.60　结渣率与 $T$（下炉膛温度）关系图

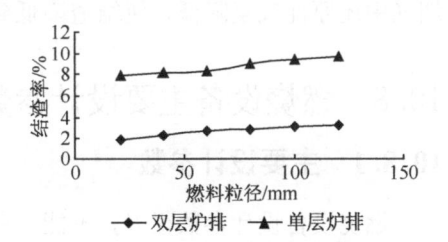

图 10.61　结渣率与燃料粒径的关系图

从图 10.61 可看出，无论双层炉排燃烧还是单层炉排燃烧，随着燃料粒径的增大，结渣率均增大。这是因为随着粒径的增大，燃料燃烧中心温度需提高，灰渣温度达到灰熔点，因而易发生结渣。另外，在相同燃料粒径的情况下，单层炉排燃烧结渣率高于双层炉排燃烧结渣率，这是由于双层炉排还原层温度由于水冷炉排影响而较低，而单层炉排还原层温度高所致。

(4) 燃料层厚度与结渣的关系。

在双层炉排及单层炉排燃烧最佳工况下，对燃料粒径为 130 mm，不同厚度燃料层进行燃烧试验，得出结渣率与燃料层厚度的关系，如图 10.62 所示。

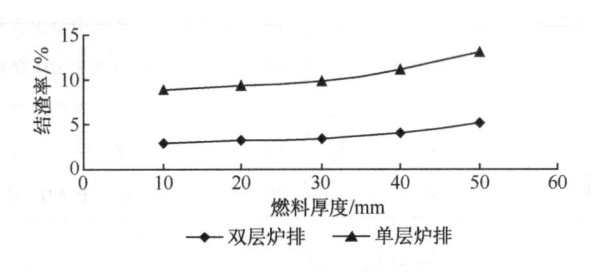

图 10.62　燃料厚度与结渣率关系

可以看出，随着燃料层厚度的增大，结渣率增大。这是因为随着燃料层厚度的增大，燃烧层内氧化层与还原层的厚度增大，燃烧中心温度增高，灰渣易达到灰熔点，结渣率增大。在相同燃烧层厚度情况下，单层炉排燃烧结渣率高于双层炉排燃烧结渣率，这是由于双层炉排燃烧方式还原层温度由水冷炉排冷却温度低，而单层炉排燃烧时还原层温度高而引起。

(5) 运行工况对结渣的影响。

运行工况影响炉内温度水平和灰粒所处气氛环境。炉内温度水平是由调整和控制炉内燃烧工况来实现的。若燃烧调整和控制不当，使炉内温度水平升高，易引起炉膛火焰中心区域受热面或过热面结渣。运行时，在保证充分燃烧和负荷要求的情况下，通过调整和控制燃烧风量、燃料量来降低炉内温度，防止或减轻结渣。

燃烧装置通常应在 $\alpha_t = 1.5$ 左右运行。若 $\alpha_t$ 过大或过小，则炉膛内烟气中含有的 CO 量增多，火焰中心的灰粒处于还原性气氛中，$Fe^{3+}$ 还原成 $Fe^{2+}$，会引起灰粒的熔融特性降低，加大炉内结渣的倾向。运行时，应调整风速、风量，改善燃烧质量，将炉内烟气中还原性气氛降低，使结渣降低到最低水平。

## 10.8 燃烧设备主要设计参数的确定

### 10.8.1 主要设计参数

燃烧设备设计参数很多，不能一一由试验确定。根据实践，作者提出了生物质成型燃料燃烧设备的主要设计参数，并对其进行试验确定，燃烧设备主要设计参数如表 10.28 所示。

表 10.28 燃烧设备的主要设计参数

| 序号 | 参数 | 单位 | 符号 | 序号 | 参数 | 符号 |
|---|---|---|---|---|---|---|
| 1 | 炉膛截面热负荷 | $kW/m^2$ | $q_F$ | 11 | 气体不完全燃烧热损失（%） | $q_3$ |
| 2 | 炉排有效面积热负荷 | $kW/m^2$ | $q_R$ | 12 | 固体不完全燃烧热损失（%） | $q_4$ |
| 3 | 炉膛体积热负荷 | $kW/m^3$ | $q_v$ | 13 | 散热损失（%） | $q_5$ |
| 4 | 单位有效燃料体积热负荷 | $kW/m^3$ | $q_y$ | 14 | 灰渣物理热损失（%） | $q_6$ |
| 5 | 炉膛侧面积热负荷 | $kW/m^3$ | $q_c$ | 15 | 传热系数 [$kW/(m^2 \cdot ℃)$] | $K$ |
| 6 | 炉膛内过剩空气系数 |  | $\alpha_{lt}$ | 16 | 烟气中烟尘含量 | $YC$ |
| 7 | 热效率 | % | $\eta$ | 17 | 烟气中 CO 含量 | $CO$ |
| 8 | 排烟处过剩空气系数 |  | $a_{py}$ | 18 | 烟气中 $CO_2$ 含量 | $CO_2$ |
| 9 | 排烟温度 | ℃ | $T_{py}$ | 19 | 烟气中 $SO_2$ 含量 | $SO_2$ |
| 10 | 排烟热损失 | % | $q_2$ | 20 | 烟气中 $NO_x$ 含量 | $NO_x$ |

### 10.8.2 试验结果与分析

借鉴 GB/T15137-1994 工业锅炉节能监测方法、GB5468-91 锅炉烟尘测试方法及 GBWPB3-1999 锅炉大气污染物排放标准的计算方法，采用 4 种工况对比试验与分析方法，对单、双炉排生物质成型燃料燃烧设备主要设计参数进行试验确定。

#### 10.8.2.1 双层炉排燃烧试验结果与分析

双层炉排燃烧，分别采用 4 种工况对燃烧设备主要设计参数进行试验与确定。试验结果如表 10.29 所示。

**表 10.29 双层炉排生物质成型燃料燃烧设备主要设计参数试验结果**

| 项目 | 符号 | 单位 | 数据来源 | 工况 1 | 工况 2 | 工况 3 | 工况 4 |
|---|---|---|---|---|---|---|---|
| 上炉膛截面面积 | $F$ | $m^2$ | 实测 | 0.4087 | 0.4087 | 0.4087 | 0.4087 |
| 上炉排面积 | $R$ | $m^2$ | 实测 | 0.4087 | 0.4087 | 0.4087 | 0.4087 |
| 炉膛体积 | $V_s$ | $m^3$ | 实测 | 0.4165 | 0.4165 | 0.4165 | 0.4165 |
| 燃料体积 | $V_y$ | $m^3$ | 实测 | 0.1226 | 0.1226 | 0.1226 | 0.1226 |
| 上炉膛侧面面积 | $S_c$ | $m^2$ | 实测 | 1.04 | 1.04 | 1.04 | 1.04 |
| 燃料量 | $B$ | kg/h | 实测 | 10.18 | 27.00 | 31.95 | 27.45 |
| 上炉膛截面热负荷 | $q_F$ | $kW/m^2$ | 计算 | 108.33 | 287.34 | 340.02 | 292.13 |
| 炉排面积热负荷 | $q_R$ | $kW/m^2$ | 计算 | 108.33 | 287.24 | 340.02 | 292.13 |
| 炉膛体积热负荷 | $q_v$ | $kW/m^3$ | 计算 | 106.31 | 281.95 | 333.65 | 286.66 |
| 单位有效燃料体积热负荷 | $q_y$ | $kW/m^3$ | 计算 | 361.15 | 957.88 | 1133.48 | 973.84 |
| 炉膛侧面积热负荷 | $q_c$ | $kW/m^2$ | 计算 | 42.57 | 112.92 | 133.62 | 114.80 |
| 进烟处温度 | $T_1$ | ℃ | 实测 | 511.0 | 588.0 | 566.3 | 461.6 |
| 炉膛空气系数 | $\alpha_{lt}$ | % | 计算 | 1.23 | 1.52 | 2.49 | 3.50 |
| 进烟焓 | $I_{jy}$ | kJ/kg | 计算 | 3759.96 | 5207.50 | 7683.62 | 8434.01 |
| 排烟温度 | $T_{py}$ | ℃ | 实测 | 87.27 | 265.70 | 246.50 | 238.10 |
| 排烟处空气系数 | $\alpha_{py}$ |  | 计算 | 1.60 | 2.20 | 3.16 | 4.41 |
| 排烟焓 | $I_{py}$ | kJ/kg | 计算 | 1690 | 3120 | 4061 | 5255 |
| 热效率 | $\eta$ | % | 计算 | 53.50 | 74.40 | 63.78 | 51.66 |
| 排烟热损失 | $q_2$ | % | 计算 | 10.65 | 20.08 | 25.96 | 33.33 |
| 气体不完全燃烧热损失 | $Q_3$ | % | 计算 | 1.123 | 0.522 | 0.841 | 1.272 |
| 固体不完全燃烧热损失 | $Q_4$ | % | 计算 | 1.9000 | 1.2750 | 1.3500 | 2.3519 |
| 散热损失 | $Q_5$ | % | 计算 | 33.28 | 7.90 | 7.73 | 7.64 |
| 灰渣物理热损失 | $Q_6$ | % | 计算 | 0.090 | 0.084 | 0.081 | 0.081 |
| 传热面面积 | $F$ | $m^2$ | 实测 | 2.551 | 2.551 | 2.551 | 2.551 |
| 传热系数 | $K$ | $kW/(m^2·℃)$ | 计算 | 0.00542 | 0.01900 | 0.03940 | 0.04250 |
| 烟尘含量 | $YC$ | $mg/m^3$ | 实测 | 100 | 110 | 185 | 305 |
| 烟气中 CO 含量 | CO | % | 实测 | 0.113 | 0.051 | 0.267 | 0.510 |
| 烟气中 $CO_2$ 含量 | $CO_2$ | % | 实测 | 11.4 | 8.6 | 5.9 | 3.9 |
| 烟气中 $SO_2$ 含量 | $SO_2$ | $10^{-6}$ | 实测 | 102 | 56 | 26 | 25 |
| 烟气中 $NO_x$ 含量 | $NO_x$ | $10^{-6}$ | 实测 | 240 | 210 | 150 | 130 |

从表 10.29 可看出，工况 2 为经济运行工况，燃烧状况最好，烟尘及污染物含量符合国家锅炉烟气及污染物排放标准；工况 3，燃烧设备产生热水量最大，但燃烧效率较高，燃烧工况良好，烟尘及污染物排放符合国家锅炉烟气及污染物排放标准；工况 1,

热效率低,燃烧设备出力低,燃烧状况不好,不是燃烧设备应有的运行状态;工况4,热效率最低,燃烧设备出力不高,燃烧状况最差,风门最大,耗电高,烟尘含量及污染物含量较高,燃烧设备不适应在此工况下运行。因此,燃烧设备应在工况2及工况3之间运行。因此,工况2及工况3之间有关参数定为双层炉排燃烧设备主要设计参数。

#### 10.8.2.2 单层炉排燃烧试验结果与分析

单层炉排燃烧,4种工况试验结果如表10.30所示。显然,工况2为经济运行工况,燃烧状况最好,烟尘及污染物含量符合国家烟尘及污染物排放标准;工况3,燃烧设备热水流量最大,但燃烧效率比工况2小,燃烧工况良好,烟尘及污染物含量符合国家锅炉烟尘及污染物排放标准;工况1,空气量不足,热效率低,燃烧设备出力低,燃烧状况不好;工况4,风量过大,热效率最低,燃烧设备出力不高,燃烧状况最差,耗电高,烟尘含量及污染物含量高。因此,燃烧设备应在工况2及工况3之间运行,工况2及工况3之间有关参数定为单层炉排燃烧设备主要设计参数。总的来说,单层炉排燃烧工况1、工况2、工况3及工况4燃烧效率低于双层炉排燃烧相对应工况1、工况2、工况3及工况4,单层炉排各工况下烟气中CO浓度、烟尘浓度高于相应双层炉排,单层炉排各工况下烟气中$NO_x$、$SO_2$稍低于双层炉排。

**表 10.30 单层炉排生物质成型燃料燃烧设备主要设计参数试验结果**

| 试验数据 | 符号 | 单位 | 数据来源 | 工况 1 | 工况 2 | 工况 3 | 工况 4 |
| --- | --- | --- | --- | --- | --- | --- | --- |
| 下炉膛截面面积 | $F$ | $m^2$ | 实测 | 0.3352 | 0.3352 | 0.3352 | 0.3352 |
| 下炉排面积 | $R$ | $m^2$ | 实测 | 0.2176 | 0.2176 | 0.2176 | 0.2176 |
| 下炉膛体积 | $V_s$ | $m^3$ | 实测 | 0.2028 | 0.2028 | 0.2028 | 0.2028 |
| 燃料体积 | $V_y$ | $m^3$ | 实测 | 0.1005 | 0.1005 | 0.1005 | 0.1005 |
| 下炉膛侧面积 | $S_c$ | $m^2$ | 实测 | 1.40 | 1.40 | 1.40 | 1.40 |
| 燃料量 | $B$ | kg/h | 实测 | 11.80 | 13.77 | 17.70 | 8.50 |
| 下炉膛截面热负荷 | $q_F$ | $kW/m^2$ | 计算 | 153.11 | 178.67 | 229.67 | 110.29 |
| 下炉排面积热负荷 | $q_R$ | $kW/m^2$ | 计算 | 235.86 | 275.24 | 353.79 | 169.90 |
| 炉膛体积热负荷 | $q_V$ | $kW/m^3$ | 计算 | 253.07 | 295.32 | 379.61 | 182.30 |
| 单位有效燃料体积热负荷 | $q_y$ | $kW/m^3$ | 计算 | 510.68 | 595.94 | 766.02 | 367.86 |
| 炉膛侧面积热负荷 | $q_c$ | $kW/m^2$ | 计算 | 36.66 | 42.78 | 54.98 | 26.40 |
| 进烟处温度 | $T_1$ | ℃ | 实测 | 630.5 | 668.5 | 656.5 | 623.5 |
| 进烟处空气系数 | $\alpha_{lt}$ | | 计算 | 1.96 | 2.49 | 3.85 | 5.40 |
| 进烟焓 | $I_{jy}$ | kJ/kg | 计算 | 6973.88 | 9170.79 | 13395.75 | 17423.68 |
| 排烟温度 | $T_{py}$ | ℃ | 实测 | 138 | 176 | 164 | 131 |
| 排烟处空气系数 | $\alpha_{py}$ | | 计算 | 2.8 | 3.4 | 5.0 | 7.4 |
| 排烟焓 | $I_{py}$ | kJ/kg | 计算 | 1984.3 | 3032.3 | 4097.0 | 4696.5 |
| 热效率 | $\eta$ | % | 计算 | 48.40 | 62.78 | 54.00 | 44.50 |
| 排烟热损失 | $q_2$ | % | 计算 | 11.56 | 18.26 | 24.08 | 26.80 |

续表

| 试验数据 | 符号 | 单位 | 数据来源 | 工况1 | 工况2 | 工况3 | 工况4 |
|---|---|---|---|---|---|---|---|
| 气体不完全燃烧热损失 | $Q_3$ | % | 计算 | 2.33 | 1.34 | 2.31 | 4.59 |
| 固体不完全燃烧热损失 | $Q_4$ | % | 计算 | 6.14 | 5.18 | 5.695 | 7.41 |
| 散热损失 | $Q_5$ | % | 计算 | 26.3 | 12.4 | 12.0 | 11.7 |
| 灰渣物理热损失 | $Q_6$ | % | 计算 | 0.114 | 0.101 | 0.094 | 0.120 |
| 传热面面积 | $F$ | m² | 实测 | 2.5513 | 2.551 | 2.551 | 2.551 |
| 传热系数 | $K$ | kW/(m²℃) | 计算 | 0.0130 | 0.0186 | 0.0364 | 0.0239 |
| 烟尘含量 | $YC$ | mg/m³ | 实测 | 105 | 115 | 240 | 700 |
| 烟气中CO含量 | $CO$ | % | 实测 | 1.240 | 0.564 | 0.657 | 0.913 |
| 烟气中CO₂含量 | $CO_2$ | % | 实测 | 6.5 | 5.7 | 3.4 | 2.2 |
| 烟气中SO₂含量 | $SO_2$ | ×10⁻⁶ | 实测 | 7.0 | 4.0 | 1.5 | 1.0 |
| 烟气中NOₓ含量 | $NO_x$ | ×10⁻⁶ | 实测 | 124 | 90 | 60 | 50 |

## 10.9 结论

(1) 生物质成型燃料燃烧特性与煤、木块燃烧特性不同，根据生物质成型燃料燃烧特性、燃烧设备热力特性参数及热性能指标研制出适合生物质成型燃料燃烧、供热量为87 kW 的双层炉排专用燃烧设备，该燃烧设备具有以下优点：① 燃烧效率达 98.2%、热效率达 74.4%、热负荷达 87 kW 等各项热性能特性指标达到设计要求；② 采用双层炉排燃烧结构，大大提高了燃料燃尽程度，降低了气体及固体不完全燃烧损失，使燃烧效率及热效率都高于单层炉排燃烧设备，具有消烟作用；③ 采用特殊的降尘室对烟尘进行降尘，使排烟中烟尘含量低于其他类型燃烧设备，同时烟气中 $NO_x$、$SO_2$ 远远低于燃煤锅炉，符合国家有关锅炉污染物排放标准要求；④ 采用低过量空气系数与低还原层温度燃烧，降低了生物质成型燃料结渣率；⑤ 双层炉排燃烧设备制造工艺简单，价格与同容量的燃煤设备相当，操作也比较方便。

(2) 在研制的生物质成型燃料燃烧设备上进行生物质成型燃料空气流动场、温度场、气体浓度场、结渣特性及确定燃烧设备主要设计参数试验，得出了以下一系列规律性成果：① 生物质成型燃料燃烧设备空气流向及流速分布规律；② 生物质成型燃料燃烧设备在4种燃烧工况下，炉膛中 $O_2$、$CO_2$、$CO$ 气体浓度变化规律；③ 生物质成型燃料燃烧结渣性判断依据、结渣过程及结渣规律；④ 生物质成型燃料燃烧设备主要设计参数。

# 11 我国生物质成型燃料规模化研究

## 引言

我国是一个能源消耗大国，一次能源消费仍以煤炭为主。2007年我国能源消费总量26.5亿tce，位居世界第二，约占世界能源消费总量的15.6%，其中煤炭占我国能源消费总量的68.8%，原油占18.6%，天然气占3.0%，可再生能源及其他能源占9.6%。资料表明，我国人均石油可采储量2.6 t、天然气1074 $m^3$、煤炭90 t，分别为世界平均值的11.1%、4.3%和55.4%；到2007年底，全国约有1000万人没有电可以使用。

我国《可再生能源法》指出："促进可再生能源的开发利用，增加能源供应，改善能源结构，保障能源安全，保护环境，实现经济社会的可持续发展。""国家鼓励清洁、高效地开发利用生物质燃料。"我国《能源发展"十一五"规划》强调，要"大力发展可再生能源"，"重点发展资源潜力大、技术基本成熟的风力发电、生物质发电、生物质成型燃料、太阳能利用等可再生能源，以规模化建设带动产业化发展"。

生物质成型燃料技术能够提高秸秆燃料的运输和储存能力，改善生物质燃烧性能，提高利用效率，扩大应用范围。生物质成型燃料可以取代煤、燃气等作为民用燃料进行炊事、取暖等，也可用于各种锅炉燃料。

经过多年的研究与试验，国内部分生物质成型设备及其配套产品发展成熟。2002年，河南农业大学研制的液压驱动双头活塞式HPB系列生物质成型机，经鉴定后，向企业转让了技术，正式投入工业化生产，该技术尤其对我国最丰富的生物质——秸秆具有较好的适应性。2003年开始已经将成型设备以及配套燃烧炉具在省内外进行示范推广。

为了推动生物质成型燃料的规模化发展，从根本上解决我国农村能源的实际问题，河南农业大学在河南省财政厅协助下，利用HPB型秸秆成型机于2004年在河南省5地市6个村庄进行示范应用，对秸秆成型燃料作为煤的替代燃料在农村大规模应用进行了大胆尝试，跨出了生物质成型燃料规模化利用的第一步，开始了秸秆成型燃料在中国的工程化探索。

考虑到我国秸秆资源的独特性，本文仅针对秸秆成型燃料的规模化推广应用进行分析。

秸秆成型燃料规模化技术是以秸秆成型燃料技术为依托的规模化生产和应用的系统技术，包括秸秆成型燃料的生产组织、经营管理等。满足秸秆成型燃料规模化生产需要丰富的秸秆资源、成熟的成型燃料技术、充足的资金保证和较高的社会认可度。

实施秸秆成型燃料产业规模化经营是一种有效的战略性选择，只有进行规模化经营，才能合理利用生产资料和劳动力，降低成本，提高效率。随着新农村建设的推进，优质能源占农村居民生活及炊事用能的需求比例越来越大,秸秆成型燃料规模化应用将充分利用当地的剩余秸秆资源,减轻农村化石燃料大量使用所带来的环境污染。

秸秆成型燃料是优质的可再生能源,可以替代煤炭等化石燃料用于农村生活和生产,减少农村对商品能源的依赖。秸秆成型燃料可作为热水锅炉、电站锅炉等动力燃料,还可以用于干馏气化,提高设备的容积负荷,降低加工成本,进一步提高农作物秸秆的能源品位。

秸秆发电技术的推广应用,为秸秆成型燃料产品找到了更大的应用市场。该技术在农村的规模化应用,还能够带动相关产业发展,提供更多的就业机会。

秸秆成型燃料技术是目前解决农民荒烧秸秆、缓解农村能源短缺、高效率利用秸秆类生物质能源的有效途径。秸秆成型燃料技术在我国将形成新的产业,在我国农村地区产业化发展秸秆成型燃料技术具有广阔的发展前景和巨大的市场潜力。

秸秆能源的高效转化可以解决我国农村秸秆焚烧污染及资源浪费问题。秸秆成型燃料技术,结合秸秆的特点、符合我国的国情,是目前综合利用秸秆最为现实有效的方法之一。

## 11.1 秸秆成型燃料设备综合评价

### 11.1.1 秸秆成型燃料设备选择

分析秸秆成型燃料的规模化经营系统技术经济性,必须对秸秆成型燃料的综合应用进行技术经济评价,确定秸秆成型燃料的主导技术。本文采用模糊评价方法,构建Weaver-Thomas模型,根据威弗综合指数评定秸秆成型燃料主导技术,选择适合我国国情、稳定成熟的秸秆成型燃料技术,然后对供能系统进行循环经济分析。

#### 11.1.1.1 模糊评判法及Weaver-Thomas模型的构建

为了正确评价秸秆成型燃料技术,得出恰当的结论,不能单从原料来源、生产率、生产成本或设备本身这些单一因素考虑。而要对各种技术综合评价,这要涉及多因素、多指标,所以要求建立的模型必须能够综合地反映其技术的先进性、合理性和可行性。下面根据多因素评价方法建立综合技术经济评价模型。

对评判对象的全体,根据所给的条件,给每个对象赋予评判指标(非负实数),据此择优排序,对多种因素所影响的事物或现象作出综合评价。综合评判过程的数学描述如下:

第一步,影响因素评判。

首先,给出对象集:$X=\{x_1,x_2,\cdots,x_n\}$,本文指各种秸秆成型燃料技术;

其次,找出判据集:$U=\{u_1,u_2,\cdots,u_m\}$,本文指各项指标;

最后,确定评价集:$V=\{v_1,v_2,\cdots,v_k\}$,根据评价方法确定。

第二步,模糊子集的确定。

确定被评对象(各种秸秆成型燃料技术)相对某一因素在评价集$V$上的模糊子

集 $R$

$$R = \begin{bmatrix} r_{11} & r_{12} & \cdots & r_{1n} \\ r_{21} & r_{22} & \cdots & r_{2n} \\ \vdots & \vdots & \vdots & \vdots \\ r_{m1} & r_{m2} & \cdots & r_{mn} \end{bmatrix}$$

$R$ 为主导技术综合排序矩阵，其数值由威弗指数计算而来，$r_{ij}$ 表示第 $i$ 产业（技术）相对于第 $j$ 指标的排序值，并由此构建 Weaver-Thomas 模型，确定主导技术。

Weaver-Thomas 模型是由威弗提出并经托马斯改进的组合法，其主要原理是把一个实际观察分布与假设分布相比较，以建立一个最接近的近似分布。使用该模型时，首先把经过标准化处理的资料按大小排序，然后通过计算和比较每一种假设分布与实际分布之差的平方和，来确定最佳拟合。若平方和最小，则这种假设分布近似实际观察分布，此为最佳，当实际观察分布的百分比与某一假设分布的百分比完全一致时，它们之间差的平方和为 0。其具体计算公式如下：

设 $E_{ij}$ 为第 $i$ 项技术第 $j$ 项指标值（$i=1, 2, 3, \cdots, M$；$j=1, 2, 3, \cdots, N$），$M$ 为所有技术（行业）总个数，$N$ 为指标个数，则对应于第 $n$ 项技术（$n \leqslant M$）的威弗指数 $WT_{nj}$ 的计算式为

$$WT_{nj} = \sum_{i=1}^{M} \left[ S_i^n - 100 \times E_{ij} \bigg/ \sum_{i=1}^{M} E_{ij} \right]^2 \tag{11.1}$$

式中

$$S_i^n = \begin{cases} 100/n & i \leqslant n \\ 0 & i > n \end{cases} \quad n \leqslant M$$

第 $j$ 项指标对应主导技术的个数 $np_j$ 为

$$np_j = \{ n : WT_{nj} = \min_k WT_{kj} \quad (k=1,2,3,\cdots, M) \tag{11.2}$$

全部指标对应主导技术的总个数为

$$np = \frac{1}{N} \sum_{j=1}^{N} np_j \tag{11.3}$$

主导技术的集合为

$$X_p = \{ p, \ p=1,2,\cdots, np \} \tag{11.4}$$

第三步，赋予权值。

对于多因素评判对象，不同的因素重要程度不同，赋予诸因素不同的权值，以因素集的一个模糊子集 $A$ 表示权值分配

$$A = [\rho_1, \rho_2, \cdots, \rho_m] \tag{11.5}$$

其主导技术综合排序值为

$$B_i = \sum_{j=1}^{N} \rho_j r_{ij} \tag{11.6}$$

根据综合排序值 $B_i$ 得到综合评判结果

$$B = A \otimes R \tag{11.7}$$

## 11.1.1.2 秸秆成型燃料主导技术的确定

根据国内外秸秆成型燃料技术研究与发展现状，本书主要选择如下 8 种生物质成型燃料技术作为研究对象，进行综合技术经济评价，拟从中选出若干主导技术：液压驱动活塞成型技术、机械驱动活塞成型技术、对辊挤压黏结成型技术、环模压辊成型技术、螺旋挤压成型技术（加热）、螺旋挤压成型技术（不加热）、螺旋挤压成型技术（湿压）、胶凝黏结成型技术。

为了更全面、准确反映生物质成型燃料技术综合评价效果，遵循技术进步原则、效益原则等，我们选择各种成型技术的以下 8 项指标作为评价体系建立 Weaver-Thomas 模型。

$L$ 为主要部件寿命，单位为 h；$C$ 为产品成本，单位为美元/t；$EC_p$ 为比能耗，单位为 kW·h/kg；$D$ 为耐久性；$\rho$ 为松弛密度，单位为 kg/m³；$P_{max}$ 为最高生产能力，单位为 kg/h；$M$ 为技术成熟度；$S$ 为原料成型程度。汇总资料与数据经核算后的基础数据如表 11.1 所示。

**表 11.1 生物质成型燃料技术综合评价基础数据**

| 技术类型 | $L$ /h | $C$ /(美元/t) | $EC_p$ /(kW·h/kg) | $D$ | $\rho$ /(×10³ kg/m³) | $P_{max}$ /(kg/h) | $M$ | $S$ |
|---|---|---|---|---|---|---|---|---|
| 机械活塞成型 | 1000 | 41.44 | 0.05 | 良 | 1.1~1.2 | 3000 | 中/高 | 中 |
| 液压活塞成型 | 1500 | 41 | 0.05~0.07 | 优 | 0.9~1.1 | 1000 | 高 | 优 |
| 对辊挤压成型 | 550 | 41.44 | 0.05~0.1 | 良 | 0.8 | 500 | 中/高 | 中 |
| 环模压辊成型 | 1100 | 38.71 | 0.015~0.04 | 中 | 1.0 | 8000 | 高 | 差 |
| 螺旋热压成型 | 150 | 48 | 0.09 | 优 | 1.2~1.4 | 800 | 中/高 | 差 |
| 螺旋常温成型 | 100 | 42.2 | 0.15 | 差 | 1.4 | 1000 | 中/低 | 中 |
| 螺旋湿压成型 | 200 | 45.14 | 0.01 | 差 | 0.5~0.7 | 400 | 中/低 | 良 |
| 胶凝黏结成型 | 2000 | 38 | 0.05 | 中 | 0.5~0.7 | 100 | 中低 | 差 |

为了便于计算 Weaver-Thomas 指数，要对基础数据进行数量化处理，具体处理方法如下：

（1）对于在一定范围内变化的数据取中间值。

（2）对于难以定量化的指标，如技术成熟度、耐久性、工作寿命等给予相应的分值，进行数量化处理。

（3）对于产品成本、比能耗、比投资等指标，由于其数值的大小与综合评价效果成反比，取其倒数处理。

经过数量化处理的数据再经标准化处理后，将标准化数据列入表 11.2。

表 11.2 秸秆成型燃料技术标准化数据

| 编号/技术类型 | $L$ | $1/C$ (×100) | $1/EC_p$ | $D$ | $P$ | $P_{max}$ | $M$ | $S$ |
|---|---|---|---|---|---|---|---|---|
| 1/机械活塞成型 | 0.750 | 0.500 | 0.600 | 0.750 | 0.750 | 0.500 | 0.750 | 0.500 |
| 2/液压活塞成型 | 1.000 | 0.750 | 0.500 | 1.000 | 1.000 | 1.000 | 1.000 | 1.000 |
| 3/对辊挤压成型 | 0.500 | 0.500 | 0.500 | 0.750 | 0.750 | 0.750 | 0.750 | 0.500 |
| 4/环模压辊成型 | 0.750 | 1.000 | 0.800 | 0.500 | 1.000 | 0.500 | 1.000 | 0.250 |
| 5/螺旋热压成型 | 0.250 | 0.250 | 0.300 | 1.000 | 0.750 | 0.750 | 0.750 | 0.250 |
| 6/螺旋常温成型 | 0.250 | 0.500 | 0.200 | 0.250 | 0.500 | 0.250 | 0.250 | 0.500 |
| 7/螺旋湿压成型 | 0.250 | 0.50 | 1.000 | 0.250 | 0.250 | 0.250 | 0.250 | 0.750 |
| 8/胶凝黏结成型 | 1.000 | 1.000 | 0.600 | 0.250 | 0.250 | 0.250 | 0.250 | 0.250 |

将标准化数据代入 Weaver-Thomas 模型，求出对应于各项指标的威弗综合指数 $WT_{ij}$ 值，依次将结果列入表 11.3。

表 11.3 秸秆成型燃料主导技术的 Weaver-Thomas 模型值

| 序号 | $L$ $WT_{ij}$/编号 | $1/C$ $WT_{ij}$/编号 | $1/EC_p$ $WT_{ij}$/编号 | $D$ $WT_{ij}$/编号 | $\rho$ $WT_{ij}$/编号 | $P_{max}$ $WT_{ij}$/编号 | $M$ $WT_{ij}$/编号 | $S$ $WT_{ij}$/编号 |
|---|---|---|---|---|---|---|---|---|
| 1 | 7368.42/2 | 7450.00/8 | 7032.10/7 | 7500.00/2 | 7785.31/2 | 7500.00/2 | 7500.00/2 | 6562.50/2 |
| 2 | 2368.42/8 | 2450.00/4 | 2476.54/4 | 2500.00/5 | 2625.00/4 | 2500.00/6 | 2500.00/4 | 2187.50/7 |
| 3 | 1052.63/1 | 1116.67/2 | 1254.32/1 | 1166.67/1 | 1291.67/1 | 1166.67/5 | 1216.67/1 | 1145.83/1 |
| 4 | 394.74/4 | 700.00/1 | 643.21/8 | 500.00/3 | 625.00/5 | 500.00/3 | 550.00/3 | 625.00/6 |
| 5 | 210.53/3 | 450.00/3 | 365.43/2 | 300.00/4 | 225.00/3 | 300.00/4 | 150.00/5 | 312.50/3 |
| 6 | 263.16/5 | 283.33/6 | 180.25/3 | 166.67/8 | 125.00/6 | 166.67/1 | 216.67/6 | 312.50/5 |
| 7 | 300.75/6 | 164.29/7 | 174.96/5 | 242.86/6 | 196.43/7 | 242.86/7 | 276.53/7 | 312.50/4 |
| 8 | 328.95/7 | 200.00/5 | 369.14/6 | 250.00/7 | 250.00/8 | 250.00/8 | 300.00/8 | 312.50/8 |

根据威弗综合指数的大小，赋予表 11.3 中威弗指数相应的分值，数值可正可负，这里规定非主导技术的威弗综合指数是负值，于是可以得到模糊子集 $R$。

$$R = \begin{bmatrix} 2 & 4 & 0 & 1 & -1 & -2 & -3 & 3 \\ 3 & 4 & 2 & 5 & -1 & 1 & 0 & 6 \\ 4 & 2 & 1 & 5 & 0 & -1 & 6 & 3 \\ 3 & 5 & 2 & 1 & 4 & -1 & -2 & 0 \\ 3 & 5 & 1 & 4 & 2 & 0 & -1 & -2 \\ 0 & 5 & 2 & 1 & 3 & 4 & -1 & -2 \\ 2 & 4 & 1 & 3 & 0 & -1 & -2 & -3 \\ 2 & 4 & 0 & 0 & 0 & 1 & 3 & 0 \end{bmatrix}$$

由公式 (11.5) 求成型燃料主导技术总个数为 $np=4.875$，说明成型技术产业由 4 个以上技术占主导地位。很显然，液压驱动活塞成型技术在处理农村秸秆，生产秸秆成型燃料方面占据绝对主导地位。因此,本文采用液压驱动活塞成型技术进行研究,并选取河南农业大学农业部可再生能源重点试验室研制生产的 HPB 型成型机作为试验设备。

结合农村秸秆成型燃料发展需要及发展前景,综合分配权值为

$$A = (0.2, 0.1, 0.15, 0.05, 0.05, 0.1, 0.05, 0.3)$$

于是综合评判结果为

$$B = A \otimes R = (2.3, 3.9, 0.75, 1.95, 0.3, -0.15, 0.75, 1.2)$$

根据调查发现,我国农村农户分布情况一般是每村 300~450 户,耕作面积约 150 $hm^2$,秸秆产量约 2000 t,可获得量 1700 t 左右。在以秸秆作为燃料的地区,除去 40%作为饲料和肥料,约有 900 t 的秸秆燃料(荒废和闲置约 10%)。本研究课题采用 HPB 系列成型设备进行示范试验,探索适合我国农村秸秆成型燃料规模化应用技术。

### 11.1.2 利用秸秆成型燃料能量分析

为了开发利用我国农村大量的农作物秸秆,我们选择了秸秆成型燃料技术并首先在河南省 5 个地区的农村、农场进行了示范试验。示范试点选用的秸秆成型燃料生产设备——液压秸秆成型机由河南农业大学研制,该设备生产能力 300~500 kg/h,秸秆成型燃料生产总能耗低于 80 kW·h/t,每天生产秸秆成型燃料 2.5~3 t,可以满足一个村庄 300~450 户农户的生活用能。

#### 11.1.2.1 燃烧秸秆成型燃料 $CO_2$ 的循环流动

图 11.1 简单地说明了燃用秸秆成型燃料后农业生态循环经济系统的物质、能量循环流程图。根据生态效益理论,减少系统化石能源使用量、没有或很少产生污染物排放,从系统本身看,最大限度地、持续地利用了系统内可再生资源。可以看出,生活

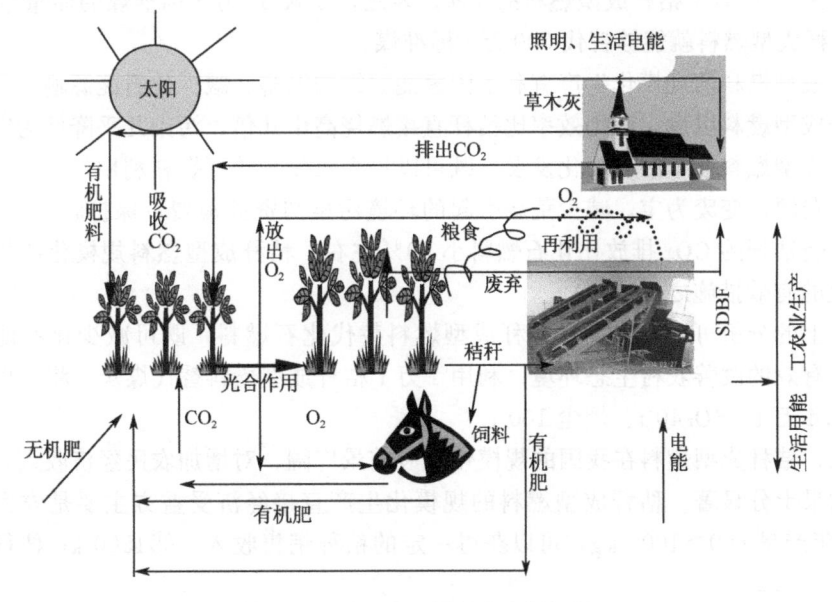

图 11.1 秸秆成型燃料物流循环图

燃料以秸秆成型燃料为主时，能够尽量控制外部环境燃料的增加，减少系统外物质的流入，需要外界提供的能源主要是电能和农业机械能。

秸秆通过光合作用利用空气中的 $CO_2$ 和水合成有机化合物，将碳固定于粮食和秸秆中，并放出 $O_2$。利用粮食和秸秆后又被氧化为 $CO_2$ 和水，并释放出其中储存的能量和 $O_2$，$CO_2$ 重新进入碳循环。植物的光合作用是燃烧反应的逆过程，而燃烧是我们获取和使用能源的主要方式。

1 t 标准煤燃烧后 $CO_2$ 净排放约 2 t，大量使用化石能源，会导致大气中 $CO_2$ 浓度增加，引起温室效应。秸秆燃烧排放的 $CO_2$ 会被农作物秸秆再吸收，不会形成明显的碳积累和大气中 $CO_2$ 的浓度增加，可以循环利用，秸秆高效燃烧的 $CO_2$ 净排放低于燃煤排放的 90%，被国际公认为零排放。但是，秸秆直接燃烧效率低，污染浪费严重；秸秆压缩为秸秆成型燃料后可以改变燃烧方式，扩大应用范围，提高燃烧利用效率。

### 11.1.2.2 应用秸秆成型燃料的系统能流分析

农业生态系统的能量流主要有两类：自然投入的太阳能和人为投入的辅助能量。解决生态农业的能源问题主要有三个方面的内容：一是努力提高太阳能的利用率；二是提高生物能的转化和利用率；三是提高辅助能量的投入。提高生物能的转化和利用率的秸秆成型燃料技术是目前最为切实可行的办法之一。

以秸秆成型燃料为中心的农村供能的生态系统，每年靠太阳能提供能量储存于生物质，由生物质能参与整个能量循环。

HPB 系列成型机每生产 1 t 秸秆成型燃料约需消耗电能 77 kW·h/t，按中国 2005 年的平均发电效率计算，生产 77 kW·h 的电需耗 35 kg 标准煤。按照国家规划，到 2010 年，生产 1000 万 t 秸秆成型燃料约需消耗 35 万 t 标准煤，折合秸秆成型燃料约 70 万 t，占 1000 万 t 秸秆成型燃料的 7%。因此，投入 35 万 t 标准煤的能量生产 1000 万 t 的秸秆成型燃料就能够替代 500 万 t 标准煤。

秸秆成型燃料的规模化生产有利于国家能源结构调整、减少化石能源输入。秸秆转化为秸秆成型燃料以后，利用效率比秸秆直接燃烧高出几倍，污染几乎降低为零。

秸秆成型燃料技术的规模化发展，既可以提高农作物秸秆燃料利用效率，又能有效处理秸秆资源，变废为宝，减少荒烧引起的环境污染与资源浪费，保护农业生态环境。高效率燃烧秸秆的 $CO_2$ 排放比化石燃料小 90% 左右，秸秆成型燃料规模化应用是减少 $CO_2$ 排放的有效措施之一。

从以上的分析可以看出，以秸秆成型燃料替代化石燃料，既可减少化石能源的消耗，又可有效的改善农村生态环境。利用 1 万 t 秸秆成型燃料替代煤炭，将可以减少排放 $CO_2$ 1.4 万 t、$SO_2$ 40 t、烟尘 100 t。

所以，秸秆成型燃料在我国的规模化发展前景广阔，对增加农民经济收入，发展农村经济效果十分显著。秸秆成型燃料的规模化生产直接经济受益方主要是农民：①每亩[①]秸秆年产量 800～1000 kg，可以获得一定的秸秆销售收入；②1500 kg 秸秆成型燃

---

① 1 亩 ≈ 667 m²。

料基本可以保证三口之家全年炊事能源需求，用自己家庭的秸秆原料加工秸秆成型燃料，省去购买商品燃料费；③每 1000 kg 秸秆成型燃料燃烧后获得 100 kg 优质钾肥，可以给责任田施肥增产，也可以包装在花卉市场销售作为花肥，增加经济收入。

## 11.2 秸秆资源的收集与预处理

从秸秆成型燃料系统技术角度分析，没有充足的原料资源，秸秆成型燃料规模化就无从谈起。我国农村责任田的耕作方式，造成原料分布分散、收集困难，尤其是近几年农村商品能源的消费量迅速增大，导致秸秆等生物质燃料的消费萎缩，秸秆浪费、闲置、荒烧问题相继出现。所以，如何组织收集秸秆原料是秸秆成型燃料规模化发展的关键系统技术之一。秸秆资源的收集、运输、储存、粉碎等技术直接影响秸秆成型燃料规模化技术的发展，以及季节、天气、人文习惯等因素对秸秆成型燃料的连续生产均会产生影响，本文结合秸秆特性和我国农民分产耕作方式，对秸秆原料的收集、运输、储存、粉碎和含水率等障碍进行详细的分析，提出合理的组织方法以保证农民供应原料的连续性和自觉性。

### 11.2.1 秸秆资源的收集

秸秆收集的根本出路在于机械化，包括与收割配套的切碎和打包处理。世界上除棉花秸秆等高纤维素含量的农作物外，都有机械化的范例，但在中国个人承包土地的体制下，秸秆利用的市场尚未形成，实现机械化切割、粉碎和打包（捆）还有许多问题需要研究，本书提出的系统技术就在于此。因此，作者的着眼点是基于目前我国农村实际提出的，机械化秸秆收集问题本书不作研究。

#### 11.2.1.1 秸秆收集的障碍分析

我国每年秸秆产量按可获得系数 85% 计算，每年可收获秸秆总量为 5 亿 t 以上。在秸秆成型燃料推广应用过程中发现，秸秆资源利用方面还存在许多不利因素。

一是秸秆资源分布分散，规模化的秸秆收集比较困难，增加了秸秆收集的成本。由于我国多年来农业的耕作方式是以分田到户的责任制为主，农作物种植品种和收集时间都不一致，集中统一收集秸秆不太可能。而且由于秸秆能源的燃料品位低，用于饲料和还田后剩余量大，许多农民不在乎剩余秸秆的价值，常常不予收割、收集，甚至就地焚烧。

二是秸秆单位体积密度小，50~150 kg/m$^3$，堆放体积庞大，搬运、运输、码垛需要消耗较多的人力、财力，运输有一定的困难，尤其是远距离大规模运输成本太高。如果考虑人工费、含水率及运输损耗，将会增加成本。

三是秸秆的规模化储存与保管比较困难，松软、低密度的秸秆堆积储存要占据较大的空间。首先，秸秆的自然干燥需要 1~3 个月，而且经常受季节和天气的干扰，影响生产连续性和生产规模；若采用干燥设备，则增加设备投资、脱水能耗和秸秆成型燃料的生产成本。如果不进行干燥就堆积储存，含水率 25%wb 以上的秸秆易于霉烂变质，失去应有的燃料特性，降低秸秆的热值，随着储存时间的延长，热值损失加大，从而增加燃料成本。即使加大储存秸秆存储面积，还存在防雨防潮、安全防火问题。尤其对我国种植面积巨大的玉米秸秆，由于秸秆含糖、水分散失慢、收获后空气温度低等，收集储存对玉米秸秆燃料质量最难以控制。

#### 11.2.1.2 秸秆原料的规模化储存

为了秸秆成型燃料技术的规模化应用，针对我国秸秆资源存在的以上问题需要采取积极措施消除不利因素，充分调动各方面的积极性，推动秸秆成型燃料技术的产业化发展。

根据示范试验分析认为，以一村一点、点面结合的网状结构发展模式，由点到面在全国大规模发展秸秆成型燃料符合农村实际、易于实施。为此，秸秆储存采取以下两种方式。

**1) 分户储存**

针对我国农业责任田制的耕作方式，对于经济欠发达地区采取分户储存的方式。这里农民常年以秸秆为主要燃料，习惯燃烧秸秆，多数农民收获季节过后常常自觉自愿地将秸秆放在自己家的院落周围晾晒、存放。这种方式的优点：一是可以减少仓储建设费用，各家各户的秸秆分别存放于各自的农家小院周围或田间地头；二是可以减少火患和防御投资，由于每家的秸秆量都不是太大，防雨防潮相当方便，又有乡邻之间互相照应，比较安全。例如，我们在河南省的商丘市纠庄村和南阳市双庙村进行秸秆成型燃料示范试验就是采取的这种收集方式。缺点：统一管理比较麻烦，思想认识不一致，最后秸秆的应用可能会出现扯皮现象，甚至影响秸秆成型燃料的连续性生产。

**2) 集中储存**

针对经济较发达及集体企业较多地区采用集中储存的方式。经济发达地区的农民，村民多数在企事业单位工作，生活节奏较快，而且农民早已没有燃烧秸秆的生活习惯。所以这里的秸秆常常散落地头，无人收集和管理，收获季节过后往往出现秸秆荒烧现象。因此，需要政府积极发挥作用，对于散落的秸秆组织收集，指定地点集中堆放储存，为生产秸秆成型燃料作准备。这种方式的优点：易于实施和管理，方便秸秆成型燃料连续性生产。缺点：秸秆收集费用高，储存管理成本高，存在一定的火灾安全隐患，需防雨防潮等。我们在河南省的新乡市和濮阳市的示范村就采取了集中储存的方式。

针对以上两种秸秆收集方式存在的缺点还应该做到：首先，采取政策激励机制和利益驱动原则调动地方政府和农民的积极性。例如，加大环境污染处罚力度，减少就地焚烧秸秆行为；给予适当的财政补贴，增加农民的经济收入等，促使秸秆收集存放，减少随意燃烧和浪费现象。其次，加大信息传播和宣传教育的力度，普及能源知识，增强农民环境意识，从根本上提高农民的自主意识，积极配合秸秆成型燃料产业化发展。最后，集中储存的仓储点不宜过大，适当分散堆放。

需要注意的是，在我国目前农村生产方式下，秸秆收集规模最好不要跨区域大面积收集，秸秆成型燃料的生产规模不宜太大。集中建厂的大规模发展模式，存在秸秆原料的收集半径过大、一次企业建厂和设备投资过高、生产组织和管理困难、秸秆成型燃料的运输销售和消费对象的不确定等问题，不适合在我国分散的农村应用，但可以探索在大型农场和统一耕作的大型示范试验田应用。

### 11.2.1.3 秸秆原料储存预处理

秸秆收割后集中储存之前由于含水率较高、单位重量的体积过大，需要对其进行脱水、碾压等预处理。一般采用的处理方法：

对于夏季作物（小麦秸秆、油菜秆等）和需要脱粒的农作物茎秆（稻秆、大豆秸秆、花生壳等），由于脱粒时秸秆含水率已经很低，而且茎秆因被碾压而剥离表面蜡质和失去应力，可压缩体积空间相对减小，所以，可以直接码垛储存，只需做好防雨防潮和安全防火工作。

对于秋收秸秆（玉米秸秆、棉花秸秆等），由于秸秆含水率高达40%wb以上，堆放储存前需要预先脱水干燥至含水率低于20%wb。针对我国农村实际情况，秸秆干燥的方法一般采用自然干燥。但是由于秋季农作物秸秆收割后很快进入冬季，自然失水干燥需要时间较长，影响秸秆成型燃料的连续性生产。因此，为了加速秋季农作物秸秆脱水干燥，减少压缩空间，增大单位体积的储存量，堆放前可以先对秸秆采取碾压，以消除秸秆的部分表面应力、减少秸秆组织的压缩空间并剥离秸秆表皮的蜡质层。然后再通风、晾晒、粉碎、堆放，可以大大减少脱水时间和秸秆的堆积体积。秸秆含水率低于20%wb后，有条件的地区还可以采取粉碎入仓的办法储存，从而满足秸秆成型燃料的生产连续性和农民对秸秆成型燃料的需求规模。

对于雨季较多和空气湿度大的地区，应该考虑增建太阳能干燥房和自动抽湿设备，必要时还需要配备干燥设备，以保证秸秆成型燃料生产和供应的连续性、稳定性。

### 11.2.1.4 秸秆原料的粉碎

秸秆的粉碎技术影响秸秆成型燃料的规模化生产，不同的成型设备需要的粉碎设备也不相同。目前，我国还没有专门为成型设备设计的粉碎机、切碎机等，一般使用的粉碎机多是为秸秆还田粉碎机、林业碎木机械和饲料产业设计的牧草秸秆粉碎揉搓设备。由于成型燃料技术和成型原料的不同，要求的秸秆粉碎粒度不同，各种成型设备也应该配备不同的粉碎设备。浙江大学针对棉花秸秆等硬茎秸秆设计了直刀切碎机；针对HPB系列成型设备选用直刀铡草粉碎机，经过试验，粉碎粒度和成型效果比较理想。

总的来说，与成型设备配套的粉碎设备还不完善，仍然存在能耗高、生产率低、刀片磨损快、适应范围窄等问题。根据秸秆的力学特性，粉碎机械应该能够首先消除秸秆表面应力、剥离蜡质，然后根据粉碎粒度要求进行切碎，增大粉碎生产能力，扩展粉碎原料的应用范围，以保证成型燃料规模化生产的要求。

## 11.2.2 秸秆成型燃料生产原料的供应

根据我国农村农户分布情况和农民用能的需求，年处理秸秆1000~2000 t，为本村及邻村农民提供秸秆成型燃料，采用1~3村建设一条秸秆成型燃料生产线的规模，由点到面逐渐发展成为网状分布的生产模式方便生产原料及时供给，是合适的、合理的、符合我国农村实际的发展模式，易于实施和管理。下面介绍在河南省示范的几种形式：

方式一，加工方独立经营。本村组织农户把储存的秸秆统一提供给加工厂，由加工方独立经营，生产秸秆成型燃料后以物质形式分配给农户，年终结算。适合集体经济管理体制的模式，河南省新乡市和濮阳市示范点就采用了这种方式。

方式二，农户与经营者协议交换，农户拿秸秆兑换秸秆成型燃料。根据传统炉灶燃烧秸秆的效率与秸秆成型燃料专用炊事炉的燃烧效率和方便程度对比，参考当前的燃煤售价以及发展形势预测，确定 2 t 秸秆换取 1 t 秸秆成型燃料。若根据燃烧利用热值计算，秸秆直接燃烧效率 10%～15%，取 15%；秸秆成型燃料燃烧效率 30%～40%，取最低效率 30% 计算。假设两者热值相等为 14.6 MJ/kg，则 2 t 秸秆的燃烧利用热量：$2\times 1000 \text{ kg} \times 15\% \times 14.6 \text{ MJ/kg} = 4380 \text{ MJ}$，1 t 秸秆成型燃料的燃烧利用热量：$1\times 1000 \text{ kg} \times 30\% \times 14.6 \text{ MJ/kg} = 4380 \text{ MJ}$。

显然农户拿秸秆兑换秸秆成型燃料的结果是农民得到了相等的燃料（热量），但是储存、使用更方便，更清洁。由于目前采用财政补贴，根据随机调查结果显示，90%以上的农户愿意接受这种兑换方式。工业化运行以后，需要农户另外支付一定的加工费，来保证企业的利益。河南省南阳市的示范点就采用这种方式，农户的积极性非常高，秸秆原料不足的农户甚至愿意出资到外村购买秸秆来换秸秆成型燃料。

方式三，农户与经营者定量交换，农户拿秸秆来料加工，适当支付加工费。对于农户有燃烧秸秆习惯的地区，秸秆常在自家院落存放，按顺序送料加工的方式组织生产。支付标准由各地生产单位和消费者协商确定。河南省商丘市示范点就采用了来料加工方式。

## 11.3 松弛密度对秸秆成型燃料规模化生产的影响

松弛密度是秸秆成型燃料的主要物理品质，是影响秸秆成型燃料技术能否实现规模化应用的重要指标。研究秸秆成型燃料的松弛密度的影响因素、影响规律将为秸秆成型燃料技术规模化应用提供理论依据，对秸秆成型燃料技术产业化具有指导作用。要实现成型技术规模化、产业化，秸秆成型燃料必须满足运输、储藏和搬运等使用要求。因此，作者通过试验对秸秆成型燃料的松弛密度进行分析，确保秸秆成型燃料具有良好的物理品质特性时应具备的合适松弛密度，满足规模化技术生产的需求。

松弛密度受原料种类、粉碎粒度、原料含水率、成型压力、成型温度、压模几何形状、保型时间等众多因素的影响，本文主要对原料种类、粉碎粒度、原料含水率等外在可变影响因素进行试验分析，从秸秆成型燃料物理品质的角度，研究不同种类生物质粉碎粒度和原料含水率变化等对秸秆成型燃料松弛密度的影响。

### 11.3.1 秸秆成型燃料的松弛密度

#### 1）松弛密度和松弛比

秸秆成型燃料被挤压出成型筒后，由于弹性变形、吸湿水分和应力松弛等因素影响，秸秆成型燃料体积膨胀，成型密度逐渐减小，一定时间后秸秆成型燃料密度基本趋于稳定，此时秸秆成型燃料的密度称为松弛密度。它是决定秸秆成型燃料物理性能和燃烧性能的一个重要指标，直接影响秸秆成型燃料的品质及运输性能。秸秆成型燃料的松弛密度增大，运输性能也将改善。松弛密度比出模前的最终压缩密度小，密度的变化率通常采用无量纲参数松弛比 $\psi$ 表示，定义为模内物料的最大压缩密度 $\rho_{max}$ 与松弛密度 $\rho$ 的比值，描述秸秆成型燃料的密度变化程度。

$$\psi = \frac{\rho_{max}}{\rho} \tag{11.8}$$

**2) 松弛密度的测定**

由成型设备压缩的秸秆成型燃料，放置一段时间后，因为吸湿和松弛导致体积膨胀，密度由大变小，逐渐趋于稳定，此时的秸秆成型燃料样品质量 $m$ 与体积 $V$ 的比值就是秸秆成型燃料的松弛密度。样品质量利用天平或其他衡器称量，样品的体积一般可采用两种方法求得：根据秸秆成型燃料直径与长度利用直接计算法和浸蜡排水法。参照煤炭及其他固体燃料的特性，运输、储存要求秸秆成型燃料的松弛密度越大越好，设备生产和燃烧性能需要秸秆成型燃料的松弛密度 $\rho \approx 800 \sim 1200 \text{ kg/m}^3$ 即可，不同成型设备得到的秸秆成型燃料的松弛密度一般为 $600 \sim 1400 \text{ kg/m}^3$。

$$\rho = \frac{m}{V} \tag{11.9}$$

## 11.3.2 原料粉碎粒度和含水率对秸秆成型燃料松弛密度的影响

秸秆成型燃料松弛密度反映了秸秆成型燃料的主要物理品质指标，松弛密度受原料种类、粉碎粒度、原料含水率、成型压力、成型温度、压模几何形状、保型时间等众多因素的影响。本文主要将不同种类的秸秆在各种粉碎粒度、原料含水率等外部可控条件下进行研究。试验根据原料粉碎粒度、含水率分组进行。

下文中引用概念说明：细碎粉碎粒度（$S$）是指所用原料 80% 以上的粉碎颗粒的粒度为 $0 \sim 10$ mm；中等粉碎粒度（$M$）是指所用原料 80% 以上的粉碎颗粒的粒度为 $0 \sim 30$ mm；粗大粉碎粒度（$L$）是指所用原料 80% 以上的粉碎颗粒的粒度 $\geqslant 30$ mm。

### 11.3.2.1 试验

试验原料采用收获的本年度玉米秸秆、小麦秸秆及棉花采摘后的棉花秸秆，经自然风干至含水量为 20%wb 左右。然后分别将 3 种秸秆经直刀秸秆切碎机切碎，筛分并取 $0 \sim 10$ mm 的细碎粉碎粒度、$0 \sim 30$ mm 的中等粉碎粒度及未经筛分包括长度大于 30 mm 粗大粉碎粒度的秸秆原料，分别标记为玉米秸秆 $M_1$、$M_2$、$M_3$；小麦秸秆 $W_1$、$W_2$、$W_3$ 和棉花秸秆 $C_1$、$C_2$、$C_3$。最后将各种原料经烤箱烘干或太阳能干燥至含水率分别为 9%～12%wb、12%～15%wb、15%～18%wb 和大于 18%wb 等，密封存于塑料袋待用。试验地点在河南农业大学科教园区及洛阳试验工厂分别进行，采用内径为 $\Phi$120 mm 的成型锥筒试验。

试验主要设备：采用河南农业大学研制的 HPB 秸秆成型机及自动输送上料机等辅助系统。其他试验仪器有秸秆切碎机、游标卡尺、秒表、磅秤、烘干设备和电子天平等。

试验过程：调试设备，接通电源，打开加热电源开关，达到预定温度后，开机运行，正常启动，直到主机平稳运行，将不同含水率和粉碎粒度的各种预备原料加入进料斗。当秸秆成型燃料从成型套筒推出后，立即用游标卡尺测量其长度，并根据成型筒直径计算体积，同时称重，计算出最大成型密度，为了保证测量数值准确，取含水率不同、粉碎粒度不同、成型直径 Φ120 mm 的秸秆成型燃料各 5 块，分组测量，求其平均值；然后将样品在室内裸露放置 3 周，待其体积、重量基本稳定无变化，再称重、测量 1 次，此时测得的密度称为秸秆成型燃料的松弛密度，并由两次密度计算秸秆成型燃料松弛比。

### 11.3.2.2 试验结果分析

**1) 原料含水率对松弛密度的影响**

成型过程中，秸秆成型燃料含水率的高低影响秸秆成型燃料的松弛密度及燃烧性能。成型过程秸秆原料会由于受热散失一部分水分，成型出模后又会吸收空气中水分逐渐达到动态平衡，最终热压成型的秸秆成型燃料含水率一般为 8%~15%wb，过高或过低的含水率均影响秸秆成型燃料的松弛密度。

秸秆成型燃料被挤压出成型筒后，由于弹性变形、吸湿水分和应力松弛等因素影响，秸秆成型燃料体积膨胀，秸秆成型燃料密度逐渐减小，一定时间后秸秆成型燃料的形状、体积、含水率趋于稳定，达到平衡含水量，此时可测得松弛密度。

不同原料含水率对秸秆成型燃料松弛密度影响的试验结果如表 11.4 所示，不同原料含水率对松弛比影响的试验结果如表 11.5 所示。

**表 11.4 原料含水率和粉碎粒度对秸秆成型燃料松弛密度的影响**

| 含水率/%wb | 松弛密度/（kg/m³） | | | | | | | | |
| --- | --- | --- | --- | --- | --- | --- | --- | --- | --- |
| | $M_1$ | $M_2$ | $M_3$ | $W_1$ | $W_2$ | $W_3$ | $C_1$ | $C_2$ | $C_3$ |
| 9~12 | 1200 | 1150 | 1060 | 1150 | 1090 | 1020 | 1300 | 1220 | 1140 |
| 12~15 | 990 | 970 | 930 | 980 | 960 | 930 | 1010 | 980 | 920 |
| 15~18 | 890 | 870 | 820 | — | — | — | 880 | 860 | 810 |
| ≥18 | 750 | 740 | 700 | — | — | — | 720 | 710 | 680 |

注：$M_1$，$M_2$，$M_3$，$W_1$，$W_2$，$W_3$，$C_1$，$C_2$，$C_3$ 为粉碎粒度不同的玉米秸秆、小麦秸秆和棉花秸秆，下同。

**表 11.5 原料含水率和粉碎粒度对秸秆成型燃料松弛比的影响**

| 含水率/%wb | 松弛比 | | | | | | | | |
| --- | --- | --- | --- | --- | --- | --- | --- | --- | --- |
| | $M_1$ | $M_2$ | $M_3$ | $W_1$ | $W_2$ | $W_3$ | $C_1$ | $C_2$ | $C_3$ |
| 9~12 | 1.04 | 1.09 | 1.17 | 1.07 | 1.13 | 1.21 | 1.02 | 1.09 | 1.16 |
| 12~15 | 1.21 | 1.23 | 1.28 | 1.22 | 1.25 | 1.29 | 1.23 | 1.26 | 1.33 |
| 15~18 | 1.36 | 1.39 | 1.47 | — | — | — | 1.38 | 1.41 | 1.51 |
| ≥18 | 1.64 | 1.66 | 1.75 | — | — | — | 1.70 | 1.72 | 1.80 |

显而易见，原料的不同含水率对秸秆成型燃料的松弛密度及松弛比影响具有相同的变化规律，松弛密度及松弛比受原料含水率影响变化很显著。原料过于干燥时，相同原料、相同粒度的秸秆成型燃料的松弛比较大，而松弛密度相对较小；原料含水率超过15%wb以后松弛比迅速增大，过高的含水率严重影响成型品质；含水率大于18%wb的原料成型出模后体积几乎膨胀到模内成型块体积的2倍，甚至导致成型块出模胀裂，不能成型。含水率相同的不同原料的秸秆成型燃料的松弛密度变化规律类似：合适含水率的秸秆成型燃料的松弛密度以棉花秸秆最大，小麦秸秆最小；当含水率超出10%~15%wb的最佳范围时，玉米秸秆成型燃料的松弛密度最大，高木质素含量的棉花秸秆反而最小。

容易看出，当含水率为9%~12%wb时，松弛密度最大，松弛比最小；原料含水率在9%~15%wb时，秸秆成型燃料的松弛密度较理想，含水率超过15%后松弛比明显增大，松弛密度迅速下降；原料含水率超过18%wb后生产的秸秆成型燃料成型密度$\rho<800\ kg/m^3$，秸秆成型燃料的物理品质低劣，按体积重量计算运输成本将达到煤的2倍，增加运输及储藏成本。

**2）原料粉碎粒度对松弛密度的影响**

成型过程中，原料粉碎粒度的大小、精细或粗糙会对成型密度产生影响。不同原料粉碎粒度对松弛密度及松弛比影响的试验结果如表11.4、表11.5所示。很显然，各种原料在不同粉碎粒度时得到的秸秆成型燃料的松弛密度具有相近的变化；相同原料不同的粉碎粒度对秸秆成型燃料松弛密度影响的规律类似；松弛密度及松弛比受粉碎粒度影响变化幅度有限。

在其他相同条件下，3种秸秆原料均表现为细碎粒度时生产的秸秆成型燃料松弛密度最大，中等粒度的原料生产的秸秆成型燃料松弛密度最小；但对于秸秆类生物质在0~30 mm的粉碎粒度范围内，HPB成型机生产的秸秆成型燃料松弛密度变化幅度不大。各种秸秆原料、不同含水率时，均表现为细碎粉碎粒度时生产的秸秆成型燃料松弛比最小，秸秆粉碎粒度大于30 mm的原料生产的秸秆成型燃料松弛密度最小。

对于粉碎粒度相同的各种秸秆原料，含水率在9%~12%wb时得到的秸秆成型燃料松弛密度最大；适度含水率即含水率在10%~15%wb、其他条件相同时，以棉花秸秆为原料生产的秸秆成型燃料松弛密度最大，小麦秸秆为原料生产的秸秆成型燃料松弛密度最小。

## 11.3.3 讨论

根据试验结果，不同粉碎粒度、不同原料含水率的玉米秸秆、小麦秸秆、棉花秸秆对秸秆成型燃料松弛密度的影响曲线分别如图11.2、图11.3和图11.4所示。

可以看出，各种原料、不同粉碎的秸秆成型燃料的松弛密度随着含水率的变化具有类似的变化曲线，松弛密度随着含水率的增大而呈现减小趋势。原料的含水率在11%左右时，松弛密度最大。原料含水率在9%~15%wb时生产的秸秆成型燃料松弛密度均为800~1200 kg/m³。

必须指出，含水率过低的原料生产的秸秆成型燃料，容易吸收空气中水分，导致秸

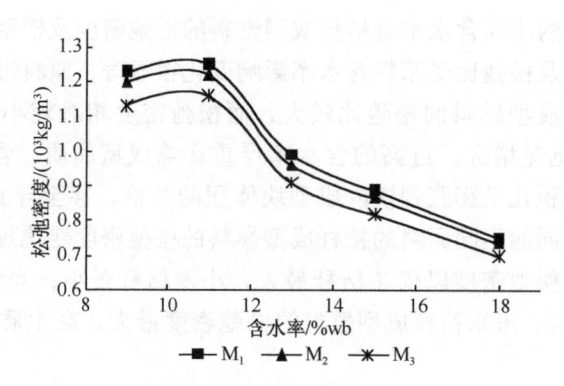

图 11.2 原料含水率对秸秆成型燃料松弛密度的影响
（不同粒度的玉米秸秆）

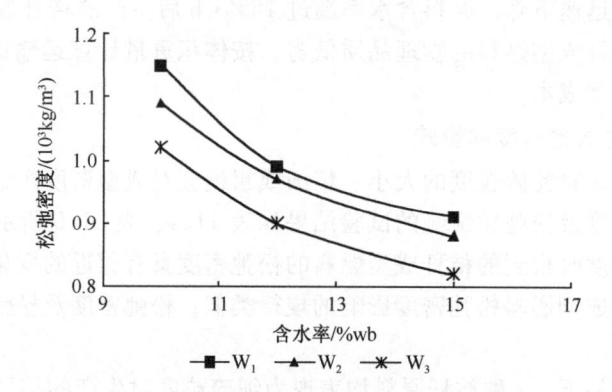

图 11.3 原料含水率对秸秆成型燃料松弛密度的影响
（不同粒度的小麦秸秆）

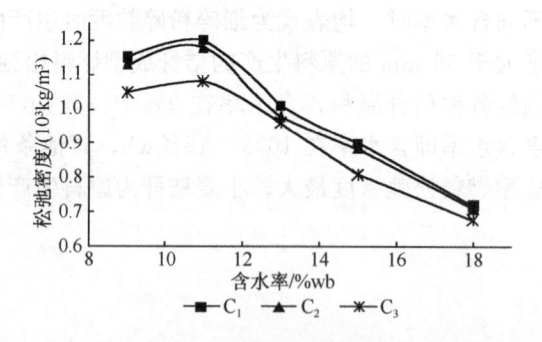

图 11.4 原料含水率对秸秆成型燃料松弛密度的影响
（不同粒度的棉花秸秆）

秆成型燃料胀裂变形，松弛密度变小；若含水率较高，传热系数增大，分子间力减小，空隙增多，黏结不牢，从而松弛密度降低；还会导致秸秆成型燃料挤压出成型套筒后，由于秸秆成型燃料内部高压水蒸气而胀裂散开，耐久性差，影响秸秆成型燃料成型特性。细小粉碎粒度的秸秆原料的含水率为 10%～15%wb 时，木质素含量高、纤维素多的棉花秸秆成型燃料的松弛密度最大,而木质素含量低的小麦秸秆成型燃料的松弛密度最小。含水率大于15%wb时,棉花秸秆成型燃料的松弛密度反而比小麦秸秆和玉米秸秆的松弛密度小,尤其是粉碎粒度较大的原料。原因是如果含水率较高,过多的水蒸气使分子间距离增大,影响热量传导,降低成型温度,棉花秸秆木质素难以熔融,粗纤维不易软化,导致黏结力下降,出模后秸秆成型燃料体积膨胀较大,所以松弛密度减小更多。小麦秸秆和玉米秸秆随粉碎粒度增大也呈线性下降趋势,但下降速率不大,主要由于这两种原料组织比较松软、木质素含量相对较低、纤维柔细,生产过程中物料受热均匀,易软化和熔融。

试验发现,当原料含水率过高时,成型机预热原料的一部分热量消耗在多余的水分上,同时被蒸发的水分很快汽化,水蒸气不能及时从成型筒排出,导致体积膨胀,占据空间增大,容易形成气堵,在成型筒内纵向形成很大的蒸气压力,轻者造成秸秆成型燃料出模开裂,表面粗糙;严重时,使物料快速"喷出"成型筒,产生"放炮"现象,不能成型,还会给周围环境造成损害,甚至影响人身安全。

秸秆原料含水率过低也不易成型。这是因为生物质体内的水分作为一种必不可少的自由基,流动于生物质团粒间,在压力作用下,与果胶质或糖类混合形成胶体,起黏结剂的作用,微量水分在高温下汽化,有利于热流的快速传导与均匀分布,从而使木质素软化点降低。

图11.5所示是原料含水率10%~15%wb时,不同粉碎粒度对秸秆成型燃料松弛密度的影响情况。容易看出,各种秸秆原料随着粉碎粒度的不同呈现相同的变化曲线。细碎与中等粉碎粒度的较小范围内时,棉花秸秆的秸秆成型燃料松弛密度最大,玉米秸秆次之,小麦秸秆最小;当粉碎粒度较大时,棉花秸秆成型燃料的松弛密度最小,小麦秸秆原料的秸秆成型燃料松弛密度次之,玉米秸秆的秸秆成型燃料的松弛密度最大。总的变化曲线是松弛密度随着粉碎粒度的增大而降低。

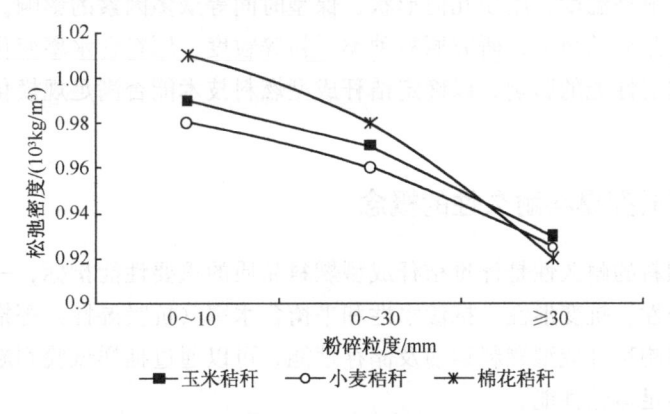

图11.5 原料粉碎粒度对松弛密度的影响
含水率为10%~15%wb

需要说明的是,原料含水率较低时,小麦秸秆成型燃料的松弛密度较小,而棉花秸秆成型燃料的松弛密度最大,这是因为棉花秸秆原料容重较大,粗纤维及木质素含量较高,高温下裂解及析出物较多,黏结性好。含水率过高时,由于棉花秸秆木质素含量较高，茎秆粗硬，尤其是颗粒大的棉花秸秆，木质素受到的破坏较轻，黏结力小，颗粒间主要靠交错叠加的方式黏结，结合松散，秸秆成型燃料被挤出成型筒后，内部的水蒸气迅速释放，引起交错叠加的原料颗粒膨胀开裂，导致产品粗糙变形，物理品质降低，甚至不能成型，所以含水率高时，木质素含量稍低的玉米秸秆的松弛密度反而略高于棉花秸秆成型燃料。

由以上试验可以得出如下结论：

对于 HPB 系列秸秆成型机，秸秆原料含水率是松弛密度的主要影响因素；最佳成型含水率为 10%～15%wb，此时秸秆成型燃料松弛密度 800～1200 kg/m³；秸秆原料含水率大于 18%wb 时，秸秆成型燃料的松弛比成倍增加。

减小原料粉碎粒度可以提高秸秆成型燃料松弛密度，但提高幅度不明显。所以，对于 HPB 系列秸秆成型机，通过减小秸秆粉碎粒度来提高秸秆成型燃料的松弛密度意义不大。

HPB 液压成型机对秸秆原料的粉碎粒度范围放宽到长度 30 mm 以上，可以大大降低秸秆粉碎能耗和秸秆成型燃料的生产成本，利于秸秆成型燃料规模化生产。

## 11.4 秸秆成型燃料的储运性能对规模化技术的影响

秸秆成型燃料的耐久性直接影响着秸秆成型燃料的储存及运输，是秸秆成型燃料技术能否实现规模化应用的重要指标。研究秸秆成型燃料的抗渗水性、抗跌碎性等储运特性的影响因素和影响规律将为秸秆成型燃料规模化技术提供理论依据，对秸秆成型燃料技术产业化发展具有指导意义。

耐久性是秸秆成型燃料的主要成型品质指标，受原料种类、粉碎粒度、原料含水率、成型压力、成型温度、压模几何形状、保型时间等众多因素的影响。本文主要从秸秆成型燃料物理品质的角度，研究原料种类、粉碎粒度、原料含水率变化等外在因素对秸秆成型燃料储运性能的影响，以确定秸秆成型燃料技术能否满足规模化、产业化应用的技术要求。

### 11.4.1 秸秆成型燃料耐久性的概念

秸秆成型燃料的耐久性是评价秸秆成型燃料品质的重要性能指标，一般包括秸秆成型燃料的抗跌碎性、抗变形性、抗渗水性和平衡含水率（抗吸湿性）等指标。秸秆成型燃料的耐久性影响秸秆成型燃料运输及储存性能，可以通过抽样试验判断秸秆成型燃料的耐久性是否满足运输性能。

秸秆成型燃料在生产和搬运过程中，由于碰撞和跌落等动作造成秸秆成型燃料破碎，影响秸秆成型燃料的搬运耐久性，所以要求秸秆成型燃料具有一定的抵抗跌落和撞击的性能，称为秸秆成型燃料的抗跌碎性。抗跌碎性主要反映秸秆成型燃料在搬运过程中承受一定的跌落和翻滚碰撞时抗破碎的能力，反映秸秆成型燃料在实际条件下的运输要求。抗变形性主要反映秸秆成型燃料在承受外界压力作用条件下抗破裂的能力，决定秸秆成型燃料的使用及堆放要求。秸秆成型燃料被挤压出成型筒后，应力松弛并吸收空气水分从而体积膨胀，密度降低；抗渗水性、抗吸湿性分别反映秸秆成型燃料的渗水能力和吸收空气中水分的能力，决定了秸秆成型燃料储存性能。

**1）抗跌碎性**

运输或移动过程中秸秆成型燃料因跌落会损失一定的重量，损失重量的多少反映了秸秆成型燃料的抗跌碎能力大小，以失重率表示，指损失秸秆成型燃料块的重量与原秸秆成型燃料块的重量之百分比 $\zeta$，失重率 $\zeta$ 越大抗跌碎性越差。测量时，将预先称重为 $G_1$ 的秸秆成型燃料样品从 1 m 高处垂直落至水泥地面，重复 5 次，再称剩余秸秆成型燃料块的重量 $G_2$，计算失重率。每种样品记录 5 次，取平均值。失重率大于 10% 的秸秆成型燃料不适宜反复搬运及长途运输。

$$\zeta = \frac{G_1 - G_2}{G_1} \times 100\% \tag{11.10}$$

**2）抗变形性**

秸秆成型燃料堆放时要承受一定的压力，其承受能力的大小反映秸秆成型燃料的抗变形性能力的大小。以秸秆成型燃料样品在连续加载受力至变形破裂的最大压力表示，它反映秸秆成型燃料的抗变形性及满足堆放要求。每种样品记录 5 次，取最大值。

**3）抗渗水性**

秸秆成型燃料的堆放储藏要求产品要具有一定的抗渗水性，以防止秸秆成型燃料渗水开裂，失去秸秆成型燃料原有的物理品质及燃烧特性。测定抗渗水性时，将其在室温条件下，浸没于水中，记录样品在水中完全剥落分解的时间，以此表示秸秆成型燃料的抗渗水性能。每种样品记录 5 次，取平均值。

**4）平衡含水率**

由于高温原因，成型过程中原料水分部分散失，秸秆成型燃料被挤出压模后，由于秸秆成型燃料内外水分浓度不同，它还会吸收空气中的水分，一段时间后逐渐趋于稳定，达到动态平衡。测量时，秸秆成型燃料被挤压出成型筒后，立即取样品若干块称重，记录为 $g_{初}$，随后将其置于室内环境，使其自然吸收空气中的水分 2~3 周，测定样品吸收水分后的质量 $g_{终}$。则 $h = g_{终} - g_{初}$ 就是秸秆成型燃料的平衡含水量。每种样品测量 5 次，取平均值。

## 11.4.2 试验

通过对秸秆成型燃料的耐久性试验，分析秸秆成型燃料的抗跌碎性和抗渗水性等影响因素，判断秸秆成型燃料能否满足运输和储存要求，从而优化秸秆成型燃料的成型条件并确定规模化应用的最佳品质需求。

由 HPB 成型机挤压的秸秆成型燃料块作为试验样品，原料采用河南农业大学科教园区及河南商丘市示范点本年度收获的小麦秸秆、棉花秸秆和玉米秸秆，经秸秆粉碎机切碎后筛分为 3 种粒度：细碎、中等及粗大粉碎粒度的秸秆；原料含水率分为 3 种：10%~12%wb、12%~15%wb 和 15%~18%wb；采用成型筒内径分别为 Φ75 mm 及 Φ120 mm 的成型锥筒挤压秸秆成型燃料。

取不同含水率及不同粉碎粒度的原料生产的直径分别为 Φ120 mm（河南农业大学科教园区实习工厂生产）及 Φ75 mm（河南商丘秸秆成型燃料技术规模化示范基地生产）的秸秆成型燃料样品若干，露天放置 3 周，直到秸秆成型燃料稳定不再变化，测量其松弛密度；然后按照耐久性的检测方法分别对秸秆成型燃料样品进行抗跌碎性、抗渗水性试验，测试其各项耐久性能指标。

### 11.4.3 试验结果与分析

成型筒内径 Φ120 mm 生产的不同秸秆成型燃料样品的各项性能指标测试结果见表 11.6。

**表 11.6　秸秆成型燃料的耐久性能指标**（Φ120 mm）

| 含水率<br>/%wb | 10%~12% SR /% | WR /h | ρ /(kg/m³) | 12%~15% SR /% | WR /h | ρ /(kg/m³) | 15%~18% SR /% | WR /h | ρ /(kg/m³) |
|---|---|---|---|---|---|---|---|---|---|
| M₁ | 4.10 | 12 | 1203 | 4.71 | 18 | 989 | 6.21 | 4 | 887 |
| M₂ | 3.05 | 24 | 1149 | 4.49 | 36 | 973 | 5.18 | 10 | 870 |
| M₃ | 2.39 | 48 | 1062 | 3.08 | 76 | 933 | 3.92 | 18 | 823 |
| W₁ | 4.18 | 10 | 1147 | 4.81 | 12 | 978 | — | — | — |
| W₂ | 3.26 | 24 | 1094 | 4.07 | 32 | 956 | — | — | — |
| W₃ | 2.46 | 44 | 1025 | 3.20 | 72 | 925 | — | — | — |
| C₁ | 4.13 | 8 | 1291 | 5.71 | 12 | 1014 | 7.65 | 1 | 880 |
| C₂ | 3.68 | 16 | 1222 | 5.11 | 20 | 982 | 6.91 | 6 | 856 |
| C₃ | 3.49 | 10 | 1138 | 4.16 | 16 | 920 | 8.23 | 2 | 813 |

成型筒内径 Φ75 mm 生产的不同秸秆成型燃料样品的各项性能指标测试结果见表 11.7。

**表 11.7　秸秆成型燃料的耐久性能指标**（Φ75 mm）

| 含水率<br>/%wb | 10%~12% SR /% | WR /h | ρ /(kg/m³) | 12%~15% SR /% | WR /h | ρ /(kg/m³) | 15%~18% SR /% | WR /h | ρ /(kg/m³) |
|---|---|---|---|---|---|---|---|---|---|
| M₁ | 5.08 | 8 | 1107 | 5.21 | 12 | 898 | 7.18 | 2 | 827 |
| M₂ | 4.85 | 12 | 1009 | 5.06 | 18 | 871 | 6.76 | 8 | 812 |
| M₃ | 3.93 | 24 | 972 | 4.35 | 30 | 855 | 5.46 | 10 | 803 |
| W₁ | 5.18 | 6 | 1041 | 5.26 | 10 | 877 | — | — | — |
| W₂ | 4.79 | 12 | 1004 | 4.95 | 18 | 855 | — | — | — |
| W₃ | 4.04 | 24 | 983 | 4.46 | 32 | 847 | — | — | — |
| C₁ | 5.13 | 4 | 1169 | 6.13 | 6 | 934 | 7.78 | 0.5 | 820 |
| C₂ | 4.12 | 10 | 1127 | 5.19 | 12 | 880 | 7.04 | 2 | 806 |
| C₃ | 4.63 | 8 | 1086 | 5.67 | 8 | 862 | 7.34 | 1 | 797 |

注：SR 为抗跌碎性，以失重百分比表示（%）；WR 为抗渗水性，以在室温水中浸泡至完全分解时间表示（h）；ρ 为松弛密度。

### 11.4.3.1 原料粉碎粒度及成型直径对秸秆成型燃料抗跌碎性和抗渗水性的影响

**1) 抗跌碎性分析**

由表 11.6、表 11.7 可以看出，粗大粉碎粒度原料生产的玉米秸秆成型燃料跌碎性失重率 2.39%~3.92%，而细碎粉碎粒度原料生产的秸秆成型燃料的跌碎性失重率 4.10%~6.21%；粗大粉碎粒度原料生产的小麦秸秆成型燃料跌碎性失重率 2.47%~3.20%，而细碎粉碎粒度原料生产的秸秆成型燃料的跌碎性失重率 4.18%~4.81%；粗大粉碎粒度原料生产的棉花秸秆成型燃料跌碎失重率 3.49%~8.23%，而细碎粉碎粒度原料生产的秸秆成型燃料的跌碎性失重率 4.13%~7.65%。

各种粉碎粒度对秸秆成型燃料失重率影响如图 11.6~图 11.8 所示。图中 $M_1$ 为 Φ120 mm 玉米秸秆成型燃料；$W_1$ 为 Φ120 mm 小麦秸秆成型燃料；$C_1$ 为 Φ120 mm 小麦秸秆成型燃料；$M_2$ 为 Φ75 mm 玉米秸秆成型燃料；$W_2$ 为 Φ75 mm 小麦秸秆成型燃料；$C_2$ 为 Φ75 mm 小麦秸秆成型燃料。

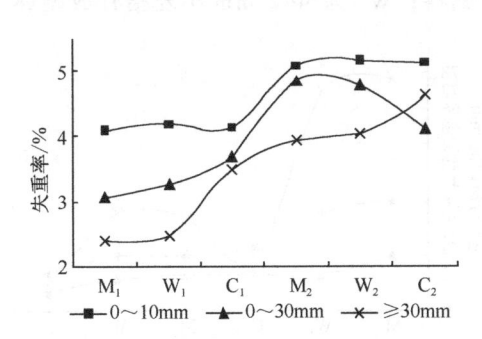

图 11.6 粉碎粒度对秸秆成型燃料抗跌碎性的影响（原料含水率 10%~12%wb）

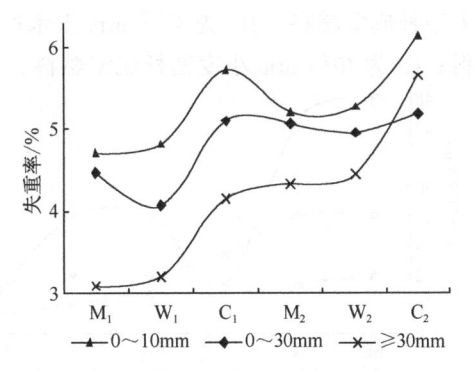

图 11.7 粉碎粒度对秸秆成型燃料抗跌碎性的影响（原料含水率 12%~15%wb）

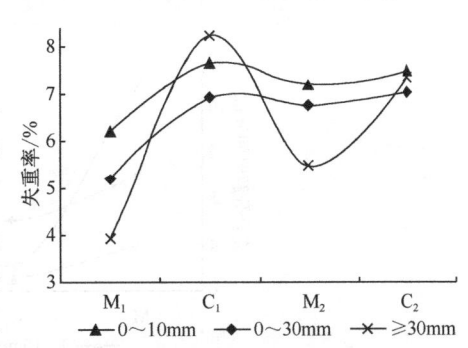

图 11.8 粉碎粒度对秸秆成型燃料抗跌碎性的影响（原料含水率 15%~18%wb）

从图 11.6~图 11.8 可以看出，秸秆成型燃料的失重率随着粉碎粒度的减小而呈增大的趋势。秸秆成型燃料的失重率绝大部分不大于 6%，尤其是玉米及小麦秸秆成型燃料和中等粒度的棉花秸秆成型燃料。其他条件相同时，成型筒内径 Φ75 mm 与 Φ120 mm 相比，内径 Φ120 mm 的成型筒挤压的秸秆成型燃料抗跌碎性优于内径 Φ75 mm 成型筒生产的秸秆成型燃料。很显然，棉花秸秆含水率大于 15%wb 时，中等粉碎粒度 0~30 mm 秸秆原料生产的秸秆成型燃料优于另外 2 种粉碎粒度生产的秸秆成型燃料的抗跌碎性。

**2）抗渗水性分析**

由表 11.6、表 11.7 可以看出，随含水率不同，内径 Φ120 mm 成型筒条件下，玉米秸秆粗大粉碎粒度原料生产的秸秆成型燃料抗渗水分解时间最长达 18～76 h，而细碎粒度原料生产的秸秆成型燃料的抗渗水分解时间为 4～12 h；小麦秸秆粉碎粒度粗大原料生产的秸秆成型燃料抗渗水分解时间为 16～72 h，而细碎原料生产的秸秆成型燃料的抗渗水分解时间为 2～12 h；粗大粉碎粒度的棉秆原料生产的秸秆成型燃料抗渗水分解时间为 2～16 h，而细碎棉花秸秆原料生产的秸秆成型燃料的抗渗水分解时间为 1～12 h。

分析表 11.6、表 11.7 还发现，松弛密度与抗渗水性不存在必然的联系。但对于玉米秸秆及小麦秸秆成型燃料，随着松弛密度的增大，抗渗水性呈现减小趋势；棉花秸秆成型燃料的抗渗水性与松弛密度不相关。

不同粉碎粒度对抗渗水性的影响如图 11.9～图 11.11 所示，分别表示原料含水率为 10%～12% wb、12%～15% wb、15%～18% wb 的 3 种成型条件。图中 $M_1$ 为 Φ120 mm 玉米秸秆成型燃料；$W_1$ 为 Φ120 mm 小麦秸秆成型燃料；$C_1$ 为 Φ120 mm 小麦秸秆成型燃料；$M_2$ 为 Φ75 mm 玉米秸秆成型燃料；$W_2$ 为 Φ75 mm 小麦秸秆成型燃料；$C_2$ 为 Φ75 mm 小麦秸秆成型燃料。

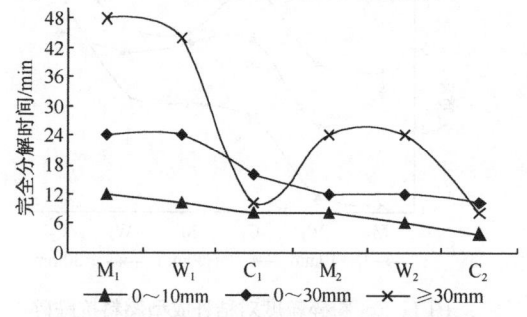

图 11.9 粉碎粒度及成型直径对秸秆成型燃料抗水性的影响（原料含水率 10%～12% wb）

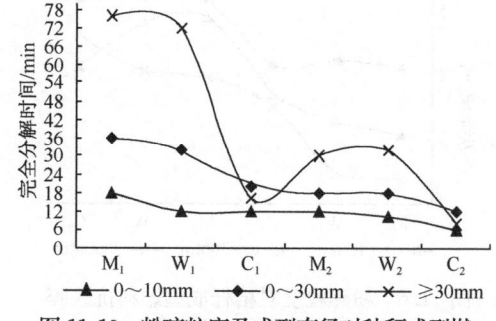

图 11.10 粉碎粒度及成型直径对秸秆成型燃料抗水性的影响（原料含水率 12%～15% wb）

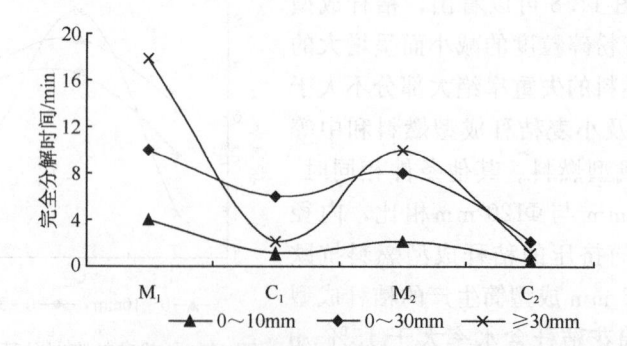

图 11.11 粉碎粒度及成型直径对秸秆成型燃料抗水性的影响（原料含水率 15%～18% wb）

容易看出，相同条件下，与成型筒内径 Φ120 mm 生产的秸秆成型燃料相比，

Φ75 mm成型筒生产的秸秆成型燃料抗渗水开裂、分解时间明显缩短。各种秸秆原料生产的秸秆成型燃料抗渗水性的变化规律相似,大粒度原料的秸秆成型燃料的抗水浸分解时间明显长于细碎粒度的秸秆成型燃料;原料含水率超过15%wb后,任何粉碎粒度的秸秆成型燃料抗渗水性迅速降低。

秸秆成型燃料渗水分解过程表现为,粗大粉碎粒度原料的秸秆成型燃料在水中缓慢分解,持续时间长达数十小时。这是因为挤压成型时大粒径秸秆的长纤维没有被破坏,多数纤维之间相互胶合,粒子紧密充填在一起;200℃以上的高温会使秸秆在与成型套筒在接触面析出秸秆蜡质或生物质焦油,甚至形成一层炭化壳,阻止了水分由秸秆成型燃料直径方向从表面向内部快速浸入,水分只能由秸秆成型燃料端面渗入,与水接触面积减少,从而减慢了渗透速度。

而细碎粉碎粒度原料的秸秆成型燃料在水中的分解往往只需要几分钟到几十分钟,秸秆成型燃料样品就彻底分解、开裂。主要由于细碎颗粒之间纤维组织完整性受到严重破坏,胶合连接不紧密,抗渗水能力下降,导致水分向内部渗入较快,尤其是高木质素的棉花秸秆成型燃料开裂时间小于1 h,随着秸秆成型燃料直径减小,样品的抗渗水开裂、分解时间呈现减少趋势。

#### 11.4.3.2 原料的含水率及成型直径对秸秆成型燃料抗跌碎性和抗渗水性的影响

**1) 抗跌碎性**

由表11.6、表11.7可以看出,含水率为10%~12%wb的玉米秸秆原料生产的秸秆成型燃料的抗跌碎失重率为2.39%~4.10%(Φ120 mm)、3.93%~5.08%(Φ75 mm),而含水率为15%~18%wb的玉米秸秆原料生产的秸秆成型燃料的抗跌碎失重率为3.92%~6.21%(Φ120 mm)、5.46%~7.18%(Φ75 mm);含水率为10%~12%wb的小麦秸秆原料生产的秸秆成型燃料的抗跌碎失重率为2.46%~4.18%(Φ120 mm)、4.04%~5.18%(Φ75 mm);含水率为10%~12%wb的棉花秸秆原料生产的秸秆成型燃料抗跌碎失重率为3.49%~4.13%(Φ120 mm)、4.12%~5.13%(Φ75 mm),而含水率为15%~18%wb的棉花秸秆原料生产的秸秆成型燃料的抗跌碎失重率为6.91%~8.23%(Φ120 mm)、7.04%~7.78%(Φ75 mm)。小麦秸秆与玉米秸秆原料生产的秸秆成型燃料抗跌碎能力具有相似的变化规律;棉花秸秆成型燃料受含水率的影响比较明显,尤其含水率超过15%wb后,粗大颗粒及细碎颗粒秸秆原料生产的秸秆成型燃料抗跌碎性显著降低,此时中等粉碎粒度秸秆原料生产的秸秆成型燃料抗跌碎性最好。

原料的含水率及成型直径对秸秆成型燃料耐久性的影响曲线如图11.12~图11.14所示,其中含水率15%~18%wb的小麦秸秆成型燃料参照玉米秸秆成型燃料添加趋势线。秸秆成型燃料的失重率随着原料含水率的增加而呈现增大趋势,抗跌碎能力降低。但是原料含水率为10%~12%wb与12%~15%wb的秸秆成型燃料抗跌碎性能相差不大。成型直径Φ120 mm的秸秆成型燃料抗跌碎性能优于同一种原料含水率相同的Φ75 mm的秸秆成型燃料的抗跌碎性能。

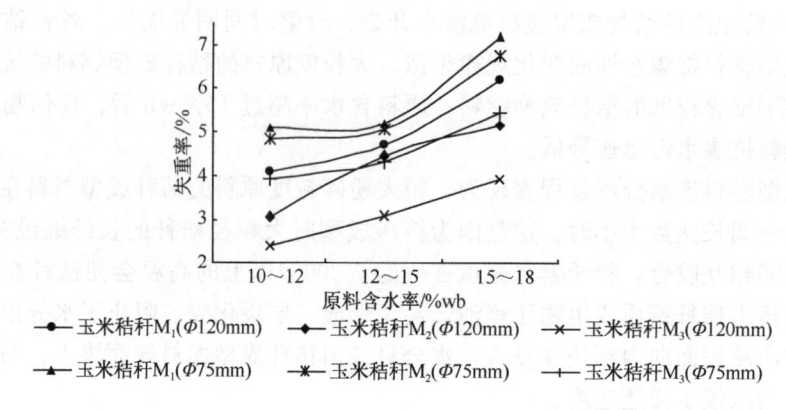

图 11.12 原料含水率对玉米秸秆成型燃料抗跌碎性的影响

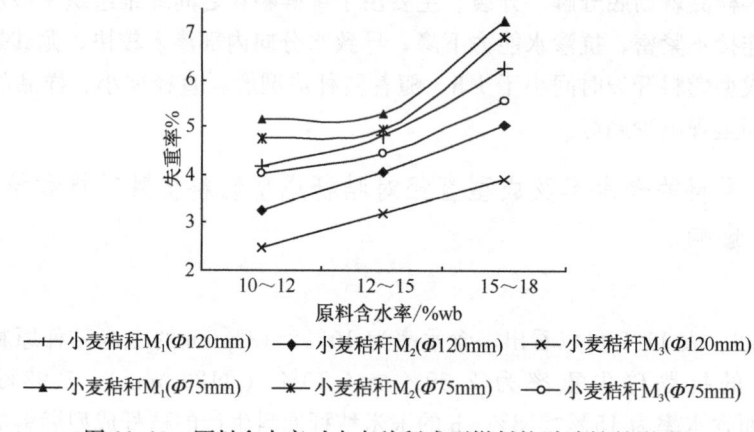

图 11.13 原料含水率对小麦秸秆成型燃料抗跌碎性的影响

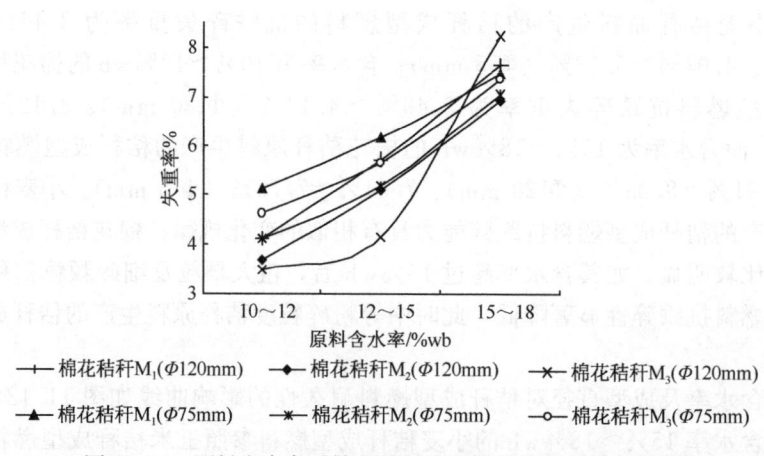

图 11.14 原料含水率对棉花秸秆成型燃料抗跌碎性的影响

同时,容易看出,粉碎粒度相同时,含水率越低的秸秆原料生产的各种秸秆成型燃料失重率越小;含水率在 10%～15%wb 的各种秸秆原料生产的秸秆成型燃料失重率不大于 6%,绝大部分失重率小于 5%,能够满足产业化、规模化生产时秸秆成型燃料搬

## 2) 抗渗水性

由表 11.6、表 11.7 可以看出，成型筒内径 Φ120 mm 时，含水率 12%～15%wb 的玉米秸秆原料（粗大粉碎粒度）生产的秸秆成型燃料抗渗水开裂、分解时间最长达 76 h，小麦秸秆原料（粗大粉碎粒度）生产的秸秆成型燃料抗渗水开裂、分解时间最长达 72 h，棉花秸秆原料（粗大粉碎粒度）生产的秸秆成型燃料抗渗水开裂、分解时间最长达 20 h。

比较不同直径的成型燃料抗渗水性发现，大直径的秸秆成型燃料抗渗水性优于小直径的秸秆成型燃料。这是由于在水中水分可以短时间内渗透到小直径秸秆成型燃料中心，能够加速使其剥落分解；大直径的秸秆成型燃料被水渗透比较慢，秸秆纤维组织自身具有抵抗水浸的能力，而且大直径的秸秆成型燃料中心的秸秆纤维组织较少受高温高压损坏，所以小直径的秸秆成型燃料抗水浸蚀能力较差，抗渗水时间小于大直径的秸秆成型燃料。原料含水率影响各种秸秆成型燃料抗渗水性，结果如图 11.15～图 11.17 所示。

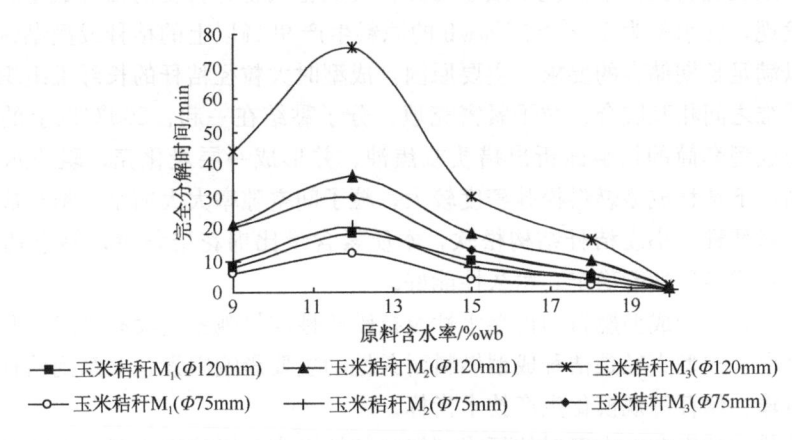

图 11.15 原料含水率对玉米秸秆成型燃料抗渗水性的影响

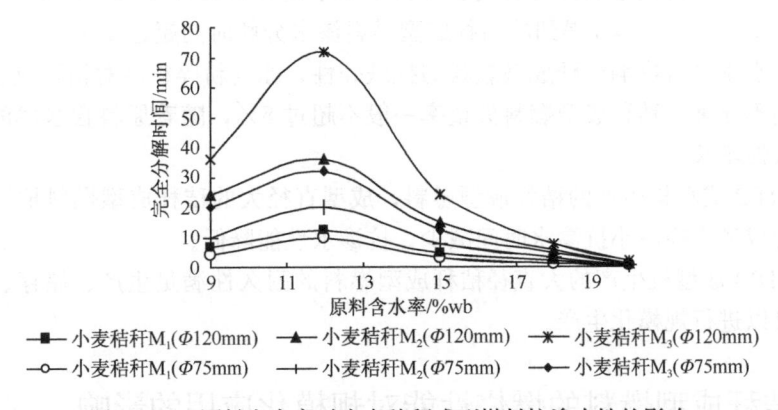

图 11.16 原料含水率对小麦秸秆成型燃料抗渗水性的影响

不同的秸秆原料生产的秸秆成型燃料抗渗水性随着原料含水率变化的规律相似；棉

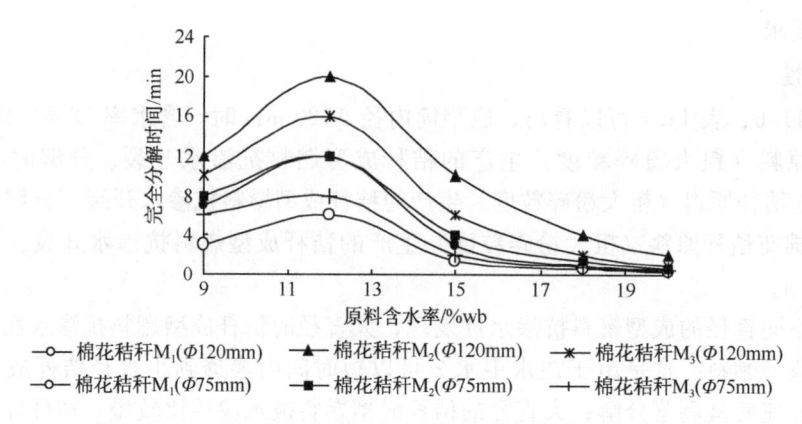

图 11.17 原料含水率对棉花秸秆成型燃料抗渗水性的影响

花秸秆成型燃料由于含水率的影响,粗大粉碎粒度秸秆原料生产的秸秆成型燃料在含水率 15%～18%wb 或更高含水率时,抗水浸蚀时间明显减少,而中等粉碎粒度秸秆原料生产的秸秆成型燃料抗渗水性优于细小粉碎粒度及粗大粉碎粒度的秸秆成型燃料。

容易发现,含水率为 10%～15%wb 的原料生产 98% 以上的秸秆成型燃料抗渗水分解时间可以满足长期储存的要求。主要原因:成型时大粒径秸秆的长纤维组织没有被破坏,多数纤维之间相互胶合、粒子紧密充填、分子黏结在一起;200℃以上的高温会在使秸秆在与成型套筒的接触面析出蜡质或焦油,并形成一层炭化壳,阻止水分快速浸入;高温高压下秸秆成型燃料松弛密度较大,粒子间空隙率大大缩小,秸秆成型燃料结构密实;玉米秸秆、小麦秸秆结构松软,木质素含量比棉花秸秆少,易于达到受力均匀,所以固化成型后性能稳定,耐久性能好。

试验表明,秸秆成型燃料的抗渗水性及抗跌碎性与松弛密度没有必然的联系,粉碎粒度、含水率、成型直径是秸秆成型燃料耐久性的主要影响因素,关系到秸秆成型燃料能否满足运输、储存等规模化生产技术指标。

原料的粉碎粒度和含水率对秸秆成型燃料的抗渗水性影响很显著,大粉碎颗粒秸秆加工秸秆成型燃料的抗渗水分解时间明显长于细小粉碎颗粒加工而成的秸秆成型燃料;原料含水率 10%～15%wb 得到的秸秆成型燃料渗水分解时间超过 4 h。

原料含水率显著影响秸秆成型燃料的抗跌碎性,原料粉碎粒度对秸秆成型燃料的抗跌碎性影响不显著。秸秆成型燃料失重率一般不超过 5%,随着原料含水率的增加,失重率接近线性增长。

对于 HPB 成型机生产的秸秆成型燃料,成型直径大的秸秆成型燃料抗渗水性时间较长,随着成型直径减小抗渗水时间减少,抗渗水性能降低。

对于 HPB 成型机生产的大直径秸秆成型燃料的耐久性满足生产、储存、运输和使用要求,可以进行规模化生产。

## 11.5 秸秆成型燃料的燃烧性能对规模化应用的影响

秸秆成型燃料规模化生产的最终目的是燃烧应用,为工业锅炉、民用炉灶、家庭取暖炉以及农业暖房提供能源并取代或减少使用常规矿物燃料。通过秸秆成型燃料的燃烧试验研究秸秆成型燃料燃烧性能对规模化应用的影响。分析秸秆成型燃料的适用范围与领域，为秸秆成型燃料的规模化应用提供可靠的依据。

### 11.5.1 试验

通过秸秆成型燃料在炊事炉的燃烧试验，分析秸秆成型燃料的燃烧特性，揭示秸秆成型燃料的燃烧规律。对秸秆成型燃料在民用炊事炉的引燃过程、焦油的析出与控制、结渣和封火特性等方面进行试验研究，分析秸秆成型燃料炊事炉燃烧规律以及燃烧应用过程的障碍，确定在农村规模化应用秸秆成型燃料的主要影响因素，为改进炉灶提供参考数据。

需要的主要试验仪器：河南农业大学农业部可再生能源重点试验室研制的秸秆成型燃料炊事炉，IRT-2000A 手持式快速红外测温仪，KM9106 综合烟气分析仪，3012H 型自动烟尘测试仪，SWJ 精密数字热电偶温度计，XRY-14 数显氧弹式量热计，游标卡尺，米尺，秒表，水银温度计，烘干箱，磅秤，电子天平等。

本试验采用河南农业大学农业部可再生能源重点试验室研制的秸秆成型燃料多功能炉进行燃烧试验。取 HPB 成型机直径 Φ75 mm 成型模生产的秸秆成型燃料（松弛直径 Φ78~88 mm）若干，室内放置 3 周后待用。秸秆成型燃料的松弛密度为 800~1200 kg/m³，抗跌碎失重率小于 5%，抗渗水开裂、分解时间大于 24 h，平衡含水率为 10%~15%。

每次取秸秆成型燃料 1.0~1.5 kg 投入秸秆成型燃料炊事炉炉膛，加引柴点燃，观察秸秆成型燃料燃烧及封火情况，分析秸秆成型燃料的点火、燃烧及封火特性，记录温度变化；分析结渣形成及焦油析出的原因；重复多组对比燃烧试验，取平均值。

### 11.5.2 试验结果与分析

#### 11.5.2.1 秸秆成型燃料的点火性能

燃料的点火是指燃料与氧分子接触、混合后，从开始反应到温度升高，至激烈的燃烧反应前的一段过程。秸秆成型燃料的点火与其他燃料点火满足条件相同：秸秆成型燃料表面析出一定浓度的可燃挥发物，挥发物周围要有适量的空气，并且要求温度达到其燃点。

秸秆成型燃料的特点是挥发分高而空隙率低、结构密实，其特殊的组织结构与原生物质不同。首先挥发分由内向外析出的速度大为降低，热量由外向内传播的速度减慢，由于与氧接触面减少，使得点火所需的氧比原生物质有所减少，因此，秸秆成型燃料的点火性能比原生物质有所降低。点火所需时间为 2~3 min，首先引柴燃烧将秸秆成型燃料表面的炭化壳和焦油混合物引燃，内部秸秆的挥发分逐渐析出，当温度升高至 300~400℃，炉膛内挥发分浓度增大，秸秆成型燃料开始着火（图 11.18a）。总的来说，秸秆成型燃料的点火特性更趋于秸秆点火特性，优于型煤。

试验发现，影响秸秆成型燃料点火性能的主要因素是松弛密度、秸秆挥发分含量和

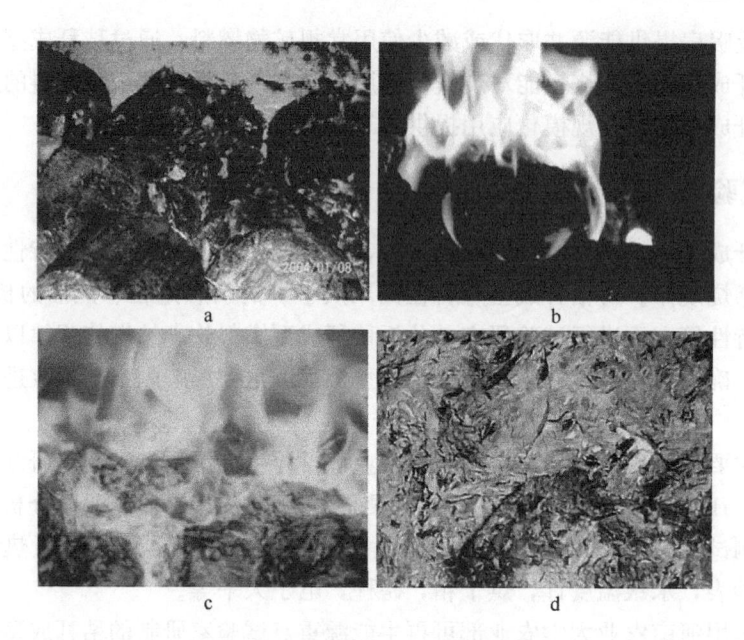

图 11.18 秸秆成型燃料燃烧过程
a. 点火；b. 扩散燃烧；c. 平稳燃烧；d. 灰烬

固定碳含量。秸秆成型燃料的松弛密度越大，点火温度越高、点火时间越长，松弛密度为 1200 kg/m³ 的秸秆成型燃料点火时间比松弛密度为 800 kg/m³ 的秸秆成型燃料要长 1 倍以上；挥发分含量越高的秸秆成型燃料越容易点燃着火，秸秆成型燃料其点火温度（300~400℃）与原生物质秸秆（250~350℃）相比略有提高。

#### 11.5.2.2 秸秆成型燃料的燃烧过程

秸秆成型燃料在炉膛燃烧时，仍不失生物质秸秆燃烧特性。整个燃烧过程大致为挥发物燃烧—表面焦炭过渡区燃烧—渗透扩散燃烧—灰块形成 4 个阶段（图 11.18）。秸秆成型燃料燃烧实质属于静态渗透式扩散燃烧，类似型煤的燃烧过程。

点火开始，由于秸秆成型燃料的可燃挥发气体比原生物质释放速度慢，所以燃烧缓慢无力，火焰长而飘忽不定。研究认为，秸秆在 350℃左右就有 80% 的可燃挥发气体挥发燃烧，但对于秸秆成型燃料，由于密度大、结构密实，体积缩小，与空气接触面远远小于原生物质，秸秆成型燃料的密实结构也限制了热量向内部的传导和空气的进入，当外围燃烧温度达到 350℃时，秸秆成型燃料中心处的温度还没有发生明显变化，此时逸出的可燃挥发气体，主要由秸秆成型燃料表面浅层秸秆受热挥发，点火引燃主要靠这部分可燃气体。

由于秸秆成型燃料结构密实、无孔缝，热量由外向内仅靠导热传递，秸秆成型燃料导热系数小，秸秆成型燃料受热后，内部的部分可燃气体缓慢、持续析出，这部分可燃挥发物析出和燃烧时间持续约 10 min，形成蓝色并略带浅橙色的中长火焰。随着燃烧温度的升高，燃烧由挥发气体燃烧进入表面焦炭过渡燃烧区，秸秆成型燃料表层部分的固体可燃物——碳开始燃烧，同时伴有内部逸出的少量可燃气体，燃烧外焰红色加重，形成橙红色火焰。此时，燃烧速度比开始的挥发物燃烧变慢，红色火焰逐渐消退，蓝色、橙色火焰增多，渐渐形成蓝色外焰包围着黄色火苗的火焰（图 11.18b）。继续燃烧，蓝色火苗变少，火焰变短，这时明火较多，形成红色火焰，火力开始变得强劲、猛烈。

燃烧逐渐向秸秆成型燃料更深层——焦炭层渗透扩散，在燃料表面进行 CO 的燃烧，在层内主要进行碳燃烧。秸秆成型燃料块内层由于空气量不足，纤维素、木质素等发生厌氧反应，不断有 CO、$H_2$、$CH_4$ 等可燃气体向外扩散；燃烧过的秸秆成型燃料表面生成薄灰壳，外层包围着蓝色短火焰，蓝色火焰又被内部溢出的挥发分燃烧形成的黄色长火焰包围。随着时间推移，秸秆成型燃料燃烧的蓝色火焰逐渐消失，明显看到红色的中长火焰，燃烧平稳进行，直至火焰逐渐变短、变强，这时主要是焦炭的燃烧（图 11.18c）。最后，燃料中剩余碳继续燃烧。这时可燃物基本燃尽，燃料块形成一个整体的灰球，随着燃料继续燃烧，火焰逐渐变短，火焰颜色逐渐变暗，直至灰球表面看不出火焰，灰球变成一团暗红色灰块（图 11.18d）。整个燃烧过程持续约 50 min。

秸秆成型燃料实际燃烧过程可以分解 4 步说明：点火（可燃气体引燃）—扩散燃烧（可燃气体与碳混合燃烧）—平稳燃烧（主要是焦炭燃烧）—封火（灰烬，残余微量焦炭），如图 11.18 所示。

### 11.5.2.3 秸秆成型燃料的燃烧与封火特性分析

试验发现燃烧持续时间随着松弛密度的增大而延长；稳定燃烧的最高温度随着秸秆成型燃料的松弛密度的增大而升高。整个燃烧过程温度变化如图 11.19 所示。图中曲线变化说明，秸秆成型燃料燃烧过程中温度变化规律相似，点火温度高于原生物质；大豆秸秆成型燃料最高温度高于玉米秸秆成型燃料，而点火温度略高于玉米秸秆成型燃料，但稳定燃烧持续时间长；大豆秸秆成型燃料封火温度高于玉米秸秆成型燃料。

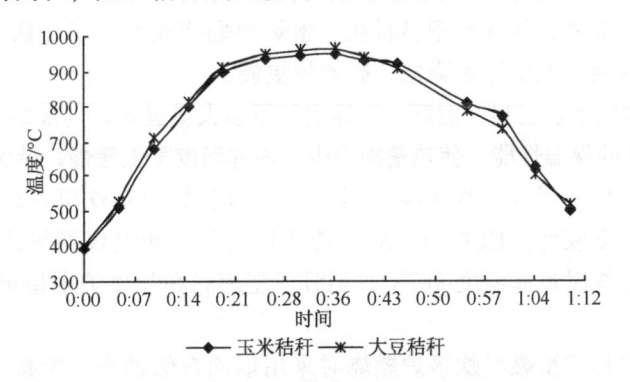

图 11.19 秸秆成型燃料燃烧过程温度曲线

秸秆成型燃料在炊事炉中的点火与燃烧特性与在锅炉中燃烧规律相似，燃烧方式及燃烧过程基本相同。试验发现，将 1.0~1.5 kg 秸秆成型燃料一次加入炊事炉引燃后，根据松弛密度不同，持续燃烧时间为 40~60 min。当秸秆成型燃料的松弛密度为 800 kg/$m^3$ 左右时，稳定燃烧时间约 40 min；秸秆成型燃料的松弛密度为 1200 kg/$m^3$ 左右时，稳定燃烧时间达 60 min 左右；松弛密度低于 800 kg/$m^3$ 的秸秆成型燃料燃烧持续时间和旺火时间显著缩短。

秸秆成型燃料的松弛密度与燃烧持续时间及燃烧最高温度呈正比关系：燃烧持续时间随着秸秆成型燃料松弛密度的增大而延长；稳定燃烧的最高温度随着秸秆成型燃料的松弛密度的增大而升高。当秸秆成型燃料的主要可燃物燃烧至不再有火焰时，不添加新的燃料，关闭风门，封火 10 h 后，继续通风、加入新的燃料，便可重新燃烧，试验记录炊事炉最长封火时间超过 48 h。主要原因：

秸秆生物质可燃主要成分中 70% 是挥发分，固定碳占 14%～20%，灰分 8% 左右。秸秆成型后并不改变燃料的化学特性，只是燃料密度增大、结构密实，导致燃烧方式发生变化。秸秆成型燃料是由外向内逐层渗透燃烧，挥发分由内向外缓慢持续析出，燃烧没有破坏秸秆成型燃料块的框架——密实的"炭架"，主要可燃物燃尽无火焰时，关闭炉门后燃烧所需的空气不足，残余的可燃成分（主要是未燃尽的碳）靠内部残存 $O_2$ 及外界的微量空气和炉膛高温维持长时间不灭，这种现象类似于隔绝空气的"碳化"状态，见图 11.20。

图 11.20　秸秆成型燃料燃烧形成的灰架

封火后，秸秆成型燃料燃烧形成密实的"灰架"，灰架内部残余碳向炉膛内渗出微量焦油和挥发物，随着温度的降低微量焦油和挥发物就附着在灰架表面和周围，可使密封后的灰架混合物继续保持数小时不灭。燃烧残余的碳越多，持续封火保温时间将会越长。一旦再次提供充足的空气并添加燃料，残余灰架混合物——微量焦油和挥发分便可重新燃烧，并引燃新加燃料，不需要重新点火。

秸秆成型燃料在炊事炉燃烧因为不使用鼓风设备，空气量小。所以，秸秆成型燃料的可燃挥发物释放缓慢，秸秆成型燃料在炊事炉中燃烧速度低于在锅炉中的燃烧速度，尤其是平稳燃烧后期，温度开始降低，碳燃烧更慢。

秸秆成型燃料炊事炉密封性能好，外界空气不会大量进入，内部的少量 $O_2$ 也不会快速逸出；而且良好的保温性能，使热量损失少，内部温度降低缓慢，持续封火时间延长。

与秸秆成型燃料专用 87 kW 锅炉相比，秸秆成型燃料在炊事燃烧炉中的平均燃烧温度及最高燃烧温度较低。IRT-2000A 手持式快速红外测温仪测得秸秆成型燃料在炊事燃烧炉中稳定燃烧时最高温度 967℃。秸秆成型燃料在炊事炉中稳定燃烧温度多集中在 600～900℃。

另外，由于秸秆成型燃料炊事炉燃烧时采用烟囱自然抽风，所排放的烟尘量很少；但是秸秆成型燃料燃烧初期，由于燃烧温度较低（500℃），秸秆成型燃料燃烧不完全，短时间释放的焦油浓度较大，会有少量黑烟排放至大气环境，采用 3012H 型自动烟尘测试仪在烟囱出口检测林格曼黑度小于 1 级，KM9106 综合烟气分析仪测到微量 CO、$NO_x$、$SO_2$ 等污染物，符合国际环境污染物排放标准，不会造成大气污染。

#### 11.5.2.4　秸秆成型燃料燃烧过程焦油的影响与控制

试验中还观察到秸秆成型燃料在炊事炉引燃和燃烧初期，短时间有黑烟冒出及少量的生物质焦油析出。稳定燃烧后,烟囱不再有黑烟出现,也观察不到焦油析出。随着生物质焦油聚集增多,会引起通风管道堵塞、影响排烟抽风,污染炉灶与炊具,给家庭炊事带来不便,影响秸秆成型燃料技术的商业化推广。

目前,生物质焦油尚无一个统一的定义,成分非常复杂,可以分析出的成分有100多种,还有很多成分难以确定,其主要成分不少于20种,大部分是苯的衍生物及多环芳烃,包括烃类、酚类、酸类、醇类、醛类、酯类等多种有机成分在内的复杂混合物。生物质焦油的特点是高温下以气体的状态存在,在常温下冷凝形成黏稠的液体,附着于出风及排烟管道和炉灶的壁面上,造成管道的堵塞,焦油在燃烧时容易产生炭黑,造成污染。通常在温度500℃左右产生的焦油量最高,高于或低于这一温度时,焦油的含量都相应减少。随着燃烧温度的提高,已生成的焦油将发生裂解,成为裂解气在炉膛内燃烧掉;若封火后,温度低于500℃时,产生的秸秆焦油将逐渐变成液态或气液混合物保留于烟囱和炉膛。

减少焦油产生的方法:提高点火温度,缩短引燃时间,增加燃烧空气供给量,将可以有效地减少燃烧黑烟、减少析出焦油;封火时停止添加燃料,选择挥发分燃尽或几乎燃尽后封火,既能减少封火时生物质焦油的析出,又可节约燃料;适当减小秸秆成型燃料松弛密度可以有效减少点火期间焦油的析出。

试验说明:秸秆成型燃料完全可以作为锅炉、采暖炉、茶水炉及农村炊事等炉具的优质替代燃料。秸秆成型燃料既保留原生物质所具有的易燃、无污染等优良的燃烧性能,又具有耐烧特性,同时能够满足运输、销售等商品化要求,可以实现商业化和规模化运作。

单位重量的秸秆成型燃料持续燃烧时间随着秸秆成型燃料松弛密度增大而延长。松弛密度在 $800 \text{ kg/m}^3 \leqslant \rho \leqslant 1200 \text{ kg/m}^3$ 表现为最佳燃烧工况,随着秸秆成型燃料松弛密度的增大,可燃挥发分析出缓慢,点火时间延长,燃烧速度降低,而平稳燃烧时间长。对于民用炊事炉燃烧的秸秆成型燃料松弛密度应该适当减小,从而缩短点火时间,减少点火初期的焦油析出,阻止大量黑烟产生,但松弛密度低于 $800 \text{ kg/m}^3$,会增加餐炊事期间添加燃料的次数,给操作带来不便。

HPB液压秸秆成型机生产的大直径秸秆成型燃料在炊事炉进行燃烧时,适当提高点火温度、缩短引燃时间、增加燃烧空气供给量和选择挥发分燃尽或几乎燃尽后封火,可以减少封火时生物质焦油的析出。

## 11.6 秸秆成型燃料的规模化经营措施

秸秆成型燃料技术规模化是根据市场需要,在规模性经营、生产、管理等分析的基础上,进行规模性的发展。通过成型设备与秸秆成型燃料的规模化生产与经营,提高生产能力,扩大生产规模,达到降低生产成本,增强产品竞争力,增加经济效益等目的。根据经济学原理,由于单位固定成本的分摊,随着生产规模的扩大,生产量的增加,可以降低单位成本。生产规模扩大的直接结果是产业规模化经营的出现,规模化经营会增加产业的竞争优势及贸易增长,而市场的不断扩大又可以进一步促进产业规模化经营的实现。本文对我国利用秸秆发展成型燃料的规模化经营措施进行分析，探索适合我国农村发展的秸秆成型燃料规模化技术。

### 11.6.1 我国农村对秸秆成型燃料的市场需求

高效处理农作物秸秆的秸秆成型燃料技术，为农民提供了一种利用低成本优质能源的新途径，可以大规模的替代化石能源，广泛应用于农村生产和生活。秸秆成型燃料在农村的市场需求潜力主要受社会、经济、环境、农民的经济收入水平及对优质能源的需求等影响。

20世纪80年代以来，经济改革带动了农村经济的迅速发展，农民生活水平的大幅度提高，农村对优质能源和商品能源的需求也随之增加。农村地区的能源消费数量、品种和结构也发生了巨大的变化，见表11.8和表11.9。

表11.8 我国农村能源消费量的变化 （单位：百万 t 标准煤）

| 项　目 | 1980年 | 1987年 | 1996年 | 2002年 |
|---|---|---|---|---|
| 农村地区能源消费总量 | 328.0 | 517.7 | 636.72 | 782.79 |
| 农村消费的商品能源 | 99.1 | 237.8 | 417.42 | 495.61 |
| 煤及煤制品 | 65.1 | 183.2 | 274.23 | 353.16 |
| 油品 | 15.0 | 24.6 | 49.88 | 66.54 |
| 电力 | 19.0 | 30.0 | 93.31 | 75.91 |
| 农村消费的非商品能源 | 229.0 | 279.9 | 219.30 | 279.78 |
| 薪柴 | 112.0 | 147.3 | 99.33 | 138.31 |
| 秸秆 | 117.0 | 132.6 | 119.97 | 141.47 |

表11.9 我国农村能源消费结构变化 （单位：Mt 标准煤）

| 项　目 | 1980年 | 1987年 | 1996年 | 2002年 |
|---|---|---|---|---|
| 农村地区能源消费总量 | 328.0 | 517.7 | 636.72 | 782.79 |
| 生产用能总量 | 67.0 | 188.3 | 298.93 | 329.32 |
| 煤及煤制品 | 28.0 | 123.6 | 173.24 | 195.81 |
| 油品 | 14.0 | 22.7 | 45.17 | 58.06 |
| 电力 | 16.0 | 25.0 | 64.18 | 51.15 |
| 商品能源小计 | 58.0 | 171.3 | 282.59 | 305.02 |
| 薪柴（非商品能源）小计 | 9.0 | 17.0 | 16.34 | 24.30 |
| 生活用能总量 | 261.0 | 329.4 | 337.79 | 453.47* |
| 煤及煤制品 | 37.0 | 59.6 | 100.99 | 157.35 |
| 油品 | 1.0 | 1.9 | 2.71 | 8.48 |
| 电力 | 3.0 | 5.0 | 29.13 | 24.76 |
| 商品能源小计 | 41.0 | 66.5 | 132.83 | 190.59 |

续表

| 项 目 | 1980年 | 1987年 | 1996年 | 2002年 |
|---|---|---|---|---|
| 薪柴 | 103.0 | 130.3 | 84.99 | 114.01 |
| 秸秆 | 117.0 | 132.6 | 119.97 | 141.47 |
| 非商品能源小计 | 220.0 | 262.9 | 204.96 | 255.48 |
| 商品能源总计 | 99.0 | 237.8 | 415.42 | 495.61 |
| 非商品能源总计 | 229.0 | 279.9 | 221.3 | 279.78 |

注：表11.8和表11.9数据来源：能源政策研究，2003，06，61；中国农村能源年鉴编辑委员会编．中国农村能源年鉴，1997．北京：中国农业出版社，1998，p191．

\* 2002年农村生活用能合计包括7.4Mt标准煤气体燃料。

1980年我国农村地区用于生产的能源消费只有67Mt标准煤，2002年农村生产用能消费量接近3.3亿t标准煤，是1980年农村生产用能的近5倍，20年间我国农村生产能源消费翻了两番多。生产用能占总能耗的比重逐渐加大，由1980年的20.4%上升到2002年的42.1%。商品能源的消费迅速增加，由1980年的30.2%上升到2002年的63.3%，其中农村生产用能的92.7%是商品能源。2002年农村地区消费的商品能源占全国一次能源消费总量的33.5%，生活用能中商品能源占42%，20年间增加了3.6倍，年增长率13.7%（图11.21）。照此速度增长，2010年我国农村生活用能需要商品能源或优质能源6.05亿t标准煤。由此看来，农村对优质能源需求的市场巨大，采用秸秆成型燃料技术把我国大量的生物质秸秆加工为优质燃料提供给农民，可以大规模的减少农村对商品能源的依赖。

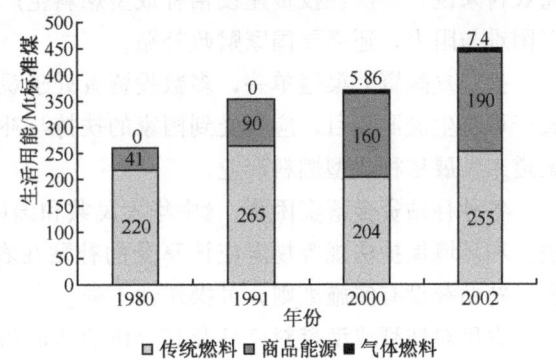

图11.21 中国农村生活用能发展状况
数据来源：农业部科教司．2002年全国农村可再生能源统计资料．北京，农业部，2003

由表11.9还能看出，农村对商品能源的承受能力达到了63.3%，在煤、气、油和电商品能源中，煤是价格最低的，以煤价参考，农村最少能够承受63.3%的煤价。若秸秆成型燃料在农村作为商品燃料销售，价格在煤价的63%以上，农民是能够接受的，根据经济发展状况，农民对秸秆成型燃料作为商品燃料的价格承受能力在63%~70%，甚至更高。

所以我国农村秸秆成型燃料市场潜力巨大，每年的秸秆燃料可以全部利用，开发为秸秆成型燃料为农民提供生活能源。

## 11.6.2 秸秆成型燃料规模化经营障碍

### 11.6.2.1 农村发展秸秆成型燃料的资金和价格障碍

在农村投资兴建秸秆成型燃料生产线，必须考虑农民的经济承受能力，以及农民对秸秆成型燃料的消费能力、成型燃料销售市场、成型燃料的成本与价格等因素。如果得不到财政补贴，农村发展秸秆成型燃料技术首先存在建设资金障碍和农民使用过程中的价格障碍，主要表现在以下几方面。

秸秆成型燃料生产系统一次性投资较大。秸秆成型燃料技术的市场主要在农村及农场，设备投资成本超过投资承受能力时，秸秆成型燃料消费市场就会萎缩，规模发展速度减慢，不利于产业的快速稳定发展。以 HPB 系列秸秆成型燃料生产设备为例，一条生产线包括附属粉碎设备、干燥设备及厂房，投资需要 20 万元左右，对于中国一个普通农村来说，一次性投资建设秸秆成型燃料生产线，即使在经济较发达的农村，目前仍有困难与阻力，还需要国家财政补贴。

投资（融资）渠道单一，多数投资者处于观望状态，投资力量薄弱。秸秆成型燃料属于可再生能源项目，应当受到国家的扶持与补贴，长远来看，还需要采取更多的融资渠道来发展秸秆成型燃料产业。

各种补贴资金落实困难。《中华人民共和国可再生能源法》、《中华人民共和国节能法》和环境保护法规等规定应该享受的补贴在农村执行困难，包括 $CO_2$ 减排的"碳基金"补贴等没有实施细则，可操作性不强。

农民对秸秆成型燃料产品及其价格的认识和接受需要一个过程。长期以来，我国农民习惯使用廉价或免费的秸秆，对高出秸秆 2 倍价格的秸秆成型燃料不能接受。主要由于农民的经济水平低、环境意识淡薄和对秸秆成型燃料的性能（包括燃烧炉具）不了解造成的。与煤相比，仅从秸秆成型燃料的燃烧方式、燃烧效率和配套燃烧设备分析，如果具有相同的燃烧效果，那么根据热值分析秸秆成型燃料的价格应该是煤的 0.7 倍左右（秸秆的热值约是煤的 0.7 倍）。高出这个范围，就超过了农民对秸秆成型燃料的购买承受力。

### 11.6.2.2 农村发展秸秆成型燃料的管理障碍

我国农村规模化发展秸秆成型燃料要结合农村的实际情况，以服务"三农"为根本目的，根据农民的经济、资源和人文习惯等制定灵活的、合理的经营体制。目前，在农村发展秸秆成型燃料技术还存在以下管理障碍：

管理体制不健全，责任目标不明确。秸秆成型燃料产业发展初期还没有管理经验和相关理论可供学习和参考，需要经过长期的探索和发展才能形成一套健全的经营机制。

管理人员文化素质和管理水平参差不齐。由于长期以来，农村受教育程度低，农业经济的发展使部分受教育程度好的农民进城打工，受过高等教育的更不愿意回到农村。所以，绝大多数农村地区的农民文化知识薄弱，农民尤其缺少科学的管理方法、技巧和经验，对成型设备的性能不熟悉，影响生产连续性。

### 11.6.2.3 农村发展秸秆成型燃料的政策障碍

秸秆成型燃料发展的政策障碍主要指经济激励政策和强制性环境政策两方面的障碍。

**1）经济激励政策**

目前，我国尚没有针对生物质能发展的完善经济激励政策，更没有专门针对秸秆成型燃料技术的经济激励机制，经济激励政策发育不健全。

经济激励政策主要包括投资政策、价格政策、税收政策等。由于秸秆成型燃料市场规模小，技术处于发展阶段，投资回报难以预测，投资商的投资风险大，缺少相关投资政策，影响了秸秆成型燃料的商业化发展。秸秆的收集、储存、预处理等存在许多不确定因素，影响秸秆成型燃料投资与生产的因素多。对秸秆成型燃料经营的税收政策，也缺乏参考标准，虽然根据国家相关法律，可再生能源的生产销售可给予税收减免，但只是很笼统的框架，缺少明显的针对性，在我国农村执行起来比较困难。

**2）环境政策**

环境政策障碍主要指我国缺乏针对农村化石能源燃烧和秸秆直接燃烧的污染物排放标准。农村及小城镇燃煤污染严重，燃烧效率低，《中华人民共和国可再生能源法》、《中华人民共和国节能法》、《中华人民共和国环境保护法》等相关法律法规没有发挥有力的作用，或执法力度小，不足以达到根本治理的目的。

### 11.6.2.4 农村发展秸秆成型燃料的信息传播障碍

信息传播障碍主要指缺乏对生产和消费秸秆成型燃料的宣传和教育，包括环境保护、节能降耗、可持续发展和生态农业等方面的宣传教育不足。生产者和消费者主要在农村，环境保护意识差、节能意识淡薄。

(1) 国家和社会针对可再生能源利用的信息传播的媒体工具少、传播面窄，尤其在农村获取信息的途径主要是电视，可是农村有线电视普及率低。

(2) 在农村不少地方报纸杂志订阅困难，而且科普知识信息量小。同时存在图书价格居高不下、可再生能源方面的专业图书资料少、农民知识层次低的原因，缺少或看不懂科技含量高的图书。

(3) 网络仍然只是在部分经济、文化相当发达地区才有，而且计算机价格和网络信息费与绝大多数农民的经济水平不协调，使用网络工具还存在提高农民知识水平的问题。

(4) 环境保护和节能降耗的教育普及面狭窄，不仅在农村，就是不少城市居民和高级知识分子的能源节约和生态环境意识依然缺乏。人们对刚进入市场的秸秆成型燃料技术更是知之甚少。调查发现，有人说起来身边的秸秆不以为然，对秸秆成型燃料更是想当然、简单化；还有一部分人以为秸秆成型燃料技术高不可攀，将它神秘化、复杂化。

### 11.6.3 秸秆成型燃料规模化发展建议

由于秸秆成型燃料行业刚刚起步，产业链各个环节不健全，没有合适的配套政策来推动行业健康、稳定地发展，投资者会望而却步，已经投资的企业没有利润就不能发展。目前，与新农村建设密切相关的秸秆成型燃料产业尚无切实可行的优惠政策出台。因此，建议国家相关部门能够借鉴其他行业现有的优惠政策，尽早出台产业促进政策。

(1) 出台关于秸秆成型燃料税收优惠的政策。财政部、税务总局2006年8月3日下发的《关于三剩物和次小薪材为原料生产加工的综合利用产品增值税优惠政策的通知》中规定，对以三剩物和次小薪材为原料生产加工的综合利用产品，实行增值税即征即退。在产品目录中列有炭棒而没有秸秆成型燃料。根据炭棒的生产原理，秸秆成型燃料是利用秸秆加工成为成型燃料，原理相同，原料类似。因此，我们认为也应参照该通知，出台关于秸秆成型燃料税收优惠的政策。

(2) 秸秆成型燃料行业享受所得税减免优惠政策。饲料行业自20世纪80年代起享受所得税减免的优惠政策。从生产加工角度比较，饲料行业采用苜蓿、秸秆等作为原料加工成型饲料，而秸秆成型燃料也是利用秸秆、剪枝等加工成型燃料，两个行业具有相似性；从国家战略意义分析，秸秆成型燃料作为可再生能源和替代能源，对社会可持续发展具有更深远的影响。因此，我们建议秸秆成型燃料行业能够享受与饲料行业相同的所得税减免优惠政策。

(3) 出台秸秆成型燃料财政补贴优惠政策。2004年6月，《财政部关于燃料乙醇亏损补贴政策的通知》正式下达，分年度明确了补贴标准。我国目前还没有在秸秆成型燃料产业出台相关补贴政策。秸秆成型燃料对我国在优化农村能源结构，发展农村经济，改善农民生活水平，减少环境污染等方面意义重大，希望相关部门参考燃料乙醇的补贴政策，出台秸秆成型燃料财政补贴优惠，以推动秸秆成型燃料产业化快速健康发展。

(4) 尽早出台秸秆成型燃料示范项目的补贴政策。①为了增加对投资者的吸引力，扩大秸秆成型燃料生产规模，建议对秸秆成型燃料设备进行补贴。补贴方式及资金可以参考我国农机补贴标准，对秸秆成型燃料设备购置用户进行补贴。2007年我国购置农机补贴额在整机的15%～30%，因此，建议购置秸秆成型燃料设备也应该给予15%～30%的整机补贴；从而提高秸秆成型燃料的普及率，加大秸秆综合利用力度。②为了提高使用生物质的积极性，促进秸秆成型燃料产业化，建议对使用秸秆成型燃料进行补贴，补贴标准可以参考煤炭排污费以及国际$CO_2$减排碳基金，按照约100元/t进行补贴（每利用1 t秸秆成型燃料约可以减少排放1.5 t $CO_2$，折合国际标准碳基金80～100元人民币；开采、运输和使用1 t煤炭所造成的污染，不考虑间接污染，其直接治理费就远远超过50元，因此，按照100元补贴生物质成型燃料是合理的）。补贴可以补贴给用户，也可以直接补贴给秸秆成型燃料生产厂，然后厂方以低价销售给用户，从而促进用户使用秸秆成型燃料，逐渐替代或部分替代煤炭。③为了保证补贴到位，建议及早建设好秸秆成型燃料及其设备补贴监督管理体制和体系，保证监管到位，让秸秆成型燃料产业健康快速发展。

(5) 建议国家增加秸秆成型燃料及其设备，包括相应燃烧设备、原料收集体系及设备的研发投入。一直以来，国家对秸秆成型燃料发展的重视力度不足，科研院所和企业投入经费远远不能满足产业的发展，秸秆成型燃料也是我国可再生能源发展的重头戏，整个环节中任何一个地方脱节，都会影响产业的发展。因此，建议相关部门动员整个社会的力量，增加投入力度，快速扶植秸秆成型燃料产业的发展。

（6）建议尽早出台秸秆成型燃料相关标准。欧美国家早就形成了严格的质量标准，保证了产业的健康发展。如果没有标准，产品质量就会千差万别，市场就会混乱，势必影响秸秆成型燃料产业的健康发展。因此，很有必要借鉴国外先进的发展经验和模式，出台秸秆成型燃料相关标准，规范秸秆成型燃料市场，引导产业正确、有序地发展。

## 11.7 秸秆成型燃料的价格方案

秸秆成型燃料的价格决定其消费数量和消费层次，限制其发展规模和速度，是影响秸秆成型燃料技术规模化的主要因素之一。本文通过对秸秆成型燃料价格的影响因素进行分析，采用对比计算法确定其价格方案，以引导秸秆成型燃料规模化技术的应用与发展。

### 11.7.1 影响秸秆成型燃料价格的因素

影响秸秆成型燃料价格的因素主要有生产成本、秸秆资源、地理人文、经济水平和区域资源等。

**1）秸秆成型燃料的产品成本构成**

秸秆成型燃料的价格主要由秸秆原料费 $W_1$、能耗费 $W_2$、工人工资费 $W_3$、企业管理费 $W_4$、固定资产折旧和设备维修费 $W_5$、产品销售费 $W_6$ 决定。即

$$C = W_1 + W_2 + W_3 + W_4 + W_5 + W_6 \tag{11.11}$$

根据一村一点的生产规模，产品销售费 $W_6=0$，所以秸秆成型燃料的产品成本也就是销售成本，即

$$C = W_1 + W_2 + W_3 + W_4 + W_5 \tag{11.12}$$

**2）原料对秸秆成型燃料价格的影响**

当地经济发展水平和人文习惯对秸秆成型燃料的价格产生影响。经济发达地区的农村消费水平高，已经习惯了使用商品能源，商品燃料价格也高。秸秆一般属于农业废弃物，加工为秸秆成型燃料就是商业行为，有利益回报才有生产动力，相应的，秸秆成型燃料经营者就会参考商品燃料而提高价格；相反，经济落后和贫困地区农村，由于秸秆价廉，又有燃烧秸秆的习惯，对商品能源的经济承受能力低，所以，秸秆成型燃料价格就适当低一些。

秸秆资源的富足与匮乏也影响秸秆成型燃料的价格高低。秸秆资源丰富的地区，燃料价值低，常被遗弃于田间地头，容易收集和处理，其成型的产品价格就低一些。如果秸秆资源紧张，例如，南阳市养牛业和新乡市造纸业需要大量的秸秆原料，导致当地秸秆原料的价格高，所以生产的秸秆成型燃料价格也高。

另外，化石能源资源，如煤炭、石油和天然气丰富的地区（濮阳市），其天然气和煤炭等商品能源价格相对较低，也影响秸秆成型燃料的价格。

3) 生产能耗对秸秆成型燃料价格的影响

生产能耗在秸秆成型燃料成本中占有较大的比重，对秸秆成型燃料的规模化生产产生明显的影响。首先，高能耗的生产违背高效利用秸秆能源的原则；其次，大负荷的生产设备加大农村电网负荷压力，甚至存在安全隐患；最后，高能耗生产的直接后果是高成本、高价位，在农村发展高价位的秸秆能源，农民难以接受。

影响秸秆成型燃料的诸多因素中，最主要的影响因素是秸秆原料和单位能耗。所以，恰当地选择秸秆成型燃料的生产区域和生产设备至关重要，直接影响秸秆成型燃料技术规模化的发展。

## 11.7.2 秸秆成型燃料的价格补贴

### 11.7.2.1 秸秆成型燃料的价格补贴折算方法

秸秆成型燃料的价格补贴主要依据"谁受益，谁补贴"，全成本定价和同质同价的折算方法，补贴原则是差额补贴。

**1)"谁受益，谁补贴"**

"谁受益，谁补贴"的原则是得到利益方出钱补贴利益贡献者（秸秆成型燃料的生产者和消费者）。秸秆成型燃料的规模化发展从根本上保护了国家利益，如环境保护、节能降耗、调整能源结构、国家能源安全、生态农业的可持续发展以及减排 $CO_2$ 所带来国际上的碳汇补偿等。所以，国家应该对秸秆成型燃料在价格上进行适当补贴。

通过价格补贴，提高秸秆成型燃料与常规能源的竞争力，减少农民（主要消费者）的能源支出，刺激农民能源消费，减少农村对化石能源的依赖，促进秸秆成型燃料的规模化生产。

**2) 全成本定价方法**

全成本定价是指把与能源生产有关的全部费用考虑进去，包括支付污染费用和可获得潜在费用，如 $SO_x$ 和 $NO_x$ 对环境的破坏、特殊物质对健康的影响、$CO_2$ 排放的潜在费用等。其中燃烧秸秆成型燃料可以减少 $CO_2$ 排放，换取"碳汇基金"，煤炭与秸秆成型燃料和秸秆燃烧的 $CO_2$ 排放分析见表11.10。表11.10直观的比较了几种秸秆利用技术和煤炭利用过程的 $CO_2$ 排放量。

表11.10 几种秸秆和煤利用过程中 $CO_2$ 排放量的比较

| 利用过程 | 系统效率/% | $CO_2$ 排放量/（g/MJ） |
| --- | --- | --- |
| 秸秆简单燃烧供热 | 15 | 45.9 |
| 生物质锅炉供热 | 60 | 11.4 |
| 燃煤锅炉供热 | 70 | 121 |
| 秸秆成型燃料炊事燃烧 | 40 | 17.2 |
| 燃煤发电 | 35 | 263.0 |

**燃煤发电**（效率35%）：我国2004年平均发电效率是0.42kg标准煤发电1kW·

h，1 kg 煤发电 2.38 kW·h，所以 1 kg 煤发电排放 $CO_2$ 约 2.25 kg/kg 煤。

燃煤锅炉供热（效率 70%）：根据 1 kg 标准煤提供热量 29.26×0.70 MJ/kg，所以，供热排放 $CO_2$ 为 29.26×0.70×0.121=2.48 kg/kg 标准煤。

秸秆简单燃烧（效率 15%）：1 kg 秸秆（按 14.6 MJ 计算）燃烧效率 15%，提供热量为 14.6×0.15 MJ/kg，所以 1 kg 秸秆燃烧排放 $CO_2$ 为 14.6×0.15×0.0459=0.10 kg/kg 秸秆。

同样可以算出：1 kg 秸秆成型燃料燃烧（效率 40%）排放 $CO_2$ 为 14.6×0.40×0.0172=0.10 kg/kg 秸秆。

因此，如果高效利用 1000 万 t 的秸秆成型燃料，可以替代 500 万 t 标准煤；能够减少 $CO_2$ 排放超过 1000 万 t，减少 $SO_2$ 排放约 4 万 t，减少烟尘排放约 10 万 t。

随着能源需求量的增加，化石燃料的短缺，以及化石能源的使用带来的污染加重，在今后的各种能源成本核算工作中，实行全成本定价法可以缩短高污染的化石能源与可再生能源价格之间的差距，有利于推进可再生能源高效转化技术的规模化和商业化发展。

**3) 同质同价折算法**

同质同价是不同种类的燃料在具有同样的应用价值时，根据其热值进行同值代换，相同的热值应该具有相同的价格。同时考虑不同类型的燃料的使用方便程度、利用效率、社会和环境效益等因素的影响因子。例如，普通煤热值 21.7MJ/kg，0.80 元/kg，折合 0.037 元/MJ。一般秸秆（秸秆成型燃料）平均热值 14.6MJ/kg，仅从热值计算秸秆和秸秆成型燃料的价格应该不低于 0.037 元/MJ，但是考虑到松散秸秆的燃烧方式、方便程度、利用效率等与煤不具有可比性，所以一般秸秆的实际价格只有 0.08～0.10 元/kg，约 0.006 元/MJ，因此，秸秆作为商品燃料用于炊事不可行；而秸秆成型燃料在燃烧方式、方便程度、利用效率与煤相比具有相同甚至更好的效果，而且具有较好的环境效益。所以，根据同质同价计算，秸秆成型燃料的价格不应该低于 0.037 元/MJ，约 0.59 元/kg（按照 14.6MJ/kg 计算）。

### 11.7.2.2 秸秆成型燃料的价格补贴核算

根据价格补贴方法，考虑燃料相似性和燃烧可比性，对秸秆成型燃料参考煤的价格补贴进行如下核算。

**1) 根据单位重量销售价计算**

根据煤炭和秸秆成型燃料的单位重量的价格进行计算，确定补贴差额。

$$A_1 = \beta \times P_{1c} - P_{1b} \tag{11.13}$$

式中，$A_1$ 为应补贴金额，单位为元/t；$P_{1c}$ 为煤炭单位重量价格，单位为元/t；$P_{1b}$ 为秸秆成型燃料单位重量价格，单位为元/t；$\beta = C_c/C_b$ 为秸秆成型燃料与煤炭的热值比；$C_c$ 为煤的热值，单位为 MJ/kg；$C_b$ 为秸秆成型燃料的热值，单位为 MJ/kg。

**2) 根据环境因素补贴计算**

环境因素主要包括 $SO_x$、$NO_x$、烟尘污染的治理费和 $CO_2$ 的温室气体减排基金等。

$$A_2 = F_{CO_2} + F_{污染} \tag{11.14}$$

式中，$A_2$ 为应补贴金额，单位为元/t；$F_{CO_2}$ 为 1 t 煤利用排放 $CO_2$ 换算碳基金价格，单位为元/t；$F_{污染}$ 为 1 t 煤利用排放 $NO_x$、$SO_x$ 及烟尘排放污染治理费，单位为元/t。

根据差额补贴原则国家对秸秆成型燃料进行价格补贴，补贴政策由国家制定。具体补贴方法应根据秸秆成型燃料的商业化程度确定；考虑到秸秆成型燃料的大规模应用给国家带来一定的社会和环境效益，国家可以给予秸秆成型燃料与煤差价的部分或全额补贴。

举例说明如下：设我国目前标煤价 1100 元/t，煤的热值为 29.2MJ/kg；秸秆成型燃料目前销售价格 450 元/t，秸秆成型燃料热值为 14.6MJ/kg；燃烧 1 t 标准煤 $CO_2$ 减少排放量平均按 2 t 计算，$CO_2$ 的温室气体减排兑换基金 10～12 美元/t，按 10 美元/t 计算（人民币换算比率为 7），其他污染物处理排污费按 10 元/t 计算（按最少量计算，1 t 秸秆成型燃料燃烧排放 $SO_x$ 比煤少 4 kg，烟尘比煤少 10 kg）。则

$$A_1 = \beta \times P_{1c} - P_{1b} = 100 \text{ 元}/t$$

$$A_2 = F_{CO_2} + F_{污染} = 2 \times 10 \times 7 + 10 = 150 \text{ 元}/t$$

可见，根据单位热值同价计算，应该补贴热值差价约 100 元/t，补贴后秸秆成型燃料价格达到 550 元/t，单位热值价格与煤相当，具有较大竞争力；如果进行全额补贴，考虑污染治理补偿，则需对秸秆成型燃料的价格补贴额在 150 元/t，补贴后秸秆成型燃料价格达到 600 元/t，单位热值价格略高于煤，需要政策扶持及资金补贴才可以发展。

合适的补贴方式是采用生产补贴：对生产者的产品给予高价位政策，保证生产者利益；对消费者购买秸秆成型燃料给予优惠政策或在价格上适当补贴，每吨补贴差价，根据秸秆成型燃料的实际消费量进行补贴。通过补贴，既可提高生产企业效益，促进企业管理，增加利用秸秆成型燃料的积极性，又能刺激农民消费秸秆成型燃料，扩大秸秆成型燃料生产和消费规模，培育秸秆成型燃料市场规模化体系。

如果成型燃料价格（如 HPB 系列成型设备生产的大直径秸秆成型燃料）低于煤炭同质同价折算费用——$P_{1c}/\beta$，则需直接将差价补贴给成型燃料经营者；如果成型燃料价格（颗粒成型燃料）高于同质同价折算价则需采用差价补贴原则同时补贴经营者和成型燃料的消费者。

## 11.8 秸秆成型燃料规模化生产应用示范案例

秸秆成型燃料技术的规模化、产业化、商业化需要成熟的秸秆成型燃料技术及稳定、可靠的秸秆成型燃料设备，秸秆成型燃料设备的可靠性和稳定性必须经过长期的试验来检验、确定。为了积累秸秆成型燃料技术规模化、产业化数据资料，检验秸秆成型燃料设备的可靠性与稳定性，农业部可再生能源重点开放试验室分别在河南农业大学的科教园区农场、商丘市睢阳区、新乡市七里营镇、南阳市卧龙区和濮阳市清丰县进行了秸秆成型燃料技术规模化试点示范。本文选择其中的一个试点村作为案例进行示范效果分析，从而确定秸秆成型燃料技术规模化、产业化、商业化运行的价值和可行性。

秸秆成型燃料的生产加工，需要建厂投资、秸秆收集粉碎、筹集人员资金、组织管理、生产经营等，所以充足的秸秆资源，完善的秸秆成型燃料技术，足够的人力、物

力、财力及充分的社会可接受性是发展秸秆成型燃料技术规模化的必要条件。

### 11.8.1 案例介绍

本课题 2004 年对河南省商丘市睢阳区古宋乡纠庄村、新乡市新乡县七里营乡七四村、濮阳市清丰县高堡乡西侯村和南阳市卧龙区陆营乡双庙村进行了调查分析，各村基本用能情况和今后用能意向见表 11.11～表 11.14。

表 11.11 被调查农村基本情况

| 村名 | 人口/人 | 户均人数/人 | 可耕地总面积/亩 | 2003 年人均收入/元 |
|---|---|---|---|---|
| 七四村 | 1640 | 2.6 | 1410 | 3500 |
| 西侯村 | 1057 | 3.2 | 1420 | 2680 |
| 双庙村 | 2728 | 3.7 | 3280 | 2000 |
| 纠庄村 | 2467 | 4.1 | 3560 | 2120 |

表 11.12 被调查农村农户生活用能情况

| 户均用能结构 | 七四村 | 西侯村 | 双庙村 | 纠庄村 |
|---|---|---|---|---|
| 户均年用煤量/kg | 619 (75.89%) | 585 (74.14%) | 210 (15.2%) | 240 (15.8%) |
| 户均年用秸秆量/kg | 0 | 88 (7.51%) | 1600 (70.9%) | 1800 (79.9%) |
| 户均年用薪柴量/kg | 0 | 0 | 110 (4.9%) | 50 (2.2%) |
| 户均年用液化气量/kg | 60.0 (17.02%) | 45.0 (13.20%) | 3.5 (0.5%) | 5.0 (0.8%) |
| 户均年用电量/kW·h | 346 (7.09%) | 243 (5.15%) | 86 (1.1%) | 115 (1.3%) |
| 户均年消耗能源合计标准煤/kg | 607.1 (100%) | 586.2 (100%) | 1028.9 (100%) | 1126.4 (100%) |

表 11.13 被调查农村农户今后炊事用能意向 (单位:%)

| 炊事用能种类 | 七四村 | 西侯村 | 双庙村 | 纠庄村 |
|---|---|---|---|---|
| 煤 | 0 | 0 | 15 | 25 |
| 传统生物质 | 0 | 0 | 10 | 10 |
| 液化气 | 75 | 65 | 55 | 60 |
| 秸秆成型燃料 | 45 | 70 | 90 | 95 |
| 电 | 85 | 70 | 5 | 10 |

表 11.14 被调查农村农作物秸秆利用情况

| 村名 | 农作物秸秆利用方式 | 农作物秸秆利用构成/% |||
|---|---|---|---|---|
| | | 玉米秸秆 | 小麦秸秆 | 棉花秸秆 |
| 七四村 | 用作肥料还田 | 21 | 10 | 0 |
| | 用作燃料 | 0 | 0 | 2 |
| | 用作饲料 | 2 | 0 | 0 |
| | 出售 | 0 | 83 | 0 |
| | 废弃 | 77 | 7 | 98 |

续表

| 村名 | 农作物秸秆利用方式 | 农作物秸秆利用构成/% |  |  |
|---|---|---|---|---|
|  |  | 玉米秸秆 | 小麦秸秆 | 棉花秸秆 |
| 西侯村 | 用作肥料还田 | 32 | 35 | 0 |
|  | 用作燃料 | 0 | 0 | 57 |
|  | 用作饲料 | 5 | 14 | 0 |
|  | 出售 | 0 | 22 | 0 |
|  | 废弃 | 63 | 29 | 43 |
| 双庙村 | 用作肥料还田 | 5 | 5 | 0 |
|  | 用作燃料 | 55 | 30 | 95 |
|  | 用作饲料 | 19 | 45 | 0 |
|  | 出售 | 0 | 12 | 0 |
|  | 废弃 | 21 | 8 | 5 |
| 纠庄村 | 用作肥料还田 | 0 | 0 | 0 |
|  | 用作燃料 | 70 | 45 | 98 |
|  | 用作饲料 | 10 | 30 | 0 |
|  | 出售 | 0 | 0 | 0 |
|  | 废弃 | 20 | 25 | 2 |

表 11.11、表 11.12 和表 11.14 反映了各示范农户的基本情况、主要农作物秸秆（玉米秸秆、小麦秸秆、棉花秸秆）利用情况和生活用能情况。

为了分析秸秆成型燃料的市场潜力，作者对农户今后炊事用能的意向进行了调查（表 11.13）。调查结果显示，七四村和西侯村 100% 的农户认为，将不再使用秸秆作炊事燃料；有 70%～85% 的农户表示同时使用电炊具和液化石油气。纠庄村和双庙村的 10% 的农户表示还会考虑使用农作物秸秆作燃料，15%～25% 的农户认为用煤更方便、经济；从安全和经济角度考虑，只有 5%～10% 的农户愿意偶尔使用电炊。对秸秆成型燃料的燃烧状况及燃烧特性了解后，纠庄村和双庙村 90% 以上的农户表示将不再购买煤作燃料，愿意使用自家田地生长的干净又廉价的秸秆加工秸秆成型燃料。七四村由于特殊的原因：一是村办企业较多，可耕地减少，秸秆资源不足；二是家中多是老人、妇女和中小学生，新生事物的接受能力偏低，对于秸秆成型燃料的燃烧利用，只有 45% 的农户表示可以试用一段时间，可以的话将继续使用。西侯村经济也比较发达，地处黄河之北，冬季采暖需能较多，70% 的农户表示如果秸秆成型燃料能够满足生活用能，将不再用煤作为取暖和炊事的燃料，而使用更加清洁、廉价的秸秆成型燃料。

河南省是一个农业大省，农村经济状况及农业耕作形式、绝大多数农户的生活用能类似于被调查的纠庄村和双庙村。由上面的分析可见，秸秆成型燃料的需求市场潜力巨大，以粮食为主的农村可以每村建设一条秸秆成型燃料生产线发展秸秆成型燃料产业。

值得注意的是，农作物秸秆原料堆积密度一般不大于 $150 \text{ kg/m}^3$，而且由于一家一户分田耕作，秸秆分布分散，不易收集。远距离收集、运输更增加秸秆成型燃料的生产成本，所以秸秆收集范围不宜太大，一般以收集半径1.5km以内比较适合。根据HPB成型机的生产能力，一条生产线可以为30～450户农户提供炊事燃料。

### 11.8.2 案例的基本信息

为了给规模化发展秸秆成型燃料技术提供有价值的参考数据，案例的选取具有广泛的代表性，本文选取商丘市睢阳区的示范点作为案例进行分析论证。

该示范试点位于河南省商丘市睢阳区古宋乡纠庄村，毗邻商丘市区环城公路，村北1km连霍高速公路横贯东西、省级公路南北越村而过，交通便利。纠庄村是古宋乡唯一没有负债的行政村，经济状况良好，领导班子团结，村民素质高，新生事物接受能力强。

纠庄村共有人口2467人，每户平均4.1人，可耕地占地面积3560亩，年人均经济纯收入人民币2120元。农作物结构以小麦、玉米、棉花和蔬菜为主，其中农作物占可耕地2000亩，夏季收获小麦，秋季以种植玉米、棉花为主；其他1560亩可耕地一年四季种植蔬菜。纠庄村每年收获秸秆总量2000～2500 t，除饲料和肥料外，有60%即1200～1500 t农作物秸秆作为生活燃料。

该村以农作物秸秆为主要生活能源，燃烧方式以直接燃烧为主；燃烧炉具主要是农村原始秸秆柴灶（兼有使用省柴节煤灶的农户），秸秆来源主要是自家责任田收获的小麦秸秆、玉米秸秆、棉花秸秆以及蔬菜秆，户均每年需要2 t左右秸秆燃料，阴雨天气及秸秆不充足的个别农户间或以薪柴、煤或液化石油气作补充燃料。由于这种直接燃烧方式燃烧效率低（10%～15%），燃烧火力不集中，炊事费时费工，不但造成能源资源大量浪费，而且炊事环境烟熏火燎、污染严重。资料表明，从事旧式秸秆燃烧方式的家庭主妇，每天吸入的颗粒污染物相当于20包香烟的危害。

### 11.8.3 秸秆成型燃料的生产与应用

#### 11.8.3.1 生产成本分析

**1）满足度**

为了明确秸秆成型燃料生产能力与消费需求的关系，恰当选择成型设备，这里提出满足度的概念。

满足度是指单位时间内设备生产量与消费对象最低产品需求量之比。成型技术及其产品最终要流向消费终端，即成型设备的使用者（秸秆成型燃料的生产者）和秸秆成型燃料的消费者。成型设备及秸秆成型燃料的生产能力的大小直接影响秸秆成型燃料技术规模化、产业化进展，所以成型设备与秸秆成型燃料的生产者应该能够满足秸秆成型燃料消费对象的最低消费需求。不同的成型设备具有不同的生产率，所适应的消费对象和群体也不尽相同，究竟多高的生产率可以满足生产的要求，多大的生产规模能够适应消费的需求，不能简单地用量的标准来评价。它不单以生产率为制约因素，同时决定于消费对象的需求量；它不以单台设备的产量确定是否能提供给消费对象足够的成型燃料需求量，可以规模化生产来适应市场，满足最低消费需求量，规模化生产始终要求满足度

略大于1。满足度要求成型设备的生产能力要与成型设备服务半径内每年的秸秆资源相当。公式表示为

$$\lambda = \frac{n \times P \times T \times R}{Q \times a} \quad (11.15)$$

式中，$\lambda$ 为满足度；$n$ 为设备数量，单位为台（套）；$P$ 为单台设备生产率，单位为 kg/h；$T$ 为日工作小时数，单位为 h；$R$ 为年工作日数，单位为 d；$a$ 为工作周期；$Q$ 为单位时间最低消费需求量。

举例说明，A 村每年可收获秸秆 $X_0$，该村居民以秸秆和煤炭为主要生活能源，若全部以秸秆为生活能源，则全部收获秸秆尚不足；若以秸秆压缩为秸秆成型燃料作生活能源，需要成型燃料 $X_1$ 即可以满足居民生活用能，$X_1 \leqslant X_0$。该村为了提高能源利用效率，调整能源结构，改善生态环境，充分利用当地生物质能源，购入秸秆成型燃料生产线 $n$ 台（套），该成型设备处理秸秆生产秸秆成型燃料的能力为 $Y$，每年工作 $R$ 天。若 $n \times Y \times T \times R \geqslant X_1$，此时满足度 $\lambda \geqslant 1$。若 $n \times Y \times T \times R < X_1$，则不能够满足居民生活用能，需要增加秸秆成型燃料生产线来调整满足度使 $\lambda \geqslant 1$。

**2）成型设备的确定**

纠庄村年生活耗能量计算：该村户均秸秆资源 2 t 左右，愿意示范应用秸秆成型燃料的农户有 486 户。根据秸秆成型燃料小型农户炊事燃烧炉的燃烧试验，该炉具燃烧效率是原始炉灶或省柴灶的 2～3 倍，可以比直接燃烧秸秆节约 2/3 以上的秸秆燃料量。我们在纠庄村农户家实际燃烧试验结果：四口之家正常生活日需秸秆 8～10 kg，每年约有 8 个月的时间靠秸秆供能，平均每户每年燃烧秸秆 1800 kg；而每户每日平均需要秸秆成型燃料 3～4 kg 就可以满足生活用能，平均每户年需秸秆成型燃料 1.2 t。所以，该村（按 600 户计）村民保证 1 年的正常生活，需要秸秆成型燃料总量约为 600 户×1.2 t＝720 t。

根据满足度定义，纠庄村生物质成型燃料设备每年的秸秆成型燃料生产量必须满足 $n \times P \times T \times R \geqslant 720$ t。

若取 $R$ 为 300d，$T$ 为 8～10 h，已知一套 HPB-Ⅲ 秸秆成型燃料生产线生产能力 $P$ 为 300 kg/h，则每日每台可以生产秸秆成型燃料 2.4～3 t，1 年能够生产秸秆成型燃料的总量为 $n \times P \times T \times R = 720～900$ t/a。显然，一套 HPB-Ⅲ 秸秆成型燃料生产线可以满足该村农民生活能源的需要。因此，我们在商丘市纠庄村选用 HPB-Ⅲ 成型生产线。

**3）生产成本核算**

秸秆成型燃料的生产成本（按照中国 2004 年不变价格计算）影响秸秆成型燃料技术的规模化发展和商业化运行。与商品能源不同的是，影响秸秆成型燃料生产成本的因素较多，而且多数属于不确定因素，尤其是地理因素、环境因素、季节因素、当地经济发展状况、人文素质等，无法在生产成本中直接体现，如果将秸秆成型燃料作为商品燃料销售时，可以把众多影响因素考虑进去。

秸秆成型燃料的生产成本主要包括原料的收购费、能耗费、工资费、管理费、销售费、设备维修费及固定资产折旧费等。

（1）固定成本（fixed cost，FC）。

FC₁：设备费。秸秆成型燃料设备生产线 1 套，11 万元，使用寿命 10a，生产率 250～300 kg/h，年工作 300d，每天工作 8～10 h，则年最小生产量 720 t。该项总投入与设备折旧为

$$设备费（E）=110\,000 元\times 1 套 = 110\,000 元$$

$$每吨秸秆成型燃料设备费（FC_1）=\frac{110\,000 元}{720\,t/a\times 10a}=15.3 元/t$$

FC₂：房租费。生产车间租用原养牛场旧房 150 m²，厂房租赁费 100 元/(m²·a)。该项总投入与设备折旧为

$$年需厂房租赁费（R）=100 元/(m^2·a)\times 150\,m^2=15\,000 元/a$$

$$每吨秸秆成型燃料房租费（FC_2）=\frac{15\,000 元}{720\,t/a\times 1}=20.8 元/t$$

所以，固定成本为

$$FC=FC_1+FC_2=36.1 元/t$$

(2) 可变成本（variable cost，VC）。

VC₁：原料费。秸秆原料的收购（采集）价格，随秸秆的种类、运输距离、地理、经济、社会人文等不同，一般 30～100 元/t。该示范点秸秆种类主要有玉米秸秆、棉花秸秆、小麦秸秆和菜秆杂草等。目前，一种方法是各家农户用自己的秸秆原料运到秸秆成型燃料生产车间加工，按秸秆价折算或适当收取加工费；另一种方法是直接到农户家收购，自然干燥农作物秸秆收购价 60～80 元/t（原料含水率≤20% wb），考虑 5%～10% 的损耗，原料收购的支出费为

$$VC_1=60～80 元/t\times(1+5\%～10\%)=63～88 元/t$$

VC₂：能耗费。成型生产过程的耗能包括成型机（18.5 kW）、搅拌电机（2×0.55 kW）、电加热器（2×3.5 kW）、粉碎机（5.5 kW）、上料机（2×1.1 kW）和室内照明能耗（2×0.25 kW）。HPB-Ⅲ成型机工作间歇式，电机额定工作状态低于 65%，其他时间为空载或轻载状态；上料机最高按 70% 负荷计算，粉碎机一般可达到 80% 负荷。

成型系统每小时工作能耗为

$$EC_h=[(18.5\,kW+1.1\,kW+7.0\,kW)\times 65\%+5.5\,kW\times 80\%$$
$$+2.2\,kW\times 70\%+0.5\,kW]\times 1\,h$$
$$=23.08\,kW·h$$

每生产 1 t 秸秆成型燃料能耗为

$$EC_t=23.08\,kW·h\times 1000\,kg/300\,kg=76.9\,kW·h/t$$

纠庄村电价 0.60 元/kW·h，则每生产 1 t 秸秆成型燃料能耗费为

$$VC_2=76.9\,kW·h/t\times 0.60 元/kW·h\approx 46.2 元/t$$

VC₃：工人工资。每套生产线需 3 名操作工人，每天最多工作 10 h，共生产秸秆成型燃料 10 h×300 kg=3 t/d，每人每天工资支出 15 元。

每生产 1 t 秸秆成型燃料支出工资为

$$VC_3=\frac{3 人\times 15 元/(人·d)}{3\,t/d}=15 元/t$$

$VC_4$：生产线维护、保养费。每年生产设备易损件的维修、机件润滑、液压油更换维修费 4000 元/年。

每生产 1 t 秸秆成型燃料需要维修费为
$$VC_4 = 4000 元/720 t = 5.6 元/t$$

所以，可变成本为
$$VC = VC_1 + VC_2 + VC_3 + VC_4 = 129.8 \sim 144.8 元/t$$

(3) 生产成本核算。

不计原料成本
$$\begin{aligned}C' &= FC_1 + FC_2 + VC_2 + VC_3 + VC_4 \\ &= 15.3 + 20.8 + 46.2 + 15 + 5.6 \\ &= 102.9 \; 元/t\end{aligned}$$

计入原料成本
$$\begin{aligned}C'' &= FC_1 + FC_2 + VC_1 + VC_2 + VC_3 + VC_4 \\ &= 15.3 + 20.8 + (63 \sim 88) + 46.2 + 15 + 5.6 \\ &= 165.9 \sim 190.9 \; 元/t\end{aligned}$$

该示范点建在纠庄村，秸秆成型燃料供给该村 1.5 km 半径以内的农户使用，秸秆成型燃料属于可再生能源项目，又是财政示范管理。因此，不计管理费和房租，每生产 1 t 秸秆成型燃料的综合成本合计为 166~191 元/t，若不考虑秸秆原料费，秸秆成型燃料生产成本为 103 元/t。另外，在我国农村大规模发展该技术时，采取"一村或多村一点"的生产模式，秸秆原料和成型燃料产品也不需要考虑运输费和销售费。

### 11.8.3.2 纠庄经营模式

一个企业要取得较高的利润回报，要有好的生产效益，要做长远扩大生产规模的生产积累，必须正确积极的组织生产，采取合理的管理方法，融入市场经济的发展机制中去。

目前，该示范点得到政府的财政支持，秸秆成型燃料的生产和消费主要依赖河南省财政补贴。补贴对象包括秸秆成型燃料生产者和消费者。具体补贴措施：对生产者全额补贴，对秸秆成型燃料的使用者部分补贴。农民购买 1 t 秸秆成型燃料需花费 100 元，也可以拿 2 t 秸秆换 1 t 秸秆成型燃料。允许农户用自家的农作物秸秆现场加工，考虑到秸秆损耗、生产能耗及工人工资等，需另外付给一定的加工费。对于秸秆成型燃料的生产者，除去农民购买燃料费，不足加工成本部分另外由财政补贴差额部分。燃料生产者补贴时间为 1 年示范期，燃料消费者每户控制补贴 1 t 秸秆成型燃料。

农民对这种补贴政策非常乐于接受，积极配合生产，把自家储存的农作物秸秆主动风干晾晒，运到秸秆成型燃料加工厂粉碎加工，然后将秸秆成型燃料在家中储存。收获季节过后，农户纷纷将自家责任田里收割的农作物秸秆，晾晒储存，依次加工为秸秆成型燃料放入家中储存。图 11.22 是农作物秸秆晾晒的情景现场。根据燃烧试验结果计算，四口之家每天平均需要 3~4 kg 的秸秆成型燃料，可以满足生活用能。

图 11.22 农民自己晾晒的农作物秸秆

### 11.8.4 秸秆成型燃料对纠庄村能源结构和生态环境的影响

秸秆成型燃料在纠庄村使用后明显改变了该村的能源消费结构,使用前后的用能结构变化对比情况见表 11.15。由于秸秆成型燃料的燃烧效率成倍提高,折合标准煤以后的户均年需燃料量为 659.2 kg,减少燃料量 41.5%,节能效果显著,平均每户节约秸秆原料 600 kg,全村 600 户一年可节约秸秆原料 360 t;使用秸秆成型燃料后可以减少使用燃煤 144 t,减少购买液化石油气 3 t。按热值计算,720 t 秸秆成型燃料可以替代煤炭 500 t。

表 11.15 纠庄村使用秸秆成型燃料前后用能结构对比

| 项目 | 使用秸秆成型燃料前用能结构 | 使用秸秆成型燃料后用能结构 |
| --- | --- | --- |
| 户均年用煤量/kg | 240 (15.8%) | 0 |
| 户均年用秸秆量/kg | 1800 (79.9%) | 30 (2.3%) |
| 户均年用薪柴量/kg | 50 (2.2%) | 50 (3.8%) |
| 户均年用液化气量/kg | 5 (0.8%) | 0 |
| 户均年用电量/kW·h | 115 (1.3%) | 150 (2.9%) |
| 户均年用秸秆成型燃料量/kg | 0 | 1200 (91.0%) |
| 合计/kgce | 1126.4 (100%) | 659.2 (100%) |

注:kgce 为每千克标准煤。

另外,使用秸秆成型燃料后,农户的用电量略有增加,原因是燃烧秸秆成型燃料,每天农民的炊事时间可以缩短 1~2 h。所以,有了更多的时间参加学习、娱乐、休闲等,丰富了业余文化生活,电视、音像等利用率提高。

表 11.16 给出了纠庄村燃烧秸秆成型燃料前后的燃料开支。可以看出,如果秸秆成型燃料扣除补贴因素,以商品能源计算,与使用秸秆成型燃料前相比每户每年可以节约 25.5 元(中国 2004 年不变价格)。

表 11.16 纠庄村使用秸秆成型燃料前后用能支出对比(中国 2004 年不变价格)

| 项目/元 | 使用秸秆成型燃料前用能费 | 使用秸秆成型燃料后用能费 |
| --- | --- | --- |
| 户均年用煤支出 | 129.6 | 0 |
| 户均年用秸秆支出 | 0 | 0 |
| 户均年用薪柴支出 | 0 | 0 |
| 户均年用液化气支出 | 19.5 | 0 |
| 户均年用秸秆成型燃料支出 | 0 | 123.6 |
| 户均年燃料支出合计 | 149.1 | 123.6 |

注:商品燃料按 2004 年当地市场价,民用煤(0.5 kg 煤球 0.27 元/块)540 元/t、液化石油气 3.9 元/kg;秸秆、薪柴免费;秸秆成型燃料按成本价(去除秸秆原料费)计算,103 元/t。

表 11.17 列出了几种煤的元素分析结果。比较表 10.1 与表 11.17 发现，煤的含硫量是秸秆的数倍甚至十几倍。调查发现，煤炭在民用煤炉的燃烧效率一般小于 40%，浪费极其严重。表 11.17 显示，煤的挥发分在 40% 以下，燃烧剩余物有 50% 以上形成了灰渣，已经在农村形成了新的环境污染源，影响农民的正常生活和生产；而秸秆成型燃料属于清洁可再生能源，其燃烧过程几乎不产生污染。所以，在农村大规模发展秸秆成型燃料不会带来二次污染。

**表 11.17 不同变质程度煤的元素分析百分比**

| 煤的类别 | $M_{ad}$ | $A_d$ | $V_{daf}$ | $C_{daf}$ | $H_{daf}$ | $N_{daf}$ | $S_{daf}$ | $O_{daf}$ |
|---|---|---|---|---|---|---|---|---|
| 气煤 | 3.28 | 1.63 | 40.49 | 81.57 | 5.78 | 1.96 | 0.66 | 10.03 |
| 肥煤 | 1.15 | 1.29 | 32.69 | 88.04 | 5.52 | 1.80 | 0.42 | 4.22 |
| 焦煤 | 0.95 | 0.92 | 21.91 | 89.26 | 4.92 | 1.33 | 1.51 | 2.98 |
| 贫煤 | 1.08 | 2.81 | 13.49 | 91.31 | 4.37 | 1.52 | 0.78 | 2.02 |

注：资料来源于河南煤炭网。ad 为分析基；d 为干燥基；daf 为干燥无灰基。

该村 600 户农民按每年燃烧秸秆成型燃料 720 t（14.6MJ/kg）计算，每年替代煤（20.9MJ/kg）约 500 t。可以实现：减少 $CO_2$ 排放 1000 t、减少 $SO_2$ 排放 2.9 t、减少烟尘排放 7.2 t、减少灰渣 250 t。按纠庄村 2004 年化石能源消耗 144 t 计算，可以减少排放 $CO_2$ 320 t、$SO_2$ 2.8 t 和减少灰渣排放近 80 t。另外，纠庄村每年可以节省 360 t 秸秆资源。

秸秆成型燃料燃烧排出的 $CO_2$ 不会净增加温室效应。而且 1 t 秸秆成型燃料燃烧后，约产生有 10% 的灰渣，主要成分是草木灰。若纠庄村每年燃烧秸秆成型燃料 720 t，可以同时增加 72 t 优质钾肥，有利于改良土壤，改善作物品质，提高粮食产量；甚至作为商品花肥销售给花卉市场，增加农民收入。草木灰肥的施用，一定程度上减少了无机化肥的投入量，利于保护农业生态环境。

经过纠庄村秸秆成型燃料技术的生产及应用示范，逐步加深了试点农户对秸秆成型燃料技术的了解，扩大了秸秆成型燃料技术的影响力、渗透力；探索了多种秸秆成型燃料规模化的生产、管理及组织方法，受到了各级政府和纠庄村农户各方面的大力支持，取得了难得的基础试验数据和规模化技术参考指标，对于秸秆成型燃料技术的规模化应用与发展有积极的推动作用。示范取得了满意结果：农民不再露天焚烧秸秆，家家户户积极储存、收集和保护秸秆；秸秆成型燃料完全可以替代煤炭用于农村的生活和生产，减少了化石能源的消耗；提高了当地农民的生活质量，脱离了烟熏火燎的陈旧炊事方式，保证了厨房环境；秸秆成型燃料的示范推广，直面"三农"，给国家和农民带来了直接的社会和经济效益。

示范过程中也出现了一些不尽如人意的问题：补贴政策落实不力，挫伤了经营者的积极性，生产出现间断，影响了部分农民生活燃料的正常使用；管理体制不健全，目标责任和产权归属不明确，生产和消费关系不协调等也影响了该技术的推广应用。

## 11.9 生物质成型燃料规模化机制设计

根据定性分析和定量分析相结合的原则，采用利益相关者分析、社会调查、经济分析等方法，并应用 Excel、Spss 等分析工具，对影响成型燃料推广的主要因素和利益相关者进行分析和研究，设计成型燃料在农村地区推广的机制。

### 11.9.1 研究路线

首先，对成型燃料的示范点进行实地调研，运用经济学和社会学方法对影响推广的主要因素：原料的收集、成型燃料技术和产品性能、燃料支出与支付能力、常规能源的发展前景、国家政策等进行分析；其次，运用利益相关者理论，在调研的基础上，分析成型燃料推广中的利益相关者的利益及其对推广的影响；最后，在前面分析的基础上，设计成型燃料的推广机制。总体思路如图 11.23 所示。

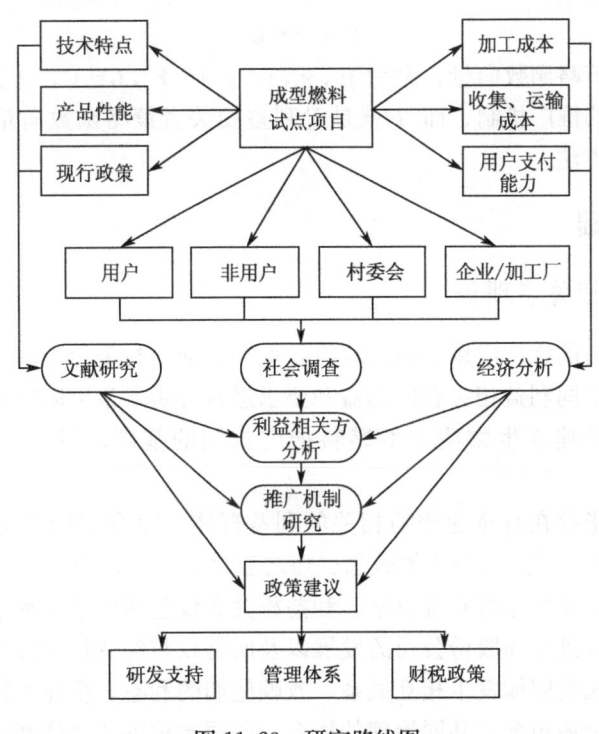

图 11.23 研究路线图

### 11.9.2 分析模型

根据前述的研究内容和总体思路，本研究所要构建的推广机制主要涉及 4 个利益相关者：农户、生产企业、村委会和政府。每个利益相关者对各种因素的影响要采取一定的策略。所谓推广机制研究，就是要在利益相关者策略分析的基础上，研究出适宜或最佳的策略组合。

**1) 影响因素分析**

影响利益相关者策略的因素包括资源、技术、经济、管理、政策等,可以用向量 $x$ 表示,即 $x=(x_1, x_2, \cdots, x_n)$,表示 $n$ 个影响因素。

**2) 相关者策略分析模型**

在资源、技术、经济、管理、政策等因素的影响下,利益相关者将针对因素的变化及影响情况采取不同的策略,即利益相关者的策略是影响因素的函数

$$y_i = f_i(x) = f_i(x_1, x_2, \cdots, x_n) \tag{11.16}$$

式中,$i=1, 2, 3, 4$ 分别为利益相关者:农户、生产企业、村委会、政府;$y_i$ 为利益相关者 $i$ 的策略;$f_i$ 为影响因素之间的函数关系。

**3) 推广机制分析模型**

在完成对各利益相关者分析的基础上,进行推广机制分析,即通过对每个利益相关者策略的分析,寻找与各利益相关者策略和行为相协调、优化或可行的组合。这一过程可用数学模型表示如下:

$$T: F \mapsto G \tag{11.17}$$

式中,$F$ 为相关方策略函数向量,$F=(y_1, y_2, y_3, y_4) \in F^4$,$G \in G$,$T$ 为从 $F^n$ 到 $G$ 的算子。$G$ 是最后得到的推广机制,而 $T$ 就是对利益相关者策略函数向量进行分析而得到推广机制的过程或方法。

### 11.9.3 理论基础

#### 11.9.3.1 利益相关者理论

生物质成型燃料的推广应用,涉及政府、生产企业、村委会、农户等不同层次的利益和要求。如何对不同利益相关者的利益和要求进行分析,最大限度地满足不同层次利益相关者的利益,是建立生物质成型燃料推广机制的基础,因此,引入利益相关者理论。

利益相关者是指存在与企业密切相关的利益群体,没有它们的支持,企业不会存在。随着企业的演变,利益相关者的概念也随之变化。在传统观念里,企业被看作简单的生产单位。此时,在企业所有者看来,利益相关者仅包括供应原料或购买产品的个人或团体。随着社会的进步和股份公司的发展以及所有权与经营权的分离,企业的管理者发现,只有同主要相关团体发生相互关系,兼顾他们的利益,企业才能处于不败之地。

利益相关者理论还包含了共同治理的概念。公司治理需要全体利益相关者参与,形成一种共同治理的机制,各利益相关者都应获得参与公司治理的权利。利益相关者理论认为:企业不能仅限于股东利益的最大化,应该同时考虑其他参与者的利益。股东利益的最大化不是创造财富的最大化,各利益相关者利益的最大化才是现代企业追求的目标。利益相关者理论被广泛地用于企业的绩效测评方面。

但是企业的运作是在市场规律的作用下进行的,没有将政府考虑在研究的范围内,而对于成型燃料企业来说,属于清洁的可再生能源项目,可以有效地缓解日益严重的能源问题和环境问题,政府是受益者之一。生物质成型燃料的推广应用,离不开政府的大

力支持，政府的行为会对成型燃料的推广产生重要影响，因此，本研究把政府纳入利益相关者的范畴。

**1）利益相关者概念**

自 1963 年斯坦福大学的研究小组首次定义利益相关者以来，各国的经济学家给出了多种表达方式。至今，人们对利益相关者概念的内涵已基本达成共识：利益相关者是指任何影响企业目标的实现或被实现企业目标所影响的集团或个人。利益相关者在影响企业的行动、决策的同时也会受到企业决策和行动的影响。利益相关者和企业的一种或多种利益关系既可以是直接的也可以是间接的，既可以是显性的也可以是潜在的。

**2）利益相关者分类**

在企业的利益相关者中，有的利益相关者主动对企业施加影响，从而也主动承担企业的经营风险；有些被动地受到企业经营行为的影响、被动地承受企业经营风险。因此，不同的利益相关者对于企业的生存和发展的重要性是有差异的。

根据各利益相关者合作和威胁的潜在性，可以把利益相关者归纳成四类。

第一类：支持性相关者。此类利益相关者具有高合作性和低威胁性的特点，是理想型的利益相关者。这类相关者包括董事会、经理、员工与顾客。对于企业来说，要尽量吸引此类型的人参与到经营管理中来。

第二类：边缘性利益相关者。具有低威胁性和低合作性的特点。就大公司而言，此类利益相关者包括雇员的职业联合会、消费者利益团体或股东。监控这些利益相关者，确保境况的稳定。

第三类：不支持性利益相关者。这个团体威胁性高、合作性低。此类利益相关者包括互相竞争的企业、工会、政府及新闻媒体。对这类相关者要做好充足的防备工作，预防消极影响的产生。

第四类：混合型利益相关者。威胁公司的潜在性和同公司合作的可能性都很高。在企业里，这类相关者可能包括紧缺的雇员、代理商或顾客。一个混合型的利益相关者既可能成为企业的威胁者也可能成为企业的合作者。应同这类利益相关者通力合作，争取他们的支持，扩大支持性相关者的范围。

**3）成型燃料推广中的利益相关者及其相互关系**

在成型燃料推广过程中涉及的主要利益相关者包括政府部门、村委会、农户、燃料生产企业等，见图 11.24，政府部门包括能源办及相关部门；企业包括负责生产的工人和技术员以及管理人员；农户包括用户和非用户。

政府部门通过积极的政策，如倡导清洁能源的生产和消费；补贴企业和用户，从而调动双方的积极性，促进供需市场旺盛，推动项目向积极、健康方向发展。成型燃料推广应用机制中，政府部门的职能主要体现在制定财政和推广政策、对项目的宣传和监督工作上，以确保项目的正常运行，进而推动成型燃料的规模化应用，最终实现调整农村能源结构、改善农民生活和农村环境的目标。

村委会——农村的基层组织，代表广大村民的利益，在农户中的影响是不言而喻的。协助上级部门搞好宣传和推广，协调生产者和用户的关系；为企业提供力所能及的帮助，如鼓励富裕农民投资成型燃料的生产，提供场地、人员，提出合理化建议等，协

图 11.24 成型燃料推广中的利益相关者

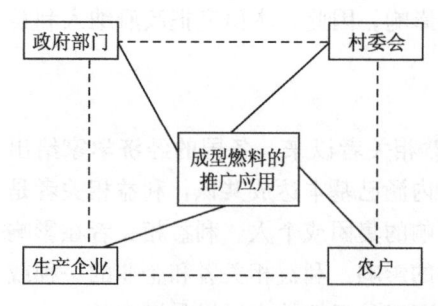

助企业顺利生产；向农户和企业传达上级政府部门的政策和措施，同时把企业和农户的想法及时反映到相关部门，寻求解决方法。此外，成型燃料的应用缩短了炊事时间，使农民有更多的时间从事文化娱乐活动，综合素质有所提高，有利于农村的稳定和精神文明建设。

生产企业——成型燃料的生产者。满足用户需求，提供合格产品，宣传、介绍产品性能，指导燃料的正确使用是企业的职责。企业的利益在于采用先进的经营管理理念，在国家政策的支持下进行规范生产，实现经济效益；同时，企业的规模化、产业化可以带动当地经济的发展，增加农民收入。

农户——原料的供应者、产品的使用者或潜在使用者，他们的行动直接关系到产品的应用，从而影响企业利益的实现和政府目标的完成，属于支持型的利益相关者。在政府部门和村委会的宣传下，积极配合企业生产：提供原料、反馈意见等。对产品不满意，放弃使用，需求萎缩；对产品满意度高，大量使用，并通过自己的实践加以宣传，可以扩大成型燃料的影响力，使更多的农户加入到使用者的行列中来，逐步实现农村能源结构的调整。

在各利益相关者中，政府部门是最有影响力的相关者，其政策的出台直接影响成型燃料的推广；企业掌握着先进的生产技术和设备，保证生产的顺利进行和合格产品的供应；农户获得合格产品和作为消费者的权利。

各利益相关者对企业的影响主要体现在合作的潜在性和威胁的潜在性两方面。管理者应结合企业实际，根据各类利益相关者的特点，详细分析影响合作潜在性和威胁潜在性的各种因素，对各利益相关者与企业合作的潜在性和威胁的潜在性有一个清楚的认识，更好地指导管理者的决策，满足不同利益相关者的需要，提高这些相关者对企业的支持度，确保企业利益的实现。

### 11.9.3.2 市场失灵与政府干预

供给和需求是经济学的重要内容，供需定律是经济学的核心内容。供给与需求是使市场经济运行的力量，它决定了某种商品的产量以及销售的价格。需求曲线是表示商品价格与需求量关系的图形，一般为向右下方倾斜的曲线；供给曲线是表示一种物品价格与供给量关系的图形，一般为向右上方倾斜的曲线。供需双方对供求的变化及时做出有效的反应，实现供需平衡，自发地把某商品的价格推向均衡价格。一般情况下在市场机制的作用下，偏离的市场价格会自动恢复到均衡价格水平。供求平衡是一个动态平衡，供应和需求不断变化，平衡也不断地被打破，直到新的平衡出现。

但是在现代市场经济体系中，市场调节不是万能的，市场的外部性会导致市场失灵。按照经济学家贝格、费舍尔等的看法，外部性是指"单个的生产决策或消费决策直接地影响了他人的生产或消费，其过程不是通过市场"。只有通过国家干预手段：税收、补贴政策、强制性政策，如特定的排污标准及征收污染费等，使外部性内在化，最大限度地减轻经济发展和市场化过程的外部性，保护自然资源和生态环境，实现可持续发展。

生物质成型燃料处于产业化初期，还没有成熟的市场，缺乏市场的调节，推广初期政府应通过政策手段，提高供需双方的积极性，激励市场的形成，逐步扩大生产规模与市场占有率，为成型燃料的发展创造宽松的市场条件。

### 11.9.4 生物质成型燃料推广的利弊

#### 11.9.4.1 技术和成本

技术的进步直接带来生产成本的降低，企业的利益得到保障；成本的降低，使成型燃料的价格优势得到体现，用户的支付能力相对增加，使用范围扩大。实现规模化，可推动农村经济的发展，有利于农民增收；而且环境效益和生态效益充分体现，有利于能源结构调整，缓解能源短缺的局面。成型燃料技术的进步能够带来成本的降低，为用户的需求增加奠定了经济基础。

#### 11.9.4.2 用户的支付能力

作为农村的生活能源，农户的收入水平直接影响农户的燃料选择：有支付能力，长期使用；支付能力欠缺，放弃使用。而需求市场的大小直接影响到企业的生产规模和经济效益，关系到成型燃料的市场份额以及将来的规模化应用，影响国家新农村建设和可再生能源目标的实现。

随着国家对"三农"问题的重视程度的提高，农村经济发展迅速，农民收入增幅加大，由 1990 年的 686.3 元/a 增加到 2005 年的 3255 元/a，平均增速 10.9%，超过了国民经济的发展速度。按照全面小康的发展目标，2020 年农民的人均纯收入达到 1000 美元，根据这个目标，那么 2010 年、2015 年、2020 年农民的年人均纯收入分别应达到 4397.2 元、5940.1 元、8000 元。历年农民燃料支出占人均纯收入的比例保持在 1‰ 的水平，随着经济的发展和生活水平的提高，加上社会主义新农村的建设，农民对优质燃料的需求增加，燃料支出将会增加，农民 2010 年、2015 年、2020 年的燃料支出将依次为 45 元、61 元、82 元，对成型燃料的支付能力将增强。

#### 11.9.4.3 替代能源的发展

长期以来，我国对常规能源的发展缺乏可持续发展战略的引导，对常规能源的定价没有考虑资源的可持续发展成本，价格偏低。目前我国煤炭因探明储量不足和生产能力等方面的原因，未来煤炭价格将长期缓慢上涨；国家政策调整，如实行煤炭资源有偿使用，全面征收可持续发展基金、矿山环境治理恢复保证金和煤矿转产发展资金，资源补偿费、矿业权价款、安全费用提取等催生煤炭价格进一步提高；成型燃料因为技术的进步以及将来的规模化生产，势必带来成本降低，经济优势在推广的过程中将逐步显现，用户的规模将扩大，促进生产销售，企业获得可观的经济效益，实现"供需"双赢，从而达到调整农村能源结构、改善环境的目的。

#### 11.9.4.4 投资

成型燃料一次性投资较大，再加上原料收集、工资、设备维护等需要一定数量的流动资金，关系到企业能否顺利运营以及供应能否满足需求等。企业初始的情况对用户影响很大，如果一开始就能满足用户的需求，用户不担心供应问题，使用的积极性很高；如果不能正常运作、实现连续供应，断断续续的使用会使用户对企业的供应能力产生疑问，对发展前景失去信心，使用的积极性下降。

### 11.9.5 生物质成型燃料推广机制设计与政策建议

#### 11.9.5.1 推广机制设计的原则

通过利益相关者分析和经济分析，对影响成型燃料推广的主要因素进行了较为详细的研究。研究表明，成型燃料在农村地区的应用受农户支付能力、企业利润空间等因素的高度制约，仍需要各方面的政策支持。为了增加各项政策的系统性和一致性，需要研究、设计适应农村地区特点的推广机制。作者设计的推广机制见图 11.25，该机制在设计过程中考虑下列几个方面。

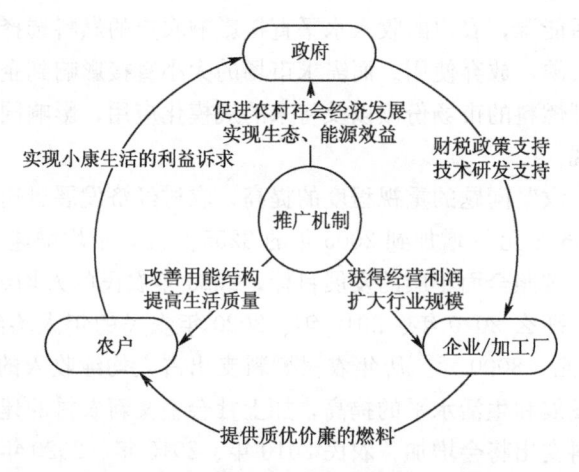

图 11.25 成型燃料在农村的推广机制

**1) 确定适宜的生产规模**

随着收集半径的增大，运输费用及其占总成本的比例均迅速增加，影响生产的经济性。因此，需要确定与最佳收集半径相对应的适宜生产规模。

**2) 满足用户的需求**

调查结果表明农民对成型燃料的使用意愿非常明显，社会认可度较高。但成型燃料的价格是影响推广的重要因素，因此，应充分考虑不同推广地区和推广阶段农户的收入及对成型燃料价格的承受能力。

**3) 保证成型燃料生产经营者的合理利润**

企业经营的目的就是为了获得利润，为了调动企业从事成型燃料生产的积极性，需要通过财税政策等手段给予适当的经济激励。

**4) 实现政府预期的社会效益和生态效益**

成型燃料在农村地区的推广应用具有显著的社会效益和生态效益，而且推广范围越大，效益越显著。为了充分发挥成型燃料的社会效益和生态效益，需要特别注重所设计的机制能否对不同发展程度的农村地区均有较为普遍的适应性。

此外，还需要考虑村委会在成型燃料推广机制中的地位和作用。作为农村基层组织，村委会是联系农户和政府部门之间的桥梁和纽带，其职能的发挥对成型燃料的推广应用具有现实意义；但是，村委会不属于盈利机构，一般情况下政府不宜委托给村委会过多的责任和义务。

### 11.9.5.2 农村成型燃料推广机制设计

中国不同地区农户收入水平差距较大。在实现全面小康目标的指引下，在不同经济发展水平和收入水平的农村地区推广成型燃料应该采取不同的经营方式和项目模式。

**1) 不同经营方式的比较**

在农村地区推广成型燃料，一个村子一条生产线是较为适宜的生产规模。但是，同样建立一条生产线，不同经营方式的特点不同，表 11.18 对不同经营方式进行了比较。

表 11.18 不同经营方式的比较

| 经营方式 | | 农户的接受程度 | 企业/加工厂的决策角度 | | |
| --- | --- | --- | --- | --- | --- |
| | | | 加工成本 | 定价稳定性 | 管理简易性 |
| 来料加工免费换取燃料 | 免加工费 | ☆☆☆ | ☆☆ | ☆☆☆ | ☆ |
| | 收取加工费 | ☆☆ | ☆☆☆ | ☆☆ | ☆ |
| 农户销售秸秆购买燃料 | 农户送料到厂 | ☆ | ☆☆ | ☆ | ☆☆ |
| | 中间人收集 | ☆☆ | ☆ | ☆ | ☆☆☆ |
| | 企业上门收集 | ☆☆ | ☆ | ☆ | ☆☆ |

农户的接受程度。来料加工免费获取燃料模式，政府补贴力度最大，农户的接受程度也最高。农户销售秸秆购买燃料的三种方式之中，农户对自己送秸秆到厂的方式接受程度较低。

加工成本。加工成本和能否实现连续生产密切关联。连续生产时，设备利用率和人员利用率均较高，因此加工成本较低。中间人收集或企业上门收集容易控制秸秆到厂时间，因此利于连续生产。而来料加工免加工费和收取加工费相比，前者由于农户接受程度更高，秸秆收集量也就更高，利于提高设备利用率。

企业定价的稳定性。对企业来说，定价稳定性在选择经营方式上是一个较为重要的因素：如果价格不稳定、需要反复和农户（或者还有中间人）协商，则增加了交易成本。来料加工方式由于不涉及秸秆价格，因此在价格确定上更为简单和稳定。特别是政府对加工费全额补贴的情况对企业最为便利。

企业管理的简易性。来料加工方式，农户行为有较大的随意性，增加了企业统筹生产在时间上的难度。其他三种方式下企业可以通过控制收购秸秆的时间来安排生产时间，特别是以中间人收集方式下企业管理最为便利，因为不受秸秆分散收购的限制，只需要管理加工环节。

综上所述，来料加工免费换取燃料方式：农户接受程度最高，但村委会管理难度也较大，对财政补贴的要求也太高，只适用于无力承担加工费的贫困地区；农户销售秸秆购买燃料方式：企业加工成本较低、管理也较简易，企业经过一段时间和农户、中间人在秸秆价格上的磨合之后，定价稳定性也是可以解决的一个问题，因此也是完全可能的经营方式。

出于政策灵活性的考虑，政府不需要干预企业或加工厂选取哪种经营方式。在分析财政支持政策时，可以只选取一种方式为情景来研究支持力度，由于企业实际上会选择对自己最有利的方式，因此可以保证政策力度的有效性。

**2）农村成型燃料产业模式和农村成型燃料扶贫模式**

基于上述分析，在较为发达的农村地区和贫困农村地区推广成型燃料应采取差别化的模式。在较为发达的农村地区，政府扶持示范项目的目的是使其逐渐走上产业化的自行发展的道路；在贫困地区的项目推广则带有扶贫性质，政府应当始终给予较高的财政支持。

(1) 农村成型燃料产业模式。

在该模式（图 11.26）下，具体的政策支持是，在项目示范期对企业按总投资的一定比例进行补贴，推广期取消补贴；实行税收优惠政策；企业自行选择经营方式，来料加工收取加工费或者购买秸秆出售燃料（前者比较适于发展初期，因为不需要确定秸秆价格，交易方式较为简便）；实现市场化、产业化的发展（政府给予税收优惠政策）。

(2) 农村成型燃料扶贫模式。

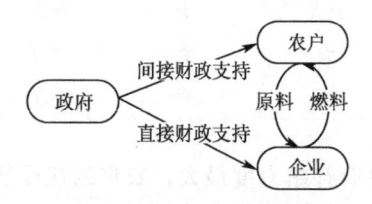

图 11.26　成型燃料产业模式机制　　　　图 11.27　成型燃料扶贫模式机制

在该模式（图 11.27）下，具体的政策支持是，对总投资进行全额补贴；在项目示范期对加工燃料进行定额补贴，推广期取消补贴；实行免税政策；进行炉具补贴。由村委会负责管理政府的财政拨款、选择承包者并监督其经营情况；政府监督村委会的履职情况并核查其上报的加工量。在项目开展的初期，延续来料加工免费换取燃料的经营方式；随着项目的进行，可以逐渐由加工企业自行选择经营方式。在符合一定条件的贫困农村地区，对总投资始终给予全额补贴；根据技术进步和农户支付能力提高的情况，逐渐降低乃至取消加工补贴，以减轻政府的财政负担，加工者从农户支付的加工费或成型燃料费中回收加工成本并获取合理利润。

## 11.10 结论

研究人员在 3 年的示范试验过程中,对秸秆成型燃料规模化技术要求的成型及配套设备进行了数百次的试验和分析,并应用模糊数学方法对秸秆成型燃料技术进行综合评价,确定选择 HPB 系列成型技术作为我国农村发展秸秆成型燃料的主导技术,在河南省 5 个地区 6 个示范点进行了示范。示范期间,对上百家农户的使用情况进行了访问和统计,取得了可靠的第一手资料,探索了不同的示范模式和经营机制,根据规模化经营的障碍提出了合理解决措施,对示范效果进行了循环经济分析。研究和示范结果说明:

(1) 在我国农村发展秸秆成型燃料技术,是取代煤的农村能源的重大升级工程,直面"三农",意义重大。

(2) 通过研究和试验,确定 HPB 成型技术为农村使用秸秆成型燃料的首选技术。该设备的技术条件和技术要求,符合我国国情,到了规模化应用的阶段。

(3) 秸秆成型燃料在农村规模化示范,在我国是史无前例的,示范说明秸秆成型燃料适合在我国农村规模化应用,秸秆成型燃料规模化技术是行之有效的秸秆废弃物资源化的利用途径,大规模利用秸秆成型燃料是农村替代煤炭的重要途径。

(4) 试验研究认为秸秆成型燃料在农村替代煤炭,对提高秸秆能源价值和利用效率、保护农业生态环境、发展农村经济和改善农民生活质量有重大的现实意义。秸秆成型燃料规模化技术将为我国能源实现可持续发展不可缺少的一部分,从理论和实践两方面为我国大规模推广秸秆成型燃料技术提供了科学依据。

(5) 秸秆成型燃料规模化技术的影响因素主要是技术因素、管理体制和价格政策。HPB 成型设备正常生产的秸秆成型燃料,松弛密度为 $0.8 \sim 1.2 \ g/cm^3$,跌碎失重率不超过 5%,渗水开裂、分散时间超过 4 h,燃烧火力集中、持久、耐烧,相同条件下封火时间长于型煤,达 10 h 以上;因此,HPB 成型设备满足了规模化生产和应用秸秆成型燃料的技术要求。

(6) 分析认为,我国农村秸秆成型燃料规模化技术发展初期,存在资金、价格、信息传播、政策和管理体制的障碍,国家应对秸秆成型燃料的生产和消费在税收、贷款、投资和价格等方面进行补贴,补贴对象主要针对生产者和消费者。秸秆成型燃料的补贴原则采用差价补贴原则,补贴方法参考"谁受益,谁补贴"、全成本定价法和同质同价核算法。

(7) 设计了成型燃料在农村地区的推广机制。提出我国农村秸秆成型燃料规模化技术采用小规模生产,多点开花,或用之于农民或集中使用于中小锅炉,采用一村/多村一点,由点到面的网络发展模式,逐渐实现规模化生产;农村秸秆收集采用"农民户存"和"集体储存"两种方式;经营方式采用以加工方为中心,农户秸秆资源与秸秆成型燃料产品等价交换和来料加工并支付加工费的定量交换方式。

从农户的接受程度、企业决策的和村委会管理的难易度对不同的经营模式进行比较,结果表明,来料加工免收加工费的方式,农户的接受程度最高,财政支持力度最大,但村委会管理难度增加;来料加工收取加工费的方式,财政支持力度减小,村委会管理容易，但增加了企业决策的难度和农户的支出；农户销售秸秆购买原料的方式，农户对自己到厂销售的方式接受程度低，农户更希望中间人收集和企业上门收集。

提出了经济发展程度和收入水平不同的地区推广成型燃料的项目模式。以煤为主要能源的地区，当民用煤的价格达到成型燃料价格的 2 倍时，基本可以按市场化运行。为了鼓励更多的人参与成型燃料的推广，结合国内外能源建设的实践，在不同阶段给予投资者相应数量的投资补贴，示范初期给予 40% 的投资补贴，示范中期降为 20%，进入推广期取消投资补贴。

(8) 秸秆成型燃料在农村进行规模化生产和应用，作为煤的理想替代燃料，为农村能源升级探索了新途径，并提出了系统技术管理措施；提出我国农村发展秸秆成型燃料技术的价格方案和定量补贴办法，对农村发展新的能源利用技术具有一定的指导作用，为国家制定价格政策提供参考依据。

# 12 秸秆成型燃料燃烧形成的沉积与腐蚀问题研究

## 引言

秸秆在锅炉中直接燃烧是秸秆最直接、最有效的利用方式之一，秸秆是煤炭的很好替代燃料，可用于供热、发电及居民炊事等。根据燃烧过程中燃料的构成，可分为秸秆与煤的混合燃烧技术和单一秸秆燃烧技术；根据燃烧形式，也可分为流态化方式燃烧、悬浮方式燃烧及层燃方式燃烧。

秸秆发电是规模化、工业化、商业化利用秸秆最有效可行的方式。秸秆发电又分为秸秆气化发电和秸秆直接燃烧发电。秸秆气化发电首先是将秸秆在缺氧状态下燃烧，发生化学反应，生成高品位、易输送、利用效率高的气体，然后利用产生的气体进行发电。秸秆直接燃烧发电是将秸秆直接送入锅炉燃烧后，利用产生的蒸气带动发电机发电，与常规的火力发电相似，是一种最常用的、直接的从生物质中提取能量的方式。

1973年，丹麦开始在秸秆大规模燃烧技术上进行研究和开发，1988年在BWE公司的技术支撑下，丹麦诞生了世界上第一座秸秆生物燃烧发电厂。目前丹麦是全球范围内较大规模的采用单一秸秆燃烧技术的国家，也是世界上利用秸秆燃烧发电技术开发、运行最好的国家。随着能源生产和消费所带来的问题日益严重，生物质能秸秆发电技术的开发和应用已引起世界其他各国政府和科学家的关注。中国政府自2004年开始引进秸秆发电技术，并在近两年进行了大面积推广，已核准87家秸秆发电厂，至2008年10月，仅国能生物发电集团有限公司麾下就有13家秸秆发电厂运行。根据我国新能源和可再生能源发展纲要提出的目标，至2010年，我国生物质能发电装机容量要超过3GW，2020年达到20GW。

随着秸秆发电厂的建设和运行，一些始料不及的燃烧过程问题、原料收集储存问题开始一定程度的制约了发电设备的正常运转，其中，秸秆燃烧过程中的沉积腐蚀问题是影响锅炉正常运行的最严重的问题。

沉积是指锅炉燃用固体或者含有灰分的液体燃料时，含有较多碱金属等矿物质成分的飞灰颗粒黏结在锅炉各部分受热面上的现象。燃料燃烧在锅炉受热面上形成沉积，造成受热面的沾污，继而带来受热面的腐蚀问题。根据形成条件，受热面上的沉积可分为两大类：结渣和积灰。结渣发生在炉膛水冷壁、卫燃带、屏式过热器、凝渣管等辐射或半辐射受热面，以及靠近炉膛出口的部分对流受热面，在炉膛下部冷灰斗也可能发生结渣现象，这些部位的烟气温度较高，在燃烧过程中，软化或者熔融状的灰颗粒黏结在受热面上，在受热面上不断生长、积累、形成覆盖层，由于经历过熔融或者烧结，难以分辨最初沉积颗粒的形状和界限。积灰则是由生物质中易挥发物质（主要是碱金属）在高温下挥发进入气相后与烟气、飞灰一起在对流过热器、再热器、省煤器、空气预热器等对流受热面上凝结、黏附或者沉降，这些部位的烟气温度低于飞灰的软化温度，沉积物大多以固态飞灰颗粒形式堆积形成，颗粒之间有清晰的界限，外表面有时会发生部分烧结，形成一个比较硬的壳。

秸秆燃烧过程中，在受热面上产生的严重沉积腐蚀问题主要是由秸秆自身的结构及成分引起的，同时受锅炉运行条件等因素的影响。

首先，秸秆燃烧过程中产生的飞灰量较高。秸秆具有密度小，体积大，挥发分易释放等特点，一般在350℃，就有80%的挥发分析出，挥发分析出后，其焦炭的结构松散，气流的扰动就可使其解体悬浮起来，迅速进入炉膛的上方空间，形成飞灰颗粒。秸秆燃烧产生的飞灰量远远高于木质燃料，通常木质燃料燃烧产生的飞灰量是0.5%，而秸秆燃烧产生的飞灰量高达5%。较多飞灰颗粒增加了对受热面的撞击次数，加剧了锅炉受热面管道的磨损腐蚀。

其次，秸秆组成成分包括纤维素、半纤维素、木质素、类脂物、蛋白质、单糖、淀粉、水分、灰分和其他化合物。每一种组分的含量比例是由生物质种类、生长时期和生长条件等因素决定的。秸秆中的灰分有两种来源：一是燃料本身固有的，即形成于植物生长过程中。本身固有的灰分是相对均匀地分布在燃料中；二是燃料加工处理过程中带入的，如沙子、土壤颗粒，其组分与燃料固有的灰分差别很大，土壤颗粒常常是秸秆燃料灰分的主要组成部分。与煤相比，秸秆中氧含量较高，大量的含氧官能团为无机物质在燃料中驻留提供了可能的场所，对这一类物质的包容能力比较强。因此，秸秆中内在固有无机物元素的含量一般较高，其中硅、钾、钠、硫、氯、磷、钙、镁、铁元素是受热面上沉积的主要元素它们导致锅炉床料聚团，尤其是碱金属和碱土金属。在秸秆燃烧过程中，当碱金属与石英砂等床料反应时，就会引起床料的聚团甚至烧结。有研究称高碱金属含量生物质在流化床上燃烧时发现碱金属能够造成流化床燃烧中床料颗粒的严重烧结。其原因是碱金属氧化物和盐类可以与$SiO_2$发生以下反应：$2SiO_2 + Na_2CO_3 = Na_2O \cdot 2SiO_2 + CO_2$，$4SiO_2 + K_2CO_3 = K_2O \cdot 4SiO_2 + CO_2$。形成的低温共熔体熔融温度分别仅为874℃和764℃，从而造成严重的烧结现象。当碱金属和碱土金属以气体的形态挥发出来，然后以硫酸盐或氯化物的形式凝结在飞灰颗粒上，降低了飞灰的熔点，增加了飞灰表面的黏性，在炉膛气流的作用下，粘贴在受热面的表面，形成沉积，甚至结垢，受热面上沉积的形成影响热量传输，使得设备堵塞，严重时造成锅炉熄灭，甚至爆炸。

最后，在秸秆燃烧所引起沉积腐蚀问题中，氯的作用是不容忽视的。一般认为煤中氯的含量超过0.25%时，在燃烧过程中就会腐蚀设备，并且在设备中产生结皮和堵塞现象。煤中氯含量增加能够加快金属的腐蚀速度，煤中氯含量在0.20%以下对腐蚀无影响。一般的，秸秆中氯的含量远远高于木质，在高温的情况下会对设备形成高温腐蚀，缩短锅炉的使用寿命，在燃烧木材燃料情况下锅炉可以使用15年左右，而燃烧农作物秸秆时一般10年左右就会报废。表12.1是秸秆与木材中一些重要元素的含量。

表 12.1 秸秆与木材中的重要元素含量

| 元素 | 秸秆/% | 木材/% |
| --- | --- | --- |
| Si | 0.1~2.0 | <1.1 |
| Ca | 0.2~0.5 | 0.1~0.9 |
| K | 0.2~2.6 | 0.05~0.4 |
| Cl | 0.1~1.1 | <0.1 |
| S | 0.1~0.2 | <0.1 |

秸秆发电的重要优势在于可以替代煤等化石燃料，减少 $CO_2$ 的排放量，保护环境。但是秸秆中较高的碱金属含量，提高了飞灰在锅炉受热面上的沉积率，不但降低了锅炉的热效率和蒸汽产生量，造成设备维护费上升，并且也降低了设备的可用率，另外也缩短了锅炉的运行周期，如采用流化床作为燃烧器时，使流化床锅炉处于不流化状态及不定期的停工；而且秸秆中较高的氯含量，在热交换器表面温度超过 400℃时，将对换热面造成严重的腐蚀，给锅炉运行带来更严重的后果，所有这些都大大削弱了秸秆发电的适用性及在能源市场上的竞争力。在中国，随着秸秆发电技术的研究和工程的开展及各种示范、生产装置在各地投入运营，已经困扰国外多年的秸秆直接燃烧过程中锅炉受热面上的沉积腐蚀问题，即将在我国出现，秸秆燃烧过程中的沉积腐蚀问题已成为秸秆发电厂急需且必须解决的课题。

在秸秆直接燃烧技术的推广应用中，秸秆燃烧过程中在锅炉受热面上形成的沉积腐蚀问题已引起了国内外的广泛关注。对于这个课题，在国外尤其是发达国家，如丹麦、美国等，由于这些国家对秸秆直接燃烧技术开发、利用较早，较先遇到这个问题，研究得较多，在发展中国家，这方面的工作开展得较晚，资料很少。

对于秸秆燃烧过程中在受热面上形成的沉积腐蚀问题，研究认为生物质燃烧时的灰沉积率在燃烧早期最大，然后会依次递减。比起煤燃烧时形成的沉积，它具有光滑的表面和很小的孔隙度，因而它的黏度和强度都比较高。这意味着生物质燃烧所产生的灰沉积更难去除。含有某些化学成分的生物质所产生的灰污可能会造成金属的腐蚀。科学家通过研究高温软化状态的生物质灰（木材和秸秆）发现：秸秆灰软化时处于高度开放的聚合状态，很容易接纳大量的 $Na^+$ 和 $K^+$，而木材灰是处于解聚状态，$Na^+$ 和 $K^+$ 很容易离开，进入气态，而留在秸秆软化的灰粒中的大量的 $Na^+$ 和 $K^+$，降低了的灰粒的熔化点；秸秆燃烧后所引起的积灰、结焦与燃烧器和化学反应模式及燃烧过程中释放的气体和飞灰颗粒有关，秸秆中较高的钾盐含量使得飞灰表面形成了多孔状。锅炉飞灰中较高的钾、钠、氯浓度在具有温度梯度的烟气管道中发生化学反应；麦秆中含量最高的两种元素硅和钾在燃烧时形成低熔点的硅酸盐，沉积在燃烧设备的金属上，会造成燃烧设备的腐蚀，因为金属的氧化保护层会溶解在沉积的熔渣中。同时由于碱金属的高挥发性，将会造成腐蚀现象。

试验还发现，经过水洗可以降低秸秆中的氯和钾的含量，从而提高飞灰的熔化温度。通过煤与生物质共燃，也可以大大降低燃料中碱金属所占的比例，从而缓解由于生物质高碱金属含量带来的熔渣和灰污问题；也可以适当加入添加剂（如 $Al_2O_3$、CaO、

MgO、白云石和高岭土等）来提高灰的软化温度，但有专家研究认为在燃烧过程中，硫元素可以被钙元素捕捉，硫酸钙是过热锅炉管表面灰颗粒的黏合剂，能够加重积灰结渣的程度。另外，有人认为降低燃烧温度也是解决生物质燃烧中灰分熔点较低的有效方法之一。

总结上述国内外的研究，主要集中在以下几个方面：秸秆直接燃烧；在锅炉中添加石灰石或高岭土等提高灰粒的软化温度；秸秆与煤混烧；秸秆灰的成分。对于以下几个方面的研究进行得很少，甚至还是空白。

秸秆燃烧过程中，锅炉运行条件的变化与受热面上沉积的形成及腐蚀过程的关系。锅炉运行条件的变化涉及炉膛温度、内部空气动力场的改变，影响飞灰的熔点及流向，从而影响沉积过程和腐蚀程度，但是目前关于这方面的研究还是空白。

秸秆结构和组织的改变对受热面上沉积腐蚀的影响。秸秆结构和组织的变化是指通过物理方法，如粉碎、压缩等，使秸秆的密度增加或降低，从而改变秸秆的结构和组织。原生秸秆是一种松散的、低密度燃料，燃烧过程中，极易产生飞灰颗粒；秸秆成型燃料增大了秸秆的密度，改变了秸秆的结构和组织，然后送入炉膛，挥发分的逸出速度和传热速率大大降低；而且挥发分燃烧后，剩余的焦炭骨架结构紧密，像型煤燃烧后形成的焦炭骨架一样，运动的气流不能使骨架解体悬浮，减少了炉膛中的飞灰颗粒。但是关于秸秆成型燃料代替原生秸秆燃烧是否会降低沉积以及腐蚀程度的研究，目前还未见报道。

当前的研究方法是，先采用传统的预测煤灰特性的方法结合灰熔试验预测秸秆灰的特性，然后根据经验建立预测沉积的指标。但这种方法并不能准确预测和解释秸秆燃烧过程中沉积腐蚀问题：首先，秸秆不同于煤，秸秆灰中含有较多的碱金属成分，利用传统预测煤灰的方法很难预测秸秆灰的特性；其次，试验中所采用的灰样均来自试验室，灰的形成条件不同于锅炉的运行条件，特别是加热速率和温度的变化过程，这将导致灰中不同化合物的形成，例如，在ASTM灰熔试验中，在对测温锥进行灰熔温度测试时，大量的碱金属在灰处理过程中损失了，人为地提高了灰熔温度，而且试验室中灰的形成条件与实际锅炉不符。在锅炉内，秸秆燃烧产生的飞灰受炉膛内部动力场的影响，大小、成分不同的飞灰颗粒将分散地富集在锅炉的不同部位；而在试验室中，由于各部分灰中的碱金属具有均匀一致的损失量，产生的灰的特性及成分不能说明锅炉内某一部位表面上灰的特性。

因此，根据锅炉原理及运行条件，研制一套试验装置，模拟秸秆在锅炉中的燃烧过程，对研究秸秆燃烧过程中沉积腐蚀问题更具有现实意义，急需开展。

尽管国内外对秸秆燃烧过程中沉积腐蚀问题的研究取得了一定的进展，但是由于沉积的形成及腐蚀过程是一个极其复杂的物理化学过程，涉及锅炉原理、燃料及灰渣化学和反应动力学、多相流体力学、传热传质学、燃烧原理与技术、材料科学等众多学科，受灰熔点、灰成分、灰黏度、炉膛热力参数、燃烧器的结构与布置、炉内空气动力工况、锅炉运行参数等多种因素的影响。同时受当前的研究手段和研究方法的限制，因此，迄今为止，秸秆燃烧过程中沉积的形成和腐蚀机制还未彻底弄清，秸秆燃烧过程中沉积和腐蚀问题依然存在。

秸秆成型燃料的燃烧仍具有秸秆燃烧的特点，燃烧过程中仍将出现受热面上沉积腐蚀的问题，这个问题已成为当前秸秆成型燃料直接燃烧利用的最大障碍。根据国外秸秆成型燃料在锅炉中燃烧的情况，一台全年燃烧秸秆成型燃料的锅炉，因为受热面上的沉积腐蚀问题，每年必须至少停炉一次进行清除；在我国，采用秸秆成型燃料作燃料的大型锅炉的运行时间还没有超过一年，因此，秸秆成型燃料燃烧过程中在受热面上形成沉积腐蚀问题还没引起人们的足够重视，但其潜在的危害是存在的。随着各地秸秆直接燃烧发电项目的纷纷上马，受热面上的沉积腐蚀问题将会越来越严重，有必要立即开展深入的研究。

## 12.1 秸秆成型燃料燃烧形成沉积的影响因素

鉴于沉积形成过程和机制的复杂性，本文分别在自行设计的试验装置及燃烧秸秆成型燃料的锅炉中，对影响沉积形成的因素进行了研究，希望根据各因素与沉积形成的关系，从中发现降低沉积的方法和措施。

### 12.1.1 试验材料和装置

#### 12.1.1.1 排烟成分

试验材料采用河南农业大学农业部可再生能源重点试验室生产的秸秆成型燃料，当年收获秸秆（含水率8%wb）粉碎，长度8 cm，煤，石灰石。

试验仪器包含自行设计试验装置（图12.1），天平，米尺，电子显微镜，手持式快速红外测温仪，HR-4M灰熔点测定仪，SWJ精密数字热电偶温度计，3012H型自动烟尘测试仪，扫描仪。

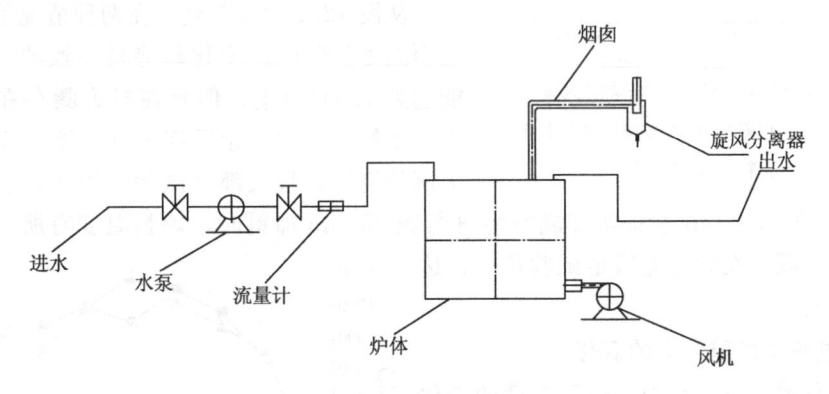

图 12.1 试验装置简图

为了控制烟气流动方向，聚集火焰高温烟气的最大冲刷效果，避免火焰直接与排烟口短路，在炉膛上部和水箱下底面之间设置一个拦火圈。

为了保证试验的顺利进行，达到预期的试验目的，试验装置设计完成后对其排烟成分及各部分温度进行检测。

秸秆成型燃料的燃烧是由外向内的层状燃烧，当燃烧向内层扩散时，表面生成的薄层灰壳阻挡了空气的进入，而此时挥发物的量在减少，所需的空气量就相对较少，黑烟消失，燃烧处于稳定阶段。稳定燃烧过程中烟气中的 CO、$SO_2$、$NO_x$ 等成分的测试结果见表 12.2。

**表 12.2　稳定燃烧过程中烟气的成分**

| 项目种类 | 烟尘流量/(m³/h) | 烟尘浓度/(mg/m³) | $SO_2$ 浓度/(mg/m³) | $NO_x$ 浓度/(mg/m³) | CO 浓度/(mg/m³) | 烟气黑度 |
|---|---|---|---|---|---|---|
| 国家标准 | — | 200 | 900 | 650 | — | 1 |
| 烟煤 | 1012 | 350 | 1800 | 400 | 1400 | 1 |
| 秸秆成型燃料 | 6273 | 127 | 46 | 14 | 998 | <1 |

由表 12.2 可以看出，排烟的各项成分，大大低于《锅炉大气污染物排放标准》中规定的燃煤锅炉中"其他锅炉"类别二类区第Ⅱ时段标准限值。在对嵩山饭店燃烧秸秆成型燃料的 4 t 链条炉的排烟成分进行检测时，也得到了相同的结果。

#### 12.1.1.2　试验装置各部分的温度变化

**1）水箱底面温度的变化分析**

在试验过程中，水箱底面的温度相当于锅炉中受热面的温度，它的变化直接影响到烟气中可熔性气体组分在受热面上的凝结及飞灰颗粒在受热面上的黏结情况，从而影响沉积的形成和状态。图 12.2 是在有无拦火圈两种情况下，水箱底面的温度随时间和加料情况的变化。

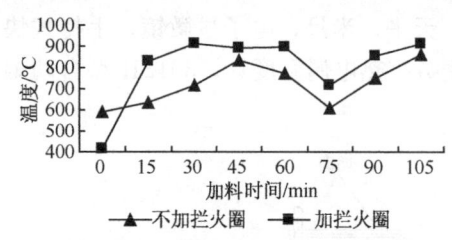

图 12.2　水箱底面的温度随时间和加料情况的变化

从图 12.2 中可看到，在两种情况下，水箱底面温度随时间的变化趋势是一致的，而且都能达到 700℃以上，但是在拦火圈存在的情况下，水箱底面的初始温度上升速度高于没有拦火圈的情况，且大部分试验过程中，温度都能维持在 700℃以上。试验证实在成型燃料燃烧 75 min 加料时，炉膛温度有所降低。总之，有拦火圈存在时更能满足试验条件，达到试验目的。

**2）燃烧过程中炉膛温度的变化**

试验装置检测过程中，炉膛温度的变化如图 12.3 所示。

从图 12.3 中看出，两种情况下，燃烧稳定后，炉膛温度都能达到 900℃以上，具有沉积形成所需的炉膛温度条件。

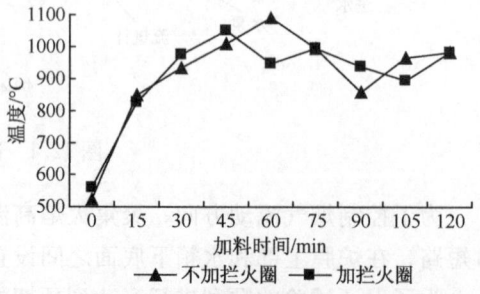

图 12.3　炉膛温度随时间变化

## 12.1.2 影响沉积形成因素的试验与分析

### 12.1.2.1 原料成分在沉积形成过程中的影响

秸秆燃烧过程中，受热面上沉积的形成过程是一种非常复杂的现象，燃料成分是影响其形成的主要因素之一。表 12.3 是几种秸秆与木材灰的成分对比表。

**表 12.3 秸秆与木材灰的成分**

| 种类 | 灰中各元素含量/% | | | | | | | | 碱金属含量/(kg/GJ) |
|---|---|---|---|---|---|---|---|---|---|
| | $Na_2O$ | MgO | $SiO_2$ | Cl | $K_2O$ | CaO | $Fe_2O_3$ | $P_2O_5$ | |
| 麦秆 | 1.71 | 1.06 | 55.32 | 0.23 | 25.60 | 6.14 | 0.73 | 1.26 | 1.07 |
| 稻秆 | 0.53 | 1.66 | 77.45 | 0.58 | 11.66 | 2.18 | 0.19 | 1.41 | 1.64 |
| 玉米秆 | 0.490 | 5.670 | 84.160 | 0.779 | 0.900 | 4.490 | 0.190 | 2.720 | 0.06 |
| 杂交白杨 | 0.13 | 18.40 | 5.90 | 0.01 | 9.64 | 49.92 | 1.40 | 1.34 | 0.14 |
| 柳木 | 0.94 | 2.47 | 2.35 | <0.01 | 15.00 | 41.20 | 0.73 | 7.40 | 0.14 |

从表 12.3 可知三种秸秆中，稻秆和麦秆内的碱金属含量远远高于木材燃料，其中麦秆中的 K 含量达到 25.60%，稻秆中为 9.68%；三种秸秆共同的特点是 Cl 的含量都较高，以玉米秸秆中含量最高，达到 0.78%，而两种木质燃料中的 Cl 含量均不超过 0.01%。相同条件下，木材与玉米秸秆在水箱底面上形成沉积的成分如表 12.4 所示。

**表 12.4 木材与玉米秸秆在水箱底面上形成的沉积的成分**

| 燃料 | 成分/% | | | | | | | |
|---|---|---|---|---|---|---|---|---|
| | $Fe_2O_3$ | CaO | $SiO_2$ | MgO | K | Na | Cl | P |
| 玉米秸秆 | 5.39 | 0.80 | 0.11 | 2.97 | 5.33 | 0.89 | 12.23 | 3.64 |
| 木材 | 6.57 | 12.27 | 0.56 | 16.65 | 2.09 | 0.40 | 1.14 | 0.99 |

从表 12.4 中看出木材燃烧过程中形成的沉积中 CaO、$SiO_2$、MgO 的含量较高，碱金属及氯含量低于玉米秸秆形成的沉积中的含量。

比较表 12.3 和表 12.4 发现，两种燃料在水箱底面形成的沉积中氯、$Fe_2O_3$ 都出现了富集现象。从两表中还可看到，在玉米秸秆成型燃料燃烧形成的沉积中钾、钠也出现了富集，而沉积中 CaO、MgO 的含量减少；在木材燃烧形成的沉积中，钾、$P_2O_5$ 含量出现了下降趋势，其中钾含量从原来的 15% 降到了 2.09%，而 CaO、MgO 含量上升，主要是因为秸秆中含有较高的氯，促进了碱金属的流动性，把碱金属从秸秆灰中运输到表面，形成了低熔点的碱金属氯化物，然后沉积在受热面上。木材中由于含有较少的氯，大部分碱金属滞留在底灰中。这也解释了燃烧秸秆比木材更易在受热面上形成沉积的原因。

炉膛温度为 800℃ 以上时，两种燃料在水箱底面上形成沉积的情况如表 12.5 所示。

表 12.5　两种燃料在水箱底面上的沉积

| 燃料 | 面积/m² | 时间/h | 沉积量/g | 沉积率/[g/(m²·h)] |
|---|---|---|---|---|
| 玉米秸秆 | 0.13 | 10 | 52.16 | 41.53 |
| 木材 | 0.13 | 10 | 6.41 | 5.10 |

从表 12.5 看出，秸秆成型燃料燃烧在水箱底面的沉积速度高达 41.53 g/(m²·h)，几乎是木材的 9 倍，这也证实了燃烧秸秆比木材更易在受热面上形成沉积的观点。

#### 12.1.2.2　试验装置运行参数的变化对沉积形成的影响

**1) 炉膛温度对沉积形成的影响**

炉膛温度的变化直接影响到水箱底面的温度，进而影响水箱底面上沉积的形成。为研究炉膛温度对沉积形成的影响，在炉膛温度分别为 600℃ 和 800℃ 两种情况下，对秸秆燃烧在受热面上形成沉积的情况进行了试验，试验持续 20 h。试验发现：不同的炉膛温度下，水箱底面上沉积的颜色差别很大。600℃ 以下水箱底面上的沉积呈现灰黑色，手感光滑，经测试，黑色来自火焰和烟气中未完全燃烧的炭黑；800℃ 以上时为银灰色，表面呈玻璃状，有烧结现象，与水箱底面接触处呈粉状，手感粗糙。两种炉膛温度下形成沉积的成分如表 12.6 所示。

表 12.6　两种炉膛温度下形成的沉积的成分

| 成分 | 比例/% 600℃以下 | 比例/% 800℃以上 |
|---|---|---|
| CaO | 6.31 | 0.80 |
| MgO | 2.72 | 2.12 |
| $SiO_2$ | 0.10 | 0.12 |
| $K_2O$ | 3.35 | 5.39 |
| $Na_2O$ | 0.54 | 0.89 |
| Cl | 3.34 | 6.43 |
| $P_2O_5$ | 4.17 | 3.29 |
| 其他 | 79.47 | 80.96 |

从表 12.6 中看出，800℃ 以上形成的沉积中氯的含量高于 600℃ 以下形成的沉积中的含量，可见炉膛温度的升高，促进了氯的析出，提高了沉积率，增加了高温腐蚀的危险。另外，炉膛温度的变化也影响两种沉积中碱金属的含量，从表 12.6 中可看到，600℃ 以下形成的沉积中碱金属含量低于 800℃ 以上形成的沉积中的碱金属，可见，在秸秆燃烧过程中，随着炉膛温度的升高，有利于碱金属从燃料中逸出，碱金属凝结在飞灰上后降低了飞灰熔点。从表 12.6 中还可看出，炉膛温度在 800℃ 以上时，沉积中 $SiO_2$ 的含量也随温度的升高而上升，可见温度的升高，有利于碱金属与 $SiO_2$ 结合生成低熔点的共晶体。

## 2）进风量与沉积形成之间的关系

试验发现，随着风速的增大，烟气中的飞灰与受热面撞击百分比增加，沉积量由原来的 4.521 g/h 上升到 5.216 g/h，当风速超过 12 m/s 时，沉积量开始下降，这主要是由于烟气中含有较多气体组分的飞灰来不及与受热面接触，就随烟气排出；而初始黏在受热面上的颗粒在较大风速的作用下重新回到烟气中，因此，水箱底面上的沉积量出现了下降的趋势。

风速不仅影响炉膛内的空气动力场，改变烟气中飞灰颗粒的运动速度、方向及沉积量，对飞灰颗粒的沉积位置也有重要的影响，在燃烧秸秆成型燃料的锅炉中，沉积不仅在受热面上的迎风面上形成，在风速产生的漩涡的作用下，背风面上也经常出现沉积现象。表 12.7 是风速分别为 8m/s 及 20m/s 时形成的沉积及其成分。

**表 12.7　两种风速下形成的沉积的成分百分含量**

| 风速/(m/s) | 成分/% |  |  |  |  |  |  |  |
|---|---|---|---|---|---|---|---|---|
|  | $Fe_2O_3$ | CaO | $SiO_2$ | MgO | K | Na | Cl | P |
| 8 | 5.39 | 0.809 | 0.11 | 2.97 | 5.33 | 0.89 | 12.23 | 3.64 |
| 20 | 2.289 | 2.38 | 0.12 | 2.12 | 5.86 | 0.99 | 13.08 | 3.15 |

风速为 8m/s 时，形成的沉积是深灰色，质地细腻，当风速为 20m/s 时，形成的沉积为灰白色，有颗粒粘连在一起，形成块状，出现结垢现象。从表 12.7 中看出，风速为 20m/s 时，形成沉积中的碱金属及氯含量高于 8m/s 时形成的沉积，可见，较大的风速有利于碱金属及氯从燃料中逸出，更易于引起结垢。

综上所述，在秸秆成型燃料燃烧过程中，合适的供风速度不但有利于燃料的燃烧，对受热面上沉积的形成及其成分也有重要的影响。

## 3）受热面温度对沉积形成的影响

受热面温度对飞灰沉积率的影响至今尚未深入探讨过，这一参数一般取决于其他设计参数的考虑，如过热器和再热器温度控制范围，还涉及材料选用在内的经济因素。

试验过程中，以 200℃ 的变化幅度将水箱底面温度从 300℃ 升高到 800℃，每个温度下运行 10 h，然后对受热面上的沉积率进行测试，水箱底面上沉积随水箱底面温度的变化情况如图 12.4 所示。从图中可看到水箱底面温度的变化对沉积的形成有很大影响。当水箱底面温度降低时，烟气中含有较高气体组分的飞灰颗粒遇到温度较低的受热面迅速凝结，水箱底面上的沉积率升高；随着水箱底面温度的升高，低熔点的飞灰仍处于气相状态，随烟气排出，水箱底面上的沉积率逐渐下降，在水箱底面温度为 345℃，灰沉积率达到 10.3g/($m^2 \cdot h$)，水箱底面温度升高到 658℃ 时，灰沉降到 5.7g/($m^2 \cdot h$)。但是一旦黏性最大的沉积层全面形成后，水箱底面温度对沉积率的影响就大大降低，最终随着沉积物的增长而完全被消除。

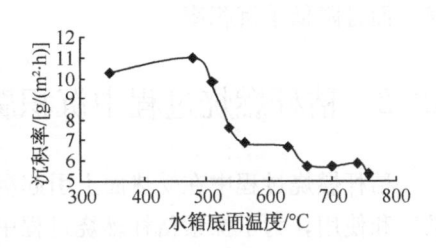

图 12.4　沉积率随水箱底面温度的变化

试验中也发现，随着水箱底面温度的升高，薄薄的初始沉积层表面上会产生结垢，并由此形成与表面结合起来的沉积物（在离开壁面的一定距离内），底面温度越高，结垢趋势越显著，管壁温度高于700℃时，过热器表面的细灰层就会出现结垢现象。当温度升到980℃，黏贴在壁面上的含有较高碱金属成分的沉积处于液相，呈熔融态玻璃状。

#### 12.1.2.3 燃料形状对沉积率形成的影响

燃料结构组织和形状的变化是指通过外界的作用，使燃料的密度、体积等发生改变，从而改变了燃料的外形。在本文中，主要研究秸秆燃料在燃烧过程中由于压缩成型对沉积形成的影响。

图12.5是秸秆成型燃料燃烧的过程中，在受热面上的沉积率随燃烧时间的变化关系。从图12.5中可看到，在燃烧早期沉积率最大，然后下降，最后稳定在7.19g/(m²·h)。沉积过程并没有出现散秸秆试验中发现的灰沉积率早期最大，随后一直递减的现象，这主要是由于二者采用的燃料形态不同。在散秸秆试验中，采用的是原生秸秆，试验过程中，在炉膛内扰动的气流作用下，燃烧后形成的松散的灰分很容易离开秸秆表面，进入炉膛上空，在炉膛内的高温下，黏贴在受热面上；本试验采用的是秸秆成型燃料，沉积的形成规律与燃料的燃烧过程相吻合。在燃烧早期，秸秆成型燃料表层挥发份开始燃烧，在炉膛内气流的扰动下，表层松散的飞灰颗粒离开秸秆成型燃料进入烟道气，黏贴在受热面上；表面挥发份燃烧完成后，由于秸秆成型燃料结构密实，内部的可燃挥发物开始持续析出燃烧，形成结构紧密的焦炭骨架，运动的气流不能使骨架解体，飞灰颗粒减少，受热面上的沉积率下降并趋于稳定。

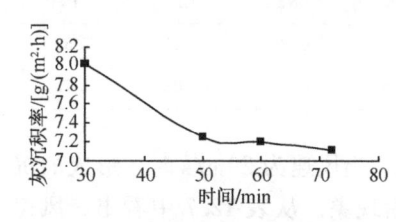

图12.5 秸秆成型燃料燃烧受热面上的沉积率随时间的变化关系

另外，试验中还发现，秸秆成型燃料燃烧过程中在受热面上形成的沉积率明显低于采用原生秸秆试验的结果。分析认为主要有两方面的原因：一是秸秆成型燃料燃烧后形成的焦炭骨架，飞灰颗粒减少；二是秸秆高压成型后，灰分的软化温度和流化温度提高。玉米秸秆成型燃料飞灰的软化温度1260℃，流动温度1380℃，高于秸秆直接燃烧时灰分的软化和流化温度（分别为750~1100℃，1000~1350℃），降低了熔融灰粒在飞灰中的比例，减少了碱金属和氯化物与灰粒黏结的概率，从而降低了黏贴在受热面上的飞灰颗粒的数量。可见，秸秆压缩成型后不但改变了燃烧受热面上的沉积的形成规律，而且降低了沉积率。

## 12.2 秸秆燃烧过程中沉积腐蚀的形成过程与机制

秸秆燃烧过程中在受热面上引起沉积腐蚀的问题，严重阻碍了秸秆直接燃烧技术的推广和使用，为了探索秸秆燃烧过程中沉积腐蚀的形成过程和机制，作者对拦火圈内表面和水箱底面上沉积腐蚀的形成过程进行了试验，探索了秸秆燃烧过程中沉积腐蚀的形成过程和机制，为进一步寻求降低沉积腐蚀的方法和措施提供帮助。

## 12.2.1 试验

试验装置需要扫描电子显微镜，JSM-5610LV 型；X 射线衍射仪，简称 XRD，型号为 x'pert MPDPRO。钾、钠采用火焰光度法。

灰样的微观形貌采用 JSM-5610LV 型扫描电子显微镜观察并拍摄 SEM 照片：取样后，根据扫描电子显微镜的要求进行处理，然后调节电压（15～20 kV），在不同的放大倍数下进行观察并拍照。本试验采用的放大倍数是 500～5000。

灰样的物相和结构分析采用日本理学生产的 x'pert MPDPRO 型 X 射线衍射仪测定：取样后，对灰样进行磨细，然后放进 X 射线衍射仪内进行测试，根据 X 射线衍射谱对灰样进行物相和结构分析。X 射线衍射仪的测试条件为：采用铜耙，管电压 40kV，管电流 40mA，扫描方式为连续扫描，扫描为 6.007 45°～80.004 44°，采样间隔：0.016 89°，石墨单色器。

## 12.2.2 沉积腐蚀的形成过程与机制

### 12.2.2.1 秸秆成型燃料中影响沉积腐蚀形成的主要元素

秸秆燃烧过程中，受热面上的沉积主要是由于秸秆中较高的碱金属和氯含量引起的，硅、硫等元素在沉积的形成中也起着重要作用。秸秆中，这些元素的来源主要有两个：一是秸秆本身固有的，是其在生长过程中从土壤、地下水、大气中通过生物吸附而来的；二是来自人们利用秸秆过程中混入的灰尘、土壤。碱金属和氯是植物生长的营养元素，通常在植物体内的含量很高。例如，丹麦的生物质灰中，$K_2O$ 含量可高达 50wt%（wt%指重量百分比）以上，而氯在燃料灰中的含量可达 1.79wt%。我国生物质中碱金属的含量也较高，一些生物质中氯的含量超过了 1wt%。

**1）钾**

钾是植物生长必需的营养元素，在植物体内不形成稳定的化合物，呈离子状态存在，主要是以可溶性无机盐形式存在于细胞中，或以钾离子形态吸附在原生质胶体表面，至今尚未在植物体内发现任何含钾的有机化合物。在植物体内，一般植物体内的含钾量（$K_2O$）占干物重的 0.3%～5.0%。

在秸秆燃烧过程中，秸秆中的钾气化后与其他元素一起形成氧化物、氯化物及硫酸盐等，最终生成化合物的种类主要取决于燃料的组分和燃烧产物在炉内的驻留时间。但所有这些化合物都表现为低熔点。它们对受热面上沉积物的影响程度取决于两个方面：一是这些化合物的蒸气压力；二是所生成的熔融附着物是沉积在炉管表面形成一个熔化的表面还是沉积在飞灰颗粒上形成一个很黏的表面。当钾和其化合物凝结在飞灰颗粒上时，飞灰颗粒表面就会富含钾，这样就会使飞灰颗粒更具有黏性和低熔点。灰粒的熔点和黏性主要取决于钾的凝结速度和扩散速率。

**2）钠**

钠不是植物生长所必需的营养元素，在植物体内含量不高，一般植物中钠含量约 0.1%。钠与钾属于同一族元素，燃烧过程中其运动形式相似，在沉积形成和腐蚀过程中的作用相同。

### 3) 氯

氯是植物必需的营养元素中唯一的卤族元素，也是唯一的气体非金属微量元素，在植物体内属微量营养元素，植物中正常积累的氯浓度一般为 0.2%~2.0%。

秸秆燃烧过程中，氯元素对沉积的形成及腐蚀程度起着重要作用。首先，秸秆燃烧过程中，氯元素起着传输作用，当碱金属元素从燃料颗粒内部迁移到颗粒表面与其他物质发生化学反应时，将碱金属从燃料中带出；其次，氯元素有助于碱金属元素的气化。氯是挥发性很强的物质，在秸秆燃烧过程中，几乎所有的氯都会进入气相，根据化学平衡，将优先与钾、钠等构成稳定且易挥发的碱金属氯化物，这也是氯元素析出的一条最主要的途径；最后，氯元素也与碱金属硅酸盐反应生成气态碱金属氯化物，这些氯化物蒸气是稳定的可挥发物质，与那些非氯化物的碱金属蒸气相比，它们更趋向于沉积在燃烧设备的下游。另外，氯元素还有助于增加许多无机化合物的流动性，特别是钾元素的化合物。经验表明，决定生成碱金属蒸气总量的限制因素不是碱金属元素，而是氯元素。因此，可以用秸秆中氯含量与碱金属一起来预测沉积物的特性。

试验发现，碱金属含量高而氯含量低的燃料燃烧要比碱金属和氯含量都高的燃料或者碱金属含量低但氯含量高的燃料燃烧时形成的沉积量低。

### 4) 硫

硫是植物生长必需的矿物质营养元素之一，是构成蛋白质和酶所不可缺少的元素。植物从土壤中吸收硫是逆浓度梯度进行的，主要以 $SO_4^{2-}$ 的形式进入植物体内。植物体内的硫可分为无机硫酸盐（$SO_4^{2-}$）和有机硫化合物两种形态，大部分为有机态硫。无机态硫多以 $SO_4^{2-}$ 的形式在细胞中积累，其含量随着硫元素供应水平的变化存在很大差异，既可以通过代谢合成为有机硫，又可以转移到其他部位被再次利用。硫在植物体中的含量一般为 0.1%~0.5%。硫在植物开花前集中分布于叶片中，成熟时叶片中的硫逐渐减少并向其他器官转移。例如，成熟的玉米叶片中含硫量为全株硫含量的 10%，茎、种子、根分别为 33%、26% 和 11%。

在燃烧过程中，硫元素从燃料颗粒中挥发出来，与气相的碱金属元素发生化学反应生成碱金属硫酸盐，在 900℃ 的炉膛温度下，这些化合物很不稳定。在秸秆燃烧过程中，气态的碱金属、硫、氯及它们的化合物也会凝结在飞灰颗粒或水冷壁的沉积物上，如果沉积物不受较大的飞灰颗粒或吹灰过程的扰动，它们就会形成白色的薄层。这一薄层能够与飞灰混合，促进沉积物的聚集和黏结。在沉积物表面上，含碱金属元素的凝结物还会继续与气相含硫物质发生反应生成稳定的硫酸盐，而且多数硫酸盐是呈熔融状态，这样会增加沉积层表面的黏性，加剧了沉积腐蚀的程度。现场运行实践表明，单独燃烧钙、钾含量高，含硫量少的木柴时，沉积腐蚀的程度低；当将木材与含硫较多的稻草共燃时，则沉积腐蚀的就很严重，而且沉积物中富含 $K_2SO_4$ 和 $CaSO_4$，$CaSO_4$ 被认为是在过热器管表面灰颗粒的黏合剂，能够加重沉积腐蚀的程度。另外，在燃烧过程中，硫元素还可以被钙元素捕捉。在运行的固定床和流化床燃烧设备中可以观察到，当循环流化床中加入石灰石后，会导致回料管和流烟道中含钙、硫物质的聚集。

**5) 硅**

硅是否是植物必需营养元素已争论近百年了，迄今为止，硅对植物的必需性还没有被确认。硅在植物的体内的含量因植物种类的不同而差异极大，禾本科植物，如水稻中的硅含量一般较高，通常为 10%～15%，而双子叶植物，尤其是豆科植物，含量小于 0.5%。

在秸秆燃烧过程中，碱金属是以氧化物、氢氧化物、有机化合物的形式与硅结合形成低熔点共晶体。单晶硅的熔点是 1700℃，从不同比例的 $K_2O$-$SiO_2$ 混合物的熔点相图可以看出：32% $K_2O$ 与 68% $SiO_2$ 形成的混合物的熔点为 768℃，这个比例与含 25%～35% 的碱金属（$K_2O$＋$Na_2O$）生物质灰的很相似。试验表明，以秸秆为燃料的链条炉受热面上形成的玻璃状物质以及 760～900℃ 下流化床的床料所形成的渣块，主要成分都是 $SiO_2$。

**6) 影响沉积形成的主要元素在炉膛中的分布规律**

秸秆燃烧过程中，影响沉积形成的主要元素在炉膛内的分布趋势是，秸秆中的大部分氯都沉积在受热面上，其次是随烟道气排入环境，只有 0.25% 被捕捉在底灰中，钾、钠、磷在炉膛内各部分灰中具有与氯相同的分布趋势。$CaO$、$SiO_2$、$MgO$ 等成分大部分被捕捉在底灰中。

### 12.2.2.2 沉积的形成过程与机制

为了探索秸秆燃烧过程中受热面上沉积的形成机制，在试验装置中对沉积的形成过程进行了模拟试验。试验发现，在装置内不同部位受热面上，沉积的特点及形成机制是不相同的。

**1) 拦火圈内表面上沉积的形成机制**

试验装置中，拦火圈位于炉膛中高温火焰区，与烟道气平行，主要是通过辐射与炉膛的火焰进行换热。试验过程中发现，当炉膛温度超过 750℃，在炉膛上部与水箱之间部位的表面上以及拦火圈的内表面上，都出现了反射白光的沉积，颗粒细腻，大部分是烟道气从此经过时，烟道气中的气态组分凝结形成的。作者在链条炉中的水冷壁上也看到了此种沉积。可见，在锅炉中，与拦火圈位置相同的水冷壁，其表面上的沉积与拦火圈内表面上沉积的形成过程是一致的。经测试，这部分沉积的成分如表 12.8 所示。

表 12.8 试验炉内不同位置的表面上的沉积的成分

| 取样位置 | 成分/% | | | | | | | | | | |
|---|---|---|---|---|---|---|---|---|---|---|---|
| | $Fe_2O_3$ | $CaO$ | $SiO_2$ | $Al_2O_3$ | $TiO_2$ | $MgO$ | $K_2O$ | $Na_2O$ | $Cl$ | $P_2O_5$ | $SO_3$ |
| 拦火圈 | 0.91 | 1.65 | 1.803 | 1.63 | 0.02 | 1.26 | 6.975 | 9.05 | 3.21 | 3.46 | 8.67 |
| 水箱底面 | 5.39 | 1.71 | 2.7 | 1.13 | 0.78 | 5.56 | 5.33 | 7.81 | 5.23 | 3.64 | 3.41 |

从表 12.8 中看出拦火圈内表面上的沉积中硫的浓度是很高的，这表明碱金属是以硫酸盐的形式出现的；另外表中铁、钙、钛、镁等成分的含量很低，说明在这一区域很少有颗粒积聚，同时也说明，在燃烧过程中，钾可能是以气态形式从燃料中挥发出来，

然后凝结在受热面上。

用 XRD 对沉积样进一步进行测试发现，秸秆燃烧过程氯是以 KCl 的形式凝结在沉积中，是形成沉积的主要物相，根据 X 射线衍射仪对生物质原料的研究可知，生物质原样中的 XRD 图谱中没有 KCl。可见，KCl 是在燃烧过程中通过化学反应形成的。

根据观察和化验结果的分析，作者推断这部分沉积主要是通过凝结和化学反应机制形成的。凝结是指由于换热面上温度低于周围气体的温度而使气体凝结在换热面上的过程。化学反应机制是指已经凝结的气体或沉积的飞灰颗粒与流过它的烟气中的气体发生反应。例如，凝结的 KCl 和 KOH 与气态的 $SO_2$ 反应生成 $K_2SO_4$ 等。

**2）水箱底面上沉积的形成机制**

试验装置中，水箱位于炉膛上部并与烟道气垂直。试验过程中，发现在水箱底面上形成了银灰色、表面粗糙的沉积。沉积的表面上有部分颗粒较大的飞灰粒子，这主要是烟道气中的大颗粒撞击受热面后，黏贴在沉积的表面，此时形成的沉积属于低温沉积。我们在对燃烧秸秆成型燃料链条炉中进行检测时，在被烟道气包围并与烟道气垂直的过热器表面上发现了外观与此相同的沉积，当烟道气温度在 730～760℃时，沉积的表面出现了薄薄的结垢层，这个温度比钾化合物凝结形成的低共熔混合物的熔融温度低几度，可见，在炉膛的高温火焰下，温度较低的水箱表面上的沉积的形成，是逐渐从液相转向固相。

该部分沉积的成分如表 12.8 所示，从表 12.8 中看出这部分沉积中的钙、硅、钛、镁等矿物质含量高于拦火圈表面上沉积中相应成分的含量，该沉积主要是由飞灰颗粒组成。

根据以上分析，我们推断这部分沉积主要是通过颗粒撞击和热迁移两种方式形成的。热迁移是指由于炉内温度梯度的存在而使小粒子从高温区向低温区迁移的一种运动。颗粒撞击及热迁移在水箱表面形成沉积的过程如图 12.6 所示。秸秆成型燃料的燃烧过程中，在炉膛内巨大气流的作用下，烟道气中粒径较大的颗粒由于惯性撞击受热面，撞击受热面的颗粒一部分被反弹回烟气中，另一部分黏贴在受热面上形成沉积。对于烟道气中粒径较小的飞灰粒子（小于 3 $\mu m$ 的颗粒），除了通过撞击的方式在受热面上形成沉积，还可以通过热迁移的方式沉积在受热面上。随着沉积层厚度的增加，温度梯度降低，小颗粒的热迁移速率也随之降低。

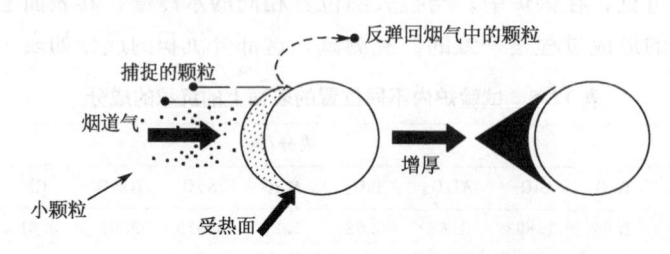

图 12.6　颗粒撞击形成灰沉积的示意图

在实际锅炉运行中，这部分沉积可以通过吹灰进行控制，但是由于沉积的表面很黏，吹灰效果并不理想，因此，大部分厂是采用吹灰与添加剂相结合的方式来降低受热面上沉积的。

## 3) 沉积的形成过程

为了观察沉积的形成过程，试验过程中，每隔 1 h，从受热面上取下一块样品（包括受热面表皮和沉积），用 SEM 进行检测，以此对受热面上沉积的形成过程进行跟踪。检测结果如图 12.7～图 12.9 所示。

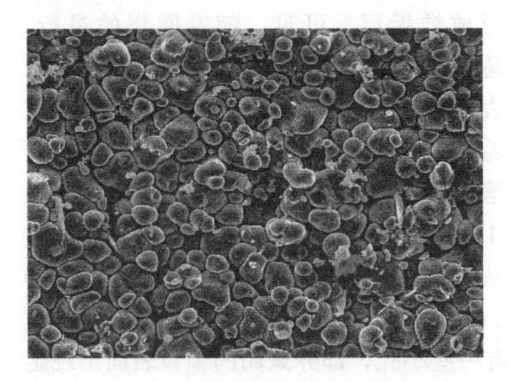

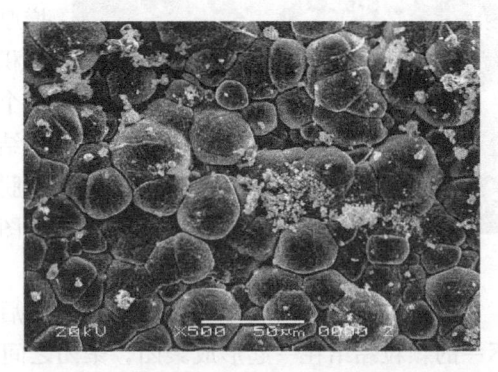

图 12.7　受热面表面的 SEM 图　　图 12.8　初始沉积层中粘贴、留在壁面上的灰粒

从图 12.7 中可看到试验前水箱底面的表面是由直径大小不一的球状晶粒组成，这些晶粒排列混乱，部分动能较大的晶粒逃离了原来的位置与其他晶粒聚集在一起，在受热面表面上形成一个凸面，而在原来的位置上形成了空位，受热面的表面凹凸不平。

图 12.8 是试验进行 1 h 后，在扫描电镜下观察到的受热面上的沉积情况。此时，受热面表面变成浅灰色，在扫描电镜下可以看到上面有少量的沉积，这些沉积大部分聚集

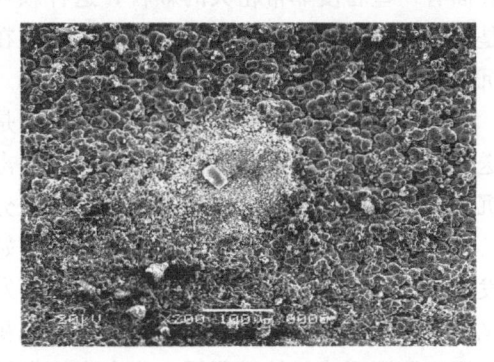

图 12.9　灰沉积聚团的 SEM 图

在受热面表面的凹陷处，只有少量的黏贴在凸面上，主要是因为，沉积在凸面上的灰粒，一部分在重力、气流黏性剪切力及烟道中的飞灰颗粒的撞击力的作用下脱落，重新回到高温烟气中；在凹陷部位的沉积粒子，由于受外力的影响很小，不易从凹陷处脱离。可见，表面凹陷部分具有接纳、保护沉积的作用，更易形成沉积。从图中还可看到，这部分沉积粒度较小，以小颗粒为主，主要有两方面的原因：首先，初始阶段，受热面表面上沉积的粒子少，粒子表面的黏度不足以粘住撞击壁面的大颗粒。其次，较少的沉积对壁面的换热性能影响不大，壁面温度较低，沉积表面的物质处于凝固状态，黏性很小，很难捕获大的颗粒。

随着时间的推移，留在表面上的沉积越积越厚，换热性能显著降低，壁面温度升高，沉积表面熔化，黏性增加，当遇到高温烟气中大颗粒碰撞壁面或碱金属硫酸盐及氯化物凝结在壁面上时，二者就发生聚团现象，并逐步增大，如图 12.9 所示。

从图 12.9 可知，聚团现象并不是发生在整个受热面上，而是在受热面上沉积较多的位置。由于较多的沉积降低了此处受热面的换热性能，壁面温度升高，沉积表面熔

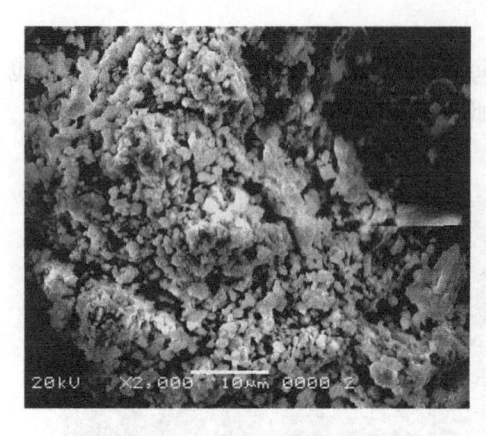

图12.10 脱落灰块的SEM图

化，黏性增加，粘贴越来越多的飞灰颗粒，从而出现了沉积聚团现象。

10h后，再次从受热面上进行取样观察发现，沉积已经覆盖了整个受热面，并逐步增厚形成结垢层。可见，随着燃烧的进行，沉积逐渐布满整个受热面，壁面温度升高，整个表面都出现了聚团现象。用小锤轻轻敲打结垢层，有大小不一的鳞片状沉积块脱落。将脱落的沉积块放在扫描电镜下观察，结果如图12.10所示。

从图12.10可知，经扫描电镜放大2000倍后，脱落的沉积块表面形状呈蜂窝状，大小不一的颗粒黏结在一起形成聚团，聚团之间有一些小孔，部分聚团的颗粒表面出现熔化现象，黏性增加，为沉积的进一步增长提供了有利条件。从图中还可看到，沉积块的表面有一些粒度非常粗大的颗粒，这种颗粒并不是由多个小颗粒黏结在一起形成的，而是单个粒子，这主要是烟道气中的大颗粒在对受热面进行撞击时，遇到具有较大黏性的沉积面被捕获。

根据上述试验过程，沉积的形成主要是秸秆中的灰分在燃烧过程中的形态变化和输送作用的结果，其形成机制可分为颗粒撞击，气体凝结，热迁移及化学反应四种。根据沉积的特点，受热面上沉积的形成过程可分成两部分：积灰和结垢。

积灰过程也可以称为初始沉积层，初始沉积层主要来源于两方面：一是烟气中的挥发性组分和小颗粒。秸秆燃烧过程中，挥发性组分从秸秆中逸出直接凝结在受热面上或飞灰颗粒上，小颗粒通过热迁移的方式沉积在受热面上；二是大颗粒与黏贴在受热面上的沉积聚团形成初始沉积层。当含有挥发性组分的大颗粒撞击表面很黏的壁面时，其中一部分在重力、气流黏性剪切力及烟道中的飞灰颗粒对壁面上灰粒的撞击力作用下脱落重新回到高温烟气中，另一部分则与受热面上的沉积聚团，形成初始沉积层。

初始沉积层在沉积中的比例很小。从工程角度考虑，很难防止初始沉积层的形成，不过，初始沉积层的厚度较薄，它并不会对锅炉的安全运行构成威胁。

初始沉积层是多孔疏松的，具有良好的绝热性能，它的形成降低了受热面的换热性能，使管壁外表面温度升高。随着壁温的增高及沉积滞留期的延长，初始沉积层出现烧结和颗粒间结合力增强的现象。在较高的管壁温度下，初始沉积层的外表面灰处于熔化状态，黏性增加，当烟道气气流转向时，具有较大惯性动量的灰粒离开气流而撞击到受热面的壁面上，被初始沉积层捕捉，形成结垢层。

随着沉积聚团的长大，当重力、气流黏性剪切力以及飞灰颗粒对壁面上沉积的撞击力等破坏沉积形成的共同作用力超过了沉积与壁面的黏结力时，沉积块就从受热面上脱落，这种脱落的沉积块在锅炉上称为塌灰（垮渣），一般的塌灰将使炉内负压产生较大波动，严重塌灰将会造成锅炉灭火等事故。

图12.11示意地描述了整个沉积过程。

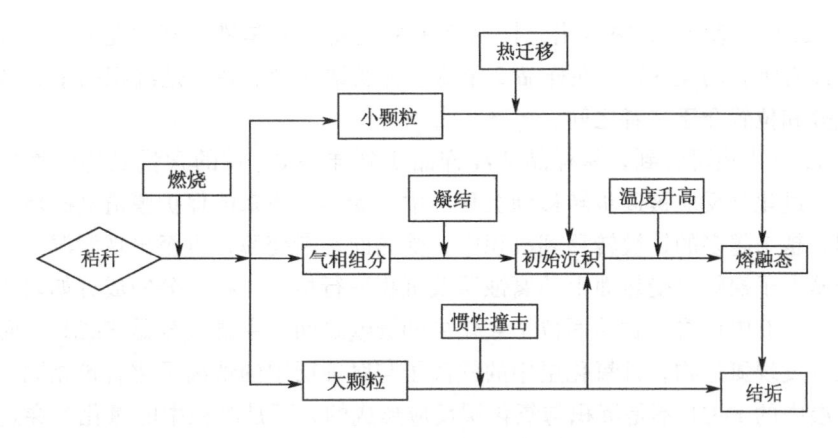

## 12 秸秆成型燃料燃烧形成的沉积与腐蚀问题研究

图 12.11 沉积过程示意图

### 12.2.2.3 腐蚀过程与机制

**1）腐蚀过程**

腐蚀就是物质表面与周围介质发生化学或电化学作用而受到破坏的现象。根据腐蚀机制可以分为化学和电化学腐蚀。为了探索沉积对受热面的腐蚀过程和机制，对受热面上脱落的沉积块（脱落处含有壁面）进行了研究。首先将沉积块放在扫描电镜下观察，如图 12.12 所示。然后用 EDX 对沉积块表面上不同部位的成分进行分析，结果如表 12.9 所示。

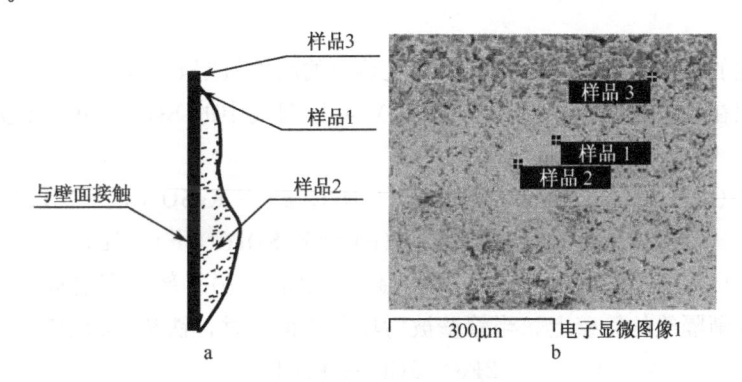

图 12.12 脱落沉积块的 SEM 图

表 12.9 脱落的沉积块上不同部位的 EDX 分析结果

| 取样部位 | 元素成分/% |||||||||||||
|---|---|---|---|---|---|---|---|---|---|---|---|---|
|  | O | Na | Mg | Al | Si | S | Cl | K | Ca | Ti | Mn | Fe |
| 样品 1 | 13.76 | 0 | 0 | 0 | 0.73 | 1.99 | 0 | 4.59 | 0.84 | 1.14 | 0 | 76.96 |
| 样品 2 | 18.96 | 7.81 | 5.56 | 1.13 | 2.70 | 3.41 | 5.23 | 5.12 | 1.71 | 0.78 | 1.55 | 46.03 |
| 样品 3 | 6.26 | 0 | 0 | 0 | 0 | 0.6 | 0 | 0 | 0 | 0 | 0 | 93.14 |

从图 12.12、表 12.9 中看出，样品 3 中的主要成分是铁，其次是氧，可见样品 3 就是表面没有沉积的受热面；在样品 2 中氯、钾及钠含量最高，是沉积的中心部分；样品 1 的成分和位置介于二者之间。

从表 12.9 中还可看到，从样品 2 经样品 1 到样品 3，铁的含量是逐渐增加的，可见，铁是通过化学反应被逐步转移到沉积当中，受热面原来的保护膜遭到破坏，随着腐蚀的加剧，越来越多的铁被转移到沉积中，受热面逐渐变薄，直至出现漏洞。

用金属电子探针对受热面上的腐蚀层及沉积进行检测，各部分的成分如表 12.10 所示。从表 12.10 中可看到腐蚀面位于氧化层和管壁之间，主要成分是 $FeCl_3$，而在氧化层中并没有发现氯化物，且氧化层中的铁离子与腐蚀层中的铁离子化合价相同，由此推断，腐蚀层中的 $FeCl_3$ 不是沉积与氧化层反应形成的，而是沉积中的氯化物穿过氧化层与管壁中的铁反应的产物，同时，沉积层中的硫酸盐与腐蚀层中的 $FeCl_3$ 反应生成 $FeS$，降低了 $FeCl_3$ 的浓度，使沉积中的氯化物与管壁中的铁之间的反应朝着生成 $FeCl_3$ 的方向进行，加剧了腐蚀程度，可见氯化物和硫酸盐腐蚀过程中扮演着重要角色。

表 12.10 受热面上的腐蚀层及沉积的成分

| 腐蚀层 | 主要成分 | 腐蚀层 | 主要成分 |
| --- | --- | --- | --- |
| 沉积层 | 硫酸盐，氯化物，硅沉积 | 腐蚀面 | $FeCl_3$ |
| 氧化层外层 | 秸秆灰，$Fe_2O_3$ | 管壁 | 低合金铁 |
| 氧化层内层 | $FeS$，$Fe_3O_4$ | | |

**2）腐蚀机制**

根据上述的测试结果及分析，沉积对受热面的腐蚀机制如下：

(1) 沉积在金属表面上的 KCl（NaCl）可与烟气中的 $SO_2$ 或 $SO_3$ 反应，析出 $Cl_2$ 和 HCl：

$$2KCl(s) + SO_2(g) + (1/2)O_2(g) + H_2O(g) = K_2SO_4(s) + 2HCl(g) \quad (12.1)$$
$$2KCl(s) + SO_2(g) + O_2(g) = K_2SO_4(s) + Cl_2(g) \quad (12.2)$$

(2) 释放出 $Cl_2$，释放出的 $Cl_2$ 一部分随烟气排出，另一部分穿过水冷壁的氧化层，落在与大气逐渐隔绝的管壁上，当管壁被污垢和灰覆盖时，铁和 $Cl_2$ 反应：

$$2Fe + 3Cl_2 = FeCl_3 \quad (12.3)$$

(3) $FeCl_3$ 的融化温度较低（310℃），在金属表面形成较高的蒸气压。随着 $FeCl_3$ 的蒸气压升高，$FeCl_3$ 穿过氧化层，由于外层的氧的浓度较高，$FeCl_3$ 与 $O_2$ 发生反应：

$$6FeCl_3 + 4O_2 = 2Fe_3O_4 + 3Cl_2 \quad (12.4)$$

$Cl_2$ 再次被释放出，一部分会重新回到腐蚀面，结果又开始了新一轮的化学反应。在循环过程中 $Cl_2$ 扮演了把铁从管壁运输到外层的催化作用。由于 $Cl_2$ 可重复释放并与受热面发生反应，不断地将铁从壁面运输到外层，加速了腐蚀过程。

与氯化物相比，$SO_2$ 的反应路径明显更快些。氧化层中的 $Fe_2O_3$ 对 $SO_2$ 的形成具有催化作用，在氧化层的外部，$SO_2$ 与 $FeCl_3$ 发生如下反应：

$$2FeCl_3 + 2O_2 + SO_2 = Fe_3O_4 + 3Cl_2 + FeS \quad (12.5)$$

可见，烟道气中的 $SO_2$ 会增强腐蚀。

研究表明，沉积对受热面的腐蚀率还受温度的影响。首先，随着温度的升高，$FeCl_3$ 蒸气压也增加。一般情况下，燃烧生物质的热水锅炉的壁温低于蒸气锅炉的受热面的温度（100~150℃），腐蚀率也较低，但根据对各种生物质燃烧器的腐蚀和结构层的分析，腐蚀过程仍在进行。其次，随着受热面温度的升高，$FeCl_3$ 及 $FeS$ 的分解加剧，气相腐蚀的作用增强。这在东方锅炉厂的锅炉燃烧试验中得到证实，随着受热面表面温度的升高，$FeCl_3$ 及 $FeS$ 分解，受热面的气相腐蚀率加剧。

秸秆燃烧过程中，沉积腐蚀的形成过程和机制是一个复杂现象。以上试验结果表明：

沉积的形成主要是秸秆中的灰分在燃烧过程中的形态变化和输送作用的结果，它的形成机制主要有 4 种：颗粒撞击，气体凝结，热迁移及化学反应。

锅炉中不同位置的受热面，其上沉积的形成机制也不相同。在与烟气平行的辐射受热面上，沉积的形成主要是凝结与化学反应的结果，如水冷壁管等；垂直于烟道气的受热面，沉积的形成一般是通过颗粒撞击和热迁移进行的，如过热器等。在多数情况下，沉积的形成是多种机制联合作用的结果。

沉积的形成给受热面造成了严重的腐蚀，研究发现：腐蚀过程就是通过化学反应将铁逐步转移到沉积当中去。氯化物和硫酸盐在腐蚀过程中扮演重要角色：在铁从管壁运输到外层的过程中，氯起着催化剂的作用；硫酸盐降低 $FeCl_3$ 的浓度，促使反应向着生成 $FeCl_3$ 的方向进行，进而加速腐蚀的进程。

沉积对受热面的腐蚀率也受温度的影响。温度越高，$FeCl_3$ 的蒸气压越高；同时，$FeCl_3$ 及 $FeS$ 的分解加剧，增强气相腐蚀。

## 12.3 沉积、腐蚀对锅炉的危害

秸秆燃烧过程中在受热面上形成沉积带来的最直接的问题是锅炉的换热效率下降。燃煤锅炉受热面上的沉积的导热系数一般比金属管壁低 400~1000 倍，当受热面上积灰 1 mm 厚时，导热系数降低 50 倍左右。而且，沉积将对受热面造成严重的腐蚀。众所周知，煤中含氯量过高会引起锅炉受热面的腐蚀；在燃用生物质的锅炉中也发现了受热面严重腐蚀的问题，如当混合燃烧含氯高的生物质燃料为稻草时，当壁温高于 400℃时，将使受热面发生高温腐蚀。另外，沉积的形成也会对锅炉的安全运行带来一定影响，如塌灰等。

目前，我国的秸秆直接燃烧发电技术还处于起步阶段，对秸秆燃烧过程中形成的沉积给锅炉造成的影响还认识不足，相关的研究几乎是空白。本文仅从传热和对受热面腐蚀的角度通过试验结合实际来阐述秸秆燃烧过程中受热面上的沉积对锅炉的影响，希望能为我国研发秸秆燃烧技术提供借鉴。

### 12.3.1 沉积对受热面换热效率的影响

采用自行设计的试验平台装置，取 40 cm 直径的锅，准备 Raynger3iLTDL2 便携式红外测温仪、马弗炉、卡钳、磅秤等试验仪器。

首先，用40 cm直径的锅替代水箱作为试验装置，记录锅底上具有不同厚度的沉积时，相同质量和初始温度的水达到同样温度时所需的时间，通过计算沉积的厚度与传热系数的关系，说明沉积对锅炉效率的影响；其次，通过对从水箱底面上脱落的灰块进行分析，从腐蚀的角度探索沉积对锅炉的影响；最后，在运行过程中，根据燃料消耗情况，判断沉积对锅炉操作的影响。

在锅炉炉膛内，火焰是以辐射和对流的传热方式传递到沉积的表面，并且以辐射为主，然后以导热的方式经过沉积层传递到受热面上，继而以对流方式将热量传递给受热面内的工质。因此，锅炉受热面的换热系数包括两部分：表面上沉积的换热热阻、管壁的换热热阻。

**1）受热面上沉积层的传热模型**

考虑沉积层的辐射换热热量与导热热量之间的热平衡（取火焰发射率为1，并忽略受热面的传热热阻），则有：

$$Q = \sigma t_f^4 - \varepsilon \sigma t_{s1}^4 = -\frac{\lambda_h}{\delta_h}(t_{s1} - t_{s2}) \tag{12.6}$$

式中，$\sigma$为玻耳兹曼常数，$5.67 \times 10^{-8}$ W/(m²·K⁴)；$t_f$为火焰温度，单位为K；$t_{s1}$为沉积层外表面温度，单位为K；$t_{s2}$为沉积层内表面温度，单位为K；$\varepsilon$为沉积层表面发射系数；$\delta_h$为沉积层厚度，单位为m；$\lambda_h$为沉积层传热系数，单位为W/(m²·K)。

式（12.6）所示方程仅考虑了高温烟气与沉积层外表面间的辐射传热。在实际中，高温烟气与沉积层之间的换热还应包括对流换热；另外，方程中将沉积层看作表面辐射器，对沉积层吸收的部分入射辐射没有考虑。

**2）受热面的传热系数的计算**

受热面的实际传热系数可用下面的公式进行计算

$$k = \frac{1}{\frac{\delta_b}{\lambda_b} + \frac{\delta_h}{\lambda_h}} \quad [kW/(m^2 \cdot ℃)] \tag{12.7}$$

式中，各参数名称及数值如表12.11所示。

**表12.11 传热系数中的各参数的选取表**

| 参数名称 | 符号 | 单位 | 数值 | 来源 |
| --- | --- | --- | --- | --- |
| 管壁的厚度 | $\delta_b$ | m | 0.001 | 实测 |
| 管壁的导热系数 | $\lambda_b$ | kW/(m²·℃) | $46.5 \times 10^{-3}$ | 选取 |
| 管外壁上沉积的厚度 | $\delta_h$ | m | — | 实测 |
| 沉积导热系数 | $\lambda_h$ | kW/(m²·℃) | $0.31 \times 10^{-3}$ | 选取 |

**3）试验数据分析**

将试验中测得的受热面上沉积层的厚度$\delta_h$代入公式（12.7），经计算，受热面的传热系数随沉积厚度的变化如图12.14所示。

图12.13显示了沉积厚度对传热系数的影响。从图12.13可看到，传热系数随着沉积厚度的增大而降低，在本试验工况下，传热系数处于10.16～4.21 kW/(m²·℃)，在

这一范围内，沉积厚度从 0 mm 增加到 0.56 mm，受热面的传热系数下降了 51%，而在用煤燃烧的试验中测得：当受热面有 3 mm 疏松灰或 10 mm 熔融渣时，可造成炉膛传热下降 40%，可见，沉积的传热性能很差。当水冷壁面积灰（或结渣）的状态变化时，由于灰渣的导热系数很小，即使灰渣层变化不大，传热系数的变化也相当大。

图 12.14 是把相同重量，相同温度的水加热到相同温度所需的时间与沉积厚度的关系。从图中可知，随着沉积厚度的增加，所需时间也随着增加，这个结果再次验证了受热面上的沉积对传热的抑制性。

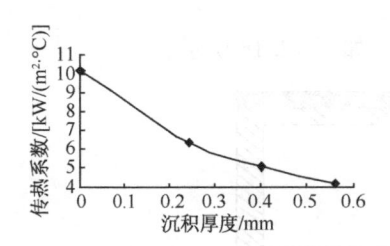

图 12.13 受热面的传热特性曲线 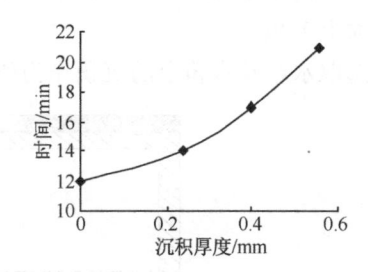　　图 12.14 相同的水在不同厚度的沉积下升高相同温度所需时间

受热面上的沉积不但降低了受热面的换热能力，而且影响到排烟温度。图 12.15 是排烟温度随沉积厚度的变化关系。

从图 12.15 中可看出，随着沉积厚度的增加，排烟温度呈上升趋势。这主要是由两方面的原因引起的：首先，在燃料放热量不变的情况下，受热面上形成的严重沉积导致了受热面的吸热量减少，排烟温度升高；其次，受热面上形成的严重沉积使受热面的吸热量下降，降低了锅炉出力，为了达到锅炉需要的负荷必须增加燃料量，这将造成排烟温度的进一步升高。

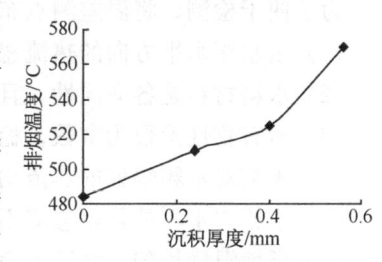

图 12.15 排烟温度随沉积厚度的变化关系曲线

排烟温度的上升，意味着排烟造成的热损失增加，锅炉出力降低。通常电厂为了维持正常的蒸气温度，保证锅炉在满负荷下运行，只好增加燃料投放，增加单位发电量的燃料消耗。随着燃料量的增加，炉膛出口温度进一步升高，使得飞灰更易黏结在屏式过热器和高温过热器上，加速这些部位沉积的形成，形成恶性循环。对于水冷壁表面的沉积，一般需要布置大量的探针，监测水冷壁内热流量的变化；对于高温过热器等以对流传热为主的受热面，主要通过热平衡法逆烟气流计算实际对流传热系数，实现对受热面污染的监测；而对回转式空气预热器的积灰状况则以折算压差的形式表现出来。

另外，从图 12.13、图 12.15 中也可发现，当沉积厚度由 0 mm 上升到 0.56 mm，受热面的传热系数下降了 51%，排烟温度从 480℃ 上升到 580℃，已经增大了 100℃，而在用煤燃烧的试验中测得：当受热面有 3 mm 疏松灰或 10 mm 熔融渣时，可造成炉膛传热下降 40%，炉膛出口烟温升高近 300℃；另外，根据锅炉运行中的实测数值：当炉膛积灰厚度由 1 mm 增至 2 mm 时，传热减少 28%，本试验结果也远大于这一实测值。这主要是秸秆的热值、秸秆形成的灰沉积的成分与煤的热值及形成的沉积的成分不同的缘故。

可见，秸秆燃烧形成的沉积对锅炉受热面的传热性能有更大的危害。

**4）利用受热面传热性能的变化预测受热面上的沉积情况**

如前所述，受热面上的沉积使受热面的传热性能变坏，降低了传热量，影响了壁面内热流的分布，在受热面金属中形成温度梯度。这种温差不仅表现在金属内部，也体现在表面上，因此，可以利用壁面温差的变化对受热面上的沉积情况进行监测。

现在，我们通过模拟试验装置中受热面上不同位置之间的温差，说明如何通过温差预测受热面上沉积。

我们选取水箱及水箱上的沉积作为研究区域，如图 12.16 所示。

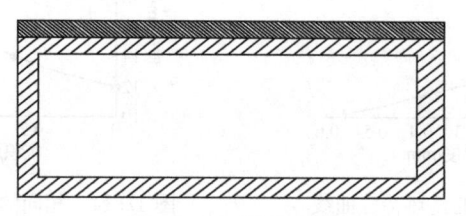

图 12.16　研究区域

为了便于检测，将温差测点布置在水箱的上、下表面，并做如下假设：

(1) 沿水箱水平方向的热流忽略不计，模型近似为二维。
(2) 水箱材料是各向同性，且不随温度的变化而改变。
(3) 所有物性参数为常数，稳定工况，稳态导热。
(4) 火焰对水箱辐射的热流均匀分布。
(5) 水箱内水垢的热阻忽略不计。
(6) 环境温度均匀，水箱上表面与环境之间的热交换均匀。

根据上述假设，计算区域的温度控制方程和边界条件如下：

$$\frac{\partial^2 t}{\partial x^2} + \frac{\partial^2 t}{\partial y^2} = 0$$

$$\frac{\partial t}{\partial n_1} = -\frac{qX}{\lambda_m}$$

$$\frac{\partial t}{\partial n_4} = -\frac{qX}{\lambda_m}$$

$$\frac{\partial t}{\partial n_{2,3}} = 0$$

$$\frac{\partial t}{\partial n_5} = -\frac{\alpha_w}{\lambda_m}(t_w - t_{m上})$$

$$\frac{\partial t}{\partial n_6} = -\frac{\alpha_e}{\lambda_m}(t_{m上} - t_e)$$

式中，$q$ 为火焰辐射热流，单位为 $W/m^2$；$X$ 为辐射角系数；$\lambda_m$ 为水箱壁的导热系数，单位为 $W/(m \cdot ℃)$；$\alpha_w$、$\alpha_e$ 为水与水箱壁之间、水箱壁与环境之间的对流换热系数，单位为 $W/(m^2 \cdot ℃)$；$t_w$、$t_m$、$t_e$ 为水、水箱壁、环境温度，单位为 ℃。

这是一个二维稳态导热问题，经过计算模拟，研究区域的温度场如图 12.17 所示。

## 12 秸秆成型燃料燃烧形成的沉积与腐蚀问题研究

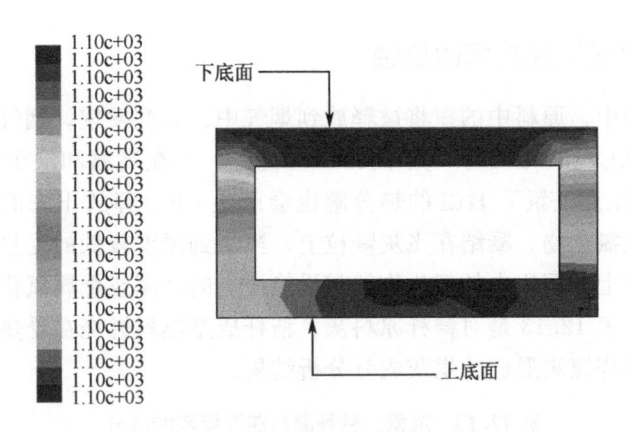

图 12.17 研究区域的温度场

上、下底面的温差：

$$\Delta t = t_{m下} - t_{m上} \tag{12.8}$$

则底面上有沉积时，上、下底面的温差为

$$\Delta t_h = t_{m下h} - t_{m上h} \tag{12.9}$$

无沉积时，上下底面的温差为

$$\Delta t = t_{m下} - t_{m上} \tag{12.10}$$

借助锅炉上灰污系数公式，可以用温差变化表示受热面上沉积情况：

$$\xi = 1 - \frac{\Delta t_h}{\Delta t} \tag{12.11}$$

根据公式中温差变化，可以判断受热面上沉积情况。

**5）预测结果**

试验过程中，水箱表面的沉积厚度及上、下底面的温度变化情况如表 12.12 所示。

表 12.12 上、下底面温度随沉积厚度的变化

| 测量点 | 不同沉积厚度下的温度/℃ | | | |
|---|---|---|---|---|
| | 0 mm | 0.24 mm | 0.4 mm | 0.56 mm |
| 上底面 | 763 | 747 | 726 | 715 |
| 下底面 | 560 | 554 | 542 | 536 |

经过计算，利用温差计算的灰污系数与实际灰污系数随沉积厚度变化关系如图 12.18 所示。图中实际灰污系数是受热面换热系数经反算得来。

从图 12.18 可知，温差计算的灰污系数与实际灰污系数并不重合，主要是二者的计算方法不同，但二者的变化趋势是一致的，都可以用来监测受热面上的沉积情况。

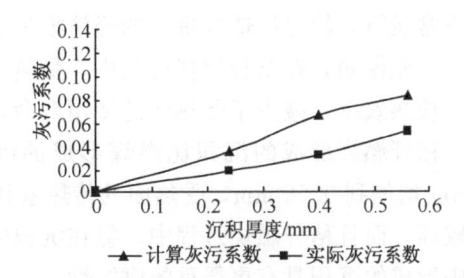

图 12.18 两种灰污系数随沉积厚度的变化

### 12.3.2 沉积对锅炉受热面的腐蚀

秸秆燃烧过程中，原料中的氯将被释放到烟气中。研究发现，烟气中的含氯成分主要有 $Cl_2$、HCl、KCl 和 NaCl 等，其中 HCl 占优势，但在高温和缺少水分时还存在一定量的 $Cl_2$，在还原性气氛下 HCl 的热分解也会产生 $Cl_2$。释放出来的 $Cl_2$ 与烟气中的其他成分反应生成氯化物，凝结在飞灰颗粒上，当遇到温度较低的受热面时，就与飞灰一起沉积在受热面上，沉积中的氯化物就与受热面上的金属或金属氧化物反应并在受热面上熔融成液态。表 12.13 是对秸秆原料灰、秸秆成型燃料燃烧在受热面上的沉积及在相同试验条件下燃烧煤炭形成的煤灰成分分析结果。

表 12.13 沉积、秸秆原料灰及煤灰的成分

| 种类 | 成分含量/% |||||||| 
|---|---|---|---|---|---|---|---|---|
|  | $SiO_2$ | $Fe_2O_3$ | CaO | MgO | $Na_2O$ | $K_2O$ | $Al_2O_3$ | Cl |
| 沉积 | 0.11 | 5.39 | 0.80 | 2.97 | 0.89 | 5.33 | — | 12.23 |
| 秸秆原料灰 | 84.16 | 0.19 | 4.49 | 5.67 | 0.49 | 0.15 | — | 0.78 |
| 煤灰 | 40.94 | 6.56 | 8.67 | 1.20 | 1.31 | 0.71 | 30.87 | 0.10 |

图 12.19 沉积腐蚀过的受热面的 SEM 图

从表 12.13 中看出玉米秸秆原料中的氯含量比煤中的高，沉积中的氯含量更高，几乎是原料灰的 16 倍，达到 12.23%。可见，氯在沉积中出现了明显的富集现象，因此，受热面上的沉积具有严重的腐蚀性。图 12.19 是沉积腐蚀过的受热面的扫描电镜图片。

从图 12.19 中可看到，放大 50 倍后，受热面的表面上出现了一些大小、深浅不一的小坑。这是由于腐蚀过程中壁面上的金属成分转移到沉积中去，当沉积积累到一定程度，在各种力的作用下从壁面上脱落，受热面上就留下一个个小坑。

在工程上，长期遭受腐蚀的受热面在高温下，很易发生爆管事故，严重影响发电机的正常运行，给电厂造成重大的经济损失。

试验说明，在秸秆燃烧过程中，受热面上产生严重的沉积腐蚀问题，不但降低了锅炉的换热效率、减少了受热面的使用寿命，同时也为锅炉的安全运行带来了影响。

秸秆燃烧形成的沉积比燃煤形成的沉积对传热有更大的抑制性。当沉积厚度从 0 mm 增加到 0.56 mm，受热面的传热系数下降了 51%。与煤相比，秸秆原料中的氯含量较高，而且秸秆燃烧过程中，氯在沉积中出现了明显的富集现象，因此，秸秆燃烧过程中形成的沉积具有更严重的腐蚀性。

## 12.4 降低锅炉的沉积与腐蚀的措施

锅炉受热面上形成的沉积给锅炉的运行、操作及效率带来了很大的影响，针对秸秆燃烧过程中受热面上的沉积腐蚀问题，当前采用的解决方法：燃料预处理，秸秆与煤或添加剂混合燃烧，在管壁上喷涂耐腐蚀材料或吹灰等机械方式，改变风速及调整锅炉布置等工艺调整法。这些方法中多数已经在实际中运用实施，这里不再赘述，本文仅对燃料预处理中的自然预处理法及添加剂进行了研究。

### 12.4.1 自然预处理法

预处理法是在燃烧之前设法对秸秆进行处理，除去燃料中所含的碱金属和氯，提高飞灰的熔点，从而降低秸秆燃烧过程中在受热面上形成的沉积量，主要包括自然预处理法和水洗法。水洗法是去除秸秆中碱金属和氯的一种非常有效的预处理方式。通过对秸秆进行了水洗试验，发现用水萃取可以除去 80% 的钾和钠以及 90% 的氯。如果采用预先热解的办法将生物质燃料制成焦炭，然后再对焦炭进行水洗，发现焦炭中 71% 的钾，72% 的氯和 98% 的钠可以在 80℃ 左右的热水中洗掉，但采用这种方法处理后还需进行干燥，成本较高。自然预处理法是将秸秆在自然中放置，使其中的碱金属及氯随雨水流失，从而降低由碱金属和氯引起的沉积腐蚀问题。

取新收获的玉米秸秆及放置一年的粉碎的玉米秸秆作为试验材料，预备水、马弗炉、干燥箱和化学药品等。

将秸秆露天放置后，定期取样进行检测；然后进行水洗，对各项参数进行化验。在露天放置及水洗两种情况下，笔者对新收获的玉米秸秆中的碱金属及氯含量的变化进行了试验，并将结果与陈年秸秆进行了对比，结果如表 12.14 所示。

**表 12.14　两种处理方式下秸秆中碱金属及氯元素的变化**

| 成分 | 露天 0 d | 露天 25 d | 露天 35 d | 露天 360 d | 水洗 |
| --- | --- | --- | --- | --- | --- |
| Cl | 0.79 | 0.78 | 0.72 | 0.56 | 0.10 |
| K | 0.90 | 0.88 | 0.81 | 0.43 | 0.198 |
| Na | 0.49 | 0.45 | 0.42 | 0.21 | 0.098 |

从表 12.14 中可以看出，由于新收获的玉米秸秆表面具有光滑的角质层，角质层的存在阻止了碱金属和氯的流失，因此，新收获的玉米秸秆整株露天放置时，碱金属及氯含量随时间的变化并不明显；在露天情况下，把玉米秸秆粉碎后放置一年，由于表面角质层遭到了破坏，秸秆中的钾、钠及氯随雨水大量流失，一年后，分别降为 0.43、0.21、0.56。可见将秸秆粉碎后在自然中放置有助于降低秸秆中的碱金属及氯含量，从而降低秸秆燃烧过程中在受热面上形成的沉积，这种在大自然中堆放，使氯及碱金属等流失的处理方法称为自然预处理法，其指标为垂萎度，即存放时间与氯和碱金属的关联度，单位为%。从表 12.14 中还可看出，水洗后，秸秆中的碱金属及氯的含量更低。

因此，如果先将秸秆粉碎后进行水洗，然后露天放置进行自然干燥，最后入库存放，不但能减少其中的碱金属及氯含量，降低秸秆燃烧在受热面上形成的沉积及腐蚀，同时也降低了水洗后的干燥成本。但是该方法同时也存在耗水量过大，干燥时间太长等问题。

### 12.4.2 添加剂对沉积的影响

通过添加剂也可以降低秸秆燃烧过程中引起的沉积腐蚀问题。将添加剂与秸秆混烧，生成高熔点的碱金属化合物，使碱金属固定在底灰中，从而降低受热面上的沉积和腐蚀。目前采用的添加剂有煤、石灰石等。

**1) 秸秆与煤混烧**

秸秆成型燃料与煤混烧是解决单独燃用高氯生物质燃料在受热面上形成沉积腐蚀问题的最简便、最有效的方法之一。其原理是煤中的氯含量低，硫含量高，通过含氯量较低的煤与含氯量较高的秸秆燃料混烧，降低了秸秆在燃料中的份额，从而降低了秸秆燃烧过程中在受热面上形成的沉积。

试验表明，混合燃烧在一定程度上可以降低受热面上的沉积，有利于秸秆直接燃烧技术的推广，但是以下问题仍然没有解决：混烧对飞灰形成及其特性的影响，混烧对锅炉内沉积形成的影响，混合燃料对制粉装置的影响，混合燃料中生物质的最大比例应该是多少。

经过对郑州技术师范高等专科学校食堂的 2 t 链条炉及嵩山饭店的 4 t 链条炉使用秸秆成型燃料与煤混烧的情况进行了对比试验。两台链条炉均采用的是用煤引燃的方式，不同之处：在 2 t 链条炉中采用的是逐步用秸秆成型燃料替代煤送入炉膛，在 4 t 链条炉中是完全用成型燃料替代煤进行燃烧的。检测过程中，两台链条炉都能达到锅炉的正常出力，加入成型燃料后，燃料更易燃烧，而且随着成型燃料在燃料中的比例的增加，着火温度降低，在质量比为 2：3 时，着火温度比煤单独燃烧时低 150℃左右。另外，在 2 t 链条炉中，通过观察口并没有发现链条炉内的水冷壁表面上有沉积现象，而在完全燃烧秸秆成型燃料的 4 t 链条炉的水冷壁表面上出现了闪着白光的沉积，可见，煤与秸秆成型燃料混烧有助于降低受热面上的沉积，但是混烧的比例还需要通过试验来进一步确定。检测过程中还发现用现存的燃煤链条炉改烧秸秆成型燃料还存在一些问题，需要对链条炉进行一些改造，如进料装置的出口、前、后炉拱的比例、炉排运动速度等。

**2) 石灰石等添加剂与秸秆混烧**

秸秆燃烧过程中，烟气中的 KCl 在受热面上形成沉积是导致受热面腐蚀的重要原因。将石灰石、高岭土、硅藻土、氢氧化铝等添加剂与秸秆混合燃烧，通过添加剂的吸附作用除去秸秆中的碱金属和氯，降低它们在气相中的浓度，将有益于降低受热面上的沉积，并减轻沉积对受热面的腐蚀。试验发现，高岭土、燃煤飞灰、硅藻土可与 KCl 气体发生反应，将氯以 HCl 气体的形式释放，从而减少沉积物中水溶性氯的质量比例，降低换热金属面的腐蚀速度。其中，燃煤飞灰和高岭土不但可有效地降低沉积物中水溶性氯的质量分数。而且燃煤飞灰作添加剂还可以使沉积物变得疏松，便于吹灰装置将其吹掉，可有效地解决由沉积引起的换热面的热效率问题和腐蚀问题。

目前，利用石灰石等添加剂降低受热面上的沉积和腐蚀仍存在较多的问题，如燃煤飞灰只是绑定秸秆中的一部分钾成分，这使得应用燃煤飞灰做添加剂时，用量要比采用其他添加剂时大得多，从而大大增加了灰的产出量；高岭土可以缓解过热器表面的腐蚀，但发现仍有坚硬的渣块黏附在炉壁上，另外，对高氯含量的生物质，要将烟气中的KCl浓度降到足够低，必须添加较多的添加剂，大大增加了运行成本。因此，利用石灰石等添加剂解决秸秆燃烧过程中受热面上沉积和腐蚀问题还需要结合燃烧工况进行试验并优化相关参数，以期综合解决由碱金属引起的各种问题。

## 12.5 结论

通过试验研究认为，秸秆燃烧在锅炉受热面上形成沉积是一个复杂现象，主要是秸秆中的灰分在燃烧过程中的形态变化和输送作用的结果，灰粒是通过热迁移、惯性撞击、凝结、化学反应4种机制在受热面上形成沉积的；在锅炉内，不同部位的受热面上，沉积的形成过程和机制也不相同。

沉积的过程伴随着对受热面的腐蚀，腐蚀的过程就是通过化学反应将铁逐步转移到沉积当中去。在腐蚀过程中氯化物和硫酸盐扮演着重要角色。

秸秆燃烧在锅炉受热面上形成的沉积比燃煤形成的沉积，更能抑制受热面上的热量传递。

大量的氯富集在沉积中，对锅炉受热面造成了严重的腐蚀，降低了受热面的使用寿命。

秸秆燃烧过程中在锅炉受热面上形成的沉积腐蚀受多种因素的影响；原料成分是影响沉积腐蚀形成的因素之一。试验及实践经验证明，秸秆中的碱金属及氯含量比木材中高，燃烧秸秆比燃烧木材更易在受热面上形成沉积并引起腐蚀；炉膛温度的变化对水箱底面上沉积的形成具有重要的影响。随着炉膛温度的升高，秸秆燃料中的碱金属及氯的逸出量上升，提高了沉积率，增加了高温腐蚀的危险；较大的风速有利于碱金属及氯从燃料中逸出，提高了受热面上的沉积量，促进了结垢。但是随着风速的进一步增大，烟气中含有较多气体组分的飞灰颗粒来不及与受热面接触，就随烟气排出，受热面上已经形成的沉积在较大风速的作用下也会重新回到烟气中，受热面上的沉积量出现了下降的趋势。

沉积率随着受热面温度的升高而下降，但是一旦黏性最大的沉积层全面形成，受热面温度对沉积率的影响就大大降低，最终随着沉积物的增长而完全消除。

秸秆压缩成型对沉积的形成具有重要影响。与原生秸秆相比，经过高压形成的秸秆成型燃料燃烧后形成的是密实的焦炭骨架，飞灰颗粒减少，而且提高了飞灰的软化和流化温度，从而降低了受热面上的沉积率。

自然预处理法是降低秸秆燃烧过程中受热面上沉积腐蚀的一种有效方法，但也存在时间太长等问题。

通过对秸秆在大自然中的存放来降低秸秆中氯和碱金属含量的作用的研究，得出了时间和流失量的关联数据，为解决今后大规模利用分散的农村秸秆生产成型燃料，以及用于锅炉进行燃烧发电时，对于解决受热面上的沉积腐蚀问题具有重要的指导意义。

通过对秸秆成型燃料燃烧过程中受热面上沉积对受热面传热性能的危害性及其相关参数的深入研究，提出了相关解决问题的办法，这将对我国今后规模化利用秸秆成型燃料发电具有重要的警示作用。

# 第四篇　生物能源资源

　　本篇研究内容包括：河南省生物柴油木本植物资源及其潜力研究；生物质液体燃料对我国石油安全的贡献；农村可再生能源技术应用对温室气体减排的影响。介绍的生物能源资源主要指可用于转化为气体、液体、固体优质燃料的生物质资源。

　　文中分别对可转化生产生物柴油的木本生物质、油料农作物和用于燃料乙醇和固体成型燃料生产的农作物、废弃物及秸秆的资源量进行了统计、分析和研究；通过对计算模型的分析，选用合适的数学模型测算了各种可用于燃料转化的资源量和总资源量；分析了影响生物质燃料发展转化的主要因素；分析了针对农村能源利用常用的 $CO_2$ 和 $CH_4$ 减排量计算方法，给出了较为有效的排放系数和计算公式。

# 13 河南省生物柴油木本植物资源及其潜力研究

## 引言

目前,对木本植物生物柴油的研究存在如下几个主要问题:
(1) 木本油料植物的资源不清楚。
(2) 木本油料植物的界定标准不明确。
(3) 原有油料植物分布区的扩展与新的油料植物的发现。
(4) 植物油脂分布的器官差异性研究。
(5) 油脂植物规模栽培的效益研究。
(6) 油脂植物的产油能力研究。
(7) 植物油脂的最佳加工转化工艺研究。
(8) 生物柴油实际利用研究。

本章针对上述问题,采用调查、资源查询、引种分析、模型计算、概算、相对比较与逐层筛选等方法,对区域性的可用于生物柴油生产的主要木本植物资源及其潜力进行了较为系统的分析研究。对主要资源植物的分布状况、现存资源量、可能的资源蕴藏量等进行了分析概算;对种类选择依据与标准进行了分析阐述;对区域生物柴油资源开发利用途径提出了实施措施与建议。研究的主要内容与成果如下。

**1) 调查分析了河南省木本植物生物柴油的资源及其现有资源量**

河南省境内生物柴油资源植物种类共计 84 科 515 种,某一器官含油率超过、达到或接近 30% 的种类有 214 种,其中木本植物 138 种,草本植物 76 种;平均含油量达到或超过 35% 的乔木植物有 53 种。以 1996~2004 年的 5 种木本油料植物的多年平均产量为基础,运用简单概算方法概算了河南省内 53 种乔木资源植物现有的油脂蕴藏量,最低量约为 187 392.8 t/a,最大估计量约为 547 439.1 t/a。

**2) 尝试运用潜力扩展分析方法阐明了区域生物柴油的资源潜力**

分布区扩展分析认为,油桐(*Vernicia sinica*)、乌桕(*Sapium sebiferum*)分布区扩展的可能性较小;核桃(*Juglans regia*)为全省分布;油茶(*Camellia oleifera*)可以向北部扩展至沿伏牛山、淮河干流一线以南的地区;黄连木(*Pisacia chinensis*)可以向南扩展至除新县、商城外的全省范围内;文冠果向南部扩展界线为西峡-南阳-驻马店-平舆-新蔡以北地区。

引种分析认为,麻疯树(*Jatropha curcas*)不能引种至河南省;光皮树一般也不能引种,但可以在新县、商城、光山、桐柏、淅川等局部地区进行驯化与引种试验;翅果油树(*Elaeagnus mollis*)可以引种的范围较大,基本上可以引种至南阳北部、洛阳西部、三门峡、济源、焦作、鹤壁、安阳、濮阳全部,新乡、开封、商丘北部。

通过分布区扩展与引种、提高植物的单位面积产量后,推算河南省内 5 种及可能扩展或引种的 3 种木本植物共 8 种资源植物生物柴油可能的资源量达 219 089.3 t/a。运用概算方法分析认为，河南省内 53 种乔木种类的油脂可能蕴藏量达到 1 263 914.5 t/a（计入松脂量）。若都能像翅果油树那样引种成功，则可能蕴藏量达到 2 559 681.0 t/a（计入松脂量）。

**3）提出了资源植物的选择依据与生产种类**

本文提出以油脂含量及其组成、生产能力及其提升空间大小、分布状况以及分布区域扩展的可能性、油脂可得性、开发利用条件等作为选择依据；采用相对比较法，提出以 35% 的含油率为标准选择资源植物种类；采用逐层筛选方法，确定在河南省内值得优先发展的生物柴油资源植物有 8 个种类，分别为胡桃、黄连木、文冠果、翅果油树、白木乌桕（*Sapium japonicum*）、西南卫矛（*Euonymus hamiltonianus*）、三桠乌药（*Lindera obtusiloba*）、栝楼（*Trichosanthes kirilowii*）；同时还选择了 12 种备选种类，19 种值得关注的种类。

**4）提出了生物柴油开发利用的措施与建议**

本文对选定的 8 种优先发展的资源植物简要地分析了其在逆境条件下的适应性及其在林业生产实践中应用的可能性。本文还认为，要提高区域的资源蕴藏量，发展生物柴油产业，可以通过两种主要途径：一是对现有种类扩展分布区，对高品位种类实施引种，从数量上扩大资源蕴藏量；二是通过集约化经营，提高单位面积产量，从质量上提高资源蕴藏量。

目前对某一地区或者全国、全球范围内生物柴油的木本植物资源及其蕴藏量尚未有全面系统的报道，本文综合各种资料与方法，提出了生物柴油资源植物种类的选择依据与选择标准；系统地调查、分析、概算了河南省内主要木本植物生物柴油的资源蕴藏量及其资源开发利用潜力；提出将生物柴油战略储备与逆境管理相结合，以及从数量与质量两个方面来提高区域生物柴油的资源蕴藏量；可以为建立河南省能源战略储备的数据库提供基础，也可以为其他地区进行同类研究提供技术参考与借鉴。

## 13.1 研究地点概况与研究方法

### 13.1.1 研究地点自然概况

本研究集中在河南省境内。河南省位于黄河中下游，地理位置东经 110°21′～116°39′，北纬 31°23′～36°22′，与河北、山西、陕西、湖北、安徽、山东 6 省毗邻，东西长约 580 km，南北跨约 550 km。境内南、西、北有大别山、桐柏山、伏牛山和太行山四大山系；东部为黄淮海平原；全省土地面积 16.7 万 km²；平原盆地、山区、丘陵面积分别为 9.3 万 km²、4.4 万 km²、3 万 km²；人均土地资源仅 0.07 hm²，未利用土地面积 11.13 万 hm²；耕地面积的 3/4 集中分布在平原区，而占全省总面积 44.3% 的丘陵土地中，耕地面积仅占 1/4。

全省年平均气温稳定在 14℃ 左右，具有由北向南递增、由东向西递减的趋势。分属于北亚热带范围内的信阳和南阳两地区，年均温 15℃ 左右，全年日均温 ≥0℃ 的"温暖期" 320 天以上；日均温 ≥5℃ 的植物"生长期" 260 天以上；日均温 ≥10℃ 的植物"生长活跃期"220 天以上,积温 4700~5000℃,无霜期多在 220~240 天。分属于暖温带的大部分地区,年均温 13~14.5℃,全年日均温≥0℃的"温暖期"300~320 天;日均温≥5℃的植物"生长期"240~260 天;日均温≥10℃的植物"生长活跃期"200~220 天,积温 4300~4700℃;豫西山地和豫北太行山地,因地势较高,年均温 12.1~12.7℃,全年日均温≥10℃的植物"生长活跃期"187~197天,积温 3500~3700℃。

全省年均降水量 600~1200 mm,淮河以南降水最多达 1000~1200 mm,黄淮之间为 700~900 mm,豫北和豫西丘陵为 600~700 mm。降水量季节分布不均匀,绝大部分地区 6~8 月的降雨可占全年总量的 50%~60%。全省年均相对湿度 65%~77%,豫南地区略高,豫北地区稍低。蒸发量大体上由南向北、由西向东递增,年均蒸发量最高值为郑州的 2135.5 mm;最低值为信阳的 1398 mm。

河南省主要植被类型以落叶栎林占优势,境内各山区都能不同程度地见到栓皮栎(*Quercus variabilis*)林、麻栎(*Q. acutissima*)林、槲栎(*Q. aliena*)林等,它们不仅相互混交,并与其他落叶或常绿树种混交成林,有时还与油松(*Pinus tabulaeformis*)、马尾松(*P. massoniana*)、杉木(*Cunninghamia lanceolata*)、黄山松(*P. armandii*)等组成混交林。

据不完全统计,全省的维管束植物有 3800 余种,分属于 199 科、1107 属。其中蕨类植物 29 科 73 属 255 种;裸子植物 10 科 25 属 75 种;被子植物 160 科 1009 属 3500种。全省共有珍稀濒危植物 43 种,隶属于 28 科 39 属。

### 13.1.2 研究方法

#### 13.1.2.1 数据收集与调查方法

数据收集主要采用实地调查与资料查询方法,资料来源主要有各类统计年鉴、林业统计资料、各类政府公报。资料查询法主要用于如下研究分析:植物现有资源调查与分析;选定植物种类的生物学与生态学特性分析;分布区域扩展与引种的生境条件调查与分析;生产潜力分析。

油料植物结实量调查与一般植物种子调查方法相同,根据实际情况也采用李昌珠等(2004)的方法,主要作法如下:①结实果枝占树冠总枝条的百分数。②果实在结果枝上分布的均匀程度,可分为三级:一级为分布均匀(果在枝上分布密度均匀);二级为较均匀(有 1/3 以上的部位少果或无果);三级为不均匀(有 2/3 以上的部位少果或无果)。③果实在果枝上着生的密度,分三级:一级为密(整个果枝上挂满果实为密,根据树种确定);二级为较密(处于一级、三级之间);三级为稀(果实在果枝上稀疏地分布)。

#### 13.1.2.2 数据处理方法

一般的数据整理与统计分析采用 Excel 软件进行;复杂的统计与分析采用 Spss 或 Sas 软件进行;预测分析则采用模型计算方法;特殊的没有对应分析软件的数据,自行编制分析软件。气象数据的统计与分析按相应的要求进行，自行统计的气象要素按统计方法，利用 Visual Basic 语言自行编制分析软件。

### 13.1.2.3　植物引种分析方法

通过对国内外提出的植物引种分析方法进行比较研究，本文结合生境比较分析方法，采用基于气候相似性原理的气候相似距分析方法对植物引种进行分析。其方法简要过程如下：

对于 $m$ 种气候要素 $n$ 个站点的观测值，构成的样本集可写成 $X=\{X_{ij}\}$，其中 $i$ 代表 $m$ 个气候要素，$j$ 代表观测站点。为消除量纲，对数据进行标准化，从而得到新样本集：$X'=\{X'_{ij}\}$。标准化方法如下：

$$X'_{ij} = \frac{X_{ij} - \overline{X_i}}{\sigma_i} \tag{13.1}$$

式中，$\overline{X_i}$ 为 $i$ 要素各站点平均值；$\sigma_i$ 为 $i$ 要素各站点均方差。

根据修改后的欧氏距离系数计算相似距离（简称为相似距）：

$$d_{pq} = \sqrt{\frac{1}{m}\sum_{k=1}^{m}(X'_{kp} - X'_{kq})^2} \tag{13.2}$$

式中，$d_{pq}$ 为 $p$，$q$ 两地之间的修改欧氏距离系数，即相似距；$X'_{kp}$ 和 $X'_{kq}$ 分别为第 $p$ 点和第 $q$ 点第 $k$ 种要素标准化后的数值。

计算时，各观测站点 $j$ 的 $m$ 个气象要素分别采用年内各月平均气温、降雨量及两者组合干燥度等数据进行逐点逐月比较。相似距数值越小相似程度越高，$d_{pq}>1.0$ 时，为不相似；$d_{pq}<1.0$ 时，可根据需要划分相似等级，以评价气候条件的相似性。将相似距的计算结果结合生境单因子进行综合分析，就可以得出引种的适宜地区与分布区扩展范围。

### 13.1.2.4　生产潜力分析方法

国内外学者提出了许多模型与计算方法，本章采用的有 FAO 估算法、Lieth 经验模型等。

**1）FAO 估算法**

FAO 估算法主要有 Wageningen 法与作物生态带法两种。Wageningen 法由于考虑因素较多而计算繁琐；作物生态带法则计算思路清晰，参数易于确定，应用广泛，其基本思路与 Wageningen 法一致：先计算选定区域的标准植物的每日总干物质生产量，然后进行各项因素校正，得出实际生产潜力。本文在采用此方法的基础上进行了部分修正，即在计算水分因素时，考虑到原方法参数难以确定，根据龙斯玉等提供的修正方法，采用降水量与蒸发力比进行修正，蒸发力采用 Penman 方法求得。

**2）Lieth 经验模型**

Lieth 模型包括两种，均是根据世界各地植物产量与年平均气温、年降雨量之间的关系，提出用实际蒸发量来估计生产潜力的方法，故为经验模型。本文采用周广胜等使用的公式。

(1) Miami 模型。

$$\text{NPP}_t = \frac{3000}{1+e^{1.315-0.119t}} \quad (13.3)$$

$$\text{NPP}_p = \frac{3000}{1-e^{-0.000664p}} \quad (13.4)$$

式中，$\text{NPP}_t$ 与 $\text{NPP}_p$ 为生产潜力，单位为 g/(m²·a)；$t$ 为年平均温度，单位为℃；$p$ 为年降水量，单位为 mm。

(2) Thornthwaite Memorial 模型。

$$\text{NPP}_E = \frac{3000}{1-e^{-0.0009695E}} \quad (13.5)$$

$$E = \frac{1.05p}{\left[1+\left[\frac{1.05p}{1+25t+0.05t^3}\right]^2\right]^{0.5}} \quad (13.6)$$

式中，$\text{NPP}_E$ 为生产潜力，单位为 g/(m²·a)；$t$ 为年平均温度，单位为℃；$p$ 为年降水量，单位为 mm；$E$ 为年平均蒸散量，单位为 mm。

**3）其他计算模型**

周广胜与张新时针对 Chikugo 模型对于干旱与半干旱地区水分不足及草原与荒漠等植被资料的不足，根据植物生理生态学特点及能量平衡和水量平衡方程的实际蒸发模型，建立了自然植被的生产力的综合模型。

$$\text{NPP} = \text{RDI} \times \frac{pR_n(p^2+R_n^2+pR_n)}{(R_n+p)(R_n^2+p^2)} \times e^{-\sqrt{9.87+6.25\text{RDI}}} \quad (13.7)$$

式中，$p$ 为年降水量，单位为 mm；$R_n$ 为陆地表面所获得的净辐射量，单位为 mm；RDI 为辐射干燥度，$\text{RDI} = R_n/L_p$；$L$ 为蒸发潜热，2470 J/g。

**4）北京模型**

朱志辉为弥补 Chikugo 模型的不足，建立了其改进模型，称为北京模型。

$$\text{NPP} = 6.93 \times e^{-0.224\text{RDI}^{1.82}} \times R_n \quad \text{RDI} < 2.1 \quad (13.8)$$

$$\text{NPP} = 8.26 \times e^{-0.498\text{RDI}} \times R_n \quad \text{RDI} > 2.1 \quad (13.9)$$

式中，$p$ 为年降水量，单位为 mm；$R_n$ 为陆地表面所获得的净辐射量，其单位在综合模型时为 mm，在北京模型时为 GJ/(m²·a)；$L$ 为蒸发潜热，2470 J/g。

另外还采用了刘世荣等提出的两个模型进行生产潜力计算。

$$\text{NPP} = 2.486139 + 0.402458t + 0.007981p \quad (13.10)$$

$$\text{NPP} = 6.462307 + 0.378997t + 0.006609p - 0.003615h \quad (13.11)$$

式中，$t$ 为年平均温度，单位为℃；$p$ 为年降雨量，单位为 mm；$h$ 为海拔高度，单位为 m。

按照 Liebig 最小因子定律和限制因子作用规律，在使用这些模型进行计算后，经合理性分析及比较后取其最小值作为本文的实际生产潜力。

## 13.2 河南省生物柴油木本植物资源分析

### 13.2.1 木本植物资源分布概述

由于河南省处于我国的中部地区，其南部属于北亚热带，其他大部分地区属于暖温带，故油料植物种类资源较为丰富。境内分布的油料植物种类共计 84 科 515 种，其中某一器官含油率超过、达到或接近 30% 的种类有 214 种，隶属于 48 个科。从总的数量、比例来看，在有分布的所有种类中，木本种类 302 种，草本种类 213 种，其比例约为 3∶2；在含油率≥30% 的种类中，木本种类 138 种、草本种类 76 种，其比例也约为 3∶2。

河南省油料植物资源种类及科属的分布特点与全国基本一致。在全国分布的 4 个富油大科中，茶科、樟科因含有较多热带或热带起源的种类，在河南省的分布主要局限于淮河以南地区，其中茶科只分布在南部地区；芸香科、大戟科因同时含有一定数量的北方种类，故在全省分布但以南方种类较多。14 个富油小科中，安息香科、肉豆蔻科、虎皮楠科等主要由南方树种组成，在河南省没有分布，其他 11 个科，如胡桃科、藤黄科、松科、楝科、漆树科、榆科等均在河南省有分布，且有数量众多的北方种类。

相比而言，含有较多数量北方种类的科在河南省内分布的种类数量也较多，成为河南省内含油植物种类较多的科，主要为松科、胡桃科、榆科、桑科、樟科、十字花科、蔷薇科、豆科、芸香科、大戟科、卫矛科、木犀科、菊科、唇形科、茄科、忍冬科、葫芦科等。在这些科中，除了在全国范围内为富油科的以外，其他的主要是由草本种类组成的科，如十字花科、豆科、菊科、唇形科、茄科、葫芦科等，剩下的只有桑科、蔷薇科、卫矛科、木犀科、忍冬科共 5 个科含有较多的种类，但每一科总的数量均不是太多；而且在这些科中，除部分科的种类外，其他多数种类的含油率均较低。

### 13.2.2 生物柴油木本植物资源调查种类的选择

#### 13.2.2.1 选择依据

要调查生物柴油木本植物资源，不可能调查全部种类，本章在选择生物柴油木本植物资源的调查种类时，参照了李昌珠等的研究结果，选择依据如下。

**1) 含油率与含油成分**

含油率是进行生物柴油原料选择的首要指标。生物柴油主要是指各种木本油料植物经过一定转化程序后所得的柴油产品，只有具有比较高的含油率，才有可能成为可利用的生物柴油植物资源，才有可能具有利用价值；考虑含油量时，需要按照处理工艺进行生物柴油制取成本的核算。

含油成分对生物柴油生产也具有很大影响，在考虑含油量进行种类选择时也需要考虑其中的不同油脂成分。不同脂肪酸成分的含量不同，对于其油脂的凝固点、碘值、是否容易酸败、色泽气味等油脂特性，以及柴油加工难易程度等因素均有影响。因此，在种类选择时应考虑其脂肪酸成分。

**2）生物产量**

生物柴油植物的生物产量，决定其作为生物柴油原料的开发利用价值和潜力。一种植物的生物产量越大，其开发利用的价值也就越高，开发利用的可行性也越大。

决定生物产量的因素很多，在实际度量中可以以单位面积产量的高低或结实性状的好坏来判断。对于已经人工栽培的植物而言，其单位面积的产量越高，生物产量也越大；对于尚未栽培的野生种类来说，若有好的结实性状，在经人工种植后，生物产量可能会比较高。

植物的生物量分配涉及生态对策，一般生物柴油的原料油脂来源于植物种子，从生物量分配而言，植物分配给种子与分配给其他营养器官的能量之间存在一种此消彼长的对抗原理，只有能够将较多能量分配于种子才可能有较高产油量，但同时又要保证其生长能力不受较大影响。

**3）繁殖能力**

如果一个种类具有良好的繁殖能力，则在扩展其分布区或者引种时具有良好的繁殖体的扩散能力与个体的定居能力，因而具有较好的适应性与扩展性等优势；在分布区扩展与规模化建立生物柴油的原料基地时，容易获得成功。

一个种的繁殖能力与其结实量、种子生产年际变化规律、种子发芽率与成活率等因素有关；在实际选择时还需要考虑其无性繁殖能力，以及在移栽过程中容易成活等能力。

**4）分布的广泛性与代表性**

选择可能推广或重点发展的种类时，其种类的适生区域大小、分布的广泛性、群众可接受程度、区域的代表性等因素也需要考虑。一个种类的适生区域越大，分布面积也应该越大，其区域的代表性也越好，在推广与重点发展时，群众也容易接受，而且可供开发利用的区域范围越广，可供利用的蕴藏量与潜力也可能越大。在选择将要进行规模种植与发展的种类时，还应考虑其分布区域的相对集中性。

**5）收获、提取与加工的难易程度**

作为生物柴油的原料，其含油器官要易于采集，油样要容易提取与加工。这样就能控制生物柴油的制取成本。

本章按照上述依据采用逐层筛选方法选择河南省内优先发展的资源植物种类。

#### 13.2.2.2　含油量选择依据

调查研究表明，生物柴油成本基本由以下几个因素确定：①生物柴油原料油成本占生物柴油总成本的75%；②生物柴油建厂固定资产投入；③生产过程所包含的成本；④生物柴油生产中副产品收益。因此，在确定的生产工艺与规模前提下，生物柴油的最终成本由其原料油成本决定，而原料油成本又由其含油量决定。

#### 13.2.2.3　生物学特性选择依据

根据选择依据，从生物学特性方面选择，主要考虑两个方面：一是其结实量的大小；二是其繁殖难易程度。结实量与结实性状一般可以通过实地调查与访问途径得到，其繁殖能力则可以通过实地调查与文献查询等途径得到。

由于主要针对木本植物，多数乔木种类在果实采集等方面难易程度不一样，因此，在进行生物学特性分析时，如果其他条件均相同，应优先考虑个体高度较低的种类。

在选择时还应考虑其对光照的适应能力，如果为强阴性树种，则在以后的集约化种植时存在一定困难，在选择时应不考虑。

### 13.2.2.4 分布状况选择依据

一个种类的分布状况决定了该种类是广布种还是局限种（特有种等）。用作生物柴油的原料应尽可能是广布种，这样才比较容易推广，也可使工厂的原料采购半径尽可能小、生产成本降低。如果不是广布种，但在一个区域内能广泛分布，也比较理想；但如果只分布在较高海拔上，在实际利用中存在一定的困难，故选择时要排除。

考查一个种类的分布状况时，除通过实地调查分析其现实分布状况外，还应同时考查其在分布区域内的生长发育情况；在分布区域内生长较良好的种类应具有优先选择权。

### 13.2.2.5 主要调查种类选择

根据上述几个方面进行选择的植物种类仍然很多，在实际应用时还有许多困难，因此需要进一步选择，在选择时按照如下原则进行：①所选种类不仅有较高的单位面积产量或良好结实性状，还应有较低的经济成本、良好的生态功能及社会功能。②不选择目前常用的经济树种（包括药用种类），否则会与现行使用效益冲突，但如果其含油量很高或已被公认，则将其选择在内。③群众容易接受，或容易转换使用方式。④不选择保护树种。⑤采集与收集容易。⑥只选择同一科中最高含油量的种类为代表。

进一步选择后，可将要调查的生物柴油的木本植物资源缩小为6个种类，其结果见表13.1。这6个种类主要为分布于南方的油茶、油桐、乌桕，分布于北方的文冠果及南北均有分布的黄连木和胡桃。

**表13.1 确定进行调查的河南省内油脂植物**

| 中文名 | 含油量/% | 科名 | 省内分布 |
| --- | --- | --- | --- |
| 胡桃 | 58.30~74.70 | 胡桃科 | 河南各地均有分布，喜肥沃湿润的沙质壤土，常见于山区河谷两旁土质深厚的地方 |
| 乌桕 | 35.13 | 大戟科 | 河南各地有分布，在山区、溪边、堤旁生长最好；也可在荒山栽种，但宜植于山麓和低丘陵地 |
| 油桐 | 50.20 | 大戟科 | 原产我国，河南大别山、伏牛山有野生，太行山区辉县有栽培，生于较低的山坡、山麓和沟旁；在阳光充沛、气候湿润、排水良好、有机质较多的沙质土壤上生长较好 |
| 黄连木 | 25.20~52.60 | 漆科 | 河南各地栽培或野生，生于海拔400~1500 m的长坡疏林中 |
| 文冠果 | 59.00 | 无患子科 | 分布于河南省北部，原来有栽培 |
| 油茶 | 47.50 | 山茶科 | 大别山区有分布 |

### 13.2.3 生物柴油木本植物资源分析

在表 13.1 所选择的种类中，文冠果于 20 世纪的六七十年代曾在河南省北方大面积种植，但由于各种原因目前已无成片面积，此种类已无收购记录，且由于分散而难于调查，故未进行数据分析；胡桃主要为散生且尚未被利用，也无相关数据，故在分析时用相近种类核桃数据（核桃有记录的数据），核桃含油率的上、下限均高于胡桃的上、下限范围，因此替代分析是可行的。

#### 13.2.3.1 基础数据

经过调查与资料收集，得到上述 5 个种类的数据，见表 13.2。表中松脂的数据作为参考，河南省用于松脂采集的种类主要为马尾松与油松，两者的含油率分别为 23.4%～32.1%和 32.4%～34.3%。

**表 13.2 生物柴油植物资源年产量**

| 年份 | 油桐籽/t | 油茶籽/t | 乌桕籽/t | 核桃/t | 黄连木/t | 松脂/t |
| --- | --- | --- | --- | --- | --- | --- |
| 1996 | 29 900 | 3 750 | 2 118 | 13 534 | — | — |
| 1997 | 54 400 | 7 581 | 2 466 | 12 898 | 792 | 1 170 |
| 1998 | 56 422 | 10 980 | 2 086 | 12 248 | 737 | 1 885 |
| 1999 | 56 407 | 11 427 | 1 854 | 13 428 | | 2 077 |
| 2000 | 57 054 | 3 270 | 934 | 17 143 | | 2 371 |
| 2001 | | | | | | |
| 2002 | 43 327 | 6 300 | 1 867 | 15 271 | — | 321 |
| 2003 | 42 223 | 6 898 | 2 055 | 18 364 | — | 240 |
| 2004 | 48 076 | 7 100 | 2 250 | 21 652 | 652.5 | 241 |

数据来源：河南省林业厅．河南省林业统计资料（内部资料）.1997～2004（2001年无收购记录）。

由表 13.2 可知，河南省内的几种常见种类的年产量均出现波动，这与当时的利用效益有关。黄连木在 1997 年、1998 年曾被利用过，但随后几年没有收集记录，到了 2004 年才开始得以重视，但产量较少；松脂虽然在 1999 年和 2000 年产量达到了 2000 t 左右，但从 2002 年开始大幅度下降，因其含油率相对较高，选择发展树种时应予重视。

#### 13.2.3.2 油脂资源蕴藏量现状

各年产量数据只说明其历史状况，现以 2004 年及多年平均数据说明其作为生物柴油时的油脂资源蕴藏量现状。以 2004 年产量及多年平均产量为基础，以其含油率为因子，分别计算其油脂资源蕴藏量，见表 13.3。表 13.3 中在计算最低与最高含油量合计时，含油率没有上、下限范围的种类，这两个数据分别以所计算的平均含油量计入。

表 13.3　5 种植物资源的生物柴油原料蕴藏量

| 种类 | 产量 | 含油率/% | 最低含油量 | 最高含油量 | 平均含油量 |
|---|---|---|---|---|---|
| 油桐籽 | 48 076 | 50.2 | 24 134.2 | 24 134.2 | 24 134.2 |
| 油茶籽 | 7 100 | 47.5 | 3 372.5 | 3 372.5 | 3 372.5 |
| 乌桕籽 | 2 250 | 35.13 | 790.4 | 790.4 | 790.4 |
| 核桃 | 21 652 | 58.3~74.7 | 12 623.1 | 16 174.0 | 14 398.6 |
| 黄连木 | 652.5 | 25.2~52.6 | 164.4 | 343.2 | 253.8 |
| 合计 | 79 730.5 |  | 41 084.6 | 44 814.3 | 42 949.5 |
| 松脂 |  |  |  |  | 241 |
| 以多年平均数据计算 |  |  |  |  |  |
| 油桐籽 | 48 476 | 50.2 | 24 335.0 | 24 335.0 | 24 335.0 |
| 油茶籽 | 9 551 | 47.5 | 4 536.7 | 4 536.7 | 4 536.7 |
| 乌桕籽 | 2 605 | 35.13 | 915.1 | 915.1 | 915.1 |
| 核桃 | 20 773 | 58.3~74.7 | 12 110.7 | 15 517.4 | 13 814.0 |
| 黄连木 | 727.2 | 25.2~52.6 | 183.3 | 382.5 | 282.9 |
| 合计 | 82 132.2 |  | 42 080.8 | 45 686.7 | 43 883.7 |
| 松脂 |  |  |  |  | 1 186 |

注：以 2004 年数据计算。

由表 13.3 看出，仅以河南省内有利用历史的 5 种木本植物资源计算，蕴藏的生物柴油原料数量在 2004 年平均约为 42 949.5 t/a，加上采集的松脂量，为 43 190.5 t/a；若以多年平均数据计算，则分别为 43 883.7 t/a、45 069.7 t/a。

从表 13.3 中发现，由于各种类利用程度不同，人们重视程度不一样，其收获量差别较大。油桐由于有悠久的利用历史，在河南省分布较广，收获量也较大；油茶虽然利用历史也较长，但因分布局限，总体收获较小；黄连木虽然有一定的利用历史，但前几年并无好的效益，且散生较多，故未达到较高产量。所以从上述 5 种植物资源的蕴藏量来看，总的蕴藏量并不大。

### 13.2.3.3　蕴藏量现状评价

河南省地域宽广，要在短期内进行全部的生物柴油植物资源共计 515 个种类的蕴藏量调查与计算是不可能的，即使只计算木本植物，由于多数种类只是零星分布，也是不可能的。

为初步了解河南省内生物柴油原料的蕴藏量，本文做如下概算。概算中考虑已有数据的种类中包括松脂数据，其他均为被子植物。在初步选出的 89 种资源中，有乔木 53 种，其中裸子植物 7 种，含油率最低为白皮松（含油率为 18.4%~61.4%），其概算可以松脂数据直接得出；被子植物 46 种，含油率最低为漆树（含油率为 24.8%~45.7%），此数据将由其他 5 种资源的数据推算得出。有灌木 36 种，含油率最低为月桂（含油率为 24%~55%）。已有数据中无灌木种类，且其产量比木本植物小，暂不计入。

**1) 以含油率进行概算**

所调查种类的已有数据中，2004 年 5 个资源植物种类总产量为 79 730.5 t，以其平均产量计算，46 种乔木资源按最低含油率计算，其油脂资源蕴藏量为 181 913.1 t。裸子植物按松脂概算为 843.5 t（采集松脂按马尾松与油松两种类计算），两者合计，得到 53 种资源植物的油脂资源蕴藏量为 182 756.6 t。

以 5 种资源植物多年平均产量的平均值计算，当以最低含油率计算时为 187 392.8 t，加上松脂概算量 4151 t 则为 191 543.8 t。

以此方法概算，河南省内平均含油量在 35% 标准附近的 53 种乔木种类资源植物的油脂资源蕴藏量为 182 756.6 t～191 543.8 t。其结果见表 13.4。这种概算方法并未考虑种类间的差异，只是粗略概算数值。

表 13.4　以含油率概算资源蕴藏量

| 含油率/% | 2004 年平均产量/t 不计入松脂 | 计入松脂 | 多年平均产量/t 不计入松脂 | 计入松脂 |
|---|---|---|---|---|
| 最低 (24.8) | 181 913.1 | 182 756.6 | 187 392.8 | 191 543.8 |
| 最高 (45.7) | 335 218.9 | 336 062.4 | 345 316.6 | 349 467.6 |
| 总体最高 (71.9) | 527 401.3 | 528 244.8 | 543 288.1 | 547 439.1 |

**2) 以平均含油率概算**

初步选择的 46 种被子植物平均含油率为 47.33%。以不同含油率计算结果见表 13.5。该方法因将各种间含油率的差异用平均法消除了，故计算结果偏大，这种概算方法同样未考虑种类间的差异。

表 13.5　以平均含油率概算资源蕴藏量

| 平均含油率/% | 2004 年平均产量/t 不计入松脂 | 计入松脂 | 多年平均产量/t 不计入松脂 | 计入松脂 |
|---|---|---|---|---|
| 最低平均 (43.68) | 320 401.8 | 321 245.3 | 330 053.2 | 334 204.2 |
| 最高平均 (50.98) | 373 948.8 | 374 792.3 | 385 213.2 | 389 364.2 |
| 总体平均 (47.33) | 347 175.3 | 348 018.8 | 357 633.2 | 361 784.2 |

还可以利用低限含油率标准，即本文所提出的 35% 的低限开发标准来衡量和概算，其性质如第二种方法。

**3) 概算结果说明**

上述两种概算中，第二种方法因为平均了种类间的含油量差异，使结果偏大，相对而言，第一种方法可能较为接近实际情况，也是一种比较保守的估计。故可认为，河南省 53 种乔木种类的油脂现有蕴藏量最低为 187 392.8 t/a，最大估计量约为 547 439.1 t/a（以合计产量及 53 个种类中最高含油率进行计算，相当于最大估计量）（表 13.4）。

由此可以看出，河南省内木本植物生物柴油的原料蕴藏量比较有限，若要发展生物柴油，除考虑木本植物资源，大力发展能源林以实施集约化经营，提高单位面积产量外，还可结合土地整治与荒山荒坡治理等工程建立灌木、草本植物资源基地。这些措施可有效提高河南省能源蕴藏量，同时也符合河南省实际：①河南省西北部地区尤其是太行山区一些地方，虽然年降水量可以保证森林生长，但由于降水量偏小、土壤瘠薄等原因，在新造林地与荒山荒坡地比较适合灌木与草本植物生长，可以先期得到一定的油脂量，并可为后期林木生长提供演替条件。②推广文冠果等种类，其产量也比较高，同时还有可能与上层林木进行立体种植，可以提高单位面积的蕴藏量，也便于实施集约化经营。

综合来看，河南省的生物柴油具有一定的蕴藏量，但比较有限，应采取相应的措施提高，可以考虑通过引种扩展其分布区。

## 13.3 引种与分布区扩展分析

通过引种扩展现有种类的分布区，可以扩大其种植范围，是提高总蕴藏量的途径之一。同时也应考虑对省外或国外一些高品位的种类实施引种。

本节只进行了引种的理论可行性分析，分析的主要依据是气候相似性，然后在气候扩展区域的基础上进行其他限制性因素分析，确定其可能的扩展区域。

### 13.3.1 现有种类分布区扩展的气候相似性分析

一般南方种类向北方引种时限制性因素较多且较难成功，故在前面所提及的种类中，选择油茶、油桐、乌桕三种南方种类进行较为详细的分析；北方种类向南方引种时限制性因素较少且相对容易成功，故对北方种类文冠果的引种分析较为简单，主要分析其特殊限制性因素。同时，对黄连木、核桃等其他所选择的种类的分布区扩展也进行简要分析，以说明可能达到的最大分布区域。

#### 13.3.1.1 油茶种植区的气候相似性分析

**1）油茶的基本特性与指标选取**

油茶属于茶科山茶属树种，是我国特有的食用油料树种，也是世界四大木本油料树种之一，油茶全株具较高的综合利用价值，同时也具有美化环境、保持水土、涵养水源、调节气候等作用。

油茶林适生区的年平均气温为14~21℃，1月平均气温在0℃以上，7月均温31℃以下，无霜期200天以上，≥10℃的年活动积温4500~5000℃。在北亚热带，短时期极端低温在-13℃以上，油茶能安全越冬；极端低温在-14℃以下时，花被中的幼果遭受冻害，来年产量下降。花期最适温度14~18℃，在分布区北部，花期日均温15~18℃；分布区南部，花期日均温18~24.7℃。

油茶林在河南省主要分布在大别山和桐柏山区，为目前认可的分布北界；新县为其集中产地，油茶面积占全省的41.5%，成林占60%以上，茶籽及茶油产量占69%左右；此外，商城、光山、信阳、罗山、固始等县也有相当数量的栽培。可见，信阳地区是油茶在河南省的适生地，特别是新县、商城两地，故选取信阳、新县、商城3个站点作为适生地代表点,用河南省其他65个站点与这3个站点做相似性计算并求平均,以此为基础计算其相似距。

油茶的经济价值主要是果油,故花期低温和果实生长期降水是影响油茶产量的主要因素。油茶生长过程中,10月中旬始花,11月为盛花期,12月下旬开花基本结束,10~12月是油茶的温度关键期,故以此时的旬平均气温计算相似距。7~9月是果实生长期,也是油脂形成的重要时期,此时需要较多水分,以满足油茶果实生长需要,否则会导致减产,降低出油率,故7~9月是油茶的降水关键期,选取此时期的降水量计算相似距。

10~12月温度与7~9月降水经相关性分析,表明其间无相关性,其数据适用于修改欧氏距离系数计算。

**2) 关键期降水相似距**

计算7~9月旬平均降水量的相似距,其修改欧氏距离系数见表13.6。

表13.6 关键期降水相似距

| 站点 | $d_{ij}$ | 站点 | $d_{ij}$ | 站点 | $d_{ij}$ | 站点 | $d_{ij}$ | 站点 | $d_{ij}$ | 站点 | $d_{ij}$ |
|---|---|---|---|---|---|---|---|---|---|---|---|
| 济源 | 0.24 | 沁阳 | 0.30 | 新蔡 | 0.21 | 伊川 | 0.24 | 镇平 | 0.24 | 唐河 | 0.16 |
| 汤阴 | 0.33 | 原阳 | 0.32 | 西华 | 0.19 | 偃师 | 0.33 | 淅川 | 0.23 | 固始 | 0.15 |
| 林县 | 0.29 | 焦作 | 0.31 | 驻马店 | 0.13 | 灵宝 | 0.26 | 邓州 | 0.24 | 光山 | 0.18 |
| 安阳 | 0.36 | 密县 | 0.19 | 开封 | 0.30 | 卢氏 | 0.23 | 方城 | 0.17 | 淮滨 | 0.24 |
| 濮阳 | 0.32 | 孟县 | 0.28 | 漯河 | 0.28 | 栾川 | 0.13 | 泌阳 | 0.17 | 潢川 | 0.16 |
| 长垣 | 0.26 | 郑州 | 0.26 | 尉氏 | 0.24 | 洛宁 | 0.28 | 内乡 | 0.17 | 罗山 | 0.17 |
| 范县 | 0.36 | 太康 | 0.20 | 民权 | 0.20 | 新安 | 0.22 | 南阳 | 0.26 | 商城 | 0.07 |
| 滑县 | 0.26 | 宝丰 | 0.23 | 商丘 | 0.21 | 宜阳 | 0.20 | 南召 | 0.16 | 息县 | 0.21 |
| 新乡 | 0.36 | 许昌 | 0.25 | 沈丘 | 0.22 | 新野 | 0.24 | 社旗 | 0.21 | 新县 | 0.08 |
| 获嘉 | 0.39 | 永城 | 0.18 | 嵩县 | 0.25 | 桐柏 | 0.19 | 西峡 | 0.17 | 信阳 | 0.09 |

由表13.6可知,河南省随着纬度升高,相似距由小变大,而东、西部没有明显差异,且各个站点相似距均小于0.4,相似性非常好,最大的为获嘉县,相似距仅0.39,由此可见,河南全省7~9月降水与适生地均很相似。说明在河南省内,降水不是油茶向北扩展分布区的主要限制因素。

**3) 关键期气温相似距**

图13.1是10~12月的气温相似距,由图13.1知,相似区域主要在黄河以南。南阳的淅川、邓县、新野和信阳的潢川、息县以南区域相似距小于0.4,表现出较强相似性。此线以北到西峡、唐河、驻马店、平舆一线相似距0.4~0.6,相似性较好。以西华—方城—密县—伊川—汝阳—栾川及以北地区相似距离大于1.00故不相似;焦作相似距离为0.81,呈现出黄河以北一个小的相似区。可见,油茶向北扩展分布区的主要限制因素应是温度,尤其是关键期的平均温度。

**4) 冬季低温**

油茶分布的限制因素之一是低温,故对冬季气温做进一步分析。研究表明,油茶花芽在-19℃以下受冻害,-10℃时开始出现生理反应,河南多数站点22年中没有或只

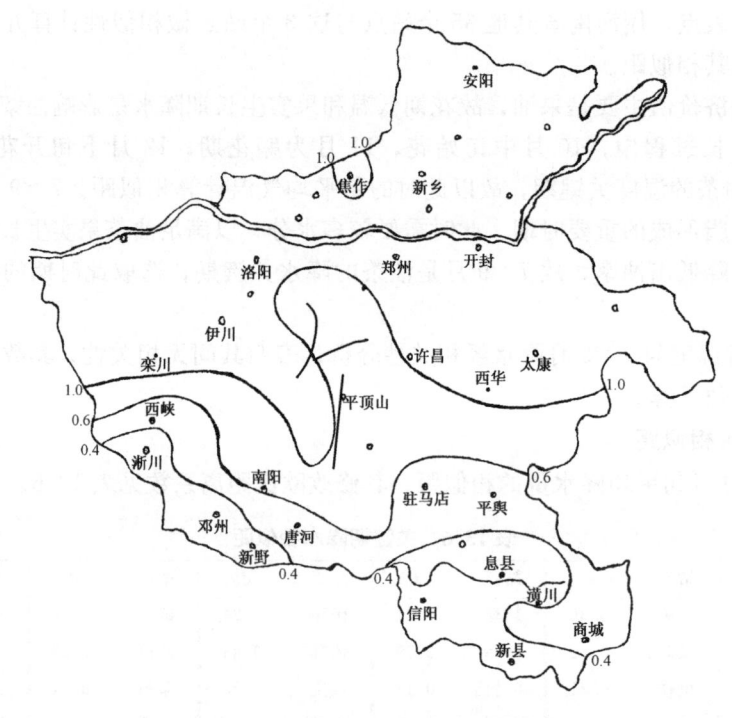

图 13.1 河南省 10~12 月气温相似距

有一次低于-10℃的情况发生，概率很小，没有出现日均温低于-19℃的情况，且均发生在 12 月至次年 2 月，此时油茶的花期基本结束。

由表 13.7 全生育期气候条件知，花期 11 月极端低温都在-10℃以上，说明河南省的温度不是限制油茶开花的因素，不会给油茶花芽造成灾害。图 13.1 中相似的区域 1 月平均气温均在 0℃以上，满足油茶种植区最冷月的平均温度不低于 0℃的要求。

表 13.7 河南省各地油茶生产的光热条件

| 站点 | ≥10℃积温/℃ | 年降水/mm | 日照时间/h | 无霜期/天 | 11月气温/℃ 上旬 | 中旬 | 下旬 | 11月极端最低温度/℃ 上旬 | 中旬 | 下旬 | 年极端最低温度/℃ |
|---|---|---|---|---|---|---|---|---|---|---|---|
| 信阳 | 4866.6 | 1109.1 | 2173.0 | 327.4 | 12.3 | 9.8 | 7.4 | -1.6 | -5.6 | -6.4 | -20.1 |
| 新县 | 4807.8 | 1274.2 | 2029.9 | 334.5 | 12.3 | 9.7 | 7.4 | -2.0 | -4.5 | -8.4 | -17.3 |
| 商城 | 4953.9 | 1198.2 | 2004.4 | 335.5 | 12.8 | 11.2 | 7.9 | -1.2 | -4.0 | -5.3 | -20.5 |
| 新野 | 4900.2 | 814.4 | 2011.5 | 328.7 | 12.2 | 9.8 | 7.3 | -1.9 | -3.2 | -5.5 | -16.9 |
| 淅川 | 5123.2 | 805.3 | 2049.7 | 347.4 | 12.5 | 9.8 | 7.8 | -0.5 | -3.9 | -6.0 | -13.2 |
| 西峡 | 4840.5 | 881.6 | 2018.1 | 343.5 | 12.1 | 9.8 | 7.5 | -0.6 | -4.8 | -4.0 | -14.2 |
| 唐河 | 4899.9 | 918.5 | 2166.4 | 326.6 | 12.1 | 9.2 | 7.1 | -2.5 | -4.4 | -5.8 | -14.1 |
| 驻马店 | 4751.3 | 953.8 | 2166.4 | 323.5 | 11.9 | 9.1 | 6.9 | -3.8 | -4.4 | -4.6 | -17.4 |
| 许昌 | 4734.5 | 728.3 | 2181.2 | 315.3 | 11.1 | 8.3 | 5.9 | -5.2 | -4.7 | -7.1 | -17.4 |
| 伊川 | 4690.9 | 641.9 | 2323.3 | 318.8 | 11.0 | 8.4 | 6.1 | -4.9 | -5.7 | -7.7 | -21.2 |
| 郑州 | 4673.3 | 640.9 | 2385.3 | 306.7 | 10.1 | 7.8 | 5.4 | -6.3 | -6.2 | -8.3 | -17.9 |
| 安阳 | 4562.7 | 606.1 | 2526.1 | 295.3 | 9.5 | 6.8 | 4.1 | -6.5 | -5.9 | -9.3 | -20.4 |
| 焦作 | 4873.4 | 603.5 | 2422.7 | 311.6 | 11.5 | 8.7 | 6.1 | -6.0 | -7.7 | -7.3 | -16.9 |

## 5）全生育期气候资源条件

为进一步说明油茶向北扩展分布区时可能受到的气候限制条件，将位于图 13.1 中相似区域的代表性地点的主要气候要求统计于表 13.7，分析其可能的光热条件。

河南全省≥10℃积温均在 4500℃以上，日照时数均在 2000 h 以上，无霜期基本均在 200 天以上（西部山区部分地区为 180 天以上），满足油茶对积温 4250～7000℃、日照 1600 h 以上、无霜期 200～360 天、极端低温达－17℃以上的要求。

因此，可以认为这些气候因素均不会对油茶向北扩展其分布区构成限制；油茶向北扩展的主要限制因素应是温度。

## 6）油茶气候适宜区域划分

综合上述各气候条件和分析结果，河南省油茶气候适宜区可划分为 3 个区域，如图 13.2 所示。

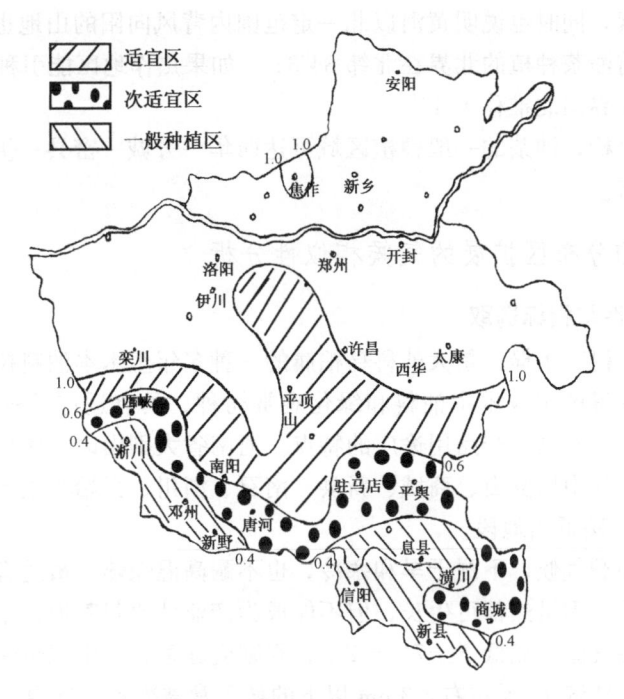

图 13.2  河南省油茶种植气候区

（1）适宜区。包括信阳大部和南阳西南部，该区花期气温修改欧式距离均在 0.40 以下，为相似，果期降水修改欧式距离多在 0.20 以下，很相似。该区的信阳等地是河南省油茶种植面积最大的区域，南阳西南部虽未见种植报道，但气候与信阳种植区很相似，在山区合适的海拔和土壤条件下可大量种植。

（2）次适宜区。适宜区以北到西峡、唐河、驻马店、平舆一线以南为次适宜区，其气温修改欧式距离 0.4～0.6，降水修改欧式距离 0.13～0.26；≥10℃积温大于 4800℃，年降水量 900～950 mm，年日照时数>2000 h，无霜期 320 天以上。气温和降水的相似性均好，其他的气候因子也可满足油茶生长。

（3）一般种植区。相似距 1.00 一线以南至次适宜区北界为一般种植区。该区气温相似距为 0.6~1.00，属相似，降水相似距为 0.16~0.31，相似性较好，该区降水量 750~900 mm，总降水量稍低，但较小的相似距说明在生育关键期的降水量可满足油茶生长，使降水不成为限制因素。≥10℃积温 4500℃以上，一月均温 0℃以上。年日照时数 2100 h 左右，无霜期 310 天左右，均满足油茶的要求。但该区花期气温相似距偏大，11 月各旬平均气温比其他区域低 1~2℃，对授粉有一定影响，应选择耐寒性强的品种。

黄河以北的焦作（北纬 35°14′）表现出与黄河以南一般种植区同样的相似距，油茶花期气温相似距 0.81，降水相似距 0.31，其他因素除年降水量外，积温、日照、无霜期、极端最低温度均与一般种植区相当，1982 年以来日平均气温没有出现过 −10℃的情况，虽然焦作的年降水量只有 603.5 mm，但生育关键期 7~9 月的降水相似距较小为 0.31，说明该期降水与适生地相当，该期也是焦作的雨季，雨季与生育关键期吻合，使之不为限制因素，同时也说明黄河以北一定范围内背风向阳的山地也有适合油茶种植的气候条件。目前油茶种植的北界在北纬 34°34′，如果焦作地区能引种成功，则从气候条件上，油茶的北界向北推移了 40′。

从气候因素分析，油茶的一般种植区域可达西华—方城—密县—伊川—汝阳—栾川一线，以及焦作市。

### 13.3.1.2 乌桕分布区扩展的气候相似性分析

**1）乌桕的基本特性与指标选取**

乌桕又名木蜡树、木梓，是大戟科乌桕属的一种多年生木本油料树种，我国特有植物之一，是一种珍贵的工业木本油料和绿化观赏树种。具有适应性强、生长快、结实早、周期长、经济效益高、产品用途广的特点。河南省大别山区、伏牛山南麓是其自然分布的北界地区，其中以罗山、商城、新县、南召、淅川、固始为主产区，多分布在海拔 200~500 m 的丘陵低山地段。

乌桕喜温暖湿润气候，不耐干旱和寒冷，也不耐高温燥热，最适宜的气温是年平均 16~18℃，超过此范围虽然都可生长，但不能成为产业性原料基地，基本上无经济利用价值。最低的极端气温不能低于 −7~−2℃，否则受冻害；在中亚热带北缘，如果冬季出现 −10℃的低温持续 10 天左右，3 cm 以下的枝条常被冻死。气温过高，冬季低温天数不足，花芽发育不良，营养生长旺盛，结果极少。主产区 ≥10℃积温 5000~6000℃；4500~5000℃地区有分布并有一定产量；4000~4500℃的地区有少量分布；小于 4000℃的地区已无乌桕的自然分布。一般年均温不到 14℃，最冷月平均气温不到 0℃，极端最低温低于 −19℃的地区就没有乌桕的自然分布。乌桕分布区内绝大部分地方的年降雨量超过 700 mm，相对湿度在 70%以上。降雨量不足和空气湿度是限制乌桕向西分布的重要因素。

乌桕适生区划指标见表 13.8。

位于大别山区的罗山、新县、商城为北亚热带地区，是乌桕在河南省的适生地，种植面积较大，故选取这三个站点作为适生地。用河南省的 68 个站点与这三个站点做相似性比较。

表 13.8 乌桕适生区划指标

| 区号 | 分区名称 | 极端最低气温/℃ 多年平均 | 极端最低气温/℃ 极值 | 1月平均气温/℃ | 年平均气温/℃ | 年降雨量/mm |
|---|---|---|---|---|---|---|
| Ⅰ | 适宜气候区 | >−7.5 | >−13.0 | >4.0 | >16.0 | >1200 |
| Ⅱ | 次适宜气候区 | >−10.0 | >−15.0 | >2.0 | >14.0 | >1000 |
| Ⅲ | 可能种植气候区 | >−15.0 | >−20.0 | >0 | >13.0 | >700 |
| Ⅳ | 不宜种植气候区 | <−15.0 | <−20.0 | <0 | <13.0 | <700 |

6月下旬到7月上旬是乌桕的开花期，开花期要求天气晴暖，若低温多雨则影响开花，长期干旱则影响花器的发育；花期低温是影响乌桕产量的主要因素；7月中旬为果实肥大生长期，天气干旱会影响生长；8~9月是果实膨大后期，需要较多水分，若秋旱明显，果实含油量就会受到影响，导致减产，降低出油率。故选取7~9月旬平均降水量、6月旬平均气温进行相似性分析。

**2) 降水量欧式距离**

以罗山、新县、商城3个站点7~9月降水量进行相似性分析，得欧氏距离系数，见图13.3。随着纬度升高，欧式距离系数变大，各个站点欧式距离系数均不大于0.3。其中最大相似距为0.30（内黄），相似性非常好。以大于0.2为线划分适宜区，淅川—镇平—邓州—新野—南召—临汝—郑州—漯河—民权以北以及栾川在降水量这个因素上相对于南部地区较差，其他地区相似性均较好。说明全省7~9月降水分布与适宜地相比已基本满足需求。

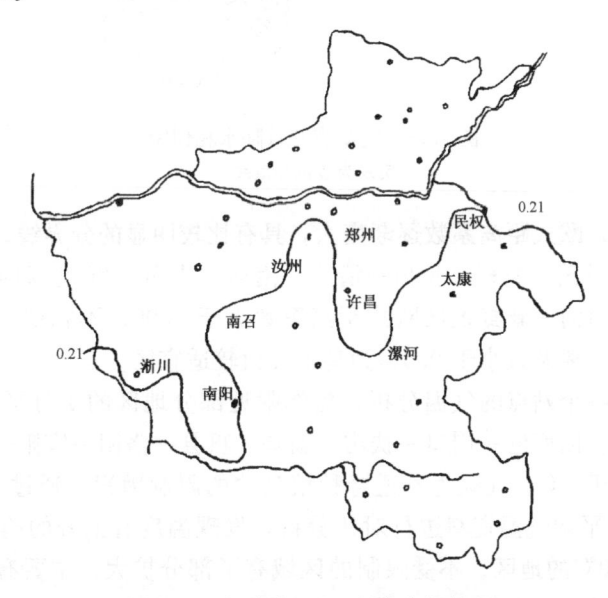

图 13.3 河南省7~9月降水相似距

0.21 数值线为降水相似距等值线

以罗山、新县、商城3个站点6月的降水量进行相似性分析，结果表明，全省6月降水量欧式距离系数均小于1.00，且都在0.27以下，相似性非常好。最大相似距离为

0.26（内黄）。以0.1为线划分适宜区，桐柏—息县—淮滨以南区域在降水量因素上较为适宜，卢氏—嵩县—宝丰—许昌—民权一线以北欧式距离系数大于0.2，较南部为不适宜地区。

对河南省117个站点的年降水量资料进行分析，栾川—宝丰—许昌—太康—商丘一线以北地区小于700 mm，不能满足乌桕生长需要。

**3）气温欧式距离**

以罗山、新县、商城3个站点6月的平均气温进行相似性分析，得欧氏距离系数，见图13.4。

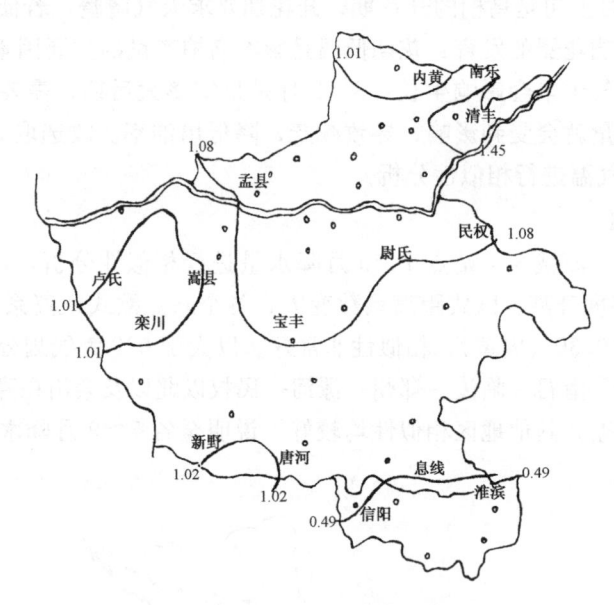

图13.4 河南省6月降水相似距
实线为数值等值线

随着纬度升高，欧式距离系数逐渐变大，具有比较明显的分界线，济源—偃师—临汝—宝丰—许昌—尉氏—民权—长垣—清丰—南乐—内黄一线范围内，以及卢氏—洛宁—嵩县—栾川—唐河—新野地区欧式距离系数大于1.00，不相似。而信阳—息县—淮滨一线以南欧式距离系数小于0.5，为乌桕种植较适宜区。

通过对河南省各个站点的气温分析，焦作附近部分地区的1月平均气温大于0℃，气温不是限制因素。以鹿邑—周口—扶沟—新郑—巩县—洛阳—宜阳—栾川一线以北地区1月平均气温小于0℃，气温为不适合种植乌桕的限制因素。通过对1980年以前与1980年以后的1月平均气温资料进行对比分析，发现温度有上升的趋势，1980年以后1月平均气温小于0℃的地区，不受限制的区域有了部分扩大，主要有卢氏、灵宝及民权—长垣—滑县—林县以南的地区，其1月平均气温≥0℃。

乌桕要求≥10℃的年积温为4000～6000℃。通过对河南省各站点分析，栾川为3750℃，鸡公山为3679℃、嵩山为3016℃，这些地点均不符合乌桕的生长需要，主要原因是山区海拔高。但河南省大部分地区的积温不是影响乌桕种植的主要因素。

河南省地处中原内陆，最冷月极端低温低于－13℃的统计见表13.9，表中除清丰、卢氏、林县、内黄及嵩山外，其他地区均未出现如此低温，说明河南省大部分地区的低温能满足乌桕生长的要求。

表 13.9 最冷月极端最低温

| 站点 | 清丰 | 卢氏 | 林县 | 内黄 | 嵩山 | 嵩山 | 嵩山 |
| --- | --- | --- | --- | --- | --- | --- | --- |
| 年-月 | 1990-01 | 1991-12 | 1990-01 | 1990-01 | 1985-02 | 1982-02 | 1983-12 |
| 温度/℃ | －13.7 | －13.1 | －13.8 | －13.6 | －14.6 | －13.7 | －13.6 |

**4）适宜种植区域划分**

河南省乌桕适宜种植区域可达到南召—漯河—太康—商丘一线，大致可划分为3个区域（图13.5）。

图 13.5 乌桕种植区划图
淅川—内乡—新野—唐河线南也为适宜种植区

(1) 最适宜区：桐柏—息县—淮滨以南。该区域也是目前河南省乌桕种植面积最大的区域。气温修改欧式距离系数为0.29～0.45，最为相似；降水量修改距离系数0.06～0.09，相似性非常好，降水量在800～1300 mm；≥10℃积温4500～4800℃。该区气温、降水量均可满足乌桕生长。南阳的西峡、南召地区也有一部分区域可划归最适宜区。

(2) 次适宜区：南召—漯河—太康—商丘以南。最适宜区以北至南召—漯河—太康—商丘一线以南为次适宜种植区。气温修改欧式距离系数1.00以下，较为相似；降水量修改欧式距离系数0.2以下，降水量900～950 mm；≥10℃积温4800～4950℃；

年日照时数 2000～2800 h；气候因子可以满足乌桕生长。但其中卢氏、洛宁、嵩县、栾川、内乡、新野、唐河气温欧式距离系数较大，在 700 mm 降水量分界线以北地区为不适宜区。其中栾川、内乡、新野、唐河由于山区的地势条件而有变化，低海拔处适宜，高海拔处不适宜。

（3）不适宜区：南召—漯河—太康—商丘一线以北区域。该区域包括了内乡、新野、唐河的部分地区（主要是高海拔地区）。其气温欧式距离系数＞1.00 为不适宜，开花期的气温偏低是不适宜种植的主要原因；该区年降水量 700 mm 以下，总降水量偏少，降水量修改欧式距离系数 0.2 以上，说明关键期的降水量可满足要求；1 月均温为 −2.7～0.6℃，部分地区最冷月气温偏低无法安全过冬而不适宜种植。鸡公山由于 ≥10℃ 积温在 4000℃ 以下，所以也不适合种植（其气象站在山顶，属海拔较高的地点）。

通过分析发现河南省的降水量可以满足乌桕的生长，因此，制约河南省乌桕发展的气候因素是开花期的气温，影响乌桕林生长发育的主导因子是低温。

### 13.3.1.3　油桐分布区扩展的气候相似性分析

**1）油桐的基本特性与指标选取**

油桐属大戟科油桐属，多年生落叶小乔木，大量栽培的有油桐（三年桐）即光桐，千年桐（*Aleurites montana*）即皱桐，为河南省主要栽培三年桐。河南省油桐林主要分布于伏牛山、大别山、桐柏山浅山丘陵区，地理位置东经 112°05′～114°56′，北纬 31°33′～34°20′；垂直分布于 200～1200 m，以 200～500 m 的背风向阳、土层深厚、排水良好的浅山丘陵区及河岸阶地栽培最适宜；伏牛山南麓、大别山、桐柏山区等 16 个县为油桐自然分布的北缘。

热量因子是油桐林生长发育和提高产桐油量的最主要因子之一。适生的气温：年平均气温 (17.13±0.2)℃，最低平均气温 14.5℃。生长期 4～10 月平均温度在 15℃ 以上；6～9 月平均温度在 25℃ 左右。1 月平均气温 (5.07±0.3)℃，最低 2℃，最高为 10℃。极端低温是 (−8.5±0.5)℃，最低限是 −15℃。≥10℃ 年积温 (5453±78.5)℃，低限 4000℃，高限 6000℃。全年无霜期 240～270 天。油桐林能忍受 −10℃ 左右的低温，特别是较好的小地形，但低温天数持续过多，地上部分受冻害，气温低于 −15℃ 时，连地下部分也要受冻；晚霜也能冻伤花器，或不能传粉受精，严重时颗粒无收。

位于大别山、桐柏山区的桐柏、信阳为北亚热带地区，是公认的油桐在河南省的适生地。用河南省的 66 个站点与这 2 个站点作相似性分析。

油桐 3 月中旬始开，4 月为盛花期，此时期要求气温不低于 14.5℃，故选择 3～4 月的旬平均气温进行相似距比较。6～8 月是油桐果实膨大后期，也是油脂转化的重要时期，此时期需要较多水分，才能满足油桐正常长果的需要，故选取 6～8 月的旬平均降水量作相似距分析。

**2）3～4 月气温相似距**

河南省主要站点 3～4 月的旬平均气温相似距分析的欧氏距离系数，如表 13.10 所示。

## 13 河南省生物柴油木本植物资源及其潜力研究

表 13.10  河南省 3~4 月的气温相似距

| 站点 | 欧氏距 | 站点 | 欧氏距 | 站点 | 欧氏距 | 站点 | 欧氏距 | 站点 | 欧氏距 | 站点 | 欧氏距 |
|---|---|---|---|---|---|---|---|---|---|---|---|
| 信阳 | 0.23 | 商城 | 0.57 | 潢川 | 0.28 | 固始 | 0.38 | 罗山 | 0.58 | 桐柏 | 0.23 |
| 新县 | 0.48 | 新野 | 0.94 | 唐河 | 0.85 | 内乡 | 0.93 | 邓州 | 0.63 | 驻马店 | 1.29 |
| 社旗 | 1.69 | 镇平 | 1.47 | 南召 | 0.30 | 方城 | 1.98 | 淅川 | 1.50 | 新蔡 | 1.53 |
| 光山 | 0.40 | 洛宁 | 2.34 | 卢氏 | 4.97 | 伊川 | 0.62 | 偃师 | 1.18 | 嵩县 | 1.44 |
| 泌阳 | 1.76 | 栾川 | 6.50 | 汝阳 | 2.37 | 宜阳 | 0.98 | 西峡 | 0.66 | 孟津 | 2.71 |
| 淮滨 | 0.42 | 新安 | 2.04 | 焦作 | 0.97 | 济源 | 1.82 | 宝丰 | 1.72 | 三门峡 | 1.51 |
| 孟县 | 2.01 | 沁阳 | 0.90 | 林县 | 4.02 | 灵宝 | 1.81 | 许昌 | 1.89 | 安阳 | 1.91 |
| 息县 | 0.53 | 汤阴 | 3.57 | 新乡 | 1.59 | 长垣 | 2.81 | 商丘 | 2.88 | 民权 | 2.55 |
| 滑县 | 2.63 | 内黄 | 3.15 | 获嘉 | 1.31 | 原阳 | 1.50 | 西华 | 2.26 | 太康 | 1.98 |
| 南阳 | 0.95 | 沈丘 | 1.97 | 濮阳 | 3.49 | 范县 | 3.05 | 密县 | 1.52 | 开封 | 2.17 |
| 永城 | 3.17 | 漯河 | 1.82 | 清丰 | 4.06 | 南乐 | 3.52 | 郑州 | 1.53 | 尉氏 | 2.79 |

由表 13.11 可知,在河南省内随着纬度的升高,相似距由小变大,具有较为明显的递增趋势。气温的相似距离以新蔡—汝南—驻马店—泌阳—社旗—方城—宝丰—栾川及其以北地区相似距离大于 1.00 而不相似,但是在焦作—沁阳周围和宜阳—伊川一带相似距离小于 1.00,焦作地区的相似距离为 0.97,较为相似。南部的西峡、内乡、唐河、邓县、南阳距离系数在 0.6~0.9,相似性稍好。息县—淮滨—固始—商城—新县等区域修改欧氏距离系数在 0.3~0.5,相似性较好。最南部的桐柏、信阳、罗山、潢川、光山及南召相似性最好,相似距离系数均在 0.3 左右。

### 3)6~8 月降水量相似距

6~8 月降水量旬平均作相似分析的欧氏距离系数如表 13.11 所示。由表 13.11 可知,相似距由南向北逐渐递增,但东、西部没有明显差异。各个站点的修改欧式距离均小于 1.00,为不同程度的相似。偃师的相似距离最大为 0.26,说明全省各地区在降水量这个因素上相对于南部地区差异较小,在 6~8 月降水分布与适宜地相比基本上都可以满足需求。

表 13.11  6~8 月降水相似距

| 站点 | 欧氏距 | 站点 | 欧氏距 | 站点 | 欧氏距 | 站点 | 欧氏距 | 站点 | 欧氏距 | 站点 | 欧氏距 |
|---|---|---|---|---|---|---|---|---|---|---|---|
| 信阳 | 0.05 | 商城 | 0.06 | 潢川 | 0.10 | 固始 | 0.11 | 罗山 | 0.10 | 桐柏 | 0.05 |
| 新县 | 0.08 | 新野 | 0.16 | 唐河 | 0.11 | 内乡 | 0.14 | 邓州 | 0.17 | 驻马店 | 0.06 |
| 社旗 | 0.13 | 镇平 | 0.19 | 南召 | 0.10 | 方城 | 0.13 | 淅川 | 0.20 | 新蔡 | 0.17 |
| 光山 | 0.11 | 洛宁 | 0.23 | 卢氏 | 0.19 | 伊川 | 0.19 | 偃师 | 0.26 | 嵩县 | 0.19 |
| 泌阳 | 0.13 | 栾川 | 0.09 | 汝阳 | 0.18 | 宜阳 | 0.19 | 西峡 | 0.11 | 孟津 | 0.24 |
| 淮滨 | 0.12 | 新安 | 0.20 | 焦作 | 0.22 | 济源 | 0.20 | 宝丰 | 0.18 | 三门峡 | 0.25 |
| 孟县 | 0.20 | 沁阳 | 0.22 | 林县 | 0.17 | 灵宝 | 0.22 | 许昌 | 0.16 | 安阳 | 0.15 |
| 息县 | 0.14 | 汤阴 | 0.19 | 新乡 | 0.17 | 长垣 | 0.14 | 商丘 | 0.13 | 民权 | 0.12 |
| 滑县 | 0.18 | 内黄 | 0.22 | 获嘉 | 0.21 | 原阳 | 0.22 | 西华 | 0.13 | 太康 | 0.13 |
| 南阳 | 0.16 | 沈丘 | 0.14 | 濮阳 | 0.16 | 范县 | 0.24 | 密县 | 0.18 | 开封 | 0.18 |
| 永城 | 0.10 | 漯河 | 0.10 | 清丰 | 0.18 | 南乐 | 0.17 | 郑州 | 0.17 | 尉氏 | 0.16 |

油桐在-10℃以下会遭受冻害，不能顺利越冬；油桐春季萌动后，如在花期遇上突来的低温或晚霜对其危害极大。

**4）油桐适宜区划分**

(1) 适宜区。信阳、南阳南部、驻马店南部为适宜区，气温修改欧式距离在0.23～0.6，较为相似。其中南部也是目前河南省油桐种植面积最大的区域，南阳部分地区，如淅川、社旗等地虽然气温相似距较大，但降水相对充沛，在海拔较低处仍然存在比较相似的区域，如西峡降水量为800～1300 mm。≥10℃平均积温在4500～4800℃。该区的气温、降水量均可以满足油桐的正常生长。

(2) 一般种植区。欧式距离系数1.00一线以南至适宜区，伊川及焦作附近地区为一般种植区。气温欧式距离系数在0.7～1.00，是可以种植油桐的。降水量距离系数在0.13～0.22，降水量稍低，但关键期的降水量可以满足油桐的生长。平均温度在14℃～15℃。该区影响油桐产量的主要因素是花期的气温偏低，影响授粉和开花，结实率下降。

(3) 豫北不适宜区。新蔡—驻马店—泌阳—社旗—方城—宝丰一带以北（除焦作、伊川地区）其气温欧式距离系数大于1.00故不适宜。说明开花期的气温偏低，低温影响昆虫活动，会冻伤花器，也影响花粉在柱头上发芽和花粉管伸长速度，这是油桐不适宜种植的主要原因。降水量修改欧式距离系数在0.16～0.26，说明在关键期降水量可以满足要求。部分地区最冷月气温偏低无法安全过冬而不适宜种植。

油桐北界基本与现在的自然分布北界一致，但可以扩展到北部焦作附近的一些地区。

### 13.3.2 现有种类分布区扩展分析

#### 13.3.2.1 油茶、油桐与乌桕的种植北界确定

以上对油茶、油桐与乌桕3个种类的适宜区划分只是从气候条件进行分析，但其生长还会受到其他许多条件的限制，其中一个重要的因素是土壤条件，特别是土壤pH，因此，确定这3个种类的种植北界时，还需要根据土壤条件进行分析。

**1）油茶种植北界确定**

油茶适宜生长于微酸性黄壤或红壤，要求土壤pH一般为4.5～6.5。因此，在上述基础上综合考虑土壤因素来确定油茶的种植北界。

河南省土壤pH分布规律是从南向北、从西南向东北逐渐升高。pH为6.5界线大致在南阳、泌阳、驻马店、平舆一线；西峡、镇平一带pH为7.5以上；栾川到南阳间部分山区pH为5.5～6.5。此线与前面分析的次适宜区北线基本一致，故可认为，综合气候与土壤条件，按限制性因子与最小因子规律，河南省油茶适宜的种植北界应为淅川—南阳—泌阳—驻马店—平舆一线（图13.2）。此线以南从土壤类型分布来看，也较适合油茶生长。基本可认为沿伏牛山—淮河干流一线以南的地区为适宜区。

焦作市虽然在气候上表现出较好的相似性，但从土壤条件来看，此处土壤的pH多在7.0以上，偏碱性，不适宜油茶生长，因此，除可能有局部符合条件的地区外，一般不适合规模种植油茶。

在一般适宜区以及焦作市，不能排除在局部区域内存在有符合条件的土壤，但从规模种植角度考虑，不提倡大规模种植，但可考虑在焦作市这样的特殊地区进行试验。

因此，作者在进行油茶分布区扩展时不再考虑焦作市附近地区，同时在考虑上述可能的适宜区时，应注意海拔高度在 800 m 以下的丘陵地区，油茶生长较好，在种植时应该加以考虑。

**2）乌桕种植北界确定**

乌桕对土壤因子的适应幅度较大。不论哪种母岩所发育成的土壤，从沙质到黏土，从 pH 4.5 的强酸性土到 pH 8.5 的碱土均有乌桕分布，在土壤含盐量高达 0.4% 的海涂（广东电白、广西北海）也有乌桕生长。故在确定乌桕的种植北界时可以不考虑土壤因素。

乌桕在河南省的适合种植区内分布，海拔一般为 200~500 m，因此，在确定其种植北界时应考虑此因素，即在确定的适宜区内以海拔高度界限为 500 m 进行分析。

前述分析中，乌桕种植的次适宜区为南召—漯河—太康—商丘一线以南的地区（图 13.5）。在此区域内按照其适生区划指标（表 13.9），考虑规模种植效应，应按次适宜区的指标，即年均温＞14.0℃、1 月均温＞2.0℃、极端低温＞－15.0℃、≥10℃积温＞4500℃、降水量＞1000 mm 等条件来确定。

对照上述条件，在次适宜区域内，达到年平均气温条件要求的界线为西峡—南召—南阳—社旗—驻马店—平舆—新蔡一线；按 1 月平均气温条件，则界线为西峡—淅川—邓县—唐河—桐柏一线然后沿淮河向东，此界线也基本与年降水量 1000 mm 等值线相一致；根据前述分析结果，≥10℃积温均可满足要求。因此，最终确定乌桕种植北界为西峡—淅川—邓县—唐河—桐柏一线然后沿淮河向东，南召、鲁山、卢氏等地因小生境的特殊性也应包括在内，此确定的界线与原来分布界线基本一致，即其分布区并无大的扩展可能性。但伊川及其附近地区可以在扩展时予以考虑。

这种界线的确定是指可以种植并进行规模生产的界线而不是其分布界线，按前述分析结果，其分布界线应在南召—漯河—太康—商丘一线以南的地区，以及像焦作附近等地具有特殊小生境的区域。

**3）油桐种植北界确定**

油桐对土壤要求较高，适生于土层深厚、疏松、肥沃、湿润、排水良好的中性或微酸性土壤。在过酸、过碱、过黏、干燥、瘠薄排水不良的地区，均不宜栽培。栽培油桐的最好土壤是黑色石灰土、中性紫色土、中性棕色土，其次是红壤、黄壤。

按河南省土壤条件及前述气候条件分析，一般适宜区域因为土壤条件限制而不适合油桐规模种植，故其最终北界仍然为其适宜区，即信阳、南阳南部、驻马店南部。南阳北部、平顶山部分地区可能因小生境的特殊性也可视为适宜区。故最终确定为信阳、南阳、驻马店南部及平顶山部分地区。

### 13.3.2.2 黄连木、文冠果与核桃的种植南界确定

**1）黄连木种植南界确定**

黄连木又名黄楝树、黄连茶等，属于漆树科黄连木属，属油料与用材兼用型，同时

也是"四旁"绿化、山区风景林的重要树种。

黄连木在河南省分布的气候条件为年平均温度 12~15℃，年降水量平均为 650~1300 mm，≥10℃的积温为 3675~4827.5℃，全年无霜期 210~240 d。黄连木根系较深，主根发达，耐干旱与瘠薄，对土壤有较为广泛的适应性，在山地棕壤、黄棕壤、褐土等地带性土壤上均有分布。

根据黄连木的生物学特性与环境条件要求，该种类可以在河南省北部的广大地区进行规模种植，在河南省南部的大部分地区也可以规模种植，但在局部地区，主要由于土壤条件限制，在信阳南部可能不能形成规模，特别是信阳南部的水稻土。因此，在确定其种植南界时，按限制因子原则，将信阳南部的新县、商城排除。

**2）文冠果种植南界确定**

文冠果又名野木瓜、孝树，属于无患子科文冠果属，为小乔木或灌木，是中国特有的温带木本油料树种；也可作观赏树和蜜源树，木材坚硬致密，花纹美丽，棕褐色，抗腐性强，为雕刻、细木工及器具的用材。河南省为文冠果的原产地之一，主要分布于豫西熊耳山和崤山之间的洛河两岸，豫北太行山海拔 500~700m 处，伏牛山南侧低山丘陵一带，以灵宝县川口乡牛心寨、洛宁县全宝山、卢氏县田峪沟等分布较集中。

文冠果为温带树种，有较强适应性。在年均温 5.5~14.2℃，1 月均温不低于 −16.7~−0.2℃，极端最低气温 −33.9~−17.9℃，7 月均温 22.4~27.6℃，气温年较差 27.2~39.2℃，年降水量 140.7~984.3 mm，全年日照时数 2341.2~3168.1 h，全年日照百分率为 53%~72% 的气候条件下都能生长，文冠果比较耐干旱、耐寒、喜光，在内蒙古锡林浩特，年平均气温 1.9℃，极端最低气温 −42.4℃和内蒙古杭锦后旗年降水量只有 140.7 mm 的气候条件下也能生长（但必须有优良的小地形和人工灌溉）。气温高（年平均气温 14℃以上）、短日照（全年日照时数不足 2000 h）、降水量大（年降水量超过 1000 mm），限制了文冠果的生长发育和结实，所以年平均气温 6~13℃、年降水量 500~800 mm 的地区能获得较高的产量，超过此气候条件的区域，都不能取得经济效益。

文冠果向南部扩展的主要限制性因素是高温与降水，按其对两者的要求，在西峡—南阳—驻马店—平舆—新蔡以南地区因年平均温度在 15℃以上，特别是桐柏向东沿淮河一线年降水量超过 1000 mm 而不适宜生长，故其南界确定为西峡—南阳—驻马店—平舆—新蔡。

**3）核桃种植南界确定**

核桃是河南省的重要经济林树种，全国各地除东北、西北个别严寒地区外，均有栽培。河南省各地均有栽培，其中以许昌、平顶山、郑州、新乡、安阳、西峡、卢氏、栾川、嵩县、林州等地栽培较为集中。核桃对土壤适应范围广，无特殊条件要求，对照其环境条件要求与河南省的实际条件一致，核桃可在河南省范围种植。

## 13.3.3 省外拟引进种类与分布区扩展分析

从全国的油料植物分布状况来看，我国油料植物资源多数种类主要分布于南方，仅有少数分布于北方，这些种类往往含油率很高，或者容易加工，是生物柴油的很好来源。因此，要扩大河南省生物柴油蕴藏量，可以考虑对这些种类引入种植。此处分析3个种类：2个南方种类——光皮树、麻疯树；1个北方树种：翅果油树。

对这些种类进行引种分析时，将不再进行气候相似距分析，因为所选取种类主产区的气候条件均与河南省有较大差距，其气候相似距离均很大，无法进行适宜区域划分。故此，对这些种类主要进行限制性条件分析，以确定其在河南省引种的可能性，并尽可能确定其可能引种的区域。

### 13.3.3.1 光皮树引种与分布区扩展分析

光皮树是山茱萸科梾木属落叶灌木或乔木，高5～18 m，胸径可达55 cm；叶椭圆形，长3～9 cm，宽1.9～5.8 cm；聚伞花序，花白色或淡黄色，核果球形，果径4.5～6.2 mm，种子黄白色，栽植后3～5年便可开花结实，盛果期50年以上，结果直至死亡，寿命200年以上。大树每年平均株产干果50 kg左右，多者达150 kg，果肉和果核均含油脂，干全果含油率33%～36%，出油率25%～30%，平均每株大树年产油15 kg以上。油脂除食用和医用外还可作工业原料；树干光泽美观，树形优美可作庭园观赏树；木材坚硬，纹理致密，可作桥梁、枕木、家具、农具及建材；嫩枝叶可作青饲料或绿肥；油饼是优质肥料；花是养蜂蜜源。

光皮树分布广泛，自黄河流域至西南各地均有分布，在湖南、湖北、江西、贵州、四川、广东、广西等省（自治区）常分布于1000 m以下疏林中。江西省赣州地区为主产区，垂直分布在海拔1000 m以下。光皮树主产区处于中亚热带季风气候区，产量较多的江西兴国、于都、石城、寻乌、龙南、定南、全南七县的年平均气温为18.9℃，1月平均气温7.9℃，7月平均气温为28.9℃，极端最低气温为-5.2℃，极端最高气温为39.9℃，全年无霜期285～299天，年平均日照时数1877.3 h，年平均降雨量1510.4 mm。但也能耐-11.3℃的地温和-7.6℃的气温。

光皮树在主产区一般2月下旬发芽，3月为展叶期，4月上旬至5月上旬为开花期，10月下旬至11月上旬为果实成熟期，11月中旬至次年2月为落叶期。光皮树是阳性树种，宜选择向阳的地形和土层深厚、质地疏松、肥沃湿润、排水良好的土壤栽植。

光皮树对土壤酸碱度要求不严，pH从4.5～8均可生长，在阳光充足、肥沃湿润、含钙质较多的地区生长良好，即使石灰岩裸露的石山，半风化的紫色页岩坡地也能生长；一般在碱性、中性、微酸性的土壤上均可种植，但以中性偏碱土壤生长结实较好。河南省的土壤条件均可以满足其适生要求，因此，土壤条件在引种时不会成为限制性因素。

按照光皮树主产区的气候条件，该种类为喜温暖多雨的树种，但也可忍受一定的低温，向河南省引种的主要限制性因素：低温、无霜期、降雨量。综合分析，在河南省可能引种的区域为南部地区，主要是信阳与南阳的南部。

在河南省南部地区（主要是信阳南部的新县、商城、光山与南阳的桐柏、淅川等）的低山丘陵区域，无霜期可达到260天，比光皮树要求的285天的最低要求短，在引种后可能会使光皮树在落叶前受低温危害。两个地区南部的低温限制主要表现在1月平均气温不足与极端低温较低，从而可能影响光皮树的越冬，但该树种属于落叶种类，此期间为落叶期，故可以通过驯化使之适应低温。在 2~3 月光皮树开始生长时，河南省南部地区气温往往回升较快，有可能满足其要求。两个地区南部的降水量达不到引种要求，将限制成功引种。

因此，可以认为，光皮树在河南省成功引种比较困难，最大可能的引种区域为信阳与南阳两个地区南部的 4 或 5 个县，而且在引种时必须注意种源选择，所选种源必须能够忍耐低温与干旱，同时应具有落叶早或者生长期较短的特点。

通过分析认为，河南省引种光皮树必须先通过驯化与引种试验才有可能成功，故在确定其分布区向河南省扩展时，考虑其可能性，只局限于信阳与南阳南部的 5 个县。

### 13.3.3.2 麻疯树引种与分布区扩展分析

麻疯树又名黄肿树（广东）、小桐子（云南）、假花生（广西）、臭油桐（贵州）、桐油树（台湾）、南洋油桐（日本）、膏桐、黑皂树、木花生、油芦子、老胖果等，属大戟科麻疯树属的落叶灌木或小乔木，高 2~5 m。中国的麻疯树资源主要分布于云南、四川、广东、广西、贵州、台湾、福建、海南等省（自治区）。四川省的攀枝花、盐边、米易、宁南、德昌、西昌、会理、金阳、盐源等地均有野生或栽培；垂直分布在海拔 400~1700 m，在攀西分布的最高海拔为 1930 m。麻疯树是一种耐热喜温植物，耐干旱、耐贫瘠，在石砾质土、粗质土、石灰岩裸露地均能生长；要求年降雨量 480~2380 mm，年均温 18.0~28.5℃的环境。可在雨量稀少、条件恶劣的干热河谷地带生长，是防风御沙、保水固土、改善生态环境的主要树种。

要引种麻疯树必须首先考虑其抗冷性。麻疯树种子从云南省引种于福建南安市英都宝昌苗圃场，进行麻疯树引种栽培试验取得初步成效，建立了福建省第一个引种试验示范林。引种地属南亚热带海洋性季风气候，年均气温 20.8℃左右，1月气温 7.3~12.3℃，7月平均气温 28.8℃，极端高温 39℃，极端低温－1.8℃，≥10℃年积温 4593.3~6816.9℃，年均降雨量 1900 mm，相对湿度 78%，无霜期 340 天。试验地土壤为火山岩发育的红壤、黄红壤。

要在河南省特别是在其南部引种麻疯树，降雨量不是限制性因素，低温是限制麻疯能向河南省引种的主要限制因子，主要有极端低温、1月均温与年均温；积温在河南省南部能勉强达到。故要在河南省南部引种麻疯树，主要需考虑选择耐寒性能强的品种，且应先在南部局部地区进行驯化试验。从福建引种成功的实例来看，河南目前尚不具备成功引种的条件。

由此可以认为，麻疯树目前没有向河南省扩展其分布区的可能性。

### 13.3.3.3 翅果油树引种与分布区扩展分析

翅果油树属于胡颓子科胡颓子属，中国独有植物，是经第四纪冰川作用后残存下来的古生植物，1972 年由山西省林业科学研究所新发现的稀有木本油料；翅果油树的叶可作饲料，花是早春蜜源，果实美观似"宫灯"，可作观赏树种；木材坚硬，材质优良；根系发达，具根瘤菌能固氮；可作为黄河中游干旱贫瘠地区营造水土保持林、薪炭林和经济林兼用的先锋树种。

翅果油树主要分布于北纬35°35′～36°05′，东经110°50′～111°41′，在山西南部暖温带半湿润和半干旱气候区过渡地带，即吕梁山脉南端的乡宁和河津边沿地区、中条山脉西北侧的翼城东南部均有分布；在临汾等地也有分布；河南、河北、山东、陕西等地有少量引种。自然垂直分布上限在翼城一带为海拔1000 m；在吕梁山脉的乡宁，在山脉东南侧向阳面，上限为海拔1500 m。目前未有在河南省分布的详细报道。

翅果油树要求年平均气温12℃左右，1月平均气温−4℃，7月平均气温26℃，极端最高气温41.3℃，极端最低气温−22～−20℃，平均年降水量500～600 mm，生长期150～180天，有一定的耐寒性，也能耐高温。翅果油树要求较湿润的生境，天然林多分布在山地阴坡、半阴坡，阳坡下部及潮湿处；在石质山坡上也能生长，但是阳坡生长情况不如阴坡，以土质肥沃的农田边生长最好；翅果油树喜光，在阳坡、半阳坡和开阔地带，虽然生长较缓慢，但产量高，也有一定的耐旱性，枝叶旱生结构，但对土壤排水通气要求严格。喜生于深厚肥沃的沙质土壤、黏土壤，也耐贫瘠，对土壤的酸碱度要求不太严格，微酸、微碱（pH 5～8）均能适应，但在黏重土壤条件下和水湿地、盐碱地都生长不良。

翅果油树在我国的分布区属于暖温带半湿润气候区，植被区划属于南暖温带落叶阔叶林亚地带。翅果油树分布区各县（市）的主要气候数据见表13.12。

表13.12 我国翅果油树分布区主要气候指标

| 地点 | 1月均温/℃ | 7月均温/℃ | 年均温/℃ | 年降水量/mm | ≥10℃年积温/℃ | 无霜期/d | 极端高温/℃ | 极端低温/℃ | WI/℃·月 | CI/℃·月 | HI/℃·月 |
|---|---|---|---|---|---|---|---|---|---|---|---|
| 乡宁 | −2.6 | 22.1 | 9.9 | 570.2 | 3326.9 | 212.6 | 35.0 | −19.8 | 85.1 | −26.9 | 6.70 |
| 河津 | −2.6 | 26.8 | 12.8 | 500.8 | 4271.3 | 205.0 | 42.5 | −19.8 | 111.9 | −18.3 | 4.48 |
| 稷山 | −2.7 | 26.7 | 13.0 | 483.3 | 4401.0 | 205.1 | 42.5 | −22.6 | 113.8 | −18.3 | 4.25 |
| 新绛 | −2.3 | 26.1 | 13.0 | 471.8 | 4443.2 | 209.4 | 40.7 | −17.8 | 113.1 | −16.8 | 4.17 |
| 绛县 | −3.7 | 24.2 | 11.5 | 548.6 | 3878.2 | 222.6 | 37.4 | −19.3 | 99.6 | −20.8 | 5.51 |
| 翼城 | −3.5 | 25.9 | 12.3 | 542.8 | 4150.0 | 227.0 | 41.3 | −19.1 | 105.7 | −20.0 | 5.14 |
| 平陆 | −0.5 | 26.5 | 13.8 | 551.5 | 4466.3 | 238.4 | 41.3 | −13.2 | 117.4 | −12.4 | 4.70 |
| 户县 | −0.6 | 27.2 | 13.5 | 659.0 | 4329.3 | 220.0 | 43.0 | −16.9 | 114.4 | −12.6 | 5.76 |

翅果油树现有分布区基本属于中条山脉，与河南省的三门峡、济源、洛阳西部地区均很接近，因此，可以认为在这些地区引种该种类是能够成功的。根据翅果油树对环境条件的要求，结合河南省实际情况，可以认为在向河南省南部扩展时，土壤条件不应成为限制性条件。其可能的限制性条件：高温、长的无霜期、较大的降水量。

通常情况下，高温一般不会有很大的限制作用，因为翅果油树能够忍受43.0℃的极端高温（陕西户县），且年平均温度与7月平均温度均可达到13.8℃（山西平陆）、27.2℃（陕西户县），这种温度条件在河南省除南部的信阳、南阳低山丘陵区有些可能达不到外，其他地区基本上均可以达到，即使在上述不能达到的地区，在其高海拔的山区仍然有可能达到。长的无霜期可能会使翅果油树在冬季来临时不能及时进入休眠状态，或出现二次生长，这种情况对于其顺利越冬会有一些不利影响。较大的降水量通过影响土壤含水量进而影响其根系与整株生长，不能忍受的高土壤含水量会使植物根系腐烂；且连绵阴雨天气表明日照时间较短，对要求长日照时间的植物生长也有不利影响。按其现有分布区的最大降水量，确定其可适应的降水量为 700~800 mm（表 13.12）。

河南省年平均温度 14℃的等值线基本上沿西峡—南召北部，至鲁山—宝丰西部，折向汝阳—嵩县—宜阳，经新安—阵津—武陟—修武—新乡，再向东南至开封—商丘。此等值线与 1 月平均气温为 0℃的等值线基本一致，但后者在经武陟—修武后折向南部的郑州，经鄢陵达到西华后再折向柘城至省界，其范围向南有较大扩展。此线以北地区基本符合翅果油树的生长环境要求，基本包括了伏牛山北坡以北的南阳北部、洛阳西部，三门峡、济源、焦作、鹤壁、安阳、濮阳全部，以及新乡、开封与商丘的北部。此范围内年降水量基本均在 700 mm 左右，符合该种类的要求。

按植物地理学，翅果油树极有可能在三门峡等地（主要是崤山、熊耳山）有自然分布，只是未见有正式报道。因此，对该树种分布区的扩展并不完全是引种，而是扩大其分布区。按照分步扩展的原则，首先可在三门峡、洛阳西部、南阳西北部、济源、焦作等地进行种植实验，然后扩大到上述其他地区，在这些地区均获得成功后，可考虑进一步向南部扩展，直至达到淮河以北的广大地区，最后在经过驯化后，有可能达到河南省的南部广大地区。

本文中，考虑其可能的分布区扩展时，只按上述分析的可能的区域来考虑，没有考虑其后续的扩展问题，故翅果油树在河南省内分布范围：南阳北部、洛阳西部；三门峡、济源、焦作、鹤壁、安阳、濮阳全部；新乡、开封、商丘北部。

### 13.3.4 能源蕴藏量扩展分析

为说明河南省生物柴油木本植物资源分布区扩展后的可能蕴藏量，需将前述各种类的现有分布区域与扩展后的扩展分布区域相比较，然后确定其增加的分布区面积以及相应增加的资源蕴藏量。

首先分析分布区扩展与引种后的扩大面积，根据实地调查、资料查询等方法了解其现有分布区情况，通过上述分析，对比得知分布区扩展或引种情况，如表 13.13 所示。

然后在表 13.13 的基础上推算能够扩展或通过引种在河南省内扩大其分布区的种类及其扩大的面积。综合各种统计数据，2004 年全省经济林面积占有林地面积的 34.4%，2005 年为 35.9%，考虑波动因素并按平均值取 35%；其中约有 1/3 为平原经济林面积，推算山区经济林面积比例约为 23.3%；油料经济林假设占总经济林面积的 1/10，即占总面积比例约为 2.5%。由此推算扩大分布区后的油料植物资源可能的占有面积，并给出通过资料查找所得出的单位面积产量，见表 13.14。

表 13.13　生物柴油木本植物资源分布区扩展与引种分析结果

| 种类 | 扩展或引种情况 | 扩展或引种范围 | 比原来分布扩大的范围 |
|---|---|---|---|
| 油茶 | 可以向北部扩展 | 沿伏牛山、淮河干流一线以南的地区为适宜区 | 驻马店市：泌阳、驻马店、平舆等 |
| 油桐 | 扩展的可能性小 | 其适宜区仍然为信阳、南阳南部、驻马店南部、平顶山北部等地 | 与原来一致：信阳、南阳、驻马店、平顶山等地 |
| 乌桕 | 扩展的可能性小 | 种植北界为西峡—淅川—邓县—唐河—桐柏一线，然后沿淮河向东；南召、鲁山、卢氏等地 | 与原来一致，但伊川及其附近地区可以考虑 |
| 核桃 | 全省分布，无扩展 | 可在河南省全省范围种植 | 与原来一致：全省范围分布 |
| 黄连木 | 可以向南部扩展 | 河南省广大地区，南部局部地区不能形成规模 | 扩展到全省范围，但信阳南部的新县、商城排除 |
| 文冠果 | 可以向南部扩展 | 种植南界扩展：西峡—南阳—驻马店—平舆—新蔡 | 原来主要为三门峡、洛阳等地 |
| 光皮树 | 引种的可能性较小 | 引种区域：信阳与南阳两个地区南部的 5 或 6 个县，即新县、商城、光山、桐柏、淅川、邓县 | 必须先通过驯化与引种试验才有可能成功，只局限于信阳与南阳南部的 6 个县 |
| 麻疯树 | 无引种可能性 | 河南省不能引种 | 分布区无扩展 |
| 翅果油树 | 可以向南部扩展 | 在河南省内分布范围：南阳北部、洛阳西部；三门峡、济源、焦作、鹤壁、安阳、濮阳全部；新乡、开封、商丘北部 | 原来在河南省没有发现其分布区 |

表 13.14　分布区扩展的种类与面积及其产量

| 种类 | 扩展后分布地区 | 总面积 /km² | 山地面积（包括浅山丘陵岗地）/km² | 按 2.5% 面积推算 /km² | 单位面积油脂产量/(kg/hm²) | 增加产量 /(t/a) |
|---|---|---|---|---|---|---|
| 油茶 | 驻马店市的低山丘陵区域 | 15 083 | 4 736 | 118.4 | 337.3 | 3 993.63 |
| 乌桕 | 伊川县 | 1 243 | 994.4 | 24.86 | 348.7 | 866.87 |
| 黄连木 | 除新县、商城以外全省的全部山区 | 163 288 | 70 850 | 1 771.3 | 41.6 | 7 368.61 |
| 文冠果 | 南阳与驻马店山区 | 41 683 | 22 469 | 561.7 | 129.8 | 7 290.87 |
| 光皮树 | 南部 5 县，即新县、商城、光山、桐柏、淅川 | 12 586 | 6 868.3 | 171.7 | 350.3～700.5 | 6 014.65～12 027.59 |
| 翅果油树 | 伏牛山北坡以北至黄河以北地区，以及开封、商丘北部 | 118 503 | 43 285.3 | 1 082.1 | 513.4～577.6 | 55 555.01～62 502.10 |

分布区扩展或引种后的蕴藏量按如下方法进行推算。推算过程中假设：①扩展区内各种类的生长状况与原分布区一致，即扩展后单位面积产量不减少。②扩展区内各种类

个体分布状况与原分布区一致，即密度大小不改变，故可以只按扩大的面积进行推算。③引种与扩展同样对待，即不考虑引种的适应过程。④均按平均生长状况推算，即不考虑年龄等因素影响，以正常结实产量推算。⑤根据各种类特性，扩展或引种区域暂不考虑平原地区，只以山区计算，但未考虑深山区与浅山区的区别，均按可以分布的地域对待。

由表 13.14 中的数据可推算扩展后增加的生物柴油的资源蕴藏量，共可增加油脂资源量为 75 075.0 t/a（翅果油树依低限含油量计算）；翅果油树依高限含油量计算则为 82 022.1 t/a。该数值没有包括光皮树的产量，因为考虑到光皮树引种需要先期进行试验才能确定引种是否可行，故未计入其引种可能增加的产量；如果可以引种光皮树，则可增加油脂资源量，见表 13.14，其增加总的资源数量分别为 81 089.6 t/a（依低限含油量计算）、94 049.7 t/a（依高限含油量计算）。

此数量只计算了河南省内 5 种木本植物以及可能引种的 3 种木本植物。从中也可看出，翅果油树的发展潜力是很大的；而且可以看出引种所产生的蕴藏量比原来的要大些。所以要提高河南省内的生物柴油的资源蕴藏量，必须注意引种或扩大原有的分布区域。特别是文冠果、翅果油树一类的北方种类向南方扩展或者引种。

如果再做如现状蕴藏量一样的简单推算，则其量将会很大。

## 13.4 河南省生物柴油木本植物资源气候生产潜力分析

资源潜力如果只考虑分布区扩展而不提高单位面积产量，则会因分布范围的广泛性，在炼油工厂布局时需要扩大辐射半径，使成本提高。所以，要提高资源潜力，一方面需要扩展分布区域以便于更大范围内实施能源储备战略；另一方面需要提高生产潜力即单位面积生产量。本文只探讨生产潜力提高的可能性，即理论最大生产潜力。最大生产潜力是指在种植条件理想时，从环境条件中可能获得的最大生产能力，一般指气候生产潜力与土壤生产潜力，此处主要讨论气候生产潜力。

### 13.4.1 计算条件说明

（1）在进行木本植物资源的分布、扩展与引种时，均以河南省内的山区为主要讨论对象，较少涉及平原地区，故在进行气候生产潜力时，主要计算山区而一般不涉及平原地区。而且，河南省平原地区的气候相似性比较大，故在计算时如果涉及平原地区，也只选取分布区域内有代表性的几个地点进行计算，主要代表性因素为平均温度与降雨量。

（2）主要计算种类为前述省内已有分布的 6 个种类。南方种类：油茶、油桐、乌桕，北方种类：文冠果，全省分布的种类：核桃与黄连木；另外选取可能在河南省引种分布的 2 个种类：光皮树、翅果油树。麻疯树因无引种河南省的可能性，此处不再分析。

（3）计算时按要求将上述 8 个种类分为如下四类。第一类耐寒作物为北方种类，能耐低温但高温下生长不良：文冠果、翅果油树；第二类喜温作物主要指北方种类，喜温但不能耐更高与更低的温度：油茶、油桐、乌桕；第三类耐寒作物主要是指偏南方分布的种类，可忍受一定低温：核桃、黄连木；第四类喜温植物主要指南方种类，能耐一定的高温：光皮树。

（4）按 8 个种类涉及的分布或可能分布到的区域，计算时按如下区域分别计算：豫南区域指信阳的新县、商城县；桐柏山区指桐柏县；伏牛山南坡以南阳市、西峡县为代表（不包括桐柏县）；伏牛山北坡以南召县、栾川县为代表；驻马店区域以驻马店市、泌阳县为代表；平顶山区域以宝丰县为代表；三门峡区域以灵宝县为代表；伊川县单独计算；焦作区域以济源市与焦作市为代表；郑州市区域以密县为代表；鹤壁安阳区域以林州市为代表（属于安阳市）。

（5）所用气象资料年限为 1951～2003 年，基本上有 50 年的年限，个别台站建站时间有早有晚，不一定达到 50 年，但最少的也有 41 年，数据有足够的代表性。

（6）气候生产潜力的计算方法较多，本文选取几种比较适合河南省且常用的方法。几种不同方法计算的结果会有差异，最终确定气候生产潜力时，按 Liebig 最小因子法则，选取所有计算结果中最小的数值进行分析说明。

（7）在采用联合国粮食及农业组织（FAO）所推荐的方法中，需要知道所计算植物的经济系数，由于此种方法在农作物生产潜力中应用较多，故一般文献所给出的经济系数均是不同农作物种类的，极少有木本植物的，本文所涉及的几个种类，除油桐与油茶有相关研究外，其他几个种类均无相应数值。故本文所用经济系数即以这两个种类进行推算。

油桐的经济系数：始果期为 0.11，盛果期为 0.21，衰老期为 0.16。本文以盛果期数据 0.21 进行推算。

油茶的经济系数：经营措施为三保、垦复、荒芜时分别为 0.13、0.10、0.06，按一般经营措施，以垦复的数据 0.10 进行推算。

根据取小值的原则，在推算这些树种时均采用油茶的数据，即油桐的经济系数取 0.21，其他种类的经济系数均取 0.10。

## 13.4.2 计算结果与分析

对上述选取的不同地点与植物种类，用前述的不同计算方法进行气候生产潜力计算。除作物生态带方法外各模型以气候因素的年均值为基础计算，每种模型只有年生长量数据，而且没有经过经济系数校正，故结果是整株生长量而不是种子生长量（表 13.15）。

FAO 所推荐的作物生态带方法以生长期 4～10 月每日平均值为基础计算日、月产量，部分计算结果见表 13.16、表 13.17，然后在此基础上计算了年生长量；由于已通过经济系数校正，故其年生长量指的是其种子生长量而不是整株生长量，见表 13.18。

表 13.15　除生物生态带外的几种模型的计算结果

| 台站 | Miami 模型/[g/(m²·a)] 温度 | Miami 模型/[g/(m²·a)] 降雨 | Memorial 模型/[g/(m²·a)] | 综合模型/[t/(hm²·a)] | 北京模型/[t/(hm²·a)] 1 | 北京模型/[t/(hm²·a)] 2 | 刘世荣模型/[t/(hm²·a)] 1 | 刘世荣模型/[t/(hm²·a)] 2 |
|---|---|---|---|---|---|---|---|---|
| 林县 | 1658.7 | 8351.6 | 10056.5 | 1.200 | 2126.8 | 2534.9 | 13.0 | 14.6 |
| 焦作 | 1861.4 | 9486.4 | 9184.1 | 0.200 | 776.2 | 925.1 | 13.2 | 15.6 |
| 济源 | 1789.0 | 9110.6 | 9428.3 | 0.300 | 964.0 | 1148.9 | 13.1 | 15.4 |
| 灵宝 | 1727.2 | 9107.0 | 9823.3 | 2.900 | 3284.8 | 3915.0 | 12.8 | 13.9 |
| 伊川 | 1818.9 | 8641.7 | 9060.4 | 0.600 | 1367.3 | 1629.7 | 13.5 | 15.6 |
| 洛宁 | 1735.6 | 9363.0 | 9867.9 | 1.600 | 2275.1 | 2711.6 | 12.6 | 14.3 |
| 卢氏 | 1634.1 | 8799.3 | 10412.5 | 3.800 | 3941.8 | 4697.9 | 12.6 | 13.3 |
| 栾川 | 1598.2 | 7031.7 | 10183.2 | 5.000 | 5198.2 | 6195.3 | 14.1 | 13.9 |
| 密县 | 1805.0 | 8535.6 | 9100.8 | 1.100 | 1995.8 | 2378.8 | 13.5 | 15.2 |
| 宝丰 | 1806.0 | 7695.4 | 8776.7 | 0.200 | 945.3 | 1126.6 | 14.3 | 16.4 |
| 驻马店 | 1835.6 | 6404.7 | 8152.2 | 0.200 | 573.1 | 683.1 | 16.1 | 18.1 |
| 泌阳 | 1817.8 | 6693.2 | 8357.8 | 0.200 | 984.8 | 1173.7 | 15.5 | 17.4 |
| 南召 | 1832.2 | 7024.2 | 8376.6 | 0.400 | 1373.5 | 1637.1 | 15.2 | 16.9 |
| 西峡 | 1851.7 | 6984.8 | 8244.2 | 0.700 | 1734.6 | 2067.4 | 15.3 | 16.9 |
| 南阳 | 1841.0 | 7401.4 | 8455.6 | 0.200 | 899.5 | 1072.1 | 14.7 | 16.8 |
| 桐柏 | 1849.1 | 5711.1 | 7859.1 | 0.200 | 1006.2 | 1199.3 | 17.5 | 19.1 |
| 商城 | 1894.8 | 5445.3 | 7499.0 | 0.047 | 541.2 | 645.1 | 18.4 | 20.1 |
| 新县 | 1857.2 | 5261.0 | 7684.5 | 0.100 | 891.9 | 1063.1 | 18.7 | 20.1 |

表 13.16　第一类喜温种类的气候生产潜力（油茶、乌桕）（单位：kg/hm²）

| 台站 | 月份 4 | 5 | 6 | 7 | 8 | 9 | 10 | 年产量 |
|---|---|---|---|---|---|---|---|---|
| 林县 | 9.9 | 9.9 | 10.8 | 358.2 | 337.2 | 333.5 | 29.3 | 1088.7 |
| 焦作 | 7.0 | 7.2 | 8.7 | 366.5 | 330.9 | 22.4 | 17.4 | 760.1 |
| 济源 | 12.3 | 11.3 | 9.9 | 360.9 | 320.6 | 325.2 | 28.5 | 1068.8 |
| 灵宝 | 17.0 | 15.2 | 11.5 | 385.5 | 27.0 | 333.1 | 182.5 | 971.8 |
| 伊川 | 13.8 | 12.6 | 11.4 | 364.8 | 318.3 | 331.2 | 28.3 | 1080.4 |
| 洛宁 | 17.5 | 18.6 | 16.0 | 371.2 | 325.0 | 337.1 | 183.3 | 1268.7 |
| 卢氏 | 19.8 | 22.6 | 19.9 | 379.5 | 324.7 | 326.6 | 180.6 | 1273.8 |
| 栾川 | 237.3 | 421.5 | 29.6 | 364.1 | 324.4 | 780.2 | 182.8 | 2339.8 |
| 密县 | 12.5 | 10.7 | 8.7 | 363.1 | 320.5 | 339.6 | 21.0 | 1076.2 |
| 宝丰 | 16.7 | 15.5 | 11.2 | 366.4 | 323.3 | 338.0 | 28.3 | 1099.3 |
| 驻马店 | 26.5 | 23.2 | 22.6 | 375.0 | 324.6 | 338.8 | 183.0 | 1293.6 |
| 泌阳 | 26.2 | 24.0 | 22.8 | 373.7 | 336.9 | 336.8 | 184.4 | 1305.0 |
| 南召 | 24.7 | 26.8 | 23.1 | 354.5 | 322.1 | 332.8 | 180.9 | 1265.0 |
| 西峡 | 25.7 | 20.0 | 16.3 | 365.3 | 322.2 | 319.7 | 180.5 | 1249.6 |
| 南阳 | 22.5 | 20.0 | 21.6 | 372.5 | 334.7 | 30.0 | 29.9 | 831.1 |
| 桐柏 | 234.9 | 416.0 | 365.4 | 363.3 | 329.7 | 331.5 | 182.3 | 2223.2 |
| 商城 | 232.8 | 409.5 | 361.2 | 363.9 | 339.6 | 341.6 | 186.6 | 2235.2 |
| 新县 | 232.0 | 404.6 | 363.3 | 364.9 | 344.6 | 346.7 | 188.3 | 2244.3 |

## 13 河南省生物柴油木本植物资源及其潜力研究

**表 13.17 第一类喜温种类（油桐）的气候生产潜力** （单位：kg/hm²）

| 台站 | 4 | 5 | 6 | 7 | 8 | 9 | 10 | 年产量 |
|---|---|---|---|---|---|---|---|---|
| 林县 | 9.9 | 9.9 | 10.8 | 752.1 | 708.0 | 700.4 | 29.3 | 2220.4 |
| 焦作 | 7.0 | 7.2 | 8.7 | 769.7 | 694.9 | 22.4 | 17.4 | 1527.3 |
| 济源 | 12.3 | 11.3 | 9.9 | 757.9 | 673.2 | 683.0 | 28.5 | 2176.1 |
| 灵宝 | 17.0 | 15.2 | 11.5 | 809.6 | 27.0 | 699.4 | 383.4 | 1963.0 |
| 伊川 | 13.8 | 12.6 | 11.4 | 766.1 | 668.5 | 695.5 | 28.3 | 2196.2 |
| 洛宁 | 17.5 | 18.6 | 16.0 | 779.5 | 682.5 | 707.9 | 385.0 | 2607.0 |
| 卢氏 | 19.8 | 22.6 | 19.9 | 796.9 | 681.9 | 685.9 | 379.2 | 2606.3 |
| 栾川 | 498.3 | 885.2 | 29.6 | 764.7 | 681.2 | 1638.3 | 383.9 | 4881.1 |
| 密县 | 12.5 | 10.7 | 8.7 | 762.6 | 673.1 | 713.2 | 21.0 | 2201.9 |
| 宝丰 | 16.7 | 15.5 | 11.2 | 769.5 | 678.8 | 709.7 | 28.3 | 2229.7 |
| 驻马店 | 26.5 | 23.2 | 22.6 | 787.4 | 681.8 | 711.4 | 384.3 | 2637.1 |
| 泌阳 | 26.2 | 24.0 | 22.8 | 784.8 | 707.6 | 707.3 | 387.3 | 2660.1 |
| 南召 | 24.7 | 26.8 | 23.1 | 744.5 | 676.4 | 698.9 | 379.8 | 2574.3 |
| 西峡 | 25.7 | 20.0 | 16.3 | 767.2 | 676.6 | 671.4 | 379.0 | 2556.0 |
| 南阳 | 22.5 | 20.0 | 21.6 | 782.0 | 702.8 | 30.0 | 29.9 | 1609.0 |
| 桐柏 | 493.2 | 873.6 | 767.3 | 763.4 | 692.8 | 696.1 | 382.9 | 4668.8 |
| 商城 | 488.9 | 860.0 | 758.5 | 764.1 | 713.2 | 717.3 | 392.0 | 4693.9 |
| 新县 | 487.1 | 849.7 | 762.9 | 766.2 | 723.7 | 728.1 | 395.4 | 4713.1 |

**表 13.18 作物生态带方法计算结果** （单位：kg/hm²）

| 台站 | 第一类耐寒种类（文冠果、翅果油树） | 第一类喜温种类（油茶、乌桕） | 第一类喜温种类（油桐） | 第二类耐寒种类（核桃、黄连木） | 第二类喜温种类（光皮树） | 刘世荣模型 |
|---|---|---|---|---|---|---|
| 林县 | 776.9 | 1088.7 | 2220.4 | 1574.5 | 1469.7 | 1382.5 |
| 焦作 | 516.6 | 760.1 | 1527.3 | 1077.5 | 1077.5 | 1438.0 |
| 济源 | 779.8 | 1068.8 | 2176.1 | 1536.0 | 1436.2 | 1421.0 |
| 灵宝 | 831.1 | 971.8 | 1963.0 | 1487.1 | 1123.4 | 1332.9 |
| 伊川 | 801.1 | 1080.4 | 2196.2 | 1553.5 | 1451.0 | 1453.9 |
| 洛宁 | 1028.4 | 1268.7 | 2607.0 | 1922.7 | 1554.1 | 1348.3 |
| 卢氏 | 1023.2 | 1273.8 | 2606.3 | 1918.6 | 1565.1 | 1293.4 |
| 栾川 | 2163.6 | 2339.8 | 4881.1 | 3808.3 | 2734.2 | 1397.9 |
| 密县 | 777.4 | 1076.2 | 2201.9 | 1557.2 | 1450.1 | 1438.5 |
| 宝丰 | 800.9 | 1099.3 | 2229.7 | 1582.8 | 1477.1 | 1533.3 |
| 驻马店 | 1047.5 | 1293.6 | 2637.1 | 1947.0 | 1584.3 | 1708.0 |
| 泌阳 | 1052.3 | 1305.0 | 2660.1 | 1964.2 | 1603.4 | 1648.1 |
| 南召 | 1034.0 | 1265.0 | 2574.3 | 1890.5 | 1538.4 | 1603.3 |
| 西峡 | 1022.1 | 1249.6 | 2556.0 | 1871.0 | 1527.4 | 1607.5 |
| 南阳 | 577.4 | 831.1 | 1609.0 | 1156.4 | 1156.4 | 1578.8 |
| 桐柏 | 1815.1 | 2223.2 | 4668.8 | 3450.9 | 2641.7 | 1827.3 |
| 商城 | 1818.2 | 2235.2 | 4693.9 | 3469.6 | 2658.3 | 1921.7 |
| 新县 | 1818.5 | 2244.3 | 4713.1 | 3486.9 | 2672.8 | 1943.3 |
| 平均 | 1093.6 | 1370.8 | 2817.8 | 2069.7 | 1706.7 | 1536.6 |
| 大于刘世荣模型的个数 | 1 | 4 | 18（若按相同系数则为6） | 16 | 10 | |

因所用计算方法均是通过理论推导或者经验拟合而得到的，故在进行数据分析前需根据一般文献的结果与实际情况进行结果的合理性分析。在表 13.15 中某些模型结果具有不合理性：①Miami 模型中用温度计算与用降水量计算的结果相差太大，两者不可同时使用，因是同一模型，两个结果均放弃。原因可能是因为模型只是分别以一种气候要素进行拟合，在中国的适用性较小。②综合模型结果出现南小北大的现象。按河南省实际情况，南方的气候资源组合应优于北方，计算结果应是南方大于北方或不应相差太大，此模型的计算结果也不可用。原因可能是进行模型改进时主要考虑草原与荒漠的状况而不适用于中部地区。③北京模型以 $t/(hm^2 \cdot a)$ 为单位，结果显得太大，此处不可用。其原因与综合模型的一致。④Thornthwaite Memorial 模型的单位是 $g/(m^2 \cdot a)$，换算单位后为 $10 \text{ kg}/(hm^2 \cdot a)$，其结果也是偏大，同样在此处不可用。

综合分析可认为，表 13.15 中只有刘世荣模型的计算结果还可能可用，虽然其单位是 $t/(hm^2 \cdot a)$，但计算的是整株结果，没有进行经济系数校正，故将其结果平均并按油茶的经济系数 0.10 进行校正后，与 FAO 的作物生态带方法所得结果进行比较，对比结果见表 13.18。

由表 13.18 可知，在全部 18 个台站中，除第二类种类外，其余计算结果基本上均是生态带方法的小；第二类种类主要考虑了较高温度时的植物生长特性，而刘世荣模型时并没有这种考虑。故从总体上看，FAO 生态带的方法较为接近实际些，故后面的分析以 FAO 结果为基础。

由 FAO 的结果可以看出，河南省内的气候生产潜力比较大，说明各种类的生物生产仍然具有较大的提升空间。最高的可以达到 $2100 \text{ kg}/(hm^2 \cdot a)$（栾川），最小的也可以达到 $516.6 \text{ kg}/(hm^2 \cdot a)$（焦作市），平均可以达到 $1093.6 \text{ kg}/(hm^2 \cdot a)$，即达到近 $1 \text{ t}/(hm^2 \cdot a)$（按最小的第一类耐寒种类计算）；其他的几个种类均高于此值。可见，即使不扩展分布区，河南省内的生物柴油蕴藏量仍可增加。

## 13.4.3 河南省生物柴油木本植物资源可能的蕴藏量

将前述各项分析结果汇总，分析河南省内木本植物蕴藏的生物柴油原料数量。为保持数据的可比性与连续性，此处只针对 2004 年已有数据的 5 个种类，及可能引种的 3 个种类，共 8 个种类。

已知的 5 个种类的现有含油量的数据见表 13.3，以表中多年平均数据为基础；可能扩展的分布区面积及区域见表 13.14，将结果汇总计算，得到河南省生物柴油原料可能的蕴藏量，见表 13.19，表中数据是指每年的蕴藏量。

表中计算时采取了如下处理方法：①可能涉及的区域由以下三个途径确定：调查、资料查询与引种或分布区扩展分析，以调查为主要方法。②气候生产潜力数值的选取按所涉及区域的平均值选取。其中，已有分布的种类以现有与扩展分布区范围选取。引进的种类以引种达到区域范围选取。③实际生产力数据基本上是调查所得结果，有些是从文献中计算得来的，计算时以低限数值按最低含油量反推得其种子产量，具体依据见表 13.14。翅果油树的实际产量是根据文献计算的山西省产量，原文献数据根据株数推算得来，

表 13.19　河南省生物柴油原料蕴藏量汇总分析

| 种类 | 现有含油量/t | 分布区扩展增加产量/t | 实际生产力/(kg/hm²) | 涉及区域 | 气候生产潜力/(kg/hm²) | 可能的蕴藏量/t |
|---|---|---|---|---|---|---|
| 油桐籽 | 24 335.0 | — | 896.0 | 平顶山、驻马店、南阳、信阳、洛阳 | 3 059.5 | 83 094.8 |
| 油茶籽 | 4 536.7 | 3 993.6 | 710.0 | 南阳、信阳、驻马店 | 1 580.9 | 14 095.1 |
| 乌桕籽 | 915.1 | 866.9 | 992.6 | 南阳、信阳、平顶山、三门峡、伊川 | 1 466.7 | 2 219.1 |
| 核桃 | 13 814.0 | — | 711.1 | 全省 | 2 069.7 | 40 206.5 |
| 黄连木 | 282.9 | 7 368.6 | 165.1 | 全省（新县、商城排除） | 1 893.6 | 10 613.3 |
| 文冠果 | — | 7 290.9 | 220.0 | 信阳、南阳南部、驻马店南部以外全省范围 | 965.0 | 7 290.9 |
| 光皮树 | — | 6 014.6 | 1 061.5 | 新县、商城、光山、桐柏、淅川 | 2 657.6 | 6 014.6 |
| 翅果油树 | — | 55 555.0 | 1 069.6 | 南阳北部、洛阳西部、三门峡、济源、焦作、鹤壁、安阳、濮阳、新乡、开封、商丘北部 | 965.0 | 55 555.0 |
| 合计 | 43 883.7 | 81 089.6 | — |  | — | 219 089.3 |
| 松脂 | 1 186 |  |  |  |  | 1 186 |

故结果较大，在此处分析河南数据时，以引种后的生产潜力计算。④所有含油量的计算均以最低含油率计。⑤可能增加的产量包括生产潜力计算数值与扩展分布区增加的数值两个部分，即在现有数量上增加的部分。可能生产潜力增加部分因为面积统计上的不准确性，采用如下方法计算：按可能生产潜力与现有生产力比较得出。⑥可能的蕴藏量包括两个部分：可能增加的数量与现有数量，原来在河南省没有分布或没有收获量的种类，以分布区扩展后的数量作为可能的蕴藏量。可能的蕴藏量结果以含油量表示而不是种子量。

由表 13.19 可知，只以所涉及的 8 种植物资源而言，其可能的蕴藏量达 219 089.3 t，其中现有的蕴藏量为 43 883.7 t，占总体蕴藏量的 20.03%；通过分布区扩展可以增加 81 089.6 t，占总体蕴藏量的 37.01%；通过提高单位面积产量可以增加 94 116.0 t，占总体蕴藏量的 42.96%。可见，要提高河南省内生物柴油木本植物资源，通过扩展分布区或引种新的资源植物与通过提高单位面积产量同样重要，应同时采取这两种途径。

表 13.19 数据的几点说明：①与现有量分析时一样，黄连木（也包括文冠果）的现有产量并不高，尚有很大的提升空间，但在计算增加量时，通过生产潜力计算可能弥补了一部分。②表中计算时并没有计算扩展分布区或引种后通过提高单位面积产量途径所增加的产量，因为考虑这些种类在扩展分布区或引种后会有一个适应过程，其产量会有暂时下降，只有当扩展或引种成功后，才有可能通过提高单位产量来提高其蕴藏量。③松脂的产量仍然以现状数量为基础，未计算其生产潜力。

为了解河南省内的生物柴油原料可能的蕴藏量，仍按现状评价中的第一种方法进行简单推算。推算中仍然只考虑 46 种被子植物,含油率最低的种类为漆树(24.8%~45.7%);7 种裸子植物仍由松脂数据 241 t 直接得出(含油率最低的种类为白皮松 18.4%~61.4%);36 种灌木暂不计入,推算结果见表 13.20。

**表 13.20　以含油率推算可能的油脂资源蕴藏量**　　　　　　　　(单位:t/a)

| 以黄连木产量 | | 以乌桕产量 | | 以油桐产量 | | 以合计总产量 | |
|---|---|---|---|---|---|---|---|
| 不计松脂 | 计入松脂 | 不计松脂 | 计入松脂 | 不计松脂 | 计入松脂 | 不计松脂 | 计入松脂 |
| 488 211.8 | 492 362.8 | 102 078.6 | 106 229.6 | 3 822 360.8 | 3 826 511.8 | 1 259 763.5 | 1 263 914.5 |

注:①乌桕为可能蕴藏量最小的种类,黄连木为单位面积产量提升空间最大的种类;油桐为可能蕴藏量最大的种类。故同时以此三个种类的数据进行推算。②若以引种所得可能最大产量翅果油树计算,所得蕴藏量分别为 2 555 530.0 t/a、2 559 681.0 t/a。但考虑其为引种种类,故未列入。

因此,河南省含油量在 35% 左右的 53 种乔木种类的油脂可能蕴藏量最低约 106 229.6 t/a;若都能像翅果油树那样引种成功,则最低量可达 2 559 681.0 t/a;一般比较理想的蕴藏量(以合计产量平均推算)约为 1 263 914.5 t/a(均计入松脂量)。此数值由平均值得来,故可用于河南省蕴藏量数据的一般说明,即河南省生物柴油木本植物的蕴藏量通过分布区域扩展、引种,以及提高单位面积产量等途径,53 种乔木种类的可能蕴藏量可以达到 1 263 914.5 t/a(计入松脂量)。

同样地,这种概算方法并未考虑种类间的差异,只是粗略概算数值。

### 13.4.4　河南省生物柴油木本植物资源开发利用种类选择

河南省内分布的生物柴油资源植物比较丰富,但要作为可以开发利用的种类进行规模种植与生产,应具备一定的特性与条件,因此,需要进行选择,确定可在河南省内规模开发利用的种类。

在种类选择时,结合前述各节研究结果,依据下列条件确定:

(1) 满足 13.2 节提出的选择依据与原则,即首先从含油率、生物产量、生物学特性、区域代表性、收获的难易程度等方面予以考虑。

(2) 虽然本文主要针对木本植物种类,但在确定河南省内开发利用的种类时,还需要考虑灌木、草本等资源植物,因为这些种类有些可以不与农业争地来开发利用。

(3) 需考虑分布区扩展或引种的可能性。如果一个种类的分布区可以得到很好的扩展,则表明具有很好的开发利用前景,并可在加工厂布局等方面具有一定优势;省外种类如果不能引种至河南省,其发展自然受到限制,但可以考虑将进行引种试验者列入,作为后续研究的资料来源。

(4) 已有种类中,还需要考虑其产量提升空间的大小。有些种类虽然目前产量不太高,但如果作为资源植物进行开发利用时,由于有一定的人工能量投入与精细管理,其产量可以提高很多,这些种类应该具有比较好的开发利用前景,在选择时应予以考虑,尤其是当含油量比较高的时候。

(5) 相同条件下,应优先考虑目前已有一定研究与开发利用基础的种类;一些国内外已经认可的种类也可优先考虑;一般优先考虑木本植物,因草本植物在采集与管理上比木本植物要求较高。

根据以上条件，选择可在河南省内发展利用的主要种类，见表 13.21。

**表 13.21  在河南省内优先发展的木本生物柴油资源植物**

| 中文名 | 含油量/% | 学名 | 选择理由 |
| --- | --- | --- | --- |
| (1) 优先发展种类 (8 种) | | | |
| 胡桃 | 58.3~74.7 | *Juglans regia* | 含油量高，河南省各地分布，产量提升空间大，有基础 |
| 黄连木 | 25.2~52.6 | *Pisacia chinensis* | 河南省各地广泛分布，产量提升空间大，有基础 |
| 文冠果 | 59.0 | *Xanthoceras sorbifolia* | 河南省北部广泛分布，分布区可以扩展，有基础 |
| 翅果油树 | 48.0~50.0 | *Elaeagnus mollis* | 广泛分布，分布区可以扩展 |
| 白木乌桕 | 54.7~71.9 | *Sapium japonicum* | 含油量高，大别山、伏牛山有野生，可与荒山荒坡生态恢复结合 |
| 三桠乌药 | 60.0~62.0 | *Lindera obtusiloba* | 含油量高，河南省各山区广泛分布，分布区可以扩展 |
| 西南卫矛 | 53.6 | *Euonymus hamiltonianus* | 含油量高，可与荒山荒坡生态恢复结合 |
| 栝楼 | 51.0 | *Trichosanthes kirilowii* | 含油量高，可与荒山荒坡生态恢复结合 |
| (2) 备选种类 (12 种) | | | |
| 野核桃 | 65.5~70.7 | *Juglans cathayensis* | 分布局限，需研究分布区扩展可能性 |
| 山核桃 | 58~60.5 | *Carya cathayensis* | 分布局限 |
| 苦楝 | 42.3 | *Melia azedarach* | 分散生长，采集有一定困难 |
| 山桐子 | 32.6~44.4 | *Idesia polycarpa* | 含油量较低，分散生长 |
| 野漆树 | 40.0~65.0 | *Toxicodendron succedaneum* | 分散生长，需研究集约经营可能性 |
| 油橄榄 | 29~55.5 | *Olea europaea* | 含油量高，分布区可扩展，河南省郑州市、信阳市等地引种已开花结实 |
| 油茶 | 47.5 | *Camellia oleifera* | 已有其他用途 |
| 刺果卫矛 | 47.0 | *Euonymus acanthocarpus* | 含油量较低，分布较广泛 |
| 乌药 | 48.2~52.3 | *Lindera aggregata* | 分散生长，需研究集约经营可能性 |
| 山桃 | 45~50.9 | *Prunus davidiana* | 河南省各地分散生长，需研究集约经营可能性 |
| 山杏 | 49.9 | *Prunus sibirica* | 分布局限，分散生长 |
| 油桐 | 50.2 | *Vernicia sinica* | 含油量高，广泛分布，产量提升空间大，有基础 |
| (3) 值得关注种类 (19 种) | | | |
| 毛榛 | 63.77~63.8 | *Corlus mandshurica* | 分布局限，需研究分布区扩展可能性，采集困难 |
| 木姜子 | 55.4 | *Litesa pungens* | 分布局限，分散生长，采集有一定困难 |
| 圆叶豺皮樟 | 62.5 | *Litseareyundifolia oblongifolia* | 分布局限，需研究分布区扩展可能性，采集困难 |
| 粗榧 | 59.6~67.3 | *Cephalotaxus sinensis* | 分布局限，分散生长 |
| 胡桃楸 | 65.3~70.2 | *Juglans mandshurica* | 分布局限 |
| 豹皮樟 | 60~61.9 | *Litsea coreana* | 分布局限 |

续表

| 中文名 | 含油量/% | 学名 | 选择理由 |
| --- | --- | --- | --- |
| 野桐 | 30.8~39.6 | Mallotus tenuifolius | 分布局限，含油量较低，要求较高温度 |
| 乌桕 | 35.13 | Sapium sebiferum | 含油量较低，已有其他用途 |
| 黑壳楠 | 45.0~58.0 | Lindera megaphylla | 分布局限 |
| 山胡椒 | 37.0~53.0 | Lindera glauca | 分布局限 |
| 山鸡椒 | 46.0~52.2 | Litsea cubeba | 分布局限 |
| 卫矛 | 44.4 | Euonymus alatus | 河南省各山区分布，分散生长 |
| 冬青卫矛 | 42.0~42.7 | Euonymus japonicus | 可与城市绿化结合 |
| 全缘栾树 | 42.2 | Koelreuteria integrifoliola | 河南省各地有栽培，大别山、伏牛山南部有野生 |
| 白屈菜 | 29.9~60.0 | Chelidonium maius | 分布广泛，草本种类，采收困难 |
| 亚麻 | 44.0 | Linum usitatissimum | 可以两种用途兼顾 |
| 胡麻 | 48.6~52.3 | Sesamum indicum | 分布广泛，草本种类，采收困难 |
| 盒子草 | 44.9~45.5 | Actinostmma lobatum | 分布广泛，草本种类，采收困难 |
| 金盏菊 | 42.0 | Calendula offcialis | 分布广泛，草本种类，采收困难 |

表中所划分的不同的发展顺序带有一定的主观判断，随着研究的深入与发展变化，其顺序会有改变。需要说明的是，这里所列种类基本没有考虑省外的很多良好的种类，因为通过分布状况分析表明，许多含油量较高的种类多数是南方分布种类，这些种类向河南省引种时往往具有很大的不确定性，故多数未考虑列入。其实，光皮树也应作为优先发展的种类，但考虑到其分布的局限性与引种的不确定性，故未列入；之所以将油橄榄列入，是因为在河南省已有引种成功的实例；而通过前述分析可知，翅果油树向河南省引种扩展的可能性很大，故被列入。还有些能直接产油的种类并未在这里进行分析，是因为这些种类基本上都是热带植物种类，目前基本上均无引种进河南省的可能性；随着引种工作的深入，这些种类中可能会有值得发展的种类。

### 13.4.5　区域扩展与生态环境建设

在前面进行分布区扩展与引种分析时，对表13.21中优先发展的部分种类进行过分析，除白木乌桕、西南卫矛等种类外，胡桃、黄连木、文冠果、翅果油树、三桠乌药、栝楼等大部分种类均属于北方分布或南北均有分布的种类，对温度、水分、土壤等条件的适应能力相对较强，其分布区的扩展相对比较容易；而且表13.21中所列种类基本上均为河南省本地分布种类，其适应性一般均较强，目前河南省的几个重点林业生态工程以及退化生态系统恢复地区，多数立地条件比较严酷，这些地区的种植种类相应的也要求具有较强适应能力，方能保证工程与恢复成功率。因此，在进行林业生态工程建设时，可以考虑发展这些资源植物，其分布区均可以在不同程度上予以扩展。

白木乌桕广布于山东、安徽、江苏、浙江、福建、江西、湖北、湖南、广东、广西、贵州和四川省（自治区），日本和朝鲜也有。生于海拔500~1500m的林中湿润处或溪涧边以及山坡杂林中。其生物学特性与生态学特性均与前述所描述种类——乌桕相同或相似，按前述分析，该种类具有良好的生境适应性，分布区可以向北部地区适当扩展，故在林业生态工程中也可以应用，至少在河南省南部地区有较强的适应能力，可用于河南省南部地区的退耕还林与长江防护林保护工程等。

西南卫矛树姿优美，果实成熟时果皮黄红色，逐渐裂开露出橘红色假种皮，配上秋叶，色彩丰富，可与其他树种配植于草地、墙垣及假山旁；也可盆栽或制作盆景，属于集观果、观叶、观枝于一体的综合性观赏型乔木。西南卫矛产于我国，分布于北部、中部及西南地区，印度也有。喜光也能耐阴，常生于湿润的山谷疏林、海拔 1000m 以下山地林中；对土壤要求不严，一般酸性、中性土壤均能适应；可播种或扦插繁殖。河南省南部生境与此种类的生境要求基本一致，光、温、土壤等条件均可达到要求，该种类在此立地条件下应具有较强的适应能力，同样也可用于河南省南部地区的退耕还林与长江防护林保护工程等工程中。

栝楼也称瓜蒌、柿瓜、野苦瓜、药瓜、杜瓜、大圆瓜，为葫芦科多年生攀缘草本植物，分布于山东、河南、山西、陕西、河北、北京、天津、江苏、浙江、安徽、四川、湖南、福建、广东、云南等省（直辖市），主产于山东、河南，河南省内主产于安阳、淇县、滑县、商水、周口，常野生于田间、山坡、林间或山谷阴湿处。栝楼适应性很强，喜温暖潮湿的环境，较耐寒、耐高温、不耐干旱，对光、温、水、土壤等条件不甚敏感；其较为理想的生长环境是气候温暖、光照柔和、土层深厚、土壤潮湿、肥沃的沙质壤土，不宜在低洼地和盐碱地栽培，可利用荒山、荒坡种植，既有生态效益又有经济效益。

优先发展种类中，如卫予、括楼等在植被恢复与工程建设时还可以用作先锋树种，待立地条件有所改善时，可以种植其他的种类，也可以依照自然群落结构，将这些种类包括乌药等种类在内进行立体种植，以提高土地的利用率。此种类用于先锋种类时还有一个好处，即可在一定程度上吸引一些动物从而可以扩大自然恢复时繁殖体的生物传播途径与能力，从而促进生态恢复。

通过上述分析综合认为，河南省内木本植物生物柴油具有一定的蕴藏量，但由于开发利用程度的不同，其现有蕴藏量比较有限。要提高区域蕴藏量，发展生物柴油产业，可以通过很多途径来实现，本文提出两种主要途径：①对现有种类的分布区域予以扩展，对高品位的资源植物进行引种，从而扩大种群数量与分布范围，从数量上扩大其资源蕴藏量。②通过集约化经营，投入一定的物质能量，提高其单位面积产量，从而提高其生产能力，从质量上提高其资源蕴藏量。

## 13.5　结论

**1）较系统地研究了河南省木本植物生物柴油的资源及其潜力**

目前对某一地区或者全国、全球范围内木本植物生物柴油的资源尚未有全面的报道，已有的报道基本上均是从食用油料的角度出发，且只是资源种类概述，未进行蕴藏量方面的系统分析，更未对其资源潜力进行系统分析。本文较为系统地分析了河南省内主要木本植物生物柴油资源的现存量、植物种类的分布区扩展、最大生产潜力等情况，并对符合选择标准的种类的可能蕴藏量进行了简单概算，对河南省木本植物生物柴油的情况可以有较为全面、系统的了解。分析中尝试使用的概算、潜力扩展分析等方法比较简单且相对成熟，基础理论可靠，用于分析区域生物柴油资源植物的现状及潜力分析是可行的。

研究结果表明，仅以河南省内有利用历史的 5 种木本油料植物——油桐、油茶、乌桕、黄连木、核桃在 1996～2004 年多年平均产量概算，考虑松脂目前的采集量，河南省内含油量在 35% 标准左右的 53 种乔木资源植物现有的油脂蕴藏量最低约为 187 392.8 t/a，最大估计约为 547 439.1 t/a。

通过分布区扩展与引种、提高植物的单位面积产量后，推算河南省内 5 种及可能扩展或引种的 3 种木本植物共 8 种资源植物生物柴油的可能蕴藏量达 219 089.3 t/a。在此基础上概算了河南省内含油量在 35% 标准左右的 53 种乔木种类的油脂的可能蕴藏量达 1 263 914.5 t/a（计入松脂量）。若能都像翅果油树那样引种成功，则可能蕴藏量可达 2 559 681.0 t/a（计入松脂量）。

**2）提出资源植物的选择依据与生产种类**

由于对资源植物的选择依据与界定标准不清楚，使得对其资源的了解与调查也受到限制。本文从油脂含量及其组成、生产能力及其提升空间大小、分布状况以及分布区域扩展的可能性、油脂可得性、开发利用条件等方面加以界定，并在此基础上选择了河南省内可以优先发展的种类。

本文采用相对比较法，提出以 35% 的含油率为标准选择资源植物种类。需要指出的是，所得 35% 的标准也只是目前比较分析的结果，此数值会随着石化燃料价格、生物柴油生产成本与收益、资源植物单位面积产量等因素变化，但这种比较分析方法仍可借鉴使用。

采用逐层筛选方法，通过对比分析，确定河南省内值得优先发展的木本植物生物柴油资源植物有 8 个种类，分别为胡桃、黄连木、文冠果、翅果油树、白木乌桕、西南卫矛、三桠乌药、栝楼；12 种备选种类，分别为野核桃、山核桃、苦楝、山桐子、野漆树、油橄榄、油茶、刺果卫矛、乌药、山桃、山杏、油桐；同时还选择了 19 种值得关注的资源植物种类。

**3）提出将生物柴油战略储备与逆境管理相结合**

研究表明，木本植物生物柴油具有环境友好性且在性能上可以代替矿物能源，因而具有广阔的发展前景与战略储备意义，但我国人多地少的实际情况限制了在发展生物柴油战略上采取与美国等其他国家那样使用部分农业用地的策略，在达到不与农业用地争地且保证战略储备的前提下，可考虑我国荒山荒地以及需要恢复或已退化的生态系统面积较大的特点，在一些逆境条件下发展生物柴油木本资源植物，尤其是抗逆性能较好、油脂含量较高的木本植物，应是我国未来发展的主要方向。

本研究对选定的 8 种资源植物简要地分析了其在逆境条件下的适应性及其在林业生产中应用的可能性，对其他地区应有相当的借鉴意义。

要提高区域蕴藏量，发展生物柴油产业，可通过两种途径：①对现有种类扩展分布区，对高品质种类实施引种，从数量上扩大蕴藏量。②集约化经营，提高单位面积产量，从质量上提高蕴藏量。

# 14 生物质液体燃料对我国石油安全的贡献

## 引言

能源安全是实现一个国家或地区国民经济持续发展和社会进步所必需的能源保障。由于能量含量高和液体性质，相对来说，石油在化石燃料中占有更重要的地位。狭义的能源安全指的是石油安全。除供应安全以外，石油安全还存在价格风险。

国际石油安全问题出现的根本原因在于石油资源和石油生产与消费在地域上存在严重的差异。2005年剩余探明石油储量中，中东地区占61.9%，其产量也占全世界总产量的31%。但是，2005年世界石油消费量排名前8位的国家是美国、中国、日本、俄罗斯、德国、印度、韩国、加拿大，除俄罗斯外，都是石油净进口国，这8个国家的石油消费量占全世界石油总消费量的54.4%。石油资源（生产）与消费市场在地理上的严重不均匀分布是客观存在的事实，只要石油仍然是液体燃料的主要来源，石油安全问题必然长期存在。

我国自从1993年成为石油净进口国以来，石油进口量逐年提高。2006年我国原油进口量达1.45亿t，花费超过664亿美元，同年我国成品油进口量为3638万t，总计155.51亿美元。我国2006年的石油进口依存度已经超过40%。我国面临的石油安全形势越来越严峻。

解决石油安全问题的途径有很多，具体措施包括建立战略石油储备、保障石油进口、稳定国内石油产量、推广节能技术和设备、发展生物质液体燃料替代石油消费。这些措施各有利弊，侧重点也不同。就目前的发展条件看，没有任何一项措施能够单独、彻底地解决石油安全问题，必须互相配合，互相补充，才能最大限度地降低石油安全的风险。在这些解决石油安全问题的措施中，大力发展生物质液体燃料是解决我国石油替代，保障石油安全的必然途径。

目前生物质液体燃料主要是指燃料乙醇和生物柴油。发展生物质液体燃料的最关键问题在于生产原料的供应。由于粮食安全是比能源安全更加重要的国家安全问题，而且我国人均耕地面积远远低于世界平均水平，我国要发展生物质液体燃料必须选择非粮食作物的能源作物和能源植物作为生产原料，并尽可能地利用非耕地进行生产。在我国，燃料乙醇的理想生产原料是甜高粱秸秆、木薯和甘薯；生物柴油的理想生产原料是油菜籽、麻疯树和黄连木等富油木本植物。这些原料都可以不占用正常生产粮食作物的耕地，而且单位面积的燃料乙醇或生物柴油的产率较高。

在任何一块土地上，生物质液体燃料的产量与可利用的土地面积和原料的燃料乙醇或生物柴油产率呈正相关关系，原料的燃料乙醇或生物柴油产率则与原料的单位面积产量、含糖（油）率和转化率呈正相关关系。我国能够用来种植能源作物和能源植物的土地资源主要有甜高粱替代高粱和部分玉米的耕地、南方冬闲田、退耕还林的土地、油料林地和后备土地。按照这些土地资源的数量和质量计算，我国生物质液体燃料的最大可能产量为 2.3 亿~2.5 亿 t，能够替代石油约 2.7 亿 t，依然低于 2005 年的石油消费量。因此，虽然发展生物质液体燃料是解决我国石油安全问题的理想途径，但是受土地资源量的限制，仅仅依靠生物质液体燃料的发展绝对不能完全解决我国的石油安全问题。

从替代效果和我国汽油柴油消费量的比例来看，我国更应该大力发展生物柴油。但是，从原料的种类来看，燃料乙醇的生产原料基本上都是农作物，而生物柴油的生产原料则大多是油料木本植物，其开发成本、见效时间、不确定性、收获难度都要高于农作物，所以我国发展生物柴油的难度要高于燃料乙醇。在发展生物柴油时应该对这些困难做好准备，才能使生物质液体燃料能够在品种间实现协调发展，并在替代石油方面取得更好的效果。

我国的生物质液体燃料刚刚起步，要使这一新兴产业迅速发展并能真正缓解石油安全问题，国家应该大力支持生物质液体燃料的发展，在立法层面，应该明确规定；改革、完善管理体制，建立协调高效的领导、管理体系；履行法律赋予的职责，尽快建立经济补贴和激励机制；制定鼓励科研开发的政策，鼓励科研人员到农村、企业进行项目研发、试验示范；制定生物能源开发与粮食安全、环境安全目标一致的保障法规，既鼓励能源作物的种植，又不与粮争地；制订生物质液体燃料自由进入成品油销售体系的规定，使符合质量要求的生物质液体燃料能够自由进入燃料销售体系。

## 14.1　中国面临的石油安全问题

### 14.1.1　中国石油供需现状

中国的石油资源不丰富，而且开采条件比较差，主干油井的原油质量、开采难度都进入了晚后期。因此，国内石油产量的增长速度远远低于消费量的增长速度，而进口量逐年上升，出口量则呈下降的趋势，中国石油生产和消费状况如表 14.1 所示。

表 14.1　中国石油生产和消费状况　　　　（单位：万 t）

| 项目 | 1990 | 1995 | 2000 | 2002 | 2003 |
| --- | --- | --- | --- | --- | --- |
| 生产量 | 13 830.6 | 15 005.0 | 16 300.0 | 16 700.0 | 16 960.0 |
| 进口量 | 755.6 | 3 673.2 | 9 748.5 | 10 269.3 | 13 189.6 |
| 出口量 | 3 110.4 | 2 454.5 | 2 172.1 | 2 139.2 | 2 540.8 |
| 消费量 | 11 485.6 | 16 064.9 | 22 439.3 | 24 779.8 | 27 126.1 |

资料来源：国家统计局《2005 年中国统计年鉴》。

中国是全世界少数以煤炭为主要能源的国家之一，其煤炭在能源结构中所占的比例远远高于世界平均值。表 14.2 显示了中国能源结构与世界其他国家的差别。但是，考虑到中国煤炭和石油资源的丰富与匮乏程度，以及高速经济增长对能源的需求，这种以煤炭为主的能源结构在未来很长一段时间内也难以改变。从煤炭和石油消费量的增长速度看,石油远远高于煤炭。这也使我国的石油供需矛盾更加突出,也增加了石油进口的压力。

表14.2 中国能源结构与世界比较 (单位:%)

| 国家 | 石油 | 天然气 | 煤炭 | 核电 | 水电 |
|---|---|---|---|---|---|
| 世界 | 40.6 | 24.2 | 25.0 | 7.6 | 2.7 |
| 中国 | 20.8 | 3.3 | 69.7 | 0.7 | 5.5 |
| 美国 | 38.0 | 25.2 | 24.6 | 9.0 | 1.2 |
| 俄罗斯 | 20.8 | 53.8 | 18.0 | 5.1 | 2.3 |
| 法国 | 35.3 | 15.5 | 5.0 | 38.9 | 5.3 |
| 意大利 | 47.0 | 38.1 | 9.5 | — | 5.3 |
| 印度 | 34.3 | 7.7 | 54.3 | 1.2 | 2.5 |
| 巴西 | 60.1 | 5.1 | 10.3 | — | 24.5 |
| 澳大利亚 | 30.5 | 18.6 | 50.1 | 18.6 | 1.2 |
| 日本 | 51.0 | 13.2 | 18.0 | 16.2 | 1.6 |
| 韩国 | 54.9 | 9.3 | 20.9 | 14.6 | 0.3 |

注:以2006年统计资料为依据。

#### 14.1.1.1 国内石油生产

我国石油资源有两个特点,一是我国是石油大国,虽然勘探难度加大,但是仍然具有较大的发展潜力;二是我国石油的"丰度"明显低于世界平均值,资源相对贫乏。我国石油剩余探明可采储量中,低渗或特低渗油、重油、稠油和埋深大于3500 m的油占50%以上。而待探明的可采资源量中大都是埋深更大、质量更差、边际性更强的难动用资源。我国石油资源储存特点决定了我国石油资源增储难度加大,勘探成本会进一步提高。

当今我国陆上大多数主力油田已经进入中后期开发阶段。东部油田产量逐年递减,近10年来已累积减产1000万t以上,"稳定东部"变得越来越困难。"发展西部"虽已10年有余,但西部后备资源数量明显不足,未能形成产区的战略接替。海域油田原油产量所占比重逐渐加大,但份额仍较低,如果勘探再无重大的发现,可采储量也不会出现大的增加。近年来,我国新建油田的生产能力难以弥补老油田的产量递减,老油田挖潜成为原油产量的重要组成部分,石油稳产难度加大。以大庆油田为例,2003年大庆油田的原油产量自1975年以来首次跌破5000万t,下滑至4840万t。根据中国能源战略和长期生产计划,大庆今后的年生产量仍将继续下降,长期来看大概会保持在3500万t左右。

中国的石油年产量近年来基本上保持在1.6亿~1.8亿t,根据资源条件的限制,如果没有在石油勘探方面的大突破,希望能大幅度增加国内石油产量的愿望很难实现。表14.3为中国近年来石油消费、生产和净进口量的数据。

表 14.3　中国近年石油生产量、消费量及净进口量　　　（单位：亿 t）

| 年份 | 1995 | 1996 | 1997 | 1998 | 1999 | 2000 | 2001 | 2002 | 2003 | 2004 | 2005 |
|---|---|---|---|---|---|---|---|---|---|---|---|
| 国内产量 | 1.50 | 1.57 | 1.61 | 1.61 | 1.60 | 1.63 | 1.64 | 1.67 | 1.70 | 1.76 | 1.81 |
| 净进口量 | 0.12 | 0.18 | 0.40 | 0.34 | 0.48 | 0.76 | 0.71 | 0.81 | 1.06 | 1.51 | 1.43 |
| 消费 | 1.61 | 1.74 | 1.97 | 1.98 | 2.11 | 2.24 | 2.28 | 2.48 | 2.71 | 3.17 | 3.25 |

由表 14.3 看出我国石油生产每年产量基本保持稳定，消费量逐年增加，进口幅度增加更快，我国石油对外依存度越来越大。

#### 14.1.1.2　石油需求的发展趋势

石油是多种工业原材料的生产原料，而我国制造业发展速度快、规模大，必然会导致对能源和原料的快速需求，尤其对石油的需求将会越来越大。

影响石油消费需求的主要因素有经济增长、技术进步、产业结构调整、石油价格、国家能源政策等，因此，对石油消费量的预测是十分复杂过程。国家发展与改革委员会能源所、中国地质科学院、中国工程院、中国石油天然气总公司对我国 2010 年的石油消费量进行了估计，认为基本消费量在 2.7 亿~4 亿 t，预计中国在 2005~2020 年石油的产量将为 1.8 亿~2.1 亿 t，每年的缺口为 0.7 亿~1.8 亿 t，对海外原油的依存度将超过 50%。

#### 14.1.1.3　石油进出口变化

中国自 1993 年成为石油净进口国以来，石油进口量逐年上升。2005 年，在国际高油价影响下，中国石油净进口量（包括原油、成品油、液化石油气和其他石油产品）比 2004 年下降了 5.2%，降为 14 361 万 t。国内石油产量增长加快，使原油净进口量仅增长 1.4%，达到 11 902 万 t；进口燃料油和柴油大幅减少，汽油和柴油出口增加，成品油净进口量比 2004 年的 2642 万 t 减少 33.9%，降至 1746 万 t；高价格还抑制了对进口液化石油气的需求，进口量 5 年来首次下降，由 638.61 万 t 降到 614.12 万 t。中国在国际石油市场上将占有重要地位是毋庸置疑的。

**1）来源国**

1993 年，我国进口原油主要来自中东、亚太地区，基本上各占 42%。近年来，进口来源有向中东地区集中的趋势，对中东地区进口原油依赖性不断加强。1999 年从中东地区进口的量占总进口量的 46%，亚太地区占 19%；2000 年从中东进口原油的比例则上升到 54%，亚太地区的比例下降到 15%；2001 年从中东进口原油的比例更是接近 60%。

2005 年，我国从西亚非洲地区进口的石油占进口石油总额的 77.5%。中国进口石油最多的 3 个国家为沙特阿拉伯、安哥拉和伊朗（它们在中国石油进口总额中所占比重分别为 17.5%、13.7% 和 11.2%）。我国 2001~2005 年从中东地区进口石油的年增长率为 18.48%，远远高于其他国家和地区。

进口原油来源国数目少,同时向几个产油大国集中,向中东地区产油国集中,从长远来看是不利于我国的石油供给安全的。

**2)进口量**

近年来,我国国民经济持续、稳定、快速发展,GDP 增长率一直保持在较高水平。经济的发展使得我国能源需求增长迅猛,尤其是石油消费。目前,我国的石油消费量已位居世界第二位,仅次于美国。

根据中国海关统计数据,2005 年我国石油净进口 13 617 万 t,同比下降 5.3%。其中原油净进口 11 875 万 t,同比增长 1.2%;成品油净进口 1742 万 t,同比下降 34%。2006 年我国原油进口创历史新高,共进口 1.45 亿 t,比 2005 年多进口 1836 万 t。此外,出口方面,我国原油和成品油出口继续减缩,均在 1000 万 t 左右,分别减少 21%和 12%。

**3)价格**

2004 年 3 月,纽约原油期货价格还徘徊在 37 美元左右,6 月 1 日,就上涨到 42.33 美元;8 月 13 日,油价突破每桶 45 美元;8 月 22 日,涨到每桶 49.40 美元,逼近 50 美元大关;10 月 7 日,纽约商业期货交易所(NYMEX)原油期货突破 53 美元每桶;2005 年 8 月 12 日,纽约市场原油期货价格突破每桶 66 美元;2006 年最高涨到每桶 78 美元,2008 年 5 月石油最高达到每桶 147.7 美元。

2006 年我国原油进口 1.45 亿 t,花费超过 664 亿美元,比 2005 年多进口 1836 万 t,多花费近 187 亿美元。花费增幅达 39.2%,而进口数量的增幅则不到 15%。2006 年我国原油每吨进口均价为 458 美元,比 2005 年的 340 美元上涨了 118 美元。

### 14.1.1.4 国内石油生产成本

我国油田的综合生产成本在逐年上升,由 1989 年的 10.93 美元/桶上涨到 2000 年的 17.5 美元/桶,年均上涨幅度为 6.4%,而同期美国石油公司的综合生产成本基本稳定在 9 美元/桶左右。目前我国油田中经济效益较好的大庆油田,原油生产成本已达 17~19 美元/桶。

2006 年中国石油天然气总公司原油平均实现的价格为每桶 59.76 美元,比上年增长了 23.55%。也就是说,随着国际油价一段时间以来的下跌,中国国内的原油价格实际上已经十分逼近国际油价。

## 14.1.2 供应安全问题

威胁中国石油供应安全的致命性来源有两个:一是境内找不到石油或找到的石油量不能满足经济和社会发展的需求;二是进口能源渠道遭到制裁、禁运甚至全面封锁。

中国石油的国内产量在目前的勘探和技术水平下,不仅难以提高,而且很可能还会不断下降。而且,随着石油消费的不断上升,缺口越来越大。

### 14.1.3 价格上涨的影响

石油涉及的行业广泛、产业链长，国际石油价格首先会影响国内油价，并将通过产业链进一步传导，渗透到生产、生活的各个方面，也直接影响普通消费者。

石油价格的变动通过客运价格或居民电价的变动而影响居民消费价格的变动，这种传导路径较短，影响较快；用于工业运输或工业用电，则将通过货运价格或工业电价的变动，影响不同产品价格，这些不同产品会经过不同的产业链而最后成为日用工业消费品影响居民消费价格。

国际石油价格对国内价格的一般传导途径可以分为以下两条：

传导途径一，国际原油价格→国内油气产品价格→原材料购进价格→交通运输业价格、用油工业品价格、居民燃气价格等→工业品出厂价格指数（EPI）、全国居民消费价格总水平（CPI）。这一传导途径主要是以油气产品作为介质，对 CPI 的影响是直接的，影响速度快。

传导途径二，国际原油价格→国内有机化工产品价格（烯烃类、苯类等化工原料）→塑料、橡胶、化纤等工业中间品价格→以塑料、橡胶、化纤等为原料的加工企业（生产工、农业生产资料，生活资料等）产品价格→原材料购进价格、CPI。这一传导途径主要是以有机化工产品作为介质，对 CPI 的影响是间接的，影响速度较慢。

由于我国的原油、成品油、公用服务产品、农业生产资料的价格仍然不同程度的受国家控制，并不完全由市场供求关系决定，国际石油价格在我国的传导效应还受国家体制因素的制约。

## 14.2 解决中国能源安全问题的研究

解决能源安全问题既要考虑短期内保障现有能源强度水平下的足量供应，更不能忽视推动能源经济的可持续发展的长期性。能源安全问题的核心是稳定供给，而追求稳定一般来说都要以牺牲某些利益为代价。以下提出的所有战略措施都需要付出一定的代价，代价高低正是采纳与否的一个重要衡量标准。

### 14.2.1 石油储备

石油储备是指为防范国际市场石油供应中断危机，保障国家、社会与企业的石油的供应安全而储存石油。石油储备一般分为战略石油储备和商业储备，各有其不可忽视的重要作用。战略石油储备是指国家为应对紧急状况而建立的不能轻易动用的石油储备；商业储备是指企业为保障自身有序经营而建立的适当储备，其中包括原油储备和成品油储备两种。

### 14.2.1.1 国外战略石油储备的经验

实践表明，石油进口大国建立石油储备在防范风险、供油安全、调节供需、平抑油价、保障经济等方面都起到了积极的作用。截至 2005 年 7 月，美国的战略石油储备已经达到 6.982 亿桶。

战略石油储备的作用有以下三方面：①保障供给。保证一段时间内的石油应急供应，使国民经济各重要部门特别是军队能够正常运作。②稳定油价。庞大的战略石油储备本身对市场就起着制衡作用。③威慑作用。在紧急情况下，国家能及时利用战略石油储备，减轻和限制石油武器或石油危机的冲击力，从而为解决危机和其他一系列问题赢得所需的时间。

石油储备建设需要投入巨额资金。到 1998 年末，美国政府战略石油储备的费用累计已高达 210 亿美元，仅每年用于维护与经营的费用就需 2 亿美元。其投资结构：购买石油 75.4%，储存设施建设与维护费用 22.9%，管理费用 1.7%。巨额的储备费已成为美国政府一项沉重的财政负担，并成为制约美国战略石油储备发展的一个重要因素。美国政府为减轻石油储备财政负担，正在探索战略石油储备商业化的道路。日本的做法：征收石油税，设立石油专门账户，主要用于政府储备；通过政府和信贷部门筹集公共基金；由国家石油储备的实施与管理机构对民间石油储备提供低息贷款、资本投资或建设投资。德国的做法：战略石油储备费用由政府开支；联盟储备费用来自银行贷款和消费者交纳的储备税；企业储备费用自理。韩国战略石油储备由韩国国家石油公司负责，民间义务储备由 5 家炼油厂、两家 LPG 进口商、17 家油品进口商和 5 家石化企业承担。

### 14.2.1.2 我国建立石油储备的思路

在当前情况下，我国建立战略石油储备确有必要。首先，建立战略石油储备的目的是应对短时间的石油供应中断和油价暴涨。战略石油储备是国际上普遍流行的保障石油安全的措施，其效果也得到了多次检验。其次，购买石油是购买了一种能够保值的商品，即使没有动用应对危机的机会，将来也总会体现其价值。

但是，我国建立战略石油储备的规模不必太大。由于建立战略石油储备的成本高昂，设施建设和维护管理费用很可能会成为政府的财政负担。以 2005 年我国日均消费石油 698.8 万桶计算，建设 30 d 的战略石油储备仅购买石油就需要花费 817.36 亿元人民币，其他费用按照石油费用的 30% 计算，总计需要花费 1062.57 亿元人民币，见表 14.4。

在建立战略石油储备的同时还应该建立其他形式的石油储备。国家可以鼓励石油企业加大商业储备数量，并逐年递增，其资金可以通过税收和补贴等方式解决。另外，国家应该鼓励国内石油资源和产能储备。对国内石油资源，要实行经济开采。可以将部分石油资源作为我国长期战略资源储备。

表 14.4 我国建立战略石油储备的成本估计

| 天数 | 储备数量/万桶 | 石油费用/亿元 | 其他费用/亿元 | 合计/亿元 |
|---|---|---|---|---|
| 10 | 6 986 | 272.45 | 81.74 | 354.19 |
| 20 | 13 972 | 544.91 | 163.47 | 708.38 |
| 30 | 20 958 | 817.36 | 245.21 | 1 062.57 |
| 40 | 27 944 | 1 089.82 | 326.94 | 1 416.76 |
| 50 | 34 930 | 1 362.27 | 408.68 | 1 770.95 |
| 60 | 41 916 | 1 634.72 | 490.42 | 2 125.14 |
| 70 | 48 902 | 1 907.18 | 572.15 | 2 479.33 |
| 80 | 55 888 | 2 179.63 | 653.89 | 2 833.52 |
| 90 | 62 874 | 2 452.09 | 735.63 | 3 187.71 |
| 365 | 254 989 | 9 944.57 | 2 983.37 | 12 927.94 |

注：按石油价格 50 美元/桶、人民币美元汇率为 7.8 : 1、其他费用为购买石油费用的 30% 计算。

### 14.2.2 保障国外石油供给的措施

#### 14.2.2.1 加强石油外交

我国与中东大多数国家一直保持着良好关系，经贸合作不断扩大。因此，无论在石油资源上，还是在地缘政治关系、交通条件上，中东地区是近期我国利用国外石油资源的主要供应地，也是未来最主要的石油供应源之一。我国应在积极发展和沙特、科威特的石油合作关系的同时，不失时机地与伊朗、伊拉克开展石油外交。

非洲和南美地区的主要产油国与我国关系友好，经贸往来不断扩大。这些地区的产油国普遍较为落后，一些国家长期受美国制裁，石油工业的基础较差。他们急于摆脱贫困，有较强的出口换汇的意愿，石油合同条款普遍较为优惠。因此，我国有可能在这两个地区寻找到新的或大的石油供应者。

在我国获得国际石油资源的战略区域选择上，应使我国石油进口来源实现多元化，以保证长期稳定供给。首选供应区应该是中东，其次是俄罗斯—中亚，非洲和中南美地区也要积极合作。

#### 14.2.2.2 多元化进口

我国也应该仿效其他石油进口大国的做法，尽可能地分散进口来源。这就要求我国调整原油进口结构，加大非海湾地区原油进口比例，重点是非洲地区、俄罗斯、中亚及其他地区。特别是，俄罗斯和中亚国家的油气资源丰富，石油和天然气的出口潜力很大。同时也应该加强与南美洲产油国的经贸合作。

需要注意的是，盲目增加石油进口国家的数量，并不能有效降低石油进口的风险。美国、欧盟石油进口的事实，充分证明了减少主要进口来源直接的份额差距是降低石油进口风险的最佳途径。因此，我国应逐步缩小几个主要石油进口来源国的进口量差距，避免过度依赖于某个国家或地区。

### 14.2.2.3 海外投资

为减少对中东石油的依赖,防止该地区突然中断石油供应给国家造成危害,美国等国家采取一系列能源保障措施,其中很重要的一条:增加石油投资,更多地拥有资源储量。日本一方面利用日元升值,油价下跌的机会从别国购买石油资源储量;另一方面与拥有资源的国家合作开发石油,企图从中取得一定量的产品支配权。美国政府为了增加石油储量也增加了勘探开发投资,投资地区不是仅局限于国内,还将大量资本投向国外石油前景良好地区,如加拿大和北海地区及一些发展中国家。

迄今为止,我国同海外油源的合作范围已扩展到中亚:俄罗斯、阿塞拜疆、哈萨克斯坦,东南亚:印度尼西亚、缅甸,中东:利比亚、伊朗、阿曼和中南美洲:委内瑞拉,非洲:苏丹等地。我国和国外很多合作项目都采取"份额油"的方式,即中国在当地的石油建设项目中参股或投资,每年从该项目的石油产量中分取一定的份额。这样一来,我国拿到手的是实物,石油进口量不至于受价格影响波动太大。

解决我国石油安全问题的措施之一,不仅要增加海外投资以获得更多的石油资源,更要把这些石油资源尽可能地用于满足国内石油需求方面。

### 14.2.2.4 保障运输安全

在我国进口石油的来源国中,中东和非洲占有很大的比例,而进口中东和非洲石油就必须采用苏伊士运河—印度洋—马六甲海峡这条航线。单一而又漫长的航线就会带来安全方面的风险,而我国的军事力量又难以完全保障其安全。目前看来,我国石油安全面临的外部威胁主要来自周边海上石油进口运输线的不安全因素。因此,从保障运输安全的角度看,我国应当增加从俄罗斯、中亚和南美的石油进口数量,尤其是能够以管道或铁路方式运输的俄罗斯和中亚各国。

## 14.2.3 稳定国内产量

我国石油资源最终可采储量为 130 亿~150 亿 t,仅占世界石油可采储量(4563 亿 t) 3%左右。到 2000 年底,我国石油剩余可采储量为 24.6 亿 t,仅占世界剩余可采储量 (1402.8 亿 t)的 1.8%。按每平方公里国土的平均资源比较,我国石油可采资源量的丰度值约为世界平均值的 57%。剩余可采储量丰度值仅为世界平均值的 37%。与世界石油资源量相比,我国具有技术和经济意义的石油资源量严重不足。

能否在经济可行的条件下提高对低渗油、重油、稠油的资源利用水平,是合理、经济利用我国石油资源的重要条件。为使油田能够在经济合理的前提下获得最大的采收率,在油田开发,特别是老油田开发方面要科学地处理稳产问题,为以后采用更先进的技术提高最终采收率留下余地。

从目前情况看,稳定国内石油产量是很艰难的。但是,为了保证石油对外依存度不超过 50%,石油企业还是应该付出更多的努力。

### 14.2.4 减少国内石油消耗

我国不合理用油和油耗过高的问题十分突出。2002年我国每百万元GDP消耗石油约为24t,虽然比1970年的125t已大大降低,但与世界先进水平相比仍然存在较大差距,大体相当于日本的4倍、欧洲的3倍、美国的2倍。

#### 14.2.4.1 节约

如果我国按美国现在的标准消费石油,每年要消费约50亿t原油,超过了当今全世界石油的总产量。这种情况是绝对不能允许发生的。

政府和各相关组织都应该加强关于节约的宣传,让节约的观念深入人心。节约用油应该作为国家石油安全战略的重要组成部分,我国应该加快建立节约石油资源的消费模式。

#### 14.2.4.2 降低单位能耗

近年来,我国炼油技术发展迅速,但是能耗、物耗方面与国外先进水平相比仍有不小的差距。因此,石油石化企业可以带头大力节约用油,提高石油利用效率。重点是依靠科技进步和管理创新,提高油田勘探开发和炼油、石化生产技术水平,提高油田原油生产的商品率、炼化企业的轻质油品收率和原油加工综合商品率;通过优化资源配置和加工工艺,优化改造现有用能设施等途径,降低自用油消耗和加工损失率。

目前全国50多座小炼厂一年加工原油约2000万t。与大炼厂相比,小炼厂石油资源利用率很低,如轻油收率约低10%,加工损失率和能耗高出30%。如果将小炼厂加工的原油由一个正规的大炼厂加工,一年能多生产200万t轻质油品。因此,加大关停并转小炼厂的力度,有利于提高全行业的石油资源利用率。

毋庸置疑,节能技术对于提高能源利用效率,减少一次能源消费具有非常重要的意义,但是节能终究有一定极限,而且在很多情况下,实现节能的成本比较高。

#### 14.2.4.3 发展生物质液体燃料替代石油

发展生物质液体燃料替代部分石油,并在石油资源耗尽后成为主要的液体燃料来源,是从根本上解决石油安全问题的方式。以生物质原料替代石油来生产燃料与化工产品,符合我国以人为本、全面协调可持续发展的科学发展观和建设节约型社会的方针。

生物质液体燃料包括燃料乙醇、生物柴油、生物甲醇与生物二甲醚。目前最主要的生物质液体燃料是生物柴油和燃料乙醇。

我国的生物柴油产量很小,每年的产量大约仅有10万t,主要生产原料是废弃动植物油脂。在发展生物柴油方面,我国尚没有类似燃料乙醇的大规模推广计划。

生物质液体燃料是可再生能源,同时又具有良好的环境效益和社会效益,大力发展生物质液体燃料是解决石油安全问题的最理想途径。

## 14.2.5 石油相关政策

### 14.2.5.1 相关法律

为保证国家石油安全，西方国家无一例外地法律先行，制定完善的石油法律法规体系，利用法律对石油资源和石油的生产、消费、进口、储备等进行强有力的政府控制。

鉴于石油的安全供应事关重大，美国在制订石油政策时非常重视国家石油供应的充足与安全，特别是军事用途的石油供应，给予极高的重视。美国从1912年到20年代中期就在国会中陆续通过法律，将国内4块可能有丰富油气储藏和3块有大量页岩矿藏的广大地区划为"海军用油保护区"，规定只许海军在战时急需时经国会批准后开采。迄今这些地区的矿藏仍在美国国家严格控制之下。

日本则为了抑制石油消费一直实行由政府严格控制的高油价政策。日本的石油价格是美国石油价格的4倍多，价格中所含的税收则是美国税收的6倍多。高油价有效地抑制了其石油消费的增长，在政府控制油价最为严格的1973~1986年高油价期间，日本的石油消费呈负增长，到1995年，日本全国石油消费绝对量仍低于1973年的水平。

中国自1986年《中华人民共和国矿产资源法》颁布以来，关于石油工业监管的法律法规虽不断推出，如《矿产资源开采登记管理办法》、《对外合作开采海洋石油资源条例》、《石油、天然气管道保护条例》、《国家发展计划委员会原油、成品油价格改革方案》等，但迄今为止尚没有一部综合性的石油法。因此，中国应加快借鉴、学习和研究，力争早日推出一部完善的、缜密的石油法，以克服石油工业监管中存在的各种弊端，保证石油工业监管有法可依、有法必依和石油市场有序竞争。

### 14.2.5.2 管理体制

近20年来，中国能源管理机构几经变迁，1988年七届全国人大一次会议决定撤销煤炭部、石油部、水利电力部，成立能源部；1993年，八届全国人大一次会议决定撤销能源部，重组煤炭部、电力部；1998年，九届全国人大一次会议决定撤销煤炭部、电力部。但到2002年，能源行业尤其是石油行业仍缺乏一个完整的行政治理框架，涉及能源管理的部门有国家发展与改革委员会、经济贸易委员会、国土资源部等十多个部委，但又没有一个部门在石油管理上具有足够的权威性。

### 14.2.5.3 原油和成品油定价机制

我国目前现行的石油和成品油价格形成机制制定于2001年。汽油、柴油零售价实行政府指导价，即国内汽油、柴油价格与新加坡、鹿特丹和纽约三地市场价格挂钩，当三地市场价格平均涨跌幅超过一定程度，由国家发展和改革委员会（简称发改委）制定并公布零售中准价；具体零售价由中石油、中石化集团公司在规定浮动幅度内确定，浮动幅度为上下8%。

中国在加强和主要石油产地合作的同时，必须加强力量制定自己的石油价格体系，或者最低限度影响到亚洲原油市场价格的走势。否则，即使中国控制了大量石油资源，由于价格被其他国家控制,中国的石油安全还是无法得到保障。因此,我国急需建立独立的价格体系,以对石油价格发挥影响,而不仅仅是被动的承受。

改革原油和成品油定价机制势在必行,但是又存在很多困难。新的定价机制既要反映成本,又要反映供需关系,还必须考虑用户的承受能力以及对各产业的影响。

#### 14.2.5.4 燃油税

燃油税在国外一般也称为汽油税、汽车燃油税和燃油消费税等,属于消费税的一种。目前,世界上已经有100多个国家开征燃油税。燃油税政策有许多优点,最主要的是征收燃油税体现了公平原则。一是能源占有和"环境公平"原则。汽车尾气对环境的严重污染是公认的,而大多数人是在无奈地承受着这种污染的伤害。虽然汽车使用者缴纳各种费用,这些费用很难与其造成的环境污染相匹配。二是汽车消费者的使用公平。在实施燃油税政策后,购买汽油付出的成本与使用汽车所获得的收益则更能体现公平和对等的原则;三是公共财政对城市道路投入的公平。政府财政投入的目标应该是使所有人平均受益,这既是公共财政的本来意义,也是社会公平的体现。征收燃油税还可以抑制公路乱收费,可以在一定程度上引导民众节能,甚至解决屡禁不止、愈演愈烈的货运车辆严重超载问题。

实行燃油税改革,总体而言利大于弊。好的政策存在实施障碍是正常的事情,但障碍总会被克服。

要保障合理的石油消费,国家关于石油的法律法规以及政策是非常重要的。我国的原油和成品油定价机制尚不够完善,仍然存在一些欠缺。燃油税是通过经济杠杆促进节油的政策,但是在我国虽已经提出10余年,但仍然未能付诸实施。燃油税政策的实施必然会对燃油的消费产生积极的抑制作用。

## 14.3 生物质液体燃料技术和原料

生物质能是一种可再生能源。生物质能是蕴藏在生物质中的能量,是绿色植物通过叶绿素将太阳能转化为化学能而储存在生物质内部的能量。煤、石油和天然气等化石能源也是由生物质能转变而来的。我国生物质能资源非常丰富,年产量达8亿多吨余石油当量,能源总量超过$3\times10^{16}$ kJ。生物质能转化利用技术的主要种类:沼气、生物质压块、生物质发电、液体燃料等。

用生物质生产的液体燃料种类很多,如甲醇、二甲醚、乙醇和生物柴油等,但考虑生产技术的成熟度、产品的经济性、一次性投资等因素,国内外都选择生物燃料乙醇和生物柴油作研究对象,作者认为这是符合中国国情的,因此,本节从技术和原料方面给予分析。

### 14.3.1 燃料乙醇

#### 14.3.1.1 概况

燃料乙醇工业在巴西、美国、法国、西班牙、瑞典等国均已形成了规模生产和使用。2005年巴西和美国的燃料乙醇产量分别达到1250万t和1200万t。

我国政府于2002年开始实施乙醇汽油项目，将变性燃料乙醇按一定比例加到汽油中作为汽车燃料，最初在河南省和吉林省示范。2004年10月起，黑龙江、吉林、辽宁、河南、安徽5省及湖北、山东、河北及江苏的部分地区，强制封闭使用车用乙醇汽油；到2005年，这些地方除军队特需和国家特种储备外实现了车用乙醇汽油替代其他汽油。

乙醇的热值低于汽油，汽油的热值为46.0 MJ/kg，而乙醇的热值为29.7 MJ/kg，为汽油的65%。但由于乙醇的密度高于汽油，乙醇的密度为789.3 kg/m³，汽油的密度约为725 kg/m³（93#汽油），相同体积的乙醇热值为汽油的70%。因此，1 kg 燃料乙醇可以替代0.65 kg的汽油，1L燃料乙醇可以替代0.70L汽油。

我国发展燃料乙醇的主要问题是生产成本较高，尤其是能耗较大。

### 14.3.1.2 燃料乙醇的生产原料

发酵法制乙醇的生产原料从本质上讲都是糖类，也就是可发酵性糖。具体来说分为淀粉类原料、糖类原料、纤维素类原料。

**1）淀粉类原料**

乙醇生产可用的淀粉质原料有薯类、粮谷类、野生植物类和农产品加工的副产品等。

(1) 薯类原料：甘薯、马铃薯、木薯等。2005年，我国薯类总种植面积为950.3万hm²，总产量为3468万t。

甘薯是我国主要粮食作物之一，全国种植面积达1亿多亩，栽培面积和总产量均居世界首位。据有关部门统计：甘薯有30%做饲料，20%用于加工，30%因来不及加工或储藏不当而损失。鲜甘薯中淀粉含量为15%~25%，可发酵性糖为1.5%~2.0%，粗蛋白质为1.1%~1.4%，水分为70%~80%，粗纤维素为0.1%~0.4%，并含有一定的果胶质。

马铃薯（土豆），也是一种很好的乙醇生产原料，鲜马铃薯中含淀粉12%~20%、水分70%~80%、粗蛋白质1.8%~5.5%，纤维素含量较少。马铃薯干含淀粉63%~70%、水分约13%、蛋白质6%~7.4%、纤维素1.5%~23%。2005年我国马铃薯种植面积为7321万亩，总产量为7086.5万t，平均亩产量达到968 kg。

木薯：原产于巴西，世界分布在东南亚、非洲、南美洲，是亚热带和热带地区主要淀粉作物之一。在我国以广西为主的北纬5°~25°一带为主要产区，平均亩产1.4 t，优良品种的亩产可达3 t左右。鲜木薯含淀粉27%~33%，在甜味木薯中还有3%~4%的蔗糖、水分70%~71%、蛋白质1%~1.5%、纤维素1.1%~4%。木薯干中含淀粉63%~74%、水分12%~16%。3 t木薯干可生产1 t乙醇。2005年全国种植面积约900万亩，总产量1100万t。

(2) 粮谷类原料：玉米、高粱、小麦、稻谷等。

玉米：目前是我国白酒和乙醇生产的主要原料之一。干玉米含淀粉65%~66%、水分12%、蛋白质含量较高，一般8%~9%，玉米中脂肪含量较高，4%~4.5%。

2005年全国玉米种植面积约2635.8万 hm², 总产量为13 937万 t, 平均单产量达到5287 kg/hm²。

水稻：不宜食用的、生霉的、农药含量高的大米常用于制造乙醇。大米的组成：淀粉65%～72%、蛋白质7%～9%、水分11%～13%, 共含碳水化合物75%～85%。2005年全国水稻种植面积约2884.7万 hm², 总产量约18 059万 t, 平均单产量达到6260 kg/hm²。

小麦中含淀粉63%～65%、蛋白质10%～10.5%、水分12%～13%、粗纤维素1%～1.5%。2005年全国小麦种植面积约2279.3万 hm², 总产量9745万 t, 平均单产量达到4275 kg/hm²。

高粱是生产饮料酒和乙醇的重要原料。淀粉含量63%～65%、水分12%～14%、蛋白质8%～8.2%, 含有对发酵有害的单宁3%左右。2005年全国小麦种植面积约57万 hm², 总产量254.6万 t, 平均单产量达到4466.67 kg/hm²。

(3) 野生植物类：橡子、金刚头、土茯苓、芭蕉芋等。

橡子俗称青杠籽，含淀粉49%～60%、蛋白质4%～7%、水分11%～14%、单宁2%～4%。

土茯苓其淀粉含量55%～60%、蛋白质2.3%～2.5%, 水分11%～14%。

因为野生植物数量和产量不多, 所以各厂很少用它作主要原料。在我国内地主要是以农产品: 甘薯、木薯、玉米、高粱作为乙醇生产的主要淀粉质原料, 其中玉米和小麦是我国目前燃料乙醇的主要生产原料。

**2) 糖类原料**

乙醇生产可用的糖类原料有甘蔗、甜菜、甜高粱茎秆、糖蜜等。

甘蔗是我国重要的糖料作物。甘蔗的含糖率为12.5%～14%。世界上唯一不供应纯汽油燃料的国家——巴西就是以甘蔗为原料生产乙醇。2005年, 我国的甘蔗种植面积为135万 hm², 总产量为8664万 t, 平均单产量为64 t/hm²。

甜高粱茎秆：甜高粱为短日照 $C_4$ 植物, 具有很高的光合效率, 生长能力特别强。甜高粱耐干旱、耐水涝和抗盐碱。甜高粱每亩产茎秆5000 kg, 可产乙醇360 kg; 每亩产籽粒300～450 kg, 可产乙醇100 kg, 两项合计为460 kg。

甜菜：藜科甜菜属二年生草本。甜菜作为糖料作物栽培始于18世纪后半叶, 至今仅200年左右历史。2005年, 我国的甜菜种植面积为21.4万 hm², 总产量为788万 t, 平均单产为36.8 t/hm²。

糖蜜：是生产白砂糖后的产物, 随着制糖技术的不断提高, 使得糖蜜的质量不断下降, 可发酵性糖分逐渐减少, 不利于乙醇生产中的发酵。

**3) 纤维素类原料**

用于乙醇生产的纤维素类原料主要是农作物的秸秆。作物秸秆一般含纤维素和半纤维素70%左右。我国是一个农业大国, 每年的农作物秸秆产量达到7亿 t。目前, 我国的秸秆用途主要是工业、牲畜饲料、农村生活燃料、还田等, 目前每吨秸秆可生产120～140 kg乙醇。

另外, 我国南方还有大量香蕉叶和干皮纤维, 含量也在65%～72%, 中国农业科学院已发现并培育了一种高纤维植物，纤维含量达 90% 以上。

从表 14.5 可以看出，甘蔗、甜高粱茎秆、甘薯和木薯是单位面积燃料乙醇产率相对较高的原料。而玉米、水稻、小麦等粮食作物虽然单位质量的燃料乙醇产率高，但由于单位面积产量相对较低，所以单位面积燃料乙醇产率也相对较低。而且，考虑到粮食安全问题，生产燃料乙醇的原料应该尽可能地选择非粮食作物。甜菜的含糖率与甘蔗相近，但是单产量低，因而单位面积燃料乙醇产率也相对较低，所以也不推荐作为燃料乙醇的生产原料。

表 14.5　我国燃料乙醇主要生产原料及单产量

| 原料 | 单产量1/[t/(hm²·a)] | 糖或淀粉含量/% | 乙醇产率/(kg/t)原料 | 土地乙醇产量/[kg/(hm²·a)] |
| --- | --- | --- | --- | --- |
| 甘蔗 | 65.2 | 12.5～14 | 60～70 | 4600 |
| 木薯 | 15～18 | 27～33 | 150～220 | 2500～4000 |
| 甘薯（鲜） | 24.2 | 20 | 125 | 3030 |
| 甜菜 | 30.8 | 13.9 | 68 | 2096 |
| 甜高粱茎秆 | 60～90 | 14～20 | 60 | 3600～5400 |
| 玉米 | 5.1 | 69 | 310 | 1587 |
| 小麦 | 4.3 | 66 | 320 | 1361 |
| 水稻 | 6.3 | 75 | 360 | 2272 |
| 秸秆 | 0.36 | 70² | 120～140 | 43.2～50.4 |

1. 单产量中，甘蔗、甜菜、玉米、小麦、水稻为我国 2005 年平均单产量，其他为估计产量；2. 纤维素和半纤维素的含量。

## 14.3.2　生物柴油

### 14.3.2.1　概况

目前生物柴油的主要问题是成本高，其主要原因是原料的成本高。据统计，生物柴油制备成本的 75% 是原料成本。因此，采用廉价原料及提高转化率从而降低成本是生物柴油能否实用化的关键。

我国生物柴油的研究与开发虽起步较晚，但发展速度很快，一部分科研成果已达到国际先进水平。研究内容涉及油脂植物的分布、选择、培育、遗传改良及其加工工艺和设备。

中国关于生物柴油的系统研究始于中国科学院的"八五"重点科研项目："燃料油植物的研究与应用技术"，完成了金沙江流域燃料油植物资源的调查及栽培技术研究，建立了 30 hm² 的小桐子栽培示范区。自 20 世纪 90 年代初开始，长沙市新技术研究所与湖南省林业科学院对能源植物和生物柴油进行了长达 10 年的合作研究，"八五"期间完成了光皮树油制取甲脂燃料油的工艺及其燃烧特性的研究；"九五"期间完成了国家重点科研攻关项目"植物油能源利用技术"。

1999～2002 年，湖南省林业科学院承担并主持了国家林业局引进国外先进林业技术（948 项目）——能源树种绿玉树及其利用技术的引进，从南非、美国和巴西引进了能源树种——绿玉树优良无性系；研制完成了绿玉树乳汁榨取设备；进行了绿玉树乳汁成分和燃料特性的研究；绿玉树乳汁催化裂解研究有阶段性成果。但是，与国外相比，我国在发展生物柴油方面还有相当大的差距，长期徘徊在初级研究阶段，未能形成生物柴油的产业化；政府尚未针对生物柴油提出一套扶植、优惠和鼓励的政策办法，更没有制定生物柴油统一的标准和实施产业化发展战略。

### 14.3.2.2 生物柴油的生产原料

生物柴油的主要生产原料是油料作物和富油木本植物。很多种富油木本植物具有野生、耐旱、耐贫瘠、不与粮食生产争地的特点。

**1）油料作物**

油菜：又名芸薹，属于十字花科油菜属一年生或二年生的草本植物。油菜耐寒性强，对土质要求不严，成熟期短，中国各地均有种植。油菜籽出油率为 40% 左右。菜籽油是我国人民主要的食用油之一，它的消费量占全国食用油的 1/3。我国油菜主要分布在长江流域一带，为二年生作物。它们在秋季播种育苗，次年 5 月收获。春播秋收的一年生油菜主要分布在新疆、甘肃、青海和内蒙古等地。2005 年，我国油菜种植面积为 727.9 万 $hm^2$，总产量达到 1305.2 万 t，平均单产为 1.8 $t/hm^2$。

大豆：又名黄豆，豆科大豆属一年生草本。起源于中国，早在公元前 2560 年的黄帝时期就已种植，至今已有 4500 多年历史。在 20 世纪以前，我国是世界上唯一生产大豆的国家。大豆是我国最主要的豆科粮食作物，每年总产量的 30% 供榨油，但在分类上属于粮食作物，而不属于油料作物。大豆喜温，适宜温带栽培；对土壤的选择不严，而且有增进土壤肥力的作用，适宜与麦、棉等消耗地力较大的作物实行轮作。东北的松辽平原和华北的黄淮平原为我国大豆的集中产区。从化学成分看，东北大豆含油量高，一般为 20%～21%；含蛋白质也高，一般为 40%～42%。大豆是世界上十分重要的油料作物，在美国，植物油占食用油消费量的 90% 以上，而大豆油又占植物油的 90% 以上；在巴西，大豆总产量的 70% 左右用于榨油。2005 年，我国的大豆种植面积为 959.1 万 $hm^2$，单产为 1705 $kg/hm^2$，总产量达到 1635 万 t。但是，由于需求量大，当年进口大豆 2659.1 万 t，而出口量仅为 41.3 万 t，净进口量为 2617.8 万 t。

花生：花生原产南美洲，15 世纪末或 16 世纪初期被引入我国。现在，花生是我国最主要的油料作物，产量占全国油料总产量的 45.6%。花生在我国分布普遍，以暖温带、亚热带和热带的沙土和丘陵地区为主，其中山东省花生产量约占全国的 40%。广东、广西、福建三省区的丘陵地区分布也较集中。花生的出油率约为 50%。2004 年，我国的花生种植面积为 466.3 万 $hm^2$，单产为 3.1 $t/hm^2$，总产量达到 1434.2 万 t。

**2）富油木本植物**

发展生物柴油，我国有十分丰富的原料资源。我国幅员辽阔，地域跨度大，水热资源分布各异，能源植物资源种类丰富，主要的科有大戟科、樟科、桃金娘科、夹竹桃科、菊科、豆科、山茱萸科、大风子科和萝藦科等。

我国的木本油料植物资源非常丰富，总的来说有以下特点：①植物种子普遍含油脂；② 据《中国油脂植物》记载，我国有 108 个科、397 个属、814 种油脂植物，我国油脂植物种类之多在世界上是首屈一指的；③ 木本油料植物含油量在 15% 以上的约 1000 种，其中含油量在 20% 以上的约 300 种，40% 以上的植物有 154 种；④ 据不完全统计，我国常见的能源木本油料植物有 600 多种。四大主要栽培种总面积超过亿亩，年产果量为 200 万 t 以上。

目前在应用的主要木本油料树种资源有以下 11 种。

油桐：油桐属大戟科落叶乔木；含油率 54%~68%；在我国分布在北纬 20°15′~34°30′，东经 99°40′~122°07′；包括 15 个省（自治区）的近 70 个县，面积 2000 多万亩。生产区集中，主要在贵州、重庆、广西、四川、湖北等省市；有油桐生产基地县 50 个，1995 年产量为 10.9 万 t，占世界总产量的 78%。油桐桐籽含油量在 60% 左右，盛产期 20~30 年，桐油籽每亩单产量在 120 kg 以上。

乌桕：又名蜡子树、木油树，原产我国，有 1500 多年的栽培历史，是中国南方著名的工业油料树种。早期用于照明。地理分布区为北纬 18°31′~36°，东经 99°~121°41′；主要生产区域：汉江谷地产区、大别山产区、浙皖山丘产区、浙闽山丘产区、长江中下游南部山丘产区、金沙江河谷产区。种子含油率 40% 以上，每公顷乌桕年产油 800~1100 kg。

油茶：山茶科山茶属植物，在我国已有 2300 多年栽培历史；山茶属主要油用物种近 20 种，主要有普通油茶、小果油茶、浙江红花油茶、越南油茶、腾冲红化油茶等；油茶广泛分布于我国亚热带的南、中、北三个地带，湖南、江西、广西、福建、浙江、安徽等 17 个省（自治区）、1100 多个县市。栽培面积 5500 万亩；油茶含油率 34%~72%（不同物种差别很大），优良品种栽培亩产油 40~50 kg。

核桃类：包括核桃、云南薄壳核桃。栽培区域扩大至 24 个省（自治区），以河北、山东、山西、陕西、甘肃、云南、贵州和新疆南部为主产种植区，面积约 1400 万亩，产量为 43.7 万 t。主产区集中，主要六大产区：东部沿海分布区，西北黄土区分布区，新疆分布区，华中、华南分布区，西南分布区，西藏分布区。含油率为 65%~70%，亩产果量为 20~40 kg。

山核桃类：薄壳山核桃为优质干果树种，又名美国山核桃或长山核桃。我国温带以南地区和云南也开始较大面积引种栽培。建立了我国最大的薄壳山核桃保存基地两处，收集保存品种和优良单株等育种材料 116 个；选育了 5 个高产稳产新品种，其中 3 个通过品种审定；采用优良新品种建立了良种采穗圃，苗木扩繁技术取得突破，嫁接成活率稳定在 80% 以上。采用新品种，在浙江和云南建立规模生产基地。山核桃主要分布在浙江西部、皖南山区和大别山区，总面积在 80 万亩左右。良种选育方面进展相对缓慢。目前进行了优良树种选育工作，繁殖技术也在进展中。

油橄榄：整粒油橄榄含油在 30%~35%，属于高油分的木本油料植物之一。在我国从 20 世纪 60 年代起开始了油橄榄的批量引进，目前在甘肃南部武都一带表现较好、生长结实正常，部分种植园产量可达到原产地标准。引进了一批栽培品种并进行批量品种苗木繁殖。

文冠果：又名文冠树、文官果、崖木瓜等，属无患子科文冠果属。文冠果是我国特有的一种优良木本食用油料树种,种子含油量高达50%左右,种仁含油量为70%。在我国天然分布于北纬32°~46°,东经100°~127°。南自安徽省萧县及河南南部,北到辽宁西部和吉林西南部,东至山东,西至甘肃、宁夏。集中分布在内蒙古、陕西、山西、河北、甘肃等地,辽宁、吉林、河南、山东等省均有少量分布。种子含油率30%~36%,种仁含油率50%~70%。小片丰产林每公顷年产1500~2000 kg果实。文冠果在播种当年就有花芽形成,2~3年就可开花结果,10年生树每株产果50 kg以上,30~60年生树单株产量也在15~35 kg。

黄连木:又名楷木、楷树、黄楝树,属漆树科黄连木属。漆树科黄连木属有4个种和6个变种,中国仅有一种黄连木即中国黄连木。黄连木种子含油量在40%以上,是一种不干性油,可为工业原料或食用油。根据全国普查结果,中国黄连木分布遍及华北、华中、华南23个省(自治区)。黄连木树龄很长,在散生木中树龄达200年以上。我国目前的资源量约为100万亩,种子每亩产量估计为500 kg。

麻疯树:又名小桐子、芙蓉树、膏桐、亮桐、臭油桐,为大戟科落叶灌木或小乔木。麻疯树林3年可挂果投产,5年进入盛果期。麻疯树种仁含油率50%~80%,经改性后的麻疯树油可适用于各种柴油发动机。目前,野生麻疯树的干果亩产量为300~800 kg,平均亩产量约660 kg。尼加拉瓜将麻疯树种子油作为生物燃料,其种子含油率高达40%,且流动性好,与柴油、汽油、乙醇的掺和性很好,相互掺和后,长时间不分离。

光皮树:为山茱萸科落叶乔木,是一种理想的多用途油料树种。光皮树广泛分布于黄河以南地区,集中分布于长江流域至西南各地的石灰岩区,以湖南、江西、湖北等省最多,垂直分布在海拔1000m以下。光皮树花期5月,果熟期10~11月,核果球形,紫黑色。实生苗造林一般5~7年始果,人工林林分群体分化严重,产量高低不一,嫁接苗造林一般2~3年始果,结果早,产量高,树体矮化,便于经营管理。湖南省林业科学院"十五"期间选育出的早实、高产光皮树优良无性系湘林1~8号,其果实千粒重为62~89g,平均70g,其果实(带果皮)含油率33%~36%,盛果期平均每株产油15 kg以上。作为生物柴油原料油,光皮树油有两大突出特点:一是光皮树全果含油酸和亚油酸高达77.68%(其中油酸38.3%、亚油酸38.85%),所生产的生物柴油理化性质优(如冷凝点和冷滤点);二是利用果实作为原料直接加工(冷榨或浸提)制取原料油,加工成本低廉,得油率高。

油棕:棕榈科油棕属,常绿直立乔木。油棕的形态很像椰子,因此又名"油椰子",原产于非洲西部。油棕是世界上单位面积产量最高的一种木本油料植物。一般亩产棕油200 kg左右,比花生产油量高5、6倍,是大豆产油量的近10倍。最大的果实重达20 kg,果肉、果仁在15 kg以上,含油率在60%左右。从油棕果实榨出的油叫做棕油,由棕仁榨出的油称为棕仁油,都是优质的食用油。油棕树的经济寿命有20~25年之久。我国的海南、广东、广西、台湾、福建、云南等省(自治区)都有引种,目前正在积极兴建油棕园。我国主要油料作物产油率见表14.6。

表 14.6 我国主要油料作物产率

| 作物种类 | 单产量/(t/hm²) | 含油率/% | 植物油产率/(t/hm²) |
|---|---|---|---|
| 大豆 | 1.7 | 20 | 0.34 |
| 油菜籽 | 1.8 | 40 | 0.72 |
| 花生 | 3.1 | 50 | 1.55 |
| 麻疯树 | 7.5 | 40 | 3.00 |
| 黄连木 | 7.5 | 40 | 3.00 |

## 14.4 我国生物质液体燃料生产潜力分析

### 14.4.1 现有农产品生产生物质液体燃料的潜力

#### 14.4.1.1 燃料乙醇生产潜力

按照现有的农作物生产结构，我国可用于燃料乙醇生产的原料有谷物（稻谷、小麦、玉米等）、薯类（马铃薯、甘薯、木薯等）、甘蔗、甜菜以及农作物秸秆。

从表 14.7 可以看出，以我国 2005 年上述农产品的产量来计算，假设全部用来生产燃料乙醇，可以生产燃料乙醇 17 434 万 t。而除去粮食作物作为原料的乙醇产量外，只有 3494 万 t。这其中还有 2400 万 t 来自农作物秸秆，而秸秆纤维素生产乙醇的技术尚不完善，难以大规模推广。按目前技术水平，我国的非粮食作物原料生产燃料乙醇的最大产量仅仅 1094 万 t。

表 14.7 2005 年农作物生产燃料乙醇潜力

| 农作物种类 | 农作物产量/万 t | 燃料乙醇产率/(kg/t 原料) | 燃料乙醇产量/万 t |
|---|---|---|---|
| 稻谷 | 18 059 | 360 | 6 501 |
| 小麦 | 9 745 | 320 | 3 118 |
| 玉米 | 13 937 | 310 | 4 320 |
| 甘蔗 | 8 664 | 70 | 606 |
| 甜菜 | 788 | 68 | 54 |
| 薯类 | 3 468 | 125 | 434 |
| 秸秆 | 20 000 | 120 | 2 400 |
| 总计 | 74 661 | 1 373 | 17 434 |
| 除粮食作物外合计 | 32 920 | 383 | 3 494 |

#### 14.4.1.2 生物柴油生产潜力

我国的植物油主要来自大豆和油料作物，而花生和油菜是两种最主要的油料作物。其他油料作物包括芝麻、葵花籽、棉籽等。另外，有些木本植物也被用于生产植物油，如油茶、油桐、油棕、油橄榄等，但数量很少，具体数据见表 14.8。

表 14.8　2005 年大豆、油菜籽、花生植物油生产潜力

| 作物种类 | 种植面积/万 $hm^2$ | 单产量/(t/$hm^2$) | 含油率/% | 植物油产率/(t/$hm^2$) | 植物油产量/万 t |
|---|---|---|---|---|---|
| 大豆 | 959 | 1.7 | 20 | 0.34 | 326 |
| 油菜籽 | 728 | 1.8 | 40 | 0.72 | 524 |
| 花生 | 466 | 3.1 | 50 | 1.55 | 723 |
| 合计 | 2153 | 6.6 | 110 | 2.61 | 1573 |

从表 14.8 可以看出，以我国 2005 年大豆、油菜籽和花生的产量来计算，假设全部用来生产植物油，我国可以生产植物油 1573 万 t。按照 1∶1 产率，也只能生产 1573 万 t 生物柴油。因统计资料欠缺，未包括富油木本植物原料生产生物柴油的潜力。

#### 14.4.1.3　现有生物质液体燃料生产潜力对替代石油的贡献

2005 年全国汽油消耗是 4770 万 t，柴油消耗是 8513 万 t。3494 万 t 燃料乙醇和 1573 万 t 生物柴油分别替代汽油和柴油消费量的 47.6% 和 18.5%；二者合计 3844 万 t，为汽油和柴油消费总量 13 283 万 t 的 28.9%。按照 1t 原油可生产 0.7t 汽油和柴油的比例，这些生物质液体燃料可替代 5492 万 t 原油。2005 年，我国的石油消费量为 3.25 亿 t，石油进口量为 1.43 亿 t。

### 14.4.2　生物质液体燃料的产量计算依据

对于一块适于开发生物质液体燃料的土地，燃料乙醇的产量 $P_e$（t）与土地面积 $s$（$hm^2$）、原料的平均乙醇产率 $r_e$（t/$hm^2$）和开发系数 $k_e$（%）有关，具体关系如下：

$$P_e = s \times r_e \times k_e \tag{14.1}$$

这块土地上的生物柴油的产量 $P_d$（t）与土地面积 $s$（$hm^2$）、原料的平均乙醇产率 $r_d$（t/$hm^2$）和土地开发系数 $k_d$（%）有关，具体关系如下：

$$P_d = s \times r_d \times k_d \tag{14.2}$$

这块土地上的生物质液体燃料的总产量 $P$ 为燃料乙醇产量 $P_e$ 和生物柴油 $P_d$ 之和：

$$P = P_e + P_d = s \times r_e \times k_e + s \times r_d \times k_d = s \times (r_e \times k_e + r_d \times k_d) \tag{14.3}$$

式中，$k_e + k_d < 1$。

这块土地上生产的生物质液体燃料替代汽油的数量 $G$ 和替代柴油的数量 $D$ 与燃料乙醇对汽油的替代率 $a_e$（%）和生物柴油对柴油的替代率 $a_d$（%）有关：

$$G = P_e \times a_e \tag{14.4}$$

$$D = P_d \times a_d \tag{14.5}$$

这块土地上生产的生物质液体燃料替代原油的数量 $C$ 与原油生产汽油和柴油的比例 $f$ 有关：

$$C = (G + D)/f = (P_e \times a_e + P_d \times a_d)/f = (s \times r_e \times k_e \times a_e + s \times r_d \times k_d \times a_d)/f$$
$$= s \times (r_e \times k_e \times a_e + r_d \times k_d \times a_d)/f \tag{14.6}$$

对于在 $j$ 块土地上生产生物质液体燃料的产量潜力，可以用式（14.7）来计算。

$$P = \sum_{i=1}^{j} s_i(r_{ei}k_{ei} + r_{di}k_{di}) \tag{14.7}$$

式中，$s_i$ 为第 $i$ 块土地的面积，单位为 $hm^2$；$r_{ei}$ 为第 $i$ 块土地上的平均燃料乙醇产率，单位为 $t/hm^2$；$k_{ei}$ 为第 $i$ 块土地上的燃料乙醇原料的土地开发系数单位为%；$r_{di}$ 为第 $i$ 块土地上的平均生物柴油产率，单位为 $t/hm^2$；$k_{di}$ 为第 $i$ 块土地上的燃料生物柴油的土地开发系数，单位为%；$k_{ei}+k_{di}<1$。

相应的，在 $j$ 块土地上生产生物质液体燃料可以替代石油的数量，可以用式 (14.8) 来计算。

$$C = \sum_{i=1}^{j} s_i(r_{ei}k_{ei}a_e + r_{di}k_{di}a_d)/f \tag{14.8}$$

式中，$s_i$、$r_{ei}$、$k_{ei}$、$r_{di}$ 和 $k_{di}$ 与式 (14.7) 相同；$a_e$ 为燃料乙醇替代汽油的比率，单位为%；$a_d$ 为生物柴油替代柴油的比率，单位为%；$f$ 为原油生产汽油和柴油的比率，单位为%；$k_{ei}+k_{di}<1$。

### 14.4.3 生物质液体燃料最大可能产量及其影响因素

虽然生物质液体燃料属于可再生能源，在理论上是取之不尽用之不竭的，但是自然资源的补充速度是有限的，土地也是有限的，可利用率也是有限的。因此，我国的生物质液体燃料的年产量不可能是无限的。以下产量如无特殊定义，均为年产量。前面已经计算过现有农产品生产生物质液体燃料的潜力，但是，把全部的农产品用于液体燃料的生产显然是不可能的。实际情况恰恰相反，除了国家批准的燃料乙醇项目使用玉米为原料生产燃料乙醇外，其他生物质液体燃料的生产量很小。所以，在计算生物质液体燃料的最大可能产量时，不包括目前已有的农产品产量，只计算可能被用作液体燃料生产原料的新增部分。计算原则：原料只计算国内产量，不包括进口；液体燃料仅指燃料乙醇和生物柴油，不包括其他生物质液体燃料产品。

#### 14.4.3.1 原料选择

**1) 燃料乙醇生产原料的选择**

自 1998 年我国开始推广乙醇汽油，当时粮食库存积压严重，国家不仅要拿出大量资金去新建粮库，还要拿出大量补贴对库存粮食进行储存，财政不堪重负。于是，在国际原油价格逐步攀升之时，政府开始考虑用陈粮加工乙醇，添加到汽油中给车辆提供动力。粮食是国家的重要物资，而且中国的人口众多，用粮食去大批量生产乙醇的方式肯定是不可持续的。因此，发展非粮食作物的乙醇生产原料就显得特别重要。在发改委制定的《生物燃料乙醇及车用乙醇汽油"十一五"发展专项规划》中，已明确提出"因地制宜，非粮为主"的发展方向。而财政部 2006 年 5 月底制定施行的《可再生能源发展专项资金管理暂行办法》中，也将生物乙醇燃料定位为用甘蔗、木薯、甜高粱等制取的燃料乙醇，而将包括用玉米、小麦、水稻及其陈化粮等口粮制燃料乙醇排除在外。

因此，采用非粮作物，尤其是那些乙醇产率比玉米高的作物，作为燃料乙醇的生产原料是解决燃料乙醇生产原料问题的唯一出路。

适合生产生物质液体燃料的非粮作物主要是甘蔗、甜高粱、甘薯和木薯等。

**2) 生物柴油生产原料的选择**

生物柴油的主要原料是植物油。目前，我国的植物油来源主要是大豆、花生和油菜籽。大豆在我国不计在油料作物内，而是属于粮食作物。花生和油菜的播种面积和产量在油料作物中占绝大部分。

从表14.9中可以看出，我国的油料作物播种面积在农作物总播种面积中的比例只低于粮食作物和蔬菜。而如果把大豆纳入油料作物内，则仅仅位于粮食作物之后，排在第二位。考虑到我国粮食生产任务的艰巨性，很难减少其他粮食作物或其他农作物的播种面积来增加大豆和油料作物的播种面积。

表14.9  2005年我国农作物播种面积及比例  （单位：$\times 10^3 \text{hm}^2$）

| 总播种面积 | 粮食作物 | 大豆 | 油料 | 棉花 | 糖料 | 蔬菜 | 果园 |
|---|---|---|---|---|---|---|---|
| 162 569 | 104 278 | 9 591 | 14 318 | 5 062 | 1 564 | 17 721 | 10 035 |
| 100% | 64.14% | 5.90% | 8.80% | 3.11% | 0.96% | 10.90% | 6.17% |

而且，我国一直是食用油的净进口国，见表14.10。

表14.10  我国食用油生产和进出口形势

| 年份 | 生产量/万 t | 进口量/万 t | 出口量/万 t | 人均占有量/kg |
|---|---|---|---|---|
| 2000 | 835 | 187.1 | 11.2 | 6.6 |
| 2001 | 1383 | 167.5 | 13.4 | 10.9 |
| 2002 | 1531 | 321.2 | 9.8 | 11.9 |
| 2003 | 1584 | 541.8 | 6.0 | 12.3 |
| 2004 | 1235 | 676.4 | 6.6 | 9.5 |
| 2005 | 1612 | 621.3 | 22.8 | 12.4 |

数据来源：2006年中国农业白皮书。

目前，我国的粮食基本上能够自给自足，但是，从1996年开始，我国成为大豆的净进口国，而且进口量呈显著上升的趋势，见表14.11。而进口大豆和进口石油一样，既然是进口，就存在安全问题。

花生的单产量和含油率都很高，是理想的生物柴油生产原料。但是，花生油的质量和价格都比较高，而且目前我国的花生油供不应求，所以不能作为生物柴油的生产原料来发展。

由以上情况可知，中国的油料作物发展首先要满足植物油使用及其他用途，而距离用于生物柴油的原料尚远。要发展生物柴油，原料又是首先要解决的问题。因此，中国发展生物柴油的出路在于富油木本植物的种植和开发利用。中国有多种富油木本植物适宜种植，如麻疯树、黄连木等。

表 14.11　我国大豆生产和进出口情况

| 年份 | 面积/(×10³hm²) | 单产量/(kg/hm²) | 生产量/万 t | 进口量/万 t | 出口量/万 t | 净进口量/万 t |
|---|---|---|---|---|---|---|
| 1995 | 8127.0 | 1661.0 | 1350.0 | 29.8 | 37.6 | −7.8 |
| 1996 | 7471.0 | 1770.0 | 1322.0 | 111.4 | 19.3 | 92.1 |
| 1997 | 8346.0 | 1765.0 | 1473.0 | 288.6 | 18.8 | 269.8 |
| 1998 | 8500.2 | 1782.5 | 1515.2 | 320.1 | 17.2 | 302.9 |
| 1999 | 7962.0 | 1789.0 | 1425.0 | 432.0 | 20.7 | 411.3 |
| 2000 | 9307.0 | 1656.0 | 1541.0 | 1041.9 | 21.5 | 1020.4 |
| 2001 | 9481.8 | 1624.9 | 1540.7 | 1394.0 | 26.2 | 1367.8 |
| 2002 | 8720.0 | 1893.0 | 1651.0 | 1131.5 | 30.5 | 1101.0 |
| 2003 | 9312.9 | 1652.9 | 1539.3 | 2074.1 | 29.5 | 2044.6 |
| 2004 | 9589.0 | 1814.7 | 1740.1 | 2023.0 | 34.9 | 1988.1 |
| 2005 | 9590.8 | 1704.5 | 1634.8 | 2659.1 | 41.3 | 2617.8 |

数据来源：2006 年中国农业白皮书。

### 14.4.3.2　土地

生物质液体燃料的生产原料都是农产品或林产品，其产量必然受到可利用土地的面积的限制。我国的耕地资源人均占有量不到 0.1 hm²，要满足十几亿人口的粮食需求已经是很不容易的事情。而且，除个别年份外，我国的耕地面积每年都在减少，见表 14.12。

表 14.12　中国耕地面积变化　　　　　　　　（单位：×10³hm²）

| 年份 | 年末实有耕地面积 | 年内新增耕地面积 | 年内减少耕地面积 | 年内净减耕地面积 |
|---|---|---|---|---|
| 1998 | 129 642.1 | 309.4 | 570.4 | 261.0 |
| 1999 | 129 205.5 | 405.1 | 841.7 | 436.6 |
| 2000 | 128 243.1 | 603.7 | 1 566.0 | 962.3 |
| 2001 | 127 615.8 | 265.9 | 893.3 | 627.4 |
| 2002 | 125 929.6 | 341.2 | 2 027.4 | 1 686.2 |
| 2003 | 123 392.2 | 343.5 | 2 880.9 | 2 537.4 |
| 2004 | 122 444.3 | 345.6 | 1 146.0 | 800.4 |
| 2005 | 122 082.7 | 306.7 | 594.9 | 288.2 |

资料来源：2006 年农业白皮书。

后备耕地资源也称宜农荒地，主要指适宜开垦种植农作物、人工牧草和经济林果的天然草地、疏林草地、灌木林地和其他未利用土地。我国的宜农荒地为 3535 万 hm²。

我国的后备耕地资源主要分布在北纬 35°以北地区，以东北地区、内蒙古最为集中。三江平原，松嫩平原，东北山区的山间谷地及山前丘陵，内蒙古东部，河西走廊，准噶尔盆地，塔里木盆地，伊犁河流域等地区的荒地面积约占全国荒地面积的 80%。

后备耕地资源按照其质量,可以分为三类。

一等地:农业利用无限制或轻微限制,不需要采取改良措施或略需改良措施即可开垦,开垦后可建成稳产高产基本农田。这类土地主要分布在东北湿润、半湿润区和内蒙古半干旱草原区。现多已开垦利用。

二等地:农业利用受一定限制,需要采取一定的改良或保护措施才能开垦和建成稳产高产农田。这类土地大多为轻度沼泽化、轻度盐碱化、轻度侵蚀及需要引水灌溉的土地。分布较为广泛,主要分布在东北湿润、半湿润区,内蒙古半干旱草原区和西北干旱区。

三等地:农业利用受很大限制,改良困难,需采取较复杂的工程改良措施和保护措施才能开垦和建成基本农田,有些还是肥力很低的土地。这类土地大多为中强度沼泽化、中强度盐碱化、中强度侵蚀和沙化的土地,以及引水灌溉难度较大的土地。主要分布在西北干旱区、内蒙古半干旱草原区、南方山丘区和东北湿润半湿润区。

由于我国的后备耕地资源主要分布在热量不丰富而降水又较少的干旱、半干旱地区,因此,大部分质量较差,见表14.13。

表 14.13  中国后备耕地资源　　　　　　　　　　(单位:$\times 10^4 \text{hm}^2$)

| 地区 | 合计 | 一等地 | 二等地 | 三等地 |
| --- | --- | --- | --- | --- |
| 全国总计 | 3536.87 | 314.93 | 796.13 | 2425.80 |
| 温带湿润区 | 550.47 | 132.60 | 222.67 | 195.20 |
| 温带半湿润区 | 208.53 | 79.53 | 59.87 | 69.13 |
| 温带半干旱区 | 835.20 | 72.20 | 256.20 | 506.80 |
| 温带干旱区 | 665.00 | 16.27 | 94.00 | 554.73 |
| 暖温带湿润、半湿润区 | 149.86 | — | 28.73 | 121.13 |
| 暖温带半干旱区 | 35.40 | — | — | 35.40 |
| 暖温带干旱区 | 565.40 | — | 12.47 | 552.93 |
| 北、中亚热带湿润区 | 306.53 | 0.27 | 3.73 | 302.53 |
| 南亚热带、热带湿润区 | 92.26 | — | 88.93 | 3.33 |
| 青藏高寒区 | 128.20 | 14.07 | 29.53 | 84.60 |

从社会经济条件看,我国后备耕地资源集中在人口稀少、交通不便、少数民族聚居、开发历史短、经济欠发达的边远地区。而且,约有70%的后备耕地资源为天然草地。

从热量条件看,后备耕地资源大部分分布在北纬40°~50°的中温带地区,约占全国总量的63.8%,暖温带次之,约占21.3%。亚热带和热带地区约占11.3%。由此可见,我国的后备耕地资源主要分布在热量条件相对不丰富的一年一熟地区。

从水分条件看,我国后备耕地资源主要集中在年降水量低于400 mm,干燥度大于1.5的干旱、半干旱地区。其中干旱地区的后备耕地资源约占全国总量的34.8%,半干旱地区约占24.6%。

## 14 生物质液体燃料对我国石油安全的贡献

以上后备耕地资源的资料是20世纪90年代，甚至是80年代的统计结果。经过20年，数量肯定有所变化，相当部分的一等后备耕地已经被开垦利用，后备耕地资源的数量要比上面资料显示的更少。

由此可见，利用后备耕地资源种植生产燃料乙醇的能源作物的开垦难度在加大。

在不影响粮食安全的前提下，在现有耕地中扩大能源作物的播种面积和利用边际性土地种植能源作物是发展生物质液体燃料的理想途径。

根据石元春院士的计算，我国地形土质条件较好的后备土地面积为2136万 $hm^2$，可以发展能源作物，如甜高粱和木薯等。目前甜高粱茎秆和木薯的燃料乙醇产率分别为2.5~4 $t/hm^2$ 和 3.6~5.4 $t/hm^2$，甘蔗和甘薯分别为4.6 $t/hm^2$ 和 3.0 $t/hm^2$。考虑到这种土地的条件即使相对较好，也难以与在用耕地相提并论，所以，无论种植何种作物，都取2.5 $t/hm^2$ 为燃料乙醇产率。这样，2136万 $hm^2$ 的后备土地可以通过种植甜高粱、木薯、甘蔗、甘薯等能源作物生产5340万 t 燃料乙醇。

另外，我国还有油料林地343万 $hm^2$。麻疯树和黄连木在我国相当面积的地域都适宜栽种。麻疯树亩产生物柴油接近200 kg，黄连木亩产生物柴油也约为200 kg。如果全部用来种植麻疯树或黄连木以及其他产油率相近的能源树种，这类油料林地可以产出1029万 t 生物柴油。

我国在一年两熟的南方估计现有冬闲田有2000万 $hm^2$，可以种植油菜，作为生物柴油的生产原料。按照2005年1.8 $t/hm^2$ 的油菜籽平均产量和40%的含油率计算，这部分冬闲田全部用来种植油菜，可生产生物柴油1440万 t。

我国正在实施退耕还林项目，计划将坡度在25°以上的1亿亩耕地全部退耕还林。如果能够把这些土地都用来种植适宜当地自然条件的富油木本植物，那么既能达到植树造林绿化的目的，还可以为生物柴油提供稳定的原料供应。

由于甜高粱作为能源作物是因为其茎秆产量较高且含糖率也较高，因此，籽粒不在乙醇生产原料之内。高粱是一种谷物，甜高粱的籽粒与高粱基本一致，成分与玉米也相近。因此，在不影响使用的前提下，可以考虑用一部分目前种植玉米的耕地来种植甜高粱。

高粱在我国的东北、华北地区种植面积较大，20世纪50年代以前为东北地区人民的主要粮食，但目前较少直接食用，大部分的高粱籽粒用作饲料。因此，我国高粱的种植面积连年下降。

同时，高粱的产量也在下降，但是由于单产量有所提高，因此，其下降速度没有种植面积那么明显。

除个别年份外，目前我国高粱的平均亩产量不高于300 kg，见表14.14。

目前的优质杂交甜高粱品种的高粱籽粒亩产量为300~400 kg，而其质量与普通高粱品种几无差别。因此，可以将目前种植高粱的土地完全由于种植甜高粱。按照2005年的统计，至少可以用57万 $hm^2$ 的已有耕地种植甜高粱。

目前，中国的玉米有68%用于生产饲料，所以，可以考虑在一部分现在种植玉米的耕地上改种甜高粱。

表14.14 我国高粱和玉米种植面积、总产量和平均单产量

| 年份 | 播种面积/×10³hm² 高粱 | 播种面积/×10³hm² 玉米 | 总产量/万t 高粱 | 总产量/万t 玉米 | 平均单产量/(kg/hm²) 高粱 | 平均单产量/(kg/hm²) 玉米 |
|---|---|---|---|---|---|---|
| 2000 | 889.56 | 23 056 | 258.20 | 10 600 | 2902.56 | 4598 |
| 2001 | 782.80 | 24 282 | 269.60 | 11 409 | 3444.05 | 4699 |
| 2002 | 843.40 | 24 634 | 332.90 | 12 131 | 3947.12 | 4925 |
| 2003 | 722.40 | 24 068 | 286.50 | 11 583 | 3965.95 | 4813 |
| 2004 | 567.50 | 25 446 | 232.80 | 13 029 | 4102.20 | 5120 |
| 2005 | 570.00 | 26 358 | 254.60 | 13 937 | 4466.67 | 5287 |

资料来源：2006年农业白皮书。

我国的玉米平均亩产量目前在300~350 kg的水平，而甜高粱的籽粒亩产量可以达到300~400 kg，如果种植管理水平能够得到保证，以甜高粱替代用于饲料的玉米可以满足需求。由于高粱和玉米的籽粒在性质上存在不同，即使是替代用作饲料的玉米，也不可能完全以甜高粱的资料替代。但是，以68%玉米种植面积的一半种植甜高粱是完全可行的。也就是说，按照2005年玉米的种植面积，可以用896万 hm² 的耕地来种植甜高粱。

仅替代高粱和部分玉米，就有953万 hm² 的耕地可以种植甜高粱。按照甜高粱茎秆的乙醇产率为 4 t/hm² 计算，这部分土地可以生产燃料乙醇3812万 t。

综上所述，我国适合开发能源作物和能源植物的土地有5种，分别是①甜高粱可以替代高粱和部分玉米种植的土地，数量为953万 hm²；②后备土地，可以种植甜高粱、木薯、甘薯等能源作物，也可以用来发展生物柴油的原料，如麻疯树、黄连木等，面积为2136万 hm²；③油料林地，适合发展生物柴油的原料，如麻疯树、黄连木等，面积为343万 hm²；④南方的冬闲田，适合种植油菜，面积约为2000万 hm²；⑤退耕还林的原有耕地，适合发展生物柴油的原料，如麻疯树、黄连木等，面积约为667万 hm²。

利用上述土地资源生产燃料乙醇或生物柴油的总产量潜力可按照式（14.9）估算：

$$P = \sum_{i=1}^{j} s_i(r_{ei}k_{ei} + r_{di}k_{di}) \tag{14.9}$$

参数 $j$ 取5，其他参数取值见表14.15。

表14.15 5种土地资源的参数取值（按目前产量计算）

| | $S/×10^4hm^2$ | $r_e$/(t/hm²) | $k_e$/% | $r_d$/(t/hm²) | $k_d$/% |
|---|---|---|---|---|---|
| 甜高粱替代 | 953 | 4.00 | 100 | — | 0 |
| 后备土地 | 2136 | 2.50 | 100 | — | 0 |
| 油料林地 | 343 | — | 0 | 3.00 | 100 |
| 冬闲田 | 2000 | — | 0 | 0.72 | 100 |
| 退耕还林 | 667 | — | 0 | 3.00 | 100 |

另外,我国每年大约有 2 亿 t 的农作物秸秆可以利用来生产燃料乙醇。按照 12% 的转化率计算,约可以生产 2400 万 t 燃料乙醇。

汇总以上 5 种分别适合种植燃料乙醇和生物柴油生产原料的土地,可以生产生物质液体燃料 1.36 亿 t。其中燃料乙醇 9152 万 t,生物柴油 4469 万 t。连同秸秆生产乙醇技术的成熟可能带来的燃料乙醇产量 2400 万 t,生物质液体燃料的总产量可达 16 021 万 t,见表 14.16。

**表 14.16 我国生物质液体燃料最大可能产量**(按目前产量计算)

| | 面积/×10⁴hm² | 燃料产率/(t/hm²) | 燃料产量/万 t |
|---|---|---|---|
| 甜高粱替代 | 953 | 4.00 | 3812 |
| 后备土地 | 2136 | 2.50 | 5340 |
| 农作物秸秆 | 20 000 | 0.12 | 2400 |
| 燃料乙醇合计 | 3089 | 3.74 | 11 552 |
| 油料林地 | 343 | 3.00 | 1029 |
| 冬闲田 | 2000 | 0.72 | 1440 |
| 退耕还林 | 667 | 3.00 | 2000 |
| 生物柴油合计 | 3010 | 1.48 | 4469 |
| 总计 | 6099 | | 16 021 |

注:农作物秸秆为产量,燃料产率为乙醇转化率,单位为%。

这些生物质液体燃料能够替代石油的数量 $C$ 根据式 (14.10) 计算:

$$C = (P_e \times a_e + P_d \times a_d)/f \tag{14.10}$$

式中,$P_e$ 为燃料乙醇总产量,11 552 万 t;$a_e$ 为燃料乙醇替代汽油的比率,按热值计算为 65%;$P_d$ 为生物柴油总产量,4469 万 t;$a_d$ 为生物柴油替代柴油的比率,按热值计算为 100%;$f$ 为原油生产汽油和柴油的比率,按目前技术水平为 70%。按式 (14.10) 和参数计算,燃料乙醇可以替代汽油 7509 万 t,生物柴油可以替代柴油 4469 万 t,可以替代汽油和柴油合计 11 978 万 t,相当于 17 111 万 t 原油。

### 14.4.3.3 原料产量和含糖(油)率

原料的单产量和含糖(油)率直接关系到单位面积土地的燃料乙醇或植物油产率,而土地是有限的,那么,原料的单产量和含糖(油)率就直接关系到生物质液体燃料的最终产量。因而,原料的单产量和含糖(油)率的提高将增加生物质液体燃料的可能产量。

科技进步已经使大多数农作物的单产量大幅度提高,但是仍有继续提高的潜力。以油菜为例,目前我国油菜籽的平均单产量为 1.8 t/hm²,含油率为 40%。农业部油料及制品质量监督及检验测试中心 2006 年 8 月 28 日出具的油菜籽测试报告显示,由中国农业科学院油料作物研究所培育的"中油-0361"油菜新品系种子含油量高达 54.72%,亩产达 180 kg,亩产油量可达 98 kg。北京绿能经济植物研究所培育的 SHSS 甜高粱品种,茎秆产量可达约 100 t/hm²。单产量和含糖(油)率更高的品种在推广以后,生物质液体燃料的可能产量将上升,见表 14.17。

表 14.17 油菜和甜高粱茎秆单产量提高后的生物质液体燃料的最大可能产量

| | 面积/×10⁴hm² | 燃料产率/(t/hm²) | 燃料产量/万 t |
|---|---|---|---|
| 甜高粱替代 | 953 | 6.00 | 5 718 |
| 后备土地 | 2 136 | 4.00 | 8 544 |
| 秸秆 | 20 000 | 0.12 | 2 400 |
| 燃料乙醇合计 | 3 089 | 5.39 | 16 662 |
| 油料林地 | 343 | 3.00 | 1 029 |
| 冬闲田 | 2 000 | 1.47 | 2 940 |
| 退耕还林 | 667 | 3.00 | 2 000 |
| 生物柴油合计 | 3 010 | 1.98 | 5 969 |
| 总计 | 6 099 | 7.37 | 22 631 |

注：假设油菜全部种植"中油-0361"油菜品种，甜高粱全部种植 SHSS 新品种。

全部采用高产优质新品种后，我国生物质液体燃料的可能产量可达 22 631 万 t，比当前产量水平增加 6610 万 t，增加 41.3%。可替代汽油 10 830 万 t，替代柴油 5969 万 t，合计 16 799 万 t，相当于替代原油 23 999 万 t。

另外，由于以上涉及的农业生产是以能源为目的，而不是食用，产量和含糖（油）率还可能通过转基因的研究获得一定的提高，可以不受转基因类食品规定的限制。

#### 14.4.3.4 转化率

原料生产生物质液体燃料的转化率直接关系到燃料的总产量。目前，淀粉类和糖类原料生产燃料乙醇的转化率和植物油生产生物柴油的转化率都比较高。例如，玉米生产乙醇的产率基本上可以达到 3.2 t 玉米生产 1 t 乙醇，按玉米的淀粉含量为 64% 计算，淀粉的乙醇转化率为 48.8%，达到理论转化率（56.82%）的 85.9%。植物油生产生物柴油的转化率基本上是 90%，即 1 t 植物油可以生产 0.9 t 生物柴油。相对来说，秸秆纤维素生产乙醇的转化率很低，我国目前的转化率为 12%～14%。如果秸秆乙醇转化率达到 24%，2 亿 t 秸秆将可以生产 4800 万 t 燃料乙醇，增加 2400 万 t。生物质液体燃料的最大可能产量可达 25 031 万 t，可替代汽油 12 390 万 t，替代柴油 5969 万 t，合计 18 359 万 t，相当于 26 228 万 t 原油。

### 14.4.4 生物质液体燃料的最大可能产量分析

根据土地限制因素，按照现有作物产量和含糖（油）率以及目前生产技术的转化率，我国最多可以生产燃料乙醇和生物柴油总量为 16 021 万 t，改良品种提高作物产量和含糖（油）率后可达 22 631 万 t，再把转化率提高到目前可知的最高水平，则最大可能产量为 25 031 万 t。但是，这些数字只能勾画出我国开发生物质液体燃料的方向和目标，要实现这一目标，还受到很多因素的限制，如投资力度、政府和社会的重视程度等。

从长远的观点看,在生物质液体燃料的开发中,要重视生物柴油与燃料乙醇的协调发展。

2005 年,我国汽油和柴油的消费量分别为 4770 万 t 和 8513 万 t。但是,从上面的估算结果来看,生物柴油即使在提高原料单产量和含油率后的最大可能产量也仅仅为 5969 万 t,比 2005 年的消费量还要少 2544 万 t。因此,我国在开发生物质液体燃料的过程中应该更多地关注生物柴油的开发。

在上一节估算生物质液体燃料的最大可能产量时,假设了后备土地是 100% 用于燃料乙醇原料的生产。由于上面的分析结果与我国目前的汽油和柴油消费比例不相符合,因此,后备土地不应该全部用来种植甜高粱等燃料乙醇生产原料的能源作物,而应该拿出一部分来发展麻疯树等木本油料植物。

表 14.18 为后备土地以不同比例用于种植燃料乙醇和生物柴油生产原料的情况下,在 2005 年生产条件下,我国生物质液体燃料最大可能总产量。

**表 14.18 后备土地不同土地开发系数的生物质液体燃料最大可能产量**

| 燃料乙醇土地开发系数/% | 生物柴油土地开发系数/% | 燃料乙醇可能产量/万 t | 生物柴油可能产量/万 t | 替代汽油和柴油比例/% | 生物质液体燃料总量/万 t | 替代石油量/万 t |
|---|---|---|---|---|---|---|
| 0 | 100 | 6 212 | 10 877 | 37 | 17 089 | 21 307 |
| 10 | 90 | 6 746 | 10 236 | 43 | 16 982 | 20 887 |
| 20 | 80 | 7 280 | 9 595 | 49 | 16 875 | 20 468 |
| 30 | 70 | 7 814 | 8 955 | 57 | 16 769 | 20 048 |
| 40 | 60 | 8 348 | 8 314 | 65 | 16 662 | 19 629 |
| 50 | 50 | 8 882 | 7 673 | 75 | 16 555 | 19 209 |
| 60 | 40 | 9 416 | 7 032 | 87 | 16 448 | 18 789 |
| 70 | 30 | 9 950 | 6 391 | 101 | 16 341 | 18 370 |
| 80 | 20 | 10 484 | 5 751 | 119 | 16 235 | 17 950 |
| 90 | 10 | 11 018 | 5 110 | 140 | 16 128 | 17 531 |
| 100 | 0 | 11 552 | 4 469 | 168 | 16 021 | 17 111 |

注:表中数据按 2005 年生产条件计算。

从表 14.18 可以看出,在后备土地以不同比例用于种植燃料乙醇和生物柴油生产原料的情况下,在 2005 年生产条件下,我国生物质液体燃料最大可能总产量变化并不大,最低为 16 021 万 t,最高为 17 089 万 t,相差仅仅 1000 万 t 左右。但是,由于燃料乙醇替代汽油的效率和生物柴油替代柴油的效率差别很大,使生物质液体燃料最大可能产量的替代石油量差别相对较大,最低为 17 111 万 t,最高为 21 307 万 t。

以 2005 年生产条件计算,我国生物质液体燃料的最大可能产量应该在 1.6 亿～1.7 亿 t,可替代 1.8 亿～2.0 亿 t 石油。

表 14.19 为后备土地以不同比例用于种植燃料乙醇和生物柴油生产原料的情况下,在单产量、原料含糖(油)率、燃料转化率提高的条件下我国生物质液体燃料最大可能总产量。

表 14.19　后备土地不同土地开发系数的生物质液体燃料最大可能产量

| 燃料乙醇土地开发系数/% | 生物柴油土地开发系数/% | 燃料乙醇可能产量/万 t | 生物柴油可能产量/万 t | 替代汽油和柴油比例 | 生物质液体燃料总量/万 t | 替代石油量/万 t |
|---|---|---|---|---|---|---|
| 0 | 100 | 10 518 | 12 377 | 55 | 22 895 | 27 448 |
| 10 | 90 | 11 372 | 11 736 | 63 | 23 109 | 27 326 |
| 20 | 80 | 12 227 | 11 095 | 72 | 23 322 | 27 204 |
| 30 | 70 | 13 081 | 10 455 | 81 | 23 536 | 27 082 |
| 40 | 60 | 13 936 | 9 814 | 92 | 23 749 | 26 960 |
| 50 | 50 | 14 790 | 9 173 | 105 | 23 963 | 26 838 |
| 60 | 40 | 15 644 | 8 532 | 119 | 24 177 | 26 716 |
| 70 | 30 | 16 499 | 7 891 | 136 | 24 390 | 26 594 |
| 80 | 20 | 17 353 | 7 251 | 156 | 24 604 | 26 472 |
| 90 | 10 | 18 208 | 6 610 | 179 | 24 817 | 26 350 |
| 100 | 0 | 19 062 | 5 969 | 208 | 25 031 | 26 228 |

注：按单产量、原料含糖（油）率、燃料转化率提高后的条件计算。

从表 14.19 中可以看出，在后备土地以不同比例用于种植燃料乙醇和生物柴油生产原料的情况下，在单产量、原料含糖（油）率、燃料转化率提高条件下，我国生物质液体燃料最大可能总产量变化较大，最低为 22 895 万 t，最高为 25 031 万 t。但是，生物质液体燃料最大可能产量的替代石油量差别相对较小，最低为 26 228 万 t，最高为 27 448 万 t。

在改良品种提高作物产量和含糖（油）率再把转化率提高到目前可知的最高水平的情况下，我国生物质液体燃料的最大可能产量应该在 2.3 亿～2.5 亿 t，可替代石油 2.7 亿 t 左右。

在大规模开发生物质液体燃料的情况下，建议尽可能多地在后备土地上开发生物柴油的生产原料，以获得更好的石油替代效果。

## 14.5　我国发展生物液体燃料的政策建议

在所有可能的解决石油安全问题的措施中，由于能够替代石油基燃料，发展生物质液体燃料是一种理想的解决办法。目前，生物质液体燃料研究和生产已在全世界范围内形成了热潮。我国的生物质液体燃料研究刚刚起步，要使这一新兴产业迅速发展并能真正缓解石油安全问题，国家应该大力支持生物质液体燃料的发展，在政策层面有很多可为之处。

我国关于生物质液体燃料的政策的主要目的：提高国内液体燃料供应量，保障石油安全；促进农业结构调整和农村发展，为建设社会主义新农村作出贡献。

## 14.5.1 建立法律法规保障

《中华人民共和国可再生能源法》的第十六条明确规定：国家鼓励清洁、高效地开发利用生物质燃料，鼓励发展能源作物。国家鼓励生产和利用生物液体燃料。石油销售企业应当按照国务院能源主管部门或者省级人民政府的规定，将符合国家标准的生物液体燃料纳入其燃料销售体系。

《中华人民共和国可再生能源法》对生物质液体燃料从能源作物种植到生物质液体燃料生产、最终消费的所有环节都进行了规定。可以说，法律的规定是明确的，但是，作为一部指导全国可再生能源发展的法律，不可能把属于生物质液体燃料详细的、操作的规定都进行明确规定，而作为一种重要的能够替代石油的产品，生物质液体燃料的重要性又不言而喻。因此，政府有关部门应制订相关的实施细则，并以法规的形式尽快颁布实施。

建议在以下几个方面做出明确的规定：改革和完善管理体制，建立协调高效的领导和管理体系；履行法律赋予的职责，尽快建立经济补贴和其他经济激励机制；制定鼓励科研开发的政策，鼓励科研人员到农村、企业进行项目研发、试验示范；制定生物质能源开发与粮食安全、环境安全目标一致的保障法规，既鼓励能源作物的种植，又不与粮争地；制定生物质液体燃料自由进入成品油销售体系的规定，使符合质量要求的生物质液体燃料能够自由进入燃料销售体系。

## 14.5.2 完善管理体制

生物质液体燃料产业是一个新兴产业，而且也是跨部门、跨行业的新产业。生物质液体燃料的生产和使用涉及众多因素，包括资源、土地、能源作物品种选育、种植、作物收获、原料收集、加工、销售等；生物质液体燃料是一个综合性产业，涉及轻工业、石油化工业，原料来自农业和林业生产，最终用户又几乎是社会各个行业、各类人群，是一项复杂的系统工程；从管理机构的角度看，涉及国家发改委、财政部、农业部、林业局、科技部、商务部、国家环保总局、国家工商管理总局、国家质量监督检验检疫总局等多个部门。面对如此繁多的产业和政府行政部门，如果缺乏统一的领导和管理，势必产生政出多门、重复建设、多头管理、效率低下等不协调问题。因此，恢复国家能源部是有必要的，必要时成立更高级别的国家能源委员会。这样，可以使生物质液体燃料有系统、科学的管理机构，使各相关部门的责任更加清晰，有利于生物质液体燃料产业的快速和健康发展。同时，更为重要的是，能源部的恢复能够更加有效地加强对各类能源的管理和协调，从而更好地保障我国的石油安全和能源安全。

生物能源资源生产的主体是农民，而我国的农村能源在科学研究、技术推广、产业开发、社会化服务等方面，都没有形成自己的发展体系。乡级服务站已经基本上没有，县级农村能源办公室的级别也很低，而且一般以提供沼气技术的咨询和服务为主，服务范围窄，工作力度小。要发展生物质液体燃料，必须加强农村能源科研和技术服务体系的建设。

《中华人民共和国可再生能源法》第十六条要求石油销售企业应当将符合国家标准的生物液体燃料纳入其燃料销售体系。由于石油销售企业负责生物质液体燃料的最终销售，如果没有他们的积极配合，生物质液体燃料的推广会遇到很大的问题。因此，要有政策法规明确石油经营与生物质液体燃料的利益关系，以及管理部门的职责和权益。

### 14.5.3 建立多渠道投资生物质能源的保障体系

生物质液体燃料的基础设施投资巨大。以中国海洋石油基地集团有限责任公司的"攀西地区麻疯树生物柴油产业发展项目"为例，该项目将在攀枝花发展50万亩麻疯树种植基地，建设年产10万t的生物柴油炼油基地，而投资额高达23.47亿元。按照这个比例计算，仅要达到2020年生物柴油产量200万t的目标，就需要投资500亿元左右。黑龙江省桦川四益乙醇有限公司甜高粱茎秆乙醇项目，计划种植甜高粱2万亩，年产5000t燃料乙醇，需投资约1000万元，按照这个比例计算，仅要达到2020年燃料乙醇产量1000万t的目标，就需要投资200亿元左右。如此大规模的投资，仅仅依靠政府经费是难以解决的。要发展生物质液体燃料，就必须积极吸引国有大型企业和社会资本对研发、生产、流通和使用等多环节的投资，甚至在必要的时候引进外资。

我国的石油产业是在几十年中由国家独立投资逐渐建成的。在发展过程中，基本建设和公益性建设基本上都是国家投资，充分发挥了政府职能，这是正确的。同样，发展生物质液体燃料也需要界定政府公益性与经营性的范围、职责。对基础性、公益性的建设，国家应像对待石油那样投资建设，对经营性投资，国家要给予必要的政策，放开搞活，引导社会各界投资，并使参与各方得到应得的利益。

由于生物质液体燃料生产所需的能源作物和能源植物的种植面积大，农民自身很难负担全部的相应投资，因此，农村金融体制也应该进行改革，以适应农民种植能源作物和能源植物的资金需求。在我国四川省种植麻疯树和果实采摘的成本约为440元/亩（不含土地租金），甜高粱、木薯、甘薯的种植成本的平均成本分别为301元/亩、395～485元/亩、385～455元/亩。照此计算，种植1 hm$^2$上述4种作物或植物的成本在4500～7275元。如果没有金融机构的融资方面的支持，农民很难独力承担。目前，在农村开展业务的金融机构只有农村信用社系统，如果要大规模发展生物质液体燃料，在原料种植方面很难满足融资方面的需求。因此，建议其他商业银行、农业政策银行等要重新回到农村，对这一前瞻性产业给予支持，对农民经济合作社从事能源作物种植需要的贷款要给予优惠和倾斜。

我国应该加快农村金融体制改革方案，努力形成商业金融、合作金融、政策性金融和小额贷款组织互为补充、功能齐备的农村金融体制，为我国生物质液体燃料的发展提供资金保障。

### 14.5.4 建立经济激励措施

#### 14.5.4.1 财政补贴

出于保护粮田和提高农民种粮积极性的原因，我国一直对粮食作物的种植实行补贴政策。2004年2月8日颁发的《中共中央国务院关于促进农民增加收入若干政策的意见》明确提出"从2004年开始，国家将全面放开粮食收购和销售市场，实行购销多渠道经营"，"为保护种粮农民利益，要建立对农民的直接补贴制度"。既然生物质液体燃料事关国家石油安全问题，这是与粮食安全基本上可以相提并论的国家安全大问题，那么，作为生物质液体燃料的原料，能源作物和能源植物的种植生产也应该得到与粮食作物相同的待遇。尤其要对开发低质土地种植能源作物的农户给予较高的补贴。

目前，我国的燃料乙醇和生物柴油生产成本都分别高于石化汽油和石化柴油的成本，所以国家对批准的四家燃料乙醇生产企业提供补贴，平均补贴额度大约是1370元/t燃料乙醇，具体补贴额度与当时的汽油价格有关。我国对生物柴油的生产企业还没有补贴，对生物质液体燃料生产企业进行补贴是国家推动生物质液体燃料利用的重要举措。

### 14.5.4.2 税收优惠

税收是引导社会资金投向、支持产业发展的重要措施。生物质液体燃料事关国家能源安全，并与农村发展和农民利益密切相关，无论从支持产业发展还是支持农村发展的角度看，都需要给予税收方面的优惠支持。生物质液体燃料是替代石油的重要手段，原料生产可为农业和林业发展开辟新的经济增长点，又可以改善环境，增加就业机会，社会效益十分显著，在税收上理所当然地应该给予优惠。对生物质液体燃料产业的税收优惠主要应该体现在燃料生产和销售环节，这样才能吸引生产企业和销售企业投入生物质液体燃料产业发展的积极性。生产企业的增值税和销售企业的营业税都应该减免。在燃油税实行以后，作为可再生能源的生物质液体燃料应该免征燃油税。

### 14.5.4.3 其他经济激励措施

除投资融资政策、补贴政策和税收优惠政策外，低息贷款、信用担保、地方性经济激励政策也应给生物质液体燃料产业的发展注入活力。例如，地方政府要制定鼓励生物质液体燃料副产品生产、销售的政策，使生物液体燃料发挥综合性效益。

## 14.5.5 加强生物能源的科技创新能力建设

生物能源开发是事关国家安全的基础性事业，需要进行多方面的基础建设，科技创新能力建设是应该放在首位的基础工作。我国在生物质能技术方面的科研能力不强，生物质液体燃料方面也不例外。很多核心技术和设备我国都没有掌握，依靠进口，许多基础研究工作没有开展，例如，我国目前开展的酶法生产纤维乙醇所需的木质素酶，酶法生产生物柴油的高活力酶，连续生产生物柴油的技术，都没有真正自己的核心技术，基础研究工作很薄弱。因此，建议成立国家级生物质能技术研究机构，把生物质液体燃料的研究作为这个机构的重要组成部分，开发出具有独立知识产权的、适应中国实际情况的生物质液体燃料技术。高等学校要培养我国自己的高层次科研人才，还要培养一大批有推广能力的职业技能人才。

在原料生产方面，我国应该加强对能源植物新品种选育及栽培技术的研究。由于是出于能源目的，与食用无关，因此，可以大量应用基因技术，培育能源作物和能源植物的新品种，提高单产量和含糖（油）率。

在液体燃料生产方面，要以掌握核心技术为目的，加强新工艺新技术的研发，尤其是提高产率和降低能耗的新技术。另外，对液体燃料生产的副产品生产技术也应该高度重视，以提高生物质液体燃料的经济性。

在液体燃料利用方面，应该启动以燃料乙醇和生物柴油为燃料的发动机研究，我国在这一领域几乎还是空白；研究乙醇汽油对汽车零部件及系统的影响；研究乙醇汽油的储存特性、乙醇汽油的调配和销售的质量风险等。

要对乙醇替代汽油的实际作用进行科学试验，为正确评价生物质液体燃料技术和功能提供依据。对全生产过程的能耗、物耗、成本、环境影响和 $CO_2$ 排放等方面都应该做更细致的研究。

### 14.5.6 开展资源普查和区域规划

《中华人民共和国可再生能源法》第六条规定："国务院能源主管部门负责组织和协调全国可再生能源资源的调查，并会同国务院有关部门组织制定资源调查的技术规范。国务院有关部门在各自的职责范围内负责相关可再生能源资源的调查，调查结果报国务院能源主管部门汇总。可再生能源资源的调查结果应当公布。"

原料是生物质液体燃料发展的最关键问题，是前提条件。为了了解我国生物质液体燃料的资源潜力，应该对我国适应种植能源作物和能源植物的土地资源进行调查和评价，包括适宜种植能源作物的土地资源的数量和质量。在调查和评价的基础上，制订能源作物和能源植物的区域规划。这些能源作物和能源植物不仅应该包括目前被认为具有较大发展潜力的重点作物和植物，如甜高粱、木薯、甘薯、麻疯树、黄连木等，也应该包括其他作物和植物。区域规划可以完全是以自然条件为依据来制订，而其加工生产则由市场机制和石油供应状况来决定。

### 14.5.7 制定促进生物质液体燃料产业发展的政策

生物质液体燃料在替代石油方面的重要意义已经得到了越来越多人的认可，同时，产业的发展也会促进农村发展和农民增收。但是，要在市场经济大环境下发展生物质液体燃料产业，必须提高产品的质量和成本竞争力。因此，制订合理的产业发展政策是至关重要的。

首先，要努力发展生物液体燃料的装备制造业，逐步解决落后的农、林生产力与集中的、先进的加工业的矛盾，使生物燃料的生产水平、规模化生产能力得到提高。国外先进国家农业机械化水平很高，因此，就可应用先进的生产技术，提高生产率、降低生产成本。我国农业除小麦生产机械化程度较高外其他都很难与工业化生产配套，这是我国在发展生物质燃料过程中不可忽视的任务。

其次，生物质液体燃料产业必须整体化规划，统筹考虑，协调发展，不能单独强调其中的某些方面。原料在整个生物质液体燃料产业中占据最重要的地位，所以，必须以原料的生产规模决定最终产品的生产规模，最终产品的生产规模必须与原料的生产规模相匹配。

最后，发展生物质液体燃料产业要科学地规划企业的规模。为降低生产成本和提高产品质量，要充分考虑到生物质液体燃料的生产原料数量大、分布广、能源密度低的特点，应该鼓励初级产品的分散加工，重视中小企业和多种所有制企业的发展。这样，既能够降低运输成本，又能够为农村工业发展提供机会，有助于农村剩余劳动力的就业和农民收入的提高。

### 14.5.8 重视项目试验和示范

生物液体燃料作为一种产业发展，还有许多问题尚未彻底解决。例如，有些引进技术还没有很好吸收，有些来自其他行业的技术的适应性问题没得到解决，有些刚刚研发鉴定的技术尚未经过生产考验。因此，要进行认真的试验示范，总结经验和教训，在识别真伪后再作规模化生产。

作为一个新兴产业，国家应该承担建设生物质液体燃料示范项目的任务。我国的燃料乙醇生产目前仍然使用玉米和小麦等粮食作物为原料，而以其他原料生产燃料乙醇的项目还很少。生物柴油则不仅产量很小，生产原料也基本上都是废弃动植物油脂。在这种情况下，建立以不同原料生产生物质液体燃料的示范项目是十分必要的。示范项目应该包括三部分的内容：能源作物和能源植物种植和原料供应基地建设；生物质液体燃料加工生产工程项目；生物质液体燃料产品收购、销售和应用管理。生物质液体燃料示范项目的建设应有针对性。主管部门要制定目标性试验示范准则。

## 14.6 结论

（1）发展生物质液体燃料的最关键问题在于生产原料的供应。由于粮食安全是比能源安全更加重要的国家安全问题，而且我国人均耕地面积远远低于世界平均水平，我国要发展生物质液体燃料必须选择非粮食作物的能源作物和能源植物作为生产原料，并尽可能地利用非耕地进行生产。

（2）即使我国2005年的主要农产品全部用来生产生物质液体燃料，其替代石油的数量也远远低于当年的石油消费量。

（3）从替代效果和我国汽油、柴油消费量的比例来看，我国在大规模推广生物质液体燃料时应该更重视生物柴油的发展。发展生物柴油时应该对这些困难有充分的准备，这样才能使生物质液体燃料能够在品种间实现协调发展，并在替代石油方面取得更好的效果。

（4）我国的生物质液体燃料产业刚刚起步，要使这一新兴产业迅速发展并能真正缓解石油安全问题，国家应该大力支持生物质液体燃料的发展。在立法层面，应该明确规定；改革、完善管理体制；建立协调高效的领导、管理体系；履行法律赋予的职责，尽快建立经济补贴和激励机制；制定鼓励科研开发的政策，鼓励科研人员到农村、企业进行项目研发、试验示范；制定生物能源开发与粮食安全、环境安全目标一致的保障法规，既鼓励能源作物的种植，又不与粮争地；制订生物质液体燃料自由进入成品油销售体系的规定，使符合质量要求的生物质液体燃料能够自由进入燃料销售体系。另外，我国还应该尽快开展生物质液体燃料的原料资源普查并制定区域发展规划，以及重视生物质液体燃料项目的试验和示范。

# 15　中国农村可再生能源技术应用对温室气体减排贡献的研究

## 引言

我国是世界上人口最多的发展中国家，也是温室气体排放总量大国，随着经济的快速发展和人口的不断增长，未来温室气体的排放量必然还会有显著的增加。作为《联合国气候变化框架公约》的缔约国之一，我国在解决全球气候变化方面也应做出努力，以保证社会经济发展的可持续性，并致力于为共同保护全球气候的国际合作作出贡献。

人类的能源活动是产生温室气体排放的主要原因。可再生能源是国际公认的替代化石燃料减缓温室气体排放的战略选择之一。我国在农村可再生能源建设方面已经取得了很大成绩，但关于农村可再生能源技术对温室气体减排影响方面的研究，特别是定量研究还很薄弱，缺乏系统的、可操作的分析方法和研究结果。

以国内外温室气体减排和能源领域的相关研究为基础，根据农村可再生能源技术特点，对其在提高能源效率、节约能源、开发可再生能源替代常规能源、保护林木增加碳汇以及加强畜禽粪便管理等几个方面对温室气体减排的作用进行了分析，并给出了10项农村可再生能源技术在上述几个方面的定量分析结果。

针对目前农村可再生能源技术在温室气体减排定量分析方面研究薄弱，缺乏统一公认和简便易行分析方法的现状，以联合国政府间气候变化专门委员会（IPCC）和我国相关研究结论为基础，提出了适于农村可再生能源特点的燃料燃烧温室气体排放系数和粪便管理 $CH_4$ 排放系数，包括民用燃煤的 $CO_2$ 排放系数、电厂燃煤的 $CO_2$ 排放系数、薪柴燃烧的 $CH_4$ 排放系数、秸秆燃烧的 $CH_4$ 的排放系数和猪粪便 $CH_4$ 排放系数，这些研究可为今后同类研究提供良好基础。

文章根据农村可再生能源技术应用和宏观管理工作的特点，得出了迄今为止比较完整的、系统的、可操作性和针对性强的10类农村可再生能源技术应用的 $CO_2$ 和 $CH_4$ 减排量计算公式。这些公式为从事温室气体和气候变化研究、农村可再生能源管理和技术推广的工作者提供了有效的分析工具。本文得出排放系数和计算公式，并应用于分析农村可再生能源技术对减排温室气体的贡献。从中看到，农村可再生能源技术已经在我国温室气体减排中发挥了作用，而且由于其减排成本较低，加之具有很大的发展潜力，必将在我国未来温室气体减排战略中占有重要地位。

## 15.1 农村可再生能源技术对温室气体减排的影响

### 15.1.1 温室气体源排放和碳汇吸收

温室气体源排放是指将温室气体排放到大气中的过程或活动。能源活动是主要的温室气体源排放。生物质燃料燃烧过程中会排放甲烷，动物粪便也是甲烷的主要排放源之一。

在计算能源利用导致的温室气体排放量时，所有由生物质能和可再生能源利用所产生的 $CO_2$ 排放都为零，这是国际公认的计算方法。

碳汇吸收是指从大气中除去温室气体的过程、活动或机制。森林是陆地生态系统的主体。森林在生长过程中从大气中吸收并储存大量的 $CO_2$，森林的采伐和破坏又将储存的 $CO_2$ 释放到大气中。因此，森林既可成为碳汇，又可成为碳源。

我国目前森林资源生长量明显高于消耗量，碳积累量高于碳释放量，这有利于固定大气中的 $CO_2$。

### 15.1.2 省柴节煤灶对温室气体减排的影响

长期以来，农民生活用能沿用传统旧炉灶，热效率不足 10%，消耗了大量秸秆、薪柴和原煤，造成能源短缺、生态破坏、有机肥和工业原料的不足。为了改变这种状况，农村可再生能源建设首先从农村节能技术的开发和利用入手，分期分批改造浪费大量能源的小炉灶，推广省柴节煤炉灶。到 2000 年底，全国已有 1.89 亿农户用上热效率 20%~30% 的省柴节煤炉灶。

据调查分析，一个农户每年的炊事用能约需 2 t 标准煤，按全国平均计算，秸秆和薪柴占炊事用能的 39% 和 26%，煤炭占 35%，那么平均每户消耗秸秆、薪柴和煤炭分别为 0.78 t、0.52 t 和 0.7 t 标准煤。

理论上，省柴节煤灶节能可以达 50%，但由于操作的技巧、习惯性和炉灶的破损等问题，往往难以达到理论的节能效果。以平均节能 30% 计算，就全国平均而言，一个省柴节煤灶每年节约秸秆 0.54 t，节约薪柴 0.27 t，节约煤炭 0.3 t。

省柴节煤灶对温室气体减排的直接贡献有两个方面：一是节约煤炭，减少 $CO_2$ 排放；二是少用生物质能减少 $CH_4$ 排放。

另外，由于减少了薪柴消耗，起到了保护林木生长，增加碳汇的效果。按照目前的节能量，以薪炭林生长为基础，每个省柴节煤灶可保护林木约 0.5 亩。

### 15.1.3 节能炕对温室气体减排的影响

炕是北方农村的主要取暖设施，传统的炕以烧柴为主，但随着经济水平的提高也出现了以煤为燃料的炕。节能炕在保证取暖效果不降低甚至更好的条件下，可以节能 30% 以上。

一般北方一个采暖季节每户需取暖用能约 0.86 tce，按照 15.1.2 中同样的比例，需要秸秆、薪柴和煤炭分别为 0.34 tce、0.22 tce 和 0.3 tce。使用节能炕每户可以节约秸秆 0.1 t、薪柴 0.07 t、煤炭 0.09 t。

节能炕对温室气体减排的作用与省柴节煤灶的作用相同，即具有直接减排 $CO_2$、$CH_4$ 和增加碳汇（保护林木 0.1 亩）的效果。

### 15.1.4　户用沼气池对温室气体减排的影响

#### 15.1.4.1　能源替代的效果

我国从 20 世纪 70 年代起在农村发展沼气以替代传统生物质能源和煤炭能源。沼气是优质清洁能源，其成分主要是 $CH_4$，与天然气的成分相同，热值为天然气的 50%。一个户用 $8m^3$ 的沼气池可年产 $400m^3$ 沼气，满足农户 8～10 月的炊事用能，即可减少 75% 左右的常规能源消耗。每户每年炊事用能（传统灶）约需 2 t 标煤，故一个沼气池每年可以替代能源 1.5 t 标准煤。

目前户用沼气主要分布在中部和部分西部省份，其替代燃料的构成基本上是全国平均水平，仍可采用 15.1.2 中的比例计算，因此，每个沼气池年可替代秸秆 0.585 t，合标准煤 1.36 t；薪柴 0.39 t，合标准煤 0.78 t；煤炭 0.525 t，合标准煤 0.74 t。

因此，从能源替代的角度，户用沼气池具有减排 $CO_2$ 和 $CH_4$ 的效果。

#### 15.1.4.2　粪便管理的效果

农村中发展沼气主要以畜禽粪便为原料，而动物粪便是 $CH_4$ 的主要排放源之一。长时间堆放的粪便及有机肥沤制过程，会在厌氧条件下释放出 $CH_4$。随着人民生活水平的提高和膳食结构的改变，饲养的家畜数量及粪便排泄量会不断增加，畜禽粪便的 $CH_4$ 排放量随之增长。采用沼气发酵技术处理家畜粪便既可以生产优质清洁能源，也可以减少 $CH_4$ 排放。

我国学者通过水稻田 $CH_4$ 减排研究，认为适合中国国情的方法之一是沼渣肥替代纯有机肥。沼渣肥替代有机肥的减排效果较好，社会效益和环境效益明显优于杂交稻替代常规稻。沼渣是指有机物经沼气发酵池发酵后的剩余残渣。新鲜的有机物在沼气池中发酵后，纤维素和半纤维素成分已经分解，产生的沼气被用来炊事、照明和取暖等，但沼渣中的氮、磷、钾等成分的变化却比较小，肥力变化不大。沼渣作为一种特殊形式的有机肥，施入稻田后能明显地降低稻田 $CH_4$ 的排放量，而水稻的产量基本上可以维持原状。沼渣可以取代目前常用的有机肥，起到降低 $CH_4$ 排放的有益效能。

粪便产生的 $CH_4$ 排放与猪的存栏头数相关，就全国平均水平而言，建沼气池的农户平均存栏 3 头猪左右。

施沼肥能明显减少稻田 $CH_4$ 排放，但影响因素很复杂，目前缺乏权威性数据和分析方法，本文暂不考虑。

### 15.1.4.3 碳汇增加的效果

使用沼气减少了薪柴消耗，能够有效地保护林木生长，相当于增加了吸收 $CO_2$ 的碳汇。根据农业部农村经济研究中心"西部农业开发中的生态家园建设模式研究"课题，通过对全国 86 个"生态家园富民计划"示范村的调查，结合各地上报的调查统计资料，计算出户用沼气池保护林木资源的面积的数据。

西北地区一个生态家园模式（主要是"五配套"模式），每年可保护 3.5 亩林木资源的生长。此外，劳动力的充分就业可保持 2 亩退耕地的长期稳定。总计可保护 5.5 亩植被。

西南地区一个生态家园模式（主要是"猪沼果"模式），每年可保护 3 亩林木资源的生长。此外，劳动力的充分就业可保持 1 亩退耕地的长期稳定。总计可保护 4 亩植被。

以上是典型的以沼气替代薪柴的情况，按照全国平均水平，每个沼气池替代 0.78 t 薪柴，可以保护林木约 1.5 亩。

## 15.1.5 大中型沼气工程对温室气体减排的影响

近年来，我国禽畜规模化、集约化养殖发展迅速。据不完全统计，目前全国已有大中型畜禽养殖场 1.4 万个。大量禽畜粪便的随意排放，管理不善，不仅污染了周围环境，也成为温室气体重要的排放源。大中型畜禽养殖场能源环境工程，以禽畜粪便的污染治理为主要目的，以畜禽粪便的厌氧消化为主要技术环节，以粪便的资源化综合利用为效益保障，集环保、能源、资源再利用为一体，不仅有利于发展生态农业，也有利于温室气体的减排。

大中型沼气工程对温室气体减排的影响表现在两个方面：一是能源替代减排 $CO_2$；二是处理粪便减排 $CH_4$。

大中型沼气工程一般建造在经济相对发达地区，因此，沼气替代的燃料主要是煤炭。按照民用煤炉炊事热效率 35%，沼气灶热效率 55% 计算，$1m^3$ 沼气可以替代煤炭 1.57 kg，故 $1m^3$ 沼气池可以节约煤炭 240 kg。

根据农业部编制的《大中型畜禽养殖场能源环境工程规划》，一个年出栏 10 000 头，常年存栏 6000 头猪的养殖场，需建沼气发酵装置 $300m^3$，年产沼气 7.2 万 $m^3$。由此可以得到，$1m^3$ 沼气池可以处理 20 头猪（存栏）的粪便。需要说明的是，由于大中型沼气工程的池容变化很大，难以用单个工程进行分析，因此，本文用单位池容作为分析的基本单位。

## 15.1.6 太阳能热水器对温室气体减排的影响

太阳能热水器是迄今为止国内外在太阳能低温热利用中技术最成熟、应用最广泛、经济效益最显著的一种太阳能利用装置。太阳能热水器已经形成了一种产业体系，目前家用太阳热水器主要有三种类型：闷晒式热水器、平板集热器式热水器和真空管热水器。在农村地区以闷晒式热水器和平板集热器式热水器为主，真空管热水器目前主要应用于城镇和发达地区的富裕农户。

太阳热水器是提高农民生活质量，使农民过上现代文明生活的一种能源技术，目前它在农村的绝大多数用户是处于经济发展相对较好地区的农户，或经济不太发达但农户个体经济条件较好的家庭。这些农户炊事用能一般以煤炭为主，因此，太阳热水器替代的能源基本上是煤炭。

平均而言，家用太阳热水器每台 $1.5 m^2$ 左右，每年使用周期内可替代煤炭 280 kg，平均 $1 m^2$ 替代煤炭 190 kg，即 0.19 t。其对温室气体减排的作用主要是替代煤炭，减少 $CO_2$ 排放。

### 15.1.7　太阳房对温室气体减排的影响

太阳房作为节能建筑的一种形式，集绝热、集热、蓄热为一体，具有构造简单、不用特殊的维护管理、节约常规能源和减少室内空气污染等许多独特的优点。推广太阳房技术是我国北方地区节约农民生活用能的有效途径之一。

据辽宁地区长期检测和用户反映，在没有取暖设施的情况下，冬季太阳房室内温度可达 8℃ 以上，室内外温差超过 15℃，全年节约采暖用能 2/3 以上。

太阳房的造价比普通民房的造价增加 15% 以上，目前主要被一些比较富裕的农户在建造新房时采用。这些农户由于收入较高，冬季采暖以煤为主，而且能耗量较高，一般每户一个冬季消耗煤炭在 3 t 以上。建造太阳房后只需要一定的辅助加热（在较寒冷的天气），可以节煤 2 t 左右。

根据农村建房习惯和土地使用管理情况，一般每户房屋面积在 100 $m^2$ 左右，故每平方米太阳房可节煤 0.02 t。其对温室气体减排的作用主要是替代煤炭，减少 $CO_2$ 排放。

### 15.1.8　太阳灶对温室气体减排的影响

太阳灶是一种利用太阳能进行炊事工作的装置。目前在我国以西北和西藏地区为主，太阳灶已经得到大量应用。在研制低成本的实用太阳灶方面也取得了一定进展，热效率已达到 60% 左右的较高水平。目前使用的太阳灶一般可分为箱式和聚光式两大类，以聚光式为主。由于太阳灶结构简单、操作方便、成本较低，在农村特别是气候干燥、燃料奇缺的地区，深受广大农牧民的欢迎。

由于太阳灶主要用于西北气候干燥、燃料奇缺且农民收入较低的地区，因此，其节能主要是节约短缺的秸秆和薪柴。据调查分析，一台太阳灶在正常使用的情况下，一年可节约柴草约 600 kg。根据农村能源统计年鉴的数据，西北地区农民的燃料中秸秆和薪柴比约 3∶2，因此可节约秸秆 400 kg，节约薪柴 200 kg。

太阳灶对温室气体减排的贡献包括两个方面：减少生物质能燃烧而减少 $CH_4$ 排放；减少薪柴消耗，保护林木增加碳汇，每台太阳灶可保护林木 0.4 亩。

### 15.1.9 小型风力发电对温室气体减排的影响

我国仍有数千万生活在贫困边远山区和牧区的人口没有用上电。因为没有电,无电地区的农牧民不仅用不上电灯和看不上电视,更重要的是因信息闭塞难以获得脱贫所需的技术和观念。因经济和技术上的原因,这些地区难以被大电网所覆盖,推广小型风力发电机无疑是一个可供选择的方案。小型风力发电每千瓦装机替代煤炭 0.625 t,减少煤炭燃烧的 $CO_2$ 排放。

### 15.1.10 微型水力发电对温室气体减排的影响

微型水力发电(微水电)是利用农户房前屋后落差在 1.5~30 m,流量在每小时 15~500 m³ 的小溪、小河进行发电的。其输出功率一般在 0.1~10 kW,供一户、几户或一个自然村使用。微水电是解决南方偏僻山区无电农民用电问题的有效措施,作为一项重点推广技术,在农业部的推动下获得快速发展。微型水力发电每千瓦装机替代煤炭 0.83 t。与风电相同,用微水电替代煤电,减少煤炭燃烧的 $CO_2$ 排放。

### 15.1.11 秸秆气化集中供气对温室气体减排的影响

随着农业和农村经济的发展,农作物秸秆总量不断增加,农村中使用煤炭和其他商品能源的农户不断增多,加上农村省柴节煤灶的普及使用,使许多地方出现了农作物秸秆大量剩余,不少地方就在田间焚烧,既浪费能源又污染环境。农作物秸秆田间焚烧是农业活动排放温室气体的一项重要内容。为解决这一问题,我国采用生物质气化技术,将农作物秸秆这一能源资源加以高品位利用,兴建了一批秸秆气化集中供气工程。

据调查分析,在黄河以南地区,秸秆气化工程除正常检修、维护外基本常年运行;北方地区如果没有采取有效的保温措施,要有 3~4 个月停用;另外考虑到多数气化站采取间歇供气方式,农户使用秸秆气后,可以节约其他炊事燃料约 75%。

秸秆气化集中供气工程主要建设在经济条件较好的地区,其农民的燃料结构正在发生变化,煤炭和液化气已经占据主要地位,因此,以秸秆气替代煤炭进行分析。每户年需炊事燃料 2 tce,则用秸秆气替代 1.5 tce。

秸秆气化集中供气技术对温室气体减排的贡献主要是替代煤炭,减排 $CO_2$。在减少秸秆田间焚烧,减排 $CH_4$ 方面,由于涉及的因素比较复杂,缺乏研究数据,暂时不予考虑。

以上 10 项农村可再生能源技术对温室气体减排的影响汇总如表 15.1 所示,通过能源节约、替代以及粪便处理,其中 9 项技术具有减排 $CO_2$ 的效果,5 项技术具有减排 $CH_4$ 的作用,4 项技术能够增加碳汇吸收。

表 15.1 农村可再生能源技术对温室气体减排的影响

| 可再生能源技术 | 单位 | 节约/替代能源/t | 减排 $CO_2$ | 减排 $CH_4$ | 增加碳汇/亩 |
|---|---|---|---|---|---|
| 1. 省柴节煤灶 | 户 | 秸秆 0.54、薪柴 0.27、煤炭 0.3 | √ | √ | 0.5 |
| 2. 节能炕 | 铺 | 秸秆 0.1、薪柴 0.07、煤炭 0.09 | √ | √ | 0.1 |
| 3. 户用沼气池 | 户 | 秸秆 1.36、薪柴 0.78、煤炭 0.34 | √ | √ | 1.5 |
| 4. 大中型沼气工程 | $m^3$ | 煤炭 0.24 | √ | √ | |
| 5. 太阳热水器 | $m^2$ | 煤炭 0.19 | √ | | |
| 6. 太阳房 | $m^2$ | 煤炭 0.02 | √ | | |
| 7. 太阳灶 | 台 | 秸秆 0.4、薪柴 0.2 | | √ | 0.4 |
| 8. 小型风力发电 | kW | 煤炭 0.625 | √ | | |
| 9. 微型水力发电 | kW | 煤炭 0.83 | √ | | |
| 10. 秸秆气化集中供气 | 户 | 煤炭 2.1 | √ | | |

## 15.2 农村可再生能源技术的 $CO_2$ 减排量计算

### 15.2.1 煤炭燃烧的 $CO_2$ 排放系数

$CO_2$ 排放系数是进行温室气体减排计算的基础。从已检索到的有关文献来看,还没有这方面全面系统的资料。《中国温室气体排放清单信息库》并未给出各项能源消费温室气体排放系数,如燃烧 1 t 煤炭排放出多少吨碳或 $CO_2$。温室气体排放清单的编制方法有 6 个计算步骤:第一,表观消费量计算(为确保所有能源消费全部碳量都计算进去,对一次能源消费经调整粗略计算出消费量);第二,换算成热量消耗单位;第三,计算含碳量;第四,计算净碳排放量;第五,计算碳实际排放量;第六,计算 $CO_2$ 排放量。

严格按照这种计算方法过于复杂,不利于人们对温室气体排放问题的直观认识,也难以为政府和企业决策提供快捷有效的参考依据。事实上,在上述 6 个步骤的计算中已经提供了与排放系数有关的科学依据,例如,有关化石燃料的温室气体排放系数,只要得到含碳率、固碳率、燃烧氧化率等数值就可以直接计算出排放系数。文中以上述方法为基础,提出可供农村可再生能源技术直接引用的参数。

据《全球气候变化和温室气体清单编制方法》所述,燃料中的碳经燃烧与氧结合排放 $CO_2$,同时释放水蒸气。化石燃料的 $CO_2$ 排放系数的计算公式是

$$CO_2 = (C_p - C_s) \times C_o \times 44/12 \tag{15.1}$$

式中,$C_p$ 为碳含量;$C_s$ 为固碳量;$C_o$ 为碳氧化率;44/12 为 $CO_2$ 分子质量与碳原子量之比值。一般情况下,碳排放与 $CO_2$ 排放的比率是 1/3.67,即排放 1 t 碳相当于排放 3.67 t $CO_2$。

所谓固碳量是指燃料作非能源用,碳分解进入产品而不排放碳或不立即排放碳的部分。在分析农村可再生能源技术的减排效果时,可不予考虑。

含碳量的计算为燃料的热值与碳排放系数之积。对于煤炭，热值为 0.0209 TJ/t。碳排放系数因煤种而异，按照我国 4 种煤炭产量加权平均得到平均排放系数 24.74 t/TJ。因此，煤炭的平均含碳量为 0.0209×24.74=0.517。

氧化率因燃烧装置不同而差异很大，IPCC 推荐为 0.98。根据我国科技工作者的研究，与农村可再生能源技术相关的情况：民用煤炭燃烧碳氧化率为 80%，电厂锅炉的氧化率为 94.7%。

因此，民用燃煤的 $CO_2$ 排放系数：0.517×0.8×44/12=1.517，即燃烧 1 t 煤排放 1.517 t $CO_2$ 或 0.414 t 碳；电厂燃煤的 $CO_2$ 排放系数：0.517×0.947×44/12=1.795，即燃烧 1 t 煤排放 1.795 t$CO_2$ 或 0.490 t 碳。

### 15.2.2 碳汇资源 $CO_2$ 吸收系数

树木和植被在生长过程中从大气中吸收并储存大量的 $CO_2$。单位面积吸收并储存的碳（或折算成 $CO_2$）即是碳汇资源温室气体吸收系数。《全球气候变化和温室气体清单编制方法》中给出了碳汇吸收系数的计算方法。计算公式是

$$碳汇吸收系数 = G \times E \times K \times C \times D \tag{15.2}$$

式中，$G$ 为单位面积木材的年生长量；$E$ 为生长率因年龄不同造成差异的调整系数；$K$ 为树干材积折算成生物量的系数；$C$ 为单位干重木材的含碳量；$D$ 为木材密度（因树种而不同）。

这个计算过程较为复杂，各地的情况有很大差异，数据也难以获得。根据 Sandra Brown 在"亚洲地区通过森林管理缓解 $CO_2$ 排放的潜力"研究资料，该项目通过对中国薪炭林项目的研究，计算出我国人工造林固定 $CO_2$ 的数值为 1.4 MgC/(hm$^2$·a)，合每亩 0.933 t 碳或 3.421 t $CO_2$。文中采用这个数据作为统一的碳汇吸收系数。

### 15.2.3 农村可再生能源技术的 $CO_2$ 减排量计算方法

以 15.1 的分析为基础，根据上述燃料燃烧的 $CO_2$ 排放系数，以及碳汇吸收系数，就可以得到各项农村可再生能源技术的 $CO_2$ 减排量计算方法。计算公式为

$$减排量 = 排放系数 \times 技术推广量 \tag{15.3}$$

#### 15.2.3.1 省柴节煤灶的 $CO_2$ 减排量计算方法

每户省柴节煤灶年节煤 0.3 t，可以减排 $CO_2$：1.517×0.3=0.455 t。

每户省柴节煤灶保护林木 0.5 亩，增加碳汇吸收 $CO_2$：3.421×0.5=1.711 t。

二者合计，每户省柴节煤灶的 $CO_2$ 减排总贡献为 2.166 t。因此，省柴节煤灶技术推广的 $CO_2$ 减排量计算方法为

$$STOVECO_2 = 2.166 \times STOVES \tag{15.4}$$

式中，$STOVECO_2$ 为省柴节煤灶技术推广的 $CO_2$ 减排量，单位为 t；2.166 为每户省柴节煤灶的 $CO_2$ 减排量，单位为 t；$STOVES$ 为省柴节煤灶技术推广总量，单位为户。

#### 15.2.3.2 节能炕的 $CO_2$ 减排量计算方法

每铺节能炕年节煤 0.09 t，可以减排 $CO_2$：1.517×0.09=0.137 t。

每铺节能炕保护林木 0.1 亩，增加碳汇吸收 $CO_2$：$3.421 \times 0.1 = 0.342$ t。

二者合计，每铺节能炕的 $CO_2$ 减排总贡献为 0.478 t。因此，节能炕技术推广的 $CO_2$ 减排量计算方法为

$$KANGCO_2 = 0.478 \times KANGS \tag{15.5}$$

式中，$KANGCO_2$ 为节能炕技术推广的 $CO_2$ 减排总量，单位为 t；0.478 为每铺节能炕的 $CO_2$ 减排量，单位为 t；KANGS 为节能炕技术推广总量，单位为铺。

### 15.2.3.3 户用沼气池的 $CO_2$ 减排量计算方法

户用沼气池具有替代煤炭和保护林木的作用，即具有减排 $CO_2$ 和增加碳汇吸收的效益。

每个户用沼气池年替代煤炭 0.34 t，可以减排 $CO_2$：$1.517 \times 0.34 = 0.516$ t。

每个户用沼气池保护林木 1.5 亩，增加碳汇吸收 $CO_2$：$3.421 \times 1.5 = 5.132$ t。

二者合计，每个沼气池的 $CO_2$ 减排总贡献为 5.648 t。因此，户用沼气池技术推广的 $CO_2$ 减排量计算方法为

$$BIOGASCO_2 = 5.648 \times DIGESTERS \tag{15.6}$$

式中，$BIOGASCO_2$ 为户用沼气池技术推广的 $CO_2$ 减排总量，单位为 t；5.648 为每户沼气池的 $CO_2$ 减排量，单位为 t；DIGESTERS 为户用沼气池技术推广总量，单位为户。

### 15.2.3.4 大中型沼气工程的 $CO_2$ 减排量计算方法

大中型沼气工程主要是通过替代煤炭的使用而减排 $CO_2$。

大中型沼气工程 1 $m^3$ 池容替代煤炭 0.24 t，可以减排 $CO_2$：$1.517 \times 0.24 = 0.364$ t。因此，大中型沼气工程技术应用的 $CO_2$ 减排量计算方法为

$$LMBIOGCO_2 = 0.364 \times VOLUMES \tag{15.7}$$

式中，$LMBIOGCO_2$ 为大中型沼气工程技术应用的 $CO_2$ 减排总量，单位为 t；0.364 为 1 $m^3$ 池容的 $CO_2$ 减排量，单位为 t；VOLUMES 为大中型沼气工程总池容，单位为 $m^3$。

### 15.2.3.5 太阳热水器的 $CO_2$ 减排量计算方法

太阳热水器主要是通过替代煤炭的使用而减排 $CO_2$。

每平方米太阳热水器年替代煤炭 0.19 t，可以减排 $CO_2$：$1.517 \times 0.19 = 0.288$ t。因此，太阳热水器技术推广的 $CO_2$ 减排量计算方法为

$$HEARTERCO_2 = 0.288 \times HEARTERS \tag{15.8}$$

式中，$HEARTERCO_2$ 为太阳热水器技术推广的 $CO_2$ 减排总量，单位为 t；0.288 为每平方米太阳热水器的 $CO_2$ 减排量，单位为 t；HEARTERS 为太阳热水器技术推广总量，单位为 $m^2$。

### 15.2.3.6 太阳房的 $CO_2$ 减排量计算方法

太阳房主要是通过替代煤炭的使用而减排 $CO_2$。

每平方米太阳房年替代煤炭 0.02 t，可以减排 $CO_2$：$1.517 \times 0.02 = 0.030$ t。因此，

太阳房技术推广的 $CO_2$ 减排量计算方法为

$$SHOUSECO_2 = 0.030 \times SQUARES \tag{15.9}$$

式中，$SHOUSECO_2$ 为太阳房技术推广的 $CO_2$ 减排总量，单位为 t；0.030 为每平方米太阳房的 $CO_2$ 减排量，单位为 t；$SQUARES$ 为太阳房技术推广总量，单位为 $m^2$。

### 15.2.3.7 太阳灶的 $CO_2$ 减排量计算方法

太阳灶是通过节约薪柴，保护林木，增加碳汇对温室气体减排作出贡献。

每台太阳灶可保护林木 0.4 亩，可以吸收 $CO_2$：$3.421 \times 0.4 = 1.368$ t。因此，太阳灶技术推广的 $CO_2$ 减排量计算方法为

$$KOOKERCO_2 = 1.368 \times KOOKERS \tag{15.10}$$

式中，$KOOKERCO_2$ 为太阳灶技术推广的 $CO_2$ 减排总量，单位为 t；1.368 为每台太阳灶的 $CO_2$ 减排量，单位为 t；$KOOKERS$ 为太阳灶技术推广总量，单位为台。

### 15.2.3.8 小型风力发电的 $CO_2$ 减排量计算方法

小型风力发电替代火电发电，从而减少火力发电的煤炭消耗，达到了减排 $CO_2$ 的效果。

每千瓦小型风力发电装机年可减少火电煤耗 0.625 t，可以减排 $CO_2$：$1.795 \times 0.625 = 1.122$ t（此处取电厂燃煤的 $CO_2$ 排放系数）。因此，小型风力发电技术推广的 $CO_2$ 减排量计算方法为

$$WINDCO_2 = 1.122 \times WINDPOWER \tag{15.11}$$

式中，$WINDCO_2$ 为小型风力发电技术推广的 $CO_2$ 减排总量，单位为 t；1.122 为每千瓦小型风力发电机的 $CO_2$ 减排量，单位为 t；$WINDPOWER$ 为小型风力发电技术推广总量，单位为 kW。

### 15.2.3.9 微型水力发电的 $CO_2$ 减排量计算方法

与小型风力发电一样，微型水力发电替代火力发电，从而减少火力发电的煤炭消耗，达到了减排 $CO_2$ 的效果。

每千瓦微型水力发电装机年可减少火电煤耗 0.83 t，可以减排 $CO_2$：$1.795 \times 0.83 = 1.490$ t。因此，微型水力发电技术推广的 $CO_2$ 减排量计算方法为

$$MHYDROCO_2 = 1.490 \times MHYDROP \tag{15.12}$$

式中，$MHYDROCO_2$ 为微型水力发电技术推广的 $CO_2$ 减排总量，单位为 t；1.490 为每千瓦微型水力发电机的 $CO_2$ 减排量，单位为 t；$MHYDROP$ 为微型水力发电技术推广总量，单位为 kW。

### 15.2.3.10 秸秆气化集中供气的 $CO_2$ 减排量计算方法

秸秆气化集中供气主要是通过替代煤炭的使用而减排 $CO_2$。

使用秸秆气的农户每户年替代煤炭 2.1 t，可以减排 $CO_2$：$1.517 \times 2.1 = 3.186$ t。因此，秸秆气化集中供气技术推广的 $CO_2$ 减排量计算方法为

$$STGASCO_2 = 3.186 \times HOSEHOLDS \tag{15.13}$$

式中，$STGASCO_2$ 为秸秆气化集中供气技术推广的 $CO_2$ 减排总量，单位为 t；3.186 为使用秸秆气农户每户的 $CO_2$ 减排量，单位为 t；HOSEHOLDS 为秸秆气化集中供气技术推广总量，单位为户。

## 15.3 农村可再生能源技术的 $CH_4$ 减排计算

### 15.3.1 传统生物质燃烧的 $CH_4$ 排放系数

《中国温室气体排放清单信息库》提供了传统生物质（薪柴、秸秆）作为燃料燃烧时的 $CH_4$ 排放系数计算方法。

#### 15.3.1.1 薪柴燃烧的 $CH_4$ 排放系数

薪柴燃烧的 $CH_4$ 排放系数的计算公式为

$$薪柴燃烧的 CH_4 排放系数 = 干物质率 \times 干物质含碳率 \times 氧化率 \times 0.012 \times 1.333 \tag{15.14}$$

根据《中国温室气体排放清单信息库》提供的数据：薪柴的干物质率为 0.75，干物质含碳率为 0.475，氧化率为 0.87，0.012 为碳到 $CH_4$ 的碳的转化率，1.333 为 $CH_4$ 分子质量/碳分子量。计算得到薪柴燃烧的 $CH_4$ 排放系数为：0.004 96 t/t，即 4.96 kg/t。

#### 15.3.1.2 秸秆燃烧的 $CH_4$ 排放系数

秸秆燃烧的 $CH_4$ 排放系数的计算公式为

$$秸秆燃料燃烧的 CH_4 排放系数 = 干物质率 \times 干物质含碳率 \times 氧化率 \times 0.005 \times 1.333 \tag{15.15}$$

根据《中国温室气体排放清单信息库》提供的数据：秸秆的干物质率为 0.9，干物质含碳率为 0.45，氧化率为 0.9，碳到 $CH_4$ 的碳的转化率为 0.005，$CH_4$ 分子质量/碳分子量为 1.333。计算得到秸秆燃烧的 $CH_4$ 的排放系数为：0.002 43 t/t，即 2.43 kg/t。

### 15.3.2 粪便管理 $CH_4$ 排放系数

根据 IPCC 推荐的方法，粪便 $CH_4$ 排放因子的估算公式为

$$EF = VS \times 365 \times B_o \times 0.67 \times MCF \tag{15.16}$$

式中，EF 为动物粪便的 $CH_4$ 排放系数，单位为 kg/(头·a)；VS 为动物每日排泄的易挥发性固体量，单位为 kg Ts/d；$B_o$ 为动物粪便的 $CH_4$ 产生潜力，单位为 $m^3$/kg；MCF 为粪便管理系统的 $CH_4$ 转化系数。

农村可再生能源技术推广所涉及的粪便管理主要是将粪便用于沼气发酵原料。户用沼气池绝大多数使用猪的粪便。大中型沼气工程处理规模化养殖场的猪、牛和鸡的粪便，但因为目前的统计中没有加以区分，所以暂用猪场的情况进行分析。

根据《全球气候变化和温室气体清单编制方法》提供的养猪方面数据：猪每日排泄的易挥发性固体量 0.45～0.73 kg/(头·d)，取平均值 0.59 kg/(头·d)；粪便的 $CH_4$

产生潜力为 0.29 m³/kg；通过沼气池的粪便管理系统的 CH₄ 转化系数为 0.1，因此计算得到：猪粪便 CH₄ 排放系数为 4.18 kg/(头·a)。

### 15.3.3 农村可再生能源技术的 CH₄ 减排量计算方法

以 15.1 的分析为基础，利用公式（14.3）和上述得到的 CH₄ 排放系数，可以得到各类农村可再生能源技术的 CH₄ 减排量计算方法。

#### 15.3.3.1 省柴节煤灶的 CH₄ 减排量计算方法

每户省柴节煤灶年节约秸秆 0.54 t，可以减排 CH₄：2.43×0.54＝1.31 kg；节约薪柴 0.27 t，可以减排 CH₄：4.96×0.27＝1.34 kg；二者合计，每户省柴节煤灶的 CH₄ 减排总贡献为 2.65 kg。因此，省柴节煤灶技术推广的 CH₄ 减排量计算方法为

$$\text{STOVE CH}_4 = 2.65 \times \text{STOVES} \tag{15.17}$$

式中，STOVE CH₄ 为省柴节煤灶技术推广的 CH₄ 减排量，单位为 kg；2.65 为每户省柴节煤灶的 CH₄ 减排量，单位为 kg；STOVES 为省柴节煤灶技术推广总量，单位为户。

#### 15.3.3.2 节能炕的 CH₄ 减排量计算方法

每铺节能炕年节约秸秆 0.1 t，可以减排 CH₄：2.43×0.1＝0.24 kg；节约薪柴 0.07 t，可以减排 CH₄：4.96×0.07＝0.35 kg；二者合计，每户省柴节煤灶的 CH₄ 减排总贡献为 0.59 kg。因此，节能炕技术推广的 CH₄ 减排量计算方法为

$$\text{KANG CH4} = 0.59 \times \text{KANGS} \tag{15.18}$$

式中，KANG CH₄ 为节能炕技术推广的 CH₄ 减排总量，单位为 kg；0.59 为每铺节能炕的 CH₄ 减排量，单位为 kg；KANGS 为节能炕技术推广总量，单位为铺。

#### 15.3.3.3 户用沼气池的 CH₄ 减排量计算方法

每户沼气池年节约秸秆 1.36 t，可以减排 CH₄：2.43×1.36＝3.30 kg；节约薪柴 0.78 t，可以减排 CH₄：4.96×0.78＝3.87 kg；二者合计为 7.17 kg。

每户沼气池年处理 3 头存栏猪的粪便，可以减排 CH₄：4.18×3＝12.54 kg。上述合计每户沼气池的 CH₄ 减排总贡献为 19.71 kg。因此，户用沼气池技术推广的 CH₄ 减排量计算方法为

$$\text{BIOGAS CH}_4 = 19.71 \times \text{DIGESTERS} \tag{15.19}$$

式中，BIOGAS CH₄ 为户用沼气池技术推广的 CH₄ 减排总量，单位为 kg；19.71 为每户沼气池的 CH₄ 减排量，单位为 kg；DIGESTERS 为户用沼气池技术推广总量，单位为户。

#### 15.3.3.4 大中型沼气工程的 CH₄ 减排量计算方法

大中型沼气工程从用沼气技术处理规模化养殖场粪便的角度为减排 CH₄ 作出贡献。

1 m³ 池容年可处理 20 头出栏猪的粪便，可以减排 CH₄：4.18×20＝83.60 kg。因

此，大中型沼气工程技术应用的 $CH_4$ 减排量计算方法为

$$LMBIOG\ CH4 = 83.60 \times VOLUMES \tag{15.20}$$

式中，LMBIOG $CH_4$ 为大中型沼气工程技术应用的 $CH_4$ 减排总量，单位为 kg；83.60 为每立方米池容的 $CH_4$ 减排量，单位为 kg；VOLUMES 为大中型沼气工程总池容，单位为 $m^3$。

### 15.3.3.5 太阳灶的 $CH_4$ 减排量计算方法

每台太阳灶年节约秸秆 0.4 t，可以减排 $CH_4$：$2.43 \times 0.4 = 0.97$ kg；节约薪柴 0.2 t，可以减排 $CH_4$：$4.96 \times 0.2 = 0.99$ kg；二者合计为 1.96 kg。因此，太阳灶技术推广的 $CH_4$ 减排量计算方法为

$$KOOKER\ CH4 = 1.96 \times KOOKERS \tag{15.21}$$

式中，KOOKER $CH_4$ 为太阳灶技术推广的 $CH_4$ 减排总量，单位为 kg；1.96 为每台太阳灶的 $CH_4$ 减排量，单位为 kg；KOOKERS 为太阳灶技术推广总量，单位为台。

## 15.4 结论

（1）能源活动是温室气体排放和气候变化的主要原因。农村可再生能源技术从提高能源效率、节约能源、开发可再生能源替代常规能源、保护林木增加碳汇以及加强畜禽粪便管理等几个方面对温室气体减排具有积极作用。文章给出了 10 项农村可再生能源技术在上述几个方面的定性和定量分析。

（2）针对目前农村可再生能源技术在温室气体减排的定量分析方面研究薄弱，缺乏统一公认和简便易行的分析方法的现状，以 IPCC 和我国相关研究结论为基础，研究提出了适于农村可再生能源特点的燃料燃烧温室气体排放系数和粪便管理 $CH_4$ 排放系数，分别为民用燃煤的 $CO_2$ 排放系数 1.517；电厂燃煤的 $CO_2$ 排放系数 1.795；薪柴燃烧的 $CH_4$ 排放系数 4.96 kg/t；秸秆燃烧的 $CH_4$ 的排放系数 2.43 kg/t；猪粪便 $CH_4$ 排放系数 4.18kg/(头·a)。

（3）得出了比较完整的、可操作性和针对性强的各类农村可再生能源技术应用的温室气体减排量计算公式。

# 后　　记

　　本书采用的全部资料均来源于作者的 30 余名博士、硕士研究生的毕业论文,这些论文在编写过程中参考了千余篇公开发表的论文和著作,每位作者都在论文中按规定做了说明,受篇幅所限,不再一一列出,在此我们对书中所参考资料的作者再次表示感谢。

　　本书所涉及的研究成果曾先后受到科技部、财政部、农业部、国家自然科学基金委、河南省科技厅和河南省财政厅等部门的大力支持,在工程化实施过程中相关企业给予了积极配合,科学出版社对本书的出版给予了关注和帮助,在此一并致谢。